中国农业热带作物标准

（2016—2020）

农业农村部热带作物及制品标准化技术委员会　编

中国农业出版社
农村读物出版社
北　京

本书编写人员

主　编： 楚小强　孙　亮

副主编： 廖子荣　郑　玉　李希娟　李一民　邢淑莲

参编人员（按姓氏笔画排序）：

马　帅　马千全　文尚华　邓干然　邓怡国
卢　光　伍苏然　刘智强　许　逵　许灿光
苏智伟　李　琼　李　粤　吴桂苹　张　劲
张艳玲　陈叶海　陈伟南　陈莉莎　陈超平
林泽川　易克贤　罗金辉　郑学文　赵志浩
赵溪竹　郝朝运　俞　欢　袁淑娜　徐　志
唐语琪　陶进转　黄贵修　彭宏祥　傅　建
谢贵水　蒲金基　魏玉云

前　　言

热带作物主要包括天然橡胶、木薯、油棕等工业原料，香蕉、荔枝、芒果等热带水果以及咖啡、桂皮、八角等香（饮）料，是重要的国家战略资源和日常消费品。1991 年 11 月 24 日，为加强我国热带作物及制品标准化工作，农业部批准成立农业部热带作物及制品标准化技术委员会（以下简称“热标委”），开展热带作物及制品行业标准的制定、审查和相关标准化工作。经过多年努力，目前已建立了较为完备的热带作物及制品标准体系。为方便查阅以及更好推动标准宣贯和实施，现将部分标准汇编成《中国农业热带作物标准（2016—2020）》，旨在为相关从业人员提供参考借鉴。

本书共收录热标委 2016—2020 年归口管理的 117 项热带作物及制品行业标准，并按发布时间顺序进行编排。涉及橡胶树、木薯、香蕉、澳洲坚果、槟榔、菠萝、番木瓜、番石榴、橄榄、红江橙、胡椒、黄皮、火龙果、剑麻、咖啡、辣木、荔枝、莲雾、芒果、毛叶枣、木菠萝、牛大力、枇杷、香草兰、杨桃、椰子、油棕等 27 种热带作物，涵盖种质资源收集保存鉴定、品种审定、栽培植保、加工、产品质量控制等标准。

本书编写工作得到了农业农村部农垦局、农业农村部农产品质量安全监管司、中国热带农业科学院、中国农垦经济发展中心和农业农村部农产品质量安全中心的大力支持。在此，对有关单位和个人表示感谢!

特别声明：本着尊重原著的原则，除明显差错外，对标准中所涉及的有关量、符号、单位和编写体例均未做统一改动。

由于本书涉及热带作物及制品种类较多且覆盖产前、产中和产后各环节，标准数量大，整理时间短，书中可能会出现不妥和疏漏之处，敬请广大读者批评指正。

编　者

2021 年 11 月

目　　录

前言

目　　录

目　录

中华人民共和国农业行业标准

橡胶树栽培技术规程

Technical regulations for cultivation of rubber tree

NY/T 221—2016

代替 NY/T 221—2006

1 范围

本标准规定了巴西橡胶树栽培有关的术语和定义、要求等。

本标准适用于国内巴西橡胶树栽培。

2 规范性引用文件

下列文件对于本文件的应用是必不可少的。凡是注日期的引用文件，仅注日期的版本适用于本文件。凡是不注日期的引用文件，其最新版本(包括所有的修改单)适用于本文件。

GB/T 17822.1 橡胶树种子

GB/T 17822.2 橡胶树苗木

JTJ 001—1997 公路工程技术标准

LY/T 1646 森林采伐作业规程

NY/T 688 橡胶树品种

NY/T 1088 橡胶树割胶技术规程

NY/T 1089 橡胶树白粉病测报技术规程

NY/T 1686 橡胶树育苗技术规程

NY/T 2037—2011 橡胶园化学除草技术规范

NY/T 2259 橡胶树主要病虫害防治技术规范

NY/T 2263 橡胶树栽培学术语

3 术语和定义

NY/T 2263 界定的以及下列术语和定义适用于本文件。

3.1

常规胶园 conventional rubber plantation

以生产天然橡胶为主要目的的橡胶树种植园。

3.2

非常规胶园 unconventional rubber plantation

不以生产天然橡胶为主要目的的橡胶树种植园。

3.3

小筒苗 pint-sized polytube plant

培育于小型筒状容器中的苗木。

中华人民共和国农业部 2016-11-01 发布　　　　2017-04-01 实施

3.4

全周期间作模式　planting pattern for whole economic span intercropping

整个生产周期都可供开展间作生产的种植形式。

3.5

根盘　root corona

以根颈处为中心与其至树冠外垂线为半径组成的圆盘状区域。

3.6

疏伐　thinning

在种植生产过程，根据长势或产量或经济要求将种植园内部分植株伐去。

3.7

造材　bucking

按木材规格要求，将原条截成原木的作业。

3.8

集材　yarding

将各处伐倒木汇集堆放到楞场的作业。

3.9

总发病率　total disease incidence

抽叶(古铜叶片和淡绿叶片)株率与病叶率之积。

4　要求

4.1　开垦规划

4.1.1　规划原则

根据橡胶树生长要求和产胶潜力将植胶划分为不同等级的宜胶地，并在此基础上根据区域环境条件划分出环境类型中区和小区，编制各区域既要有利于生产，又要有利于保护和改善生态环境综合发展总体规划。胶园建设规划是大面积土地开垦植胶的基本依据。

4.1.2　宜林地基本要求

凡有下列情况之一者，不宜作为常规胶园宜林地：

——自然保护区和水源涵养林、水土保持林、防风固沙林、国防林等防护林用地；

——经常受台风侵袭，橡胶树风害严重的地区；

——历年橡胶树寒害严重，目前主管部门推广品种不能安全越冬，在重寒害年份平均寒害级别≥3级的地区；

——海南、广东和云南东部植胶区海拔≥350 m的地带(云南其他植胶区阳坡≥1 000 m，阴坡≥900 m)；

——坡度>35°的地段(云南植胶区阳坡>45°，阴坡>35°)；

——地下水埋深<1 m的地带，排水困难的低洼地；

——土层厚度<1 m的地带，且下层为坚硬基岩或不利根系生长的坚硬层；

——瘠瘦、干旱的沙土地带。

4.1.3　天然橡胶生产优势区域等级划分

天然橡胶生产优势区域的等级划分，以低温、台风作为限制性条件，综合考虑其他自然环境条件和胶园生产力等因素，具体划分见表1。

表 1　天然橡胶生产优势区域等级要求

类　别		等　级			
		甲等	乙等	丙等	丁等
一、主要气候条件	年平均气温，℃	＞22 ＞21[a]	21～22 20～21[a]	＜21 19～20[a]	＜21 19～20[a]
	月平均气温≥18℃的月数，个	＞9 8[a]	8～9 7～8[a]	7～8 ＜7[a]	7～8 ＜7[a]
	年降水量，mm	＞1 500 ＞1 200[a]	1 300～1 500 1 100～1 200[a]	＜1 300 1 000～1 100[a]	＜1 200 1 000～1 100[a]
	平均风速，m/s	＜2.0	2.0～3.0	＞3.0	＞3.0
二、橡胶园生产力	定植起至达开割标准的月数，个	≤84	≤96	≤108	＞109
	旺产期年均产胶能力，kg/hm^2	＞1 350	1 126～1 350	825～1 125	＜825
三、限制因素	近 60 年当地出现最低温≤0℃的低温天气[b]次数，次	≤2	≤3	≤5	≤10
	近 60 年当地出现持续阴雨天≥20 d，期内平均气温≤10℃的低温天气次数，次	≤3	≤4	≤5	≤10
	近 60 年当地出现风力≥12 级(32.6 m/s)的台风天气次数，次	≤3	≤5	≤7	≤10

[a] 云南植胶区的指标。
[b] 不含局部低洼地。

其中，若某一区域的主要气候条件和橡胶园生产力匀满足表中指标，但限制性因素条件之一不能满足相应的指标时，该区域降至下一等级。

4.1.4　土地综合利用

在环境类型小区划分的基础上，开展山、水、园、林、路统一规划，规划要着眼于可持续发展的需要，要着眼于机械化生产需要。

在缺乏燃料和木材的地方，可规划出一定面积的土地用于营造薪炭林、用材林。

区域内的零星土地，可结合生产或生态要求，种植非橡胶树主要病原、害虫中间寄主作(植)物，推荐种植一些泌蜜植物等。

凡胶园附近的非橡胶用地，不能种植橡胶树主要病原中间寄主作(植)物，也不能经营有碍于橡胶树生长和橡胶生产的项目。

4.1.5　植胶区道路规划

在环境类型区和橡胶林段划分时，应根据区域生产需要和道路建设要求规划出林间道路系统。植胶区域的道路干线支线，按 JTJ 001—1997 中 4 级公路的规定修筑。林间小道路面宽一般为 2.5 m～3 m。

4.1.6　收胶点布局

在大面积植胶区域，每 30 hm^2～70 hm^2 胶园设置一个固定收胶点，或建立便于机动车辆收集和运输胶乳、凝胶等的停靠点。

4.1.7　林段划分

同一环境类型小区可根据坡位、坡面、自然障碍等划分橡胶林段。橡胶林段面积应根据当地的风害轻重、寒害类型以及经营管理要求而定，一般为 1.3 hm^2/林段～2.7 hm^2/林段，风、寒害严重地区的林段面积宜小些，无风寒害地区的林段面积可大些。通常以林带划分橡胶林段，在无防护林带的地区，可以道路、沟壑、溪流、防火带或坡面、山头等交界线划分。

4.2　防护林建设

4.2.1 营造原则

防护林建设要因地制宜，因害设防，节约土地，提高效能。在常风大或台风频发的地区应营造防风林；在风小、雾大、辐射寒害严重的地区一般不设防护林带。山顶、沟壑应保留块状林，并纳入公益林体系管理。

4.2.2 林带设置

防风林主林带走向一般垂直于主风向，但在丘陵地区的防风林主林带应沿山脊建造。迎风山谷要加设林带。相对高差 60 m 以上的山岭，山顶部至少留 1/4 的块状林。水库边、河岸、路旁应留林或造林。防风林主林带宽 12 m～15 m，副林带宽 8 m～12 m，山脊林带宽不少于 20 m。防护林带与橡胶树距离不小于 6 m。

4.2.3 树种选择与搭配

新建防护林的树种宜选择速生抗风、适应性强、树体较高、种源丰富、容易造林，且木材经济价值较高的树种；防护林树种结构要合理搭配。在强台风多发地区应营造上密下疏结构的防风林带。

4.2.4 营造与管理

防护林可由原地留林或人工营造而成。防护林建造可与胶园建立同步进行，在有条件的地方可提前营造。人工营造的选用苗高 60 cm 或以上的健壮苗木按林带设计要求移栽造林，造林初期要及时除草保苗，确保定植成活率在 95%或以上。防护林建设与管理要纳入生产管理。禁止在防护林内及其附近铲草烧火；禁止在防护林内种植影响防护林功能的作（植）物。

4.2.5 林带更新

防风林可在橡胶园更新前 2 年～3 年营造，最迟应与胶园更新同步进行。防护林林相残缺、林木稀疏、起不到防护作用的林带应及时更新改造。风害多发地区林带更新改造应采取隔林带或半边林带分步进行。

4.3 胶园开垦

4.3.1 开垦原则

开垦工作要争取连片进行。先制订开垦方案，然后修建拟垦地区的林间道路，之后逐个生态小（微）区开垦。力争在较短时间内完成开垦工作，开垦过程应重视水土保持，采取各种措施防止或减少水土冲刷。

4.3.2 制订开垦和种植方案

根据宜林地规划设计或更新规划制订开垦方案，确定年度开垦任务和地点，制订施工计划，做好准备工作，按计划开垦和种植。

4.3.3 清除根病寄主和恶草

开垦前，应查明拟垦园区内可能引发橡胶树根病的病原菌寄主，逐一标记，并彻底清除。对拟垦园区内的恶草，应在定植前采用化学或人工或机械方法灭除。

4.3.4 开垦方式

更新胶园开垦不得烧岜；新垦植胶园只能小烧岜，开垦前应先在拟垦地段四周开出防火线。清岜后采用等高开垦方式进行土地整理。

可采用机械开垦或人工开垦。

4.3.5 土地整理要求

4.3.5.1 常规胶园土地整理

4.3.5.1.1 等高开垦

除平缓地外，胶园应采用等高开垦。坡度 5°以下的平缓地，可全垦，用十字线定标，植胶后修筑沟埂梯田；坡度 5°～15°的坡地，采用等高定标，修筑水平梯田或环山行；坡度>15°的坡地，采用等高定标，修筑环山行。定标时尽量避免短行和插行，其中因坡度变化大导致行距变化的，可通过适当调整株距以控制种植密度，但最大行距应小于设定行距的150%，最小行距应大于设定行距的70%。当行距大于设定行距的150%，且可连续种植4株橡胶树的，可插行。最高一行梯田或环山行的上方要修建“拦水沟”。胶园下方有农田的，在胶园下缘要修建环山引泄水沟。

4.3.5.1.2 种植密度和形式

橡胶树种植密度和种植形式依胶园地形、拟采用品种习性和经营模式等因素而定。种植密度一般为420株/hm^2～600株/hm^2。但如因小气候、土壤肥力、地形条件和树形等因素的影响较大，可做适当调整，其中风害较重、冠幅小、土壤瘦瘠地区可适当密植，种植密度不小于630株/hm^2；（辐射）寒害较重、土壤肥沃地区及树冠大的品种可适当疏植，种植密度不大于480株/hm^2；坡度大于20°的阴坡种植密度360株/hm^2～420株/hm^2。一般采用宽行窄株种植形式，行距（两行间水平距离）根据是否间作、是否有风寒害等因素确定，株距不小于2.0 m（云南植胶区阳坡株距不小于2.5 m，阴坡株距不小于3.0 m）。

4.3.5.1.3 环山行规格要求

环山行面宽为1.2 m～2.5 m，其中坡度小的环山行可宽些，坡度大的可窄些；环山行面内倾（或反倾斜）8°～15°（辐射寒害常发地段可减小内倾角度）；整行环山行面基本水平；环山行上每隔5株～10株在行面上修（留）一小横土埂。

4.3.5.1.4 植穴规格要求

植穴规格（面宽×深×底宽）为：人工开挖的70 cm×60 cm×50 cm；机械开挖的（70～100）cm×（70～100）cm×（70～100）cm；有条件的可挖种植沟，种植沟规格（宽×深）为（70～80）cm×（70～80）cm。若是根病区，应彻底清除植穴处及附近的树头及其根系，并让植穴充分暴晒一个月或以上。

4.3.5.1.5 作业时间

胶园开垦一般在冬春季进行。一般在定植前1个月以上完成挖植穴作业，但若是根病区，应在定植前2个月以上完成。

4.3.5.1.6 作业要求

修筑梯田或环山行和挖植穴宜同时进行。作业时应保留足够用于回穴的表土，用挖出的心土修筑梯田埂或填于环山行外缘。

4.3.5.2 非常规胶园土地整理

4.3.5.2.1 等高开垦

除平缓地外，胶园应采用等高开垦或穴垦，有条件的可按照4.3.5.1.1的规定执行。

4.3.5.2.2 种植密度和形式

橡胶树种植密度和种植形式依胶园地形、土壤肥力、拟采用品种习性和经营模式等因素而定。种植密度一般为360株/hm^2～1500株/hm^2。种植形式可根据生产经营需要确定。

4.3.5.2.3 植穴要求

按照4.3.5.1.4的规定执行或根据生产经营需求确定。

4.3.5.2.4 作业时间

按照4.3.5.1.5的规定执行。

4.3.5.2.5 作业要求

穴垦时，挖植穴和修平台同时进行。作业时应保留足够用于回穴的表土，用挖出的心土修筑平台外缘。修筑环山行的按照4.3.5.1.6的规定执行。

4.4 种苗培育

4.4.1 品种选择与芽条增殖

4.4.1.1 品种选择

除试验试种外，品种的使用应采用农业部当年主推品种或符合NY/T 688的要求，并结合当地的环境类型小区特点，对口使用，多种品种配置；非常规胶园可种植优良有性系。

4.4.1.2 品种材料来源

用于增殖苗圃增殖株芽接的芽条应采集于农业部认定的原种圃；用于生产性苗木芽接的芽条应采集于经省部级认定的增殖苗圃；培育用于非常规胶园种植的有性系的种子应采集于农业部认定种子园。

4.4.1.3 芽条增殖与复壮

根据育苗生产计划制订芽条增殖计划。一般在拟采芽条年份前2年建立增殖苗圃。在芽条生产期间，每年应对圃内进行品种保纯1次～2次。品种保纯方法应符合NY/T 688的要求。增殖苗圃应每4年复壮芽条1次。

4.4.1.4 芽条采集与运输

采集芽条前应对拟采集地块的芽条进行品种纯度鉴定，并做明显标记或立即剔除非指定品种的芽条，出圃的芽条品种纯度应达到100%；芽条采集、包装和存放等要求按照NY/T 1686的规定执行。

4.4.2 种子生产与采集

4.4.2.1 种子园建设

宜选择适合于生产收获夏、秋和冬果种子的区域，按植胶总面积0.5%～1.0%的比例建立砧木种子园。砧木种子园建设按照NY/T 688的规定执行。

4.4.2.2 采种区认定

由省部级主管部门组织，按采种区要求按照NY/T 1686的规定执行。

4.4.2.3 种子质量要求

种子质量应符合GB/T 17822.1的要求。

4.4.2.4 种子采集与包装运输

应在经认定的种子园或采种区采集种子。种子成熟期间每3 d一次，分品种或品种组合，分种子园或采种区采集种子。将收集到的种子分别摊开存放于阴凉处；在剔除坏种了后分别包装标记。长途运输的种子应用木箱或纸箱等包装；短途运输的种子可用麻袋等通气性好的袋、箱等包装。运输过程中，应防止不同批次种子混杂和避免挤压损伤。种子宜随采随播。

4.4.3 苗木培育

4.4.3.1 苗木类型

一般定植材料，包括裸根芽接桩、芽接桩装袋苗和袋装苗、袋育苗、筒苗等容器苗，均可用于大面积种植，其中小筒苗方便运输、定植成活率高、恢复生产快，优先推荐。大型定植材料，包括高截干（含三合树等）和大型容器苗，多用于补换植（含低截干）。

4.4.3.2 育苗计划

根据开垦规划或更新计划，在定植前0.5年～2年开始培育苗木。育苗计划应包括补换植所需的苗木。苗圃和拟种植胶园的面积比例为：增殖苗圃：地播苗圃：拟种植胶园＝1：10：400。以树桩苗作为定植材料的，同时培育占计划定植苗木数量约15%的容器苗和约3%的高截干苗；以容器苗作为定植材料的，同时培育占计划定植苗木数量约10%的大容器苗和约1%的高截干苗。

4.4.3.3 苗圃地选择

苗圃地应选择靠近水源、土层深厚、土壤肥沃、静风向阳、地势平缓、非根病区、交通方便的地段，宜靠近拟种植地。

4.4.3.4 种子选用

培育直接用于大田定植的优良实生苗种植材料的种子，应采集于经省部级主管部门组织认定的种子园；培育做砧木实生苗的种子，应采集于经省部级主管部门认定的种子园或采种区。

在寒害、旱害地区优先选用有利于抗寒、抗旱的砧木种子育苗。

4.4.3.5 籽苗选择

应选取在播种后 20 d 内萌发的、植株健壮的籽苗作为进一步培育材料，其余的籽苗，包括病苗、畸形苗、弱苗和播种 20 d 后萌发的籽苗全部淘汰。

4.4.3.6 育苗密度

小筒苗约 250 000 株/hm^2，推荐采用大小行排列形式，株行距为 10 cm×(20＋80) cm，约留 10％的地面作为作业小路等。

袋育苗(含小苗芽接苗)＜75 000 株/hm^2，推荐株行距为 20 cm×(40＋80) cm，约留 10％的地面作为作业小路等。

树桩苗＜50 000 株/hm^2，推荐株行距为 30 cm×(40＋80) cm，约留 10％的地面作为作业小路等。

高截干 9 000 株/hm^2～27 700 株/hm^2，推荐株行距为(60～100) cm×(60～100) cm，约留 10％的地面作为作业小路等。

4.4.3.7 芽接

4.4.3.7.1 芽接时间

宜在 4 月～10 月或生长旺季的晴天进行。

4.4.3.7.2 砧木选择

选择植株健壮、生势良好并且茎粗达到芽接要求的苗木作为砧木。淘汰弱、病、畸形苗以及连续 2 次芽接不成活的砧木苗。

4.4.3.7.3 接穗选择

优先选用外形直或较直、健壮、顶篷叶稳定且芽眼多的茎条作为芽条。

优先选用芽眼饱满、无损伤的大叶芽、大鳞片芽等。不使用老萌动芽、针眼芽、死芽、蟹眼芽和假芽等做芽片。

4.4.3.7.4 芽接方法选择

根据拟培育苗木类型和实生砧木、芽条的大小等情况确定芽接方法，优先推荐采用籽苗芽接技术或小苗芽接技术。

4.4.3.7.5 解绑

待芽接口完全愈合后方能解绑。采用包片芽接的可以在芽接后 20 d～25 d 解绑。

4.4.3.7.6 出圃前处理

在苗木出圃前一段时间根据苗木类型对拟出圃苗木进行锯砧(干)、预断根、停水等处理。具体处理要求按照 GB/T 17822.2 的规定执行。

4.4.4 苗木质量要求

按照 GB/T 17822.2 的规定执行。

4.5 苗木定植

4.5.1 定植时间

宜在春季气温回暖后定植苗木。在干旱地区采用各种抗旱定植技术开展春季定植。树桩苗和较小的容器苗定植时间最迟不应晚于 6 月底；大袋苗(5 篷叶以上)应在 9 月底前定植。

4.5.2 植穴准备

4.5.2.1 基肥

腐熟的土杂肥、厩肥或精制有机肥等均可作为基肥。精制有机肥的 pH 适中。

4.5.2.2 回穴和润穴

用疏松表土先回填部分植穴，再将基肥和磷肥与表土混匀，回填于植穴内 10 cm～40 cm 深处，继续回土并于植穴中间堆起小土堆，短期内不定植的在小土堆上做一标志。若植穴内泥土干燥、结块，在定植前 1 d～2 d 挖一小穴，倒入少量水使植穴土壤湿润。

4.5.3 苗木选用

应根据定植季节、胶园环境条件、投资额度和不同类型定植材料的特点等选用合适的定植材料，宜尽量选用大型苗木。

定植前应根据苗木大小或叶篷数多少或长势强弱等质量性状对其进行分级，不同级别苗木分片定植。

未能马上定植或定植剩余的苗木应于阴凉处进行假植。

4.5.4 定植操作

袋苗、裸根苗等定植，先开一小土穴，放入苗木调整种植深度和接芽朝向，然后分层(剥去营养袋)回土压实，回土后将植穴面整成锅底形；筒苗定植，在已回好土的植穴中间处，用捣洞器捣出一个小植洞，从筒状容器中取出筒苗，放入洞中，用尖物在洞的四周戳几下，将植穴面整成锅底形，淋定根水，淋水至植穴表面起泥浆为宜，之后给新植苗木适当遮阴、盖草。

4.5.5 定植要求

定植后苗木的接芽或结合处离地面高约 2 cm，有条件的可深种；接芽朝向主风向(台风高发区域)或环山行内侧(当环山行坡度较大时)；裸根芽接桩和容器苗的定植成活率要求分别达到 95%和 99%以上；高截干的定植成功率应达到 85%以上。

4.6 抚育管理

4.6.1 修芽与补换植

定植后要及时或至少每月一次修除砧木芽、多余的接芽和未来割面上的侧芽。抹芽时要连同萌芽的基部一起抹除。

应及时补换植，最晚在定植当年 9 月底前用原定植品种且植株较大的苗木补换缺株和病弱苗，定植当年的保苗率达到 100%；定植后第 2 年用原定植品种的大型苗木补换缺株和病弱苗，确保胶园保苗率在 98%以上。

4.6.2 胶园覆盖

4.6.2.1 建立活覆盖

新建胶园宜尽早建立胶园活覆盖。不间作的胶园在开垦后植胶前，最迟应在橡胶定植当年年底前建成活覆盖。

一般在胶园行间(萌生带)离橡胶树约 1.5 m 种植覆盖作物。要根据胶园行间光照量、土壤质地等因素选择适合种植的覆盖作物，优选推荐豆科覆盖作物，如黄毛黧豆(印度葛藤)(*Mucuna bracteata*)、爪哇葛藤[*Pueraria phaseoloides*(Roxb.)Benth]、蓝花毛蔓豆(*Calopogonium caeruleim* Hemsl)、无刺含羞草(*Mimosa invisa* var. *inermis* Adelb.)、巴西苜蓿(*Stylosanthes*)、蝴蝶豆(*Centrosema pubesens* Benth.)、紫花大翼豆[*Macroptilium atropurpureum*(DC.)Urban]等豆科覆盖植物，有条件的可选择不同耐阴性等的覆盖作物进行间、混种。覆盖作物的种植密度以能在种植后 4 个月内覆盖胶园行间裸露地面为宜。覆盖作物的抚管如种植初期除草、施肥、防缠树和割藤压青等应列入生产管理范围。

4.6.2.2 铺设死覆盖

定植后宜尽早在根盘或植胶带上铺设一层厚 15 cm～20 cm 的铺设死覆盖。覆盖材料(含塑料薄膜)应离树干约 10 cm。除鸭跖草、香附子、蟛蜞菊、海芋等复生力强的恶草或带有恶草种子的秸秆材料外，其他各种植(作)物的枝叶、秸秆材料或塑料薄膜等均可作为覆盖材料。易出现霜冻地区应在入冬前、干旱地区应在旱季之初，在覆盖物的上方覆盖一层土。

4.6.3 除草与控萌

4.6.3.1 原则

根盘或植胶带内的杂草只需在其妨碍橡胶树生长或割胶作业时才进行除草；萌生带的杂草(除恶草等外)只控制其高度，禁止采用各种方法灭除；园内的恶草应及时灭除；不得在胶园内及其附近铲草皮。

4.6.3.2 植胶带除草

定植后3个月内根盘杂草应采用人工铲除，此后根盘和植胶带上杂草可采用化学剂等除草，但化学除草时不得将化学除草剂直接喷洒或漂移到橡胶树叶片和嫩茎上。园内恶草可采用化学、机械、人工措施灭除，并将恶草残渣清理出胶园。旱季除草可结合根盘或植胶带(深)松土进行。

4.6.3.3 荫生带管理

不间作也未建立活覆盖的胶园行间(荫生带)的杂草(除橡胶树主要病虫害中间寄主、恶草和灌木外)应给予保留，并适时采用人工或机械等手段控制杂草高度，在生长季节杂草高度控制至45 cm～55 cm，冬季控制至10 cm～30 cm。

不宜在荫生带进行机械或人工全带(深)松土。

4.6.4 改土与施肥

4.6.4.1 扩穴与挖肥穴

4.6.4.1.1 常规胶园

扩穴、挖肥穴方式和方法可根据胶园地形和树龄而定。

平缓地胶园可在每行橡胶树树冠外垂线的连线处用单铧犁或人工开通沟，通沟规格(宽×深)为(40～80) cm×(40～50) cm。

坡地胶园可挖肥穴或肥沟。在定植后第2年～第3年，逐年分别在原植穴旁株间两侧或环山行内侧挖一肥穴(称扩穴)，肥穴规格(长×宽×深)为(60～100) cm×(40～60) cm×40 cm，逐年加大。定植后第4年起，坡度≤15°的胶园，在橡胶树行间挖肥沟，肥沟规格(长×宽×深)为(100～200) cm×60 cm×40 cm，每两株或两行相邻4株间挖一肥沟；坡度>15°的胶园，可沿环山行内壁内侧挖肥沟，肥沟规格(长相当于株距×宽)为(30～40) cm×深40 cm，每两株挖一肥穴；若坡度>25°或环山行内壁高于70 cm时，应在环山行内壁外侧挖肥沟，每两株挖一肥沟，肥沟规格同前者。挖(扩)穴(沟)可由人工或机器完成。

4.6.4.1.2 非常规胶园

可在原植穴一侧挖肥穴，或按照4.6.4.1.1的要求执行。

4.6.4.2 胶园压青

常规胶园可在定植后第2年起实施胶园压青。一般每年7月～10月压青一次，有条件的分别在7月前和11月各压青一次。压青量为每个肥穴或每米通沟25 kg～50 kg压青材料。除恶草或带有(未腐熟)恶草种子的秸秆材料外，其他植、作物的枝叶、秸秆材料均可作为压青材料。压青时将压青材料填入肥穴或通沟中，压实，再在压青材料上覆盖些泥土。

非常规胶园可按照常规胶园的要求执行或根据生产需求实施。

4.6.4.3 追肥原则

宜采用叶片营养诊断技术指导施肥，或按分区施肥原则施用橡胶树专用肥，或施用高质量的复合肥；采用刺激割胶制度的胶园应增大施肥量；有机肥和化肥相结合使用；肥料应沟施或穴施并盖土，禁止将化肥直撒在地表上。

4.6.4.4 有机肥施用

宜每年施入厩肥、堆肥、沤肥等有机肥和压青。有机肥可周年施入，一般施于肥穴或通沟里，施肥量不限，但偏酸、碱性的有机肥或鱼肥宜分次穴施。

4.6.4.5 胶园追肥

常规胶园的推荐施肥量参见附录A。每年化肥一般分3次施入，第一次在当年第一蓬叶抽生初期；第二次在第二蓬叶抽生期间；第三次在第三蓬叶抽生期或9月。9月以后一般不施速效氮肥。

追肥一般施在树冠外垂线处、离地表5 cm～40 cm深的土层里。化肥可结合压青同时施入，但磷肥应与有机肥混合穴施。禁止将化肥直接撒施在覆盖物或压青材料上。

非常规胶园的施肥量可参照常规胶园的规定执行或根据实际需要适当增减。

4.6.5 梯田和水保工程维护

胶园水土保持工程维护要及时和定期相结合，与扩、挖(肥)穴工作相结合进行。开沟或挖(肥)穴取出的表土用于培土护根，心土用于维修梯田埂、环山行或平台外缘。除在扩穴、挖肥穴时维持梯田外，每当发现梯田或环山行崩缺时应及时修复，在大雨过后要维修环山行，疏通、维护天沟、泄水沟等，落实保水、保土、保肥和护根等“三保一护”措施。

4.6.6 修枝整形

常规胶园可根据环境、品种和树龄等采取不同修剪措施。在重、中风害区，每年在幼树大部分叶片脱落后至第一蓬新叶萌生前修枝一次，主要采用疏剪和短截相结合的方法，修去生势过旺并明显偏斜、着生太密集、上下重叠等枝条的部分枝叶。在轻风害区、PR107 等抗风性较强的品种一般不做抗风修剪。开割前后的大树可开展预伤等修剪工作。修枝时禁止乱砍乱锯。

非常规胶园可参照常规胶园规定或根据实际需要进行修剪。

4.6.7 防寒

寒害易发区，每年 9 月～10 月要增施钾肥，进行树头培土压土；入冬前应完成胶园控荫、修剪橡胶树下垂枝条、砍低胶园四周较高的杂草灌木等工作，同时对新割麻面用保护剂进行涂封。若当年冬季为寒冬，有条件的可在入冬前采用橡塑板包裹技术等对主干全部或局部(麻面)进行防寒包裹。

4.6.8 防旱

旱害易发区，雨季结束后应进行植胶带浅松土，根盘或植胶带厚盖草等工作，有条件的实施胶园灌溉。

4.6.9 防畜、兽

在牛羊或野兽危害严重的地区，应在定植橡胶苗之前完成围栏，或造刺树(*Spina gleditsiae*)篱，或防牛沟等防护工程。

4.6.10 防火

干旱季节，应将胶园内的枯枝落叶、间作物秸秆等集中移入肥穴(沟)中并盖土；在死覆盖物上覆盖一层泥土；清除胶园内及其附近的火灾隐患；历年火灾多的区域要清出胶园防火带，并备有土堆和防火工具。严禁在胶园内和防护林带内及其附近使用明火。

4.6.11 风害处理

风害发生后，要及时开展风害调查。橡胶树风害分级标准见表 B.1。根据调查结果对胶园风害情况做出整体评估并确定风害处理措施。对没有保留价值的胶园启动更新程序；对有恢复生产潜力的胶园要按先开割树、先高产树的顺次开展处理。对于 3 龄内幼树，4 级～5 级风害的做低截处理(若其比例大可对全部树做低截处理)，重新培养主干；6 级风害的用大型苗木补换植；对于斜、倒的可尽快清理树根周围淤泥，并扶正和培土。对于大于 3 龄胶树，3 级～5 级风害的应及时在断折处下方 5 cm 斜锯、修平，锯口和其他伤口涂上沥青合剂等防虫防腐药剂，但 5 级风害的开割树，则可强割更新；对于半倒和倒伏的中龄树要尽快清理树根周围淤泥，并扶正和培土；对于 3 级以下、6 级和倾斜的风害树一般不做处理，只清理胶园。

沥青合剂可按比例 1.2∶1.0∶0.8 的沥青、废机油、高岭土，或按比例 1∶1∶0.4 的沥青、废机油、松香进行配制。

4.6.12 寒害处理

寒害发生后，及时开展寒害调查。橡胶树寒害分级标准见表 B.2。根据调查结果对胶园寒害情况做出整体评估并采取应对措施。若已出现严重寒害症状，估计没有保留价值的胶园要尽快倒树处理，其中开割树可先强割再倒树；若一般寒害，可在寒害症状基本稳定后做再次调查，确定寒害处理措施。对于3龄内幼树,5级寒害的做低截处理(若其比例大可整个胶园做低截处理),重新培养主干;6级寒害的用大型苗木补换植;对大于3龄胶树,3级~5级寒害的应在回枯处下方约5 cm斜锯、修平,锯口和其他伤口涂上防虫防腐药剂,并选留、保护新萌生的枝条,或将较大的爆皮流胶伤口中的凝胶块掏出和修去翘起树皮,并立即进行防虫防腐处理。发生烂脚病的,先把病皮刮干净,然后用90%敌百虫晶体1 000倍液对裸露的木质部创面进行刷洗,待创面干后涂抹上防护剂,再粘贴一块与创口相符的防寒膜,或高培土;6级寒害树可先强割后倒树更新。

4.6.13 旱害处理

在橡胶树出现明显旱害症状时开展旱害调查。橡胶树旱害分级标准见表B.3。根据调查结果对胶园旱害程度做出评估并确定抗旱处理措施。若因干旱出现黄叶等旱害症状的,采取浅松土、盖草、引水浇灌、休割等措施;若旱害症状加重应停止割胶;若树干上部或大枝干枯的,在旱害症状稳定后在回枯处下方约5 cm处锯断,锯口应修平并涂上沥青合剂等防虫防腐药剂,并选留、保护新萌生的枝条;若树干大部回枯的宜尽快倒树。

4.6.14 胶园疏伐

非常规胶园种植生产过程可根据生产方案或生产实际需要对园内的橡胶树进行疏伐。

4.7 胶园间作

4.7.1 间作原则

胶园间作是植胶生产中一项重要生产活动,在建设和经营胶园过程要充分考虑间作生产的需求,要因地制宜开展胶园间作生产,但在间作生产过程应尽量减少胶园水土流失。坡度较大的胶园不宜间种需要经常或大幅动土等抚管措施的作物。所有胶园禁止间种木薯等橡胶树主要病虫害中间寄主或薯类等严重消耗地力的作(植)物。

4.7.2 间作规划设计

新胶园建设规划时应根据胶园间作的需要,在胶园种植密度、种植形式、土地整理等方面做出相应设计。优先推荐胶园全周期间作模式,在有条件的地方应采用该模式建立胶园开展间作生产。

4.7.3 间作物选择

宜根据胶园可间作资源潜力、间作物产品市场和间作技术及投资能力等选择适宜的间作物,尽可能发展豆科作物、长期作物、管理比较粗放的作物的间作生产。

4.7.4 间种要求

间种矮秆、浅根作(植)物的,间作物与橡胶树的距离应大于1 m;间种高秆、根系发达的作(植)物的,间作物与橡胶树的距离应在2.5 m以上;间种咖啡、茶叶等长期作物,间作物与橡胶树的距离应大于3 m。间作生产应采用等高耕作,加强水肥管理,并合理轮作,尽量采取免耕或少耕的技术或措施。

4.8 主要病虫草害防治

4.8.1 防治原则

应贯彻"预防为主,综合防治"的植保方针,综合应用农业防治、生物防治、物理防治和化学防治;其中化学防治要根据病虫草害种类、不同病虫草害危害程度,合理选择和安全使用高效、低毒、低残留的农药种类,禁用高毒、高残留的化学农药。

4.8.2 主要病害

4.8.2.1 橡胶树白粉病

4.8.2.1.1 农业防治

选用抗性品种;适当增施有机肥和钾肥。

4.8.2.1.2 化学防治

a) 加强预测预报,按防治适期进行防治。预测预报按NY/T 1089的规定执行。橡胶树白粉病分级标准见表 B.4。根据预报结果进行及时防治。抓好中心病株(区)、流行期、迟抽植株 3 个主要环节的防治工作。

b) 药剂防治。按照表 B.6 确定的喷药时间及时局部或全面喷药。喷洒 325 筛目的 90%细硫黄粉 12 kg/(hm^2·次)~15 kg/(hm^2·次),或 15%粉锈宁油烟剂 0.6 kg/(hm^2·次)~0.9 kg/(hm^2·次),或 12.5%腈菌乳油 2 000 倍液~2 500 倍液,20%三唑酮可湿性粉剂 1 000 倍液~1 500倍液喷雾,全面喷药,每 7 d~8 d 喷 1 次。

4.8.2.2 橡胶树炭疽病

4.8.2.2.1 农业防治

选用抗性品种;及时清除病树残体并集中烧毁等。

4.8.2.2.2 化学防治

a) 加强预测预报,按防治适期进行防治。与橡胶树白粉病的监测预报工作同时进行,通过早期发现及早防治。橡胶树炭疽病分级标准见表 B.5。

b) 药剂防治。在发病初期喷施 50%多菌灵可湿性粉剂 500 倍液,或 75%百菌清可湿性粉剂 600 倍液~800 倍液,或 70%甲基托布津可湿性粉剂 700 倍液~1 000 倍液 1 次~2 次,隔 7 d~8 d 喷 1 次。

4.8.2.3 橡胶树割面条溃疡病

4.8.2.3.1 农业防治

割面上方加装防雨帽(裙);雨季前清除下垂枝和控萌,降低林下湿度;雨季时由低割线(离地<40 cm)转高割线割胶;秋冬期割胶贯彻"一浅四不割";每个胶工备两把胶刀,一把用于割病树,另一把用于割健康树。

4.8.2.3.2 化学防治

发现扩展型病斑时要及时切除病灶,并及时用 0.4%瑞毒霉可湿性粉剂、1%乙磷铝等杀菌剂,配成涂剂抹于割面。

4.8.2.4 橡胶树根病

4.8.2.4.1 农业防治

新胶园垦前调查并清除林中寄主植物。老胶园更新前调查并清除病树。开垦时彻底清除已染病树树头和树根等病残体。可进行机垦的宜采用全垦方法开垦。选用无病健壮苗木定植。定植后头 3 年每年在生长期巡查 1 次,发现病树,从病树数起第 2 株和第 3 株树之间挖深 1 m、宽 30 cm~40 cm 的隔离沟,在沟内洒施生石灰。

4.8.2.4.2 化学防治

在病树基部四周挖一条 15 cm~20 cm 深的环形沟,每一病株用 75%十三吗啉乳油 20 mL~30 mL 兑水 2 000 mL,先用 1 000 mL 药液均匀地淋灌在环形沟内,覆土后将剩下的 1 000 mL 药液均匀地淋灌在环形沟内。按以上方法,每 6 个月施药 l次,共 4 次。

4.8.3 主要虫害

4.8.3.1 六点始叶螨

4.8.3.1.1 农业防治

选用抗性品种;及时清除残体并集中烧毁;螨害发生严重的,应降低割胶强度或休割。

4.8.3.1.2 生物防治

使用对捕食螨、拟小食螨瓢虫等天敌低毒的药剂,保护利用天敌。

4.8.3.1.3 化学防治

当每 100 片叶害螨数量达 3 000 头~4 000 头时,喷施 1.8%阿维菌素乳油 3 000 倍液,或 15%哒螨灵乳油 2 000 倍液,或 20%螨死净胶悬剂 2 000 倍液,或 10%螨即死(喹螨特)乳油 4 000 倍液~5 000 倍液 2 次～3 次，每隔 7 d～10 d 喷 1 次。

4.8.3.2 小蠹虫

4.8.3.2.1 农业防治

选用抗寒、抗风、抗旱品种；严重寒害、风害和旱害后及时清除橡胶树上枯死枝干；清除胶园内外的野生寄主；禁止用带有虫源植物材料作为覆盖材料；降低割胶强度。

4.8.3.2.2 生物防治

保护和利用金小蜂等天敌；选用聚集性激素等进行诱杀；合理使用绿色木霉、绿僵菌等生物制剂。

4.8.3.2.3 化学防治

在受害部位下方钻出等距离直径 0.9 cm、深 7 cm～8 cm 树洞，注射 80%敌敌畏乳油 7 mL～8 mL 药液；或用 80%敌敌畏乳油或 90%敌百虫晶体 200 倍液喷洒受害树干。

4.8.3.3 蚧壳虫

4.8.3.3.1 农业防治

选用抗性品种；及时清除有虫残体；清除胶园内外的野生寄主；禁止用带有虫源植物材料作为覆盖材料；降低割胶强度。

4.8.3.3.2 生物防治

保护和利用跳小蜂等蚧壳虫天敌。

4.8.3.3.3 化学防治

重点做好 1 龄～2 龄虫高峰期防治。在蚧壳虫繁殖高峰期和越冬繁殖高峰期，于晴天 9:00～11:00 和 16:00 后喷施 3%啶虫脒乳油 1 000 倍液，或用 48%乐斯本乳油 1 500 倍液，或 90%敌百虫晶体 1 000 倍液，或 2.5%敌杀死乳油 1 000 倍液等 2 次～3 次，每隔 7 d～8 d 喷 1 次。

其他病害防治方法按 NY/T 2259 的规定执行。

4.8.4 主要草害

4.8.4.1 橡胶树寄生

冬季至开春前，采用化学方法或人工方法灭除橡胶树上的寄生植物。矮处的寄生，用人工修除；高处的寄生，用树头钻孔施药法防治。按照 NY/T 2037—2011 中 7.2 的规定执行。

4.8.4.2 一年生杂草

一年生杂草，在其 3 叶至 5 叶期或开花前，可用 10%草甘膦 1 800 mL/hm^2～6 000 mL/hm^2 兑水 300 kg～450 kg 喷施茎叶。或按照 NY/T 2037—2011 中 7.1 的规定执行。

4.8.4.3 胶园恶草

白茅、鸭跖草、香附子、蟛蜞菊等恶草，在其 3 叶至 5 叶期或开花前，可用 10%草甘膦 18 000 mL/hm^2～21 000 mL/hm^2 兑水 75 kg～150 kg 喷施茎叶。恶草恢复生长的，在第一次喷药后 30 d～40 d，重喷药一次，用药量 1 500 mL/hm^2～6 000 mL/hm^2。或按照 NY/T 2037—2011 中 6.2.2 的规定执行。

4.9 割胶生产

4.9.1 割胶原则

正确处理管、养、割三者的关系；按品种、树龄和生产条件设计割胶制度；积极采用先进割胶技术，提高割胶劳动生产效益，取得持续高产。

4.9.2 开割标准

同一林段内，芽接树离地 100 cm 处或实生树离地 50 cm 处的树围≥50 cm，其中重风、寒害区及树龄达 12 年的树围≥45 cm 以上的株数占该林段总株数≥50%，该林段可开割。

4.9.3 割胶技术

根据树木类型（如芽接树和实生树）、割胶制度（如刺激和非刺激割胶）和割胶位置（如第一、第二割面)等特性对拟开割树割胶部位树皮进行割面规划。割面规划要保再生皮恢复期≥7年,并尽量避免吊颈皮。

根据品种、割龄、割胶技术水平等因素确定拟采用的割线条数、割胶频率、刺激强度、割线或割面轮换办法等割胶制度。割胶制度确定要以高效、高产、安全生产为目的。

根据品种、树况、天气等因素确定开、停(休)割日期,实施"三看割胶",落实动态分析割胶,控制死皮率。

做好岗前割胶技术培训,胶工要熟练掌握磨刀技术和割胶技术,推荐小圆杆刀,割四方皮,控制伤树率和耗皮量,搞好"六清洁"。

具体要求按照 NY/T 1088 的规定执行。

4.9.4 割前准备

4.9.4.1 工具准备

取出胶杯,并逐个进行清洁;修整胶架、胶舌;备好胶刀磨石,磨好胶刀。

4.9.4.2 练习技术

新割胶工要参加割胶技术系统训练,老割胶工要上树桩练习,娴熟掌握割胶技巧。

4.9.4.3 开割准备

确定树位范围(根据割胶工日工作量,一般包括一个树位全部割株的割胶操作、胶乳收集以及磨刀、刺激涂药、工具清洁等作业,将胶园划分为若干树位),清理胶路,逐株开割口,安装胶架、胶舌,安放胶杯。

4.9.5 割胶作业

一般每个割胶工每天割一个树位。常在凌晨进行。割胶操作逐株进行,先拉起胶线,然后下刀、行刀、收刀,接着换上经清洁过的胶杯等。

4.9.6 收胶作业

收集鲜乳的,在胶乳停滴后收集胶乳。但若停滴前要下雨,应提前收胶,避免雨冲胶。收胶后在3h内将胶乳送往胶厂加工。做浓乳原料的要在鲜乳中加入胶乳保鲜剂。有条件的要车辆开到田头接收胶乳。

收集凝块的,可根据市场要求收集凝块,收集过程要尽量减少杂物(如树皮、树叶、土石块等)混入胶乳或凝块中。

4.9.7 强割作业

对拟更新胶园或拟淘汰植株开展的大强度割胶生产。一般在更新前3年~5年,按橡胶树的产胶潜力、可强割树皮量对拟更新胶园实施强割。强割包括或同时采用多条割线、加大刺激强度或增大割胶频次等。实施强割的不再考核伤树率、死皮率等指标。

4.9.8 停割养护

胶园停割后,回收胶杯、胶架、胶舌,其中将胶杯叠放一起并埋入泥土中;清洁和收集树身、树头胶泥胶块;待割面干爽后,择晴天用割面保护制剂均匀涂封当年新麻面等部位。

4.10 木材收获

4.10.1 木材收获原则

设计在先,持证上岗,机械替代,高效利用,强化安全生产。

4.10.2 倒树作业设计

实地调查拟更新胶园的地形地势、土壤、林木蓄积量、出材量和下层植被以及木材集采运条件等。橡胶林木蓄积调查可采用标准地(调查表格式参见表C.1)或全林实测法或机械抽样调查法推算;防护林林带采用抽取标准段或者标准行进行调查。根据调查结果编制出采伐作业设计书。设计书格式参见表C.2。橡胶林木蓄积量计算参考"橡胶树单木带皮材积表"[1]。

4.10.3 倒树及造材

对伐区周界木和保留木进行标号，选定集材路线。

降低伐根，控制倒树方向；分组配合进行倒树作业。

打枝应从根部向梢头（直径 6 cm 处）依次进行；应紧贴树干表面砍（锯）掉枝丫，不应留楂和深陷、劈裂。

应根据质量和加工的要求，充分利用原条的全部长度，先造特殊材，后造一般材；先造长材，后造短材；先造优材，后造劣材（优材不劣造，劣材不带好材），提高经济材出材率。

应严格按量材划线标志下锯，不应躲包让节；锯截时锯板应端正，并与原条轴线相垂直，防止锯口偏斜；不应锯伤邻木，不应出劈裂材。

可采用机械或人工集材。

4.10.4 安全作业要求

作业前检查相关安全保护措施是否落实，光线不足和恶劣天气禁止作业；作业时应戴安全帽和防护手套等劳动防护用品。倒树时应两人配合作业，确认危险区内安全后方可伐木作业；打枝时一人一树，人站在伐倒木一侧打另一侧枝桠，人与人相距应保持 5 m 以上。造材前应清除妨碍作业的灌木、枝桠等障碍物，并认真检查原条有无滚落危险。造材时，造材工应站在上坡方向且下坡无人，不应将腿、脚伸到原条下面；不应两人在同一根原条上造材；不应站在正在横锯的木材的树干上。集材时，人应站到原条后方 5 m、牵引索两侧 10 m 处以外。具体要求按照 LY/T 1646 的规定执行。

4.10.5 迹地卫生

在采伐木运出后进行清理；除病虫害严重的迹地和油污杂物可用火焚烧（应有专人看管）外，应将枝桠、梢木、截头等集中深埋或堆沤，堆积枝桠时宜避开小河、小溪径流。

4.11 胶园更新

4.11.1 更新标准

常规胶园经过多年刺激割胶，胶园单位面积产量低于该类型区平均单产的 60%的低产胶园，或有效割株少于 225 株/hm^2（云南植胶区少于 150 株/hm^2）的残旧胶园应予更新。达到或超过割胶年限，更新后可以明显提高生产效益，且符合区域内整体胶园更新规划的老龄胶园可以更新。

非常规胶园更新标准按照林业领域相关规定[2]进行。

4.11.2 更新原则

提前 3 年～5 年做好更新规划；按宜林地等级先优后次；小区域连片、短期完成；先强割后更新。

4.11.3 更新准备

应在拟更新前 1 年～2 年培育和备足苗木。应在拟倒树前 3 年～5 年对拟更新胶园进行强割。应在倒树前 3 个月以上标记出患有根病的橡胶树并给予毒杀。应在倒树前提出橡胶木材的收获和利用计划。

4.11.4 更新方法

更新方法一般采用全面更新法。如有特殊需要，也可以采用隔带更新或从下更新法，但需有相应的配套技术措施。

4.11.5 机械更新

使用各类机械进行更新作业。工作的程序是：（人工）毒树→倒树→犁地→清除树根→挖穴和修筑梯田。采用机械更新时要避免反复碾压土地。

4.11.5.1 人工更新

由人工完成全部更新作业。工作的程序是：毒树→倒树→清地→挖穴和修筑梯田。

4.11.5.2 人机结合更新

机械为主、人工为辅的更新作业。工作程序同机械更新。适宜于复杂地形和精细作业要求。

4.11.6 **更新胶园建设**

更新胶园的开垦和种植管理要求按照4.3、4.5和4.6的规定执行。

4.12 **林谱档案**

4.12.1 **林谱档案要求**

林谱档案记录某胶园历年的主要农事活动和生长、产量、抗逆性表现等内容。林谱档案采用表格方式记录。记录时间从该胶园规划设计时起至胶园更新时止。每个林段要建立林谱档案。每个林谱档案有独立编号。

4.12.2 **林谱档案格式**

林谱档案格式参见附录D。有条件的单位要建立电子林谱档案。林谱档案应长期保存。

附 录 A
(资料性附录)
大田橡胶树施肥量参考量

大田橡胶树施肥量参考量见表 A.1。

表 A.1 大田橡胶树施肥量参考量

肥料种类[a]	施肥量[b],kg/(株·年)		
	1 龄～2 龄幼树	3 龄至开割前幼树	开割树
有机肥	>10	>15	>25
尿素	0.23～0.55	0.46～0.68	0.68～0.91
钙镁磷肥	0.30～0.50	0.20～0.30	0.40～0.50
氯化钾	0.10～0.20	0.10～0.20	0.20～0.40
硫酸镁	0.08～0.16	0.10～0.15	0.15～0.20

[a] 施用其他化肥时,按表列品种肥分含量折算。

[b] 最适施肥量应通过营养诊断确定。

附 录 B
（规范性附录）
橡胶树风、寒、旱和病害分级标准

B.1 橡胶树风害分级标准

见表 B.1。

表 B.1 橡胶树风害分级标准

级别	类别	
	未分枝幼树	已分枝胶树
0	不受害或少量落叶	不受害或少量落叶
1	破损叶量<1/2	叶子破损，小枝折断条数<1/3 或树冠叶量损失<1/3
2	破损叶量≥1/2 至全部损落	主枝折断条数 1/3～2/3 或树冠叶量损失>1/3～2/3
3	1/3 树高以上断干	主枝折断条数>2/3 或树冠叶量损失>2/3
4	1/3～2/3 树高处断干	全部主枝折断或一条主枝劈裂，或主干 2 m 以上折断
5	2/3 树高以下断干，但仍有部分完好接穗	主干 2 m 以下折断
6	接穗劈裂，无法重萌	接穗全部断损
倾斜		主干倾斜<30°
半倒		主干倾斜 30°～45°
倒伏		主干倾斜超过 45°
断倒株数＝4 级株数＋5 级株数＋6 级株数＋倒伏株数。 断倒率＝断倒株数/全部株数×100。		

B.2 橡胶树寒害分级标准

见表 B.2。

表 B.2 橡胶树寒害分级标准

级别	类别			
	未分枝幼树	已分枝幼树	大树主干树皮	茎基[a]树皮
0	不受害	不受害或嫩叶受害	不受害或点状暴皮流胶	不受害或点状暴皮流胶
1	顶篷叶受害	树冠干枯<1/3	坏死宽度<5 cm	坏死宽度<5 cm
2	全落叶	树冠干枯 1/3～2/3	坏死宽度占全树周 2/6	坏死宽度占全树周 2/6
3	回枯至 1/3 树高以上	树冠干枯 2/3 以上	坏死宽度占全树周 3/6	坏死宽度占全树周 3/6
4	回枯至 1/3～2/3 树高	树冠全部干枯，主干回枯至 1 m 以上	坏死宽度占全树周 4/6 或虽超过 4/6 但在离地 1 m 以上	坏死宽度占全树周 4/6
5	回枯至 2/3 树高以下，但接穗尚活	主干回枯至 1 m 以下	离地 1 m 以上坏死宽度占全树周 5/6	坏死宽度占全树周 5/6
6	接穗全部枯死	接穗全部枯死	离地 1 m 以下坏死宽度占全树周 5/6 以上直至环枯	坏死宽度占全树周 5/6 以上直至环枯
[a] 茎基指芽接树结合线以上约 30 cm，实生树地面以上约 30 cm 的茎部。芽接树砧木受害另行登记，不列入茎基树皮寒害。				

B.3 橡胶树旱害分级标准

见表 B.3。

表 B.3 橡胶树旱害分级标准

级别	类别		
	未分枝幼树	已分枝树	小根[a]
0	不受害或少量黄叶	黄叶或落叶量<1/10	不受害
1	黄叶或落叶量<1/2	树冠干枯<1/5	地表 0 cm～5 cm 吸收根坏死
2	叶片全落	树冠干枯 1/5～3/5	地表 0 cm～10 cm 吸收根坏死
3	回枯至 1/3 树高以上	树冠干枯 3/5 以上	地表 0 cm～5 cm 运输根坏死
4	回枯至 1/3～2/3 树高	树冠全部干枯，主干回枯至 1 m 以上	地表 0 cm～20 cm 运输根坏死
5	回枯至 2/3 树高以下，但接穗尚活	主干回枯至 1 m 以下	地表 0 cm～40 cm 运输根坏死
6	接穗全部枯死	接穗全部枯死	小根全部坏死

[a] 在行间离树头 150 cm 观测。

B.4 橡胶树白粉病分级标准

见表 B.4。

表 B.4 橡胶树白粉病分级标准

级别	分 级 标 准
0	无病
1	少数叶片有少量病斑
2	多数叶片有较多病斑
3	病斑累累，或叶片轻度皱缩，或因病落叶 1/10
4	叶片严重皱缩，或因病落叶 1/3
5	因病落叶 1/2 以上

B.5 橡胶树炭疽病分级标准

见表 B.5。

表 B.5 橡胶树炭疽病分级标准

级别	叶 片	植 株
0	无病	无病
1	少数病斑，叶形正常	在地面仔细观察有少数病叶
2	较多病斑，叶形正常	较多叶片无病，部分病叶轻度皱缩
3	病斑总和占叶片 1/4 或轻度皱缩	皱缩病叶较多，有少量落叶
4	病斑总和占叶片 1/2 或中度皱缩	因病落叶占全树冠 1/3
5	病叶严重皱缩或落叶	因病落叶占全树冠 1/2 以上

B.6 根据总发病率确定橡胶树白粉病喷药表

见表 B.6。

表 B.6 根据总发病率确定橡胶树白粉病喷药表

<table>
<tr><th rowspan="2">序号[a]</th><th colspan="3">条件</th><th rowspan="2">喷药时间和方法</th></tr>
<tr><th>总发病率(x)
%</th><th>抽叶率(z)
%</th><th>其他条件</th></tr>
<tr><td rowspan="3">1</td><td rowspan="3">3<x≤5</td><td>z≤20</td><td>没有低温阴雨或冷空气</td><td>在 4 d 内对固定观察点代表区内橡胶林全面喷药</td></tr>
<tr><td>20<z≤50</td><td>没有低温阴雨或冷空气</td><td>在 3 d 内对固定观察点代表区内橡胶林全面喷药</td></tr>
<tr><td>50<z≤85</td><td>没有低温阴雨或冷空气</td><td>在 5 d 内对固定观察点代表区内橡胶林全面喷药</td></tr>
<tr><td>2</td><td>x≤3</td><td>z≥86</td><td>没有低温阴雨或冷空气</td><td>不用全面喷药，但 3 d 内对固定观察点代表区内物候进程较晚的橡胶树进行局部喷药</td></tr>
<tr><td>3</td><td>/</td><td>/</td><td>没有低温阴雨或冷空气；第一次或第二次全面喷药 8 d 后；进入老叶期植株比例≤50%</td><td>在 4 d 内对固定观察点代表区内橡胶林再次全面喷药</td></tr>
<tr><td>4</td><td>x≥20</td><td>/</td><td>进入老叶期植株比例≥60%</td><td>在 4 d 内对固定观察点代表区内物候进程较晚的橡胶树局部喷药</td></tr>
<tr><td>5</td><td>/</td><td>/</td><td>中期测报结果为特大流行的年份</td><td>在判断序号 1～序号 3 的判断结果基础上提早 1 d 喷药</td></tr>
<tr><td>6</td><td>/</td><td>/</td><td>防治药剂为粉锈宁</td><td>在判断序号 1～序号 4 的判断结果基础上提早 1 d～2 d 喷药</td></tr>
<tr><td colspan="5">[a] 序号 1～序号 5 均以硫黄粉为防治药剂。</td></tr>
</table>

附　录　C
（资料性附录）
更新调查作业表

C.1　标准地调查表

见表C.1。

表C.1　标准地调查表

<table>
<tr><td colspan="3">地名：</td><td colspan="3">林段号：</td><td colspan="3">海拔：　　　m</td><td colspan="2">坡向：</td></tr>
<tr><td colspan="3">坡度：　　　°</td><td colspan="3">品种：</td><td colspan="3">定植年月：</td><td colspan="2">开割年月：</td></tr>
<tr><td colspan="4">近三年橡胶产量：　　　kg/hm²</td><td colspan="4">存树率：　　　%</td><td colspan="3">标准地面积：　　　hm²</td></tr>
<tr><td colspan="11">实测林分因子</td></tr>
<tr><td rowspan="2">树种</td><td rowspan="2">平均
年龄
年</td><td rowspan="2">平均
胸径
cm</td><td rowspan="2">平均
树高
m</td><td rowspan="2">疏密
度
%</td><td colspan="4">标准地</td><td colspan="2">每亩</td></tr>
<tr><td>实测株数
株</td><td>理论株数
株</td><td>断面积
m²</td><td>蓄积量
m³</td><td>断面积
m²</td><td>蓄积量
m³</td></tr>
<tr><td></td><td></td><td></td><td></td><td></td><td></td><td></td><td></td><td></td><td></td><td></td></tr>
<tr><td rowspan="2">径阶</td><td colspan="7">每木检尺</td><td colspan="3">标准木</td></tr>
<tr><td colspan="3">株数划记</td><td colspan="2">株数小计
株</td><td colspan="2">断面积小计
m²</td><td colspan="2">平均胸径
cm</td><td>平均树高
m</td></tr>
<tr><td>6</td><td colspan="3"></td><td colspan="2"></td><td colspan="2"></td><td colspan="2"></td><td></td></tr>
<tr><td>8</td><td colspan="3"></td><td colspan="2"></td><td colspan="2"></td><td colspan="2"></td><td></td></tr>
<tr><td>10</td><td colspan="3"></td><td colspan="2"></td><td colspan="2"></td><td colspan="2"></td><td></td></tr>
<tr><td>12</td><td colspan="3"></td><td colspan="2"></td><td colspan="2"></td><td colspan="2"></td><td></td></tr>
<tr><td>14</td><td colspan="3"></td><td colspan="2"></td><td colspan="2"></td><td colspan="2"></td><td></td></tr>
<tr><td>16</td><td colspan="3"></td><td colspan="2"></td><td colspan="2"></td><td colspan="2"></td><td></td></tr>
<tr><td>18</td><td colspan="3"></td><td colspan="2"></td><td colspan="2"></td><td colspan="2"></td><td></td></tr>
<tr><td>20</td><td colspan="3"></td><td colspan="2"></td><td colspan="2"></td><td colspan="2"></td><td></td></tr>
<tr><td>22</td><td colspan="3"></td><td colspan="2"></td><td colspan="2"></td><td colspan="2"></td><td></td></tr>
<tr><td>24</td><td colspan="3"></td><td colspan="2"></td><td colspan="2"></td><td colspan="2"></td><td></td></tr>
<tr><td>合计</td><td colspan="3"></td><td colspan="2"></td><td colspan="2"></td><td colspan="2">标准木材积
m³</td><td></td></tr>
<tr><td>平均</td><td colspan="3"></td><td colspan="2"></td><td colspan="2"></td><td colspan="2">标准地蓄积
m³</td><td></td></tr>
<tr><td colspan="4">调查人：</td><td colspan="4">技术负责人：</td><td colspan="3">单位负责人：</td></tr>
</table>

C.2　更新采伐作业设计表

见表C.2。

表 C.2　更新采伐作业设计表

林地所在单位或管辖部门名称：______________________________(公章)

作业区(行政村)名称	生产队(村民组)	林段号	地名	更新胶园标准地调查情况									倒树作业设计							消耗结构			更新设计				
				树种(树种组)	定植日期	树龄年	郁闭度%	平均胸径 cm	平均树高 m	每亩株数株	每亩年生长量 m^3	每亩蓄积 m^3	林种	权属	林权证号	采伐类型	采伐面积 hm^2	采伐株数株	采伐蓄积 m^3	商品材		烧材采伐蓄积 m^3	更新方式	更新日期	更新树种	更新面积 hm^2	更新株数株
																				采伐面积 hm^2	出材量 m^3						
1	2	3	4	5	6	7	8	9	10	11	12	13	14	15	16	17	18	19	20	21	22	23	24	25	26	27	28

林段四至界限：

东——

南——

西——

北——

负责人：　　　　　　　　　　　设计人：　　　　　　　　填表日期：　　年　　月　　日

附 录 D
(资料性附录)
胶园林谱档案格式

D.1 未开割胶园林谱档案

见表 D.1。

表 D.1 未开割胶园林谱档案

林段号: 地点: 建档日期 年 月 日

垦前植被		平均海拔,m		平均坡度,°		主要坡向		土壤类型		面积,hm²	

开垦日期		定植日期		补苗日期		首割日期[a]	
品种		定植株数,株		补苗品种		开割率[a],%	
株行距,m×m		定植成活率,%		补苗成活率,%		平均茎围[a,b],cm	
苗木类型		定植当年生长量[b](株高),cm		基肥数量,kg/株		是否间作	

抚管项目		年	年	年	年	年	年	年	年	年
除草/控萌日期及次数										
抹芽、修剪方法及次数										
扩挖穴及压青量,kg/株										
第一次	施肥日期									
	施肥量,kg/株									
	NPK 比例									
第二次	施肥日期									
	施肥量,kg/株									
	NPK 比例									
第三次	施肥日期									
	施肥量,kg/株									
	NPK 比例									
有机肥数量和种类,kg/株										
水土保持设施维护										
病虫害及防治方法										
自然灾害及受害率[c]										
其他										

林相状况	累计	本年增减	累计	本年增减	累计	本年增减	累计	本年增减	累计	本年增减	累计	本年增减	累计	本年增减	累计	本年增减	累计	本年增减
保存株数,株																		
平均围茎[b],cm																		
均匀度[d]																		

[a] 首次开割的日期、开割率和平均茎围。

[b] 定植当年只计总叶篷数(含已落叶的叶篷);从定植第二年起至开割前,测量离地 100 cm 处的茎干围茎。

[c] 风、寒、旱害的受害率=受害株数×受害级别/总调查株数。

[d] 均匀度=茎围相当于平均茎围 80%~120%的株数占总株数的百分率。

D.2 未开割胶园树况记录

见表 D.2。

表 D.2 未开割胶园树况记录

林段号： 地点： 抚管工： 表________

林段面积	hm^2	品种			定植日期			总株数		
行株号	离地 100 cm 处围茎(cm)及受害情况等[a]									
	年	年	年	年	年	年	年	年	年	年

[a] 受害情况，用“风/寒害×等级”等表示。

D.3 开割胶园林谱档案

见表 D.3。

表 D.3 开割胶园林谱档案

林段号： 树位号： 地点： 表______

树位面积，hm^2			品种			总株数		首割日期[a]		
年份		年	年	年	年	年	年	年	年	年
胶工姓名										
除草/控萌次数										
第一次	施肥日期									
	施肥量，kg									
	NPK 比例									
第二次	施肥日期									
	施肥量，kg									
	NPK 比例									
第三次	施肥日期									
	施肥量，kg									
	NPK 比例									
修剪方法和次数										
水保设施维护措施										
病虫害及防治措施										
自然灾害及受害率										
保存株数，株										
割胶株数，株										
未割株数，株										
割胶制度										
开割日期										
停割日期										
年割胶刀次										
涂药浓度及次数										
一面死皮[b]株数										
两面死皮[b]株数										
死皮停割株数										
胶乳产量，kg										
干胶含量，%										
总产干胶，kg										
平均株产，kg										
平均单产，kg/hm^2										

[a] 首次开割的日期。

[b] 一面或两面死皮包括部分或全线死皮。

D.4 树位产量记录

见表 D.4。

表 D.4 树位产量记录

________年　　树位号：　　　　　　　　　林段号：　　　　　　　　　　　　　　地点：

表__________

月份	项目	日期															合计
	割胶株数，株																
	胶乳产量，kg																
	干胶含量，%																
	割胶株数，株																
	胶乳产量，kg																
	干胶含量，%																
	割胶株数，株																
	胶乳产量，kg																
	干胶含量，%																
	割胶株数，株																
	胶乳产量，kg																
	干胶含量，%																
	割胶株数，株																
	胶乳产量，kg																
	干胶含量，%																
	割胶株数，株																
	胶乳产量，kg																
	干胶含量，%																

D.5 开割胶园树况记录

见表D.5。

表D.5 开割胶园树况[a]记录

林段号： 树位号： 地点：

表__________

行株号	年	年	年	年	年	年	年	年	年	年	年	年	年	年	年	年	年

[a] 树况包括开割与否，死皮情况，风、寒害级别及处理情况等。

参 考 文 献

[1]周再知,等,1996. 橡胶树立木材积表的编制研究. 林业科学研究(5):486-491
[2]国家林业局,1987. 森林采伐更新管理办法. 9月10日发布

附加说明:

本标准按照 GB/T 1.1—2009 给出的规则起草。

本标准代替 NY/T 221—2006《橡胶树栽培技术规程》。与 NY/T 221—2006 相比,除编辑性修改外,主要技术变化如下:

——由原第 4 章至第 11 章共 8 章的内容改编入第 4 章,原第 4 章至第 11 章中有关苗木定植、胶园间作和林谱档案内容分别单列成 1 节;

——增加了非规范胶园建设及抚管等要求;

——割胶生产新增了割胶原则、开割标准、割胶技术、割前准备、割胶作业、收胶作业、强割作业和停割养护 8 个方面的要求;

——新增木材收获 1 节的要求;

——其他章节多数条款内容做了一些细化修改。

本标准由农业部农垦局提出。

本标准由农业部热带作物及制品标准化技术委员会归口。

本标准起草单位:中国热带农业科学院橡胶研究所、海南大学、海南省农垦总局、云南省农垦总局、广东省农垦总局、西双版纳农业局、农业部发展南亚热带作物办公室。

本标准主要起草人:林位夫、郑服丛、李家宁、李智全、李传辉、陈叶海、严志平、傅建、谢贵水、安锋、王军、周珺。

本标准的历次版本发布情况为:

——NY/T 221—2006。

中华人民共和国农业行业标准

剑麻纤维制品　含油率的测定

Sisal fibre products—Determination of lubricant content

NY/T 245—2016
代替 NY/T 245—1995

1　范围

本标准规定了剑麻纤维制品含油率的测定方法。

本标准适用于剑麻纤维制品中含油率的测定。

2　规范性引用文件

下列文件对于本文件的应用是必不可少的。凡是注日期的引用文件，仅注日期的版本适用于本文件。凡是不注日期的引用文件，其最新版本(包括所有的修改单)适用于本文件。

NY/T 243　剑麻纤维及制品回潮率的测定

3　术语和定义

下列术语和定义适用于本文件。

3.1

含油率　lubricant content

剑麻纤维制品中吸附的油剂对干纤维制品(去除油剂)的质量分数。

4　原理

用石油醚等溶剂抽提试样所含的油剂，去除溶剂干燥后，称量残留的油剂，计算含油率。

5　试剂材料及仪器设备

5.1　石油醚(C_5H_{12})，分析纯，沸程 30℃～60℃。

5.2　球形索氏抽提器，烧瓶 500 mL。

5.3　电子天平，感量为 0.01 g。

5.4　电热恒温鼓风干燥箱，温度可控制在(105±5)℃。

5.5　电热恒温水浴锅，温度可控制在(60±2)℃。

5.6　干燥器。

5.7　定量滤纸。

6　试验环境条件

试验在通风装置中进行。

中华人民共和国农业部 2016-11-01 发布　　2017-04-01 实施

7 试样制备

抽取质量约 100 g 的样品，剪切长度约 5 cm，拆散、混匀，从中称取质量(20±2) g，精确至 0.01 g，作为试样 1(m_1)，用滤纸包好，用于测定试样的含油率；称取质量(50±2) g，精确至 0.01 g，作为试样 2(m_2)，用滤纸包好，用于测定试样的水分质量。

8 试验步骤

8.1 含油率的测定

8.1.1 把烧瓶放入电热恒温鼓风干燥箱中，在 105℃下烘 2 h，置于干燥器中冷却至室温后称重。

8.1.2 将石油醚注入烧瓶中，注入量至少为烧瓶容积的一半。然后将试样 1 放入抽提管中后，与烧瓶和冷凝管连接。

8.1.3 将整套抽提装置固定于水浴锅上，设定水浴温度 60℃，接通冷凝水，加热、反复回流，直至抽提管中回流介质无色。

8.1.4 回收抽提管中的石油醚后，停止加热，用水浴继续蒸干烧瓶中石油醚。

8.1.5 将烧瓶外壁清洗干净，勿使洗水溅入瓶中，置于 105℃烘箱内烘 2 h，然后将烧瓶置于干燥器中冷却至室温后称重。再将烧瓶置于 105℃烘箱内烘 0.5 h，置于干燥器中冷却至室温后称重；反复进行，直至前后两次质量之差不超过 0.05 g 为止。最后一次质量与烧瓶净质量之差为油剂质量(m_3)。

8.2 水分质量的测定

试样 2 水分质量的测定按照 NY/T 243 的规定进行，水分质量记作 m_4。

8.3 空白试验

不添加试样，油剂质量的测定和水分质量的测定分别按 8.1 和 8.2 的规定进行。

9 结果计算

9.1 试样 1 水分质量按式(1)计算。

$$m_5 = \frac{m_1}{m_2} \times m_4 \quad \cdots\cdots (1)$$

式中：

m_5——试样 1 中水分质量，单位为克(g)；

m_1——试样 1 质量，单位为克(g)；

m_2——试样 2 质量，单位为克(g)；

m_4——试样 2 中水分质量，单位为克(g)。

计算结果保留至小数点后两位。

9.2 样品含油率按式(2)计算。

$$M = \frac{m_3}{m_1 - m_3 - m_5} \times 100 \quad \cdots\cdots (2)$$

式中：

M——试样 1 含油率，单位为百分率(%)；

m_3——试样 1 中油剂质量，单位为克(g)。

计算结果保留至小数点后两位。

10 精密度

在重复性条件下获得的两次独立测试结果的绝对差值不得超过算数平均值的10%。

附加说明:

本标准按照GB/T 1.1—2009给出的规则起草。

本标准代替NY/T 245—1995《剑麻纤维制品　含油率的测定》。与NY/T 245—1995相比,除编辑性修改外,主要技术变化如下:

——增加了"精密度"(见10);

——修改了规范性引用文件(见2,1995年版的2);

——将"试剂"和"试验仪器及设备"合并修改为"试剂材料及仪器设备"(见5,1995年版的5和6)。

本标准由农业部农垦局提出。

本标准由农业部热带作物及制品标准化技术委员会归口。

本标准起草单位:农业部剑麻及制品质量监督检验测试中心。

本标准主要起草人:张光辉、陶进转、陈伟南、郑润里。

本标准的历次版本发布情况为:

——NY/T 245—1995。

中华人民共和国农业行业标准

香荚兰　种苗

Vanilla cutting plant

NY/T 362—2016

代替 NY/T 362—1999

1　范围

本标准规定了香荚兰(*Vanilla planifolia* Jacks.)种苗的术语和定义、要求、检验方法、检验规则、包装、标识、运输和储存。

本标准适用于墨西哥香荚兰母蔓和插条苗的质量检验，也可作为大花香荚兰、塔希堤香荚兰和帝皇香荚兰等香荚兰属其他种的种苗质量检验参考。

2　规范性引用文件

下列文件对于本文件的应用是必不可少的。凡是注日期的引用文件，仅注日期的版本适用于本文件。凡是不注日期的引用文件，其最新版本(包括所有的修改单)适用于本文件。

GB 9847　苹果苗木

GB 15569　农业植物调运检疫规程

中华人民共和国国务院令第 98 号　植物检疫条例

中华人民共和国农业部令第 5 号　植物检疫条例实施细则(农业部分)

3　术语和定义

下列术语和定义适用于本文件。

3.1

母蔓　mother-vine cutting

选取增殖圃中 1 年～3 年内抽生的尚未开花结荚的茎蔓，去除尾部两个节后，分割成若干条，直接种植的茎蔓。

3.2

插条苗　cutting plant

增殖圃中 1 年～3 年内抽生的尚未开花结荚的茎蔓，去除尾部两个节，分割成若干条，经扦插生根后获得的种苗。

3.3

根节　root nodes

插条长根的节。

4　要求

4.1　基本要求

中华人民共和国农业部 2016 - 11 - 01 发布　　　　2017 - 04 - 01 实施

品种纯度≥95%；无检疫性病虫害；无明显机械损伤；生长正常，无病虫为害。

4.2 分级

4.2.1 母蔓

母蔓分级应符合表1的规定。

表1 母蔓分级指标

项目	一级	二级
母蔓长度，cm	80～100	60～79
母蔓粗度，mm	>8	6～8
腋芽数，个	≥5	4

4.2.2 插条苗

插条苗分级应符合表2的规定。

表2 插条苗分级指标

项目	一级	二级
新蔓长度，cm	>40	30～40
新蔓粗度，mm	>6	4～6
根节数，个	≥3	2

5 检验方法

5.1 纯度

将种苗参见附录A逐株用目测法检验，根据其品种的主要特征，确定本品种的种苗数。纯度按式(1)计算。

$$X = \frac{A}{B} \times 100 \quad (1)$$

式中：

X ——品种纯度，单位为百分率(%)，精确到0.1%；

A ——样品中鉴定品种株数，单位为株；

B ——抽样总株数，单位为株。

5.2 疫情

按GB 15569、中华人民共和国国务院令第98号和中华人民共和国农业部令第5号的有关规定执行。

5.3 外观

用目测法检测植株的生长情况、病虫害、机械损伤、茎叶是否失水萎蔫等状况；苗龄根据育苗档案核定。

5.4 母蔓长度

用卷尺测量切口至茎顶端蔓之间的长度，单位为厘米(cm)，精确到1 cm。

5.5 母蔓粗度

用游标卡尺测量基部切口以上第2个节中部的最大直径，单位为毫米(mm)，精确到1 mm。

5.6 腋芽数

用目测法观测母蔓的腋芽数量。

5.7 新蔓长度

用卷尺测量新蔓基部至顶端完全展开叶片处茎蔓之间的直线长度，单位为厘米(cm)，精确到 1 cm。

5.8 新蔓粗度

用游标卡尺测量新蔓基端以上第 2 个节中部的最大直径，单位为毫米(mm)，精确到 1 mm。

5.9 根节数

用目测法观测插条苗的根节数量。

将检测结果记入附录 B 和附录 C 中。

6 检验规则

6.1 组批和检验地点

同一批种苗作为一个检验批次。检验限于种苗增殖圃、苗圃或种苗装运地进行。

6.2 抽样

按照 GB 9847 的规定执行。

6.3 判定规则

6.3.1 一级苗：同一批检验的一级种苗中，允许有 5%的种苗不低于二级苗要求。

6.3.2 二级苗：同一批检验的二级种苗中，允许有 5%的种苗不低于 4.1 的要求。

6.3.3 不符合 4.1 要求的种苗，判定为不合格种苗。

6.4 复检规则

对检验结果产生异议的，应加倍抽样复验一次，以复验结果为最终结果。

7 包装、标识、运输和储存

7.1 包装

取苗后喷施 50%多菌灵可湿性粉剂 500 倍液进行消毒，然后用草绳、麻袋或纤维袋等透气性材料进行头尾两道捆绑，两头开口，一般 20 株/捆。

7.2 标识

种苗出圃时应附有质量检验证书和标签。推荐的检验证书格式参见附录 D，推荐的标签格式参见附录 E。

7.3 运输

按不同级别装运，装苗前车厢底部应铺设一层保湿材料，分层装卸，每层厚度不超过 3 捆。运输过程中，应保持通风、透气、保湿、防晒、防雨。

7.4 储存

运达目的地后，将种苗摊放在阴凉处，母蔓应炼苗 1 d～2 d 后，在晴天定植；插条苗应洒水保湿，在起苗 1 d～2 d 内完成定植。

附 录 A
(资料性附录)
墨西哥香荚兰特征特性

茎浓绿色,圆柱形,肉质有黏液,茎粗 0.4 cm～1.8 cm,节间长 5 cm～15 cm,不分枝或分枝细长。叶互生,肉质,披针形或长椭圆形,长 9 cm～23 cm,宽 2 cm～8 cm。花腋生,总状花序,一般有小花 20 朵～30 朵,花朵浅黄绿色,唇瓣喇叭形,花盘中央有丛生绒毛。荚果长圆柱形,长 10 cm～25 cm,直径 1.0 cm～1.5 cm,成熟时呈浅黄绿色。种子褐黑色,大小为 0.20 mm～0.25 mm。

附　录　B
（资料性附录）
香荚兰母蔓质量检测记录表

香荚兰母蔓质量检测记录表见表B.1。

表B.1　香荚兰母蔓质量检测记录表

品　　种：________　　　　No.：________

育苗单位：________　　　　购苗单位：________

出圃株数：________　　　　抽检株数：________

样株号	母蔓长度 cm	母蔓粗度 mm	腋芽数 个	初评级别

审核人（签字）：　　校核人（签字）：　　检测人（签字）：　　检测日期：　　年　月　日

附 录 C
（资料性附录）
香荚兰插条苗质量检测记录表

香荚兰插条苗质量检测记录表见表C.1。

表C.1 香荚兰插条苗质量检测记录表

品　　种：________________　　　　　　　　　　No.：________________

育苗单位：________________　　　　　　　　　　购苗单位：________________

出圃株数：________________　　　　　　　　　　抽检株数：________________

样株号	新蔓长度 cm	新蔓粗度 mm	根节数 个	初评级别

审核人(签字)：　　　　校核人(签字)：　　　　检测人(签字)：　　　　检测日期：　　年　月　日

附　录　D
（资料性附录）
香荚兰种苗质量检验证书

香荚兰种苗质量检验证书见表 D.1。

表 D.1　香荚兰种苗质量检验证书

<table>
<tr><td>育苗单位</td><td></td><td>购苗单位</td><td></td></tr>
<tr><td>种苗数量</td><td></td><td>品种</td><td></td></tr>
<tr><td>检验结果</td><td colspan="3">一级：　　株；　　二级：　　株</td></tr>
<tr><td>检验意见</td><td colspan="3"></td></tr>
<tr><td>证书签发日期</td><td></td><td>证书有效期</td><td></td></tr>
<tr><td>检验单位</td><td colspan="3"></td></tr>
<tr><td colspan="4">注：本证一式叁份，育苗单位、购苗单位、检验单位各壹份。</td></tr>
</table>

审核人（签字）：　　　　校核人（签字）：　　　　检测人（签字）：

附　录　E
（资料性附录）
香荚兰种苗标签

香荚兰种苗标签见图 E.1。

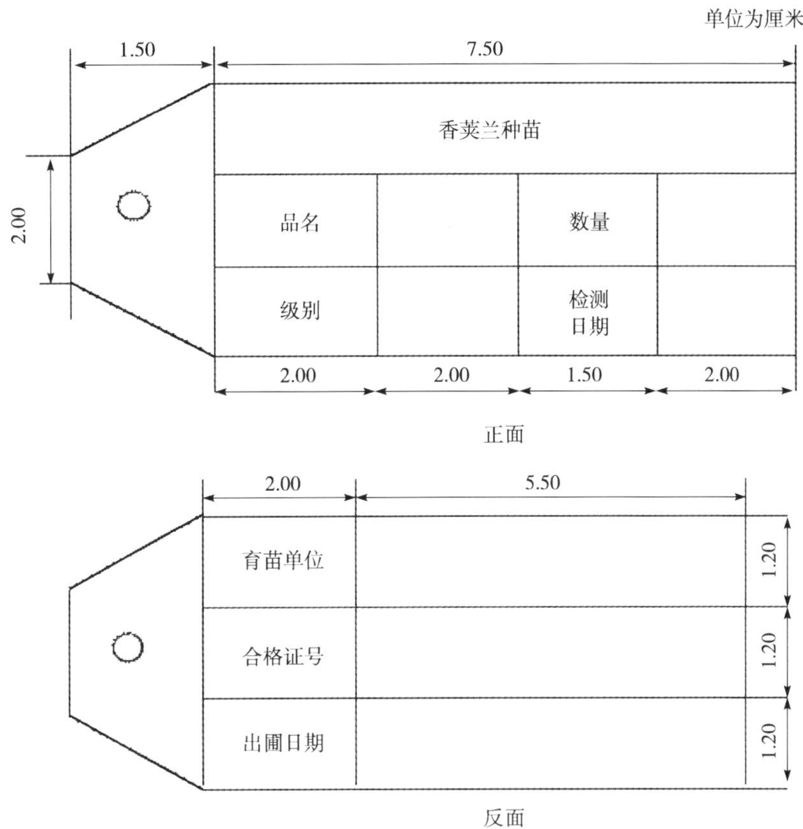

注：标签用 150 g 纯牛皮纸，标签孔用金属包边。

图 E.1　香荚兰种苗标签

附加说明：

本标准按照 GB/T 1.1—2009 给出的规则起草。

本标准代替 NY/T 362—1999《香荚兰　种苗》。与 NY/T 362—1999 相比，除编辑性修改外，主要技术变化如下：

——增加了适合于本标准的规范性引用文件《农业植物调运检疫规程》《植物检疫条例》《植物检疫条例实施细则（农业部分）》（见 2）；

——修改了术语和定义（删除了原标准的 3.2、3.3、3.4，增加了 3.2 插条苗的定义）；

——增加了基本要求的内容（4.1）；

——删除了原标准表 1 和表 2 中母蔓分级指标的嫩梢、叶片、病虫害、机械损伤和水分的质量要求（见表 1 和表 2）；

——修改了原标准表 1 和表 2 中母蔓长度和腋芽数的分级标准(见表 1 和表 2);

——删除了原标准表 1 和表 2 中插条苗分级指标中插条长度、插条节数、留圃时间、病虫害、机械损伤的质量要求(见表 2);

——修改了原标准表 2 中插条苗新蔓长度、新蔓粗度和根节数的分级标准(见表 2);

——增加了检验方法(见 5);

——修改了原标准中 5.2 检验规则(见 6);

——增加了附录 A 墨西哥香荚兰特征(资料性附录)(见附录 A)。

本标准由农业部农垦局提出。

本标准由农业部热带作物及制品标准化技术委员会归口。

本标准起草单位:中国热带农业科学院香料饮料研究所。

本标准主要起草人:王华、王辉、朱自慧、宋应辉、庄辉发、赵青云、顾文亮、邢诒彰。

本标准的历次版本发布情况为:

——NY/T 362—1999。

中华人民共和国农业行业标准

天然胶乳 表观黏度的测定 旋转黏度计法

Natural rubber latex—Determination of apparent viscosity by the Brookfield test method

(ISO 1652:2011 Rubber latex—Determination of apparent viscosity by the Brookfield test method, MOD)

NY/T 1037—2016

代替 NY/T 1037—2006

警告:使用本标准的人员应有正规实验室的实践经验。本标准并未指出所有可能的安全问题。使用者有责任采取适当的安全和健康措施,并保证符合国家有关法规规定的条件。

1 范围

本标准规定了用L型旋转黏度计测定天然胶乳表观黏度的方法。

本标准适用于浓缩天然胶乳表观黏度的测定,也适用于巴西橡胶树之外的其他天然胶乳以及配合胶乳的测定。表观黏度测定的其他方法参见附录A。

2 规范性引用文件

下列文件对于本文件的应用是必不可少的。凡是注日期的引用文件,仅注日期的版本适用于本文件。凡是不注日期的引用文件,其最新版本(包括所有的修改单)适用于本文件。

GB/T 8290 浓缩天然胶乳 取样(GB/T 8290—2008,ISO 123:2001,MOD)

GB/T 8298 浓缩天然胶乳 总固体含量的测定(GB/T 8298—2008,ISO 124:1997, MOD)

ISO/TR 9272 Rubber and rubber products—Determination of precision for test method standards

3 术语和定义

下列术语和定义适用于本文件。

3.1

试样 test sample

按照GB/T 8290的规定取适量的试验胶乳,搅拌均匀作为实验室样品。

4 原理

用旋转黏度计测定黏度,即将一个特定的转子浸入胶乳至规定的深度,以恒定的转数和可控制的剪切速率下旋转,测定转子产生的扭矩,扭矩值乘以系数即为胶乳的表观黏度,系数取决于旋转频率和转子大小。可直接测定未稀释胶乳的黏度,也可稀释至所需总固体含量后再进行测定。

本标准主要涉及手动操作型黏度计而非目前生产的数显型黏度计。必要时,也可与数显型黏度计对比。

注:测定胶乳和乳液的黏度也有其他方法(参见附录A)。

中华人民共和国农业部 2016-11-01 发布 2017-04-01 实施

5 仪器

5.1 黏度计

黏度计由一台同步电动机、转轴以及可固定于转轴且具有不同形状和尺寸的转子组成。电动机以恒定的旋数带动转轴。能够从转速数值表选择转速数值。本标准只是规定了一个转速,但实际上也可采用其他转速。将转子浸入胶乳至规定的深度,使转子在胶乳中转动,这时,对转子的阻力会使转轴产生一个力矩。由此产生的平衡力矩由指针表示在刻有 0 个～100 个单位的刻度盘上[1)]。

L 型黏度计在满刻度偏转时的弹簧力矩为(67.37±0.07) μN・m[即(673.7±0.7) dyn・cm]。

转子应按图 1 精密加工,其尺寸见表 1。转子上应有一个凹槽或其他标记,指示转子需要浸入胶乳的深度。

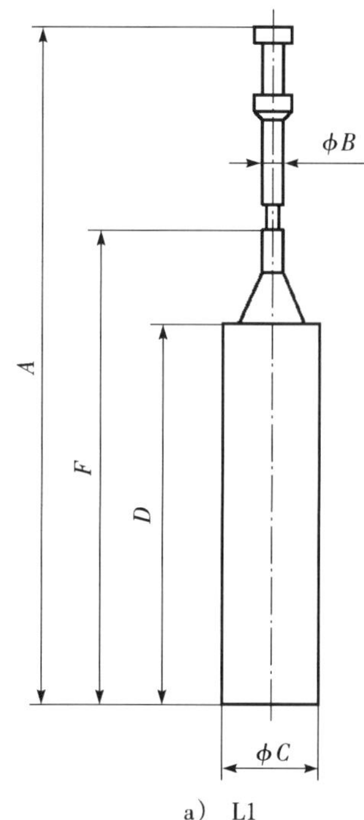

a) L1

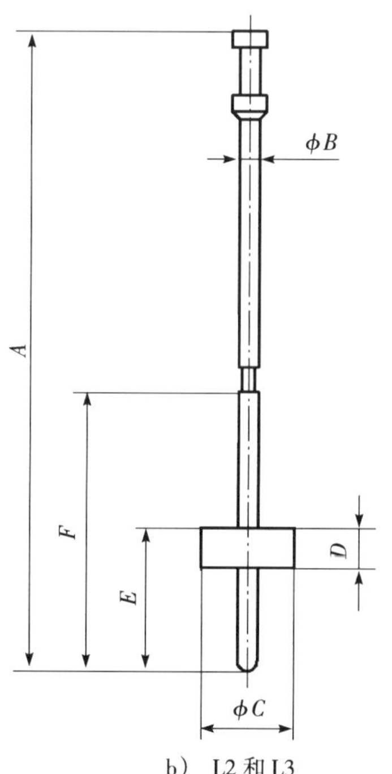

b) L2 和 L3

图 1 转子

表 1 转子尺寸

单位为毫米

转子号数	转子尺寸					
	A ±1.3	B ±0.03	C ±0.03	D ±0.06	E ±1.3	F ±0.15
L1	115.1	3.18	18.84	65.10	—	81.0
L2	115.1	3.18	18.72	6.86	25.4	50.0
L3	115.1	3.18	12.70	1.65	25.4	50.0

电动机机壳上应安装水平仪,以指示连接在电动机轴上的转子是否垂直。

为了在操作过程中保护转子,应使用防护装置,防护装置由弯成 U 形的矩形条钢制成,截面约为 9.5 mm×3 mm,棱角锉圆。

1) 合适的仪器可以从下列几个地方得到:如 Brookfield Engineering Laboratorie, Inc., Stoughton, Mass. 02072, USA(LVF 型和 LVT 型符合 L 型仪器的要求);Gebruder Haake GmbH,Dieselstr. 4,D-76227 Karlsruhe,Germany。这信息是为本标准的使用者提供便利,并不是本标准对该产品的认定,本标准可不选定这个产品。

防护装置垂直部分的上端应牢牢地接在电动机机壳上，但可拆卸，以便清洗。防护装置的水平部分则通过内半径约为 6 mm 的圆弧与垂直部分相接。

注：虽然防护装置的首要功能是保护，但它是仪器不可缺少的部分，如果它不准确就位，测定的黏度很可能变化。

当防护装置牢接在电动机机壳上时，防护装置两个垂直部分的内表面之间的直线距离应为(31.8±0.8) mm。当防护装置接牢在电动机机壳上而转子又装在电动机轴上时，防护装置水平部分的上表面与转轴底部之间的垂直距离不得小于 10 mm。

5.2 玻璃烧杯

内径至少 85 mm，容量至少 600 mL。

烧杯的大小影响测定黏度的实际值，因此应注意确保使用容器大小的前后一致。

5.3 水浴

一般能保持(23±2)℃，在热带气候下允许(27±2)℃。

6 取样

按照 GB/T 8290 规定的方法取样，并按照 GB/T 8290 的规定制备样本。

7 试样制备

如果需要测定某一特定总固体含量下的黏度，按照 GB/T 8298 的规定测定样品的总固体含量，必要时用蒸馏水或纯度与之相当的水将总固体含量精确地调节到需要的数值。把水慢慢地加入样品中，再将此混合物轻轻地搅拌 5 min，小心避免混入空气。

如果样品混入空气且其黏度小于 200 mPa·s，则可将样品在常温下静置 24 h 以除去空气。

如果样品只夹带空气而没有其他的挥发组分，且其黏度又大于 200 mPa·s，则可将样品在真空下脱气，直至不再有气泡逸出。

8 操作步骤

将试样(见第 7 章)倒入烧杯(5.2)，然后将烧杯放在(23±2)℃或(27±2)℃的水浴(5.3)中，慢慢搅拌试样直至其恒温。记下准确温度，立即将转子牢固地连接在电动机轴上，并将防护装置牢固连接在黏度计(5.1)的电动机机壳上。将转子和防护装置小心缓慢地插入样品中，直到试样表面位于转子轴上凹槽的中间刻线处，应避免带入空气。转子应垂直放入试样中(通过电动机机壳上的酒精水准仪调节)，并处于烧杯的中心。

选择黏度计转子的转速为：(60±0.2) r/min[(1±0.003) r/s]。

按照仪器的操作说明书启动黏度计的电动机并读取最靠近分刻度单位的平衡读数。在达到平衡读数之前，可能要经过 20 s～30 s。

应使用能测定黏度的最适宜号数的转子。

在 10 刻度单位～90 刻度单位之间的读数是可信的。如果读数小于 10 刻度单位或大于 90 刻度单位，那么应分别使用更大或更小的转子进一步测定。使用数字式黏度计实际上不需要如此测定。

如果方法被使用做监控或质量控制目的，应注意确保转子大小和转速是恒定的。

对于特定目的，例如评价流变特性，可能需要测定一个以上旋转频率时的黏度(参见附录 A)。这时，在重新开始另一个转速之前，应将黏度计电源断开，试样至少停放 30 s。如果使用一个以上旋转频率或高于以上规定的转速进行测定，应写在试验报告中。

9 结果表述

测得读数后，使用表 2 中所列相应的因子来计算胶乳的黏度，以 mPa·s 来表示。

表 2　将刻度盘上 0～100 的读数换算成 mPa·s 所需的因子

转子号数	因　　子
L1	×1
L2	×5
L3	×20

10　精密度

参见附录 B。

11　试验报告

试验报告应包括下列内容：

a）本标准的编号；

b）样品的详细信息；

c）试验结果和表述方法；

d）使用仪器；

e）转子号数；

f）胶乳的总固体含量和胶乳是否被稀释；

g）试验温度；

h）试验过程中注意到的任何不正常现象；

i）不包括在本标准或引用标准中的任何操作以及认为是非强制性的任何操作；

j）试验日期。

附　录　A
（资料性附录）
黏度测定方法

A.1　胶乳一般为非牛顿行为的流体，即其抗剪力不直接取决于剪切速率。有鉴于此，测量的黏度称为“表观的”黏度。

A.2　使用同一转子于两个不同的转速所测的表观黏度之比，能反映出触变程度（触变指数），这在比较不同增稠剂对胶乳或配合胶乳的增稠效果时是特别有用的。

A.3　乳液的表观黏度测定还有其他许多方法，例如：

a）ISO 2555　塑料—液态或乳液或分散体状树脂　表观黏度的测定　旋转黏度计法（使用类似的设备，不同的转子）。

b）ISO 3219　塑料—液态或乳状态或分散体状聚合物/树脂　使用规定剪切速率的旋转黏度计测定黏度。

c）也有采用溢流式黏度计的方法，它们通常不适用于胶乳。然而，由于这类仪器简便，将其用于监测生产上用的配合胶乳则很方便。

附 录 B
(资料性附录)
精密度说明

B.1 总则

试验方法的精密度根据 ISO/TR 9272 确定。术语和其他统计学细节参见该文件。

表 B.1 为精密度数据。本精密度参数不宜作为评判任何一组的材料接受或拒收的依据,除非有证明文件说明这些参数确实适用于这些特定材料及本试验方法的特定试验方案。精密度以基于 95%置信水平所确定的重复性 r 和再现性 R 之值表示。

表 B.1 精密度数据

平均值	实验室内		实验室间	
	S_r	r	S_R	R
60.08	0.05	0.15	0.09	0.25
S_r 为实验室内标准差(以测定单位表示);r 为重复性(以测量单位表示);S_R 为实验室间标准差(以测定单位表示);R 为再现性(以测定单位表示)。				

表 B.1 中的结果为平均值并给出了精密度估计值。这些数值是根据 2007 年开展的一项实验室间试验方案(ITP)确定的。12 个实验室参加了本次 ITP,对用高氨胶乳制备的 A 和 B 两个样品进行了重复测定。在对待测胶乳进行两次取样并装入标识为 A 和 B 瓶了之前,先将其过滤,再充分搅拌使其均匀化。因此,样品 A 和样品 B 本质上是相同的,并且在统计计算时将两者视作相同处理。要求每个参与实验室在给定的日期,使用这两个样品进行测定。

根据本次 ITP 所使用的取样方法确定了 1 型精密度。

精密度数据使用数显型黏度计获得,因为模拟式黏度计不适用于测定黏度的差异。

B.2 重复性

本试验方法的重复性 r(以测定单位表示)已被确定为表 B.1 所示的适当值。在使用正常的试验步骤下,同一实验室所获得的两个独立的试验结果之差大于表列的 r 值(对于任一水平),宜视为来自不同(即非同一的)的样品群。

B.3 再现性

本试验方法的再现性 R(以测定单位表示)已被确定为表 B.1 所示的适当值。在使用正常的试验步骤下,不同实验室所获得的两个独立的试验结果之差大于表列的 R 值(对于任一水平),宜视为来自不同(即非同一的)的样品群。

B.4 偏倚

在测试方法术语中,偏倚是指试验结果平均值与参照值即真值之差。本试验方法不存在参照值,因为所测定的性能值只能由本试验方法得出。因此,不能确定本试验方法的偏倚。

参 考 文 献

[1]ISO 2555 Plastics—Resins in the liquid state or as emulsions or dispersions—Determination of apparent viscosity by the Brookfield Test method

[2]ISO 3219 Plastics—Polymers/ resins in the liquid state or as emulsions or dispersions—Determination of viscosity using a rotational viscometer with defined shear rate

---

附加说明：

本标准按照 GB/T 1.1—2009 给出的规则起草。

本标准代替 NY/T 1037—2006《天然胶乳 表观黏度的测定 旋转黏度计法》。与 NY/T 1037—2006 相比，除编辑性修改外，主要技术变化如下：

——增加了附录 A“黏度测定方法”和附录 B“精密度说明”；

——将 2006 版的第 10 章“允许误差”改为本版的第 10 章“精密度”。

本标准采用重新起草法修改采用 ISO 1652：2011《胶乳 表观黏度的测定 旋转黏度计法》（英文版）。与 ISO 1652：2011 相比，除编辑性修改外，主要技术变化如下：

——本标准适用于浓缩天然胶乳表观黏度的测定，也适用于巴西橡胶树之外的其他天然胶乳以及配合胶乳的测定；

——本标准仅规定了 L 型旋转黏度计一种型号的测量仪器；

——删去 ISO 1652：2011 的目录；

——删去 ISO 1652：2011 的前言部分；

——关于规范性引用文件，本标准做了具有技术差异的调整，以适应我国的技术条件。调整的情况集中反映在第 2 章“规范性引用文件”中，具体调整如下：

- 用修改采用国际标准的 GB/T 8290 代替 ISO 123：2001（见 3.1、第 6 章）；
- 用修改采用国际标准的 GB/T 8298 代替 ISO 124：1997（见第 7 章）。

本标准由农业部农垦局提出。

本标准由农业部热带作物及制品标准化技术委员会归口。

本标准由中国热带农业科学院农产品加工研究所、农业部食品质量监督检验测试中心（湛江）、国家橡胶及乳胶制品质量监督检验中心起草。

本标准主要起草人：张北龙、黄红海、周慧莲、郑向前、丁丽。

本标准的历次版本发布情况为：

——NY/T 1037—2006。

中华人民共和国农业行业标准

热带作物主要病虫害防治技术规程　芒果

Technical criterion for tropical crops test control—Mango

NY/T 1476—2016
代替 NY/T 1476—2007

1　范围

本标准规定了芒果主要病虫害的防治原则和技术措施。

本标准适用于我国芒果主要病虫害的防治。

2　规范性引用文件

下列文件对于本文件的应用是必不可少的。凡是注日期的引用文件，仅注日期的版本适用于本文件。凡是不注日期的引用文件，其最新版本(包括所有的修改单)适用于本文件。

GB 4285　农药安全使用标准

GB/T 8321(所有部分)　农药合理使用准则

GB 15569　农业植物调运检疫规程

NY/T 5025　无公害食品　芒果生产技术规程

3　主要病虫害及其发生特点

芒果主要病虫害及其发生特点参见附录 A、附录 B。

4　防治原则和策略

4.1　防治原则

贯彻“预防为主、综合防治”的植保方针，以芒果园生态系统为整体，综合考虑影响病虫害发生的各种因素，以农业防治为基础，协调应用生物防治、物理防治和化学防治等措施对病虫害进行有效控制。

4.2　防治策略

4.2.1　选种抗病虫品种，并在同一地块或果园种植同一品种；加强水肥与花果管理，水肥与花果管理参照 NY/T 5025 的要求执行。

4.2.2　搞好田园清洁，控制病虫害的侵染来源。结合果园修剪及时剪除植株上严重受害或干枯的枝叶、花穗和果实，及时清除果园地面的落叶、落花、落枝和落果等残体，集中销毁或深埋。修剪或冬季清园后及时使用农药进行果园消毒。

4.2.3　加强田间巡查监测，根据监测结果及时采取防治措施。

4.2.4　选用的农药必须是经我国登记允许使用的，并进行轮换使用，鼓励使用微生物源、植物源及矿物源农药等。使用药剂防治时，应参照 GB 4285 和 GB/T 8321 中的有关规定执行。

4.2.5　鼓励使用灯光诱杀、色板诱杀、套袋等物理防治技术及释放捕食螨等生物防治技术。

中华人民共和国农业部 2016 - 11 - 01 发布　　2017 - 04 - 01 实施

5 主要病害的防治

5.1 炭疽病

5.1.1 防治措施

5.1.1.1 合理修剪。剪除荫蔽枝、弱枝及过密枝。

5.1.1.2 修剪、暴雨或台风后应及时对植株喷施杀菌剂。

5.1.1.3 重点做好嫩梢期、花期及挂果期的病害防治工作。在嫩梢期、花期及小果期(第二次生理落果前),干旱天气每 10 d～15 d 喷药 1 次,潮湿天气每 7 d～10 d 喷药 1 次。在第二次生理落果后每月喷药保护 1 次～2 次。避免高温施药及控制好使用浓度。

5.1.1.4 选择适宜方法进行采收,及时进行果实采后处理。采收宜在果园没有露水时进行,采取“一果两剪”方法采收(第一剪留果柄长 3 cm～5 cm,第二剪留果柄长 0.5 cm～1 cm),果实放置时果蒂朝下。果实采收后 24 h 内进行处理,剔除有病虫害及机械损伤的果实,对商品果用 52℃～55℃热水浸泡 10 min,或用保鲜药剂浸果 1 min～2 min。晾干后在 13℃以上低温或常温储藏。

5.1.2 推荐使用的主要杀菌剂及方法

5.1.2.1 果园修剪、暴雨或台风后应及时对植株喷施 1%等量式波尔多液。

5.1.2.2 选用 70%甲基硫菌灵可湿性粉剂 800 倍液～1 200 倍液,或 50%醚菌酯水分散粒剂 2 500 倍液～3 000 倍液,或 80%代森锰锌可湿性粉剂 600 倍液～800 倍液,或 10%苯醚甲环唑水分散粒剂 1 500 倍液～2 000 倍液,或 50%肟菌酯水分散粒剂 2 000 倍液～3 000 倍液,或 250 g/L 吡唑醚菌酯乳油 1 500 倍液～3 000 倍液等喷洒嫩梢、叶片、花(果)穗及果实。

5.1.2.3 果实采收后,选用 255 g/L 异菌脲悬浮剂 1 000 倍液～1 500 倍液,或 60%噻菌灵可湿性粉剂 600 倍液～800 倍液,或 50%抑霉唑乳油 1 000 倍液～2 000 倍液,或 45%咪鲜胺水乳剂 2 000 倍液～2 500倍液,或 50%咪鲜胺锰盐可湿性粉剂 1 000 倍液～2 000 倍液等保鲜药剂进行采后浸果。

5.2 蒂腐病

5.2.1 防治措施

5.2.1.1 注意果园修剪、嫁接和果实采收等操作。应在晴天对果树进行修剪和嫁接,修剪时应尽量贴近枝条分叉处或密节下方下剪;采果操作见 5.1.1.4。

5.2.1.2 使用药剂进行预防处理。田间嫁接苗嫁接存活后及植株枝条修剪时,使用杀菌剂对嫁接苗和修剪植株进行喷施;从幼果期开始使用杀菌剂对果实进行施药预防。果实采收后及时用药剂或热水进行浸果处理。

5.2.2 推荐使用的主要杀菌剂及方法

5.2.2.1 选用 1%等量式波尔多液,或 50%肟菌酯水分散粒剂 2 000 倍液～3 000 倍液,或 25%戊唑醇乳油 800 倍液～1 000 倍液,或 50%多菌灵可湿性粉剂 700 倍液～1 000 倍液,或 70%甲基硫菌灵可湿性粉剂 800 倍液～1 200 倍液,或 40%多·硫悬浮剂 400 倍液～600 倍液等处理嫁接口、修剪切口、花穗及果实。

5.2.2.2 采后浸果保鲜见 5.1.2.3。

5.3 白粉病

5.3.1 防治措施

5.3.1.1 加强水肥管理,增施有机肥、磷钾肥,避免过量施用氮肥。

5.3.1.2 保持果园通风透光,春季对花量、果量过多的果园应适度截短花穗或疏花或疏果。

5.3.1.3 花期至幼果期、嫩梢期,定期喷药保护。

5.3.2 推荐使用的主要杀菌剂及方法

选用25%三唑酮可湿性粉剂1 000倍液～1 200倍液，或50%硫黄胶悬剂300倍液～500倍液，或60%唑醚·代森联水分散粒剂1 500倍液～2 000倍液等喷洒花穗、幼果和嫩梢嫩叶。

5.4 细菌性黑斑病

5.4.1 防治措施

5.4.1.1 及时清除果园落地的枝、叶、果，并剪除植株严重病枝和病叶，病残枝等应集中进行销毁或深埋。

5.4.1.2 对花量、果量过多的果园适度截短花穗或疏花或疏果。

5.4.1.3 常风较大或向风的果园应建防风林。

5.4.1.4 新梢转绿前定期喷药防病护梢，每次抽梢喷药1次～2次。台风或暴雨后应及时喷药保护。

5.4.2 推荐使用的主要杀菌剂及方法

5.4.2.1 选用1%等量式波尔多液于修剪、暴雨或台风后及早喷洒。

5.4.2.2 选用53.8%氧氯化铜干悬浮剂800倍液～1 000倍液，或20%噻菌铜水悬浮剂500倍液～600倍液，或70%敌磺钠可溶性粉剂300倍液～500倍液，或72%农用链霉素可溶性粉剂3 000倍液～4 000倍液，或47%春雷霉素·王铜可湿性粉剂600倍液～800倍液等喷洒枝叶、花穗及果实。

5.5 煤烟病

5.5.1 防治措施

5.5.1.1 对树龄大的植株应回缩树冠，剪除密生枝、荫蔽枝、弱枝和枯枝。

5.5.1.2 加强果园巡查，及时使用杀虫剂防治叶蝉、蚜虫、介壳虫及蜡蝉等害虫。

5.5.1.3 施用杀菌剂抑制霉菌滋生。梢期、花期或挂果期喷药保护2次～3次。

5.5.2 推荐使用的主要杀菌剂、杀虫剂及方法

5.5.2.1 选用50%多菌灵可湿性粉剂700倍液～1 000倍液，或70%甲基硫菌灵可湿性粉剂800倍液～1 200倍液，或0.8°Bé～1.0°Bé的石硫合剂等喷洒树冠。

5.5.2.2 选用杀虫剂防治叶蝉、蚜虫、介壳虫及蜡蝉，分别见6.3.2,6.5.2,6.8.2及6.15.2。

5.6 疮痂病

5.6.1 防治措施

5.6.1.1 合理修剪。剪除密生枝、荫蔽枝、弱枝和枯枝等，修剪后及时喷药保护。

5.6.1.2 抽梢期和幼果期及时喷药防病。

5.6.2 推荐使用的主要杀菌剂及方法

选用50%肟菌酯水分散粒剂2 000倍液～3 000倍液，或10%苯醚甲环唑水分散粒剂1 500倍液～2 000倍液，或70%甲基硫菌灵可湿性粉剂800倍液～1 200倍液，或80%代森锰锌可湿性粉剂600倍液～800倍液，或20%噻菌铜水悬浮剂500倍液～600倍液等喷洒枝梢和果实。

5.7 叶斑病

5.7.1 防治措施

重点做好预防及发病初期的防治。对于重病园，重点在夏、秋梢抽发期及时喷药预防。田间巡查一旦发现病情，及时施药防治。

5.7.2 推荐使用的主要杀菌剂及方法

选用70%甲基硫菌灵可湿性粉剂800倍液～1 200倍液，或50%多菌灵可湿性粉剂700倍液～1 000倍液，或40%多·硫悬浮剂400倍液～600倍液，或25%戊唑醇乳油800倍液～1 000倍液，或80%乙蒜素乳油2 000倍液～2 500倍液等叶面喷雾。

5.8 藻斑病

5.8.1 防治措施

5.8.1.1 重点做好大龄树的合理修剪;增施有机肥。

5.8.1.2 加强巡查,在发病初期,病斑处于灰绿色时喷施药剂防治。

5.8.2 推荐使用的主要杀菌剂及方法

选用1%等量式波尔多液,或0.8°Bé~1.0°Bé的石硫合剂,或53.8%氧氯化铜干悬浮剂800倍液~1 000倍液等喷洒叶片和枝条。

5.9 畸形病

5.9.1 防治措施

5.9.1.1 应选择健康无病苗木、接穗用于种植、繁育苗木及换冠,应避免从病区引进繁殖材料。

5.9.1.2 加强水肥管理。根据果园情况定期喷施含微量元素的叶面肥。

5.9.1.3 及时修剪发病枝条和花穗。在距离发病部位45 cm以下剪除病枝和花穗并集中销毁,同时消毒枝剪;病树修剪后及时喷施药剂防治。

5.9.2 推荐使用的主要杀菌剂及方法

选用1%等量式波尔多液,或50%多菌灵可湿性粉剂700倍液~1 000倍液,或80%代森锰锌可湿性粉剂600倍液~800倍液,或0.8°Bé~1.0°Bé的石硫合剂,或10%苯醚甲环唑水分散粒剂1 500倍液~2 000倍液,或50%福美双可湿性粉剂600倍液~1 000倍液等喷洒嫁接口、修剪后的伤口。

5.10 露水斑病

5.10.1 防治措施

5.10.1.1 增施有机肥、磷钾肥,应避免过量施用叶面肥。

5.10.1.2 控制果园挂果期林下植被高度小于15 cm。

5.10.1.3 修剪后、花蕾期和挂果中后期喷洒药剂进行防治。

5.10.2 推荐使用的主要杀菌剂及方法

5.10.2.1 选用0.8°Bé~1.0°Bé的石硫合剂,或1%等量式波尔多液等喷洒嫁接口、修剪后的伤口。

5.10.2.2 选用50%多菌灵可湿性粉剂700倍液~1 000倍液,或80%代森锰锌可湿性粉剂600倍液~800倍液,或10%苯醚甲环唑水分散粒剂1 500倍液~2 000倍液等喷施果面。

5.11 枝枯病

5.11.1 防治措施

5.11.1.1 芽接部位保持干燥;芽接成活解绑后,宜使苗木通风透光。

5.11.1.2 在抽梢期、修剪、嫁接、台风或暴雨后,应及时喷药保护,每隔10 d喷1次,连喷2次~3次。

5.11.1.3 及时清除感病枝梢和茎干等发病部位。茎干发病,刮除病部组织并涂药保护;对于发病较重的植株,在枝条或茎干的发病部位以下10 cm~15 cm处进行修剪,修剪后及时喷药保护;将去除的病枝等移出果园并集中销毁;对发病株及周边植株应进行灌根处理。单株处理前应对刀具进行消毒。

5.11.2 推荐使用的主要杀菌剂及方法

5.11.2.1 选用50%多菌灵可湿性粉剂200倍液,或1%等量式波尔多液等喷洒嫁接口、修剪后的伤口。

5.11.2.2 选用10%波尔多液,或80%乙蒜素乳油200倍液~250倍液涂封病部伤口。

5.11.2.3 选用25%丙环唑乳油1 000倍液,或69%烯酰吗啉·锰锌可湿性粉剂500倍液,或50%多菌灵可湿性粉剂800倍液~1 000倍液,或15%三唑酮可湿性粉剂800倍液喷雾保护新梢。

5.11.2.4 选用20%噻菌铜悬浮剂750倍液+25%丙环唑乳油500倍液,或20%噻菌铜悬浮剂750倍液+15%三唑酮可湿性粉剂400倍液灌根。

5.12 芒果树流胶病

5.12.1 **防治措施**

5.12.1.1 果园树干涂白。

5.12.1.2 茎干发病，刮除病部，涂上药剂保护伤口，并对发病植株喷药防治。

5.12.2 **推荐使用的主要杀菌剂及方法**

选用1%波尔多浆，或70%甲基硫菌灵可湿性粉剂∶新鲜牛粪=1∶200涂抹伤口。

喷雾保护新梢见5.11.2.3。

6 主要虫害的防治

6.1 横线尾夜蛾

6.1.1 **防治措施**

6.1.1.1 用石灰水涂刷树干。

6.1.1.2 在果园内安装诱虫灯诱杀成虫。

6.1.1.3 加强田间巡查，重点做好抽梢期和花期的防治。发现危害，应及时施药防治，并剪除受害枝梢和集中销毁。施药时间应掌握好在低龄幼虫期；严重发生的果园，每隔7 d～10 d 1次，连喷2次～3次。

6.1.2 **推荐使用的主要杀虫剂及方法**

选用5.7%甲氨基阿维菌素苯甲酸盐微乳剂1 000倍液～1 500倍液，或1.8%阿维菌素乳油1 500倍液～2 500倍液，或8 000 IU/ mg苏云金杆菌可湿性粉剂1 000倍液～1 500倍液，或2.5%三氟氯氰菊酯乳油1 500倍液，或5%氟铃脲悬浮剂1 000倍液，或20%杀铃脲悬浮剂1 500倍液等喷施嫩芽、嫩梢及花穗。

6.2 脊胸天牛

6.2.1 **防治措施**

6.2.1.1 加强田间巡查，发现为害及时防治。及时将受害枝条剪除，集中销毁，剪除部位应在最新排粪孔以下10 cm～15 cm处。对受害的大枝干，可使用棉花醮药剂后堵塞虫孔，或直接向蛀道内注射药剂，然后用泥土或保鲜膜封闭孔口。对枝干树冠严重受害的植株，将受害枝干锯除复壮，同时对留用枝干上的虫孔按前述方法进行处理。

6.2.1.2 在果园内安装诱虫灯诱杀成虫。

6.2.1.3 使用药剂喷雾防治。当田间发现每10株平均有2头以上成虫时，可结合其他害虫的防治喷洒杀虫剂。

6.2.2 **推荐使用的主要杀虫剂及方法**

6.2.2.1 使用2.5%溴氰菊酯微乳剂10倍液向蛀道注射或醮湿棉花后堵塞虫孔。

6.2.2.2 选用4.5%高效氯氰菊酯水乳剂1 000倍液，或2.5%溴氰菊酯微乳剂1 500倍液～2 000倍液等喷洒树冠。

6.3 扁喙叶蝉

6.3.1 **防治措施**

花期至坐果期、秋梢期、若虫发生高峰期应重点进行喷药防治。当树冠内有叶蝉5头/梢以上时，应及时进行喷药防治。每隔7 d～10 d 1次，连喷2次～3次。

6.3.2 **推荐的主要杀虫剂及方法**

选用70%吡虫啉水分散粒剂3 000倍液～4 000倍液，或10%溴虫腈悬浮剂800倍液～1 000倍液，或2.5%溴氰菊酯微乳剂1 500倍液～2 000倍液，或25%噻嗪酮可湿性粉剂1 000倍液～1 500倍液，或50%丁醚脲悬浮剂1 000倍液～2 000倍液，或20%叶蝉散悬浮剂500倍液～600倍液等喷施嫩叶、嫩梢、花穗和果实。

6.4 芒果叶瘿蚊

6.4.1 防治措施

6.4.1.1 嫩梢受害严重时,对其进行喷药防治,结合栽培管理对果园进行松土,并在树冠滴水线内撒施或喷施药剂。

6.4.1.2 在嫩梢抽出新叶 3 cm～5 cm、嫩叶展开前后期间喷药保护 1 次～2 次,每隔 7 d～10 d 施 1 次。

6.4.2 推荐的主要杀虫剂及方法

6.4.2.1 选用 10%顺式氯氰菊酯乳油 1 500 倍液,或 10%联苯菊酯乳油 2 000 倍液～2 500 倍液,或 25%噻嗪酮可湿性粉剂 1 000 倍液～1 500 倍液于嫩梢期喷洒嫩叶及树下地面。

6.4.2.2 选用 0.5%阿维菌素颗粒剂在植株树冠下滴水线范围内撒施,用量为 30 kg/ hm^2～45 kg/ hm^2。

6.5 蚜虫类

6.5.1 防治措施

6.5.1.1 加强栽培管理,合理修剪,结合整枝疏梢工作,剪除有虫梢。

6.5.1.2 重点做好嫩梢、花期和果期的防治工作,当受害梢率达 15%且蚜量较大时,应进行喷药防治。施药 1 次～2 次,每隔 7 d～10 d 施 1 次。

6.5.2 推荐的主要杀虫剂及方法

选用 10%氟啶虫酰胺水分散粒剂 1 500 倍液～2 500 倍液,或 10%溴虫腈悬浮剂 800 倍液～1 000 倍液,或 3%啶虫脒乳油 2 000 倍液～3 000 倍液,或 1.8%阿维菌素乳油 2 000 倍液～2 500 倍液,或 50%抗蚜威可湿性粉剂 2 000 倍液～2 500 倍液,或 25%噻虫嗪水分散粒剂 2 000 倍液～3 000 倍液等喷施嫩叶、嫩梢、花穗和果。

6.6 蓟马类

6.6.1 防治措施

6.6.1.1 同一品种集中种植,加强树体管理促进叶片老化。

6.6.1.2 在果园内以 1∶1 比例悬挂黄色和蓝色的诱虫板进行诱杀。

6.6.1.3 在嫩梢期、花期和幼果期及时施药进行防治。在嫩梢期,虫口密度大或出现受害状时进行施药防治,施药 1 次～2 次,每隔 7 d～10 d 施 1 次;花蕾期和谢花期施药 1 次～2 次;开始坐果至第二次生理落果前施药 2 次～3 次。可根据虫情调整施药次数。

6.6.2 推荐的主要杀虫剂及方法

选用 60 g/L 乙基多杀菌素悬浮剂 1 500 倍液～2 500 倍液,或 10%氟啶虫酰胺水分散粒剂 1 500 倍液～2 500 倍液,或 10%烯啶虫胺水剂 2 500 倍液～3 000 倍液,或 5.7%甲氨基阿维菌素苯甲酸盐微乳剂 1 000 倍液～1 500 倍液,或 70%吡虫啉水分散粒剂 2 000 倍液～2 500 倍液,或 3%啶虫脒乳油 1 000 倍液～1 500 倍液等喷施嫩梢、嫩叶、花穗和幼果。

6.7 芒果毒蛾

6.7.1 防治措施

加强田间巡查,发现为害及时进行人工摘除带虫叶片或施药防治;施药时期应重点选择低龄幼虫期,并尽量采取挑治。

6.7.2 推荐使用的主要杀虫剂及方法

推荐的杀虫剂见 6.1.2,喷施叶片和果实。

6.8 介壳虫类

6.8.1 防治措施

6.8.1.1 结合修剪和田园清洁,剪除带虫枝并集中销毁。

6.8.1.2 田间虫口密度大或出现为害状时，施药防治。

6.8.1.3 注意保护蚜小蜂、跳小蜂、瓢虫、草蛉等天敌，进行化学防治时选用对天敌低毒的杀虫剂，并尽量采取挑治。

6.8.2 推荐使用的主要杀虫剂及方法

选用22.4%螺虫乙酯悬浮剂2 500倍液～3 000倍液，或25%噻嗪酮可湿性粉剂1 000倍液～1 200倍液，或10%顺式氯氰菊酯乳油1 500倍液，或2.5%三氟氯氰菊酯水乳剂1 500倍液，或10%吡虫啉·噻嗪酮可湿性粉剂800倍液～1 000倍液，或5%吡虫啉·高氯乳油800倍液等喷洒有虫部位和有虫植株。

6.9 切叶象甲

6.9.1 防治措施

6.9.1.1 及时清除果园切叶象甲为害导致的落叶。

6.9.1.2 结合栽培管理在嫩梢期进行植株树盘下翻土。

6.9.1.3 重点做好嫩梢期喷药防治。在嫩梢期，每梢平均有成虫3头～5头时，应及时进行喷药防治，施药1次～2次，间隔7 d～10 d施1次。为害严重的果园，嫩梢期应在树冠滴水线内撒施药剂。

6.9.2 推荐使用的主要杀虫剂及方法

6.9.2.1 选用4.5%高效氯氰菊酯水乳剂1 000倍液，或2.5%溴氰菊酯微乳剂1 500倍液～2 000倍液，或10%联苯菊酯乳油2 000倍液～2 500倍液等喷洒嫩梢。

6.9.2.2 撒施药剂见6.4.2。

6.10 橘小实蝇

6.10.1 防治措施

6.10.1.1 及时清除果园落果并集中销毁。

6.10.1.2 根据不同品种需求选用无纺布、牛皮纸等套袋材料进行果实套袋。

6.10.1.3 利用性引诱剂或诱饵诱杀成虫。可选用干型诱捕器(如Steiner诱捕器)，或湿型诱捕器(如M Mcphail诱捕器)，或自制诱瓶(可选用空塑料瓶，在半壁开约4 cm^2小孔口，把盖封紧，用铁线穿过瓶盖，在瓶内固定挂置诱芯，利用长为3 cm～5 cm、粗约1 cm的低密度纤维板或海绵或棉条为诱芯)。在诱芯中加上性引诱剂和杀虫剂，或在诱捕器中加入蛋白诱饵，每667 m^2悬挂5个诱瓶；或在果园喷施蛋白饵剂，每50 m^2喷1个点，点喷0.5 m^2～1.0 m^2，均匀喷雾。

6.10.1.4 果实发育后期果园虫口密度高时应及时使用药剂进行防治。

6.10.2 推荐使用的主要杀虫剂及方法

6.10.2.1 使用甲基丁香酚(ME)2 mL和60 g/L乙基多杀菌素悬浮剂或3%甲氨基阿维菌素苯甲酸盐0.5 mL～0.8 mL加注于诱芯。

6.10.2.2 使用蛋白诱饵按20 g/瓶放置于诱瓶中，加适量水将其溶解；或蛋白诱饵兑水2倍液～4倍液喷施。

6.10.2.3 可选用20%噻虫嗪悬浮剂1 000倍液～1 500倍液，或5%甲氨基阿维菌素苯甲酸盐微乳剂2 000倍液～2 500倍液，或1.8%阿维菌素微乳剂1 000倍液～1 500倍液，或2.5%多杀菌素悬浮剂1 000倍液～1 500倍液，或2.5%高效氯氟氰菊酯微乳剂1 500倍液～2 000倍液，或10%烯啶虫胺水剂2 000倍液～2 500倍液进行树冠喷雾。

6.11 褐翅齿螟

6.11.1 防治措施

6.11.1.1 加强果园巡查，发现受害果及时摘除，并集中销毁。

6.11.1.2 根据不同品种需求选用无纺布、牛皮纸等套袋材料进行果实套袋，套袋前喷药保果。

6.11.2 推荐使用的主要杀虫剂及方法

选用4.5%高效氯氰菊酯水乳剂1 000倍液,或2.5%溴氰菊酯微乳剂1 500倍液~2 000倍液,或8 000 IU/mg苏云金杆菌可湿性粉剂1 000倍液~1 500倍液等喷施幼果。

6.12 芒果象甲

6.12.1 防治措施

6.12.1.1 按照GB 15569的规定,对调运的芒果苗木及产品进行检疫及检疫处理。

6.12.1.2 铲除果园树下杂草、修枝整形、及时拾捡落果、锯平断裂枝条及树体涂白,对杂草、残枝和落果进行集中销毁。

6.12.1.3 从坐果期开始进行田间巡查,发现象甲成虫取食、产卵为害及时使用杀虫剂进行防治。

6.12.2 推荐使用的主要杀虫剂及方法

选用杀虫剂喷洒树冠,见6.9.2。

6.13 芒果小爪螨

6.13.1 防治措施

6.13.1.1 人工释放胡瓜钝绥螨、巴氏钝绥螨或助迁拟小食螨瓢虫等天敌;选用对天敌低毒的防治药剂。

6.13.1.2 加强巡查,虫口密度大或出现为害状时及时防治,间隔7 d~10 d喷施1次,连用2次~3次。施药时应重点喷施叶面。

6.13.2 推荐使用的主要杀虫剂及方法

选用40%炔螨特乳油2 500倍液~3 500倍液,或1.8%阿维菌素乳油2 000倍液~3 000倍液,或20%哒螨灵可湿性粉剂1 500倍液~2 000倍液,或22.4%螺虫乙酯悬浮剂2 500倍液~3 000倍液,或240 g/L螺螨酯悬浮剂4 000倍液~6 000倍液等喷雾防治。

6.14 重纹尾夜蛾

6.14.1 防治措施

6.14.1.1 在果园内安装诱虫灯诱杀成虫。

6.14.1.2 加强田间巡查,发现危害应及时施药防治,并剪除受害枝梢和集中销毁。施药时间应选在低龄幼虫期。

6.14.2 推荐使用的主要杀虫剂及方法

选用杀虫剂喷洒嫩梢,见6.1.2。

6.15 白蛾蜡蝉

6.15.1 防治措施

在成虫盛发期和低龄若虫期进行药剂防治,可根据果园中虫口分布情况,对受害枝或植株进行挑治。

6.15.2 推荐使用的主要杀虫剂及方法

选用10%醚菊酯悬浮剂1 000倍液~1 500倍液,或25%噻虫嗪水分散粒剂1 500倍液~2 000倍液等喷洒有虫枝叶、花穗及果实。

附 录 A
(资料性附录)
芒果主要病害及发生特点

芒果主要病害及发生特点见表 A.1。

表 A.1 芒果主要病害及发生特点

病害名称	病原菌	为害部位	传播途径	有利发生条件
炭疽病	胶孢炭疽菌 *Colletotrichum gloeosporioides*	嫩叶、嫩梢、花穗和果实	风、雨	20℃～30℃的气温伴以高湿(湿度在90%以上)有利于该病发生,最适温度为25℃～28℃
蒂腐病	芒果小穴壳蒂腐霉 *Dothiorella dominicana*、可可球二孢霉 *Botryodiplodia theobromae*ey 及芒果拟茎点霉 *Phomopsis mangiferae*	果实;嫁接苗接口和修剪切口	雨、风、劳动工具	高温高湿条件有利于病害的发生,最适合的发病温度为25℃～33℃
白粉病	芒果白粉菌 *Oidium mangiferae*	花期、幼果、嫩叶、嫩梢期	风力、气流和昆虫	20℃～25℃适宜该病的发生与流行;喜阴湿
细菌性黑斑病	野油菜黄单胞芒果致病变种 *Xanthomonas campestris* pv. *campestris*	叶片、枝条、花芽、花穗和果实	气流、带病苗木、风、雨	最适温度为20℃～25℃,高温、多雨有利于此病发生,台风暴雨后易造成病害流行
煤烟病	芒果大煤炱菌 *Capnodium mangiferae*、小煤炱菌 *Meliola* spp. 和枝孢霉 *Cladosporium herbarum*	花穗、果实及叶片	风、雨、昆虫	叶蝉、蚜虫、介壳虫和蜡蝉等发生严重的果园,荫蔽、栽培管理差的果园利于病害的发生
疮痂病	芒果痂圆孢菌 *Sphaceloma mangiferae*	嫩叶和幼果	风、雨	高温、多雨季节有利于病害发生
叶斑病	盘多毛孢 *Pestalotia mangiferae*、交链孢霉 *Alternaria tenuissima*、大茎点霉 *Macrophoma mangiferae*	叶片、叶柄及茎部	风、雨	高温、高湿或多雨有利于该病发生
藻斑病	藻类 *Cephaleuros virseus*	枝梢和叶片	风、雨	温暖高湿的气候条件、果园过度荫蔽、通风透光不良利于该病发生
畸形病	层出镰刀菌 *Fusarium proliferatum*、芒果镰刀菌 *Fusarium mangiferae*	嫩芽和花序	风、暴雨、带菌苗木及接穗等	抽梢期和开花前相对低温利于病害发生
露水斑病	枝状枝孢菌 *Cladosporium cladosporioides*、球孢枝孢菌 *Cladosporium sphaerospermum*	果实	雨水、露水和风	25℃～28℃和田间有露水、高湿的环境有利于病害的发生,过多施用叶面肥利于病害发生
枝枯病	可可球二孢霉 *Botryodiplodia theobromae*、*Botryodiplodia ribis*、*Ceratocystis fimbriata* 等	叶片、枝条和茎干	风、雨	台风雨或持续性的暴风雨利于病害的发生
芒果树流胶病	芒果拟茎点霉菌 *Phomopsis mangiferae*	枝条、茎干和幼果	风、雨	温暖潮湿季节、地势低洼、通透性差及植株伤口多、树势衰弱的果园利于该病发生

附 录 B
（资料性附录）
芒果主要害虫及发生特点

芒果主要害虫及发生特点见表B.1。

表B.1 芒果主要害虫及发生特点

虫害名称	为害症状	发生特点
横线尾夜蛾 *Chlunetia transvera*	以幼虫蛀食嫩梢或花穗，导致受害部位枯死	世代历期38 d～60 d。成虫产卵于新梢下部或新梢附近的近成熟叶片表面。1龄～2龄幼虫主要为害嫩叶叶脉和叶柄，3龄以上主要钻蛀嫩梢。老熟幼虫在芒果的枯枝、树皮等处吐丝化蛹；成虫具弱趋光性
脊胸天牛 *Rhytidodera bowingii*	以幼虫蛀食枝条、树干，造成枝条干枯、断枝或树干倒折。被害枝梢上每隔一定距离有一圆形排粪洞，沿小枝到主干	世代历期300 d～560 d，成虫寿命20 d～50 d。成虫产卵于嫩梢的缝隙、老叶的叶腋、枝条的交叉处等部位。成虫有趋光性。幼虫孵化后即蛀入枝条向主干方向钻蛀。老熟幼虫在蛀道中化蛹。该虫主要以幼虫在蛀道内越冬
芒果扁喙叶蝉 *Idioscopus incertus*	以若虫、成虫群集刺吸芒果幼芽、嫩梢、花穗和果实的汁液，同时分泌蜜露，诱发霉烟病	世代历期19 d～67 d。成虫产卵于嫩芽、嫩梢、花穗等组织内。初孵幼虫具有群集性。该虫在枝叶或树皮缝中越冬
芒果叶瘿蚊 *Erosomyia mangiferae*	幼虫危害嫩梢、嫩叶，被害处呈浅黄色斑点，进而变为灰白色，最后变为褐色而穿孔破裂。严重时，呈网状破裂、卷曲，枯萎脱落以致梢枯、树冠生长不良	世代历期16 d～17 d，成虫寿命2 d～3 d，喜栖息于隐蔽处。此虫产卵于嫩叶背面。幼虫孵化后咬破嫩叶表皮钻进叶内取食叶肉。老熟幼虫咬破叶片表皮钻入土表化蛹。干旱对幼虫化蛹不利
芒果蚜 *Toxoptera odinae*、柑橘二叉蚜 *Toxoptera aurantii*、棉蚜 *Aphis gossypii* 等	以成虫、若虫群集于嫩叶、嫩梢、花穗和幼果果柄刺吸取食组织汁液为害，同时分泌蜜露，诱发煤烟病	蚜虫一年发生多代，其成虫、若虫具有明显的趋嫩性。蚜虫繁殖的最适温度为16℃～24℃。枝叶老化时产生有翅蚜迁移至其他植株。干旱气候利于蚜虫的发生
茶黄蓟马 *Scirtothrips dorsallis*、花蓟马 *Frankliniella intonsa*、黄胸蓟马 *Thrips hawaiiensis* 等	以若虫、成虫在嫩梢、嫩叶、花穗及幼果吸食组织汁液为害。受害叶片有纵列红褐色条痕，严重时整叶呈褐色，后期边缘卷曲，甚至干枯、落叶。幼果受害后果面出现黑褐色或锈褐色针状小点；甚至畸形，果皮呈锈褐色粗糙状，严重时造成大量落果	蓟马一年发生多代。若虫在早、晚和阴天多在叶面活动，阳光直射时则在叶背。老熟若虫多群集在被害叶或附近叶片背凹处，或瘿螨毛毡部，或叶片相叠等处化蛹。一年抽梢次数多且发梢不整齐或有冬梢的果园，为害较严重；春秋干旱，为害严重
芒果毒蛾 *Lymantria marginata*	以幼虫咬食新梢、花穗、幼果，大发生时可将全树的叶片及花穗吃光。在果实膨大期为害，造成果皮粗糙或有缺刻	平均世代历期65 d。成虫昼伏夜出。成虫主要产卵于嫩梢、叶片背面和花穗枝梗上。幼虫先群集、3龄后分散为害。老熟幼虫在果园杂草上、枯枝落叶或表土层结茧化蛹
黑褐圆盾蚧 *Chrysomphalus aonidum*、椰圆盾蚧 *Aspidiotus destructor*、矢尖蚧 *Unaspis yanonensis* 等	为害枝梢、叶片和果实，吸食其组织的汁液，同时虫体固着在果皮造成虫斑，并分泌大量蜜露和蜡质物，诱发煤烟病，影响光合作用及果实外观	介壳虫大多卵产于成虫介壳下，孵化后爬行扩散，一次脱皮后固定取食。田间天敌密度对介壳虫的发生有重要影响

表 B.1（续）

虫害名称	为害症状	发生特点
切叶象甲 *Deporaus marginatus*	成虫咬食嫩叶上表皮，使叶片卷缩、干枯；雌成虫将产卵的嫩叶从近叶片基部横向咬断，使带卵部分落地，留下刀剪状的叶基部	雌成虫在叶背主脉两侧产卵，幼虫孵化后由主脉向两侧叶肉潜食，6 d～8 d 后入土化蛹。以老熟幼虫在土中越冬。成虫具向上性、趋嫩性、群集性。高温条件使落地带卵叶片迅速萎蔫可造成卵和幼虫大量死亡；土壤含水量在 10%～30%有利于入土幼虫存活；果园梢期不整齐，梢期持续时间长有利于该虫发生
橘小实蝇 *Bactrocera dorsalis*	以成虫产卵在将成熟的果实表皮内，孵化后的幼虫在果中取食果肉，引起果肉腐烂	世代历期 17 d～52 d，雌虫产卵于将成熟的果实果皮内。幼虫在果肉内蛀食为害，老熟幼虫入土化蛹。成虫喜食带有酸甜味的物质。夏季相对少雨有利于该虫大量发生
芒果褐翅齿螟 *Pseudonoorda minor*	以幼虫咬食果皮、钻入果内蛀食果肉为害，造成落果、烂果	以老熟幼虫在枯枝、烂木、树皮下越冬。翌年春季化蛹。成虫羽化后即交尾产卵，卵散产在果皮和果柄上。幼虫在幼果期危害，有转果为害习性
芒果果肉象 *Sternochetus frigidus*、芒果果实象 *Sternochetus olivieri*	芒果果肉象以幼虫在果实中取食果肉，成虫还取食嫩叶嫩梢 芒果果实象以幼虫在芒果果肉或果核内取食	芒果象成虫寿命长达几百天，以成虫在树干及枝条树皮裂缝、枝条折断处等部位越冬。3 月～4 月当果实生长至 30 mm 左右时，成虫开始在果皮下产卵。芒果果肉象幼虫孵出后钻入果肉取食危害，老熟幼虫在果肉中化蛹，至果实成熟时成虫从果实中爬出，先在枝条上活动，而后越冬。芒果果实象幼虫孵出后钻入果核取食危害，引起落果。老熟幼虫在果核中化蛹，或钻出果核进入土层化蛹。成虫具有假死性
芒果小爪螨 *Oligonychus mangiferus*	以口针刺入叶片组织吸取汁液为害。叶片受害后，被害部位褪绿，出现灰白色斑点，严重时叶面变为灰白色，整叶干枯、脱落	高温不利其生长。每年 10 月至翌年 4 月是芒果小爪螨严重发生期。该螨具有群集性，卵单产于叶面
重纹尾夜蛾 *Penicillaria jocosatrix*	以幼虫咬食嫩叶和嫩梢，严重时，常常将嫩叶吃光，仅留老叶，也为害花芽	雌成虫夜间活动，弱趋光性。多在未展开的幼叶或花芽鳞片处产卵。初孵幼虫取食幼芽，随着幼虫龄期的增加，咬食嫩叶。老熟幼虫沿树干往下寻找隐蔽处吐丝结茧化蛹
白蛾蜡蝉 *Lawana imitata*	以成虫、若虫群集于较隐蔽的枝条、嫩梢、花穗上吸食汁液，被害处附有许多白色棉絮状的蜡物，其排泄物可诱发煤烟病等	以成虫在茂密的枝条丛中越冬。成虫产卵于嫩梢叶柄组织内。初孵若虫群集，随虫龄增大而略有分散。生长茂密、通风透光差的果园或树冠内膛、在夏秋季遇上阴雨天气等，均有利于该虫发生为害

附加说明

本标准按照 GB/T 1.1—2009 给出的规则起草。

本标准代替 NY/T 1476—2007《芒果病虫害防治技术规范》。与 NY/T 1476—2007 相比，除编辑性修改外，主要技术变化如下：

——病虫害种类删减与补充。删除了危害性逐年变轻的芒果煤污病等病害;增加了芒果畸形病、芒果露水斑病、芒果流胶病及芒果枝枯病和芒果小爪螨、芒果重纹尾夜蛾等危害日益严重的病虫害种类。

——防治药剂的删减与补充。删减了一些毒性较高、防效较低的药剂,补充了安全、高效的药剂种类,并明确推荐使用药剂的使用浓度或剂量。

本标准由农业部农垦局提出。

本标准由农业部热带作物及制品标准化技术委员会归口。

本标准起草单位:中国热带农业科学院环境与植物保护研究所。

本标准主要起草人:张方平、韩冬银、符悦冠、李磊、张贺、牛黎明。

本标准的历次版本发布情况为:

NY/T 1476—2007。

中华人民共和国农业行业标准

热带作物品种审定规范　第5部分：咖啡

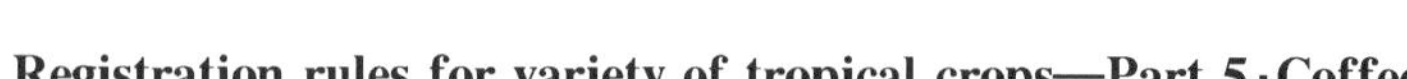

Registration rules for variety of tropical crops—Part 5:Coffee

NY/T 2667.5—2016

1　范围

本部分规定了小粒种咖啡(*Coffea arabica* Linn.)、中粒种咖啡(*Coffea canephora* Pierre ex Froehner)品种审定要求、判定规则和审定程序。

本部分适用于小粒种咖啡和中粒种咖啡品种的审定。

2　规范性引用文件

下列文件对于本文件的应用是必不可少的。凡是注日期的引用文件,仅注日期的版本适用于本文件。凡是不注日期的引用文件,其最新版本(包括所有的修改单)适用于本文件。

NY/T 3004　热带作物种质资源描述及评价规范　咖啡

NY/T 2668.5　热带作物品种试验技术规程　第5部分:咖啡

中华人民共和国农业部公告2012年第2号　农业植物品种命名规定

3　审定要求

3.1　基本要求

3.1.1　品种来源明确,无知识产权纠纷。

3.1.2　品种名称应符合中华人民共和国农业部公告2012年第2号的要求。

3.1.3　品种具有特异性、稳定性和一致性。

3.1.4　经过品种的比较试验、区域试验和生产试验,材料齐全。

3.2　目标要求

3.2.1　品种的基本指标

3.2.1.1　小粒种咖啡

杯品质量平均分≥6.5分。

3.2.1.2　中粒种咖啡

杯品质量平均分≥5.5分。

3.2.2　专用品种指标

3.2.2.1　高产品种

商品豆产量与对照品种相比,增产≥10%,经统计分析差异显著。

3.2.2.2　优质品种

小粒种杯品质量平均分≥8分;中粒种杯品质量平均分≥7分。

中华人民共和国农业部 2016-11-01 发布　　2017-04-01 实施

3.2.2.3 抗锈品种

锈病抗性等级为“高抗型”及以上，锈病抗性评价按照 NY/T 2668.5 的规定执行。

4 判定规则

满足 3.1 及 3.2.1 的全部条件，同时满足 3.2.2 中的要求≥1 项，判定为符合品种审定要求。

5 审定程序

5.1 现场鉴评

5.1.1 地点确定

根据申请书中所示随机抽取 2 个～3 个代表性的生产性试验点作为现场鉴评地点。

5.1.2 鉴评内容及记录

现场鉴评项目和方法按照附录 A 执行，现场鉴评记录按照附录 B 执行。不便现场鉴评的测试项目，需提供农业部认可的检测机构出具的检测报告提供依据。

5.1.3 综合评价

根据 5.1.2 的结果，对产量、品质、抗性等进行综合评价。

5.2 初审

5.2.1 申请品种名称

按照农业部公告 2012 年第 2 号的规定进行审查。

5.2.2 申报材料

对品种比较试验、区域试验、生产试验的报告等技术内容完整性进行审查。

5.2.3 品种试验方案

试验地点、对照品种的选择、试验设计、试验方法、试验年限等，按照 NY/T 2668.5 的规定进行审查。

5.2.4 品种试验结果

对申请品种的植物学特征、生物学特性、主要经济性状（包括丰产性、稳产性、适应性、品质、抗性等）和生产技术要点等进行审查。

5.2.5 初审意见

依据 5.2.1、5.2.2、5.2.3、5.2.4 的审查情况，结合现场鉴评结果，对品种进行综合评价，提出初审意见。

5.3 终审

对申报书、现场鉴评综合评价、初审结果进行综合审定，提出终审意见，并进行无记名投票表决，赞成票超过与会专家总数 2/3 以上，通过审定。

附 录 A
（规范性附录）
咖啡品种审定现场鉴评内容

A.1 观测项目

见表 A.1。

表 A.1 观测项目

内容	观测记载项目
基本情况	地点、经纬度、海拔、坡向、试验点面积、管理水平、种苗类型、定植时间、土壤类型、土壤养分状况、株行距、种植密度
主要植物学特征及农艺性状	株型、株高、冠幅、茎粗、主干数量、叶片特征、叶片大小、一级分枝对数、最长一级分枝长度、最长一级分枝节数、单节果数、成熟果实颜色、果实大小、果实形状、种子大小、种子形状
丰产性	单株产量、折亩产量
果实和豆的特性	干鲜比、千粒重、出米率
品质性状	物理特性、化学特性、感官特性
抗逆性	抗锈病性

A.2 观测方法

A.2.1 基本情况

A.2.1.1 试验地概况

主要包括地点、经纬度、海拔、试验点面积、土壤类型、土壤养分状况等。

A.2.1.2 管理水平

分为精细、中等、粗放。

A.2.1.3 种苗类型

分为实生苗、嫁接苗、扦插苗、组培苗及其他。

A.2.1.4 定植时间

申请品种和对照品种的定植时间。

A.2.1.5 株行距和种植密度

测量试验地试验树种植的株距和行距，结果以平均值表示，精确到 0.1 m。根据测量的株行距计算种植密度，单位为株/亩，精确到 0.1 株/亩。

A.2.2 主要植物学特征及农艺性状

按照 NY/T 3004 的规定执行。

A.2.3 丰产性

A.2.3.1 单株产量

采摘全株果实，称量果实重量。结果以平均值表示，精确到 0.1 kg。

A.2.3.2 折亩产量

根据 A.2.1.5 和 A.2.3.1 结果，计算亩定植株数，根据单株产量和亩定植株数计算亩产量。结果以平均值表示,精确到 0.1 kg。

A.2.4 果实和豆的特性

申请品种和对照品种的干鲜比、千粒重、出米率的特性采用生产性试验结果。

A.2.5 品质特性

申请品种和对照品种的商品豆物理特性、化学特性、杯品质量等品质性状采用生产性试验结果。杯品质量按 NY/T 3004 的规定执行。

A.2.6 对锈病的抗性

按照 NY/T 2668.5 的规定执行。

附　录　B
(规范性附录)
咖啡品种现场鉴评记录表

咖啡品种现场鉴评记录表见表 B.1。

表 B.1　咖啡品种现场鉴评记录表

日期：________年________月________日

基本情况：________省(自治区、直辖市)________市(区、县)________乡(镇)

经度：________°________′________″　　纬度：________°________′________″　　海拔：________ m

坡向：________　　面积：________亩　　土壤类型和土质：________

管理水平：1. 精细；2. 中等；3. 粗放

<table>
<tr><th colspan="2">测试项目</th><th colspan="6">参试品种</th><th colspan="6">对照品种</th></tr>
<tr><td colspan="2">品种名称</td><td colspan="6"></td><td colspan="6"></td></tr>
<tr><td colspan="2">面积,亩</td><td colspan="6"></td><td colspan="6"></td></tr>
<tr><td colspan="2">株行距,m</td><td colspan="6"></td><td colspan="6"></td></tr>
<tr><td colspan="2">种植密度,株/亩</td><td colspan="6"></td><td colspan="6"></td></tr>
<tr><td colspan="2">种苗类型</td><td colspan="6">1. 实生苗；2. 嫁接苗；3. 扦插苗
4. 组培苗；5. 其他</td><td colspan="6">1. 实生苗；2. 嫁接苗；3. 扦插苗；
4. 组培苗；5. 其他</td></tr>
<tr><td colspan="2">定植时间</td><td colspan="6"></td><td colspan="6"></td></tr>
<tr><td rowspan="14">农艺性状</td><td>株型</td><td colspan="6"></td><td colspan="6"></td></tr>
<tr><td>叶片特征(形、缘、色等)</td><td colspan="6"></td><td colspan="6"></td></tr>
<tr><td>成熟鲜果特征
(果形、皮色等)</td><td colspan="6"></td><td colspan="6"></td></tr>
<tr><td>株号</td><td>1</td><td>2</td><td>3</td><td>4</td><td>5</td><td>平均</td><td>1</td><td>2</td><td>3</td><td>4</td><td>5</td><td>平均</td></tr>
<tr><td>株高,cm</td><td></td><td></td><td></td><td></td><td></td><td></td><td></td><td></td><td></td><td></td><td></td><td></td></tr>
<tr><td>冠幅,cm</td><td></td><td></td><td></td><td></td><td></td><td></td><td></td><td></td><td></td><td></td><td></td><td></td></tr>
<tr><td>茎粗,cm</td><td></td><td></td><td></td><td></td><td></td><td></td><td></td><td></td><td></td><td></td><td></td><td></td></tr>
<tr><td>主干数量,条</td><td></td><td></td><td></td><td></td><td></td><td></td><td></td><td></td><td></td><td></td><td></td><td></td></tr>
<tr><td>一级分枝对数,对</td><td></td><td></td><td></td><td></td><td></td><td></td><td></td><td></td><td></td><td></td><td></td><td></td></tr>
<tr><td>最长一级分枝长度,cm</td><td></td><td></td><td></td><td></td><td></td><td></td><td></td><td></td><td></td><td></td><td></td><td></td></tr>
<tr><td>最长一级分枝节数,节</td><td></td><td></td><td></td><td></td><td></td><td></td><td></td><td></td><td></td><td></td><td></td><td></td></tr>
<tr><td>单节果数,粒</td><td></td><td></td><td></td><td></td><td></td><td></td><td></td><td></td><td></td><td></td><td></td><td></td></tr>
<tr><td>种子大小(长/宽),cm</td><td></td><td></td><td></td><td></td><td></td><td></td><td></td><td></td><td></td><td></td><td></td><td></td></tr>
<tr><td>叶片大小(长/宽),cm</td><td></td><td></td><td></td><td></td><td></td><td></td><td></td><td></td><td></td><td></td><td></td><td></td></tr>
<tr><td rowspan="2">丰产性</td><td>单株产量,kg</td><td></td><td></td><td></td><td></td><td></td><td></td><td></td><td></td><td></td><td></td><td></td><td></td></tr>
<tr><td>折亩产量,kg</td><td></td><td></td><td></td><td></td><td></td><td></td><td></td><td></td><td></td><td></td><td></td><td></td></tr>
<tr><td rowspan="5">果实和豆的特性</td><td>干鲜比</td><td colspan="6"></td><td colspan="6"></td></tr>
<tr><td>千粒重,g</td><td colspan="6"></td><td colspan="6"></td></tr>
<tr><td>出米率,%</td><td colspan="6"></td><td colspan="6"></td></tr>
<tr><td></td><td colspan="6"></td><td colspan="6"></td></tr>
<tr><td></td><td colspan="6"></td><td colspan="6"></td></tr>
</table>

表 B.1（续）

<table>
<tr><td colspan="2">测试项目</td><td>参试品种</td><td>对照品种</td></tr>
<tr><td rowspan="7">商品豆化学成分</td><td>咖啡因,%</td><td></td><td></td></tr>
<tr><td>灰分,%</td><td></td><td></td></tr>
<tr><td>绿原酸,%</td><td></td><td></td></tr>
<tr><td>蔗糖,%</td><td></td><td></td></tr>
<tr><td>粗脂肪,%</td><td></td><td></td></tr>
<tr><td>粗纤维,%</td><td></td><td></td></tr>
<tr><td>水浸出物,%</td><td></td><td></td></tr>
<tr><td colspan="2">杯品评价</td><td>1. 优秀;2. 良好;3. 好;4. 一般</td><td>1. 优秀;2. 良好;3. 好;4. 一般</td></tr>
<tr><td colspan="2">抗锈类型</td><td>1. 免疫;2. 高抗;3. 中抗;4. 中感;5. 高感</td><td>1. 免疫;2. 高抗;3. 中抗;4. 中感;5. 高感</td></tr>
<tr><td colspan="2">其他</td><td></td><td></td></tr>
<tr><td colspan="2">综合评价</td><td></td><td></td></tr>
<tr><td colspan="2">签名</td><td colspan="2">组长：　　　　　　　　成员：</td></tr>
<tr><td colspan="4">注 1:测量株数 5 株。
注 2:抽取方式,随机抽取。
注 3:根据测产单株产量及种植密度计算亩产量。</td></tr>
</table>

附加说明：

NY/T 2667《热带作物品种审定规范》分为 7 个部分：

——第 1 部分:橡胶树;

——第 2 部分:香蕉;

——第 3 部分:荔枝;

——第 4 部分:龙眼;

——第 5 部分:咖啡;

——第 6 部分:芒果;

——第 7 部分:澳洲坚果。

本部分是 NY/T 2667 的第 5 部分。

本部分按照 GB/T 1.1—2009 给出的规则起草。

本部分由农业部农垦局提出。

本部分由农业部热带作物及制品标准化技术委员会归口。

本部分起草单位:云南省德宏热带农业科学研究所、中国农垦经济发展中心、中国热带农业科学院香料饮料研究所。

本部分主要起草人:周华、张洪波、李锦红、郭铁英、董云萍、杨积忠、白学慧、孙娟、闫林、夏红云、赵明珠。

中华人民共和国农业行业标准

热带作物品种审定规范　第6部分：芒果

Registration rules for variety of tropical crops—Part 6：Mango

NY/T 2667.6—2016

1　范围

本部分规定了芒果(*Mangifera indica* L.)品种审定的审定要求、判定规则和审定程序。

本部分适用于芒果品种审定。

2　规范性引用文件

下列文件对于本文件的应用是必不可少的。凡是注日期的引用文件，仅注日期的版本适用于本文件。凡是不注日期的引用文件，其最新版本(包括所有的修改单)适用于本文件。

NY/T 590　芒果　嫁接苗

NY/T 1808　芒果　种质资源描述规范

NY/T 2440　植物新品种特异性、一致性和稳定性测试指南　芒果

NY/T 2668.6　热带作物品种试验技术规程　第6部分：芒果

中华人民共和国农业部公告2012年第2号　农业植物品种命名规定

3　审定要求

3.1　基本要求

3.1.1　品种来源明确，无知识产权纠纷。

3.1.2　品种名称应符合中华人民共和国农业部公告2012年第2号的要求。

3.1.3　品种具有特异性、一致性和稳定性。

3.1.4　品种经过比较试验、区域试验和生产试验，材料齐全。

3.2　目标要求

3.2.1　基本指标

单果重≥100 g，可溶性固形物含量≥11%，可食率≥65%，其他主要经济性状优于或相当于对照品种。

3.2.2　特定指标

3.2.2.1　高产品种

产量比对照品种增产≥5%，经统计分析差异性显著。

3.2.2.2　早熟品种

果实成熟期比对照品种早熟≥7 d。

3.2.2.3　晚熟品种

中华人民共和国农业部 2016-11-01 发布　　　　2017-04-01 实施

果实成熟期比对照品种晚熟≥7 d。

3.2.2.4 高可食率品种

果实可食率≥75%。

3.2.2.5 高可溶性固形物含量品种

果实可溶性固形物含量≥15%。

3.2.3 综合性状优良品种

在符合3.2.1条件下，产量、可食率、可溶性固形物含量等主要经济性状虽达不到3.2.2的指标要求，但与对照品种相比，至少其中2项经济指标同时优于对照品种。

3.2.4 特异性状品种

在符合3.2.1条件下，香气、抗逆、矮化等特异性状≥1项明显优于对照品种。

4 判定规则

满足3.1和3.2.1的全部条件，同时满足3.2.2中的要求≥1项或3.2.3或3.2.4的要求，判定为符合品种审定要求。

5 审定程序

5.1 现场鉴评

5.1.1 地点确定

根据申请书中所示随机抽取1个～2个代表性的生产性试验点作为现场鉴评地点。

5.1.2 鉴评内容及记录

现场鉴评项目和方法按照附录A执行，现场鉴评记录按照附录B执行。不便现场鉴评的测试项目指标，需提供农业部认可的检测机构出具的检测报告。

5.1.3 综合评价

根据5.1.2的结果，对产量、品质、抗逆等进行综合评价。

5.2 初审

5.2.1 申请品种名称

按照中华人民共和国农业部公告2012年第2号的规定进行审查。

5.2.2 申报材料

对品种比较试验、区域试验、生产试验的报告等技术内容的真实性、完整性、科学性进行审查。

5.2.3 品种试验方案

试验地点、对照品种的选择、试验设计、试验方法、试验年限，按照NY/T 2668.6的规定进行审查。

5.2.4 品种试验结果

对申请品种的植物学特征、生物学特性、主要经济性状（包括果实品质、丰产性、稳产性、适应性、抗性等）和生产技术要点，以及结果的完整性、真实性和准确性等进行审查。

5.2.5 初审意见

依据5.2.1、5.2.2、5.2.3、5.2.4的审查情况，结合现场鉴评结果，对品种进行综合评价，提出初审意见。

5.3 终审

对申报材料、现场鉴评综合评价、初审结果进行综合审定，提出终审意见，并进行无记名投票表决，赞成票超过与会专家总数2/3以上，通过审定。

附 录 A
（规范性附录）
芒果品种审定现场鉴评内容

A.1 观测项目

见表 A.1。

表 A.1 观测项目

内容	观测记载项目
基本情况	地点、经纬度、海拔、坡向、试验点面积、土壤类型、土质、管理水平、繁殖方式、砧木品种、定植时间、高接时间、株行距、种植密度
主要植物学特征	树势、树高、冠幅、干周
丰产性	株产、亩产
品质性状	果实形状、完熟果果皮颜色、单果重、果肉颜色、果肉质地、风味、香气、松香味、可食率、可溶性固形物含量、果肉纤维数量
其他	

A.2 观测方法

A.2.1 基本情况

A.2.1.1 试验地概况

主要包括地点、经纬度、海拔、坡向、试验点面积、土壤类型、土质。

A.2.1.2 管理水平

考察试验地管理水平，分为精细、中等、粗放。

A.2.1.3 繁殖方式

调查试验树采用的繁殖方式，分为嫁接苗、高接换种、其他。

嫁接苗按照 NY/T 590 的规定执行。

A.2.1.4 砧木品种

调查试验树采用砧木的品种。

A.2.1.5 定植时间

调查试验树定植的年份。

A.2.1.6 高接时间

调查试验树高接的年份。

A.2.1.7 株行距

测量小区内的株距和行距。精确到 0.1 m。

A.2.1.8 种植密度

根据 A.2.1.7 数据计算种植密度，精确到 0.1 株/亩。

A.2.2 植物学特征

A.2.2.1 冠幅

每小区选取生长正常的植株≥3 株，测量植株树冠东西向、南北向的宽度。精确到 0.1 m。

A.2.2.2 树高

用 A.2.2.1 的样本，测量植株高度。精确到 0.1 m。

A.2.2.3 干周

用 A.2.2.1 的样本，测量植株主干离地 30 cm 处或嫁接口上 10 cm 的粗度。精确到 0.1 cm。

A.2.3 丰产性

A.2.3.1 单株产量

果实成熟时，每小区随机选取生长正常的植株≥3 株，分别采摘全树果实称重，计算平均值。精确到 0.1 kg。

A.2.3.2 亩产量

根据 A.2.1.8 和 A.2.3.1 结果，计算亩产量。精确到 0.1 kg。

A.2.4 品质性状

完熟果果皮颜色按照 NY/T 2440 的规定执行，其他品质性状按照 NY/T 1808 的规定执行。

A.2.5 其他

可根据小区内发生的病害、虫害、寒害等具体情况加以记载。

附 录 B
（规范性附录）
芒果品种现场鉴评记录表

芒果品种现场鉴评记录表见表B.1。

表B.1 芒果品种现场鉴评记录表

日期：________年________月________日

基本情况：________省（自治区、直辖市）________市（区、县）________乡（镇）

经度：________°________′________″ 纬度：________°________′________″ 海拔：________ m

坡向：________ 面积：________亩 土壤类型和土质：________

管理水平：1. 精细；2. 中等；3. 粗放

测试项目	申请品种				对照品种			
品种名称								
繁殖方式	1. 嫁接苗；2. 高接换种；3. 其他				1. 嫁接苗；2. 高接换种；3. 其他			
砧木品种								
定植时间，年								
高接时间，年								
株行距，m								
种植密度，株/亩								
树势	1. 强；2. 中；3. 弱				1. 强；2. 中；3. 弱			
树号	1	2	3	平均	1	2	3	平均
株高，m								
冠幅，m								
干周，cm								
株产，kg								
亩产，kg								
果实形状	1. 长椭圆形；2. 椭圆形；3. 圆球形；4. 卵形；5. 象牙形；6. S形；7. 扁圆形；8. 肾形；9. 其他				1. 长椭圆形；2. 椭圆形；3. 圆球形；4. 卵形；5. 象牙形；6. S形；7. 扁圆形；8. 肾形；9. 其他			
完熟果果皮颜色	1. 绿色；2. 黄绿色；3. 绿带黄；4. 黄色；5. 橙黄色；6. 黄带橙；7. 橙色；8. 黄带红；9. 橙带红；10. 红色；11. 橙带紫；12. 红带紫；13. 紫色				1. 绿色；2. 黄绿色；3. 绿带黄；4. 黄色；5. 橙黄色；6. 黄带橙；7. 橙色；8. 黄带红；9. 橙带红；10. 红色；11. 橙带紫；12. 红带紫；13. 紫色			
单果重，g								
果肉颜色	1. 乳白；2. 乳黄；3. 浅黄；4. 金黄；5. 深黄；6. 橙黄；7. 橙红；8. 其他				1. 乳白；2. 乳黄；3. 浅黄；4. 金黄；5. 深黄；6. 橙黄；7. 橙红；8. 其他			
果肉质地	1. 细腻；2. 中等；3. 粗硬				1. 细腻；2. 中等；3. 粗硬			
风味	1. 清甜；2. 甜；3. 浓甜；4. 酸甜；5. 酸				1. 清甜；2. 甜；3. 浓甜；4. 酸甜；5. 酸			
香气	1. 淡；2. 中等；3. 浓				1. 淡；2. 中等；3. 浓			
松香味	1. 无；2. 淡；3. 中等；4. 浓				1. 无；2. 淡；3. 中等；4. 浓			
可食率，%								

表 B.1（续）

测试项目	申请品种	对照品种
可溶性固形物含量,%		
果肉纤维数量	1. 无;2. 少;3. 中等;4. 多	1. 无;2. 少;3. 中等;4. 多
其他		
签名	组长：　　　　　成员：	
注 1:测量株数 3 株～5 株。 注 2:抽取方式:随机抽取。 注 3:根据测产单株产量及亩定植株数计算亩产量。		

附加说明：

NY/T 2667《热带作物品种审定规范》分为 7 个部分：

——第 1 部分:橡胶树；

——第 2 部分:香蕉；

——第 3 部分:荔枝；

——第 4 部分:龙眼；

——第 5 部分:咖啡；

——第 6 部分:芒果；

——第 7 部分:澳洲坚果。

本部分是 NY/T 2667 的第 6 部分。

本部分按照 GB/T 1.1—2009 给出的规则起草。

本部分由农业部农垦局提出。

本部分由农业部热带作物及制品标准化技术委员会归口。

本部分起草单位:中国热带农业科学院热带作物品种资源研究所、中国农垦经济发展中心。

本部分主要起草人:陈业渊、高爱平、朱敏、黄建峰、赵志常、党志国。

中华人民共和国农业行业标准

热带作物品种审定规范　第7部分:澳洲坚果

Registration rules for variety of tropical crops—
Part 7:Macadamia nuts

NY/T 2667.7—2016

1　范围

本部分规定了澳洲坚果(*Macadamia* spp.)品种审定要求、判定规则和审定程序。

本部分适用于澳洲坚果品种的审定。

2　规范性引用文件

下列文件对于本文件的应用是必不可少的。凡是注日期的引用文件,仅注日期的版本适用于本文件。凡是不注日期的引用文件,其最新版本(包括所有的修改单)适用于本文件。

GB/T 5009.5　食品中蛋白质的测定

GB/T 5512　粮油检验　粮食中粗脂肪含量测定

NY/T 1687　澳洲坚果种质资源鉴定技术规范

NY/T 2668.7　热带作物品种试验技术规程　第7部分:澳洲坚果

中华人民共和国农业部公告2012年第2号　农业植物品种命名规定

3　审定要求

3.1　基本要求

3.1.1　品种来源明确,无知识产权纠纷。

3.1.2　品种名称应符合农业部公告2012年第2号的要求。

3.1.3　品种具有特异性、一致性和稳定性。

3.1.4　经过品种的比较试验、区域试验和生产试验,材料齐全。

3.2　目标要求

3.2.1　品种基本指标

单个果仁重≥2 g、出仁率≥32%、果仁含油量≥72%、一级果仁率≥92%、壳果直径≥1.8 cm;壳果产量、品质等主要经济性状优于或相当于对照品种。

3.2.2　专用品种指标

3.2.2.1　高产品种

壳果产量比对照品种增产≥8%,经统计分析差异显著。

3.2.2.2　高出仁率品种

壳果出仁率比对照品种≥1个百分点。

3.2.2.3　高油品种

中华人民共和国农业部 2016-11-01 发布　　2017-04-01 实施

果仁含油量比对照品种≥1 个百分点。

3.2.2.4 早熟品种

果实成熟时间比对照品种提前≥10 d。

3.2.2.5 早实性品种

初花树龄比对照品种≤1 年。

4 判定规则

满足 3.1 和 3.2.1 全部条件，同时满足 3.2.2 中的要求≥1 项，判定为符合品种审定要求。

5 审定程序

5.1 现场鉴评

5.1.1 地点确定

根据申请书随机抽取 1 个～2 个代表性的生产性试验点作为现场鉴评地点。

5.1.2 鉴评内容及记录

现场鉴评项目和方法按照附录 A 执行，现场鉴评记录按照附录 B 执行。不便现场鉴评的测试项目指标，需提供农业部认可的检测机构出具的检测报告。

5.1.3 综合评价

根据 5.1.2 的鉴评结果，对产量、品质、抗性等进行综合评价。

5.2 初审

5.2.1 申请品种名称

按照中华人民共和国农业部公告 2012 年第 2 号的规定进行审查。

5.2.2 申报材料

对品种比较试验、区域试验、生产试验的报告等技术内容完整性进行审查。

5.2.3 品种试验方案

试验地点、对照品种的选择、试验设计、试验方法、试验期限，按照 NY/T 2668.7 的规定进行审查。

5.2.4 品种试验结果

对申请品种的植物学特征、生物学特性、主要经济性状（包括果实品质、丰产性、稳产性、适应性、抗性等）和生产技术要点，以及结果的完整性、真实性和准确性等进行审查。

5.2.5 初审意见

依据 5.2.1、5.2.2、5.2.3、5.2.4 的审查情况，结合现场鉴评结果，对品种进行综合评价，提出初审意见。

5.3 终审

对申报材料、现场鉴评综合评价、初审结果进行综合审定，提出终审意见，并进行无记名投票表决，赞成票超过与会专家总数 2/3 以上，通过审定。

附　录　A
（规范性附录）
澳洲坚果品种审定现场鉴评内容

A.1　现场观测项目

见表A.1。

表A.1　观测项目

内容	观测记载项目
基本情况	地点、经纬度、海拔、坡向、试验点面积、土壤类型、管理水平、繁殖方式、定植时间、株行距、种植密度、树势
主要植物学特征	树形、嫩叶颜色、叶序、叶缘刺、叶片长宽比、叶片形状、小花颜色、果实形状、果皮光滑度、果顶形状、果颈、壳果形状、果壳光滑度
丰产性状	株产、折亩产
品质性状	果实重量、种子（壳果）重量、出种率（壳果率）、种子（壳果）大小、果仁颜色、果仁重量、出仁率、一级果仁率、果仁含油量、果仁蛋白质含量、果仁可溶性糖含量
其他	株高、冠幅、茎围、初花树龄

A.2　观测方法

A.2.1　基本情况

A.2.1.1　试验地概况

主要包括地点、经纬度、海拔、坡向、试验点面积、土壤类型等。

A.2.1.2　管理水平

考察试验地管理水平，分为精细、中等、粗放。

A.2.1.3　繁殖方式

调查试验树采用的繁殖方式，分为嫁接、扦插、高接换种（注明原品种）、其他。

A.2.1.4　定植时间

调查试验树的定植时间。

A.2.1.5　株行距

测量小区内的株距和行距，精确到0.1 m。

A.2.1.6　种植密度

根据A.2.1.5数据计算种植密度，精确到0.1株/亩。

A.2.1.7　树势

按照NY/T 1687的规定执行。

A.2.2　主要植物学特征

按照NY/T 1687的规定执行。

A.2.3　丰产性状

A.2.3.1　壳果株产

果实成熟时，随机选取正常植株≥3株，分别采收全树果实称重，计算平均果实株产；随机取100个果样，去皮称重，计算出种率（壳果率），折算鲜壳果株产，精确到 0.1 kg。

A.2.3.2 壳果亩产

根据 A.2.3.1 结果和种植密度，折算鲜壳果亩产，精确到 0.1 kg。

A.2.4 品质性状

果实重量、种子（壳果）重量、种子（壳果）大小、果仁颜色、果仁重量、出仁率、一级果仁率、果仁可溶性糖含量按照 NY/T 1687 的规定执行。

果仁含油量、果仁蛋白质含量的测定分别按照 GB/T 5512 和 GB/T 5009.5 的规定执行。

A.2.5 其他

A.2.5.1 冠幅

用 A.2.3.1 的样本，测量树冠株间、行间的宽度。结果以平均值表示，精确到 0.1 m。

A.2.5.2 株高

用 A.2.3.1 的样本，测量植株高度。结果以平均值表示，精确到 0.1 m。

A.2.5.3 茎围

用 A.2.3.1 的样本，测量植株主干离地 30 cm 处或嫁接位以上 10 cm 处的茎围，精确到 0.1 cm。

A.2.5.4 初花树龄

从定植到开花植株占全部试验植株的 40%以上时所经历的时间。

附 录 B
(规范性附录)
澳洲坚果品种现场鉴评记录表

澳洲坚果品种现场鉴评记录表见表B.1。

表B.1 澳洲坚果品种现场鉴评记录表

日期:________年________月________日

基本情况:________省(自治区、直辖市)________________________市(区、县)________________________乡(镇)

经度:__________°__________′__________″ 纬度:__________°__________′__________″ 海拔:____________m

坡向:________________________面积:________________________亩 土壤类型和土质:________________________

管理水平:1. 精细;2. 中等;3. 粗放

测试项目	申请品种				对照品种			
品种名称								
繁殖方式	1. 嫁接;2. 扦插;3. 高接换种;4. 其他				1. 嫁接;2. 扦插;3. 高接换种;4. 其他			
定植时间								
初花树龄,年								
株行距,m×m								
种植密度,株/亩								
树号	1	2	3	平均	1	2	3	平均
树势								
树形								
冠幅,m×m								
茎围,cm								
果实重,kg								
种子(壳果)重,kg								
出种率,%								
壳果株产,kg								
折壳果亩产,kg								
嫩叶颜色	1. 浅绿;2. 绿;3. 粉红;4. 紫红;5. 其他				1. 浅绿;2. 绿;3. 粉红;4. 紫红;5. 其他			
叶序	1. 对生;2. 三叶轮生;3. 四叶轮生;4. 五叶轮生				1. 对生;2. 三叶轮生;3. 四叶轮生;4. 五叶轮生			
叶片形状	1. 倒卵形;2. 卵圆形;3. 椭圆形;4. 长椭圆形;5. 倒披针形;6. 其他				1. 倒卵形;2. 卵圆形;3. 椭圆形;4. 长椭圆形;5. 倒披针形;6. 其他			
叶片长宽比								
叶缘刺	1. 无;2. 少;3. 较多;4. 多				1. 无;2. 少;3. 较多;4. 多			
小花颜色	1. 白色;2. 乳白色;3. 粉红色;4. 其他				1. 白色;2. 乳白色;3. 粉红色;4. 其他			
果实形状	1. 球形;2. 卵圆形;3. 椭圆形;4. 其他				1. 球形;2. 卵圆形;3. 椭圆形;4. 其他			
果顶形状	1. 乳头状突起不明显;2. 乳头状突起明显;3. 乳头状突起极明显				1. 乳头状突起不明显;2. 乳头状突起明显;3. 乳头状突起极明显			
果颈	1. 无;2. 短;3. 长				1. 无;2. 短;3. 长			
果皮光滑度	1. 光滑;2. 粗糙				1. 光滑;2. 粗糙			
果壳光滑度	1. 光滑;2. 粗糙				1. 光滑;2. 粗糙			
种子(壳果)形状	1. 扁圆形;2. 圆球形;3. 卵圆形;4. 椭圆形;5. 半球形;6. 其他				1. 扁圆形;2. 圆球形;3. 卵圆形;4. 椭圆形;5. 半球形;6. 其他			

表 B.1 （续）

测试项目	申请品种	对照品种
壳果横径，mm		
壳果纵径，mm		
壳果重量，g		
果仁颜色		
果仁重量，g		
出仁率，%		
一级果仁率，%		
果仁含油量，%		
果仁蛋白质含量，%		
果仁可溶性糖含量，%		
其他		
签名	组长： 成员：	
注 1：树势：1. 强；2. 中；3. 弱。 注 2：树形：1. 圆形；2. 半圆形；3. 圆锥形；4. 阔圆形；5. 不规则形。 注 3：测量株数≥3 株。 注 4：抽取方式：随机抽取。 注 5：根据测产单株产量及亩定植株数计算亩产量。		

附加说明：

NY/T 2667《热带作物品种审定规范》分为 7 个部分：

——第 1 部分：橡胶树；

——第 2 部分：香蕉；

——第 3 部分：荔枝；

——第 4 部分：龙眼；

——第 5 部分：咖啡；

——第 6 部分：芒果；

——第 7 部分：澳洲坚果。

本部分是 NY/T 2667 的第 7 部分。

本部分按照 GB/T 1.1—2009 给出的规则起草。

本部分由农业部农垦局提出。

本部分由农业部热带作物及制品标准化技术委员会归口。

本部分起草单位：云南省热带作物科学研究所、中国农垦经济发展中心、中国热带农业科学院南亚热带作物研究所、江城耀霖农林开发有限公司。

本部分主要起草人：倪书邦、贺熙勇、刘建玲、陶丽、杜丽清、曾辉、徐斌、陶亮。

中华人民共和国农业行业标准

热带作物品种试验技术规程 第5部分：咖啡

Regulations for the variety tests of tropical crops—
Part 5:Coffee

NY/T 2668.5—2016

1 范围

本部分规定了小粒种咖啡(*Coffea arabica* Linn.)、中粒种咖啡(*Coffea canephora* Pierre ex Froehner)品种比较试验、区域试验和生产试验的技术要求。

本部分适用于小粒种咖啡和中粒种咖啡的品种试验。

2 规范性引用文件

下列文件对于本文件的应用是必不可少的。凡是注日期的引用文件，仅注日期的版本适用于本文件。凡是不注日期的引用文件，其最新版本(包括所有的修改单)适用于本文件。

GB 4285 农药安全使用标准

GB 5009.4 食品安全国家标准 食品中灰分的测定

GB 5009.5 食品安全国家标准 食品中蛋白质的测定

GB/T 5009.6 食品中脂肪的测定

GB/T 5009.8 食品中蔗糖的测定

GB/T 5009.10 植物类食品中粗纤维的测定

GB 5009.139 食品安全国家标准 饮料中咖啡因的测定

GB/T 8305 茶 水浸出物测定

GB/T 15033 生咖啡 嗅觉和肉眼检验以及杂质和缺陷的测定

GB/T 22250 保健食品中绿原酸的测定

NY/T 358 咖啡种子种苗

NY/T 922 咖啡栽培技术规程

NY/T 1698 小粒种咖啡病虫害防治技术规范

NY/T 3004 热带作物种质资源描述及评价规范 咖啡

ISO 4150 生咖啡—粒度分析—手筛法(Green coffee; size analysis; manual sieving)

3 品种比较试验

3.1 试验地点

试验地点应能代表所属生态类型区的气候、土壤、栽培条件和生产水平。

3.2 对照品种

对照品种应是已审(认)定的品种，或当地生产上公知公用的品种。

3.3 试验设计与实施

中华人民共和国农业部 2016-11-01 发布 2017-04-01 实施

采用随机区组设计或完全随机设计，重复数≥3 次。每个小区每个品种(系)≥20 株。小粒种咖啡种植密度按照 NY/T 922 的规定执行；中粒种咖啡株距 2.0 m～2.5 m、行距 2.5 m。产量等目标性状观测数据年限≥3 年，同一试验的每一项田间操作宜在同一天内完成。

3.4 采收与测产

当果实成熟度达到要求，及时采收，每个小区逐株测产，统计单株产量，并折算亩产量。

3.5 观测记载与鉴定评价

按照附录 A 的规定执行。

3.6 试验总结

对试验品种(系)的质量性状进行描述，对产量等重要数量性状观测数据进行统计分析，撰写品种比较试验报告。

4 品种区域试验

4.1 试验点的选择

根据不同品种(系)的适应性，在至少 2 个省(自治区、直辖市)不同生态类型区设置≥3 个试验点，同时满足 3.1 的要求。

4.2 试验品种的确定

4.2.1 对照品种

满足 3.2 的要求，根据试验需要可增加对照品种。

4.2.2 品种数量

试验品种数量≥2 个(包括对照品种)，当参试品种类型>2 个时，应分组设立试验。

4.3 试验设计

采用随机区组设计，重复数≥3 次。每个小区每个品种(株系)≥20 株，小粒种咖啡种植密度按照 NY/T 922 的规定执行；中粒种咖啡株距 2.0 m～2.5 m、行距 2.5 m。产量等目标性状观测数据年限≥3 年，同一试验的每一项田间操作宜在同一天内完成。

4.4 试验实施

4.4.1 种植

按照 NY/T 922 的规定执行，苗木质量应符合 NY/T 358 的要求。

4.4.2 田间管理

土肥水、树体管理按照 NY/T 922 的规定执行，病害防治按照 GB 4285 和 NY/T 1698 的规定执行。

4.5 采收和测产

按 3.4 的要求执行。

4.6 观测记载与鉴定评价

按照附录 A 的规定执行。主要品质指标由品种审定委员会指定或认可的专业机构进行检测。以抗锈病为育种目标的参试品种，由专业机构进行抗锈性鉴定。

4.7 试验总结

对试验品种(系)的质量性状进行描述，对产量等重要数量性状观测数据进行统计分析，并按照附录 B 的要求撰写区域性试验报告。

5 品种生产试验

5.1 试验点的选择

满足 4.1 的要求。

5.2 试验品种的确定

满足 4.2 的要求。

5.3 试验设计

采用随机区组设计或对比试验,小粒种咖啡种植密度按照 NY/T 922 的规定执行;中粒种咖啡株距 2.0 m~2.5 m、行距 2.5 m。其中:随机区组设计,重复数≥3 次,一个试验点每个参试品种(系)的种植面积≥3 亩,小区内每个品种(系)≥1 亩;对比试验,重复数≥3 次,每个品种(系)每个重复的种植面积≥1 亩。产量等目标性状观测数据年限≥3 年。

5.4 试验实施

按照 4.4 的规定执行。

5.5 采收和测产

当果实成熟度达到要求,及时采收。每小区随机选取正常植株≥10 株,采收全部果实测产,统计株产,并折算亩产量。

5.6 观测记载与鉴定评价

按照 4.6 的规定执行。

5.7 试验总结

对试验品种的质量性状进行描述,对产量等重要数量性状观测数据进行统计分析,并总结生产技术要点,撰写生产试验报告。

附 录 A
(规范性附录)
咖啡品种试验观测项目与记载标准

A.1 基本情况

A.1.1 试验地概况

主要包括地点、经纬度、海拔、坡向、试验点面积、土壤类型等。

A.1.2 气象资料

主要包括年均气温、最冷月平均气温、最热月平均气温、极端最高最低气温、年降水量、无霜期、日照时数以及灾害天气等。

A.1.3 种苗繁殖与定植情况

种苗类型、定植时间、施肥情况、嫁接换种时间等。

A.1.4 田间管理情况

主要包括修剪、锄草、灌溉、施肥、病虫害防治等。

A.2 咖啡品种试验观测项目与记载标准

A.2.1 观测项目

见表 A.1。

表 A.1 观测项目

内 容	记载项目
植物学特征	树型、株高、冠幅、茎粗、一级分枝(对数、角度)、最长一级分枝(长度、节数)、嫩叶颜色、成熟叶(颜色、形状、叶尖形状、叶缘形状、叶面光泽、长、宽)、叶腋间花序数、单花序花朵数、节花朵数、单节果数、成熟果实(大小、颜色、形状、果脐、纵径、横径、侧径)、种子(形状、纵径、横径、侧径)
生物学特性	初花期、盛花期、末花期、初果树龄、果实生育期、果实盛熟期、果实收获期
品质特性	物理特性(商品豆色泽、形态、气味、粒度、缺陷豆率)、化学特性(咖啡因含量、灰分含量、绿原酸含量、粗脂肪含量、蛋白质含量、蔗糖含量、粗纤维含量、水浸出物含量)、杯品质量
丰产性	单株产量、折亩产量、干鲜比、千粒重、出米率
抗逆性	抗锈病性
其他	

A.2.2 鉴定方法

A.2.2.1 植物学特征

按照 NY/T 3004 的规定执行。

A.2.2.2 生物学特征

按照 NY/T 3004 的规定执行。

A.2.2.3 品质特性

A.2.2.3.1 商品豆色泽

按照 GB/T 15033 的规定执行。

A.2.2.3.2 商品豆形态

按照GB/T 15033的规定执行。

A.2.2.3.3 商品豆气味

按照GB/T 15033的规定执行。

A.2.2.3.4 商品豆粒度

按照ISO 4150的规定执行。

A.2.2.3.5 缺陷豆率

按照GB/T 15033的规定执行。

A.2.2.3.6 咖啡因含量

按照GB 5009.139的规定执行。

A.2.2.3.7 灰分含量

按照GB 5009.4的规定执行。

A.2.2.3.8 绿原酸含量

按照GB/T 22250的规定执行。

A.2.2.3.9 粗脂肪含量

按照GB/T 5009.6的规定执行。

A.2.2.3.10 蛋白质含量

按照GB 5009.5的规定执行。

A.2.2.3.11 蔗糖含量

按照GB/T 5009.8的规定执行。

A.2.2.3.12 粗纤维含量

按照GB/T 5009.10的规定执行。

A.2.2.3.13 水浸出物含量

按照GB/T 8305的规定执行。

A.2.2.3.14 杯品质量

按照NY/T 3004的规定执行。

A.2.2.4 丰产性

A.2.2.4.1 单株产量

当果实达到要求的成熟度,应及时采收,品比试验、区域性试验需按定植株数每个小区逐株测产,统计单株果实产量;生产性试验需每小区随机选取正常的植株10株,采收全部果实,统计单株产量。结果以平均值表示,精确到0.1 kg。

A.2.2.4.2 折亩产量

根据A.2.2.4.1和3.3,折算亩产量。结果以平均值表示,精确到0.1 kg。

A.2.2.4.3 干鲜比

收获期间称取1 kg成熟鲜果,去果皮,脱胶,晒干或烘干制成含水量11%的带壳干豆,再去种壳制成标准商品豆,称取商品豆重。计算商品豆重与鲜果重的比例,重复3次。结果以平均值表示,精确到0.1。

A.2.2.4.4 千粒重

用A.2.2.4.3中的带壳干豆样品,随机称取1 000粒,重复3次。结果以平均值表示,精确到0.1 g。

A.2.2.4.5 出米率

用A.2.2.4.3中的带壳干豆样品,随机称取100 g,去种壳制成标准商品豆并称重。计算商品豆重占带壳干豆重的比例，重复3次。结果以平均值表示，精确到0.1%。

A.2.2.5 抗病性

采用田间自然发病和人工接种鉴定方法，进行锈病抗性评价。在咖啡锈病常发区域，以不抗锈的主栽品种为对照，在锈病流行季节调查记录植株锈病发病情况，连续观测2年以上(含2年)，调查100片咖啡叶片，记录病情级别(见表A.2)，按式(A.1)计算病情指数，依据申请品种发病程度(病情指数)确定其对锈病的抗性水平，其评价标准见表A.3。如果两年鉴定结果不一致，以抗性弱的发病程度为准。同时对照品种病情指数不低50时，该批次抗锈病鉴定视为有效。

表A.2 咖啡锈病病情级别及症状描述

病情级别	症状描述
0	无任何病症
1	有微小褪色斑，常有小的瘤痂出现，有时用放大镜或迎阳光下看到
2	较大褪色斑，常伴有瘤痂，无夏孢子产生
3	常有不同体积下的褪绿斑混合，包括很大的褪色斑，无夏孢子产生
4	常有不同体积的褪色斑，混合，在大斑上有一些夏孢子生成，占所有病斑面积25%以下，偶有少量瘤痂发生，有时病斑早期出现坏死
5	同4，但孢子生成更多，产孢面占总病斑面的50%以下
6	同5，产孢面积增加达75%以下
7	同6，孢子很丰盛，产孢面积达95%
8	常有带不同产孢等级病斑混合，有时伴有少量瘤痂
9	病斑带有极丰盛的孢子，边缘无明显褪绿圈

$$DI=\frac{\sum(n_i \times s_i)}{9 \times N}\times 100 \qquad \text{(A.1)}$$

式中：

DI ——病情指数；

n_i ——相应病害级别的株数；

s_i ——病害级别；

9 ——最高病害级数；

N ——调查总株数。

表A.3 咖啡品种对锈病抗性评价标准

病情指数(DI)	抗性评价
0	免疫型(I)
$0<DI\leqslant 30$	高抗型(HR)
$30<DI\leqslant 50$	中抗型(MR)
$50<DI\leqslant 80$	中感型(MS)
$DI>80$	高感型(HS)

A.2.3 记载项目

A.2.3.1 咖啡品种比较试验田间观测记载项目

见表A.4。

表A.4 咖啡品种比较试验田间观测项目记载表

观测项目		参试品种	对照品种	备注
植物学特征	树型			
	株高，cm			
	冠幅，cm			

表 A.4（续）

观测项目		参试品种	对照品种	备注
植物学特征	茎粗,cm			
	一级分枝对数,对			
	一级分枝角度,°			
	最长一级分枝长度,cm			
	最长一级分枝节数,节			
	叶片形状			
	叶尖形状			
	叶缘形态			
	叶面光泽			
	叶片长度,cm			
	叶片宽度,cm			
	成熟叶片颜色			
	嫩叶颜色			
	叶腋间花序数,序/腋			
	单花序花朵数,朵/序			
	节花朵数,朵/节			
	果粒数,粒/节			
	成熟果实颜色			
	果实形状			
	果脐形状			
	单果重,g			
	果实纵径,mm			
	果实横径,mm			
	果实侧径,mm			
	种子形状			
	种子纵径,mm			
	种子横径,mm			
	种子侧径,mm			
生物学特性	初花期(YYYYMMDD)			
	盛花期(YYYYMMDD)			
	末花期(YYYYMMDD)			
	初果树龄(MM)			
	果实生育期,d			
	果实盛熟期(YYYYMMDD)			
	果实收获期(YYYYMMDD)			
品质特性	商品豆色泽			
	商品豆形态			
	商品豆气味			
	商品豆粒度,mm			
	缺陷豆率,%			
	咖啡因含量,%			
	灰分含量,%			
	绿原酸含量,%			
	粗脂肪含量,%			
	蛋白质含量,%			
	蔗糖含量,%			
	粗纤维含量,%			
	水浸出物含量,%			
	杯品质量			

表 A.4（续）

观测项目		参试品种	对照品种	备注
丰产性	单株产量,kg			
	折亩产量,kg			
	干鲜比			
	千粒重,g			
	出米率,%			
抗病性	锈病抗性			
其他				

A.2.3.2 咖啡品种区域试验及生产试验田间记载项目

见表 A.5。

表 A.5 咖啡品种区域试验及生产试验田间观测项目记载表

观测项目		参试品种	对照品种	备注
植物学特征	株高,cm			
	冠幅,cm			
	茎粗,cm			
	一级分枝对数,对			
	最长一级分枝长度,cm			
	最长一级分枝节数,节			
	果实整齐度			
	果粒数,粒/节			
	单果重,g			
	果实纵径,mm			
	果实横径,mm			
	果实侧径,mm			
	种子形状			
	种子纵径,mm			
	种子横径,mm			
	种子侧径,mm			
生物学特性	初花期(YYYYMMDD)			
	盛花期(YYYYMMDD)			
	末花期(YYYYMMDD)			
	初果树龄(MM)			
	果实生育期,d			
	果实盛熟期(YYYYMMDD)			
	果实收获期(YYYYMMDD)			
品质特性	商品豆色泽			
	商品豆形态			
	商品豆气味			
	商品豆粒度,mm			
	缺陷豆率,%			
	杯品质量			
丰产性	单株产量,kg			
	折亩产量,kg			
	干鲜比			
	千粒重,g			
	出米率,%			
抗病性	锈病抗性			
其他				

附 录 B
(规范性附录)
咖啡品种区域试验年度报告

B.1 概述

本附录给出了《咖啡品种区域试验年度报告》格式。

B.2 报告格式

B.2.1 封面

咖啡品种区域试验年度报告

(年度)

试验组别:____________

试验地点:____________

承担单位:____________

试验负责人:____________

试验执行人:____________

通信地址:____________

邮政编码:____________

联系电话:____________

电子信箱:____________

B.2.2 地理与气象数据

纬度:______°______′______″,经度:______°______′______″,海拔:______ m,年平均气温:______℃,最冷月平均气温:______℃,最低气温:______℃,最高气温:______℃,年降水量:______ mm。

特殊及各种自然灾害对供试品种生长和产量的影响,以及补救措施:____________。

B.2.3 试验地基本情况和栽培管理

B.2.3.1 基本情况

坡度:______°,坡向:______,前作:______,有/无荫蔽:______,土壤类型:______。

B.2.3.2 田间设计

参试品种:______个,对照品种:______,重复:______次,株距:______ m,行距:______ m,试验面积:______ m^2。

参试品种汇总表见表 B.1。

表 B.1 参试品种汇总表

代号	品种名称	组别	亲本组合	选育单位	联系人与电话

B.2.3.3 栽培管理

定植时间和方法：________________

施肥：________________

灌排水：________________

中耕除草：________________

修剪：________________

病虫草害防治：________________

其他特殊处理：________________

B.2.4 花果期

初花期：______年____月____日至______年____月____日；

盛花期：______年____月____日至______年____月____日；

末花期：______年____月____日至______年____月____日；

坐果期：______年____月____日至______年____月____日；

盛熟期：______年____月____日至______年____月____日；

收获期：______年____月____日至______年____月____日。

B.2.5 果实生育期

______年____月____日至________年______月______日，共______ d。

B.2.6 农艺性状

见表 B.2。

表 B.2 咖啡农艺性状调查结果汇总表

代号	品种名称	树型	株高，cm	冠幅，cm×cm	茎粗，cm	分枝对数，对	最长一级分枝长，cm	最长一级分枝节数，节	果实整齐度	果粒数，粒/节	单株产量，g	
											平均，g	比对照增减，%

B.2.7 产量性状

见表 B.3。

表 B.3 咖啡的产量性状调查结果汇总表

代号	品种名称	重复	收获小区		单株产量，kg	折亩产量，kg	平均亩产，kg	比对照增减，%	显著性测定	
			株距，m	行距，m					0.05	0.01
		Ⅰ								
		Ⅱ								
		Ⅲ								
		Ⅰ								
		Ⅱ								
		Ⅲ								

B.2.8 品质评价

见表 B.4、表 B.5。

表 B.4　咖啡品质评价结果汇总表

代号	品种名称	重复	商品豆色泽	商品豆形态	商品豆气味	商品豆粒度,cm	咖啡缺陷豆率,%
		Ⅰ					
		Ⅱ					
		Ⅲ					
		平均	—	—	—		
		Ⅰ					
		Ⅱ					
		Ⅲ					
		平均	—	—	—		

代号	品种名称	重复	咖啡因含量,%	灰分含量,%	绿原酸含量,%	粗脂肪含量,%	蛋白质含量,%	蔗糖含量,%	粗纤维含量,%	水浸出物含量,%	咖啡杯品质量	综合评价	终评位次
		Ⅰ											
		Ⅱ											
		Ⅲ											
		平均											
		Ⅰ											
		Ⅱ											
		Ⅲ											
		平均											

B.2.9　抗病性

见表 B.5。

表 B.5　咖啡抗锈病性调查结果汇总表

代号	品种名称	侵染型	病情指数	锈病抗性评价

B.2.10　其他特征特性

B.2.11　品种综合评价(包括品种特征特性、优缺点和推荐审定等)

见表 B.6。

表 B.6　咖啡品种综合评价表

代号	品种名称	综合评价

B.2.12　本年度试验评述(包括试验进行情况、准确程度、存在问题等)

B.2.13　对下年度试验工作的意见和建议

B.2.14　附：________年度专家测产结果

附加说明：

NY/T 2668《热带作物品种试验技术规程》分为7个部分：

——第1部分：橡胶树；

——第2部分：香蕉；

——第3部分：荔枝；

——第4部分：龙眼；

——第5部分：咖啡；

——第6部分：芒果；

——第7部分：澳洲坚果。

本部分是NY/T 2668的第5部分。

本部分按照GB/T 1.1—2009给出的规则起草。

本部分由农业部农垦局提出。

本部分由农业部热带作物及制品标准化技术委员会归口。

本部分起草单位：云南省德宏热带农业科学研究所、中国农垦经济发展中心、中国热带农业科学院香料饮料研究所。

本部分主要起草人：周华、白学慧、郭铁英、孙娟、张洪波、李锦红、董云萍、杨积忠、陈明文、闫林、萧自位、刘金。

中华人民共和国农业行业标准

热带作物品种试验技术规程　第6部分：芒果

Regulations for the variety tests of tropical crops—
Part 6：Mango

NY/T 2668.6—2016

1　范围

本部分规定了芒果（*Mangifera indica* L.）的品种比较试验、区域试验和生产试验的技术要求。

本部分适用于芒果品种试验。

2　规范性引用文件

下列文件对于本文件的应用是必不可少的。凡是注日期的引用文件，仅注日期的版本适用于本文件。凡是不注日期的引用文件，其最新版本（包括所有的修改单）适用于本文件。

GB/T 6194　水果、蔬菜可溶性糖测定法

GB/T 6195　水果、蔬菜维生素C含量测定法（2,6-二氯靛酚滴定）

GB/T 12295　水果、蔬菜制品可溶性固形物含量的测定——折射仪法

GB/T 12456　食品中总酸的测定

NY/T 590　芒果　嫁接苗

NY/T 1808　芒果　种质资源描述规范

NY/T 5025　无公害食品　芒果生产技术规程

3　品种比较试验

3.1　试验点选择

试验地点应能代表所属生态类型区的气候、土壤、栽培条件和生产水平。

3.2　对照品种

对照品种应是已登记或审（认）定的品种，或当地生产上公知公用的品种。

3.3　试验设计和实施

采用随机区组设计或完全随机设计，重复数≥3次。每个小区每个品种（系）≥5株，株距4 m～5 m，行距4 m～5 m；采用相同的栽培与管理措施，产量等目标性状观测数据年限≥3年。同一试验的每一项田间操作宜在同一天内完成。

3.4　采收与测产

当果实成熟度达到要求，及时采收，每个小区逐株测产，统计单株产量、折算亩产量。

3.5　观测记载与鉴定评价

按照附录A的规定执行。

3.6　试验总结

对试验品种（系）的质量性状进行描述，对产量等重要数量性状观测数据进行统计分析，撰写品种比

中华人民共和国农业部 2016-11-01 发布　　2017-04-01 实施

较试验报告。

4 品种区域试验

4.1 试验点的选择

根据不同品种(系)的适应性,在至少 2 个省(自治区、直辖市)不同生态区域设置≥3 个试验点,同时满足 3.1 的要求。

4.2 对照品种

满足 3.2 的要求,根据试验需要可增加对照品种。

4.3 试验设计

采用随机区组设计,重复数≥3 次。每个小区每个品种(系)≥5 株,株距 4 m～5 m、行距 4 m～5 m;产量等目标性状观测数据年限≥3 年。

4.4 试验实施

4.4.1 种植

苗木质量应满足 NY/T 590 的要求,种植按照 NY/T 5025 的规定执行。

4.4.2 田间管理

土肥水管理、树体管理、病虫害防治按照 NY/T 5025 的规定执行。

4.5 采收和测产

按照 3.4 的规定执行。

4.6 观测记载与鉴定评价

按照附录 A 的规定执行。

4.7 试验总结

对试验品种(系)的质量性状进行描述,对产量等数量性状观测数据进行统计分析,并按照附录 B 的规定撰写区域性试验报告。

5 品种生产试验

5.1 试验点的选择

满足 4.1 的要求。

5.2 对照品种

满足 4.2 的要求。

5.3 试验设计

采用随机区组设计或对比试验,株距 4 m～5 m、行距 4 m～5 m。其中:随机区组设计,重复数≥3 次,一个试验点每个参试品种(系)的种植面积≥3 亩,小区内每个品种(系)≥1 亩;对比试验,重复数≥3 次,每个品种(系)每次重复的种植面积≥1 亩。产量等目标性状观测数据年限≥3 年。

5.4 试验实施

按照 4.4 的规定执行。

5.5 采收和测产

当果实成熟度达到要求,及时采收。每小区随机选取正常植株≥3 株,采收全部果实测产,统计株产,并折算亩产量。

5.6 观测记载与鉴定评价

按照附录 A 的规定执行。

5.7 试验总结

对试验品种(系)的质量性状进行描述,对产量等重要数量性状观测数据进行统计分析,总结生产技术要点,撰写生产试验报告。

附 录 A
（规范性附录）
芒果品种试验观测项目与记载标准

A.1 基本情况

A.1.1 试验地概况

主要包括地点、经纬度、海拔、试验点面积、土壤类型等。

A.1.2 气象资料的记载内容

主要包括年均气温、最冷月平均气温、最热月平均气温、极端最高最低气温、年降水量、无霜期、日照时数以及灾害天气等。

A.1.3 繁殖情况

A.1.3.1 嫁接苗

苗木嫁接时间、嫁接方法、砧木品种、砧木年龄，苗木定植时间、苗木质量等。

A.1.3.2 高接换种

高接的时间、基砧品种、高接树树龄、株嫁接芽数、嫁接高度等。

A.1.4 田间管理情况

主要包括修剪、疏花疏果、锄草、灌溉、施肥、病虫害防治等。

A.2 芒果品种试验观测项目和记载标准

A.2.1 观测项目

见表 A.1。

表 A.1 观测项目

性状	记载项目
植物学特征	树姿、树形、叶片长度、叶片宽度、叶形、嫩叶颜色、成熟叶片颜色、叶片质地、叶缘、花序长度、花序宽度、花梗颜色、花序轴着生姿态、两性花百分率、单果重、果实纵径、果实宽横径、果实侧径、果实形状、成熟时果实颜色、果粉、果皮厚度、果核纵径、果核横径、果核侧径、果核重、胚类型
生物学特性	抽梢期、初花期、盛花期、末花期、初果期树龄、大量采果日期
品质性状	果肉颜色、风味、香气、可食率、可溶性固形物含量、可溶性糖含量、可滴定酸含量、维生素 C 含量
丰产性	株产、折亩产量
抗性	耐寒性、抗病虫性
其他特征特性	

A.2.2 鉴定方法

A.2.2.1 植物学特征

按照 NY/T 1808 的规定执行。

A.2.2.2 生物学特性

按照 NY/T 1808 的规定执行。

A.2.2.3 品质性状

A.2.2.3.1 可滴定酸含量

按照 GB/T 12456 的规定执行。

A.2.2.3.2 **维生素 C 含量**

按照 GB/T 6195 的规定执行。

A.2.2.3.3 **可溶性固形物含量**

按照 GB/T 12295 的规定执行。

A.2.2.3.4 **可溶性糖含量**

按照 GB/T 6194 的规定执行。

A.2.2.4 **丰产性**

A.2.2.4.1 **单株产量**

品种比较试验和区域试验:当果实达到成熟度要求,应及时采收,每个小区逐株测产,统计单株果实产量;生产性试验:每小区随机选取正常植株≥3 株,采收全部果实测产,统计单株产量,精确到 0.1 kg。

A.2.2.4.2 **折亩产量**

根据 A.2.2.4.1 和 3.3,折算亩产量,精确到 0.1 kg。

A.2.2.5 **抗性**

可根据小区内发生的天牛、蓟马及其他病虫害、耐旱、耐寒等具体情况加以记载。

A.2.3 **记载项目**

A.2.3.1 **芒果品种比较观测记载项目**

见表 A.2。

表 A.2 芒果品种比较试验观测项目记载表

观测项目		申请品种	对照品种	备注
植物学特征	树姿			
	树形			
	叶片长度,mm			
	叶片宽度,mm			
	叶形			
	嫩叶颜色			
	成熟叶片颜色			
	叶片质地			
	叶缘			
	花序长度,mm			
	花序宽度,mm			
	花梗颜色			
	花序轴着生姿态			
	两性花百分率,%			
	单果重,g			
	果实纵径,mm			
	果实横径,mm			
	果实侧径,mm			
	果实形状			
	成熟时果实颜色			
	果粉			
	果皮厚度,mm			
	果核纵径,mm			
	果核横径,mm			
	果核侧径,mm			
	果核重,g			
	胚类型			

表 A.2（续）

观测项目		申请品种	对照品种	备注
物候期	抽梢期(YYYYMMDD)			
	初花期(YYYYMMDD)			
	盛花期(YYYYMMDD)			
	末花期(YYYYMMDD)			
	初果期树龄，年			
	大量采果日期(MMDD)			
品质性状	果肉颜色			
	风味			
	香气			
	可食率，%			
	可溶性固形物含量，%			
	可溶性糖含量，%			
	可滴定酸含量，%			
	维生素 C 含量，mg/100 g			
丰产性	单株产量，kg			
	折亩产量，kg			
抗性	耐寒性			
	抗病虫性			
其他				

A.2.3.2 芒果品种区域试验及生产试验观测项目

见表 A.3。

表 A.3 芒果品种区域试验及生产试验观测项目记载表

调查项目		申请品种	对照品种	备注
植物学特征	树姿			
	树形			
	叶片长度，mm			
	叶片宽度，mm			
	花序长度，mm			
	花序宽度，mm			
	果实形状			
	单果重，g			
	果实纵径，mm			
	果实横径，mm			
	果实侧径，mm			
物候期	抽梢期(YYYYMMDD)			
	初花期(YYYYMMDD)			
	盛花期(YYYYMMDD)			
	末花期(YYYYMMDD)			
	初果期树龄，年			
	大量采果日期(MMDD)			
品质性状	果肉颜色			
	风味			
	香气			
	可食率，%			
	可溶性固形物含量，%			
	可溶性糖含量，%			
	可滴定酸含量，%			
	维生素 C 含量，mg/100 g			

表 A.3（续）

调查项目		申请品种	对照品种	备注
丰产性	单株产量,kg			
	折亩产量,kg			
抗性	耐寒性			
	抗病虫性			
其他				

附 录 B
(规范性附录)
芒果品种区域试验年度报告

B.1 概述

本附录给出了《芒果品种区域试验年度报告》格式。

B.2 报告格式

B.2.1 封面

芒果品种区域试验年度报告

(　　年度)

试验组别：____________________

试验地点：____________________

承担单位：____________________

试验负责人：____________________

试验执行人：____________________

通信地址：____________________

邮政编码：____________________

联系电话：____________________

电子信箱：____________________

B.2.2　气象和地理数据

纬度：______°______′______″，经度：______°______′______″，海拔：______________m，年平均气温：______________℃，最冷月气温：______________℃，最低气温：______________℃，年降水量：______________mm。

特殊气候及各种自然灾害对供试品种生长和产量的影响，以及补救措施：____。

B.2.3　试验地基本情况和栽培管理

B.2.3.1　基本情况

坡度：__________，坡向：__________，土壤类型：__________

B.2.3.2　田间设计

参试品种：______个，对照品种：______，重复：______次，行距：______m，株距：______m，试验面积：______m^2。

参试品种汇总表见表B.1。

表B.1　芒果参试品种汇总表

代号	品种名称	类型(组别)	亲本组合	选育单位	联系人与电话

B.2.3.3　栽培管理

定植或高接换种日期、方式和方法：______________________________________

施肥：______________________________________

灌排水：______________________________________

中耕除草：______________________________________

修剪：______________________________________

病虫草害防治：______________________________________

其他特殊处理：______________________________________

B.2.4　物候期

抽梢期：______月______日；

初花期：______月______日至______月______日；

盛花期：______月______日至______月______日；

末花期：______月______日至______月______日；

初果期树龄______年；

大量采果日期：______月______日。

B.2.5　植物性状及农艺性状

见表B.2、表B.3。

表B.2　芒果植物性状调查结果汇总表

代号	品种名称	树势	树形	花序长度，cm	花序宽度，cm

表 B.3 芒果农艺性状调查结果汇总表

代号	品种名称	果形	单株果数,个/株	单株果数量		单果重	
				平均,g	比对照增减,%	平均,g	比对照增减,%

B.2.6 产量性状

见表 B.4。

表 B.4 芒果产量性状调查结果汇总表

代号	品种名称	重复	收获小区		株产量,kg	折亩产,kg	平均亩产,kg	比对照增减,%	显著性测定	
			株距,m	行距,m					0.05	0.01
		Ⅰ								
		Ⅱ								
		Ⅲ								
		Ⅰ								
		Ⅱ								
		Ⅲ								

B.2.7 品质评价

见表 B.5。

表 B.5 芒果品质评价结果汇总表

代号	品种名称	重复	果皮颜色	果肉颜色	肉质	风味	果核大小	香气	可食率%	综合评价	终评位次
		Ⅰ									
		Ⅱ									
		Ⅲ									
		Ⅰ									
		Ⅱ									
		Ⅲ									
注:品质评价至少请 5 名代表品尝评价,采用 100 分制记录,终评划分 4 个等级:1)优、2)良、3)中、4)差。											

B.2.8 品质检测

见表 B.6。

表 B.6 芒果品质检测结果汇总表

代号	品种名称	重复	可溶性固形物含量,%	可溶性糖含量,%	可滴定酸含量,%	维生素 C 含量,mg/100 g
		Ⅰ				
		Ⅱ				
		Ⅲ				
		Ⅰ				
		Ⅱ				
		Ⅲ				

B.2.9 抗性

见表 B.7。

表 B.7 芒果主要抗性调查结果汇总表

代号	品种名称	耐寒性	抗病虫性

B.2.10 其他特征特性

B.2.11 品种综合评价(包括品种特征特性、优缺点和推荐审定等)

见表 B.8。

表 B.8 芒果品种综合评价表

代号	品种名称	综合评价

B.2.12 本年度试验评述(包括试验进行情况、准确程度、存在问题等)

B.2.13 对下年度试验工作的意见和建议

B.2.14 附：________年度专家测产结果

附加说明：

NY/T 2668《热带作物品种试验技术规程》分为 7 个部分：

——第 1 部分：橡胶树；

——第 2 部分：香蕉；

——第 3 部分：荔枝；

——第 4 部分：龙眼；

——第 5 部分：咖啡；

——第 6 部分：芒果；

——第 7 部分：澳洲坚果。

本部分为 NY/T 2668 的第 6 部分。

本部分按照 GB/T 1.1—2009 给出的规则起草。

本部分由农业部农垦局提出。

本部分由农业部热带作物及制品标准化技术委员会归口。

本部分起草单位：中国热带农业科学院热带作物品种资源研究所、中国农垦经济发展中心。

本部分主要起草人：陈业渊、高爱平、黄建峰、赵志常、党志国、罗睿雄。

中华人民共和国农业行业标准

热带作物品种试验技术规程　第7部分:澳洲坚果

Regulations for the variety tests of tropical crops—
Part 7:Macadamia nuts

NY/T 2668.7—2016

1　范围

本部分规定了澳洲坚果(*Macadamia* spp.)的品种比较试验、区域试验和生产试验的技术要求。

本部分适用于澳洲坚果品种试验。

2　规范性引用文件

下列文件对于本文件的应用是必不可少的。凡是注日期的引用文件,仅注日期的版本适用于本文件。凡是不注日期的引用文件,其最新版本(包括所有的修改单)适用于本文件。

GB/T 5009.5　食品中蛋白质的测定

GB/T 5512　粮油检验　粮食中粗脂肪含量测定

NY/T 454　澳洲坚果　种苗

NY/T 1687　澳洲坚果种质资源鉴定技术规范

NY/T 2809　澳洲坚果栽培技术规程

3　品种比较试验

3.1　试验点选择

试验地点应能代表所属生态类型区的气候、土壤、栽培条件和生产水平。

3.2　对照品种

对照品种应是已审(认)定品种,或当地生产上公知公用品种。

3.3　试验设计和实施

采用随机区组设计或完全随机设计,重复数≥3次。每个小区每个品种(系)≥5株,株距4 m~6 m、行距6 m~8 m;产量等目标性状观测数据年限≥3年,同一试验的每一项田间操作应在尽可能短的时间内完成。

3.4　采收与测产

当果实成熟度达到要求,及时采收,每个小区逐株测产,统计单株产量和单位面积产量。

3.5　观测记载与鉴定评价

按照附录A的规定执行。

3.6　试验总结

对试验品种的质量性状进行描述,对产量等重要数量性状观测数据进行统计分析,撰写品种比较试验报告。

中华人民共和国农业部 2016-11-01 发布　　2017-04-01 实施

4 品种区域试验

4.1 试验点的选择

根据不同品种的适应性，在至少 2 个省(自治区、直辖市)不同生态区域设置≥3 个试验点。试验点同时满足 3.1 的要求。

4.2 对照品种

满足 3.2 的要求，根据试验需要可增加对照品种。

4.3 试验设计

采用随机区组设计，重复数≥3 次，小区内每个品种(系)≥5 株，株距 4 m～6 m、行距 6 m～8 m；产量等目标性状观测数据年限≥3 年。

4.4 试验实施

4.4.1 种植

苗木质量满足 NY/T 454 的要求；种植按照 NY/T 2809 的规定执行。

4.4.2 田间管理

土肥水管理、树体管理、病虫害防治按照 NY/T 2809 的规定执行。

4.5 采收与测产

按照 3.4 的要求执行。

4.6 观测记载与鉴定评价

按照附录 A 的规定执行。

4.7 试验总结

对试验品种的质量性状进行描述，对产量等重要数量性状观测数据进行统计分析，并按照附录 B 的要求撰写年度报告。

5 品种生产试验

5.1 试验点的选择

满足 4.1 的要求。

5.2 对照品种

满足 4.2 的要求。

5.3 试验设计

采用随机区组设计或对比试验，株距 4 m～6 m、行距 6 m～8 m。随机区组设计的重复数≥3 次，一个试验点每个参试品种(系)的种植面积≥3 亩，小区内每个品种(系)≥1 亩；对比试验的重复数≥3 次，每次重复每个品种(系)的种植面积≥1 亩。产量等目标性状观测数据年限≥3 年。

5.4 试验实施

按照 4.4 的要求执行。

5.5 采收与测产

当果实成熟度达到要求，及时采收。每小区随机选取正常植株≥3 株，分别采收全树果实称重，统计株产，折算亩产。

5.6 观测记载与鉴定评价

按照附录 A 的规定执行。

5.7 试验总结

对试验品种的质量性状进行描述，对产量等重要数量性状观测数据进行统计分析，并总结生产技术要点，撰写生产试验报告。

附　录　A
（规范性附录）
澳洲坚果品种试验观测项目与记载标准

A.1　基本情况

A.1.1　试验地概况

主要包括地点、经纬度、海拔、坡向、试验点面积、土壤类型等。

A.1.2　气象资料

主要包括年均气温、最冷月平均气温、最热月平均气温、极端最高最低气温、年降水量、无霜期、日照时数以及灾害天气等。

A.1.3　繁殖与定植情况

苗木嫁接时间、嫁接方法、苗木质量、苗木定植时间等。

A.1.4　田间管理情况

主要包括整形修剪、除草、灌溉、施肥和病虫害防治等。

A.2　澳洲坚果品种试验观测项目和记载标准

A.2.1　观测项目

见表A.1。

表A.1　观测项目

主要植物学特征	树形、嫩叶颜色、成熟叶颜色、叶面状态、叶序、叶片形状、叶片长度、叶片宽度、叶尖形状、叶基形状、叶缘形状、叶缘刺、小花颜色、果实形状、果皮颜色、果皮光滑度、果顶形状、果颈等
生物学特性	新梢萌发期、新梢老熟期、年抽梢次数、始花期、盛花期、末花期、花序长度、坐果期、果实成熟期
果实性状	带皮果重量、果皮厚度、果柄长度；壳果重量、壳果大小；果壳光滑度、果壳厚度
果仁性状	果仁颜色、果仁重量、果仁大小、出仁率、一级果仁率、脂肪含量、蛋白质含量、可溶性糖含量
丰产性	株产、折亩产量
抗逆性	抗风性、耐寒性、抗旱性、抗病虫性等
其他特征特性	株高、冠幅、茎围、初花树龄

A.2.2　鉴定方法

A.2.2.1　主要植物学特征

按照NY/T 1687的规定执行。

A.2.2.2　生物学特性

梢萌发期、年抽梢次数、新梢老熟期、叶片长度、叶片宽度、始花期、盛花期、末花期、花序长度、果实成熟期，按照NY/T 1687的规定执行。

A.2.2.3　果实性状

带皮果重量、带皮果大小、果皮厚度、果柄长度、壳果重量、壳果大小、果壳光滑度、果壳厚度，按照NY/T 1687的规定执行。

A.2.2.4　果仁性状

果仁颜色、果仁重量、果仁大小、出仁率、一级果仁率、可溶性糖含量，按照 NY/T 1687 的规定执行。

果仁含油量和果仁蛋白质含量，分别按照 GB/T 5512 和 GB/T 5009.5 的规定执行。

A.2.2.5 丰产性

A.2.2.5.1 单株产量

品种比较试验和区域试验：当果实成熟度达到要求，及时采收，每个小区逐株测产，统计单株产量；生产试验：每小区随机选取正常植株≥3 株，分别采收全树果实称重，统计株产。从已称重的果实中随机抽取 3 kg，去皮称重，计算出种率(壳果率)，折算单株鲜壳果重量，精确到 0.1 kg。

A.2.2.5.2 折亩产量

根据 A.2.2.5.1 结果和种植密度，折算亩产，精确到 0.1 kg。

A.2.2.6 抗逆性

记载试验品种的抗风性、抗寒性、抗旱性、抗病虫害等特性。

A.2.2.7 其他特征特性

A.2.2.7.1 冠幅

品种比较试验和区域试验：每年每个小区逐株“十字型”测量冠幅，统计单株冠幅；生产试验：每年每小区选取生长正常的植株≥3 株，“十字型”测量冠幅，统计单株冠幅。精确到 0.1 m。

A.2.2.7.2 株高

品种比较试验和区域试验：每年每个小区逐株测量株高；生产试验：用 A.2.2.7.1 的样本，每年每小区选取生长正常的植株≥3 株，测量株高。精确到 0.1 m。

A.2.2.7.3 茎围

品种比较试验和区域试验：每年每个小区逐株测量植株主干离地 30 cm 处或嫁接位以上 10 cm 处的茎围；生产试验：用 A.2.2.7.1 的样本，每年每小区选取生长正常的植株≥3 株，测量植株主干离地 30 cm 处或嫁接位以上 10 cm 处的茎围。精确到 0.1 m。

A.2.2.7.4 初花树龄

从定植至开花植株的数量≥全部试验植株的 40%所经历的年限。

A.2.3 记载项目

A.2.3.1 澳洲坚果品种比较试验田间观测记载项目

见表 A.2。

表 A.2 澳洲坚果品种比较试验田间观测项目记载表

观测项目		申请品种	对照品种	备注
植物学特征	树形			
	嫩叶颜色			
	成熟叶颜色			
	叶面状态			
	叶序			
	叶片形状			
	叶尖形状			
	叶基形状			
	叶缘形状			
	叶缘刺			
	小花颜色			
	果实形状			
	果皮颜色			
	果皮光滑度			
	果顶形状			
	果颈			

表 A.2 (续)

观测项目		申请品种	对照品种	备注
生物学特性	树势			
	新梢萌发期(YYYYMMDD)			
	新梢老熟期(YYYYMMDD)			
	年抽梢次数,次			
	叶片长度,cm			
	叶片宽度,cm			
	始花期(YYYYMMDD)			
	盛花期(YYYYMMDD)			
	末花期(YYYYMMDD)			
	花序长度,cm			
	果实成熟期(YYYYMMDD)			
果实性状	带皮果重量,g			
	果皮厚度,mm			
	果柄长度,mm			
	壳果重量,g			
	壳果横径大小,mm			
	壳果纵径大小,mm			
	果壳光滑度			
	果壳厚度,mm			
果仁性状	果仁颜色			
	果仁重量,g			
	果仁大小,mm			
	出仁率,%			
	一级果仁率,%			
	脂肪含量,%			
	蛋白质含量,%			
	可溶性糖含量,%			
丰产性	单株产量,kg			
	折亩产量,kg			
抗逆性	抗风性			
	耐寒性			
	抗旱性			
	抗病虫性			
其他特征特性	株高,m			
	冠幅,m×m			
	茎围,cm			
	初花树龄,年			

A.2.3.2 澳洲坚果品种区域试验及生产试验田间记载项目

见表 A.3。

表 A.3 澳洲坚果品种区域试验及生产试验田间观测项目记载表

调查项目		申请品种	对照品种	备注
植物学特征	树势			
	树形			
	小花颜色			
	花序长,cm			
	嫩叶颜色			
	壳果形状			

表 A.3 （续）

调查项目		申请品种	对照品种	备注
主要生物学特性	壳果整齐度			
	单个带皮果重量,g			
	单个壳果重量,g			
	壳果横径大小,mm			
	壳果纵径大小,mm			
	新梢萌发期(YYYYMMDD)			
	新梢老熟期(YYYYMMDD)			
	始花期(YYYYMMDD)			
	盛花期(YYYYMMDD)			
	末花期(YYYYMMDD)			
	果实成熟期(YYYYMMDD)			
品质特性	果仁颜色			
	质地			
	风味			
	缺陷			
	出仁率,%			
	一级果仁率,%			
	脂肪含量,%			
	蛋白质含量,%			
	可溶性糖含量,%			
丰产性	单株产量,kg			
	折亩产量,kg			
	株高,m			
	冠幅,m×m			
	茎围,cm			
	初花树龄,年			

附 录 B
（规范性附录）
澳洲坚果品种区域性试验年度报告

B.1 概述

本附录给出了《澳洲坚果品种区域性试验年度报告》格式。

B.2 报告格式

B.2.1 封面

澳洲坚果品种区域试验年度报告

（　　　　　年度）

试验组别：________________

试验地点：________________

承担单位：________________

试验负责人：________________

试验执行人：________________

通信地址：________________

邮政编码：________________

联系电话：________________

电子信箱：________________

B.2.2　气象和地理数据

纬度：______°______′______″，经度：______°______′______″，海拔：______ m ，年平均气温：__________℃，最冷月气温：__________℃，最低气温：__________℃ ，年降水量：________ mm。

特殊气候及各种自然灾害对供试品种生长和产量的影响，以及补救措施：____。

B.2.3　试验地基本情况和栽培管理

B.2.3.1　基本情况

坡度：______________°，坡向：______________，土壤类型：______________。

B.2.3.2　田间设计

参试品种：______个，对照品种：______，重复：______次，行距：______ m，株距：______ m，试验面积：______ m^2。

表 B.1　参试品种汇总表

代号	品种名称	类型(组别)	亲本组合	选育单位	联系人与电话

B.2.3.3　栽培管理

定植时间、方式和方法：______________________________

施肥：______________________________

灌排水：______________________________

中耕除草：______________________________

修剪：______________________________

病虫草害防治：______________________________

其他特殊处理：______________________________

B.2.4　物候期

新梢萌发期：________月________日；

新梢老熟期：________月________日；

始花期：________月________日；

盛花期：________月________日；

末花期：________月________日；

坐果期：________月________日；

果实成熟期：________月________日。

B.2.5　农艺性状

见表 B.2。

表 B.2　澳洲坚果农艺性状调查结果汇总表

代号	品种名称	树势	树形	初花树龄 年	冠幅 m×m	树高 m	茎围 cm	花序长度 cm

代号	品种名称	壳果形状	壳果整齐度	单个带皮果重		单个壳果重	
				平均，g	比对照增减，%	平均，g	比对照增减，%

B.2.6 产量性状

见表B.3。

表B.3 澳洲坚果壳果产量性状调查结果汇总表

代号	品种名称	重复	收获小区		单株产量,kg	折亩产量,kg	平均亩产量,kg	比对照增减,%	显著性水平	
			株距,m	行距,m					0.05	0.01
		Ⅰ								
		Ⅱ								
		Ⅲ								
		Ⅰ								
		Ⅱ								
		Ⅲ								

B.2.7 品质评价

见表B.4。

表B.4 澳洲坚果果仁品质评价结果汇总表

代号	品种名称	重复	颜色	质地	风味	缺陷	出仁率,%	一级果仁率,%	综合评价[a]	终评位次
		Ⅰ								
		Ⅱ								
		Ⅲ								
		Ⅰ								
		Ⅱ								
		Ⅲ								
[a] 品质评价至少请5名代表品尝评价,可采用100分制记录,终评划分4个等级:1)优、2)良、3)中、4)差。										

B.2.8 品质检测

见表B.5。

表B.5 澳洲坚果果仁品质检测结果汇总表

代号	品种名称	重复	脂肪含量,%	蛋白质含量,%	可溶性糖含量,%
		Ⅰ			
		Ⅱ			
		Ⅲ			
		Ⅰ			
		Ⅱ			
		Ⅲ			

B.2.9 抗逆性

见表B.6。

表B.6 澳洲坚果主要抗逆性调查结果汇总表

代号	品种名称	抗风性	耐寒性	抗病虫性	抗旱性	树冠残留果,%

B.2.10 其他特征特性

____。

B.2.11 品种综合评价(包括品种特征特性、优缺点和推荐审定等)

见表B.7。

表B.7 品种综合评价表

代号	品种名称	综合评价

B.2.12 本年度试验评述(包括试验进行情况、准确程度、存在问题等)

____。

B.2.13 对下年度试验工作的意见和建议

____。

B.2.14 附________年度专家测产结果

____。

附加说明:

NY/T 2668《热带作物品种试验技术规程》分为7个部分:

——第1部分:橡胶树;

——第2部分:香蕉;

——第3部分:荔枝;

——第4部分:龙眼;

——第5部分:咖啡;

——第6部分:芒果;

——第7部分:澳洲坚果。

本部分是NY/T 2668的第7部分。

本部分按照GB/T 1.1—2009给出的规则起草。

本部分由农业部农垦局提出。

本部分由农业部热带作物及制品标准化技术委员会归口。

本部分起草单位:云南省热带作物科学研究所、中国农垦经济发展中心、中国热带农业科学院南亚热带作物研究所、江城耀霖农林开发有限公司。

本部分主要起草人:倪书邦、贺熙勇、孙娟、陶丽、杜丽清、陈明文、曾辉、徐斌、陶亮。

中华人民共和国农业行业标准

橡胶树种质资源描述规范

Descriptors for rubber tree germplasm resources

NY/T 2944—2016

1 范围

本标准规定了橡胶树(*Hevea brasiliensis* Muell.-Arg.)种质资源基本信息、植物学特征、生物学特性、生长性状、产量性状及抗性性状的描述方法。

本标准适用于橡胶树植物种质资源的描述。

2 规范性引用文件

下列文件对于本文件的应用是必不可少的。凡是注日期的引用文件,仅注日期的版本适用于本文件。凡是不注日期的引用文件,其最新版本(包括所有的修改单)适用于本文件。

GB/T 2260 中华人民共和国行政区划代码

GB/T 2659 世界各国和地区名称代码

3 描述内容

描述内容见表1。

表1 橡胶树种质资源描述内容

描述类别	描 述 内 容
基本信息	全国统一编号、种质名称、种质外文名、科名、属名、学名、原产国、原产省、原产地、海拔、经度、纬度、来源地、系谱、选育单位、育成年份、选育方法、种质类型、图像、观测地点
植物学特征	叶痕形状、托叶痕形态、鳞片痕和托叶痕联成的形状、芽眼形态、芽眼与叶痕距离、叶篷形状、叶篷间距、叶篷郁闭度、大叶柄形状、叶枕伸展形态、叶枕沟、叶枕膨大形态、小叶柄形态、小叶柄长度、小叶柄面形态、小叶枕膨大程度、小叶枕膨大程度、蜜腺形态、腺点着生状态、腺点排列方式、腺点边缘、腺点面形态、叶形、叶基形状、两侧小叶基外缘形态、叶尖形状、叶缘波浪、叶面平滑状况、叶面光泽、叶脉形态、叶片颜色、叶片横切面形状、三小叶间距、开花量、花的育性、花色、花期、结实率、种子大小、种子形状、种皮颜色、种被斑纹、分枝高度、主干明显程度、开割树皮厚度、树冠形状、树冠开放度、树皮质地、胶乳颜色、染色体倍数性
生物学特性	第一篷叶抽叶期、第一篷叶老化期、春花始期、春花盛期、果实成熟期、开始落叶期、落叶盛期
生长性状	开割树高、开割前生长速度、开割后五年生长速度、立木材积
产量性状	试割产量、干胶含量、干胶产量
抗性性状	苗期耐寒性、成龄期耐寒性、抗风性、耐旱性、死皮率、白粉病抗性、炭疽病抗性

4 描述方法

4.1 基本信息

中华人民共和国农业部 2016-10-26 发布　　2017-04-01 实施

4.1.1 全国统一编号

种质的唯一标识号，由“XJA”或“XJW”加 5 位顺序号组成，其中 XJA 表示国外引进的野生种质，XJW 表示栽培种质。该编号由国家种质儋州橡胶树圃赋予。

4.1.2 种质名称

种质的中文名称。国内种质的原始名称，如果有多个名称，可放在括号内，用逗号分隔。国外引进种质用直译或意译中文名，也可直接使用种质的外文名。

4.1.3 种质外文名

国外种质以外文原名表示，国内种质以汉语拼音全拼表示。

4.1.4 科名

种质资源在植物分类学上的科名。用中文名加括号内的拉丁名组成，大戟科(Euphobiaceae)。

4.1.5 属名

种质资源在植物分类学上的属名。用中文名加括号内的拉丁名组成，橡胶树属(*Hevea*)。

4.1.6 种名或变种名

种质资源在植物分类学上的种名或变种名。用中文名加括号内的拉丁名组成。

4.1.7 原产国

种质原产国家的名称、地区名称或国际组织名称。国家和地区名称按照 GB/T 2659 的规定执行，如该国家已不存在，应在原国家名称前加“原”。国际组织名称用该组织的正式英文缩写。

4.1.8 原产省

种质原产省份名称，省份名称按照 GB/T 2260 的规定执行；国外引进种质原产省用原产国一级行政区的名称。

4.1.9 原产地

种质原产县、乡、村名称，县名按照 GB/T 2260 的规定执行。

4.1.10 经度

种质原产地的经度，单位为度(°)和分(′)。格式为“DDDFF”，其中“DDD”为度，“FF”为分。东经为正值，西经为负值。

4.1.11 纬度

种质原产地的纬度，单位为度(°)和分(′)。格式为“DDFF”，其中“DD”为度，“FF”为分。北纬为正值，南纬为负值。

4.1.12 海拔

种质原产地的海拔，单位为米(m)。

4.1.13 来源地

国外引进种质的来源地为国家、地区或国际组织名称；国内种质的来源地为省(自治区、直辖市)、县(市)名称。

4.1.14 亲本

选育品种(系)的亲本。

4.1.15 选育单位

选育品种(系)的单位全称或个人姓名。

4.1.16 育成年份

品种(系)通过审定、鉴定或授权的年份。

4.1.17 选育方法

品种(系)的育种方法。

4.1.18 种质类型

保存种质资源的类型，分为：1. 野生资源；2. 地方品种；3. 选育品种；4. 品系；5. 特殊遗传材料；6. 其他。

4.1.19 图像

橡胶树种质的图像文件名。文件名由该种质全国统一编号、连字符"-"和图像序号组成。图像格式为.jpg。

4.1.20 观测地点

种质性状的观测地点，记录到省（自治区、直辖市）和县（区）名。

4.2 植物学特征

4.2.1 叶痕形状

标准叶篷下刚脱落不久叶痕的形状（见图1），分为：1. 半圆形；2. 马蹄形；3. 心脏形；4. 三角形；5. 菱角形；6. 近圆形。

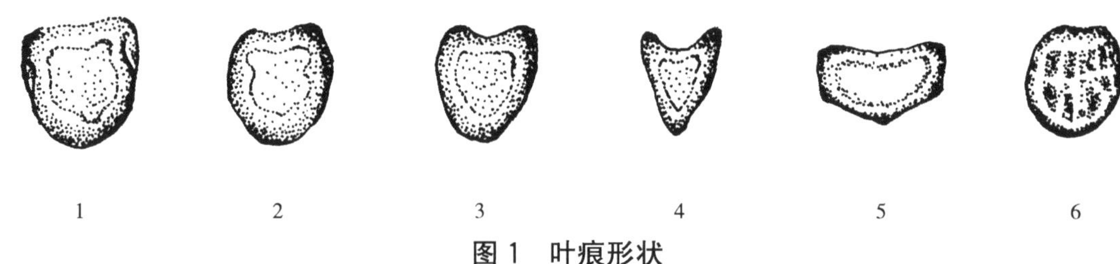

图1 叶痕形状

4.2.2 托叶痕形态

半木栓化茎干上，托叶痕在叶痕上部平面所成的伸展方向，分为：1. 平伸；2. 上仰；3. 下垂。

4.2.3 鳞片痕和托叶痕联成的形状

半木栓化茎干上，鳞片痕和托叶痕所联成的形状（见图2），分为：1. 一字形；2. 新月形；3. 袋形。

图2 鳞片痕和托叶痕联成的形状

4.2.4 芽眼形态

半木栓化茎干上，芽眼与茎干的高差，分为：1. 平；2. 凸；3. 凹。

4.2.5 芽眼与叶痕距离

半木栓化茎干芽眼与叶痕的远近程度，分为：1. 远；2. 近。

4.2.6 叶篷形状

标准叶篷的形状（见图3），分为：1. 半球形；2. 弧形；3. 截顶圆锥形；4. 圆锥形。

4.2.7 叶篷间距

叶篷之间分离的情况，分为：1. 明显分离；2. 分离；3. 不分离。

4.2.8 叶篷郁闭度

从侧面观察叶篷，叶篷的郁闭情况，分为：1. 开放；2. 郁闭。

4.2.9 大叶柄形状

标准叶篷中下部大叶柄的形状（见图4），分为：1. 直；2. 弓形；3. 反弓形；4. S形。

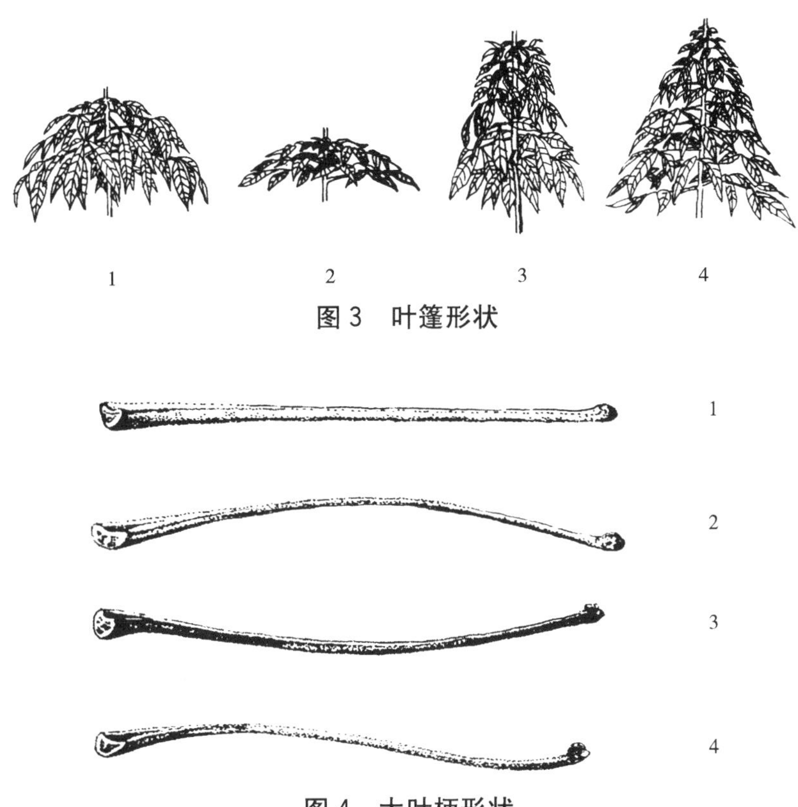

图3　叶篷形状

图4　大叶柄形状

4.2.10　叶枕伸展形态

标准叶篷中下部大叶柄基部(叶枕)的伸展形态(见图5),分为:1. 平伸;2. 上仰;3. 下垂。

图5　叶枕伸展形态

4.2.11　叶枕面形态

标准叶篷中下部叶枕上部是否有沟和窝,分为:1. 平;2. 有沟;3. 有窝。

4.2.12　叶枕膨大程度

标准叶篷中下部叶枕膨大的明显程度(见图6),分为:1. 顺大;2. 突大。

图6　叶枕膨大程度

4.2.13　小叶柄形态

标准叶篷中下部叶片上小叶柄的伸展形态(见图7),分为:1. 平伸;2. 上仰;3. 内弯。

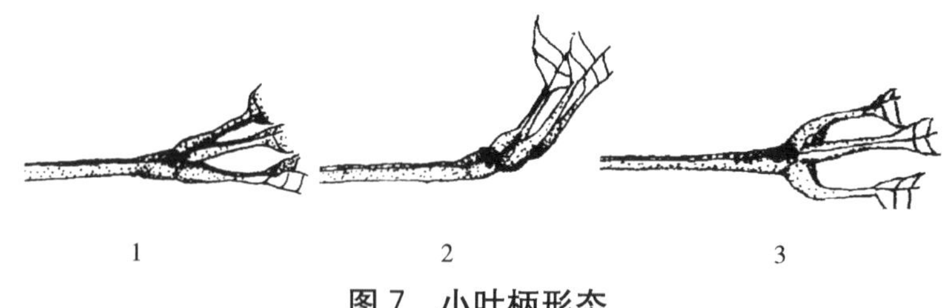

图7 小叶柄形态

4.2.14 小叶柄长度

标准叶篷中下部叶片,复叶中间小叶的小叶柄长短,分为:1. 短;2. 中等;3. 长。

4.2.15 小叶柄沟

标准叶篷中下部叶片,复叶中间小叶的叶枕是否有沟,分为:1. 无沟;2. 有沟。

4.2.16 小叶枕膨大形态

标准叶篷中下部叶片,复叶中间小叶的叶枕膨大明显程度,分为:1. 不明显;2. 明显。

4.2.17 小叶枕膨大程度

标准叶篷中下部叶片,复叶中间小叶的叶枕占比大小,分为:1. 短;2. 中等;3. 长。

4.2.18 蜜腺形态

蜜腺突起于大叶柄先端的程度,分为:1. 平;2. 微突起;3. 突起;4. 明显突起。

4.2.19 腺点着生状态

腺点在大叶柄先端分布的离散状态,分为:1. 连生;2. 分离。

4.2.20 腺点排列方式

腺点在大叶柄先端的排列情况(见图 8),分为:1. 点状;2. 前后;3. 品字形;4. 方形;5. 11 字形;6. 不规则。

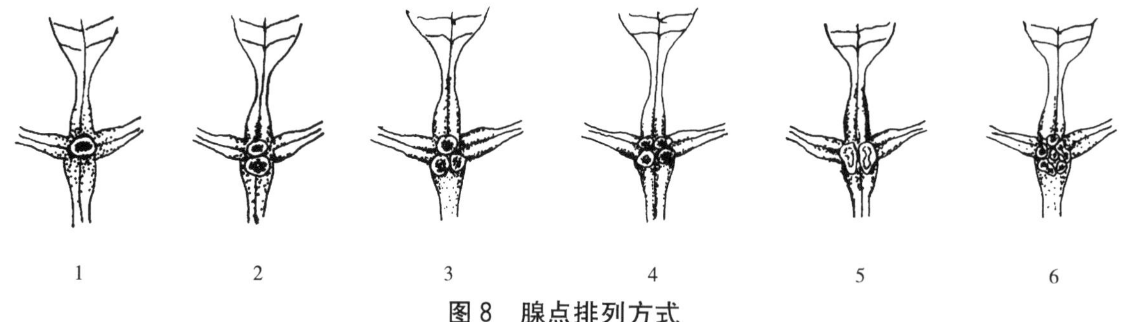

图8 腺点排列方式

4.2.21 腺点边缘

腺点边缘明显程度,分为:1. 无;2. 不明显;3. 明显。

4.2.22 腺点面形态

腺点顶部与腺点边缘所成的平面状态,分为:1. 平;2. 突起;3. 下陷。

4.2.23 叶形

标准叶篷复叶中间小叶的形状(见图 9),分为:1. 倒卵形;2. 卵形;3. 椭圆形;4. 菱形。

4.2.24 叶基形状

标准叶篷复叶中间小叶的叶片基部形状(见图 10),分为:1. 渐尖;2. 楔形;3. 钝尖。

4.2.25 两侧小叶基外缘形态

标准叶篷复叶两侧小叶的叶片基部形态(见图 11),分为:1. 完整;2. 内斜;3. 外斜。

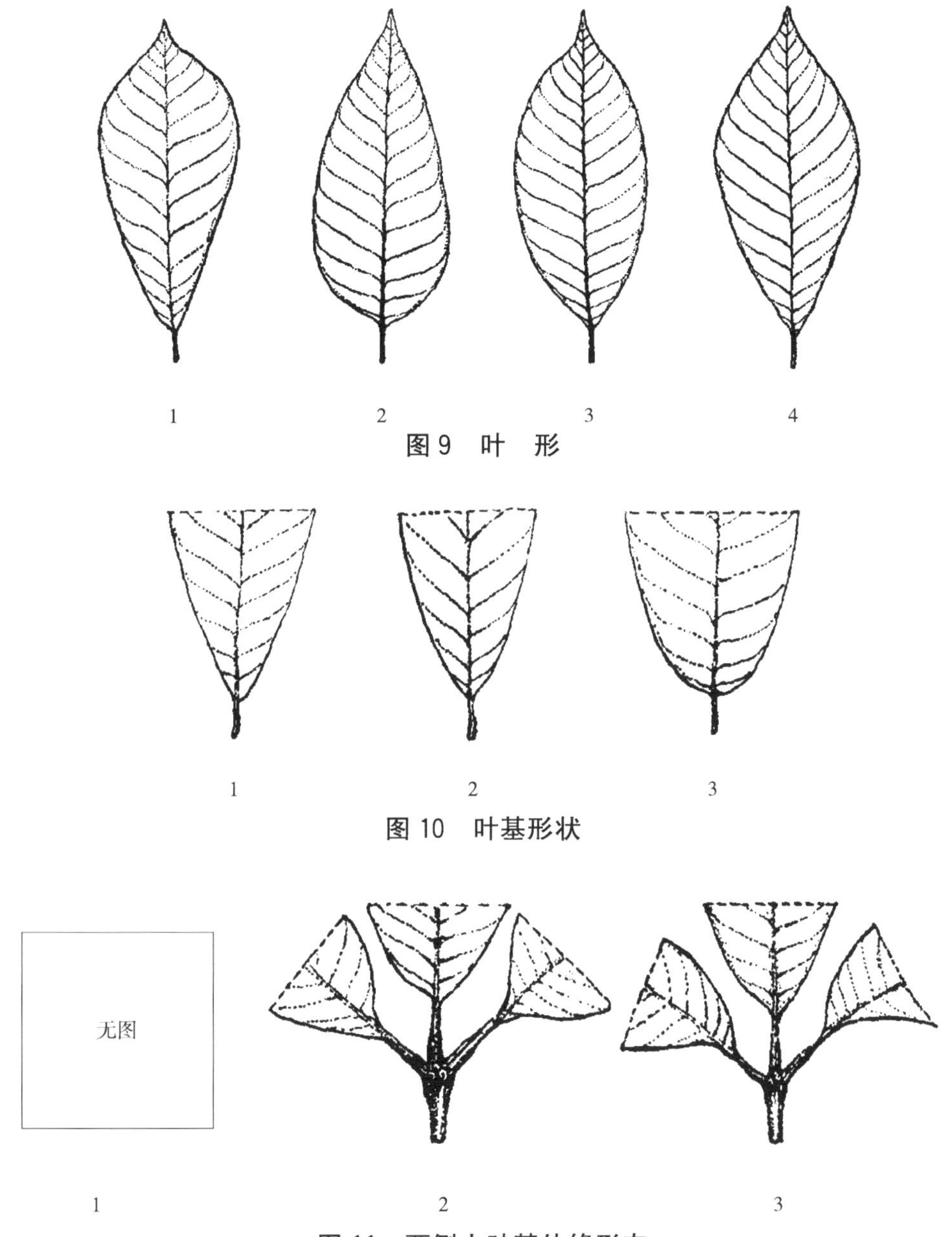

图9 叶 形

图10 叶基形状

图11 两侧小叶基外缘形态

4.2.26 叶尖形状

标准叶篷复叶中间小叶顶部形状(见图12),分为:1. 芒尖;2. 钝尖;3. 急尖。

图12 叶尖形状

4.2.27 **叶缘波浪**

标准叶篷复叶中间小叶叶缘波浪情况,分为:1. 无波;2. 小波;3. 大波。

4.2.28 **叶面平滑状况**

标准叶篷复叶中间小叶叶面平滑程度,分为:1. 不平滑;2. 平滑。

4.2.29 **叶面光泽**

标准叶篷复叶中间小叶光泽程度,分为:1. 不明显;2. 明显。

4.2.30 **叶脉明显程度**

标准叶篷复叶中间小叶叶脉的明显程度,分为:1. 不明显;2. 明显。

4.2.31 **叶片颜色**

标准叶篷复叶中间小叶的颜色,分为:1. 绿色;2. 深绿;3. 黄绿。

4.2.32 **叶片横切面形状**

标准叶篷复叶中间小叶横切面的形状,分为:1. 平;2. 舟形;3. U 形;4. V 形。

4.2.33 **三小叶间距**

标准叶篷复叶三小叶间靠近的状态(见图 13),分为:1. 重叠;2. 靠近;3. 分离。

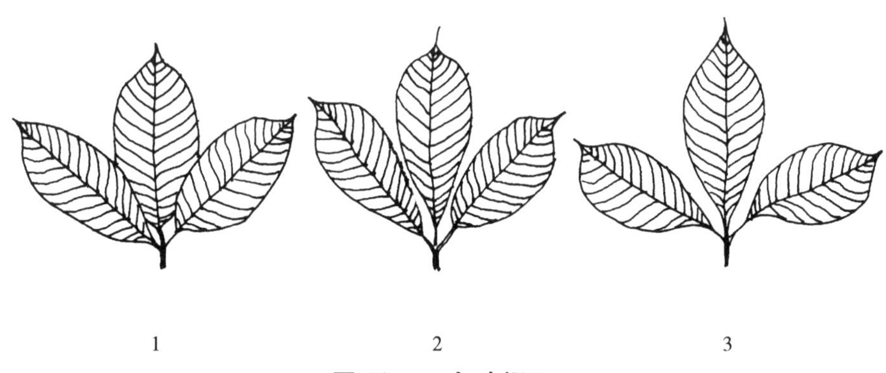

图 13 三小叶间距

4.2.34 **开花量**

春花的花量,分为:1. 少;2. 中等;3. 多。

4.2.35 **花的育性**

春花受精结实能力,分为:1. 正常;2. 雄性不育;3. 雌性不育。

4.2.36 **花色**

春花成熟后的颜色,分为:1. 浅黄;2. 黄色;3. 其他。

4.2.37 **花期**

春花期持续的时间,分为:1. 2 周;2. 4 周;3. 6 周;4. 8 周。

4.2.38 **结实率**

坐果雌花数占总雌花数的百分率,分为:1. 低;2. 中等;3. 高。

4.2.39 **种子大小**

种子纵向大小,分为:1. 小;2. 中等;3. 大。

4.2.40 **种皮颜色**

成熟种子种皮的颜色,分为:1. 灰色;2. 棕色。

4.2.41 **种子形状**

种子竖立呈现的形状,分为:1. 近圆形;2. 椭圆形;3. 卵圆形;4. 方形。

4.2.42 **种背斑纹**

种子背部块纹明显程度,分为:1. 不明显;2. 明显。

4.2.43 分枝高度

5 龄～6 龄树体永久分枝离地的高度,分为:1. 低;2. 中等;3. 高。

4.2.44 主干明显程度

5 龄～6 龄树体主干优势程度,分为:1. 不明显;2. 明显。

4.2.45 开割树皮厚度

开割时树皮韧皮部厚度,分为:1. 薄;2. 中等;3. 厚。

4.2.46 树冠形状

开割时树冠的形状(见图 14),分为:1. 圆锥形;2. 椭圆形;3. 圆形;4. 扫帚形。

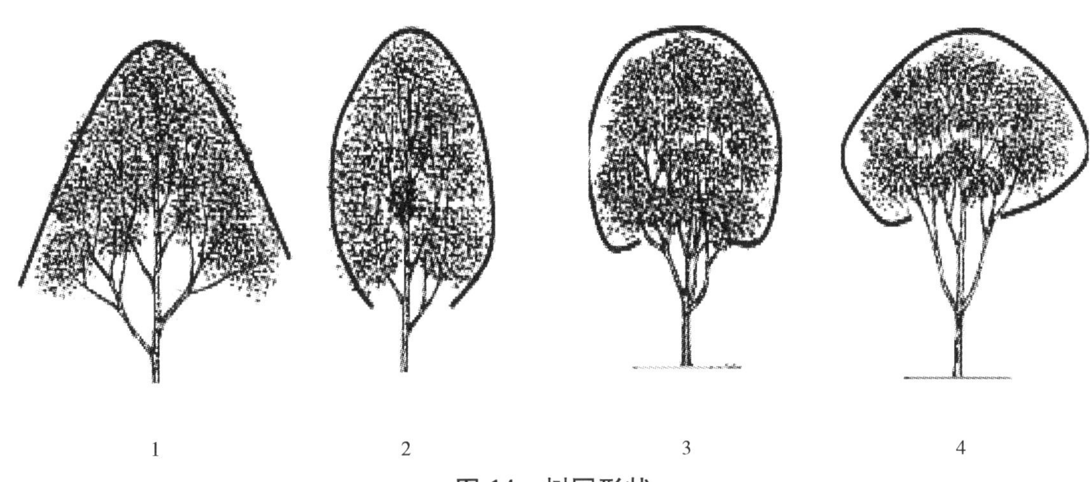

图 14 树冠形状

4.2.47 树冠开放度

开割时树冠透光程度,分为:1. 开放;2. 密闭。

4.2.48 树皮质地

开割时树皮的光滑程度,分为:1. 光滑;2. 粗糙;3. 薄片状。

4.2.49 胶乳颜色

茎干树皮流出新鲜胶乳呈现出的颜色,分为:1. 白;2. 浅黄;3. 黄。

4.2.50 染色体数目

体细胞染色体组的数目,分为:1. 18;2. 36;3. 54;4. 72;5. 其他。

4.3 生物学特性

4.3.1 第一篷叶抽叶期

全树约有 80%第一篷叶萌动的日期,以"年月日"表示,格式"YYYYMMDD"。

4.3.2 第一篷叶老化期

全树约有 80%第一篷叶老化的日期,以"年月日"表示,格式"YYYYMMDD"。

4.3.3 春花始期

全树约有 5%花朵开放的日期,以"年月日"表示,格式"YYYYMMDD"。

4.3.4 春花盛期

全树约有 50%花朵开放的日期,以"年月日"表示,格式"YYYYMMDD"。

4.3.5 果实成熟期

全树约有 50%的果实成熟,迸出种子的时间,以"年月日"表示,格式"YYYYMMDD"。

4.3.6 开始落叶期

50%植株叶片黄化的日期，以“年月日”表示，格式“YYYYMMDD”。

4.3.7 落叶盛期

50%植株叶片落叶的日期，以“年月日”表示，格式“YYYYMMDD”。

4.4 生长性状

4.4.1 开割树高

植株开割后树冠顶部至砧穗接合线的距离，单位为米(m)。

4.4.2 开割前生长速度

开割前砧穗结合点上方 150 cm 处树围年平均增粗速度，单位为厘米每年(cm/年)。

4.4.3 开割后五年生长速度

开割后 5 年砧穗结合点上方 150 cm 处树围年平均增粗速度，单位为厘米每年(cm/年)。

4.4.4 立木材积

树干和径围≥30 cm 的分枝的材积量，单位为立方米(m^3)。

4.5 产量性状

4.5.1 试割产量

3 龄胶树试割干胶产量，单位为克每株每次[g/(株·次)]。

4.5.2 干胶含量

干胶与鲜胶乳重量的比率，以百分率(%)表示。

4.5.3 干胶产量

单株一年干胶的重量，单位为千克(kg)。

4.6 抗性性状

4.6.1 苗期耐寒性

在苗圃保存条件下，植株对寒冷的忍耐或抵抗能力，以幼苗寒害级别、相应级别芽条数的积与总调查株数的比值表示。

4.6.2 成龄期耐寒性

在大田种植情况下，植株对平流型寒害或辐射型寒害的忍耐或抵抗能力，以植株寒害级别、相应级别植株数的积与总调查株数的比值表示。数值后需用括号注明寒害类型。

4.6.3 抗风性

在大田种植情况下，植株对台风或大风的抵抗能力，以 4 级～6 级风害株数和倒伏株数之和占第一次调查总株数的比率表示。数值后需用括号记录每次台风名称和级别。

4.6.4 耐旱性

在苗圃或大田种植情况下，植株对旱灾的忍耐或抵抗能力。记录每次旱情和植株表现。

4.6.5 死皮率

以开割后割线死皮长度占总割线长度的比率表示。

4.6.6 白粉病(*Oidium heveae* Steinm)抗性

大田种植情况下植株对白粉病抗性的强弱，分为：1. 抗病(1 级)；2. 中抗(3 级)；3. 中感(5 级)；4. 高感(7 级)。

4.6.7 炭疽病(*Colletotrichum gloeosporioides f. heveae* Penz.)抗性

大田种植情况下植株对炭疽病抗性的强弱，以病情指数表示。

附加说明：

本标准按照 GB/T 1.1—2009 给出的规则起草。

本标准由农业部种植业管理司提出。

本标准由农业部热带作物及制品标准化技术委员会归口。

本标准起草单位：中国热带农业科学院橡胶研究所、中国农业科学院茶叶研究所。

本标准主要起草人：曾霞、胡彦师、熊兴平、蔡海滨、江用文、李维国、涂敏、华玉伟、安泽伟、程汉、方家林、黄华孙。

中华人民共和国农业行业标准

热带作物种质资源描述及评价规范　胡椒

Descriptive and evaluating standards for germplasm resources of tropical crop—*Piper* spp.

NY/T 3003—2016

1　范围

本标准规定了胡椒科(Piperaceae)胡椒属(*Piper* L.)种质资源描述及评价的要求和方法。

本标准适用于胡椒属种质资源相关性状的描述及评价。

2　规范性引用文件

下列文件对于本文件的应用是必不可少的。凡是注日期的引用文件,仅注日期的版本适用于本文件。凡是不注日期的引用文件,其最新版本(包括所有的修改单)适用于本文件。

GB/T 2260　中华人民共和国行政区划代码

GB/T 2659　世界各国和地区名称代码

GB/T 12316　感官分析方法　"A"—非"A"检验方法

GB/T 12404　单位隶属关系代码

GB/T 12729.12　香辛料和调味品　不挥发性乙醚抽提物的测定

GB/T 17527　胡椒精油含量的测定

GB/T 17528　胡椒碱含量的测定

NY/T 455　胡椒

NY/T 2808　胡椒初加工技术规程

AOAC 996.11　谷物中总量淀粉的测定

3　要求

3.1　样本采集

除特殊说明外,随机选取株龄不低于3年、不高于10年、正常生长开花结果的植株为代表性样本,每份资源样本采集3株～6株。

3.2　数据采集

每个性状数据应为同一地点采集至少两个结果周期的鉴定数据,其中数量性状以2年平均值表示。

3.3　数据采集地点

数据采集地点的环境条件应能够满足胡椒植株正常生长及其性状的正常表达。

3.4　描述及评价内容

描述及评价内容见表1。

中华人民共和国农业部 2016-11-01 发布　　　2017-04-01 实施

表 1　胡椒种质资源描述及评价内容

类别	描述及评价内容
基本信息	种质库编号、种质圃编号、采集号、引种号、种质名称、种质外文名、科名、属名、学名、种质类型、主要特性、主要用途、系谱、育种手段、繁殖方式、选育单位、育成年份、原产国、原产省、原产地、采集地、采集地经度、采集地纬度、采集地海拔、采集单位、采集时间、采集材料、保存单位、保存种质类型、种质定植时间、种质更新时间、图像、鉴定评价机构、鉴定评价地点、备注
植物学特征	生活型、株高、冠幅、茎粗度、茎被毛、茎气生根数量、茎光滑度、茎颜色、分枝特性、侧枝着生方向、最长一级分枝长度、最长一级分枝节数、枝条密度、嫩叶颜色、叶颜色、叶形、叶质地、叶长、叶宽、叶柄长、叶基形状、叶尖形状、叶缘形状、叶脉类型、叶脉数量、叶背被毛、叶腹被毛、花序方向、花序形状、花序颜色、花序类型、花序长度、花序宽度、苞片形状、雄蕊数量、柱头数量、果序长度、果实形状、果实着生情况、成熟果实颜色、果实长、果实宽、果实有无疣状突起、鲜果千粒体积、鲜果千粒重、种子形状、种子质地、种子颜色、种子千粒体积、种子千粒重、备注
农艺学性状	抽梢期、梢稳定期、初花期、末花期、果实发育期、果实成熟期、坐果率、单株鲜果重、单株黑胡椒产量、单株白胡椒产量、黑胡椒鲜干比、白胡椒鲜干比
品质性状	产品外观、产品风味、黑胡椒淀粉含量、白胡椒淀粉含量、黑胡椒挥发油含量、白胡椒挥发油含量、黑胡椒不挥发性乙醚提取物含量、白胡椒不挥发性乙醚提取物含量、黑胡椒胡椒碱含量、白胡椒胡椒碱含量
抗病性状	抗胡椒瘟病性状

4　描述评价方法

4.1　基本信息

4.1.1　种质库编号

进入国家种质资源长期保存库的种质用统一种质库编号，按“GK＋HJ＋4 位顺序码”组成。顺序码从“0001”到“9999”。每份种质具有唯一的种质库编号。

4.1.2　种质圃编号

种质资源保存圃编号，由“单位代码＋HJ＋4 位顺序码”组成。单位代码按照 GB/T 12404 的规定执行，如该单位代码未列入 GB/T 12404 中，则由该单位汉语拼音的大写首字母组成。顺序码从“0001”到“9999”。

4.1.3　采集号

种质在野外采集时赋予的编号，由“年份＋2 位省份代码＋4 位顺序号”组成。顺序号从“0001”到“9999”。

4.1.4　引种号

种质从外地引入时赋予的编号，由“年份＋4 位顺序号”组成。顺序号从“0001”到“9999”。如“20140024”，前 4 位表示引种年份，后 4 位为顺序号。每份引进种质具有唯一的引种号。

4.1.5　种质名称

种质的中文名称。如果有多个名称，可把其他名称放在英文括号内，用英文逗号分隔；国外引进种质如果没有中文译名，直接填写种质外文名。

4.1.6　种质外文名

国外引进种质的外文名和国内种质的汉语拼音名，每个汉字的首字拼音大写，字间用连接符。

4.1.7　科名

胡椒科（Piperaceae）。

4.1.8　属名

胡椒属(*Piper* L.)。

4.1.9 学名

种质资源的植物学名称。

4.1.10 种质类型

种质资源的类型分为:

a) 野生资源;

b) 地方品种(品系);

c) 引进品种(系);

d) 选育品种(系);

e) 特殊遗传材料;

f) 其他。

4.1.11 主要特性

种质资源的主要特性分为:

a) 高产;

b) 稳产;

c) 优质;

d) 抗病;

e) 抗虫;

f) 抗逆;

g) 其他。

4.1.12 主要用途

种质资源的主要用途分为:

a) 食用;

b) 药用;

c) 观赏;

d) 砧木用;

e) 育种用;

f) 其他。

4.1.13 系谱

种质资源的系谱为选育品种(系)和引进品种(系)的亲缘关系。

4.1.14 育种手段

育种手段分为:

a) 自花授粉;

b) 异花授粉;

c) 种间杂交;

d) 种内杂交;

e) 无性选择;

f) 人工诱变;

g) 其他。

4.1.15 繁殖方式

繁殖方式分为:

a) 嫁接繁殖;

b) 扦插繁殖；
c) 种子繁殖；
d) 组培繁殖；
e) 其他。

4.1.16 选育单位

选育胡椒品种(系)的单位或个人全称。

4.1.17 育成年份

品种(系)通过新品种审定、品种登记或品种权申请公告的年份，用 4 位阿拉伯数字表示。

4.1.18 原产国

种质资源的原产国家、地区或国际组织名称。国家和地区名称按照 GB/T 2659 的规定执行，如该国家名称现不使用，应在原国家名称前加“前”。

4.1.19 原产省

省份名称按照 GB/T 2260 的规定执行。国外引进种质原产省用原产国家一级行政区的名称。

4.1.20 原产地

国内种质资源的原产县、乡、村名称。县名按照 GB/T 2260 的规定执行。

4.1.21 采集地

国内种质资源采集的来源省、县名称；国外引进或采集种质资源的来源国家、地区名称或国际组织名称。

4.1.22 采集地经度

单位为度(°)和分(′)。记录格式为“DDDFF”，其中“DDD”为度，“FF”为分。东经为正值，西经为负值，例如，“11834”代表东经 118°34′，“－11834”代表西经 118°34′。

4.1.23 采集地纬度

单位为度(°)和分(′)。记录格式为“DDFF”，其中 DD 为度，FF 为分。北纬为正值，南纬为负值，例如，“2345”代表北纬 23°45′，“－2345”代表南纬 23°45′。

4.1.24 采集地海拔

单位为米(m)。

4.1.25 采集单位

种质资源采集单位或个人全称。

4.1.26 采集时间

以“年月日”表示，记录格式为“YYYYMMDD”，其中“YYYY”代表年份，“MM”代表月份，“DD”代表日期。

4.1.27 采集材料

采集材料分为：

a) 种子；
b) 果实；
c) 芽；
d) 根；
e) 茎；
f) 叶片；
g) 花粉；
h) 组培材料；
i) 扦插苗；

j）嫁接苗；

k）实生苗；

l）其他。

4.1.28 保存单位

负责繁殖并提交入国家种质资源圃保存的单位或个人全称。

4.1.29 保存种质类型

保存种质类型分为：

a）植株；

b）种子；

c）组织培养物；

d）花粉；

e）DNA；

f）其他。

4.1.30 种质定植时间

种质资源在种质圃中定植的时间。以“年月日”表示，记录格式为“YYYYMMDD”。

4.1.31 种质更新时间

种质资源在种质圃中重植的时间。以“年月日”表示，记录格式为“YYYYMMDD”。

4.1.32 图像

种质资源的图像文件名，图像格式为 .jpg。图像文件名由统一编号（图像种质编号）加“－”加序号加“.jpg”组成。图像要求 600 dpi 以上或 1 024×768 像素以上。

4.1.33 鉴定评价机构

种质资源鉴定评价的机构，单位名称应写全称。

4.1.34 鉴定评价地点

种质资源形态特征和生物学特性的鉴定评价地点，记录到省和县名。

4.1.35 备注

资源收集者了解的生态环境主要信息、产量、栽培实践等。

4.2 植物学特征

4.2.1 生活型

观测植株外观特征确定生活型。分为：

a）直立草本（茎草质，木质化程度低，直立生长）；

b）藤本（茎细长，气生根发达，不能直立，依附支持物缠绕或攀缘向上生长）；

c）灌木（茎木质化程度高，丛生，无明显直立主干）；

d）小乔木（茎木质化程度高，具明显直立主干）。

4.2.2 株高

测量从地面到植株顶部的高度，计算平均值。单位为米（m），精确到 0.1 m。

4.2.3 冠幅

测量植株最宽处的东西和南北方向树冠直径，计算平均值。单位为米（m），精确到 0.1 m。

4.2.4 茎粗度

测量植株茎直径，计算平均值。单位为毫米（mm），精确到 1 mm。其中，直立草本测量距地面约 10 cm、粗度一致的部位；藤本和灌木测量距地面约 20 cm、粗度一致的部位；小乔木测量距地面约 120 cm、粗度一致的部位。

4.2.5 茎被毛

观察或触摸茎是否被毛。分为：

a） 无；

b） 有。

4.2.6 茎气生根数量

每株选取1根茎，其中直立草本种质选取草质茎，藤本种质选取主蔓，灌木种质选取茎干，乔木种质选取主干。观测茎的节数量及气生根数量，计算每节气生根数量的平均值。单位为条，精确到1条。分为：

a） 无(茎气生根数量为0条)；

b） 少(1条≤茎气生根数量<5条)；

c） 中(5条≤茎气生根数量<10条)；

d） 多(茎气生根数量≥10条)。

4.2.7 茎光滑度

观察或触摸茎表面，确定茎光滑度。分为：

a） 光滑；

b） 中等；

c） 粗糙。

4.2.8 茎颜色

观察茎表面颜色，以标准色卡按最大相似原则确定茎颜色。分为：

a） 棕色；

b） 褐色；

c） 黄绿色；

d） 绿色；

e） 其他。

4.2.9 分枝特性

样本同4.2.6，统计节数和一级分枝数，计算一级分枝数占节数的百分率。用百分数(%)表示，精确到1%。分为：

a） 少(占比<40%)；

b） 中(40%≤占比<80%)；

c） 多(占比≥80%)。

4.2.10 侧枝着生方向

在每株中部选取3个枝序，测量枝序中轴与主茎的夹角，计算平均值。单位为度(°)，精确到1°。依据夹角确定侧枝着生方向。分为：

a） 直立(夹角<45°)；

b） 平展(45°≤夹角<135°)；

c） 下垂(夹角≥135°)。

4.2.11 最长一级分枝长度

测量每株最长一级分枝从基部到顶端的长度，计算平均值。单位为厘米(cm)，精确到1 cm。

4.2.12 最长一级分枝节数

统计每株最长一级分枝的节数，计算平均值。单位为节，精确到1节。

4.2.13 枝条密度

样本同4.2.6，统计一级分枝的小枝数量，计算平均值，确定枝条密度。单位为条，精确到1条。其中，藤本种质统计植株中部的3个一级分枝；直立草本、灌木和小乔木种质统计从植株出现分枝至植株顶端中间部位的3个一级分枝。分为：

a) 稀疏(枝条密度<10条)；

b) 中等(10条≤枝条密度<20条)；

c) 稠密(枝条密度≥20条)。

4.2.14 嫩叶颜色

在新梢抽生期选择抽出约10 d的嫩叶10片，观察嫩叶颜色，以标准色卡按最大相似原则确定嫩叶颜色。分为：

a) 淡绿色；

b) 黄绿色；

c) 绿色；

d) 深绿色；

e) 其他。

4.2.15 叶颜色

选择植株中部最外侧小枝顶芽下第3片～第5片稳定叶10片，观察叶颜色，以标准色卡按最大相似原则确定叶颜色。分为：

a) 淡绿色；

b) 黄绿色；

c) 绿色；

d) 深绿色；

e) 其他。

4.2.16 叶形

样本同4.2.15，参考图1以最大相似原则确定叶形。分为：

a) 心形；

b) 阔卵形；

c) 卵形；

d) 椭圆形；

e) 长椭圆形；

f) 披针形；

g) 其他。

a)　b)　c)　d)　e)　f)

图1 叶 形

4.2.17 叶质地

样本同4.2.15，观察或触摸叶质地。分为：

a) 膜质；

b） 纸质；

c） 厚纸质；

d） 革质。

4.2.18 叶长

样本同4.2.15，按图2所示测量叶的长度，计算平均值。单位为厘米（cm），精确到0.1 cm。

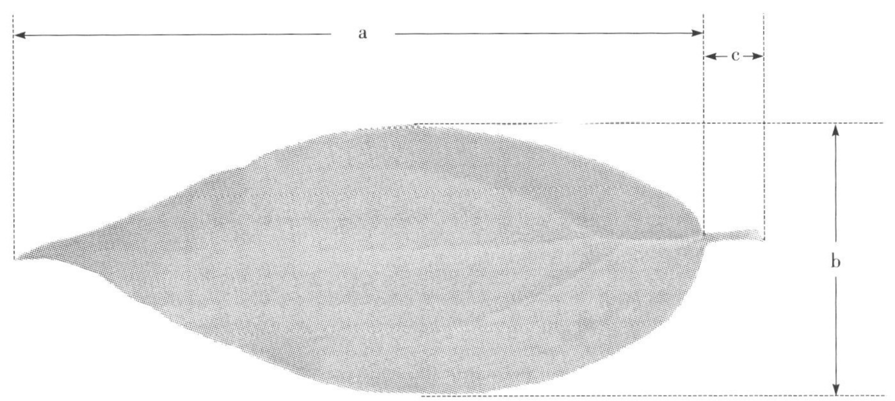

说明：

a——叶长；

b——叶宽；

c——叶柄长。

图2 叶长、叶宽和叶柄长

4.2.19 叶宽

样本同4.2.15，按图2所示测量叶的宽度，计算平均值。单位为厘米（cm），精确到0.1 cm。

4.2.20 叶柄长

样本同4.2.15，按图2所示测量叶柄的长度，计算平均值。单位为厘米（cm），精确到0.1 cm。

4.2.21 叶基形状

样本同4.2.15，参考图3以最大相似原则确定叶基形状。分为：

a） 盾状；

b） 心形；

c） 圆形；

d） 楔形；

e） 歪斜；

f） 其他。

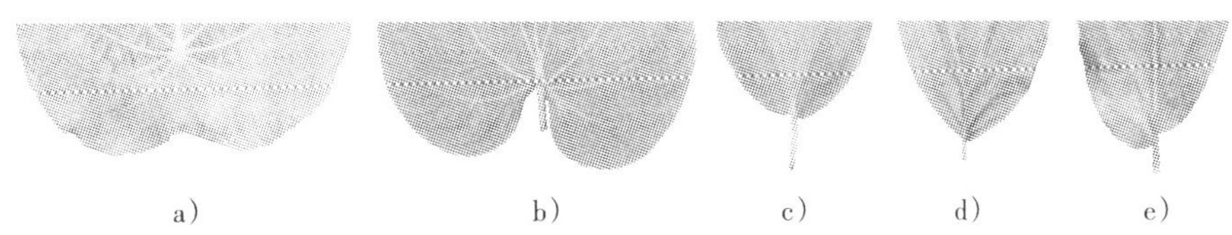

a） b） c） d） e）

图3 叶基形状

4.2.22 叶尖形状

样本同4.2.15，参考图4以最大相似原则确定叶尖形状。分为：

a） 渐尖；

b） 锐尖；

c） 其他。

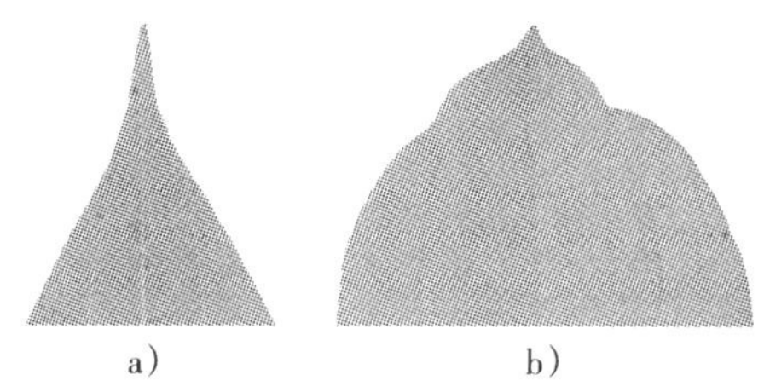
a) b)

图 4 叶尖形状

4.2.23 叶缘形状

样本同 4.2.15,参考图 5 以最大相似原则确定叶缘形状。分为:

a) 全缘;

b) 波状。

a) b)

图 5 叶缘形状

4.2.24 叶脉类型

样本同 4.2.15,参考图 6 以最大相似原则确定叶脉类型。分为:

a) 掌状脉;

b) 羽状脉。

a) b)

图 6 叶脉类型

4.2.25 叶脉数量

样本同 4.2.15,统计叶上一级叶脉的数量。单位为条,精确到 1 条。分为:

a) 少(叶脉数量<5 条);

b) 中(5 条≤叶脉数量<9 条);

c) 多(叶脉数量≥9 条)。

4.2.26 叶背被毛

样本同 4.2.15,观察或触摸叶背面是否被毛。分为:

a) 无毛;

b) 仅中脉有毛;

c) 有毛。

4.2.27 叶腹被毛

样本同 4.2.15,观察或触摸叶腹面是否被毛。分为:

a) 无毛;

b) 仅中脉有毛;

c) 有毛。

4.2.28 花序方向

在盛花期,选取具有该种质典型特征的 10 个新开放的花序,参照图 7 以最大相似原则确定花序生长情况。分为:

a) 下垂;

b) 直立。

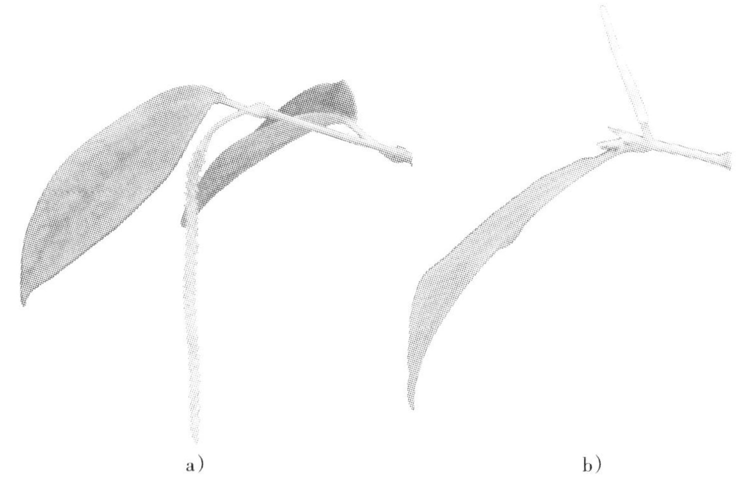

a) b)

图 7 花序方向

4.2.29 花序形状

样本同 4.2.28,参考图 8 以最大相似原则确定花序形状。分为:

a) 线形;

b) 圆柱形;

c) 圆锥形;

d) 近球形;

e) 其他。

4.2.30 花序颜色

样本同 4.2.28,用标准色卡按最大相似原则确定花序颜色。分为:

a) 白色;

b) 浅黄色;

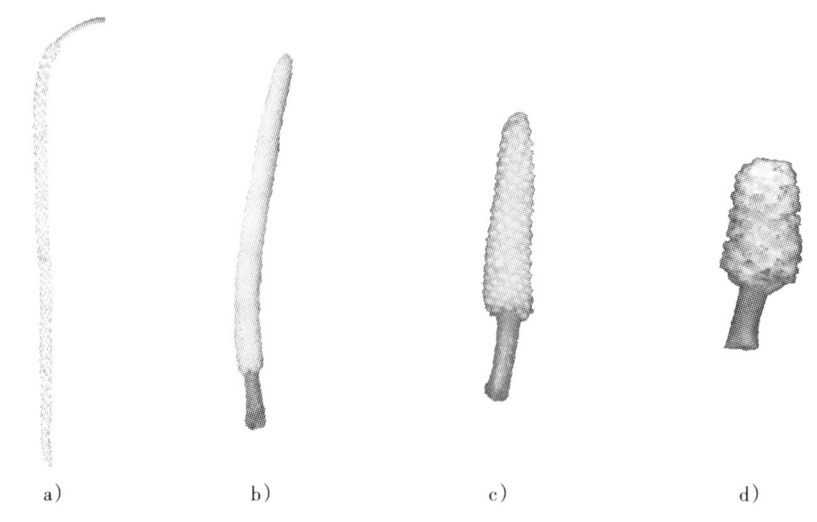

图 8 花序形状

c) 黄色；

d) 黄绿色；

e) 绿色；

f) 紫色；

g) 其他。

4.2.31 花序类型

样本同 4.2.28，用解剖镜观察统计花序上雌花、雄花和两性花的数量，确定花序类型。分为：

a) 全部是雄花；

b) 雄花占 50%以上；

c) 雌花占 50%以上；

d) 全部是雌花；

e) 两性花占 50%以上；

f) 全部是两性花；

g) 其他。

4.2.32 花序长度

样本同 4.2.28，测量从花序基部到顶端的长度，计算平均值。单位为厘米(cm)，精确到 0.1 cm。分为：

a) 极短(花序长度＜1.0 cm)；

b) 短(1.0 cm≤花序长度＜5.0 cm)；

c) 中(5.0 cm≤花序长度＜10.0 cm)；

d) 长(10.0 cm≤花序长度＜15.0 cm)；

e) 极长(花序长度≥15.0 cm)。

4.2.33 花序宽度

样本同 4.2.28，测量花序中间部位的宽度，计算平均值。单位为毫米(mm)，精确到 0.1 mm。分为：

a) 窄(花序宽度＜4.0 mm)；

b) 中(4.0 mm≤花序宽度＜7.0 mm)；

c) 宽(花序宽度≥7.0 mm)。

4.2.34 苞片形状

样本同 4.2.28，用解剖镜观察花朵苞片，参考图 9 以最大相似原则确定苞片形状。分为：

a) 圆形；

b) 倒卵形；

c) 倒卵状长圆形；

d) 长圆形；

e) 三角形；

f) 其他。

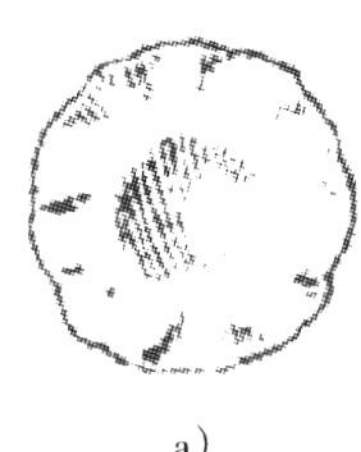

a)

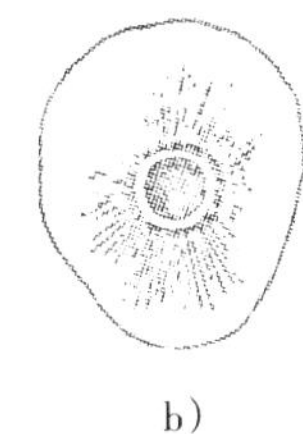

b)

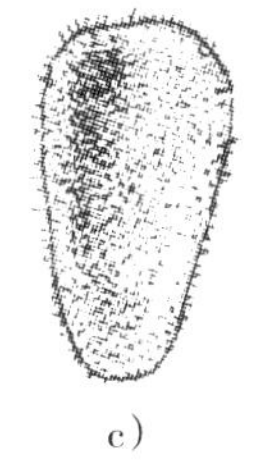

c)

d)

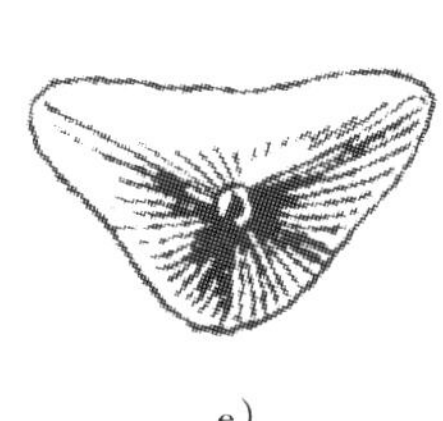

e)

图 9 苞片形状

4.2.35 雄蕊数量

样本同 4.2.28，用解剖镜观察统计花序上雄花或两性花的雄蕊数量。单位为个，精确到 1 个。

4.2.36 柱头数量

样本同 4.2.28，用解剖镜观察统计花序上雌花或两性花的柱头数量。单位为个，精确到 1 个。

4.2.37 果序长度

在盛果期，选取具有该种质典型特征的 10 个成熟果序，测量从果序基部到顶端的长度，计算平均值。单位为厘米(cm)，精确到 0.1 cm。分为：

a) 极短(果序长度＜2.0 cm)；

b) 短(2.0 cm≤果序长度＜7.0 cm)；

c) 中(7.0 cm≤果序长度＜15.0 cm)；

d) 长(15.0 cm≤果序长度＜25.0 cm)；

e) 极长(果序长度≥25.0 cm)。

4.2.38 果实形状

样本同 4.2.37，选取具有该种质典型特征的 50 粒成熟果实，参考图 10 以最大相似原则确定果实形状。分为：

a) 球形；

b) 卵形；

c) 椭圆形；

d) 长圆形；

e) 倒卵形；

f) 其他。

4.2.39 果实着生情况

样本同 4.2.37。参考图 11 以最大相似原则确定果实在果序轴上的着生情况。分为：

a) 离生具果柄；

b) 离生无果柄；

c) 部分嵌合；

d) 完全嵌合。

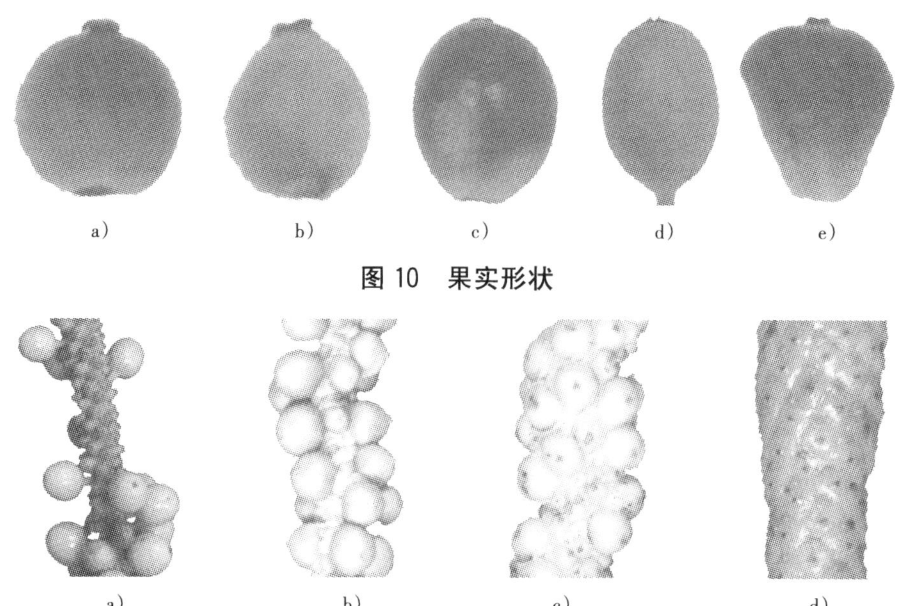

图 10　果实形状

图 11　果实着生情况

4.2.40　成熟果实颜色

在成熟期，观察成熟果实颜色，用标准色卡按最大相似原则确定成熟果实颜色。分为：

a）绿色；

b）黄色、橘黄色至红色；

c）灰黑色；

d）其他。

4.2.41　果实长

样本同 4.2.37，测量果实基部至顶端的最大长度，计算平均值。单位为毫米(mm)，精确到 0.1 mm。分为：

a）短(果实长＜3.0 mm)；

b）中(3.0 mm≤果实长＜6.0 mm)；

c）长(果实长≥6.0 mm)。

4.2.42　果实宽

样本同 4.2.37，测量果实最大横切面的最大直径，计算平均值。单位为毫米(mm)，精确到 0.1 mm。分为：

a）窄(果实宽＜3.0 mm)；

b）中(3.0 mm≤果实宽＜6.0 mm)；

c）宽(果实宽≥6.0 mm)。

4.2.43　果实有无疣状突起

样本同 4.2.37，用解剖镜观察果实表面有无疣状突起。分为：

a）无；

b）有。

4.2.44　鲜果千粒体积

在成熟期，随机抽取 1 000 粒成熟果实，采用量筒排水法测量体积。单位为立方厘米(cm^3)，精确到 1 cm^3。分为：

a）小(鲜果千粒体积＜75 cm^3)；

b） 中(75 cm^3≤鲜果千粒体积<150 cm^3)；

c） 大(鲜果千粒体积≥150 cm^3)。

4.2.45 鲜果千粒重

样本同 4.2.44，用电子天平称重。单位为克(g)，精确到 0.1 g。分为：

a） 轻(鲜果千粒重<50.0 g)；

b） 中(50.0 g≤鲜果千粒重<100.0 g)；

c） 重(鲜果千粒重≥100.0 g)。

4.2.46 种子形状

样本同 4.2.44，成熟果实经脱皮、晒干，选取具有该种质典型特征的 50 粒种子，用解剖镜观察种子形状。分为：

a） 圆形；

b） 卵形；

c） 椭圆形；

d） 其他。

4.2.47 种子质地

样本同 4.2.46，观察种子表面质地。分为：

a） 光滑；

b） 有纹路。

4.2.48 种子颜色

样本同 4.2.46，用标准色卡按最大相似原则确定种子颜色。分为：

a） 白；

b） 灰白；

c） 棕色；

d） 黑色；

e） 其他。

4.2.49 种子千粒体积

样本同 4.2.46，随机选取 1 000 粒种子，用量筒排水法测量体积。单位为立方厘米(cm^3)，精确到 1 cm^3。分为：

a） 小(种子千粒体积<20 cm^3)；

b） 中(20.0 cm^3≤种子千粒体积<36 cm^3)；

c） 大(种子千粒体积≥36 cm^3)。

4.2.50 种子千粒重

样本同 4.2.49，用电子天平称重。单位为克(g)，精确到 0.1 g。分为：

a） 轻(种子千粒重<25.0 g)；

b） 中(25.0 g≤种子千粒重<45.0 g)；

c） 重(种子千粒重≥45.0 g)。

4.2.51 备注

填写其他任何需要补充的信息，特别是上述项目中分类等级的“其他”项。

4.3 农艺学性状

4.3.1 抽梢期

一年中定期观察整个植株，以约 25% 枝条开始抽梢的日期为抽梢期。以“月日”表示，记录格式为“MMDD”。

4.3.2 梢稳定期

观察记录枝梢叶颜色稳定的日期为梢稳定期。以“月日”表示，记录格式为“MMDD”。

4.3.3 初花期

观察记录植株5%～10%果枝开始抽出花序的日期为初花期。以“月日”表示，记录格式为“MMDD”。

4.3.4 末花期

观察记录植株75%以上果枝完成抽序的日期为末花期。以“月日”表示，记录格式为“MMDD”。

4.3.5 果实发育期

在每株中部选取具有该种质典型特征的10个具有雌花或两性花的花序，观察记录从凋谢到果实成熟的时间，计算平均值。单位为天(d)，精确到1 d。

4.3.6 果实成熟期

观测记录植株10%的果序成熟可采至90%的果序成熟可采的时间，作为果实成熟期。以“月日～月日”表示，记录格式为“MMDD～MMDD”。

4.3.7 坐果率

样本同4.3.6，在果实成熟期，观察记录发育正常的果实数量和未正常发育的果实数量，计算正常发育果实数占总数的比例，计算平均值。用百分数(%)表示，精确到1%。分为：

a) 极低(坐果率<20%)；
b) 低(20%≤坐果率<40%)；
c) 中(40%≤坐果率<60%)；
d) 高(60%≤坐果率<80%)；
e) 极高(坐果率≥80%)。

4.3.8 单株鲜果重

在收获期采收植株正常发育的成熟新鲜果实并称重，计算平均值。单位为千克每年(kg/年)，精确到0.1 kg/年。分为：

a) 低产(单株鲜果重<4.0 kg/年)；
b) 中产(4.0 kg/年≤单株鲜果重<8.0 kg/年)；
c) 高产(单株鲜果重≥8.0 kg/年)。

4.3.9 单株黑胡椒产量

样本同4.3.8，按照NY/T 2808的方法制作白胡椒称重，计算平均值。单位为千克每年(kg/年)，精确到0.1 kg/年。分为：

a) 低产(单株黑胡椒产量<1.3 kg/年)；
b) 中产(1.3 kg/年≤单株黑胡椒产量<2.6 kg/年)；
c) 高产(单株黑胡椒产量≥2.6 kg/年)。

4.3.10 单株白胡椒产量

样本同4.3.8，按照NY/T 2808的方法制作白胡椒称重，计算平均值。单位为千克每年(kg/年)，精确到0.1 kg/年。分为：

a) 低产(单株白胡椒产量<1.0 kg/年)；
b) 中产(1.0 kg/年≤单株白胡椒产量<2.0 kg/年)；
c) 高产(单株白胡椒产量≥2.0 kg/年)。

4.3.11 黑胡椒鲜干比

根据4.3.8和4.3.9的结果，计算单株黑胡椒产量占单株鲜果重的百分率，计算平均值。用百分数(%)表示，精确到1%。分为：

a） 低（黑胡椒鲜干比＜20%）；

b） 中（20%≤黑胡椒鲜干比＜40%）；

c） 高（黑胡椒鲜干比≥40%）。

4.3.12 白胡椒鲜干比

根据 4.3.8 和 4.3.10 的结果，计算单株白胡椒产量占单株鲜果重的百分率，计算平均值。用百分数（%）表示，精确到 1%。分为：

a） 低（白胡椒鲜干比＜15%）；

b） 中（15%≤白胡椒鲜干比＜30%）；

c） 高（白胡椒鲜干比≥30%）。

4.4 品质性状

4.4.1 产品外观

利用 4.3.9 和 4.3.10 获得的样本，按照 NY/T 455 的方法，根据大小、饱满度和颜色等综合评价外观品质。分为：

a） 差（大小不一致，欠饱满，颜色差异大）；

b） 中（大小不一致，饱满欠均匀，颜色差异不大）；

c） 好（大小基本一致，饱满，颜色基本一致）。

4.4.2 产品风味

利用 4.3.9 和 4.3.10 获得的样本，按照 GB/T 12316 和 NY/T 455 的方法，按照下列级别进行描述，以最多的选项为准。分为：

a） 一般（辛辣度一般、香气淡）；

b） 辛辣（辛辣度明显、有香气）；

c） 芳香辛辣（辛辣度很明显、香气浓郁）。

4.4.3 黑胡椒淀粉含量

利用 4.3.9 获得的样本，按照 AOAC 996.11 的方法，测定黑胡椒中淀粉含量，计算平均值。用百分数（%）表示，精确到 1%。分为：

a） 低（黑胡椒淀粉含量＜40%）；

b） 中（40%≤黑胡椒淀粉含量＜60%）；

c） 高（黑胡椒淀粉含量≥60%）。

4.4.4 白胡椒淀粉含量

利用 4.3.10 获得的样本，按照 AOAC 996.11 的方法，测定白胡椒中淀粉含量，计算平均值。用百分数（%）表示，精确到 1%。分为：

a） 低（白胡椒淀粉含量＜40%）；

b） 中（40%≤白胡椒淀粉含量＜60%）；

c） 高（白胡椒淀粉含量≥60%）。

4.4.5 黑胡椒挥发油含量

利用 4.3.9 获得的样本，按照 GB/T 17527 的方法，测定黑胡椒中挥发油含量，计算平均值。单位为毫升每百克（mL/100 g），精确到 0.1 mL/100 g。分为：

a） 低（含量＜1.5 mL/100 g）；

b） 中（1.5 mL/100 g≤含量＜3.0 mL/100 g）；

c） 高（含量≥3.0 mL/100 g）。

4.4.6 白胡椒挥发油含量

利用 4.3.10 获得的样本，按照 GB/T 17527 的方法，测定白胡椒中挥发油含量，计算平均值。单位

为毫升每百克(mL/100 g),精确到 0.1 mL/100 g。分为:

a) 低(含量<1.0 mL/100 g);

b) 中(1.0 mL/100 g≤含量<2.0 mL/100 g);

c) 高(含量≥2.0 mL/100 g)。

4.4.7 黑胡椒不挥发性乙醚提取物含量

利用 4.3.9 获得的样本,按照 GB/T 12729.12 的方法,测定黑胡椒中不挥发性乙醚抽提物含量,计算平均值。用百分数(%)表示,精确到 0.1%。分为:

a) 低(含量<4.0%);

b) 中(4.0%≤含量<8.0%);

c) 高(含量≥8.0%)。

4.4.8 白胡椒不挥发性乙醚提取物含量

利用 4.3.10 获得的样本,按照 GB/T 12729.12 的方法,测定白胡椒中不挥发性乙醚抽提物含量,计算平均值。用百分数(%)表示,精确到 0.1%。分为:

a) 低(含量<5.0%);

b) 中(5.0%≤含量<10.0%);

c) 高(含量≥10.0%)。

4.4.9 黑胡椒胡椒碱含量

利用 4.3.9 获得的样本,按照 GB/T 17528 的方法,测定黑胡椒中胡椒碱含量,计算平均值。用百分数(%)表示,精确到 0.1%。分为:

a) 低(含量<4.0%);

b) 中(4.0%≤含量<6.0%);

c) 高(含量≥6.0%)。

4.4.10 白胡椒胡椒碱含量

利用 4.3.10 获得的样本,按照 GB/T 17528 的方法,测定白胡椒中胡椒碱含量,计算平均值。用百分数(%)表示,精确到 0.1%。分为:

a) 低(含量<3.0%);

b) 中(3.0%≤含量<5.0%);

c) 高(含量≥5.0%)。

4.5 抗胡椒瘟病性状

参见附录 A 执行。

附 录 A
(资料性附录)
胡椒种质资源抗胡椒瘟病鉴定

A.1 适用范围

本附录适用于胡椒种质资源抗胡椒瘟病的鉴定。

A.2 仪器设备

显微镜、超净工作台、摇床、恒温培养箱、离心机。

A.3 鉴定步骤

A.3.1 材料制备

选择鉴定种质植株中部最外侧小枝顶芽下第3片～第5片、无病虫害、生长正常的稳定叶片，采集后洗净，用10%漂白粉溶液表面消毒处理。3次重复，每重复10片叶片。设抗病和感病对照种质。

A.3.2 接种菌液制备

从感病组织病健交界处分离病原菌，纯化培养获得致病菌株，经培养基在28℃培养后，以无菌水配成孢子浓度为10^5个/mL～10^6个/mL的悬浮液。

A.3.3 接种

用束针轻微刺伤种质叶片，将接种菌液均匀喷洒在叶片的正反两面，罩塑料薄膜，28℃保湿培养。

A.4 病情调查

接种7 d后调查发病情况，记录感病叶片数和感病面积，按表A.1逐一进行分级。

表A.1 胡椒种质资源胡椒瘟病病情分级

病级	病情或病状
0	接种叶片无侵染点，无病斑
1	接种叶片出现5个以上的感染点或1个～2个病斑，病斑面积占叶片总面积1/4以下
3	接种叶片出现3个～5个病斑，病斑面积占叶片总面积1/2以下
5	接种叶片出现病斑在5个以上，病斑面积占叶片总面积1/2以上
7	接种叶片出现病斑多且连接成片，病斑面积占叶片总面积3/4以上或整张叶片感病

A.5 计算方法

根据病情统计情况，计算病情指数，按式(A.1)计算。

$$DI=\sum \frac{n_i \times s_i}{7N} \times 100 \quad \cdots\cdots (A.1)$$

式中：

DI ——病情指数；

n_i ——相应病害级别的株数；

s_i ——病害级别；

7 ——最高病害级数；

N ——调查总株数。

A.6 评价标准

见表 A.2。

表 A.2 胡椒种质资源胡椒瘟病抗性评价标准

抗病级别	病情指数(DI)	参考种质
免疫(I)	$DI=0$	毛脉树胡椒
高抗(HR)	$0<DI<25$	斜叶蒟
抗(R)	$25\leqslant DI<45$	山蒟
中抗(MR)	$45\leqslant DI<60$	班尼约尔 1 号
感(S)	$60\leqslant DI<75$	热引 1 号
高感(HS)	$DI\geqslant 75$	球穗胡椒

附加说明：

本标准按照 GB/T 1.1—2009 给出的规则起草。

本标准由农业部农垦局提出。

本标准由农业部热带作物及制品标准化技术委员会归口。

本标准起草单位：中国热带农业科学院香料饮料研究所。

本标准主要起草人：邬华松、郝朝运、杨建峰、邢谷杨、谭乐和、胡丽松、郑维全、桑利伟、范睿、伍宝朵。

中华人民共和国农业行业标准

热带作物种质资源描述及评价规范　咖啡

Descriptive and evaluating standards for germplasm resources of tropical plant—Coffee

NY/T 3004—2016

1　范围

本标准规定了茜草科(Rubiaceae)咖啡属(*Coffea*)种质资源描述及评价的要求和方法。

本标准适用于咖啡(*Coffea* spp.)种质资源相关性状的描述和评价。

2　规范性引用文件

下列文件对于本文件的应用是必不可少的。凡是注日期的引用文件,仅注日期的版本适用于本文件。凡是不注日期的引用文件,其最新版本(包括所有的修改单)适用于本文件。

GB/T 2260　中华人民共和国行政区划代码

GB/T 2659　世界各国和地区名称代码

GB 5009.5　食品安全国家标准　食品中蛋白质的测定

GB/T 5009.6　食品中脂肪的测定

GB/T 5009.8　食品中蔗糖的测定

GB/T 5009.10　植物类食品中粗纤维的测定

GB/T 5009.139　饮料中咖啡因的测定

GB/T 8305　茶　水浸出物测定

GB/T 22250　保健食品中绿原酸的测定

3　要求

3.1　样本的选择

随机选取自然生长、正常开花结果的植株作为代表性样本,选取的样本株数不少于5株。

3.2　数据采集

每个性状应在同一地点采集至少两个结果周期的鉴定数据,其中数量性状以2年平均值表示。

3.3　数据采集地点

数据采集地点的环境条件应能够满足咖啡植株正常生长及其性状的正常表达。

3.4　描述及评价内容

描述及评价内容见表1。

中华人民共和国农业部 2016-11-01 发布　　2017-04-01 实施

表 1　咖啡种质资源描述评价内容

类别	描述评价内容
基本信息	种质库编号、种质圃编号、种质保存编号、采集号、引种号、种质名称、种质外文名称、科名、属名、学名、种质类型、主要特性、主要用途、系谱、育种手段、繁殖方式、选育单位(个人)、育成年份、原产国、原产省、原产地、采集地、采集地经度、采集地纬度、采集地海拔、采集单位(个人)、采集时间、采集材料、保存单位(个人)、保存种质类型、种质定植时间、种质更新时间、图像、特性鉴定评价机构名称、鉴定评价地点、备注
植物学特征	类型、树姿、冠幅、茎粗、株高、主干节间距、分枝方式、一级分枝数量、最长一级分枝长度、最长一级分枝节数、最长一级分枝节间距、托叶形状、芽蜡颜色、芽蜡厚度、嫩叶颜色、叶形、叶尖形状、叶基形状、叶面姿态、叶缘形状、叶脉类型、叶柄颜色、叶长、叶宽、叶形指数、叶柄长、成熟叶片颜色、叶腋间花序数、单花序花朵数、单节花朵数、花蕾颜色、花瓣数量、花瓣形状、雄蕊数量、成熟果实颜色、果实形状、果实凹槽、果脐形状、果实萼痕、果实纵径、果实横径、果实侧径、果形指数、中果皮厚、内果皮(种皮)质地、种子形状、种子纵径、种子横径、种子侧径、种仁颜色
农艺学性状	初花期、盛花期、末花期、果实生育期、果实盛熟期、收获期、初果树龄、坐果率、单节果实数、单株鲜果重、干豆产量、丰产性、空瘪率、鲜干比、干豆千粒重、单豆率、出米率、粒度、象豆率
品质性状	咖啡因、蔗糖、粗脂肪、蛋白质、粗纤维、绿原酸、水浸出物、杯品质量
抗病性状	抗锈病性状

4　描述评价方法

4.1　基本信息

4.1.1　种质库编号

进入国家种质资源长期保存库的种质用统一种质库编号,按“GK+KF+4 位顺序码”组成。顺序码从“0001”到“9999”。每份种质具有唯一的种质库编号。

4.1.2　种质圃编号

进入国家种质资源长期保存圃的种质的统一种质编号,由“GP+KF+4 位顺序码”组成。顺序码从“0001”到“9999”。每份种质具有唯一的种质圃编号。

4.1.3　种质保存编号

种质保存编号由“保存单位代码+4 位顺序号码”组成。保存单位代码由保存单位汉语拼音的大写首字母组成,顺序码从“0001”到“9999”。种质保存编号具有唯一性。

4.1.4　采集号

种质在野外采集时赋予的编号,按“国家代码+年份+4 位顺序号”组成。顺序号从“0001”到“9999”,国家代码按照 GB/T 2659 的规定执行。

4.1.5　引种号

种质从外地引入时赋予的编号,按“年份+4 位顺序号”组成 8 位字符串,如“20120024”顺序号从“0001”到“9999”。每份种质具有唯一的引种号。

4.1.6　种质名称

种质的中文名称。如果有多个名称,可把其他名称放在括号内,用逗号分隔;国外引进种质如果没有中文译名,直接填写种质外文名。

4.1.7　种质外文名称

国外引进种质的外文名和国内种质的汉语拼音名,首字母大写。

4.1.8　科名

茜草科(Rubiaceae)。

4.1.9　属名

咖啡属(*Coffea*)。

4.1.10　**学名**

学名用拉丁名表示,由"属名+种名+命名人"组成。属名和种名为斜体字,命名人为正体字。

4.1.11　**种质类型**

种质类型分为:

a)　野生资源;
b)　地方品种(品系);
c)　引进品种(品系);
d)　选育品种(品系);
e)　特殊遗传材料;
f)　其他(须注明具体情况)。

4.1.12　**主要特性**

主要特性分为:

a)　高产;
b)　优质;
c)　抗病;
d)　抗虫;
e)　抗寒;
f)　抗旱;
g)　株高特性;
h)　其他(须注明具体情况)。

4.1.13　**主要用途**

主要用途分为:

a)　饮用;
b)　药用;
c)　观赏;
d)　材用;
e)　砧木用;
f)　育种用;
g)　其他(须注明具体情况)。

4.1.14　**系谱**

种质资源的系谱为选育品种(品系)和引进品种(品系)的亲缘关系。

4.1.15　**育种手段**

育种手段分为:

a)　自花授粉;
b)　异花授粉;
c)　种间杂交;
d)　种内杂交;
e)　无性选择;
f)　人工诱变;
g)　其他(须注明具体情况)。

4.1.16　**繁殖方式**

繁殖方式分为：

a） 嫁接繁殖；

b） 扦插繁殖；

c） 种子繁殖；

d） 组培繁殖；

e） 其他(须注明具体情况)。

4.1.17 选育单位(个人)

选育品种(品系)的单位或个人。单位名称或个人姓名应写全称。

4.1.18 育成年份

品种(系)通过新品种审定、认定、登记或品种权申请公告的年份，用4位阿拉伯数字表示。

4.1.19 原产国

种质资源的原产国家、地区或国家组织名称。国家和地区的名称按照GB/T 2659的规定执行，如该国家名称现已不使用，应在原国家名称前加“前”。

4.1.20 原产省

省份名称按照GB/T 2260的规定执行。国外引进种质原产省用原产国家一级行政区的名称。

4.1.21 原产地

国内种质资源的原产县、乡、村名称。县名按照GB/T 2260的规定执行。

4.1.22 采集地

国内种质资源采集的来源省、县名称；国外引进或采集种质资源的来源国家、地区名称或国际组织名称。

4.1.23 采集地经度

单位为度(°)和分(′)。记录格式为“DDDFF”，其中“DDD”为度，“FF”为分。东经为正值，西经为负值，例如，“11834”代表东经118°34′，“－11834”代表西经118°34′。

4.1.24 采集地纬度

单位为度(°)和分(′)。记录格式为“DDFF”，其中“DD”为度，“FF”为分。北纬为正值，南纬为负值，例如，“2345”代表北纬23°45′，“－2345”代表南纬23°45′。

4.1.25 采集地海拔

种质采集地的海拔，单位为米(m)。

4.1.26 采集单位(个人)

种质采集单位或个人。单位名称或个人姓名应写全称。

4.1.27 采集时间

以“年月日”表示。记录格式为“YYYYMMDD”，其中“YYYY”代表年份，“MM”代表月份，“DD”代表日期。

4.1.28 采集材料

采集材料分为：

a） 种子；

b） 果实；

c） 芽；

d） 接穗；

e） 花粉；

f） 组培材料；

g） 植株；

h） 其他(须注明具体情况)。

4.1.29 保存单位(个人)

负责种质繁殖并提交国家种质资源圃保存的单位或个人全称。

4.1.30 保存种质类型

保存种质类型分为：

a） 植株；
b） 种子；
c） 组织培养物；
d） 花粉；
e） DNA；
f） 其他(须注明具体情况)。

4.1.31 种质定植时间

种质资源在种质圃中定植的时间。以"年月日"表示，记录格式为"YYYYMMDD"。

4.1.32 种质更新时间

种质资源在种质圃中重植的时间。以"年月日"表示，记录格式为"YYYYMMDD"。

4.1.33 图像

种质资源的图像文件名，图像格式为 .jpg。图像文件名由统一编号(图像种质编号)加"-"加序号加".jpg"组成。图像要求 600 dpi 以上或 1024×768 像素以上。

4.1.34 特性鉴定评价机构名称

种质资源特性鉴定评价的机构名称，单位名称应写全称。

4.1.35 鉴定评价地点

种质资源形态特征和生物学特性的鉴定评价地点，记录到省和县名。

4.1.36 备注

对该种质的生态环境主要信息、产量、栽培技术等的注释。

4.2 植物学特征

4.2.1 类型

按 3.1 的规定选取 5 年生植株 5 株，目测植株形态和主干生长状态，按下列标准确定种质类型，分为：

a） 灌木(植株较矮生，无明显的主干)；
b） 小乔木(植株长势中等或矮生，单主干或多条明显的主干)；
c） 乔木(植株高大，单主干)。

4.2.2 树姿

按 3.1 的规定选取 3 年生植株 5 株，每株测量植株中上部 3 条一级分枝与主干的夹角。依据夹角的平均值确定树姿类型，分为：

a） 直立(夹角<40°)；
b） 半开张(40°≤夹角<60°)；
c） 开张(60°≤夹角<80°)；
d） 下垂(夹角≥80°)。

4.2.3 冠幅

样本同 4.2.2，测量植株最宽处的东西方向和南北方向树冠直径，计算平均值，单位为厘米(cm)，精确到 0.1 cm。根据结果确定冠幅，分为：

a） 宽(冠幅>220.0 cm)；

b) 中(120.0 cm≤冠幅≤220.0 cm);

c) 窄(冠幅<120.0 cm)。

4.2.4 茎粗

样本同 4.2.2,在实生树和扦插繁殖树离地 10 cm 处、嫁接树离嫁接口以上 10 cm 处,测量树干的直径,计算平均值,精确到 0.1 cm。根据结果确定茎粗,分为:

a) 粗(茎粗>3.3 cm);

b) 中(2.9 cm≤茎粗≤3.3 cm);

c) 细(茎粗<2.9 cm)。

4.2.5 株高

样本同 4.2.2,测量从地面到树冠顶端的高度,计算平均值。单位为厘米(cm),结果保留整数。种质的株高分为:

a) 极矮(株高<130 cm);

b) 矮(130 cm≤株高<170 cm);

c) 中等(170 cm≤株高≤230 cm);

d) 高(株高>230 cm)。

4.2.6 主干节间距

样本同 4.2.2,每株选取 1 条健壮主干,测量主干中部连续 10 个节间的长度,计算平均值。单位为厘米(cm),精确到 0.1 cm。主干节间距分为:

a) 密(主干节间距<6.0 cm);

b) 中(6.0 cm≤主干节间距≤7.0 cm);

c) 疏(主干节间距>7.0 cm)。

4.2.7 分枝方式

样本同 4.2.2,目测茎的分枝情况,并参照图 1,确定茎的分枝方式,分为:

a) 对生;

b) 轮生。

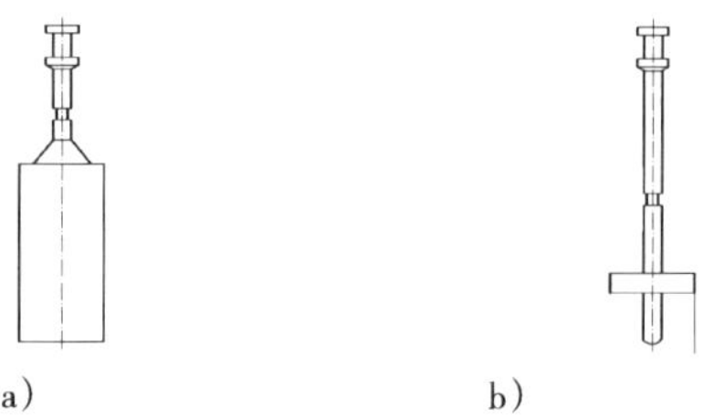

图 1 分枝方式

4.2.8 一级分枝数量

样本同 4.2.2,每株选取 1 条健壮主干,记载其一级分枝的数量,计算平均值。单位为条,结果保留整数。一级分枝数量分为:

a) 多(一级分枝数量>70 条);

b) 中(50 条≤一级分枝数量≤70 条);

c) 少(一级分枝数量<50 条)。

4.2.9 最长一级分枝长度

样本同 4.4.2,每株选最长的一条分枝,测量分枝基部到分枝末端的长度,计算平均值。单位为厘米(cm),精确到 0.1 cm。最长一级分枝长度分为:

a) 长(最长一级分枝长度>100 cm);

b） 中（60 cm≤最长一级分枝长度≤100 cm）；

c） 短（最长一级分枝长度<60 cm）。

4.2.10 最长一级分枝节数

样本同 4.2.9，记载一级分枝节数，计算平均值。单位节，结果保留整数。最长一级分枝节数分为：

a） 多（最长一级分枝节数>20 节）；

b） 中（15 节≤最长一级分枝节数≤20 节）；

c） 少（最长一级分枝节数<15 节）。

4.2.11 最长一级分枝节间距

用 4.2.9 的数据除以 4.2.10 的数据，得出最长一级分枝节间距。单位为厘米（cm），精确到 0.1 cm。最长一级分枝节间距分为：

a） 密（最长一级分枝节间距<5 cm）；

b） 中（5 cm≤最长一级分枝节间距≤7 cm）；

c） 疏（最长一级分枝节间距>7 cm）。

4.2.12 托叶形状

样本同 4.2.2，目测从主干顶芽往下数，第三对叶片处托叶的形状，并参照图 2，按照最大相似原则确定托叶形状，分为：

a） 半月形；

b） 近卵形；

c） 三角形；

d） 等边三角形；

e） 不规则四边形；

f） 其他。

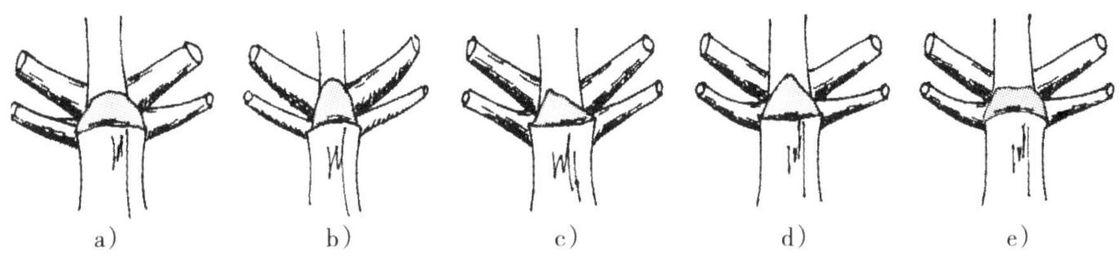

图 2 托叶形状

4.2.13 芽蜡颜色

样本同 4.2.2，目测主干顶端幼芽芽蜡颜色，用标准色卡比对，按照最大相似原则确定芽蜡颜色，分为：

a） 红色；

b） 橙黄色；

c） 黄褐色；

d） 浅黄色；

e） 黄色；

f） 其他。

4.2.14 芽蜡厚度

样本同 4.2.2，目测并按照最大相似原则确定主干顶端幼芽芽蜡厚度，分为：

a） 薄（膜状）；

b） 厚（珠状突起）。

4.2.15 嫩叶颜色

样本同 4.2.2,在枝梢萌发期,观察树冠外围主干或分枝顶端刚平展的嫩叶颜色,用标准色卡比对,按照最大相似原则确定嫩叶颜色,分为:

a) 浅绿色;
b) 绿色;
c) 铜绿色;
d) 褐红色;
e) 褐色;
f) 其他。

4.2.16 叶形

样本同 4.2.2,目测植株中上部一级分枝顶芽下第三对成熟叶片形状,并参照图 3,按照最大相似原则确定叶形,分为:

a) 倒卵形;
b) 卵形;
c) 椭圆形;
d) 披针形;
e) 长披针形;
f) 其他。

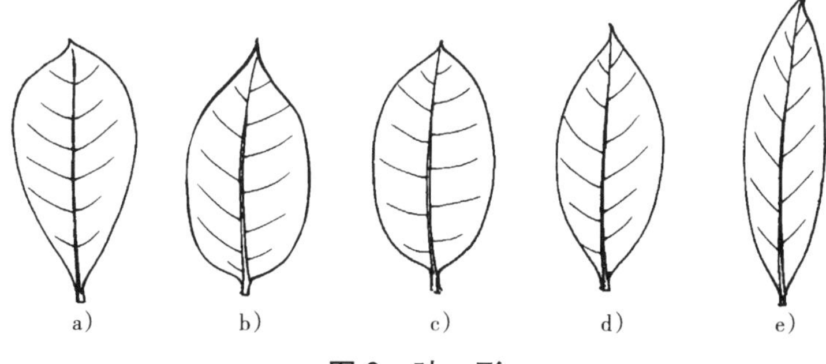

图 3 叶 形

4.2.17 叶尖形状

样本同 4.2.16,观察叶尖形状,参照图 4,按照最大相似原则确定叶尖形状,分为:

a) 钝形;
b) 渐尖形;
c) 急尖形;
d) 尾尖形;
e) 匙形;
f) 其他。

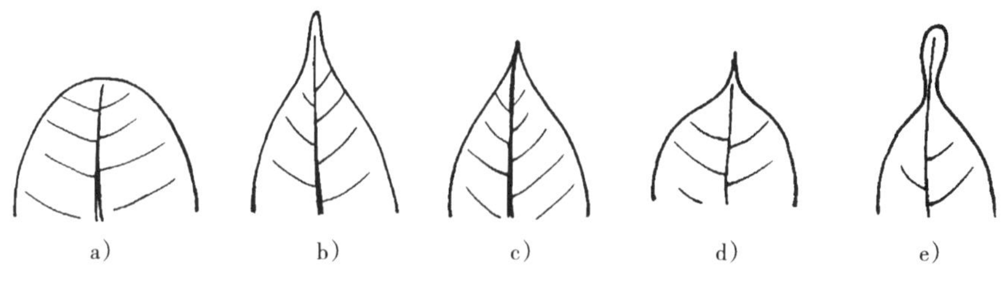

图 4 叶尖形状

4.2.18 叶基形状

样本同 4.2.16,观察叶基形状,参照图 5,分为:

a） 楔形；

b） 广楔形；

c） 钝圆形；

d） 其他。

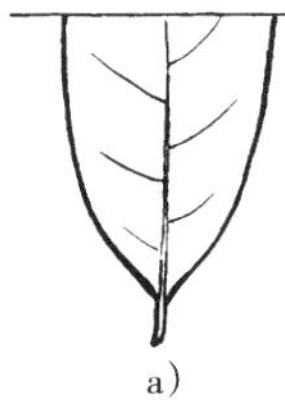
a)

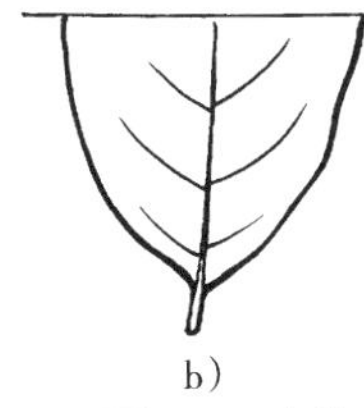
b)

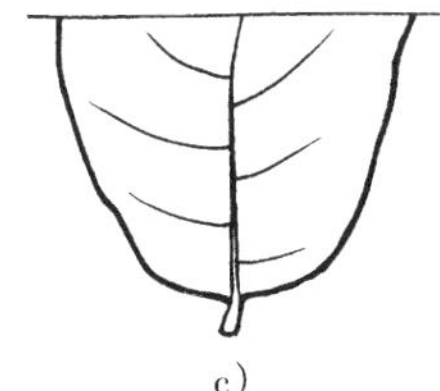
c)

图 5 叶基形状

4.2.19 叶面姿态

样本同 4.2.16，观察叶面姿态，分为：

a） 平直形；

b） 皱褶形；

c） 其他。

4.2.20 叶缘形状

样本同 4.2.16，观察叶缘形状，参照图 6，按最大相似原则确定叶缘形状，分为：

a） 无波浪；

b） 浅波浪；

c） 深波浪。

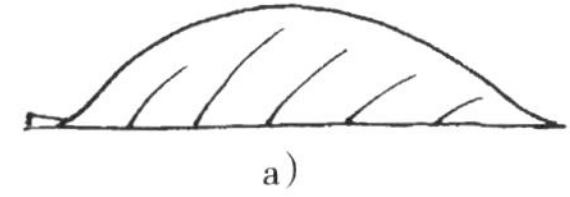
a)

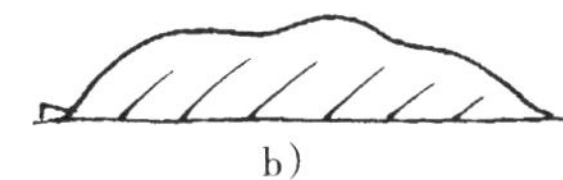
b)

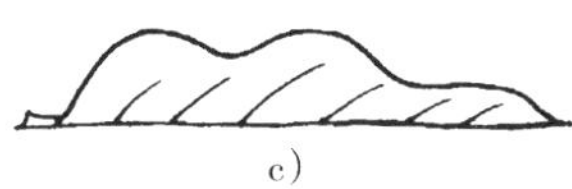
c)

图 6 叶缘形状

4.2.21 叶脉类型

样本同 4.2.16，目测叶片主侧脉情况，并参照图 7，按照最大相似原则确定叶脉类型，分为：

a） 互生；

b） 互生与对生混生；

c） 对生。

a)

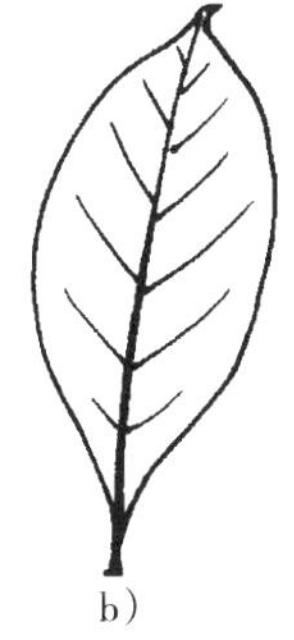
b)

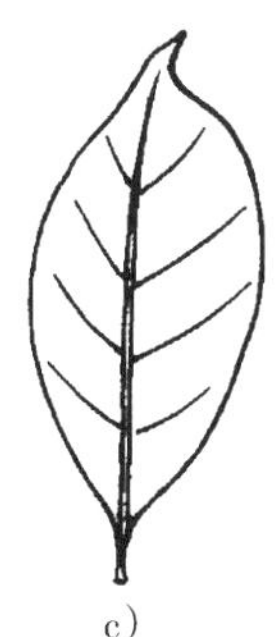
c)

图 7 叶脉类型

4.2.22 叶柄颜色

样本同 4.2.16，目测一级分枝顶芽下第三对成熟叶片叶柄颜色，用标准色卡比对，按照最大相似原则确定叶柄颜色，分为：

a) 绿色；
b) 褐色；
c) 古铜色；
d) 其他。

4.2.23 成熟叶片颜色

样本同 4.2.16，目测叶片颜色并与标准色卡进行比对，按照最大相似原则确定叶片颜色，分为：

a) 浅绿色；
b) 黄绿色；
c) 绿色；
d) 浓绿色；
e) 铜绿色；
f) 褐色；
g) 褐红色；
h) 其他。

4.2.24 叶长

选择植株中上部一级分枝顶芽下第三对成熟叶片 10 片，测量叶片基部到叶尖的长度，计算平均值。单位为厘米(cm)，精确到 0.1 cm。

4.2.25 叶宽

样本同 4.2.24，测量叶片最宽处的宽度，计算平均值。单位为厘米(cm)，精确到 0.1 cm。

4.2.26 叶形指数

用 4.2.24 数据除以 4.2.25 的数据，得出叶形指数，确定叶片形状，分为：

a) 宽(叶形指数<2.00 cm)；
b) 中(2.00 cm≤叶形指数≤2.50 cm)；
c) 窄(叶形指数>2.50 cm)。

4.2.27 叶柄长

样本同 4.2.24，测量叶柄基部至叶片基部的长度，计算平均值。单位为厘米(cm)，精确到 0.1 cm。叶柄长分为：

a) 长(叶柄长>1.8 cm)；
b) 中(1.0 cm≤叶柄长≤1.8 cm)；
c) 短(叶柄长<1.0 cm)。

4.2.28 叶腋间花序数

样本同 4.2.2，在盛花期，随机选取中上部一级分枝 3 条，每条一级分枝中上部节位 3 节，记载叶腋间花序数，计算平均值。单位为个，结果保留整数。叶腋间花序数分为：

a) 多(叶腋间花序数>5 个)；
b) 中(3 个≤叶腋间花序数≤5 个)；
c) 少(叶腋间花序数<3 个)。

4.2.29 单花序花朵数

样本同 4.2.28，记载叶腋间单花序的花朵数，计算平均值。单位为朵，结果保留整数。单花序花朵数，分为：

a) 多(单花序花朵数>5 朵)；
b) 中(3 朵≤单花序花朵数≤5 朵)；

c) 少(单花序花朵数<3 朵)。

4.2.30 单节花朵数

用 4.2.28 的值乘以 4.2.29 的值再乘以 2,计算每个节位的花朵数,单位为朵,结果保留整数。根据结果确定单节花朵数,分为:

a) 多(单节花朵数>40 朵);

b) 中(20 朵≤单节花朵数≤40 朵);

c) 少(单节花朵数<20 朵)。

4.2.31 花蕾颜色

样本同 4.2.28,在盛花期,观测发育成熟即将开放的花蕾颜色,分为:

a) 白色;

b) 红色;

c) 其他。

4.2.32 花瓣数量

样本同 4.2.28,在盛花期,从不同节随机抽取 20 朵当天开放的花朵,记载单朵花的花瓣数量,计算平均值。单位为片,结果保留整数。

4.2.33 花瓣形状

样本同 4.2.32,参照图 8,确定花瓣形状,分为:

a) 椭圆形;

b) 倒卵形;

c) 长椭圆形;

d) 条形;

e) 其他。

a)

b)

c)

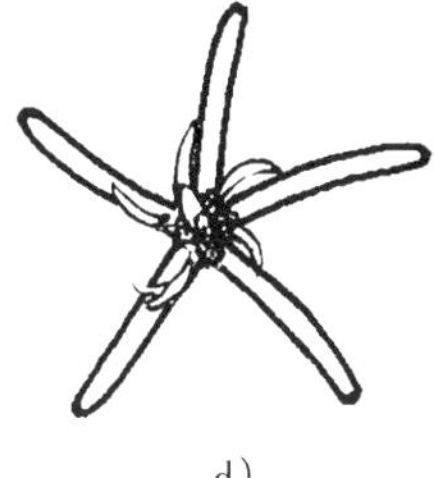
d)

图 8 花瓣形状

4.2.34 雄蕊数量

样本同 4.2.32,记载单朵花的雄蕊数量,计算平均值,单位为枚,结果保留整数。

4.2.35 成熟果实颜色

样本同 4.2.32,在果实成熟期,随机抽取 20 个内有两粒种子的成熟果实,用标准色卡比对,按照最大相似原则确定成熟果实颜色,分为:

a) 黄色;

b) 橙黄色;

c) 橙色;

d) 橙红色;

e) 红色;

f) 粉红色;

g) 紫色;

h） 紫红色；

i） 粉紫色；

j） 其他。

4.2.36 果实形状

样品同 4.2.35，目测果实形状，并参照图 9，按照最大相似原则确定果实的形状，分为：

a） 近球形；

b） 倒卵形；

c） 卵形；

d） 椭圆形；

e） 长椭圆形；

f） 扁圆球形；

g） 其他。

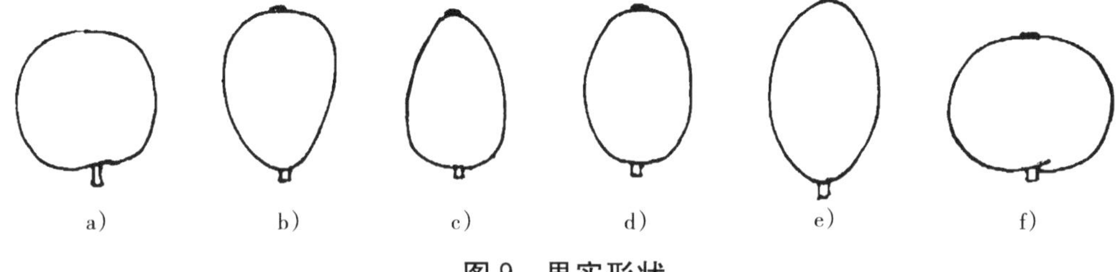

图 9 果实形状

4.2.37 果实凹槽

样本同 4.2.35，目测并确定果实纵向面是否有左右两边鼓起中部形成凹槽的情况：

a） 无；

b） 有。

4.2.38 果脐形状

样本同 4.2.35，观察并确定果实顶端果脐的形状，参照图 10，确定果脐形状，分为：

a） 明显但不突出；

b） 圆柱形突出；

c） 瓶颈状突出；

d） 圆锥形突出；

e） 点状突出；

f） 其他。

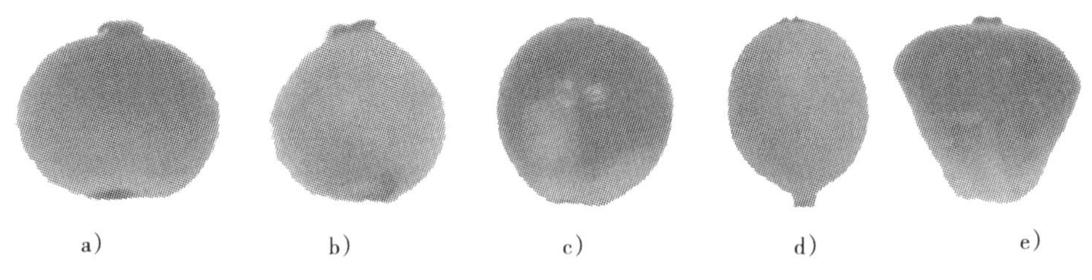

图 10 果脐形状

4.2.39 果实萼痕

样本同 4.2.35，目测并确定果实基部有无萼痕：

a） 无；

b) 有。

4.2.40 果实纵径

样本同 4.2.35，测量果实基部至顶部的长度(不含果脐长度)，计算平均值。单位为厘米(cm)，精确到 0.01 cm。果实分为：

a) 大(果实纵径>1.60 cm)；

b) 中(1.40 cm≤果实纵径≤1.60 cm)；

c) 小(果实纵径<1.40 cm)。

4.2.41 果实横径

样本同 4.2.35，测量果实最大横切面的最大直径，计算平均值。单位为厘米(cm)，精确到 0.01 cm。

4.2.42 果实侧径

样本同 4.2.35，测量果实最大横切面的最小直径，计算平均值。单位为厘米(cm)，精确到 0.01 cm。

4.2.43 果形指数

用 4.2.40 的值除以 4.2.41 的值，计算果形指数，果实形状分为：

a) 长圆球形(果形指数>1.10)；

b) 圆球形(1.10≤果形指数≤1.00)；

c) 短圆球形(果形指数<1.00)。

4.2.44 中果皮厚

样本同 4.2.35，将果实沿两粒种子中间纵剖成两瓣，用针挑出种子，用游标卡尺测量果实最大横切面处中果皮的厚度。单位为毫米(mm)，精确到 0.01 mm。果皮厚度分为：

a) 厚(中果皮厚>1.50 mm)；

b) 中(1.05 mm≤中果皮厚≤1.50 mm)；

c) 薄(中果皮厚<1.05 mm)。

4.2.45 种子形状

样本同 4.2.35，脱去中果皮，洗掉种子表面的果胶，晾干，随机选取 20 粒种子，将种子扁平面朝下平放，参照图 11，目测并确定种子形状，分为：

a) 圆形；

b) 倒卵形；

c) 卵形；

d) 椭圆形；

e) 长椭圆形；

f) 其他。

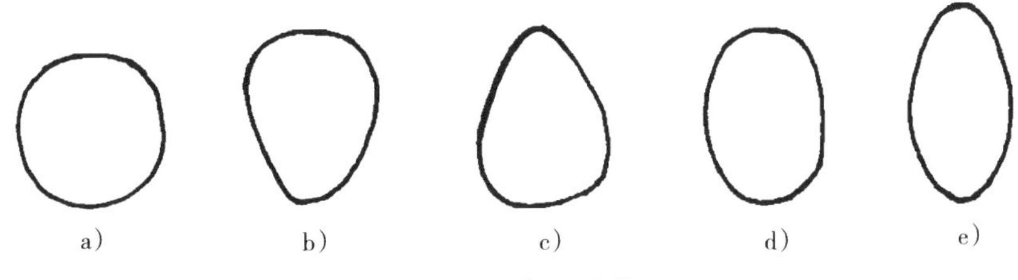

图 11 种子形状

4.2.46 种子纵径

样本同 4.2.45，用游标卡尺测量每粒种子基部至顶部的长度，计算平均值。单位为厘米(cm)，精确到 0.01 cm。种子纵径分为：

a） 大(种子纵径>1.30 cm)；

b） 中(1.20 cm≤种子纵径≤1.30 cm)；

c） 小(种子纵径<1.20 cm)。

4.2.47 种子横径

样本同 4.2.45，用游标卡尺测量种子最大横切面的最大直径，计算平均值。单位为厘米(cm)，精确到 0.01 cm。

4.2.48 种子侧径

样本同 4.2.45，用游标卡尺测量种子最大横切面的最小直径，计算平均值。单位为厘米(cm)，精确到 0.01 cm。

4.2.49 内果皮(种皮)质地

样本同 4.2.45，将种子的种皮脱下，手捻确定内果皮的质地如下：

a） 皮质(软、有弹性)；

b） 革质(硬、脆、易捻碎)；

c） 其他。

4.2.50 种仁颜色

样本同 4.2.45，随机取 20 粒晾干的种子，将种皮和银皮脱去。用标准色卡比对，确定种仁颜色，分为：

a） 浅黄色；

b） 浅蓝色；

c） 浅绿色；

d） 浅褐色；

e） 其他。

4.3 农艺性状

4.3.1 初花期

在咖啡开花期，选取植株东、南、西、北 4 个方位，每个方位上、中、下 3 个部位生长正常的结果枝条共 12 条挂牌，待挂牌枝条上的花蕾发育到分离可数时，记录每个枝条上的花蕾数，从第一次开花时，记录开花日期及开花花朵数，以挂牌枝条上累计约≥1%，<25%花朵开放的起止日期为初花期。以年月日表示，格式为“YYYYMMDD～YYYYMMDD”，其中“YYYY”代表年份，“MM”代表月份，“DD”代表日期。

4.3.2 盛花期

样本同 4.3.1。记录开花日期及开花花朵数，以挂牌枝条上累计约≥25%，<75%花朵开放的起止日期为盛花期。以年月日表示，格式为“YYYYMMDD～YYYYMMDD”，其中“YYYY”代表年份，“MM”代表月份，“DD”代表日期。

4.3.3 末花期

样本同 4.3.1，记录开花日期及开花花朵数，以挂牌枝条上累计约 75%花朵已开放完毕至最后一批花开放结束的起止日期为末花期。以年月日表示，格式为“YYYYMMDD～YYYYMMDD”，其中“YYYY”代表年份，“MM”代表月份，“DD”代表日期。

4.3.4 果实生育期

对盛花期的一批花，随机选取一级分枝 5 个结果节位挂牌观测，记录从花朵凋谢到果实成熟所需的时间，计算平均值。单位为天(d)，结果保留整数。

4.3.5 果实盛熟期

随机选择该种质正常结果的植株5株，记录每次采收的果实质量和采收日期，待果实采收完毕，计算每次采收的果实质量占采收果实总质量的百分率，计算平均值。以累计果实采收率≥25%时起至累计果实采收率≥75%止为果实盛熟期。以年月日表示，格式为“YYYYMMDD～YYYYMMDD”，其中“YYYY”代表年份，“MM”代表月份，“DD”代表日期。

4.3.6　收获期

样本同4.3.5，记录从第一批果实采收到采收结束的日期。以年月日表示，格式为“YYYYMMDD～YYYYMMDD”，其中“YYYY”代表年份，“MM”代表月份，“DD”代表日期。

4.3.7　初果树龄

记录从春季定植到第一次采收果实的月数，单位为月，精确到1月。

4.3.8　坐果率

在盛花期，随机选取一级分枝5个开花节位挂牌观测，记录单节花朵数，待果实黄豆粒大时记录单节果实数，计算单节果实数占单节花朵数的百分率，计算平均值，单位为百分率(%)，保留一位小数，分为：

a)　高(坐果率>80.0%)；

b)　中(60.0%≤坐果率≤80.0%)；

c)　低(坐果率<60.0%)。

4.3.9　单节果实数

在果实盛熟期，随机选取植株中上部一级结果枝5条，记录果节数，采摘果节上所有果实，计算果实总粒数，用果实总粒数除以果节数。计算平均值，结果保留整数，分为：

a)　多(单节果实数>30个)；

b)　中(15个≤单节果实数≤30个)；

c)　少(单节果实数<15个)。

4.3.10　单株鲜果重

在收获期，选取盛产期长势、结果正常的5株植株，分期分批采收成熟果实称重，累加，连续测两年，取平均值。单位为千克每株每年[kg/(株·年)]，精确到0.1 kg/(株·年)。

4.3.11　干豆产量

根据4.3.10的结果，按该种质10株占地面积折算出每公顷所能达到的果实产量，并按该种质的鲜干比折算出每公顷的干豆产量，单位为千克每公顷(kg/hm^2)，精确到0.1 kg/hm^2。

4.3.12　丰产性

根据4.3.11的结果，按下列标准确定种质丰产性：

a)　丰产(干豆产量≥1 500 kg/hm^2)；

b)　中等(1 200 kg/hm^2≤干豆产量<1 500 kg/hm^2)；

c)　低产(干豆产量<1 200 kg/hm^2)。

4.3.13　空瘪率

在果实盛熟期，称取该种质(500±5) g成熟鲜果，倒入水中，将浮在水面的鲜果捞出，擦干果实表面水分，称重，计算浮水鲜果质量占成熟鲜果质量的百分率。重复3次，计算平均值，单位为百分率(%)，保留一位小数。根据结果确定果实空瘪率分为：

a)　高(空瘪率>8%)；

b)　中(5%≤空瘪率≤8%)；

c)　低(空瘪率<5%)。

4.3.14　鲜干比

在果实盛熟期，称取该种质(500±5) g成熟鲜果。去中果皮，洗掉种子表面果胶，置于45℃烘箱烘

72 h，至带种皮豆含水量约为 12%，脱种皮制成标准商品豆，并称其重。计算商品豆重占鲜果重的百分率，重复 3 次，计算平均值，单位为百分率(%)，保留一位小数。根据结果确定果实鲜干比分为：

a) 高(鲜干比>18.0%)；

b) 中(16.0%≤鲜干比≤18.0%)；

c) 低(鲜干比<16.0%)。

4.3.15 干豆千粒重

样品同 4.3.14。随机数取 1 000 粒带种皮豆，称重，重复 3 次，计算平均值，单位为克(g)，精确到 0.1 g。干豆千粒重分为：

a) 重(干豆千粒重>200.0 g)；

b) 中(150.0 g≤干豆千粒重≤200.0 g)；

c) 低(干豆千粒重<150.0 g)。

4.3.16 单豆率

样本同 4.3.14，随机取 100 粒带种皮豆样品，记录单粒的圆形豆数量，计算单粒的圆形豆数占总豆数的百分率，重复 8 次，计算其平均值。单位为百分率(%)，保留一位小数。

4.3.17 出米率

样本同 4.3.14，随机称取(100±1) g 带种皮豆样品，去种皮制成标准商品豆并称重，计算商品豆质量占带种皮豆质量的百分率，重复 3 次，计算平均值。单位为百分率(%)，保留一位小数，分为：

a) 高(出米率>82%)；

b) 中(75%≤出米率≤82%)；

c) 低(出米率<75%)。

4.3.18 粒度

称取(300±1)g 商品豆，用咖啡标准套筛筛分，将留在各筛号上的商品豆称重，分别计算大于 17 号筛的商品豆、小于 17 号筛大于 15 号筛商品豆和 15 号筛以下的商品豆质量占样品质量的百分率，有 60%以上的商品豆未通过该型号筛网，即表示商品豆的直径大于该筛号的圆孔直径，重复 3 次，计算平均值。根据结果确定商品豆粒度，分为：

a) 大(粒度>6.75 mm)；

b) 中(5.95 mm≤粒度≤6.75 mm)；

c) 小(粒度<5.95 mm)。

注：筛号换算成直径按式(1)计算：

$$D=(S\div 64)\times 25.4 \quad (1)$$

式中：

D ——咖啡商品豆的直径，单位为毫米(mm)；

S ——咖啡标准套筛筛号。

4.3.19 大象豆率

随机取 100 粒商品豆样品，记录大象豆数量，计算大象豆数量占商品豆数量的百分率，重复 8 次，计算平均值。单位为百分率(%)，保留一位小数。根据结果确定大象豆率，分为：

a) 高(大象豆率>5.0%)；

b) 中(3%≤大象豆率≤5%)；

c) 低(大象豆率<3.0%)。

注：大象豆是由假多胚导致的咖啡豆集合体，通常由 2 粒或几粒咖啡豆集合组成。

4.4 品质性状

4.4.1 咖啡因

样品同 4.3.14，按照 GB/ T 5009.139 的方法，测定咖啡因含量，单位为百分率(%)，保留两位小数。

4.4.2 蔗糖

样本同4.3.14,按照GB/T 5009.8的方法,测定蔗糖含量,单位为百分率(%),保留两位小数。

4.4.3 粗脂肪

样本同4.3.14,按照GB/T 5009.6的方法,测定粗脂肪含量,单位为百分率(%),保留两位小数。

4.4.4 蛋白质

样本同4.3.14,按照GB 5009.5的方法,测定蛋白质含量,单位为百分率(%),保留两位小数。

4.4.5 粗纤维

样本同4.3.14,按照GB/T 5009.10的方法,测定粗纤维含量,单位为百分率(%),保留两位小数。

4.4.6 绿原酸

样本同4.3.14,按照GB/T 22250的方法,测定绿原酸含量,单位为百分率(%),保留三位小数。

4.4.7 水浸出物

样本同4.3.14,按照GB/T 8305的方法,测定水浸出物含量,单位为百分率(%),保留一位小数。

4.4.8 杯品质量

参见附录A的方法对种质的饮用品质进行评价如下:

a) 优秀;

b) 良好;

c) 好;

d) 一般。

4.5 抗锈病性状

参见附录B的方法评价咖啡种质资源的抗锈病性状,分为:

a) 免疫;

b) 高抗;

c) 抗;

d) 中抗;

e) 感;

f) 高感。

附　录　A
（资料性附录）
咖啡杯评方法

A.1　范围

本附录规定了咖啡杯评的术语和定义、要求、杯评器具、操作方法、杯评步骤和等级评定。

本附录适用于咖啡饮用品质的评价。

A.2　术语和定义

A.2.1

香气　fragrance/aroma

香气包括干香和湿香。干香指的是咖啡被研磨后干粉状态的香气，湿香指的是咖啡粉被水浸泡后的香气。

A.2.2

酸度　acidity

酸度是咖啡在舌下边缘和后腭产生的酸的感觉。咖啡酸度的作用与红酒的口感类似，具有强烈而令人兴奋的质感。

A.2.3

醇厚度　body

醇厚度是咖啡在口中的感觉，即咖啡作用于舌头产生的黏性、厚重和丰富度的感觉。对咖啡的醇厚度的感觉与咖啡萃取的油份和固形物有关。

A.2.4

风味　flavor

是从口腔到鼻腔所有味觉感知的各种香气和味道的综合表现。酸度、湿香气和醇厚度都是风味的组成部分。

A.2.5

均衡度　balance

均衡度用来描述咖啡的风味、酸度、醇厚度等各方面相互调和或冲突程度。如果咖啡缺乏某些香气和味道特征，或者某些特征表现过度强烈，均衡度得分便会降低。

A.3　要求

A.3.1　参加杯测人数为5人～7人，杯测人员须持有咖啡品鉴师资格证。

A.3.2　杯测要求在明亮、清洁、无异味的环境下进行。

A.3.3　杯测用水应是清洁、无异味的饮用水，未经过蒸馏或软化。

A.4　杯评器具

A.4.1　咖啡杯评专用烘焙机

A.4.2　咖啡研磨机

A.4.3 天平(电子称)

A.4.4 焦糖测试仪

A.4.5 杯品杯

A.4.6 杯品勺

A.4.7 瓷碗

A.4.8 杯品桌

A.5 操作方法

A.5.1 烘焙

取150 g样品放入咖啡杯评专用烘焙机烘焙，烘焙过程中不断观察炉内豆的颜色变化，用焦糖测试仪测定，烘焙度在1爆～2爆间，一般要求样品的烘焙色度值为55。烘焙好的豆样迅速用冷风冷却至室温，并装入密封盒或密封袋中，放置8 h以上，但不应超过24 h。

A.5.2 研磨

取出经烘焙的样品豆分为三等份，各份单独研磨成粉状，粒粗0.4 mm～0.5 mm，每份咖啡粉样品置于150 mL的瓷碗中，盖上盖子，放置时间不超过30 min。

A.5.3 设杯品样

A.5.3.1 准备6个杯品杯，先用开水预热后，每个杯中放入咖啡粉样品8.25 g，分别贴上标签。

A.5.3.2 每个杯品杯中注入150 mL的热水(90℃～95℃)，静置3 min～5 min。待杯中水的温度降至用手触摸杯子外壁可停留数秒时进行杯评。

A.6 杯评步骤

A.6.1 闻干香气

把装有咖啡粉样品的瓷碗靠近鼻子，闻咖啡粉散发出的干香气。

A.6.2 闻湿香气

按A.5.3.2的操作，热水注入装有咖啡粉的杯内，咖啡粉会浮在水面，静止浸泡3 min～5 min，用杯品勺轻轻拂开表面的咖啡渣，同时用鼻子深而长的吸气。

A.6.3 风味品尝

用杯品勺舀取适量咖啡液，靠近嘴唇，快速且用力啜吸入口，将咖啡液含在口中3 s～5 s，舌头轻轻地滑过口腔顶部，感知咖啡液的醇厚度，喉头用力吞下一小部分，使水汽急速经过上腭部后面进到鼻腔，评测从口腔到鼻腔所有味觉和嗅觉感知的综合表现。风味品尝由杯评者对样品在不同的温度下进行3次测评，第一次测评咖啡液温度(70±2)℃(即在注水后的8 min～10 min以内)，第二次70℃～60℃，第三次40℃～38℃。

A.6.4 记录

经过以上各步骤的测评后，杯评者对于咖啡样品各方面特征进行全面的综合评价，结果记录在表A.1。

表 A.1 咖啡杯测评定记录表

送样单位：________ No.：________
产　　地：________ 品种：________
送样日期：________ 检验日期：________

样品	烘焙度	香气	醇厚度	风味	酸度	均衡度	平均分
1		I-I-I-I-I-I-I-I-I-I-I 0 5 10	I-I-I-I-I-I-I-I-I-I-I 0 5 10	I-I-I-I-I-I-I-I-I-I-I 0 5 10	I-I-I-I-I-I-I-I-I-I-I 0 5 10	I-I-I-I-I-I-I-I-I-I-I 0 5 10	
2		I-I-I-I-I-I-I-I-I-I-I 0 5 10	I-I-I-I-I-I-I-I-I-I-I 0 5 10	I-I-I-I-I-I-I-I-I-I-I 0 5 10	I-I-I-I-I-I-I-I-I-I-I 0 5 10	I-I-I-I-I-I-I-I-I-I-I 0 5 10	
3		I-I-I-I-I-I-I-I-I-I-I 0 5 10	I-I-I-I-I-I-I-I-I-I-I 0 5 10	I-I-I-I-I-I-I-I-I-I-I 0 5 10	I-I-I-I-I-I-I-I-I-I-I 0 5 10	I-I-I-I-I-I-I-I-I-I-I 0 5 10	
4		I-I-I-I-I-I-I-I-I-I-I 0 5 10	I-I-I-I-I-I-I-I-I-I-I 0 5 10	I-I-I-I-I-I-I-I-I-I-I 0 5 10	I-I-I-I-I-I-I-I-I-I-I 0 5 10	I-I-I-I-I-I-I-I-I-I-I 0 5 10	
5		I-I-I-I-I-I-I-I-I-I-I 0 5 10	I-I-I-I-I-I-I-I-I-I-I 0 5 10	I-I-I-I-I-I-I-I-I-I-I 0 5 10	I-I-I-I-I-I-I-I-I-I-I 0 5 10	I-I-I-I-I-I-I-I-I-I-I 0 5 10	
6		I-I-I-I-I-I-I-I-I-I-I 0 5 10	I-I-I-I-I-I-I-I-I-I-I 0 5 10	I-I-I-I-I-I-I-I-I-I-I 0 5 10	I-I-I-I-I-I-I-I-I-I-I 0 5 10	I-I-I-I-I-I-I-I-I-I-I 0 5 10	

评定人： 记录人：
审核： 日期：

A.7 等级评定

按香气、酸度、醇厚度、风味、均衡度 5 个方面单项打分，汇总后计算平均分，平均分＞8 分定为优秀，7 分＜平均分≤8 分定为良好，6 分＜平均分≤7 分定为好，平均分≤6 分定为一般。

附 录 B
（资料性附录）
咖啡种质资源抗锈病鉴定

B.1 适用范围

本附录适用于咖啡种质资源抗锈病的鉴定。

B.2 鉴定方法与步骤

B.2.1 盆栽苗准备

从待鉴定的咖啡种质植株上剪取芽条，进行沙床扦插，待长根后移植到营养袋中培育到 12 月龄。每个种质培育植株以 20 株～30 株为宜。

B.2.2 锈菌孢子的制备

在锈病发生期，从感锈病的咖啡品种叶片上收集夏孢子于胶囊低温保存备用。

B.2.3 接种

取培育好的盆栽苗进行室内接种，设 3 次重复，每个重复接种 4 张叶片。用小解剖刀从胶囊中挑出锈病孢子，涂在咖啡顶芽下第 2 对～第 3 对完全展开叶的背面，用毛笔涂抹均匀，在叶子的正面喷雾，并套上塑料袋保湿。放入湿润的暗室培养 12 h～24 h 后取出在温室大棚培养。接种 60 d～70 d 后，调查种质发病情况。

B.2.4 病情调查

调查发病情况，记录感病叶片数和感病面积，按表 B.1 逐一进行分级。

表 B.1 咖啡种质资源锈病病情分级

病级	病情或病状
0	无任何病症
1	有微小褪色斑，常有小的瘤痂出现，有时用放大镜或迎阳光下看到
2	较大褪色斑，常伴有瘤痂，无夏孢子产生
3	常有不同体积下的褪绿斑混合，包括很大的褪色斑，无夏孢子产生
4	常有不同体积的褪色斑，混合，在大斑上有一些夏孢子生成，占所有病斑面积 25%以下，偶有少量瘤痂发生，有时病斑早期出现坏死
5	同 4，但孢子生成更多，产孢面占总病斑面 50%以下
6	同 5，产孢面积增加达 75%以下
7	同 6，孢子很丰盛，产孢面积达 95%
8	常有带不同产孢等级病斑混合，有时伴有少量瘤痂
9	病斑带有极丰盛的孢子，边缘无明显褪绿圈

B.2.5 计算方法

根据病情统计情况，计算病情指数，按式(B.1)计算。

$$DI = \frac{\sum (n_i \times s_i)}{9 \times N} \times 100 \quad \text{(B.1)}$$

式中：

DI ——病情指数；

n_i ——相应病害级别的株数；

s_i ——病害级别；

9 ——最高病害级数；

N ——调查总株数。

B.3 评价标准

见表 B.2。

表 B.2 咖啡种质资源抗锈病性评价标准

抗病级别	病情指数(DI)	参考种质
免疫	0	PT
高抗	$0<DI\leqslant10$	T8667
抗	$10<DI\leqslant25$	CIFC7963
中抗	$25<DI\leqslant45$	卡杜埃
感	$45<DI\leqslant75$	卡杜拉
高感	$75<DI$	波邦

附加说明：

本标准按照 GB/T 1.1—2009 给出的规则起草。

本标准由农业部农垦局提出。

本标准由农业部热带作物及制品标准化委员会归口。

本标准起草单位：中国热带农业科学院香料饮料研究所、云南省德宏热带农业科学研究所。

本标准主要起草人：董云萍、林兴军、闫林、王晓阳、张洪波、周华、孙燕、黄丽芳、陈鹏、龙宇宙、谭乐和。

中华人民共和国农业行业标准

热带作物病虫害监测技术规程　木薯细菌性枯萎病

Technical specification for monitoring pest of tropical crop—Cassava bacterial blight

NY/T 3005—2016

1　范围

本标准规定了发生在木薯(*Manihot esculenta* Crantz)上细菌性枯萎病监测的术语和定义、监测网点建设与管理、症状识别与病情统计、监测方法及监测数据保存。

本标准适用于木薯细菌性枯萎病的调查和监测。

2　术语和定义

下列术语和定义适用于本文件。

2.1

木薯细菌性枯萎病　cassava bacterial blight

由地毯草黄单胞杆菌木薯萎蔫致病变种[*Xanthomonas axonopodis* pv. *manihotis*(Bondar)Vauterin et al.]侵染引起的木薯细菌性病害,又称木薯细菌性疫病、木薯细菌性萎蔫病。

2.2

监测　monitoring

通过一定的技术手段掌握某种有害生物的发生区域、危害程度、发生时期及发生数量等。

2.3

立地条件　site condition

影响植物生长发育和植物病害发生的地形、地貌、土壤和气候等综合自然环境因子。

2.4

种植单位　plant unit

以木薯作为种植对象的试验站、公司或合作社等。

3　监测网点建设与管理

3.1　监测网点建设原则

3.1.1　监测范围覆盖全国木薯主要种植区。

3.1.2　监测点所处位置的立地环境和栽培品种具有代表性。

3.1.3　以大田木薯植株作为监测对象,监测品种为桂热 4 号、南植 199、华南 205 等细菌性枯萎病感病品种。

3.1.4　利用木薯有害生物监测点及监测网络资源。

3.2　监测点要求

中华人民共和国农业部 2016 - 11 - 01 发布　　2017 - 04 - 01 实施

3.2.1 固定监测点

在代表性木薯种植区内，根据种植单位的立地条件、监测品种、木薯细菌性枯萎病发生史和种植规模等环境条件选择固定监测点。每个监测点面积为 0.67 hm^2～1 hm^2。

3.2.2 随机监测点

在固定监测点所属木薯种植单位，根据立地条件和监测品种随机抽取 2 个木薯种植区域作为随机监测点，每个监测点面积为 0.33 hm^2～0.67 hm^2。

3.2.3 监测点任务与维护

每个监测点配备专业技术人员 2 名，负责监测数据的收集、汇总和定期逐级上报。若固定监测点内的木薯园改种其他作物，及时设置新的固定监测点。

4 症状识别与病情统计

4.1 症状识别与病情分级

木薯细菌性枯萎病田间症状识别参见附录 A，病情分级标准见表 1。

表 1 木薯细菌性枯萎病病情分级标准

级别	病情描述
0	叶面无病斑
1	叶片出现水渍状病斑，病斑（或凋萎）面积占叶面积的≤1/16
3	1/16＜病斑（或凋萎）面积占叶面积≤1/8
5	1/8＜病斑（或凋萎）面积占叶面积≤1/4
7	1/4＜病斑（或凋萎）面积占叶面积≤1/2
9	病斑（或凋萎）面积占叶面积＞1/2

4.2 发病率

发病率（R）用式（1）计算。

$$R=\frac{P_i}{P}\times 100 \qquad (1)$$

式中：

R ——发病率，单位为百分率（%）；

P_i ——发病株数，单位为株；

P ——调查总株数，单位为株。

4.3 病情指数

病情指数（DI）用式（2）计算。

$$DI=\frac{\sum(T\times R)}{S\times 9}\times 100 \qquad (2)$$

式中：

T ——各病级叶片数；

R ——相应病级级值；

S ——调查的总叶片数；

计算结果保留小数点后一位。

5 监测方法

5.1 固定监测点监测

5.1.1 监测频次与内容

木薯种植后整个生育期均进行观察。植后至每年5月，每月观察1次；6月至收获期每10 d观察1次。发生台风雨后，调整监测频次为每5 d观察1次，连续观察3次。内容包括木薯生育期、病情及气象数据的收集。

5.1.2 监测方法

病情信息数据收集按5点取样法进行，每点选3株，确定15株观察植株，逐一编号。每个植株按上、中、下各选择5张叶片，共15张，用肉眼观察细菌性枯萎病的发生情况，估算病斑(或凋萎)面积占叶片面积的比值，统计发病率、平均病情指数和落叶情况。原始数据按表B.1～表B.3填写。

5.2 随机监测点监测

5.2.1 监测频次与内容

木薯种植后整个生育期均进行观察，每月观察1次。观察内容包括木薯生育期、病害程度及气象数据的收集。原始数据按表B.1～表B.3填写。

5.2.2 监测方法

方法同5.1.2。

5.3 普查

5.3.1 普查频次与内容

以监测点以外的木薯种植区作为对象，每个调查点面积为0.67 hm^2～1 hm^2，在木薯苗期和生长中后期分别调查1次；内容包括发病率、病情指数、落叶情况、发生面积、品种、木薯生育期、施用药剂、剂量及时间和立地条件。原始数据按表B.4和表B.5填写。

5.3.2 普查方法

方法同5.1.2。

6 监测数据保存

监测信息数据做好保存，保存期10年以上。

附 录 A
(资料性附录)
木薯细菌性枯萎病田间症状识别

细菌性枯萎病在木薯整个生育期均可发生。病原菌主要危害木薯的叶片和茎秆,首先危害完全展开的叶片,然后逐渐扩散。叶片受侵染后,最初出现水渍状、暗绿色的角形病斑,随后扩大或汇合。天气干燥时病斑不再扩展,变为褐色或黄褐色,条件适宜时,病斑可进一步水渍状扩展[图 A.1a)、b)、c)]。湿度很大时,病斑迅速大面积扩展,形成深灰色水渍状腐烂[图 A.1d)]。湿度适宜时,受害叶片常凋萎、干枯脱落[图 A.1e)]。嫩枝、嫩茎和叶柄发病时出现水渍状病斑,病部凹陷并变为褐色,后期变成梭形或开裂状,其周围着生的叶片出现凋萎,严重时顶端回枯[图 A.1f)]。染病的茎秆和根系的维管束出现干腐、坏死。严重时嫩梢枯萎,叶片大量脱落,甚至全株死亡。雨季或田间湿度大时叶片和茎秆上的病斑易出现黄色至黄褐色的菌脓。

a) b) c) d) e) f)

图 A.1 木薯细菌性枯萎病田间症状

附　录　B
（规范性附录）
木薯细菌性枯萎病病情登记表

B.1　木薯细菌性枯萎病病情监测记录表

见表 B.1。

表 B.1　木薯细菌性枯萎病病情监测记录表

省份：　　　　　　　监测点：　　　　　　　监测类型：　　　　　　　立地条件：

海拔：　　　　　　　品种：　　　　　　　　生育期：　　　　　　　　植株高度：

植株编号	调查叶片	级别	植株编号	调查叶片	级别
	1			1	
	2			2	
	3			3	
	4			4	
	5			5	
	6			6	
	7			7	
1	8		……	8	
	9			9	
	10			10	
	11			11	
	12			12	
	13			13	
	14			14	
	15			15	
发病率					
平均病情指数					

调查人：　　　　　　　　　调查时间：　年　月　日

B.2　木薯细菌性枯萎病病情监测统计表

见表 B.2。

表 B.2　木薯细菌性枯萎病病情监测统计表

地点：　　　　　　　监测类型：　　　　　　　调查人：　　　　　　　调查时间：　年　月　日

监测点	观测点	发病率,%	平均病情指数	落叶情况
	……			
……	……			
	……			

B.3 气象数据登记表

见表B.3。

表B.3 气象数据登记表

监测点： 调查人： 时间： 年 月 日

序号	时间 月份	最高温度 ℃	最低温度 ℃	日均温度 ℃	空气相对 湿度,%	光照时数 h	降雨量 mm	台风雨记录

B.4 木薯细菌性枯萎病发生情况普查记录表

见表B.4。

表B.4 木薯细菌性枯萎病发生情况普查记录表

普查点： 品种： 生育期： 植株高度：
立地条件： 海拔： 调查人： 调查时间： 年 月 日

调查总株数	
发病率,%	
平均病情指数	
落叶情况	
发生面积	
施用药剂、剂量、次数、时间	
备 注	

B.5 木薯细菌性枯萎病发生情况普查统计表

见表B.5。

表B.5 木薯细菌性枯萎病发生情况普查统计表

调查人： 调查时间： 年 月 日

序号	地点	普查点	品种来源	发生面积 hm^2	取样株数 株	发病率,%	平均 病情指数	落叶情况

附加说明：

本标准按照 GB/T 1.1—2009 给出的规则起草。

本标准由农业部农垦局提出。

本标准由农业部热带作物及制品标准化技术委员会归口。

本标准起草单位：中国热带农业科学院环境与植物保护研究所。

本标准主要起草人：黄贵修、刘先宝、李超萍、时涛、蔡吉苗、李博勋、陈奕鹏。

中华人民共和国农业行业标准

橡胶树棒孢霉落叶病诊断与防治技术规程

Technical specification for diagnosis and control of *Corynespora* leaf fall disease in rubber tree

NY/T 3006—2016

1 范围

本标准规定了橡胶树(*Hevea brasiliensis*)棒孢霉落叶病的术语和定义、诊断方法及防治技术措施。

本标准适用于橡胶树棒孢霉落叶病的诊断与防治。

2 规范性引用文件

下列文件对于本文件的应用是必不可少的。凡是注日期的引用文件，仅注日期的版本适用于本文件。凡是不注日期的引用文件，其最新版本(包括所有的修改单)适用于本文件。

GB 4285　农药安全使用标准

GB/T 8321(所有部分)　农药合理使用准则

NY/T 221　橡胶树栽培技术规程

3 术语和定义

下列术语和定义适用于本文件。

3.1

橡胶树棒孢霉落叶病　corynespora leaf fall disease of rubber tree

由多主棒孢(*Corynespora cassiicola* Ber. & Curt.)侵染引起的真菌病害，可造成橡胶树的反复落叶。

4 诊断

4.1 田间诊断

橡胶树棒孢霉落叶病在田间表现多种症状(参见附录A)。田间诊断时，对苗圃地、中幼林以及割胶林的不同品种/品系橡胶树，随机取中下层老化叶篷和顶篷刚稳定或淡绿期的叶篷。根据橡胶树棒孢霉落叶病的典型症状对采集样品进行初步诊断(见附录B)；对于发病不典型的疑似病样带回实验室做进一步确诊。

4.2 实验室检测

4.2.1 仪器设备

高倍生物学显微镜。

4.2.2 试剂配制

甘油乳酸制剂配比为乳酸：甘油：蒸馏水=1：2：1(体积：体积：体积)。

4.2.3 样品处理

镜检样品要求新鲜：当天能够检测的样品，装袋，封好，带到实验室检测；当天不能检测的新鲜样品

中华人民共和国农业部 2016-11-01 发布　　2017-04-01 实施

则进行保湿处理，装袋后保存，保存时间为 3 d～4 d。

4.2.4 镜检方法

采用粘贴法检视，即：将小段透明胶带贴在叶片上病斑正面的病健交接处，真菌即粘在胶带上，将胶带取下放在载玻片上的 1 滴甘油乳酸中，上面再加 1 滴甘油乳酸，加盖玻片观察。

4.2.5 病原菌鉴别特征

橡胶树棒孢霉落叶病病原菌的形态特征见附录 C。

4.2.6 样品检测后处理

用于棒孢霉落叶病实验室检测的样品应集中烧毁，用具在完成镜检后应进行灭菌处理。

4.3 结果判定

4.3.1 田间观察结果与附录 B 的典型症状相符，判定为橡胶树棒孢霉落叶病。

4.3.2 疑似样品的实验室检测结果与附录 C 特征相符，判定为橡胶树棒孢霉落叶病。

4.4 诊断报告

参照附录 D 填写诊断报告。

5 防治

5.1 防治原则

贯彻“预防为主、综合防治”的方针，以橡胶树棒孢霉落叶病预测、预报为指导，综合考虑影响病害发生的各种因素，实现对病害的安全和有效控制。使用化学药剂防治按 GB 4285 和 GB/T 8321 中的规定执行。

5.2 防治措施

5.2.1 检疫防治

严格禁止发病区的橡胶种苗、橡胶树加工产品和土壤进入非发病区。对病区病株残体进行处理和集中烧毁，并对病情进行严密监测，防止病害的传播与蔓延。

5.2.2 农业防治

5.2.2.1 建立无病种苗培育基地

在无病区建立苗圃，苗床设计要方便喷药作业。

5.2.2.2 加强田间管理

田间管理按 NY/T 221 的规定执行，清除发病率达 60％的苗圃病株；幼龄胶园，拔除 2 年以下所有染病植株，处理所有叶片和枝条。

5.2.2.3 选种抗病品种

对 2 年～3 年的易感病品种选用 IAN873、云研 277-5、热研 7-33-97 等耐病或抗病品种/品系重新芽接。

5.2.3 化学防治

防治药剂、剂型、剂量，施药方法、时机等见附录 E。

附　录　A
（资料性附录）
橡胶树棒孢霉落叶病的田间症状特征

橡胶树嫩叶和老叶均能被侵染，受害叶片上产生的症状随叶龄而异，在嫩绿和黄绿色叶片上常产生褐色小圆形（少数呈现不规则形）坏死病斑，直径 1 mm～8 mm。病斑中心纸质，边缘深褐色，外围有一黄色晕圈。严重染病的嫩叶顶端皱缩、变干和脱落。老叶染病，病斑较大，病斑中心纸质、坏死，周围的叶组织淡褐色或深褐色，严重时导致脱落。有的染病叶片的病斑与其附近的中脉或侧脉相连，导致该处组织褪色，叶脉变褐，形成本病典型的"鱼骨状"症状，嫩枝和叶柄受害，出现浅褐色长病斑（见图 A.1）。

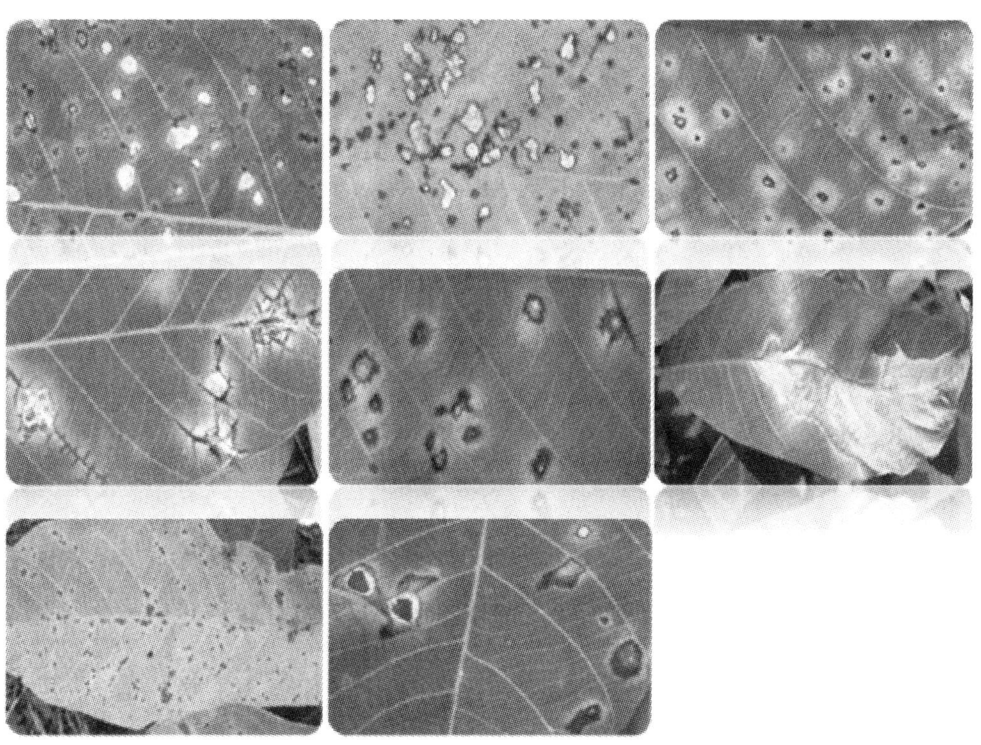

图 A.1　橡胶树棒孢霉落叶病的田间症状

附　录　B
（规范性附录）
橡胶树棒孢霉落叶病的典型症状

染病叶片的病斑及其附近的中脉或侧脉相连，组织褪色变黄，叶脉变褐，呈现橡胶树棒孢霉落叶病典型的"鱼骨状"（见图 B.1）。

图 B.1　棒孢霉落叶病典型症状

附 录 C
(规范性附录)
棒孢霉落叶病病原菌形态特征

病原菌分生孢子梗单生或数根丛生，直立或弯曲，不分枝，褐色，光滑。分生孢子顶生，单生，偶见孢子成链，倒棍棒状、圆柱状，正直或弯曲，淡褐色，光滑，2 个～20 个假隔膜，顶端钝圆，基部近截形，脐点明显(见图 C.1)。

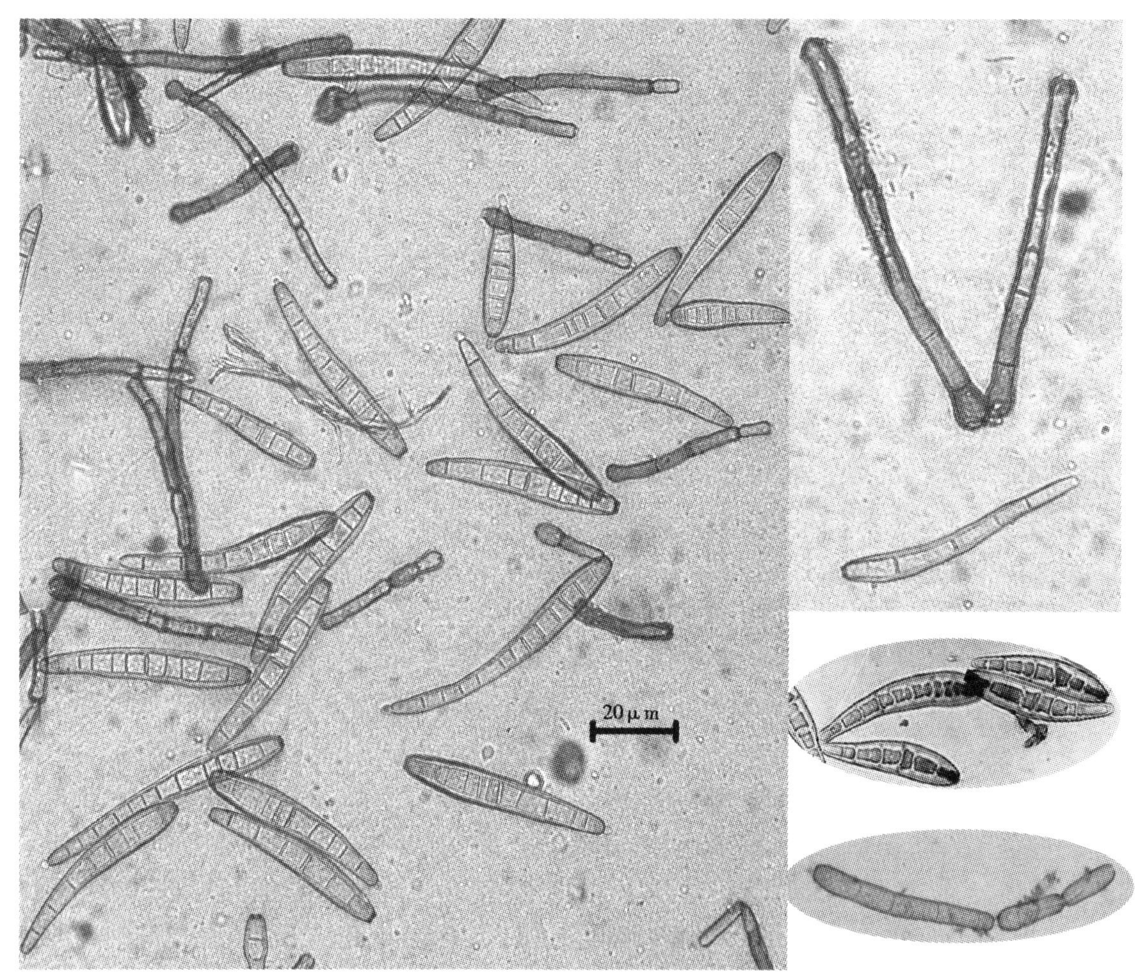

图 C.1 棒孢霉落叶病病原菌分生孢子梗和分生孢子特征

附　录　D
（资料性附录）
诊断报告

橡胶树棒孢霉落叶病诊断报告见表 D.1。

表 D.1　橡胶树棒孢霉落叶病诊断报告

编号	样品来源	品种	样品类型 （种苗、幼龄树或成龄树）	症状类型	日期	诊断人	诊断单位	诊断结果

附 录 E
(规范性附录)
橡胶树棒孢霉落叶病化学防治措施

每年8月～11月为橡胶树棒孢霉落叶病的发病高峰期,期间是化学防治的重点。早防是病害防治关键,当发病率达到5%时,推荐在雨季每5 d、干旱季节每7 d～10 d喷施1次杀菌剂,连续喷施3次。化学药剂见表E.1。

表E.1 化学药剂和使用方法

药剂名称	剂型	剂量,倍液	施药方法
50%苯菌灵	可湿性粉剂	500～800	喷雾
40%多菌灵	可湿性粉剂	800	喷雾
25%咪鲜胺·多菌灵	可湿性粉剂	600～800	喷雾

附加说明:

本标准按照GB/T 1.1—2009给出的规则起草。

本标准由农业部农垦局提出。

本标准由农业部热带作物及制品标准化技术委员会归口。

本标准起草单位:中国热带农业科学院环境与植物保护研究所。

本标准主要起草人:黄贵修、刘先宝、李博勋、蔡吉苗、时涛、李超萍、陈奕鹏、王树明。

中华人民共和国农业行业标准

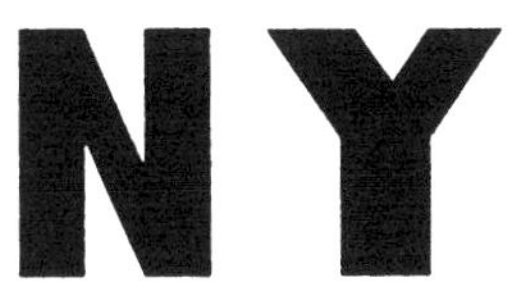

瓜实蝇防治技术规程

Technical regulation for control of *Bactrocera* (*Zeugodacus*) *cucuribitae* (Coquillett)

NY/T 3007—2016

1 范围

本标准规定了瓜实蝇 *Bactrocera*(*Zeugodacus*)*cucurbitae*(Coquillett)防治技术规范中的术语、原则及技术措施。

本标准适用于我国瓜实蝇的防治。

2 规范性引用文件

下列文件对于本文件的应用是必不可少的。凡是注日期的引用文件,仅注日期的版本适用于本文件。凡是不注日期的引用文件,其最新版本(包括所有的修改单)适用于本文件。

GB 4285 农药安全使用标准

GB/T 8321(所有部分) 农药合理使用准则

GB/T 23416.1 蔬菜病虫害安全防治技术规范 第1部分:总则

3 术语与定义

下列术语与定义适用于本文件。

3.1

监测 monitoring

长期的、固定的、连续不断的调查、观察和测试工作,具体表现为通过一定的技术手段了解瓜实蝇的发生区域、危害对象、发生时期或发生数量等。

3.2

发生区 occurrence area

有瓜实蝇分布和造成危害的区域。

3.3

适生区 suitable distribution area

气候及食物等环境条件适宜于瓜实蝇发育与繁殖的区域。

3.4

区域化综合治理 area-wide IPM

协调应用农业防治、物理防治、生物防治及药剂防治等害虫防治技术手段实施的以区域为单元的瓜实蝇的防治措施。

中华人民共和国农业部 2016-11-01 发布 2017-04-01 实施

4 防治原则与技术措施

4.1 防治原则

贯彻“绿色植保、公共植保”的防控理念和“预防为主、综合防治”的防控策略。根据瓜实蝇的识别特征、发生特点对其进行准确鉴定和实施监测，根据监测结果及时实施防治。防治时应以农业防治为基础，协调应用物理防治、生物防治和化学防治等技术，实施区域化综合治理。

4.2 瓜实蝇的识别特征及发生特点

瓜实蝇的识别特征及发生特点参见附录A。

4.3 田间监测

采用调查及颜色诱板、信息素诱剂或食物诱饵等诱集等方法对瓜实蝇进行监测。参考监测结果及时实施防治。监测方法见附录B。

4.4 农业防治

4.4.1 田园清洁

及时清理前茬寄主植物的残存废弃果，当茬作物从坐果期开始，及时摘除受害果和收集落地果。对残存废弃果、受害果和落地果等进行集中销毁或深埋，深埋的深度≥45 cm。

4.4.2 控制外来虫源传播扩散

在实施区域化防治的瓜实蝇适生区，应避免将农产品市场或生活垃圾中瓜实蝇寄主植物的残次果和虫害果等废弃果随意丢弃和堆积，应参照4.4.1及时将其集中处理。

4.4.3 合理安排种植期

根据瓜实蝇监测结果合理安排果蔬种植期。选择果蔬的结果期避开瓜实蝇的成虫产卵高峰期进行错峰种植。

4.5 物理防治

4.5.1 果实套袋

果实谢花2 d～3 d，宜选用无纺布、高密度聚乙烯或牛皮纸等套袋材料对健康正常的幼果及时进行套袋。套袋前宜用杀虫剂防治1次，选用的杀虫剂和使用方法参照附录C。对高密度聚乙烯、牛皮纸等通透性差的材料，袋的中部和底部应留有1个～2个直径为2 mm～3 mm的小孔。

4.5.2 地膜覆盖

在整地后定植前，使用塑料地膜进行覆盖种植。

4.5.3 物理诱杀

自制或订制虚拟波长为540 nm的黄绿色诱板，大小规格为30 cm×40 cm，双面涂胶。按每667 m^2挂20块～40块板进行田间诱杀，挂板高度离地面0.65 m～0.95 m，或将黄绿色粘虫胶直接涂到空的矿泉水瓶或塑料袋上，悬挂于寄主植物行间或周边对成虫进行诱杀。当诱板上或空矿泉水瓶表面成虫粘满后或悬挂20 d左右后进行更换。

4.6 生物防治

4.6.1 天敌保护

重点保护利用蝇蛹俑小蜂 *Spalangia endius* Walker、费氏短背茧蜂 *Psyttalia fletcheri*(Silvestri)、蝇蛹金小蜂 *Pachycrepoideus vindemmiae*(Rondani)、印啮小蜂 *Aceratoneuromyia indica*(Silvestri)等寄生性天敌，应选用对天敌低毒的印楝素、噻虫嗪等药剂，或对幼果进行点喷防治。

4.6.2 天敌扩繁释放

选用蝇蛹俑小蜂，利用瓜实蝇或家蝇 *Musca domestica* L. 蛹对其进行扩繁，收集被寄生的蝇蛹进行人工释放。

4.7 化学防治

4.7.1 农药使用原则

农药的使用按照 GB 4285、GB/T 8321 及 GB/T 23416.1 中的有关规定执行。

4.7.2 选用的农药及使用方法

4.7.2.1 植株喷雾

坐果期颜色诱板或诱捕器诱集到 1 头成虫/d～2 头成虫/d 或出现受害幼果时开始进行药剂防治，每间隔 7 d～10 d 施药 1 次。瓜地坐果初期可对幼果进行点喷，高峰期应全园喷药，喷药时间宜选在 10:00前或 16:00 后。选用药剂及使用浓度参见附录 C。

4.7.2.2 信息素诱杀

采用 B.3 中的信息素引诱剂和诱捕器诱杀。诱捕器可悬挂于园地中的棚架等支撑物上，离地 1.0 m～1.5 m，每 667 m^2 挂置 4 个～6 个，每 20 d～30 d 添加一次引诱剂，10 d 添加一次药剂。

4.7.2.3 饵剂诱杀

于瓜实蝇成虫发生高峰期，使用 0.02%多杀霉素饵剂 6 倍～8 倍液，或蛋白饵剂 2 倍～4 倍液喷施于植物叶面，宜 50 m^2 喷 1 个点，点喷 0.5 m^2～1.0 m^2，均匀喷雾，以叶片上挂有滴状诱剂但不流淌为宜；或采用 B.3 中的湿型或自制诱捕器，使用蛋白诱饵按 15 g/瓶～20 g/瓶放置于诱瓶中，加适量水将其溶解。诱捕器的悬挂参照 4.7.2.2。

4.7.2.4 土壤处理

瓜实蝇发生高峰期，在种植园地浅翻表土，使用药液喷洒土壤。可选用 0.5%印楝素乳油 1 000 倍液，或 20%噻虫嗪悬浮剂 1 000 倍液～1 500 倍液，或 1.8%阿维菌素微乳剂 1 000 倍液～1 500 倍液进行地面喷雾。

附　录　A
（资料性附录）
瓜实蝇概述

A.1　分类地位

学名 *Bactrocera*（*Zeugodacus*）*cucurbitae*（Coquillett），异名有 *Dacus cucurbitae* Coquillett；*Chaetodacus cucurbitae*（Coquillett）；*Strumeta cucurbitae*（Coquillett）；*Zeugodacus cucurbitae*（Coquillett）等。中文名瓜实蝇，英文名 Melon fly、Melon fruit fly。隶属双翅目 Diptera、实蝇科 Tephritidae、果实蝇属 *Bactrocera* Macquart。

A.2　形态识别

瓜实蝇主要依据成虫形态特征进行识别。成虫体型似蜂，腹部以橙色到褐色为主，体长 7 mm～9 mm，翅长约 7 mm；头部颜面斑黑色，卵圆形，复眼茶褐色或蓝绿色，且具有光泽；胸部有 3 条黄色纵带纹，中胸背板红褐色；翅透明，前缘带暗褐色，翅上有 2 个黑色斑点，组合形成"八"字纹。腹部第 3 节～第 5 节背板橙褐色，第 3 节背板前缘具黑色横带，在第 3 节～第 5 节背板上有一暗褐色到黑色的中纵带，第 4 节～第 5 节背板前侧角暗褐色。雌虫较雄虫个体稍大，腹部末端有一类似蜂针的产卵管。

A.3　分布与危害

瓜实蝇广泛分布于温带、亚热带和热带的 30 多个国家和地区；我国主要分布在海南、福建、广东、广西、贵州、云南、四川、湖南、台湾等地。根据适生性分析，我国广东、广西、海南、福建南部、云南南部、台湾西部及四川盆地等地为高度适生区，江西、湖南、贵州、重庆、上海以及四川、云南、福建、浙江、江苏、安徽、湖北、陕西、河南、甘肃局部地区为中低度适生区。

瓜实蝇寄主较广泛，可为害 120 多种寄主植物，主要为葫芦科和茄科植物。主要为害苦瓜、香瓜、甜瓜、蛇瓜、南瓜、西瓜、黄瓜、西葫芦、葫芦、丝瓜、冬瓜等，尤以嗜好为害苦瓜、丝瓜、黄瓜等寄主。茄子、番茄、番石榴、芒果、橙子、番木瓜和草莓等植物也可受瓜实蝇为害。

瓜实蝇主要以成虫产卵和幼虫蛀食为害。成虫将产卵管刺入幼果表皮内产卵，幼虫孵化后在果内蛀食，常常造成受害部位局部变黄，然后腐烂变臭；也可造成果实流胶、畸形和大量落果，严重影响寄主作物的产量和品质。

A.4　发生特点

瓜实蝇经卵、幼虫、蛹等阶段发育到成虫。在 27℃～28℃时，完成世代发育需 21 d～34 d（卵期1 d～2 d，幼虫期 4 d～7 d，蛹期 7 d～13 d，产卵前期 9 d～12 d），成虫寿命 30 d～120 d。该虫喜欢将卵产于膨大期的幼果上，偶尔也产于花、嫩茎等其他较嫩的组织上。幼虫孵化后直接钻入果内蛀食为害，待发育至老熟幼虫时弹跳落地并钻入表土层化蛹。化蛹深度与土壤类型和湿度有关。化蛹深度主要集中在2 cm～4 cm 的土层；在 20%～80%的相对湿度范围内，随着土壤湿度增大，瓜实蝇化蛹的深度随之降低。

瓜实蝇的发生与气候、食物等关系密切。瓜实蝇在 15℃～30℃范围内可正常发育，25℃～30℃为该虫最适生长发育温度范围。整个世代的发育起点温度 10.77℃、有效积温 602.17 日·度。该虫在我国南方地区一般年发生 3 代～9 代，世代重叠明显，瓜实蝇发生高峰期因地而异，虫口发生高峰期与寄主作物栽种时间和月均最高温出现时间相一致。

附 录 B
(规范性附录)
瓜实蝇监测

B.1 调查监测

在田间随机观察,监测有无瓜实蝇成虫,同时采摘实蝇为害果和收集地面的受害落果,在实验室内检查有幼虫,饲养至成虫并进行鉴定,监测有无瓜实蝇为害和数量。

B.2 颜色诱板监测

B.2.1 监测区设置

选择有代表性的区域,每个监测区设置 4 个～6 个监测点(园内 2 个～3 个、附近区域 2 个～3 个),每个监测点面积 667 m^2～2 000 m^2,在该区域内选择 3 个面积为 100 m^2～300 m^2 的位点,每个位点悬挂 10 块～20 块色板,每块色板之间距离为 2 m～3 m,悬挂高度为离地面 0.65 m～0.95 m。

B.2.2 颜色诱板

可选择自制或订制虚拟波长为 540 nm 的黄绿色诱板,规格为 30 cm×40 cm,双面涂粘胶。

B.2.3 监测方法

将以上色板悬挂于监测区域,使色板垂直挂于作物的行间,对于搭架蔬菜应顺行而挂,每隔 7 d 统计板上瓜实蝇的数量。对于虫口密度不高的色板可以用竹片或镊子将板上的瓜实蝇剔除,重复使用。

B.3 信息素引诱剂和饵剂诱集监测

B.3.1 监测区的设置

选择有代表性的地块及其附近区域设置监测区域,每监测区设置 4 个～6 个监测点(园内 2 个～3 个、附近区域 2 个～3 个),每个监测点面积可为 3 000 m^2～5 000 m^2,在该区域内选择 3 个面积约 667 m^2 的位点,每个位点按五点取样法,悬挂 5 个诱捕器,共计 15 个诱捕器。

B.3.2 诱捕器

可选用干型诱捕器(如 Steiner 诱捕器)、湿型诱捕器(如 Mcphail 诱捕器),或自制引诱瓶(可选用 300 mL～400 mL 的空矿泉水瓶,在距瓶底 7 cm～9 cm 处开一约 4 cm^2 的小口,利用长为 3 cm～5 cm、粗约 1 cm 的低密度纤维板或海绵或棉条为诱芯,用铁线穿过瓶盖挂置诱芯)。

B.3.3 信息素和饵剂诱集监测

可使用诱蝇酮(覆盆子酮乙酸酯 Cue-lure、CUE)或覆盆子酮乙酸酯、对甲氧基苯丙酮和乙酸丁酯的混诱剂(比例为 3∶1∶1)等信息素引诱剂或 0.02%多杀霉素饵剂或蛋白饵剂。

B.3.4 监测方法

将诱剂 2 mL 和 3%甲氨基阿维菌素苯甲酸盐 0.5 mL～0.8 mL 加注于诱芯,或选用 0.02%多杀霉素饵剂或蛋白饵剂假丝酵母丸按 20 g/瓶放置于诱瓶中,加适量水将其溶解;将诱瓶挂置于监测点离地 1.2 m 的树上或支架上。要求诱捕器不受树叶遮蔽,没有直接阳光暴晒,通风良好。每隔 7 d 收集诱集的瓜实蝇,并统计其数量。对于上述混合诱剂、诱蝇酮可 20 d～30 d 更换一次诱剂,10 d 添加 1 次毒杀剂,诱芯可根据实际情况更换(当诱芯严重变形、严重受脏物污染、吸附能力明显减低等时应及时更换)。饵剂可根据实际情况而定,一般 7 d 左右更换一次。

附 录 C
(资料性附录)
杀虫剂及使用浓度

可选用20%噻虫嗪悬浮剂1 000倍液~1 500倍液,或0.5%印楝素乳油1 000倍液~1 500倍液,或20%氰戊菊酯水乳剂1 500倍液~2 000倍液,或10%高效氯氰菊酯微乳剂1 500倍液~2 000倍液,或5%甲氨基阿维菌素苯甲酸盐微乳剂2 000倍液~2 500倍液,或1.8%阿维菌素微乳剂1 000倍液~1 500倍液,或2.5%多杀菌素悬浮剂1 000倍液~1 500倍液,或2.5%高效氯氟氰菊酯微乳剂1 500倍液~2 000倍液,或10%烯啶虫胺水剂2 000倍液~2 500倍液进行喷雾防治。

附加说明:

本标准按照GB/T 1.1—2009给出的规则起草。

本标准由农业部农垦局提出。

本标准由农业部热带作物及制品标准化技术委员会归口。

本标准起草单位:中国热带农业科学院环境与植物保护研究所、广西大学。

本标准主要起草人:符悦冠、韩冬银、张方平、曾东强、李磊、陈俊谕。

中华人民共和国农业行业标准

木菠萝栽培技术规程

Technical regulations for jackfruit cultivation

NY/T 3008—2016

1 范围

本标准规定了木菠萝(*Artocarpus heterophyllus* Lam.)栽培的园地选择、园地规划、园地开垦、定植、田间管理、树体管理、主要病虫害防治和果实采收等技术要求。

本标准适用于木菠萝的栽培管理。

2 规范性引用文件

下列文件对于本文件的应用是必不可少的。凡是注日期的引用文件,仅注日期的版本适用于本文件。凡是不注日期的引用文件,其最新版本(包括所有的修改单)适用于本文件。

GB 4285 农药安全使用标准

GB/T 8321(所有部分) 农药合理使用准则

NY/T 394 绿色食品 肥料使用准则

NY/T 489 木菠萝

NY/T 1276 农药安全使用规范 总则

NY/T 1473 木菠萝 种苗

NY/T 5023 无公害食品 热带水果产地环境条件

3 园地选择

一般选择年平均温度 19℃以上,最冷月平均温度 12℃以上,绝对最低温度 0℃以上,年降水量 1 000 mm以上;坡度<30°,土层深厚、土质肥沃、结构良好、易于排水、地下水位在 1 m 以下的地方建园。环境条件应符合 NY/T 5023 的规定。

4 园地规划

4.1 小区

按同一小区的坡向、土质和肥力相对一致的原则,将全园划分若干小区,每个小区面积以1.5 hm^2～3 hm^2 为宜。

4.2 防护林

园区四周应设置防护林,林带距边行植株 6 m 以上。主林带方向与主风向垂直,植树 8 行～10 行;副林带与主林带垂直,植树 3 行～5 行。宜选择适合当地生长的高、中、矮树种混种,如木麻黄、台湾相思、母生、菜豆树、竹柏和油茶等树种。

4.3 道路系统

中华人民共和国农业部 2016-11-01 发布 2017-04-01 实施

园区内应设置道路系统，道路系统由主干道、支干道和小道等互相连通组成，主干道贯穿全园，与外部道路相通，宽 5 m～6 m，支干道宽 3 m～4 m，小道宽 2 m。

4.4 排灌系统

排灌系统规划应因地制宜，充分利用附近河沟、坑塘、水库等排灌配套工程，配置灌溉或淋水的蓄水池等。坡度≤10°平缓种植园地应设置环园大沟、园内纵沟和横排水沟，环园大沟一般距防护林 3 m，距边行植株 3 m，沟宽 80 cm、深 60 cm；在主干道两侧设园内纵沟，沟宽 60 cm、深 40 cm；支干道两侧设横排水沟，沟宽 40 cm、深 30 cm。环园大沟、园内纵沟和横排水沟互相连通。除了利用天然的沟灌水外，同时视具体情况铺设管道灌溉系统，顺园地的行间埋管，按株距开灌水口。

4.5 水肥池

每个小区应修建水肥池 1 个，容积为 10 m^3～15 m^3。

4.6 定植密度与规格

以株距 5 m～6 m、行距 6 m～7 m 为宜，每 667 m^2 定植 18 株～22 株，平缓坡地和土壤肥力较好园地可疏植，坡度大的园地可适当缩小行距。

4.7 品种选择

选择适应当地环境与气候条件的优质、高效品种。海南省产区推荐选择琼引 1 号品种；广东省产区推荐选择常有木菠萝和四季木菠萝等品种。

5 园地开垦

5.1 深耕平整

应清理园区内除留做防护林以外的植物，一般在定植前 3 个月～4 个月内进行园地的深耕，深度 40 cm～50 cm，清理树根、杂草、石头等杂物并平整。

5.2 梯田修筑

坡度 10°～30°的园地应等高开垦，修筑宽 2 m～2.5 m 的水平梯田或环山行，向内稍倾斜，单行种植。

5.3 植穴准备

定植前 2 个月内挖穴，植穴规格为长 80 cm、宽 80 cm、深 70 cm～80 cm。挖穴时，应将表土、底土分开放置，曝晒 20 d～30 d 后回土。回土时先将表土回至穴的 1/3，然后将充分腐熟的有机肥 20 kg～30 kg和钙镁磷肥 1 kg 作为基肥，与表土充分混匀后回入中层，上层填入表土，并做成比地面高 10 cm～20 cm 的土堆，以备定植。

6 定植

6.1 种苗要求

按照 NY/T 1473 的规定执行。

6.2 定植时期

春、夏、秋季均可定植，以 3 月～4 月或 9 月～10 月定植为宜。定植选在晴天下午或阴天进行。

6.3 定植方法

植穴中部挖一小穴，放入种苗并解去种苗营养袋，保持土团完整，使根颈部与穴面平，扶正、回土压实。修筑比地表高 2 cm～3 cm、直径 80 cm～100 cm 的树盘，覆盖干杂草，淋足定根水，再盖一层细土。

6.4 植后管理

定植至成活前，保持树盘土壤湿润。雨天应开沟排除园地积水，以防烂根。及时检查，补植死缺株，并及时抹掉砧木嫩芽。

7 田间管理

7.1 土壤管理

7.1.1 间作

定植后1年~3年的果园,合理间种豆科作物、菠萝和番薯等短期矮秆经济作物;间种作物离主干1 m以上。

7.1.2 覆盖

幼龄树应覆盖干杂草、稻草等,离主干15 cm~20 cm覆盖,厚度5 cm~8 cm。

7.1.3 除草

要求1个月~2个月除草1次,保持树盘无杂草,果园清洁。易发生水土流失园地或高温干旱季节,应保留行间或梯田埂上的矮生杂草。

7.1.4 扩穴改土

定植1年后,结合施肥进行扩穴改土,在紧靠原植穴四周、树冠滴水线外围对称挖两条施肥沟,规格为长80 cm~100 cm、宽30 cm~40 cm、深30 cm~40 cm,沟内压入绿肥,施有机肥并覆土。下一次在另外对称两侧逐年向外扩穴改土。

7.2 施肥管理

7.2.1 施肥原则

应贯彻勤施、薄施、干旱和生长旺季多施水肥的原则。肥料种类以有机肥为主,适量施用无机肥。

7.2.2 肥料种类

推荐使用的农家肥料和化学肥料按照NY/T 394的规定执行。常用的有机肥有:畜禽粪、畜粪尿、鱼肥以及塘泥、饼肥和绿肥等。畜粪尿、饼肥一般沤制成水肥;畜粪、鱼肥一般与表土或塘泥沤制成干肥。常用的无机肥有:尿素、过磷酸钙、氯化钾、钙镁磷肥和复合肥等。

7.2.3 施肥方法

采用条状沟施、环状沟施等方法,在树冠滴水线下挖施肥沟。有机干肥以开深沟施,规格应符合7.1.4给出的要求;水肥和化学肥料以开浅沟施,沟长80 cm~100 cm、宽10 cm~15 cm、深10 cm~15 cm。施肥时混土均匀。旱季施肥后要结合灌溉。

7.2.4 施肥量

7.2.4.1 幼龄树施肥量

幼龄树按以下方法施肥:

a) 1年生幼龄树:每株施尿素50 g~70 g、或复合肥(15:15:15)100 g、或水肥2 kg~3 kg,隔月1次。秋末冬初,宜增施有机肥15 kg~20 kg、钙镁磷肥0.5 kg。

b) 2年~3年生幼龄树:每株施尿素100 g、或复合肥(15:15:15)130 g、或水肥4 kg~5 kg,隔月1次。秋末冬初,宜增施有机肥20 kg~30 kg、钙镁磷肥0.5 kg。

7.2.4.2 成龄树施肥量

成龄树按以下方法施肥:

a) 花前肥:集中抽花序前施用,每株施尿素0.5 kg、氯化钾0.5 kg或复合肥(15:15:15)1 kg~1.5 kg。

b) 壮果肥:抽花序后1月~2月内施用,每株施尿素0.5 kg、氯化钾1 kg~1.5 kg、钙镁磷肥0.5 kg、饼肥2 kg~3 kg。

c) 果后肥:果实采收后1周~2周施用,每株施有机肥25 kg~30 kg(其中饼肥2 kg~3 kg)、复合肥(15:15:15)1 kg~1.5 kg。

7.3 水分管理

7.3.1 灌溉

在开花和果实发育期保持土壤湿润,采用浇灌、喷灌或滴灌等方法灌溉,灌溉应在上午或傍晚进行。

7.3.2 排水

雨季、台风来临之前,应疏通排水沟,填平凹地,维修梯田。大雨过后应及时检查,排除园中积水。

8 树体管理

8.1 整形修剪

8.1.1 整形修剪原则

修剪时宜由下而上进行,通过整形修剪使枝叶分布均匀、通风透光,形成层次分明、疏密适中的树冠结构。

8.1.2 修剪时期

应在植株抽梢期、果实采收后和台风来临前及时修剪。

8.1.3 修剪方法

8.1.3.1 幼龄树

幼龄树的修剪方法:

a) 培养一级分枝:当植株生长高度 1.5 m 时,修剪截顶,让其分枝。要求剪口斜切,剪口涂上油漆或凡士林等保护剂。选留 3 个~4 个健壮、分布均匀,与主干呈 45°~60°生长的枝条培养一级分枝,选留的最低枝芽距离地面 1 m 以上,抹除多余枝芽。
b) 培养二级分枝:一级分枝生长至 1.2 m~1.5 m 时,修剪截顶,让其分枝。每个一级分枝选留 2 条~3 条健壮、分布均匀、斜向上生长的枝条培养二级分枝,剪除多余枝条。
c) 培养树形:经过 3 次~4 次修剪截顶,培养开张的树冠。树高以 3 m~5 m 为宜。

8.1.3.2 成龄树

果实采收后应适当修剪,剪截过长枝条,剪去交叉枝、下垂枝、徒长枝、过密枝、弱枝和病虫枝等,植株高度控制在 5 m 以下,树冠株间的交接枝条也剪去。树冠枝叶修剪量应根据植株长势而定。

8.2 疏果

8.2.1 疏果时期

在果实发育初期,即果实直径 6 cm~8 cm 时进行人工疏果。

8.2.2 疏除对象

疏除病虫果、畸形果和过密果等果实,选留生长充实、健壮、果形端正、无病虫害、无缺陷的果实。

8.2.3 留果数量

琼引 1 号等大果形品种,定植第 3 年结果树每株留 1 个~2 个果,第 4 年 3 个~4 个,第 5 年 6 个~8 个,第 6 年 8 个~10 个,之后盛产期每株留 12 个~20 个;常有木菠萝、四季木菠萝等中小果形品种,定植第 3 年结果树每株留 2 个~3 个果,第 4 年 4 个~8 个,第 5 年 10 个~14 个,第 6 年 16 个~20 个,之后盛产期每株留 20 个~30 个。实际生产中根据植株长势和单果重量适当增减单株留果数量。

9 主要病虫害防治

9.1 主要病虫害种类

主要病虫害有花果软腐病、炭疽病、蒂腐病、根腐病、黄翅绢野螟、天牛和绿刺蛾等。

9.2 防治原则

贯彻“预防为主、综合防治”的植保方针,依据主要病虫害的发生规律及防治要求,综合考虑影响其发生的各种因素,采取以农业防治为基础,协调应用化学防治、物理防治等措施,实现对主要病虫害的安全、有效控制。使用药剂防治应符合 GB 4285、GB/T 8321 和 NY/T 1276 的规定。

9.3 防治措施

9.3.1 农业防治

搞好园区卫生，及时清除病虫叶、病虫果、杂草及地面枯枝落叶，并集中园外烧毁；加强水肥管理，增施有机肥和磷钾肥，不偏施氮肥；合理修剪，保持果园适宜荫蔽度，改善果园的光照和通风条件，避免果园积水；防止果实产生人为或机械伤口。

9.3.2 化学防治

主要病虫害的为害症状及化学防治参见附录A。

10 果实采收

10.1 采收适期

果实达到如下成熟度，应及时采收：

——果柄呈黄色，或离果柄最近叶片变黄脱落；

——用手或木棒拍打果实，发出“噗、噗”混浊音；

——果皮为黄色或黄褐色，皮刺变钝、手擦时易脆断且无乳汁流出；

——用小刀刺果，流出的乳汁清淡。

10.2 采收方法

采用枝剪、小刀剪断果柄，采收过程应轻采、轻放，避免机械损伤。采后果实集中存放于阴凉干燥处，避免暴晒。按NY/T 489的规定条件储存。

附 录 A
（资料性附录）
木菠萝主要病虫害为害症状及化学防治

木菠萝主要病虫害为害症状及化学防治见表A.1。

表A.1 木菠萝主要病虫害为害症状及化学防治

病虫害名称	为害症状	化学防治
花果软腐病	木菠萝花果软腐病病原菌为接合菌门根霉属（*Rhizopus*）的匍枝根霉（*Rhizopus nigricans*） 花序、幼果、成熟果均可受害，受虫伤、机械伤的花及果实易受害。发病部位初期呈褐色水渍状软腐，随后在病部表面迅速产生浓密的白色绵毛状物，其中央产生灰黑色霉层。感病的果，病部变软，果肉组织溃烂	在开花期、幼果期喷药护花护果，选用10%多抗霉素可湿性粉剂或80%戊唑醇水分散粒剂500倍液～800倍液，或90%多菌灵水分散粒剂800倍液～1 000倍液。隔7 d喷施1次，连续喷施2次～3次
炭疽病	木菠萝炭疽病由半知菌亚门炭疽菌属的胶孢炭疽菌（*Colletotrichum gloeosporiodes* Penz.）引起 叶片、果实均可发生此病。叶片受害，叶斑可发生于叶面任何位置，病斑近圆形或不规则形，呈褐色至暗褐色，周围有明显黄晕圈；发病中后期，病斑上生棕褐色小点，有时病斑中央组织易破裂穿孔。果实受害后，呈现黑褐色圆形斑，其上长出灰白色霉层，引起果腐，导致果肉褐坏	在发病初期，选用45%咪鲜胺乳油或40%福美双·福美锌可湿性粉剂500倍液～800倍液，或50%多·锰锌可湿性粉剂500倍液，隔7 d喷施1次，连续喷施2次～3次
蒂腐病	木菠萝蒂腐病病原菌为半知菌亚门球二孢属（*Diplodia natalensis*）真菌 该病主要为害果实，病斑常发生于近果柄处，初为针头状褐色小点，继而扩大为圆形病斑，中央深褐色，边缘浅褐色，水渍状；病部果皮变黑、变软、变臭，上生白色黏质物，为病菌的分生孢子团。受害果实往往提早脱落	主要在花期和幼果期喷施杀菌剂防治。选用70%甲基硫菌灵可湿性粉剂800倍液，或50%多菌灵可湿性粉剂500倍液，每隔7 d喷施1次，连续喷施2次～3次
根腐病	木菠萝根腐病病原菌为担子菌门灵芝属（*Ganoderma* sp.）真菌 病树长势衰弱，易枯死。病树的根茎上方长出病原菌子实体。病根表面平粘一层泥沙，用水较易洗掉，洗后可见枣红色菌膜；病根湿腐，松软而呈海绵状，有浓烈蘑菇味	发病初期，选用75%十三吗啉乳油300倍液～500倍液，在距病树基部30 cm处挖一条宽20 cm、深5 cm的浅沟，每株淋灌药剂2 L～4 L，隔7 d～10 d淋灌1次，连续淋灌3次。同时对未发病植株做好预防，在发病植株与健康植株之间应挖一条宽30 cm、深40 cm的隔离沟，用75%十三吗啉乳油500倍液喷撒沟内，隔7 d～10 d喷药1次，连续2次～3次
黄翅绢野螟	黄翅绢野螟（*Diaphania caesalis* Walker）属于鳞翅目（Lepidoptera）、螟蛾科（Pyralidae） 为害幼果时一开始嚼食果皮，然后逐渐深入食到种子，取食的孔道外围有粪便堆聚封住孔口，孔道内也有粪便，还常常引起果蝇的幼虫进入取食果肉，使果实受害部分变褐腐烂，严重时导致果实脱落，造成减产；为害嫩果柄时则从果蒂进入，然后逐渐往上，粪便排在孔内外，引起果柄局部枯死，影响果品质量；为害新梢时，取食嫩叶和生长点，排出粪便，并吐丝把受害叶和生长点包住，影响植株生长	害虫严重发生时，及时摘除被害嫩梢、花芽及果实，集中倒进土坑，喷施50%杀螟松乳油800倍液～1 000倍液后回土深埋；并选用50%杀螟松乳油1 000倍液～1 500倍液，或40%毒死蜱乳油1 500倍液，或2.5%溴氰菊酯乳油3 000倍液进行全园喷药，隔7 d～10 d喷施1次，喷施2次～3次

表 A.1（续）

病虫害名称	为害症状	化学防治
天牛	生产上常见为榕八星天牛[*Batocera rubus* (L.)]和桑粒肩天牛(*Apriona germari* Hope)，均属于鞘翅目(Coleoptera)、天牛科(Cerambycidae) 榕八星天牛幼虫蛀害树干、枝条，使其干枯，严重时可使植株死亡；成虫为害叶及嫩枝。该虫一年发生1代。成虫夜间活动食木菠萝叶及嫩枝。雌成虫在树干或枝条上产卵，幼虫孵出后在皮下蛀食坑道呈弯曲状，后转蛀入木质部，此时孔道呈直形，在不等的距离上有一排粪孔与外皮相通，由此常可见从此洞中流出锈褐色汁液。通常幼虫多居于最上面一个排粪孔之上的孔道中 桑粒肩天牛2年～3年完成1代，以幼虫在树干内越冬。成虫羽化后在蛹室内静伏5 d～7 d，然后从羽化孔钻出，啃食枝干皮层、叶片和嫩芽。生活10 d～15 d开始产卵。产卵前先选择直径10 mm左右的小枝条，在基部或中部用口器将树皮咬成"U"形伤口，然后将卵产在伤口中间，每处产卵1粒～5粒，一生可产卵100余粒。幼虫孵出后先向枝条上方蛀食约10 cm长，然后调转头向下蛀食，并逐渐深入心材，每蛀食5 cm～6 cm长时便向外蛀一排粪孔，由此孔排出粪便。排粪孔均在同一方位顺序向下排列，遇有分枝或木质较硬处可转向另一边蛀食和蛀排粪孔。幼虫多位于最下一个排粪孔的下方。排粪孔外常有虫粪积聚，树干内树液从排粪孔排出，常经年长流不止。树干内有多头幼虫钻蛀时，常可导致树体干枯死亡	主干受害时，选用生石灰：水按1：5比例配制石灰水，对主干进行涂白；在主干发现新排粪孔时，使用注射器将5%高效氯氰菊酯乳油或10%吡虫啉可湿性粉剂100倍液～300倍液注入新排粪孔内，或将蘸有药液的小棉球塞入新排粪孔内，并用黏土封闭其他排粪孔
绿刺蛾	绿刺蛾[*Parasa lipida* (Cramer)]属于鳞翅目(Lepidoptera)刺蛾科(Limacodidae) 绿刺蛾在海南1年发生2代～3代，以老熟幼虫在树干上结茧越冬。翌年4月中下旬越冬幼虫开始变蛹，5月下旬左右成虫羽化、产卵。第1代幼虫于6月上中旬孵出，6月底以后开始结茧，7月中旬至9月上旬变蛹并陆续羽化、产卵。第2代幼虫于7月中旬至9月中旬孵出，8月中旬至9月下旬结茧过冬。成虫于每天傍晚开始羽化，以19时～21时羽化最多。成虫有较强的趋光性，雌成虫交尾后翌日即可产卵，卵多产于嫩叶背面，呈鱼鳞状排列，每只雌成虫一生可产卵9块～16块，平均产卵量约206粒。卵期5 d～7 d，2龄～4龄幼虫有群集危害的习性，整齐排列于叶背，啃食叶肉留下表皮及叶脉；4龄后逐渐分散取食，吃穿表皮，形成大小不一的孔洞；5龄后自叶缘开始向内蚕食，形成不规则缺刻，严重时整个叶片仅留叶柄	在6月上中旬第1代幼虫孵化高峰后和7月中旬～9月中旬第2代幼虫孵化高峰后，选用20%除虫脲悬浮剂1 000倍液，或2.5%的高效氯氟氰菊酯乳油3 000倍液进行全园喷施，隔7 d～10 d喷施1次，喷施2～3次

附加说明：

本标准按照GB/T 1.1—2009给出的规则起草。

本标准由农业部农垦局提出。

本标准由农业部热带作物及制品标准化技术委员会归口。

本标准起草单位：中国热带农业科学院香料饮料研究所、海南大学。

本标准主要起草人：谭乐和、吴刚、李绍鹏、刘爱勤、李茂富、桑利伟、李新国、孙世伟。

中华人民共和国农业行业标准

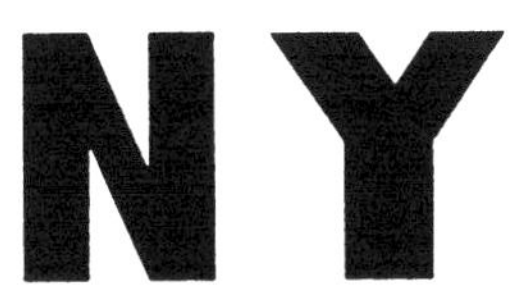

天然生胶　航空轮胎橡胶加工技术规程

Raw natural rubber—Aviation tire rubber—Technical rules for processing

NY/T 3009—2016

1　范围

本标准规定了航空轮胎橡胶在生产过程中的基本工艺及技术要求。

本标准适用于鲜胶乳为原料生产航空轮胎橡胶的加工工艺。

2　规范性引用文件

下列文件对于本文件的应用是必不可少的。凡是注日期的引用文件,仅注日期的版本适用于本文件。凡是不注日期的引用文件,其最新版本(包括所有的修改单)适用于本文件。

GB/T 528—2009　硫化橡胶或热塑性橡胶　拉伸应力应变性能的测定

GB/T 601—2002　化学试剂　标准滴定溶液的制备

GB/T 1232.1　未硫化橡胶　用圆盘剪切黏度计进行测定　第1部分:门尼黏度的测定

GB/T 3510　未硫化胶　塑性的测定　快速塑性计法

GB/T 3517　天然生胶　塑性保持率(PRI)的测定

GB/T 4498.1　橡胶　灰分的测定　第1部分:马弗炉法

GB/T 8082　天然生胶　标准橡胶　包装、标志、贮存和运输

GB/T 8086　天然生胶　杂质含量的测定

GB/T 8088　天然生胶和天然胶乳　氮含量的测定

GB/T 15340　天然、合成生胶取样及其制样方法

GB/T 24131—2009　生橡胶　挥发分含量的测定

NY/T 733　天然生胶　航空轮胎标准橡胶

3　生产工艺流程及设备

3.1　生产工艺流程

生产工艺流程如图1所示。

3.2　生产设备及设施

250 μm不锈钢筛网、380 μm不锈钢筛网(或胶乳离心过滤机)、胶乳收集池、胶乳搅拌器、胶乳混合池、胶乳凝固槽、压薄机、凝块过渡池、绉片机组、造粒机、输送带(或胶粒泵及震动下料筛)。干燥车、渡车(或转盘)、推进器、干燥柜及进风排气辅助设施、供热设备(包括燃油炉或煤热风炉或电炉、燃油器、风机及输送风辅助设备)、打包机、金属检测仪、切包机、包装车间防湿地板。

中华人民共和国农业部 2016-11-01 发布　　2017-04-01 实施

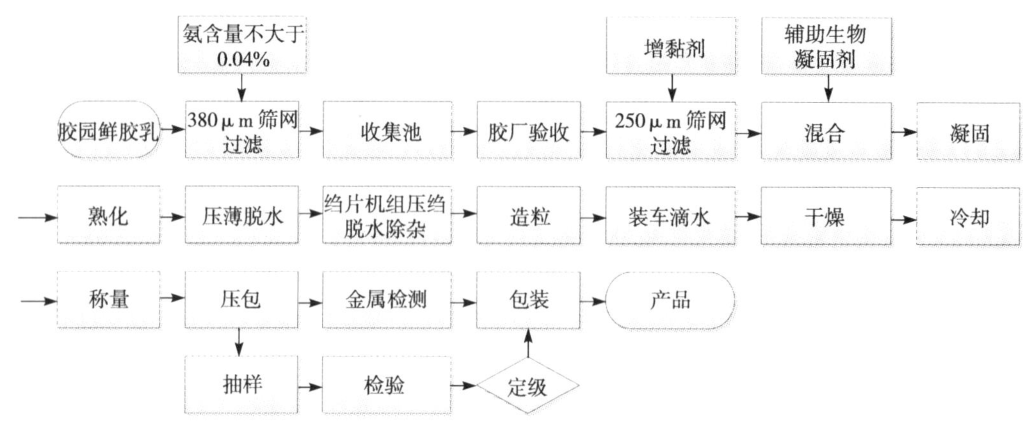

图1　生产工艺流程

4　生产操作技术要求与质量控制要求

4.1　鲜胶乳的收集与运输

4.1.1　鲜胶乳收集前，应清洗干净过滤筛网、流槽及鲜胶乳收集池等所有与胶乳接触的用具和容器。

4.1.2　鲜胶乳从胶园送到收胶站，经公称孔径为 380 μm 的不锈钢筛网过滤后直接放入收集池。洗桶水另外收集，不应混入已过滤的鲜胶乳中。雨冲胶、增稠、变质胶乳等应单独存放、装运。

4.1.3　鲜胶乳收集时，用当天使用氨水量的 1/3 润湿过滤筛网及收集池，氨水在使用前配成 5%～10%（质量分数）的氨水溶液；鲜胶乳收集的中期与后期各补加氨水用量的 1/3。鲜胶乳收集完毕，其氨含量要求不大于 0.04%（质量分数，按胶乳计）。

4.1.4　鲜胶乳收集完毕，应马上运送到制胶厂。

4.2　鲜胶乳的混合、凝固

4.2.1　从收胶站送来的鲜胶乳，经称量、胶乳离心过滤机离心沉降（或 250 μm 不锈钢筛网过滤）后直接放入混合池中，鲜胶乳要求达到最大限度的混合，搅拌均匀后，按附录 A 取样快速测定干胶含量，按附录 B 取样测定胶乳氨含量。洗罐水另外收集，不允许混入原胶乳中。

4.2.2　混合池中的鲜胶乳，在搅拌的状态下分散加入用量为干胶质量的 0.005%～0.015%的水合肼溶液，并搅拌均匀。水合肼在加入胶乳前应配成 2%～5%（质量分数）的稀溶液。

4.2.3　胶乳凝固采用辅助生物凝固法。辅助生物凝固剂可用白糖和十二烷基苯磺酸钠，其用量控制范围：白糖用量为干胶质量的 0.6%～0.8%，十二烷基苯磺酸钠用量为干胶质量的 0.1%～0.2%。辅助生物凝固剂应先完全溶解后方可进行凝固操作，并采用并流下槽法进行混合凝固。

4.2.4　胶乳凝固过程中，不允许往混合池中喷水。当混合池中剩下少量胶乳时，可适量喷水清洗混合池的周边及底部，凝块单独加工，其产品不作为本标准规定的产品。

4.2.5　完成凝固操作后，应及时将混合池、流胶槽及其他用具、场地清洗干净。

4.2.6　凝块熟化时间一般在 16 h 以上。

4.3　凝块的压薄、压绉、造粒

4.3.1　在进行凝块压薄操作前，往凝固槽中注水使厚凝块浮起（如凝块膨胀太大，只往需要加工的这槽凝块注水，相邻的两槽排水，以便相邻两槽凝块分离）；同时应认真检查和调试好各种设备，保证所有设备处于良好状态。设备运转正常后，调节好设备的喷水量，随即进行凝块压薄操作，应确保压薄后的凝块厚度在 5 cm～8 cm。

4.3.2　压薄后的凝块经 3 台绉片机压绉脱水除杂工序，要求造粒前的绉胶片厚度不超过 5 mm。绉片机组辊筒辊距控制：1＃绉片机辊距一般为 0.1 mm～0.3 mm，其他两台绉片机在保证最终绉胶片厚度与保证本机组同步运行的基础上进行调节。

4.3.3 绉胶片经造粒机造粒后，湿胶粒含水量（以干基计）不应超过35%（按附录C进行测定），且要求湿胶粒能全部接触到（或浸入）隔离剂，以确保湿胶粒在装车时保持松散不黏结为宜。隔离剂可用低浓度石灰水（氢氧化钙悬浮液）。

4.3.4 造粒完毕，应继续用水冲洗设备2 min～3 min，然后停机清洗场地。

4.3.5 在使用干燥箱前应除净箱中的残留胶粒和杂物，然后用清水再冲洗。如果干燥箱中黏附较多的发黏橡胶，建议将干燥箱（组装式）拆开将其隔板和底隔板置于溶液浓度为5%（质量分数）的氢氧化钠溶液中浸泡12 h后再刷洗干净。

4.3.6 湿胶粒装箱时，装箱应均匀一致，装胶高度根据实际情况自定，装车完毕后可适当喷水清除箱体外部碎胶。

4.4 橡胶干燥

4.4.1 装箱后的湿胶粒可适当放置让其滴水（一般不应超过30 min），即送入干燥设备进行干燥。

4.4.2 橡胶干燥过程中，要严格控制干燥温度，干燥最高温度不超过120℃。

4.4.3 干燥炉停火后，应继续抽风至少0.5 h，待炉温低于70℃方可停止抽风。

4.4.4 干燥后的橡胶应冷却至60℃以下方可进行压包。

4.5 压包

4.5.1 压包前应进行外观检查，若发现夹生、发黏等胶块，应另行处理。

4.5.2 已压好的胶块应通过金属检测仪检测。

4.6 质量控制与要求

干燥后的橡胶按附录D进行生产检验，产品质量应符合NY/T 733的要求。

5 包装、标志

按GB/T 8082的规定进行产品的包装、标志。

附 录 A
(规范性附录)
鲜胶乳干胶含量的测定 快速测定法

A.1 原理

鲜胶乳干胶含量的测定方法——快速测定法是将试样置于铝盘加热,使鲜胶乳的水分和挥发物逸出,然后通过计算加热前后试样的质量变化,再乘以胶乳干总比来快速测定鲜胶乳的干胶含量。

A.2 仪器

A.2.1 普通的实验室仪器。

A.2.2 内径约为 7 cm 的铝盘。

A.3 测定步骤

A.3.1 取样

搅拌混合池中鲜胶乳约 5 min,然后分别在混合池中不同的 4 个点各取鲜胶乳 50 mL,将其混合作为本次测定样品。

A.3.2 测定

将内径约为 7 cm 的铝盘洗净、烘干,将其称量,精确至 0.01 g。往铝盘中倒入(2.0±0.5) g 的鲜胶乳,精确至 0.01 g,加入质量分数为 5%的乙酸溶液 3 滴,转动铝盘使试样与乙酸溶液混合均匀。将铝盘置于酒精灯或电炉的石棉网上加热,同时用平头玻璃棒按压以助干燥,直至试样呈黄色透明为止(主要控制温度,防止烧焦胶膜)。用镊子将铝盘取下,置于干燥器中冷却 5 min,然后小心将铝盘中的所有胶膜卷取剥离,将剥下的胶膜称量,精确至 0.01 g。

A.4 结果计算

按式(A.1)计算鲜胶乳的干胶含量(DRC),以质量分数(%)表示。

$$DRC=\frac{m_1}{m_0}\times G\times 100 \qquad (A.1)$$

式中:

m_1——干燥后试样的质量,单位为克(g);

m_0——试样的质量,单位为克(g);

G ——胶乳干总比,一般采用 0.93,也可根据生产实际测定的结果。

同时进行双份测定,双份测定结果之差不应大于质量分数 0.5%,然后取算术平均值,计算结果精确到 0.01。

鲜胶乳干胶含量还可用微波法测定。

附 录 B
(规范性附录)
鲜胶乳氨含量的测定

B.1 原理

根据中和反应,采用酸碱滴定方式测定鲜胶乳中氨的含量。

$$NH_3 \cdot H_2O + HCl = NH_4Cl + H_2O$$

B.2 试剂

B.2.1 通则

仅使用确认的分析纯试剂,蒸馏水或纯度与之相等的水。

B.2.2 盐酸

分子式:HCl,分子量:36.46,密度:1.18,含量为36%~38%(质量分数)。

B.2.3 乙醇

分子式:C_2H_5OH,分子量:46.07,密度:0.816(15.56℃),含量不低于95%(质量分数)。

B.2.4 甲基红

分子式:$C_{15}H_{15}N_3O_2$,分子量:269.29,pH变色范围4.2(红)~6.2(黄)。

B.3 仪器

实验室常规仪器以及半微量滴定管(容量为5 mL或10 mL,分度为0.02 mL)。

B.4 测定步骤

B.4.1 试验溶液的制备

B.4.1.1 盐酸标准储备溶液,*c*(HCl)=0.1 mol/L

按GB/T 601—2002中4.2的要求制备。

B.4.1.2 盐酸标准溶液,*c*(HCl)=0.01 mol/L

用50 mL移液管吸取50.00 mL *c*(HCl)=0.1 mol/L的盐酸标准贮备溶液(B.4.1.1)放于500 mL容量瓶中,用蒸馏水定容至刻度,摇匀。

B.4.1.3 1 g/L的甲基红乙醇指示溶液

称取0.1 g甲基红,溶于100 mL体积分数为95%乙醇的滴瓶中,摇匀即可。

B.4.2 取样

搅拌混合池中鲜胶乳5 min,然后分别在混合池中不同的4个点各取鲜胶乳50 mL,将其混合作为本次测定样品。

B.4.3 测定

用1 mL的吸管准确吸取1 mL鲜胶乳(用滤纸把吸管口外的胶乳擦干净),放入已装有约50 mL蒸馏水的锥形瓶中,吸管中黏附着的胶乳用蒸馏水洗入锥形瓶内。然后加入2滴~3滴1 g/L的甲基红乙醇指示溶液(B.4.1.3),用0.01 mol/L盐酸标准溶液(B.4.1.2)进行滴定,当颜色由淡黄色变成粉红色时即为终点,记下消耗盐酸标准溶液的毫升数。

B.5 结果计算

以 100 mL 胶乳中含氨(NH_3)的克数表示胶乳的氨含量(A),以质量分数(%)表示,按式(B.1)计算。

$$A = \frac{1.7cV}{V_0} \tag{B.1}$$

式中:

c ——盐酸标准滴定溶液的摩尔浓度,单位为摩尔每升(mol/L);

V ——消耗盐酸标准滴定溶液的量,单位为毫升(mL);

V_0——胶乳样品的量,单位为毫升(mL)。

进行双份测定,双份测定结果之差不应大于质量分数 0.5%,然后取算术平均值,计算结果精确到 0.01。

附　录　C
（规范性附录）
湿胶粒含水量的测定方法

C.1　仪器

分度值为0.1 mg的分析天平，恒温干燥箱，不锈钢筛网等。

C.2　测定步骤

C.2.1　取样方法与放置滴水：从造粒机后端的送粒输送机上每隔约1 min取20 g～30 g湿胶粒，连取3次，共60 g～90 g作为试料，将试料置于孔径为1 mm的不锈钢筛网上，胶粒层高约2 cm，室内自然滴水30 min。

C.2.2　称取滴水后的试料，精确至0.01 g，然后将试料放回不锈钢筛网上，摊平试料，高度约1 cm；放入电热鼓风干燥箱内以（115±5）℃烘至胶粒不夹生透明为止，取出试料自然冷却至室温后称量，精确至0.01 g。

C.3　结果计算

湿胶粒含水量以湿胶粒干基质量分数$\omega(H_2O)$计，以质量分数（%）表示，按式（C.1）计算。

$$\omega(H_2O)=\frac{m_2-m_3}{m_3}\times100 \qquad (C.1)$$

式中：

m_2——湿胶粒的质量，单位为克（g）；

m_3——干燥后试样的质量，单位为克（g）。

附 录 D
(规范性附录)
生产检验与要求

D.1 生产检验步骤与要求

D.1.1 抽样频率

每一生产批的批量为 10 t,抽样频率为 10%。即每 10 个胶包抽取 1 个胶包,从抽取的胶包中每包取 1 个样品。

D.1.2 取样和制样方法

按 GB/T 15340 的规定进行操作。

D.1.3 检验

D.1.3.1 样品按表 D.1 所列方法分别进行杂质含量、灰分、挥发分含量、氮含量、塑性初值、塑性保持率、门尼黏度以及硫化胶的拉伸强度、拉断伸长率的测定。

D.1.3.2 样本中的每个样品均进行杂质含量、塑性初值、塑性保持率、门尼黏度测定。每隔 3 个样品取 1 个样品进行灰分测定,每隔 6 个样品取 1 个样品进行挥发分含量、氮含量测定(但如果发现灰分、挥发分含量、氮含量超标,则样本中的每一个样品均应进行该项测定),硫化胶拉伸强度的测定则取实验室混合样品进行测定。

表 D.1 航空轮胎橡胶和航空轮胎橡胶硫化胶理化性能

性能项目		试验方法
航空轮胎橡胶	杂质含量(质量分数),%	GB/T 8086
	灰分(质量分数),%	GB/T 4498.1
	挥发分含量(质量分数),%	GB/T 24131—2009(烘箱法 A)
	氮含量(质量分数),%	GB/T 8088
	塑性初值	GB/T 3510
	塑性保持率	GB/T 3517
	门尼黏度/ML(1+4)100℃	GB/T 1232.1
航空轮胎橡胶硫化胶	拉伸强度,MPa	GB/T 528—2009(1 型裁刀)
	拉断伸长率,%	GB/T 528—2009(1 型裁刀)

附加说明:

本标准按照 GB/T 1.1—2009 给出的规则起草。

本标准由中华人民共和国农业部提出。

本标准由农业部热带作物及制品标准化技术委员会归口。

本标准主要起草单位:海南省农垦中心测试站。

本标准主要起草人:邓辉、戴建辉、唐群峰、谭杰、倪燕、宋钧、杨莉、梁晓莉。

中华人民共和国农业行业标准

天然橡胶初加工机械 打包机 安全技术要求

Machinery for primary processing of natural rubber—Baler—Technical means for ensuring safety

NY/T 3010—2016

1 范围

本标准规定了天然橡胶初加工机械打包机的设计、制造、安装、使用和维护等的安全技术要求。

本标准适用于以天然橡胶为加工原料的橡胶液压打包机。

2 规范性引用文件

下列文件对于本文件的应用是必不可少的。凡是注日期的引用文件，仅注日期的版本适用于本文件。凡是不注日期的引用文件，其最新版本(包括所有的修改单)适用于本文件。

GB/T 3766 液压系统通用技术条件

GB 5226.1 机械安全 机械电气设备 第1部分：通用技术条件

GB/T 8196—2003 机械安全 防护装置 固定式和活动式防护装置设计与制造一般要求

GB/T 15706.2—2007 机械安全 基本概念与设计通则 第2部分：技术原则与规范

GB 16754—2008 机械安全 急停 设计原则

NY/T 1036—2006 热带作物机械 术语

3 术语和定义

NY/T 1036 界定的以及下列术语和定义适用于本文件。

3.1

打包 baling

将规定重量的胶片或胶粒，从松散状态压缩成具有一定规格的胶块的操作。

[NY/T 1036—2006，定义 2.1.14]

4 危险一览表

打包机在设计、制造、运输、安装、使用及维修中可能出现的危险现象见表1。

表1 主要危险一览表

序 号	危险种类	序 号	危险种类
1	外露运动件无防护装置	6	安装错误
2	压伤、碰撞	7	噪声危害
3	电气防护缺失	8	振动危害
4	起动、停机和安全装置失灵	9	操作违规
5	机械、电气和液压元件失灵		

中华人民共和国农业部 2016-11-01 发布　　2017-04-01 实施

5 设计、制造要求

5.1 基本要求

5.1.1 打包机的设计、制造应满足安全和可靠性的要求。

5.1.2 打包机应设置吊运装置。

5.1.3 打包机可触及的外表面不应有锐棱、尖角等可能刮伤身体或衣服的开口和凸起部分。

5.1.4 外露的运动部件应有防护装置，保证人体任何部位不会接触传动部件。防护装置的设计与制造应符合 GB/T 8196—2003 中第 5 章的要求。

5.1.5 应设置急停按钮，急停按钮的设计应符合 GB 16754—2008 中 4.4 的要求。

5.1.6 操作装置应设置在明显位置，使用应安全可靠、方便敏捷，执行动作应安全、准确、可靠。

5.1.7 各零部件的连接应牢固可靠，保证不因振动等情况而产生松动。

5.1.8 油箱应设有油位显示装置。

5.1.9 打包机出厂前应进行空载、负载和超负荷试验。应符合以下要求：

——负载试验，在额定载荷的下液压系统应运行平稳，无油液渗漏；

——超负荷试验，在额定载荷的 1.25 倍下试验，液压系统应无异常声音和渗漏现象，机架和其他承受压力的零件不应抖动及变形；

——压头移动操作控制准确、安全、可靠、平稳，无卡滞和与移动打包箱发生碰擦现象。

5.2 调节和控制系统

5.2.1 手动控制装置的设计、配置和标记应明显可见、可识别，能安全、即时操作。

5.2.2 控制装置的操作应安全、灵敏、可靠。其设计应符合 GB/T 15706.2—2007 中 4.8.7 的要求。

5.3 电气装置

5.3.1 电气设备应符合 GB 5226.1 的有关规定。

5.3.2 外购的电气元件应有具备生产资质企业的产品合格证。

5.3.3 电气设备应有可靠的接地接口，接地电阻应不大于 10 Ω。

5.3.4 选择电器保护装置应与电源电压、载荷及环境条件相适应，在安装前应做必要的检查，安装后应进行安全可靠性试验。

5.3.5 电气控制系统应有漏电、短路、过载和失压保护装置。

5.3.6 打包箱和压头不对位时，压头应自动停止。

5.4 液压系统

5.4.1 液压系统应符合 GB/T 3766 规定的安全要求。

5.4.2 液压管路应保证在发生破裂时，液压油不会直接喷射到工作位置上的操作者。

5.5 标志与标牌

5.5.1 应在合适位置标明液压泵电机工作旋转方向。

5.5.2 应在醒目位置设置安全警示标志。

5.5.3 打包机应设置清晰耐久标牌，标牌中至少应包括下列信息：

——制造单位名称与地址；

——产品名称与型号规格；

——主要技术参数；

——生产日期与出厂编号。

6 安装、使用与维护保养

6.1 使用说明书

6.1.1 生产单位应提供包括安装、调试、使用和维护等内容的使用说明书。使用说明书应符合 GB/T 15706.2—2007 的规定。

6.1.2 打包机使用说明书的内容至少应包括：

a) 打包机的自身信息：
   1) 产品的用途和特性；
   2) 结构、性能与图形；
   3) 主要技术参数，如主油缸额定压力、行程和压头在打包箱内行程等；
   4) 对主机、液压站和电气控制的详细描述。

b) 打包机的使用信息：
   1) 安装、调试和使用条件；
   2) 使用和维修所需的空间；
   3) 搬运说明；
   4) 液压系统工作压力设定与调整方法说明；
   5) 液压油种类和牌号要求；
   6) 液压油的更换方法，包括安全方面的注意事项；
   7) 对人工装料操作的安全说明；
   8) 启动及运行过程中的操作程序、方法、注意事项及容易出现的错误操作和防范措施；
   9) 操作者上岗培训、安全防护措施内容的说明；
   10) 禁用的信息。

c) 维修信息：
   1) 出现故障时的处理程序；
   2) 常见故障分析与排除方法。

d) 制造单位的详细地址、联系电话、传真等。

6.2 安装和维护保养

6.2.1 设备的安装和调试应按使用说明书的规定进行。

6.2.2 工作场地应宽敞、通风，并留有足够的安全空间，备有可靠的灭火设备。

6.2.3 整机及液压站、控制电柜分别按位置固定，安装整机的基础应能承受相应的载荷，表面平整。

6.2.4 各油管按编号对应连接；各电路或电缆按编号对应连接。

6.2.5 打包机安装或大修后应经试运转验收合格后方可使用。

6.2.6 打包机维护、修理和清洁应在停机时进行，并有相应警示措施保证在此期间不能开机。

6.2.7 油管接头经拆卸后重新安装，应更换新密封圈。

6.2.8 应定期对急停按钮与安全装置进行检查。

6.3 使用操作

6.3.1 使用单位应按打包机使用说明书制订安全操作规程。操作者应严格遵守安全操作规程。

6.3.2 初次使用前，应对操作人员进行培训。操作人员应认真阅读使用说明书，了解打包机的结构，熟悉其性能和安全操作方法。

6.3.3 每次开机前首先检查油箱的油面高度，油量应保持在油位计的上、下限位之间。

6.3.4 每次通电前应检查压头及打包箱是否在正确位置、打包箱内不应有大块硬物。

6.3.5 液压系统工作压力应符合使用说明书的规定。

6.3.6 使用的液压油和欲加工的原料应符合打包机使用说明书的规定。加油时应使用带有滤油器的加油机，滤油器规格应符合使用说明书的要求。

6.3.7 首次使用3个月或连续运转500 h后，应清洁油箱，并更换液压油，以后每年应清洗1次油箱及更换液压油。

6.3.8 系统所用电源电压应符合使用说明书的规定。

6.3.9 工作时如发生异常声响，应立即停机检查，待机器完全停止后再进行故障排除。

6.3.10 经常检查打包机上的安全警示标志、操作指示。若有缺损应及时补充或更换。

6.3.11 使用者不应随意改变打包机技术状态和规定的使用条件。

6.3.12 长期不使用时应关闭全部电源开关，并做好相应的防护措施。

附加说明：

本标准按照GB/T 1.1—2009给出的规则起草。

本标准由中华人民共和国农业部提出。

本标准由农业部热带作物及制品标准化技术委员会归口。

本标准起草单位：中国热带农业科学院农业机械研究所。

本标准主要起草人：欧忠庆、刘智强、张劲、李明福。

中华人民共和国农业行业标准

芒果等级规格

Grades and specifications of agricultural products—Mango

NY/T 3011—2016

1 范围

本标准规定了台农1号芒、金煌芒、贵妃芒、桂热芒82号、凯特(Keitt)芒、圣心(Sensation)芒、吉禄(Zill)芒、红象牙芒、白象牙芒等品种的等级规格要求、检验方法、检验规则、包装和标识等。

本标准适用于鲜食芒果的等级规格划分。

2 规范性引用文件

下列文件对于本文件的应用是必不可少的。凡是注日期的引用文件,仅注日期的版本适用于本文件。凡是不注日期的引用文件,其最新版本(包括所有的修改单)适用于本文件。

GB/T 8855 新鲜水果和蔬菜取样方法

3 术语和定义

下列术语和定义适用于本文件。

3.1

缺陷 defect

果实在生长发育和采摘运输过程中,由于自然、机械、生物或人为因素的作用,影响果实的商品性状或导致果实部分或全部失去食用价值的现象。

3.2

斑痕 scar

由于病虫害、日灼、流胶和机械伤等伤害愈合留下的痕迹。

3.3

异味 abnormal flavour

果实发育不良、变质或腐败等散发出的不正常气味或味道。

4 要求

4.1 基本要求

所有级别的芒果,除各个级别的特殊要求和容许度范围外,应满足下列要求:

——果实发育正常,无裂果;

——新鲜、未软化;

——果实无生理性病变,果肉无腐坏、空心等;

——无坏死组织、无明显的机械伤;

中华人民共和国农业部 2016-11-01发布　　2017-04-01实施

——基本无病虫害、冷害、冻害；
——无异常的外部水分，冷藏取出后无收缩；
——无异味；
——发育充分，有合理的采收成熟度；
——带果柄，长度不能超过 1 cm。

4.2 等级

在符合基本要求的前提下，芒果可划分为一级、二级、三级，各等级芒果应符合表 1 的规定。主要芒果品种的果实性状及理化指标参见附录 A。

表 1 等级指标

指标	果形	色泽	缺陷
一级	具有该品种特征，无畸形，大小均匀	具有该品种特征，无明显变形	具有该品种特征，允许有不影响产品品质的果形变化
二级	果实色泽正常，着色均匀	果实色泽正常，75%以上果面着色均匀	果实色泽正常，35%以上果面着色均匀
三级	果皮光滑，基本无缺陷，单果斑点不超过 2 个，每个斑点直径≤2.0 mm	果皮光滑，单果斑点不超过 4 个，每个斑点直径≤3.0 mm	果皮较光滑，单果斑点不超过 6 个，每个斑点直径≤3.0 mm

4.3 规格

不同芒果品种按照单果质量划分，各规格应符合表 2 的规定。

表 2 芒果规格划分

品种	单果质量，g		
	标准果(M)	大果(L)	小果(S)
台农 1 号芒	200～300	＞300	＜200
金煌芒	600～900	＞900	＜600
贵妃芒	320～410	＞410	＜320
桂热芒 82 号	270～360	＞360	＜270
凯特芒	550～760	＞760	＜550
圣心芒	240～340	＞340	＜240
吉禄芒	300～410	＞410	＜300
红象牙芒	420～640	＞640	＜420
白象牙芒	270～390	＞390	＜270
注：表中未能列入的其他品种，可根据品种特性参照近似品种的有关指标。			

4.4 容许度

a) 一级品允许有不超过 5%质量或数量的果实不符合一级的要求，但应符合二级的要求。
b) 二级品允许有不超过 10%质量或数量的果实不符合二级的要求，但应符合三级的要求。
c) 三级品允许有不超过 10%质量或数量的果实不符合三级的要求，但应符合基本要求。

对于包装的产品，在同一包装物中，应为同一品种，单果质量允许差不超过 15%。

5 检验方法

果实的果形、色泽等指标由感官评定。缺陷的斑点直径、果柄长度、单果质量采用随机方法从样品中选择 20 个果实用量具测定后取平均值。

6 检验规则

6.1 抽样方法

按 GB/T 8855 的规定执行。

6.2 判定规则

6.2.1 符合本标准要求的产品,判定为相应等级规格的产品。

6.2.2 若交易双方发生争议,产品可经过加工整理后再申请重新抽样检验,以重检的检验结果为评定的根据,重检以一次为限。

7 包装

7.1 一致性

同一包装容器内的芒果应产地、品种一样,质量和大小均一。

7.2 包装材料

包装容器应符合质量、卫生、透气性和强度要求,以保证芒果适宜处理、运输和储存。

8 标识

包装品或无包装产品的随货单应标明产品名称、品种、等级规格、执行标准、生产者、产地、净含量和采收日期等信息。标注的内容应字迹清晰、准确且不易褪色。

附 录 A
(资料性附录)
我国主要芒果品种的果实性状及理化指标

我国主要芒果品种的果实性状及理化指标见表 A.1。

表 A.1 我国主要芒果品种的果实性状及理化指标

品种	果实重量 g			果实尺寸 cm						成熟果实性状			理化指标	
	平均值	最大值	最小值	平均值		最大值		最小值		果皮色泽	果实形状	果肉颜色	可溶性固形物 %	酸度 g/kg
				长度	宽度	长度	宽度	长度	宽度					
台农1号芒	245	442	102	11	5	14	7	10	3	黄至深黄色，近果肩部经常有红晕	宽卵形，果顶较尖小，果形稍扁	橙黄	15.2	3.0
金煌芒	755	1 250	301	19	9	30	15	14	7	深黄色或橙黄色	果实特大，长卵形	深黄至橙黄	16.1	2.4
贵妃芒	360	553	100	12	7	16	9	5	4	果底色深黄色，盖色鲜红色；套袋果实为黄色	卵状长椭圆形，基部较大，顶部较小，果身圆厚	金黄	15.5	0.8
桂热芒82号	324	450	250	13	4	22	14	10	3	淡绿色	长椭圆形	乳黄	17.60	4.3
凯特芒	660	1 290	246	15	12	21	15	11	8	底黄色，盖色暗红或紫红色	椭圆或倒卵形，有明显的果鼻	橙黄色	13.7	2.1
圣心芒	301	1 000	100	10	10	18	16	5	4	底色深黄色，盖色鲜红色	宽椭圆形，稍扁	浅黄至橙黄色	13.5	0.8
吉禄芒	349	500	100	12	8	16	11	10	5	红色至紫色	宽卵形或长圆稍扁	浅黄至深黄色	10.14	1.5
红象牙芒	529	1 052	210	25	16	30	18	16	13	向阳面鲜红色	长圆形，微弯曲	乳黄	11.37	3.4
白象牙芒	346	615	183	20	7	26	11	7	5	黄色或金黄色	果较长而顶部呈钩状，形似象牙	乳黄	11.30	3.1
注：表中数据为各个品种代表样本实际测量数据均值。														

附加说明：

本标准按照 GB/T 1.1—2009 给出的规则起草。

本标准由农业部农垦局提出。

本标准由农业部热带作物及制品标准化技术委员会归口。

本标准起草单位：中国热带农业科学院分析测试中心、农业部科技发展中心、农业部热带农产品质量监督检验测试中心、中国热带农业科学院热带作物品种资源研究所。

本标准主要起草人：徐志、谢轶、徐学万、张艳玲、段云、陈业渊、高爱平、党志国、黄建峰。

中华人民共和国农业行业标准

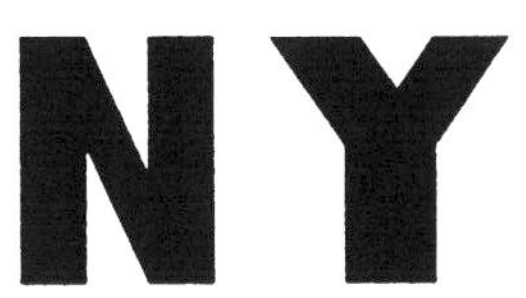

咖啡及制品中葫芦巴碱的测定 高效液相色谱法

Determination of trigonelline in coffee and its products—High performance liquid chromatography

NY/T 3012—2016

1 范围

本标准规定了咖啡及制品中葫芦巴碱含量的高效液相色谱测定方法。

本标准适用于生咖啡、烘焙咖啡、速溶咖啡中葫芦巴碱的测定。

本方法的定量测定范围为 0.002 g/100 g～1 g/100 g，方法的检出限为 0.001 g/100 g，方法的定量限为 0.002 g/100 g。

2 规范性引用文件

下列文件对于本文件的应用是必不可少的。凡是注日期的引用文件，仅注日期的版本适用于本文件。凡是不注日期的引用文件，其最新版本(包括所有的修改单)适用于本文件。

GB/T 6682 分析实验室用水规格和试验方法

NY/T 1518 袋装咖啡取样

3 原理

试样中葫芦巴碱用沸水提取，沉淀蛋白，过滤，用配有紫外检测器的高效液相色谱仪测定，外标法定量。

4 试剂和材料

除另有说明外，水为 GB/T 6682 规定的一级水。

4.1 试剂

4.1.1 甲醇(CH_3OH，CAS:67-56-1)：色谱纯。

4.1.2 乙腈(CH_3CN，CAS:75-05-8)：色谱纯。

4.1.3 磺基水杨酸($C_7H_6O_6S \cdot 2H_2O$，CAS:5965-83-3)：分析纯。

4.1.4 标准品：葫芦巴碱标准品($C_7H_7O_2N$，CAS:535-83-1)：纯度≥98%。

4.2 标准溶液配制

4.2.1 磺基水杨酸溶液：称取磺基水杨酸 5.00 g，水溶解后定容至 100 mL。

4.2.2 葫芦巴碱标准储备溶液：称取葫芦巴碱 50 mg(精确至 0.1 mg)，置于 10 mL 烧杯中，水溶解后转移到 25 mL 容量瓶中定容至刻度，配制成质量浓度为 2 000 mg/L 标准储备液。该储备液在 4℃冰箱避光条件下，有效期 6 个月。

4.2.3 葫芦巴碱标准工作溶液：分别吸取适量的标准储备溶液，用水稀释质量浓度分别为 1.0 mg/L、

中华人民共和国农业部 2016-11-01 发布　　2017-04-01 实施

2.0 mg/L、5.0 mg/L、10.0 mg/L、20.0 mg/L 和 50.0 mg/L 的混合标准工作溶液。该标准工作溶液4℃冰箱避光条件下，有效期1个月。

5 仪器设备和器具

5.1 高效液相色谱仪：带紫外检测器。

5.2 分析天平：感量0.1 mg和0.01 g。

5.3 超声波清洗器。

5.4 容量瓶：25 mL，100 mL。

5.5 针头过滤器：孔径为0.45 μm，水相的滤膜。

5.6 咖啡磨。

5.7 嵌齿轮磨。

5.8 样品筛，孔径为630 μm。

6 试样制备与保存

6.1 试样制备

取样按照NY/T 1518的规定执行，用5.6或5.7所规定的设备研磨，直至试样通过630 μm的样品筛为止，混匀，装入密闭容器中。

6.2 试样保存

样品于室温下保存。

7 试验步骤

7.1 提取

称取试样0.5 g(其中生咖啡为0.2 g，精确到0.01 g)于100 mL烧杯中，加入80 mL沸水。盖表面皿，置于电热板上煮沸提取30 min，冷却至室温，转移到100 mL容量瓶中，加入1 mL磺基水杨酸溶液，摇匀，水定容至刻度。上清液用水相0.45 μm滤膜过滤，收集滤液上机测定。

7.2 测定

7.2.1 色谱参考条件

色谱柱：氨基柱(长度250 mm×宽度4.6 mm，粒径5 μm)或与之性能相当者；检测波长：260 nm；柱温：30℃；进样量：10 μL；流动相：甲醇＋水(88＋12)，等度洗脱；流速：0.80 mL/min。

7.2.2 色谱分析

分别取标准工作溶液和试样提取溶液注入高效液相色谱仪，以标准工作溶液的峰面积对质量浓度绘制标准工作曲线，以试样提取溶液的峰面积与标准工作曲线比较定量或以单点校正比较定量。

7.2.3 空白试验

除不加待测样品外，均按上述步骤(7.1和7.2)进行操作。

8 结果计算

试样中葫芦巴碱含量以质量分数 ω 计，按式(1)计算。

$$\omega=\frac{C_1\times V_1\times V_2\times A_2}{m\times V_3\times A_1\times 10000} \quad \cdots\cdots (1)$$

式中：

ω ——试样中葫芦巴碱的含量，单位为克每百克(g/100 g)；

C_1 ——标准溶液浓度，单位为毫克每升(mg/L)；

V_1 ——试样溶液定容体积,单位为毫升(mL);
V_2 ——标准溶液进样体积,单位为微升(μL);
V_3 ——试样进样体积,单位为微升(μL);
A_1 ——标准溶液峰面积;
A_2 ——试样溶液峰面积;
m ——试样质量,单位为克(g);
10 000——换算系数。

计算结果保留 3 位有效数字。

9 精密度

在重复条件下同一样品获得的测定结果的绝对差值不得超过算术平均值的 15%。

10 参考色谱图

葫芦巴碱的参考色谱图见图 1。

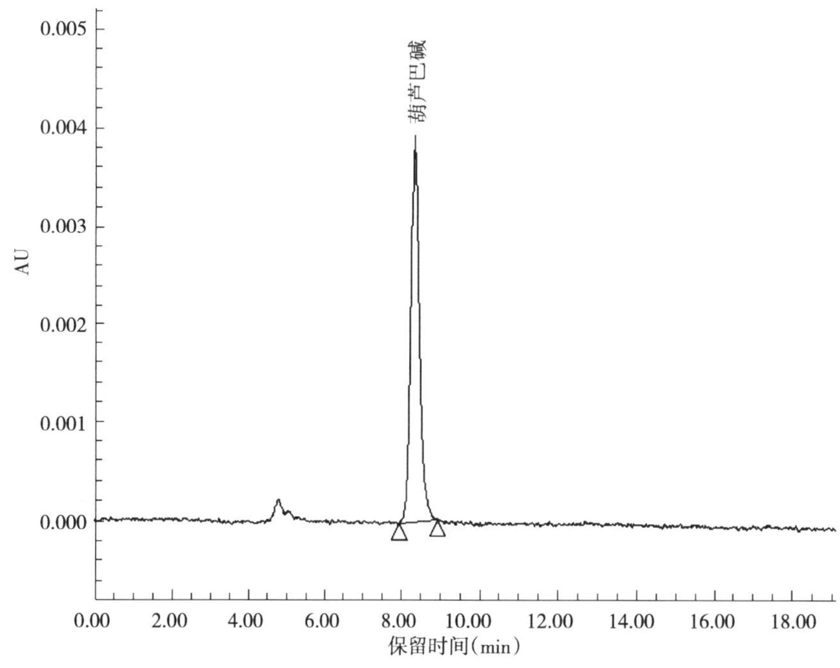

图 1 2 mg/L 葫芦巴碱标准溶液参考色谱图

附加说明:

本标准按照 GB/T 1.1—2009 给出的规则起草。

本标准由农业部农垦局提出。

本标准由农业部热带作物及制品标准化技术委员会归口。

本标准起草单位:云南省农业科学院质量标准与检测技术研究所、农业部农产品质量监督检验测试中心(昆明)、农业部农产品质量安全风险评估实验室(昆明)。

本标准主要起草人:刘宏程、黎其万、邵金良、林涛、汪禄祥、邹艳虹。

中华人民共和国农业行业标准

剑麻加工机械　理麻机

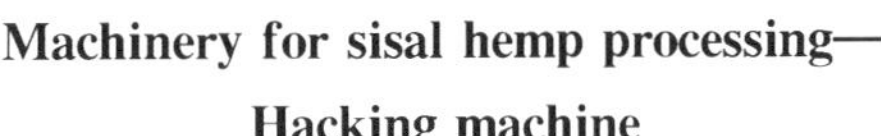

Machinery for sisal hemp processing—
Hacking machine

NY/T 258—2018
代替 NY/T 258—2007

1　范围

本标准规定了剑麻加工机械理麻机的术语和定义、产品型号规格和主要参数、技术要求、试验方法、检验规则及标志和包装等要求。

本标准适用于将剑麻直纤维梳理牵伸成麻条的机械。

2　规范性引用文件

下列文件对于本文件的应用是必不可少的。凡是注日期的引用文件，仅注日期的版本适用于本文件。凡是不注日期的引用文件，其最新版本(包括所有的修改单)适用于本文件。

GB/T 230.1　金属材料　洛氏硬度试验　第1部分：试验方法(A、B、C、D、E、F、G、H、K、N、T标尺)

GB/T 699　优质碳素结构钢

GB/T 1348　球墨铸铁件

GB 1497　低压电器基本标准

GB/T 1800.4　极限与配合　标准公差等级和孔、轴的极限偏差表

GB/T 1804　一般公差　未注公差的线性和角度尺寸的公差

GB/T 2828.1　计数抽样检验程序　第1部分：按接收质量限(AQL)检索的逐批检验抽样计划

GB/T 5667　农业机械　生产试验方法

GB/T 8196　机械安全　防护装置　固定式和活动式防护装置设计与制造一般要求

GB/T 9439　灰铸铁件

GB/T 10095　渐开线圆柱齿轮精度

GB/T 15032—2008　制绳机械设备通用技术条件

JB/T 9832.2　农林拖拉机及机具漆膜附着力性能测定法　压切法

NY/T 1036　热带作物机械　术语

3　术语和定义

NY/T 1036、GB/T 15032—2008界定的以及下列术语和定义适用于本文件。

3.1

麻条　sliver ribbon

直纤维经梳理牵伸后形成连续且粗细基本一致的纤维条。

3.2

中华人民共和国农业部 2018-12-19 发布　　2019-06-01 实施

摆脚　slide block

安装于针轴两端，在轨道上滑动的零件。

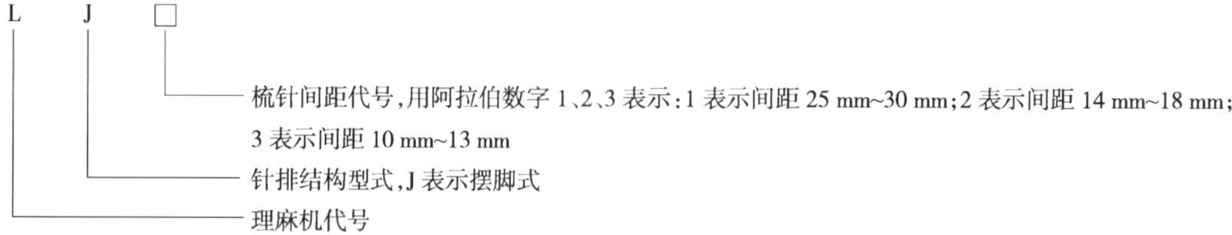

4　产品型号规格和主要参数

4.1　型号规格表示方法

示例：LJ1表示针排结构型式为摆脚式和梳针间距代号为1(间距为25 mm～30 mm)的理麻机。

4.2　产品主要技术参数

产品的主要技术参数见表1。

表1　产品主要技术参数

型号规格	主轴转速 r/min	功率 kW	净重 t	工作幅度及有效牵伸长度 mm	梳针间距和有效长度 mm	麻条规格 g/m	生产率 kg/h	麻条不匀率 %
LJ1	70～80	7.5	7.2	700×1 500	25～30,135	310～360	300～700	＜17
LJ2	120	4	4.3	400×1 900	14～18,90	180～320	300～700	＜14
LJ3	120	4	4.6	400×1 900	10～13,90	100～180	300～700	＜12

5　技术要求

5.1　一般要求

5.1.1　产品零件图样上未注精度等级应符合GB/T 1804中IT14的规定，滚动轴承位轴颈公差尺寸应符合GB/T 1800.4中k7的要求。

5.1.2　机器运转时各轴承的温度不应有骤升现象，空运转时温升≤40℃，负荷运转时温升≤60℃。

5.1.3　整机运转应平稳，不应有异常敲击声。滑动、转动部位应运转灵活、平稳、无阻滞现象。调整机构应灵活可靠，紧固件无松动。

5.1.4　梳针进出纤维过程中应与水平线成(90±5)°。

5.1.5　空载噪声应不大于87 dB(A)。

5.1.6　梳理出来的麻条应符合工艺要求。

5.1.7　麻条规格及不匀率和生产率应符合4.2的要求。麻条不匀率测定见附录A。

5.1.8　产品的使用有效度应不小于90%。

5.2　主要零部件

5.2.1　齿轮

5.2.1.1　应采用力学性能不低于GB/T 699规定的45钢的材料制造。

5.2.1.2　加工精度应不低于GB/T 10095中9级精度的要求。

5.2.1.3　齿面硬度应不低于22 HRC。

5.2.2　梳针

5.2.2.1　应采用力学性能不低于GB/T 699规定的50钢的材料制造。

5.2.2.2 硬度为40 HRC～50 HRC。

5.2.2.3 不应有生锈、秃头和钩头等现象。

5.2.2.4 梳针间距和有效长度应符合4.2的要求。

5.2.3 轨道和摆脚

5.2.3.1 轨道应采用力学性能不低于GB/T 9439规定的HT200材料制造。

5.2.3.2 摆脚应采用力学性能不低于GB/T 1348规定的QT450-10材料制造。

5.3 装配

5.3.1 所有零、部件应检验合格;外购件、协作件应有合格证明文件并经检验合格后方可进行装配。

5.3.2 装配前运动副零件的表面应清洗干净。

5.3.3 平轨和弯轨结合处应平滑过渡。

5.3.4 离合器结合与分离应灵敏可靠。

5.3.5 齿轮接触斑点,在高度方向应≥30%,在长度方向应≥40%。

5.3.6 啮合齿轮的轴向错位≤1.5 mm。

5.3.7 两链轮齿宽对称面的偏移量不大于两链轮中心距的2%;链条松边的下垂度应为两链轮中心距的1%～5%。

5.3.8 两V带轮轴线平行度不大于两轮中心距的1%;两V带轮轮宽对称面的偏移量不大于两轮中心距的0.5%。

5.3.9 梳针应齐整,高度差≤2 mm。

5.3.10 梳针与针轴的联接应牢固可靠,不应有松动现象。

5.4 外观和涂漆

5.4.1 外观质量应符合GB/T 15032—2008中5.3.1、5.3.3～5.3.6的要求。

5.4.2 零、部件结合面的边缘应平整,相互错位量不应超过5 mm。

5.4.3 漆层的漆膜附着力应符合JB/T 9832.2中2级3处的要求。

5.5 铸件

铸件质量应符合GB/T 15032—2008中5.5.1～5.5.3的要求。

5.6 焊接件

焊接件质量应符合GB/T 15032—2008中5.6的要求。

5.7 安全防护

5.7.1 外露的皮带轮、链轮、齿轮和罗拉应装固定式防护装置,防护装置应符合GB/T 8196的要求。

5.7.2 机器应能满足吊装和运输要求。

5.7.3 机器前后操作部位均应设置离合器操作手柄和急停按钮。

5.7.4 电机应采用全封闭结构,满足防尘需要。

5.7.5 外购的电气装置应符合GB 1497的要求,并应有安全合格证。

5.7.6 电气设备应有可靠的接地保护装置,接地电阻应≤10 Ω。

6 试验方法

6.1 空载试验

6.1.1 空载试验应在总装检验合格后进行。

6.1.2 在额定转速下连续运转时间应不少于2 h。

6.1.3 空载试验项目和要求见表2。

表 2 空载试验项目和要求

试验项目	要　　求
轴承温升	符合 5.1.2 的要求
工作平稳性及声响	符合 5.1.3 的要求
针排在全行程内运行情况	符合 5.1.4 的要求
噪声	符合 5.1.5 的要求
离合器操作灵敏、可靠性	符合 5.3.4 的要求
啮合齿轮的接触斑点	符合 5.3.5 的要求

6.2 负载试验

6.2.1 负载试验应在空载试验合格后进行。

6.2.2 在额定转速及满负荷条件下，连续运转时间不少于 2 h。

6.2.3 负载试验项目和要求见表 3。

表 3 负载试验项目和要求

试验项目	要　　求
轴承温升	符合 5.1.2 的要求
工作平稳性及声响	符合 5.1.3 的要求
针排在全行程内运行情况	符合 5.1.4 的要求
生产率	符合 5.1.7 的要求
麻条不匀率	符合 5.1.7 的要求
离合器操作灵敏、可靠性	符合 5.3.4 的要求

6.3 其他试验方法

6.3.1 使用有效度的测试应按照 GB/T 5667 的规定执行。

6.3.2 尺寸公差的测试应按照 GB/T 1084 的规定执行。

6.3.3 洛氏硬度的测试应按照 GB/T 230.1 的规定执行。

6.3.4 漆膜附着力的测试应按照 GB/T 9832.2 的规定执行。

7 检验规则

7.1 出厂检验

7.1.1 出厂检验实行全检，取得合格证后方可出厂。

7.1.2 出厂检验项目及要求：

——外观和涂漆应符合 5.4 的要求；

——装配应符合 5.3 的要求；

——安全防护应符合 5.7 的要求；

——空载试验应符合 6.1 的要求。

7.1.3 用户有要求时，可进行负载试验，负载试验应符合 6.2 的要求。

7.2 型式检验

7.2.1 有下列情况之一时，应进行型式检验：

——新产品或老产品转厂生产；

——正式生产后，结构、材料、工艺等有较大改变，可能影响产品性能；

——正常生产时，定期或周期性抽查检验；

——产品长期停产后恢复生产；

——出厂检验结果与上次型式检验有较大差异；

——质量监督机构提出进行型式检验要求。

7.2.2　型式检验应采用随机抽样，抽样方法按照 GB/T 2828.1 中正常检查一次抽样方案确定。

7.2.3　样本应在 6 个月内生产的产品中随机抽取。抽样检查批量应不少于 3 台(件)，样本大小为 2 台(件)。

7.2.4　样本应在生产企业成品库或销售部门抽取，零部件在零部件成品库或装配线上已检验合格的零部件中抽取。

7.2.5　型式检验项目、不合格分类见表 4。

表 4　检验项目、不合格分类

<table>
<tr><th>不合格分类</th><th>检验项目</th><th>样本数</th><th>项目数</th><th>检查水平</th><th>样本大小字码</th><th>AQL</th><th>Ac</th><th>Re</th></tr>
<tr><td>A</td><td>1. 麻条不匀率
2. 安全防护
3. 使用有效度</td><td rowspan="3">2</td><td>3</td><td rowspan="3">S - I</td><td rowspan="3">A</td><td>6.5</td><td>0</td><td>1</td></tr>
<tr><td>B</td><td>1. 生产率
2. 主要零件硬度
3. 噪声
4. 齿轮接触斑点和轴向错位
5. 轴承与轴、孔配合精度
6. 梳针</td><td>6</td><td>25</td><td>1</td><td>2</td></tr>
<tr><td>C</td><td>1. 零部件结合面尺寸
2. 外观和涂漆
3. 漆膜附着力
4. 标志和技术文件</td><td>4</td><td>40</td><td>2</td><td>3</td></tr>
<tr><td colspan="9">注：AQL 为合格质量水平，Ac 为合格判定数，Re 为不合格判定数。</td></tr>
</table>

7.2.6　**判定规则**

评定时采用逐项检验考核，A、B、C 各类的不合格总数小于等于 Ac 为合格，大于等于 Re 为不合格。A、B、C 各类均合格时，该批产品为合格品，否则为不合格品。

8　标志和包装

按照 GB/T 15032—2008 中 8 的规定执行。

附 录 A
(规范性附录)
麻条不匀率测定

每隔 30 m 剪取 1 m 麻条为试样，取 10 个试样，称取每个试样质量，按式(A.1)计算麻条不匀率。

$$H=\frac{\sum_{i=1}^{n}|G_i-G|}{Z}\times 100 \quad\cdots\cdots(A.1)$$

式中：

H ——麻条不匀率，单位为百分率(%)；

G_i ——第 i 个试样质量，单位为克(g)；

G ——全部试样质量算术平均值，单位为克(g)；

Z ——全部试样质量之和，单位为克(g)。

附加说明：

本标准按照 GB/T 1.1—2009 给出的规则起草。

本标准代替 NY/T 258—2007《剑麻加工机械 理麻机》。与 NY/T 258—2007 相比，除编辑性修改外主要技术变化如下：

——修改了标准的 ICS 国际标准分类号(见封面，2007 年版的封面)；

——修改了标准的适用范围(见 1，2007 年版的 1)；

——增加了规范性引用文件 GB/T 230.1、GB/T 1348 和 GB/T 5667 (见 2)；

——删除了直纤维的定义(见 3.1，2007 年版的 3.1)；

——修改了麻条的定义(见 3.2，2007 年版的 3.2)；

——增加了摆脚的定义(见 3.3)；

——修改了型号规格表示方法(见 4.1，2007 年版的 4.2)；

——修改了轴承温升的要求(见 5.1.2，2007 年版的 5.1.3)；

——增加了“产品的使用有效度”(见 5.1.8)；

——将对梳针零件的要求从“装配”调至“主要零部件”要求中(见 5.2.2.3，2007 版中 5.3.9)；

——修改了摆脚的材料要求(见 5.2.3.2，2007 年版的 5.2.2.1)。

——增加了对梳针装配的要求(见 5.3.10)；

——增加了罗拉的安全要求(见 5.7.1)；

——修改了检验规则中的检验项目(见 7.2.5，2007 年版的 7.2.5)。

本标准由中华人民共和国农业农村部提出。

本标准由农业农村部热带作物及制品标准化技术委员会归口。

本标准起草单位：中国热带农业科学院农业机械研究所。

本标准主要起草人：欧忠庆、张园、刘智强、张劲、李明福。

本标准所代替标准的历次版本发布情况为：

——NY/T 258—1994、NY/T 258—2007。

中华人民共和国农业行业标准

天然橡胶初加工机械　绉片机

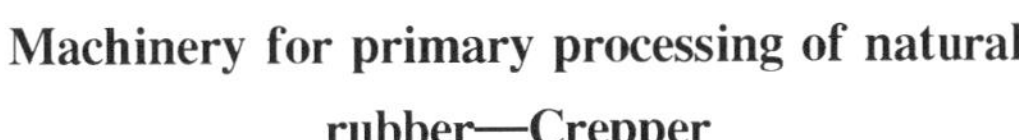

Machinery for primary processing of natural rubber—Crepper

NY/T 262—2018

代替 NY/T 262—2003

1　范围

本标准规定了天然橡胶初加工机械绉片机的产品型号规格和主要参数、技术要求、试验方法、检验规则及标志、包装、运输和储存等要求。

本标准适用于天然橡胶初加工机械绉片机。

2　规范性引用文件

下列文件对于本文件的应用是必不可少的。凡是注日期的引用文件，仅注日期的版本适用于本文件。凡是不注日期的引用文件，其最新版本(包括所有的修改单)适用于本文件。

GB/T 699　优质碳素结构钢

GB/T 1184　形状和位置公差　未注公差值

GB/T 1348　球墨铸铁件

GB/T 1800.4　极限与配合标准公差等级和孔、轴的极限偏差表

GB/T 2828.1　计数抽样检验程序　第1部分：按接收质量限(AQL)检索的逐批检验抽样计划

GB/T 3768　声学声压法测定噪声源声功率级反射面上方采用包络测量表面的简易法

GB/T 9439　灰铸铁件

GB/T 10095　渐开线圆柱齿轮精度

GB/T 11352　一般工程用铸造碳素钢

GB/T 26655　蠕墨铸铁件

NY/T 409—2013　天然橡胶初加工机械通用技术条件

3　产品型号规格和主要参数

3.1　产品型号表示方法

产品型号编制方法按照NY/T 409—2013中4.1的规定，由机名代号和主要参数等组成，表示如下：

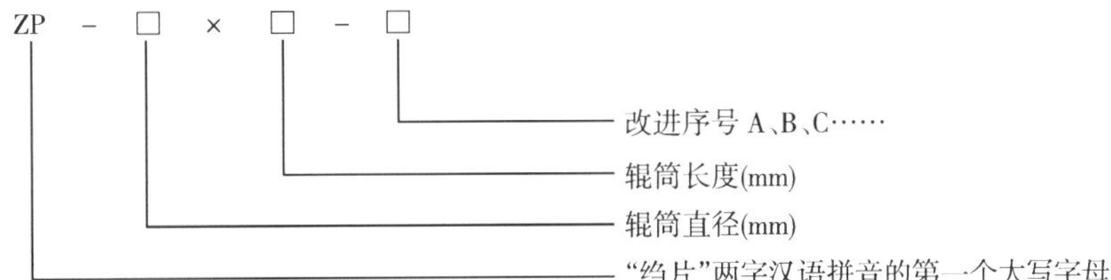

注：改进序号可不标。

示例：

ZP-300×600-A表示辊筒直径为300 mm、辊筒长度为600 mm、改进序号为A的绉片机。

中华人民共和国农业部 2018-03-15 发布　　　　2018-06-01 实施

3.2 产品型号规格和主要参数

产品型号规格和主要参数见表1。

表1 产品型号规格和主要参数

产品型号名称	辊筒尺寸,mm		电机功率,kW	生产率(干胶),t/h
	直径	长度		
ZP-160×400 绉片机	160	400	4～5.5	0.5～0.7
ZP-200×600 绉片机	200	600	7.5～11	1.0～1.2
ZP-300×600 绉片机	300	600	15～18.5	1.0～1.2
ZP-350×700 绉片机	350	700	18.5～30	2.0～2.5
ZP-450×760 绉片机	450	760	37～45	3.5～4.0
ZP-510×760 绉片机	510	760	45～55	4.0～5.0
ZP-560×760 绉片机	560	760	55～75	4.0～5.0
ZP-610×760 绉片机	610	760	55～90	5.0～6.0
ZP-660×760 绉片机	660	760	75～110	6.0～8.0

4 技术要求

4.1 一般要求

4.1.1 可用度应不低于95%。

4.1.2 空载时,轴承温升不超过25℃;负载时,轴承温升不超过30℃。减速箱润滑油的最高温度应不超过65℃。

4.1.3 运转时,减速箱及其他润滑部位不应有渗漏油现象,防水密封装置不应有渗漏现象。

4.1.4 电气线路及软线护管应排列整齐,不应有伤痕和压扁等缺陷。

4.1.5 设备的接地电阻应不大于10 Ω。

4.1.6 外观质量、涂漆质量、铸锻件质量、焊接件质量、加工质量、安全防护应分别符合NY/T 409—2013中5.2、5.3、5.4、5.5、5.6和5.9的要求。

4.1.7 空载运转时,电机功率≤45 kW,噪声应不大于80 dB(A);电机功率>45 kW,噪声应不大于90 dB(A)。

4.2 装配要求

4.2.1 所有自制件应检验合格;外购件、外协件应有合格证明文件并经检验合格后方可进行装配。

4.2.2 辊筒调整机构应转动灵活,无卡滞现象。

4.2.3 两辊筒工作面在全长范围内间隙不大于0.10 mm。

4.2.4 装配后辊筒工作表面径向跳动量不大于0.10 mm。

4.2.5 驱动齿轮副的齿侧间隙应符合GB/T 10095中9级精度的规定。

4.2.6 两V带轮轴线的平行度不大于两轮中心距的1%,两V带轮对应端面的偏移量不大于两轮中心距的0.5%。

4.2.7 双排链联轴节同轴度偏差不大于0.4 mm。

4.3 主要零部件

4.3.1 辊筒

见图1。

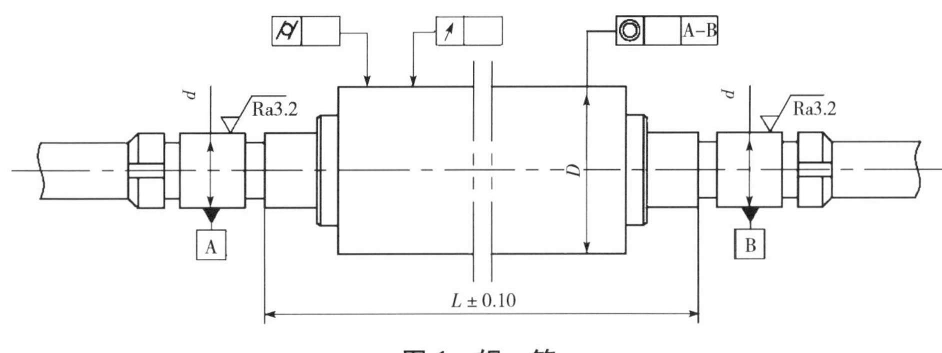

图1 辊 筒

4.3.1.1 辊筒体应采用力学性能不低于GB/T 26655要求的RuT350或GB/T 1348要求的QT 450—10或GB/T 11352要求的ZG 310—570制造;两端轴应采用力学性能不低于GB/T 699要求的45钢制造。

4.3.1.2 辊筒工作表面要求耐磨、耐腐蚀,硬度不低于200 HB。

4.3.1.3 辊筒体不应有裂纹,圆周表面直径和深度均不大于1 mm的砂眼、气孔数量不应超过5个,砂眼、气孔之间距离不少于40 mm。

4.3.1.4 直径D和d的尺寸公差应分别符合GB/T 1800.4中的s7和k6或h6要求。

4.3.1.5 辊筒表面粗糙度应符合图1的要求。

4.3.1.6 形状和位置公差应符合GB/T 1184中8级精度的要求。

4.3.2 轴承座

见图2。

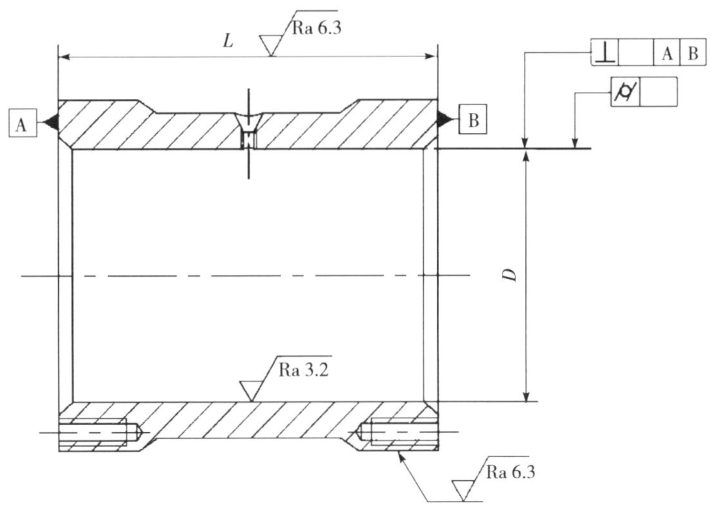

图2 轴承座

4.3.2.1 应采用力学性能不低于GB/T 9439规定的HT200制造的要求。

4.3.2.2 轴承座不应有裂纹,表面直径和深度均不大于2 mm的砂眼、气孔数量不应超过5个,砂眼、气孔之间距离不少于40 mm。

4.3.2.3 内孔直径D和长度L的尺寸公差应分别符合GB/T 1800.4中的H7和r8要求。

4.3.2.4 表面粗糙度应符合图2的要求。

4.3.2.5 形状和位置公差应符合GB/T 1184中8级精度的要求。

4.3.3 驱动大齿轮

4.3.3.1 应采用力学性能不低于 GB/T 9439 规定的 HT200 制造的要求。

4.3.3.2 铸件不应有裂纹,齿部和内孔、键槽处不应有铸造缺陷,其余部位的砂眼、气孔的直径和深度均不能大于 2 mm,数量不应超过 5 个,其之间距离不少于 40 mm。

4.3.3.3 加工精度应不低于 GB/T 10095 中 9 级精度的要求,齿面粗糙度为 Ra6.3。

4.3.3.4 内孔尺寸公差应符合 GB/T 1800.4 中 H8 的要求。

4.3.4 驱动小齿轮、速比齿轮、链轮

4.3.4.1 应采用力学性能不低于 GB/T 699 中规定的 45 钢的要求或 GB/T 11352 中规定的 ZG 310—570 制造的要求。

4.3.4.2 齿面硬度为 40 HRC~48 HRC。

4.3.4.3 加工精度应不低于 GB/T 10095 中 9 级精度的要求,齿面粗糙度为 Ra6.3。

4.3.5 机座

见图 3。

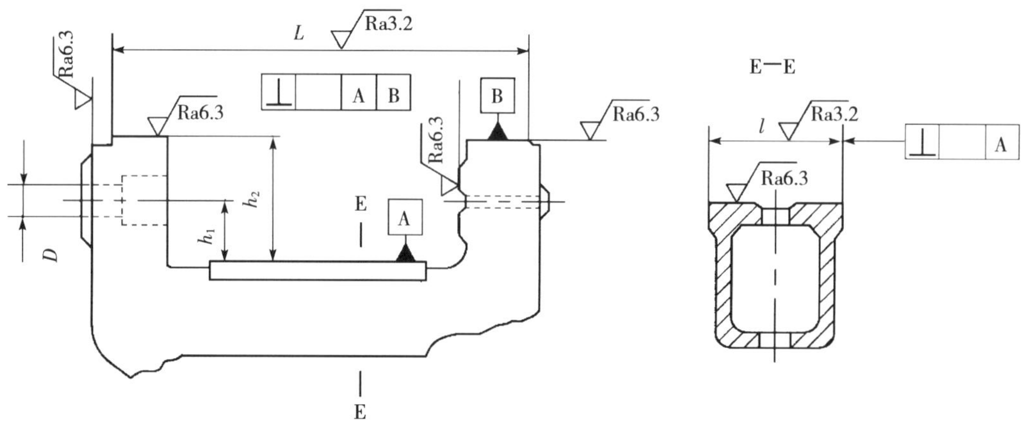

图 3 机 座

4.3.5.1 应采用力学性能不低于 GB/T 9439 规定的 HT200 制造的要求。

4.3.5.2 铸件不应有裂纹及影响强度的砂眼、气孔等缺陷。

4.3.5.3 尺寸 L 应符合 GB/T 1800.4 中 g6 的要求。

4.3.5.4 尺寸 h_1、h_2、l 应分别符合 GB/T 1800.4 中 H9、H8、h10 的要求。

4.3.5.5 加工表面粗糙度应符合图 3 中的规定。

4.3.5.6 形状和位置公差应符合 GB/T 1184 中 8 级精度的要求。

5 试验方法

5.1 空载试验

5.1.1 在总装检验合格后应进行空载试验。

5.1.2 在额定转速下应连续运转时间不少于 2 h。

5.1.3 按照表 2 的规定进行检查和测定。

表 2 空载试验

序号	试验项目	试验方法	试验仪器
1	工作平稳性及声响	感官	—
2	安全防护	目测	—
3	轴承温升	在试验结束时立即测定	温度计

表 2（续）

序号	试验项目	试验方法	试验仪器
4	减速箱和油封处渗漏油情况	目测	—
5	噪声	按照 GB/T 3768 的规定执行	Ⅱ型或Ⅱ型以上声级计

5.2 负载试验

5.2.1 使用单位有要求时，制造厂应在空载试验合格后进行负载试验。

5.2.2 在额定转速及满负荷条件下，应连续运转时间不少于 2 h。

5.2.3 应按照表 3 的规定进行检查和测定。

表 3 负载试验

序号	试验项目	试验方法	试验仪器
1	工作平稳性及声响	感官	—
2	安全防护	目测	—
3	轴承温升	在试验结束时立即测定	温度计
4	减速箱和油封处渗漏油情况	目测	—
5	生产率	测定单位时间的干胶产量	秒表、秤

5.3 其他试验方法

生产率、可用度、尺寸公差、形位公差、硬度、表面粗糙度、齿轮副侧隙和接触斑点及漆膜附着力的测定按照 NY/T 409—2013 中 6.3 规定的方法执行。

6 检验规则

6.1 检验分类

产品检验分出厂检验和型式检验。

6.2 出厂检验

6.2.1 产品均需经制造厂质检部门检验合格并签发“产品合格证”后方能出厂。

6.2.2 产品出厂实行全检，并做好产品出厂档案记录。

6.2.3 出厂检验项目及要求：

——外观质量应符合 NY/T 409—2013 中 5.2 的有关要求；

——装配质量应符合本标准 4.2 和 NY/T 409—2013 中 5.7 的有关要求；

——安全防护应符合 NY/T 409—2013 中 5.9 的有关要求；

——空载试验应符合本标准 5.1 的要求。

6.3 型式检验

6.3.1 有下列情况之一时才进行型式检验：

——新产品的试制定型鉴定或老产品转厂生产；

——正式生产后，结构、材料、工艺等有较大改变，可能影响产品性能；

——正常生产时，定期或周期性抽查检验；

——产品长期停产后恢复生产；

——出厂检验结果与上次型式检验有较大差异；

——国家质量监督机构提出型式检验要求。

6.3.2 抽样规则

6.3.2.1 型式检验采用随机抽样，抽样方法按照 GB/T 2828.1 中规定的正常检查一次抽样方案确定。

6.3.2.2 样品应在近6个月内生产的产品中随机抽取，抽样检查批量应不少于3台，样本大小为2台。

6.3.2.3 样品应在生产企业成品库或销售部门抽取，零部件在零部件成品库或装配线上抽取。

6.3.3 型式检验项目、不合格分类见表4。

表4 型式检验项目、不合格分类

<table>
<tr><th>不合格分类</th><th>检验项目</th><th>样本数</th><th>项目数</th><th>检查水平</th><th>样本大小字码</th><th>AQL</th><th>Ac</th><th>Re</th></tr>
<tr><td>A</td><td>1. 生产率
2. 可用度
3. 安全性</td><td rowspan="3">2</td><td>3</td><td rowspan="3">S-1</td><td rowspan="3">A</td><td>6.5</td><td>0</td><td>1</td></tr>
<tr><td>B</td><td>1. 噪声
2. 辊筒质量
3. 轴承与孔、轴配合尺寸
4. 双排链联轴节同轴度
5. 齿轮质量、齿轮副侧隙、接触斑点
6. 轴承温升</td><td>6</td><td>25</td><td>1</td><td>2</td></tr>
<tr><td>C</td><td>1. 辊筒间隙
2. 调整机构灵活可靠性
3. 减速机渗漏油
4. 零部件结合表面尺寸
5. 油漆外观及漆膜附着力
6. 整机外观质量
7. 标志和技术文件</td><td>7</td><td>40</td><td>2</td><td>3</td></tr>
<tr><td colspan="9">注：AQL为合格质量水平，Ac为合格判定数，Re为不合格判定数。</td></tr>
</table>

6.3.4 判定规则

评定时采用逐项检验考核，A、B、C各类的不合格总数小于等于Ac为合格，大于等于Re为不合格。A、B、C各类均合格时，该批产品为合格品，否则为不合格品。

7 标志、包装、运输和储存

按照NY/T 409—2013中8的规定。

附加说明：

本标准按照GB/T 1.1—2009给出的规则起草。

本标准代替了NY/T 262—2003《天然橡胶初加工机械 绉片机》。与NY/T 262—2003相比，除编辑性修改外主要技术变化如下：

——修改了产品型号表示方法(见3.1，2003年版的3.1)；

——修改并增加了部分产品型号规格和主要参数(见3.2，2003年版的3.2)；

——增加了双排链联轴节的装配要求(见4.2.7)；

——删除了辊筒表面粗糙度的要求(见图1，2003年版的图1)；

——修改了齿轮齿面硬度要求(见4.3.4.2，2003年版的4.3.4.2)；

——增加了其他试验方法(见5.3)；

——调整了型式检验项目不合格分类A、B和C中项目(见6.3.3，2003年版的6.3.3)。

本标准由中华人民共和国农业部提出。

本标准由农业部热带作物及制品标准化技术委员会归口。

本标准起草单位:中国热带农业科学院农业机械研究所。

本标准主要起草人:李明、刘智强、韦丽娇。

本标准所代替标准的历次版本发布情况为:

——NY/T 262—1994、NY/T 262—2003。

中华人民共和国农业行业标准

澳洲坚果　种苗

Macadamia nuts—Grafted seedling

NY/T 454—2018

代替 NY/T 454—2001

1　范围

本标准规定了澳洲坚果(*Macadamia* spp.)种苗的要求、试验方法、检验规则、包装、标识、运输和储存。

本标准适用于澳洲坚果嫁接苗。

2　规范性引用文件

下列文件对于本文件的应用是必不可少的。凡是注日期的引用文件,仅注日期的版本适用于本文件。凡是不注日期的引用文件,其最新版本(包括所有的修改单)适用于本文件。

GB 9847　苹果苗木

GB 15569　农业植物调运检疫规程

中华人民共和国国务院　植物检疫条例

中华人民共和国农业部　植物检疫条例实施细则(农业部分)

3　要求

3.1　基本要求

3.1.1　品种纯度≥98.0%。

3.1.2　出圃时应为容器苗,容器基本完好,土团不松散。

3.1.3　植株生长正常,至少2次梢叶片已稳定老熟,无明显机械损伤,接穗抽梢无扭曲现象,嫁接口愈合良好,无绑带绞缢现象。

3.1.4　无检疫性病虫害。

3.2　分级指标

澳洲坚果种苗分为一级、二级两个级别,各级别的种苗应符合表1的规定。

表1　澳洲坚果种苗分级指标

项　目	等　级	
	一　级	二　级
种苗高度,cm	≥130	≥70
抽梢长度,cm	≥70	≥40
抽梢粗度,cm	≥1.0	≥0.5
分枝数量,个	≥6	≥1
嫁接口高度,cm	≤50	≤50

中华人民共和国农业部 2018-03-15 发布　　2018-06-01 实施

4 试验方法

4.1 抽样

按 GB 9847 的规定执行，采用随机抽样法。种苗基数在 999 株以下(含 999 株)的，按基数的 10% 抽样，并按式(1)计算抽样量；种苗基数在 1 000 株以上(含 1 000 株)时，按式(2)计算抽样量。

$$y_1 = y_2 \times 10\% \quad \cdots\cdots (1)$$

式中：

y_1——种苗基数在 999 株以下(含 999 株)的抽样量，单位为株；

y_2——种苗基数，单位为株。

y_1 和 y_2 保留整数。抽样结果记录入附录 A 的表 A.1 中。

$$y_3 = 100 + (y_2 - 999) \times 2\% \quad \cdots\cdots (2)$$

式中：

y_3——种苗基数在 1 000 株以上(含 1 000 株)的抽样量，单位为株。

y_2 和 y_3 保留整数。抽样结果记录入附录 A 的表 A.1 中。

4.2 纯度检验

将种苗样品参见附录 B 逐株目测检验，根据指定品种的主要特征确定指定品种的种苗株数。品种纯度按式(3)计算。

$$p_0 = \frac{p_1}{y} \times 100 \quad \cdots\cdots (3)$$

式中：

p_0——品种纯度，单位为百分率(%)；

p_1——样品中指定品种株数，单位为株；

y ——种苗抽样量，单位为株。

p_0 保留一位小数，p_1 和 y 保留整数。检验结果记录入附录 C 的表 C.1 中。

4.3 外观检验

种苗外观、容器和营养土的完整程度用目测法检验；容器直径、高度用卷尺测量。

4.4 疫情检验

按中华人民共和国国务院《植物检疫条例》和中华人民共和国农业部《植物检疫条例实施细则(农业部分)》和 GB 15569 的有关规定执行。

4.5 分级检验

4.5.1 种苗高度

测量营养土面至种苗最高顶芽的垂直距离(精确至 1 cm)。

4.5.2 抽梢长度

测量接穗上抽生的最长梢自基部至顶芽的距离(精确至 1 cm)。

4.5.3 抽梢粗度

用游标卡尺测量接穗上抽生的最长梢基部以上 3 cm 处的直径(精确至 0.1 cm)。

4.5.4 分枝数量

观察接穗上抽生的各级老熟枝梢的数量。

4.5.5 嫁接口高度

测量营养土面至种苗嫁接口顶部的距离(精确至 1 cm)。

检验结果记录入附录 A 的表 A.1 中。

5 检验规则

5.1 组批

凡同一品种、同一等级、同一批种苗可作为一个检验批次。种苗质量检验限于种苗出圃时在种苗装运地或苗圃地进行。

5.2 检验

种苗质量由供需双方共同委托种子种苗质量检验技术部门或该部门授权的其他单位检验,并由该检验技术部门签发"澳洲坚果种苗质量检验证明书"。参见附录 C 的规定。

5.3 判定规则

5.3.1 如达不到 3.1 中的某一项要求,则判该批种苗为不合格。

5.3.2 同一批检验的一级种苗中,允许有 5%的种苗低于一级苗标准,但应达到二级苗标准,超过此范围,则判该批种苗为二级苗。同一批检验的二级种苗中,允许有 5% 的种苗低于二级苗标准,超过此范围,则判该批种苗为不合格种苗。

5.4 复检

若对检验结果有异议,允许复检一次,也可由有关各方协商确定复检合格的条件,复检结果为最终结果。如疫情检验不合格,则不准许复检。

6 包装、标识、运输和储存

6.1 包装

容器规格:一级苗的容器直径≥18 cm、高度≥30 cm,二级苗的容器直径≥10 cm、高度≥25 cm;种苗至少应在容器中培育 2 个月以上,长出新根,出圃前露天炼苗 7 d~10 d;如包装容器严重破损而土团完好,则重新用新容器包装并用绳子十字形交叉绑牢,即可出圃;如包装容器严重破损,土团松散,应重新用新容器包装填土,并用绳子十字形交叉绑牢,放置荫棚假植,待植株长出新根方可出圃。

6.2 标识

种苗销售或运输时,应附有种苗质量检验证明书和标签。种苗质量检验证明书格式参见附录 C,标签格式参见附录 D;标签项目栏内用不脱色的记录笔填写。

6.3 运输

种苗应按不同品种、级别分别装载,及时运输。运输过程应保持一定湿度,应遮阳挡风,防日晒、雨淋及风干。

6.4 储存

种苗运送到目的地后,应及时卸载;按不同品种、级别分别摆放,及时淋水防旱,并均匀喷洒一次杀菌剂,及时定植或假植。

附　录　A
（资料性附录）
澳洲坚果种苗质量检验记录

澳洲坚果种苗质量检验记录表见表 A.1。

表 A.1　澳洲坚果种苗质量检验记录表

育苗单位：

购苗单位：　　　　　　　　　　　　　　　　　　　　　　　　　　NO：________

<table>
<tr><td rowspan="2">报检情况</td><td colspan="2">报检品种</td><td colspan="3"></td><td colspan="3">实际出圃合格苗总株数
株</td></tr>
<tr><td colspan="2">报检总株数
株</td><td colspan="3"></td><td colspan="3"></td></tr>
<tr><td rowspan="5">检验结果</td><td colspan="2">抽检样品总株数</td><td colspan="6"></td></tr>
<tr><td colspan="2">品种纯度
%</td><td colspan="6"></td></tr>
<tr><td colspan="2">级　别</td><td colspan="2">一级</td><td colspan="2">二级</td><td colspan="2">一～二级苗合计</td></tr>
<tr><td colspan="2">样品中各级别
种苗的株数
株</td><td colspan="2"></td><td colspan="2"></td><td colspan="2"></td></tr>
<tr><td colspan="2">样品中各级别种苗株数
占种苗总株数的百分比
%</td><td colspan="2"></td><td colspan="2"></td><td colspan="2"></td></tr>
<tr><td rowspan="8">检验记录</td><td>样株号</td><td>种苗高度
cm</td><td>抽梢长度
cm</td><td>抽梢粗度
cm</td><td>分枝数量
条</td><td>嫁接口高度
cm</td><td>初评级别</td><td>备注</td></tr>
<tr><td></td><td></td><td></td><td></td><td></td><td></td><td></td><td></td></tr>
<tr><td></td><td></td><td></td><td></td><td></td><td></td><td></td><td></td></tr>
<tr><td></td><td></td><td></td><td></td><td></td><td></td><td></td><td></td></tr>
<tr><td></td><td></td><td></td><td></td><td></td><td></td><td></td><td></td></tr>
<tr><td></td><td></td><td></td><td></td><td></td><td></td><td></td><td></td></tr>
<tr><td></td><td></td><td></td><td></td><td></td><td></td><td></td><td></td></tr>
<tr><td></td><td></td><td></td><td></td><td></td><td></td><td></td><td></td></tr>
</table>

审核人（签字）　　　　　　　校核人（签字）　　　　检验人（签字）　　　　　　检验日期：　年　　月　　日

附 录 B
（资料性附录）
澳洲坚果部分品种特征

B.1 Hinde(H2)

树冠疏朗，中等直立，分枝长且健壮；三叶轮生；叶短而宽，倒卵形，叶端圆，叶基较窄，叶柄短至中等，叶全缘呈波浪形，极少刺或无刺，较老的叶片叶缘反卷叶片和着生小枝成锐角。

B.2 Own Choice(OC)

灌木形，树冠密集，树形开张；枝条小而多，扭曲；三叶轮生，叶片小，叶全缘或波浪形，刺极少，叶端圆形且比叶基宽，叶端两边叶缘反卷，叶片扭曲，叶片与着生小枝成锐角。

B.3 Keauhou(246)

树冠圆形至阔圆形，树形开张；分枝多，且向下部弯曲，枝条细小至中等大；三叶轮生，叶片顶部钝、常上卷，叶缘波浪形，刺中等多，叶片常扭曲，叶片与着生小枝几乎成直角。

B.4 Kau(344)

树冠圆锥形，树形直立；枝条粗壮，分枝少；三叶轮生，叶片长椭圆形，叶缘扭曲少刺，叶顶部上卷。

B.5 Pahala(788)

树冠圆形，树形分散；枝条直立，分枝长且健壮；三叶轮生，叶大且较长，波浪形，叶缘反卷，叶尖有少量刺。

B.6 Beaumont(695)

树冠中等直立；分枝长而健壮，新梢紫红色；叶披针形，叶尖为急尖，叶缘刺多且大，叶片两面的叶脉、侧脉和大量的细网脉明显可见。花序粉红色。

B.7 922 澳洲坚果

树冠圆形，树形较开张，长势中等；枝梢较软，分枝较少；新梢绿色；三叶轮生，叶片倒卵形，嫩叶淡绿色，老叶暗绿色，叶缘反卷、呈波浪形、刺较少，叶顶呈圆形，叶背叶脉清晰。

附　录　C
（资料性附录）
澳洲坚果种苗质量检验证明书

澳洲坚果种苗质量检验证明书见表 C.1。

表 C.1　澳洲坚果种苗质量检验证明书

签证日期：　年　月　日　　　　NO：________

<table>
<tr><td>育苗单位</td><td colspan="3"></td></tr>
<tr><td>购苗单位</td><td colspan="3"></td></tr>
<tr><td>种苗品种</td><td></td><td>种苗类型</td><td></td></tr>
<tr><td>出圃株数
株</td><td colspan="3"></td></tr>
<tr><td rowspan="2">检验
结果</td><td>一级苗
株</td><td>二级苗
株</td><td>品种纯度
%</td></tr>
<tr><td></td><td></td><td></td></tr>
<tr><td colspan="4">证明书有效期　　年　　月　　日至　　年　　月　　日</td></tr>
<tr><td colspan="4">检验意见：

检验单位（章）
年　月　日</td></tr>
<tr><td colspan="4">注：本证明书一式三份，育苗单位、购苗单位、检验单位各执一份。</td></tr>
</table>

审核人（签字）　　　　校核人（签字）　　　　检验人（签字）

附 录 D
（资料性附录）
澳洲坚果种苗标签

澳洲坚果种苗标签见图 D.1。

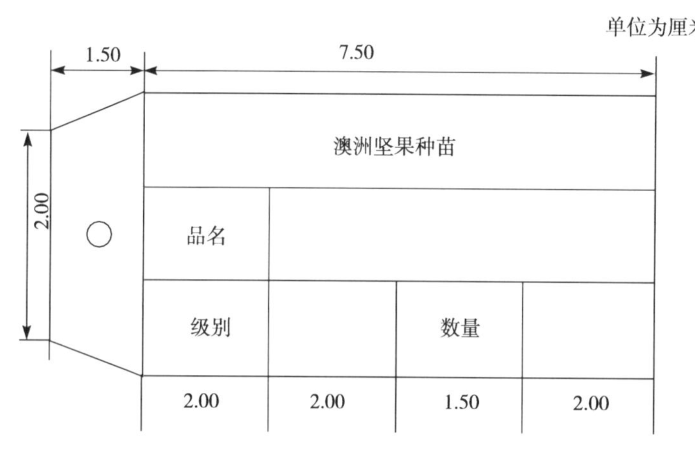

正面

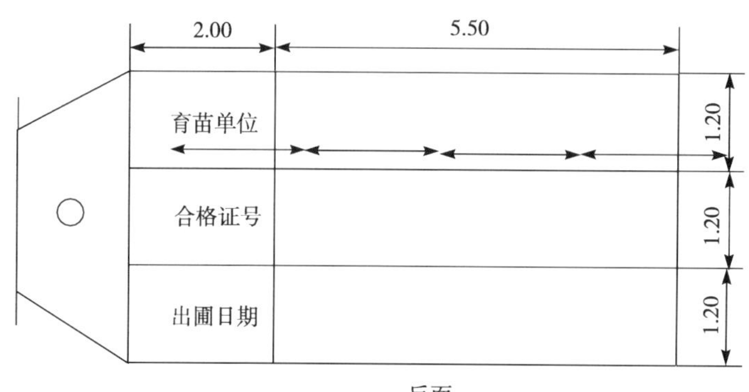

反面

注：标签用材为厚度约 0.3 mm 的白色聚乙烯塑料薄片或牛皮纸。

图 D.1　澳洲坚果种苗标签

附加说明：

本标准按照 GB/T 1.1—2009 给出的规则起草。

本标准代替 NY/T 454—2001《澳洲坚果　种苗》。与 NY/T 454—2001 相比，除编辑性修改外主要技术变化如下：

——删除了通用的术语和定义；

——删除了扦插苗质量指标；

——对标准参数进行了调整，删除了根系指标，增加了分枝数指标；

——对指标范围进行了调整；

——补充、删除了部分品种的特征。

本标准由农业农村部农垦局提出。

本标准由农业农村部热带作物及制品标准化技术委员会归口。

本标准起草单位：中国热带农业科学院南亚热带作物研究所、云南省云县林业局、广西南亚热带农业科学研究所、贵州省亚热带作物研究所。

本标准主要起草人：陆超忠、邹明宏、曾辉、杨为海、张汉周、万继锋、熊星祥、王文林、韩树全。

本标准所代替标准的历次版本发布情况为：

——NY/T 454—2001。

中华人民共和国农业行业标准

天然橡胶初加工机械　燃油炉　质量评价技术规范

Primary processing machinery of natural rubber—Oil-fired furnace—Technical specification of quality evaluation

NY/T 462—2018

代替 NY/T 462—2001

1　范围

本标准规定了天然橡胶初加工机械燃油炉的基本要求、质量要求、检测方法和检验规则。

本标准适用于天然橡胶初加工机械燃油炉的质量评定，天然橡胶初加工机械燃气炉及油气两用炉可参照执行。

2　规范性引用文件

下列文件对于本文件的应用是必不可少的。凡是注日期的引用文件，仅注日期的版本适用于本文件。凡是不注日期的引用文件，其最新版本(包括所有的修改单)适用于本文件。

GB/T 700　碳素结构钢

GB/T 2828.1　计数抽样检验程序　第1部分：按接收质量限(AQL)检索的逐批检验抽样计划

GB/T 2988　高铝砖

GB/T 2994　高铝质耐火泥浆

GB/T 3994　粘土质隔热耐火砖

GB/T 3995　高铝质隔热耐火砖

GB/T 4238　耐热钢钢板和钢带

GB/T 5667　农业机械　生产试验方法

GB/T 9969　工业产品使用说明书　总则

GB 10396　农林拖拉机和机械、草坪和园艺动力机械　安全标志和危险图形　总则

GB/T 13306　标牌

GB/T 14982　粘土质耐火泥浆

NY/T 409　天然橡胶初加工机械通用技术条件

YB/T 5106　粘土质耐火砖

3　基本要求

3.1　文件资料

质量评价所需文件资料应至少包括：

——产品执行标准或产品制造验收技术条件；

——产品使用说明书。

3.2　主要技术参数核对与测量

依据产品使用说明书和企业提供的其他技术文件，对样机的主要技术参数按照表1的规定进行核

中华人民共和国农业部 2018-03-15 发布　　　　2018-05-22 实施

对或测量。

表 1 核测项目表

序号	项　　目	方　　法
1	规格型号	核对
2	结构型式	核对
3	外形尺寸(长度×直径)	测量

4 质量要求

4.1 主要性能要求

产品主要性能要求应符合表 2 的要求。

表 2 产品主要性能要求

序号	项　　目	指　　标
1	可用度(K_{18h}),%	≥95
2	燃油炉外表面温度,℃	≤45
3	燃油炉密封情况	无热风泄漏
4	点火试烧	火焰燃烧区应在炉膛正中;燃油雾化情况应良好;燃料应燃烧完全,不应有黑烟出现

4.2 安全要求

4.2.1 燃料存放器具应与燃油炉分开放置,并符合消防安全要求。

4.2.2 在易发生危险的部位,应在明显处设有安全警示标志,安全警示标志应符合 GB 10396 的要求。

4.3 一般要求

4.3.1 燃油炉的结构应满足燃料燃烧的要求,有利于载热气体的保温与输送,操作应方便、安全可靠。

4.3.2 耐火砖结构式燃油炉,土建部分应到使用现场筑造。筑造完毕,应自然静置 15 d 以上,让水分自然挥发。

4.3.3 燃油喷嘴应按设计要求进行选用,应适合燃油炉的要求。

4.3.4 燃油喷嘴的配套风机应根据喷嘴型号选配。

4.3.5 安装燃油喷嘴时,油管接头处应严密,不应有泄漏现象。

4.3.6 燃烧机应是合格产品,性能结构应符合相关要求。

4.3.7 外观质量、焊接件质量和装配质量应符合 NY/T 409 的有关要求。

4.4 关键零部件质量

4.4.1 耐火砖结构式燃油炉

4.4.1.1 炉壳应采用力学性能不低于 GB/T 700 中 Q235A 的材料制造。

4.4.1.2 炉壳制成后,应除锈、涂防锈漆。

4.4.1.3 保温层用保温砖砌成,保温砖应采用水泥与普通石棉泥(或容重和保温性能不低于普通石棉泥的材料),以不大于 1∶9 的比例预制而成,保温层厚度应不小于 60 mm。

4.4.1.4 砌保温砖的泥浆,应采用水泥与普通石棉泥(或容重和保温性能不低于普通石棉泥的材料),以不大于 1∶9 的比例调水而成,调水浓度以能黏结保温砖为限,越干越好。

4.4.1.5 耐火层应采用耐火度不低于 YB/T 5106 规定的 N-2a 牌号黏土质耐火砖(或 GB/T 2988 规定的 LZ-48 牌号高铝砖),使用耐火度不低于 GB/T 14982 规定的 NN-38 牌号黏土质耐火泥浆(或

GB/T 2994 规定的 LZ－55 牌号高铝质耐火泥浆)砌成。

4.4.1.6 砌耐火层时,耐火泥浆应以能黏砖为限,越干越好;耐火砖应不湿水,灰浆应布满耐火砖之间的接触面,采用软于耐火砖的物体敲击砖块,直到砖缝达到最小。

4.4.1.7 位于保温层与耐火层之间的中间层,应采用耐火度不低于 GB/T 3994 规定的 NG－1.0 牌号黏土质隔热耐火砖(或 GB/T 3995 规定的 NG－1.0 牌号高铝质隔热耐火砖),以及耐火度不低于 GB/T 14982 规定的 NN－38 牌号黏土质耐火泥浆(或 GB/T 2994 规定的 LN－55 牌号高铝质耐火泥浆)。

4.4.1.8 砌中间层的耐火泥浆及砌砖要求与砌耐火层的耐火泥浆及砌砖要求相同。

4.4.1.9 挡火墙应选用与耐火层相同的耐火砖及耐火泥浆砌成。

4.4.1.10 砌挡火墙的耐火泥浆及砌砖要求与砌耐火层的耐火泥浆及砌砖要求相同。

4.4.2 耐热钢结构式燃油炉

炉胆应采用耐高温氧化、力学性能不低于 GB/T 4238 中的耐热钢制造,炉体应采用力学性能不低于 GB/T 700 中的 Q235A 制造,保温层应采用导热系数不大于 0.045 W/(m·K)的材料制造。

4.5 使用信息要求

4.5.1 产品使用说明书的编制应符合 GB/T 9969 的规定,除包括产品基本信息外,还应包括安全注意事项、禁用信息以及对安全标志的详细说明等内容。

4.5.2 应在设备明显位置固定产品标牌,标牌应符合 GB/T 13306 的规定。

5 检测方法

5.1 性能试验

5.1.1 可用度

按照 GB/T 5667 的规定进行测定。对产品进行连续 3 个班次的查定,每个班次作业时间为 6 h。

5.1.2 燃油炉外表面温度

燃油炉外表面温度采用测温仪测定。

5.1.3 燃油炉密封情况

燃油炉密封情况采用感官检查。

5.1.4 点火试烧

燃油炉静置干燥后,按点火操作程序进行点火试烧,时间不少于 0.5 h。

5.2 安全要求

安全要求采用目测检查。

5.3 一般要求

按照 4.3 的规定进行逐项检查,所有子项合格,则该项合格。

5.4 关键零部件质量

按照 4.4 的规定进行逐项检查,所有子项合格,则该项合格。

5.5 使用信息

5.5.1 使用说明书按照 GB/T 9969 的规定进行检查。

5.5.2 产品标牌按照 GB/T 13306 的规定进行检查。

6 检验规则

6.1 抽样方法

6.1.1 抽样应符合 GB/T 2828.1 中正常检查一次抽样方案的要求。

6.1.2　样本应在制造单位近1年内生产的合格产品中随机抽取，抽样检查批量应不少于3台，样本大小为2台。在销售部门抽样时，不受上述限制。

6.2　检验项目、不合格分类

检验项目、不合格分类见表3。

表3　检验项目、不合格分类

不合格分类	检验项目	样本数	项目数	检查水平	样本大小字码	AQL	Ac	Re
A	1. 安全要求 2. 可用度($K_{18\ h}$)	2	2	S-Ⅰ	A	6.5	0	1
B	1. 燃油炉外表面温度 2. 燃油炉密封情况 3. 点火试烧		3			25	1	2
C	1. 关键零部件质量 2. 装配质量 3. 外观质量 4. 标志、标牌 5. 使用说明书		5			40	2	3
注：AQL为合格质量水平，Ac为合格判定数，Re为不合格判定数。								

6.3　判定规则

评定时采用逐项检验考核，A、B、C各类的不合格项总数小于或等于Ac为合格，大于或等于Re为不合格。A、B、C各类均合格时，该批产品为合格品，否则为不合格品。

附加说明：

本标准按照GB/T 1.1—2009给出的规则起草。

本标准代替NY/T 462—2001《天然橡胶初加工机械　燃油炉》。与NY/T 462—2001相比，除编辑性修改外主要变化如下：

——对标准名称做了修改，将《天然橡胶初加工机械　燃油炉》修改为《天然橡胶初加工机械　燃油炉　质量评价技术规范》；

——删除了对产品型号表示方法的规定(见2001年版的3.1)；

——增加了对文件资料的基本要求(见3.1)；

——增加了使用有效度、燃油炉密封情况等主要性能要求(见4.1)；

——增加了安全以及使用信息等技术要求(见4.2和4.5)；

——删除了耐火砖结构式燃油炉的结构示意图(见2001年版的图1)；

——增加了耐热钢结构式燃油炉的技术要求(见4.4.2)；

——增加了检测方法(见5)；

——增加了检验规则，包括抽样方法、检验项目、不合格分类及判定规则(见6)；

——删除了对产品包装、运输和储存的要求(见2001年版的6)。

本标准由中华人民共和国农业部提出。

本标准由农业部热带作物及制品标准化技术委员会归口。

本标准起草单位：中国热带农业科学院农产品加工研究所、广东省湛江农垦第一机械厂。

本标准主要起草人：黄晖、付云飞、张帆、莫建德、刘义军、宫杰。

本标准所代替标准的历次版本发布情况为：

——NY/T 462—2001。

中华人民共和国农业行业标准

毛 叶 枣

India jujube

NY/T 484—2018

代替 NY/T 484—2002

1 范围

本标准规定了毛叶枣(*Ziziphus mauritiana* Lam.)鲜果的术语和定义、质量要求、容许度、检验方法、检验规则、判定规则、包装、标识、运输及储存等技术要求。

本标准适用于毛叶枣鲜果。

2 规范性引用文件

下列文件对于本文件的应用是必不可少的。凡是注日期的引用文件,仅注日期的版本适用于本文件。凡是不注日期的引用文件,其最新版本(包括所有的修改单)适用于本文件。

GB/T 191 包装储运图示标志

GB 2762 食品安全国家标准 食品中污染物限量

GB 2763 食品安全国家标准 食品中农药最大残留限量

GB/T 6543 运输包装用瓦楞纸箱和双瓦楞纸箱

GB/T 8855 新鲜水果和蔬菜取样方法

NY/T 2673 水果和蔬菜可溶性固形物含量的测定 折射仪法

3 术语和定义

下列术语和定义适用于本文件。

3.1

异味 foreign smell or taste

果实吸收其他物质的不良气味或因变质而产生的不正常气味或滋味。

3.2

果面缺陷 skin defects

对果实表皮造成的各种损伤,包括刺伤、果锈、碰压伤、药害、冷害、裂果、病果、虫伤等。

3.3

容许度 tolerances

人为规定的一个低于本等级质量要求的允许限度,指每批产品不符合等级要求的限量。

4 质量要求

4.1 基本要求

果实应满足下列基本要求:

中华人民共和国农业部 2018 - 12 - 19 发布 2019 - 06 - 01 实施

——具有本品种固有的特征风味；
——具有适宜于市场销售或储存要求的成熟度；
——果实新鲜、品相良好、无异味；
——具备“肉脆、爽口、味甜”的果实风味；
——可溶性固形物含量≥10.0%。

4.2 外观等级要求

在符合基本要求前提下，毛叶枣鲜果分为3个等级，各等级外观质量要求见表1。

表1 外观等级要求

项目	一级	二级	三级
果形	果型端正，具有本品种应有的特征	果型端正，具有本品种固有的特性，允许果形有轻微缺点	果形有缺点，但仍具本品种的基本特性，容许有轻微缺陷，但不得有畸形果
色泽	具有本品种成熟果固有的优良色泽，果肉白色	具有本品种成熟果固有的优良色泽，果肉白色	具有本品种成熟果应有的色泽，果肉白色
果面缺陷	果面无缺陷	容许轻微病斑、碰压伤等果面缺陷，总面积不超过0.5 cm^2，不允许出现药害导致的缺陷	容许轻微虫伤、碰压伤或不严重影响果实外观的表层伤害，总面积不超过1.0 cm^2

4.3 规格要求

果实大小规格用千克果数表示，见表2。

表2 规格要求

单位为个

规格	千克果数(N)
大(L)	$N≤6$
中(M)	$6<N≤10$
小(S)	$N>10$

4.4 安全指标

污染物限量和农药最大限量要求应符合GB 2762和GB 2763的规定。

5 容许度

5.1 质量容许度

5.1.1 产地验收质量容许度

5.1.1.1 一级

允许有3.0%的果实不符合本等级规定的质量要求，其有果面缺陷的不合格果之和不得超过1.0%。

5.1.1.2 二级

允许有5.0%的果实不符合本等级规定的质量要求，其有果面缺陷的不合格果之和不得超过1.0%。

5.1.1.3 三级

允许有8.0%的果实不符合本等级规定的质量要求，其有果面缺陷的不合格果之和不得超过5.0%。受严重危害的果实和有微损伤的果实合计不得超过1.0%。

5.1.2 港站验收质量容许度

5.1.2.1 一级

允许有5.0%的果实不符合本等级规定的质量要求,其有果面缺陷的不合格果之和不得超过2.0%。

5.1.2.2 二级

允许有8.0%的果实不符合本等级规定的质量要求,其有果面缺陷的不合格果之和不得超过5.0%。

5.1.2.3 三级

允许有10.0%的果实不符合本等级规定的质量要求,其有果面缺陷的不合格果之和不得超过7.0%。受严重危害的果实和有微损伤的果实合计不得超过2.0%。

5.2 规格容许度

各级容许度规定允许的不合格果,只能是邻级果,不允许隔级果。容许度的测定以检验全部抽检包装件的平均数计算,容许规定的百分率一般以重量或果数计算。

6 检验方法

6.1 感官检验

果实的大小、色泽、缺陷等外观指标由感官评定,在正常光线下用目视法检测果实的果形、新鲜色泽、缺陷果、成熟度;通过品尝鉴定果实的品质;通过嗅觉检验果实异味。

6.2 规格检验

千克果数:从样品中随机称取1 000 g样果,清点果实个数,重复3次取样测试,以3次平均数为该批果千克果数,精确到整数。

6.3 可溶性固形物检验

按NY/T 2673的规定执行。

6.4 安全检验

6.4.1 试样制备

取洗净的样果1 kg,去核,打成匀浆,待测。

6.4.2 测定方法

按GB 2762和GB 2763中规定的测定方法进行测定。

6.5 容许度计算

每批检验后,检出的不合格果,分项记录。在同一果实上兼有2项或2项以上不同缺陷时,只记录影响较重的一项,不做重复计算。一般以果重为基准分别计算其百分率,如包装上标示果个数时,则百分比应以个数为基准。按式(1)计算,精确到小数点后1位。

$$B = \frac{n}{m} \times 100 \qquad (1)$$

式中:

B ——单项不合格果率,单位为百分率(%);

m ——样果总质量或果数,单位为克(g)或个;

n ——单项不合格果质量或果数,单位为克(g)或个。

7 检验规则

7.1 组批

同一产地、同一品种、同一批采收的毛叶枣为一个检验批次。

7.2 抽样方法

抽样按GB/T 8855的规定执行。

8 判定规则

8.1 经检验安全指标中1项不合格，则判定为不合格产品。

8.2 经检验符合第4章要求的产品，则判定为相应等级的合格产品。

8.3 整批产品不超过某级别规定的容许度，则判定为某级别产品。若超过，则按下一级规定的容许度检验，直到判出级别为止。如果容许度超出“合格品”的范围，则判定为等外品。

9 包装、标识、运输及储存

9.1 基本要求

同一最小包装单位内，应为同一品种的同一等级、同一规格的产品，包装内的产品可视部分应具有整个包装产品的代表性。

9.2 包装方式

宜使用瓦楞纸箱进行包装，且包装材料应清洁干燥、牢固、透气、无污染、无异味、无虫蛀，有保护性软垫，并符合GB/T 6543的要求。

9.3 标识

同一批货物的包装标识，在形式和内容上统一，包装上应有明显标识，标识文字和图案应清晰、完整，并符合GB/T 191的要求。

9.4 运输

长途运输和大规模运输宜采用冷藏集装箱或气调集装箱。短途运输可采用普通货车运输。运输工具应干燥、无毒、便于通风，不与有毒、有害物质混装混运。冷藏运输时，需保持运输工具内温度均匀，每件货物均可接触到冷空气，避免货堆中部积热和四周产生冻害。

9.5 储存

储存场地应清洁，有防雨、防潮设施。库房中不得与有毒、有异味的物品混存。储存应分品种、等级堆放，批次分明，堆垛整齐，堆放和装卸时轻拿轻放。

附加说明：

本标准按照GB/T 1.1—2009给出的规则起草。

本标准代替NY/T 484—2002《毛叶枣》。与NY/T 484—2002相比，除编辑性修改外主要技术变化如下：

——修订并精简了部分术语和定义；

——修订了毛叶枣鲜果等级划分，将毛叶枣鲜果等级划分为“一级”“二级”“三级”，并修订了其中“果面缺陷”的指标；

——增加“产地验收质量容许度”“港站验收质量容许度”；

——修订了安全指标。

本标准由中华人民共和国农业农村部提出。

本标准由农业农村部热带作物及制品标准化技术委员会归口。

本标准起草单位：云南省农业科学院热区生态农业研究所。

本标准主要起草人：沙毓沧、段曰汤、瞿文林、马开华、金杰、雷虓、赵琼玲、张梦寅。

本标准所代替标准的历次版本发布情况为：

——NY/T 484—2002。

中华人民共和国农业行业标准

NY/T 607—2018

代替 NY/T 607—2002

橡胶树育种技术规程

1 范围

本标准规定了橡胶树(*Hevea brasiliensis* Muell. - Arg.)育种的选育种程序、品种系比试验和品种性状鉴定。

本标准适用于我国橡胶树品种的选育。

2 规范性引用文件

下列文件对于本文件的应用是必不可少的。凡是注日期的引用文件,仅注日期的版本适用于本文件。凡是不注日期的引用文件,其最新版本(包括所有的修改单)适用于本文件。

GB/T 4814 原木材积表

GB/T 8081 天然生胶 技术分级橡胶(TSR)规格导则

GB/T 8289 浓缩天然胶乳 氨保存离心或膏化胶乳 规格

NY/T 221 橡胶树栽培技术规程

NY/T 1089 橡胶树白粉病测报技术规程

NY/T 2250 橡胶树棒孢霉落叶病监测技术规程

NY/T 2668.1 热带作物品种试验技术规程 第1部分:橡胶树

NY/T 2749 植物新品种特异性、一致性和稳定性测试指南 橡胶树

NY/T 2814 热带作物种质资源抗病虫鉴定技术规程 橡胶树白粉病

3 选育种程序

橡胶树选育种程序如图1所示。

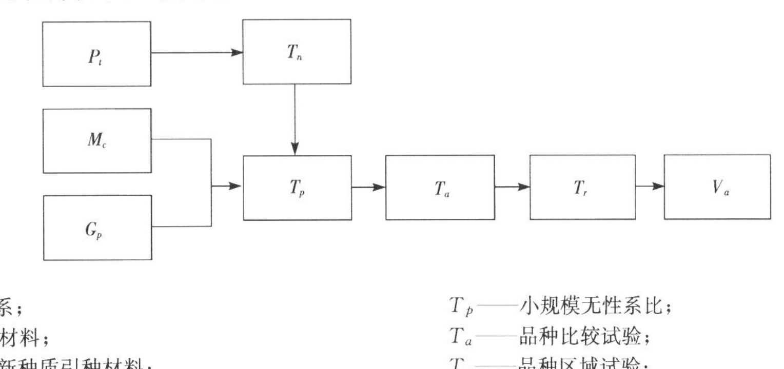

说明:

P_t——有性系;

M_c——创新材料;

G_p——优良新种质引种材料;

T_n——小规模有性系比;

T_p——小规模无性系比;

T_a——品种比较试验;

T_r——品种区域试验;

V_a——品种。

图1 橡胶树选育种程序

中华人民共和国农业部 2018-12-19 发布　　2019-06-01 实施

4 品种系比试验

4.1 小规模品种比较试验

4.1.1 有性系比

4.1.1.1 参试材料

人工杂交及自然授粉实生苗等。

4.1.1.2 试验设计

根据试验区域和栽培立地环境整体情况，采用完全随机或随机区组设计；株距为 150 cm～200 cm，行距为 250 cm～300 cm；对照选择当地主栽品种；种植材料选用与实生苗种植同时插种的 2 蓬～4 蓬叶袋装苗。

4.1.2 无性系比

4.1.2.1 参试材料

——从有性系比中根据产量、抗性和副性状选出的优树或优良植株；

——各种创新材料；

——优良新种质引种材料。

4.1.2.2 试验设计

采用随机区组设计，重复≥3 次，每小区≥5 株；株距为 150 cm～200 cm，行距为 250 cm～300 cm；对照选择当地主栽品种。

4.2 品种比较试验

按 NY/T 2668.1 的规定执行。

4.3 品种区域试验

按 NY/T 2668.1 的规定执行。

4.4 其他类型试验

抗寒前哨试验按 NY/T 2668.1 的规定执行，品种抗病试验按 NY/T 2814、NY/T 2250 等的规定执行。

5 品种性状鉴定

5.1 小规模品种比较试验

5.1.1 有性系比

在有性系定植 3 周年后，采用试割的方法进行割胶，割制为 S/2 d2，试割 2 年，在每年下半年割 2 个～3 个月，月割 15 刀，测定后 10 刀产量，割面高度为 50 cm。生长鉴定按 A.3 的规定执行，原木材积量鉴定按 A.4 的规定执行，抗性鉴定按 A.5 的规定执行。

5.1.2 无性系比

在无性系定植 3 周年后，采用试割的方法进行割胶，割制为 S/2 d2，试割 2 年，月割 15 刀，测产 2 个～3 个月，单株测产或分小区测产，割面高度为 50 cm。生长鉴定按 A.3 的规定执行，原木材积量鉴定按 A.4 的规定执行，抗性鉴定按 A.5 的规定执行。

5.2 品种比较试验

性状鉴定按附录 A 的规定执行。

5.3 品种区域试验

性状鉴定按附录 A 的规定执行。

附 录 A
（规范性附录）
性状鉴定方法

A.1 产胶量测定

A.1.1 测产方法

A.1.1.1 品种比较试验区测定记录树产量，头 3 割年每月测量胶乳产量 3 次（上旬、中旬和下旬各测 1 次），并同时测干胶含量，记录每月割胶刀数和测产株数。第 4 割年使用刺激剂后，采用间隔施药周期测产，在测产周期内测量每刀胶乳产量和干胶含量。计算年株产干胶和单位面积干胶产量。

A.1.1.2 品种区域试验区不扣除边行树，记录每刀胶乳产量，每刀测干胶含量，计算单位面积干胶产量。

A.1.1.3 干胶含量采用标准法或采用由权威计量机构认可的测定仪测定。

A.1.2 计算方法

A.1.2.1 品种比较试验产量

A.1.2.1.1 月小区总产胶乳

月小区总产胶乳按式（A.1）计算。

$$Y_l = Y_t \times N_c \quad \cdots\cdots (A.1)$$

式中：

Y_l ——月小区总产胶乳量，单位为千克（kg）；

Y_t ——月小区平均每割次胶乳产量，单位为千克（kg）；

N_c ——月割胶刀数，单位为刀。

A.1.2.1.2 月小区平均每割次干胶产量

月小区平均每割次干胶产量按式（A.2）计算。

$$Y_{d1} = Y_{l1} \times C_m \quad \cdots\cdots (A.2)$$

式中：

Y_{d1} ——月小区平均每割次干胶产量，单位为千克（kg）；

Y_{l1} ——月小区平均每割次胶乳产量，单位为千克（kg）；

C_m ——月平均干胶含量（质量分数），单位为百分率（%）。

A.1.2.1.3 月小区总产干胶

月小区总产干胶按式（A.3）计算。

$$Y_d = Y_{d1} \times N_c \quad \cdots\cdots (A.3)$$

式中：

Y_d ——月小区总产干胶量，单位为千克（kg）。

A.1.2.1.4 月平均株产干胶

月平均株产干胶按式（A.4）计算。

$$Y_{de} = \frac{Y_d}{N_t} \quad \cdots\cdots (A.4)$$

式中：

Y_{de}——月平均株产干胶量,单位为千克/株(kg/株);

N_t——小区测产株数,单位为株。

A.1.2.1.5 平均年株产干胶

平均年株产干胶按式(A.5)计算。

$$Y_{das} = \sum_{n=1}^{12} Y_{den} \quad \cdots\cdots (A.5)$$

式中:

Y_{das}——平均年株产干胶量,单位为千克(kg);

Y_{den}——各月平均株产干胶量之和,单位为千克(kg)。

A.1.2.1.6 平均年公顷产干胶

平均年公顷产干胶按式(A.6)计算。

$$Y_{ha} = \frac{\sum_{n=1}^{12} Y_{dn}}{S_t} \quad \cdots\cdots (A.6)$$

式中:

Y_{ha}——平均年公顷产干胶量,单位为千克/公顷(kg/hm^2);

Y_{dn}——各月干胶总产量之和,单位为千克(kg);

S_t——小区测产范围的实际面积,单位为公顷(hm^2)。

A.1.2.1.7 年平均干胶含量

年平均干胶含量按式(A.7)计算。

$$C_a = \frac{Y_{da}}{Y_{ca}} \times 100 \quad \cdots\cdots (A.7)$$

式中:

C_a——年平均干胶含量(质量分数),单位为百分率(%);

Y_{da}——年小区干胶总产量,单位为千克(kg);

Y_{ca}——年小区总产胶乳量,单位为千克(kg)。

A.1.2.2 品种区域试验产量

A.1.2.2.1 月干胶总产

月干胶总产按式(A.8)计算。

$$Y_{dr} = \sum_{n=1}^{12} Y_{ln} \times C_m \quad \cdots\cdots (A.8)$$

式中:

Y_{dr}——月干胶总产量,单位为千克(kg);

Y_{ln}——月每割次胶乳量之和,单位为千克(kg)。

A.1.2.2.2 年平均公顷产干胶

年平均公顷产干胶按式(A.9)计算。

$$Y_{dar} = \frac{\sum_{n=1}^{12} Y_{dn}}{S_{tr}} \quad \cdots\cdots (A.9)$$

式中:

Y_{dar}——年平均公顷产干胶,单位为千克每公顷(kg/hm^2);

S_{tr}——实际测产面积,单位为公顷(hm^2)。

A.2 胶乳及干胶质量鉴定

胶乳、干胶质量的鉴定分别按 GB/T 8289 及 GB/T 8081 的规定执行。

A.3 生长鉴定

A.3.1 生长量

苗龄在1年以上的系比区，每年12月下旬全面测量茎围1次，测量部位为离地面100 cm处。割胶后测量部位为离地面150 cm处。

A.3.2 树皮厚度

正式开割时，在离地面150 cm处测量原生皮厚度1次，以后固定样株在第一割面测量1割龄、3割龄和5割龄的再生皮厚度。

A.3.3 生长习性

割胶1年后，进行1次生长习性调查，包括分枝习性、树冠大小、疏密度和树干形态。

A.4 原木材积量鉴定

按GB/T 4814的规定执行。

A.5 抗性鉴定

A.5.1 抗风性

按NY/T 221的规定执行。

A.5.2 抗寒性

按NY/T 221的规定执行。

A.5.3 抗病性

A.5.3.1 白粉病

按NY/T 1089的规定执行。

A.5.3.2 炭疽病

每小区固定5株有代表性的观察植株，每株采2篷叶，每篷叶取中间小叶5片，进行感病情况调查。分别按式(A.10)和式(A.11)计算发病率和病情指数：

$$P_d = \frac{N_i}{N_0} \times 100 \quad \text{(A.10)}$$

式中：

P_d ——发病率，单位为百分率(%)；

N_i ——感病叶片数之和，单位为片；

N_0 ——调查叶片总数，单位为片。

$$I_d = \frac{N_I}{N_h} \times 100 \quad \text{(A.11)}$$

式中：

I_d ——病情指数；

N_I ——各病级叶片数与该病级值乘积的总和；

N_h ——调查叶片总数与最高病级值的乘积。

A.5.3.3 棒孢霉落叶病

按NY/T 2250的规定执行。

A.6 副性状及生物学特性鉴定

A.6.1 副性状

每年对无性系的自然木瘤、死皮、爆皮流胶、胶乳早凝、排胶速度、耐阴性等进行观察、记录，作为综合评定优良品种的重要依据之一。

A.6.2 生物学习性

观察记录抽芽期、第一篷叶老化期、开花期、花量、果熟期、结果量、落叶期和越冬期等性状，其性状观测时期和方法按 NY/T 2749 的规定进行。

附加说明：

本标准按照 GB/T 1.1—2009 给出的规则起草。

本标准代替 NY/T 607—2002《橡胶树育种技术规程》。与 NY/T 607—2002 相比，除编辑性修改外主要技术变化如下：

——调整了“规范性引用文件”中所引用的标准(见 2，2002 年版的 2)；

——删除了“术语和定义”(见 2002 年版的 3)；

——删除了“育种原始材料的收集与保存”(见 2002 版的 4.1)；

——删除了“有性系选择”(见 2002 版的 4.2)；

——调整了“选择程序”(见 3，2002 版的 4.3.1)；

——调整“苗圃系比区”“初级系比区”“高级系比区”“生产系比区”为“小规模品种比较试验”“品种比较试验”“品种区域试验”(见 4.1、4.2 和 4.3，2002 年版的 4.3.2)；

——“性状鉴定”调整至附录(见附录 A，2002 年版的 5.1.2)；

——调整“产胶量鉴定”的文字表述为公式表述(见附录 A.1，2002 年版的第 5 章)；

——“抗性鉴定”(抗风性、抗寒性、抗病性)分别引用了对应的现行标准(见 A.5，2002 年版的 5.5)；

——删除了“植胶生态类型区划分”“各生态类型区对照品种”(见 2002 版的附录 A、附录 B)。

本标准由中华人民共和国农业农村部提出。

本标准由农业农村部热带作物及制品标准化技术委员会归口。

本标准起草单位：中国热带农业科学院橡胶研究所。

本标准主要起草人：李维国、高新生、黄华孙、王祥军、张晓飞、曾霞、胡彦师、安泽伟、程汉、位明明、张源源、方家林、涂敏、黄肖。

本标准所代替标准的历次版本发布情况为：

——NY/T 607—2002。

中华人民共和国农业行业标准

橡胶树品种类型

NY/T 688—2018

代替 NY/T 688—2003

1 范围

本标准规定了橡胶树(*Hevea brasiliensis* Muell. - Arg.)的品种类型及指标测定。

本标准适用于橡胶树品种类型的划分。

2 规范性引用文件

下列文件对于本文件的应用是必不可少的。凡是注日期的引用文件,仅注日期的版本适用于本文件。凡是不注日期的引用文件,其最新版本(包括所有的修改单)适用于本文件。

GB/T 8299 浓缩天然胶乳 干胶含量的测定

NY/T 607 橡胶树育种技术规程

NY/T 1089 橡胶树白粉病测报技术规程

NY/T 2668.1 热带作物品种试验技术规程 第1部分:橡胶树

3 品种类型

3.1 高产品种

干胶产量与对照品种相比,增产≥10%。对照品种的选择按照 NY/T 2668.1 的规定执行。

3.2 速生品种

平均茎围年增粗比对照品种高≥10%。对照品种的选择按照 NY/T 2668.1 的规定执行。

3.3 抗寒品种

寒害平均级与对照品种相比,降低≥10%。对照品种的选择按照 NY/T 2668.1 的规定执行。

3.4 抗风品种

风害累计断倒率与对照品种相比,降低≥10%。对照品种的选择按照 NY/T 2668.1 的规定执行。

3.5 抗白粉病品种

白粉病病情指数与对照品种相比,降低≥10%。对照品种的选择按照 NY/T 2668.1 的规定执行。

3.6 抗炭疽病品种

炭疽病病情指数与对照品种相比,降低≥10%。对照品种的选择按照 NY/T 2668.1 的规定执行。

3.7 高干胶含量品种

5 割年平均干胶含量(质量分数)≥34.5%。

4 指标测定

4.1 干胶产量

中华人民共和国农业部 2018 - 12 - 19 发布　　2019 - 06 - 01 实施

胶乳产量的测定和干胶产量的计算按照 NY/T 607 的规定执行。

4.2 平均茎围年增粗

茎围的测定和平均茎围年增粗的计算按照 NY/T 607 的规定执行。

4.3 寒害平均级

寒害调查和寒害平均级的计算按照 NY/T 607 的规定执行。

4.4 风害累计断倒率

风害调查和寒害平均级的计算按照 NY/T 607 的规定执行。

4.5 白粉病病情指数

白粉病调查和白粉病病情指数的计算按照 NY/T 1089 的规定执行。

4.6 炭疽病病情指数

炭疽病调查和炭疽病病情指数的计算按照 NY/T 607 的规定执行。

4.7 干胶含量

干胶含量的测定按照 GB/T 8299 的规定执行。

附加说明：

本标准按照 GB/T 1.1—2009 给出的规则起草。

本标准代替 NY/T 688—2003《橡胶树品种》。与 NY/T 688—2003 相比，除编辑性修改外主要变化如下：

——题目修改为“橡胶树品种类型”，英文翻译修改为“The type of rubber tree variety”。

——“范围”修改为：“本标准规定了巴西橡胶树（*Hevea brasiliensis* Muell. - Arg.）的品种类型及指标测定。本标准适用于巴西橡胶树品种类型的划分。”。

——“规范性引用文件”增加 GB/T 8299、NY/T 1089 和 NY/T 2668.1 三个标准，删除了 GB/T 17822.1 标准。

——删除第 3 章。

——第 4 章修改为“品种类型”，橡胶树品种划分为高产、速生、抗寒、抗风、抗白粉病、抗炭疽病和高干胶含量品种 7 个类型。

——第 5 章修改为“指标测定”，规定了干胶产量、平均茎围年增粗、寒害平均级、风害累计断倒率、白粉病病情指数、炭疽病病情指数和干胶含量的测定方法。

——删除第 6 章。

——删除附录 A。

本标准由中华人民共和国农业农村部提出。

本标准由农业农村部热带作物及制品标准化技术委员会归口。

本标准起草单位：中国热带农业科学院橡胶研究所。

本标准主要起草人：李维国、王祥军、黄华孙、高新生、张源源、位明明、张晓飞、黄肖。

本标准所代替标准的历次版本发布情况为：

——NY/T 688—2003。

中华人民共和国农业行业标准

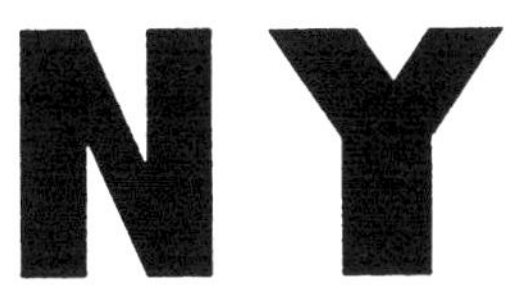

番　木　瓜

Papaya

NY/T 691—2018

代替 NY/T 691—2003

1　范围

本标准规定了番木瓜(*Carica papaya* L.)鲜果的术语和定义、技术要求、试验方法、检验规则以及包装、标志、标识、储存和运输。

本标准适用于番木瓜鲜果。

2　规范性引用文件

下列文件对于本文件的应用是必不可少的。凡是注日期的引用文件,仅注日期的版本适用于本文件。凡是不注日期的引用文件,其最新版本(包括所有的修改单)适用于本文件。

GB/T 191　包装储运图示标志

GB 2762　食品安全国家标准　食品中污染物限量

GB 2763　食品安全国家标准　食品中农药最大残留限量

GB/T 8855　新鲜水果和蔬菜　取样方法

NY/T 1778　新鲜水果包装标识　通则

NY/T 2637　水果和蔬菜可溶性固形物含量的测定　折射仪法

3　术语和定义

下列术语和定义适用于本文件。

3.1

缺陷　defects

果实的擦伤、刮伤、污点、日灼斑、病害斑和流胶等。

4　技术要求

4.1　基本要求

果实完整、无腐烂、无异物,无低温造成的损害、表面无凝水(冷藏后取出造成的凝结水除外),无异味,果柄切口无污染。

4.2　等级

4.2.1　一级

产品具有该品种特征,洁净度好、一致性好,果肉、果皮颜色和成熟度一致。果皮基本无缺陷。

4.2.2　二级

产品具有该品种特征,洁净度好、一致性较好,果肉、果皮颜色和成熟度较一致。果皮允许有轻微缺

中华人民共和国农业部 2018-12-19 发布　　2019-06-01 实施

陷，但面积总和不得超过果皮总面积的3%，并且不能伤及果肉。

4.3 果实规格

果实规格按质量划分，见表1。

表1 果实规格

单位为克

规 格	质量(m)
小	$m<700$
中	$700\leqslant m<1\ 300$
大	$1\ 300\leqslant m<1\ 700$
特大	$m\geqslant 1\ 700$

4.4 理化指标

各等级果实的理化指标见表2。

表2 理化指标

单位为百分率

项 目		一级	二级
可食率(X)		$X\geqslant 85$	$80\leqslant X<85$
可溶性固形物(K)	穗中红48	$K\geqslant 11$	$10\leqslant K<11$
	优8	$K\geqslant 11$	$10\leqslant K<11$
	美中红	$K\geqslant 12$	$11\leqslant K<12$
	台农2	$K\geqslant 12$	$11\leqslant K<12$
	红铃2号	$K\geqslant 10$	$9\leqslant K<10$
	广蜜	$K\geqslant 11$	$10\leqslant K<11$
注1：表中数值为果实成熟度达到果肉软化时检测所得。 注2：未列入的品种，其相应项目指标可取该品种当地近3年平均值。			

4.5 卫生指标

污染物限量应符合GB 2762的规定，农药残留限量应符合GB 2763的规定。

5 试验方法

5.1 感官

取5个果实，用目测法对果形、果实完整度及缺陷、果柄切口进行检验；用鼻嗅法进行气味检验，并作记录。

5.2 果实规格

用精确度在2 g以下、量程2 500 g以上的天平称量样品(5.1)，测其单果质量，并作记录。计算平均值。

5.3 可食率

用精确度在2 g以下、量程2 500 g以上的天平称量样品(5.1)，记录其质量(m_1)，去果皮、种子，称量，并作记录。按式(1)计算可食率。

$$X=\frac{m_1-m_2-m_3}{m_1}\times 100 \quad\cdots\cdots\cdots\cdots(1)$$

式中：

X ——可食率，单位为百分率(%)；

m_1 ——果实总质量，单位为克(g)；

m_2 ——果皮质量,单位为克(g);

m_3 ——种子质量,单位为克(g)。

结果保留整数。

5.4 可溶性固形物

按 NY/T 2637 的规定执行。

6 检验规则

6.1 检验项目

6.1.1 型式检验

型式检验是对产品进行全面考核,即对本标准规定的全部要求进行检验。有下列情形之一者,应进行型式检验:

a) 国家质量监督机构或行业主管部门提出型式检验要求;

b) 前后两次抽样检验结果差异较大;

c) 因为人为或自然因素使生产环境发生较大变化。

6.1.2 交收检验

每批产品交收前,应进行交收检验。交收检验内容包括感官、标志和包装。检验合格后并附合格证方可交收。

6.2 组批

凡同产地、同品种、同等级、同一批采收的果实组为一个检验批次。

6.3 抽样方法

按 GB/T 8855 的规定执行。

6.4 容许度

一级果容许含有 5%的二级果,但不应含有等外果;二级果容许含有 5%的等外果;果实规格不合格率应≤5%。

6.5 判定规则

6.5.1 凡理化指标(4.3)和卫生指标(4.4)中有一项不符合要求的,判为不合格产品。

6.5.2 产品符合基本要求(4.1)的前提下,按容许度(6.4)的规定,判定出相应等级及规格。

6.5.3 无标签或有标签但缺"等级"内容,判为未分级产品。

6.6 复检

对检测结果(除卫生指标外)有异议时,允许用备用样(如条件允许,可再抽一次样)复检一次。复检结果为最终结果。

7 包装、标志、标识、储存和运输

7.1 包装

包装材料应洁净、无毒、无害、无异味。包装容器除了符合上述要求外,还应符合透气和强度要求,大小适宜且一致,以保证番木瓜适宜搬运、堆垛、保存和出售。建议根据需要和当地的条件选择容器种类,一般选用纸箱、板条箱等。

7.2 标志、标识

标志应符合 GB/T 191 的规定,标识应符合 NY/T 1778 的规定。

7.3 储存

储存库应清洁卫生,严禁与有毒、有害、有异味、发霉以及其他易于传播病虫的物品混存。产品宜在

10℃～13℃的冷库中储存。

7.4 运输

运输工具应清洁卫生、防雨，严禁与有毒、有害、有异味、发霉以及其他易于传播病虫的物品混合运输。

附加说明：

本标准按照 GB/T 1.1—2009 给出的规则起草。

本标准代替 NY/T 691—2003《番木瓜》。与 NY/T 691—2003 相比，除编辑性修改外主要技术变化如下：

——删除表 3，增加引用了最新相关标准 GB 2762、GB 2763；

——删除了表 1 中的可溶性糖指标；

——删除了引用标准 GB/T 5009.11、GB/T 5009.12、GB/T 5009.15、GB/T 5009.17、GB 5127—1998、GB/T 6194、GB 7718、GB/T 12295、GB 14870—1994、GB 14928.4—1994。

——删除了附录 A；

——增加引用了最新相关标准 NY/T 1778、NY/T 2637。

本标准由中华人民共和国农业农村部提出。

本标准由农业农村部热带作物及制品标准化技术委员会归口。

本标准起草单位：农业农村部亚热带果品蔬菜质量监督检验测试中心。

本标准主要起草人：甘志勇、农耀京、李鸿、蓝唯、陈永森、杜国冬、蒋越华、秦玉燕、时鹏涛、李冬桂、吕丽兰。

本标准所代替标准的历次版本发布情况为：

——NY/T 691—2003。

中华人民共和国农业行业标准

澳洲坚果　带壳果

Macadamia nut in-shell

NY/T 1521—2018

代替 NY/T 1521—2007

1　范围

本标准规定了澳洲坚果(*Macadamia integrifolia*,*Macadamia tetraphylla*)带壳果的术语和定义、技术要求、试验方法、检验规则、标志、标签、包装、运输和储存。

本标准适用于澳洲坚果带壳果。

2　规范性引用文件

下列文件对于本文件的应用是必不可少的。凡是注日期的引用文件,仅注日期的版本适用于本文件。凡是不注日期的引用文件,其最新版本(包括所有的修改单)适用于本文件。

GB/T 191　包装储运图示标志

GB 2762　食品安全国家标准　食品中污染物限量

GB 2763　食品安全国家标准　食品中农药最大残留限量

GB 5009.3　食品安全国家标准　食品中水分的测定

GB/T 5048　防潮包装

GB 7718　食品安全国家标准　预包装食品标签通则

GB/T 8855　新鲜水果和蔬菜　取样方法

GB 19300　食品安全国家标准　坚果与籽类食品

3　术语和定义

下列术语和定义适用于本文件。

3.1

澳洲坚果带壳果　macadamia nut in-shell

成熟的澳洲坚果果实除去果皮后经干燥得到的产品,属于生干坚果。

3.2

缺陷　defect

空壳果、未成熟果、果壳破损(包括人为开裂果壳),果壳表面有虫蛀痕迹、霉斑、黏壳果皮、污染物、影响到壳内果仁质量的裂痕,壳内果仁有虫蛀、色斑、皱缩、黑心和霉变等情况。

4　技术要求

4.1　基本要求

果形正常、完整,果实干燥、无霉味,果仁气味和滋味正常。

中华人民共和国农业部 2018－12－19 发布　　2019－06－01 实施

4.2 果实规格

带壳果果实规格见表 1。

表 1 带壳果果实规格

单位为毫米

果 型	直 径(R)
特大	$R \geqslant 28$
大	$23 \leqslant R < 28$
中	$18 \leqslant R < 23$
小	$R < 18$

4.3 等级

在符合基本要求的前提下,带壳果等级指标见表 2。

表 2 等级指标

单位为百分率

项 目	指 标	
	一级	二级
杂质(x_2)	$x_2 \leqslant 1$	$1 < x_2 \leqslant 2$
缺陷果(x_3)	$x_3 \leqslant 5$	$5 < x_3 \leqslant 7$
出仁率(x_4)	$x_4 \geqslant 30$	$25 \leqslant x_4 < 30$
果仁水分	$\leqslant 3$	

4.4 理化指标

理化指标应符合 GB 19300 的规定。

4.5 卫生指标

污染物限量应符合 GB 2762 的规定,农药残留限量应符合 GB 2763 的规定。

5 试验方法

5.1 感官

用天平称取 1 000 g 样品,精确到 1 g,记录其质量(m),将样品置于洁净白色托盘内,目视观察色泽、果面、果形,鼻嗅气味,并作记录。同时兼顾进行杂质(5.3)、缺陷果(5.4)、出仁率(5.5)的测量,再对果仁鼻嗅其气味、口尝其滋味,并作记录。

5.2 果实规格

用天平称取 1 000 g 样品,精确到 1 g,记录其质量(m_2);读取包装标签标明的果型规格,按表 1 的要求,用卡尺测量带壳果的横径,挑出不符合规格的果实,称量,记录其质量(m_1)。按式(1)计算果实规格不合格率。

$$x_1 = \frac{m_1}{m_2} \times 100 \quad \cdots\cdots (1)$$

式中:

x_1——果实规格不合格率,单位为百分率(%);

m_1——不符合规格样品质量,单位为克(g);

m_2——样品总质量,单位为克(g)。

结果保留整数。

5.3 杂质

从 5.1 的带壳果中挑出杂质,称量,精确到 1 g,记录质量(m_3)。按式(2)计算杂质含量。

$$x_2 = \frac{m_3}{m} \times 100 \quad \cdots\cdots (2)$$

式中：

x_2——杂质质量分数，单位为百分率(%)；

m_3——杂质质量，单位为克(g)；

m ——样品质量(同5.1的 m)，单位为克。

结果保留整数。

5.4 缺陷果

对5.1外观无缺陷的带壳果进行破壳，将缺陷果仁及其原有外壳挑出，与5.1外观有缺陷的带壳果合并，称量，精确到1 g，记录其质量(m_4)。按式(3)计算缺陷果含量。

$$x_3 = \frac{m_4}{m} \times 100 \quad \cdots\cdots (3)$$

式中：

x_3——缺陷果质量分数，单位为百分率(%)；

m_4——缺陷果质量，单位为克(g)。

结果保留整数。

5.5 出仁率

对5.1的带壳果进行破壳，取出果仁，挑出非缺陷果仁，用天平称量，精确到1 g，记录质量(m_5)。按式(4)计算出仁率。

$$x_4 = \frac{m_5}{m} \times 100 \quad \cdots\cdots (4)$$

式中：

x_4——出仁率质量分数，单位为百分率(%)；

m_5——非缺陷果仁质量，单位为克(g)。

结果保留整数。

5.6 果仁水分

按GB 5009.3的规定执行。

6 检验规则

6.1 检验分类

6.1.1 型式检验

型式检验的项目包括本标准规定的全部项目。有下列情形之一者，应进行型式检验：

a) 国家质量监督机构或行业主管部门提出型式检验要求；

b) 前后两次抽样检验结果差异较大；

c) 因为人为或自然因素使生产环境发生较大变化。

6.1.2 交收检验

每批产品交收前，生产单位应进行交收检验。交收检验内容为除卫生指标外的第4章和第7章全部项目，或合同要求的项目，检验合格后附上合格证方可交收。

6.2 组批

同品种、同等级、同一批收购(出售)的产品作为一个检验批次。

6.3 抽样方法

按GB/T 8855的规定执行。

6.4 容许度

一级果容许含有5%的二级果，但不应含有等外果；二级果容许含有5%的等外果；果实规格不合格率应≤5%。

6.5 判定规则

6.5.1 凡理化指标(4.4)和卫生指标(4.5)中有一项不符合要求的,判为不合格产品。

6.5.2 产品符合基本要求(4.1)的前提下,按容许度(6.4)的规定,判定出相应等级及规格。

6.5.3 无标签或有标签但缺"等级"内容,判为未分级产品。

6.6 复检

对检验结果(除卫生指标外)有异议时,允许用备用样品(如条件允许,可再抽一次样)复检一次,复检结果为最终结果。

7 标志、标签

标志按 GB/T 191 的规定执行,标签按 GB 7718 的规定执行。

8 包装、运输和储存

8.1 包装

产品包装材料应无害,其强度能满足装卸和运输要求;建议分等级包装,每袋质量为 50 kg。防潮按 GB/T 5048 的规定执行。

8.2 运输

运输工具应清洁卫生、防雨,严禁与有毒、有害、有异味、发霉以及其他易于传播病虫的物品混合运输。

8.3 储存

储存库应清洁卫生和干燥,严禁与有毒、有害、有异味、发霉以及其他易于传播病虫的物品混存。堆垛应留有通道,产品堆放应至少离库墙 25 cm,地面应有至少 10 cm 以上的防潮垫。产品宜在 0℃~5℃ 的冷库中储存。

附加说明:

本标准按照 GB/T 1.1—2009 给出的规则起草。

本标准代替 NY/T 1521—2007《澳洲坚果 带壳果》。与 NY/T 1521—2007 相比,除编辑性修改外主要技术变化如下:

——术语和定义增加了补充说明性质的内容;

——增加引用了最新相关标准 GB 2762、GB 2763、GB 5009.3、GB/T 8855、GB 19300;

——删除了引用标准 GB 5491—1985、GB/T 5497—1985、NY/T 693—2003。

本标准由中华人民共和国农业农村部提出。

本标准由农业农村部热带作物及制品标准化技术委员会归口。

本标准起草单位:农业农村部亚热带果品蔬菜质量监督检验测试中心、中国热带农业科学院南亚热带作物研究所、广西壮族自治区亚热带作物研究所。

本标准主要起草人:农耀京、甘志勇、陆超忠、曾黎明、李乾坤、梁宏合、王运儒、韦璐阳、邓有展、杨秀娟、吴静娜。

本标准所代替标准的历次版本发布情况为:

——NY/T 1521—2007。

中华人民共和国农业行业标准

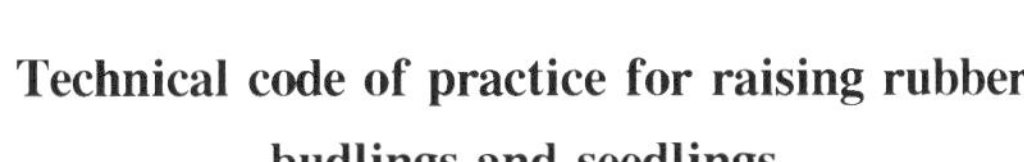

橡胶树育苗技术规程

Technical code of practice for raising rubber budlings and seedlings

NY/T 1686—2018
代替 NY/T 1686—2009

1 范围

本标准规定了橡胶树苗木培育的术语和定义、苗圃地选择、苗圃规划、增殖圃建设与芽条增殖、橡胶树种子生产、地播苗圃建设与芽接桩培育、袋装苗培育、袋育苗培育、高截干培育和籽苗芽接苗培育的要求。

本标准适用于国内橡胶树育苗生产、管理和教学。

2 规范性引用文件

下列文件对于本文件的应用是必不可少的。凡是注日期的引用文件,仅注日期的版本适用于本文件。凡是不注日期的引用文件,其最新版本(包括所有的修改单)适用于本文件。

GB/T 17822.1—2009 橡胶树种子

GB/T 17822.2 橡胶树苗木

NY/T 221 橡胶树栽培技术规程

NY/T 1088 橡胶树割胶技术规程

NY/T 1089 橡胶树白粉病测报技术规程

NY/T 2259 橡胶树主要病虫害防治技术规范

3 术语和定义

GB/T 17822.1—2009、GB/T 17822.2、NY/T 221 界定的以及下列术语和定义适用于本文件。

3.1

增殖圃 budwood nursery

繁殖生产性芽条的苗圃,分为褐色芽片增殖圃和绿色芽片增殖圃。

3.2

地播苗圃 ground nursery, rootstock nursery

将苗木直接栽种于地上培植成定植材料的苗圃。

3.3

袋苗苗圃 polybag nursery

将苗木栽种于营养袋内培植成定植材料的苗圃。

3.4

叶片物候 leaf phenophase

一篷叶中大多数叶片所处的生长发育阶段。通常根据叶片形态和质地分若干个物候期。

中华人民共和国农业部 2018-12-19 发布　　2019-06-01 实施

3.5

包(腹囊)皮(片)芽接　potbelly budding

保留全部或大部分舌形树皮并将其捆绑覆盖芽片的芽接方法。

注:剥开的舌形树皮俗称“腹囊皮”。

3.6

开窗芽接　fenestration-budding

切去全部腹囊皮的芽接方法。

3.7

半开窗芽接　semi-fenestration-budding

切去部分腹囊皮的芽接方法。

3.8

褐色芽接　brown budding

从半木栓化-木栓化(褐色)的芽条(直径一般＞1.3 cm)上切取芽片芽接。

3.9

绿色芽接　green budding

从绿色(未木栓化)的芽条(直径一般＜1.3 cm)上切取芽片芽接。

3.10

籽苗芽接　mini-seedling budding

一种芽接方法。用真叶完全展开前的籽苗作砧木进行离土芽接,然后移栽,芽接成活后留叶打顶,并控制砧木芽生长等。

3.11

籽苗芽接苗　mini-seedling budling

一种芽接苗,用真叶刚展开之前的籽苗作砧木芽接并培植成1至数篷叶的芽接苗全苗,茎干较细、叶篷较小,但砧穗茎干结合部平顺。

4　苗圃地选择

土壤肥沃,平坦,便于运输,光照充足,水源充沛,避风避寒,与生产性胶园相距100 m以上或具备有效隔离措施;没有橡胶树根病或根病寄主等传染性作物种植史。

5　苗圃规划

规划好道路系统、排灌系统、水土保持等基础设施及水肥池、防御风寒等设施,还应有芽条临时存放、催芽床、荫棚、生产物资仓储和质量内控办公等配套设施。

6　增殖圃建设与芽条增殖

6.1　增殖圃面积

按总种植面积、新种面积和增殖圃面积比9 000∶300∶1推算增殖圃面积。

6.2　芽条增殖计划编制

根据种植区域的面积和品种配置要求等制订年度芽条增殖计划,指导增殖苗圃建设和芽条增殖工作。

6.3　增殖材料来源

芽条来源于原种圃,砧木来自合格的生产苗圃中健壮的实生苗。

6.4　种植密度与形式

生产褐色芽条的种植密度为每公顷 9 000 株～9 500 株;生产绿色芽条的种植密度为每公顷 9 500 株～10 500 株。株行距为(0.8～1.2) m×(0.8～1.2) m。

6.5 备耕、定植与抚管

6.5.1 备耕

土地整理:全垦,犁地深约 45 cm,晒地 1 个月以上,作十字定标。挖植穴,规格为 40 cm×40 cm×40 cm,施腐熟基肥,5 kg/穴。

6.5.2 定植

按 NY/T 221 的规定执行。不同品种的苗木应分地块种植。

6.5.3 土壤管理

在 11 月完成半根幅深松土,并重施有机肥。采芽条前 1 个月内不宜施化肥、喷撒化学除草剂。

6.5.4 病株处理

将根病、丛枝病等病株整株(包括根系)挖出,移出到销毁场地全部销毁,并对病株根系所及的土壤用熟石灰等进行消毒处理。

6.6 品种保纯

a) 中心增殖苗圃芽条来源于育种单位的原种圃;
b) 生产用的芽条均来自经注册的中心增殖苗圃或原种圃;
c) 每一个苗床只接一个品种,并树立标志,绘制品种分布图,按床登记,专人管理;
d) 增殖苗圃截取第一次芽条时,锯口位于接合点上方 15 cm 处,生产褐色芽条者可保留 2 个～3 个芽眼以便第二次抽芽;生产绿色芽条者,采用灌木丛式增殖法进行增殖;
e) 组织持有形态鉴定资格证的专业人员,定期进行品种纯化;
f) 锯芽条时,在芽条粗端一侧削皮,标品种名称。

6.7 芽条复壮

每 4 年～5 年复壮 1 次。复壮方式包括短截原砧木然后重新芽接或更新重种,所用芽条全部来源于原种圃。

6.8 芽条出圃

6.8.1 芽条采集

由中级橡胶树栽培工以上资格的人员锯取芽条。芽条枝龄在一年半生以内,粗壮、无病,且芽条韧皮部形成层活动十分活跃。不同品种的芽条分批锯取。锯下的芽条应及时去叶和封蜡锯口,并在芽条基部标注品种名称,然后包装。每一包装单位应附有标志,标明芽条品种、数量、苗圃名称、采集时间和采集人。芽条标志格式参见附录 A。

注:基部标注时在芽条基部用刀削出一块长约 4 cm、宽约 1 cm、表面平滑的木质部伤口,在伤口上标注品种名称。

6.8.2 芽条包装与储运

6.8.2.1 包装

短途运输可用干净的麻袋或芭蕉假茎包装;长途运输,将芽条分段,长度为 1 m,用石蜡封两端切(截)口,分层放入芽条箱中。层间以泡沫塑料或洗净的谷壳、锯末填充,保持湿润。

芽条箱规格为 1.05 m×0.4 m×0.3 m。箱两侧各钻 12 个通风孔,每孔直径 0.01 m。

箱内顶层放标签,标明无性系名称、锯取日期;箱面写明品种名称、标明“防压”及写明接收和寄出单位的详细地址。

6.8.2.2 运输

运输途中避免重压、日晒,注意保湿。箱中温度 12℃～30℃。

6.8.2.3 储存

运抵目的地后,将芽条洗净,及时进行芽接。当天芽接不完的芽条,摊放在洁净阴凉通风处,用干净的河沙或湿麻袋分层保湿存放。

6.9 增殖圃档案建立

档案格式参见附录 B。

7 橡胶树种子生产

7.1 种子园建设

7.1.1 种子园面积

按总种植面积、新种面积和种子园面积比约 7 000∶200∶1 推算种子园面积。

7.1.2 种子园建立与抚管

种植密度 375 株/hm^2～450 株/hm^2，种植形式正方形设计。按常规要求种植，抚管过程中宜增施磷肥，并及时做好橡胶树白粉病、橡胶树炭疽病等病虫害的防治工作。按 NY/T 1088 的要求，用 67% 的强度割胶。

7.2 采种区认定与管理

7.2.1 采种区认定

由生产单位申报，省级主管部门组织专家或省级以上品种审定委员会到实地勘查确定。

7.2.2 采种区抚管

按生产性胶园要求抚育管理，同时适当增施磷肥和及时做好橡胶树白粉病、炭疽病等病虫害的防治工作，按 NY/T 1088 的要求割胶。

7.3 种子采收

在种子开始爆落前，清除园内及附近的杂草和填平深坑，在种子爆落后及时将外观饱满、有光泽、无破损的种子捡起，存放于荫凉处备用，并将不符合上述外观条件的捡出另作他用。

7.4 种子存放与运输

种子采集后，做到随采、随运、随播。临时存放时应将种子平摊于荫凉处，并适当喷水保湿。临时存放和运输的总时间不超过 5 d。

7.5 种子园档案建立

由专人负责记载和保管种子档案。种子园档案格式参照 GB/T 17822.1—2009 中附录 A。

7.6 种子检疫

一般不宜跨省区采种。如有必要，须事先确定拟采种胶园无检疫性病虫害，并对所采集的种子做消毒处理后方可启运。或将种子送检疫部门进行检疫。检疫对象按 GB/T 17822.1—2009 的规定执行。检疫结果记录于种子档案中。

7.7 种子质量分级

商业性橡胶树种子的质量确定按 GB/T 17822.1—2009 的规定执行。

8 地播苗圃建设与芽接桩培育

8.1 制订育苗计划

根据拟种植区地点、胶园面积、种植密度、苗木类型等，推算出育苗数量和种子数量，据此再制订当年采种计划和地播苗圃建设计划，包括拟采集种子的品种、采集数量和地点。

8.2 地播苗圃面积

按总种植面积、新种面积和地播苗圃面积比 1 400∶40∶1 推算地播苗圃面积。

8.3 种植密度与形式

生产大田定植用的裸根芽接桩苗的种植密度，约 54 000 株/hm^2；生产装袋用的裸根芽接桩苗的种植密度 60 000 株/hm^2～67 500 株/hm^2。种植形式推荐采用双行大小行，如(25～30) cm×[(30～40) cm+70 cm][株距×(小行距+大行距)]。

8.4 备耕

土地整理：全垦，犁地深 45 cm 以上，晒地 1 个月以上。撒施腐熟基肥，基肥量约 30 000 kg/hm^2，耙地整平，修排水沟渠和水土保持设施。

8.5 种子来源

培育砧木用的种子应优先采自经认证或推荐的砧木种子园，不足部分可到经认证的采种区采集。在没有砧木种子园和采种区的地方，可临时在 GT1 胶园和 PR107 与 RRIM600、PR107 与 GT1 等混种的胶园或这些品种胶园的交界处采集种子。不应采用实生树胶园的种子。

8.6 建立沙床

在苗圃内选择一块管理方便、不淹渍的地块，整平，用沙铺起高约 15 cm、宽 80 cm～100 cm(长视地块情况而定)的沙床，沙床相隔(沟宽)70 cm～80 cm。沙床面积按播种约 1 100 粒/m^2 种子的规模建设。沙床上搭建荫棚。

8.7 播种

根据种子外观进行精选后于沙床播种催芽。种子播种龟背朝上或朝侧面，以淋水后微露龟背为宜。播种后淋水保湿和遮阳。

8.8 移苗

籽苗高 3 cm 以上至真叶展开前移栽。在移栽前根据籽苗的外观进行优选，将黄化苗、畸形苗、病苗和纤弱苗以及播后 20 d 以上才发芽的籽苗拔除。在 10:00 前和 16:00 后或阴天移栽籽苗。移栽后及时淋足定根水保苗。

8.9 土壤管理

移栽后要及时控制杂草。苗木茎干木栓化前采用人工除草，木栓化后可采用化学除草。年追肥 3 次～5 次。推荐施用沤制液肥和有机肥。芽接前 1 个月内不宜施肥和除草。9 月以后不再施氮肥，适当增施磷、钾肥或火烧土等。

8.10 病虫害防治

由中级橡胶树栽培工以上资格人员负责定点定期观察，预测病虫害发生程度、时间，在达到防治指标时施药。重点控制白粉病、炭疽病、麻点病和介壳虫以及根病等。橡胶树白粉病测报按 NY/T 1089 的规定执行。橡胶树主要病虫害防治按 NY/T 2259 的规定执行。

8.11 风害和寒害管理

在风后及时扶正苗木，加强水肥管理。发生平流型降温时可在上风处设风障；发生辐射型降温时可在苗圃内外烟熏防霜冻。结霜时应在日出前用清水洗霜。出现寒害后可加强水肥管理，如淋水和喷施叶面肥等。

8.12 地播苗圃档案建立

由专人负责记载和保管实生砧苗培育生产重要活动的档案。地播苗圃档案格式参照附录 A。

8.13 芽接

8.13.1 芽接技术

推荐采用褐色芽接技术和绿色芽接技术。

8.13.2 砧木苗基本质量要求

采用褐色芽接技术以茎干基部(根颈上方约 5 cm)直径 1.5 cm～3.0 cm 的砧木苗为宜；采用绿色芽接技术以茎干直径 0.6 cm～1.4 cm 的砧木苗为宜。

8.13.3 芽片

选用芽点发育良好的叶芽、大鳞片芽或芽眼较大的密节芽；不选用死芽、蟹眼芽、萌动芽、假芽等。

8.13.4 **芽接技术培训及要求**

在正式芽接前，新芽接工要进行芽接技术培训。芽接培训材料可就地取材，练习刀法和捆绑是其中重要环节。

8.13.5 **芽接时间**

在实生(砧)苗和芽条生长旺期，且多数苗木的顶篷叶处于稳定期至新叶篷伸长期，或多数苗木具有多于4篷正常叶篷时，可选择晴朗、无大风、气温20℃～35℃的天气进行芽接。

8.13.6 **芽接技术要求**

籽苗芽接技术要求为刀断口平顺；芽片无污染、无损伤；芽片不滑动；捆绑松紧适当、捆带相扣紧密。技术熟练工人[250株/(人·日)～500株/(人·日)]芽接成活率达70%以上。

8.13.7 **芽接操作**

芽接操作主要过程如下：

a) 采芽条：按6.8的规定执行；
b) 开芽接口：用半开窗法，在砧木苗基部一面开出长约5 cm的芽接口；
c) 切芽片：按常规取出芽片，选用芽点发育良好的叶芽、大鳞片芽或芽眼较大的密节芽；不选用死芽、蟹眼芽、萌动芽、假芽等；
d) 修片剥片和插入芽片：如常规修片、剥片和插入芽片；
e) 捆绑：按常规方法由下方向上捆绑，捆绑松紧适度。

8.14 **解绑**

包片芽接的在芽接后20 d～25 d解绑；开窗或半开窗芽接的在芽接后25 d～40 d解绑。具体时间视实生(砧)苗长势、季节等而定，开窗芽接可在看到芽接口愈伤组织木栓后解绑。

8.15 **芽接档案建立**

由专人负责记载和保管芽接品种及来源、实生(砧)苗情况、芽接日期、芽接成活率和芽接人等档案信息。芽接生产技术档案格式参见附录B。

8.16 **锯砧**

8.16.1 **时间**

芽接树桩在解绑10 d以后，且在起苗前10 d以上锯砧。

8.16.2 **叶片物候**

小芽接树桩(锯口处茎粗<1.8 cm)具≥3篷正常叶篷且顶篷叶处老化期至抽芽期；大芽接树桩(锯口处茎粗≥1.8 cm)的顶篷叶处老化期至抽芽期；带秆过冬芽接苗在翌年第一篷叶展叶初期以前或第2篷叶抽芽时。

8.16.3 **锯砧高度**

小芽接树桩在芽接位上方7 cm至第一篷叶密节芽下方锯砧。大芽接树桩在接芽位上方约5 cm(带秆过冬苗)或约7 cm(其他时段苗木)处锯砧。经检查确认芽接成活的方可锯砧。锯口倾斜约30°，斜面背向芽接口。若砧木第一篷叶篷距较短，可适当降低锯砧高度，锯口要用石蜡等涂封。

8.17 **起苗时间**

在接芽伸长2 cm～5 cm时可起苗。

8.18 **护芽**

在起苗前用竹筒或塑料管做成的护罩罩住接芽，并将护罩等牢固捆绑于砧木上。

8.19 **起苗**

在芽接树桩一侧斜向下挖土至45 cm深以上，在40 cm以下处切断主根，再切断其余侧根，用手握住芽接口上方轻轻拔出。

8.20 **淘汰**

将植株畸形(如树桩根茎盘曲、无明显主根等)、接芽损坏或无接芽、根茎劈裂、主根过短(<30 cm)、有病害等的植株捡出。

8.21 修根

修剪主根、侧根,根的断口整齐,并不损伤其他部分。裸根芽接桩苗的主根长≥35 cm,侧根长5 cm～10 cm;装袋用芽接桩苗的主根长≥32 cm,侧根长2 cm～3 cm。

8.22 浆根

用泥浆或黄泥牛粪浆等浆根。

8.23 包装与运输

短途运输的做临时包装:将每10株或20株芽接树桩齐头排好,在上、下部分别用绳子捆绑,绳子不宜直接捆绑在接芽上。长途运输的宜用木箱包装:每50株一箱,箱内植株间空隙填充发酵过的谷壳等。每一包装张贴或拴挂一个质量标签,标明苗木品种(接芽与砧木材料)、出圃日期、质检人员编号和生产苗圃(单位)名称等。标签格式参见附录A。短途运输的,芽接树桩平放叠放;长途或长时间(4 h以上)运输的,芽接桩要竖立放置。运输过程避免苗木挤压、划伤、暴晒和风吹等。

8.24 存放

临时存放(4 h以内)的,芽接树桩平放叠放;1至数天存放的,芽接桩竖立放置,同时避免暴晒、风吹、挤压和划伤等,并淋水保湿。

8.25 苗木检疫

一般不宜跨省份苗木引种。如有必要,须事先确定拟引进苗木所在区域无检疫性病虫害,并须将苗木送检疫部门检疫,通过检疫后方可启运。检疫对象按GB/T 17822.2的规定执行。检疫结果记录于育苗档案中。

8.26 苗木质量分级

橡胶树苗木质量确定按GB/T 17822.2的规定执行。

8.27 苗木出圃档案建立

由专人负责记载和保管锯砧、护芽、起苗、浆根等重要生产活动的档案。苗木出圃档案格式参见附录B。

9 袋装苗培育

9.1 制订育苗计划

根据种植区地点、胶园面积、种植密度等,推算出育苗数量和苗圃面积。本育苗计划应纳入地栽苗育苗计划,协调两者的总育苗量。

9.2 营养袋和营养土准备

9.2.1 营养袋规格

用于培育2篷叶袋苗(含小苗芽接袋育苗)的营养袋的最小规格为:38 cm×18 cm(长×宽,平放);籽苗芽接苗:33 cm×15 cm(长×宽,平放)。

9.2.2 营养土

推荐在没有橡胶树根病或根病寄主作物种植史的地块采集肥沃的表土,与腐熟的厩肥按9∶1,并掺入少量过磷酸钙,混合均匀,堆沤7 d以上。

9.3 装土和移栽

通常采用以下2种方式:

——先装入约袋高1/5的营养土撑开袋底,将芽接桩置于袋子中间,让接芽刚露出营养袋口。然后在芽接桩四周一边装土一边捣土,装至离营养袋口1 cm～2 cm处,使袋内营养土紧实均匀,土柱不断折。

——先装入约为袋高 1/5 的营养土，蹾实后一边装土一边捣土，装至离营养袋口 1 cm～2 cm 处，使袋内营养土均匀紧实，土柱不断折。然后用圆木棒在袋子中央扎出一个直径约 6 cm、深度＞32 cm 的土洞，放入芽接桩，然后用木棒从四周将土挤靠紧芽接桩，填满空穴。装好土后解开护芽材料，淋足定根水。

9.4 营养袋排列

培育 2 篷～3 篷叶袋苗(含小苗芽接袋育苗)的营养袋排放密度＜120 000 株/hm^2。推荐的排列形式：双行大小行，如 12 cm×(20＋75) cm[株距×(小行距＋大行距)]。按大小行开浅沟(如宽、深各约 12 cm)，将装满土的营养袋逐一排列于沟内，并将挖沟掏出来的土壅培于营养袋旁边护住营养袋。

9.5 抚管

淋水保湿，及时抹芽、除草。营养袋内杂草用手工拔除。年施肥 4 次～8 次，推荐施用沤制的水肥。病虫害防治按 8.10 的规定执行。

9.6 炼苗

出圃前 1 周停止淋水，袋土结团后，将顶篷叶稳定-老化期的苗木(连营养袋一起)搬动，或根据植株大小分别集中于炼苗棚下，搬动时将穿出营养袋的根剪断。

9.7 分级与标记

出圃前，根据叶篷数和茎粗大小将苗木分成若干批次。每株作为一个包装单位，逐株拴挂质量合格标签，标明苗木品种(接芽与砧木材料)、出圃日期、质检员编号和生产单位名称等。标签格式参照附录 A。

9.8 出圃与运输

在确定营养土结团后，将出圃袋苗搬出。短途运输的一般不作苗木叠放；长途或长时间运输的应隔层分别放置。运输过程避免苗木挤压、划伤、暴晒和风吹等。

9.9 临时存放

未能及时定植的袋苗，应及时遮阳，少量洒水保湿。

9.10 苗木检疫和质量确定

苗木检疫按 8.25 的规定执行。苗木质量确定按 8.26 的规定执行。

9.11 袋装苗档案建立

专人负责记载和保管袋苗苗圃建设、抚育、出圃处理等重要生产活动的档案。袋装苗档案格式参照附录 B。

10 袋育苗培育

10.1 育苗计划和营养袋准备

育苗计划按 9.1 的规定执行。营养袋准备按 9.2 的规定执行。

10.2 移栽

将萌发的种子 2 粒或籽苗 1 株移栽到营养袋中，淋水保湿、遮阳。

10.3 抚管

按 9.5 的规定执行。

10.4 淘汰劣苗

在第一篷叶稳定后，根据实生苗的生长情况，将生势纤弱和生长缓慢的小苗淘汰。

10.5 芽接

芽接操作按 8.13 的规定执行。推荐采用绿色芽接技术和籽苗芽接技术。

10.6 病虫害防治、炼苗、分级与标记、出圃与运输、临时存放、苗木检疫、苗木质量分级、苗木出圃档案建立

病虫害防治按 8.10 的规定执行；炼苗按 9.6 的规定执行；分级与标记按 9.7 的规定执行；出圃与运输按 9.8 的规定执行；临时存放按 9.9 的规定执行；苗木检疫按 8.25 的规定执行；苗木质量分级按 8.26 的规定执行；苗木出圃档案建立按 8.27 的规定执行。

11 高截干培育

11.1 制订育苗计划

按 9.1 的规定执行。

11.2 种植密度与形式

种植密度 6 900 株/hm^2～15 600 株/hm^2。种植形式为正方形或长方形，如(80～120) cm×(80～120) cm。

11.3 备耕

土地整理，十字定标，挖植穴，规格为 40 cm×40 cm×40 cm，修排水沟渠和水土保持设施。

11.4 定植

按生产胶园要求定植，定植后淋足定根水。

11.5 土壤管理

及时除草，茎干木栓化后可采用除草剂除草，年施肥 4 次～6 次。病虫害防治按 8.10 的规定执行。

11.6 出圃前处理

出圃前 20 d～60 d 切断半幅侧根和主根，回土；15 d～20 d 在茎干离地面高 220 cm～250 cm 处的叶篷密节芽下方约 2 cm 处锯砧。

11.7 出圃与运输

苗木分级分批出圃。在茎干顶端的芽眼开始萌动时起苗。挖断植株另一侧的其余根系，轻轻拔出植株。起苗后及时修根，保留主根长约 50 cm、侧根长 15 cm～25 cm，用泥浆等浆根。每一株作为一个包装单位。每一包装张贴或拴挂一个质量标签，标明苗木品种(接芽与砧木材料)、出圃日期、质检人员编号和生产苗圃(单位)名称等。标签格式参见附录 A。运输过程苗木应竖立放置，避免苗木挤压、划伤、暴晒和风吹等。

11.8 苗木检疫和质量分级

苗木检疫和质量分级分别按 8.25 和 8.26 的规定执行。

11.9 高截干苗圃档案建立

高截干苗圃档案格式参见附录 B。

12 籽苗芽接苗培育

12.1 育苗计划

籽苗芽接苗的育苗量约 120 000 株/hm^2。一个育苗周期 4 个～6 个月。育苗数量和苗圃面积根据种植区地点、胶园面积、种植密度等计算出来。本育苗计划应纳入地栽苗育苗计划，协调两者的总育苗量。

12.1.1 大棚或温棚

在气温较高、降水多地区需要配套大棚，气温较低地区需要配套温棚。

12.1.2 滴灌设施

根据苗厢走向等安装可进行水肥一体化管理的滴灌设备，每株苗 1 个滴头。

12.2 砧木准备

12.2.1 种子数量

收集的橡胶树种子数量为育苗数量的 2 倍。收集的种子质量要求按 GB/T 17822.1—2009 的规定执行。

12.2.2 仓库

如需储存种子，可根据所需种子量建设低温仓库或沙藏。

12.3 沙床

高约 15 cm、宽约 1 m、长根据苗圃实际情况或需求而定；沙子一般为中沙；沙床上方用遮阳网遮光约 50%。每平方米播种量约 1 100 粒。

12.4 播种及管理

种子按常规方法进行播种和催芽管理，按 8.7 的规定执行。

12.5 砧木质量要求

籽苗砧木高 15 cm 以上，且真叶未完全展开；基部直径＞0.35 cm；茎干不扭曲、无损伤；种子不脱落；主根基本完好；植株无病害。

12.6 芽条准备

12.6.1 芽条培养方法

芽接前 2 个～3 个月开始培育茎粗＜8 mm 的芽条，先将芽条顶篷叶的顶端生长点用手抹除，侧芽自然萌发、生长；茎粗＞8 mm 时，可以将新抽叶篷顶端生长点再次抹除，二次抽侧枝，待新分枝的叶篷叶片物候稳定后，采集为芽条。

采集芽条前约 3 周，将采集芽条上与大叶芽对应的叶片在大叶柄中间剪断，大叶柄自然脱落即可，其他不采集作为芽片材料的芽条叶片要保留。

12.6.2 芽接前芽条抚管措施

芽接前 2 个月内不宜使用化学除草剂；芽接前 30 d 内不宜施肥(含叶面肥)；芽接前 25 d 内不宜用锄头除草或拔草，但可以割草；芽接前 7 d 内不宜喷施杀虫剂；其他抚管措施同常规管理。

12.6.3 芽条质量

长势良好，顶篷叶为稳定期至下一篷叶抽芽期，或有完好叶片 5 篷叶以上，芽条较直、茎粗 0.5 cm～0.8 cm，叶芽、鳞片芽较多的芽条。

12.7 营养袋及培养基质

12.7.1 营养袋(塑料袋)

营养袋规格为 33 cm×15 cm(长×宽，平放)，厚 0.03 mm～0.05 mm；营养袋下半部打 2 排～3 排直径约 0.5 cm 的圆孔，每排孔数 4 个～6 个。

12.7.2 培养基质

在没有橡胶树根病或根病寄主作物种植史的地块采集肥沃的表土，按以下配方进行配制，过筛，然后混匀、堆沤：

——表土∶腐熟有机肥∶过磷酸钙为(70～90)∶(10～30)∶1；

——表土∶腐熟有机肥∶泥炭土约为 8∶1∶1。

12.7.3 装土

按 9.3 的规定执行。

12.7.4 营养袋排列

一般采用大小双行排列，如 10 cm×(10＋80) cm[株距×(小行距＋大行距)]。

12.8 芽接

12.8.1 芽接工具准备

芽接工具的准备包括芽接刀、芽片刀、塑料绑带、芽接箱、刀石等。

——刀具与磨刀要求：锋利小刀作芽接刀，切片刀、粗磨石和油磨石等无特殊要求；磨刀要先磨外侧，再磨内侧。

——塑料绑带及其切割：绑带长和宽分别约 20 cm 和约 1 cm。用约 0.004 mm 厚的聚氯乙烯薄膜等切割而成。切完后可向绑带堆撒些干净的滑石粉。

——芽接箱和抹布等：同常规要求。

12.8.2 芽接时间

芽接适宜时间为 2 月～4 月和 9 月～11 月。

12.8.3 芽接技术要求

按 8.13.6 的规定执行。

12.8.4 籽苗芽接操作

芽接操作主要过程如下：

a) 采芽条：按 6.8.1 的规定执行。

b) 拔出籽苗：在淋水后，用手捏住籽苗茎基部向上拔起，然后用清水冲洗泥沙。

c) 开芽接口：用半开窗法，在籽苗基部较宽一面开出长约 5 cm，宽占半茎围的芽接口。

d) 切芽片：按 8.13.7 的规定执行。

e) 修片剥片和插入芽片：按 8.13.7 的规定执行。

f) 捆绑：按 8.13.7 的规定执行。

g) 假植：将芽接后的苗木种植于沙床或小营养袋中，芽接口下端高出表面约 2 cm，淋定根水。

h) 抚管：按 9.5 的规定执行。

i) 解绑：按 8.14 的规定执行。

12.9 移栽和水肥管理

芽接成活后，第一篷叶稳定时移栽至营养袋中，芽接口下方离土约 2 cm，淋水保湿，2 周后进行水(肥)滴灌，之后每周 1 次，及时拔除杂草，注意遮阳。

12.10 防寒措施

冬季气温低于 10℃时，关闭大棚门窗并加热升温，以确保苗木安全越冬。

12.11 抹芽

在确认芽接成活后，打掉砧木苗的顶芽，保留 2 片真叶，并将真叶的腋芽抠除。之后每数天巡查一次，及时抹除砧木苗新发的芽。

12.12 病虫害防治、炼苗、分级与标记、出圃与运输、临时存放、苗木检疫、苗木质量确定、袋育苗档案建立

病虫害防治按 8.10 的规定执行；炼苗按 9.6 的规定执行；分级与标记按 9.7 的规定执行；出圃与运输按 9.8 的规定执行；临时存放按 9.9 的规定执行；苗木检疫按 8.25 的规定执行；苗木质量分级按 8.26 的规定执行；苗木出圃档案建立按 8.27 的规定执行。

附　录　A
（资料性附录）
橡胶树苗木等质量标志格式

A.1　图 A.1 用于记录橡胶树芽条的来源地、品种名称、采集人及出圃时间，建议张贴在芽条上。

单位为毫米

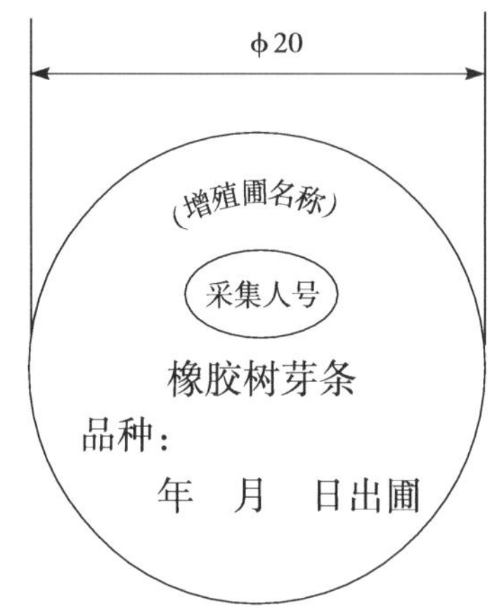

图 A.1　橡胶树芽条质量标签（张贴用）

A.2　图 A.2 用于记录橡胶树芽条的来源、品种名称、采集人及出圃时间，建议拴挂在芽条上。

单位为毫米

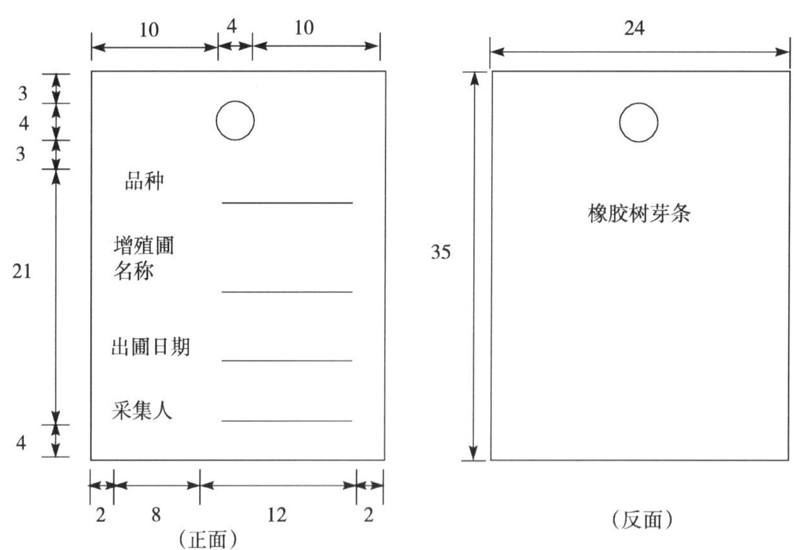

注：标签的用材为厚度约 0.3 mm 的白色聚乙烯塑料薄片或牛皮纸；标签正反面均用黑色 6 号宋体字打印；标签项目内容用圆珠笔填写。

图 A.2　橡胶树芽条质量标签（拴挂用）

A.3 图 A.3 用于记录橡胶树苗木生产单位、苗木类别、苗木级别、品种及出圃时间,建议张贴在苗木上。

单位为毫米

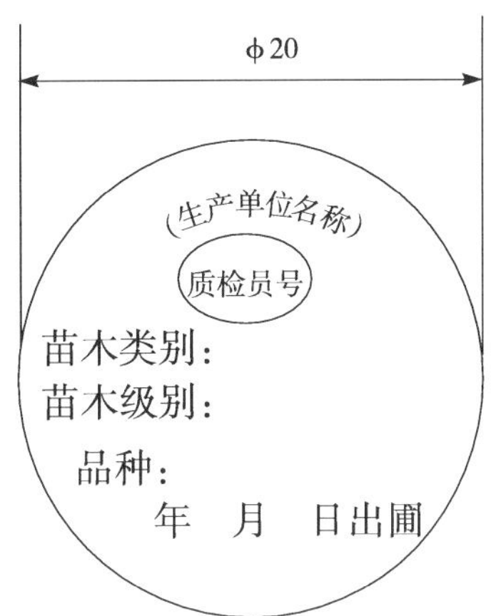

图 A.3 橡胶树苗木质量标签(张贴用)

A.4 图 A.4 用于记录橡胶树苗木的品种名称、生产单位、出圃日期及苗木类别等,建议拴挂在苗木上。

单位为毫米

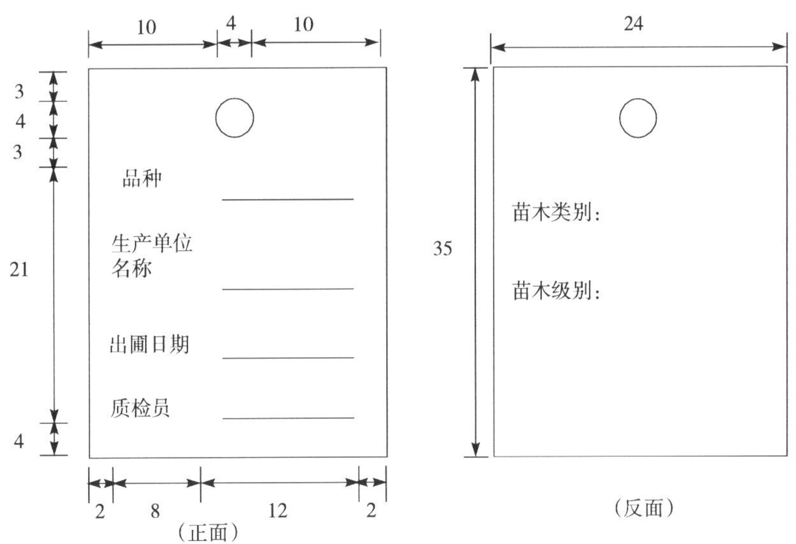

注:标签的用材为厚度约 0.3 mm 的白色聚乙烯塑料薄片或牛皮纸;标签正反面均用黑色 6 号宋体字打印;标签项目内容用圆珠笔填写。

图 A.4 橡胶树苗木质量标签(拴挂用)

附　录　B
（资料性附录）
橡胶树育苗档案格式

B.1　橡胶树增殖圃生产技术记录档案

见表 B.1。

表 B.1　橡胶树增殖圃生产技术记录档案

生产单位名称：　　　　　　　　　　　　　　生产单位负责人：　　　　　　　　　　　　　　编号：

苗圃名称	建设地点	苗圃面积 hm²	建设日期	负责人	其他

品种	地点或地块	种植面积 hm²	种植株数 株	种植日期	更新/复壮日期	更新/复壮方式	实施人	出圃日期	出圃数量 m	包装方式	锯芽条人	用户姓名	用户地址

记录人（签字）：　　　　　　　　年　　月　　日

B.2　橡胶树实生（砧）苗种子来源及播种记录档案

见表 B.2。

表 B.2　橡胶树实生（砧）苗种子来源及播种记录档案

生产单位名称：　　　　　　　　　　　　　　生产单位负责人：　　　　　　　　　　　　　　编号：

采收日期	采集地点	采收数量 kg	父本	母本	采收人	播种日期	播种地点或地块	播种数量 kg	开始萌发日期	播后25 d萌发率 %	淘汰率 %	实施人	移栽日期	移栽地点或地块	移栽株数 株	苗木类型	种植形式	移栽成活率 %	实施人

记录人（签字）：　　　　　　　　年　　月　　日

B.3 橡胶树地播苗圃生产技术记录档案

见表 B.3。

表 B.3 橡胶树地播苗圃生产技术记录档案

生产单位名称：　　　　　　　　　　　　生产单位负责人：　　　　　　　　　　　　编号：

苗圃名称	建设地点	苗圃面积 hm²	建设日期	负责人	其他

日期	地点或地块	补植	补植 成活率 %	苗木 类型	化学 除草	人工 除草	施肥类 型与 数量	施肥 方式	出现何 种虫害	处理 措施	出现何 种病害	处理 措施	风寒害	处理 措施	实施人

记录人(签字)：　　　　　　　　　　年　　月　　日

B.4 橡胶树芽接生产技术记录档案

见表 B.4。

表 B.4 橡胶树芽接生产技术记录档案

生产单位名称：　　　　　　　　　　　　生产单位负责人：　　　　　　　　　　　　编号：

苗圃名称	建设地点	苗圃面积 hm²	建设日期	负责人	其他

日期	地点或地块	移栽 株数 株	第 1 次芽接				第 2 次芽接			
			品种及来源	株数 株	成活率 %	芽接人	品种及来源	株数 株	成活率 %	芽接人

记录人(签字)：　　　　　　　　　　年　　月　　日

B.5 橡胶树芽接记录表

见表B.5。

表B.5 橡胶树芽接记录表

生产单位名称： 生产单位负责人： 编号：

芽接人姓名	芽接日期	芽接地点/地块	品种名称	芽接株数，株	解绑日期	成活数，株	成活率，%

记录人（签字）： 年 月 日

B.6 橡胶树苗木出圃(芽接桩裸根苗)生产技术记录档案

见表B.6。

表B.6 橡胶树苗木出圃(芽接桩裸根苗)生产技术记录档案

生产单位名称：　　　　　　　　　　　　生产单位负责人：　　　　　　　　　　编号：

苗圃名称	建设地点	苗圃面积 hm^2	建设日期	负责人	其他

日期	地点或地块	芽接 日期	解绑 日期	锯干 日期	锯干时叶篷 数和物候	起苗 日期	出苗数量 株	合格率 %	用户 姓名	用户地址

记录人(签字)：　　　　　　　　　　　　年　　月　　日

B.7 橡胶树出圃苗木(容器苗)生产技术记录档案

见表B.7。

表B.7 橡胶树出圃苗木(容器苗)生产技术记录档案

生产单位名称： 生产单位负责人： 编号：

苗圃名称	建设地点	苗圃面积 hm²	建设日期	负责人	其他

日期	地点或地块	炼苗期	炼苗方式	出苗时叶篷数及物候	出苗日期	出苗数量 株	合格率 %	用户姓名	用户地址

记录人(签字)： 年 月 日

B.8 橡胶树容器苗圃生产技术记录档案

见表B.8。

表B.8 橡胶树容器苗圃生产技术记录档案

生产单位名称：　　　　　　　　　　生产单位负责人：　　　　　　　　　　编号：

苗圃名称	建设地点	苗圃面积 hm²	建设日期	负责人	其他

日期	地点或地块	营养袋尺寸	营养土配比	排列方式	移栽	化学除草	人工除草	施肥类型与数量	施肥方式	出现何种虫害	处理措施	出现何种病害	处理措施	风、寒害	处理措施	实施人

记录人(签字)：　　　　　　　　　　　年　　月　　日

B.9 橡胶树高截干苗木生产技术记录档案

见表B.9。

表B.9 橡胶树高截干苗圃生产技术记录档案

生产单位名称：　　　　　　　　　　生产单位负责人：　　　　　　　　　　编号：

苗圃名称	建设地点	苗圃面积 hm²	建设日期	负责人	其他

日期	地点或地块	种植形式	移栽	化学除草	人工除草	施肥类型与数量	施肥方式	出现何种虫害	处理措施	出现何种病害	处理措施	断主根长度 cm	截干长度 cm	干末端抽芽数量 个	起苗时间	实施人

记录人(签字)：　　　　　　　　　　　年　　月　　日

附加说明：

本标准按照 GB/T 1.1—2009 给出的规则起草。

本标准代替 NY/T 1686—2009《橡胶树育苗技术规程》。与 NY/T 1686—2009 相比，除编辑性修改外主要技术变化如下：

——删去 2009 年版第 4 章(原种圃建设与原种增殖)和第 13 章(有性系树桩培育)的内容；

——2009 年版第 8 章(芽接)和第 9 章(芽接桩起苗)相关内容纳入本版的第 6 章(地播苗圃建设与芽接桩培育)并进行归纳调整；

——调整 2009 年版中相关章节中涉及苗圃地选择和苗圃规划的重复内容作为本版的第 4 章和第5 章；

——增加第 12 章：籽苗芽接苗培育相关内容。

本标准由农业农村部农垦局提出。

本标准由农业农村部热带作物及制品标准化技术委员会归口。

本标准起草单位：中国热带农业科学院橡胶研究所、国家重要热带作物工程技术研究中心。

本标准主要起草人：王军、周珺、姚行成、陈先红、林位夫。

本标准所代替标准的历次版本发布情况为：

——NY/T 1686—2009。

中华人民共和国农业行业标准

天然生胶　凝胶制备的技术分级橡胶生产技术规程

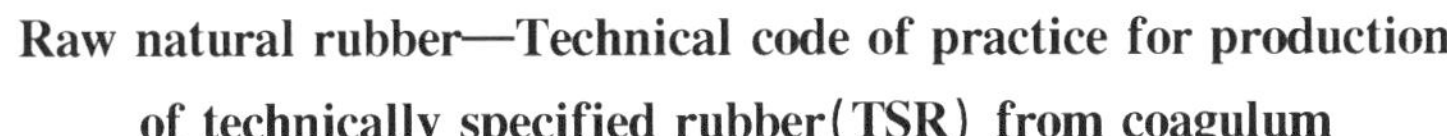

Raw natural rubber—Technical code of practice for production of technically specified rubber(TSR) from coagulum

NY/T 1811—2018

代替 NY/T 1811—2009

1　范围

本标准规定了以凝胶为原料制备的技术分级橡胶生产工艺流程和生产设备和设施，生产工艺控制和技术要求，产品的质量控制，包装、标志、储存与运输。

本标准适用于用杯凝胶、胶线、胶园凝块、收胶站凝固的凝块和(或)生胶片生产的技术分级橡胶。

2　规范性引用文件

下列文件对于本文件的应用是必不可少的。凡是注日期的引用文件，仅注日期的版本适用于本文件。凡是不注日期的引用文件，其最新版本(包括所有的修改单)适用于本文件。

GB/T 1232.1　未硫化橡胶　用圆盘剪切粘度计进行测定　第1部分：门尼粘度的测定

GB/T 3510　未硫化橡胶　塑性的测定　快速塑性计法

GB/T 3517　天然生胶　塑性保持率的测定

GB/T 4498.1　橡胶　灰分的测定　第1部分：马弗炉法

GB/T 8081　天然生胶　技术分级橡胶(TSR)规格导则

GB/T 8082　天然生胶　标准橡胶　包装、标志、贮存和运输

GB/T 8086　天然生胶　杂质含量测定法

GB/T 8088　天然生胶和天然胶乳　氮含量的测定

GB/T 15340　天然、合成生胶取样及其制样方法

GB/T 24131　生橡胶　挥发分含量的测定

NY/T 1403　天然橡胶　评价方法

3　生产工艺流程和生产设备设施

3.1　生产工艺流程

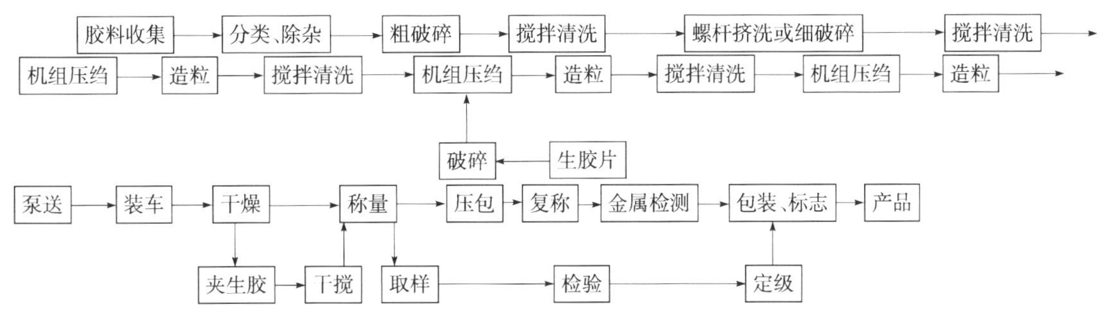

中华人民共和国农业部 2018-12-19 发布　　2019-06-01 实施

3.2 生产设备设施

凝胶料储存间、切胶机、输送机、破碎机、振动清洗装置、清洗池、清洗搅拌器、斗升机、双(单)螺杆挤洗机、绉片机、造粒机、抽胶泵、胶液分离器、干燥车、渡车、推进器、干燥设备(包括干燥柜、废气除臭塔、风机、温度计和供热管)、供热设备(包括燃油炉或电炉、煤炉、柴炉)、干搅机、压包机、金属探测仪、产品检验设备及储存仓库。

4 生产工艺控制和技术要求

4.1 胶料的收集与分类

4.1.1 胶园凝胶(杯凝胶、胶线等)应在下一次割胶前回收,除去树叶、树皮、木屑、塑料袋、沙石、金属等杂物,收集后应及时送往工厂。胶园凝胶进厂后,按种类分开在阴凉处储放。

4.1.2 生胶片应按不同的质量进行分类,除去沙石、金属等杂物后及时送往工厂加工,进厂后的生胶片应置阴凉处停放。

4.1.3 分散凝固的凝块应及时送往工厂加工,进厂后的胶料也应置阴凉处停放。

4.1.4 不同类别的凝胶应分别存放。

4.2 胶料的预处理及造粒

4.2.1 进厂胶料存放工段应建立胶料的来源、进厂时间、胶料含胶量(测定方法按附录A的规定执行)等原始记录,以便产品质量监控。

4.2.2 大凝块加工前应切割检查是否夹有沙石、金属等杂物,并根据生产的要求切块。

4.2.3 胶料加工前,应根据原料的种类、质量、产品的要求制订工艺方案(包括不同胶料的配比、工艺流程、工艺要求、控制方法等)。

4.2.4 破碎、清洗、压绉、造粒前,应认真检查和调试好各种设备、设施,添加各机器的润滑油,清洗各清洗池,并注入清水,保证所有设备、设施处于良好的待机状态。

4.2.5 启动设备时,注意每台机器的启动电流、启动时间等状况,设备运转正常后,适量调节设备的喷水。

4.2.6 生产过程中,应注意和遵守如下事项:

——关注整条生产线上各台机器的电流值、声音、振动、同步等状况,保证设备的安全运行;

——加工不同类型的胶料时,设备技术状态应做相应调整,以保证生产效率和产品质量;

——根据破碎、造粒工序,各清洗池水的清洁程度,相应排掉部分池底的脏水杂物,同时加入部分清水;

——根据绉片机的出料速度和绉片情况,调节绉片机的辊筒间距;

——根据绉片机组的出料速度,调节绉片机组间输送带的速度,避免拉片和堆片;

——根据造粒粒子的大小,调节绉片机及相关设备辊筒的间距,避免粒子过大;

——不应在运转的破碎机、双(单)螺杆切胶机、胶料提升斗、造粒机中拾取杂物或推动胶团;

——不应在设备的喷水装置上洗手。

4.2.7 生产完毕,应继续用水冲洗设备、清洗场地,回收散落胶粒。

4.3 胶料的装车与干燥

4.3.1 每次装胶料前,应将干燥车上干燥过的残留胶粒及杂物清除干净。

4.3.2 湿胶料装入干燥车时,应做到均匀、疏松,避免捏压结团,装胶高度应该一致。

4.3.3 干燥工段各工序的操作应遵守如下规定:

——湿胶粒应放置滴水 10 min 以上,随后推入干燥设备干燥;

——干燥过程应随时注意供热状况,调节好供热量与风量;

——干燥温度和时间的控制：进口热风最高温度应在120℃以内，干燥时间不超过270 min；
——停止供热后，继续抽风一段时间，使进口温度≤70℃；
——定期检查干燥设备上的密封情况，密封性能不好时应及时修复；
——干燥系统应设置抽风冷却装置，干燥柜出车时的胶料温度不应超过60℃；
——干燥工段应建立干燥时间、温度、出胶情况、进出车号等生产记录。

4.4 胶料的后处理

4.4.1 对夹生过多影响质量的胶料，可用干搅机进行处理，或返工处理。

4.4.2 生产不同等级的产品时，可依据各种胶料的质量和性能按比例用干搅机进行混合。

4.4.3 经干搅机处理后的胶料应及时冷却。

4.5 压包

4.5.1 干燥后或干搅后的胶料应冷却至60℃以下方可压包。

4.5.2 压包前应对每车胶料在不同位置随机抽取4块胶块切割检查。

4.5.3 压包后每6包取1包切开检查，并取样检查。

5 产品的质量控制

5.1 抽样和评价

除非有关各方同意采用其他方法，否则，凝胶制备的技术分级橡胶应按GB/T 15340规定的方法取样；评价按NY/T 1403规定的方法进行。

5.2 检验

按GB/T 1232.1、GB/T 3510、GB/T 3517、GB/T 4498.1、GB/T 8082、GB/T 8086、GB/T 8088、GB/T 24131的规定进行样品检验。

5.3 定级

按GB/T 8081的规定进行产品定级。

6 包装、标志、储存与运输

按GB/T 8082的规定进行产品包装、标志、储存与运输。

附　录　A
（规范性附录）
凝胶含胶量的测定

A.1　仪器与设备

A.1.1　绉片机(滚筒直径 350 mm,转速比 1∶1.5)。

A.1.2　电子秤(20 kg,分度值为 10 g)。

A.1.3　分析天平(分度值为 0.1 mg)

A.1.4　厚薄规。

A.1.5　恒温干燥箱。

A.2　操作程序

A.2.1　抽样

A.2.1.1　大样本的一级凝胶(或二级凝胶)分为胶团(或凝块)、杯凝胶、胶线 3 类,等外凝胶分为胶团(或凝块)、杯凝胶、胶线、泥胶 4 类,然后分别称量、记录,再分别计算各类凝胶在各等级凝胶中所占的比例。

A.2.1.2　从大样本的一级凝胶(或二级凝胶或等外凝胶)中按上述各类凝胶在各等级凝胶中所占的比例抽取总重量约 20 kg 组成混合样,然后用电子秤称量(m_1)、记录。

A.2.1.3　二级凝胶(或等外凝胶)的混合样品采用手工剥离其外来杂质(特别是塑料薄膜、树皮等)再进行压绉操作。

A.2.2　压绉

将绉片机辊距调至(0.05±0.02) mm,接通水源喷水,启动绉片机后将混合样品充分湿过辊 10 次。第 2 次至第 9 次过辊时,将绉片叠成 2 层放入辊筒过辊,散落的碎胶全部捡回混入绉片中,然后关闭水源,再将混合样品的绉片干过辊 10 次。第 2 次至第 9 次过辊时,将绉片叠成 2 层放入辊筒过辊,散落的碎胶全部捡回混入绉片中,第 10 次过辊后下片,电子秤称量(m_2),记录。

A.2.3　测试

从干过辊的绉片(m_2)中剪取 100 g(精确至 0.01 g)试样(m_3),将试样剪成宽 2 mm 条状胶,然后将其置于温度为(100±5)℃、带有抽风设备的电热烘干箱中,干燥 4 h 左右,试样干透后,取出放入干燥器中冷却至室温,称量、记录;再将试样在上述条件下干燥 30 min,取出放入干燥器中冷却至室温,称量、记录;直至连续 2 次称量之差小于 10 mg 时,取最低质量(m_4)进行计算。

A.3　结果计算

混合样品含胶量以样品干胶质量分数计,按式(A.1)计算。

$$X = \frac{m_2 \times m_4}{m_1 \times m_3} \times 100 \qquad (A.1)$$

式中:

X ——混合样品含胶量,单位为百分率(%);

m_1 ——混合样品的质量,单位为千克(kg);

m_2 ——干过辊绉片的质量,单位为千克(kg);

m_3 ——试样的质量,单位为克(g);

m_4 ——干试样的质量,单位为克(g)。

附加说明:

本标准按照 GB/T 1.1—2009 给出的规则起草。

本标准代替 NY/T 1811—2009《天然生胶 凝胶标准橡胶生产技术规程》。与 NY/T 1811—2009 相比,除编辑性修改外主要变化如下:

——标准名称改为:天然生胶 凝胶制备的技术分级橡胶生产技术规程;

——规范引用文件增加了 GB/T 1232.1(见 5.2)、GB/T 15340(见 5.1)、NY/T 1403—2007(见 5.1);

——用修改采用国际标准的 GB/T 24131 代替 ISO 248(见 5.2,2009 版的 5.2);

——GB/T 4498 调整为 GB/T 4498.1(见 5.2,2009 版 5.2);

——工艺流程中增加了对"夹生胶"的"干搅",以及"称量"、"复称"和"金属检测"等三道工序,删除"喷水淋湿"及重复的"凝胶的收集、分类→破碎→搅拌清洗"等工序(见 3.1);

——设备中增加了干搅机和废气除臭塔(见 3.2);

——删去"已存放一段时间的凝胶料应淋水软化或浸泡",后面的条款前移(见 2009 年版的 4.2.2);

——删去"散落地面的胶粒,清洗干净后装入干燥车",后面的条款前移(见 2009 年版的 4.3.3);

——增加了"胶料的后处理"(见 4.4);

——增加了"压包后每 6 包取 1 包切开检查,并取样检查"(见 4.5.3);

——"组批、抽样及样品制备"改为"抽样和评价"(见 5.1);

——删除了附录 B(见 2009 年版的附录 B)。

本标准由中华人民共和国农业农村部提出。

本标准由农业农村部热带作物及制品标准化技术委员会归口。

本标准起草单位:中国热带农业科学院农产品加工研究所、云南省农垦局、国家橡胶及乳胶制品质量监督检验中心。

本标准主要起草人:张北龙、黄红海、陈旭国、郑向前、卢光、刘培铭、丁丽。

本标准所代替标准的历次版本发布情况为:

——NY/T 1811—2009。

中华人民共和国农业行业标准

热带作物品种审定规范 第8部分:菠萝

Registration rules for variety of tropical crops— Part 8:Pineapple

NY/T 2667.8—2018

1 范围

本部分规定了菠萝[*Ananas comosus*(L.)Merr.]品种审定的审定要求、判定规则和审定程序。

本部分适用于菠萝品种的审定。

2 规范性引用文件

下列文件对于本文件的应用是必不可少的。凡是注日期的引用文件,仅注日期的版本适用于本文件。凡是不注日期的引用文件,其最新版本(包括所有的修改单)适用于本文件。

NY/T 2668.8 热带作物品种试验技术规程 第8部分:菠萝

NY/T 2813 热带作物种质资源鉴定评价技术规范 菠萝

中华人民共和国农业部公告2012年第2号 农业植物品种命名规定

3 审定要求

3.1 基本要求

3.1.1 品种来源明确,无知识产权纠纷。

3.1.2 品种名称应符合中华人民共和国农业部公告2012年第2号的要求。

3.1.3 品种具有特异性、一致性和稳定性。

3.1.4 经过品种的比较试验、区域试验和生产试验,材料齐全,符合要求。

3.2 目标要求

3.2.1 高产品种

产量显著高于对照品种,或增产≥10%,内在品质、外观品质、耐储性、抗性相当于或优于对照品种。

3.2.2 优质品种

产量与对照品种相当或减产≤10%,风味、外观≥1项性状明显优于对照品种。

3.2.3 加工品种

出汁率、罐头得率≥1项性状比对照品种提高≥5%,制成产品的品质与无刺卡因的相当,产量与对照品种相当。

3.2.4 特异性状品种

耐储性、早结性、抗性等≥1项性状指标相当于或优于对照品种。

4 判定规则

满足3.1中的全部条件,同时满足3.2中的要求≥1项,判定为符合品种审定要求。

中华人民共和国农业部 2018-03-15 发布 2018-06-01 实施

5 审定程序

5.1 现场鉴评

5.1.1 地点确定

根据申请书随机抽取 1 个～2 个代表性的试验点作为现场鉴评地点。

5.1.2 鉴评内容及记录

现场鉴评项目和方法按照附录 A 的规定执行，现场鉴评记录按照附录 B 的规定执行。不便现场鉴评的测试项目指标，需提供由农业部认可的检测机构出具的检测报告。

5.1.3 综合评价

根据 5.1.2 的测定结果，对产量、品质、抗性等进行综合评价。

5.2 初审

5.2.1 申请品种名称

按中华人民共和国农业部公告 2012 年第 2 号的要求审查。

5.2.2 申报材料

对品种比较试验、区域试验、生产试验报告等技术内容的完整性进行审查。

5.2.3 品种试验方案

试验地点、对照品种的选择、试验设计、试验方法、试验年限，按 NY/T 2668.8 的规定进行审查。

5.2.4 品种试验结果

对申请品种的植物学特征、生物学特性、主要经济性状（包括果实品质、丰产性、稳产性、适应性、抗性等）和生产技术要点，以及结果的完整性、真实性和准确性等进行审查。

5.2.5 初审意见

依据 5.2.1、5.2.2、5.2.3、5.2.4 的审查情况，结合现场鉴评结果，对品种进行综合评价，提出初审意见。

5.3 终审

对申报书、现场鉴评综合评价结果、初审结果进行综合审定，提出终审意见，并进行无记名投票表决，赞成票超过与会专家总数 2/3 以上的品种，通过审定。

附　录　A
（规范性附录）
菠萝品种审定现场鉴评内容

A.1　现场观测项目

见表 A.1。

表 A.1　观测项目

内　容	观测记载项目
基本情况	地点、经纬度、海拔、坡向与坡度、试验点面积、土壤类型、管理水平、种苗类型、定植时间、株行距、种植密度
主要植物学特征	长势、株型、株高、冠幅、叶片数、叶色、叶片彩带、叶缘刺有无、D叶长、D叶宽、叶粉、果柄长、冠芽长、冠芽重与数量、裔芽数量、吸芽数量、蘖芽数量
丰产性	单果重、折亩产
品质性状	果实形状、果实纵横径、果心直径、小果数、果眼深度、成熟时果皮与果肉颜色、质地、风味、香味、可食率、可溶性固形物含量、固酸比、维生素 C 含量、耐储性、出汁率[a]、罐头得率[a]
其他	催花难易程度
[a] 仅加工品种需要测定。	

A.2　观测方法

A.2.1　基本情况

A.2.1.1　试验地概况

调查试验地概况，主要包括地点、经纬度、海拔、坡向与坡度、试验点面积、土壤 pH、土壤类型。

A.2.1.2　管理水平

考察试验地管理水平，分为精细、中等、粗放。

A.2.1.3　试验种苗

试验采用的种苗类型，分为冠芽苗、裔芽苗、吸芽苗、组培苗、叶芽扦插苗等。对照品种与申请品种须使用同一种繁殖类型的种苗，而且种苗健壮、大小一致，苗高≥25 cm，茎粗≥2.5 cm。

A.2.1.4　种植时间

调查试验植株的种植时间。

A.2.1.5　株行距

测量小区内的株距和行距，精确到 0.01 m。

A.2.1.6　种植密度

根据 A.2.1.5 计算亩株数，精确到整位数。

A.2.2　主要植物学特征

冠幅、株高、叶片数和 D 叶宽按照 NY/T 2668.8 的规定执行，其他植物学特征按照 NY/T 2813 的规定执行。

A.2.3　丰产性

单果重、亩产量按 NY/T 2668.8 的规定执行。

A.2.4 品质性状

按 NY/T 2668.8 的规定执行。

A.2.5 其他

催花难易程度按 NY/T 2668.8 的规定执行。

附 录 B
（规范性附录）
菠萝品种现场鉴评记录表

菠萝品种现场鉴评记录表见表B.1。

表B.1 菠萝品种现场鉴评记录表

日期：______年______月______日
基本情况：__________省（自治区、直辖市）__________市（区、县）__________乡（镇）
经度：____°____′____″ 纬度：____°____′____″ 海拔：____ m
坡向：________面积：________亩 土壤类型：________土壤 pH：________
管理水平：1. 精细 2. 中等 3. 粗放

测试项目	申请品种						对照品种					
品种名称												
面积，亩												
株行距，cm×cm												
种苗类型	1. 冠芽苗；2. 吸芽苗；3. 裔芽苗；4. 组培苗；5. 叶芽扦插苗						1. 冠芽苗；2. 吸芽苗；3. 裔芽苗；4. 组培苗；5. 叶芽扦插苗					
种植时间（年/月/日）												
催花时间（年/月/日）												
长势	1. 强；2. 中；3. 弱						1. 强；2. 中；3. 弱					
叶色	1. 深绿色；2. 绿色；3. 黄绿色；4. 灰绿色；5. 紫红色						1. 深绿色；2. 绿色；3. 黄绿色；4. 灰绿色；5. 紫红色					
叶片彩带	1. 中间；2. 旁边；3. 无						1. 中间；2. 旁边；3. 无					
叶粉	1. 多；2. 少；3. 无						1. 多；2. 少；3. 无					
叶缘刺有无	1. 多；2. 少；3. 无；4. 叶尖有刺						1. 多；2. 少；3. 无；4. 叶尖有刺					
株号	1	2	3	4	5	平均	1	2	3	4	5	平均
株高，cm												
冠幅，cm												
叶片数，片												
D叶长，cm												
D叶宽，cm												
果柄长，cm												
冠芽长，cm												
冠芽重量，g												
冠芽数量，个												
裔芽数量，个												
吸芽数量，个												
蘖芽数量，个												
果实纵径，cm												
果实横径，cm												
小果数												
果眼深度，cm												
单果重，kg												
折亩产，kg												

表 B.1（续）

测试项目	申请品种	对照品种
果实形状	1. 长圆柱形；2. 短圆柱形；3. 长圆锥形；4. 短圆锥形；5. 球形	1. 长圆柱形；2. 短圆柱形；3. 长圆锥形；4. 短圆锥形；5. 球形
果实成熟情况	1. 未熟；2. 成熟；3. 过熟	1. 未熟；2. 成熟；3. 过熟
自然开花率，%		
果心直径，cm		
可溶性固形物含量，%		
成熟时果皮颜色	1. 青色；2. 浅黄色；3. 黄色；4. 红褐色	1. 青色；2. 浅黄色；3. 黄色；4. 红褐色
果肉颜色	1. 白色；2. 黄白色；3. 浅黄色；4. 金黄色	1. 白色；2. 黄白色；3. 浅黄色；4. 金黄色
果肉纤维	1. 少；2. 中；3. 多	1. 少；2. 中；3. 多
果肉质地	1. 脆；2. 细滑；3. 中等；4. 粗；5. 绵	1. 脆；2. 细滑；3. 中等；4. 粗；5. 绵
风味	1. 酸；2. 酸甜；3. 甜	1. 酸；2. 酸甜；3. 甜
香味	1. 无；2. 淡；3. 浓	1. 无；2. 淡；3. 浓
可食率，%		
出汁率，%		
罐头得率，%		
发病率，%	按凋萎病、心腐病、黑心病、黑腐病等分别记录	按凋萎病、心腐病、黑心病、黑腐病等分别记录
病情指数	按凋萎病、黑腐病等分别计算	按凋萎病、黑腐病等分别计算
抗虫性	1. 严重；2. 一般；3. 轻微	1. 严重；2. 一般；3. 轻微
耐寒性	1. 严重；2. 一般；3. 轻微	1. 严重；2. 一般；3. 轻微
签名	组长：　　成员：	

注 1：测量株数 5 株。

注 2：抽取方式为随机抽取。

注 3：根据测产小区产量及小区面积计算亩产量。

注 4：加工品种需相应记录出汁率、罐头得率。

附加说明：

NY/T 2667《热带作物品种审定规范》拟分为 10 个部分：

——第 1 部分：橡胶树；

——第 2 部分：香蕉；

——第 3 部分：荔枝；

——第 4 部分：龙眼；

——第 5 部分：咖啡；

——第 6 部分：芒果；

——第 7 部分：澳洲坚果；

——第 8 部分：菠萝；

——第 9 部分：枇杷；

——第 10 部分：番木瓜。

本部分为 NY/T 2667 的第 8 部分。

本部分按照 GB/T 1.1—2009 给出的规则起草。

本部分由农业部农垦局提出。

本部分由农业部热带作物及制品标准化技术委员会归口。

本部分起草单位：中国热带农业科学研究院南亚热带作物研究所、中国农垦经济发展中心。

本部分主要起草人：孙光明、吴青松、解雪琴、孙伟生、刘胜辉、陆新华、李运合、张红娜、林文秋。

中华人民共和国农业行业标准

热带作物品种审定规范　第9部分：枇杷

Registration rules for variety of tropical crops—
Part 9：Loquat

NY/T 2667.9—2018

1　范围

本部分规定了枇杷[*Eriobotrya japonica*(Thunb.)Lindl.]品种审定的审定要求、判定规则和审定程序。

本部分适用于枇杷品种的审定。

2　规范性引用文件

下列文件对于本文件的应用是必不可少的。凡是注日期的引用文件，仅注日期的版本适用于本文件。凡是不注日期的引用文件，其最新版本(包括所有的修改单)适用于本文件。

NY/T 1304　农作物种质资源鉴定技术规程　枇杷

NY/T 2668.9　热带作物品种试验技术规程　第9部分：枇杷

中华人民共和国农业部公告2012年第2号　农业植物品种命名规定

3　审定要求

3.1　基本要求

3.1.1　品种来源明确，无知识产权纠纷。

3.1.2　品种名称应符合中华人民共和国农业部公告2012年第2号要求。

3.1.3　品种具有特异性、一致性和稳定性。

3.1.4　经过品种的比较试验、区域试验和生产试验，材料齐全，符合要求。

3.2　目标性状要求

3.2.1　品种基本指标

果实平均单果重：白肉品种≥30 g，红肉品种≥40 g；果实平均可溶性固形物含量：白肉品种≥12%，红肉品种≥11%；平均可食率≥68%；其他主要经济性状优于或相当于对照品种。

3.2.2　特异性状品种

3.2.2.1　大果品种

白肉品种果实平均单果重≥50 g，红肉品种果实平均单果重≥70 g，其他性状符合3.2.1的条件。

3.2.2.2　单核品种

果实单核率≥70%，其他性状符合3.2.1的条件。

3.2.2.3　高可食率品种

果实平均可食率≥75%，其他性状符合3.2.1的条件。

中华人民共和国农业部 2018-03-15 发布　　2018-06-01 实施

3.2.2.4 高可溶性固形物含量品种

白肉品种果实平均可溶性固形物含量≥15%，红肉品种果实平均可溶性固形物含量≥14%，其他性状符合 3.2.1 的条件。

3.2.2.5 高产品种

产量比对照品种增产≥10%，其他性状符合 3.2.1 的条件。

3.2.2.6 早熟品种

果实成熟期与对照品种(早钟 6 号、森尾早生)相当，其他性状符合 3.2.1 的条件。

3.2.2.7 特早熟品种

果实成熟期比对照品种(森尾早生、早钟 6 号)早熟≥7 d，其他性状符合 3.2.1 的条件。

3.2.2.8 晚熟品种

果实成熟期与对照品种(解放钟)相当，其他性状符合 3.2.1 的条件。

3.2.2.9 特晚熟品种

果实成熟期比对照品种(解放钟)晚熟≥7 d，其他性状符合 3.2.1 的条件。

3.2.2.10 其他特异品种

矮化、抗逆、香气、耐储性等其他特异经济性状≥1 项明显优于对照品种，其他性状符合 3.2.1 的条件。

注：提供早钟 6 号、森尾早生、解放钟的信息是为了方便本标准的使用，不代表对该品种的认可和推荐，经鉴定具有相应性状的其他品种均可作为对照品种。

4 判定规则

满足 3.1、3.2.1 中的全部要求，同时满足 3.2.2 中的要求≥1 项，判定为符合品种审定要求。

5 审定程序

5.1 现场鉴评

5.1.1 地点确定

根据申请书随机抽取 1 个～2 个生产性试验点作为现场鉴评地点。

5.1.2 鉴评内容及记录

现场鉴评项目和方法按照附录 A 的规定执行，现场鉴评记录按照附录 B 的规定执行。不便现场鉴评的测试项目，需提供由农业部认可的检测机构出具的检测报告。

5.1.3 综合评价

根据 5.1.2 的测定结果，对产量、熟期和品质等进行综合评价。

5.2 初审

5.2.1 申请品种名称

按中华人民共和国农业部公告 2012 年第 2 号的规定进行审查。

5.2.2 申报材料

对品种比较试验、区域试验、生产试验报告等技术材料的完整性进行审查。

5.2.3 品种试验方案

试验地点、对照品种的选择、试验设计、试验方法、试验年限，按 NY/T 2668.9 的规定进行审查。

5.2.4 品种试验结果

对申请品种的植物学特征、生物学特性、主要经济性状(包括果实品质、丰产性、稳产性、适应性、抗性等)和生产技术要点，以及结果的完整性、真实性和准确性等进行审查。

5.2.5 初审意见

依据5.2.1、5.2.2、5.2.3、5.2.4的审查情况，结合现场鉴评结果，对品种进行综合评价，提出初审意见。

5.3 终审

对申报书、现场鉴评综合评价结果、初审结果进行综合审定，提出终审意见，并进行无记名投票表决，赞成票超过与会专家总数2/3以上的品种，通过审定。

附　录　A
（规范性附录）
枇杷品种审定现场鉴评内容

A.1　观测项目

见表 A.1。

表 A.1　观测项目

内　　容	观测记载项目
基本情况	地点、经纬度、海拔、试验点面积、管理水平、繁殖方式、定植或高接年份、株行距、套袋与否
主要植物学特征	树势、树姿、树高、冠幅、干高、干周、穗重、穗粒数、果实整齐度
品质性状	单果重、果皮颜色、可食率、果实形状、果面茸毛、剥皮难易、果肉颜色、汁液、果肉质地、果肉化渣程度、果肉石细胞、种子数、风味、香味、可溶性固形物含量
丰产性	株产、亩产
其他	

A.2　观测方法

A.2.1　基本情况

A.2.1.1　试验地概况

调查试验地概况，主要包括地点、经纬度、海拔、试验点面积、套袋与否。

A.2.1.2　管理水平

考察试验地管理水平，分为精细、中等、粗放。

A.2.1.3　繁殖方式

考察试验树采用的繁殖方式，分为小苗嫁接、高接换种、高空压条、其他。

A.2.1.4　定植或高接年份

调查试验树定植或高接的年份。

A.2.1.5　株行距

测量小区内的株距和行距。单位为米(m)，精确到0.1 m。

A.2.2　植物学特性

A.2.2.1　冠幅

选取生长正常的植株 3 株～5 株，测量植株树冠东西向、南北向的宽度。单位为米(m)，精确到 0.1 m。

A.2.2.2　树高

用 A.2.2.1 的样本，测量植株高度。单位为米(m)，精确到 0.1 m。

A.2.2.3　干周

用 A.2.2.1 的样本，测量植株主干离地 20 cm 处的周长。单位为厘米(cm)，精确到 0.1 cm。

A.2.2.4　干高

用 A.2.2.1 的样本，测量植株主干第一个分枝离地的高度。单位为米(m)，精确到 0.1 m。

A.2.2.5 树势、树姿、穗重、穗粒数

按 NY/T 1304 的规定执行。

A.2.2.6 果实整齐度

用 A.2.2.5 的样本，观察果实的大小和形状，按果实大小及形状的一致性，确定果实的整齐度。分为差(果实大小和形状差异明显)、中(果实大小和形状较整齐)、好(果实大小和形状整齐)。

A.2.3 品质性状

按 NY/T 1304 的规定执行。

A.2.4 丰产性

A.2.4.1 株产

果实成熟时，随机选取生长正常的植株 3 株～5 株，采摘全树果穗，称量果穗重量。单位为千克(kg)，精确到 0.1 kg。

A.2.4.2 亩产

根据 A.2.1.5 结果，计算亩定植株数，根据单株产量和亩株数计算亩产。单位为千克(kg)，精确到 0.1 kg。

A.2.5 其他

可根据小区内发生的病害、虫害、寒害等具体情况加以记载。

附　录　B
（规范性附录）
枇杷品种现场鉴评记录表

枇杷品种现场鉴评记录表见表B.1。

表B.1　枇杷品种现场鉴评记录表

日期：______年______月______日

基本情况：______________省（自治区、直辖市）______________市（区、县）______________乡（镇）

经度：______°______′______″　纬度：______°______′______″　海拔：______ m

面积：________亩　套袋与否：________

测试项目	申请品种				对照品种			
品种名称								
管理水平	1. 精细；2. 中等；3. 粗放							
株行距，m								
繁殖方式	1. 小苗嫁接；2. 高空压条；3. 高接换种；4. 其他				1. 小苗嫁接；2. 高空压条；3. 高接换种；4. 其他			
定植或高接年限，年								
树势	1. 强；2. 中；3. 弱				1. 强；2. 中；3. 弱			
树姿	1. 直立；2. 半开张；3. 开张；4. 下垂				1. 直立；2. 半开张；3. 开张；4. 下垂			
树号	1	2	3	平均	1	2	3	平均
株高，m								
冠幅，m								
干高，m								
干周，cm								
株产，kg								
亩产，kg								
穗重，g								
穗粒数，粒/穗								
果实整齐度	1. 差；2. 中；3. 好				1. 差；2. 中；3. 好			
单果重，g								
可溶性固形物含量，%								
种子数								
可食率，%								
果皮颜色	1. 淡绿色；2. 淡黄色；3. 黄色；4. 橙黄色；5. 橙红色；6. 锈褐色；7. 红色				1. 淡绿色；2. 淡黄色；3. 黄色；4. 橙黄色；5. 橙红色；6. 锈褐色；7. 红色			
果实形状	1. 扁圆形；2. 近圆形；3. 椭圆形；4. 倒卵形；5. 洋梨形				1. 扁圆形；2. 近圆形；3. 椭圆形；4. 倒卵形；5. 洋梨形			
果肉颜色	1. 乳白色；2. 黄白色；3. 黄色；4. 橙黄色；5. 橙红色				1. 乳白色；2. 黄白色；3. 黄色；4. 橙黄色；5. 橙红色			
果面茸毛	1. 无；2. 稀疏；3. 密生				1. 无；2. 稀疏；3. 密生			
剥皮难易	1. 难；2. 较易；3. 易				1. 难；2. 较易；3. 易			
汁液	1. 少；2. 中；3. 多				1. 少；2. 中；3. 多			
果肉质地	1. 疏松；2. 细嫩；3. 致密				1. 疏松；2. 细嫩；3. 致密			
化渣程度	1. 不化渣；2. 较化渣；3. 化渣				1. 不化渣；2. 较化渣；3. 化渣			
果肉石细胞	1. 无；2. 少；3. 中；4. 多				1. 无；2. 少；3. 中；4. 多			

表 B.1（续）

测试项目	申请品种	对照品种
风味	1. 淡甜;2. 清甜;3. 甜;4. 浓甜;5. 酸甜;6. 甜酸;7. 酸	1. 淡甜;2. 清甜;3. 甜;4. 浓甜;5. 酸甜;6. 甜酸;7. 酸
香味	1. 无;2. 淡;3. 浓;4. 异味	1. 无;2. 淡;3. 浓;4. 异味
其他		
签名	组长： 成员：	
注 1:测量株数 3 株～5 株。 **注 2**:抽取方式为随机抽取。 **注 3**:根据测产单株产量及亩定植株数计算亩产量。		

附加说明：

NY/T 2667《热带作物品种审定规范》拟分为 10 个部分：

——第 1 部分:橡胶树；

——第 2 部分:香蕉；

——第 3 部分:荔枝；

——第 4 部分:龙眼；

——第 5 部分:咖啡；

——第 6 部分:芒果；

——第 7 部分:澳洲坚果；

——第 8 部分:菠萝；

——第 9 部分:枇杷；

——第 10 部分:番木瓜。

本部分为 NY/T 2667 的第 9 部分。

本部分按照 GB/T 1.1—2009 给出的规则起草。

本部分由农业部农垦局提出。

本部分由农业部热带作物及制品标准化技术委员会归口。

本部分起草单位:福建省农业科学院果树研究所、中国农垦经济发展中心。

本部分主要起草人:郑少泉、蒋际谋、孙娟、陈秀萍、邓朝军、许奇志、姜帆、胡文舜、黄爱萍。

中华人民共和国农业行业标准

热带作物品种审定规范　第10部分:番木瓜

Registration rules for variety of tropical crops—Part 10:Papaya

NY/T 2667.10—2018

1　范围

本部分规定了番木瓜(*Carica papaya* L.)品种审定的审定要求、判定规则和审定程序。

本部分适用于番木瓜品种的审定。

2　规范性引用文件

下列文件对于本文件的应用是必不可少的。凡是注日期的引用文件,仅注日期的版本适用于本文件。凡是不注日期的引用文件,其最新版本(包括所有的修改单)适用于本文件。

NY/T 2668.10　热带作物品种试验技术规程　第10部分:番木瓜

中华人民共和国农业部公告2012年第2号　农业植物品种命名规定

3　审定要求

3.1　基本要求

3.1.1　品种来源明确,无知识产权纠纷。

3.1.2　品种名称应符合中华人民共和国农业部公告2012年第2号要求。

3.1.3　品种具有特异性、一致性和稳定性。

3.1.4　经过品种的比较试验、区域试验和生产试验,材料齐全,符合要求。

3.1.5　提供由权威机构出具的品种转基因成分检测报告。若品种为转基因品种,应在申报前取得农业转基因生物安全证书(生产应用)。

3.2　目标性状要求

3.2.1　高产品种

产量与对照品种相比,增产≥12%,品质、番木瓜环斑型花叶病毒病(PRSV)耐病性和其他主要性状与对照品种相当或优于对照品种。

3.2.2　番木瓜蛋白酶原浆高产品种

番木瓜蛋白酶原浆有效产量与对照品种相比,增产≥16%,果实产量、品质、PRSV耐病性和其他主要性状与对照品种相当或优于对照品种。

3.2.3　抗(耐)PRSV品种

非转基因品种:在病区种植时,采收中期的PRSV病情指数显著低于对照品种,且主要经济性状与对照品种相当或优于对照品种。

转基因品种:在病区种植时,PRSV抗病性为“抗”或“高抗”,主要经济性状与对照品种相当或优于

中华人民共和国农业部 2018-03-15 发布　　2018-06-01 实施

对照品种。

3.2.4 优质品种

风味、保鲜储藏期、可溶性固形物含量、番木瓜蛋白酶原浆酶活性等主要品质性状≥1 项指标明显优于对照品种，果实产量与对照品种差异不显著，PRSV 耐病性等其他指标与对照品种相当或优于对照品种。

3.2.5 其他特异性状品种

株型、非转基因品种具备高 PRSV 抗病性等其他特异性经济性状≥1 项指标显著优于对照品种，果实产量与对照品种相比减产≤12%。

4 判定规则

满足 3.1 中的全部要求，同时满足 3.2 中的要求≥1 项，判定为符合品种审定要求。

5 审定程序

5.1 现场鉴评

5.1.1 地点确定

根据申请书随机抽取 1 个～2 个生产性试验点作为现场鉴评地点。

5.1.2 鉴评内容及记录

现场鉴评项目和方法按照附录 A 的规定执行，现场鉴评记录按照附录 B 的规定执行。不便现场鉴评的测试项目，需提供权威检测机构出具的检测报告。

5.1.3 综合评价

根据 5.1.2 的测定结果，对产量、品质、抗性等进行综合评价。

5.2 初审

5.2.1 申请品种名称

按中华人民共和国农业部公告 2012 年第 2 号的规定进行审查。

5.2.2 申报材料

对品种比较试验、区域试验、生产试验报告等技术材料的完整性进行审查。

5.2.3 品种试验方案

试验地点、对照品种的选择、试验设计、试验方法、试验年限，按 NY/T 2668.10 的规定进行审查。

5.2.4 品种试验结果

对申请品种的植物学特征、生物学特性、主要经济性状(包括果实品质、丰产性、稳产性、适应性、抗性等)和生产技术要点，以及结果的完整性、真实性和准确性等进行审查。

5.2.5 初审意见

依据 5.2.1、5.2.2、5.2.3、5.2.4 的审查情况，结合现场鉴评结果，对品种进行综合评价，提出初审意见。

5.3 终审

对申报书、现场鉴评综合评价结果、初审结果进行综合审定，提出终审意见，并进行无记名投票表决，赞成票超过与会专家总数 2/3 以上的品种，通过审定。

附 录 A
（规范性附录）
番木瓜品种审定现场鉴评内容

A.1 观测项目

见表 A.1。

表 A.1 观测项目

内 容	观测记载项目
基本情况	地点、经纬度、海拔、坡度、试验点面积、管理水平、种苗类型、株性比例、株行距、种植密度
主要植物学特征	株高、花冠颜色、果形、果实纵横径
主要农艺性状	最低结果高度、单株可收获果实数、单果重（长圆形两性果、雌性果分别统计）、折亩产，割酶用型品种需增加番木瓜蛋白酶原浆出浆率、亩产
品质性状	果实外表光滑度、成熟果皮颜色、成熟果肉颜色、果肉厚度、果肉质地、风味、香气、可溶性固形物含量
其他	PRSV 发病率、其他病虫害、风害等

A.2 观测方法

A.2.1 基本情况

A.2.1.1 试验地概况

调查试验地概况，主要包括地点、经纬度、海拔、坡度、试验点面积。

A.2.1.2 管理水平

考察试验地管理水平，分为精细、中等、粗放。

A.2.1.3 种苗类型

记录试验采用的种苗类型，分为种子苗、组培苗、扦插苗。

A.2.1.4 植株株性比例

调查品种的两性株、雌性株及雄性株的数量比例。

A.2.1.5 株行距和种植密度

测量小区内的株距和行距。单位为米(m)，精确到 0.1 m。根据株行距计算种植密度，单位为株每亩(株/亩)，精确到 1 株/亩。

A.2.2 植物学特性

按 NY/T 2668.10 的规定执行。

A.2.3 主要农艺性状

A.2.3.1 最低结果高度、单株可收获果实数、单果重、折亩产

参照 NY/T 2668.10 的规定执行。

A.2.3.2 番木瓜蛋白酶原浆出浆率及亩产

按 NY/T 2668.10 的规定执行，得出番木瓜蛋白酶原浆出浆率。

按照式(A.1)计算番木瓜蛋白酶原浆亩产。

$$Ye = \mathrm{Re} \times Y \tag{A.1}$$

式中：

Ye ——番木瓜蛋白酶原浆亩产，单位为千克每亩(kg/亩)；

Re ——番木瓜蛋白酶原浆出浆率，单位为 kg 原浆/kg 果实；

Y ——折亩产，单位为千克每亩(kg/亩)。

A.2.4 品质性状

参照 NY/T 2668.10 的规定执行。

A.2.5 其他

A.2.5.1 PRSV 发病率

按 NY/T 2668.10 的规定执行。

A.2.5.2 其他抗性

可根据小区内发生的其他病害、虫害、风害等具体情况加以记载。

附　录　B
（规范性附录）
番木瓜品种现场鉴评记录表

番木瓜品种现场鉴评记录表见表 B.1。

表 B.1　番木瓜品种现场鉴评记录表

日期：______年______月______日　　____________省(自治区、直辖市)____________市(区、县)____________乡(镇)

经度：________°________′________″　　纬度：________°________′________″　　海拔：________ m

管理水平：1. 精细；2. 中等；3. 粗放

测试项目	申请品种						对照品种					
品种名称												
面积，亩												
坡度，°												
株行距，m												
种苗类型	1. 种子苗；2. 组培苗；3. 扦插苗						1. 种子苗；2. 组培苗；3. 扦插苗					
株号	1	2	3	4	5	平均	1	2	3	4	5	平均
株高，cm												
花冠颜色												
果形												
果实纵径，cm												
果实横径，cm												
最低结果高度，cm												
单株可收获果实数												
长圆形两性果单果重，g												
雌性果单果重，g												
折合亩产，kg/亩												
番木瓜蛋白酶原浆出浆率，g 原浆/g 果实												
番木瓜蛋白酶原浆亩产，kg/亩												
果实外表光滑度	1. 光滑；2. 一般；3. 粗糙						1. 光滑；2. 一般；3. 粗糙					
成熟果皮颜色												
成熟果肉颜色												
果肉厚度，cm												
果肉质地												
风味												
香气												
可溶性固形物含量，%												
PRSV 发病率，%												
其他病虫害抗性												
其他抗逆性												
专家签名	组长：						成员：					
注：抽取方式为随机抽取。												

附加说明：

NY/T 2667《热带作物品种审定规范》拟分为10个部分：

——第1部分：橡胶树；

——第2部分：香蕉；

——第3部分：荔枝；

——第4部分：龙眼；

——第5部分：咖啡；

——第6部分：芒果；

——第7部分：澳洲坚果；

——第8部分：菠萝；

——第9部分：枇杷；

——第10部分：番木瓜。

本部分为NY/T 2667的第10部分。

本部分按照GB/T 1.1—2009给出的规则起草。

本部分由农业部农垦局提出。

本部分由农业部热带作物及制品标准化技术委员会归口。

本部分起草单位：广州市果树科学研究所、中国农垦经济发展中心。

本部分主要起草人：陈健、张颖聪、刘建玲、李卫红、任鹏荣、刘淑娴、冯瑞祥、周常清、罗金棠、游恺哲。

中华人民共和国农业行业标准

热带作物品种审定规范　第 11 部分：胡椒

Registration rules for variety of tropical crops—
Part 11: Black pepper

NY/T 2667.11—2018

1　范围

本部分规定了胡椒（*Piper nigrum* L.）品种审定要求、判定规则和审定程序。

本部分适用于胡椒品种的审定。

2　规范性引用文件

下列文件对于本文件的应用是必不可少的。凡是注日期的引用文件，仅注日期的版本适用于本文件。凡是不注日期的引用文件，其最新版本（包括所有的修改单）适用于本文件。

NY/T 2668.11　热带作物品种试验技术规程　第 11 部分：胡椒

NY/T 3003　热带作物种质资源描述及评价规范　胡椒

农业部令 2012 年第 2 号　农业植物品种命名规定

3　审定要求

3.1　基本要求

3.1.1　申请品种来源明确，无知识产权纠纷。

3.1.2　申请品种名称应符合农业部令 2012 年第 2 号的要求。

3.1.3　申请品种具有特异性、一致性和稳定性。

3.1.4　申请品种通过品种比较试验、区域性试验和生产性试验，材料齐全。

3.2　目标要求

3.2.1　基本指标

黑胡椒千粒重≥40 g，胡椒碱含量≥2.5%，挥发油含量≥1.5 mL/100 g；白胡椒千粒重≥30 g，胡椒碱含量≥2.5%，挥发油含量≥1 mL/100 g。其他主要经济性状优于或相当于对照品种。

3.2.2　专有品种指标

3.2.2.1　高产品种

产量与对照品种相比，增产≥10%，经统计分析差异显著。

3.2.2.2　优质品种

胡椒碱含量、挥发油含量等主要品质性状与对照品种相比，≥1 项性状优于对照品种，经统计分析差异显著。

3.2.2.3　抗瘟病品种

胡椒瘟病抗性等级为"抗"及以上。胡椒瘟病抗性按 NY/T 3003 的规定执行。

中华人民共和国农业部 2018-12-19 发布　　2019-06-01 实施

4 判定规则

满足 3.1 和 3.2.1 中的全部要求，同时满足 3.2.2 中的要求≥1 项，判定为符合品种审定要求。

5 审定程序

5.1 现场鉴评

5.1.1 地点确定

随机抽样申请书中提供的试验点 1 个～2 个，作为现场鉴评地点。

5.1.2 鉴评内容及记录

现场鉴评项目和方法内容按照附录 A 的规定执行，现场鉴评记录按照附录 B 的规定执行。不便现场鉴评的测试指标，需提供农业农村部认可的检测机构出具的检测报告提供依据。

5.1.3 综合评价

根据 5.1.2 的测定结果，对产量、品质、抗性等进行综合评价。

5.2 初审

5.2.1 申请品种名称

按农业部令 2012 年第 2 号的规定审查。

5.2.2 申报材料

对品种比较试验、区域性试验、生产性试验报告等技术内容的真实性、完整性、科学性进行审查。

5.2.3 品种试验方案

试验地点选择、对照品种确定、试验设计与实施、采收与测产，按 NY/T 2668.11 的规定进行审查。

5.2.4 品种试验结果

对申请品种的植物学特征、农艺性状、主要经济性状(包括品质、丰产性、抗性等)和生产技术要点，以及结果的完整性、真实性、准确性等进行审查。

5.2.5 初审意见

依据 5.2.1、5.2.2、5.2.3、5.2.4 的审查情况，结合现场鉴评结果，对申请品种进行综合评价，提出初审意见。

5.3 终审

对申报材料、现场鉴评综合评价、初审结果进行综合审定，提出终审意见，并进行无记名投票表决，赞成票超过与会专家总数 2/3 以上，通过审定。

附　录　A
（规范性附录）
胡椒品种审定现场鉴评内容

A.1　观测项目

见表 A.1。

表 A.1　观测项目

内　　容	观测记载项目
基本情况	地点、经纬度、海拔、坡向、气候特点、土壤类型、土壤肥力状况、试验点面积、种苗类型、定植时期、种植密度、管理水平
主要植物学特征及农艺性状	株形、株高、冠幅、枝条密度、果序长度、果实长、果实宽、坐果率、鲜果千粒重、黑胡椒鲜干比、白胡椒鲜干比、黑胡椒千粒重、白胡椒千粒重
丰产性	单株黑胡椒产量、单株白胡椒产量、每亩黑胡椒产量、每亩白胡椒产量
品质性状	黑胡椒挥发油含量、白胡椒挥发油含量、黑胡椒不挥发性乙醚提取物含量、白胡椒不挥发性乙醚提取物含量、黑胡椒胡椒碱含量、白胡椒胡椒碱含量
其他	胡椒瘟病等病虫害发生情况

A.2　观测方法

A.2.1　基本情况

A.2.1.1　试验小区概况

主要包括地点、经纬度、海拔、气候特点、土壤类型、土壤肥力状况、试验点面积。

A.2.1.2　种苗类型

分为扦插苗、嫁接苗、组培苗。

A.2.1.3　定植时间

申请品种和对照品种的定植时间。

A.2.1.4　种植密度

测量试验小区试验植株种植的株距和行距，精确到 0.1 m。根据测量的株行距计算种植密度，精确到 1 株/亩。

A.2.1.5　管理水平

根据试验园区管理情况判断管理水平，包括精细、中等、粗放。

A.2.2　主要植物学特征及农艺性状

按 NY/T 3003 的规定执行。对株形、株高、冠幅、枝条密度、果序长度、坐果率、果实长、果实宽、鲜果千粒重、黑胡椒鲜干比、白胡椒鲜干比、黑胡椒千粒重、白胡椒千粒重等进行评价。

A.2.3　丰产性

A.2.3.1　单株黑胡椒产量

按 NY/T 3003 的规定执行。

A.2.3.2　单株白胡椒产量

按 NY/T 3003 的规定执行。

A.2.3.3　每亩黑胡椒产量

根据单株黑胡椒产量和 A.2.1.4 结果计算亩产，精确到 0.1 kg。

A.2.3.4　每亩白胡椒产量

根据单株白胡椒产量和 A.2.1.4 结果计算亩产，精确到 0.1 kg。

A.2.4　品质性状

按 NY/T 3003 的规定执行。对黑胡椒挥发油含量、白胡椒挥发油含量、黑胡椒不挥发性乙醚提取物含量、白胡椒不挥发性乙醚提取物含量、黑胡椒胡椒碱含量、白胡椒胡椒碱含量等进行评价。

A.2.5　抗性性状

A.2.5.1　胡椒瘟病抗性性状

按 NY/T 3003 的规定执行。

A.2.5.2　其他抗性

可根据小区内发生的其他病害、虫害、寒害等具体情况加以记载。

附 录 B
(规范性附录)
胡椒品种现场鉴评记录表

胡椒品种现场鉴评记录表见表 B.1。

表 B.1 胡椒品种现场鉴评记录表

日期:________年________月________日

基本情况:________省(自治区、直辖市)________市(区、县)________乡(镇)

经度:____°____′____″ 纬度:____°____′____″ 海拔:________ m

坡向:________ 面积:________亩 土壤类型:________

<table>
<tr><td colspan="2">测试项目</td><td colspan="6">申请品种</td><td colspan="6">对照品种</td></tr>
<tr><td colspan="2">品种名称</td><td colspan="6"></td><td colspan="6"></td></tr>
<tr><td colspan="2">管理水平</td><td colspan="12">1. 精细;2. 中等;3. 粗放</td></tr>
<tr><td colspan="2">种苗类型</td><td colspan="6">1. 扦插苗;2. 嫁接苗;3. 组培苗</td><td colspan="6">1. 扦插苗;2. 嫁接苗;3. 组培苗</td></tr>
<tr><td colspan="2">试验点面积,亩</td><td colspan="6"></td><td colspan="6"></td></tr>
<tr><td colspan="2">种植密度,株/亩</td><td colspan="6"></td><td colspan="6"></td></tr>
<tr><td colspan="2">定植时期</td><td colspan="6"></td><td colspan="6"></td></tr>
<tr><td rowspan="14">主要植物学特征及农艺性状</td><td>株形</td><td colspan="6"></td><td colspan="6"></td></tr>
<tr><td>株号</td><td>1</td><td>2</td><td>3</td><td>4</td><td>5</td><td>平均</td><td>1</td><td>2</td><td>3</td><td>4</td><td>5</td><td>平均</td></tr>
<tr><td>株高,m</td><td></td><td></td><td></td><td></td><td></td><td></td><td></td><td></td><td></td><td></td><td></td><td></td></tr>
<tr><td>冠幅,m</td><td></td><td></td><td></td><td></td><td></td><td></td><td></td><td></td><td></td><td></td><td></td><td></td></tr>
<tr><td>枝条密度,条</td><td></td><td></td><td></td><td></td><td></td><td></td><td></td><td></td><td></td><td></td><td></td><td></td></tr>
<tr><td>果序长度,cm</td><td></td><td></td><td></td><td></td><td></td><td></td><td></td><td></td><td></td><td></td><td></td><td></td></tr>
<tr><td>坐果率,%</td><td></td><td></td><td></td><td></td><td></td><td></td><td></td><td></td><td></td><td></td><td></td><td></td></tr>
<tr><td>果实长,mm</td><td></td><td></td><td></td><td></td><td></td><td></td><td></td><td></td><td></td><td></td><td></td><td></td></tr>
<tr><td>果实宽,mm</td><td></td><td></td><td></td><td></td><td></td><td></td><td></td><td></td><td></td><td></td><td></td><td></td></tr>
<tr><td>鲜果千粒重,g</td><td></td><td></td><td></td><td></td><td></td><td></td><td></td><td></td><td></td><td></td><td></td><td></td></tr>
<tr><td>黑胡椒鲜干比,%</td><td></td><td></td><td></td><td></td><td></td><td></td><td></td><td></td><td></td><td></td><td></td><td></td></tr>
<tr><td>白胡椒鲜干比,%</td><td></td><td></td><td></td><td></td><td></td><td></td><td></td><td></td><td></td><td></td><td></td><td></td></tr>
<tr><td>黑胡椒千粒重,g</td><td></td><td></td><td></td><td></td><td></td><td></td><td></td><td></td><td></td><td></td><td></td><td></td></tr>
<tr><td>白胡椒千粒重,g</td><td></td><td></td><td></td><td></td><td></td><td></td><td></td><td></td><td></td><td></td><td></td><td></td></tr>
<tr><td rowspan="5">丰产性</td><td>株号</td><td>1</td><td>2</td><td>3</td><td>4</td><td>5</td><td>平均</td><td>1</td><td>2</td><td>3</td><td>4</td><td>5</td><td>平均</td></tr>
<tr><td>单株黑胡椒产量,kg</td><td></td><td></td><td></td><td></td><td></td><td></td><td></td><td></td><td></td><td></td><td></td><td></td></tr>
<tr><td>单株白胡椒产量,kg</td><td></td><td></td><td></td><td></td><td></td><td></td><td></td><td></td><td></td><td></td><td></td><td></td></tr>
<tr><td>每亩黑胡椒产量,kg</td><td></td><td></td><td></td><td></td><td></td><td></td><td></td><td></td><td></td><td></td><td></td><td></td></tr>
<tr><td>每亩白胡椒产量,kg</td><td></td><td></td><td></td><td></td><td></td><td></td><td></td><td></td><td></td><td></td><td></td><td></td></tr>
</table>

表 B.1（续）

<table>
<tr><td colspan="2">测试项目</td><td>申请品种</td><td>对照品种</td></tr>
<tr><td rowspan="6">品质性状</td><td>黑胡椒挥发油含量，mL/100 g</td><td></td><td></td></tr>
<tr><td>白胡椒挥发油含量，mL/100 g</td><td></td><td></td></tr>
<tr><td>黑胡椒不挥发性乙醚提取物含量，%</td><td></td><td></td></tr>
<tr><td>白胡椒不挥发性乙醚提取物含量，%</td><td></td><td></td></tr>
<tr><td>黑胡椒胡椒碱含量，%</td><td></td><td></td></tr>
<tr><td>白胡椒胡椒碱含量，%</td><td></td><td></td></tr>
<tr><td colspan="2">胡椒瘟病抗性性状</td><td>1. 免疫；2. 高抗；3. 抗；4. 中抗；5. 感；6. 高感</td><td>1. 免疫；2. 高抗；3. 抗；4. 中抗；5. 感；6. 高感</td></tr>
<tr><td colspan="2">其他</td><td></td><td></td></tr>
<tr><td colspan="4">组长：　　　　　　　　成员：</td></tr>
<tr><td colspan="4">**注 1**：测量株数≥3 株。
注 2：抽取方式：随机抽取。
注 3：根据测产单株产量及亩定植株数计算亩产量。</td></tr>
</table>

附加说明：

NY/T 2667《热带作物品种审定规范》拟分为如下部分：

——第 1 部分：橡胶树；

——第 2 部分：香蕉；

——第 3 部分：荔枝；

——第 4 部分：龙眼；

——第 5 部分：咖啡；

——第 6 部分：芒果；

——第 7 部分：澳洲坚果；

——第 8 部分：菠萝；

——第 9 部分：枇杷；

——第 10 部分：番木瓜；

——第 11 部分：胡椒；

——第 12 部分：椰子；

…………

本部分为 NY/T 2667 的第 11 部分。

本部分按照 GB/T 1.1—2009 给出的规则起草。

本部分由中华人民共和国农业农村部提出。

本部分由农业农村部热带作物及制品标准化技术委员会归口。

本部分起草单位：中国热带农业科学院香料饮料研究所。

本部分主要起草人：郝朝运、邬华松、范睿、胡丽松、伍宝朵、谭乐和、杨建峰、桑利伟、郑维全。

中华人民共和国农业行业标准

热带作物品种审定规范　第12部分：椰子

Registration rules for variety of tropical crops—Part 12：Coconut

NY/T 2667.12—2018

1　范围

本部分规定了椰子(*Cocos nucifera* L.)品种审定的审定要求、判定规则和审定程序。

本部分适用于椰子品种的审定。

2　规范性引用文件

下列文件对于本文件的应用是必不可少的。凡是注日期的引用文件，仅注日期的版本适用于本文件。凡是不注日期的引用文件，其最新版本(包括所有的修改单)适用于本文件。

GB 5009.5　食品安全国家标准　食品中蛋白质的测定

GB 5009.6　食品安全国家标准　食品中脂肪的测定

GB/T 12143　饮料通用分析方法

GB/T 23801　中间馏分油中脂肪酸甲酯含量的测定　红外光谱法

LS/T 6107　动植物油脂　酸值和酸度测定　自动滴定分析仪法

NY/T 1810　椰子　种质资源描述规范

NY/T 2668.12　热带作物品种试验技术规程　第12部分：椰子

农业部令2012年第2号　农业植物品种命名规定

3　审定要求

3.1　基本要求

3.1.1　申请品种来源明确，无知识产权纠纷。

3.1.2　申请品种名称应符合农业部令2012年第2号的要求。

3.1.3　申请品种具有特异性、一致性和稳定性。

3.1.4　申请品种经过≥2年的比较试验、多点区域试验和生产试验，材料齐全，符合要求。

3.2　目标性状

3.2.1　基本指标

高种椰子单株年平均产果39.5个，矮种椰子单株年平均产果80个。

3.2.2　高产品种

椰子产果数量与对照品种相比，有显著性差异或者增产≥10%，其他主要经济性状优于或相当于对照品种。其他性状符合3.2.1条件。

3.2.3　特异性状品种

中华人民共和国农业部2018-12-19发布　　2019-06-01实施

申请品种与已有的椰子品种相比较，在椰干含量、粗脂肪含量、椰子水可溶性糖含量等或者其他特异经济性状等方面≥1项比对照品种高≥5%，或者具有特殊风味；果实产量与对照品种差异不显著或减产≤10%。其他性状符合3.2.1条件。

3.2.4 综合性状优良品种

产量、特异性状等主要经济性状虽达不到3.2.2、3.2.3的指标要求，但与对照品种相比，其中≥2项经济指标同时优于对照品种。其他性状符合3.2.1条件。

4 判定规则

满足3.1、3.2.1中的全部要求，同时满足3.2中的要求≥1项，判定为符合品种审定要求。

5 审定程序

5.1 现场鉴评

5.1.1 地点确定

根据申请书随机抽取2个～3个有代表性的生产性试验点作为现场鉴评地点。

5.1.2 鉴评内容及记录

现场鉴评项目和方法按照附录A的规定执行，现场鉴评记录按照附录B的规定执行。不便现场鉴评的测试项目，需提供农业农村部认可的检测机构出具的检测报告。

5.1.3 综合评价

根据5.1.2的测定结果，对产量和特异性状等进行综合评价。

5.2 初审

5.2.1 申请品种名称

按农业部令2012年第2号的规定进行审查。

5.2.2 申报材料

对品种比较试验、区域试验、生产试验报告等技术材料的真实性、完整性、科学性进行审查。

5.2.3 品种试验方案

对试验地点、对照品种的选择、试验设计、试验方法、试验期限，按照NY/T 2668.12的规定进行审查。

5.2.4 品种试验结果

对申请品种的植物学特征、农艺性状、主要经济性状（包括丰产性、稳产性、适应性等）和生产技术要点，以及结果的完整性、真实性和准确性等进行审查。

5.2.5 初审意见

依据5.2.1、5.2.2、5.2.3、5.2.4的审查情况，结合现场鉴评结果，对申请品种进行综合评价，提出初审意见。

5.3 终审

对申报书、现场鉴评综合评价结果、初审结果进行综合审定，提出终审意见，并进行无记名投票表决，赞成票超过与会专家总数2/3以上的品种，通过审定。

附 录 A
(规范性附录)
椰子品种审定现场鉴评内容

A.1 观测项目

见表 A.1。

表 A.1 观测项目

内 容	观测记载项目
试验地基本情况	鉴评日期、地点、经度、纬度、海拔、坡向、面积、土壤类型和土质、株行距、种植密度、土壤类型、管理水平、定植时间
植物学特征	株龄、树冠形态、株高、茎高、葫芦头类型、叶片总数、叶柄颜色、小叶颜色、雌花颜色、雄花颜色、雌花数、果形、嫩果果皮颜色
农艺性状	果穗数、果数、果重、椰肉厚度、椰壳厚度、椰子水体积、椰水芳香或其他气味、可食用外皮、嫩果纤维颜色、单果椰干重
丰产性	单株全年结果数量、每亩全年结果数量
品质性状	椰子水粗蛋白质含量、椰子水粗脂肪含量、椰水中可溶性固形物含量、椰子水可溶性糖含量、椰子肉粗蛋白质含量、椰子肉可溶性固形物含量、椰子肉可溶性糖含量、椰干粗脂肪含量、游离脂肪酸含量、月桂酸含量
其他	

A.2 观测方法

A.2.1 基本情况

A.2.1.1 试验地概况

调查试验地概况,主要包括地点、经纬度、海拔、坡向、土壤类型、试验点面积等。

A.2.1.2 管理水平

考察试验地管理水平,分为精细、中等、粗放。

A.2.1.3 定植时间

调查申请品种和对照品种的定植时间。

A.2.1.4 株行距和种植密度

测量小区内的株距和行距,精确到 0.1 m。根据株行距计算种植密度,单位为株/亩,精确到 1 株/亩。

A.2.2 植物学特征

按 NY/T 1810 的规定执行。对株龄、树冠形态、株高、茎高、葫芦头类型、叶片总数、叶柄颜色、小叶颜色、雌花颜色、雄花颜色、雌花数、果形、嫩果果皮颜色等进行评价。

A.2.3 农艺性状

按 NY/T 1810 的规定执行。对果穗数、果数、果重、椰肉厚度、椰壳厚度、椰子水体积、椰水芳香或其他气味、可食用外皮、嫩果纤维颜色、单果椰干重等进行评价。

A.2.4 丰产性

A.2.4.1 单株全年结果数量

每小区随机选取生长正常的植株 3 株～5 株，分别清点全年结果数量，单位为个/(株·年)，计算平均值，精确到 1 个。

A.2.4.2 每亩全年结果数量

用每亩定植株数乘以 A.2.4.1 的数据，单位为个/(亩·年)，精确到 1 个/(亩·年)。

A.2.5 品质性状

椰水中可溶性固形物含量按 GB/T 12143 的规定执行，椰干粗脂肪含量按 GB 5009.6 的规定执行，粗蛋白质含量按 GB 5009.5 的规定执行，游离脂肪酸含量按 LS/T 6107 的规定执行，月桂酸含量按 GB/T 23801 的规定执行，其他品质性状按 NY/T 1810 的规定执行。

A.2.6 其他

可根据小区内发生的病害、虫害、风害、寒害等具体情况加以记载。

附 录 B
（规范性附录）
椰子品种现场鉴评记录表

椰子品种现场鉴评记录表见表 B.1。

表 B.1 椰子品种现场鉴评记录表

日期：________年________月________日

试验地基本情况：

地点：________省(自治区、直辖市)________市(区、县)________乡(镇)

经度：____°____′____″　纬度：____°____′____″　海拔：________ m

坡向：________　面积：________亩　土壤类型和土质：________

土壤类型：1 黏土；　2 壤土；　3 沙壤土；　4 沙土

管理水平：1 精细；　2 中等；　3 粗放

定植时间：________年________月________日

测试项目		申请品种						对照品种					
品种名称													
种植密度，株/亩													
植物学特征	株号	1	2	3	4	5	平均	1	2	3	4	5	平均
	株龄												
	树冠形态						/						/
	葫芦头类型						/						/
	株高，m												
	茎高，m												
	叶片总数，片												
	叶柄颜色						/						/
	小叶颜色						/						/
	雌花颜色						/						/
	雄花颜色						/						/
	雌花数，个												
	果形						/						/
	嫩果果皮颜色						/						/
	果穗数，个												
农艺性状	果数，个												
	果重，g												
	椰水芳香或其他气味						/						/
	椰肉厚度，cm												
	椰壳厚度，cm												
	椰子水体积，mL												
	可食用外皮						/						/
	嫩果纤维颜色						/						/
	单果椰干重，g												
丰产性	单株平均每年结果数量，个												
	每亩全年结果数量，个												

表 B.1（续）

测试项目		申请品种						对照品种					
品质性状	椰子水粗蛋白质含量,%												
	椰子水粗脂肪含量,%												
	椰子水可溶性固形物含量,%												
	椰子水可溶性糖含量,%												
	椰肉粗蛋白质含量,%												
	椰干粗脂肪含量,%												
	游离脂肪酸含量,mg/100 g												
	月桂酸含量,mg/100 g												
其他													
签名		组长：				成员：							
注 1:测量株数 3 株～5 株。 注 2:抽取方式:随机抽取。 注 3:根据测产单株产量及种植密度计算亩产量。													

附加说明：

NY/T 2667《热带作物品种审定规范》拟分为如下部分：

——第 1 部分:橡胶树；

——第 2 部分:香蕉；

——第 3 部分:荔枝；

——第 4 部分:龙眼；

——第 5 部分:咖啡；

——第 6 部分:芒果；

——第 7 部分:澳洲坚果；

——第 8 部分:菠萝；

——第 9 部分:枇杷；

——第 10 部分:番木瓜；

——第 11 部分:胡椒；

——第 12 部分:椰子；

…………

本部分为 NY/T 2667 的第 12 部分。

本部分按照 GB/T 1.1—2009 给出的规则起草。

本部分由中华人民共和国农业农村部提出。

本部分由农业农村部热带作物及制品标准化技术委员会归口。

本部分起草单位:中国热带农业科学院椰子研究所。

本部分主要起草人:范海阔、李和帅、弓淑芳、刘蕊、唐龙祥、张军。

中华人民共和国农业行业标准

热带作物品种试验技术规程　第8部分：菠萝

Regulations for the variety tests of tropical crops—Part 8: Pineapple

NY/T 2668.8—2018

1　范围

本部分规定了菠萝[*Ananas comosus*(L.)Merr.]的品种比较试验、区域试验和生产试验的方法。

本部分适用于菠萝品种试验。

2　规范性引用文件

下列文件对于本文件的应用是必不可少的。凡是注日期的引用文件，仅注日期的版本适用于本文件。凡是不注日期的引用文件，其最新版本(包括所有的修改单)适用于本文件。

GB 4285　农药安全使用标准

GB/T 6195　水果、蔬菜维生素C测定法(2,6-二氯靛酚滴定法)

GB/T 12456　食品中总酸的测定

GB/T 13207　菠萝罐头

GB/T 28715　饲料添加剂酸性、中性蛋白酶活力的测定　分光光度法

NY/T 1276　农药安全使用规范　准则

NY/T 1442　菠萝栽培技术规程

NY/T 1477　菠萝病虫害防治技术规范

NY/T 2637　水果和蔬菜可溶性固形物含量的测定　折射仪法

NY/T 2742　水果及制品可溶性糖的测定　3,5-二硝基水杨酸比色法

NY/T 2813　热带作物种质资源鉴定评价技术规范　菠萝

3　品种比较试验

3.1　试验点选择

试验地点应在适宜种植区，选择光照充足、土壤肥力一致、排灌方便的地块。

3.2　对照品种

根据申请品种的特性差异选择当地同类主栽品种为对照品种，或申请审定品种目标性状上表现最突出的现有品种。

3.3　试验种苗

试验采用的种苗类型，分为冠芽苗、裔芽苗、吸芽苗、组培苗、叶芽扦插苗等。对照品种与申请品种须使用同一种繁殖类型的种苗，且种苗健壮、大小一致，苗高≥25 cm，茎粗≥2.5 cm。

3.4　试验设计和实施

采用完全随机设计或随机区组设计，重复≥3次。小区：每个参试品种≥80株。株行距：采取双行

中华人民共和国农业部2018-03-15发布　　2018-06-01实施

种植，大行距 70 cm～80 cm，小行距 40 cm～50 cm，株距 30 cm～40 cm。植前按照 GB 4285、NY/T 1477 和 NY/T 1276 的规定，选用杀虫剂和杀菌剂统一处理种苗，植后采用当地大田生产相同的栽培管理措施。试验年限≥2 个生产周期。试验区内各项管理措施要求及时、一致。

3.5 观测记载与鉴定评价

按附录 A 的规定执行。

3.6 试验总结

对试验品种的质量性状进行描述，对数量性状如果实大小、果实品质、产量等观测数据进行统计分析，按附录 B 撰写年度报告，按附录 C 撰写试验总报告。

4 品种区域试验

4.1 试验点的选择

根据不同品种的适应性，在 2 个以上省(自治区、直辖市)不同生态区域设置≥3 个试验点。试验地满足 3.1 的要求。

4.2 试验品种确定

4.2.1 对照品种

同 3.2。

4.2.2 品种数量

可同时进行多个申请品种的区域性试验。

4.3 试验设计

采用完全随机设计或随机区组设计，重复≥3 次。小区每个参试品种≥150 株。在小区周边种植 1 行对照品种作为保护行。区组排列方向应与试验地的坡度或肥力梯度方向一致。试验年限≥2 个生产周期。

4.4 试验实施

4.4.1 种植

在当地适宜时期，开始种植。同一试验点的种植时间应一致。

4.4.2 植前准备

整地质量一致。种苗处理按照 GB 4285、NY/T 1477 和 NY/T 1276 的规定执行。

4.4.3 种植密度

采取双行种植，大行距 70 cm～80 cm，小行距 40 cm～50 cm，株距 30 cm～40 cm。

4.4.4 田间管理

按照 NY/T 1442 的规定执行。

4.4.5 病虫草害防治

按照 GB 4285、NY/T 1477 和 NY/T 1276 的规定执行。

4.4.6 收获和测产

在果实达到成熟要求时采收。每个品种随机测产≥30 株的单株产量，以收获株数的平均单果重乘以种植株数计算亩产。计算商品果率。

4.5 观测记载与鉴定评价

按附录 A 的规定执行。主要品质指标由农业部认可的专业机构进行检测；抗性品种由专业机构执行抗病性、抗虫性、抗寒性等抗性鉴定。

4.6 试验总结

对单位面积产量、单果重等进行统计分析与比较，按附录 B 撰写年度报告，按附录 C 撰写试验总报告。

5 品种生产试验

5.1 试验点的选择

同4.1。

5.2 试验品种确定

5.2.1 对照品种

同4.2.1。

5.2.2 品种数量

同4.2.2。

5.3 试验设计

每个试验点种植申请品种≥3亩，根据品种生长特性选择合适的株行距，同一生态类型试验点的株行距一致。

5.4 试验实施

5.4.1 田间管理

按照NY/T 1442的规定执行。

5.4.2 收获和测产

同4.4.6。

5.5 观测记载与鉴定评价

按4.5的规定执行。

5.6 试验总结

对试验数据进行统计分析及综合评价，对单位面积产量和单果重等进行统计分析与比较，按照附录B撰写年度报告，按附录C撰写试验总报告。

附　录　A
（规范性附录）
菠萝品种试验观测项目与记载标准

A.1　基本情况

A.1.1　试验地概况

试验地概况主要包括：试验所在地名、经纬度、海拔、地形、坡度、坡向、土壤类型、土壤pH、基肥及整地情况、前茬作物。

A.1.2　气象资料的记载内容

记载内容主要包括气温、降水量、无霜期、极端最高最低温度以及灾害天气等。

A.1.3　试验种苗

试验用的种苗类型，分为冠芽苗、裔芽苗、吸芽苗、组培苗、叶芽扦插苗等。种苗大小包括苗高与茎粗。

A.1.4　田间管理情况

常规管理，包括除草、灌溉、培土、施肥、病虫害防治等。

A.2　品种试验观测项目和记载标准

A.2.1　观测项目

见表A.1。

表A.1　观测项目

内　容	记载项目
植物学特征	长势、株型、株高、冠幅、叶片数、叶色、叶片彩带、叶缘刺有无、D叶长、D叶宽、叶粉、果柄长、果柄直径
生物学特性	记载每月抽生叶片数、自然开花时间、植物从定植至达到催花标准的时间、现红期、抽蕾期、开花（小花）期、第一吸芽抽生时间冠芽长、成熟期、采收期、冠芽重与数量、吸芽数量、蘖芽数量以及催花难易程度等主要特性
果实性状	记载果实形状、果实纵横径、果心直径、小果数、果眼深度、成熟时果皮与果肉色泽、质地、风味、香味、可食率、商品果率、畸形果率、裂果率、可溶性固形物含量、可溶性糖含量、可滴定酸含量、固酸比、维生素C含量、菠萝蛋白酶活性。加工型品种还需要增加出汁率、罐头得率等
丰产性	定植至收获时间、平均单果重、小区产量、折合亩产
抗性	耐寒性、抗旱性、抗病性（凋萎病、心腐病、黑心病、黑腐病）、虫害发生情况
耐储性	低温及常温储藏保鲜期

A.2.2　鉴定方法

A.2.2.1　植物学特征

A.2.2.1.1　植株株型

根据植株在催花前叶片整体的开展角度的大小分为紧凑（<45°）、半开张（45°～60°）、开张（>60°）。

A.2.2.1.2　冠幅

催花前每小区选取生长正常的植株≥5株，以测量植株中心到大行间方向的树冠宽度乘以2作为冠幅，精确到0.01 m。

A.2.2.1.3 株高

用 A.2.2.1.2 的样本，测量地面至植株最高处的距离，计算平均值，精确到 0.01 m。

A.2.2.1.4 叶片数、D 叶长宽和叶色

用 A.2.2.1.2 的样本，开花前计算植株叶片数，取平均值，精确到 0.1 片。选每株最长一片叶测量长和宽，精确到 0.1 cm。观察植株叶片颜色，分为：深绿、绿、黄绿、灰绿、紫红。

A.2.2.1.5 其他植物学特征

按 NY/T 2813 的规定执行。

A.2.2.2 生物学特性

A.2.2.2.1 每月抽生叶片数

用 A.2.2.1.2 的样本，植株定植 1 月后，每月选一固定时间观察记录每月抽生叶片数，结果以平均值表示，精确到 0.1 片。

A.2.2.2.2 从定植至达到催花标准的时间

用 A.2.2.1.2 的样本，计算从定植至达到催花标准的时间，单位为天(d)。植株达到催花标准：株型与皇后类相近的品种，叶长 35 cm 以上的叶片达到 40 片以上；株型与卡因类相近的品种，叶长 40 cm 以上的叶片达到 45 片以上。

A.2.2.2.3 催花至抽蕾的时间、抽蕾至成熟的时间

用 A.2.2.1.2 的样本，计算从采取催花措施至植株心部开始现红的时间以及自现红至果实成熟的时间，单位为天(d)。

A.2.2.2.4 冠芽大小与数量

收获时，用 A.2.2.1.2 的样本，计算果实顶部冠芽的个数，测量冠芽的长度与重量，取平均值，分别精确到 0.1 个、0.1 cm、和 0.001 kg。

A.2.2.2.5 裔芽、吸芽、蘖芽数量

收获时，用 A.2.2.1.2 的样本，计算裔芽、吸芽、蘖芽数量，取平均值，分别精确到 0.1 个。

A.2.2.2.6 催花易难程度

夏季高温季节利用乙烯利催花，以容易催花的巴厘种和难催花的卡因种现红率为参照，分为：易(>90%)、较易(80%～90%)、较难(60%～80%)、难(30%～60%)、特难(<30%)5 级。

A.2.2.3 果实品质性状

A.2.2.3.1 可滴定酸含量

按 GB/T 12456 的规定执行。

A.2.2.3.2 维生素 C 含量

按 GB/T 6195 的规定执行。

A.2.2.3.3 可溶性糖含量

按 NY/T 2742 的规定执行。

A.2.2.3.4 可溶性固形物含量

按 NY/T 2637 的规定执行。

A.2.2.3.5 固酸比

固酸比是果实的可溶性固形物含量与其可滴定酸含量的比值。

A.2.2.3.6 菠萝蛋白酶活性

按 GB/T 28715 的规定执行。

A.2.2.3.7 商品果率

果实成熟时，以试验小区全部观察株为样本，采摘果实，选择果实发育正常、单果重 0.5 kg 以上、无病斑、烂斑的果实称量其重量为商品果重，计算商品果重占全部果重的百分比，精确到0.01%。

A.2.2.3.8　**其他性状**

按NY/T 2813的规定执行。

A.2.2.4　**丰产性**

A.2.2.4.1　**单果重**

果实成熟时，每小区随机选取生长正常的植株30株，采摘果实，称量其重量。结果以平均值表示，精确到0.001 kg。

A.2.2.4.2　**折合亩产**

测量株、行距，计算亩定植株数，根据单果重和亩株数折算亩产。结果以平均值表示，精确到0.1 kg。

A.2.2.5　**抗性**

A.2.2.5.1　**耐寒性**

植株受低温寒害后，按如下分级标准调查记录小区内植株受害情况，并计算平均寒害等级，精确到0.1。0级：叶片无寒害斑点；1级：叶片顶部因寒害干枯10 cm以下；2级：多数叶片干枯部分占叶片长度的1/3以下；3级：多数叶片干枯部分占叶片长度的1/2以下；4级：多数叶片干枯部分占叶片长度的1/2以上；5级：叶片全枯、烂心；6级：植株死亡。

A.2.2.5.2　**抗旱性**

根据干旱条件下小区内植株生长受影响的具体情况加以记载。

A.2.2.5.3　**抗病性(凋萎病、心腐病、黑心病、黑腐病)**

根据小区内发生的凋萎病、心腐病、黑心病、黑腐病的具体情况加以记载。

A.2.2.5.3.1　**凋萎病病级划分标准**

按如下标准调查小区内植株凋萎病、心腐病受害情况，计算平均等级。病株率0%～1.0%：1级；病株率1.1%～5.0%：2级；病株率5.1%～10.0%：3级；病株率10.1%～30.0%：4级；病株率30.1%～100%：5级。

A.2.2.5.3.2　**菠萝黑腐病分级标准**

按如下标准调查小区内植株黑腐病分级情况，并计算平均病情指数。菠萝无病变：0级；果实出现水渍状病变，病变体积小于果体10%：1级；病变体积10%～30%：2级；病变体积30%～50%：3级；病变体积50%以上：4级。

病情指数以 I 表示，按式(A.1)计算。

$$I=\frac{\sum(x_i\times y_i)}{y_{max}\times\sum x_i}\times 100 \quad\cdots\cdots\cdots\cdots(A.1)$$

式中：

I ——病情指数；

x_i ——各级病果数，单位为个；

y_i ——相应各级的代表值，单位为级，用0,1,2,3……表示；

y_{max}——最高级代表值，单位为级。

A.2.2.6　**耐储性**

分别在10℃和25℃恒温，湿度保持85%～95%的条件下，各随机选取200个基本成熟的正常果实存放，每天选取10个果实观察，以果实风味基本保持不变，同时果实烂斑、病斑面积小于纵切面面积的5%为好果，计算好果率，精确到0.01%。好果率达到90%以上为保鲜期，单位为天(d)。

A.2.2.7　**加工特性**

A.2.2.7.1　**出汁率**

按 NY/T 2813 的规定执行。

A.2.2.7.2 罐头得率

随机选取 100 kg 以上的果实,按 GB/T 13207 的规定圆圈罐头标准制罐,计算制出罐头净重占鲜果重的百分数,精确到 0.01%。

A.2.3 记载项目

A.2.3.1 菠萝品种比较观测记载项目

见表 A.2。

表 A.2 菠萝品种比较试验观测项目记载表

观测项目		参试品种	对照品种	备注
植物学特征与生物学特性	株型			
	长势(强、中、弱)			
	株高,cm			
	冠幅,cm			
	叶片数,片			
	D 叶长,cm			
	D 叶宽,cm			
	叶片彩带(中间、旁边、无)			
	叶色(深绿色、绿色、黄绿色、灰绿色、紫红色)			
	叶粉(多、少、无)			
	叶缘刺有无(多、少、无、叶尖有刺)			
	果柄长,cm			
	果柄直径,cm			
	冠芽重量,kg			
	冠芽长度,cm			
	冠芽数量,个			
	裔芽数量,个			
	吸芽数量,个			
	蘖芽数量,个			
	果实形状(长圆柱形、短圆柱形、长圆锥形、短圆锥形、球形)			
	果实纵径,cm			
	果实横径,cm			
	小果数,个			
	果眼深度,cm			
	自然开花率,%			
	催花难易程度(易、较易、较难、难、特难)			
物候期	自然开花时间,YYYYMMDD			
	催花时间,YYYYMMDD			
	植株达到催花标准时间,YYYYMMDD			
	现红期,YYYYMMDD			
	抽蕾期,YYYYMMDD			
	开花(小花)期,YYYYMMDD			
	第一吸芽抽生的时间,YYYYMMDD			
	成熟期,YYYYMMDD			
	采收期,YYYYMMDD			
丰产性	定植至收获时间,天			
	平均单果重,g			
	小区产量,kg			
	折合亩产,kg			

表 A.2（续）

观测项目		参试品种	对照品种	备注
品质特性	可溶性固形物含量，%			
	可溶性糖含量，%			
	可滴定酸含量，%			
	固酸比			
	维生素 C 含量，mg/100 g FW			
	菠萝蛋白酶活性，U/g			
	果心直径，cm			
	果肉颜色（白色、黄白色、浅黄色、金黄色）			
	果肉质地（脆、细滑、中等、粗、绵）			
	风味（酸、酸甜、甜）			
	香味（无、淡、浓）			
	可食率，%			
商品性	商品果率，%			
	畸形果率，%			
	裂果率，%			
	成熟果皮颜色（青色、浅黄色、黄色、红褐色）			
	特异性指标（由申请者自行填写）			
抗性	发病率（按凋萎病、心腐病、黑心病、黑腐病等分别记录），%			
	发病指数（按凋萎病、黑腐病等分别计算）			
	虫害发生情况（严重、一般、轻微）			
	抗旱性（强、中、弱）			
	耐寒性（平均寒害级别）			
耐储性	常温储藏保鲜期，d			
	低温储藏保鲜期，d			
加工特性	出汁率[a]，%			
	罐头得率[a]，%			
[a] 仅加工型品种需要测定。				

A.2.3.2 菠萝品种区域试验观测项目

见表 A.3。

表 A.3 菠萝品种区域试验观测项目记载表

观测项目		参试品种	对照品种	备注
植物学特征与生物学特性	株型			
	长势（旺盛、一般、不旺盛）			
	株高，cm			
	冠幅，cm			
	叶片数，片			
	D 叶长，cm			
	D 叶宽，cm			
	冠芽长度，cm			
	冠芽数量，个			
	裔芽数量，个			
	吸芽数量，个			
	蘖芽数量，个			
	果实纵径，cm			
	果实横径，cm			
	自然开花率，%			
	催花难易程度（易、较易、较难、难、特难）			

表 A.3（续）

观测项目		参试品种	对照品种	备注
物候期	植株达到催花标准时间,YYYYMMDD			
	催花时间,YYYYMMDD			
	现红期,YYYYMMDD			
	成熟期,YYYYMMDD			
	自然开花率,%			
丰产性	定植至收获时间,d			
	平均单果重,g			
	折合亩产,kg			
果实性状	可溶性固形物含量,%			
	可溶性糖含量,%			
	可滴定酸含量,%			
	固酸比			
	维生素 C 含量,mg/100 g FW			
	果心直径,cm			
	果肉颜色(白色、黄白色、浅黄色、金黄色)			
	果肉质地(脆、细滑、中等、粗、绵)			
	风味(酸、酸甜、甜)			
	香味(无、淡、浓)			
	可食率,%			
商品性	商品果率,%			
	畸形果率,%			
	果形(长圆柱形、短圆柱形、长圆锥形、短圆锥形、球形)			
	成熟果皮颜色(青色、浅黄色、黄色、红褐色)			
	特异性指标(由申请者自行填写)			
抗性	发病率(按凋萎病、心腐病、黑心病、黑腐病等分别记录),%			
	发病指数(按凋萎病、黑腐病等分别计算)			
	虫害发生情况(严重、一般、轻微)			
	抗旱性(强、中、弱)			
	耐寒性(强、中、弱)			
耐储性	低温储藏保鲜期,d			
	常温储藏保鲜期,d			
加工特性	出汁率[a],%			
	罐头得率[a],%			
[a] 仅加工品种需要测定。				

A.2.3.3 生产试验观测项目

按照表 A.3 的规定执行。

附 录 B
（规范性附录）
菠萝品种试验年度报告
（ 年度）

B.1 概述

本附录给出了《菠萝品种试验年度报告》格式。

B.2 报告格式

B.2.1 封面

菠萝品种试验年度报告

（ 年度）

试验组别：________________

试验地点：________________

承担单位：________________

试验负责人：________________

试验执行人：________________

通信地址：________________

邮政编码：________________

联系电话：________________

电子信箱：________________

B.2.2 地理和气象数据

实验地名：________，纬度：____°____′____″，经度：____°____′____″，海拔：____ m，年日照总时数：____ h，年总积温：____℃，年平均气温：____℃，最冷月气温：____℃，最低气温：____℃，年降水量：____ mm。

特殊气候及各种自然灾害对供试品种生长和产量的影响，以及补救措施：________________________________。

B.2.3 试验地基本情况和栽培管理

B.2.3.1 基本情况

前茬作物：____，坡度：____°，坡向：____，土壤类型：____，土壤 pH：____，基肥及整地情况：________。

B.2.3.2 田间设计

参试品种：____个，对照品种：____，重复：____次，种植方式：____，大行距：____

m,小行距:________ m,株距:________ m,试验面积:________ m^2。

参试品种汇总表见表 B.1。

表 B.1 参试品种汇总表

代号	品种名称	类型(组别)	亲本组合	选育单位	联系人与电话

B.2.3.3 栽培管理

种植日期:________________________________

种植方式:________________________________

种苗类型:________________________________

施肥:________________________________

灌排水:________________________________

中耕除草:________________________________

培土:________________________________

病虫草害防治:________________________________

其他特殊处理:________________________________

B.2.4 物候期

自然开花(现红)时间:______月______日,植株达到催花标准时间:______月______日,催花时间:______月______日,现红期:______月______日,抽蕾期:______月______日,开花(小花)期:______月______日,果实成熟期:______月______日。

B.2.5 农艺性状

见表 B.2 和表 B.3。

表 B.2 菠萝植株农艺性状调查结果汇总表

品种名称	长势	株型	冠幅,cm×cm	株高,cm	叶片数	D 叶长,cm	D 叶宽,cm	自然开花率,%

表 B.3 菠萝果实农艺性状调查结果汇总表

品种名称	果形	小果数	果实纵径,cm	果实横径,cm	果柄长,cm	冠芽数	冠芽长度,cm

B.2.6 产量性状

见表 B.4。

表 B.4 菠萝产量性状调查结果汇总表

<table>
<tr><th rowspan="2">品种名称</th><th rowspan="2">重复</th><th colspan="2">收获小区</th><th rowspan="2">单果重,g</th><th rowspan="2">折合亩产,kg</th><th rowspan="2">平均亩产,kg</th><th rowspan="2">比对照增减,%</th><th colspan="2">显著性测定</th></tr>
<tr><th>株距,m</th><th>行距,m</th><th>0.05</th><th>0.01</th></tr>
<tr><td rowspan="3"></td><td>Ⅰ</td><td></td><td></td><td></td><td></td><td rowspan="3"></td><td rowspan="3"></td><td rowspan="3"></td><td rowspan="3"></td></tr>
<tr><td>Ⅱ</td><td></td><td></td><td></td><td></td></tr>
<tr><td>Ⅲ</td><td></td><td></td><td></td><td></td></tr>
<tr><td rowspan="3"></td><td>Ⅰ</td><td></td><td></td><td></td><td></td><td rowspan="3"></td><td rowspan="3"></td><td rowspan="3"></td><td rowspan="3"></td></tr>
<tr><td>Ⅱ</td><td></td><td></td><td></td><td></td></tr>
<tr><td>Ⅲ</td><td></td><td></td><td></td><td></td></tr>
</table>

B.2.7 品质评价

见表 B.5。

表 B.5 菠萝品质评价结果汇总表

品种名称	重复	果皮颜色	果肉颜色	果肉质地	风味	香味	综合评价
	Ⅰ						
	Ⅱ						
	Ⅲ						
	Ⅰ						
	Ⅱ						
	Ⅲ						
注:品质评价至少请 10 名代表品尝评价,可采用 100 分制记录。							

B.2.8 品质检测

见表 B.6。

表 B.6 菠萝品质检测结果汇总表

代号	品种名称	重复	可溶性固形物含量 %	可溶性糖含量 %	可滴定酸含量 %	可食率 %	维生素 C 含量 mg/100 g FW
		Ⅰ					
		Ⅱ					
		Ⅲ					
		Ⅰ					
		Ⅱ					
		Ⅲ					

B.2.9 抗性

见表 B.7。

表 B.7 菠萝主要抗性调查结果汇总表

品种名称	耐寒性	抗旱性	抗病性			
			凋萎病	心腐病	黑心病	黑腐病

B.2.10 耐储性

见表 B.8。

表 B.8 菠萝耐储性结果汇总表

品种名称	低温储藏,d	常温储藏,d

B.2.11 其他特征特性

B.2.12 品种综合评价(包括品种特征特性、优缺点和推荐审定等)

见表B.9。

表B.9 品种综合评价表

品种名称	综合评价

B.2.13 本年度试验评述(包括试验进行情况、准确程度、存在问题等)

B.2.14 对下年度试验工作的意见和建议

B.2.15 附:______年度专家测产结果

附 录 C
(规范性附录)
菠萝品种试验总报告

C.1 概述

本附录给出了《菠萝品种试验总报告》格式。

C.2 报告格式

C.2.1 封面

菠萝品种试验总报告

承担单位：________________

试验负责人：________________

试验执行人：________________

通信地址：________________

邮政编码：________________

联系电话：________________

电子信箱：________________

C.2.2 品种比较试验报告

C.2.2.1 试验目的

C.2.2.2 试验地自然条件

C.2.2.3 参试品种(标明对照品种)

C.2.2.4 试验设计和方法

C.2.2.5 试验结果与分析

C.2.2.6 结论

C.2.3 品种区域试验报告

C.2.3.1 试验目的

C.2.3.2 区域地点及自然条件

C.2.3.3 参试品种(标明对照品种)

C.2.3.4 试验设计和方法

C.2.3.5 试验结果与分析

C.2.3.6 结论

C.2.4 品种生产试验报告

C.2.4.1 试验目的

C.2.4.2 区域地点及自然条件

C.2.4.3 参试品种(标明对照品种)

C.2.4.4 试验设计和方法

C.2.4.5 试验结果与分析

C.2.4.6 结论

C.2.4.7 附:栽培技术要点

附加说明:

NY/T 2668《热带作物品种试验技术规程》拟分为10个部分:

——第1部分:橡胶树;

——第2部分:香蕉;

——第3部分:荔枝;

——第4部分:龙眼;

——第5部分:咖啡;

——第6部分:芒果;

——第7部分:澳洲坚果;

——第8部分:菠萝;

——第9部分:枇杷;

——第10部分:番木瓜。

本部分为NY/T 2668的第8部分。

本部分按照GB/T 1.1—2009给出的规则起草。

本部分由中华人民共和国农业部农垦局提出。

本部分由农业部热带作物及制品标准化技术委员会归口。

本部分起草单位:中国热带农业科学院南亚热带作物研究所、中国农垦经济发展中心。

本部分主要起草人:孙光明、刘胜辉、郑红裕、吴青松、孙伟生、陆新华、李运合、张红娜、林文秋。

中华人民共和国农业行业标准

热带作物品种试验技术规程　第9部分：枇杷

Regulations for the variety tests of tropical crops—Part 9：Loquat

NY/T 2668.9—2018

1　范围

本部分规定了枇杷[*Eriobotrya japonica*（Thunb.）Lindl.]的品种比较试验、区域试验和生产试验的方法。

本部分适用于枇杷品种试验。

2　规范性引用文件

下列文件对于本文件的应用是必不可少的。凡是注日期的引用文件，仅注日期的版本适用于本文件。凡是不注日期的引用文件，其最新版本（包括所有的修改单）适用于本文件。

GB 4285　农药安全使用标准

GB/T 6195　水果、蔬菜维生素C测定法（2,6-二氯靛酚滴定法）

GB/T 12456　食品中总酸的测定

NY/T 1304　农作物种质资源鉴定技术规程　枇杷

NY/T 2637　水果和蔬菜可溶性固形物含量的测定　折射仪法

NY/T 2742　水果及制品可溶性糖的测定　3,5-二硝基水杨酸比色法

3　品种比较试验

3.1　试验点的选择

试验地点应在适宜种植区内，选择光照充足、土壤肥力一致、排灌方便的地块。

3.2　对照品种确定

对照品种应是与参试品种成熟期接近，且是当地已登记或审（认）定的品种，或当地生产上公知公用的品种，或在育种目标性状上表现最突出的现有品种。

3.3　试验设计与实施

采用随机区组设计或完全随机设计，重复数≥3次。同类型参试品种、对照品种作为同一组别，安排在同一区组内。每个小区每个品种≥5株，株距2 m～4 m、行距3 m～5 m；试验区采用当地大田生产相同的栽培管理措施；试验年限自正常开花结果起≥2个生产周期；试验区内各项管理措施要求一致。

3.4　观测记载与鉴定评价

按附录A的规定执行。

3.5　试验总结

对试验品种的质量性状进行描述，对数量性状如果实大小、果实品质、产量、抗性等观测数据进行统

中华人民共和国农业部 2018-03-15发布　　　　2018-06-01实施

计分析,按照附录 B 的规定撰写品种试验年度报告,按附录 C 的规定撰写品种试验总报告。

4 品种区域试验

4.1 试验点的选择

满足 3.1 的要求。根据试验品种的适应性,在 2 个或以上省(自治区、直辖市)不同生态区域设置≥3 个试验点。

4.2 试验品种确定

4.2.1 对照品种

满足 3.2 的要求,可根据试验需要增加对照品种。

4.2.2 品种数量

试验品种数量≥2 个(包括对照品种);当参试品种类型>2 个时,应分组设立试验。

4.3 试验设计

采用随机区组排列,重复数≥3 次,小区内每个品种≥5 株;依据土壤肥力、生产条件、品种特性及栽培要求确定种植密度,株距 3 m～4 m、行距 3 m～5 m。同一组别不同试验点的种植密度应一致。试验年限自正常开花结果起≥3 个生产周期。

4.4 试验实施

4.4.1 种植或高接换种

采用嫁接苗种植或高接换种。在适宜时期种植;高接换种,同一组别的高接时间、基砧品种、中间砧品种、高接树树龄、株嫁接芽数、嫁接高度应一致。

4.4.2 田间管理

种植或高接换种后检查成活率,及时补苗或补接。果园按常规生产技术管理。果实发育期间禁止使用各种植物生长调节剂。在同一试验点的同一组别中,同一项技术措施应在同一天内完成。试验树、果实等应及时采取有效的防护措施。使用农药应符合 GB 4285 的要求。

4.4.3 收获和测产

当试验品种达到成熟期,应及时组织收获。每个小区每个品种随机测产≥3 株,以收获株数的株产乘以亩种植株数折算亩产。计算单位面积产量时,缺株应计算在内。

4.5 观测记载与鉴定评价

按附录 A 的规定执行。

4.6 试验总结

对单果重、穗重、株产和单位面积产量等进行统计分析,对品种区域性表现做出综合评价,按附录 B 的规定撰写年度报告,按附录 C 的规定撰写区域试验报告。

5 品种生产试验

5.1 试验点的选择

满足 4.1 的要求。

5.2 对照品种确定

对照品种应是当地同类型的主要栽培品种,或在申请品种审定目标性状上表现较突出的现有品种,或品种审定委员会指定的品种。

5.3 试验设计

采用随机区组设计或对比试验,株距 3 m～4 m、行距 3 m～5 m。随机区组设计的重复数≥3 次,一个试验点每个参试品种(系)的种植面积≥3 亩,小区内每个品种(系)≥1 亩;对比试验的重复数≥3 次,每次重复每个品种(系)的种植面积≥1 亩。产量等目标性状观测数据年限≥3 年。

5.4 试验实施

5.4.1 田间管理

田间管理与大田生产相当。

5.4.2 收获和测产

按照4.4.3的规定执行。

5.5 观测记载与鉴定评价

按附录A的规定执行。

5.6 试验总结

对单果重、穗重、株产和单位面积产量等试验数据进行统计分析，对品种表现做出综合评价，按照附录B的规定撰写品种试验年度报告，按附录C的规定撰写品种试验总报告，并总结生产技术要点。

附　录　A
（规范性附录）
枇杷品种试验观测项目与记载标准

A.1　基本情况

A.1.1　试验地概况

主要包括地理位置、海拔、坡度、坡向、土壤 pH、土壤养分、基肥及整地等情况。

A.1.2　气象资料

主要包括年平均气温、年平均日照时数、最冷月气温、最低气温、年平均降水量、特殊气候以及灾害天气等。

A.1.3　繁殖情况

A.1.3.1　嫁接苗：嫁接时间、嫁接方法、砧木品种、砧木年龄、苗木质量、定植时间等。

A.1.3.2　高接换种：高接时间、基砧品种、中间砧品种、高接树树龄、株嫁接芽数、嫁接高度等。

A.1.4　栽培管理

包括施肥、灌溉、中耕除草、修剪、疏花、疏果、套袋、病虫草害防治等。

A.2　枇杷品种试验观测项目和记载标准

A.2.1　观测项目

见表 A.1。

表 A.1　观测项目

内　容	记载项目
植物学特征	树势、树姿、冠幅、树高、干周、干高、叶幕层厚、叶片形状、叶片颜色、叶尖形态、叶缘形态、叶面光泽、叶片长度、叶片宽度、花序长度、花序宽度、果穗长度、果穗宽度、果实着生姿态、果实排列紧密度、果实整齐度、穗粒数、穗重、果形、果皮颜色、果实纵径、果实横径、果实侧径、果基、果顶、萼片姿态、萼孔、果肉颜色、种子数、种子重、种皮颜色、种子形状
生物学特性	新梢萌发期、中心枝抽穗率、侧枝抽穗率、初花期、盛花期、末花期、果实成熟期
品质特性	单果重、剥皮难易、果肉厚度、果肉质地、汁液、果肉化渣程度、果肉石细胞、风味、香味、可食率、可溶性固形物含量、可溶性糖含量、可滴定酸含量、维生素 C 含量
丰产性	株产、亩产
抗性	裂果、果实锈斑病、果实紫斑病、果实日灼及其他主要病害发病情况

A.2.2　鉴定方法

A.2.2.1　植物学特征

A.2.2.1.1　冠幅

每小区选取生长正常的植株进行测量，测量株数≥3 株，测量植株树冠东西向、南北向的宽度。单位为米(m)，精确到 0.1 m。

A.2.2.1.2　树高

用 A.2.2.1.1 的样本，测量植株高度。单位为米(m)，精确到 0.1 m。

A.2.2.1.3　干周

用 A.2.2.1.1 的样本，测量植株主干离地 20 cm 处的周长。单位为厘米(cm)，精确到 0.1 cm。

A.2.2.1.4 干高

用 A.2.2.1.1 的样本，测量植株主干第一个分枝离地的高度。单位为米(m)，精确到 0.1 m。

A.2.2.1.5 叶幕层厚

用 A.2.2.1.1 的样本，测量植株叶片最低处到植株顶端的厚度。单位为米(m)，精确到 0.1 m。

A.2.2.1.6 其他植物学特征

按 NY/T 1304 的规定执行。

A.2.2.2 生物学特性

按 NY/T 1304 的规定执行。

A.2.2.3 品质特性

A.2.2.3.1 可滴定酸含量

按 GB/T 12456 的规定执行。

A.2.2.3.2 维生素 C 含量

按 GB/T 6195 的规定执行。

A.2.2.3.3 可溶性糖含量

按 NY/T 2742 的规定执行。

A.2.2.3.4 可溶性固形物含量

按 NY/T 2637 的规定执行。

A.2.2.3.5 其他品质性状

按 NY/T 1304 的规定执行。

A.2.2.4 丰产性

A.2.2.4.1 株产

果实成熟时，每小区随机选取生长正常的植株，测量株数≥3 株，采摘全树果穗，称量果穗重量。单位为千克(kg)，精确到 0.1 kg。

A.2.2.4.2 亩产

测量株、行距，计算亩定植株数，根据株产和亩株数计算亩产。单位为千克(kg)，精确到 0.1 kg。

A.2.2.5 抗性

A.2.2.5.1 裂果

采用田间调查法进行鉴定。果实生长发育后期，抽样 3 株，每株随机选取树冠不同部位果穗≥10 穗。采用目测法观察每个果穗上果粒数和裂果数，计算裂果率。结果以百分率(%)表示，精确到小数点后 1 位。

病果率按式(A.1)计算。

$$DR = n_i / N \times 100 \quad \cdots\cdots (A.1)$$

式中：

DR ——病果率，单位为百分率(%)；

n_i ——病果数；

N ——调查总果数。

品种的裂果病抗性依裂果率及下列说明确定：

3 强($DR<5.0$)

5 中($5.0 \leqslant DR < 20.0$)

7 弱($DR \geqslant 20.0$)

A.2.2.5.2 **果实锈斑病**

采用田间调查法进行鉴定。果实成熟时，抽样 3 株，每株随机选取树冠不同部位果穗≥10 穗。采用目测法观察每个果实表面锈状斑点分布状况，记录病果数及级别。

按有锈斑的果面占总果面的比率，病情分级标准如下：

病级　病情
0　没有锈斑
1　少(<1/4)
2　中(1/4～1/2)
3　多(≥1/2)

病情指数按式(A.2)计算。

$$DI = \sum (s_i n_i)/4N \times 100 \quad (A.2)$$

式中：

DI ——病情指数；
s_i ——发病级别；
n_i ——相应发病级别的果数；
i ——病情分级的各个级别；
N ——调查总果数。

品种的锈斑病抗性依果实病情指数及下列说明确定。

3　强(DI<10.0)
5　中(10.0≤DI<50.0)
7　弱(DI≥50.0)

A.2.2.5.3 **果实紫斑病**

采用田间调查法进行鉴定。在果实成熟期，抽样 3 株，每株随机选取树冠不同部位果穗≥10 穗。采用目测法观察每个果紫斑病发病情况。

按有病斑果面占总果面的比率，分级标准如下：

病级　病情
0　无病斑
1　病斑面积<15%
2　病斑面积 15%～30%
3　病斑面积 30%～50%
4　病斑面积≥50%

病情指数按式(A.3)计算。

$$DI = \sum (s_i n_i)/5N \times 100 \quad (A.3)$$

品种的紫斑病抗性依果实病情指数及下列说明确定：

3　强(DI<5.0)
5　中(5.0≤DI<20.0)
7　弱(DI≥20.0)

A.2.2.5.4 **果实日灼**

采用田间调查法进行鉴定。在果实近成熟期，抽样 3 株，每株随机选取树冠不同部位果穗≥10 穗。采用目测法观察每个果日灼发生情况。

病果率按式(A.1)计算。

品种的日灼抗性依日灼病果率及下列说明确定：

3　强($DR<5.0$)

5　中($5.0\leqslant DR<20.0$)

7　弱($DR\geqslant 20.0$)

A.2.3 记载项目

A.2.3.1 品种比较试验观测记载项目

见表A.2。

表A.2 枇杷品种比较试验观测项目记载表

观测项目		参试品种	对照品种	备　注
植物学特征	树势			
	树姿			
	冠幅,m			
	树高,m			
	干周,cm			
	干高,m			
	叶幕层厚,m			
	叶片形状			
	叶片颜色			
	叶尖形态			
	叶缘形态			
	叶面光泽			
	叶片长度,cm			
	叶片宽度,cm			
	花序长度,cm			
	花序宽度,cm			
	果穗长度,cm			
	果穗宽度,cm			
	果实着生姿态			
	果实排列紧密度			
	果实整齐度			
	穗粒数,粒/穗			
	穗重,g			
	果形			
	果皮颜色			
	果实纵径,cm			
	果实横径,cm			
	果实侧径,cm			
	果基			
	果顶			
	萼片姿态			
	萼孔			
	果肉颜色			
	种子数			
	种子重,g			
	种皮颜色			
	种子形状			

表 A.2（续）

观测项目		参试品种	对照品种	备　注
生物学特性	新梢萌发期,YYYYMMDD			
	中心枝抽穗率,%			
	侧枝抽穗率,%			
	初花期,YYYYMMDD			
	盛花期,YYYYMMDD			
	末花期,YYYYMMDD			
	果实成熟期,YYYYMMDD			
品质特性	单果重,g			
	剥皮难易			
	果肉厚度,mm			
	果肉质地			
	汁液			
	果肉化渣程度			
	果肉石细胞			
	风味			
	香味			
	可食率,%			
	可溶性固形物含量,%			
	可溶性糖含量,%			
	可滴定酸含量,%			
	维生素 C 含量,mg/100g			
丰产性	株产,kg			
	亩产,kg			
抗性	裂果,%			
	果实锈斑病			
	果实紫斑病			
	果实日灼,%			
	其他			
其他				

A.2.3.2 区域试验记载项目

见表 A.3。

表 A.3 枇杷品种区域试验观测项目记载表

观测项目		参试品种	对照品种	备　注
植物学特征	树势			
	冠幅,m			
	树高,m			
	干周,cm			
	叶幕层厚,m			
	果穗长,cm			
	果穗宽,cm			
	果实排列紧密度			
	穗粒数,粒/穗			
	果穗重,g			
	果形			
	果实纵径,cm			
	果实横径,cm			
	果实侧径,cm			

表 A.3（续）

观测项目		参试品种	对照品种	备　注
生物学特性	新梢萌发期，YYYYMMDD			
	盛花期，YYYYMMDD			
	果实成熟期，YYYYMMDD			
品质特性	单果重，g			
	剥皮难易			
	果肉厚度，mm			
	果肉质地			
	汁液			
	果肉化渣程度			
	风味			
	香味			
	果肉石细胞			
	种子数			
	可食率，%			
	可溶性固形物含量，%			
	可溶性糖含量，%			
	可滴定酸含量，%			
	维生素 C 含量，mg/100 g			
丰产性	株产，kg			
	亩产，kg			
抗逆性	裂果，%			
	果实日灼，%			
	果实锈斑病			
	果实紫斑病			
	其他			

A.2.3.3　生产试验记载项目

见表 A.3。

附　录　B
（规范性附录）
枇杷品种试验年度报告
（　　年度）

B.1　概述

本附录给出了《枇杷品种试验年度报告》格式。

B.2　报告格式

B.2.1　封面

枇杷品种试验年度报告

承担单位：______________________________

试验负责人：____________________________

试验执行人：____________________________

通信地址：______________________________

邮政编码：______________________________

联系电话：______________________________

电子信箱：______________________________

B.2.2　地理和气象数据

纬度：______°______′______″，经度：______°______′______″，海拔：____________ m，年平均气温：____________℃，年平均日照时数________ h，最冷月气温：____________℃，最低气温：____________℃，年平均降水量：____________ mm。

特殊气候及各种自然灾害对供试品种生长和产量的影响，以及补救措施：____。

B.2.3　试验地基本情况和栽培管理

B.2.3.1　基本情况

坡度：____________°，坡向：____________，土壤 pH：____________，土壤养分：____________。

B.2.3.2　田间设计

参试品种：__________个，对照品种：__________，重复：__________次，行距：____________ m，株距：____________ m，试验面积：____________ m^2。

参试品种汇总表见表 B.1。

表 B.1　参试品种汇总表

代号	品种名称	类型(组别)	亲本组合	选育单位	联系人与电话

B.2.3.3　栽培管理

种植或高接换种日期、方式和方法：________________

施肥：________________

灌溉：________________

中耕除草：________________

修剪：________________

疏花：________________

疏果：________________

套袋：________________

病虫草害防治：________________

其他特殊处理：________________

B.2.4　物候期

新梢萌发期：________月________日，盛花期：________月________日，果实成熟期：________月________日。

B.2.5　农艺性状

农艺性状调查结果汇总表见表 B.2。

表 B.2　枇杷农艺性状调查结果汇总表

代号	品种名称	树势	冠幅，m×m	树高，m	干周，cm	叶幕层厚，m	果穗长度，cm	果穗宽度，cm	果实排列紧密度	穗粒数	果穗重		单果重	
											平均，g	比增，%	平均，g	比增，%

B.2.6　产量性状

见表 B.3。

表 B.3　枇杷的产量性状调查结果汇总表

<table>
<tr><th rowspan="2">代号</th><th rowspan="2">品种名称</th><th rowspan="2">重复</th><th colspan="2">收获小区</th><th rowspan="2">株产，kg</th><th rowspan="2">平均亩产，kg</th><th rowspan="2">比增，%</th><th colspan="2">显著性测定</th></tr>
<tr><th>株距，m</th><th>行距，m</th><th>0.05</th><th>0.01</th></tr>
<tr><td rowspan="3"></td><td rowspan="3"></td><td>Ⅰ</td><td></td><td></td><td></td><td rowspan="3"></td><td rowspan="3"></td><td rowspan="3"></td><td rowspan="3"></td></tr>
<tr><td>Ⅱ</td><td></td><td></td><td></td></tr>
<tr><td>Ⅲ</td><td></td><td></td><td></td></tr>
<tr><td rowspan="3"></td><td rowspan="3"></td><td>Ⅰ</td><td></td><td></td><td></td><td rowspan="3"></td><td rowspan="3"></td><td rowspan="3"></td><td rowspan="3"></td></tr>
<tr><td>Ⅱ</td><td></td><td></td><td></td></tr>
<tr><td>Ⅲ</td><td></td><td></td><td></td></tr>
</table>

B.2.7　品质评价

见表 B.4。

表 B.4 枇杷的品质评价结果汇总表

代号	品种名称	重复	剥皮难易	果肉质地	汁液	果肉化渣程度	风味	香味	果肉石细胞	重复	果肉厚度 mm	种子数	可食率 %
		Ⅰ								Ⅰ			
		Ⅱ								Ⅱ			
		Ⅲ								Ⅲ			
		Ⅰ								Ⅰ			
		Ⅱ								Ⅱ			
		Ⅲ								Ⅲ			

B.2.8 品质检测

见表 B.5。

表 B.5 枇杷品质检测结果汇总表

代号	品种名称	重复	可溶性固形物含量,%	可溶性糖含量,%	可滴定酸含量,%	维生素 C 含量,mg/100 g
		Ⅰ				
		Ⅱ				
		Ⅲ				
		Ⅰ				
		Ⅱ				
		Ⅲ				

B.2.9 抗性

见表 B.6。

表 B.6 枇杷主要抗性调查结果汇总表

代号	品种名称	裂果,%	果实锈斑病	果实紫斑病	果实日灼,%

B.2.10 其他特征特性

B.2.11 品种综合评价(包括品种特征特性、优缺点和推荐审定等)

见表 B.7。

表 B.7 品种综合评价表

代号	品种名称	综合评价

B.2.12 本年度试验评述(包括试验进行情况、准确程度、存在问题等)

B.2.13 对下年度试验工作的意见和建议

B.2.14 附：________年度专家测产结果

附 录 C
（规范性附录）
枇杷品种试验总报告

C.1 概述

本附录给出了《枇杷品种试验总报告》格式。

C.2 报告格式

C.2.1 封面

枇杷品种试验总报告

承担单位：________________
试验负责人：________________
试验执行人：________________
通信地址：________________
邮政编码：________________
联系电话：________________
电子信箱：________________

C.2.2 品种比较试验报告

C.2.2.1 试验目的

C.2.2.2 试验地自然条件

C.2.2.3 参试品种(标明对照品种)

C.2.2.4 试验设计和方法

C.2.2.5 试验结果与分析

C.2.2.6 结论

C.2.3 品种区域试验报告

C.2.3.1 试验目的

C.2.3.2 区域地点及自然条件(土壤条件)

C.2.3.3 参试品种(标明对照品种)

C.2.3.4 试验设计和方法

C.2.3.5 试验结果与分析

C.2.3.6 结论

C.2.4 品种生产试验报告

C.2.4.1 试验目的

C.2.4.2 试验地点及自然条件

C.2.4.3 试验承担单位

C.2.4.4 参试品种及对照品种

C.2.4.5 试验设计和方法

C.2.4.6 试验结果与分析

C.2.4.7 结论

C.2.4.8 附:栽培技术要点

附加说明:

NY/T 2668《热带作物品种试验技术规程》拟分为10个部分:

——第1部分:橡胶树;

——第2部分:香蕉;

——第3部分:荔枝;

——第4部分:龙眼;

——第5部分:咖啡;

——第6部分:芒果;

——第7部分:澳洲坚果;

——第8部分:菠萝;

——第9部分:枇杷;

——第10部分:番木瓜。

本部分为NY/T 2668的第9部分。

本部分按照GB/T 1.1—2009给出的规则起草。

本部分由农业部农垦局提出。

本部分由农业部热带作物及制品标准化技术委员会归口。

本部分起草单位:福建省农业科学院果树研究所、中国农垦经济发展中心。

本部分主要起草人:郑少泉、蒋际谋、陈明文、陈秀萍、邓朝军、许奇志、胡文舜、姜帆、黄爱萍。

中华人民共和国农业行业标准

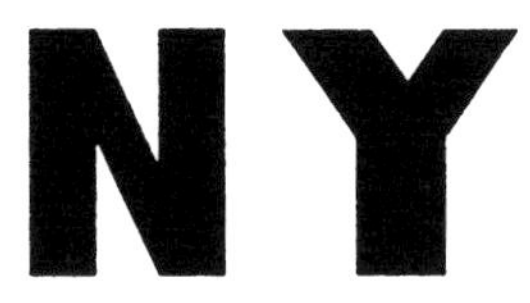

热带作物品种试验技术规程 第10部分:番木瓜

Regulations for the variety tests of tropical crops—
Part 10:Papaya

NY/T 2668.10—2018

1 范围

本部分规定了番木瓜(*Carica papaya* L.)的品种比较试验、区域试验和生产试验的方法。

本部分适用于番木瓜品种试验。

2 规范性引用文件

下列文件对于本文件的应用是必不可少的。凡是注日期的引用文件,仅注日期的版本适用于本文件。凡是不注日期的引用文件,其最新版本(包括所有的修改单)适用于本文件。

GB 4285 农药安全使用标准

GB/T 5009.10 植物类食品中粗纤维的测定

GB/T 6195 水果、蔬菜维生素C测定法(2,6-二氯靛酚滴定法)

GB/T 8321(所有部分) 农药合理使用准则

GB/T 12456 食品中总酸的测定方法

GB/T 23527 蛋白酶制剂

NY/T 1438 番木瓜 种苗

NY/T 2519 植物新品种特异性、一致性和稳定性测试指南 番木瓜

NY/T 2637 水果和蔬菜可溶性固形物含量的测定 折射仪法

3 品种比较试验

3.1 试验点的选择

试验地点应在适宜种植区内,选择光照充足、土壤肥力一致、排灌方便的地块。

3.2 对照品种确定

对照品种应是同一主要用途类型,且是当地已登记或审(认)定的品种,或当地生产上公知公用的品种,或在育种目标性状上表现最突出的现有品种。

3.3 试验设计与实施

采用随机区组设计或完全随机设计,重复数≥3次。同类型参试品种、对照品种作为同一组别,安排在同一区组内。每个小区每个品种≥20株,株距1.4 m~1.8 m、行距2.2 m~3 m,同一试验点需统一株行距;同一小区内需使用相同类型种苗;试验年限至少含有一年生种植方式≥3个生产周期;田间管理一致。

3.4 观测记载与鉴定评价

按附录A的规定执行。

中华人民共和国农业部 2018-03-15 发布 2018-06-01 实施

3.5 试验总结

依据3.4记载的观测数据,对质量性状进行描述,对数量性状数据进行统计分析,参照附录B撰写品种比较试验年度报告,按照附录C撰写品种比较试验总报告。

4 品种区域试验

4.1 试验点的选择

满足3.1的要求。根据试验品种的适应性,在2个或以上省(自治区、直辖市)不同生态区域设置≥3个试验点。

4.2 试验品种确定

4.2.1 对照品种

满足3.2的要求,可根据试验需要增加对照品种。

4.2.2 品种数量

试验品种数量≥2个(包括对照品种);当参试品种类型>2个,应分组设立试验。

4.3 试验设计

采用随机区组排列,重复数≥3次,小区内每个品种≥50株;依据气候类型、品种特性及栽培要求确定种植株行距,同一组别不同试验点的种植密度应一致;同一组别不同试点应使用同类型种苗。试验年限:一年生种植方式≥3个生产周期,或多年生种植方式连续种植≥3年。

4.4 试验实施

4.4.1 种植时期和种苗质量

在当地习惯种植时期或按品种最佳种植时期种植。种苗质量符合NY/T 1438的要求。

4.4.2 定植前准备

所有试点定植前准备措施应一致。

4.4.3 田间管理

田间管理措施应同步实施。按照GB 4285、GB/T 8321的规定进行病虫害防治。

4.4.4 收获和测产

4.4.4.1 果用品种

每个品种随机测产5株及以上的单株在生长发育周期内的产量,以收获株数的平均单株产量乘以株小区定植株数推算小区产量,计算单位面积产量时,缺株应计算在内。

4.4.4.2 酶用品种

按4.4.4.1的规定进行果实计产。

累计品种全产期内收获的蛋白酶原浆在年生长发育周期内的产量,以收获株数的平均产量乘以小区定植株数推算小区产量,计算单位面积产量时,缺株应计算在内。

4.5 观测记载与鉴定评价

按附录A的规定执行。主要品质指标由具备专业检测资质的检测机构进行检测。

4.6 试验总结

依据4.5记载的数据,进行综合统计分析和评价,对单位面积产量、株产量等进行方差分析和多重比较,分析品种在不同试点中的适应性,按附录B撰写区域试验年度报告,按附录C撰写区域试验总报告。

5 品种生产试验

5.1 试验点的选择

满足 4.1 的要求。

5.2 试验品种确定

5.2.1 对照品种

对照品种应是同一主要用途类型,且是当地主要栽培品种,或在育种目标性状上表现较突出的现有品种,或品种审定委员会指定的品种。

5.2.2 品种数量

按 4.2.2 的规定执行。

5.3 试验设计

采用随机区组排列,≥3 次重复;小区内每个品种种植面积≥1 亩;依据气候类型、品种特性及栽培要求来确定种植密度,同一组别不同试验点的种植密度应一致;同一组别不同试验点应食用同类型种苗。试验年限:一年生种植方式≥3 个生产周期,或多年生种植方式连续种植≥3 年。

5.4 试验实施

按 4.4 的规定执行。

5.5 观测记载与鉴定评价

按附录 A 的规定执行。

5.6 试验总结

对实验数据进行统计分析及综合评价,对单位面积产量和单株产量等进行方差分析和多重比较,参照附录 B 撰写试验年度报告,按照附录 C 撰写试验总报告。

附 录 A
（规范性附录）
番木瓜品种试验观测项目与记载标准

A.1 基本情况

A.1.1 试验地概况

主要包括地理位置、地形、坡度、海拔、土壤类型、基肥、整地、前茬作物等情况。

A.1.2 气象资料

主要包括年平均日照时数、年平均太阳总辐射量、年平均气温、年总积温、年平均降水量、无霜期以及灾害天气等。

A.1.3 种苗情况

记录试验田使用种苗类型，分为种子苗、组培苗或扦插苗。

A.1.4 田间管理情况

包括株行距、除草、灌溉、病虫害防治、矮化处理、防风固定、腋芽处理、疏花疏果等。

A.2 品种试验观测项目和记载标准

A.2.1 观测项目

见表 A.1。

表 A.1 观测项目

内 容	记载项目
植物学特征	整体：长势、株高、株性比例 茎：茎粗、最低结果高度 叶：叶柄长度、叶片长度、叶片宽度 花：花冠颜色 果：果形、纵径、横径、单果重
生物学特性	定植至始花时间、定植至始收时间、延续采收期
品质特性	果实外表光滑度、保鲜储藏期、可食率、果肉厚度、成熟果皮颜色、成熟果肉颜色、果肉质地、风味、香气、固酸比、可溶性固形物含量、维生素 C 含量、粗纤维含量
丰产性	果实单株产量、折亩产（番木瓜蛋白酶原浆出浆率及有效亩产）
抗性	PRSV 发病率、PRSV 病情指数及其他病害发病情况
其他	其他需要记录的具体情况

A.2.2 鉴定方法

A.2.2.1 植物学特征

A.2.2.1.1 长势

品种植株整体长势，分为旺盛、中等、弱势。

A.2.2.1.2 株高

随机选取生长正常的植株≥5 株，测量植株基部至顶部的距离，单位为厘米（cm），取平均值，精确到 1 cm。

A.2.2.1.3　株性比例

统计小区内各品种的两性株、雌性株和雄性株比例，单位为百分率(%)，精确到 0.1%。

A.2.2.1.4　茎粗

用 A.2.2.1.2 的样本，测量茎距离地面 15 cm 处的周长，取平均值，单位为厘米(cm)，精确到 0.1 cm。

A.2.2.1.5　最低结果高度

用 A.2.2.1.2 的样本，测量地面到第一个结果节位的距离，取平均值，单位为厘米(cm)，精确到 1 cm。

A.2.2.1.6　叶柄长度

用 A.2.2.1.2 的样本，测量每株植株最长叶柄的长度，取平均值，单位为厘米(cm)，精确到 1 cm。

A.2.2.1.7　叶片长度与叶片宽度

用 A.2.2.1.2 的样本，测量每株植株最大叶片的长度与宽度，取平均值，单位为厘米(cm)，精确到 1 cm。

A.2.2.1.8　花冠颜色、成熟果皮颜色、果形、成熟果肉颜色

按 NY/T 2519 的规定描述。

A.2.2.1.9　果实纵径和横径

随机选取 5 个成熟果实，测量果实纵径和横径，取平均值，单位为厘米(cm)，精确到 0.1 cm。

A.2.2.1.10　单果重

随机挑选 5 株植株，每株测量 3 个达到“三划黄”或以上成熟度果实的单果重，取平均值，单位为克(g)，精确到 1 g。

若使用种子苗，则长圆形两性果与雌性果分别记录。

A.2.2.1.11　果肉厚度

用 A.2.2.1.9 的样本，测量果肉最厚处的果肉厚度，取平均值，单位为厘米(cm)，精确到 0.1 cm。

A.2.2.2　生物学特性

A.2.2.2.1　定植至始花时间

记录从定植至第一个花蕾出现的天数，单位为天(d)，精确到 1 d。

A.2.2.2.2　定植至始收时间

记录从定植至第一个商品果收获的天数，单位为天(d)，精确到 1 d。

A.2.2.2.3　延续采收期

记录第一个和最后一个商品果采收之间的天数，单位为天(d)，精确到 1 d。

A.2.2.3　品质特性

A.2.2.3.1　果实表面光滑度

随机挑选 5 个达到“三划黄”或以上成熟度的果实，记录其果实外表光滑度，分为光滑、一般、粗糙。

A.2.2.3.2　果肉质地、风味、香气

随机挑选 5 个完全成熟的果实，记录其果肉质地、风味及香气。

其中：果肉质地分为嫩滑、一般、较硬；

风味分为浓郁、一般、较淡；

香气分为浓郁、一般、较淡、无，若有香气，需对具体香气进行简单描述。

A.2.2.3.3　可溶性固形物含量

按 NY/T 2637 的规定执行。

A.2.2.3.4　保鲜储藏期

选取 100 个无表面机械伤害的达到“三划黄”及以上成熟度的果实，用流动清水一次性冲洗果面，吹干后常温放置至有 40 个果实软烂或开始出现腐烂。记录放置天数，单位为天(d)，精确到 1 d。

A.2.2.3.5 可食率

随机取 10 个商品果，称量其果皮、种子及胎座组织的总重量，取平均值，单位为克(g)，精确到 1 g。按式(A.1)计算可食率，长圆形两性果与雌性果分别统计：

$$R = \frac{C - D}{C} \times 100 \quad \cdots\cdots (A.1)$$

式中：

R ——可食率，单位为百分率(%)；

C ——平均单果重，单位为克(g)；

D ——果皮、种子及胎座组织的总重量，单位为克(g)。

A.2.2.3.6 维生素 C 含量

按 GB/T 6195 的规定执行。

A.2.2.3.7 固酸比

按 GB/T 12456 的规定检测总酸含量，再计算固酸比。

A.2.2.3.8 粗纤维含量

按 GB/T 5009.10 的规定执行。

A.2.2.4 丰产性

A.2.2.4.1 果实单株产量

随机挑选 5 株植株，依据试验地气候条件推算植株可收获果实数量，取平均值，单位为个，精确到 1 个。

按式(A.2)计算果实单株产量。

$$Ys = \frac{(Cm \times B \times Dm) + (Cf \times B \times Df)}{1000} \quad \cdots\cdots (A.2)$$

式中：

Ys ——果实单株产量，单位为千克每株(kg/株)；

Cm——长圆形两性果平均单果重，单位为克每果实(g/果实)；

B ——单株可收获果实数；

Dm——两性株比例；

Cf——雌性果平均单果重，单位为克每果实(g/果实)；

Df——雌性株比例。

A.2.2.4.2 折亩产

按照式(A.3)计算折亩产。

$$Y = \frac{(Cm \times B \times Dm \times E) + (Cf \times B \times Df \times E)}{1000} \quad \cdots\cdots (A.3)$$

式中：

Y ——折亩产，单位为千克每亩(kg/亩)；

B ——单株可收获果实数；

E ——种植密度，单位为株每亩(株/亩)；

A.2.2.4.3 番木瓜蛋白酶原浆出浆率

随机挑选 3 株植株，每株测量 3 个青果，每果实使用小刀从上至下划深度不超过 2 mm 的 3 刀，收集番木瓜蛋白酶原浆，并称量其重量，取平均值，得出番木瓜蛋白酶原浆平均产量，单位为克原浆每果实(g 原浆/果实)。若使用种子苗，则两性株与雌性株分别测量记录。

按照式(A.4)计算番木瓜蛋白酶原浆出浆率。

$$Re = \frac{Yem \times B \times Dm}{Cm} + \frac{Yef \times B \times Df}{Cf} \quad \cdots\cdots (A.4)$$

式中：

Re ——番木瓜蛋白酶原浆出浆率，单位为克原浆每克果实(g 原浆/g 果实)；

Yem——长圆形两性果番木瓜蛋白酶原浆平均产量，单位为克原浆每果实(g 原浆/果实)；

Yef——雌性果番木瓜蛋白酶原浆平均产量，单位为克原浆每果实(g 原浆/果实)；

A.2.2.4.4 番木瓜蛋白酶有效亩产

按 GB/T 23527 的规定检测番木瓜蛋白酶原浆酶活力。

按照式(A.5)计算番木瓜蛋白酶有效亩产。

$$Yee = Ye \times U \times 1000 \quad \cdots\cdots (A.5)$$

式中：

Yee——番木瓜蛋白酶有效亩产，单位为 U/亩；

Ye ——番木瓜蛋白酶原浆亩产，单位为 kg 原浆/亩；

U ——番木瓜蛋白酶原浆单位酶活力，单位为 U/g。

A.2.2.5 抗性

A.2.2.5.1 PRSV 发病率

按照式(A.6)计算 PRSV 发病率。

$$R_p = \frac{A_i}{A} \times 100 \quad \cdots\cdots (A.6)$$

式中：

R_p ——PRSV 发病率；

A_i ——参试品种发病植株数；

A ——参试品种种植总植株数。

综合 3 个重复的发病率数据，取平均值，精确到 0.1%。

A.2.2.5.2 PRSV 病情指数

按照式(A.7)计算 PRSV 病情指数。

$$C_p = 100 \times \sum \frac{(Ax \times x)}{(A \times 5)} \quad \cdots\cdots (A.7)$$

式中：

C_p ——PRSV 病情指数；

x ——相应病情级数；

Ax ——相应病情级数植株总数。

PRSV 病情级数按表 A.2 确定。

表 A.2 PRSV 病情级别

级数	叶	果	茎
1	顶部 1 片～2 片叶发病	上部 1 个～3 个果实有病斑	树干有少量水渍状斑
2	顶部 3 片～5 片叶发病	上部少量的果实有病斑	树干有少量水渍状斑
3	顶部 6 片～8 片叶发病	全株 20%～40%的果实有病斑	树干有较多水渍状斑
4	9 片至 80%叶片发病	全株 40%～80%的果实有病斑	树干有大量水渍状斑
5	全部叶片发病	80%以上的果实有病斑	树干有大量水渍状斑

A.2.2.5.3　其他病害发生情况

参照 A.2.2.5.1、A.2.2.5.2 进行记录。

A.2.2.6　抗逆性、其他

根据小区内发生的具体情况进行记录。

A.2.3　记载项目

A.2.3.1　番木瓜品种试验田间观测记载项目

见表 A.3。

表 A.3　番木瓜品种试验田间观测项目记载表

观测项目		参试品种	对照品种	对比增减,±%
植物学特征	长势			
	株高,cm			
	长圆形两性株比例,%			
	雌性株比例,%			
	雄性株比例,%			
	茎粗,cm			
	最低结果高度,cm			
	叶柄长度,cm			
	叶片长度,cm			
	叶片宽度,cm			
	花冠颜色			
	长圆形两性果果形			
	长圆形两性果纵径,cm			
	长圆形两性果横径,cm			
	雌性果果形			
	雌性果纵径,cm			
	雌性果横径,cm			
	长圆形两性果单果重,g			
	雌性果单果重,g			
生物学性状	定植至始花时间,d			
	定植至始收时间,d			
	延续采收期,d			
品质特性	果面光滑度			
	保鲜储藏期,d			
	可食率,%			
	成熟果肉颜色			
	长圆形两性果肉厚度,cm			
	雌性果肉厚度,cm			
	成熟果皮颜色			
	果肉质地			
	风味			
	香气			
	固酸比			
	可溶性固形物含量,%			
	维生素 C 含量,mg/100 g FW			
	粗纤维含量,mg/100 g FW			

表 A.3（续）

观测项目		参试品种	对照品种	对比增减，±%
丰产性	果实单株产量，kg/株			
	折亩产，kg/亩			
	番木瓜蛋白酶原浆出浆率，g原浆/g果实			
	番木瓜蛋白酶有效亩产，U/亩			
病虫害抗性	PRSV 发病率，%			
	PRSV 病情指数			
	其他			
抗逆性				
其他				

附 录 B
（规范性附录）
番木瓜品种试验年度报告
（ 年度）

B.1 概述

本附录给出了《番木瓜品种试验年度报告》格式。

B.2 报告格式

B.2.1 封面

番木瓜品种试验年度报告

试验组别：________________

试验地点：________________

承担单位：________________

试验负责人：________________

试验执行人：________________

通信地址：________________

邮政编码：________________

联系电话：________________

电子信箱：________________

B.2.2 地理和气象数据

纬度：________，经度：________，海拔：________m，年日照总时数：________h，年平均气温：______℃，年总积温：________℃，年降水量：________mm，无霜期：________d。

特殊气候及各种自然灾害对供试品种生长和产量的影响，以及补救措施：________________________________。

B.2.3 试验地基本情况和栽培管理

B.2.3.1 基本情况

坡度：__________°，土壤类型：__________。

基肥：__________，整地情况：__________。

前茬作物：__________。

B.2.3.2 田间设计

参试品种：________个，对照品种：__________。

重复：__________次，行距：________m，株距：________m。

重复：______次，排列方式：________，试验面积：________ m^2。

参试品种汇总表见表B.1。

表B.1 参试品种汇总表

代号	参试品种	选育方式	亲本来源	主要用途	种苗类型	选育单位	联系人
对照品种		主要用途		种苗类型	提供单位		联系人

B.2.3.3 栽培管理

播种、定植日期：________________________________

补苗情况：________________________________

施肥：________________________________

排灌水：________________________________

疏花疏果：________________________________

病虫草害防治：________________________________

其他特殊处理：________________________________

B.2.4 物候期

按表B.2记录物候期情况。

表B.2 物候期调查汇总表

项 目	参试品种				对照品种			
	重复Ⅰ	重复Ⅱ	重复Ⅲ	平均	重复Ⅰ	重复Ⅱ	重复Ⅲ	平均
苗期，d								
定植至始花时间，d								
定植至始收时间，d								
延续采收期，d								

B.2.5 主要形态特征调查表

见表B.3。

表B.3 主要形态特征性状调查汇总表

项 目	参试品种				对照品种			
	重复Ⅰ	重复Ⅱ	重复Ⅲ	平均	重复Ⅰ	重复Ⅱ	重复Ⅲ	平均
长势								
株高，cm								
茎粗，cm								
最低结果高度，cm								
叶柄长度，cm								
叶片长度，cm								
叶片宽度，cm								
花冠颜色								
长圆形两性果纵径，cm								
长圆形两性果横径，cm								
雌性果纵径，cm								
雌性果横径，cm								

B.2.6 株性比例

见表B.4。

表B.4 番木瓜株性比例记录

项　目	参试品种				对照品种			
	重复Ⅰ	重复Ⅱ	重复Ⅲ	平均	重复Ⅰ	重复Ⅱ	重复Ⅲ	平均
长圆形两性株数量								
雌性株数量								
雄性株数量								
总定植株数								
长圆形两性株比例								
雌性株比例								
雄性株比例								

B.2.7 产量性状和商品性状

产量性状汇总表见表B.5,商品性状,汇总表见表B.6。

表B.5 番木瓜产量性状调查结果汇总表

代号	品种名称	重复	单株产量,g/株	折合亩产,kg/亩	平均亩产,kg/亩	对比增减,±%	显著性测定(0.05)
		Ⅰ					
		Ⅱ					
		Ⅲ					
		Ⅰ					
		Ⅱ					
		Ⅲ					
代号	品种名称	重复	蛋白酶原浆出浆率,g原浆/g果实	蛋白酶有效亩产,U/亩	平均亩产,U/亩	对比增减,±%	显著性测定(0.05)
		Ⅰ					
		Ⅱ					
		Ⅲ					
		Ⅰ					
		Ⅱ					
		Ⅲ					

表B.6 番木瓜商品性状调查汇总表

项　目	参试品种				对照品种			
	重复Ⅰ	重复Ⅱ	重复Ⅲ	平均	重复Ⅰ	重复Ⅱ	重复Ⅲ	平均
长圆形两性果单果重,g								
雌性果单果重,g								
成熟果皮颜色								
成熟果肉颜色								
果皮厚度,mm								
长圆形两性果肉厚度,cm								
雌性果肉厚度,cm								
果面光滑度								
保鲜储藏期,d								

B.2.8 品质检测和评价

品质测试汇总表见表B.7,品质评价表见表B.8。

表B.7 番木瓜品质测试汇总表

项　　目	参试品种				对照品种			
	重复Ⅰ	重复Ⅱ	重复Ⅲ	平均	重复Ⅰ	重复Ⅱ	重复Ⅱ	平均
可溶性固形物含量,%								
维生素C含量,mg/100 g FW								
粗纤维含量,mg/100 g FW								
固酸比								
可食率,%								
蛋白酶原浆酶活力,U/g								

表B.8 果实品质评价汇总表

项　　目	参试品种	对照品种
果肉质地		
风味		
香气	1. 浓郁;2. 一般;3. 淡	1. 浓郁;2. 一般;3. 淡
品质评价	1. 优;2. 良好;3. 中;4. 差	1. 优;2. 良好;3. 中;4. 差

B.2.9 病虫害抗性

见表B.9。

表B.9 番木瓜病虫害抗性汇总

项　　目		参试品种	对照品种
PRSV抗性	PRSV发病率,%		
	PRSV病情指数		
其他病虫害抗性	指标1		
	指标2		

B.2.10 其他特征特性

B.2.11 品种综合评价(包括品种特征特性、优缺点和推荐审定等)

见表B.10。

表B.10 品种综合评价表

代号	品种名称	综合评价	是否推荐审定
			是/否
			是/否

B.2.12 本年度试验评述(包括试验进行情况、准确程度、存在问题等)

B.2.13 对下年度试验工作的意见和建议

附 录 C
(规范性附录)
番木瓜品种试验总报告

C.1 概述

本附录给出了《番木瓜品种试验总报告》格式。

C.2 报告格式

C.2.1 封面

番木瓜品种试验总报告

承担单位：________________

试验负责人：________________

试验执行人：________________

通信地址：________________

邮政编码：________________

联系电话：________________

电子信箱：________________

C.2.2 品种比较试验报告

C.2.2.1 试验目的

C.2.2.2 试验地自然条件

C.2.2.3 参试品种(标明对照品种)

C.2.2.4 试验设计和方法

C.2.2.5 试验结果与分析

C.2.2.6 结论

C.2.3 品种区域试验报告

C.2.3.1 试验目的

C.2.3.2 区域地点及自然条件

C.2.3.3 参试品种(标明对照品种)

C.2.3.4 试验设计和方法

C.2.3.5 试验结果与分析

C.2.3.6 结论

C.2.4 品种生产试验报告

C.2.4.1 试验目的

C.2.4.2 试验地点自然条件

C.2.4.3 试验承担单位

C.2.4.4 试验面积及对照品种

C.2.4.5 试验结果与分析

C.2.4.6 结论

C.2.4.7 附:栽培技术要点

附加说明:

NY/T 2668《热带作物品种试验技术规程》拟分为10个部分:

——第1部分:橡胶树;

——第2部分:香蕉;

——第3部分:荔枝;

——第4部分:龙眼;

——第5部分:咖啡;

——第6部分:芒果;

——第7部分:澳洲坚果;

——第8部分:菠萝;

——第9部分:枇杷;

——第10部分:番木瓜。

本部分为NY/T 2668的第10部分。

本部分按照GB/T 1.1—2009给出的规则起草。

本部分由农业部农垦局提出。

本部分由农业部热带作物及制品标准化技术委员会归口。

本部分起草单位:广州市果树科学研究所、中国农垦经济发展中心。

本部分主要起草人:冯瑞祥、周常清、龚琴、罗金棠、邢淑莲、游恺哲、陈韶辉、李卫红、陈健、张颖聪、任鹏荣。

中华人民共和国农业行业标准

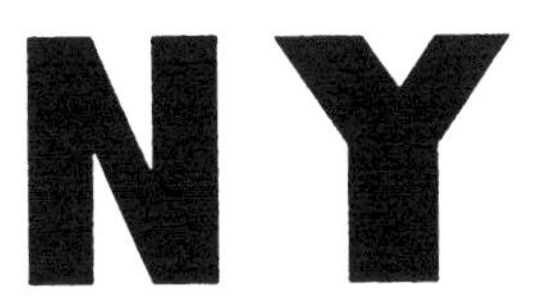

热带作物品种试验技术规程　第11部分：胡椒

Regulations for the variety tests of tropical crops—Part 11: Black pepper

NY/T 2668.11—2018

1　范围

本部分规定了胡椒（*Piper nigrum* L.）的品种比较试验、品种区域试验和品种生产试验的技术要求。

本部分适用于胡椒品种试验。

2　规范性引用文件

下列文件对于本文件的应用是必不可少的。凡是注日期的引用文件，仅注日期的版本适用于本文件。凡是不注日期的引用文件，其最新版本（包括所有的修改单）适用于本文件。

NY/T 360　胡椒　插条苗

NY/T 969　胡椒栽培技术规程

NY/T 2808　胡椒初加工技术规程

NY/T 3003　热带作物种质资源描述及评价规范　胡椒

3　品种比较试验

3.1　试验地点选择

试验地点应能代表所属生态类型区的气候、土壤、栽培条件和生产水平，选择光照充足、土壤肥力一致、排灌方便的地块。

3.2　对照品种确定

对照品种应是栽培类型相同、当地已登记或审定的品种，或当地生产上公知公用的品种，或在育种目标性状上表现最突出的现有品种。

3.3　试验设计与实施

试验采用随机区组设计，重复≥3次。每个小区每个品种≥10株。栽培与管理按NY/T 969的规定执行，种苗质量符合NY/T 360的要求。单株数据分别记载，试验年限应连续观测≥3个生产周期；试验区内各项管理措施要求及时、一致；同一试验的每一项田间操作应在同一天内完成。

3.4　采收与测产

当果实成熟度达到要求，及时采收，每个小区逐株测产，统计单株产量和单位面积产量。产品初加工按NY/T 360的规定执行。

3.5　观测记录与鉴定评价

按附录A的规定执行。

3.6　试验总结

中华人民共和国农业部2018-12-19发布　　2019-06-01实施

对试验品种的质量性状进行描述，对产量等重要数量性状观测数据进行统计分析，撰写品种比较试验报告。

4 品种区域试验

4.1 试验地点选择

根据不同品种的适应性，在≥2个不同生态气候区域设置≥3个试验点。试验点同时满足3.1的要求。

4.2 对照品种确定

满足3.2的要求；根据试验需要可增加对照品种。

4.3 试验设计

采用随机区组排列设计，重复≥3次；小区内每个品种≥30株；根据土壤肥力、生产条件、品种特性及栽培要求来确定种植密度，同一组别不同试验点的种植密度应一致。试验年限应连续观测≥3个生产周期。

4.4 试验实施

4.4.1 种植时期

根据当年农时和品种特性选择适宜时期种植。种苗质量符合NY/T 360的要求。

4.4.2 植前准备

整地质量一致，按照NY/T 969的规定执行。

4.4.3 种植规模与密度

按3.3的规定执行。

4.4.4 田间管理

土肥水管理、树体管理、病虫害防治按NY/T 969的规定执行。种植后及时查苗补缺。在同一试验点的同一组别中，同一项技术措施应在同一天内完成。试验过程中试验植株、果实等应及时采取有效的防护措施。

4.4.5 采收与测产

按3.4的要求执行。

4.5 观测记载与鉴定评价

按附录A的规定执行。产量、主要品质指标由全国热带作物品种审定委员会指定或认可的专业机构进行检测。以抗性为育种目标的参试品种，由专业机构进行胡椒瘟病抗性等鉴定。

4.6 试验总结

对试验品种的质量性状进行描述，对产量等重要数量性状观测数据进行统计分析，并按附录B的规定撰写年度报告。

5 品种生产试验

5.1 试验地点选择

满足4.1的要求。

5.2 对照品种确定

满足3.2的要求。

5.3 试验设计

采取随机区组试验或对比试验，每个试验点≥3个重复，每个参试品种每个重复种植面积≥1亩。种植密度和株行距按3.3的规定执行，同一组别不同试验点的种植密度应一致。种苗质量符合NY/T 360的要求。试验年限应连续观测≥3个生产周期。

5.4 试验实施

按4.4的规定执行。

5.5 观测记载与鉴定评价

按附录A的规定执行。

5.6 试验总结

对试验品种的质量性状进行描述,对产量等重要数量性状观测数据进行统计分析,并总结生产技术要点,撰写生产试验报告。

附 录 A
(规范性附录)
胡椒品种试验观测项目与记载标准

A.1 基本情况

A.1.1 试验地概况

主要包括地理位置、经纬度、地形、海拔、坡度、坡向、有/无荫蔽、土壤类型、定植时间等。

A.1.2 气象资料

主要包括年均温、年降水量、光照时数、年平均风速、风向、无霜期、极端最高温、极端最低温以及灾害天气情况等。

A.1.3 种苗情况

种苗类型、种苗来源等。

A.1.4 田间管理情况

常规管理,包括整形修剪、除草、灌溉、施肥、病虫害防治等。

A.2 胡椒品种试验田间观测与记载项目

A.2.1 田间观测项目

田间观测项目见表A.1。

表A.1 田间观测项目

内 容	记载项目
植物学特征及农艺性状	株高、冠幅、茎粗度、分枝特性、侧枝着生方向、最长一级分枝长度、最长一级分枝节数、枝条密度、叶形、叶长、叶宽、叶脉数量、花序颜色、花序长度、果序长度、果实形状、坐果率、成熟果实颜色、果实长、果实宽、鲜果千粒重、种子形状、黑胡椒鲜干比、白胡椒鲜干比、黑胡椒千粒重、白胡椒千粒重
生物学特性	抽梢期、梢稳定期、初花期、末花期、盛花期、果实发育期、果实成熟期
丰产性	单株黑胡椒产量、单株白胡椒产量、每亩黑胡椒产量、每亩白胡椒产量
品质特性	黑胡椒挥发油含量、白胡椒挥发油含量、黑胡椒不挥发性乙醚提取物含量、白胡椒不挥发性乙醚提取物含量、黑胡椒胡椒碱含量、白胡椒胡椒碱含量
抗性	胡椒瘟病抗性
其他	

A.2.2 鉴定方法

A.2.2.1 植物学特征及农艺性状

按NY/T 3003的规定执行。

A.2.2.2 生物学特性

按NY/T 3003的规定执行。

A.2.2.3 丰产性

按NY/T 3003的规定执行。

A.2.2.4 品质特性

按 NY/T 2808 和 NY/T 3003 的规定执行。

A.2.2.5 胡椒瘟病抗性

按 NY/T 3003 的规定执行。

A.2.2.6 其他

根据其他具体情况加以记载。

A.2.3 记载项目

A.2.3.1 胡椒品种比较试验田间观测记载项目

见表 A.2。

表 A.2 胡椒品种比较试验田间观测项目记载表

观测项目		申请品种	对照品种	备注
植物学特征及农艺性状	冠幅,m			
	茎粗度,mm			
	分枝特性,%			
	侧枝生长方向,°			
	最长一分枝长度,cm			
	最长一分枝节数,节			
	枝条密度,条			
	叶形			
	叶长,cm			
	叶宽,cm			
	叶脉数量,条			
	花序颜色			
	花序长度,cm			
	果序长度,cm			
	果实形状			
	坐果率,%			
	成熟果实颜色			
	果实长,mm			
	果实宽,mm			
	鲜果千粒重,g			
	种子形状			
	黑胡椒鲜干比,%			
	白胡椒鲜干比,%			
	黑胡椒千粒重,g			
	白胡椒千粒重,g			
生物学特性	抽梢期,MMDD			
	梢稳定期,MMDD			
	初花期,MMDD			
	末花期,MMDD			
	盛花期,MMDD～MMDD			
	果实发育期,d			
	果实成熟期,MMDD～MMDD			
品质特性	黑胡椒挥发油含量,mL/100 g			
	白胡椒挥发油含量,mL/100 g			
	黑胡椒不挥发性乙醚提取物含量,%			
	白胡椒不挥发性乙醚提取物含量,%			
	黑胡椒胡椒碱含量,%			
	白胡椒胡椒碱含量,%			

表 A.2（续）

观测项目		申请品种	对照品种	备注
丰产性	单株黑胡椒产量，kg			
	单株白胡椒产量，kg			
	每亩黑胡椒产量，kg			
	每亩白胡椒产量，kg			
抗性	胡椒瘟病抗性			
其他				

A.2.3.2 胡椒品种区域试验及生产试验田间记载项目

见表 A.3。

表 A.3 胡椒品种区域试验及生产试验田间观测项目记载表

观测项目		申请品种	对照品种	备注
植物学特征及农艺性状	冠幅，m			
	茎粗度，mm			
	最长一分枝长度，cm			
	最长一分枝节数，节			
	枝条密度，条			
	果序长度，cm			
	坐果率，%			
	果实长，mm			
	果实宽，mm			
	鲜果千粒重，g			
	黑胡椒鲜干比，%			
	白胡椒鲜干比，%			
	黑胡椒千粒重，g			
	白胡椒千粒重，g			
生物学特性	抽梢期，MMDD			
	梢稳定期，MMDD			
	初花期，MMDD			
	末花期，MMDD			
	果实发育期，d			
	果实成熟期，MMDD～MMDD			
品质特性	黑胡椒挥发油含量，mL/100 g			
	白胡椒挥发油含量，mL/100 g			
	黑胡椒不挥发性乙醚提取物含量，%			
	白胡椒不挥发性乙醚提取物含量，%			
	黑胡椒胡椒碱含量，%			
	白胡椒胡椒碱含量，%			
丰产性	单株黑胡椒产量，kg			
	单株白胡椒产量，kg			
	每亩黑胡椒产量，kg			
	每亩白胡椒产量，kg			
抗性	胡椒瘟病抗性			
其他				

附　录　B
（规范性附录）
胡椒品种区域试验年度报告

B.1　概述

本附录给出了《胡椒品种区域试验年度报告》格式。

B.2　报告格式

B.2.1　封面

胡椒品种区域试验年度报告
（　　年度）

试验组别：______________________
试验地点：______________________
承担单位：______________________
试验负责人：_____________________
试验执行人：_____________________
通信地址：______________________
邮政编码：______________________
联系电话：______________________
电子信箱：______________________

B.2.2　地理与气象数据

纬度：____°____′____″，经度：____°____′____″，海拔：________ m，年平均气温：________℃，最冷月平均气温：________℃，最低气温：________℃，最高气温：________℃，年降水量：________ mm。

特殊气候及各种自然灾害对供试品种生长和产量的影响，以及补救措施：____。

B.2.3　试验地基本情况和栽培管理

B.2.3.1　基本情况

坡度：________°，坡向：________，之前种植作物：________，有/无荫蔽：________，土壤类型：________。

B.2.3.2　田间设计

参试品种：________个，对照品种：________个，重复：________次，行距：________ m，株距：________ m，试验面积：________ m^2。

参试品种汇总表见表 B.1。

表 B.1 参试品种汇总表

代号	品种名称	组别	亲本组合	选育单位	联系人与电话

B.2.3.3 栽培管理

种植日期和方法：______

施肥：______

灌排水：______

树体管理：______

病虫草害防治：______

其他特殊处理：______

B.2.4 物候期

见表 B.2。

表 B.2 物候期调查汇总表

调查项目	参试品种				对照品种			
	重复Ⅰ	重复Ⅱ	重复Ⅲ	平均	重复Ⅰ	重复Ⅱ	重复Ⅲ	平均
抽梢期，MMDD								
梢稳定期，MMDD								
初花期，MMDD								
末花期，MMDD								
果实发育期，d								
果实成熟期，MMDD～MMDD								

B.2.5 植物学特征及农艺性状

见表 B.3。

表 B.3 植物学特征及农艺性状调查汇总表

调查项目	参试品种				对照品种			
	重复Ⅰ	重复Ⅱ	重复Ⅲ	平均	重复Ⅰ	重复Ⅱ	重复Ⅲ	平均
冠幅，m								
茎粗度，mm								
最长一分枝长度，cm								
最长一分枝节数，节								
枝条密度，条								
果序长度，cm								
坐果率，%								
果实长，mm								
果实宽，mm								
鲜果千粒重，g								
黑胡椒鲜干比，%								
白胡椒鲜干比，%								
黑胡椒千粒重，g								
白胡椒千粒重，g								

表 B.1 参试品种汇总表

代号	品种名称	组别	亲本组合	选育单位	联系人与电话

B.2.3.3 栽培管理

种植日期和方法：______

施肥：______

灌排水：______

树体管理：______

病虫草害防治：______

其他特殊处理：______

B.2.4 物候期

见表 B.2。

表 B.2 物候期调查汇总表

调查项目	参试品种				对照品种			
	重复Ⅰ	重复Ⅱ	重复Ⅲ	平均	重复Ⅰ	重复Ⅱ	重复Ⅲ	平均
抽梢期,MMDD								
梢稳定期,MMDD								
初花期,MMDD								
末花期,MMDD								
果实发育期,d								
果实成熟期,MMDD～MMDD								

B.2.5 植物学特征及农艺性状

见表 B.3。

表 B.3 植物学特征及农艺性状调查汇总表

调查项目	参试品种				对照品种			
	重复Ⅰ	重复Ⅱ	重复Ⅲ	平均	重复Ⅰ	重复Ⅱ	重复Ⅲ	平均
冠幅,m								
茎粗度,mm								
最长一分枝长度,cm								
最长一分枝节数,节								
枝条密度,条								
果序长度,cm								
坐果率,%								
果实长,mm								
果实宽,mm								
鲜果千粒重,g								
黑胡椒鲜干比,%								
白胡椒鲜干比,%								
黑胡椒千粒重,g								
白胡椒千粒重,g								

附　录　B
（规范性附录）
胡椒品种区域试验年度报告

B.1　概述

本附录给出了《胡椒品种区域试验年度报告》格式。

B.2　报告格式

B.2.1　封面

胡椒品种区域试验年度报告

（　　年度）

试验组别：________________

试验地点：________________

承担单位：________________

试验负责人：________________

试验执行人：________________

通信地址：________________

邮政编码：________________

联系电话：________________

电子信箱：________________

B.2.2　地理与气象数据

纬度：____°____′____″，经度：____°____′____″，海拔：________ m，年平均气温：________℃，最冷月平均气温：________℃，最低气温：________℃，最高气温：________℃，年降水量：________ mm。

特殊气候及各种自然灾害对供试品种生长和产量的影响，以及补救措施：____。

B.2.3　试验地基本情况和栽培管理

B.2.3.1　基本情况

坡度：________°，坡向：________，之前种植作物：________，有/无荫蔽：________，土壤类型：________。

B.2.3.2　田间设计

参试品种：________个，对照品种：________个，重复：________次，行距：________ m，株距：________ m，试验面积：________ m^2。

参试品种汇总表见表B.1。

B.2.6 产量性状

见表B.4。

表B.4 胡椒产量性状调查汇总表

代号	品种名称	重复	黑胡椒				白胡椒			
			株产，kg	折亩产，kg	比增，%	显著性检验	株产，kg	折亩产，kg	比增，%	显著性检验
		Ⅰ								
		Ⅱ								
		Ⅲ								
		Ⅰ								
		Ⅱ								
		Ⅲ								

B.2.7 品质评价

见表B.5。

表B.5 胡椒品质评价结果汇总表

代号	品种名称	重复	黑胡椒挥发油含量，mL/100 g	白胡椒挥发油含量，mL/100 g	黑胡椒不挥发性乙醚提取物含量，%	白胡椒不挥发性乙醚提取物含量，%	黑胡椒胡椒碱含量，%	白胡椒胡椒碱含量，%
		Ⅰ						
		Ⅱ						
		Ⅲ						
		Ⅰ						
		Ⅱ						
		Ⅲ						

B.2.8 抗性

见表B.6。

表B.6 胡椒抗性调查结果汇总表

代号	品种名称	胡椒瘟病抗性	备　　注

B.2.9 其他特征特性

B.2.10 品种综合评价(包括品种特征特性、优缺点和推荐审定等)

见表B.7。

表B.7 胡椒品种综合评价表

代号	品种名称	综合评价

B.2.11 本年度试验评述(包括试验进行情况、准确程度、存在问题等)

B.2.12 对下年度试验工作的意见和建议

B.2.13 附:____________年度专家测产结果

附加说明:

NY/T 2668《热带作物品种试验技术规程》拟分为如下部分:

——第1部分:橡胶树;

——第2部分:香蕉;

——第3部分:荔枝;

——第4部分:龙眼;

——第5部分:咖啡;

——第6部分:芒果;

——第7部分:澳洲坚果;

——第8部分:菠萝;

——第9部分:枇杷;

——第10部分:番木瓜;

——第11部分:胡椒;

——第12部分:椰子;

…………

本部分为NY/T 2668的第11部分。

本部分按照GB/T 1.1—2009给出的规则起草。

本部分由中华人民共和国农业农村部提出。

本部分由农业农村部热带作物及制品标准化技术委员会归口。

本部分起草单位:中国热带农业科学院香料饮料研究所。

本部分主要起草人:郝朝运、邬华松、范睿、胡丽松、伍宝朵、谭乐和、杨建峰、桑利伟、郑维全。

中华人民共和国农业行业标准

热带作物品种试验技术规程　第12部分:椰子

Regulations for the variety tests of tropical crops—Part 12:Coconut

NY/T 2668.12—2018

1　范围

本部分规定了椰子(*Cocos nucifera* L.)的品种比较试验、区域试验和生产试验的技术要求。

本部分适用于椰子品种试验。

2　规范性引用文件

下列文件对于本文件的应用是必不可少的。凡是注日期的引用文件,仅注日期的版本适用于本文件。凡是不注日期的引用文件,其最新版本(包括所有的修改单)适用于本文件。

GB 5009.5　食品安全国家标准　食品中蛋白质的测定

GB 5009.6　食品安全国家标准　食品中脂肪的测定

GB/T 8321.4　农药合理使用准则(四)

GB/T 8321.5　农药合理使用准则(五)

GB/T 12143　饮料通用分析方法

GB/T 23801　中间馏分油中脂肪酸甲酯含量的测定　红外光谱法

LS/T 6107　动植物油脂　酸值和酸度测定　自动滴定分析仪法

NY/T 353　椰子　种果和种苗

NY/T 1810　种质资源描述规范　椰子

3　品种比较试验

3.1　试验点的选择

试验地点应能代表所属生态类型区的气候、土壤、栽培条件和生产水平;选择光照充足、土壤肥力一致、排灌方便的地块。

3.2　对照品种确定

对照品种与参试品种应是同一类型,并为当地已登记或审(认)定的品种,或当地生产上公知公用的品种,或在育种目标性状上表现最突出的现有品种,或在各试验中起到参照性的品种。

3.3　试验设计与实施

采用完全随机设计或随机区组设计,≥3次重复,小区内每个品种株数≥10株。同类型参试品种、对照品种作为同一组别,安排在同一区组内。矮种椰子株行距:6 m×6 m、6 m×6.5 m或6.5 m×6.5 m,高种椰子株行距:7 m×8 m。同一组别不同试验点的栽培措施应一致。同一试验的每一项田间操作应在同一时间段内完成,试验年限从正常开花结果后达到稳产期开始≥2年,产量等目标性状数据观测年限≥3年。

中华人民共和国农业部 2018-12-19 发布　　2019-06-01 实施

3.3.1 收获与测产

当果实成熟度达到要求，及时收获。同一组别不同试验点的收获时期应控制在本组要求范围内。在同一试验点中，同一组应在同一时间段内完成。每个品种随机测产≥10 株，每株都要测产，以收获株数的平均株产乘以亩种植株数推算亩产。计算单位面积产量时，缺株应计算在内。

3.4 观测记载与鉴定评价

按附录 A 的规定执行。

3.5 试验总结

对参试品种的质量性状进行描述，对数量性状如叶片大小、果实大小、成分含量、产量等观测数据进行统计分析，撰写品种比较试验报告。

4 品种区域试验

4.1 试验点的选择

满足 3.1 的要求。根据试验品种的适应性，在≥2 个不同生态区域设置≥3 个试验点。

4.2 试验品种确定

4.2.1 对照品种

满足 3.2 的要求，根据试验需要可增加对照品种。

4.3 试验设计

采用随机区组设计，≥3 次重复，小区内每个品种株数≥10 株。矮种椰子株行距：6 m×6 m、6 m×6.5 m 或 6.5 m×6.5 m，高种椰子株行距：7 m×8 m。试验年限从正常开花结果后达到稳产期开始≥2 年，产量等目标性状数据观测年限≥3 年。

4.4 试验实施

4.4.1 种植时期和种苗质量

在适宜时期种植，同一组别不同试验点的种植时期应一致。种苗质量符合 NY/T 353 的要求。

4.4.2 定植前准备

整地质量一致。

4.4.3 田间管理

种植后检查成活率，及时补苗。田间管理水平应与当地中等生产水平相当。在同一试验点的同一组别中，同一项技术措施应在同一时间段内完成。试验过程中试验植株、果实等应及时采取有效的防护措施。

4.4.4 病虫草害防治

根据田间病情、虫情和草情，选择高效、低毒的药剂防治，使用农药应符合 GB/T 8321.4 和 GB/T 8321.5 的要求。

4.4.5 收获与测产

按 3.3.1 的规定执行。

4.5 观测记载与鉴定评价

按附录 A 的规定执行。主要品质指标由品种审定委员会指定或认可的专业机构进行检测。

4.6 试验总结

对试验数据进行统计分析及综合评价，对单位面积产量和单株产量等进行方差分析和多重比较，并按附录 B 的规定撰写年度报告。

5 品种生产试验

5.1 试验点的选择

满足 4.1 的要求。

5.2 试验品种确定

5.2.1 对照品种

满足 4.2.1 的要求。应选择在当地已审定(认定)或生产上主栽的或在育种目标性状上表现最突出的品种或农家品种。

5.3 试验设计

采用随机区组试验或对比试验,矮种椰子株行距:6 m×6 m、6 m×6.5 m 或 6.5 m×6.5 m,高种椰子株行距:7 m×8 m。其中:随机区组设计,重复数≥3 次,一个试验点每个参试品种的种植面积≥3 亩,小区内每个品种≥1.5 亩,对比试验,重复数≥3 次,一个试验点每个参试品种的种植面积≥1.5 亩,每个品种株数≥30 株。试验年限从正常开花结果后达到稳产期开始≥2 年,产量等目标性状数据观测年限≥3 年。

5.3.1 收获与测产

按 3.3.1 的规定执行。

5.4 试验实施

按 4.4 的规定执行。

5.5 观测记载与鉴定评价

按 4.5 的规定执行。

5.6 试验总结

对试验数据进行统计分析及综合评价,对单位面积产量和单株产量等进行方差分析和多重比较,并总结出配套生产技术要点,撰写生产试验报告。

附 录 A
(规范性附录)
椰子品种试验观测项目与记载项目

A.1 基本情况

A.1.1 试验地概况

主要包括地理位置、经纬度、地形、海拔、坡度、坡向、土壤类型、定植时间、基肥及整地等情况。

A.1.2 气象资料

主要包括年总积温、年均温、年降水量、日照时数、风速、风向、极端最高温、极端最低温以及灾害天气情况等。

A.1.3 种苗与定植情况

种苗来源、种苗质量、定植时间、施肥情况等。

A.1.4 田间管理情况

包括除草、灌溉、施肥、病虫草害、鼠害防治等。

A.2 椰子品种试验观测项目和记载项目

A.2.1 观测项目

见表A.1。

表 A.1 观测项目

内 容	记载项目
植物学特征	株龄、树冠形态、株高、茎高、葫芦头类型、叶片总数、叶柄颜色、小叶颜色、雌花颜色、雄花颜色、雌花数、果形、嫩果果皮颜色
农艺性状	果穗数、果数、果重、椰肉厚度、椰子壳厚度、椰子水体积、椰水芳香或其他气味、可食用外皮、嫩果纤维颜色、单果椰干重
丰产性	单株全年结果数量、每亩全年结果数量
品质性状	椰子水粗蛋白质含量、椰子水粗脂肪含量、椰水中可溶性固形物含量、椰子水可溶性糖含量、椰子肉粗蛋白质含量、椰子肉可溶性固形物含量、椰子肉可溶性糖含量、椰干粗脂肪含量、游离脂肪酸含量、月桂酸含量
其他	

A.2.2 鉴定方法

A.2.2.1 植物学特征

按NY/T 1810的规定执行。

A.2.2.2 农艺性状

按NY/T 1810的规定执行。

A.2.2.3 丰产性

每个品种选择≥3株正常植株,连续观测2年,每3个月记载一次产量。

A.2.2.4 品质特性

椰水中可溶性固形物含量按GB/T 12143的规定执行,粗脂肪含量按GB 5009.6的规定执行,粗蛋白质含量按 GB 5009.5 的规定执行，游离脂肪酸含量按 LS/T 6107 的规定执行，月桂酸含量按 GB/T 23801 的规定执行，其他品质性状按 NY/T 1810 的规定执行。

A.2.2.5 其他

根据其他具体情况加以记载。

A.2.3 记载项目

A.2.3.1 椰子品种比较试验田间观测记载项目

见表 A.2。

表 A.2 椰子品种比较试验田间观测项目记载表

观测项目		参试品种	对照品种	备注
植物学特征	株龄			
	树冠形态			
	葫芦头类型			
	株高，m			
	茎高，m			
	叶片总数，片			
	叶柄颜色			
	小叶颜色			
	雌花颜色			
	雄花颜色			
	雌花数，个			
	果形			
	嫩果果皮颜色			
农艺性状	果穗数，个			
	果数，个			
	果重，g			
	椰肉厚度，cm			
	椰壳厚度，cm			
	椰子水体积，mL			
	椰水芳香或其他气味			
	可食用外皮			
	嫩果纤维颜色			
	单果椰干重，g			
丰产性	单株全年结果数量，个			
	每亩全年结果数量，个			
品质特性	椰子水粗蛋白质含量，%			
	椰子水粗脂肪含量，%			
	椰子水可溶性固形物含量，%			
	椰子水可溶性糖含量，%			
	椰肉粗蛋白质含量，%			
	椰干粗脂肪含量，%			
	游离脂肪酸含量，mg/100 g			
	月桂酸含量，mg/100 g			
其他				

A.2.3.2 椰子品种区域试验及生产试验田间记载项目

见表 A.3。

表 A.3 椰子品种区域试验及生产试验田间观测项目记载表

观测项目		参试品种	对照品种	备注
植物学特征	株龄			
	树冠形态			
	株高,m			
	茎高,m			
	叶片总数,片			
	雌花数,个			
	果形			
农艺性状	果穗数,个			
	果数,个			
	果重,g			
	椰肉厚度,cm			
	椰壳厚度,cm			
	椰子水体积,mL			
	单果椰干重,g			
丰产性	单株全年结果数量,个			
	每亩全年结果数量,个			
品质特性	椰子水粗蛋白质含量,%			
	椰子水粗脂肪含量,%			
	椰子水可溶性固形物含量,%			
	椰子水可溶性糖含量,%			
	椰肉粗蛋白质含量,%			
	椰干粗脂肪含量,%			
	游离脂肪酸含量,mg/100 g			
	月桂酸含量,mg/100 g			
其他				

附　录　B
（规范性附录）
椰子品种区域试验年度报告

B.1　概述

本附录给出了《椰子品种区域试验年度报告》格式。

B.2　报告格式

B.2.1　封面

椰子品种区域试验年度报告
（　　年度）

试验组别：____________________
试验地点：____________________
承担单位：____________________
试验负责人：____________________
试验执行人：____________________
通信地址：____________________
邮政编码：____________________
联系电话：____________________
电子信箱：____________________

B.2.2　地理与气象数据

纬度：____°____′____″，经度：____°____′____″，海拔：________ m，年平均气温：________℃，最冷月平均气温：________℃，最低气温：________℃，最高气温：________℃，年降水量：________ mm。

特殊气候及各种自然灾害对供试品种生长和产量的影响，以及补救措施：____。

B.2.3　试验地基本情况和栽培管理

B.2.3.1　基本情况

坡度：____________°，坡向：____________，前作：____________，有/无荫蔽：____________，土壤类型：____________。

B.2.3.2　田间设计

参试品种：________个，对照品种：________个，重复：________次，行距：________ m，株距：________ m，试验面积：________ m^2。

参试品种汇总表见表 B.1。

表 B.1 参试品种汇总表

代号	品种名称	组别	选育单位	联系人与电话

B.2.3.3 栽培管理

种植日期和方法：________________________________

施肥：________________________________

灌排水：________________________________

树体管理：________________________________

病虫草害防治：________________________________

其他特殊处理：________________________________

B.2.4 物候期

见表 B.2。

表 B.2 椰子物候期调查结果汇总表

调查项目	参试品种				对照品种			
	重复Ⅰ	重复Ⅱ	重复Ⅲ	平均	重复Ⅰ	重复Ⅱ	重复Ⅲ	平均
初花期，月								
末花期，月								
初结果期，年								
果实发育期，月								
果实成熟期，月								
盛产期，年								

B.2.5 主要植物学特征调查表

见表 B.3。

表 B.3 椰子主要植物学特征调查结果汇总表

调查项目	参试品种				对照品种			
	重复Ⅰ	重复Ⅱ	重复Ⅲ	平均	重复Ⅰ	重复Ⅱ	重复Ⅲ	平均
株龄								
树冠形态				/				/
葫芦头类型				/				/
株高，m								
茎高，m								
叶片总数，片								
叶柄颜色				/				/
小叶颜色				/				/
雌花颜色				/				/
雄花颜色				/				/
雌花数，个								
果形				/				/
嫩果果皮颜色				/				/

B.2.6 产量性状

见表 B.4。

表 B.4 椰子产量性状调查结果汇总表

<table>
<tr><th rowspan="2">代号</th><th rowspan="2">品种名称</th><th rowspan="2">重复</th><th colspan="5">参试品种</th><th colspan="5">对照品种</th></tr>
<tr><th>单株产量,个/年</th><th>折每亩产量,个/(亩·年)</th><th>平均亩产,个/(亩·年)</th><th>产量增加,%</th><th>显著性检验</th><th>单株产量,个/年</th><th>折每亩产量,个/(亩·年)</th><th>平均亩产,个/(亩·年)</th><th>产量增加,%</th><th>显著性检验</th></tr>
<tr><td rowspan="3"></td><td rowspan="3"></td><td>Ⅰ</td><td></td><td></td><td rowspan="3"></td><td rowspan="3"></td><td rowspan="3"></td><td></td><td></td><td rowspan="3"></td><td rowspan="3"></td><td rowspan="3"></td></tr>
<tr><td>Ⅱ</td><td></td><td></td><td></td><td></td></tr>
<tr><td>Ⅲ</td><td></td><td></td><td></td><td></td></tr>
</table>

B.2.7 品质评价

见表 B.5。

表 B.5 椰子品质评价结果汇总表

<table>
<tr><th>调查项目</th><th colspan="4">参试品种</th><th colspan="4">对照品种</th></tr>
<tr><td>果实外观</td><td colspan="4">1. 差;2. 中;3. 好</td><td colspan="4">1. 差;2. 中;3. 好</td></tr>
<tr><td>椰子水风味</td><td colspan="4">1. 一般;2. 较甜;3. 芳香</td><td colspan="4">1. 一般;2. 较甜;3. 芳香</td></tr>
<tr><td></td><td>重复Ⅰ</td><td>重复Ⅱ</td><td>重复Ⅲ</td><td>平均</td><td>重复Ⅰ</td><td>重复Ⅱ</td><td>重复Ⅲ</td><td>平均</td></tr>
<tr><td>椰子水粗蛋白质含量,%</td><td></td><td></td><td></td><td></td><td></td><td></td><td></td><td></td></tr>
<tr><td>椰子水粗脂肪含量,%</td><td></td><td></td><td></td><td></td><td></td><td></td><td></td><td></td></tr>
<tr><td>椰子水可溶性固形物含量,%</td><td></td><td></td><td></td><td></td><td></td><td></td><td></td><td></td></tr>
<tr><td>椰子水可溶性糖含量,%</td><td></td><td></td><td></td><td></td><td></td><td></td><td></td><td></td></tr>
<tr><td>椰肉粗蛋白质含量,%</td><td></td><td></td><td></td><td></td><td></td><td></td><td></td><td></td></tr>
<tr><td>椰干粗脂肪含量,%</td><td></td><td></td><td></td><td></td><td></td><td></td><td></td><td></td></tr>
<tr><td>游离脂肪酸含量,mg/100 g</td><td></td><td></td><td></td><td></td><td></td><td></td><td></td><td></td></tr>
<tr><td>月桂酸含量,mg/100 g</td><td></td><td></td><td></td><td></td><td></td><td></td><td></td><td></td></tr>
</table>

B.2.8 其他特征特性

B.2.9 品种综合评价(包括品种特征特性、优缺点和推荐审定等)

见表 B.6。

表 B.6 椰子品种综合评价表

代号	品种名称	综合评价

B.2.10 本年度试验评述(包括试验进行情况、准确程度、存在问题等)

B.2.11 对下年度试验工作的意见和建议

B.2.12 附:__________年度专家测产结果

附加说明：

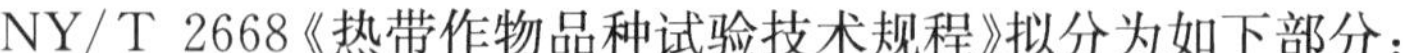

NY/T 2668《热带作物品种试验技术规程》拟分为如下部分：

——第1部分：橡胶树；

——第2部分：香蕉；

——第3部分：荔枝；

——第4部分：龙眼；

——第5部分：咖啡；

——第6部分：芒果；

——第7部分：澳洲坚果；

——第8部分：菠萝；

——第9部分：枇杷；

——第10部分：番木瓜；

——第11部分：胡椒；

——第12部分：椰子；

…………

本部分为NY/T 2668的第12部分。

本部分按照GB/T 1.1—2009给出的规则起草。

本部分由中华人民共和国农业农村部提出。

本部分由农业农村部热带作物及制品标准化技术委员会归口。

本部分起草单位：中国热带农业科学院椰子研究所。

本部分主要起草人：范海阔、李和帅、弓淑芳、刘蕊、唐龙祥、张军。

中华人民共和国农业行业标准

木薯变性燃料乙醇生产技术规程

Technical code of practice for denatured fuel ethanol production based cassava

NY/T 3192—2018

1 范围

本标准规定了木薯变性燃料乙醇生产的术语和定义、生产工艺、产品质量、安全与卫生、环境保护及产品标志、包装、运输与储存。

本标准适用于木薯变性燃料乙醇的生产。

2 规范性引用文件

下列文件对于本文件的应用是必不可少的。凡是注日期的引用文件,仅注日期的版本适用于本文件。凡是不注日期的引用文件,其最新版本(包括所有的修改单)适用于本文件。

GB/T 394.2 酒精通用分析方法

GB 1886.174 食品安全国家标准 食品添加剂 食品工业用酶制剂

GB 3095 环境空气质量标准

GB 5009.7 食品中还原糖的测定

GB 5009.225 食品安全国家标准 酒中乙醇浓度的测定

GB 8978 污水综合排放标准

GB/T 10247 黏度测量方法

GB 10467 水果和蔬菜产品中挥发性酸度的测定方法

GB/T 12456 食品中总酸的测定

GB 18350—2013 变性燃料乙醇

GB 18351 车用乙醇汽油 E10

GB/T 21305 谷物及谷物制品水分的测定 常规法

GB 27631 发酵酒精和白酒工业水污染排放标准

GBZ 1 工业企业设计卫生标准

GBZ 2.1 工业场所有害因素职业接触限值 化学有害因素

NY/T 2552—2014 能源木薯等级规格 鲜木薯

3 术语和定义

GB 18351 界定的以及下列术语和定义适用于本文件。

3.1

木薯燃料乙醇 cassava fuel ethanol

以木薯为原料生产的燃料乙醇。

中华人民共和国农业部 2018 - 03 - 15 发布　　2018 - 06 - 01 实施

3.2

木薯变性燃料乙醇　denatured fuel ethanol based cassava

加入变性剂的木薯燃料乙醇。

4 生产工艺

4.1 原料要求

4.1.1 鲜薯

应符合 NY/T 2552—2014 中 4.2 的要求。

4.1.2 干薯

干薯含水量(质量分数)≤16%,淀粉含量(质量分数)≥65%,无虫蛀、霉变。

4.2 除杂

除去原料中的铁器、泥沙、石子、编织物、绳子等杂物。

4.3 粉碎

鲜薯粉碎工艺流程按附录 A 中图 A.1 进行,粉浆干物质浓度(质量分数)应达到 16%~18%,料水比 1∶(0.2~0.4)。

干薯粉碎工艺流程按附录 A 中图 A.2 进行,粉浆干物质浓度(质量分数)应达到 20%~22%,料水比 1∶(1.9~2.8)。

4.4 液化

液化温度 83℃~90℃,液化时间约为 2.0 h。工艺流程按图 A.3 进行,工艺指标应达到表 1 的要求。

表 1　液化工艺技术指标

序号	项　　目	指　标	试验方法
1	外观糖,°BX	21~27	使用糖度计测定
2	pH	5.0~5.5	使用 pH 计测定
3	DE 值	12~17	DE 值=还原糖含量(以葡萄糖质量百分数计)/干物质(质量百分数)。糖化液还原糖的测定按照 GB/T 5009.7 的规定执行;干物质含量的测定按照 GB/T 21305 的规定执行
4	总酸度,mg/L	<4.0	按照 GB/T 12456 的规定执行
5	黏度,mPa·s	300~500	按照 GB/T 10247 的规定执行

4.5 糖化

液化醪经循环水冷却至 60℃~63℃,进行糖化。糖化时间约为 0.5 h,pH 4.5。工艺流程按图 A.3 进行,工艺指标应符合表 2 的要求。

表 2　糖化工艺技术指标

序号	项　　目	指　标	试验方法
1	pH	4.2~4.5	使用 pH 计测定
2	糖化率(质量分数),%	30~50	按照 GB 1886.174 的规定执行
3	总酸度,mg/L	<4.5	按照 GB/T 12456 的规定执行

4.6 发酵

糖化后醪液经发酵后成熟醪,工艺流程按图 A.4 进行,工艺指标应符合表 3 的要求。

表 3 发酵工艺技术指标

序号	项 目	指 标	试验方法
1	残还原糖,g/100 mL	<0.20	按照 GB 5009.7 的规定执行
2	酒份(体积分数),%	鲜薯≥7.0;干薯≥11.0	按照 GB 5009.225 的规定执行
3	残总糖,g/100 mL	<0.80	按照 GB 5009.7 的规定执行
4	过滤总糖,g/100 mL	<0.50	按照 GB 5009.7 的规定执行
5	挥发酸,mol/L	<0.25	按照 GB 10467 的规定执行

4.7 蒸馏

工艺流程按图 A.4 进行,工艺指标应符合表 4 的要求。

表 4 成熟醪液蒸馏工艺技术指标

序号	项 目	指 标	试验方法
1	醪液预热后进料温度,℃	≥53.0	使用温度计测量
2	粗塔釜温度,℃	81~83	使用温度计测量
3	粗酒酒度(体积分数),%	≥55.0	按照 GB 5009.225 的规定执行
4	精馏塔回流酒度(体积分数),%	≥95.0	按照 GB 5009.225 的规定执行
5	精馏塔底废水酒度(体积分数),%	≤0.03	按照 GB 5009.225 的规定执行
6	成品酒度(体积分数),%	≥95.0	按照 GB 5009.225 的规定执行

4.8 脱水

脱水按图 A.5 进行,技术指标应符合表 5 的要求。

表 5 脱水工艺技术指标

项 目	指 标
原料酒汽过热器出口温度,℃	116~125
再生汽过热器出口温度,℃	121~138
再生汽过热器出口压力,MPa	0.05~0.10
再生酒汽冷凝器出口温度,℃	125~130
成品酒度(体积分数),%	≥99.5

4.9 木薯燃料乙醇变性

按照 GB 18350—2013 中 4 的规定执行。

4.10 总体技术要求

木薯燃料乙醇生产的总体技术要求如下:

a) 原料出酒率(质量分数)≥51.0%;

b) 吨燃料乙醇耗蒸汽≤3.0 t;

c) 吨燃料乙醇耗水≤8.0 m^3;

d) 吨燃料乙醇耗电≤180 kWh。

5 产品质量

木薯燃料乙醇产品的质量应达到 GB 18350—2013 中 4 的要求,其检测方法按 GB/T 394.2 的规定执行。

6 安全与卫生

燃料乙醇生产的劳动安全与工业卫生按 GBZ 1 及 GBZ 2.1 的规定执行。

7 环境保护

燃料乙醇生产所排放废水应符合 GB 8978 和 GB 27631 要求的一级标准，废气排放应符合 GB 3095 的要求。

8 产品标志、包装、运输与储存

按照 GB/T 18350—2013 中 7 的规定执行。

附 录 A
（规范性附录）
工 艺 流 程

A.1 鲜薯粉碎工艺流程图

见图 A.1。

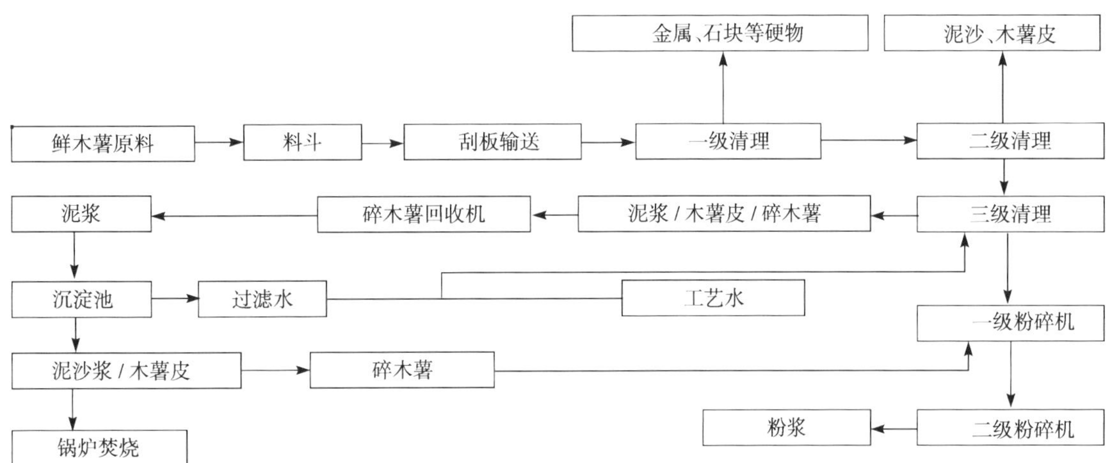

图 A.1 鲜薯粉碎工艺流程

A.2 干薯粉碎工艺流程

见图 A.2。

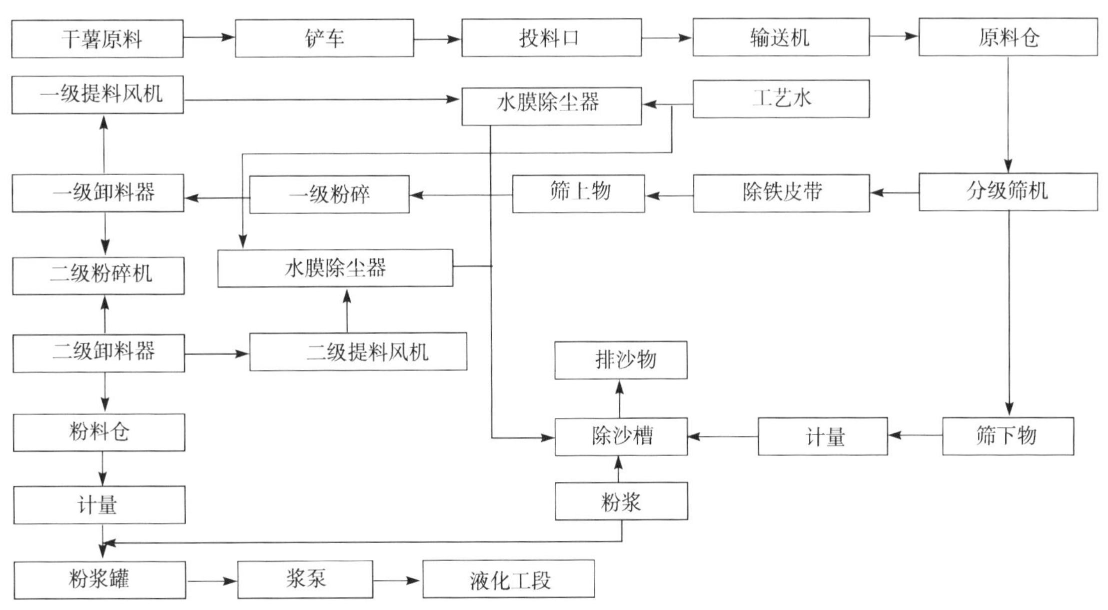

图 A.2 干薯粉碎工艺流程

A.3 粉浆的液化、糖化工艺流程

见图 A.3。

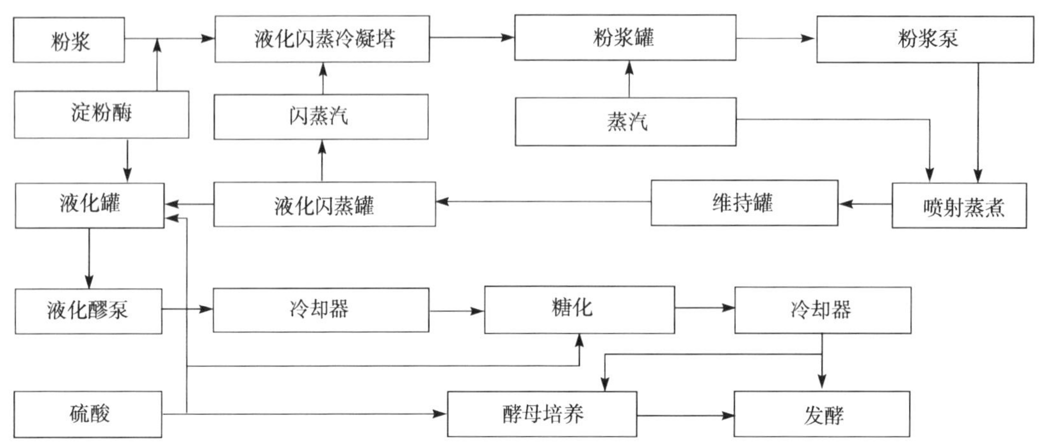

图 A.3 粉浆的液化、糖化工艺流程

A.4 发酵后成熟醪液的蒸馏工艺流程

见图 A.4。

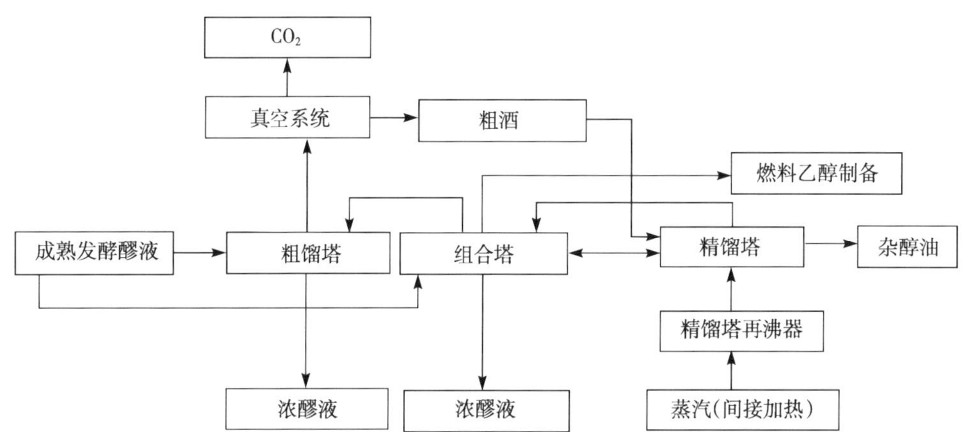

图 A.4 发酵后成熟醪液的蒸馏工艺流程

A.5 酒精蒸汽的脱水工艺流程

见图 A.5。

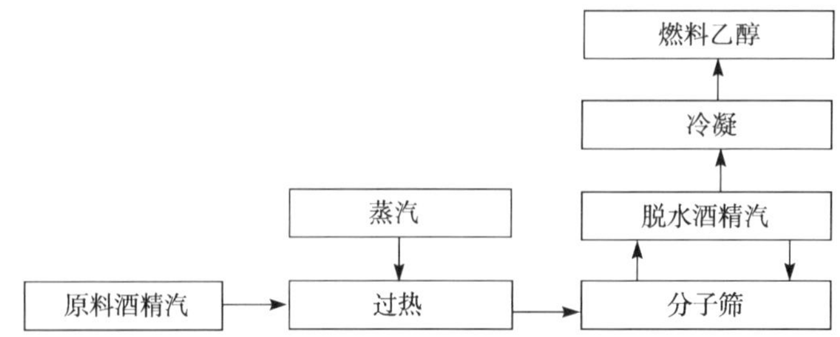

图 A.5 酒精蒸汽的脱水工艺流程

附加说明:

本标准按照 GB/T 1.1—2009 给出的规则起草。

本标准由中华人民共和国农业部提出。

本标准由农业部热带作物及制品标准化技术委员会归口。

本标准起草单位:中国热带农业科学院热带作物品种资源研究所、广西木薯产业协会、广东中科天元新能源科技有限公司、广西中粮生物质能源有限公司、广西农垦明阳生化集团股份有限公司。

本标准主要起草人:张振文、林立铭、蒋盛军、文玉萍、邵乃凡、陈明育、严明奕、关文华、周宏才、李开绵。

中华人民共和国农业行业标准

香蕉等级规格

Grade and specification of Cavendish banana

NY/T 3193—2018

1 范围

本标准规定了香芽蕉(*Musa* AAA/Cavendish sub-group)鲜果的术语和定义、等级规格要求、试验方法、检验规则、包装与标识。

本标准适用于香芽蕉的巴西蕉和桂蕉6号品种鲜果的等级规格划分,其他香芽蕉品种可参照执行。

2 规范性引用文件

下列文件对于本文件的应用是必不可少的。凡是注日期的引用文件,仅注日期的版本适用于本文件,凡是不注日期的引用文件。其最新版本(包括所有的修改单)适用于本文件。

GB/T 6543 运输包装用单瓦楞纸箱和双瓦楞纸箱

GB/T 6980 钙塑瓦楞箱

GB/T 8855 新鲜水果和蔬菜的取样方法

GB/T 9691 食品包装用聚乙烯树脂卫生标准

GB/T 9827 香蕉

NY/T 517 青香蕉

NY/T 1395 香蕉包装、贮存与运输技术规程

NY/T 1689 香蕉种质资源描述规范

3 术语和定义

GB/T 9827、NY/T 517、NY/T 1395和NY/T 1689界定的以及下列术语和定义适用于本文件。

3.1

香芽蕉 *Musa* AAA/Cavendish sub-group

卡文迪许(Cavendish)类的3倍体(AAA)香蕉品种。

3.2

外排果 outer curved fruit

蕉梳中位于弧面外层的果指。

3.3

内排果 inner curved fruit

蕉梳中位于弧面内层的果指。

3.4

外弧面长度 length of outer curved surface

中华人民共和国农业部 2018-03-15 发布　　2018-06-01 实施

果指长度 length of banana finger

果指外弧的果柄与果指交界处至花蒂部的长度。

3.5

内弧面长度 length of inner curved surface

果指内弧的果柄与果指交界处至花蒂部的长度。

3.6

外内弧面长度比 length ratio of outer curved and inner curved surfaces

果指外弧面长度与内弧面长度之间的比值。

4 等级规格要求

4.1 基本要求

应符合下列基本条件：

——应为相同品种；

——果梳完整，果指发育正常，大小均匀，色泽一致，无裂果；

——果实新鲜，无失水；果面洁净；

——果轴切口平滑；

——果柄坚实无折损；

——无异常的外部水分，冷藏取出后无皱缩；

——无病虫害，无冷冻伤，无损伤；

——无腐烂、无异味。

4.2 等级规格划分标准

香蕉等级规格划分标准见表1。

表1 等级规格划分标准

指标		一级	二级
果指	巴西蕉	单梳果指数16个～20个，单果重120.0 g～190.0 g，果指长度24.1 cm～26.5 cm	单梳果指数14个～24个，单果重110.0 g～145.0 g，果指长度21.5 cm～24.0 cm
	桂蕉6号	单梳果指数18个～20个，单果重135.0 g～190.0 g，果指长度22.8 cm～26.2 cm	单梳果指数14个～24个，单果重120.0 g～155.0 g，果指长度20.2 cm～23.2 cm
果形	巴西蕉	外排果外内弧面长度比1.52～1.54，内排果外内弧面长度比1.31～1.36	外排果外内弧面长度比1.55～1.62，内排果外内弧面长度比1.29～1.37
	桂蕉6号	外排果外内弧面长度比1.54～1.59，内排果外内弧面长度比1.32～1.34	外排果外内弧面长度比1.51～1.63，内排果外内弧面长度比1.35～1.43
饱满度[a]		采收时的果实饱满度为75%～85%	采收时的果实饱满度为70%～90%
色泽		具备该品种固有色泽，着色均匀，黄熟果实金黄色	具备该品种固有色泽，着色均匀，允许稍有异色，黄熟果实黄色
果柄		黄熟果实果柄轻摇摆不脱柄，不变形	黄熟果实果柄在轻摇摆时有轻微脱柄现象
果面缺陷		果皮光滑，基本无缺陷，每梳蕉轻伤面积≤1 cm^2；单果斑点不超过2个，每个斑点直径≤2.0 mm	果皮光滑，每梳蕉轻伤面积≤2 cm^2；单果斑点不超过4个，每个斑点直径≤3.0 mm

[a] 果身微凹，棱角明显，其饱满度为70%～75%，催熟后仍保持该品种的品质；果身圆满，尚见棱角，其饱满度为75%～85%；果身圆满，棱者不明显，果实尚未转色，其饱满度为85%～90%；果身圆满，棱角不明显，果实开始转色，其饱满度为90%以上。

4.3 允许误差范围

4.3.1 一级品允许有不超过5%果指数、单果重和果指长度的果实不符合一级品的要求，但应符合二级的要求。

4.3.2 二级品允许有不超过10%果指数、单果重和果指长度的果实不符合二级品的要求，但应符合基本要求。

5 试验方法

5.1 果实的色泽、饱满度和果轴切口等指标由目测评定。

5.2 果指长度（外弧面长度）、内弧面长度和斑点直径用软尺测量，精确至1 mm；斑点直径用直尺测量，精确至1 mm。

6 检验规则

6.1 抽样方法

按照GB/T 8855的规定执行。

6.2 判定规则

符合4.2要求的产品，判定为相应等级规格的产品。

7 包装与标识

7.1 包装

7.1.1 一般要求

同一包装箱内，品种、产地、等级规格一致。包装内的产品可视部分应具有整个包装的代表性。

7.1.2 包装材质

内包装采用的聚乙烯薄膜袋应符合GB/T 9691的要求，厚度为0.03 mm～0.04 mm。

外包装采用的瓦楞纸箱应符合GB/T 6543和GB/T 6980的规定。

7.1.3 包装方法

按照NY/T 1395规定的包装方法执行。

7.2 标识

包装品或无包装产品的随货单应标明产品名称、品种、等级规格、产品的标准编号、生产单位、产地、净含量和采收、包装日期等信息。标注的内容应字迹清晰、准确且不易褪色。

附加说明：

本标准按照GB/T 1.1—2009给出的规则起草。

本标准由中华人民共和国农业部提出。

本标准由农业部热带作物及制品标准化技术委员会归口。

本标准起草单位：中国热带农业科学院热带作物品种资源研究所、中国热带农业科学院环境与植物保护研究所。

本标准主要起草人：魏守兴、谢子四、胡美姣、李敏、高兆银、黄丽娜、程世敏。

中华人民共和国农业行业标准

NY/T 3194—2018

剑麻　叶片

Sisal—Leaf

1　范围

本标准规定了剑麻叶片的术语和定义、要求、取样、试验方法和检验规则。

本标准适用于剑麻(H.11648品种)的成熟叶片,其他剑麻品种可参照执行。

2　规范性引用文件

下列文件对于本文件的应用是必不可少的。凡是注日期的引用文件,仅注日期的版本适用于本文件。凡是不注日期的引用文件,其最新版本(包括所有的修改单)适用于本文件。

GB/T 6682　分析实验室用水规格和试验方法

3　术语和定义

下列术语和定义适用于本文件。

3.1

叶尖　leaf tip

叶片顶部的黑褐色角质针尖。

3.2

干尾　dry leaf top

叶片顶部出现干枯的部分。

3.3

红头叶片　red cut leaf

割口变红、褐、黑色的叶片,俗称红头麻。

3.4

色斑叶片　color-spot leaf

表面出现白斑或黄斑的叶片。

3.5

残次叶片　defect leaf

腐烂、虫孔和伤口变褐色的叶片,俗称烂麻。

3.6

成熟叶片　mature leaf

麻株叶片与茎轴上夹角大于45°的叶片。

3.7

中华人民共和国农业部 2018-03-15 发布　　2018-06-01 实施

叶片纤维含量 leaf fiber content

剑麻鲜叶片经脱胶后得到的干纤维质量占鲜叶质量的百分比。

3.8

割次 harvest number

剑麻叶片收割的次序。首次割叶为第 1 割次,以后每间隔时间 10 个月以上割叶 1 次,割次增加 1 次。

4 要求

4.1 外观

叶片洁净,无叶尖、干尾、红头、色斑和残次叶片。

4.2 指标

单叶片长度≥65.0 cm,叶片分为 5 个等级,每等级又分正级和次级,指标应符合表 1 的规定。

表 1 叶片级别要求

项　　目		一级	二级	三级	四级	五级
纤维含量(质量分数)(w),%		$w>4.0$	$3.5<w\leqslant4.0$	$3.0<w\leqslant3.5$	$2.2<w\leqslant3.0$	$w\leqslant2.2$
长度,cm	正级	≥85				≥80
	次级	<85				<80

4.3 捆扎

4.3.1 捆扎时叶基、叶顶分清,基部齐整,捆扎结实。

4.3.2 每捆麻把质量为 13 kg~18 kg。

5 取样

5.1 取样方法

叶片取样方法分为麻田取样和工厂取样。检验结果如有异议,以工厂取样法为准。

5.1.1 麻田取样

5.1.1.1 种植面积≤1 hm^2 时,随机选取 5 个取样点,每增加 1 hm^2 增加一个取样点。取样点距离道路不应<15 m,样点间距不应<15 m。

5.1.1.2 取样点麻行两边各选 1 株有代表性、符合叶片外观要求的麻株为样株。选择同一行两植株之间的叶片,每株割取成熟叶片上、中、下各 1 片为样品。

5.1.2 工厂取样

每车叶片质量≤3 t 的随机抽取 3 捆麻把,质量>3 t 的随机抽取 5 捆麻把。每捆中抽取符合外观要求的长、中、短叶片各 1 片为样品。

5.2 样品送检

叶片样品统一编号标识后,封存,当天送检。

6 试验方法

6.1 长度测定

用卷尺测量样品中每片叶基部至顶部的长度,计算其平均值,结果精确至 1 cm。

6.2 叶片纤维含量测定

按照附录 A 的规定执行。

7 检验规则

7.1 叶片定级

叶片定级分为纤维含量和割次 2 种方法。无法进行叶片纤维含量定级，采用割次定级。如有异议，以纤维含量定级为准。

7.1.1 纤维含量定级

叶片纤维含量按照附录 A 的试验方法测定，叶片按照表 1 的规定定级。

7.1.2 割次定级

割次定级参见附录 B。

7.2 叶片降级

7.2.1 定级的叶片，样品出现叶尖、干尾、红头、色斑、残次叶片等的量占总样品量≤20%或出现 50%以上的变色叶片时，按降 0.5 级处理。

7.2.2 定级的叶片，样品出现叶尖、干尾、红头、色斑、残次叶片等的量占总样品量>20%时，按降 1 级处理。

附　录　A
（规范性附录）
叶片纤维含量测定

A.1　原理

以氢氧化钠为脱胶剂，在高温高压条件下，剑麻非纤维素物质离开原料表面，扩散至溶剂中，再经洗脱分离，获取纤维。

A.2　仪器与设备

A.2.1　卷尺，2 m。

A.2.2　游标卡尺，150 mm。

A.2.3　电子分析天平，感量为 0.01 g。

A.2.4　压榨机。

A.2.5　压力锅，温度为 120℃，压力为 0.1 MPa。

A.2.6　电热恒温鼓风干燥箱，工作温度 105℃～110℃。

A.3　试剂

A.3.1　除非另有规定，水应符合 GB/T 6682 三级水的规定。

A.3.2　氢氧化钠，分析纯。

A.4　试样制备

A.4.1　叶片横向部位选取，按照 6.1 的规定测量叶片长度，取其中段的长度为 20 cm，见图 A.1。

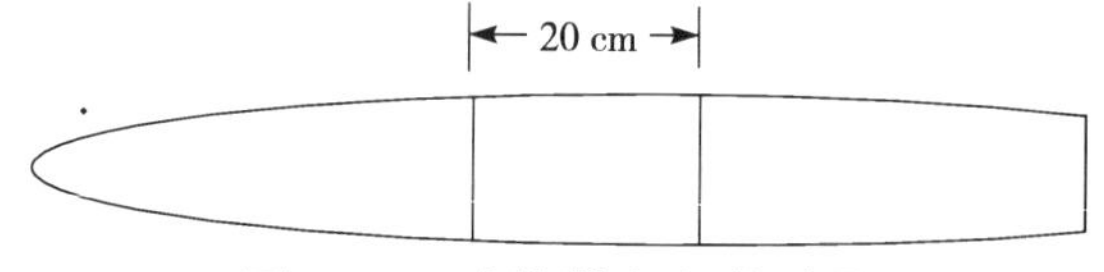

图 A.1　叶片横向部位选取

A.4.2　叶片纵向部位选取，测量叶片中段宽度，然后以横向面中点为基点，将叶片纵向分为纵中、次中、侧边三部分，见图 A.2。

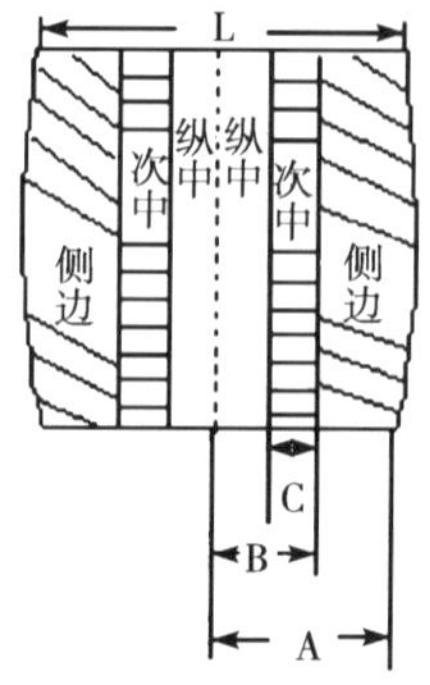

图 A.2　叶片纵向部位选取

A.4.3 裁样方法:先在纵向中部将叶片平均分为两边,取其中一部分 A,将 A 平均分为两半后,取其中一半 B,将 B 再平均分为两半,取其中一半 C,即为次中部分。按照此分法取另一边的次中部分,两边的次中部分便为试样,见图 A.2。

A.5 试验程序

A.5.1 压水

称量试样的质量,精确到 0.01 g,记为 m_1。将试样置于压榨机中进行滚压,去掉表皮层及水分得到试料,试料以不能再压出水分为宜。压水处理后试料质量应为压水处理前试样质量的 25%～30%(质量分数)。

A.5.2 脱胶

A.5.2.1 称量试料质量,按试料质量的 10%称取氢氧化钠的质量。

A.5.2.2 将氢氧化钠放入锥形瓶中充分溶解后,装入试料,试料应完全浸没于溶液中。盖好瓶塞,然后将装有试料的锥形瓶置于压力锅中。

A.5.2.3 设置压力锅温度为 120℃,时间为 40 min,进行脱胶反应。待压力锅压力低于 0.05 MPa 时,才可慢慢打开压力锅的放汽阀。

A.5.2.4 待压力降至常压后,取出试料。用水对试料进行多次洗涤,得到干净纤维。

A.5.3 烘干

将得到的纤维进行烘干,直至恒重。称量纤维质量,精确到 0.01 g,记为 m_2。

A.6 试验结果

A.6.1 计算公式

叶片纤维含量按式(A.1)计算。

$$W = \frac{m_2}{m_1} \times 100 \qquad \text{(A.1)}$$

式中:

W ——叶片纤维含量,单位为百分率(%);

m_2 ——纤维质量,单位为克(g);

m_1 ——试样质量,单位为克(g)。

计算结果保留至小数点后 2 位。

A.6.2 结果表示

试验结果以 2 次平行试验结果的平均值表示,2 次试验结果相对差不应超过 5%。

附　录　B
（资料性附录）
割　次　定　级

叶片割次定级指标见表B.1。

表B.1　叶片割次定级指标

<table>
<tr><td colspan="2" rowspan="2">项　　目</td><td colspan="5">叶片级别</td></tr>
<tr><td>一级</td><td>二级</td><td>三级</td><td>四级</td><td>五级</td></tr>
<tr><td colspan="2">割次</td><td>≥5</td><td>4</td><td>3</td><td>2</td><td>1</td></tr>
<tr><td rowspan="2">长度,cm</td><td>正级</td><td colspan="4">≥85</td><td>≥80</td></tr>
<tr><td>次级</td><td colspan="4"><85</td><td><80</td></tr>
</table>

附加说明：

本标准按照GB/T 1.1—2009给出的规则起草。

本标准由中华人民共和国农业部提出。

本标准由农业部热带作物及制品标准化技术委员会归口。

本标准起草单位：农业部剑麻及制品质量监督检验测试中心、广东广垦东方剑麻股份有限公司。

本标准主要起草人：陈伟南、黄香武、陶进转、张光辉、李强有、王兴全、黄标、文尚华、陈士伟、黄富宇、陈莉莎。

中华人民共和国农业行业标准

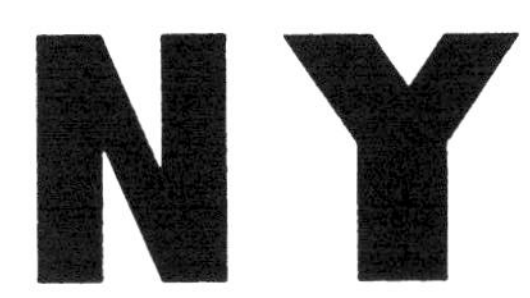

热带作物种质资源抗病虫鉴定技术规程 橡胶树棒孢霉落叶病

Technical code of practice resistance identification to diseases and insects of tropical crops germplasm—Corynespora leaf fall disease of rubber tree

NY/T 3195—2018

1 范围

本标准规定了橡胶树[*Hevea brasiliensis*(Willd. ex A. Juss.)Muell. Arg.]棒孢霉落叶病抗病性评价的术语和定义、病原菌分离鉴定及接种体制备、抗病性鉴定、抗病性评价、抗病性评价有效性判定和结果记录。

本标准适用于橡胶树棒孢霉落叶病抗病性品系筛选。

2 规范性引用文件

下列文件对于本文件的应用是必不可少的。凡是注日期的引用文件,仅注日期的版本适用于本文件。凡是不注日期的引用文件,其最新版本(包括所有的修改单)适用于本文件。

NY/T 221 橡胶树栽培技术规程

3 术语和定义

下列术语和定义适用于本文件。

3.1

橡胶树棒孢霉落叶病 corynespora leaf fall disease of rubber tree

由多主棒孢病菌(*Corynespora cassiicola* Ber. & Curt.)侵染引起的真菌病害,可造成橡胶树的反复落叶。橡胶树棒孢霉落叶病田间症状参见附录A的A.1。

3.2

多主棒孢毒素 cassiicolin toxins

一类由多主棒孢病菌产生的寄主专化性毒素(HST),是对寄主植物有选择性或专化性的多肽。

3.3

萎蔫指数 wilt index(WI)

通过对植物叶片水分损失数值的计算所获得的叶片萎蔫程度的数值化描述。

4 病原菌分离鉴定及接种体制备

4.1 病原菌分离鉴定

从发病植株上选取有典型病斑的叶片,用常规组织分离法分离棒孢霉落叶病病原菌,通过单孢分离法对分离物进行纯化,经致病性测定后,菌株通过形态学(参见A.2)和ITS系统发育学分析确定为多主棒孢菌,再用多主棒孢毒素的cas2亚型和cas5亚型特异引物检测确定菌株的毒素类型(参见附录B),分别选择cas2亚型和cas5亚型的强致病力菌株用灭菌的超纯水保存备用。

中华人民共和国农业部 2018-03-15 发布　　2018-06-01 实施

4.2 病原菌菌饼接种体制备

将保存的cas2亚型和cas5亚型多主棒孢病菌接种于马铃薯葡萄糖琼脂培养基平板上(平板直径9 cm),(28±1)℃恒温培养7 d,用打孔器取菌落外缘的菌饼(直径5.0 mm)作为接种体,对照则取同样大小的空白PDA培养基。

4.3 多主棒孢粗毒素提取液制备

4.3.1 改良培养基

改良Fries 3号培养基:蔗糖20.0 g,酒石酸铵5.0 g,KH_2PO_4 1.0 g,NH_4NO_3 1.0 g,$MgSO_4 \cdot 7H_2O$ 0.5 g,NaCl 0.1 g,$CaCl_2 \cdot 2H_2O$ 0.13 g,酵母膏1.0 g,蒸馏水1 000 mL。

4.3.2 粗毒素提取液制备

从培养7 d的cas2亚型和cas5亚型多主棒孢病原菌菌落边缘打取3个直径5 mm的菌饼,接种于装有150 mL的改良Fries 3号培养液(培养液的配方见4.3.1)中,(25±1)℃恒温箱12 h光暗交替静置培养12 d。将培养的菌液先用2层无菌纱布过滤;滤液于室温5 000 r/min离心10 min;上清液先用0.45 μm的针筒式微孔滤膜过滤器过滤;再用0.22 μm针筒式微孔滤膜过滤器过滤,最后一次滤液即为多主棒孢粗毒素提取液。制备好的粗毒素提取液于4℃冰箱保存备用。

5 抗病性鉴定

5.1 病原菌菌饼接种鉴定

5.1.1 鉴定设计

鉴定时设"IAN873"为抗病对照品系,"PR107"为感病对照品系。

每个品系选取5片无病斑、完整的橡胶树淡绿期小叶,每片小叶作为1个重复,每个重复设4个接种点,其中1个接种点为空白对照。

5.1.2 接种

用无菌的牙签在接种点处轻轻刺伤,将病原菌菌饼有菌丝的一面贴于叶片接种点的伤口处,对照则用空白PDA培养基贴于伤口处,用无菌的滤纸片蘸无菌水贴于菌饼上,叶片按品系贴好标签,置于(28±1)℃保湿培养。24 h后去除菌饼,继续保湿培养。

5.1.3 数据统计

接种处理3 d后进行调查。采用十字交叉法量取发病叶片病斑的直径,单位为厘米(cm),计算每张小叶和品系平均值。

5.2 粗毒素生物萎蔫法鉴定

5.2.1 鉴定设计

鉴定时设"IAN873"为抗病对照品系,"PR107"为感病对照品系。

每个品系选取12片橡胶树淡绿期小叶,每2片小叶作为1个重复,其中4个重复用于粗毒素处理,2个用空白培养基处理做对照。

5.2.2 接种

用消毒的手术剪刀将选取叶片的叶柄去除,称重后,迅速转移到含有20 mL粗毒素的50 mL离心管中,以空白改良Fries 3号培养基作为对照。叶柄端朝下插入粗毒素提取液中,处理的橡胶树叶片置于(25±1)℃的恒温箱中12 h光暗交替培养。

5.2.3 数据统计

接种处理3 d后进行调查。

处理后的叶片用干净的吸水纸吸去叶片表面的液体,称取处理后每张橡胶树叶片的质量,根据处理后与处理前叶片质量的比值来计算水分损失。

利用式(1)计算处理后的萎蔫指数。

$$WI = \frac{R_c - R_t}{R_c} \times 100 \quad\cdots\cdots\cdots\cdots (1)$$

式中：

WI ——萎蔫指数；

R_c ——对照叶片处理后与处理前的质量比值；

R_t ——处理叶片处理后与处理前的质量比值。

5.3 自然条件下抗病性评价

5.3.1 对照品系

鉴定时设“IAN873”为抗病对照品系，“PR107”为感病对照品系。

5.3.2 鉴定圃设计

鉴定圃选址于橡胶树棒孢霉落叶病常发区，地势平坦，土壤理化性质均一，四周无高大乔木，立地环境一致，每个品系种植 30 株，完全随机排列，种植规格 75 cm×75 cm，种质圃管理按 NY/T 221 的规定进行锄草、浇水及施肥，确保苗木生长旺盛。

5.3.3 调查时间

每年发病高峰期，即 9 月初调查。

5.3.4 调查方法

每年调查 1 次，每个品系随机调查 15 株，每株随机取中上部 12 片稳定期小叶，共 180 片小叶。

5.3.5 病情级别划分

病情级别及相对应的分级标准见表 1。

表 1 橡胶树棒孢霉落叶病病情分级标准

病级	分级标准
0	叶片上无病斑
1	0<病斑面积占叶片面积<1/8
2	1/8≤病斑面积占叶片面积<1/4
3	1/4≤病斑面积占叶片面积<1/2
4	1/2≤病斑面积占叶片面积<3/4
5	病斑面积占叶片面积≥3/4，或落叶

5.3.6 病情指数计算

调查记载每个品系叶片的病情，并按式(2)计算病情指数。

$$DI = \frac{\sum (R_i \times T_i)}{S \times 5} \quad\cdots\cdots\cdots\cdots (2)$$

式中：

DI ——病情指数；

R_i ——病级代表值；

T_i ——各级病叶数；

S ——调查的总叶片数。

6 抗病性评价

6.1 抗病性评价标准

根据病斑直径、萎蔫指数和病情指数确定橡胶树品系对棒孢霉落叶病的抗病性水平，分级标准见表 2。

表 2 橡胶树棒孢霉落叶病抗病性评价分级标准

病斑直径(*D*),cm	萎蔫指数(*WI*)	病情指数(*DI*)	抗病性等级
D<0.5	*WI*<10	*DI*<15	高抗(HR)
0.5≤*D*<1.0	10≤*WI*<20	15≤*DI*<20	中抗(MR)
1.0≤*D*<1.5	20≤*WI*<30	20≤*DI*<30	轻感(S)
1.5≤*D*<2.0	30≤*WI*<40	30≤*DI*<40	中感(MS)
D≥2.0	*WI*≥40	*DI*≥40	高感(HS)

6.2 抗病性评价有效性判定

当感病对照品系(PR107)达到其相应感病程度(病斑直径≥2.0 cm,萎蔫指数≥40,病情指数≥40),该批次抗棒孢霉落叶病鉴定视为有效。当3种方法评价的结果有差异时,以抗性水平低的结果为准。当3种方法的抗病性等级相差2级以上(包括2级)时,该鉴定结果视为无效,应重新进行抗病性鉴定评价。

7 结果记录

填写橡胶树品系抗棒孢霉落叶病鉴定结果于附录C表格。

附 录 A
(资料性附录)
橡胶树棒孢霉落叶病

A.1 田间症状

橡胶树棒孢霉落叶病在4月～11月均可发病，发病高峰期为9月，橡胶树幼苗、开割树上的嫩叶和老叶均能被感染，受害叶片上产生的症状随叶龄、品系的不同而有所变化。叶面上形成浅褐色近圆形(少数呈现不规则形)坏死病斑，直径1 mm～8 mm，病斑中心纸质、边缘深褐色，外围有一黄色晕圈(图A.1a)。受害老叶病斑较大，病斑中心纸质、有些出现"炮弹状"穿孔(图A.1b)，周围的叶组织黄红色或红褐色，严重时叶片脱落。叶片受害严重叶尖出现皱缩回枯(图A.1c)。受害叶片除了能产生坏死病斑和萎蔫脱落外，染病叶片上，病菌产生的毒素往往沿叶脉扩展变褐，组织失绿变黄，形成典型的"鱼骨状"症状(图A.1d)。感病嫩枝和叶柄，通常出现浅褐色长条形病斑；叶柄或叶片基部感病，则枝条上几乎所有的叶片都会干枯且迅速凋落。植株受害后出现反复落叶，甚至整株枯死。

说明：
a——圆斑型；
b——"炮弹状"穿孔；
c——叶尖枯；
d——典型"鱼骨状"。

图A.1 橡胶树棒孢霉落叶病田间症状

A.2 病原菌形态

病原菌分生孢子梗单生或数根丛生，直立或弯曲，不分枝，褐色，光滑，大小(100～550) μm×(2～6) μm。分生孢子顶生，单生，倒棍棒状、圆柱状，正直或弯曲，淡褐色，光滑，2个～20个假隔膜，顶端钝圆，基部脐点明显，平截，大小(50～300) μm×(9～22) μm，偶见孢子成链(图A.2)。

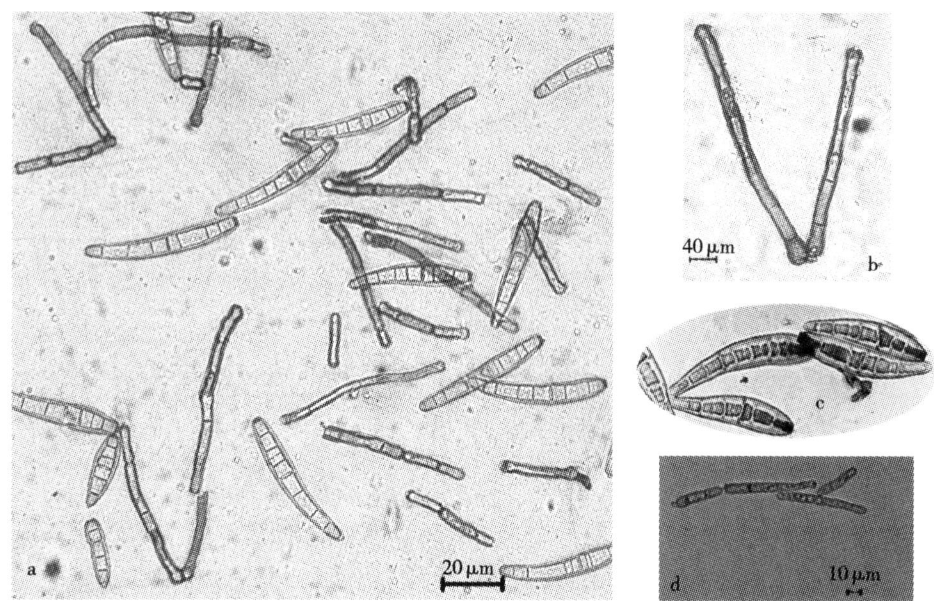

说明：

a——分生孢子梗及分生孢子；

b——丛生分生孢子梗；

c——假隔膜明显的分生孢子；

d——分生孢子链。

图 A.2　病原菌形态

附　录　B
（资料性附录）
橡胶树多主棒孢病菌分子鉴定

B.1　分子鉴定 ITS 引物和扩增程序

ITS1：5′- TCCGTAGGTGAACCTGCGG - 3′；

ITS4：5′- TCCTCCGCTTATTGATATGC - 3′。

扩增程序：95℃预变性 5 min；94℃变性 30 s，55℃退火 45 s，72℃延伸 1 min，循环 34 次；在 72℃延伸 10 min，4℃保存。

B.2　cas2 亚型 cassiicolin 毒素基因特异引物和扩增程序

casF17：5′- GGATTTGCCTGAGATCCTA - 3′；

casR24：5′- CAAACAATGCTAACCAAACAAAC - 3′。

扩增程序：95℃预变性 5 min；94℃变性 30 s，53℃退火 45 s，72℃延伸 1 min，循环 34 次；在 72℃延伸 10 min，4℃保存。

B.3　cas5 亚型 cassiicolin 毒素基因特异引物和扩增程序

casF19：5′- CGGGGAGGTATCAGGTGTGAGATA - 3′；

casR26：5′- CAGAACAAGCCAAAAGAGAACTAC - 3′。

扩增程序：95℃预变性 5 min；94℃变性 30 s，56℃退火 45 s，72℃延伸 1 min，循环 34 次；在 72℃延伸 10 min，4℃保存。

附 录 C
（规范性附录）
橡胶树棒孢霉落叶病抗病性评价结果

橡胶树棒孢霉落叶病抗病性评价结果见表C.1。

表C.1 橡胶树棒孢霉落叶病抗病性评价结果记录表

编号	品系名称	品系来源	病斑直径，cm	萎蔫指数	病情指数	抗病性等级
菌株编号：						
毒素亚型：						
接种时间： 年 月 日						
评价时间： 年 月 日						
记录人：						
评价技术负责人：						

附加说明：

本标准按照GB/T 1.1—2009给出的规则起草。

本标准由农业部农垦局提出。

本标准由农业部热带作物及制品标准化技术委员会归口。

本标准起草单位：中国热带农业科学院环境与植物保护研究所。

本标准主要起草人：黄贵修、刘先宝、李博勋、时涛、李超萍、蔡吉苗、陈奕鹏、杨扬。

中华人民共和国农业行业标准

热带作物病虫害检测鉴定技术规程　芒果畸形病

Technical code of practice for diseases and indentification of tropical crop diseases and insect pests—Mango malformation disease

NY/T 3196—2018

1　范围

本标准规定了芒果畸形病病原菌——芒果镰孢菌(*Fusarium mangiferae* Britz,Wingfield et Marasas)鉴定方法。

本标准适用于芒果镰孢菌的检测鉴定。

2　鉴定原理

依据芒果镰孢菌特有的碱基信息设计特异性引物,对待检样品进行PCR扩增,结合芒果镰孢菌在寄主上的危害症状(参见附录A)、形态学特征、致病性测定结果进行鉴定。

3　仪器、试剂、培养基及配制方法

见附录B。

4　检测鉴定方法

4.1　症状诊断与取样

芒果树的嫩梢和花序发病后常形成丛芽(花)或簇芽(花)。

按附录A描述的症状仔细观察芒果树嫩梢和花序,发现芒果畸形病疑似症状,即取该嫩梢或花序做样本,装入牛皮纸袋中供检测。

4.2　PCR检测

4.2.1　基因组DNA提取

见附录B。

4.2.2　引物及扩增条件

在PCR管中分别加入以下试剂(25 μL体系)后进行PCR反应:1 μL基因组DNA,10×PCR缓冲液(Mg^{2+} Plus)2.5 μL,脱氧核糖核苷酸(dNTP)混合物2 μL,特异性引物1-3F/1-3R各0.5 μL(见表1),*Taq*酶0.2 μL,灭菌超纯水18.3 μL。

表1　PCR反应的引物序列及扩增产物长度

引物名称	引物序列	预期扩增产物长度
1-3F	5′-TGC AGA TAA TGA GGG TCT GC-3′	589 bp
1-3R	5′-GGA ACA TTG GGC AAA ACT AC-3′	

反应条件:95℃预变性3 min,后30个循环为95℃变性40 s;58℃退火45 s;72℃延伸1 min;最后

中华人民共和国农业部 2018-03-15 发布　　2018-06-01 实施

72℃延伸 10 min。取出 PCR 反应管，对反应产物进行电泳检测或 4℃条件下保存，存放时间不超过 24 h。

4.2.3 反应体系中的对照设置

以病原菌 *Fusarium mangiferae* 基因组 DNA 作为模板的为阳性对照；以健康芒果果实种胚组织提取的基因组 DNA 作为模板的为样品阴性对照；以配制反应体系的无菌超纯水代替 DNA 模板的为 PCR 反应体系阴性对照。

4.2.4 PCR 产物凝胶电泳检测

4.2.4.1 凝胶制备

见附录 B。

4.2.4.2 加样与电泳

见附录 B。

4.2.4.3 凝胶成像分析

将整块琼脂糖凝胶置于紫外凝胶成像仪观察窗内，根据 DNA 分子量标准估计扩增条带的大小，并拍照保存，PCR 检测结果电泳图见图 1。

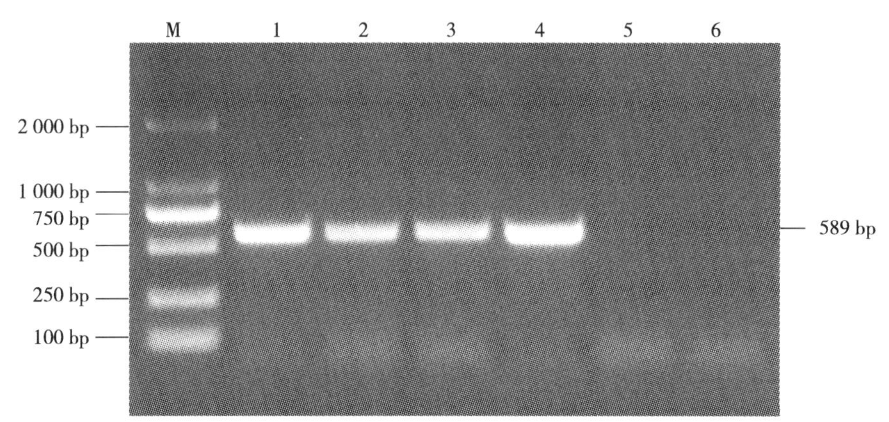

说明：

M ——DNA 分子量标准；
1 ——阳性对照；
2～4 ——阳性样品；
5——样品阴性对照；
6——PCR 反应体系阴性对照。

图 1 芒果镰孢菌特异性引物 PCR 检测结果电泳图

4.3 菌株分离培养

从发病部位切取组织块(0.1 cm×0.1 cm)，在无菌操作台上，用 70%乙醇表面消毒 5 s～10 s 后于 0.1%升汞溶液中浸泡 1 min，再用无菌水漂洗 3 次，无菌滤纸吸干水后置于 PDA 培养基中，放置 25℃恒温箱中培养，待菌落形成，利用单孢分离法对分离物进行纯化、归类、编号和保存。

4.4 致病性测定

接种材料为健康盆栽 2 年生芒果幼苗。采用活体接种，将分离纯化的各种菌株分别在马铃薯葡萄糖培养液(即 PDB)中、25℃恒温振荡培养 6 d 后，过滤除菌体，配置成约 1×10^6 个/mL 分生孢子悬浮液。在健康芒果苗腋芽下约 3 cm 处用微型注射器注射 0.1 mL 悬浮液，对照接等量无菌水，敷湿润海绵并套袋保湿培养 3 d，每处理重复 30 次。观察记录发病情况，与自然发病症状做对比。待接种腋芽发病后对病组织再分离验证。

4.5 菌株保藏

将单孢分离、纯化的菌株移植于 PDA 培养基斜面试管上，25℃培养 7 d 后，4℃保存。

5 判定规则

5.1 PCR 结果判定

5.1.1 PCR 反应体系的判定标准

PCR 反应体系的判定标准见表 2。

表 2 PCR 反应体系的判定标准

判定依据	判定条件	结　论
PCR 反应体系	样品对照或 PCR 反应体系阴性对照出现目的条带	PCR 反应体系工作不正常,样品检测结果不能作为判定的依据,需重新准备 PCR 试剂和阳性对照,并重新进行样品的 PCR 复测,具体操作按照 4.2 的规定执行
	阳性对照未出现目的扩增条带	
	阳性对照出现目的扩增条带,而样品对照和 PCR 反应体系阴性对照均不出现该条带	PCR 反应体系正常,样品 PCR 检测结果可以作为判定的依据

5.1.2 待检样品阳性或阴性结果判定

PCR 反应体系正常的条件下,待检样品未出现目的扩增条带,则重新提取待检样品基因组 DNA,进行 PCR 复测,仍未出现目的扩增条带,则判定该样品未携带芒果镰孢菌。

PCR 反应体系正常的条件下,待检样品出现目的扩增条带,则初步判断该样品为阳性,携带芒果镰孢菌。

5.2 菌落特征和病原菌形态识别

菌落特征和病原菌形态特征同 A.5。

5.3 致病性测定结果判定

致病性测定结果同 A.2。

当表现为芒果畸形病的典型症状,即腋芽芽体膨大并产生大量嫩芽,嫩芽数明显多于空白对照,枝梢失去顶端优势,节间明显变短。空白对照无任何畸形症状。从接种发病部位再次分离、培养得到相同形态的病原菌,完成柯赫氏法则。

6 结果判定

依据表 3 判定被检样品是否携带芒果镰孢菌。

表 3 芒果畸形病的判定标准

判定依据	判定条件	结　论
PCR 检测结果	被检样品不携带芒果镰孢菌	被检样品不是芒果镰孢菌引起的芒果畸形病
	被检样品携带芒果镰孢菌	被检样品是由芒果镰孢菌引起的芒果畸形病,可结合形态学和致病性测定进行验证
病原物形态学比对结果	与 A.5 的描述吻合	被检样品是由芒果镰孢菌引起的芒果畸形病
致病性测定结果	与 A.2 的描述吻合	

7 样品及菌株的保存

保存样品经登记和经手人签字后置低温干燥处或防虫网内通风保存 2 个月,如果鉴定为芒果镰孢菌引起的芒果畸形病样品,该样品至少保存 6 个月。保存期满后,需经灭菌处理。

对判定为芒果镰孢菌的菌株存放要进行标注,包括菌株来源、寄主种质、分离时间、分离人和鉴定人;将菌株孢子移至 40%甘油管保存在−70℃以下冰箱,同时将菌株培养在试管斜面上,7 d 后存于 4℃冰箱。

附　录　A
（资料性附录）
芒 果 畸 形 病

A.1　危害情况

芒果畸形病是一种世界性广泛分布的危险性病害，于1891年首次在印度发现。2007年后，在我国四川省攀枝花市和云南省华坪县的部分果园严重发生，株发病率高达90%以上，导致大部分枝条无法结果，该病害在广西壮族自治区和海南省也有发现。

A.2　症状

根据发病部位不同，芒果畸形病可分为营养器官畸形和花序畸形（见图A.1）。

营养器官畸形：多发生在幼苗，在成龄树上也很常见。幼苗上的典型症状是植株顶端生长优势丧失，导致腋芽或顶芽膨大并产生大量的嫩芽，导致嫩枝丛生，呈束状生长，叶片变小；成龄树的嫩梢被感染后，其侧芽也会萌发，并成束生长呈“扫帚”状，最后干枯，但是在下个生长季节仍会过度萌发。畸形芒果苗的根系浅且3级侧根少于正常苗。3月龄～4月龄的幼苗发病后植株矮小，最后干枯；幼苗后期发病，发育受抑制但仍可继续生长。发病程度严重的成龄树发育不良，植株矮小。

花序畸形：花芽分化紊乱，常出现不正常的开花坐果现象，畸形的嫩梢抽出的花序也畸形。畸形花序小花数明显增加，花轴变短、变粗，簇拥在一起，呈现盘状或花椰菜状，一般不能结果，最后焦枯死亡。

说明：

1——健康嫩梢；

2——畸形嫩梢；

3——健康花序；

4——畸形花序。

图A.1　芒果畸形病症状

A.3 病原菌

在国内，芒果畸形病病原菌有芒果镰孢菌(*Fusarium mangiferae* Britz，Wingfield et Marasas)和层出镰孢菌[*F. proliferatum*(Matsushima)Nirenberg]，其中由芒果镰孢菌引起的芒果畸形病占95%以上；此外，国外还有 *F. moniliforme* Scheldon、*F. sterilihyphosum* Britz，Wingfield & Marasas、*F. mexicanum* T. Aoki，S. Freeman，Otero-Colina，Rodríguez-Alvarado，Fernández-Pavía，Ploetz et O′Donnell、*F. tupiense* Lima，Pfenning et Leslie、*F. pseudocircinatum* 5种。

A.4 分类地位

真菌界(Fungi)，半知菌类(Fungi imperfecti)，丝孢纲(Hyphomycetes)，瘤座菌目(Tuberculariales)，镰孢属(*Fusarium*)。

A.5 形态特征

芒果镰孢菌(*F. mangiferae*)在PDA培养基上，25℃下菌落的平均生长率为3.4 mm/d。气生菌丝白色，絮状，菌落背面浅黄色至暗紫色，并有玫瑰红的小点。产孢梗合轴分枝，瓶梗单生或复生，其上产生分生孢子，复瓶梗有2个～5个产孢口。分生孢子座奶油色或橘黄色。小型分生孢子多数呈倒卵圆形，偶尔椭圆形，多数为单胞，少数为双胞，大小为(4.3～14.4) μm×(1.7～3.3) μm。大型分生孢子长且细，通常具3个～5个隔膜，大小为(43.1～61.4) μm×(1.9～3.4) μm。无厚垣孢子，未观察到有性态和菌核产生。

A.6 地理分布

亚洲：印度、巴基斯坦、以色列、马来西亚、阿联酋、孟加拉国、阿曼、中国、斯里兰卡。

欧洲：西班牙。

非洲：埃及、南非、苏丹、斯威士兰。

大洋洲：澳大利亚。

北美洲：美国、萨尔瓦多、尼加拉瓜、古巴。

南美洲：墨西哥、巴西、委内瑞拉。

A.7 传播途径

病原菌主要借风雨、流水、土壤、昆虫、瘿螨、树体接触或枝剪等工具传播。远距离传播途径主要是带菌苗木、接穗等的调运。

附　录　B
（规范性附录）
PCR 检测所需仪器、试剂、培养基及配制方法

B.1　仪器

高速冷冻离心机(最大离心力 25 000×*g*)、PCR 扩增仪、电泳仪、紫外凝胶成像仪等。

B.2　试剂

B.2.1　1 mol/L Tris-HCl(pH 8.0)

称取 121.1 g 三羟甲基氨基甲烷(Tris)溶解于 800 mL 超纯水中,溶解后用盐酸(HCl)调 pH 至 8.0,加超纯水定容至 1 000 mL。高压灭菌(121℃、20 min),4℃或室温保存备用。

B.2.2　1 mol/L NaOH

称取 8.0 g 氢氧化钠(NaOH)溶解于 160 mL 超纯水中,溶解后再加超纯水定容至 200 mL。

B.2.3　1 mol/L EDTA-Na_2(pH 8.0)

称取 372.2 g 乙二铵四乙酸二钠(EDTA-Na_2),加入 70 mL 超纯水中,再加入适量 NaOH 溶液(B.2.2),加热至完全溶解后,冷却至室温,再用 NaOH 溶液调 pH 至 8.0,加超纯水定容至 100 mL。分装后高压灭菌(121℃、20 min),4℃或室温保存备用。

B.2.4　CTAB/PVP 提取液(pH 8.0)

称取 81.9 g 氯化钠(NaCl)溶解于 800 mL 超纯水中,缓慢加入 20 g 十六烷基三甲基溴化铵(CTAB)、20 g 聚乙烯吡咯烷酮(PVP),加热并搅拌,充分溶解后加入 100 mL Tris-HCl(B.2.1)、4 mL EDTA-Na_2(B.2.3),加超纯水定容至 1 000 mL,分装后高压灭菌(121℃、20 min),室温保存备用,研磨植物材料之前加 β-巯基乙醇至 2%(*V*/*V*)。

B.2.5　TE 缓冲液(pH 8.0)

分别量取 10 mL Tris-HCl(B.2.1)和 1 mL EDTA-Na_2(B.2.3),加超纯水定容至 1 000 mL。分装后高压灭菌(121℃、20 min),4℃或室温保存备用。

B.2.6　20 mg/mL 蛋白酶 K

在 1 mL 超纯水中加入 20 mg 蛋白酶 K,37℃水浴 10 min 溶解混匀,分装成单次使用的小份,储存于−20℃。

B.2.7　CTAB/NaCl 溶液

称取 4.1 g NaCl 溶解于 80 mL 超纯水中,缓慢加入 10 g CTAB,同时加热并搅拌,充分溶解并冷却至室温后,加超纯水定容至 100 mL,室温保存备用。

B.2.8　加样缓冲液

称取 250.0 mg 溴酚蓝,加 10 mL 超纯水,在室温下溶解 12 h;称取 250.0 mg 二甲基苯腈蓝溶解于 10 mL 超纯水中;称取 50.0 g 蔗糖溶解于 30 mL 超纯水中。混合以上 3 种溶液,加超纯水定容至 100 mL,4℃保存备用。

B.2.9　50×TAE 电泳缓冲液(pH 8.0)

称取 242.2 g Tris,先用 500 mL 超纯水加热搅拌溶解后,加入 100 mL EDTA-Na_2(B.2.3),用冰乙酸调 pH 至 8.0,然后加超纯水定容至 1 000 mL。室温保存备用,使用时用超纯水稀释成 1×TAE。

B.2.10 PCR 反应试剂

10×PCR 缓冲液(Mg^{2+} Plus)、dNTP 混合物(2.5 mmol/L)、*Taq* 聚合酶(5 U/μL)、特异性引物对(20 μmol/L)。

B.2.11 其他试剂

Tris 饱和酚(pH≥7.8)、氯仿、异戊醇、异丙醇、70%乙醇、DNA 分子量标准、核酸染料。

B.3 马铃薯葡萄糖琼脂培养基

去皮马铃薯 200 g、葡萄糖 20 g、琼脂粉 15 g~20 g、水 1 000 mL。

B.4 方法

B.4.1 基因组 DNA 提取

真菌基因组 DNA 提取:挑取病原菌接种于马铃薯葡萄糖琼脂培养皿中,28℃,恒温培养 7 d。刮取气生菌丝 100 mg 置于研钵中,液氮充分研磨后。取研磨物于 2 mL 离心管中,加入 600 μL 65℃预热的 CTAB/PVP 提取液充分混匀后,于 65℃水浴 30 min~60 min;冰上冷却后加入等体积的氯仿:异戊醇(24:1,*V*/*V*)充分混匀,离心(12 000×*g*,10 min,4℃);取上清液,重复该步骤一遍;取上清液,加入1/10体积的 65℃预热的 CTAB/NaCl,充分混匀后加入 5 μL 蛋白酶 K,37℃水浴 30 min~120 min 后,冷却、加入等体积的氯仿:异戊醇(24:1),充分混匀;离心(12 000×*g*,10 min,4℃);取上清液于另一新离心管中,加入 0.6 倍体积异丙醇放入−20℃冰箱中过夜,沉淀 DNA;离心,弃上清液,用 70%乙醇悬浮沉淀后离心(4 000×*g*,10 min,4℃),弃上清液,重复该步骤一遍,晾干后将 DNA 溶解于 50 μL 灭菌超纯水中,置于−20℃保存备用。

植物材料基因组 DNA 提取:剪取待检材料 1 g,置于研钵中加液氮冷冻后充分研磨成粉,称取 100 mg 置于 1.5 mL 离心管中,加入 600 μL CTAB/PVP 抽提液充分混匀后,于 65℃水浴 30 min~60 min。其余步骤参考"真菌基因组 DNA 提取"。

健康芒果果实种胚组织基因组 DNA 按上述植物材料基因组 DNA 提取的方法操作。

采用 DNA 提取试剂盒的,操作步骤参照产品说明书。

B.4.2 凝胶制备

用 1×TAE 工作液配制 1.5%琼脂糖凝胶,在微波炉中溶化混匀,冷却至 60℃左右,按照 20 mL 凝胶液加入 0.5 μL Goldview 核酸染料,混匀,倒入胶槽,插上样品梳;待凝胶凝固后,拔出固定在凝胶中的样品梳,将带凝胶的胶板置于电泳槽中,使样品孔位于电场负极,向电泳槽中加入 1×TAE 电泳缓冲液(缓冲液越过凝胶表面即可)。

B.4.3 加样与电泳

分别取 PCR 反应产物液 5 μL 与 1 μL 加样缓冲液混匀配成电泳上样液。将适量 DNA 分子量标样和阳性对照、反应体系对照、检测样品、样品对照的上样液依次分别加入电泳槽中凝胶的样品孔中;接通电源,电泳电压为 5 V/cm,当加样缓冲液中的溴酚蓝迁移到凝胶 2/3 位置,切断电源,停止电泳。

附加说明:

本标准按照 GB/T 1.1—2009 给出的规则起草。

本标准由农业部农垦局提出。

本标准由农业部热带作物及制品标准化委员会归口。

本标准起草单位:中国热带农业科学院环境与植物保护研究所。

本标准主要起草人:蒲金基、张贺、漆艳香、张欣、喻群芳、谢艺贤、陆英、张辉强。

中华人民共和国农业行业标准

热带作物种质资源抗病虫鉴定技术规程 橡胶树炭疽病

Technical code of practice fore resistance indentication to diseases and insects of tropical crops germplasm—Anthracnose of rubber tree

NY/T 3197—2018

1 范围

本标准规定了橡胶树种质抗炭疽病评价的术语和定义、接种体制备、田间接种鉴定、田间自然条件下抗病性评价、鉴定有效性判定、重复鉴定和抗病性终评。

本标准适用于橡胶树种质抗炭疽病品系筛选。

2 规范性引用文件

下列文件对于本文件的应用是必不可少的。凡是注日期的引用文件,仅注日期的版本适用于本文件。凡是不注日期的引用文件,其最新版本(包括所有的修改单)适用于本文件。

NY/T 221 橡胶树栽培技术规程

NY/T 2263 橡胶树栽培学 术语

3 术语和定义

NY/T 2263 界定的以及下列术语和定义适用于本文件。

3.1

橡胶树炭疽病 anthracnose of rubber tree

由胶孢炭疽菌(*Colletotrichum gloeosporioides* complex)或尖孢炭疽菌(*C. acutatum* complex)侵染引起的真菌病害,可造成橡胶树的枝梢回枯、反复落叶和落果。橡胶树炭疽病田间症状、病原参见附录 A。

4 接种体制备

4.1 病原物分离与保存

用常规组织分离法,从橡胶树炭疽病的叶部病斑上分离病原菌,对分离物进行纯化和致病性测定,分离物经形态和分子鉴定,确认为胶孢炭疽菌或尖孢炭疽菌后,筛选强致病力菌株,低温保存备用。

4.2 接种体制备

将保存的供试菌接种到马铃薯葡萄糖琼脂培养基(PDA)平板上,(28±1)℃,自然光照下培养 48 h,用灭菌的棉签将菌落充分打断成菌丝小片段,加入 3 mL 灭菌水混匀菌丝片段,取 200 μL 均匀地涂布到新配制的 PDA 培养基平板上,(28±1)℃,24 h 光照培养。当肉眼可见新生菌丝长出培养基表面时,再用灭菌的棉签轻轻将菌丝打断,并用灭菌水冲洗干净,晾干,盖上 4 层纱布,(28±1)℃,光照培养 24 h～48 h。当培养基表面产生大量的炭疽菌分生孢子时,用灭菌水洗下孢子,调节孢子浓度为 10^6 个孢子/mL,加入 0.02%(体积分数)的吐温 20,备用。

中华人民共和国农业部 2018 - 03 - 15 发布 2018 - 06 - 01 实施

5 田间接种鉴定

5.1 鉴定对照品系

设“化 59 - 2”为感病对照品系，“热研 8 - 79”为抗病对照品系。

5.2 鉴定圃设计

鉴定圃选址于橡胶树炭疽病常发区，地势平坦，土壤理化性质均一，四周无高大乔木，立地环境一致，每个种质种植 20 株，完全随机排列，种植规格 75 cm×75 cm，鉴定圃管理按 NY/T 221 的规定进行锄草、浇水及施肥，确保苗木生长旺盛。

5.3 接种苗木准备

每年 2 月，将种植一年多的供试橡胶树苗，在接穗上方约 40 cm 处锯干，待橡胶树整齐抽出大量古铜色叶片时，进行接种试验。

5.4 接种时间

接种时间为当年的 3 月。

5.5 接种方法

用喷雾器向橡胶树叶片喷施孢子悬浮液直至叶片挂满水滴为止，每份种质接种 5 株，重复 3 次，以喷施灭菌水做对照，塑料袋套袋保湿 24 h。

5.6 病情调查

5.6.1 调查时间

接种后第 7 d 进行调查。

5.6.2 调查方法

调查对象为接种的古铜期叶片，每株随机调查 4 片复叶，共 12 片小叶。每个种质共调查 180 片小叶。

5.6.3 病情分级

病情级别及相对应的分级标准见表 1。

表 1 橡胶树炭疽病病情分级标准

病级	分级标准
0	叶片上无病斑
1	0＜病斑面积占叶片面积＜1/16
2	1/16≤病斑面积占叶片面积＜1/8
3	1/8≤病斑面积占叶片面积＜1/4
4	1/4≤病斑面积占叶片面积＜1/2
5	病斑面积占叶片面积≥1/2，或叶片严重皱缩，或落叶

5.6.4 病情指数计算

调查记载每个品系叶片的病情，并按式(1)计算病情指数。

$$DI = \frac{\sum (R_i \times T_i)}{S \times 5} \quad (1)$$

式中：

DI ——病情指数；

R_i ——病级代表值；

T_i ——各级病叶数；

S ——调查的总叶片数。

5.7 抗病性评价

5.7.1 抗病性评价标准

依据鉴定材料 3 次重复的病情指数(DI)的平均值确定其抗病性水平,划分标准见表 2。

表 2 橡胶树对炭疽病抗病性评价标准

病情指数(DI)	抗病性等级
$DI \leqslant 5$	高抗(HR)
$5 < DI \leqslant 20$	抗病(R)
$20 < DI \leqslant 30$	中感(MS)
$30 < DI \leqslant 40$	感病(S)
$DI > 40$	高感(HS)

5.7.2 结果记录

抗病性评价结果按附录 B 中的表 B.1 填写。

6 田间自然条件下抗病性评价

6.1 鉴定对照品系

按 5.1 的规定进行。

6.2 鉴定圃设计

按 5.2 的规定进行。

6.3 调查时间

评价当年新抽第一篷叶,分别调查古铜期和淡绿期叶片各 1 次。

6.4 调查方法

每个品系 5 点取样调查 15 株,每株随机调查上部 12 片新抽的橡胶树嫩叶。

6.5 病情调查

按 5.6 的规定进行。

6.6 抗病性评价

按 5.7 的规定进行。

6.7 结果记录

抗病性评价结果按 B.2 填写,2 次调查结果不一致时,以记载的抗病性水平低的为准。

7 鉴定有效性判定

感病对照品系“化 59-2”达到相应感病程度($DI > 30$)时,该批次鉴定视为有效。

8 重复鉴定

鉴定品系初次鉴定表现为高抗或抗病,翌年进行重复鉴定。

9 抗病性终评

同一年田间人工接种鉴定与自然条件下抗病性鉴定结果不一致时,以记载的抗病性水平低的为准。

进行重复鉴定后,以记载的抗病性水平低的评价结果作为鉴定品系的最终评价结果,并按表 B.3 填写。

附 录 A
（资料性附录）
橡胶树炭疽病

A.1 田间症状

胶孢炭疽菌主要危害嫩叶、嫩梢。病菌多从叶尖叶缘侵入，向叶基部扩展。古铜色嫩叶出现近圆形或不规则形、暗绿色水渍状病斑，像被开水烫过一样，边缘有黑色坏死线，即急性型病斑（图 A.1a）；在高温、高湿条件下，常在病部形成黏稠的粉红色孢子堆。老叶染病，在叶尖或叶缘呈现近圆形或不规则形、灰褐色至灰白色病斑，其上散生或轮生小黑点（图 A.1b、c）。嫩梢、叶柄、叶脉染病后，出现黑色下陷小点或黑色条斑。尖孢炭疽菌侵染嫩叶后形成黑色或褐色圆形或不规则病斑，周围有的产生黄色晕圈，病斑边缘皱缩，背面有黄色的小点，后期病斑中央穿孔（图 A.2a、b），老叶病斑凸起呈圆锥状，严重时整片叶布满向上凸起的小病斑，后期病斑中央穿孔，造成大量落叶（图 A.2c）。

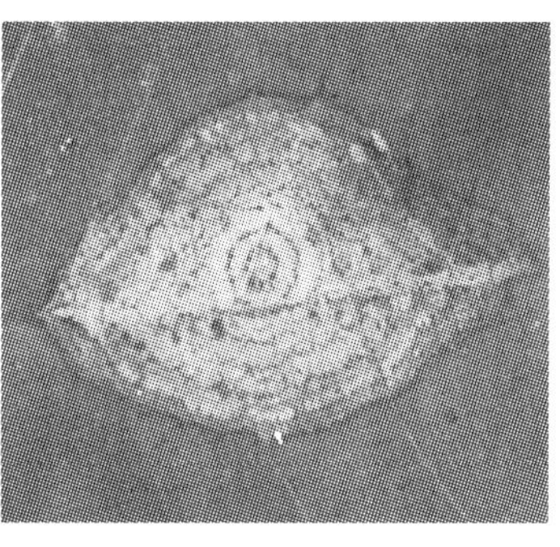

说明：

a——嫩叶急性型病斑；

b——老叶病斑；

c——病斑轮生黑色小点。

图 A.1 胶孢炭疽菌危害橡胶树叶片症状

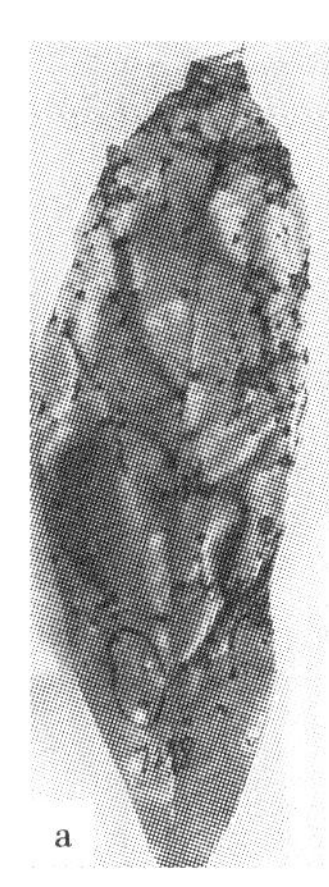

说明：

a——嫩叶上的黑色病斑；

b——病叶边缘皱缩；

c——老叶布满向上凸起的小病斑。

图 A.2 尖孢炭疽菌危害橡胶树叶片症状

A.2 病原

无性态为腔孢纲、黑盘孢目、刺盘孢属。按照最新的分类文献，病原菌为胶孢炭疽菌复合种(*Colletotrichum gloeosporioides* complex)中的一个种或尖孢炭疽菌复合种(*Colletotrichum acutatum* complex)中的一个种。有性态自然条件下少见。

附　录　B
（规范性附录）
抗病性评价记录表

B.1　橡胶树炭疽病抗病性评价

田间接种抗病性评价结果按表B.1填写。

表B.1　橡胶树种质抗炭疽病田间接种评价表

<table>
<tr><td>鉴定单位</td><td colspan="6"></td></tr>
<tr><td>鉴定时间</td><td colspan="6"></td></tr>
<tr><td>病原菌及编号</td><td colspan="6"></td></tr>
<tr><td>序号</td><td>品系名称</td><td>来源</td><td>重复</td><td>病情指数</td><td>平均病情指数</td><td>抗病性等级</td></tr>
<tr><td rowspan="3"></td><td rowspan="3"></td><td rowspan="3"></td><td>Ⅰ</td><td></td><td rowspan="3"></td><td rowspan="3"></td></tr>
<tr><td>Ⅱ</td><td></td></tr>
<tr><td>Ⅲ</td><td></td></tr>
<tr><td colspan="7">鉴定负责人（签字）：</td></tr>
</table>

B.2　橡胶树炭疽病自然条件下抗病性评价结果

自然条件下抗病性评价结果按表B.2填写。

表B.2　橡胶树种质抗炭疽病自然发病评价表

<table>
<tr><td>鉴定单位</td><td colspan="3"></td></tr>
<tr><td>鉴定时间</td><td colspan="3"></td></tr>
<tr><td>病原菌及编号</td><td colspan="3"></td></tr>
<tr><td>序号</td><td>品系名称</td><td>病情指数</td><td>抗病性等级</td></tr>
<tr><td></td><td></td><td></td><td></td></tr>
<tr><td colspan="4">鉴定负责人（签字）：</td></tr>
</table>

B.3　橡胶树炭疽病抗病性评价终评

橡胶树炭疽病抗病性评价终评结果按表B.3填写。

表B.3　橡胶树炭疽病（病原　　）抗病性终评结果

<table>
<tr><td>鉴定单位</td><td colspan="5"></td></tr>
<tr><td>鉴定时间</td><td colspan="5"></td></tr>
<tr><td rowspan="2">序号</td><td rowspan="2">品系名称</td><td rowspan="2">来源</td><td colspan="2">抗病性等级</td><td rowspan="2">抗病性终评</td></tr>
<tr><td>田间接种</td><td>自然发病</td></tr>
<tr><td></td><td></td><td></td><td></td><td></td><td></td></tr>
<tr><td colspan="6">鉴定负责人（签字）：</td></tr>
</table>

附加说明：
本标准按照 GB/T 1.1—2009 给出的规则起草。
本标准由农业部农垦局提出。
本标准由农业部热带作物及制品标准化技术委员会归口。
本标准起草单位：中国热带农业科学院环境与植物保护研究所。
本标准主要起草人：黄贵修、刘先宝、李博勋、蔡吉苗、李超萍、陈奕鹏、时涛、杨扬。

中华人民共和国农业行业标准

热带作物种质资源抗病虫鉴定技术规程 芒果细菌性黑斑病

NY/T 3198—2018

Technical code of practice fore resistance indentication to diseases and insects of tropical crops germplasm—Mango bacterial black spot

1 范围

本标准规定了芒果种质资源抗细菌性黑斑病鉴定的术语和定义、接种体制备、接种鉴定及抗病性判定等方法。

本标准适用于芒果种质资源对细菌性黑斑病的抗病性鉴定及评价。

2 术语和定义

下列术语和定义适用于本文件。

2.1

芒果细菌性黑斑病 mango bacterial black spot

又称芒果细菌性角斑病，由野油菜黄单胞菌芒果致病变种[*Xanthomonas campestris* pv. *mangiferaeindicae*(Patel，Moniz & Kulkami 1948)Robbs，Ribeiro & Kimura 1974]引起的一种细菌性病害。该病害症状参见附录A.1。

2.2

接种体 inoculum

病菌纯培养的菌悬液。

2.3

接种菌悬液 inoculum suspension

用于接种的含有病菌接种体的菌悬液。

2.4

抗病性评价 evaluation of resistance level

按照规定的操作方法判定植物对特定病害的反应程度和抗病性水平。

3 接种体制备

3.1 菌株要求

用于抗病性鉴定的菌株应是本地新分离的强致病力菌株。

3.2 接种体与接种菌悬液制备

将保存的芒果细菌性黑斑病菌转接到NA平板上，28℃培养48 h～72 h后，用无菌水配制成浓度约为1.0×10^{6} CFU/mL的菌悬液。

中华人民共和国农业部 2018-03-15 发布　　2018-06-01 实施

4 室内抗病性鉴定

4.1 对照品种

以'贵妃芒'为感病对照品种,'乳芒'为抗病对照品种。

4.2 鉴定材料准备

将株高 60 cm～80 cm 的芒果苗截顶,待其侧枝整齐抽出大量淡绿色叶片时,选取大小基本一致、健康完整无病斑的淡绿色叶片(或在田间采集大小一致、健康完整无病斑的淡绿色叶片),用 2% NaClO 浸泡 5 min,无菌水冲洗 3 次,晾干,叶片背面向上平放在垫有湿润滤纸的保鲜盒内备用。

4.3 接种方法

采用浸润接种法进行接种。在叶片背面主脉中部两侧各选择 2 个点,用无菌束针(7 根 3 号昆虫针固定在一起,直径 2 mm)刺破表皮,再用不带针头的一次性注射器(孔口直径 2 mm)对准伤口浸润接种,每个接种点注射 20 μL 菌悬液,每次接种 10 片叶,重复 3 次,以接种无菌水为对照。28℃下每隔 12 h 喷水 1 次保湿,以叶面均匀润湿但不形成水滴为宜。

5 田间抗病性鉴定

5.1 对照品种

同 4.1。

5.2 鉴定材料准备

将室内抗病性鉴定表现为免疫、高抗、抗病和中抗的种质,进一步开展田间抗病性鉴定。将株高 60 cm～80 cm 的芒果苗截顶,待其侧枝整齐抽出大量淡绿色叶片。

5.3 接种方法

采用浸润接种法进行接种。每份种质随机选取大小基本一致、健康完整无病斑的 6 片淡绿色叶,用无菌束针(7 根 3 号昆虫针固定在一起,直径 2 mm)刺破表皮,再用不带针头的一次性注射器(孔口直径 2 mm)对准伤口浸润接种,接种点直径与针管口直径基本一致。每张叶片每侧接 2 个点,3 次重复,以接种无菌水为空白对照,接种后喷水,套袋保湿 48 h。

6 病情调查及统计

6.1 调查时间和方法

室内接种第 7 d、田间接种第 10 d 记录统计发病率,并采用十字交叉法测量病斑直径,单位为毫米(mm),计算各病斑平均直径(x)。

6.2 病情分级

病情级别及其相对应的病斑平均直径大小见表 1。

表 1　芒果细菌性黑斑病的病情分级标准

病情级别	病斑平均直径(x),mm
0	$x=0$
1	$x\leqslant 2.0$
3	$2.0<x\leqslant 4.0$
5	$4.0<x\leqslant 6.0$
7	$6.0<x\leqslant 8.0$
9	$x>8.0$

6.3 病情指数计算

以病斑平均直径大小作为病情分级标准，计算病情指数(DI)，填入附录 B 中的表 B.1，病情指数按式(1)计算。

$$DI = \frac{\sum (N_i \times i)}{N \times 9} \times 100 \quad \cdots\cdots (1)$$

式中：

DI ——病情指数；

N_i ——各病情级别的病斑数；

i ——各病情级别值；

N ——调查病斑数。

7 抗病性判定

7.1 抗病性判定标准

将鉴定材料 3 次重复的病情指数(DI)加和平均，得到的病情指数平均值用 ADI 表示，用 ADI 判定芒果种质对细菌性黑斑病的抗病性(表 2)。

表 2 芒果种质对细菌性黑斑病的抗病性判定标准

病情指数平均值(ADI)	抗病性级别
ADI=0	免疫(I)
0<ADI≤15	高抗(HR)
15<ADI≤30	抗病(R)
30<ADI≤45	中抗(MR)
45<ADI≤60	感病(S)
ADI>60	高感(HS)

8 鉴定有效性判定

如果感病对照品种病情指数平均值 ADI>45，则该批次鉴定结果视为有效。

如果空白对照发病，则该批次鉴定结果视为无效。

9 重复鉴定

田间鉴定结果与室内鉴定结果差别 2 个等级及以上时，应再开展一次田间重复鉴定，并以最后一次田间鉴定结果为准。

附 录 A
（资料性附录）
芒果细菌性黑斑病

A.1 症状

叶片：染病叶片最初在近中脉和侧脉处产生水渍状浅褐色小点，逐渐变成黑褐色，病斑扩大后边缘受叶脉限制，呈多角形或不规则形，有时多个病斑融合成较大病斑，病斑表面隆起，外围常有黄色晕圈（图 A.1 的 1）。

枝条：枝条发病后呈现黑褐色不规则形病斑，有时病斑表面纵向开裂，渗出黑褐色胶状黏液（图 A.1 的 2）。

果实：果实染病后，初期表皮上多呈现红褐色小点，扩大成不规则形黑褐色病斑，后期病斑表面隆起变硬，溃疡开裂。潮湿条件下病部常有菌脓溢出（图 A.1 的 3）。

说明：

1——叶片症状；

2——枝条症状；

3——果实症状。

图 A.1 芒果细菌性黑斑病症状

A.2 病原

属真细菌界（Eubacteria），变形细菌门（Proteobacteria），γ-变形细菌纲（Gammaproteobacteria），黄单胞菌目（Xanthomonodales），黄单胞菌科（Xanthomonodaceae），黄单胞菌属（*Xanthomonas*），野油菜黄单胞菌芒果致病变种[*Xanthomonas campestris* pv. *mangiferaeindicae*（Patel，Moniz & Kulkarni 1948）Robbs，Ribiero & Kimura 1974]。

附　录　B
（规范性附录）
抗病性评价记录表

抗病性评价记录表见表 B.1。

表 B.1　抗病性评价记录表

编号	种质名称	重复	调查病斑数	病情级别						鉴定结果		
				0	1	3	5	7	9	病情指数	平均病情指数	抗病性级别
		Ⅰ										
		Ⅱ										
		Ⅲ										
		Ⅰ										
		Ⅱ										
		Ⅲ										
1. 接种日期： 2. 调查日期： 3. 记录人：												

鉴定技术负责人(签字)：

附加说明：

本标准按照 GB/T 1.1—2009 给出的规则起草。

本标准由农业部农垦局提出。

本标准由农业部热带作物及制品标准化技术委员会归口。

本标准起草单位：中国热带农业科学院环境与植物保护研究所、海南大学环境与植物保护学院。

本标准主要起草人：漆艳香、张贺、蒲金基、张欣、刘晓妹、谢艺贤、喻群芳、陆英、张辉强。

中华人民共和国农业行业标准

热带作物主要病虫害防治技术规程　木菠萝

Technical code of practice main pests of tropical crops—Jackfruit

NY/T 3199—2018

1　范围

本标准规定了木菠萝(*Artocarpus heterophyllus* Lam.)主要病虫害的防治原则和防治措施。

本标准适用于木菠萝种植区的主要病虫害防治。

2　规范性引用文件

下列文件对于本文件的应用是必不可少的。凡是注日期的引用文件,仅注日期的版本适用于本文件。凡是不注日期的引用文件,其最新版本(包括所有的修改单)适用于本文件。

GB 4285　农药安全使用标准

GB/T 8321(所有部分)　农药合理使用准则

NY/T 1473　木菠萝　种苗

3　主要病虫害种类

3.1　主要病害有花果软腐病、炭疽病、蒂腐病、根病和绯腐病(参见附录A)。

3.2　主要害虫有黄翅绢野螟、榕八星天牛、桑粒肩天牛、绿刺蛾和素背肘隆螽(参见附录B)。

4　防治原则

4.1　贯彻"预防为主、综合防治"的植保方针,依据木菠萝主要病虫害的发生规律,综合考虑影响其发生的各种因素,采取以农业防治为基础,协调应用化学防治、物理防治等措施,实现对木菠萝主要病虫害的安全、有效防控。

4.2　推荐使用GB 4285和GB/T 8321规定的方法,掌握使用浓度、使用剂量、使用次数、施药方法和安全间隔期。合理轮换、混合使用药剂。

5　防治措施

5.1　农业防治

5.1.1　园地选择与规划

应选择坡度≤25°、土质肥沃、易于排水的沙壤或砖红壤地块,避开地势低洼或台风多发的地区。园区四周应种植防护林,园区开设排水沟,做到大雨不积水。避免选择前茬作物根病发生严重的地块种植,定植前应清除前茬作物的树头、树根等。

5.1.2　选用健壮种苗

种苗质量应符合NY/T 1473的规定。

中华人民共和国农业部 2018-03-15 发布　　2018-06-01 实施

5.1.3 果园日常管理

搞好果园卫生，及时清除病虫叶、病虫果、杂草及地面枯枝落叶，并在果园外集中烧毁或深埋。加强肥、水管理，增施有机肥和磷钾钙肥，不偏施氮肥，适时排灌。果实采收后进行合理修剪，剪去交叉枝、下垂枝、徒长枝、过密枝、弱枝和病虫枝等。

5.2 物理防治

5.2.1 果实套袋

宜采取果实套袋防治黄翅绢野螟等。经疏果、定果后，套袋时间以果实大小(20～30) cm×(10～15) cm 为宜。套袋前 1 d～2 d，选用 5.3 中推荐的药剂，均匀喷雾果实及其周围叶片、枝条，待药液干后即套袋。喷药后在 2 d 内未完成套袋的，应重新喷药。果袋材料宜选用具有一定透气性、透光性，且韧性较强的无纺布袋或珍珠棉袋。

5.2.2 人工捕杀

黄翅绢野螟、天牛等害虫零星发生时，或绿刺蛾、素背肘隆螽低龄幼(若)虫聚集危害期，进行人工捕杀。对危害嫩梢、叶片的幼(若)虫或成虫直接捕杀；虫蛀幼果直接摘除，对大的虫蛀果拨开虫粪，用铁丝沿孔道钩杀幼虫；对蛀干天牛幼虫用铁丝沿树干最新 2 个～3 个排粪孔钩杀幼虫。

5.2.3 树干涂白

采果后进行果园清洁，用生石灰 1 份、硫黄粉 2 份、水 10 份配制成涂白剂进行树干涂白，防止天牛在树干产卵。

5.2.4 灯光诱杀

对黄翅绢野螟和绿刺蛾成虫进行灯光诱杀。在果园内每隔 100 m～150 m 安装一盏太阳能诱虫灯，并及时清理诱虫灯上的虫体和杂物。

5.3 化学防治

5.3.1 花果软腐病

在开花期、幼果期喷药护花护果，选用 10%多抗霉素可湿性粉剂或 80%戊唑醇水分散粒剂 800 倍～1 000 倍液，50%甲基硫菌灵悬浮剂或 90%多菌灵水分散粒剂 1 000 倍液。每隔 7 d～10 d 喷施 1 次，连喷 2 次～3 次。

5.3.2 炭疽病

在幼果期，选用 25%咪鲜胺水乳剂或 10%苯醚甲环唑水乳剂 800 倍～1 000 倍液，或 50%多·锰锌可湿性粉剂 500 倍～800 倍液喷雾幼果，每隔 7 d～10 d 喷施 1 次，连喷 2 次～3 次。

5.3.3 蒂腐病

在幼果期及果实采收前后，选用 42%噻菌灵悬浮剂或 25%咪鲜胺水乳剂 800 倍～1 000 倍液，或 50%多·锰锌可湿性粉剂 500 倍～800 倍液喷雾果实，每隔 7 d 喷施 1 次，连喷 2 次～3 次。

5.3.4 根病

重病植株挖出、晒干烧毁。为阻止病害传播扩散，在发病植株与健康植株之间挖一条宽 30 cm、深 40 cm 的隔离沟，定期清理沟内积土和树根。轻病株用 75%十三吗啉乳油 300 倍～500 倍液淋灌树头周围根系。

5.3.5 绯腐病

发病初期，选用 80%波尔多液可湿性粉剂或 47%春雷·王铜可湿性粉剂 500 倍～800 倍液喷雾枝条，每隔 7 d～10 d 喷施 1 次，连喷 2 次～3 次。发病后期则应砍除病枝，然后再喷药保护。

5.3.6 黄翅绢野螟

在卵孵化盛期至幼虫钻蛀危害前，选用 4.5%高效氯氰菊酯水乳剂 1 000 倍～1 500 倍液，或 2.5%高效氯氟氰菊酯水乳剂 2 500 倍～3 000 倍液，或 5%甲维盐水分散粒剂 2 500 倍～3 000 倍液进行全园喷药，每隔 7 d～10 d 喷施 1 次，连喷 2 次～3 次。对受害严重的果实，对准果实上的虫洞口喷施 1 次。

5.3.7 **榕八星天牛**

主干低处发现新排粪虫孔时,使用注射器将5%高效氯氰菊酯水乳剂或10%吡虫啉可湿性粉剂100倍～300倍液注入新排粪虫孔内,或将蘸有药液的小棉球塞入新排粪虫孔内,并用黏土封闭其他排粪虫孔。主干高处发现新排粪虫孔时,用打孔机在树干80 cm～100 cm高处螺旋式打孔3个～5个,注射孔直径7 mm～10 mm,孔深以进入木质部5 mm～10 mm为宜,再用高压树干注射机向孔洞注射药液,按40%噻虫啉悬浮剂∶5%高效氯氰菊酯水乳剂∶水=1∶1∶2的比例配制,每孔注射药液2 mL,注药后用黏土将孔密封。

5.3.8 **桑粒肩天牛**

按照5.3.7的规定执行。

5.3.9 **绿刺蛾**

在卵孵化高峰期和低龄幼虫集中危害期,选用20%除虫脲悬浮剂1 000倍液,或2.5%高效氯氟氰菊酯水乳剂3 000倍液进行全园喷雾,每隔7 d～10 d喷施1次,连喷2次～3次。

5.3.10 **素背肘隆螽**

在危害初期,选用2.5%溴氰菊酯悬浮剂2 500倍～3 000倍液,或50%辛硫磷乳油1 000倍～1 500倍液进行全园喷施,重点喷施有卵痕的枝条及叶片背面,每隔7 d～10 d喷施1次,连喷1次～2次。

附　录　A
（资料性附录）
木菠萝主要病害及发生特点

木菠萝主要病害及发生特点见表 A.1。

表 A.1　木菠萝主要病害及发生特点

病害名称及病原	症状及发生特点
花果软腐病 *Rhizopus nigricans*	花序、幼果和成熟果均可受害，虫伤、机械伤的花及果实更易发病。发病初期呈现褐色水渍状病斑，随后软腐，病部产生浓密的白色至灰黑色霉层。病菌腐生性强，易从伤口或长势衰弱的部位侵入。温暖湿润的条件下易发病
炭疽病 *Colletotrichum gloeosporioides*	叶片、果实均可发病。叶斑初期呈褐色至暗褐色，近圆形或不规则形，外围有明显黄晕圈；后期病斑中央产生棕褐色小点，易破裂穿孔。果实受害后，呈现黑褐色圆形斑，其上长出灰白色霉层，果肉褐坏。该病全年均可发生，以 4 月～5 月较为严重
蒂腐病 *Diplodia natalensis*	主要危害果实，病斑常发生于近果柄处，初期呈现针头状褐色小点，后扩展为水渍状深褐色的圆形病斑，边缘浅褐色；病部组织变软、变臭，溢出白色胶质物。病果提早脱落。一般从 3 月开始发生，4 月～7 月果实大量成熟时最为严重
根病 *Sphaerostilbe* sp. *Phellinus* sp.	病树长势衰弱，易枯死。臭根病（*Sphaerostilbe* sp.）：病树树头表皮腐烂发臭，皮木间长有白色至褐色的草叶状菌索。褐根病（*Phellinus* sp.）：病根表面粘泥沙凹凸不平，可见铁锈色菌膜，木质部长有单线渔网状褐纹。地势低洼、排水不良、植株根部受伤发病严重
绯腐病 *Corticium* sp.	危害枝条。病枝叶片变黄、枯死脱落，枝梢自顶端向下枯死。枯死枝条表面覆盖有一层粉红色霉层

附　录　B
（资料性附录）
木菠萝主要害虫及发生特点

木菠萝主要害虫及发生特点见表 B.1。

表 B.1　木菠萝主要害虫及发生特点

害虫名称	危害状及发生特点
黄翅绢野螟 *Diaphania caesalis*	危害幼果时，初嚼食果皮，并逐渐深入取食，在孔道外有粪便堆聚封住孔口，后期幼果变褐腐烂；危害嫩果柄时则从果蒂进入，然后逐渐往上，粪便排在孔内外；危害新梢时，吐丝把受害叶和生长点包住。每年 5 月～10 月发生严重
榕八星天牛 *Batocera rubus*	成虫取食叶片及嫩枝，幼虫蛀害树干和枝条，严重时造成植株死亡。幼虫孵出后在皮下蛀食，坑道呈弯曲状，后转蛀入木质部，孔洞外常流出锈褐色汁液。幼虫多居于最上面一个排粪孔之上的孔道中。该虫每年发生 1 代
桑粒肩天牛 *Apriona germari*	成虫取食枝干皮层、叶片和嫩芽，幼虫钻蛀枝条、树干。排粪孔均在同一方位顺序向下排列，幼虫多位于最下一个排粪孔的下方。排粪孔外常有虫粪积聚，树干内树液从排粪孔流出。每 2 年～3 年发生 1 代
绿刺蛾 *Parasa lipida*	幼虫取食叶片，形成大小不一的孔洞、缺刻，严重时整片树叶仅剩叶柄。每年发生 2 代～3 代，以老熟幼虫在树干上结茧越冬。2 龄～4 龄幼虫有群集危害的习性，6 月上中旬至 9 月上旬、7 月中旬至 9 月下旬为 2 个危害高峰期
素背肘隆螽 *Onomarchus uninotatus*	以成虫、若虫取食叶片、嫩梢、嫩果，严重时将整株叶片全部吃光，枝条光秃；成虫在枝条上产卵，产卵孔深至木质部。低龄若虫有聚集危害的特性。每年 6 月中旬至 7 月下旬、10 月下旬至 12 月上旬为 2 个危害高峰期

附加说明：

本标准按照 GB/T 1.1—2009 给出的规则起草。

本标准由农业部农垦局提出。

本标准由农业部热带作物及制品标准化技术委员会归口。

本标准起草单位：中国热带农业科学院香料饮料研究所。

本标准主要起草人：刘爱勤、桑利伟、孙世伟、谭乐和、高圣风、吴刚、苟亚峰。

中华人民共和国农业行业标准

香蕉种苗繁育技术规程

Technical code of practice for Cavendish banana seeding propagation

NY/T 3200—2018

1 范围

本标准规定了香芽蕉(*Musa* AAA Cavendish sub-group)种苗繁育技术规程的术语和定义、种苗组培技术和种苗假植技术。

本标准适用于香芽蕉种苗的组培繁育。

2 规范性引用文件

下列文件对于本文件的应用是必不可少的。凡是注日期的引用文件,仅注日期的版本适用于本文件。凡是不注日期的引用文件,其最新版本(包括所有的修改单)适用于本文件。

NY/T 357 香蕉组培苗

NY/T 2120 香蕉无病毒种苗生产技术规范

3 术语和定义

NY/T 357 界定的术语和定义适用于本文件。为了便于使用,以下重复列出了 NY/T 357 中的某些术语和定义。

3.1

香蕉组培苗 banana tissue culture plantlet

利用优良香蕉品种的吸芽、茎尖等作为外植体,采用植物组织培养技术在培养容器中生长且已达到假植标准的完整无菌香蕉小植株。

3.2

香蕉假植苗 banana plantlet planted in culture bag

香蕉组培苗分级假植于装有营养基质的特定规格容器中,经培育、可出圃供大田定植的香蕉小植株。

3.3

假植 temporary plant

从香蕉组培苗移于荫棚(苗圃)至假植苗出圃之前的整个育苗过程。

3.4

诱导培养 induction culture

外植体经过消毒后,接种至分化芽诱导培养基中,于适宜温度和环境中进行茎尖分生组织培养。

3.5

继代培养 subculture

中华人民共和国农业部 2018-03-15 发布 2018-06-01 实施

在外植体初次培养基础上，把所获得不定芽转移到新鲜培养基中进行再培养，从而使培养物得以成倍增殖的过程，又称增殖培养。

3.6

培养代数　culture times

同一外植体，经历继代培养的次数。

3.7

生根培养　rooting culture

把增殖芽转移到生根培养基中诱导生根，培养成组培苗的过程。

3.8

变异　variation

在组织培养过程中受培养基和培养条件等影响，培养出的香蕉植株遗传特性发生了明显变化，其形态上也显著表现出有别于原品种植株的特征。

注：香蕉组培苗变异的主要特征表现为叶变细长，叶面不规则凹凸，叶片扭曲、失绿；叶柄变长；叶鞘散生呈散把；植株变矮等。

4　种苗组培技术

4.1　组培苗接种前的准备

4.1.1　培养基配制

4.1.1.1　基本培养基母液配制

香蕉组织培养所用 MS 培养基母液配制参见附录 A。

4.1.1.2　植物生长调节剂配制

将香蕉培养所用植物激素 6-BA 用 1 mol/L HCl 溶解，NAA 用 95%酒精溶解，根据需要配制成一定浓度的母液，装入容器，贴上标签后置于 4℃冰箱中保存。

4.1.2　培养基配置

根据不同培养阶段所需要的培养基类型，取出所需量母液等放入容器中，然后加入 7 g 卡拉胶(或琼脂)和 3%蔗糖，用蒸馏水定容，加入相应的激素，搅拌均匀，用 0.1 mol/L NaOH 或 HCl 调节 pH 至 5.8，然后分装到培养容器中，边搅拌边分装，每瓶或每袋分装量为 25 mL～30 mL。

4.1.3　培养基和其他用品灭菌

将分装好的培养基和接种用具等置于高压灭菌器内，采用高温高压蒸汽灭菌方法进行灭菌。

4.2　外植体采集

4.2.1　采芽母本园

品种纯正、无病毒病株的香蕉园。

4.2.2　种芽采集

从母本园中选择健壮植株作为采芽母株，并做好标记。于晴朗天气，挖取优良母株健壮吸芽作为生产香蕉组培苗的外植体。

4.3　外植体无菌处理

将吸芽修成以生长点为中心、直径 3 cm～4 cm、高 4 cm～5 cm 的组织块，自来水冲洗干净，75%酒精浸泡 1 min，然后修成直径 1 cm～2 cm、长 1 cm～3 cm 的组织块，再用 3%～5%次氯酸钠消毒 20 min～30 min，无菌水清洗 3 次以上。

4.4　外植体切割与接种

将消毒好的组织块纵切为 2 块～4 块，接种到诱导培养基上，并编好序号。

4.5　外植体诱导及病毒检测

诱导外植体于适宜的温度和环境中进行茎尖分生组织培养，将初次培养的分化芽用聚合酶链式反应技术（PCR）或酶联免疫吸附法（ELISA）进行病毒检测。病毒检测方法按照 NY/T 2120 的规定执行，经检测无病毒分化芽继续增殖培养。

4.6 外植体继代培养

经检测无病毒分化芽接种至继代培养基中，于适宜温度和环境中通过继代培养不断增殖，获得大量分化芽，继代培养次数不应超过 10 代，时间不应超过 12 个月，每代培养的时间在 20 d～30 d。

4.7 生根培养

将生长到一定高度的分化芽，转接到生根培养基中，于适宜的温度和环境中进行生根培养，分化芽应大小分级，室内光照 1 500 lx～3 000 lx，光照时间 12 h/d，温度（28±2）℃，培养健壮组培苗。

4.8 组培苗质量标准

4.8.1 基本要求

4.8.1.1 种源来源清楚、品种纯正、可靠。

4.8.1.2 培养基及材料无真菌或细菌污染。

4.8.1.3 根系白、粗，且有分叉侧根及根毛，具有长 3 cm 以上的白色根 2 条以上。

4.8.1.4 假茎黄绿色，基部不成钩状，叶鞘不散开。

4.8.1.5 变异率≤2%。

4.8.2 分级

按照 NY/T 357 的规定进行分级。

5 种苗假植技术

5.1 苗圃地选择

交通方便，水源充足，排水良好，远离老蕉园，远离香蕉枯萎病疫区，周围无辣椒或茄子等茄科植物、瓜类等葫芦科植物以及豆类等豆科植物。

5.2 建圃

清除杂草，平整土地，根据地形搭建荫棚。荫棚遮光度达到 50%～75%，防虫网 40 目～60 目；如需御寒保温，则加盖塑料薄膜。

5.3 营养土配制

根据当地具体情况配制营养土，基质充分混匀后，平铺在 1.5 m 宽的苗床上或装入育苗容器中。

5.4 育苗容器规格

育苗容器选用 10 cm×10 cm 或 10 cm×12 cm 且具小孔的塑料育苗杯。

5.5 炼苗

把生根良好的组培苗直接置于无直射阳光且遮光度 75%的荫棚下 5 d～7 d，幼苗从嫩绿色转变为正常绿色。

5.6 洗苗、消毒与分苗

打开瓶盖或撕开袋口，轻轻将组培苗取出，浸泡于洗苗盆中，洗苗时可单株或多株搓洗根部，洗净根部培养基，然后放入 0.1%～0.3%的代森锌溶液或其他高效低毒杀菌剂溶液中浸泡 15 s，再按大、中、小进行分苗。

5.7 假植

假植前 1 d～2 d，消毒处理营养土，按大、中、小将幼苗分别分畦假植。

5.8 管理

5.8.1 保温保湿

假植后，淋足定根水，加盖塑料薄膜小拱棚，7 d 内见干浇水，7 d 后揭去塑料薄膜，做好保温、保湿工作。

5.8.2 施肥

待小苗抽出第 1 片新叶后，可施磷酸二氢钾或氮磷钾(N：P：K＝15：15：15)复合肥等进行施肥管理，每周 2 次，浓度为 0.1%，待小苗完全变绿后，营养液浓度可加大至 0.2%～0.3%。

5.8.3 病虫害防治

在营养土装袋前，苗床上施少量药剂防治地下害虫。假植后应经常检查植株的生长情况，每 10 d～15 d 结合施肥喷施杀虫杀菌剂等。注意要短时间通风排气，降低空气湿度，减少真菌病害的发生。

5.8.4 变异株剔除

假植后，及时剔除变异株。

5.9 假植苗质量标准

5.9.1 基本要求

5.9.1.1 种源来源清楚、品种纯正、可靠。

5.9.1.2 纯度≥98%。

5.9.1.3 叶色青绿不徒长，叶片无病斑或虫咬缺口，也无蚜虫等害虫为害。

5.9.1.4 无机械性损伤。

5.9.1.5 无检疫性病虫害。

5.9.1.6 变异率≤5%。

5.9.2 假植苗分级

依据新出叶、假茎粗、假茎高、病虫、最新展开叶宽 5 项指标，把假植苗分为两级(表 1)。

表 1 香蕉假植苗分级标准

项目	级别	
	一级	二级
新出叶，片	≥9	≥7
假茎粗，cm	≥0.95	≥0.75
假茎高，cm	11.0～15.0	≥9.0
病虫	无病虫	无病虫
最新展开叶宽，cm	≥6.8	≥5.2

附　录　A
（资料性附录）
MS 培养基母液及培养基配制参考

MS 培养基母液及培养基配制参考见表 A.1。

表 A.1　MS 培养基母液及培养基配制参考

母液名称	化学药品名称	培养基配方用量 mg/L	扩大倍数 倍	扩大后称量 mg	母液定容体积 mL	配制培养基吸取量 mL/L
大量元素	硝酸钾(KNO_3)	1 900	50	95 000	1 000	20
	硝酸铵(NH_4NO_3)	1 650	50	82 500		
	硫酸镁($MgSO_4 \cdot 7H_2O$)	370	50	18 500		
	磷酸二氢钾(KH_2PO_4)	170	50	8 500		
	氯化钙($CaCl_2 \cdot 2H_2O$)	440	50	22 000		
微量元素	硫酸锰($MnSO_4 \cdot 4H_2O$)	22.3	100	2 230	1 000	10
	硫酸锌($ZnSO_4 \cdot 7H_2O$)	8.6	100	860		
	硼酸(H_3BO_3)	6.2	100	620		
	碘化钾(KI)	0.83	100	83		
	钼酸钠($Na_2MoO_4 \cdot 2H_2O$)	0.25	100	25		
	硫酸铜($CuSO_4 \cdot 5H_2O$)	0.025	100	2.5		
	氯化钴($CoCl_2 \cdot 6H_2O$)	0.025	100	2.5		
铁盐	乙二胺四乙酸二钠(Na_2-EDTA)	37.3	100	3 730	1 000	10
	硫酸亚铁($FeSO_4 \cdot 7H_2O$)	27.8	100	2 780		
有机物质	甘氨酸	2.0	50	100	1 000	10
	维生素 B_1	0.1	50	5		
	维生素 B_6	0.5	50	25		
	烟酸	0.5	50	25		
	肌醇	100	50	5 000		

注 1：诱导培养基为 MS+6-BA 4 mg/L。

注 2：继代培养基为 MS+6-BA 2 mg/L～3 mg/L+NAA 0.01 mg/L。

注 3：生根培养基为 MS+NAA 0.05 mg/L～0.1 mg/L。

注 4：配置培养基时，先从母液中取出所需量的大量元素、微量元素、铁盐、有机物质放入容器中，然后加入 7 g 卡拉胶（或琼脂）和 3%蔗糖，用蒸馏水定容至 1 L，加入相应的激素，搅拌均匀，用 0.1 mol/L NaOH 和 HCl 调节 pH 至 5.8。

附加说明：
本标准按照 GB/T 1.1—2009 给出的规则起草。
本标准由中华人民共和国农业部提出。
本标准由农业部热带作物及制品标准化技术委员会归口。
本标准起草单位：中国热带农业科学院热带作物品种资源研究所、热作两院种苗组培中心。
本标准主要起草人：魏守兴、谢子四、魏军亚、黄丽娜、符运柳、韩丽娜、刘以道、覃和业。

中华人民共和国农业行业标准

辣木生产技术规程

Technical code of practice for cultivation of Moringa

NY/T 3201—2018

1 范围

本标准规定了多油辣木(*Moringa oleifera* Lam.)露地栽培管理有关的园地选择和规划、品种选择和种植、土壤管理、施肥管理、水分管理、树体管理、主要病虫害防治及采收的要求等。

本标准适用于多油辣木的栽培和管理。

2 规范性引用文件

下列文件对于本文件的应用是必不可少的。凡是注日期的引用文件,仅注日期的版本适用于本文件。凡是不注日期的引用文件,其最新版本(包括所有的修改单)适用于本文件。

GB 5084 农田灌溉水质标准

NY/T 393 绿色食品 农药使用准则

NY/T 496 肥料合理使用准则 通则

NY/T 5010 无公害食品 蔬菜产地环境条件

3 园地选择和规划

3.1 园地选择

宜选择年均温18℃以上、阳光充足、避风、全年无霜、有机质丰富、土壤疏松、有灌溉条件、排水良好的地段建园。园地选择应符合NY/T 5010的要求。

3.2 园地规划

根据园地规模、地形、地势,分成若干小区,平缓地小区面积宜在3 hm^2左右,丘陵山地小区面积宜在1 hm^2～2 hm^2,并设立排灌系统和道路系统。

4 品种选择和种植

4.1 品种选择与种苗准备

4.1.1 品种选择

茎叶用的辣木品种宜选用PKM1等,果实用的辣木品种宜选用PKM2等。

4.1.2 种苗准备

选用当年采收、完熟的种子,沙床催芽后繁育成苗,选择高20 cm～30 cm的健壮种苗种植。

4.2 种植

4.2.1 开垦

开垦宜在种植前1个月完成。平地起垄,垄高30 cm,宽100 cm;坡度小于15°的缓坡地等高开垦;

中华人民共和国农业部 2018-03-15 发布　　2018-06-01 实施

坡度大于15°的修筑内倾等高台地(或梯田)。

种植穴(或种植沟)和修筑梯田、环山行宜同时进行。茎叶用辣木挖种植沟,宽×深为70 cm×60 cm;果实用辣木挖种植穴,口宽×深×底宽为70 cm×60 cm×50 cm。

种植前施足基肥,种植沟施用有机肥(以优质腐熟栏肥或草炭)3 000 kg/hm^2,或牛粪肥3 000 kg/hm^2,沟施钙镁磷肥2 500 kg/hm^2;每种植穴用量为有机肥(以优质腐熟栏肥或草炭)10 kg~15 kg,或牛粪肥10 kg~15 kg,每穴施钙镁磷肥0.3 kg~0.5 kg。

4.2.2 种植时间

种植时间根据当地气候条件而定,宜在每年3月~11月进行,应避开强降雨或台风季节。

4.2.3 种植密度

茎叶用辣木株行距为(0.6~0.8) m×1 m,果实用辣木株行距为(1.5~2.5) m×(2~3) m。

4.2.4 定植

土壤晒30 d后回填,回填时把基肥与土壤混合均匀,回土高出地面约10 cm。

5 土壤管理

5.1 中耕除草、培土

采用人工或机械除草并结合施肥,每年中耕除草、培土2次~3次。

5.2 松土

每年11月至翌年2月进行松土,深度为20 cm~30 cm。

5.3 土壤覆盖

结合松土,在离主干10 cm~15 cm处进行地面覆盖,植物源覆盖材料为修剪枝叶或作物秸秆等。

6 施肥管理

6.1 施肥原则

根据园地肥力状况和辣木生长发育需要及时施肥,以有机肥料为主,化学肥料为辅,实行氮、磷、钾肥配方施用。肥料使用应符合NY/T 496的要求。

6.2 施肥

6.2.1 茎叶用辣木施肥

每次采收后进行施肥,用量为尿素25 g/(株·次)~30 g/(株·次),复合肥(N:P:K=15:15:15)30 g/(株·次)~35 g/(株·次),有机肥或农家肥2 kg/(株·次)~3 kg/(株·次)。

嫩梢抽出5 cm后喷施叶面肥,施用部位以叶背为主,时间宜在10:00前、16:00后进行,在半阴无风天喷施效果最佳。常用的肥料为磷酸二氢钾、氨基酸水溶肥、液体硼锌、液体钙镁,浓度控制在0.5%以内,施用间隔期在10 d~15 d。

6.2.2 果实用辣木

全年施用复合肥(N:P:K=15:15:15)600 g/株~1 500 g/株,种植2年以内600 g/株~800 g/株,种植2年以上800 g/株~1 500 g/株。分3个时期施用:坐果前施肥1次,占全年追肥总量30%,坐果后分1次~2次施肥,占全年追肥总量40%;采果后分2次~3次施肥,占全年追肥总量30%。并于秋季采摘结束后施用1次有机肥或农家肥,每年用量为3 kg/株~5 kg/株。

7 水分管理

春梢抽生期、花芽分化期、花穗抽生期、盛花期、果实生长发育期等物候期,如遇干旱应及时灌水、保持土壤湿润。宜采用滴灌或喷灌等节水灌溉方法。灌溉用水应符合GB 5084的要求。

及时排除积水,保持根际土壤良好通透性。

8 树体管理

8.1 茎叶用辣木

主茎离地 50 cm、直径达 3 cm 时，在 60 cm～80 cm 高处截干，采收嫩梢后，在每个分枝的第 3 片复叶处进行回缩修剪，每年 2 次～4 次。

8.2 果实用辣木

主茎离地 50 cm、直径达 4 cm 时，在 150 cm～200 cm 高处截干，选择不同方位健壮嫩梢 3 枝～4 枝培养成主枝，当主枝直径大于 2 cm 时在第 3 片复叶处回缩修剪 2 次～3 次，形成合理树冠，每年果实采收后进行最后 1 次修剪。

9 主要病虫害防治

9.1 主要病虫害种类

主要病虫害种类参见附录 A。

9.2 防治原则

贯彻“预防为主、综合防治”的植保方针，坚持以“农业防治、物理防治、生物防治为主，化学防治为辅”的治理原则，农药使用准则按照 NY/T 393 的规定执行。

9.3 防治方法

9.3.1 农业防治

加强肥水管理，增施有机肥，创造良好的土壤结构，加强树体营养，提高抗病虫害能力；加强冬季清园，剪除下垂枝、过密枝、细弱枝及病虫枝，并集中处理。

9.3.2 物理防治

黄板诱杀蚜虫、斑潜蝇等害虫；诱虫灯诱杀蛾类等趋光性害虫；人工捕杀或树干涂白预防二疣犀甲、天牛等害虫。涂白剂由生石灰 10 kg、食用盐 1 kg、石硫合剂原液 1 kg 兑水 40 L，或生石灰 5 kg、硫黄粉 150 g、食用油 200 g 兑水 40 L 混匀而成；根部或茎基部腐烂应将植株连根挖出、集中处理，并对植穴进行曝晒及撒生石灰粉。

9.3.3 生物防治

使用性引诱剂诱杀小菜蛾和斜纹夜蛾。生物防治宜选用微生物源农药、植物源农药。

9.3.4 化学防治

辣木病虫害防治药剂和方法参见附录 B。

10 采收

10.1 嫩梢采收

当嫩梢长到 20 cm～30 cm 时，在未木质化处进行采摘。

10.2 叶片采收

复叶 45 d～60 d 采摘 1 次，从复叶叶柄基部或第 1 节叶柄处采摘。

10.3 种子采收

当果皮颜色变为土黄色或淡褐色时，采收果实，剥离果皮取出种子。

附　录　A
（资料性附录）
辣木主要病虫害种类

A.1　辣木主要病害种类

见表 A.1。

表 A.1　辣木主要病害种类

病害名称	病原菌拉丁名	危害部位	为害程度
萎蔫病	*Fusarium semitectum* Berk. & Rav.	嫩梢	＊＊
回枯病	*Fusarium Solani*（Mart.）Sacc	枝条	＊
果腐病	*Colletotrichum chlorophyti* S. Chandra & Tandon	果实	＊＊＊
注：＊表示轻度危害；＊＊表示中度危害；＊＊＊表示重度危害。			

A.2　辣木主要害虫种类

见表 A.2。

表 A.2　辣木主要害虫种类

目	科	种	拉丁名	危害虫态	危害部位	为害程度
鳞翅目	菜蛾科	小菜蛾	*Plutella xylostella*（L.）	幼虫	叶片及嫩梢	＊＊＊
	夜蛾科	斜纹夜蛾	*Prodenia litura*（Fabricius）	幼虫	叶片及嫩梢	＊＊＊
	尺蛾科	尺蛾	*Geometridae* sp.	幼虫	叶片及嫩梢	＊＊
	灯蛾科	粉蝶灯蛾	*Nyctemera adversata*（Schaller）	幼虫	叶片	＊
直翅目	螽斯科	螽斯	*Tettigoniidae* sp.	成虫	根及叶片	＊
	蟋蟀科	蟋蟀	*Gryllidae* sp.	成虫	根	＊
鞘翅目	天牛科	锈斑白条天牛	*Batocera numitor* Newman	幼虫及成虫	幼虫蛀食树干、成虫取食嫩枝	＊＊
	金龟子科	二疣犀甲	*Oryctes rhinoceros*（Linnaeus）	成虫	嫩茎	
同翅目	蚜虫科	柑橘二叉蚜虫	*Toxoptera aurantii*（B.）	幼蚜及成蚜	叶片及嫩梢	＊＊＊
		桃蚜	*Myzus persicae*（Sulzer）	若虫及成虫	叶片及嫩梢	＊＊
双翅目	潜蝇科	斑潜蝇	*Liriomyza* sp.	幼虫	叶片	＊＊
蜱螨目	叶螨科	二斑叶螨	*Tetranychus urticae*（K.）	幼螨及成螨	叶片	＊＊＊
		红螨	*Tetranychidae* sp.	幼螨及成螨	叶片	＊＊
注：＊表示轻度危害；＊＊表示中度危害；＊＊＊表示重度危害。						

附 录 B
（资料性附录）
辣木病虫害防治药剂和方法

辣木病虫害防治药剂和方法见表 B. 1。

表 B. 1 辣木病虫害防治药剂和方法

病虫害名称	药剂名称	浓度及方法
嫩梢萎蔫病、回枯病、果腐病	50%多菌灵可湿性粉剂 25%嘧菌酯悬浮剂 80%代森锰锌可湿性粉剂	700 倍～800 倍液，喷施 1 000 倍～2 500 倍液，喷施 400 倍～700 倍液，喷施
根腐病、茎基腐病	72%农用链霉素可溶性粉剂 30%恶霉灵	1 000 倍～2 000 倍液，灌根 600 倍～800 倍液，灌根
蛾类	6%乙基多杀霉素 Bt 制剂 2.5%多杀霉素(菜喜)悬浮剂 1.8%阿维菌素乳油 15%茚虫威(安打)悬浮剂 4.5%高效氯氰菊酯乳油	1 000 倍～2 000 倍液，喷施 600 倍液，喷施 1 000 倍～2 000 倍液，喷施 2 000 倍～3 000 倍液，喷施 3 000 倍液，喷施 2 000 倍液，喷施
螨类	43%联苯肼酯悬浮剂 1.8%阿维菌素乳油 11%的乙螨唑悬浮剂 24%螺螨酯	3 000 倍～5 000 倍液，喷施 2 000 倍～3 000 倍液，喷施 5 000 倍～7 500 倍液，喷施 4 000 倍～5 000 倍液，喷施
蚜虫	10%吡虫啉可湿性粉剂 4.5%高效氯氰菊酯乳油	1 000 倍～2 000 倍液，喷施 2 000 倍液，喷施

附加说明：

本标准依照 GB/T 1.1—2009 给出的规则起草。

本标准由农业部农垦局提出。

本标准由农业部热带作物及制品标准化技术委员会归口。

本标准起草单位：云南省热带作物科学研究所、中国热带农业科学院热带作物品种资源研究所、中国热带农业科学院农产品加工研究所。

本标准起草人：蔡志英、杨焱、李海泉、詹园凤、龙继明、王明月、党选民、刘一贤、段波、张祖兵、杨朴丽、施玉萍、刘昌芬、杨春亮、黄丽娜、刘子记、杜公福、陈友华。

中华人民共和国农业行业标准

标准化剑麻园建设规范

Regulation for construction of the standardized sisal garden

NY/T 3202—2018

1 范围

本标准规定了标准化剑麻园建设的术语和定义、园地要求、麻园建设、麻园管理和质量控制等技术要求。

本标准适用于剑麻品种 H.11648 的园地建设,其他剑麻品种的麻园建设可参照执行。

2 规范性引用文件

下列文件对于本文件的应用是必不可少的。凡是注日期的引用文件,仅注日期的版本适用于本文件。凡是不注日期的引用文件,其最新版本(包括所有的修改单)适用于本文件。

NY/T 222 剑麻栽培技术规程

NY/T 1803 剑麻主要病虫害防治技术规程

NY/T 2448 剑麻种苗繁育技术规程

NY/T 3194 剑麻　叶片

3 术语和定义

NY/T 2448 界定的以及下列术语和定义适用于本文件。

3.1

腋芽苗　axillary bud seedling

植株茎尖生长点受破坏后,由腋芽萌发而形成的小苗。

[NY/T 2448,定义 3.1]

3.2

珠芽苗　bulbil seedling

植株抽轴开花后,由花柄离层下方的芽点发育形成的小苗。

3.3

吸芽苗　sucker seedling

剑麻植株地下走茎顶芽长出地面而形成的小苗。

4 园地要求

4.1 环境条件

年平均气温 21℃以上,极端低温不低于 1℃,年降水量 1 200 mm～1 800 mm,土壤 pH 5.5～7.0。

4.2 园地选择

中华人民共和国农业部 2018-03-05 发布　　2018-06-01 实施

应符合 NY/T 222 的要求。

4.3 园地规模

集中连片,核心小区面积 15 hm^2 以上,连片规模 200 hm^2 以上。

4.4 园地基础设施

园地水、电设施配套,道路系统完整。

4.5 园地规划

4.5.1 生产区规划

园地建设前应对生产用地、苗圃用地、居民点、纤维加工厂规模及地点等进行全面规划,合理布局道路、防护林、居民点和纤维加工厂;一个居民点管理面积以 100 hm^2～150 hm^2 为宜。纤维加工厂应设置在水源充足、叶片运输较集中的场所。

4.5.2 麻园规划

应符合 NY/T 222 的要求。

4.5.3 道路规划

应符合 NY/T 222 的要求。

4.5.4 防护林规划

有强台风为害的园地应在麻园四周道路外侧设置防护林。在平地或缓坡地按垂直于主风方向设计主林带,与主林带垂直设置副林带。丘陵地沿山脊分水线设置山脊林带;坡面较宽时可设置从山顶到山脚的主林带,坡面长于 150 m 时在坡面上按等高线与水流垂直方向设计副林带;主林带宽 10 m～15 m,副林带宽 6 m～8 m。主林带之间距离为 200 m～250 m,副林带之间距离为 250 m～280 m,林带网格面积控制在 5 hm^2～7 hm^2。

4.5.5 苗圃地规划

园地可根据种植面积的 10%规划苗圃基地。苗圃地应合理设计道路、排水系统和沤肥池。1 hm^2 以上苗圃可设计 3 m 宽的"十"字路,苗圃外围应挖沟筑埂以截径流和防止畜禽进入。

5 麻园建设

5.1 麻园开垦

5.1.1 修筑排水系统

麻园应根据园地的地形地势设置相应的排水系统。平地或缓坡地按麻园的地形、地势修筑排水沟和防冲刷沟,沟的宽度和深度以能排除积水为宜。丘陵地修筑向内倾斜的梯田,在内壁挖深、宽各为 15 cm～20 cm 的排水沟,道路内侧应修筑排水沟,并在汇水面大的地方设置排水沟和防冲刷沟。

5.1.2 开垦方法

麻园开垦应在前一年雨季末期进行,机耕深度不少于 40 cm,尽量保留和利用表土。开垦方法按照 NY/T 222 的规定执行。

5.2 植前准备

5.2.1 种苗准备

5.2.1.1 种苗培育

应选择经母株繁殖出的嫩、壮、无病虫害腋芽苗或高产田高产植株的珠芽苗作为种苗培育材料。种苗培育方法按照 NY/T 2448 的规定执行。

5.2.1.2 种苗规格与要求

麻园种植用种苗应来源于优良植株,并应经过疏植培育。种苗规格应达到 NY/T 222 中剑麻种苗分级标准界定的 2 级种苗以上指标,即苗高 60 cm、叶片 35 片以上、苗重 4 kg 以上、苗龄 12 个～18 个月、无病虫害。

5.2.1.3 种苗处理

种苗应提前起苗，让种苗自然风干 2 d～3 d 后种植。起苗时应对种苗进行处理，切去老根，切平老茎，保留老茎 1 cm～1.5 cm，以促进萌生新根。起苗后 48 h 内应对种苗切口进行消毒，雨天不起苗，挖苗后应及时分级和运输，避免堆积。

注：种苗切口消毒可用 40%多·硫悬浮剂 150 倍～200 倍和 72%甲霜·锰锌 300 倍混合均匀喷雾。

5.2.2 定标

麻园实行双行种植，大行距 3.8 m～4.0 m，小行距 1.0 m～1.2 m，株距 0.9 m～1.2 m。应按麻园规划的要求将运输道、人行道做出标示，按预定株行距定标。平地采用南北行向，坡地按水平等高定标。

5.2.3 起畦与施基肥

基肥以有机肥为主，配合磷、钾、钙肥，钙肥（如石灰）应结合备耕时撒施，其他肥料进行穴施或种植小行内撒施。穴施的穴长 50 cm、宽 50 cm、深 25 cm～30 cm；磷钾肥撒施于有机肥面上，最后起种植畦，并覆盖好肥料，要求畦高 20 cm～30 cm、畦宽 2.0 m～2.2 m，畦面呈龟背形。施肥量参见附录 A。

5.3 定植

5.3.1 定植时间

每年 5 月前定植完毕，应避免高温多雨天气定植。

5.3.2 种植方法

按种苗大小分区定植，定植深度以覆土深不超过麻茎绿白交界处 2 cm 为宜。定植时避免泥土埋入叶轴基部，种苗头部不应直接接触肥料，覆土稍加压实，做到“浅、稳、正、直、齐”，小行间略呈龟背形。

5.3.3 查苗补苗

植后 3 个月内，应经常查苗，及时把倒伏的麻苗扶正种好，确保植株生长整齐。定植时埋土过深的要把土扒开或拔起重新种植，对受损伤难以恢复生机的麻苗应进行补种。

6 麻园管理

6.1 田间管理

6.1.1 除草与中耕松土

未开割麻园及时中耕除草，应控制使用化学除草剂，禁止使用草甘膦除草剂。开割麻园除去灌木、高草和恶草，及时清除行间的吸芽苗，每年割叶后 1 个～3 个月内在大行间离麻株 50 cm～100 cm 进行带状中耕松土，深度 25 cm～35 cm。中耕应把土块耙碎，以利根系生长。

6.1.2 小行覆盖与培土

5 龄以上麻园于小行间用堆沤处理过的麻渣或有机肥进行覆盖，每 3 年 1 次，覆盖后进行培土，培土厚度以麻渣或有机肥不外露、小行畦不积水且畦面明显高出地面为宜。

6.2 施肥管理

麻园施肥按 NY/T 222 的规定执行。施肥量参见附录 A。

6.3 病虫害防治

按 NY/T 1803 的规定执行。

6.4 叶片收获与分级

麻园割叶按 NY/T 222 的规定执行，叶片质量分级按 NY/T 3194 的规定执行。

7 质量控制

7.1 化学投入品管理

农药、化肥等投入品的购买、存放、使用及包装容器回收处理，实行专人负责，建立进出库档案。

7.2 产品检测

包括剑麻种苗、叶片纤维含量的检测,应由具备业务资质的单位进行抽样检测,并对抽样及检测过程做详细记录。

附 录 A
(资料性附录)
剑麻园施肥参考量

剑麻园施肥参考量见表 A.1。

表 A.1 剑麻园施肥参考量

单位为千克每 667 平方米每次

种 类	施肥量			说 明
	定植基肥	未开割麻园追肥	开割麻园追肥	
有机肥	5 000～6 000	3 000	3 000	以优质腐熟栏肥或滤泥计
	—	8 000	8 000	以麻渣计
生物有机肥	600	300	300	以有机质含量 40%以上(干基计)
氮肥	—	20～25	25～35	以尿素计
磷肥	75	40～45	45	以过磷酸钙计
钾肥	45	30～35	35	以氯化钾计
钙肥	150	120～150	120～150	以石灰计
剑麻专用生物配方肥	400～500	200	200	按剑麻营养配制的有机无机复混肥计
注 1:施用其他化肥按表列品种肥份含量折算。 注 2:有机肥与生物有机肥只选其中一种配合氮、磷、钾、钙肥施用或仅选剑麻专用生物配方肥配合钙肥施用。				

附加说明:

本标准按照 GB/T 1.1—2009 给出的规则起草。

本标准由农业部农垦局提出。

本标准由农业部热带作物及制品标准化技术委员会归口。

本标准起草单位:中国热带农业科学院南亚热带作物研究所。

本标准主要起草人:周文钊、李俊峰、张燕梅、鹿志伟、陆军迎、杨子平。

中华人民共和国农业行业标准

天然橡胶初加工机械　乳胶离心沉降器质量评价技术规范

NY/T 3203—2018

Machinery for primary processing of matural rubber—Latex centrifuge—Technical specification of the quality evaluation

1　范围

本标准规定了天然橡胶初加工机械乳胶离心沉降器的质量要求、检测方法和检验规则。

本标准适用于以新鲜胶乳为原料的天然橡胶初加工机械乳胶离心沉降器的质量评定。

2　规范性引用文件

下列文件对于本文件的应用是必不可少的。凡是注日期的引用文件，仅注日期的版本适用于本文件。凡是不注日期的引用文件，其最新版本(包括所有的修改单)适用于本文件。

GB/T 2828.11—2008　计数抽样检验程序　第11部分：小总体声称质量水平的评定程序

GB/T 3768　声学声压法测定噪声源声功率级反射面上方采用包络测量表面的简易法

GB/T 5667—2008　农业机械　生产试验方法

GB/T 8196　机械安全　防护装置　固定式和活动式防护装置设计与制造一般要求

GB/T 8293　浓缩天然胶乳　残渣含量的测定

GB/T 9480　农林拖拉机和机械、草坪和园艺动力机械　使用说明书编写规则

GB 10396　农林拖拉机和机械、草坪和园艺动力机械　安全标志和危险图形　总则

GB/T 13306　标牌

JB/T 9832.2　农林拖拉机及机具漆膜附着性能测定方法　压切法

NY/T 1036—2006　热带作物机械　术语

3　术语和定义

NY/T 1036—2006界定的以及下列术语和定义适用于本文件。为了便于使用，以下重复列出了NY/T 1036—2006中的某些术语和定义。

3.1

乳胶离心沉降器　latex centrifugal clarifier

在离心力和重力的作用下，使胶乳中较重的杂质沉降分离的设备。

[NY/T 1036—2006，定义2.2.1]

3.2

可用度　availability

在规定条件下及规定时间内，产品能工作时间对能工作时间与不能工作时间之和的比。

[改写GB/T 5667—2008，定义2.12]

3.3

中华人民共和国农业部 2018-03-05 发布　　2018-09-01 实施

残渣　residue

新鲜胶乳中树叶、泥沙等外来杂质。

4 基本要求

4.1 质量评价所需的文件资料

质量评价所需文件资料应包括：

a) 产品规格确认表(见附录 A)，并加盖企业公章；

b) 产品执行标准或产品制造验收技术条件；

c) 产品使用说明书；

d) 产品三包凭证；

e) 产品照片 3 张(正前方、正后方、正前方 45°各 1 张)。

4.2 主要技术参数核对与测量

依据产品使用说明书、铭牌和企业提供的其他技术文件，对样机的主要技术参数按照表 1 的规定进行核对或测量。

表 1　核测项目表

序号	项　目		方法
1	规格型号		核对
2	结构型式		核对
3	外形尺寸(长×宽×高)		测量
4	整机质量		核对
5	额定转鼓转速		测量
6	转鼓直径		测量
7	配套动力	生产企业	核对
		型号	核对
		结构型式	核对
		额定功率	核对
		电压	核对
		频率	核对
		额定转速	核对

4.3 试验条件

4.3.1 试验样机

试验样机应按照使用说明书的要求安装并调整到正常工作状态。

4.3.2 试验用动力

根据样机使用说明书的规定选择技术状态良好的试验用动力，试验用动力应选择使用说明书中规定的配套动力范围中最接近下限的动力。

4.3.3 操作人员

试验时应按照使用说明书的规定配备熟练的操作人员进行操作，试验过程中无特殊情况不允许更换操作人员。

4.3.4 主要仪器设备

试验测试前仪器设备应进行检定或校准，并在有效的检定周期内。仪器设备的测量范围应符合表 2 的要求、测量准确度应不低于表 2 的要求。

表 2　主要试验用仪器设备测量范围和准确度要求

测量参数名称	测量范围	准确度要求
长度	0 m～5 m	1 mm
质量	0 kg～6 kg	1 g
	0 kg～100 kg	50 g
时间	0 h～24 h	1 s/d
温度	0℃～100℃	1℃
噪声	35 dB(A)～130 dB(A)	2 级

5　质量要求

5.1　主要性能要求

产品主要性能要求应符合表 3 的规定。

表 3　性能指标要求

序号	项　　目	性能指标	对应的检测方法条款号
1	生产率,kg/h(鲜乳)	≥企业明示技术要求	6.1.1
2	耗电量,(kW·h)/t(鲜乳)	≤企业明示技术要求	6.1.2
3	可用度($K_{18\,h}$),%	≥95	6.1.3
4	残渣含量(质量分数),%	≤0.10	6.1.4
5	空载噪声,dB(A)	≤80	6.1.5
6	轴承负载温升,℃	≤45	6.1.7
注:$K_{18\,h}$是指对离心沉降器样机进行 18 h 可靠性试验的可用度。			

5.2　安全要求

5.2.1　对易造成伤害事故的外露旋转零部件应设有防护装置。防护装置应符合 GB/T 8196 的要求。

5.2.2　在可能危及人员安全的部位,应在明显处设有安全警示标志,标志应符合 GB 10396 的要求。

5.2.3　设备运行时有可能发生移位、松脱或抛射的零部件,应有紧固或防松装置。

5.2.4　电气装置应安全可靠,设备应有接地设施和明显的接地标志,接地电阻应不大于 10 Ω。

5.3　装配质量

5.3.1　设备应运转平稳、无卡滞,不应有明显的振动、冲击和异响等现象。调整装置应灵敏可靠。

5.3.2　各轴承部件不应有漏油现象,转鼓不应有泄漏现象。

5.3.3　鼓盖开合应灵活可靠,与主体接合应牢固、密封,接合边缘错位量应不大于 3 mm。

5.4　外观质量

5.4.1　表面应无锈蚀、碰伤等缺陷。

5.4.2　表面漆层应色泽均匀、平整光滑,不应有露底、严重的流痕和麻点。

5.4.3　漆膜附着力应符合 JB/T 9832.2 中 2 级 3 处的要求。

5.4.4　焊缝表面应均匀,不应有裂纹(包括母材)、气孔、漏焊等缺陷。

5.4.5　应有指示润滑、操纵、安全等标牌或标志,并符合有关标准的规定。

5.4.6　电器线路及软线管应排列整齐,不应有伤痕和压扁等缺陷。

5.5　操作方便性

5.5.1　各操纵机构应灵活、有效、设计合理、操作方便。

5.5.2　调整、保养、更换零部件应方便。

5.5.3 保养点应设计合理，便于操作。

5.6 使用说明书

使用说明书应按照 GB/T 9480 的规定编写，至少应包括以下内容：

a) 产品特点及主要用途；
b) 安全警示标志并明确其粘贴位置；
c) 安全注意事项；
d) 产品执行标准及主要技术参数；
e) 整机结构简图及工作原理；
f) 安装、调整和使用方法；
g) 维护和保养说明；
h) 常见故障及排除方法。

5.7 三包凭证

三包凭证至少应包括以下内容：

a) 产品品牌(如有)、型号规格、购买日期、产品编号；
b) 生产厂家名称、地址、电话；
c) 售后服务单位名称、地址、电话；
d) 三包项目及有效期；
e) 销售记录(包括销售单位、销售日期、购机发票号码)；
f) 修理记录(包括送修时间、交货时间、送修故障、修理情况、换退货证明)；
g) 不承担三包责任的情况说明。

5.8 铭牌

5.8.1 在产品醒目的位置应有永久性铭牌，其规格应符合 GB/T 13306 的要求。

5.8.2 铭牌应至少包括以下内容：

a) 产品名称及型号；
b) 配套动力及配套动力的电压与频率；
c) 外形尺寸；
d) 整机质量；
e) 额定转鼓转速；
f) 产品执行标准；
g) 出厂编号、日期；
h) 生产厂家名称、地址。

5.9 关键零部件质量

5.9.1 转鼓应进行动平衡试验。

5.9.2 法兰与立轴不应有裂纹和其他影响强度的缺陷。

5.9.3 与胶乳、胶清可能接触的部件，不应使用含铜、锰等污染胶乳的材料。

6 检测方法

6.1 性能试验

6.1.1 生产率

在额定转速及满负载条件下，测定 3 个班次小时生产率，每班次不少于 6 h，取 3 次测定的算术平均值。班次时间包括纯工作时间、工艺时间和故障时间。生产率按式(1)计算。

$$E_b = \frac{\sum Q_b}{\sum T_b} \quad \cdots\cdots (1)$$

式中：

E_b ——班次小时生产率，单位为千克每小时(kg/h)；

Q_b ——测定期间班次生产量，单位为千克(kg)；

T_b ——测定期间班次时间，单位为小时(h)。

结果精确到整数。

6.1.2 耗电量

在生产率测定的同时进行，测定 3 次，取 3 次测定的算术平均值，结果精确到 0.1 (kW·h)/t。耗电量按式(2)计算。

$$G_n = \frac{\sum G_{nz}}{\sum Q_b} \quad \cdots\cdots (2)$$

式中：

G_n ——耗电量，单位为千瓦小时每吨[(kW·h)/t]；

G_{nz}——测定期间班次耗电量，单位为千瓦小时(kW·h)。

结果精确到小数点后 1 位。

6.1.3 可用度

考核期间对样机进行连续 3 个班次的测定，每个班次作业时间为 6 h，可用度按式(3)计算。

$$K_{18\,\mathrm{h}} = \frac{\sum T_z}{\sum T_z + \sum T_g} \times 100 \quad \cdots\cdots (3)$$

式中：

$K_{18\,\mathrm{h}}$——可用度，单位为百分率(%)；

T_z ——生产考核期间班次工作时间，单位为小时(h)；

T_g ——生产考核期间班次的不能工作时间，单位为小时(h)。

6.1.4 残渣含量

残渣含量的测定应按照 GB/T 8293 规定的方法执行。

6.1.5 空载噪声

空载噪声的测定应按照 GB/T 3768 规定的方法执行。

6.1.6 接地电阻

用接地电阻测试仪测试，测量 3 次，取最大值。

6.1.7 轴承负载温升

作业前与以额定生产率正常作业 2 h 后，分别测量轴承座外壳温度，计算轴承温升，测量 3 次，取最大值。

6.2 安全要求

按照 5.2 的规定逐项检查，所有子项合格，则该项合格。

6.3 装配质量

按照 5.3 的规定逐项检查，所有子项合格，则该项合格。

6.4 外观质量

按照 5.4 的规定逐项检查，所有子项合格，则该项合格。

6.5 操作方便性

按照5.5的规定逐项检查,所有子项合格,则该项合格。

6.6 使用说明书

审查使用说明书是否符合5.6的要求,所有子项合格,则该项合格。

6.7 三包凭证

审查产品三包凭证是否符合5.7的规定,所有子项合格,则该项合格。

6.8 铭牌

用目测法检查铭牌是否符合5.8的规定,所有子项合格,则该项合格。

6.9 关键零部件质量

按照5.9的规定逐项检查,所有子项合格,则该项合格。

7 检验规则

7.1 检验项目及不合格分类判定规则

检验项目按其对产品质量影响的程度分为A、B、C三类。检验项目及不合格分类见表4。

表4 检验项目及不合格分类表

不合格分类		检验项目	对应的质量要求的条款号
类别	序号		
A	1	生产率	5.1
	2	可用度(K_{18h})	5.1
	3	安全要求	5.2
	4	残渣含量	5.1
B	1	空载噪声	5.1
	2	耗电量	5.1
	3	轴承负载温升	5.1
	4	关键零部件质量	5.9
	5	装配质量	5.3
C	1	操作方便性	5.5
	2	使用说明书	5.6
	3	三包凭证	5.7
	4	铭牌	5.8
	5	外观质量	5.4

7.2 抽样方案

7.2.1 抽样方案按照GB/T 2828.11—2008中表B.1的要求制订,见表5。

表5 抽样判定方案

检验水平	O
声称质量水平(DQL)	1
核查总体(N)	10
样本量(n)	1
不合格品限定数(L)	0

7.2.2 采用随机抽样,在生产企业12个月内生产且自检合格的产品中随机抽取2台样机,其中1台用于检验,另1台备用。由于非质量原因造成试验无法继续进行时,启用备用样机。抽样基数应不少于10台,在销售部门或用户中抽样不受此限。

7.3 评定规则

对样本中A、B、C各类检验项目逐项考核和判定，当A类不合格项目数为0(即A=0)，B类不合格项目数不超过1(即B≤1)，C类不合格项目数不超过2(即C≤2)，判定样品为合格产品，否则判定样品为不合格产品。

附　录　A
(规范性附录)
产品规格确认表

产品规格确认表见表 A.1。

表 A.1　产品规格确认表

<table>
<tr><th>序号</th><th colspan="2">项　　目</th><th>单位</th><th>设计值</th></tr>
<tr><td>1</td><td colspan="2">规格型号</td><td>—</td><td></td></tr>
<tr><td>2</td><td colspan="2">结构型式</td><td>—</td><td></td></tr>
<tr><td>3</td><td colspan="2">整机质量</td><td>kg</td><td></td></tr>
<tr><td>4</td><td colspan="2">外形尺寸(长×宽×高)</td><td>mm</td><td></td></tr>
<tr><td>5</td><td colspan="2">额定转鼓转速</td><td>r/min</td><td></td></tr>
<tr><td>6</td><td colspan="2">转鼓直径</td><td>mm</td><td></td></tr>
<tr><td rowspan="7">7</td><td rowspan="7">配套动力</td><td>生产企业</td><td>—</td><td></td></tr>
<tr><td>型号</td><td>—</td><td></td></tr>
<tr><td>结构型式</td><td>—</td><td></td></tr>
<tr><td>额定功率</td><td>kW</td><td></td></tr>
<tr><td>电压</td><td>V</td><td></td></tr>
<tr><td>频率</td><td>Hz</td><td></td></tr>
<tr><td>额定转速</td><td>r/min</td><td></td></tr>
</table>

附加说明:

本标准按照 GB/T 1.1—2009 给出的规则起草。
本标准由中华人民共和国农业部提出。
本标准由农业部热带作物及制品标准化技术委员会归口。
本标准起草单位:中国热带农业科学院农业机械研究所。
本标准主要起草人:邓怡国、张园、郑勇、覃双眉、崔振德。

中华人民共和国农业行业标准

热带作物种质资源　术语

Germplasm resources of tropical crops—Terminology

NY/T 3238—2018

1　范围

本标准规定了我国热带作物种质资源考察收集、保存、鉴定、评价以及创新利用等方面的专业术语。

本标准适用于我国热带作物种质资源教学、科研、生产等工作。

2　规范性引用文件

下列文件对于本文件的应用是必不可少的。凡是注日期的引用文件，仅注日期的版本适用于本文件。凡是不注日期的引用文件，其最新版本(包括所有的修改单)适用于本文件。

GB/T 19557.1—2004　植物新品种特异性、一致性和稳定性测试指南　总则

NY/T 2022—2011　农作物优异种质资源评价规范　龙眼

NY/T 2812—2015　热带作物种质资源收集技术规程

SN/T 2869.1—2011　植物种质资源鉴定方法　第1部分：斑点野生稻的鉴定

3　术语

3.1　考察收集

3.1.1

热带作物　tropical crops

只能在我国热带或南亚热带地区种植的作物，主要包括橡胶树、木薯、香蕉、荔枝、龙眼、芒果、菠萝、咖啡、胡椒、椰子、油棕、槟榔、剑麻、八角等。

[NY/T 2812—2015，定义3.1]

3.1.2

种质　germplasm

亲代通过有性生殖过程或体细胞直接传递给子代并决定固有特性的遗传物质。

[SN/T 2869.1—2011，定义3.1]

3.1.3

种质资源　germplasm resources

栽培种、野生种以及利用它们创造的各种遗传材料，如果实、种子、苗、根、茎、叶、花、组织、细胞等。

[NY/T 2812—2015，定义3.2]

3.1.4

考察　exploration

对我国热区范围内热带作物种质资源的种类、数量、分布、生境、特征特性等进行考察的工作过程。

中华人民共和国农业部 2018-05-07 发布　　2018-09-01 实施

3.1.5

收集 collection

对热带作物种质资源进行取样的过程。

3.1.6

征集 acquisition

国内通过国家行政部门或从事种质资源研究的组织协调单位，向省(市)或科研单位、种子公司发通知或征集函，由当地人员采集本地区(本单位)的种质资源，送往指定的主持单位的活动。

[NY/T 2812—2015，定义 3.4]

3.1.7

引种 introduction

从异地引入的作物种、变种、类型、品种等种质资源，经试种鉴定，筛选出适宜者为当地农业生产和科学研究利用的过程。

[NY/T 2812—2015，定义 3.3]

3.1.8

繁殖材料 plant propagating material

可供繁殖的植物全株或部分，如植株、苗木(含试管苗)、果实、种子、砧木、接穗、插条、叶片、芽条、块根、块茎、鳞茎、球茎、花粉、细胞培养材料等。

3.1.9

育种中间材料 breeding material

在育种过程中所用的具有某种优异性状的亲本材料。

3.1.10

整理 arrangement

对已鉴定、评价的热带作物种质资源进行清理、登记、归类。

3.1.11

编目 inventory

按照全国种质资源目录编写规范要求，对拟入库的热带作物种质资源给予一个"全国统一编号"，并汇编成全国种质资源目录。

3.1.12

信息汇编 information documentation

对种质资源的收集、鉴定、评价和利用等信息进行整理、编目，形成数据库。

3.2 保存

3.2.1

正常性种子 orthodox seed

耐干燥，含水量降到 5%～7%时不损伤种子活力，在低温干燥条件下保存能延长寿命的种子。

3.2.2

顽拗性种子 recalcitrant seed

对干燥和低温敏感，含水量降到某一临界值时会发生脱水损害而导致死亡的种子。

3.2.3

离体材料 *in vitro* materials

从植物体上取下的具有再生能力的组织、器官、细胞等材料。

3.2.4

原生境保存 *in situ* conservation

在原来的生态环境中，就地进行自我繁殖保存种质的方式。

3.2.5

迁地保存　*ex situ* conservation

植物在原生态生长地以外的地方保存。

3.2.6

田间保存　field conservation

在田间以植株、块根或块茎等活体方式保存。

3.2.7

离体保存　*in vitro* conservation

将植物的细胞、原生质体、组织或器官等遗传材料，采用限制、延缓或停止其生长的处理措施保存，在需要时可重新恢复其生长，并再生植株的方式。

3.2.8

种质资源库　genebank

以繁殖材料形式保存热带作物种质资源的设施设备，包括长期库、中期库、短期库。

3.2.9

种质资源圃　field genebank

通过田间种植方式保存热带作物种质资源的场所。

3.2.10

离体库　*in vitro* genebank

保存离体材料的一种种质资源库设施，包括试管苗库和超低温库。

3.3　鉴定、评价

3.3.1

植物学性状　botanical characters

植物学形态特性，主要包括根、茎、叶、花、果实、种子等器官形态性状。

3.3.2

农艺性状　agronomic traits

与农业生产或栽培活动密切相关的特性，如物候期、生育期、产量性状等。

3.3.3

品质性状　quality traits

外观品质、风味品质、营养品质和加工品质等。

3.3.4

抗性性状　resistance traits

抵御生物或非生物逆境的能力，如抗病性、抗虫性、抗风性、抗旱性、抗寒性、耐高温、耐盐性等。

3.3.5

细胞学性状　cytological traits

研究细胞的组成、形态、结构及功能，如染色体数目、染色体倍数性等。

3.3.6

鉴定　characterization

对收集保存的种质资源的植物学、农艺、品质、抗性等性状进行鉴别的过程。

3.3.7

评价　evaluation

在鉴定种质资源的基础上，对热带作物种质资源的各种性状进行分析评定的过程。

3.3.8

描述规范 descriptors standard

对种质资源的基本信息、植物学、农艺、品质、抗逆、抗病虫、细胞学等性状进行统一定义或说明。

3.3.9

质量控制规范 data quality control of descriptors

与描述规范相一致，规定了热带作物种质资源数据采集过程中的质量控制内容和方法。

3.3.10

数据标准 data standard

与描述规范和质量控制规范相一致，对热带作物种质资源描述规范数据进行统一规定，包括代号、字段名称、字段英文名、字段类型、字段长度、字段小数位、单位、代码等项目。

3.3.11

共性描述 general description

对种质资源的编号、科、属、种、类型、主要特性、主要用途、原产地、保存地等基本信息进行描述。

3.3.12

特性描述 characterization description

对种质资源的植物学、农艺、品质、抗逆、抗病虫等性状进行描述。

3.3.13

优良种质资源 elite germplasm resources

主要经济性状表现好且具有重要价值的种质资源。

[NY/T 2022—2011，定义 3.1]

3.3.14

特异种质资源 rare germplasm resources

性状表现特殊的、稀有的种质资源。

[NY/T 2022—2011，定义 3.2]

3.3.15

优异种质资源 elite and rare germplasm resources

优良种质资源和特异种质资源的总称。

[NY/T 2022—2011，定义 3.3]

3.3.16

核心种质 core germplasm

在表型和基因型鉴定的基础上，通过科学的方法和技术，从整个种质资源中选择部分样本，以最小的资源数量和遗传重复，最大限度地代表整个种质资源的遗传多样性。

3.4 创新利用

3.4.1

株系 line

一个单株的后代形成的性状一致的一群个体。

3.4.2

品系 strain

来自共同祖先，经多年选育形成了稳定的遗传性状，但与原亲本或原品种性状有一定差别，尚未正式鉴定命名为品种的过渡性变异类型。

3.4.3

品种 variety

经过人工选育或者发现并经过改良，形态特征和生物学特性一致，遗传性状相对稳定的植物群体。

3.4.4

审定品种　certified variety

由国家级或省级品种审定委员会按照法定程序，审查的具有推广价值和适应范围的新育成品种或新引进品种。

3.4.5

登记(认定)品种　registered variety

由省、自治区、直辖市农业行政主管部门根据非主要农作物登记目录，审查符合特异性、一致性、稳定性要求的品种。

3.4.6

植物新品种　new variety of plant

经过人工培育的或者对发现的野生植物加以开发，具备新颖性、特异性、一致性和稳定性并有适当命名的植物品种。

[GB/T 19557.1—2004，定义3.2]

3.4.7

种质创新　germplasm innovation

通过杂交、诱变、转基因等方法对优异种质资源进行组合和改进，创造成新作物、新品种、新类型、新材料。

3.4.8

实物共享　germplasm resources sharing

根据国家公布可供利用的种质资源目录，种质资源利用者依照国家相关法律法规，采取合适的方式获得实物资源。

3.4.9

信息共享　information sharing

按照国家相关法律法规，种质资源单位通过网络、信函等方式实现种质资源数据信息交流与共享的活动。

索　　引

B

D

F

G

H

J

K

L

M

N

P

Q

附加说明：

本标准按照 GB/T 1.1—2009 给出的规则起草。

本标准由农业农村部农垦局提出。

本标准由农业农村部热带作物及制品标准化技术委员会归口。

本标准起草单位：中国热带农业科学院热带作物品种资源研究所。

本标准主要起草人：李琼、何云、田新民、李洪立、洪青梅、胡文斌。

中华人民共和国农业行业标准

橡胶树损伤鉴定

Identification of rubber tree damage

NY/T 3323—2018

1 范围

本标准规定了生产上在大田定植的橡胶树非自然灾害下的人为损伤鉴定有关的术语和定义、损伤级别、鉴定方法、判定规则、复检、鉴定人员、鉴定报告、留存档案。

本标准适用于大田定植的橡胶树的损伤鉴定。

2 规范性引用文件

下列文件对于本文件的应用是必不可少的。凡是注日期的引用文件,仅注日期的版本适用于本文件。凡是不注日期的引用文件,其最新版本(包括所有的修改单)适用于本文件。

NY/T 2263 橡胶树栽培学术语

3 术语和定义

NY/T 2263 界定的以及下列术语和定义适用于本文件。

3.1

大田定植 transplanting

按照一定种植模式,对橡胶树进行生产性田间种植的行为。

3.2

橡胶树损伤 rubber tree damage

因人为因素导致橡胶树树体受损、生长发育严重偏离正常状态或者显著降低胶乳产量的现象。

3.3

损伤分级 damage severity scaling

人为对橡胶树造成的损伤,按其损伤程度,划分为不同的级别。

3.4

火烧损伤 burning damage

因火烧造成的橡胶树损伤。

3.5

树围烧伤率 burnt girth percentage

单株胶树过火树围长度与总树围长度的百分比,单位为百分率(%)。

3.6

烧伤高度 height of burnt site of the trunk

火烧过的树干上界限离地的高度,单位为厘米(cm)。

中华人民共和国农业部 2018-12-19 发布 2019-06-01 实施

3.7

非火烧损伤　damage exclusive of burning

橡胶树除火烧损伤之外因受其他外力造成的损伤，包括橡胶树受到的器械、有毒物质或者动物损伤。

3.8

树干损伤　trunk damage

橡胶树主茎干离地 2 m 以下受损伤的现象。

3.9

树干树皮损伤面积　trunk bark damage area

树干上树皮受损伤面积，单位为平方厘米（cm^2）。

3.10

树干木质部受损面积　trunk xylem damage area

受到外力损伤引起的树皮包裹的木质部受损的面积，单位为平方厘米（cm^2）。

3.11

树干环状损伤　ring damage of trunk

树干上出现的环周性损伤。包括环状闭合和不闭合损伤。

3.12

树干环状损伤程度　ring damage severity of trunk

树干环状损伤长度占损伤处树干周长的百分比，单位为百分率（%）。

3.13

树干折断　trunk snapping

已开割橡胶树离地 2 m 以下、未开割橡胶树离地 1 m 以下树干被折断。

3.14

树干折断率　trunk snapping percentage

折断的橡胶树株数占总株数的百分比，单位为百分率（%）。

3.15

叶片损伤　leaf damage

橡胶树受损伤部位表现为叶片，包括因损伤造成的叶片非正常生长和脱落等。

3.16

叶片损伤率　percentage of damaged leaves

因损伤导致的、丧失或者部分丧失生理功能的叶片数占树冠总叶片数百分比，单位为百分率（%）。

3.17

胶园损伤率　percentage of rubber trees damaged

表现树干折断、树干损伤和叶片损伤的植株数占胶园总植株数的百分比，单位为百分率（%）。

3.18

报废率　tree discarding percentage

经鉴定为报废的橡胶树植株数量占整个树位的百分比，单位为百分率（%）。

4　损伤级别

4.1　损伤分级单位

损伤分级均以单株为单位。

4.2　火烧损伤分级

橡胶树的火烧损伤根据树围烧伤率和烧伤树干平均高度不同，分成不损伤、一般损伤、严重损伤和报废 4 个级别，具体分级指标见表 1。

表 1 橡胶树火烧损伤分级

树围烧伤率(X_1)，%	烧伤树干高度(H)，cm			
	$0<H\leqslant 2$	$2<H\leqslant 10$	$10<H\leqslant 20$	$H>20$
$0<X_1\leqslant 10$	不损伤	一般损伤	严重损伤	报废
$10<X_1\leqslant 60$	一般损伤	严重损伤	报废	报废
$X_1>60$	一般损伤	报废	报废	报废

4.3 非火烧损伤分级

对橡胶树除火烧损伤之外因受其他外力造成的伤害，具体分级指标见表 2。

表 2 橡胶树非火烧损伤分级

序号	损伤类别	损伤分级及指标			
		不损伤	一般损伤	严重损伤	报废
1	树干树皮损伤面积(B)，cm^2	$0<B\leqslant 5$	$5<B\leqslant 20$	$20<B\leqslant 30$	$B>30$
2	树干木质部损伤面积(M)，cm^2	0	$0<M\leqslant 5$	$5<M\leqslant 20$	$M>20$
3	树干环状损伤程度(X_2)，%	$0<X_2\leqslant 10$	$10<X_2\leqslant 30$	$30<X_2\leqslant 50$	$X_2>50$
4	叶片损伤率(L)，%	$0<L\leqslant 10$	$10<L\leqslant 30$	$L>30$	—

5 鉴定方法

5.1 橡胶树损伤的总体调查

对损伤的胶园，调查并记录以下情况：

a) 损伤胶园位置；

b) 林段名称；

c) 林段朝向；

d) 林段坡度；

e) 调查胶园品种；

f) 调查胶园割龄；

g) 调查胶园株数。

5.2 橡胶树损伤测定

5.2.1 烧伤率测定

在火烧损伤胶园内，损伤胶树少于 20 株单株全部调查。超过 20 株从火源起始点连续选出不少于 20 株胶树，进行各项指标的测定。树围火烧率取平均值。鉴定时间应选择在火烧后 3 个月胶树抽叶整齐后。

树围烧伤率按式(1)计算。

$$X_1=\frac{Y_1}{Z_1}\times 100 \quad\quad (1)$$

式中：

X_1——树围烧伤率，单位为百分率(%)；

Y_1——被调查火烧胶树的烧伤树围长度，单位为厘米(cm)；

Z_1——被调查胶树的树围周长，单位为厘米(cm)。

计算结果保留整数。

5.2.2 非火烧损伤测定

5.2.2.1 测定样株的选择

在损伤胶园内，损伤橡胶树少于 20 株，单株全部调查，超过 20 株从表现损伤的植株中，连续选出不少于 20 株胶树，进行各指标的测定。

5.2.2.2 树干树皮损伤面积测定

测量每株树干树皮损伤面积，单位为平方厘米(cm^2)。取各株测量结果的平均值，结果保留整数。

5.2.2.3 树干木质部损伤面积测定

在完成 5.2.2.2 树干树皮损伤面积的测定后，对同批样本树，测量每株木质部损伤面积，单位为平方厘米(cm^2)。取各株测量结果的平均值，结果保留整数。

5.2.2.4 树干环状损伤程度测定

测量每株树干环状损伤的伤口长度和环状损伤处的树干周长，单位为平方厘米(cm^2)。

树干环状损伤程度按式(2)计算。

$$X_2 = \frac{Y_2}{Z_2} \times 100 \quad \cdots\cdots (2)$$

式中：

X_2——树干环状损伤程度，单位为百分率(%)；

Y_2——被测量植株环状损伤伤口长度，单位为厘米(cm)；

Z_2——被测量植株在环状损伤处树干周长，单位为厘米(cm)。

计算结果保留整数，调查报告取各株测量结果的平均值。

5.2.2.5 树干折断率测定

在损伤胶园内，计数树干折断的株数和胶园橡胶总株数。计数结果带入式(3)，计算树干折断率。

树干折断率按式(3)计算。

$$X_3 = \frac{Y_3}{Z_3} \times 100 \quad \cdots\cdots (3)$$

式中：

X_3——树干折断率，单位为百分率(%)，结果保留整数；

Y_3——整个胶园橡胶植株中树干折断株数，单位为株；

Z_3——胶园橡胶植株总数，单位为株。

5.2.2.6 叶片损伤率测定

用目测法估计树冠上丧失或者部分丧失生理功能的叶片占整个树冠叶片的百分比，并与临近胶园做比较。单株调查取平均值，单位为百分率(%)，结果保留整数。

5.2.2.7 胶园损伤测定

在损伤胶园内，逐株观察和计数各种损伤表现的植株数，一株树上出现多种损伤表现的，不重复统计，按重要的一级做出鉴定。用胶园损伤率和胶园损伤指数来判定胶园损伤程度。

胶园损伤率按式(4)计算。

$$X_4 = \frac{Y_4}{Z_4} \times 100 \quad \cdots\cdots (4)$$

式中：

X_4——胶园损伤率，单位为百分率(%)，结果保留整数；

Y_4——整个胶园损伤植株数，单位为株；

Z_4——胶园橡胶植株总数，单位为株。

胶园损伤指数按式(5)计算。

$$X_5 = \frac{Y_5}{Z_5} \times 100 \quad \cdots\cdots (5)$$

式中：

X_5——胶园损伤指数,结果保留整数;

Y_5 ——∑(各损伤级值×该级别株数),单位为株;

Z_5 ——最高损伤级值×胶园橡胶植株总数,单位为株。

注:损伤分级值,0 级为不损伤;1 级为一般损伤;2 级为严重损伤;3 级为报废。各损伤分级标准对照表 1 和表 2。

6 判定规则

6.1 火烧损伤

树围火烧率和火烧树干高度 2 项指标同时达到表 1 标准,即认定该株橡胶树达到相应损伤级别。

6.2 非火烧损伤

同一株树遭受多种不同程度损害时,按最重的一级做出鉴定结论。

6.3 报废标准

单株橡胶树在 2 m 以下树干折断或因树皮、木质部损害造成橡胶树丧失产胶能力的均视为单株报废。单株报废胶树占整个胶园的 60%以上或胶园有效割株<225 株/hm^2(云南植胶区<150 株/hm^2),整个胶园报废。

7 复检

对测定结果有争议时,应对有争议的指标、使用同样的方法复检,以一次复检为限,结果以复检为准。

8 鉴定人员

损伤鉴定人员需要具有多年从事橡胶树种植和生产管理经验的高级专业技术职称及相当高级职称人员,或者从事橡胶生产研究的高级职称及相当高级职称研究人员。

9 鉴定报告

橡胶树损伤鉴定报告应根据调查、测定结果,实事求是编撰,应体现伤害总体情况、损伤率、损伤指标测定结果以及损伤发生日期和鉴定日期等要素。

10 留存档案

统计橡胶树受损株数,对受损橡胶树标注编号,并拍照测定橡胶树伤害部位,按照附录 A 留存作档案,涉事各方有权查阅原始记录和保存复印件。

附　录　A
(规范性附录)
损伤鉴定登记格式档案

A.1　橡胶树树干树皮、木质部损伤面积和叶片损失率登记

见表 A.1。

表 A.1　橡胶树树干树皮、木质部损伤面积和叶片损失率登记

调查株序号	树干树皮损伤面积, cm^2	树干木质部损伤面积, cm^2	叶片损伤率,%
1			
2			
3			
……			
平均值			

A.2　树干环状损伤程度登记

见表 A.2。

表 A.2　树干环状损伤程度登记

调查株序号	环状损伤伤口长度,cm	环状损伤处树干周长,cm	环状损伤程度,%
1			
2			
3			
……			
平均值			

A.3　火烧胶园损伤登记

见表 A.3。

表 A.3　火烧胶园损伤登记

调查株序号	烧伤长度,cm	过火位置树围长度,cm	树围烧伤率,%	烧伤高度,cm
1				
2				
3				
……				
平均值				

附加说明:

本标准按照 GB/T 1.1—2009 给出的规则起草。

本标准由中华人民共和国农业农村部提出。

本标准由农业农村部热带作物及制品标准化技术委员会归口。

本标准起草单位：中国热带农业科学院橡胶研究所。

本标准起草人：校现周、罗世巧、魏芳、高宏华、杨文凤、仇键、吴明。

中华人民共和国农业行业标准

剑麻制品　包装、标识、储存和运输

Sisal products—Packing, marking, storage and transportation

NY/T 3324—2018

1　范围

本标准规定了剑麻制品的包装、标识、储存和运输。

本标准适用于剑麻纱、剑麻钢丝绳芯、剑麻布、剑麻地毯、剑麻白棕绳，其他剑麻制品参照使用。

2　包装

2.1　包装方式

剑麻制品的包装选用以下包装方式：捆扎、袋装和箱装。

2.2　包装要求

2.2.1　基本要求

剑麻制品的捆扎应整齐、卷绕结实或盘绕成圆柱状，捆扎、袋装与箱装的缝扎应结实牢固，保证制品在储存和运输期间不松散、变形损坏和受潮腐蚀。每件包装应是同一类别、规格、等级和状态的制品。

2.2.2　剑麻纱

普通包装以三捆剑麻纱重叠放置编织袋装好，并缝扎袋口；特殊包装每捆(卷)剑麻纱用牛皮纸或收缩膜包装后，再进行捆扎或箱装。

2.2.3　剑麻钢丝绳芯

以木轮、铁棒或塑料棒为轴芯，剑麻钢丝绳芯环绕成捆，再用绳或股绳捆扎固定，外层用编织布包好。

2.2.4　剑麻布

剑麻布捆扎时两端应基本平整，用两道或三道线带捆扎，外层用编织布包好。

2.2.5　剑麻地毯

以 30 m 长度的剑麻地毯为一捆，捆扎时两端应基本平整，用两道或三道线带捆扎。每捆剑麻地毯内用薄膜，外用编织布包裹。

2.2.6　剑麻白棕绳

直径规格 14 mm 以上的剑麻白棕绳应每捆为一件，绳索长度为(220±6.6)m；直径规格小于 14 mm 的绳索可多捆合为一件，绳索长度为(220±11)m。每捆白棕绳先用绳或股绳捆扎，再用编织布包好，外层再次用绳或股绳捆扎。捆扎白棕绳的绳或股绳质量不应超过自身净质量的 0.5%。每包白棕绳净质量≥25 kg 时，允差±1.5%；净质量<25 kg 时，允差±2.0%。

2.3　包装材料

用单位质量为 60 g/m^2～100 g/m^2 的聚丙烯编织布、编织袋，或牛皮纸、收缩膜、纸箱进行包装。

中华人民共和国农业部 2018-12-19 发布　　　　2019-06-01 实施

3 标识

3.1 标识内容

剑麻制品每个包装应标识以下内容：

——注册商标；

——制品名称；

——规格；

——等级；

——净含量；

——标准编号(如适用)；

——批号；

——生产厂家；

——厂址；

——生产日期。

3.2 标识要求

3.2.1 标识应置于每个制品包装的明显位置。

3.2.2 标识的文字、图案印刷应清楚、整齐、牢固和完整。

3.2.3 每个批号的制品出厂时，应附有产品检验合格证。

4 储存

4.1 剑麻制品应仓库储存，并按不同类别、不同规格、不同等级、不同批次分别堆放。

4.2 仓库应保持清洁、干燥、通风良好，防止制品受潮、受污染、受虫害。

4.3 仓库应严禁烟火和热源，设置必要的消防设备和防火标识。

5 运输

运输时应保证制品清洁、干燥，不应与易燃、易爆和有损制品质量的物品混装。

附加说明：

本标准按照 GB/T 1.1—2009 给出的规则起草。

本标准由中华人民共和国农业农村部提出。

本标准由农业农村部热带作物及制品标准化技术委员会归口。

本标准起草单位：农业农村部剑麻及制品质量监督检验测试中心、广东广垦东方剑麻股份有限公司。

本标准主要起草人：陈伟南、陶进转、王兴全、陈海燕、陈士伟、陈莉莎、刘海燕。

中华人民共和国农业行业标准

NY/T 3325—2018

菠萝叶纤维麻条

Pineapple leaf fiber sliver

1 范围

本标准规定了菠萝叶纤维麻条的术语和定义、要求、取样、验收规则、包装、标识、运输、储存。

本标准适用于菠萝叶纤维麻条。

2 规范性引用文件

下列文件对于本文件的应用是必不可少的。凡是注日期的引用文件，仅注日期的版本适用于本文件。凡是不注日期的引用文件，其最新版本(包括所有的修改单)适用于本文件。

GB/T 9995 纺织材料含水率和回潮率的测定 烘箱干燥法

GB/T 18146.2—2015 大麻纤维 第2部分：大麻麻条

GB/T 18147.1 大麻纤维试验方法 第1部分：含油率试验方法

GB/T 18147.3 大麻纤维试验方法 第3部分：长度试验方法

GB/T 18147.4 大麻纤维试验方法 第4部分：细度试验方法

GB/T 18147.5 大麻纤维试验方法 第5部分：断裂强度试验方法

GB/T 18147.6 大麻纤维试验方法 第6部分：疵点试验方法

NY/T 2444 菠萝叶纤维

3 术语和定义

NY/T 2444界定的以及下列术语和定义适用于本文件。

3.1

菠萝叶纤维麻条 pineapple leaf fiber sliver

菠萝叶纤维精干麻经加油给湿、软麻、梳理后得到的纤维条状集合体。

3.2

短纤维率 short fiber content

30 mm及以下长度的短纤维质量占纤维总质量的百分率。

3.3

硬条率 strip fiber content

难以分开的麻纤维束(包括硬丝、密集、麻皮)质量占纤维总质量的百分率。

4 要求

4.1 分级

中华人民共和国农业部 2018-12-19 发布　　2019-06-01 实施

菠萝叶纤维麻条分为一等、二等两个等级。

4.2 外观

菠萝叶纤维麻条各等级外观应符合表 1 的规定。

表 1 菠萝叶纤维麻条的外观及试验方法

项目	一等	二等	试验方法
外观	颜色一致，光泽好，纤维柔软松散，没有扭结及杂质	颜色基本均匀，有光泽，纤维柔软松散，有少许扭结及杂质	在自然光下，通过目测来评定菠萝叶纤维麻条的色泽、扭结及杂质，通过触摸来评定纤维柔软度

4.3 理化性能

菠萝叶纤维麻条各等级理化性能应符合表 2 的规定。

表 2 菠萝叶纤维麻条的理化性能及试验方法

项目	一等	二等	试验方法
细度，dtex	≤20.0	≤25.0	GB/T 18147.4
断裂强度，cN/dtex	≥2.1	≥1.6	GB/T 18147.5
含油率，%	≤2.0		GB/T 18147.1
平均长度，mm	≥70.0		GB/T 18147.3
短纤维率，%	≤15.0	≤20.0	GB/T 18147.3
每米质量变异系数，%	≤4.0	≤8.0	GB/T 18146.2—2015 中 5.3
硬条率，%	≤8.0	≤15.0	GB/T 18147.6
麻粒，个/g	≤15	≤20	GB/T 18147.6
回潮率，%	≤14.0		GB/T 9995

5 取样

5.1 取样数量

按同一批次、同一等级的菠萝叶纤维麻条件数随机取样，取样数量见表 3。

表 3 菠萝叶纤维麻条的取样数量

每批件数	≤2	≤5	≤10	≤25	≤350	>350
取样件数	1	2	3	4	5	6

5.2 取样方法

5.2.1 外观试验取样

每件中每个麻球取麻条 2 根，每根 3 m，共取 10 根。

5.2.2 回潮率试验取样

在每件中随机抽取一个麻球，从麻球中部和外层各取约 25 g，密闭封装。

5.2.3 每米质量变异系数试验取样

从外观检验后的样品中，每根抽取 2 条，每条 1 m，共 20 条。

5.2.4 细度、断裂强度、含油率、平均长度、短纤维率、硬条率、麻粒试验取样

在测完每米质量变异系数的试样中，随机抽取 3 根麻条，每根麻条取 1 个约 300 mg 试样，测细度；每根麻条取 4 个试样，每个约 8 mg，测断裂强度；每根麻条取 1 个约 5 g 试样，测含油率；每根麻条取 1 个约 500 mg 试样，测平均长度、短纤维率；每根麻条取 1 个约 1 g 试样，测硬条率、麻粒。

6 验收规则

6.1 菠萝叶纤维麻条应逐批检验，经检验合格的产品应附等级产品合格证。

6.2 菠萝叶纤维麻条质量按公定质量（m_k）验收，按式（1）计算，结果保留3位小数。

$$m_k=\left(m_1-\frac{m_0\times n}{1000}\right)\times\frac{100+13}{100+R} \quad\cdots\cdots(1)$$

式中：

m_k ——公定质量，单位为吨（t）；

m_1 ——毛重，单位为吨（t）；

m_0 ——单件包装物平均质量，单位为千克（kg）；

n ——菠萝叶纤维麻条件数；

R ——菠萝叶纤维麻条实测回潮率，单位为百分率（%）。

注：菠萝叶纤维麻条公定回潮率为13%。

6.3 收货方验收时，如发现菠萝叶纤维麻条质量与等级产品合格证不符，应在货到一个月内提出复验，并限于收货方未使用过的产品。

6.4 交易双方的任何一方对检验结果有异议时，可申请复验或交有关部门仲裁。

7 包装、标识、运输、储存

7.1 包装

7.1.1 菠萝叶纤维麻条绕成每个约5 kg麻球，用透明塑料袋装，袋内应装有生产检验单。

7.1.2 5个麻球组成一件，用编织袋包严、缝牢。

7.2 标识

每件菠萝叶纤维麻条应附有标识，标明产品名称、等级、批次、净质量、生产单位名称与地址、生产日期。

7.3 运输

菠萝叶纤维麻条运输中应该保持清洁、防火、防雨、防潮，不应与易燃、易爆和腐蚀性物品混装。

7.4 储存

菠萝叶纤维麻条应分别按等级和批次堆放在清洁、干燥、通风良好的仓库中，防止受潮。严禁烟火，不与易燃、易爆和腐蚀性物品一起堆放。

附加说明：

本标准按照GB/T 1.1—2009给出的规则起草。

本标准由中华人民共和国农业农村部提出。

本标准由农业农村部热带作物及制品标准化技术委员会归口。

本标准起草单位：中国热带农业科学院农业机械研究所。

本标准主要起草人：李明福、何俊燕、张劲、连文伟、黄涛、庄志凯、邓干然、欧忠庆。

中华人民共和国农业行业标准

菠萝叶纤维精干麻

Degummed pineapple leaf fiber

NY/T 3326—2018

1 范围

本标准规定了菠萝叶纤维精干麻的术语和定义、技术要求、抽样与试样制备、试验方法、检验规则、包装、标识、运输、储存。

本标准适用于菠萝叶纤维精干麻。

2 规范性引用文件

下列文件对于本文件的应用是必不可少的。凡是注日期的引用文件,仅注日期的版本适用于本文件。凡是不注日期的引用文件,其最新版本(包括所有的修改单)适用于本文件。

GB/T 7573 纺织品 水萃取液 pH 值的测定

GB/T 9995 纺织材料含水率和回潮率的测定 烘箱干燥法

GB/T 12411—2006 黄、红麻纤维试验方法

GB/T 18147.2 大麻纤维试验方法 第 2 部分:残胶率试验方法

GB/T 18147.4 大麻纤维试验方法 第 4 部分:细度试验方法

GB/T 18147.5 大麻纤维试验方法 第 5 部分:断裂强度试验方法

GB/T 20793—2015 苎麻精干麻

3 术语和定义

下列术语和定义适用于本文件。

3.1

菠萝叶纤维精干麻 degummed pineapple leaf fiber

菠萝叶纤维经过物理、生物或化学工艺脱胶,并经给油、烘干处理得到的纤维。

3.2

硬块 lump

束纤维中粘连成块状的部分。

3.3

硬条 under degummed(fiber)bundle

束纤维中难以分开的纤维。

3.4

杂质 foreign matter

纤维上附着的青皮、纤维屑、胶质等物质的总称。

中华人民共和国农业部 2018-12-19 发布　　2019-06-01 实施

4 技术要求

菠萝叶纤维精干麻质量等级按外观品质条件和技术指标分为一等、二等两级。

表 1 外观品质条件与技术指标

<table>
<tr><th rowspan="2">级别</th><th rowspan="2">外观特征</th><th colspan="6">技术指标</th></tr>
<tr><th>断裂强度
cN/dtex</th><th>细度
dtex</th><th>回潮率
%</th><th>残胶率
%</th><th>含油率
%</th><th>pH</th></tr>
<tr><td>一等</td><td>色泽鲜亮，纤维表面呈乳白色，脱胶均匀，纤维柔软松散</td><td>≥2.5</td><td>≤20.0</td><td rowspan="2">≤13.0</td><td>≤16.0</td><td rowspan="2">0.5～1.5</td><td rowspan="2">5.0～8.0</td></tr>
<tr><td>二等</td><td>色泽暗淡，脱胶稍差，纤维柔软性较差，有明显硬块、硬条存在</td><td>≥2.0</td><td>≤25.0</td><td>≤20.0</td></tr>
</table>

5 抽样与试样制备

5.1 抽样

按每一交货批(同品种、同等级、同一加工工艺为一批)包数的多少而定，抽样数量见表 2。

表 2 抽样数量

每批包数	≤2	≤5	≤10	≤25	≤350	>350
抽样包数	1	2	3	4	5	6

5.2 试样制备

从批样的每包中随机抽取质量约为 300 g 的精干麻作为实验室试样。

6 试验方法

6.1 断裂强度

将实验样品整理平直，从试样中段剪取 300 mm，整理成粗细均匀的一束纤维，称取每束质量为 1.00 g 试样。按 GB/T 18147.5 的规定执行。

6.2 细度

从试样中随机抽取质量约为 300 mg 的精干麻作为试样，用手扯法整理 3 次，成一端整齐的试样。按 GB/T 18147.4 的规定执行。

6.3 回潮率

按 GB/T 9995 的规定执行。

6.4 残胶率

按 GB/T 18147.2 的规定执行。

6.5 含油率

按 GB/T 20793—2015 中 6.7 的规定执行。

6.6 pH

按 GB/T 7573 的规定执行。

6.7 含杂率

按 GB/T 12411—2006 中 5.3 的规定执行。

7 检验规则

7.1 菠萝叶纤维精干麻生产企业应对产品进行检验，按达到产品的外观品质条件和技术指标的最低项进行定级，经检验合格的产品应附等级产品合格证。

7.2 纤维包公定质量按式(1)计算，结果保留3位小数。

$$m_k = m \times \frac{100+13}{100+R} \times \frac{100-W}{100} \tag{1}$$

式中：

m_k ——公定质量，单位为吨(t)；

m ——实际质量，单位为吨(t)；

R ——实际回潮率，单位为百分率(%)；

W ——实际含杂率，单位为百分率(%)。

注：菠萝叶纤维精干麻公定回潮率为13%。

7.3 收货方验收时，如发现菠萝叶纤维精干麻质量与等级产品合格证不符，应在货到一个月内提出复验，并限于收货方未使用过的产品。

7.4 交易双方的任何一方对检验结果有异议时，可申请复验或交有关部门仲裁。

8 包装、标识、运输、储存

8.1 包装

每件精干麻包应由同一品种、同一批次、同一等级的菠萝叶纤维精干麻组成，打包时基梢分清，伸直整齐。按规定的长方体定型后用镀锌铁丝或打包带捆扎，每包至少扎4道。包质量和外观尺寸应符合表3的规定。

表3 菠萝叶纤维精干麻的包质量和外观尺寸要求

项目	包质量，kg	长，mm	宽，mm	高，mm
要求	30.0±0.5	800^{+50}_{0}	500^{+50}_{0}	400^{+50}_{0}

8.2 标识

每件精干麻包应附有标识，标明生产(加工)单位名称、地址、产品标准代号、批次、等级、质量、生产日期。

8.3 运输

纤维运输中应该保持清洁、防火、防雨、防潮，不应与易燃、易爆和腐蚀性物品混装。

8.4 储存

产品应按等级分别堆放在室内的仓垫物上，保持清洁、干燥、通风良好，防止纤维受潮，严禁烟火。不应与易燃、易爆和腐蚀性物品一起堆放。

附加说明：

本标准按照GB/T 1.1—2009给出的规则起草。

本标准由中华人民共和国农业农村部提出。

本标准由农业农村部热带作物及制品标准化技术委员会归口。

本标准起草单位：中国热带农业科学院农业机械研究所。

本标准主要起草人：张劲、庄志凯、李明福、何俊燕、黄涛、欧忠庆、连文伟、邓干然。

中华人民共和国农业行业标准

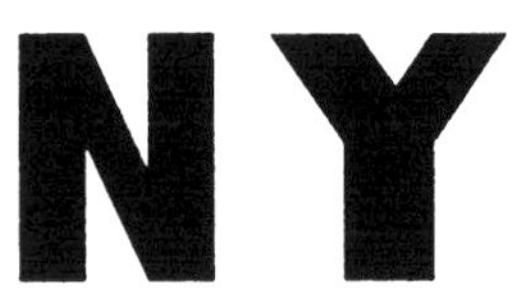

辣木种苗生产技术规程

Technical code of practice for production of moringa seedlings

NY/T 3328—2018

1 范围

本标准规定了辣木种苗生产过程中的苗圃建设、实生苗培育等。

本标准适用于辣木(*Moringa oleifera* Lam.)种苗的生产。

2 规范性引用文件

下列文件对于本文件的应用是必不可少的。凡是注日期的引用文件,仅注日期的版本适用于本文件。凡是不注日期的引用文件,其最新版本(包括所有的修改单)适用于本文件。

NY/T 5010 无公害农产品 种植业产地环境条件

3 苗圃建设

3.1 苗圃选择

苗圃环境质量应符合 NY/T 5010 的相关要求,适宜栽培地区的温度应满足年平均气温≥19℃,最冷月平均气温≥12℃。苗圃地宜选择交通方便、静风向阳、水源充足、排灌便利;土壤疏松肥沃,pH 5.0~6.5 的平坦地块。苗圃地应与其他辣木园隔离 100 m 以上,忌辣木连作地块。

3.2 苗圃基础设施

苗圃应合理设置道路系统,排灌系统和防寒、遮阳设施。

4 实生苗培育

4.1 种子选择

种子要从生长健壮、无病虫害的多油辣木优良品系(种源)中的优株上采集。选择完全成熟、籽粒饱满、无皱缩、无破损的种子,置于阴凉、通风、干燥处储存。种子以半年内播种为宜。

4.2 育苗时间

日平均气温稳定高于 15℃以上时育苗,以春秋为宜。

4.3 浸种

将种子置于清水中浸泡 8 h~12 h 后捞出,用甲基硫菌灵 70%可湿性粉剂 700 倍液或 50%多菌灵可湿性粉剂 1 000 倍液浸种消毒 30 min,用清水冲洗后催芽。

4.4 催芽

4.4.1 苗床催芽

选择靠近育苗地、静风、水源方便的土地,除去杂草、石块等杂物,平整土地。催芽床畦面宽1.0 m~1.2 m,放入河沙,厚度 20 cm~25 cm,周围宜用红砖或木板等材料固定。

中华人民共和国农业部 2018-12-19 发布　　2019-06-01 实施

用平直的木棍将沙床平整好，将种子均匀撒播在沙床上，不重叠，覆上 1.5 cm～2.0 cm 厚的细沙，播种密度约 3 000 粒/m^2，淋透水。在沙床上方用竹片等弯成拱形，拱棚高 30 cm～40 cm，盖上薄膜。淋水保持沙床湿润，待种子露白即进行播种。

4.4.2 恒温培养箱催芽

将浸泡好的种子用湿纱布或湿毛巾包裹起来，放入 30℃左右的培养箱里，每天清洗种子 2 次，并保持纱布或毛巾湿润，待种子露白即行播种。

4.5 营养袋规格

宜选择规格为高 15 cm～18 cm、口径 10 cm～12 cm、厚 0.03 mm 的黑色塑料营养袋。

4.6 营养土配制

选择保水、保肥、通气性好的轻质材料（泥炭土、椰糠、沙、煤渣、蛭石、珍珠岩、木屑和菌渣等），与园土、腐熟有机肥混合均匀后备用。常用的有园土、泥炭土、腐熟有机肥，比例为 6∶3∶1。

4.7 装袋

营养土装袋后，压紧，土表距袋口 3 cm～4 cm，整齐排置于苗床上，袋间相互靠紧。10 袋～12 袋排一行，留 40 cm～50 cm 的小路。

4.8 播种

将露白的种子放置在营养袋中间位置，每个营养袋播 1 粒种子，深度 1.5 cm～2 cm，播后覆土淋透水。

4.9 苗期管理

4.9.1 遮阳避雨

辣木幼苗期，宜选择 40%～50%的遮阳网遮阳防晒；雨季宜用塑料膜搭盖拱棚避雨。

4.9.2 除草

播种后，及时拔除杂草。

4.9.3 水分管理

适时淋水，保持土壤湿润。当苗木达到出圃要求后，减少淋水次数。

4.9.4 追肥

幼苗 2 片真叶后，视苗木生长情况酌情施肥，如叶色发黄、生长细弱，浇施 0.5%高氮、低磷、低钾且溶解性好的复合肥。施后保持苗床湿润，15 d 左右追肥 1 次。苗木即将出圃时，不宜追肥。

4.9.5 病虫害防治

辣木苗期害虫有小菜蛾、斜纹夜蛾、尺蛾、黄毒蛾、二斑叶螨、神泽叶螨、桃蚜、柑橘二叉蚜虫等，重点防治小菜蛾、蚜虫、螨类。辣木苗期病害主要有炭疽病、叶斑病、茎腐病等。病虫害防治贯彻“预防为主，综合防治”的植保方针，观察病虫害发生情况，尽早发现，及时防治，在最小范围将病虫害控制，不得使用国家明令禁止的农药和高毒农药。

4.9.6 防寒管理

搭建大棚或塑料拱棚防寒。

4.9.7 炼苗

当苗高 20 cm 以上时，进行炼苗，炼苗 7 d 后全光照。炼苗期间应适当减少淋水次数，并停止施肥。出圃前 2 d～3 d 停止浇水。

4.9.8 出圃

种苗达到出圃要求时起苗，从苗床一端依次起苗。起苗时保持容器完整不破损，移动时将穿出营养袋的根剪断，叶片较多的种苗可剪去部分叶片。

附　录　A
（资料性附录）
辣木容器苗生产记录档案

辣木容器苗生产记录档案见表 A.1。

表 A.1　辣木容器苗生产记录档案

生产单位名称：　　　　　　　　　　　　　　　　　　　　生产单位负责人：

地点 或地块	种子来源	催芽 日期	催芽数量 粒	出芽率 %	播种 日期	播种数量 粒	成苗率 %	出圃 日期	出圃苗数 株

记录人（签字）：　　　　　　　　　　　　　　　　　　　　年　月　日

附 录 B
（资料性附录）
辣木种苗标签

辣木种苗标签格式见图 B.1。

单位为毫米

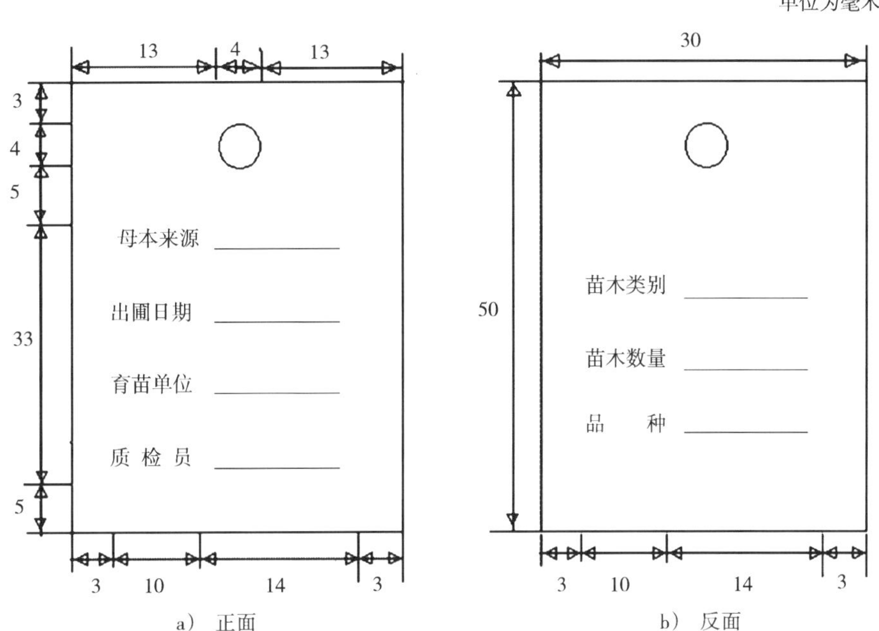

注：标签的用材为厚度约 0.2 mm 的聚乙烯塑料薄片或牛皮纸。

图 B.1 辣木种苗标签

附加说明：

本标准按照 GB/T 1.1—2009 给出的规则起草。

本标准由中华人民共和国农业农村部提出。

本标准由农业农村部热带作物及制品标准化委员会归口。

本标准起草单位：福建省农业科学院果树研究所、云南农业大学、云南省热带作物科学研究所、云南省农业科学院热区生态农业研究所、中国热带农业科学院热带作物品种资源研究所。

本标准主要起草人：叶新福、韦晓霞、盛军、李海泉、金杰、高敏霞、王小安、潘少霖、党选民、田洋、段波、李贵华、龙继明。

中华人民共和国农业行业标准

咖啡种苗生产技术规程

Technical code of practice for production of coffee seedlings

NY/T 3329—2018

1 范围

本标准规定了咖啡(*Coffea* spp.)种苗生产的种子园建立、采穗圃建立、实生苗繁育、嫁接苗繁育、出圃等技术要求。

本标准适用于咖啡实生苗、嫁接苗的生产。

2 规范性引用文件

下列文件对于本文件的应用是必不可少的。凡是注日期的引用文件,仅注日期的版本适用于本文件。凡是不注日期的引用文件,其最新版本(包括所有的修改单)适用于本文件。

NY/T 358—2014 咖啡 种子种苗

NY/T 922 咖啡栽培技术规程

NY/T 1698 小粒种咖啡病虫害防治技术规程

NY/T 5010 无公害农产品 种植业产地环境条件

3 种子园建立

3.1 立地条件

小粒种选择年均温 19.0℃～21.0℃,中粒种选择年均温 21.0℃～25.0℃,绝对最低温>0℃,冬季无霜地区建园;要求土壤肥沃、排水良好,土壤 pH 5.5～6.5。

3.2 品种选择

小粒种(*C. ababica* L.)应选择高产、优质、抗锈病品种,如 CIFC7963、德热 132、T8667、T5175、CCCA25、Pt、P2、P3、波邦和铁毕卡等优良品种;中粒种(*C. canephora* Pierre ex Froehner)和查理种(*C. liberica* var. *Dewevrei*)应选择与接穗品种亲和力强、长势健壮、株高中等、抗锈病、果实大小中等的品种。

3.3 采种树的定植及管理

按 NY/T 922 的规定执行。

3.4 采种母树的选择

采种树树龄 5 龄～20 龄,长势健壮,未感染锈病,无果小蠹危害,高产稳产优质。

4 采穗圃建立

4.1 立地条件

条件要求同 3.1。

4.2 品种选择

中华人民共和国农业部 2018-12-19 发布　　2019-06-01 实施

选择高产、优质、抗锈病的杂交品种，如小粒种德热 38 等杂交种(F_1 代)；中粒种热研 1 号、热研 2 号、热研 3 号、热研 4 号等品种。

4.3 采穗树定植及管理

小粒种定植株行距 1.0 m×2.0 m，中粒种定植株行距为 2.5 m×2.5 m。采穗植株留主干 3 条～4 条，定期进行截干、弯干，培养健壮直生枝。除去树冠内部徒长的和细弱的直生枝。采穗圃规划、开垦、水肥管理参照 NY/T 922 的规定执行。

4.4 采穗母树选择

选择直生枝生长健壮、节间距小于 10 cm、叶片亮绿无病虫斑的 3 龄～20 龄植株作为采穗树。

5 实生苗繁育

5.1 苗圃地选择

苗圃地环境质量除应符合 NY/T 5010 的相关规定外，宜选择交通便利、水源丰富、背风向阳、地势开阔、无霜、土壤肥沃且排水良好的平地或缓坡地作苗圃。前作曾发生咖啡易感染病虫害的地块，不宜选作苗圃。

5.2 种子采集与处理

种子园中选择生长健壮、无病虫害的植株为优良母树，在果实盛熟期，采摘充分成熟、果形正常、饱满、具有 2 粒种子的果实，手工或机械脱皮。用下列方法于当天进行脱果胶：

a) 清水浸泡 24 h～48 h，手搓感觉粗糙即可；

b) 0.05 mol/L 氢氧化钠溶液浸泡种子 5 min 或 0.1 g/kg～0.4 g/kg 果胶酶水溶液浸泡种子 40 min 后手搓脱胶；

c) 草木灰与带果胶的湿种子加少量水拌成糊状，手搓到有粗糙感。

脱果胶后的种子用清水洗净，除去浮在水面上的空瘪或损伤的咖啡豆，晾干，切忌暴晒。晾干的种子最好在一个月内播种，或放于阴凉、通风、干燥处储存，储存期小于 3 个月。种子质量应符合 NY/T 358—2014 的规定。

5.3 沙床催芽

5.3.1 沙床准备

采用砖、木板等材料围成长方形方框，宽 100 cm、高 30 cm，方框内铺 15 cm～20 cm 厚的中细河沙；或在平整好的苗圃地起畦，畦宽 100 cm、高 10 cm～15 cm，长视地形而定，畦间距 40 cm，畦面铺 10 cm～15 cm 的中细河沙。沙床上方需搭盖遮阳网，高 1.5 m～1.8 m，荫蔽度 70%～80%。

5.3.2 催芽时期

依据当地果实盛熟期和用苗时期而定。当年播种当年定植，宜在前一年 11 月至当年 1 月催芽；当年播种隔年定植，宜在当年 2 月～5 月催芽。

5.3.3 种子处理

播种前，用常温清水浸泡 24 h，或始温约 40℃的热水浸泡 18 h。种子浸泡后，用 1%硫酸铜溶液浸泡 5 min。

5.3.4 播种

用 50%多菌灵可湿性粉剂 500 倍液淋沙床和稻草、椰丝等覆盖物。种子按 300 g/m^2～500 g/m^2 均匀播于沙床上，种子间不重叠，播后用木板压平，表面覆盖一层厚 1.0 cm～1.5 cm 的薄沙，以不露出种子为宜，再盖上 2.0 cm～3.0 cm 厚的稻草或椰丝，淋水。在沙床上方用竹片或粗铁线等弯成拱形，小拱棚高 40 cm～50 cm，盖上薄膜。

5.3.5 管理

为了预防小苗立枯病，在种子出土到移栽前，每隔 10 d～15 d 用 75%百菌清粉剂 600 倍液或 70%代森锰锌可湿性粉剂 500 倍液喷药一次。若发生小苗立枯病时，清除发病区的苗及沙，并用上述药液对未发病的小苗喷雾 2 次～3 次，喷药间隔期为 7 d～10 d；在 3 月～5 月间催芽，晴天 12:00～17:00 应将薄膜揭开；催芽期间视情况及时淋水，保持沙床湿润；播种后 40 d～60 d，10%以上的种子出土后，需及时揭开覆盖物和薄膜。

5.4 营养袋育苗

5.4.1 苗圃规划与建设

选择好地块，平整土地后进行苗圃规划。苗圃规划、建设内容包括苗床、道路、肥池及喷灌设施。苗床宽 1.0 m，长根据地形地势而定，苗床间道路宽 40 cm。搭盖荫棚高 1.8 m～2.0 m，荫蔽度 70%～80%，肥池设在苗圃中部或进圃路口旁，布设微喷带分为：

a) 苗床间布设软管微喷带；

b) 苗床上方布设微喷带。

5.4.2 营养土配制

以 2 份～3 份腐熟农家肥、7 份～8 份表土和 0.2 份过磷酸钙或钙镁磷肥加适量腐熟椰糠或腐殖质拌匀配成营养土。

5.4.3 营养袋规格

采用黑色塑料营养钵，高 18 cm～20 cm，直径 12 cm～15 cm。

5.4.4 装袋与摆放

营养土装袋后，按苗床位置成行摆整齐，6 袋～8 袋排一行，苗床间留 40 cm～50 cm 的小路。

5.5 移植

5.5.1 移植时期

以子叶平展、真叶尚未长出前移植为宜。

5.5.2 移植方法

移苗前 1 d，将苗床上营养袋土充分淋湿。移苗时对催芽床充分淋水后铲起小苗，随起随种，保持幼苗根系湿润。凡主根、主干弯曲以及其他病苗弱苗均不得选用。用木棍插入营养袋土中心形成深约 7 cm、口径约 2 cm 的锥形插苗孔，把幼苗的主根剪去 1/5，将苗顺木棍放入袋中，深至根茎交界处，稍向上提，回土压实，植苗后淋足定根水。

5.6 水肥管理

移植后视袋土干湿情况适时淋水。掌握勤施、薄施的原则。在幼苗长出 2 对～3 对真叶后开始施肥，视苗木叶色情况施肥，叶色绿不用施肥，叶色发黄，施用 0.5%复合肥(15∶15∶15)水溶液、腐熟的清粪水 300 倍～500 倍液，15 d 左右追肥 1 次。每次施肥后应立即用清水淋洒小苗，把粘在叶片上或嫩芽上的肥料冲洗掉。

5.7 病害防治

病害防治贯彻“预防为主，综合防治”的植保方针。定期观察幼苗病害发生情况，若发现有褐斑病、炭疽病等病害发生，按照 NY/T 1698 的规定执行。

5.8 炼苗

当苗木长出 8 对～9 对真叶后，出圃前 1 个月进行炼苗，早、晚可打开遮阳网，炼苗 20 d 后全光照。炼苗期间应适当减少淋水次数，并停止施肥。

5.9 实生苗育苗记录

参照附录 A 中的表 A.1 方法记录。

6 嫁接苗繁育

6.1 砧木准备

实生苗培育到茎粗达 0.8 cm～1.0 cm 即可嫁接。

6.2 嫁接时期

适宜嫁接时期为3月～4月或9月～11月，在高温期、低温期、雨天不宜嫁接。

6.3 接穗选取

从采穗圃中优良品种母树上剪取绿色未木质化、粗壮、节间短、芽点饱满的直生枝茎段作为接穗。宜选取顶芽下部第2节～第5节作为接穗，剪去一级分枝和叶片，保留叶柄。

6.4 接穗保存

剪取的接穗最好在当天嫁接完毕，若嫁接地距离采穗圃较远，做好保湿，暂存期不应超过5 d。

6.5 嫁接方法

6.5.1 单芽腹接

6.5.1.1 接穗准备

将芽条剪成长3 cm～4 cm的茎段，剪口上端离芽点1 cm，剪口下端离芽点2 cm～3 cm，用利刀将剪口削平，并由上而下将削好的茎段纵向剖开，分成2个芽片，将剖面削平，芽片下端削成45°的斜面。

6.5.1.2 嫁接步骤

在砧木离地5 cm～10 cm较平直处开一平滑长方形的开口，深达木质部，长、宽比芽片稍大。将削好的芽片插入砧木开口，使砧木与芽片的形成层对齐，再用白色塑料绑带自下而上覆瓦状绑紧。在绑扎过程中，应轻扶芽片，使芽片与砧木形成层对齐。

6.5.2 双芽腹接

6.5.2.1 接穗准备

将芽条剪成长3 cm～4 cm的茎段，剪口上端离芽点1 cm，剪口下端离芽点2 cm～3 cm，用利刀将接穗下端削成楔形。

6.5.2.2 嫁接步骤

在砧木离地5 cm～10 cm较平直处，用利刀沿主干向斜下方开切口，深达砧木直径的1/2～3/4，插入接穗，使砧木与接穗形成层对齐，再用白色塑料绑带自下而上覆瓦状绑紧。

6.6 嫁接后管理

6.6.1 解绑与剪砧

嫁接后20 d～30 d，芽片呈绿色者即可截顶，第一次截顶时砧木上保留1对～2对叶片或分枝；芽接40 d～50 d后解绑；解绑后7 d～10 d或芽片萌芽5 cm～10cm，距嫁接口上端2 cm～3 cm处剪除砧木。

6.6.2 水肥管理

嫁接后未解绑前，视土壤干湿情况适时淋水，保持土壤湿润，但不宜施肥；芽片萌芽后按5.6方法进行施肥。

6.6.3 病虫害防治

嫁接后未解绑前应采用蚂蚁净撒在蚂蚁经常出没的地面防止蚂蚁咬破绑带。其他病害防治方法同5.7。

6.6.4 除萌

及时剪除砧木上的萌芽。

6.7 嫁接苗育苗记录

参照表A.2方法记录。

7 出圃

实生苗质量符合NY/T 358—2014中4.3.2的要求，嫁接苗质量符合NY/T 358—2014中4.3.3的要求，并按NY/T 358—2014中5.11的规定进行疫情检验合格后方可出圃。

附 录 A
(资料性附录)
咖啡育苗技术档案

A.1 咖啡实生苗繁育记录表

见表 A.1。

表 A.1 咖啡实生苗繁育记录表

品种名称			
来源地		种子园	
种子重量,kg			
催芽时间		出芽时间	
装袋时间		装袋数量,株	
出圃时间			
一级苗数,株		一级苗率,%	
二级苗数,株		二级苗率,%	
备注			

育苗责任人: 校准人: 日期:

A.2 咖啡嫁接苗繁育记录表

见表 A.2。

表 A.2 咖啡嫁接苗繁育记录表

品种名称			
砧木来源地(种子园名称及地点)		采穗圃名称及地点	
嫁接时间		嫁接方法	
嫁接株数,株		成活株数,株	
出圃时间			
一级苗数,株		一级苗率,%	
二级苗数,株		二级苗率,%	
备注			

育苗责任人: 校准人: 日期:

附加说明:

本标准按照GB/T 1.1—2009给出的规则起草。

本标准由中华人民共和国农业农村部提出。

本标准由农业农村部热带作物及制品标准化技术委员会归口。

本标准起草单位:中国热带农业科学院香料饮料研究所、云南省德宏热带农业科学研究所。

本标准主要起草人:闫林、董云萍、张洪波、黄丽芳、王晓阳、林兴军、周华、李锦红、孙燕、陈鹏、龙宇宙。

中华人民共和国农业行业标准

辣木鲜叶储藏保鲜技术规程

Technical code for *moringa* fresh leaf

NY/T 3330—2018

1 范围

本标准规定了多油辣木(*Moringa oleifera*)鲜叶储藏保鲜的术语和定义、采收、储藏前准备、入库储藏、出库和运输等技术要求。

本标准适用于多油辣木的鲜叶。

2 规范性引用文件

下列文件对于本文件的应用是必不可少的。凡是注日期的引用文件,仅注日期的版本适用于本文件。凡是不注日期的引用文件,其最新版本(包括所有的修改单)适用于本文件。

GB 4806.7 食品接触用塑料材料及制品

GB 7718 预包装食品标签通则

GB/T 9829 水果和蔬菜 冷库中物理条件 定义和测量

GB/T 33129 新鲜水果、蔬菜包装和冷链运输通用操作规程

NY/T 743 绿色食品 绿叶类蔬菜

SB/T 10158 新鲜蔬菜包装与标识

3 术语和定义

下列术语和定义适用于本文件。

3.1

多油辣木 *moringa oleifera*

多油辣木为辣木科(Moingaceae)辣木属(*Moringa*)植物,是一种多年生落叶乔木,包括 PKM-1(Periyakulam-1)和 PKM-2(Periyakulam-2)两个主栽品种。

3.2

辣木鲜叶 *moringa* fresh leaf

未木质化的新鲜辣木梢,带嫩茎、嫩叶和叶柄,可食用。

4 采收

4.1 采收条件

当嫩梢长至 25 cm~30 cm、尚未木质化前采收,采收应避开雨天和高温暴晒时段,采前一天不宜浇水。

4.2 采收方法

中华人民共和国农业部 2018-12-19 发布　　2019-06-01 实施

采取人工折采法，轻采无病虫害干净鲜叶，采摘后应摊放在阴凉通风的干净场地上，厚度不超过 10 cm，待采收完毕后，小心装入周转筐内，运回冷库处理。离冷库较远的，按每层 10 cm～15 cm 分层装入置有冰袋(冰袋用纸包裹)的泡沫保温箱内，采收过程中防止叶片遭受人为和机械损伤。

4.3 分拣

剔除外观不鲜嫩、无光泽、叶面不洁净、腐烂、黄叶、异味、畸形、病虫害、机械损伤等的鲜叶，应符合 NY/T 743 的要求。

辣木鲜叶分为一级、二级、三级 3 个等级，具体要求见表 1。

表 1 辣木鲜叶的分级标准

名称	一级	二级	三级
新鲜程度	鲜嫩	鲜嫩	新鲜
色泽	具有辣木特有的翠绿色	具有辣木特有的翠绿色	基本具有辣木特有的翠绿色
纤维	未木质化	未木质化	有轻微木质化
长度	30 cm 左右	30 cm 左右	30 cm 左右
直径(d)，mm	d>4	4≥d>3	3≥d>2
状态	无损伤，无病虫害，粗细均匀，长短一致	无损伤，无病虫害，粗细均匀，长短基本一致	无损伤，无病虫害，粗细较均匀，长短较一致
注：采摘处往上 1 cm 处茎秆的直径。			

5 储藏前准备

5.1 库房消毒

产品入库前，要对库房和用具进行清洁和消毒。

5.2 库房温度控制

产品入库前，应将库房温度预先降至 3℃～5℃。

5.3 预冷和包装

5.3.1 预冷

鲜叶采后应及时入库，在温度 3℃～5℃、相对湿度 90%以上的冷库中预冷 3 h～4 h。

5.3.2 包装

5.3.2.1 用普通 PE 保鲜袋(厚度 0.02 mm)或微孔保鲜袋(厚度 0.018 mm)包装，每袋 1 kg，松扎袋口，放入适用于食品的泡沫保温箱或纸箱，每箱放 2 层。保鲜袋应符合 GB 4806.7 的要求。

5.3.2.2 产品包装和标志应符合 GB 7718 和 SB/T 10158 的相关要求。

6 入库储藏

6.1 入库和堆码

要求批量入库，每天入库量控制在库容量的 15%～20%。包装好的箱按“三离一隙”堆垛，垛与冷风机距离大于 1.5 m，以防局部低温。箱垛与箱垛间距 5 cm～10 cm，墙与箱垛间距 65 cm 为宜。

6.2 储藏

6.2.1 储藏条件

储藏最适温度为 3℃～5℃。

6.2.2 储藏期间的管理

6.2.2.1 温度和湿度控制

定时检测库内温度和相对湿度，检测方法应按照 GB/T 9829 的规定执行。要保持库内温度和湿度的稳定。

6.2.2.2 通风换气

通常 3 d～4 d 应对库房通风换气 1 次，尽量选择早晚进行。

6.2.2.3 质量检查

定期抽样检查产品失水、腐烂、病虫害、冷害等状况，并分项进行记录，发现问题及时处理。

6.2.3 储藏期限

在规定的温度、湿度管理条件下，储藏期限一般不超过 7 d。

7 出库和运输

出库前检测产品卫生、质量指标，填写好出库记录后，即可出库。应选用干净、卫生、无毒、无害、无异味的冷藏车运输，控制温度为 3℃～5℃，应符合 GB/T 33129 有关冷链运输要求的通用操作规程。

附加说明：

本标准按照 GB/T 1.1—2009 给出的规则起草。

本标准由中华人民共和国农业农村部提出。

本标准由全国热带作物及制品标准化技术委员会归口。

本标准起草单位：云南农业大学、云南省热带作物科学研究所、云南省农业科学院质量标准与检测技术研究所、中国热带农业科学院热带作物品种资源研究所、云南省农业科学院热区生态农业研究所、云南省保山市热带作物产业协会、云南天佑科技开发有限公司、云南大叶帝红生物科技有限公司、云南雍福天下品牌投资管理有限公司。

本标准主要起草人：盛军、田洋、马春花、李海泉、徐荣、郭刚军、庞玉新、刘光华、金杰、廖成飞、杨万林、杨芳、戴天浥、马丽宣、彭磊、顾文宏、柴子奇、曾冠明。

中华人民共和国农业行业标准

热带作物品种资源抗病虫鉴定技术规程 咖啡锈病

Technical code of practice for resistance identification to diseases and insects of tropical crop varieties—Coffee leaf rust

NY/T 3331—2018

1 范围

本标准规定了咖啡品种资源抗锈病鉴定的术语和定义、接种体制备、抗性鉴定、抗性评价等技术要求。

本标准适用于小粒种咖啡(*Coffea arabica* L.)、中粒种咖啡(*Coffea canephora* Pierre ex A. Froehner)和大粒种咖啡(*Coffea liberica* Hiern)种质资源咖啡锈病抗性的鉴定。

2 术语和定义

下列术语和定义适用于本文件。

2.1

咖啡锈病 coffee leaf rust

由咖啡驼孢锈菌(*Hemileia vastatrix* Berk. et Br.)所引起的咖啡病害。

2.2

生理小种 physiological race

病原菌种、变种或专化型内的分类单位,各生理小种之间形态上无差异,但对具有不同抗病基因的鉴别品种的致病力存在差异的类群。

2.3

鉴别寄主 differential host

用于鉴定和区分特定病原菌生理小种或菌系的一套带有不同抗性基因的寄主品种。

2.4

侵染型 infection type

根据咖啡叶片过敏性坏死反应有无和其强度划分的病斑类型,用以表示咖啡种质抗锈病程度,按10个类型记载。

3 接种体制备

3.1 咖啡驼孢锈菌的繁殖材料

锈菌繁殖材料选用盆栽苗,采自小粒种咖啡的锈菌,用感病品种马塔里(*C. arabica* var. Matari 849/1)或卡杜拉(*C. arabica* var. Catura 19/1)繁殖,采自未知遗传背景的咖啡(如大粒种、中粒种、中小粒种杂交种)上的锈菌,用感病品种高种咖啡(*C. excelsa* Long Koi 168/12)繁殖。

3.2 咖啡驼孢锈菌的分离

从田间采集具有典型咖啡锈菌病斑的咖啡发病叶片,用解剖刀轻轻刮下橙黄色的夏孢子,并将夏孢

中华人民共和国农业部 2018 - 12 - 19 发布　　2019 - 06 - 01 实施

子涂在 4.1 所述的感病品种幼嫩新叶背面，用软毛刷轻刷，使夏孢子均匀分布，并轻轻喷上水雾，至有水膜产生为止，套袋遮光保湿 48 h，30 d～45 d 后观察，待夏孢子刚产生时用塑料袋套上接种叶片，5 d～7 d 后即获得分离物。操作前、后对用具和手用 75％酒精进行消毒。

3.3 咖啡锈菌病原纯化

选择 3.2 中接种叶片上出现的单个夏孢子堆，采用 3.2 方法扩繁 2 次～3 次，即获得纯化的锈菌株系。

3.4 菌种收集

将 3.3 纯化扩繁的锈菌轻轻刮入胶囊中，盖好胶囊盖，并标记菌株编号。

3.5 菌种保存

3.5.1 短期保存

保存时间短于 3 个月为短期保存。将装菌种的胶囊放入相对湿度为 40％～50％的干燥器内，置于低于 5℃冰箱中备用。

3.5.2 长期保存

保存时间长于 3 个月，低于 3 年为长期保存。将装菌种的胶囊放入相对湿度为 40％～50％的干燥器内，置于低于 5℃冰箱中干燥 10 d～15 d，然后将胶囊装入冻存管用液氮速冻，置于液氮或超低温冰箱(－80℃左右)中保存。

3.6 菌种活化

从液态氮或超低温冰箱中取出保存菌种的冻存管，在 45℃～48℃的水浴锅中活化 5 min 后，置于室温 10 min 后即可进行接种。

3.7 生理小种鉴定

用于抗性鉴定接种的锈菌应先进行生理小种鉴定。

3.7.1 鉴别寄主

采用一套已知抗性基因的标准鉴别寄主(参见附录 A)。

3.7.2 鉴定方法

将按照 3.3 扩繁的咖啡驼孢锈菌，按照 3.2 所述的接种方法对 3.7.1 所述的鉴别寄主逐一进行接种，在接种后 30 d～45 d 期间，当接种叶片充分显症时，调查记载侵染型。侵染型划分标准见附录 B。

3.7.3 抗病性分级标准

抗病性分级为免疫(I)、高抗(R)、中抗(MR)、中感(MS)、感病(MS)5 个级别(见表 1)。

表 1 咖啡对锈病抗性评价标准

侵染型	抗性评价
0	免疫 Immune (I)
1、2、3	抗病 Resistant (R)
4、5	中抗 Moderately resistant(MR)
6、7	中感 Moderately susceptible(MS)
8、9	感病 Susceptible(S)

3.7.4 生理小种划分

根据锈菌与鉴别寄主相互作用产生的抗病或感病反应模式(见表 A.2)，确定不同菌株所属的生理小种种类。按表 A.2 不能确定的生理小种，采用“race(毒力基因)”表示，如“race(v1，2，5)”。

4 抗性鉴定

4.1 感病对照品种

小粒种咖啡采用马塔里(*C. arabica* var. Matari 849/1)或卡杜拉(*C. arabica* var. Catura 19/1)作感病对照品种,未知遗传背景的咖啡(如大粒种、中粒种、中小粒种杂交种)采用高种咖啡(*C. excelsa* Long Koi 168/12)作对照品种。

4.2 鉴定材料

鉴定材料在遮阴温室按同一方法和时间用花盆进行种植,种植期间除不使用杀菌剂,其他按日常管理。接种前 1 d 浇足水,在幼嫩新叶的叶柄挂上标签,标明接种日期和菌种编号,每株苗选择 2 片～4 片嫩叶,每份材料重复 3 次,每重复 5 株苗。

4.3 接种

4.3.1 接种时间

在 16:00 以后进行接种。

4.3.2 接种方法

按照 3.2 的规定执行。

4.4 接种后管理

接种后将咖啡材料置于遮阴温室,期间除不使用杀菌剂,其他按日常管理。当刚产生孢子时,用塑料袋套住接种叶片,或用塑料膜制成的罩子进行隔离。

4.5 病情调查及记载

4.5.1 调查时间

对照品种充分显症后,且侵染型达到"8"以上时开始病情调查。

4.5.2 侵染型记载及标准

病斑侵染型按 10 个类型划分,其划分标准见附录 B。每一鉴定材料调查 30 片叶,即每株调查 2 片叶,逐叶调查记载侵染型,当同一材料出现不同侵染型时,按主要侵染型记载。

4.6 鉴定后无害化处理

鉴定完成后,将接种枝条剪除,并对其用杀菌剂浸泡 30 min 进行灭菌处理。

5 抗性评价

5.1.1 鉴定有效性判定

鉴定中感病对照品种侵染型为"8"或"9",则该批次鉴定视为有效,侵染型低于"5"时,该试验无效。

5.1.2 抗性判定

依据鉴定材料发病程度确定其对锈病的抗性水平,其评价标准见表 1。若材料中出现明显的抗、感类型差异,应在调查表中注明"抗性分离",其比例以"/"隔开。

咖啡品种锈病抗性鉴定记录表见附录 C。

附 录 A
（资料性附录）
咖啡锈病病原菌和生理小种

A.1 学名及形态描述

A.1.1 学名

咖啡驼孢锈菌 *Hemileia vastatrix* Berk. et Broome.

A.1.2 形态描述

属真菌界(Fungi)、担子菌亚门(Basidiomycotina)、冬孢菌纲(Teliomycetes)、锈菌目(Uredinales)、驼孢锈菌属(*Hemileia*)。夏孢子堆生于寄主叶片背面，环状排列；夏孢子卵形或肾形，橙黄色，腹面平滑，背面密生小瘤，(25～46)μm×(20～39)μm。冬孢子堆与夏孢子堆相似；冬孢子常呈陀螺形或芜菁根状，无色至米黄色，表面平滑，上部有乳状突起，柄丛生，不脱落，(20～27)μm×(16～20)μm。冬孢子遇水即萌发形成粗棒状担子，担子4个细胞，上面着生4个梨形或卵形单孢子。该菌致病性有生理分化现象，已定名50个生理小种，采用罗马数字表示，即Ⅰ、Ⅱ、Ⅲ……我国出现并已鉴定的生理小种有11个，分别为Ⅰ、Ⅱ、Ⅵ、Ⅷ、ⅩⅤ、ⅩⅩⅡ、ⅩⅩⅢ、ⅩⅩⅣ、ⅩⅩⅩⅢ、ⅩⅩⅩⅣ、ⅩLⅡ。

A.2 生理小种鉴定

A.2.1 采用的鉴别寄主

生理小种鉴别使用的寄主有19个，其中小粒种咖啡(*coffea arabica*)或四倍体杂种咖啡(Tetrapliod interspecific hybrids)共15个，二倍体咖啡(*C.* spp.)共4个，详见表A.1。

A.2.2 咖啡锈菌生理小种致病类型

咖啡锈菌生理小种在鉴别寄主上的致病类型参见表A.2。

表A.1 咖啡锈菌生理小种鉴别寄主及其抗病基因

咖啡品种	鉴别寄主		带有抗病基因
小粒种咖啡及四倍体杂种	849/1	Matari	基因不明
	128/2	Dilla & Alghe	SH1
	63/1	Bourbon	SH5
	1343/269	H. Timor	SH6
	87/1	Geisha	SH1,5
	32/1	DK 1/6	SH2,5
	33/1	S. 288 - 23	SH3,5
	110/5	S. 4 Agaro	SH4,5
	1006/10	S. 12 Kaffa	SH1,2,5
	644/18	H. Kawisari	SH5,?
	H 419/20		SH5,6,9
	H 420/2		SH5,8
	H 420/10		SH5,6,7,9
	832/2	H. Timor	SH5,6,7,8,9,?
	7960/117	Catimor	SH5,7 or SH5,7,9
二倍体咖啡	*C. racemosa* (369/3)		基因不明
	C. excelsa Longkoi(168/12)		基因不明
	C. cangensis Uganda(263/1)		基因不明
	C. cangensis Uganda(829/1)		基因不明

表 A.2　咖啡锈菌生理小种在鉴别寄主上的致病类型

鉴别寄主	Ⅰ	Ⅱ	Ⅲ	Ⅳ	Ⅵ	Ⅶ	Ⅷ	Ⅹ	Ⅺ	Ⅻ	XⅢ	XⅣ	XⅤ	XⅥ	XⅦ	XⅧ	XⅨ	XⅩ	XⅪ	XⅫ
849/1	S	S	S	MS		S	S	S	MS	S	S	S	S	S	S		MS	MS	MS	S
128/2			S					S		S				S	S		MS	MR		
63/1	S	S	S			S	S	S		S	S	S	S	S	S					S
1343/269																				S
87/1			S					S		S				S	S					
32/1	S						S			S		S		S	S					
33/1						MS	S			S		S		S						
110/5								MS				S	S	S						
1006/10										S				S	S					
644/18											S									
H 419/20																				
H 420/2																				
H 420/10																				
832/1																				
7960/117																				
369/3	S	S	S	S	S	S	S	S	S	S	S	S	S	S	S	S	S	S	S	S
168/12	S	S	S	S	S	S	S	S	S	S	S	S	S	S	S		S	S	S	S
263/1				S													S	S	S	
829/1									S						MR					

表 A.2（续）

鉴别寄主	XXIII	XXIV	XXV	XXVI	XXVII	XXVIII	XXIX	XXX	XXXI	XXXII	XXXIII	XXXIV	XXXV	XXXVI	XXXVII	XXXVIII	XXXIX	XL	XLI	XLII
849/1	S	S	S	S	MS	S	S	S	S	MS	S	S	S	S	S	S	S	S	S	S
128/2	S				MS											S		S		
63/1	S	S	S	S		S	S	S	S		S	S	S	S	S	S	S	S	S	S
1343/269			S	S	MS	S	S		S	MS					S		S	S		
87/1	S															S		S		
32/1	S	S	S			S			S			S	S	S	S	S	S	S	S	S
33/1																				
110/5	MS	MS		S		S							S	S		S	S			
1006/10	S																	S		
644/18																				
H 419/20							S		S								S			
H 420/2							MS	S						S		S	S		S	S
H 420/10							S								S		S			
832/1																				
7960/117							S				S	S	S		S		S			S
369/3	S	S	S	S	S	S	S	S	S	S	S	S	S	S	S	S	S	S	S	S
168/12	S	S	S	S	S	S	S	S	S	S	S	S	S	S	S	S	S	S	S	S
263/1					S					S										
829/1	MR																			

注：I（v2，5）；II（v5）；III（v1，5）；IV（v?）；VI（v?）；VII（v3，5）；VIII（v2，3，5）；X（v1，4，5）；XI（v?）；XII（v1，2，3，5）；XIII（v5,?）；XIV（v2，3，4，5）；XV（v4，5）；XVI（v1，2，3，4，5）；XVII（v1，2，5）；XVIII（v?）；XIX（v1，4,?）；XX（v?）；XXI（v?）；XXII（v5，6）；XXIII（v1，2，4，5）；XXIV（v2，4，5）；XXV（v2，5，6）；XXVI（v4，5，6）；XXVII（v1，4，6,?）；XXVIII（v2，4，5，6）；XXIX（v5，6，7，8，9）；XXX（v5，8）；XXXI（v2，5，6，9）；XXXII（v6,?）；XXXIII（v5，7or5，7，9）；XXXIV（v2，5，7or2，5，7，9）；XXXV（v2，4，5，7，9）；XXXVI（v2，4，5，8）；XXXVII（v2，5，6，7，9）；XXXVIII（v1，2，4，5，8）；XXXIX（v2，4，5，6，7，8，9）；XL（v1，2，5，6）；XLI（v2，5，8）；XLII（v2，5，7，8or2，5，7，8，9）。

附　录　B
（规范性附录）
咖啡锈病侵染型划分标准

B.1　侵染型划分标准

病斑侵染型按 0、1、2、3、4、5、6、7、8、9 十个类型划分，其划分标准见表 B.1。

表 B.1　咖啡锈病侵染型级别及其症状描述

侵染型	症状描述
0	叶片表面不产生任何病症
1	有微小褪色斑，常有小的瘤痂出现，有时用放大镜或迎阳光下看到
2	较大褪色斑，常伴有瘤痂，无夏孢子产生
3	常有不同体积下的褪绿斑混合，包括很大的褪色斑，无夏孢子产生
4	常有不同体积的褪色斑，混合，在大斑上有一些夏孢子生成，占所有病斑面积 25%以下，偶有少量瘤痂发生，有时病斑早期出现坏死
5	同 4，但孢子生成更多，产孢面占总病斑面 50%以下
6	同 5，产孢面积增加达 75%以下
7	同 6，孢子很丰盛，产孢面积达 95%
8	常有带不同产孢等级病斑混合，有时伴有少量瘤痂
9	病斑带有极丰盛的孢子，边缘无明显褪绿圈

B.2　咖啡锈菌侵染型分级图

见图 B.1。

图 B.1　咖啡锈菌侵染型分级图

附 录 C
（规范性附录）
咖啡品种抗锈病鉴定记录表

咖啡品种抗锈病鉴定记录表见表 C.1。

表 C.1 咖啡品种抗锈病鉴定记录表

编号	品种名称	来源	侵染型										鉴定结果
1. 鉴定地点______ 海拔______ m 经度______ 纬度______													
2. 接种菌种编号______ 生理小种类型______													
3. 定植日期______ 植株长势______													
4. 接种日期______ 调查日期______													
5. 记录人______													

鉴定技术负责人（签字）： 审核人（签字）：

附加说明：

本标准按照 GB/T 1.1—2009 给出的规则起草。

本标准由中华人民共和国农业农村部提出。

本标准由农业农村部热带作物及制品标准化技术委员会归口。

本标准起草单位：云南省德宏热带农业科学研究所、中国热带农业科学院香料饮料研究所。

本标准主要起草人：张洪波、白学慧、桑利伟、李锦红、孙世伟、郭铁英、刘爱勤、周华、夏红云、萧自位、肖兵。

中华人民共和国农业行业标准

热带作物种质资源抗病性鉴定技术规程 荔枝霜疫霉病

Technical code of practice of disease resistance of tropical crop germplasm—Lichi downy blight

NY/T 3332—2018

1 范围

本标准规定了荔枝(*Litchi chinensis* Sonn.)种质资源抗荔枝霜疫霉病(*Phytophthora litchii*)鉴定的术语和定义、抗性鉴定、抗性鉴定有效性判别、重复鉴定、抗性终评的技术要求。

本标准适用于荔枝种质资源霜疫病抗性的鉴定与评价。

2 术语和定义

下列术语和定义适用于本文件。

2.1

荔枝霜疫霉病　litchi downy blight

由荔枝霜疫霉菌(*Phytophthora litchii*)引起的一种危害荔枝叶片、花穗与果实的卵菌病害。病害症状参见附录A。

2.2

人工离体接种　artificial inoculation *in vitro*

用人工繁殖或收集的病原物,按一定量对离开树体后的接种对象接种,并模拟自然发病条件诱导接种对象发病。

2.3

果实成熟适度　the fruit mature moderate

果实的发育达到该品种固有的果形大小、外观色泽和品质风味。

2.4

抗性评价　evaluation for resistance

根据选用的技术标准判别寄主对特定病害反应程度和抵抗水平的描述。

3 抗性鉴定

3.1 接种体准备

3.1.1 荔枝霜疫霉菌分离纯化

从典型荔枝霜疫霉病病果上分离、纯化和单孢培养后鉴定为荔枝霜疫霉菌,经柯赫法则确定其具有致病力。

3.1.2 荔枝霜疫霉菌培养

荔枝霜疫霉菌在PDA培养基上28℃恒温培养至大量产生孢子囊。

中华人民共和国农业部 2018－12－19 发布　　2019－06－01 实施

3.1.3 荔枝霜疫霉菌悬浮液配制

接种前培养平板加入 10 mL 无菌蒸馏水以淹没菌丝体，室温放置 30 min。轻轻刮起培养基上的菌丝体，同水一起转入无菌的收集瓶中。剧烈震荡收集瓶，使菌丝体分散，用 1 层无菌纱布过滤后收集于无菌容器中。显微镜下用血球计数法计算孢子囊浓度，配制成 4×10^{6} 个/mL 的孢子囊悬浮液。

3.2 鉴定材料准备

3.2.1 选果

每个供试材料选取 60 个大小均匀、外观无损伤且成熟适度的果实。

3.2.2 清洗

每个供试材料的果实用 2 L 无菌蒸馏水浸洗，自然后晾干后 1 h 内用于接种。

3.2.3 对照品种

以当地主栽品种作为对照品种。

3.3 接种

3.3.1 接种盒准备

保鲜盒(35 cm×22 cm×10.5 cm)底部铺 3 层纸巾，倒入无菌水至浸过纸面，翻转保鲜盒倒出未吸湿的水分。

3.3.2 接种方法

将每个供试材料果实在 1 L 孢子囊悬浮液(4×10^{4} 个/mL)其中完全浸泡 5 min，使果实表面均匀接触到霜疫霉菌孢子囊。接种果实沥干水分后均匀间隔放置于保鲜盒纸巾上。盖上保鲜盒，28℃恒温放置。

3.3.3 病情调查和记载

果实接种后每隔 24 h 记录一次单个果实的发病面积百分比，并依据表 1 归档记录单个果的病情等级。连续观察记录到第 5 d。

表 1 荔枝霜疫霉病病情等级划分标准

病情等级	发病面积百分比(P)，%
0	$P=0.00$
1	$0.00<P\leqslant10.00$
3	$10.00<P\leqslant33.33$
5	$33.33<P\leqslant50.00$
7	$50.00<P\leqslant75.00$
9	$P>75.00$

3.3.4 病情等级鉴定

供试材料每天的病情等级按式(1)计算病情指数。

$$DI=100\times\left[\sum\frac{F_i\times U_i}{U\times9}\right] \quad (1)$$

式中：

DI ——病情指数；

F_i ——第 i 级病情级别($i=0、1、3、5、7、9$)；

U_i ——第 i 级病情级别对应果实数量；

U ——处理果实总数量；

9 ——最高级病情级值；

$\sum$ ——求和。

3.3.5 抗性水平鉴定

以对照品种发病程度达到正常水平时的病情指数为依据，根据表2的抗性分级标准划分抗性水平。

表2 荔枝霜疫霉病抗性水平划分标准

抗性水平	病情指数(*DI*)
高抗(HR)	*DI*<10.00
中抗(MR)	10.00≤*DI*<25.00
抗病(R)	25.00≤*DI*<50.00
感病(S)	50.00≤*DI*<75.00
中感(MS)	75.00≤*DI*<90.00
高感(HS)	*DI*≥90.00

3.3.6 接种与鉴定后材料的处理

将接种与鉴定后的材料做无害化处理。

4 抗性鉴定有效性判别

以对照品种发病程度明显异常时判定该实验无效。

5 重复鉴定

鉴定品种若初次鉴定表现为抗病，后续应进行一次以上重复鉴定。

6 抗性终评

进行重复鉴定后，鉴定2次的，以抗性水平最低的评价结果作为供试材料的最终评价结果；鉴定次数2次以上的，以出现频率最多的抗性水平评价结果作为供试材料的最终评价结果。抗性评价结果按照附录B中表B.1和表B.2的格式填写。

附　录　A
（资料性附录）
荔枝霜疫霉病症状

引起荔枝霜疫霉病的病原菌为荔枝霜疫霉菌（*Phytophthora litchii*），主要危害叶片、花穗及果实，近成熟或成熟果实受害尤为严重。叶片受害先是出现褐色小斑点，后扩大成淡黄色不规则形病斑，天气潮湿时，表面长出白色霜状霉层。花穗受害常引起花穗变褐色腐烂。果实受害多从果蒂开始，初在果皮表面出现褐色不规则病斑，后扩大至全果变黑，果肉腐烂成浆，有刺鼻的酒味和酸味，并流出黄褐色汁液，病部表面长出白色霜状物。

附　录　B
（规范性附录）
病害调查结果记录表

B.1　荔枝种质资源果实对荔枝霜疫霉病抗性评价的调查结果（第　次重复）

见表B.1。

表B.1　荔枝种质资源果实对荔枝霜疫霉病抗性评价的调查结果（第　次重复）

果实次序	1	2	3	4	5	6	7	8	9	10
病情级别										
果实次序	11	12	13	14	15	16	17	18	19	20
病情级别										

B.2　荔枝种质资源果实对荔枝霜疫霉病抗性终评结果

见表B.2。

表B.2　荔枝种质资源果实对荔枝霜疫霉病抗性终评结果

序号	种质名称	抗性终评
1		
2		
3		
4		
5		
6		

附加说明：

本标准按照GB/T 1.1—2009给出的规则起草。

本标准由中华人民共和国农业农村部提出。

本标准由农业农村部热带作物及制品标准化技术委员会归口。

本标准起草单位：中国热带农业科学院环境与植物保护研究所。

本标准主要起草人：张新春、孙进华、王家保。

中华人民共和国农业行业标准

芒果采收及采后处理技术规程

Technical code of practice for harvesting and postharvest handling of mangoes

NY/T 3333—2018

1 范围

本标准规定了本标准规定了芒果(*Mangifera indica* L.)的术语和定义、采收、采后处理和储藏技术要求。

本标准适用于芒果的采收、采后处理和储藏。

2 规范性引用文件

下列文件对于本文件的应用是必不可少的。凡是注日期的引用文件,仅注日期的版本适用于本文件。凡是不注日期的引用文件,其最新版本(包括所有的修改单)适用于本文件。

GB 5749 生活饮用水卫生标准

GB/T 15034 芒果 贮藏导则

GB/T 24691 果蔬清洗剂

NY/T 492 芒果

NY/T 1778 新鲜水果包装标识 通则

NY/T 3011 芒果等级规格

3 术语和定义

下列术语和定义适用于本文件。

3.1

热水处理 hot water treatment

采收的芒果果实置于47℃~55℃的热水中,保持5 min~20 min,以杀灭果实中有害生物和降低腐烂率的处理过程。

3.2

离层 absciss layer

在芒果果柄基部形成的、果实成熟后自然脱落的部位。

3.3

一果两剪 double cuts for one fruit

第一剪从树上摘下果实,留果柄3 cm~5 cm,第二剪距离层上方0.3 cm~0.5 cm剪下。

4 采收

4.1 采收成熟度标准

中华人民共和国农业部 2018-12-19 发布　　2019-06-01 实施

符合 GB/T 15034 规定的鲜食果实采收特征。

4.2 采收时间

果实成熟一批采收一批，选择清晨或傍晚气温较低时采收，避免高温和雨天采收。

4.3 采收技术

4.3.1 采收前准备采摘必备的果剪、盛装容器，并进行清洁处理。在盛装容器内侧垫以干净柔软物。

4.3.2 采用一果两剪法采果。如有流胶，将果柄朝下置于流胶架上直至流胶停止。

4.3.3 果实果柄朝下，倾斜装入盛装容器。盛装容器底部、果实层与层之间垫干净柔软物。采收的果实置于阴凉通风处。采收和搬运过程应轻拿轻放，小心装卸。

5 采后处理

5.1 选果

果实质量符合 NY/T 492 基本要求的规定。

5.2 清洗

用清水或清水中添加适量的果蔬清洗剂清洗。清洗用水符合 GB 5749 的要求，果蔬清洗剂符合 GB/T 24691 的要求。

5.3 防腐保鲜

果实采收后 24 h 内，按照 GB/T 15034 的处理方法，或进行热水处理，主要品种推荐的处理温度和处理时间参见附录 A。

5.4 分级、包装与标识

5.4.1 芒果的等级、规格和容许度按 NY/T 3011 的规定执行。

5.4.2 芒果的包装与标识按 NY/T 1778 的规定执行。

6 储藏

芒果的储藏条件和方法按 GB/T 15034 的规定执行。

附　录　A
（资料性附录）
主要芒果品种的热水处理条件

主要芒果品种的热水处理条件见表 A.1。

表 A.1　主要芒果品种的热水处理条件

品　　种	适宜处理温度,℃	适宜处理时间,min
贵妃芒(正常果)	51±1	10～15
贵妃芒(败育果)	51±1	10～15
金煌芒(正常果)	55±1	5～10
金煌芒(败育果)	51±1	10～15
台农 1 号芒(正常果)	51±1	10～15
台农 1 号芒(败育果)	47±1	15～20
象牙芒	51±1	10～15
红玉芒	51±1	10～15
澳芒	51±1	10～15
台牙芒	51±1	10～15

附加说明：

本标准按照 GB/T 1.1—2009 给出的规则起草。

本标准由中华人民共和国农业农村部提出。

本标准由农业农村部热带作物及制品标准化技术委员会归口。

本标准起草单位：中国热带农业科学院环境与植物保护研究所、中国热带农业科学院热带作物品种资源研究所、海南大学热带农林学院。

本标准主要起草人：胡美姣、李敏、高兆银、张正科、蒲金基、陈业渊、杨叶。

中华人民共和国农业行业标准

剑麻织物　单位面积质量的测定

Unit area mass—Sisal fabric determination

NY/T 251—2019

代替 NY/T 251—1995

1　范围

本标准规定了剑麻织物单位面积质量的测定方法。

本标准适用于剑麻织物生产、贸易、验收等。

2　规范性引用文件

下列文件对于本文件的应用是必不可少的。凡是注日期的引用文件，仅注日期的版本适用于本文件。凡是不注日期的引用文件，其最新版本(包括所有的修改单)适用于本文件。

NY/T 249　剑麻织物物理性能试验的取样和试样裁取

3　试验仪器

3.1　天平：感量 0.01 g。

3.2　钢尺：分度值 1 mm。

3.3　恒温恒湿试验箱：工作室尺寸不小于 500 mm×600 mm×500 mm；温度范围：0℃～100℃；湿度范围：20%RH～98%RH。

4　测定方法

4.1　取样

剪取与织物纬线平行、长度为 0.5 m 的样品 3 个。

4.2　调湿

将样品在温度为 20℃、相对湿度为 65%的条件下进行调湿；其中温度的容差为±2.0℃，相对湿度的容差为±4%。

4.3　试样要求

4.3.1　试样裁取

从调湿后的样品裁取试样，部位按 NY/T 249 的规定执行，每块为 200 mm×200 mm，试样的边平行于经向或纬向。

4.3.2　试样数量

试样数量开始应采用 4 个试样做试验，如果计算出的变异系数(CV)>4.0%，就应增加测试试样，并符合以下要求：

——若 4.0%<CV≤5.5%，则增加 2 个试样，共 6 个；

中华人民共和国农业部 2019 - 12 - 27 发布　　2020 - 04 - 01 实施

——若 5.5%<CV≤7.0%,则增加 4 个试样,共 8 个;

——若 CV>7.0%,则增加 8 个试样,共 12 个。

4.4 测定

4.4.1 称量每个试样质量,精确至 0.01 g。

4.4.2 在每个试样背面分 4 个位置测量试样长度、宽度,精确至 1 mm。

4.5 结果计算

4.5.1 每个试样单位面积质量按式(1)计算。

$$G_i = \frac{m}{A} \times 10^6 \qquad (1)$$

式中:

G_i ——单个试样的单位面积质量,单位为克每平方米(g/m^2);

m ——试样质量,单位为克(g);

A ——试样面积,单位为平方毫米(mm^2)。

4.5.2 单位面积质量按式(2)计算。

$$G = \frac{\sum G_i}{n} \qquad (2)$$

式中:

G ——试样单位面积质量,单位为克每平方米(g/m^2);

G_i——单个试样的单位面积质量,单位为克每平方米(g/m^2);

n——试样个数,单位为个。

结果保留至个位。

5 试验报告

试验报告应包括下列项目:

——试验项目涉及执行的标准编号、名称;

——试验条件;

——试验用的试样数;

——每个试样的尺寸、单位面积质量和全部试样平均单位面积质量;

——试验单位、试验员和试验日期。

附加说明:

本标准按照 GB/T 1.1—2009 给出的规则起草。

本标准代替 NY/T 251—1995《剑麻织物 单位面积质量的测定》。与 NY/T 251—1995 相比,除编辑性修改外主要技术变化如下:

——增加了"规范性引用文件"(见 2);

——增加了"试验仪器" 中的"恒温恒湿试验箱"(见 3);

——修改了"测定方法"中的温、湿度范围(见 4,1995 年版的 5);

——删除了"原理"(1995 年版的 3)。

本标准由中华人民共和国农业农村部提出。

本标准由农业农村部热带作物及制品标准化技术委员会归口。

本标准起草单位:农业农村部剑麻及制品质量监督检验测试中心。

本标准主要起草人:陶进转、陈莉莎、陈伟南、冯超、刘海燕。

本标准所代替标准的历次版本发布情况为:

——NY/T 251—1995。

中华人民共和国农业行业标准

天然生胶　技术分级橡胶(TSR)浅色胶生产技术规程

Raw natural rubber—Technically specified rubber(TSR)—Technical rules for production of light-coloured rubber

NY/T 385—2019
代替 NY/T 385—1999

1　范围

本标准规定了天然生胶的浅色胶生产的基本工艺及技术要求。

本标准适用于用天然鲜胶乳生产浅色胶的生产工艺。

2　规范性引用文件

下列文件对于本文件的应用是必不可少的。凡是注日期的引用文件，仅注日期的版本适用于本文件。凡是不注日期的引用文件，其最新版本(包括所有的修改单)适用于本文件。

GB/T 601　化学试剂　标准滴定溶液的制备

GB/T 3510　未硫化橡胶　塑性的测定　快速塑性计法

GB/T 3517　天然生胶　塑性保持率(TSR)的测定

GB/T 4498.1　橡胶　灰分的测定　第1部分：马弗炉法

GB/T 8081　天然生胶　技术分级橡胶(TSR)规格导则

GB/T 8082　天然生胶　技术分级橡胶(TSR)　包装、标志、贮存和运输

GB/T 8086　天然生胶　杂质含量的测定

GB/T 8088　天然生胶和天然胶乳　氮含量的测定

GB/T 14796　天然生胶　颜色指数测定法

GB/T 15340　天然、合成生胶取样及其制样方法

GB/T 24131.1　生橡胶　挥发分含量的测定　第1部分：热辊法和烘箱法

NY/T 1403　天然橡胶　评价方法

3　胶乳的收集

3.1　胶乳收集工作程序

鲜胶乳→加保存剂(一般用氨作保存剂，也可与硼酸并用)→检验分级→去除凝块杂物→过滤→称量→储存→运输→橡胶加工厂。

3.2　胶乳收集的要求

3.2.1　收胶员应熟悉胶乳早期保存的要求和操作方法，了解各主要橡胶品系胶乳的特性，做好胶乳的早期保存工作，防止胶乳变质。

3.2.2　应选用生胶颜色浅的橡胶树品系(如 PB86、RRIM600 等)的优质胶乳，以保证所生产的浅色胶的颜色指数符合 GB/T 8081 的要求。

3.2.3　收胶站(点)所有与胶乳接触的用具、容器应保持清洁，使用前以约 10%(质量分数)的氨水溶液

中华人民共和国农业部 2019-12-27 发布　　2020-04-01 实施

浸涂消毒。

3.2.4 一般用氨水溶液(或硼酸溶液)作鲜胶乳的保存剂。开始收胶时,应先在收胶池(罐)内加入部分氨水溶液(或硼酸溶液),并在收胶完成后,按胶乳实际数量补加鲜胶乳的氨水溶液(或硼酸溶液),但鲜胶乳的氨含量不应大于 0.04%(质量分数),或硼酸含量不大于 0.1%(质量分数);鲜胶乳收集完成后应在 8 h 内凝固。

3.2.5 收胶时,应严格检查鲜胶乳的质量,对变质胶乳应分开处理。

3.2.6 去除鲜胶乳中大的凝块和杂物,然后用孔径 355 μm(40 目)不锈钢筛网过滤,过滤时不应敲打或用手擦筛网,经过滤的胶乳称重后倒入储胶池(罐)中。

3.2.7 收胶员在胶乳未发运完毕前,不应离开岗位,并随时观察胶乳的质量状况,发现胶乳有变质趋向时,尽快采取措施进行处理,变质胶乳不宜用于生产浅色胶。

3.2.8 发运单应填写胶乳的数量、质量、保存剂种类及干胶含量、发运时间等信息。

4 生产工艺流程

鲜胶乳→检验分级→净化(离心分离除杂或过滤)→混合→稀释及加抗氧化剂→凝固→凝块熟化→压薄→压绉→造粒→泵送→装车→干燥→称量→压包→复称→金属检测→包装、标志→产品。

干燥↓取样——————→检验——————→定级↑包装、标志

5 生产操作要求

5.1 鲜胶乳的净化、混合和稀释

5.1.1 应严格检查进厂胶乳质量。变质胶乳、长流胶乳或雨冲胶乳不应用于生产浅色胶(割胶工人直接送厂的鲜胶乳,按收胶站的操作要求进行处理)。

5.1.2 进厂胶乳应经离心分离器或孔径 250 μm(60 目)不锈钢筛网过滤。发现分离或过滤不理想时,应立即检查分离器或过滤是否正常,确保浅色胶的杂质含量低于 0.05%(质量分数)。

5.1.3 制胶用水应符合附录 A 的要求。

5.1.4 净化后的胶乳流入混合池后,搅拌均匀,取样快速测定干胶含量,然后加水稀释至适宜的浓度。适宜浓度的干胶含量(质量分数)在 18%～22%,具体情况应根据不同的造粒方法、物候期和季节等情况确定。

在加水稀释时,同时加入焦亚硫酸钠作抗氧化剂。具体方法是:将焦亚硫酸钠配制成质量分数为 5%～10%的溶液,然后与稀释用水(总稀释用水量包括抗氧化剂溶液)一起加入胶乳中,并搅拌均匀;焦亚硫酸钠用量不应超过干胶量的 0.05%(质量分数)。

如果使用二氧化锡作抗氧剂时,则先把二氧化锡溶于酸溶液中,在胶乳凝固加酸时,与酸溶液一起加入胶乳,二氧化锡不应超过干胶量的 0.02%(质量分数)。

5.1.5 经加水稀释后的胶乳,应取样按附录 B 规定的方法测定其氨含量,以准确计算凝固剂用量。

5.1.6 稀释后的胶乳应在混合池静置 5 min～10 min,使微细的泥沙沉降池底,然后开始凝固。

5.1.7 混合池底含杂质的胶乳,应重新净化处理。

5.2 凝固

5.2.1 凝固酸的用量以纯酸计算。采用醋酸作凝固剂时,用量为干胶质量分数的 0.62%～0.65%;用甲酸作凝固剂时,用量为干胶质量分数的 0.3%～0.4%。中和酸的用量应根据胶乳的含氨量确定。总用酸量为凝固酸与中和酸之和。用酸度计控制用酸量时,pH 应在 4.8～5.0。

5.2.2 配制稀酸溶液的用水应符合附录 A 的要求,采用"并流加酸"凝固时,凝固稀酸溶液的浓度应根据"并流加酸"方法中对应的酸液池的大小和高度确定。采用其他凝固方法时可根据生产中的实际情

况，将醋酸配成约为5%(质量分数)、甲酸约为3%(质量分数)的稀溶液。

5.2.3 完成凝固操作后，应及时将混合池、流胶槽、用具及场地清洗干净。

5.2.4 正常情况下，凝固30 min后应采取压泡等措施，防止凝块表面氧化变色。凝块熟化时间应在4 h以上、20 h以下。

5.2.5 对于快速凝固法，可根据工艺需要自定。

5.2.6 白天气温超过30℃时，应及时安排后续工序的生产，避免待加工时间过长。

5.3 造粒

5.3.1 造粒前应向凝固槽注入符合质量要求的水将凝块浮起。

5.3.2 生产前，应认真检查和调试好各种设备，保证所有设备处于良好状态。

5.3.3 设备运转正常后，应用水冲洗与凝块接触的部位，调节好设备的喷水量，随即进料生产。

5.3.4 进入造粒机前，绉片的厚度不应超过6 mm。造粒后湿胶粒的含水量(以干基计)，锤磨法、撕粒法不应超过35%(质量分数)，挤压法不应超过40%(质量分数)。

5.3.5 装载湿胶粒的干燥车每次装胶料前，应将干燥车上干燥过的残留胶粒及杂物清除干净。

5.3.6 湿胶料装入干燥车时，应做到均匀、疏松，避免捏压结团，装胶高度应一致。装车完毕可适当喷淋清水以除去残酸。

5.3.7 造粒完毕，应继续用水冲洗设备2 min～3 min，然后停机清洗场地。对散落地面的胶粒应另行处理。

5.4 干燥

5.4.1 湿胶粒喷洒清水后，可适当放置滴水，但不应超过30 min，即送入干燥设备进行干燥。

5.4.2 干燥过程中应随时注意供热状况，调节至适宜的供热量与风量。

5.4.3 干燥温度和时间的控制：进口热风最高温度应在105℃以内，干燥时间不应超过300 min。同时干燥系统出料段应设置抽风冷却装置，出车时的胶料温度不应超过50℃。

5.4.4 停止供热后，继续抽风一段时间，使进口温度≤70℃。

5.4.5 定期检查干燥设备上的密封情况，密封性能不好时应及时修复。

5.4.6 干燥工段应建立干燥时间、温度、出胶情况、进出车号等生产记录。

5.5 压包

5.5.1 干燥后的胶料应冷却至50℃以下方可压包。

5.5.2 压包前应对每车胶料在易于出现干燥问题的位置抽取不少于4块胶块切割检查。

5.5.3 压包后每6包取1包切开检查，并取样检查。

6 产品质量检验

6.1 取样和评价

浅色胶取样按GB/T 15340的规定执行，评价按NY/T 1403的规定执行，除非有关各方同意采用其他方法。

6.2 检验

按GB/T 3510、GB/T 3517、GB/T 4498.1、GB/T 8086、GB/T 8088、GB/T 14796、GB/T 24131.1的规定对样品进行检验。

6.3 定级

按GB/T 8081的规定对产品进行定级。

7 包装、标志、储存与运输

按 GB/T 8082 的规定进行产品包装、标志、储存与运输。

附　录　A
（规范性附录）
浅色胶生产用水的水质要求

浅色胶生产用水的水质要求应符合表 A.1 的要求。

表 A.1　浅色胶生产用水的水质要求

项目（最大值）	数值
总固体，mg/L	150
悬浮的固体，mg/L	20
氯化物，mg/L	50
铜，mg/L	0.2
锰，mg/L	0.2
铁，mg/L	2

附　录　B
（规范性附录）
鲜胶乳氨含量的测定

B.1　原理

氨是碱性物质，与盐酸进行中和反应，可以测定胶乳中氨的含量。其反应式如下：

$$NH_3 + HCl = NH_4Cl$$

B.2　仪器

普通的实验室仪器。

B.3　试剂

仅使用确认的分析纯试剂，蒸馏水或纯度与之相等的水。

B.3.1　用于标定的试剂为分析级试剂。

B.3.2　盐酸标准溶液

B.3.2.1　盐酸标准储备溶液，c(HCl)＝0.1 mol/L

按GB/T 601的规定制备。

B.3.2.2　盐酸标准溶液，c(HCl)＝0.02 mol/L

用50 mL移液管吸取50.00 mL c(HCl)＝0.1mol/L的盐酸标准储备溶液(B.3.2.1)放于250 mL容量瓶中，用蒸馏水稀释至刻度，摇匀。此溶液准确浓度按标准储备溶液稀释5倍计算。

B.3.3　质量对体积分数为0.1%甲基红乙醇溶液

称取0.1 g甲基红，溶于100 mL体积分数为95%乙醇的滴瓶中，摇匀即可。

B.4　操作程序

用1 mL的吸管准确吸取1 mL鲜胶乳(用滤纸把吸管口外的胶乳擦干净)放入已装有约50 mL蒸馏水的锥形瓶中，吸管中黏附着的胶乳用蒸馏水洗入锥形瓶。然后加入2滴～3滴质量对体积分数为0.1%甲基红乙醇溶液(B.3.3)，用0.02 mol/L盐酸标准溶液(B.3.2.2)进行滴定，当颜色由淡黄变成粉红色时即为终点，记下消耗盐酸标准溶液的毫升数。

B.5　结果的表示

以100 mL胶乳中含氨(NH_3)的克数表示胶乳的氨含量。氨含量按式(B.1)计算。

$$A = \frac{1.7\,cV}{V_0} \quad \text{(B.1)}$$

式中：

A ——氨含量，单位为百分号(%)；

c ——盐酸标准溶液的摩尔浓度，单位为摩尔每升(mol/L)；

V ——消耗盐酸标准溶液的量，单位为毫升(mL)；

V_0——胶乳样品的量，单位为毫升(mL)。

附加说明：

本标准按照 GB/T 1.1—2009 给出的规则起草。

本标准代替 NY/T 385—1999《天然生胶　浅色标准橡胶生产技术规程》。与 NY/T 385—1999 相比，除编辑性修改外主要变化如下：

——标准名称改为《天然生胶　技术分级橡胶(TSR)　浅色胶生产技术规程》；

——用 GB/T 4498.1 代替 GB/T 8085(见 2 和 6.2，1999 版的 2 和 6.2)；

——用 GB/T 15340 代替 GB/T 8083、GB/T 8084(见 2 和 6.1，1999 版的 2、6.1 和 6.2)；

——用 GB/T 24131.1 代替 GB/T 8087(见 2 和 6.2，1999 版的 2 和 6.2)；

——增加了引用标准 NY/T 1403《天然橡胶　评价方法》(见 2 和 6.1)；

——工艺流程中增加了"泵送""装车""复称""金属检测"4 道工序，删去"净化(自然沉降)"和"滴水"等工序(见 4，1999 版的 4)；

——增加了 5.2.6；

——5.3.4 中"锤磨法不应超过 35%(质量分数)"改为："锤磨法、撕粒法不应超过 35%(质量分数)"。

——在 5.3.5 和 5.3.6 中，删去了"连续干燥机的载胶链板"这部分内容(见 5.3.5、5.3.6，1999 版的 5.3.5、5.3.6)；

——5.4.3 改为："干燥温度和时间的控制：进口热风最高温度应在 105℃以内，干燥时间不应超过 300 min。同时干燥系统出料段应设置抽风冷却装置，出车时的胶料温度不应超过 50℃"；

——增加了 5.4.4、5.4.5 和 5.4.6；

——增加了 5.5"压包"；

——6 的名称改为"产品质量检验"；

——6.1"取样"改为"取样和评价"，内容改为"浅色胶应按 GB/T 15340 的规定执行；评价按 NY/T 1403 的规定执行，除非有关各方同意采用其他方法"；

——7.1、7.2 和 7.3 合并，内容改为"按 GB/T 8082 的规定进行产品包装、标志、储存与运输"；

——删去了 8"技术经济指标"；

——增加附录 B"鲜胶乳氨含量的测定"。

本标准由中华人民共和国农业农村部提出。

本标准由农业农村部热带作物及制品标准化技术委员会归口。

本标准由中国热带农业科学院农产品加工研究所、海南天然橡胶产业集团股份有限公司、云南农垦集团有限责任公司、海南省天然橡胶质量检验站起草。

本标准主要起草人：张北龙、袁瑞全、邓辉、黄红海、陈旭国、卢光、刘培铭、丁丽、周世雄。

本标准所代替标准的历次版本发布情况为：

——NY/T 385—1999。

中华人民共和国农业行业标准

NY/T 926—2019

代替 NY/T 926—2004

天然橡胶初加工机械　撕粒机

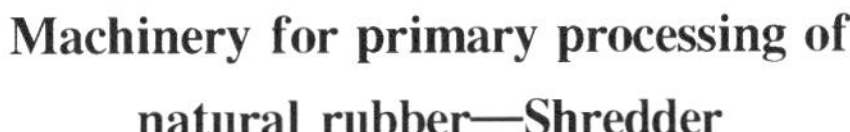

Machinery for primary processing of natural rubber—Shredder

1　范围

本标准规定了天然橡胶初加工机械撕粒机的术语和定义，型号规格和技术参数，技术要求，试验，检验规则，标志、包装、运输、储存等要求。

本标准适用于天然橡胶初加工机械撕粒机。

2　规范性引用文件

下列文件对于本文件的应用是必不可少的。凡是注日期的引用文件，仅注日期的版本适用于本文件。凡是不注日期的引用文件，其最新版本(包括所有的修改单)适用于本文件。

GB/T 699　优质碳素结构钢

GB/T 1184—1996　形状和位置公差未注公差值

GB/T 1348　球墨铸铁件

GB/T 1800.2　产品几何技术规范(GPS)极限与配合　第2部分：标准公差等级和孔、轴极限偏差表

GB/T 2828.1　计数抽样检验程序　第1部分：按接收质量限(AQL)检索的逐批检验抽样计划

GB/T 3768　声学　声压法测定噪声源声功率级和声能量级　采用反射面上方包络测量面的简易法

GB/T 5667—2008　农业机械　生产试验方法

GB/T 6414　铸件尺寸公差与机械加工余量

GB/T 8196　机械安全　防护装置　固定式和活动式防护装置设计与制造一般要求

GB/T 9239.1　机械振动　恒态(刚性)转子平衡品质要求　第1部分：规范与平衡允差的检验

GB/T 9439　灰铸铁件

GB 10396　农林拖拉机和机械、草坪和园艺动力机械　安全标志和危险图形　总则

GB/T 10610　产品几何技术规范(GPS)表面结构　轮廓法　评定表面结构的规则和方法

JB/T 9832.2　农林拖拉机及机具　漆膜　附着性能测定法　压切法

NY/T 409—2013　天然橡胶初加工机械通用技术条件

NY/T 1036　热带作物机械　术语

3　术语和定义

NY/T 1036 界定的以及下列术语和定义适用于本文件。

中华人民共和国农业部 2019-12-27 发布　　　　2020-04-01 实施

3.1

可用度(使用有效度) availability

在规定条件下,作业时间对作业时间与故障时间之和的比。

注:改写 GB/T 5667—2008,定义 2.12。

4 型号规格和技术参数

4.1 型号规格表示方法

型号规格的编制应符合 NY/T 409—2013 的要求,由机名代号和主要参数等组成,表示如下:

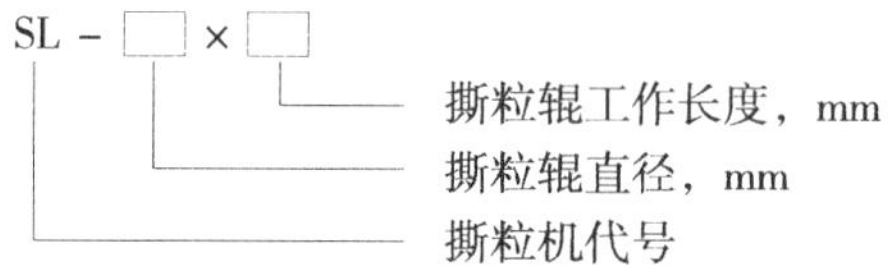

示例:

SL-350×700 表示撕粒机,其撕粒辊直径为 350 mm,撕粒辊工作长度为 700 mm。

4.2 技术参数

主要产品的技术参数见表 1。

表 1 产品技术参数

项目		技术参数				
		SL-300×600	SL-350×700	SL-420×800	SL-508×800	SL-560×800
撕粒辊	工作长度,mm	600	700	800	800	800
	直径,mm	300	350	420	508	560
	花纹(宽×深),mm	10×10	10×10	10×10	10×10	10×10
	转速,r/min	1 400~1 500	1 100~1 500	1 100~1 500	1 000~1 400	1 000~1 400
喂料辊	工作长度,mm	600	700	800	800	800
	直径,mm	100~180	100~180	100~180	100~180	100~180
	转速,r/min	60~150	60~150	85~150	80~200	80~200
主电机功率,kW		37~45	45~75	75~132	132	160
喂料电机功率,kW		1.5~2.2	2.2~5.5	5.5~7.5	15	18.5
生产率(干胶),kg/h		≥1 000	≥2 200	≥3 000	≥8 000	≥10 000

5 技术要求

5.1 整机要求

5.1.1 应按经批准的图样和技术文件制造。

5.1.2 整机运行 2 h 以上,轴承温升空载时应不超过 30℃,负载时应不超过 40℃。

5.1.3 整机运行过程中,各密封部位不应有渗漏现象,紧固件无松动。

5.1.4 整机运行应平稳,不应有异常声响,调整机构应灵活可靠。

5.1.5 空载噪声应不大于 88 dB(A)。

5.1.6 加工出的胶粒尺寸应不大于 6 mm。

5.1.7 可用度应不小于 95%。

5.2 主要零部件

5.2.1 撕粒辊

5.2.1.1 辊体材料的力学性能应不低于 GB/T 1348 中 QT600-3 或 GB/T 699 中 40Mn 的要求,两端

轴的材料力学性能应不低于 GB/T 699 中 45 钢的要求。

5.2.1.2 辊体硬度应不低于 200 HB。

5.2.1.3 铸件的尺寸公差应符合 GB/T 6414 的要求。

5.2.1.4 铸件加工面上不应有裂纹，直径和深度均不大于 1 mm 的气孔、砂眼应不超过 5 个，间距不少于 40 mm。

5.2.1.5 轴颈尺寸偏差应符合 GB/T 1800.2 中 j7 的要求，表面粗糙度应为 Ra3.2；其他轴颈配合应符合 GB/T 1800.2 中 h7 的要求。

5.2.1.6 d_1与 d_2的同轴度应符合 GB/T 1184—1996 表 B.4 中 8 级公差的要求，见图 1。

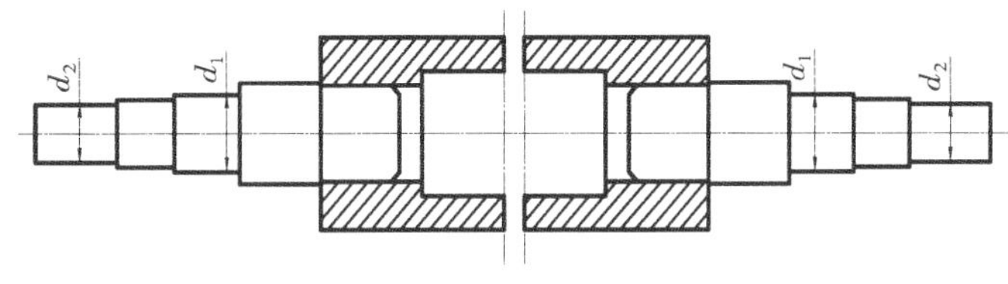

图 1 撕粒辊

5.2.1.7 撕粒辊应进行静平衡试验，并符合 GB/T 9239.1 的有关要求。

5.2.2 **喂料辊**

5.2.2.1 喂料辊的材料的力学性能应不低于 GB/T 699 中 45 钢或 40Mn 的要求，两端轴的材料力学性能应不低于 GB/T 699 中 45 钢的要求。

5.2.2.2 喂料辊的轴颈尺寸偏差应符合 GB/T 1800.2 中 j7 的要求，表面粗糙度应为 Ra3.2；其他轴颈配合应符合 GB/T 1800.2 中 h7 的要求。

5.2.3 **定刀**

5.2.3.1 定刀材料的力学性能应不低于 GB/T 9439 中 HT200 的要求。

5.2.3.2 定刀不应有砂眼、气孔、疏松等缺陷。

5.2.3.3 定刀硬度应为 150 HB～190 HB。

5.3 装配质量

5.3.1 装配质量应符合 NY/T 409—2013 中 5.7 的要求。

5.3.2 装配后撕粒辊的圆跳动应符合 GB/T 1184—1996 表 B.4 中 9 级的要求。

5.3.3 定刀与撕粒辊的间隙一致，全长范围间隙差应不大于 0.08 mm。

5.3.4 两 V 带轮轴线应相互平行，平行度应不大于两轮中心距的 1%；两带轮对应面的偏移量应不大于两轮中心距的 0.5%。

5.4 外观和涂漆

5.4.1 外观表面应平整，不应有明显的凹凸和损伤。

5.4.2 铸件表面不应有飞边、毛刺、浇口、冒口等。

5.4.3 焊接件外观表面不应有焊瘤、金属飞溅物等。焊缝表面应均匀，不应有裂纹。

5.4.4 漆层外观色泽应均匀、平整光滑；不应有露底、严重的流痕和麻点；明显的起泡起皱应不多于3 处。

5.4.5 漆层的漆膜附着力应符合 JB/T 9832.2 中 2 级 3 处的要求。

5.5 电气装置

应符合 NY/T 409—2013 中 5.8 的要求。

5.6 安全防护

5.6.1 应有便于吊运和安装装置。

5.6.2 外露旋转零部件应设有防护装置,防护装置应符合 GB/T 8196 的要求。

5.6.3 在易发生危险的部位或可能危及人员安全的部位,应在明显处设有安全警示标志或涂有安全色,标志应符合 GB 10396 的要求。

5.6.4 设备运行时有可能发生移位、松脱或抛射的零部件,应有紧固或防松装置。

6 试验

6.1 空载试验

6.1.1 总装配检验合格后应进行空载试验。

6.1.2 机器连续运行应不少于 2 h。

6.1.3 试验项目、要求和方法见表 2。

表 2 空载试验项目、要求和方法

试验项目	要求	方法
运行情况	符合 5.1.3 和 5.1.4 的要求	感官
刀辊与定刀的间隙	符合 5.3.3 的要求	塞尺测定
电气装置	符合 5.5 的要求	感官、接地电阻测试仪测定
轴承温升	符合 5.1.2 的要求	测温仪测定
噪声	符合 5.1.5 的要求	按 6.3.2 的规定测定

6.2 负载试验

6.2.1 负载试验应在空载试验合格后进行。

6.2.2 试验时连续工作应不少于 2 h。

6.2.3 试验项目、要求和方法见表 3。

表 3 负载试验项目、要求和方法

试验项目	要求	方法
运行情况	符合 5.1.3 和 5.1.4 的要求	感官
电气装置	符合 5.5.3 的要求	感官、接地电阻测试仪
轴承温升	符合 5.1.2 的要求	测温仪测定
生产率	符合表 1 的要求	按 6.3.1 的规定测定
工作质量	符合 5.1.6 的要求	直尺测定

6.3 试验方法

6.3.1 生产率测定

在额定转速及满负载条件下,测定 3 个班次,每次不小于 2 h,取 3 次测定的算术平均值,结果精确到“1 kg/h”。班次时间包括纯工作时间、工艺时间和故障时间。按式(1)计算。

$$E_b = \frac{\sum Q_b}{\sum T_b} \quad \cdots\cdots (1)$$

式中:

E_b ——班次小时生产率,单位为千克每小时(kg/h);

Q_b ——测定期间班次生产量,单位为千克(kg);

T_b ——测定期间班次时间,单位为小时(h)。

6.3.2 胶粒尺寸测定

正常生产条件下，随机抽取胶粒池中不小于 100 g 的胶粒，从中选取较大的 20 个分别测量其最大尺寸，计算其平均值。重复抽样 3 次测定，取 3 次测定的算术平均值。

6.3.3 噪声测定

应按 GB/T 3768 规定的方法测定。

6.3.4 可用度测定

在正常生产条件下考核不小于 200 h，按式(2)计算，以百分数表示。

$$K=\frac{\sum T_z}{\sum T_z+\sum T_g}\times 100 \qquad (2)$$

式中：

K ——可用度，单位为百分号(%)；

T_z——生产考核期间班次作业时间，单位为小时(h)；

T_g——生产考核期间班次的故障时间，单位为小时(h)。

6.3.5 表面粗糙度测定

应按 GB/T 10610 规定的方法测定。

6.3.6 漆膜附着力测定

应按 JB/T 9832.2 规定的方法测定。

7 检验规则

7.1 出厂检验

7.1.1 出厂检验应实行全检，取得合格证后方可出厂。

7.1.2 出厂检验的项目及要求：

——装配应符合 5.3 的要求；

——外观和涂漆应符合 5.4 的要求；

——安全防护应符合 5.6 的要求；

——空载试验应符合 6.1 的要求。

7.1.3 用户有要求时，可进行负载试验，负载试验应符合 6.2 的要求。

7.2 型式检验

7.2.1 有下列情况之一时，应进行型式检验：

——新产品或老产品转厂生产；

——正式生产后，结构、材料、工艺等有较大改变，可能影响产品性能时；

——正常生产时，定期或周期性抽查检验；

——产品长期停产后恢复生产；

——出厂检验发现产品质量显著下降；

——质量监督机构提出型式检验要求。

7.2.2 型式检验应实行抽检。抽样按 GB/T 2828.1 规定的正常检查一次抽样方案。

7.2.3 样本应是 6 个月内生产的产品。抽样检查批量应不少于 3 台(件)，样本为 2 台(件)。

7.2.4 整机抽样地点在生产企业的成品库或销售部门，零部件在半成品库或装配线上已检验合格的零部件中抽取。

7.2.5 检验项目、不合格分类和判定规则见表 4。

表 4　型式检验项目、不合格分类和判定规则

<table>
<tr><th>不合格分类</th><th>检验项目</th><th>样本数</th><th>项目数</th><th>检查水平</th><th>样本大小字码</th><th>AQL</th><th>Ac</th><th>Re</th></tr>
<tr><td rowspan="4">A</td><td>生产率</td><td rowspan="16">2</td><td rowspan="4">4</td><td rowspan="16">S-Ⅰ</td><td rowspan="16">A</td><td rowspan="4">6.5</td><td rowspan="4">0</td><td rowspan="4">1</td></tr>
<tr><td>工作质量</td></tr>
<tr><td>可用度[a]</td></tr>
<tr><td>安全防护</td></tr>
<tr><td rowspan="6">B</td><td>装配后撕粒辊圆跳动</td><td rowspan="6">6</td><td rowspan="6">25</td><td rowspan="6">1</td><td rowspan="6">2</td></tr>
<tr><td>噪声</td></tr>
<tr><td>撕粒辊硬度(刀齿)、定刀硬度</td></tr>
<tr><td>轴承温升</td></tr>
<tr><td>轴承位轴颈尺寸</td></tr>
<tr><td>轴颈表面粗糙度</td></tr>
<tr><td rowspan="6">C</td><td>定刀与撕粒辊的间隙</td><td rowspan="6">6</td><td rowspan="6">40</td><td rowspan="6">2</td><td rowspan="6">3</td></tr>
<tr><td>调整机构性能</td></tr>
<tr><td>整机外观</td></tr>
<tr><td>漆层外观</td></tr>
<tr><td>漆膜附着力</td></tr>
<tr><td>标志和技术文件</td></tr>
<tr><td colspan="9">注:AQL 为合格质量水平,Ac 为合格判定数,Re 为不合格判定数。判定时,A、B、C 各类的不合格总数小于或等于 Ac 为合格,大于或等于 Re 为不合格。A、B、C 各类均合格时,判该批产品为合格品,否则为不合格品。</td></tr>
<tr><td colspan="9">[a] 监督性检验可以不做可用度检查。</td></tr>
</table>

8　标志、包装、运输和储存

产品的标志、包装、运输和储存应按 NY/T 409—2013 中 8 的规定执行。

附加说明:

本标准按照 GB/T 1.1—2009 给出的规则起草。

本标准代替 NY/T 926—2004《天然橡胶初加工机械　撕粒机》。与 NY/T 926—2004 相比,除编辑性修改外主要技术变化如下:

——增加了术语和定义,采用 NY/T 1036 界定的术语和定义,并增加了术语可用度(见 3);

——修订了型号规格和技术参数(见 4.2,2004 年版的 3.3);

——修订了空载噪声(见 5.1.5,2004 年版的 4.1.5);

——修订了加工质量(见 5.1.6,2004 年版的 4.1.6);

——增加了撕粒辊静平衡性要求(见 5.2.1.7);

——修订了喂料辊质量要求(见 5.2.2,2004 年版的 4.2.1.5);

——修订了定刀质量要求(见 5.2.3,2004 年版的 4.2.2);

——删除了链轮质量要求(2004 年版的 4.2.3);

——增加了电气装置要求(见 5.5);

——修订了安全防护要求(见 5.6,2004 年版的 4.5);

——增加了生产率、噪声、可用度和表面粗糙度等指标的试验方法(见 6.3)。

请注意本文件的某些内容可能涉及专利。本文件的发布机构不承担识别这些专利的责任。

本标准由中华人民共和国农业农村部提出。

本标准由农业农村部热带作物及制品标准化技术委员会归口。

本标准起草单位:中国热带农业科学院农业机械研究所。

本标准主要起草人:邓怡国、张园、覃双眉、王业勤、陈小艳。

本标准所代替标准的历次版本发布情况为：
——NY/T 926—2004。

中华人民共和国农业行业标准

天然橡胶初加工机械　碎胶机

Machinery for primary processing of natural rubber—Slab cutter

NY/T 927—2019
代替 NY/T 927—2004

1　范围

本标准规定了天然橡胶初加工机械碎胶机的术语和定义，型号规格和技术参数，技术要求，试验，检验规则，标志、包装、运输和储存等要求。

本标准适用于天然橡胶初加工机械碎胶机。

2　规范性引用文件

下列文件对于本文件的应用是必不可少的。凡是注日期的引用文件，仅注日期的版本适用于本文件。凡是不注日期的引用文件，其最新版本(包括所有的修改单)适用于本文件。

GB/T 699　优质碳素结构钢

GB/T 1591　低合金高强度结构钢

GB/T 1800.2　产品几何技术规范(GPS)极限与配合　第2部分:标准公差等级和孔、轴极限偏差表

GB/T 2828.1　计数抽样检验程序　第1部分:按接收质量限(AQL)检索的逐批检验抽样计划

GB/T 3768　声学　声压法测定噪声源声功率级和声能量级　采用反射面上方包络测量面的简易法

GB/T 5667—2008　农业机械　生产试验方法

GB/T 8196　机械安全　防护装置　固定式和活动式防护装置设计与制造一般要求

GB 10396　农林拖拉机和机械、草坪和园艺动力机械　安全标志和危险图形　总则

GB/T 10610　产品几何技术规范(GPS)表面结构　轮廓法　评定表面结构的规则和方法

JB/T 9832.2　农林拖拉机及机具　漆膜　附着性能测定法　压切法

NY/T 409—2013　天然橡胶初加工机械通用技术条件

NY/T 1036　热带作物机械　术语

3　术语和定义

NY/T 1036 界定的以及下列术语和定义适用于本文件。

3.1

可用度(使用有效度)　availability

在规定条件下，作业时间对作业时间与故障时间之和的比。

注:改写 GB/T 5667—2008，定义 2.12。

中华人民共和国农业部 2019-12-27 发布　　2020-04-01 实施

4 型号规格和技术参数

4.1 型号规格表示方法

型号规格的编制应符合 NY/T 409—2013 的要求，由机名代号和主要参数等组成，表示如下：

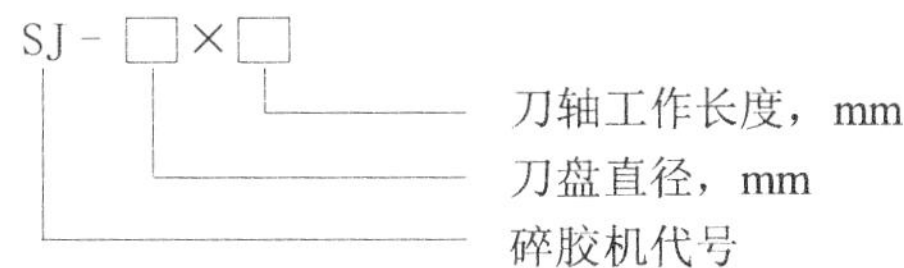

示例：

SJ-500×1200 表示碎胶机，其刀盘直径为 500 mm，刀轴工作长度为 1 200 mm。

4.2 技术参数

主要产品的技术参数见表 1。

表 1 产品技术参数

项目	技术参数					
	SJ-300×560	SJ-470×860	SJ-500×860	SJ-500×1 200	SJ-600×1 200	SJ-700×1 200
刀盘直径，mm	300	470	500	500	600	700
刀轴工作长度，mm	560	860	860	1 200	1 200	1 200
刀轴转速，r/min	15～46	15～46	15～46	15～46	15～46	15～46
功率，kW	≤30	≤55	≤55	≤75	≤90	≤110
生产率(干胶)，kg/h	≥1 000	≥2 000	≥2 000	≥4 000	≥8 000	≥10 000

5 技术要求

5.1 整机要求

5.1.1 应按经批准的图样和技术文件制造。

5.1.2 整机运行 2 h 以上，轴承温升空载时应不超过 30℃，负载时应不超过 35℃。

5.1.3 整机运行过程中，减速器等各密封部位不应有渗漏现象，减速器油温应不超过 60℃。

5.1.4 整机运行应平稳，不应有异常声响，调整机构应灵活可靠，紧固件无松动。

5.1.5 电机功率不大于 55 kW 时，空载噪声≤80 dB(A)；电机功率大于 55 kW、小于等于 110 kW 时，空载噪声≤85 dB(A)。

5.1.6 加工出的胶块应符合生产工艺要求。

5.1.7 可用度应不小于 95%。

5.2 主要零部件

5.2.1 刀轴

5.2.1.1 刀轴材料的力学性能应不低于 GB/T 699 中 45 钢的要求，并应进行调质处理。

5.2.1.2 轴颈尺寸偏差应按 GB/T 1800.2 中 m6 的规定执行。

5.2.1.3 轴颈位表面粗糙度应为 Ra3.2。

5.2.2 动刀和定刀

5.2.2.1 动刀和定刀刃口材料的力学性能应不低于 GB/T 699 中 45 钢或 GB/T 1591 中 Q345 的

要求。

5.2.2.2 动刀和定刀刃口硬度应为 40 HRC～50 HRC。

5.3 装配质量

5.3.1 装配质量应按 NY/T 409—2013 中 5.7 的规定执行。

5.3.2 装配后刀轴的轴向窜动应不大于 0.15 mm。

5.3.3 动刀与定刀的间隙应均匀,最大与最小间隙差应小于 1.5 mm。

5.3.4 两 V 带轮轴线应相互平行,平行度应不大于两轮中心距的 1%;两 V 带轮对应面的偏移量应不大于两轮中心距的 0.5%。

5.4 外观和涂漆

5.4.1 外观表面应平整,不应有图样未规定的凹凸和损伤。

5.4.2 铸件表面不应有飞边、毛刺、浇口、冒口等。

5.4.3 焊接件外观表面不应有焊瘤、金属飞溅物等缺陷。焊缝表面应均匀,不应有裂纹。

5.4.4 漆层外观色泽应均匀、平整光滑;不应有露底、严重的流痕和麻点;明显的起泡起皱应不多于 3 处。

5.4.5 漆层的漆膜附着力应符合 JB/T 9832.2 中 2 级 3 处的要求。

5.5 电气装置

应符合 NY/T 409—2013 中 5.8 的要求。

5.6 安全防护

5.6.1 应有便于吊运和安装装置。

5.6.2 外露转动部件应装固定式防护罩,防护罩应符合 GB/T 8196 的要求。

5.6.3 在易发生危险或可能危及人员安全的部位,应在明显处设有安全警示标志或涂有安全色,标志应符合 GB 10396 的要求。

5.6.4 设备运行时有可能发生移位、松脱或抛射的零部件,应有紧固或防松装置。

5.6.5 设备可触及的零部件不应有锐边、尖角和粗糙的表面。

6 试验

6.1 空载试验

6.1.1 总装配检验合格后应进行空载试验。

6.1.2 机器连续运行应不少于 2 h。

6.1.3 试验项目、要求和方法见表 2。

表 2 空载试验项目、要求和方法

试验项目	要求	方法
运行情况	符合 5.1.3 和 5.1.4 的要求	感官
动刀与定刀的间隙	符合 5.3.3 的要求	塞尺测定
电气装置	符合 5.5 的要求	感官、接地电阻测试仪测定
轴承温升	符合 5.1.2 的要求	测温仪测试测定
噪声	符合 5.1.5 的要求	按 6.3.2 的规定测定

6.2 负载试验

6.2.1 负载试验应在空载试验合格后进行。

6.2.2 试验时连续工作应不少于 2 h。

6.2.3 试验项目、要求和方法见表 3。

表 3 负载试验项目、要求和方法

试验项目	要求	方法
运行情况	符合 5.1.3 和 5.1.4 的要求	感官
电气装置	符合 5.5 的要求	感官、接地电阻测试仪测定
轴承温升和减速器油温	符合 5.1.2 的要求	测温仪测试测定
生产率	符合表 1 的要求	按 6.3.1 的规定测定

6.3 试验方法

6.3.1 生产率测定

在额定转速及满负载条件下，测定 3 个班次，每次不小于 2 h，取 3 次测定的算术平均值，结果精确到“1 kg/h”。班次时间包括纯工作时间、工艺时间和故障时间。按式(1)计算。

$$E_b = \frac{\sum Q_b}{\sum T_b} \quad (1)$$

式中：

E_b ——班次小时生产率，单位为千克每小时(kg/h)；

Q_b ——测定期间班次生产量，单位为千克(kg)；

T_b ——测定期间班次时间，单位为小时(h)。

6.3.2 噪声测定

应按 GB/T 3768 规定的方法测定。

6.3.3 可用度测定

在正常生产条件下考核不小于 200 h，按式(2)计算。

$$K = \frac{\sum T_z}{\sum T_z + \sum T_g} \times 100 \quad (2)$$

式中：

K ——可用度，单位为百分号(%)；

T_z ——生产考核期间班次作业时间，单位为小时(h)；

T_g ——生产考核期间班次的故障时间，单位为小时(h)。

6.3.4 表面粗糙度测定

应按 GB/T 10610 规定的方法测定。

6.3.5 漆膜附着力测定

应按 JB/T 9832.2 规定的方法测定。

7 检验规则

7.1 出厂检验

7.1.1 出厂检验应实行全检，取得合格证后方可出厂。

7.1.2 出厂检验的项目及要求：

——装配应符合 5.3 的要求；

——外观和涂漆应符合 5.4 的要求；

——安全防护应符合 5.6 的要求；

——空载试验应符合 6.1 的要求。

7.1.3 用户有要求时，应进行负载试验，负载试验应符合 6.2 的要求。

7.2 型式检验

7.2.1 有下列情况之一时，应进行型式检验：

——新产品或老产品转厂生产；

——正式生产后，结构、材料、工艺等有较大改变，可能影响产品性能时；

——正常生产时，定期或周期性抽查检验；

——产品长期停产后恢复生产；

——出厂检验发现产品质量显著下降；

——质量监督机构提出型式检验要求。

7.2.2 型式检验应实行抽检。抽样按 GB/T 2828.1 规定的正常检查一次抽样方案执行。

7.2.3 样本应是 6 个月内生产的产品。抽样检查批量应不少于 3 台(件)，样本为 2 台(件)。

7.2.4 整机抽样地点在生产企业的成品库或销售部门；零部件在半成品库或装配线上已检验合格的零部件中抽取。

7.2.5 检验项目、不合格分类和判定规则见表 4。

表 4 型式检验项目、不合格分类和判定规则

<table>
<tr><th>不合格分类</th><th>检验项目</th><th>样本数</th><th>项目数</th><th>检查水平</th><th>样本大小字码</th><th>AQL</th><th>Ac</th><th>Re</th></tr>
<tr><td rowspan="3">A</td><td>生产率</td><td rowspan="14">2</td><td rowspan="3">3</td><td rowspan="14">S-Ⅰ</td><td rowspan="14">A</td><td rowspan="3">6.5</td><td rowspan="3">0</td><td rowspan="3">1</td></tr>
<tr><td>可用度[a]</td></tr>
<tr><td>安全防护</td></tr>
<tr><td rowspan="5">B</td><td>噪声</td><td rowspan="5">5</td><td rowspan="5">25</td><td rowspan="5">1</td><td rowspan="5">2</td></tr>
<tr><td>动刀和定刀硬度</td></tr>
<tr><td>轴承温升和减速器油温</td></tr>
<tr><td>轴承位轴颈尺寸</td></tr>
<tr><td>轴颈表面粗糙度</td></tr>
<tr><td rowspan="6">C</td><td>V 带轮的偏移量</td><td rowspan="6">6</td><td rowspan="6">40</td><td rowspan="6">2</td><td rowspan="6">3</td></tr>
<tr><td>定刀与动刀的间隙</td></tr>
<tr><td>整机外观</td></tr>
<tr><td>漆层外观</td></tr>
<tr><td>漆膜附着力</td></tr>
<tr><td>标志和技术文件</td></tr>
<tr><td colspan="9">注：AQL 为合格质量水平，Ac 为合格判定数，Re 为不合格判定数。判定时，A、B、C 各类的不合格总数小于或等于 Ac 为合格，大于或等于 Re 为不合格。A、B、C 各类均合格时，判该批产品为合格品，否则为不合格品。</td></tr>
<tr><td colspan="9">[a] 监督性检验可以不做可用度检查。</td></tr>
</table>

8 标志、包装、运输和储存

产品的标志、包装、运输和储存应按 NY/T 409—2013 中 8 的规定执行。

附加说明：

本标准按照 GB/T 1.1—2009 给出的规则起草。

本标准代替 NY/T 927—2004《天然橡胶初加工机械　碎胶机》。与 NY/T 927—2004 相比，除编辑性修改外主要技术变化如下：

——修订了术语和定义，将适用界定术语和定义的标准由 NY/T 409 修改为 NY/T 1036，删除了术语碎胶机，增加了术语可用度（见 3，2004 年版的 3）；

——修订了产品型号规格表示方法，取消了系列号（见 4.1，2004 年版的 4.2）；

——修订了产品型号规格和技术参数（见 4.2，2004 年版的 4.3）；

——修订了加工质量（见 5.1.6，2004 年版的 5.1.7）；

——修订了动刀和定刀要求（见 5.2.2，2004 年版的 5.2.2）；

——增加了电气装置要求（见 5.5）；

——修订了安全防护（见 5.6，2004 年版的 5.5）；

——增加了生产率、噪声、可用度和表面粗糙度等指标的试验方法（见 6.3）。

请注意本文件的某些内容可能涉及专利。本文件的发布机构不承担识别这些专利的责任。

本标准由中华人民共和国农业农村部提出。

本标准由农业农村部热带作物及制品标准化技术委员会归口。

本标准起草单位：中国热带农业科学院农业机械研究所。

本标准主要起草人：邓干然、李玲、邓怡国、刘智强、陈小艳。

本标准所代替标准的历次版本发布情况为：

——NY/T 927—2004。

中华人民共和国农业行业标准

热带作物品种审定规范　第13部分:木菠萝

Registration rules for variety of tropical crops—
Part 13:Jackfruit

NY/T 2667.13—2019

1　范围

本部分规定了木菠萝(*Artocarpus heterophyllus* Lam.)品种审定的审定要求、判定规则和审定程序。

本部分适用于木菠萝品种的审定,尖蜜拉(*Artocarpus champeden* Spreng)品种的审定可参照执行。

2　规范性引用文件

下列文件对于本文件的应用是必不可少的。凡是注日期的引用文件,仅注日期的版本适用于本文件。凡是不注日期的引用文件,其最新版本(包括所有的修改单)适用于本文件。

NY/T 489　木菠萝

NY/T 2515　植物新品种特异性、一致性和稳定性测试指南　木菠萝

NY/T 2668.13　热带作物品种试验技术规程　第13部分:木菠萝

NY/T 3008　木菠萝栽培技术规程

农业部令2012年第2号　农业植物品种命名规定

3　审定要求

3.1　基本要求

3.1.1　品种来源明确,无知识产权纠纷。

3.1.2　品种名称应符合农业部令2012年第2号的要求。

3.1.3　品种具有特异性、一致性和稳定性。

3.1.4　品种通过比较试验、区域性试验和生产性试验,申报材料齐全。

3.2　目标性状要求

3.2.1　基本指标

果形端正,总可溶性固形物含量≥16%,可食率≥30%,其他主要经济性状优于或相当于对照品种。

3.2.2　特异性状指标

3.2.2.1　高产品种

单位面积产量比对照品种增产≥10%,经统计分析差异显著;其他主要经济性状与对照品种相当。

3.2.2.2　优质品种

总可溶性固形物含量、可食率等主要品质性状与对照品种相比,≥1项性状优于对照品种,经统计

中华人民共和国农业部 2019-12-27 发布　　　　2020-04-01 实施

分析差异显著。

3.2.2.3 其他特异品种

单果重、果肉颜色、果肉厚度或其他特异经济性状等方面≥1 项指标明显优于对照品种，其他性状符合 3.2.1 条件。

4 判定规则

满足 3.1 和 3.2.1 中的全部要求，同时满足 3.2.2 中的要求≥1 项，判定为符合品种审定要求。

5 审定程序

5.1 现场鉴评

5.1.1 地点确定

根据申请书中所示随机抽样 1 个～2 个代表性的生产性试验点作为现场鉴评地点。

5.1.2 鉴评内容及记录

现场鉴评项目和方法按附录 A 的规定执行，现场鉴评记录按附录 B 的规定执行。不便现场鉴评的测试项目指标，需提供农业农村部认可的检测机构出具的检测报告。

5.1.3 综合评价

根据 5.1.2 的鉴评结果，对产量、品质、抗性等进行综合评价。

5.2 初审

5.2.1 申请审定品种名称

按农业部令 2012 年第 2 号的规定审查。

5.2.2 申报材料

对品种比较试验、区域性试验、生产性试验报告等技术内容的真实性、完整性、科学性进行审查。

5.2.3 品种试验方案

试验地点选择、对照品种确定、试验设计与实施、采收与测产，应按 NY/T 2668.13 的规定进行审查。

5.2.4 品种试验结果

对植物学特征、农艺性状、主要经济性状(包括丰产性、品质、抗性等)和生产技术要点等结果的完整性、真实性和准确性进行审查。

5.2.5 初审意见

依据 5.2.1、5.2.2、5.2.3、5.2.4 的审查情况，结合现场鉴评结果，对申请审定品种进行综合审定，提出初审意见。

5.3 终审

对申报材料、现场鉴评综合评价、初审结果进行综合审定，提出终审意见，并进行无记名投票表决，赞成票超过与会专家总数 2/3 以上的品种，通过审定。

附 录 A
(规范性附录)
木菠萝品种审定现场鉴评内容

A.1 观测项目

见表 A.1。

表 A.1 观测项目

记载内容	观测记载项目
基本情况	地点、经纬度、海拔、土壤类型、土壤肥力状况、试验点面积、气候特点、管理水平、种苗类型、定植时期、株行距、种植密度
主要植物学特征及农艺性状	株高、冠幅、干周、单果重、留果数、果实纵径、果实横径、果实形状、果皮颜色、果皮皮刺、果皮厚度、果肉颜色、果肉厚度、年开花次数
品质性状	总可溶性固形物含量、可食率、胶状物、果肉香气、果肉质地
丰产性	单株产量、亩产量

A.2 观测方法

A.2.1 基本情况

A.2.1.1 试验小区概况

主要包括地点、经纬度、海拔、土壤类型、土壤肥力状况、试验点面积、气候特点。

A.2.1.2 管理水平

考察试验地管理水平,分为精细、中等、粗放。

A.2.1.3 种苗类型

分为嫁接苗、扦插苗、其他。

A.2.1.4 定植时间

申请品种和对照品种的定植时间。

A.2.1.5 株行距

测量小区内的株距和行距,精确到 0.1 m。

A.2.1.6 种植密度

根据 A.2.1.5 数据计算种植密度,精确到 1 株/亩。

A.2.2 主要植物学特征及农艺性状

A.2.2.1 株高

每小区随机选取生长正常的植株≥3 株,测量植株高度,精确到 0.1 m。

A.2.2.2 冠幅

用 A.2.2.1 的样本,按“十字形”测量植株树冠的宽度,精确到 0.1 m。

A.2.2.3 干周

用 A.2.2.1 的样本,测量植株主干离地 30 cm 处或嫁接位以上 10 cm 处的粗度,精确到 0.1 cm。

A.2.2.4 单果重

每小区随机选取生长正常的植株≥3 株,分别采摘全部成熟果实称重,除以总个数,精确到 0.1 kg。

A.2.2.5 其他植物学特征及农艺性状

留果数应按 NY/T 3008 的规定执行;果实纵径、果实横径、果实形状、果皮颜色、果皮皮刺、果皮厚度、果肉颜色、果肉厚度、年开花次数等应按 NY/T 2515 的规定执行。

A.2.3 品质性状

总可溶性固形物含量、胶状物、果肉香气、果肉质地应按 NY/T 2515 的规定执行;可食率应按 NY/T 489 的规定执行。

A.2.4 丰产性

A.2.4.1 单株产量

果实成熟时,每小区随机选取生长正常的植株≥3 株,分别采摘全树果实称重,根据年周期累积果实产量计算单株产量,精确到 0.1 kg。

A.2.4.2 亩产量

根据 A.2.1.6 和 A.2.4.1 结果,计算亩产量,精确到 0.1 kg。

A.2.4.3 其他

可根据小区内发生的病害、虫害、寒害等具体情况进行记载。

附　录　B
（规范性附录）
木菠萝品种现场鉴评记录表

木菠萝品种现场鉴评记录表见表B.1。

表B.1　木菠萝品种现场鉴评记录表

日期：__________年__________月__________日

基本情况：__________省(自治区、直辖市)__________市(区、县)__________乡(镇)

经度：__________　纬度：__________　海拔：__________

面积：__________亩　土壤类型：__________

测试项目	申请品种						对照品种					
品种名称												
管理水平	1. 精细；2. 中等；3. 粗放											
种苗类型												
定植时间,年												
株行距,m												
种植密度,株/亩												
年开花次数,次												
留果数,个/株												
果皮颜色	1. 黄色；2. 黄绿色；3. 黄褐色；4. 褐色						1. 黄色；2. 黄绿色；3. 黄褐色；4. 褐色					
果实形状	1. 扁圆形；2. 近圆形；3. 长椭圆形；4. 椭圆形						1. 扁圆形；2. 近圆形；3. 长椭圆形；4. 椭圆形					
果皮皮刺	1. 尖；2. 中等；3. 钝						1. 尖；2. 中等；3. 钝					
果肉颜色	1. 浅黄色；2. 中等黄色；3. 深黄色；4. 橙红色						1. 浅黄色；2. 中等黄色；3. 深黄色；4. 橙红色					
株号	1	2	3	4	5	平均	1	2	3	4	5	平均
株高,m												
冠幅,m												
干周,cm												
单果重,kg												
果实纵径,cm												
果实横径,cm												
果皮厚度,cm												
果肉厚度,mm												
总可溶性固形物含量,%												
可食率,%												
胶状物	1. 少；　2. 中；　3. 多						1. 少；　2. 中；　3. 多					
果肉香气	1. 淡；　2. 中等；　3. 浓						1. 淡；　2. 中等；　3. 浓					

表 B.1 （续）

测试项目	申请品种						对照品种					
果肉质地	1. 软； 2. 脆						1. 软； 2. 脆					
单株产量,kg												
亩产量,kg												
其他												
签名	组长： 成员：											

注 1:测量株数:3 株～5 株。
注 2:抽样方式:随机抽样。
注 3:根据测产单株产量及亩定植株数计算亩产量。

附加说明:

NY/T 2667《热带作物品种审定规范》拟分为如下部分:

——第 1 部分:橡胶树;
——第 2 部分:香蕉;
——第 3 部分:荔枝;
——第 4 部分:龙眼;
——第 5 部分:咖啡;
——第 6 部分:芒果;
——第 7 部分:澳洲坚果;
——第 8 部分:菠萝;
——第 9 部分:枇杷;
——第 10 部分:番木瓜;
——第 11 部分:胡椒;
——第 12 部分:椰子;
——第 13 部分:木菠萝;
…………

本部分为 NY/T 2667 的第 13 部分。

本部分按照 GB/T 1.1—2009 给出的规则起草。

本部分由中华人民共和国农业农村部提出。

本部分由农业农村部热带作物及制品标准化技术委员会归口。

本部分起草单位:中国热带农业科学院香料饮料研究所、海南省农业科学院热带果树研究所。

本部分主要起草人:谭乐和、吴刚、范鸿雁、何凡、胡丽松、郭利军、刘爱勤。

中华人民共和国农业行业标准

热带作物品种试验技术规程 第13部分:木菠萝

NY/T 2668.13—2019

Regulations for the variety tests of tropical crops—Part 13:Jackfruit

1 范围

本部分规定了木菠萝(*Artocarpus heterophyllus* Lam.)的品种比较试验、区域性试验和生产性试验的技术要求。

本部分适用于木菠萝品种试验,尖蜜拉(*Artocarpus champeden* Spreng)品种试验可参照执行。

2 规范性引用文件

下列文件对于本文件的应用是必不可少的。凡是注日期的引用文件,仅注日期的版本适用于本文件。凡是不注日期的引用文件,其最新版本(包括所有的修改单)适用于本文件。

GB/T 6194 水果、蔬菜可溶性糖测定法

GB/T 6195 水果、蔬菜维生素C含量测定法(2,6-二氯靛酚滴定)

NY/T 489 木菠萝

NY/T 1473 木菠萝 种苗

NY/T 2515 植物新品种特异性、一致性和稳定性测试指南 木菠萝

NY/T 2667.13 热带作物品种审定规范 第13部分:木菠萝

NY/T 3008 木菠萝栽培技术规程

3 品种比较试验

3.1 试验地点选择

试验地点应能代表所属生态类型区的气候、土壤、栽培条件和生产水平。

3.2 对照品种

对照品种应为已登记或审(认)定的品种,或当地生产上公知公用的品种,或在育种目标性状上表现最突出的现有品种。

3.3 试验设计与实施

采用完全随机设计或完全随机区组设计,重复≥3次。每个小区每个品种(系)≥5株。种苗质量应符合NY/T 1473的要求,栽培管理按NY/T 3008的规定执行。产量等目标性状观测数据年限≥3个年生产周期;试验区内各项管理措施要求一致,同一试验的每一项田间操作应在同一天内完成。

3.4 采收与测产

当果实成熟度达到要求时,及时采收,每个小区逐株测产,统计年周期内单株产量和单位面积产量。

3.5 观测记录与鉴定评价

按附录A的规定执行。

中华人民共和国农业部 2019-12-27 发布　　2020-04-01 实施

3.6 试验总结

对试验品种(系)的质量性状进行描述,对产量等重要数量性状观测数据进行统计分析,按附录B的规定撰写品种比较试验年度报告,按附录C的规定撰写品种比较试验总报告。

4 品种区域性试验

4.1 试验地点选择

根据不同品种(系)的适应性,在至少2个省(自治区、直辖市)不同生态区域设置≥3个试验点。试验点同时满足3.1的要求。

4.2 对照品种

满足3.2的要求,根据试验需要可增加对照品种。

4.3 试验设计

采用完全随机设计或完全随机区组设计,重复≥3次。每个小区每个品种≥5株,株距5 m~6 m、行距6 m~7 m;同一组别不同试验点的种植密度与规格一致,试验区内各项管理措施要求一致;单株数据分别记载,试验年限应连续观测≥3个年生产周期。

4.4 试验实施

4.4.1 种植

种苗质量应符合NY/T 1473的要求,种植应按NY/T 3008的规定执行。

4.4.2 田间管理

土肥水管理、树体管理、主要病虫害防治应按NY/T 3008的规定执行。

4.5 采收与测产

按3.4的规定执行。

4.6 观测记载与鉴定评价

按附录A的规定执行。

4.7 试验总结

对试验品种(系)的质量性状进行描述,对产量等重要数量性状观测数据进行统计分析,按附录B的规定撰写品种区域性试验年度报告,按附录C的规定撰写区域性试验总报告。

5 品种生产性试验

5.1 试验地点选择

满足4.1的要求。

5.2 对照品种

满足4.2的要求。

5.3 试验设计

采用随机区组设计或对比试验,株距5 m~6 m、行距6 m~7 m;随机区组设计的重复数≥3次,一个试验点每个申请品种(系)的种植面积≥3亩,小区内每个品种(系)≥1亩;对比试验的重复数≥3次,每次重复每个品种(系)的种植面积≥1亩。产量等目标性状观测数据年限≥3个年生产周期。

5.4 试验实施

按4.4的规定执行。

5.5 采收与测产

当果实成熟度达到要求时,及时采收。每小区随机选取正常植株≥5株,分别采收全树果实称重,统计株产，折算亩产。

5.6 观测记载与鉴定评价

按附录A的规定执行。

5.7 试验总结

对试验品种(系)的质量性状进行描述，对产量等重要数量性状观测数据进行统计分析，对品种表现作出综合评价，按附录B的规定撰写品种生产性试验年度报告，按附录C的规定撰写品种生产性试验总报告，并总结生产技术要点。

附　录　A
（规范性附录）
木菠萝品种试验观测项目与记载标准

A.1　基本情况

A.1.1　试验地概况

试验地概况主要包括：地理位置、经纬度、地形、海拔、坡度、坡向、土壤类型、土壤肥力状况、定植时间等。

A.1.2　气象资料

记载内容主要包括：年均温、年降水量、光照时数、无霜期、极端最高温、极端最低温以及灾害天气情况等。

A.1.3　种苗情况

记录种苗类型、种苗来源等。

A.1.4　田间管理情况

常规管理，包括整形修剪、除草、排灌、施肥、病虫害防治等。

A.2　木菠萝品种试验田间观测与记载项目

A.2.1　观测项目

见表A.1。

表A.1　观测项目

内　容	记载项目
植物学特征及农艺性状	株高、冠幅、干周、叶形、叶长、叶宽、叶色、单果重、果实纵径、果实横径、果实形状、果皮颜色、果皮皮刺、果皮厚度、果肉颜色、果苞厚度、种子形状、种子颜色、种子单粒重
生物学特性	初花期、末花期、年开花次数、果实发育期、果实成熟期
品质特性	总可溶性固形物含量、可食率、胶状物、果肉香气、果肉质地、还原糖含量、总糖含量、维生素C含量
丰产性	单株产量、亩产量
抗性	抗病虫性

A.2.2　鉴定方法

A.2.2.1　植物学特征及农艺性状

A.2.2.1.1　种子形状

每小区随机选取生长正常的植株≥3株，每株取2个果，从果实中随机选取20粒种子，目测种子的形状，按最大相似原则，确定种子的形状，种子形状有球形、椭圆形、长椭圆形、肾形、其他。

A.2.2.1.2　种子颜色

用A.2.2.1.1的样本，随机选取20粒种子，目测种子颜色并与标准色卡进行比较，按最大相似原则，确定种子颜色，颜色有白色、乳白色、褐色、深褐色、其他。

A.2.2.1.3　种子单粒重

用A.2.2.1.1的样本，随机选取20粒种子，进行称重。结果以平均值表示，单位为克(g)，精确到0.1 g。

A.2.2.1.4　其他植物学特征及农艺性状

株高、冠幅、干周和单果重应按NY/T 2667.13的规定执行；叶形、叶长、叶宽、叶色、果实纵径、果实横径、果实形状、果皮颜色、果皮皮刺、果皮厚度、果肉颜色、果苞厚度等，应按NY/T 2515的规定执行。

A.2.2.2 生物学特性

初花期、末花期、年开花次数、果实发育期、果实成熟期，按 NY/T 2515 的规定执行。

A.2.2.3 品质特性

总可溶性固形物含量、胶状物、果肉香气、果肉质地，按 NY/T 2515 的规定执行；可食率应按 NY/T 489 的规定执行；维生素 C 含量应按 GB/T 6195 的规定执行；总糖含量、还原糖含量应按 GB/T 6194 的规定执行。

A.2.2.4 丰产性

A.2.2.4.1 单株产量

品种比较试验和区域性试验：当果实成熟度达到要求时，分别采收，每个小区逐株测产，统计年周期内单株产量；生产性试验：每小区随机选取正常植株≥5 株，分别采收全株果实称重，统计年周期内单株产量；精确到 0.1 kg。

A.2.2.4.2 亩产量

根据单株产量、亩株数计算亩产量，精确到 0.1 kg。

A.2.2.5 抗性

根据小区内发生的病害、虫害等具体情况加以记载。

A.2.3 项目记载

A.2.3.1 木菠萝品种比较试验观测记载项目

见表 A.2。

表 A.2 木菠萝品种比较试验观测项目记载表

观测项目		参试品种	对照品种	备注
植物学特征及农艺性状	株高，m			
	冠幅，m			
	干周，cm			
	叶形			
	叶长，cm			
	叶宽，cm			
	叶色			
	单果重，kg			
	果实纵径，cm			
	果实横径，cm			
	果实形状			
	果皮颜色			
	果皮皮刺			
	果皮厚度，cm			
	果肉颜色			
	果苞厚度，mm			
	种子形状			
	种子颜色			
	种子单粒重，g			
生物学特性	初花期(YYYYMMDD)			
	末花期(YYYYMMDD)			
	果实发育期，d			
	果实成熟期(YYYYMMDD)			
	年开花次数，次			
品质特性	总可溶性固形物含量，%			
	可食率，%			
	胶状物			
	果肉香气			
	果肉质地			
	还原糖含量，%			
	总糖含量，%			
	维生素 C 含量，mg/100 g			

表 A.2(续)

观测项目		参试品种	对照品种	备注
丰产性	单株产量,kg			
	亩产量,kg			
抗性	抗病虫性			
其他				

A.2.3.2 木菠萝品种区域性试验观测记载项目

见表 A.3。

表 A.3 木菠萝品种区域性试验观测项目记载表

观测项目		参试品种	对照品种	备注
植物学特征及农艺性状	株高,m			
	冠幅,m			
	干周,cm			
	叶形			
	叶长,cm			
	叶宽,cm			
	叶色			
	单果重,kg			
	果实纵径,cm			
	果实横径,cm			
	果实形状			
	果皮颜色			
	果皮皮刺			
	果皮厚度,cm			
	果肉颜色			
	果苞厚度,mm			
	种子形状			
	种子颜色			
	种子单粒重,g			
生物学特性	初花期(YYYYMMDD)			
	末花期(YYYYMMDD)			
	果实发育期,d			
	果实成熟期(YYYYMMDD)			
	年开花次数,次			
品质特性	总可溶性固形物含量,%			
	可食率,%			
	胶状物			
	果肉香气			
	果肉质地			
	还原糖含量,%			
	总糖含量,%			
	维生素 C 含量,mg/100 g			
丰产性	单株产量,kg			
	亩产量,kg			
抗性	抗病虫性			
其他				

A.2.3.3 木菠萝品种生产性试验观测记载项目

见表A.4。

表A.4 木菠萝品种生产性试验观测项目记载表

<table>
<tr><th colspan="2">观测项目</th><th>参试品种</th><th>对照品种</th><th>备注</th></tr>
<tr><td rowspan="12">植物学特征及农艺性状</td><td>株高,m</td><td></td><td></td><td></td></tr>
<tr><td>冠幅,m</td><td></td><td></td><td></td></tr>
<tr><td>干周,cm</td><td></td><td></td><td></td></tr>
<tr><td>单果重,kg</td><td></td><td></td><td></td></tr>
<tr><td>果实纵径,cm</td><td></td><td></td><td></td></tr>
<tr><td>果实横径,cm</td><td></td><td></td><td></td></tr>
<tr><td>果实形状</td><td></td><td></td><td></td></tr>
<tr><td>果皮颜色</td><td></td><td></td><td></td></tr>
<tr><td>果皮皮刺</td><td></td><td></td><td></td></tr>
<tr><td>果皮厚度,cm</td><td></td><td></td><td></td></tr>
<tr><td>果肉颜色</td><td></td><td></td><td></td></tr>
<tr><td>果苞厚度,mm</td><td></td><td></td><td></td></tr>
<tr><td rowspan="5">生物学特性</td><td>初花期(YYYYMMDD)</td><td></td><td></td><td></td></tr>
<tr><td>末花期(YYYYMMDD)</td><td></td><td></td><td></td></tr>
<tr><td>果实发育期,d</td><td></td><td></td><td></td></tr>
<tr><td>果实成熟期(YYYYMMDD)</td><td></td><td></td><td></td></tr>
<tr><td>年开花次数,次</td><td></td><td></td><td></td></tr>
<tr><td rowspan="8">品质特性</td><td>总可溶性固形物含量,%</td><td></td><td></td><td></td></tr>
<tr><td>可食率,%</td><td></td><td></td><td></td></tr>
<tr><td>胶状物</td><td></td><td></td><td></td></tr>
<tr><td>果肉香气</td><td></td><td></td><td></td></tr>
<tr><td>果肉质地</td><td></td><td></td><td></td></tr>
<tr><td>还原糖含量,%</td><td></td><td></td><td></td></tr>
<tr><td>总糖含量,%</td><td></td><td></td><td></td></tr>
<tr><td>维生素C含量,mg/100 g</td><td></td><td></td><td></td></tr>
<tr><td rowspan="2">丰产性</td><td>单株产量,kg</td><td></td><td></td><td></td></tr>
<tr><td>亩产量,kg</td><td></td><td></td><td></td></tr>
<tr><td>抗性</td><td>抗病虫性</td><td></td><td></td><td></td></tr>
<tr><td>其他</td><td></td><td></td><td></td><td></td></tr>
</table>

附 录 B
(规范性附录)
木菠萝品种试验年度报告

B.1 概述

本附录给出了《木菠萝品种试验年度报告》格式。

B.2 报告格式

B.2.1 封面

木菠萝品种试验年度报告

(年度)

试验地点：______

承担单位：______

试验负责人：______

试验执行人：______

通信地址：______

邮政编码：______

联系电话：______

电子信箱：______

B.2.2 地理与气象数据

纬度(°)：______，经度(°)：______，海拔(m)：______，年平均气温(℃)：______，最冷月平均气温(℃)：______，最低气温(℃)：______，最高气温(℃)：______，年降水量(mm)：______。

特殊气候及各种自然灾害对供试品种生长和产量的影响，以及补救措施：______。

B.2.3 试验地基本情况和栽培管理

B.2.3.1 基本情况

坡度：______，坡向：______，前作：______，土壤类型：______。

B.2.3.2 田间设计

参试品种：______个，对照品种：______个，重复：______次，行距：______m，株距：______m，试验面积：______m^2。

参试品种汇总表见表B.1。

表 B.1 木菠萝参试品种汇总表

代号	品种名称	组别	亲本组合	选育单位	联系人与电话

B.2.3.3 栽培管理

种植日期和方法：____________________

施肥：____________________

排灌：____________________

树体管理：____________________

疏果：____________________

病虫害防治：____________________

其他特殊处理：____________________

B.2.4 物候期

见表B.2。

表 B.2 木菠萝物候期调查汇总表

调查项目	参试品种				对照品种			
	重复Ⅰ	重复Ⅱ	重复Ⅲ	平均	重复Ⅰ	重复Ⅱ	重复Ⅲ	平均
初花期(YYYYMMDD)								
末花期(YYYYMMDD)								
果实发育期,d								
果实成熟期(YYYYMMDD)								
年开花次数,次								

B.2.5 主要植物学特征调查表

见表B.3。

表 B.3 主要植物学特征性状调查汇总表

调查项目	参试品种				对照品种			
	重复Ⅰ	重复Ⅱ	重复Ⅲ	平均	重复Ⅰ	重复Ⅱ	重复Ⅲ	平均
株高,m								
冠幅,m								
干周,cm								
叶形								
叶长,cm								
叶宽,cm								
叶色								
单果重,kg								
果实纵径,cm								
果实横径,cm								
果实形状								
果皮颜色								
果皮皮刺								
果皮厚度,cm								
果肉颜色								
果苞厚度,mm								
种子形状								
种子颜色								
种子单粒重,g								

B.2.6 产量性状

见表 B.4。

表 B.4 木菠萝产量性状调查结果汇总表

<table>
<tr><th rowspan="2">代号</th><th rowspan="2">品种名称</th><th rowspan="2">重复</th><th colspan="2">收获小区</th><th rowspan="2">单株产量,kg</th><th rowspan="2">亩产量,kg</th><th rowspan="2">平均亩产,kg</th><th rowspan="2">比对照增减,%</th><th colspan="2">显著性测定</th></tr>
<tr><th>株距,m</th><th>行距,m</th><th>0.05</th><th>0.01</th></tr>
<tr><td rowspan="3"></td><td rowspan="3"></td><td>Ⅰ</td><td></td><td></td><td></td><td></td><td rowspan="3"></td><td rowspan="3"></td><td rowspan="3"></td><td rowspan="3"></td></tr>
<tr><td>Ⅱ</td><td></td><td></td><td></td><td></td></tr>
<tr><td>Ⅲ</td><td></td><td></td><td></td><td></td></tr>
<tr><td rowspan="3"></td><td rowspan="3"></td><td>Ⅰ</td><td></td><td></td><td></td><td></td><td rowspan="3"></td><td rowspan="3"></td><td rowspan="3"></td><td rowspan="3"></td></tr>
<tr><td>Ⅱ</td><td></td><td></td><td></td><td></td></tr>
<tr><td>Ⅲ</td><td></td><td></td><td></td><td></td></tr>
</table>

B.2.7 品质检测

见表 B.5。

表 B.5 木菠萝品种品质检测结果汇总表

<table>
<tr><th>代号</th><th>品种名称</th><th>重复</th><th>总可溶性固形物含量,%</th><th>还原糖含量,%</th><th>总糖含量,%</th><th>维生素 C 含量,mg/100 g</th></tr>
<tr><td rowspan="3"></td><td rowspan="3"></td><td>Ⅰ</td><td></td><td></td><td></td><td></td></tr>
<tr><td>Ⅱ</td><td></td><td></td><td></td><td></td></tr>
<tr><td>Ⅲ</td><td></td><td></td><td></td><td></td></tr>
<tr><td rowspan="3"></td><td rowspan="3"></td><td>Ⅰ</td><td></td><td></td><td></td><td></td></tr>
<tr><td>Ⅱ</td><td></td><td></td><td></td><td></td></tr>
<tr><td>Ⅲ</td><td></td><td></td><td></td><td></td></tr>
</table>

B.2.8 品质评价

见表 B.6。

表 B.6 木菠萝品种品质评价结果汇总表

<table>
<tr><th>代号</th><th>品种名称</th><th>重复</th><th>果肉香气</th><th>果肉质地</th><th>胶状物</th><th>可食率,%</th><th>综合评价</th><th>终评位次</th></tr>
<tr><td rowspan="3"></td><td rowspan="3"></td><td>Ⅰ</td><td></td><td></td><td></td><td></td><td rowspan="3"></td><td rowspan="3"></td></tr>
<tr><td>Ⅱ</td><td></td><td></td><td></td><td></td></tr>
<tr><td>Ⅲ</td><td></td><td></td><td></td><td></td></tr>
<tr><td rowspan="3"></td><td rowspan="3"></td><td>Ⅰ</td><td></td><td></td><td></td><td></td><td rowspan="3"></td><td rowspan="3"></td></tr>
<tr><td>Ⅱ</td><td></td><td></td><td></td><td></td></tr>
<tr><td>Ⅲ</td><td></td><td></td><td></td><td></td></tr>
<tr><td colspan="9">注:综合评价至少请 5 名代表评价,划分 4 个等级:1)优、2)良、3)中、4)差。</td></tr>
</table>

B.2.9 抗性

见表 B.7。

表 B.7 木菠萝抗性调查结果汇总表

代号	品种名称	抗病性	抗虫性	备注

B.2.10 其他特征特性

B.2.11 品种综合评价(包括品种特征特性、优缺点和推荐审定等)

见表 B.8。

表 B.8 木菠萝品种综合评价表

代号	品种名称	综合评价

B.2.12 本年度试验评述(包括试验进行情况、准确程度、存在问题等)

B.2.13 对下年度试验工作的意见和建议

B.2.14 附:__________年度专家测产结果

附　录　C
（规范性附录）
木菠萝品种试验总报告

C.1　概述

本附录给出了《木菠萝品种试验总报告》格式。

C.2　报告格式

C.2.1　封面

木菠萝品种试验总报告

试验地点：________________________________

承担单位：________________________________

试验负责人：______________________________

试验执行人：______________________________

通信地址：________________________________

邮政编码：________________________________

联系电话：________________________________

电子信箱：________________________________

C.2.2　品种比较试验报告

C.2.2.1　试验目的

C.2.2.2　试验地自然条件

C.2.2.3　参试品种（标明对照品种）

C.2.2.4　试验设计和方法

C.2.2.5　试验结果与分析

C.2.2.6　结论

C.2.3　品种区域性试验报告

C.2.3.1　试验目的

C.2.3.2　区域地点及自然条件（土壤条件）

C.2.3.3　参试品种（标明对照品种）

C.2.3.4　试验设计和方法

C.2.3.5　试验结果与分析

C.2.3.6　结论

C.2.4　品种生产性试验报告

C.2.4.1　试验目的

C.2.4.2　试验地点及自然条件（土壤条件）

C.2.4.3　试验承担单位

C.2.4.4　参试品种及对照品种

C.2.4.5 试验设计和方法

C.2.4.6 试验结果与分析

C.2.4.7 结论

C.2.4.8 附:栽培技术要点

附加说明:

NY/T 2668《热带作物品种试验技术规程》拟分为如下部分:

——第 1 部分:橡胶树;

——第 2 部分:香蕉;

——第 3 部分:荔枝;

——第 4 部分:龙眼;

——第 5 部分:咖啡;

——第 6 部分:芒果;

——第 7 部分:澳洲坚果;

——第 8 部分:菠萝;

——第 9 部分:枇杷;

——第 10 部分:番木瓜;

——第 11 部分:胡椒;

——第 12 部分:椰子;

——第 13 部分:木菠萝;

——第 14 部分:剑麻;

…………

本部分为 NY/T 2668 的第 13 部分。

本部分按照 GB/T 1.1—2009 给出的规则起草。

本部分由中华人民共和国农业农村部提出。

本部分由农业农村部热带作物及制品标准化技术委员会归口。

本部分起草单位:中国热带农业科学院香料饮料研究所、海南省农业科学院热带果树研究所。

本部分主要起草人:谭乐和、吴刚、范鸿雁、何凡、胡丽松、郭利军、刘爱勤。

中华人民共和国农业行业标准

热带作物品种试验技术规程　第14部分：剑麻

Regulations for the variety test tropical crops—
Part 14：Sisal

NY/T 2668.14—2019

1　范围

本部分规定了剑麻（*Agave sisalana* Perrine）的品种比较试验、品种区域性试验和品种生产性试验的技术要求。

本部分适用于剑麻品种试验。

2　规范性引用文件

下列文件对于本文件的应用是必不可少的。凡是注日期的引用文件，仅注日期的版本适用于本文件。凡是不注日期的引用文件，其最新版本（包括所有的修改单）适用于本文件。

NY/T 222　剑麻栽培技术规程

NY/T 1941　农作物种质资源鉴定技术规程　龙舌兰麻

NY/T 1942　龙舌兰麻抗病性鉴定技术规程

NY/T 2448　剑麻种苗繁育技术规程

3　品种比较试验

3.1　试验点选择

试验地点应在适宜种植区内，选择光照充足、排水良好、土壤肥力相对一致的地块。

3.2　试验年限

正常割叶≥5年。

3.3　对照品种

选择生产品种H.11648或在育种目标性状上表现突出的同类品种为对照品种。

3.4　试验设计

采用随机区组法或改良对比法设计，重复≥3次。每个小区每个品种（系）≥18株，观测记录株数≥10株。单行种植株距为0.9 m～1.2 m，行距为2.5 m～3.8 m。双行种植每小区2个双行以上，株距为0.9 m～1.2 m，小行距1.0 m～1.2 m，大行距为3.0 m～4.2 m。

3.5　试验种苗

种苗繁育按NY/T 2448的规定执行，种苗规格应达到NY/T 222中剑麻种苗分级指标界定的3级以上。

3.6　麻园管理

栽培管理按NY/T 222的规定执行。

3.7　观测记载项目及方法

中华人民共和国农业部 2019-12-27 发布　　　　2020-04-01 实施

按附录 A 的规定执行。

3.8 测产

达到开割标准后，每品种(系)选取除边行边株以外的正常生长植株 10 株，及时收割测产，计算年度鲜叶产量和纤维产量。

3.9 试验总结

对试验品种(系)的质量性状进行描述，对产量等重要数量性状观测数据进行统计分析，按附录 B 的规定撰写剑麻品种比较试验年度报告，按附录 C 的规定撰写剑麻品种比较试验总报告。

4 品种区域性试验

4.1 试验点选择

满足 3.1 的要求。根据试验品种(系)的适应性，在 2 个以上省(区)不同生态区域设置≥3 个试验点。

4.2 试验年限

正常割叶≥3 年。

4.3 对照品种

符合 3.3 的要求，可根据试验需要增加对照品种。

4.4 试验设计

采用随机区组法或改良对比法设计，重复≥3 次，每个小区每个品种(系)≥28 株。种植密度参照 3.4 的要求，同一类型不同试验点种植密度应一致。

4.5 试验种苗

按 3.5 的规定执行。

4.6 麻园管理

按 NY/T 222 的规定执行。

4.7 观测记载项目及方法

按附录 A 的规定执行。

4.8 测产

按 3.8 的规定执行。

4.9 试验总结

对试验品种(系)的生长量和产量等重要性状观测数据进行统计分析，对品种(系)区域性表现作出综合评价，按附录 B 的规定撰写品种区域性试验年度报告，按附录 C 的规定撰写品种区域性试验总报告。

5 品种生产性试验

5.1 试验点选择

根据试验品种(系)的适应性，在适宜种植的地区设置≥3 个具有生产代表性的试验点。

5.2 试验年限

正常割叶≥3 年。

5.3 对照品种

选择本地区大面积种植的或在育种目标性状上表现突出的同类品种为对照品种。

5.4 试验设计

采用随机区组法或改良对比法设计，重复≥3 次，每个试验点种植面积≥6 亩，每个小区每个品种(系)

≥300 株。种植密度参照当地主栽品种。

5.5 试验种苗

按 4.5 的规定执行。

5.6 麻园管理

按 NY/T 222 的规定执行。

5.7 观测记载项目及方法

观测试验品种(系)的植株生长量、鲜叶产量和纤维产量,记载品种(系)的病虫害发生情况及抗风、耐寒等性状表现,观测记载方法按附录 A 的规定执行。

5.8 测产

试验麻园达到开割标准后,每个小区每个品种(系)选择 300 株,收获成熟叶片测定每亩鲜叶产量;随机选择 10 株,重复 3 次,按照 NY/T 1941 的规定测定叶片纤维含量,计算每亩纤维产量。

5.9 试验总结

对试验品种(系)的生长量和单位面积产量等试验数据进行统计分析,对品种(系)表现作出综合评价,按附录 B 的规定撰写品种生产性试验年度报告,按附录 C 的规定撰写品种生产性试验总报告,并总结栽培技术要点。

附 录 A
(规范性附录)
剑麻品种试验观测项目鉴定与记载标准

A.1 基本情况

A.1.1 试验地概况

主要包括地理位置、地形、坡度、坡向、海拔、土壤类型、前茬作物种类等。

A.1.2 气象资料

主要包括气温、降水量、极端温度、灾害天气等。

A.1.3 栽培管理

主要包括种苗情况、施肥情况、定植时间、割叶情况等。

A.2 观测项目和鉴定方法

A.2.1 观测项目

见表 A.1。

表 A.1 观测项目

性 状	鉴 定 项 目
主要植物学特征	叶片形态、叶片形状、叶片颜色、叶片斑纹、叶片蜡粉、叶面、叶缘、叶顶刺、叶尖形态
生物学特性	叶片长度、叶片宽度、叶片厚度、年展叶数、单叶重、叶片纤维含量
品质性状	纤维长度、束纤维断裂强力、纤维色泽
产量	亩产鲜叶、亩产纤维
抗逆性	抗风性、抗寒性、抗斑马纹病、抗茎腐病和其他抗病虫性状

A.2.2 鉴定方法

A.2.2.1 主要生长性状

主要植物学特征、生物学特性和品质性状的鉴定按 NY/T 1941 的规定执行。

A.2.2.2 产量

试验麻园达到 NY/T 222 规定的开割标准后,按试验小区选取除边行边株以外的正常生长植株 10 株,收获心叶以下大于 45°角生长的成熟叶片,称量鲜叶质量,根据平均单株鲜叶质量与单位面积种植株数的乘积计算鲜叶产量;将收获的叶片用机械抽取纤维后干燥,称量干纤维质量,根据平均单株干纤维质量与单位面积种植株数计算纤维产量。

A.2.2.3 抗逆性

A.2.2.3.1 抗风性

在台风或强风危害后,以试验小区为调查单元,每单元除边行边株外随机选择调查株 10 株,重复 3 次,观察记录每株叶片受风害情况,按表 A.2 的风害分级标准确定各调查株的风害等级,根据风害平均级和 2 级～3 级风害植株占调查总植株数的比例评定品种的抗风性。风害平均级按式(A.1)计算。

表 A.2　剑麻风害分级

级　别	分级标准
0	无风害
1	折叶在 5 片以下
2	折叶在 6 片～10 片或麻株被刮倾斜
3	折叶在 11 片以上或麻株被刮倒

$$P=\frac{\sum(N_i \times i)}{M} \quad \cdots\cdots (A.1)$$

式中：

P ——风害平均级；

N_i——第 i 风害级的植株数，单位为株；

i ——风害级；

M ——调查总株数，单位为株。

计算结果表示到小数点后一位。

A.2.2.3.2　抗寒性

遇寒害年份，在发生寒害后 1 个月，以试验小区为单元，每单元除边行边株外随机选择调查株 10 株，重复 3 次，观察记录每株叶片受寒害情况，按表 A.3 的寒害分级标准确定各调查株叶片的寒害等级，根据寒害平均级和 2 级～4 级受害叶片数所占比例评定品种的耐寒性。寒害平均级按式(A.2)计算。

表 A.3　剑麻寒害分级

级　别	分级标准
0	叶片基本无受害
1	叶片受害面积≤1/5
2	叶片受害面积占 1/5～2/5
3	叶片受害面积占 2/5～3/5
4	叶片受害面积≥3/5

$$BT=\frac{\sum(N_j \times j)}{M_0} \quad \cdots\cdots (A.2)$$

式中：

BT ——寒害平均级；

N_j ——第 j 寒害级的植株数，单位为株；

j ——寒害级；

M_0 ——调查总株数，单位为株。

计算结果表示到小数点后一位。

A.2.2.3.3　抗病(虫)性

剑麻斑马纹病、剑麻茎腐病抗性鉴定方法按 NY/T 1942 的规定执行。其他病害、虫害等根据具体情况记载。

A.3　记载项目

A.3.1　基本资料

剑麻品种试验基本资料登记表见表 A.4。

表 A.4 剑麻品种试验基本资料登记表

登记项目		记录内容
试验类型		
参试品种		
对照品种		
种植时间		
试验地点		
生态类型区		
重复数		
种植面积		
种植株数		
小区面积		
小区种植株数		
种植规格		
亩植株数		
备耕情况	机耕情况	
	起畦情况	
种苗情况	种苗类型	
	种苗规格	
基肥情况	有机肥种类和数量	
	化肥种类和数量	
割叶情况	开割时间	
	割叶强度	

A.3.2 品种比较试验记载项目

见表 A.5。

表 A.5 剑麻品种比较试验观测项目记载表

观测项目		参试品种	对照品种	备注
植物学特征	叶片形态			
	叶片形状			
	叶片颜色			
	叶片斑纹			
	叶片蜡粉			
	叶面			
	叶缘			
	叶顶刺			
	叶尖形态			
生物学特性	叶片长度,cm			
	叶片宽度,cm			
	叶片厚度,mm			
	年展叶数,片			
	单叶重,kg			
	叶片纤维含量,%			
品质性状	纤维长度,mm			
	束纤维断裂强力,N			
	纤维色泽			
产量	亩产鲜叶,kg			
	亩产纤维,kg			

表 A.5 （续）

观测项目		参试品种	对照品种	备注
抗逆性	抗风性			
	抗寒性			
	抗斑马纹病			
	抗茎腐病			
	其他抗病虫性状			
其他				

A.3.3 品种区域性试验记载项目

见表 A.6。

表 A.6 剑麻品种区域性试验观测项目记载表

观测项目		参试品种	对照品种	备注
植物学特征	叶片形态			
	叶片形状			
	叶片颜色			
	叶片蜡粉			
	叶片形态			
生物学特性	叶片长度,cm			
	叶片宽度,cm			
	叶片厚度,mm			
	年展叶数,片			
	单叶重,kg			
	叶片纤维含量,%			
品质性状	纤维长度,mm			
	束纤维断裂强力,N			
	纤维色泽			
产量	亩产鲜叶,kg			
	亩产纤维,kg			
抗逆性	抗风性			
	抗寒性			
	抗斑马纹病			
	抗茎腐病			
	其他抗病虫形状			
其他				

A.3.4 生产性试验记载项目

见表 A.6。

附 录 B
(规范性附录)
剑麻品种试验年度报告

B.1 概述

本附录给出了《剑麻品种试验年度报告》格式。

B.2 报告格式

B.2.1 封面

剑麻品种试验年度报告
(　　　年度)

试验类型：______________
试验地点：______________
承担单位：______________
试验负责人：______________
试验执行人：______________
通信地址：______________
邮政编码：______________
联系电话：______________
电子信箱：______________

B.2.2 试验地基本情况

经度：____°____′____″，纬度：____°____′____″，海拔：________m，年日照总时数：________h，年平均气温：________℃，最冷月气温：________℃，最低气温：________℃，年降水量：________mm。

坡度：______°，坡向：________，土壤类型：________，土壤 pH：________。

特殊气候及各种自然灾害对试验品种生长和产量的影响以及补救措施：______________。

B.2.3 田间试验设计

试验品种：________，对照品种：________，大行距：________m，小行距：________m，株距：________m，排列方式：________，重复：________次，试验面积：________亩。

参试品种汇总表见表 B.1。

表 B.1 参试品种汇总表

代号	品种名称	类型(组别)	亲本组合	选育单位	联系人与电话

B.2.4 栽培管理

施肥：______________________________

除草：______________________________

病虫害防治：______________________________

其他管理措施：______________________________

B.2.5 农艺性状

见表 B.2。

表 B.2 剑麻农艺性状调查结果汇总表

代号	品种名称	年展叶数,片	单株割叶片数,片	叶长,cm	叶宽,cm	叶厚,mm	单叶重,kg	叶片纤维含量,%

B.2.6 产量性状

见表 B.3。

表 B.3 剑麻产量性状调查结果汇总表

代号	品种名称	重复	单株鲜叶产量,kg	单株纤维产量,kg	鲜叶亩产,kg	纤维亩产,kg	比增,%	显著性测定	
								0.05	0.01
		Ⅰ							
		Ⅱ							
		Ⅲ							
		Ⅰ							
		Ⅱ							
		Ⅲ							

B.2.7 抗逆性

见表 B.4。

表 B.4 主要抗逆性状调查结果汇总表

代号	品种名称	抗风性		抗寒性		抗斑马纹病		抗茎腐病		其他
		风害平均级	2级～3级风害植株比例,%	寒害平均级	2级～4级寒害叶片比例,%	发病率,%	病情指数	发病率,%	病情指数	

B.2.8 其他特征特性

____

B.2.9 品种综合评价(包括品种特征特性、优缺点和推荐审定等)

见表 B.5。

表 B.5　剑麻品种综合评价表

代号	品种名称	综合评价

B.2.10　本年度试验评述(包括试验进行情况、准确程度、存在问题等)

B.2.11　对下年度试验工作的意见和建议

B.2.12　附:__________年度专家测产结果

附 录 C
(规范性附录)
剑麻品种试验总报告

C.1 概述

本附录给出了《剑麻品种试验总报告》格式。

C.2 报告格式

C.2.1 封面

剑麻品种试验总报告

承担单位:________________

试验负责人:________________

试验执行人:________________

通信地址:________________

邮政编码:________________

联系电话:________________

电子信箱:________________

C.2.2 品种比较试验报告

C.2.2.1 试验目的

C.2.2.2 试验地自然条件

C.2.2.3 参试品种(标明对照品种)

C.2.2.4 试验设计和方法

C.2.2.5 试验结果与分析

C.2.2.6 结论

C.2.3 品种区域性试验报告

C.2.3.1 试验目的

C.2.3.2 区域地点及自然条件(土壤条件)

C.2.3.3 参试品种(标明对照品种)

C.2.3.4 试验设计和方法

C.2.3.5 试验结果与分析

C.2.3.6 结论

C.2.4 品种生产性试验报告

C.2.4.1 试验目的

C.2.4.2 试验地点及自然条件

C.2.4.3 试验承担单位

C.2.4.4 参试品种及对照品种

C.2.4.5 试验设计和方法

C.2.4.6 试验结果与分析

C.2.4.7 结论

C.2.4.8 附:栽培技术要点

附加说明:

NY/T 2668《热带作物品种试验技术规程》拟分为如下部分:

——第 1 部分:橡胶树;

——第 2 部分:香蕉;

——第 3 部分:荔枝;

——第 4 部分:龙眼;

——第 5 部分:咖啡;

——第 6 部分:芒果;

——第 7 部分:澳洲坚果;

——第 8 部分:菠萝;

——第 9 部分:枇杷;

——第 10 部分:番木瓜;

——第 11 部分:胡椒;

——第 12 部分:椰子;

——第 13 部分:木菠萝;

——第 14 部分:剑麻。

本部分为 NY/T 2668 的第 14 部分。

本部分按照 GB/T 1.1—2009 给出的规则起草。

本部分由中华人民共和国农业农村部提出。

本部分由农业农村部热带作物及制品标准化技术委员会归口。

本部分起草单位:中国热带农业科学院南亚热带作物研究所。

本部分主要起草人:周文钊、李俊峰、杨子平、鹿志伟、张燕梅、陆军迎。

中华人民共和国农业行业标准

咖啡中绿原酸类化合物的测定 高效液相色谱法

Determination of chlorogenic acids in coffee—High performance liquid chromatography

NY/T 3514—2019

1 范围

本标准规定了咖啡中6种绿原酸类化合物的高效液相色谱测定方法。

本标准适用于咖啡中5-咖啡酰奎宁酸、绿原酸、4-咖啡酰奎宁酸、3,4-二咖啡酰奎宁酸、4,5-二咖啡酰奎宁酸和3,5-二咖啡酰奎宁酸等单个或多个组分含量的测定。

2 规范性引用文件

下列文件对于本文件的应用是必不可少的。凡是注日期的引用文件,仅注日期的版本适用于本文件。凡是不注日期的引用文件,其最新版本(包括所有的修改单)适用于本文件。

GB/T 6682 分析实验室用水规格和试验方法

NY/T 1518 袋装生咖啡 取样

3 原理

咖啡中的6种绿原酸类化合物经磷酸溶液加热提取后,采用高效液相色谱法测定,以保留时间定性、外标法定量。

4 试剂和材料

除另有说明外,水为GB/T 6682规定的一级水。

4.1 试剂

4.1.1 甲醇(CH_3OH,CAS号:67-56-1):色谱纯。

4.1.2 磷酸(H_3PO_4,CAS号:7664-38-2):分析纯,含量≥85%。

4.1.3 磷酸溶液(0.1%,体积分数):取磷酸(4.1.2)1.00 mL,用水稀释至1 L。

4.1.4 磷酸-甲醇溶液(80+20,体积比):量取磷酸溶液(4.1.3)80 mL,加入甲醇(4.1.1)20 mL,混匀。

4.2 标准品

4.2.1 5-咖啡酰奎宁酸($C_{16}H_{18}O_9$,CAS号:906-33-2):纯度≥99%。

4.2.2 绿原酸($C_{16}H_{18}O_9$,CAS号:327-97-9):纯度≥99%。

4.2.3 4-咖啡酰奎宁酸($C_{16}H_{18}O_9$,CAS号:905-99-7):纯度≥99%。

4.2.4 3,4-二咖啡酰奎宁酸($C_{25}H_{24}O_{12}$,CAS号:14534-61-3):纯度≥99%。

4.2.5 4,5-二咖啡酰奎宁酸($C_{25}H_{24}O_{12}$,CAS号:32451-88-0):纯度≥99%。

4.2.6 3,5-二咖啡酰奎宁酸($C_{25}H_{24}O_{12}$,CAS号:2450-53-5):纯度≥99%。

中华人民共和国农业部 2019-12-27 发布　　2020-04-01 实施

4.3 标准溶液

4.3.1 单一绿原酸类化合物标准储备溶液：分别准确称取5-咖啡酰奎宁酸20 mg、绿原酸80 mg、4-咖啡酰奎宁酸20 mg、3,4-二咖啡酰奎宁酸5 mg、4,5-二咖啡酰奎宁酸5 mg和3,5-二咖啡酰奎宁酸5 mg(精确至0.000 1 g)于10 mL棕色容量瓶中，用磷酸-甲醇溶液(4.1.4)溶解并稀释至刻度，配制成浓度分别为2 000 mg/L、8 000 mg/L、2 000 mg/L、500 mg/L、500 mg/L和500 mg/L的单一绿原酸类化合物标准储备溶液，−18℃以下避光储存，有效期一个月。

4.3.2 绿原酸类化合物混合标准中间溶液：分别准确吸取1.0 mL单一绿原酸类化合物标准储备溶液(4.3.1)于10 mL棕色容量瓶中，用磷酸-甲醇溶液(4.1.4)稀释至刻度，配制成绿原酸类化合物混合标准中间溶液。−18℃以下避光储存，有效期一周。

4.3.3 绿原酸类化合物系列混合标准工作溶液：分别吸取绿原酸类化合物混合标准中间溶液(4.3.2)0.10 mL、0.20 mL、0.50 mL、1.00 mL、2.50 mL至10 mL棕色容量瓶中，用磷酸-甲醇溶液(4.1.4)定容至刻度，配制成绿原酸类化合物系列混合标准工作溶液。现用现配。

4.4 滤膜：0.45 μm，水相。

5 仪器和设备

5.1 高效液相色谱仪：配有紫外检测器或二极管阵列检测器。

5.2 天平：感量0.01 mg和0.001 g。

5.3 咖啡磨：适用于磨碎焙炒的咖啡豆。

5.4 嵌齿轮磨：装有冷却套；或者分析磨、装有刀片和冷却套；或者其他适于磨碎生咖啡豆的磨。

5.5 样品筛：60目。

5.6 恒温水浴锅。

6 分析步骤

6.1 取样

取样按NY/T 1518的规定执行。

6.2 样品制备与保存

用5.3或5.4所规定的设备研磨，直至试样通过60目的样品筛为止。混匀，装入密闭容器中，样品于室温下保存。

6.3 试样处理

称取试样0.5 g(精确至0.001 g)于200 mL烧杯中，加入80 mL磷酸溶液(4.1.3)，沸水浴30 min，不时振摇。取出冷却至室温，转移至100 mL容量瓶中，用磷酸溶液(4.1.3)定容至刻度，摇匀，静置。过0.45 μm水相滤膜(4.4)，待测。

6.4 仪器参考条件

6.4.1 高效液相色谱参考条件

a) 色谱柱：C_{18}柱(250 mm×4.6 mm，5 μm)或相当者；

b) 流动相：磷酸溶液(4.1.3)和甲醇，梯度洗脱，梯度洗脱程序见表1；

c) 流速：1.0 mL/min；

d) 检测波长：327 nm；

e) 柱温：30℃；

f) 进样量：10 μL。

表 1 梯度洗脱程序

时间,min	磷酸溶液,%	甲醇,%
0.00~10.00	90	10
10.01~12.00	80	20
12.01~30.00	80	20
30.01~32.00	90	10
32.01~36.00	90	10

6.4.2 色谱测定

准确吸取制备液(6.3)10 μL,注入高效液相色谱仪,并用绿原酸类化合物系列混合标准工作溶液(4.3.3)制作标准曲线,进行色谱测定。绿原酸类化合物混合标准溶液色谱图参见附录 A。

7 结果计算与表达

试样中被测绿原酸化合物以质量分数计,按式(1)计算。

$$\omega = \frac{\rho \times V}{m \times 10000} \quad \cdots\cdots (1)$$

式中:

ω ——试样中待测绿原酸化合物的含量,单位为百分号(%);

ρ ——试样溶液中待测绿原酸的质量浓度,单位为毫克每升(mg/L);

V ——试样溶液定容体积,单位为毫升(mL);

m ——试样质量,单位为克(g);

计算结果保留 3 位有效数字。

8 重复性

在重复性条件下,获得的 2 次独立测定结果的绝对差值不得超过算术平均值的 10%。

9 检出限和定量限

本方法的检出限:5-咖啡酰奎宁酸、4-咖啡酰奎宁酸、3,4-二咖啡酰奎宁酸、4,5-二咖啡酰奎宁酸和3,5-二咖啡酰奎宁酸为 1.2 mg/kg,绿原酸为 0.70 mg/kg。

本方法的定量限:5-咖啡酰奎宁酸、4-咖啡酰奎宁酸、3,4-二咖啡酰奎宁酸、4,5-二咖啡酰奎宁酸和3,5-二咖啡酰奎宁酸为 4.0 mg/kg,绿原酸为 2.0 mg/kg。

附 录 A
(资料性附录)
绿原酸类化合物混合标准溶液色谱图

绿原酸类化合物混合标准溶液色谱图见图 A.1。

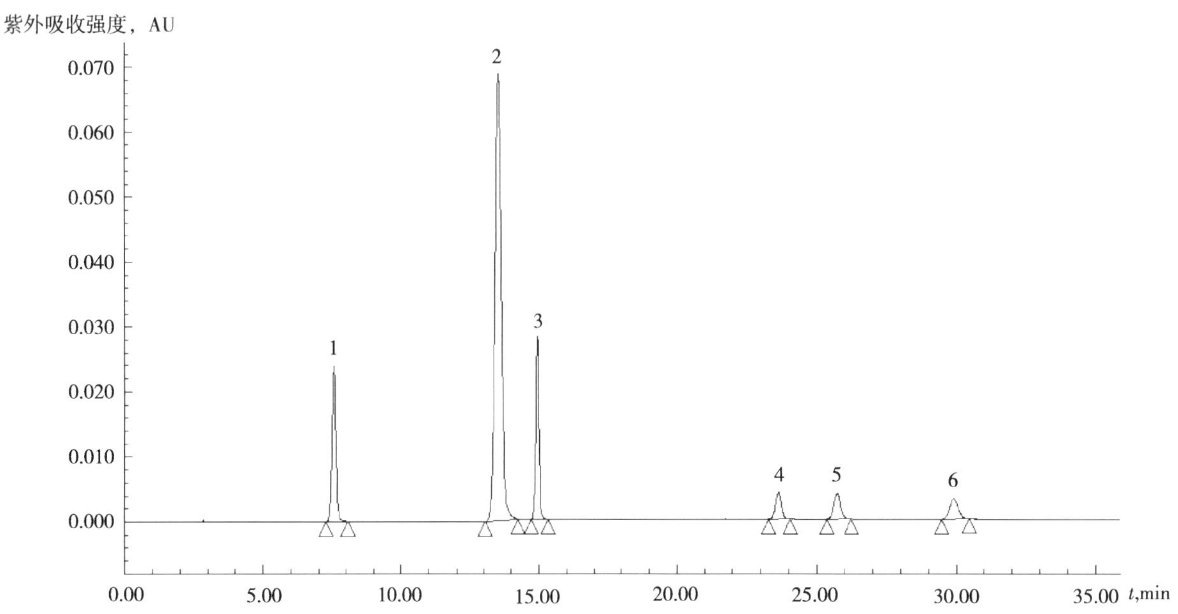

说明：

1——5-咖啡酰奎宁酸(4 mg/L)；
2——绿原酸(20 mg/L)；
3——4-咖啡酰奎宁酸(4 mg/L)；
4——3,4-二咖啡酰奎宁酸(1 mg/L)；
5——4,5-二咖啡酰奎宁酸 (1 mg/L)；
6——3,5-二咖啡酰奎宁酸(1 mg/L)。

图 A.1 绿原酸类化合物混合标准溶液色谱图

附加说明：

本标准按照 GB/T 1.1—2009 给出的规则起草。

本标准由中华人民共和国农业农村部提出。

本标准由农业农村部热带作物及制品标准化技术委员会归口。

本标准起草单位：云南省农业科学院质量标准与检测技术研究所、农业农村部农产品质量监督检验测试中心(昆明)、农业农村部农产品质量安全风险评估实验室(昆明)。

本标准主要起草人：邵金良、黎其万、刘兴勇、林涛、王丽、刘宏程、汪禄祥、陈兴连、樊建麟。

中华人民共和国农业行业标准

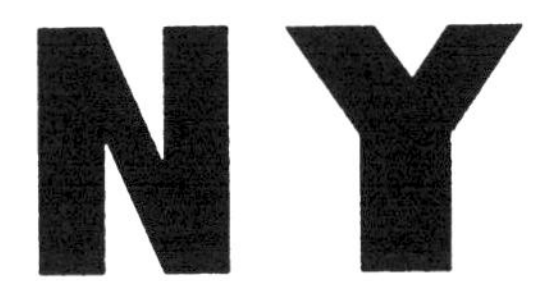

热带作物病虫害防治技术规程　椰子织蛾

Technical code for controlling pests in tropical crops—*Opisina arenosella* Walker

NY/T 3515—2019

1　范围

本标准规定了椰子织蛾(*Opisina arenosella* Walker)监测、防治技术。

本标准适用于椰子(*Cocos nucifera* Linn.)、槟榔(*Areca catechu* L.)、大王棕[*Roystonea regia* (HBK.) O. F. Cook]、蒲葵[*Livistona chinensis* (Jacq.) R. Br.]和中东海枣(*Phoenix sylvestris* Roxb)等棕榈植物上的椰子织蛾监测与防治。

2　规范性引用文件

下列文件对于本文件的应用是必不可少的。凡是注日期的引用文件,仅注日期的版本适用于本文件。凡是不注日期的引用文件,其最新版本(包括所有的修改单)适用于本文件。

GB/T 8321(所有部分)　农药合理使用准则

NY/T 1276　农药安全使用规范

3　术语和定义

下列术语和定义适用于本文件。

3.1

踏查　on-the-spot survey

对调查地区内椰子织蛾分布的一般规律进行全面了解的过程。

4　椰子织蛾的形态特征及发生特点

4.1　形态特征

椰子织蛾形态特征参见附录A。

4.2　发生特点

椰子织蛾发生特点参见附录B。

5　调查与监测

5.1　调查

5.1.1　访问调查

不定期向椰子、大王棕等棕榈科植物种植户、农技人员或城镇居民询问是否有椰子织蛾的发生及危害程度等情况(危害症状参见附录B)。每个调查点访问人数不少于10人。调查结果填入椰子织蛾访问调查记录表(见附录C)。

中华人民共和国农业部 2019-12-27 发布　　2020-04-01 实施

5.1.2 踏查

对访问调查中发现的可疑地区和其他有代表性的区域(面积大于 1 hm^2)进行踏查,每次调查代表面积占种植面积的 30%以上。如发现可疑症状时,采集害虫进行现场诊断或取样送实验室鉴定。调查结果填入椰子织蛾调查记录表(见附录 D)。

5.2 监测

5.2.1 监测点的选择

监测点以大面积种植区(面积大于 1 hm^2)为主。

5.2.2 成虫监测

在林缘适当地点悬挂(高约 2 m)诱虫灯引诱,诱虫灯为黑光灯,波长以 365 nm～368 nm 为宜,每公顷 15 个。每 3 d 检查并记录椰子织蛾的数量,调查结果填入椰子织蛾监测记录表(见附录 E)。

5.2.3 其他虫期监测

5.2.3.1 卵期监测

椰子织蛾成虫产卵于树冠中下层叶片,采用五点取样法,每个监测点调查 5 株,每株取东、南、西、北 4 个方向的 1 片中层叶片,记录每株寄主植物上椰子织蛾卵的数量。每 2 个月调查一次,调查结果填入椰子织蛾监测记录表(见附录 E)。

5.2.3.2 幼虫和蛹监测

选择有椰子织蛾幼虫危害状的可疑植株分布区,采用五点取样法,每个监测点调查 5 株,每株取东、南、西、北 4 个方向的 1 片受害的中层叶片,记录每株寄主植物上椰子织蛾幼虫和蛹的数量。每 2 个月调查一次,调查结果填入椰子织蛾监测记录表(见附录 E)。

6 防治技术

6.1 检疫措施

椰子织蛾主要靠苗木和果实远距离传播,不应调运带有椰子织蛾的苗木和果实。

6.2 农业防治

6.2.1 合理修剪

对受害的叶片和枯叶进行清除并集中喷药或就地销毁处理。

6.3 物理防治

选用 365 nm～368 nm 波长光源的黑光灯,高度约为 2 m,对椰子织蛾成虫进行诱杀。

6.4 生物防治

室内大量扩繁麦蛾柔茧蜂(*Habrobracon hebetor*)、周氏啮小蜂(*Chouioia cunea* Yang)、金刚钻大腿小蜂(*Brachymeria nosatoi*)等本地天敌寄生蜂,选择无风或微风晴朗天气,按蜂虫比 5∶1 进行释放,每月 1 次～2 次,连续 6 个月。寄生蜂防治期间,不宜进行化学药剂防治,可采用 8 000 IU/mg 苏云金杆菌可湿性粉剂 100 倍～150 倍液或 20 亿 PIB/mL 核型多角体病毒悬浮剂 800 倍液等生物杀虫剂进行协调防治。

6.5 化学防治

农药使用按 GB/T 8321 和 NY/T 1276 的规定执行。用 2%甲氨基阿维菌素苯甲酸盐悬浮剂 2 000 倍～3 000倍液或 4.5%高效氯氰菊酯水乳剂1 500 倍～2 000倍液进行喷雾。每隔 2 周喷药 1 次,连续施药 2 次～3 次。

也可选用 25%噻虫嗪水分散剂 10 倍～15 倍液,在 1.5 m～1.7 m 处树干注射,每株 500 mL～1 000 mL。

附 录 A
(资料性附录)
椰子织蛾形态特征

A.1 椰子织蛾(*Opisina arenosella* Walker),属鳞翅目(Lepidoptera)木蛾科(Xyloryctidae)椰木蛾属(*Opisina*),以幼虫取食叶片危害,是棕榈科植物的重要入侵害虫(见图 A.1)。

A.2 卵:半透明,长椭圆形。初产浅乳黄色,后颜色渐深至红褐色,表面具纵横网格纹。可单产,也可成堆产于寄主叶片。

A.3 幼虫:共 5 个~8 个龄期。幼虫体乳黄色至淡褐色。低龄时,头、前胸深褐色至黑色,中胸颜色稍深于其他体节;在幼虫体背常具有棕色条带。高龄时,中间 3 条较粗、连续,体侧 2 条较细且断续。幼虫老熟后,5 条纵带颜色均变为红色。雌、雄幼虫大小相近,雄虫 6 龄~8 龄的幼虫虫体在第 9 节前缘腹中腺表面有一个圆形凹陷,而雌虫无此凹陷。这一特征可用于辨别幼虫的性别。

A.4 蛹:长圆筒形,初化蛹时浅黄褐色,后黄褐色,羽化前深褐色。蛹背面第 2~第 4 腹节前缘具梳状列,中间清晰且长、两侧渐短、靠近边缘的渐不清晰;第 2 腹节上的梳状列有时不清晰。雌蛹生殖孔裂位于腹部末节近前缘处,雄蛹生殖孔裂位于腹部末节中部。蛹腹末具 1 突柄,柄末端稍膨大,末端两侧对生 2 根毛;末节背面端部、突柄基部两侧着生 6 根倒钩,2 根着生于突柄下部。蛹通常位于使叶片并拢的虫道中并被虫茧紧紧包裹。

A.5 成虫:体灰白色,头顶部被宽大平伏的灰白色鳞片,下唇须细长,向上伸向头的前方;雌、雄虫触角均为丝状,细长,且雌虫触角较长;前翅具有 3 个模糊的斑点。雄虫外生殖器为爪型突;雌虫外生殖器交配孔大,近圆形。

a) 卵　b) 幼虫　c) 蛹　d) 成虫

图 A.1 椰子织蛾

附 录 B
（资料性附录）
椰子织蛾发生特点

B.1 寄主

椰子织蛾的寄主主要包括1科22属26种，具体如下：

表B.1 椰子织蛾寄主范围表

中文名	拉丁名	中文名	拉丁名	中文名	拉丁名
椰子	*Cocos nucifera*	布迪椰子	*Butia capitata*	酒瓶椰子	*Hyophore lagenicaulis*
槟榔	*Areca catechu*	银海枣	*Phoenix sylvestris*	大王棕	*Roystonea regia*
糖棕	*Borassus flabellifer*	贝叶棕	*Corypha umbraculifera*	散尾葵	*Chrysalidocarpus lutescens*
桄榔	*Arenga pinnata*	蒲葵	*Livistona chinensis*	假槟榔	*Archontophoenix alexandrae*
霸王棕	*Bismarckia nobilis*	大丝葵	*Washingtonia robusta*	圆叶轴榈	*Licuala grandis*
红脉葵	*Latania lontaroides*	狐尾椰子	*Wodyetia bifurcate*	黄脉葵	*Latania verschaffeltii*
海枣	*Phoenix dactylifera*	野生枣椰	*Phoenix theophrasti*	斐济葵	*Pritchardia pacifica*
董棕	*Caryota urens*	西谷椰子	*Metroxylon sagu*	非洲棕	*Hyphaene thebaica*
油棕	*Elaeis guineensis*	甘蓝椰子	*Oredoxa oleracea*		

B.2 地理分布

中国：海南、广东、广西、福建。

国外：印度、斯里兰卡、孟加拉国、缅甸、印度尼西亚、巴基斯坦、泰国和马来西亚等。

B.3 生物学特性

椰子织蛾幼虫喜欢取食寄主老叶片，多在寄主叶片背面危害，幼虫利用粪便排泄物结成虫道，并躲在虫道内取食危害。危害严重的植株可出现叶子干枯变褐，造成椰子减产，严重时可造成绝产。椰子织蛾雌蛾一般将卵产在老叶背面，产卵量达59粒～252粒，平均137粒，卵期5 d～7 d。幼虫期39 d，蛹期9 d，成虫寿命7 d。椰子织蛾发育起点温度为11.5℃，有效积温为996.9日度，在海南每年发生4代～5代，世代重叠严重。

椰子织蛾的蛹羽化为成虫一般发生在傍晚，17:30～19:30羽化的成虫最多。羽化时，虫体用头顶开蛹壳，破壳而出，双翅垂直并不停振动。新羽化的成虫从22:00开始飞行进行交配，到翌日00:30～1:30达到高峰，交配时，雌雄成虫姿势呈"V"字形或"一"字形。如果未受到惊吓，交配时间可达30 min至1 h。

B.4 传播途径

椰子织蛾主要靠主动扩散实现近距离传播和调运传播实现远距离传播，成虫飞行可达12 km，这是短距离传播的原因；幼虫和蛹主要是通过棕榈科植物的调运而实现远距离传播扩散。

附　录　C
（规范性附录）
椰子织蛾访问调查记录表

椰子织蛾访问调查记录表见表 C.1。

表 C.1　椰子织蛾访问调查记录表

<table>
<tr><td rowspan="4" colspan="2">访问调查地点</td><td colspan="3">县(市)　　　　乡(镇)　　　　村</td></tr>
<tr><td>经度</td><td>纬度</td><td>海拔,m</td></tr>
<tr><td></td><td></td><td></td></tr>
<tr><td colspan="3">单位(农户)名称:</td></tr>
<tr><td rowspan="5">访问调查内容</td><td>是否有危害</td><td></td><td>寄主种类</td><td></td></tr>
<tr><td>寄主生育期</td><td></td><td>初次发现虫害日期</td><td></td></tr>
<tr><td>种植面积,hm^2</td><td></td><td>发生面积,hm^2</td><td></td></tr>
<tr><td>危害程度(轻、中、重)</td><td></td><td>初步鉴定结论</td><td></td></tr>
<tr><td>调查记录人</td><td></td><td>调查日期(年/月/日)</td><td></td></tr>
</table>

附 录 D
(规范性附录)
椰子织蛾调查记录表

椰子织蛾访问调查记录表见表D.1。

表D.1 椰子织蛾调查记录表

<table>
<tr><td colspan="2">调查地点[乡(镇)村]</td><td colspan="2"></td><td colspan="2">调查日期</td><td></td></tr>
<tr><td colspan="2">代表面积,hm^2</td><td colspan="2"></td><td colspan="2">寄主植物</td><td></td></tr>
<tr><td rowspan="2">调查样点序号</td><td rowspan="2">调查株数,株</td><td colspan="5">害虫数量,个</td></tr>
<tr><td>成虫数</td><td>幼虫数</td><td colspan="2">蛹数</td><td>卵数</td></tr>
<tr><td></td><td></td><td></td><td></td><td colspan="2"></td><td></td></tr>
</table>

附　录　E
(规范性附录)
椰子织蛾监测记录表

椰子织蛾监测记录表见表 E.1。

表 E.1　椰子织蛾监测记录表

<table>
<tr><td colspan="2" rowspan="4">监测查地点</td><td colspan="3">县(市)　　　　乡(镇)　　　　村</td></tr>
<tr><td>经度</td><td>纬度</td><td>海拔,m</td></tr>
<tr><td></td><td></td><td></td></tr>
<tr><td colspan="3">单位(农户)名称:</td></tr>
<tr><td rowspan="7">监测内容</td><td>监测方法</td><td></td><td>寄主种类</td><td></td></tr>
<tr><td>寄主生育期</td><td></td><td>寄主种苗来源</td><td></td></tr>
<tr><td>监测面积,hm^2</td><td></td><td>发生面积,hm^2</td><td></td></tr>
<tr><td>监测株数,株</td><td></td><td></td><td></td></tr>
<tr><td>有虫株数,株</td><td></td><td>各虫态数量,个</td><td>成虫:
蛹:
幼虫:
卵:</td></tr>
<tr><td>样本采编号</td><td></td><td>初步鉴定结论</td><td></td></tr>
<tr><td>调查记录人</td><td></td><td>调查日期(年/月/日)</td><td></td></tr>
</table>

附加说明:

本标准按照 GB/T 1.1—2009 给出的规则起草。

本标准由中华人民共和国农业农村部提出。

本标准由农业农村部热带作物及制品标准化技术委员会归口。

本标准起草单位:中国热带农业科学院环境与植物保护研究所。

本标准主要起草人:吕宝乾、马光昌、彭正强、何杏、覃伟权、温海波、阎伟、金涛、龚治、金启安。

中华人民共和国农业行业标准

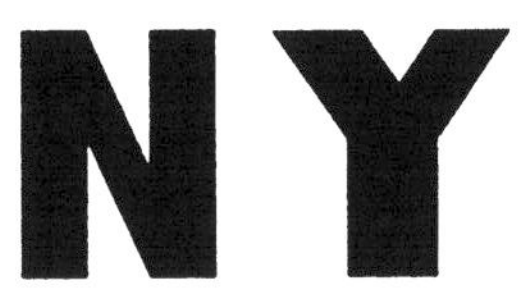

热带作物种质资源描述规范　毛叶枣

Descriptors standard for germplasm resources—Indian jujube

NY/T 3516—2019

1　范围

本标准规定了毛叶枣(*Ziziphus mauritiana* Lam.)种质资源描述的基本信息、植物学特征、生物学特性及农艺性状、品质性状、抗逆性等性状的描述方法。

本标准适用于毛叶枣种质资源的描述。

2　规范性引用文件

下列文件对于本文件的应用是必不可少的。凡是注日期的引用文件,仅注日期的版本适用于本文件。凡是不注日期的引用文件,其最新版本(包括所有的修改单)适用于本文件。

GB/T 2260　中华人民共和国行政区划代码

GB/T 2659　世界各国和地区名称代码

GB 5009.86　食品安全国家标准　食品中抗坏血酸的测定

GB/T 12316　感官分析方法　“A”-“非 A”检验

NY/T 1688　腰果种质资源鉴定技术规范

NY/T 2637　水果和蔬菜可溶性固形物含量的测定　折射仪法

NY/T 2742　水果及制品可溶性糖的测定　3,5-二硝基水杨酸比色法

3　术语和定义

下列术语和定义适用于本文件。

3.1

上午开花型(A 型花)　morning flowering type

当天上午雄蕊成熟,花药开裂,花粉散出。当天下午雌蕊柱头伸长发育成熟,柱头开叉容受。

3.2

下午开花型(B 型花)　afternoon flowering type

当天下午雄蕊成熟,花药开裂,花粉散出。翌日上午雌蕊柱头伸长发育成熟,柱头开叉容受。

4　要求

在植株达到稳定结果期并在正常生长情况下随机采集代表性样本。

5　种质基本信息

5.1　全国统一编号

中华人民共和国农业部 2019-12-27 发布　　2020-04-01 实施

种质资源的全国统一编号是由枣编号(ZF)+4 位顺序号组成的字符串(后 4 位顺序码从“0001”到“9999”代表具体种质编号),全国统一编号具有唯一性。

5.2 采集号

种质在野外采集时赋予的编号,一般由年份+2 位省份代码+顺序号组成。

5.3 引种号

引种号由年份加 4 位顺序号组成的 8 位字符串,如“20170012”。前 4 位表示种质从外地引进年份,后 4 位位顺序号,从“0001”到“9999”。每份引进种质具有唯一的引种号。

5.4 种质名称

国内外种质的原始名称,如果有多个名称,可以放在英文括号内,英文用逗号分隔;国外引进种质如果没有中文译名,可以直接填写种质的外文名。

5.5 种质外文名

国外引进种质的外文名和国内种质的汉语拼音名,每个汉字的首字拼音大写,字间用连接符。

5.6 学名

毛叶枣 *Ziziphus mauritiana* Lam. 。

5.7 种质类型

分为:野生资源、地方品种、引进品种(系)、选育品种(系)、遗传材料等。

5.8 主要特性

分为:产量、品质、抗性、其他。

5.9 主要用途

分为:食用、砧木用、药用、观赏、育种、组培、其他。

5.10 系谱

毛叶枣选育品种(系)的亲缘关系或杂交组合名称。

5.11 遗传背景

分为:自花授粉、异花授粉、种间杂交、种内杂交、无性选择、自然突变、人工诱变、其他。

5.12 繁殖方式

毛叶枣的繁殖方式,分为:嫁接、扦插、实生、组培、其他。

5.13 选育单位

选育毛叶枣品种(系)的单位或个人,单位名称应写全称。

5.14 育成年份

毛叶枣品种(系)通过新品种审定或登记的年份,表示方法为“年”,格式为“YYYY”。

5.15 原产国

毛叶枣种质的原产国家、地区或国际组织名称。国家和地区按照 GB/T 2659 的规定执行,如该国家不存在,应在原国家前加“前”。

5.16 原产省

省份名称按照 GB/T 2260 的规定执行。国外引进种质原产省用原产国家一级行政区的名称。

5.17 原产地

种质的原产县、乡、村名称,县名参照 GB/T 2260 的规定执行。

5.18 原产地经度

种质原产地的经度,单位为度(°)和分(′)。格式为东经(E)/西经(W)DDDFF,其中 DDD 为度,FF 为分。

5.19 原产地纬度

种质原产地的纬度，单位为度(°)和分(′)。格式为北纬(N)/南纬(S)DDFF，其中 DD 为度，FF 为分。

5.20 原产地海拔

单位为米(m)。

5.21 采集地

种质资源来源国家、省、县名称，地区名称或国际组织名称。

5.22 采集单位

毛叶枣种质采集单位或个人全称。

5.23 采集时间

以"年月日"表示，格式"YYYYMMDD"。

5.24 采集材料

毛叶枣种质资源收集时采集的种质材料类型，分为：种子、果实、芽、芽条、花粉、组织培养材料、苗木、其他。

5.25 保存单位

负责毛叶枣种质繁殖并提交国家种质资源长期库前原保存单位或个人全称。

5.26 保存单位编号

种质资源在原保存单位中的种质编号，保存单位编号在同一保存单位应具有唯一性。

5.27 种质保存名

种质资源在资源圃中保存时所用的名称，应与来源名称相一致。

5.28 保存种质的类型

保存种质的类型，分为：植株、种子、组织培养物、花粉、DNA、其他。

5.29 种质定植年份

种质资源在资源圃中定植的年份，表示方法为"年"，格式为"YYYY"。

5.30 种质更新年份

种质资源进行换种或重植的年份，表示方法为"年"，格式为"YYYY"。

5.31 图像

毛叶枣种质的图像文件名，图像格式为".jpg"，图像文件名由"统一编号"+"序号"+".jpg"组成，图像要求像素在 600 dpi 以上或尺寸在 1 024×768 以上。

5.32 特性鉴定评价的机构名称

种质资源特性鉴定评价的机构名称，单位名称应写全称。

5.33 鉴定评价的地点

种质资源植物学特征和生物学特性的鉴定评价地点、记录到省和县。

5.34 备注

资源收集者了解的生态环境的主要信息、产量、栽培实践等。

6 植物学特征

6.1 植株

取代表性植株 3 株以上，进行下列性状描述。

6.1.1 树姿

测量 3 个基部一级侧枝中心轴线与主干的夹角，并依据夹角的平均值确定树姿类型。参照图 1 按最大相似性原则,分为:1. 直立(夹角<45°);2. 半开张(夹角 45°≤夹角<60°);3. 开张(夹角 60°≤夹角<80°)。

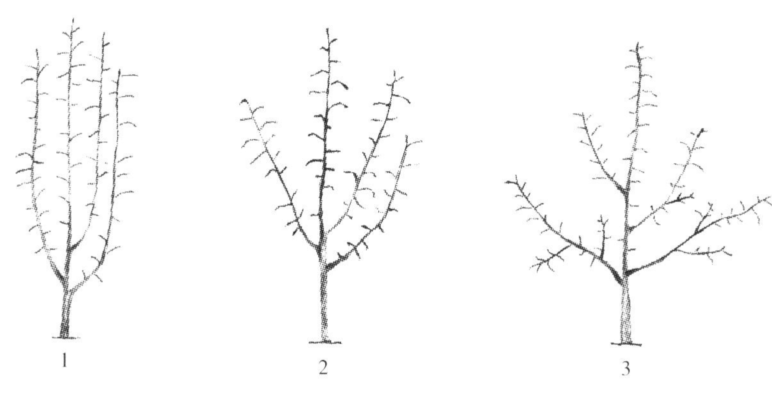

图 1 树姿

6.1.2 树形

以未修剪成年树自然生长状态树冠的形状确定树形类型,参照图 2 按最大相似性原则,分为:1. 圆头形;2. 圆锥形;3. 乱头形;4. 伞形;5. 半圆形;6. 其他。

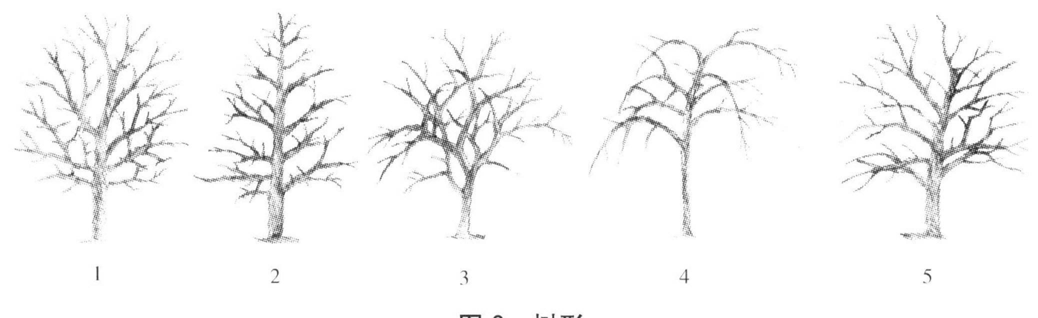

图 2 树形

6.1.3 树势

根据正常生长成年树体的长势状况确定树的长势,分为:1. 弱;2. 中;3. 强。

6.1.4 主干颜色

观察主干颜色,用标准比色卡按最大相似原则确定主干颜色,分为:1. 褐色;2. 灰褐色;3. 其他。

6.1.5 主干表皮特征

观察实生苗的主干全部或嫁接苗的嫁接口上方主干部分的表皮特征,确定植株的主干表皮特征,分为:1. 光滑;2. 粗糙;3. 极粗糙。

6.1.6 嫩梢颜色

在新梢生长期,观察植株幼嫩枝条刚展叶尚未木质化时的表皮颜色,用标准比色卡按最大相似原则确定幼嫩枝条颜色,分为:1. 黄绿色;2. 绿色;3. 黄褐色;4. 其他。

6.1.7 成熟枝条颜色

在末次秋梢充分成熟后至抽梢或开花前,观察植株外围中上部的成熟枝条颜色,用比色卡按最大相似原则确定成熟枝条颜色,分为:1. 黄绿色;2. 黄褐色;3. 暗褐色;4. 其他。

6.1.8 枝条长度

植株开花前,取 30 条老熟枝条,分别测量其长度,取平均值,精确到 0.1 cm。

6.1.9 枝条粗度

植株开花前,取 30 条老熟枝条,分别以游标卡尺测量每个枝条中部的直径,取平均值,精确到 0.1 cm。

6.1.10 节间距

确定成熟枝条的节间距,分为:1. 短;2. 中;3. 长。

6.1.11 枝梢密度

确定树冠枝梢的密集程度,分为:1. 疏;2. 中等;3. 密。

6.1.12 刺

观测正常生长的成年树枝条上的刺着生状况,分为:1. 无;2. 少;3. 中;4. 密。

6.2 叶

在末次秋梢充分成熟后,随机抽取植株外围中上部叶末次秋梢 20 片成熟叶,进行下列性状描述。

6.2.1 叶片形状

参照图 3 按照最大相似性原则确定种质的叶片形状,分为:1. 椭圆形;2. 卵圆形;3. 倒卵形;4. 其他。

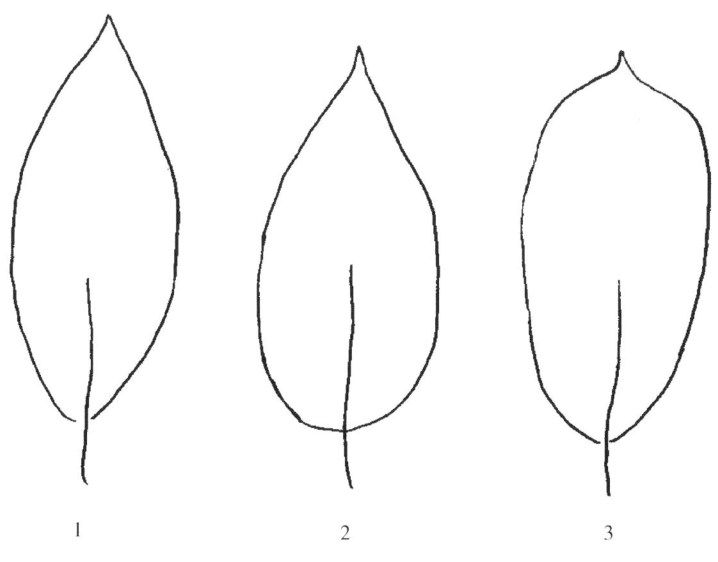

图 3 叶片形状

6.2.2 叶尖形状

参照图 4 按最大相似原则确定叶尖的形状,分为:1. 圆尖;2. 长尖;3. 急尖;4. 内凹;5. 其他。

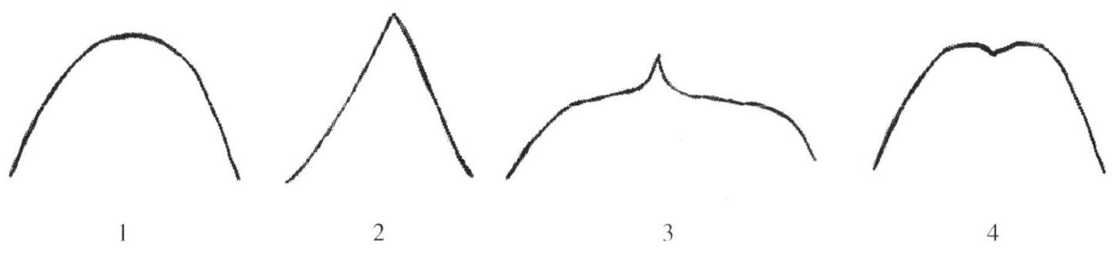

图 4 叶尖形状

6.2.3 叶基形状

参照图 5 按最大相似原则确定叶基的形状,分为:1. 偏斜形;2. 楔形;3. 圆楔形;4. 圆形;5. 其他。

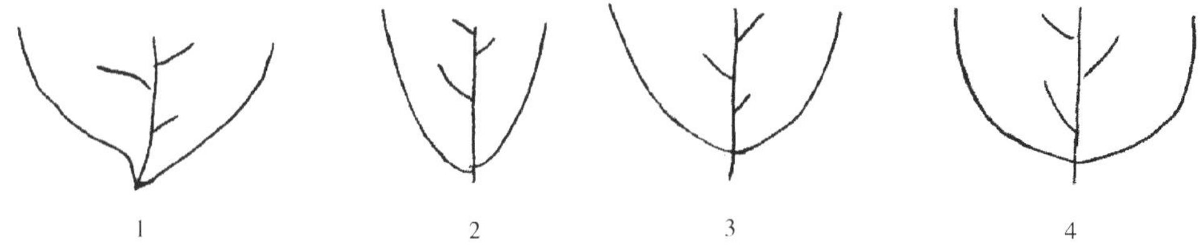

图 5 叶基形状

6.2.4 **叶缘形状**

参照图 6 按最大相似原则确定确定叶缘的形状，分为：1. 钝齿；2. 粗齿；3. 细齿；4. 其他。

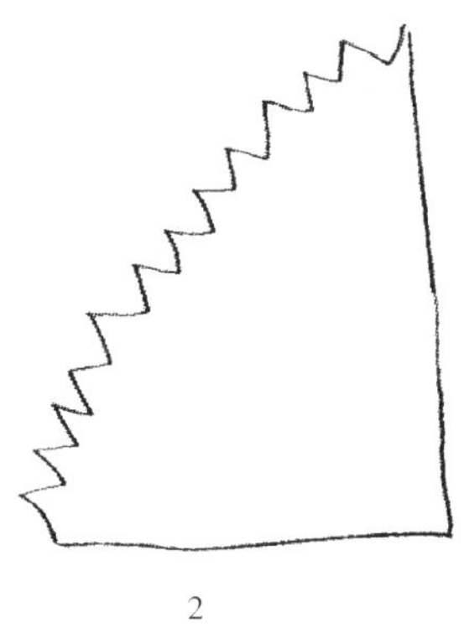

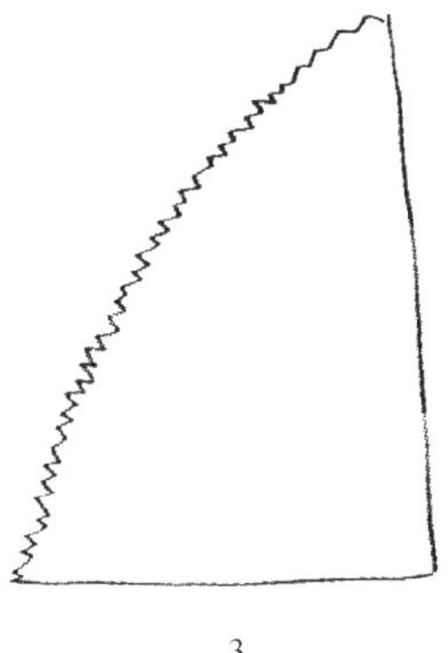

图 6 叶缘形状

6.2.5 **叶面状态**

参照图 7 按最大相似性原则确定叶面状态，分为：1. 合抱；2. 平展；3. 反卷；4. 其他。

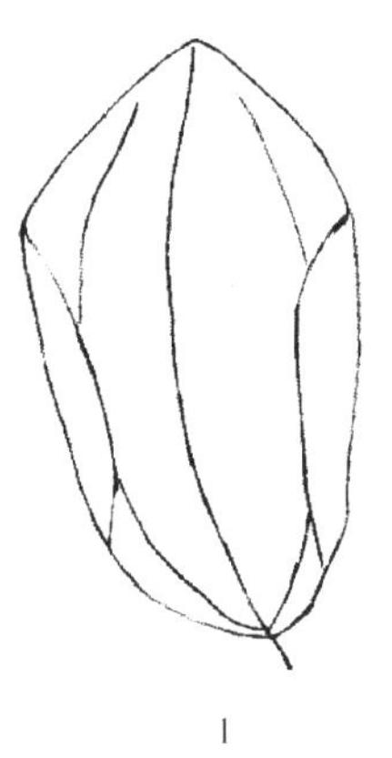

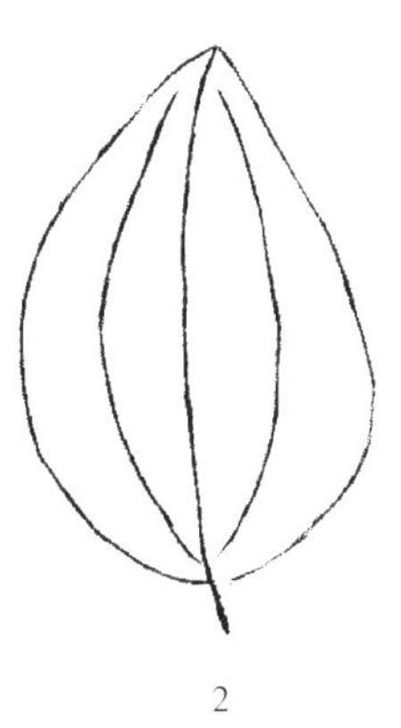

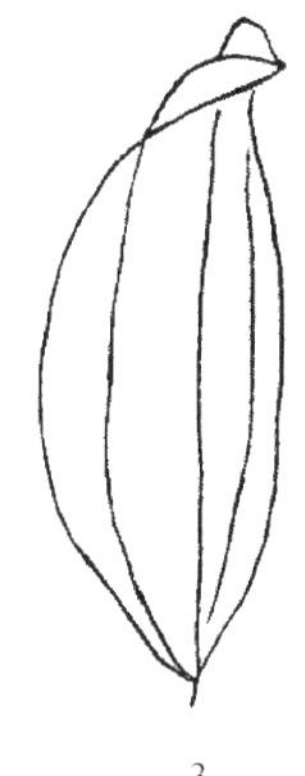

图 7 叶面状态

6.2.6 **叶片长度**

测量叶片基部至叶尖的长度，取平均值，精确到 0.1 cm。

6.2.7 **叶片宽度**

测量叶片中部的最宽处的宽度，取平均值，精确到 0.1 cm。

6.2.8 **叶形指数**

计算叶片长度/叶片宽度的比值，精确到 0.1。

6.2.9 **嫩叶颜色**

6.2.9.1 **叶面颜色**

在新梢生长期，目测树冠外围中上部新梢每片完全展开嫩叶正面颜色，用标准比色卡按最大相似原则确定嫩叶颜色，分为：1. 浅绿色；2. 黄绿色；3. 其他。

6.2.9.2 **叶背颜色**

在新梢生长期，目测树冠外围中上部新梢每片完全展开嫩叶背面颜色，用标准比色卡按最大相似原则确定嫩叶颜色，分为：1. 灰白色；2. 浅黄色；3. 黄绿色；4. 其他。

6.2.10 **成熟叶颜色**

6.2.10.1 **叶面颜色**

观察每片成熟叶正面的颜色，用标准比色卡按最大相似原则确定成熟叶颜色，分为：1. 淡绿色；2. 绿色；3. 深绿色；4. 其他。

6.2.10.2 叶背颜色

观察每片成熟叶正面的颜色，用标准比色卡按最大相似原则确定成熟叶颜色，分为：1. 灰白色；2. 浅黄色；3. 黄绿色；4. 其他。

6.2.11 叶背绒毛

观测正常生长树叶背面的绒毛生长情况，分为：1. 无；2. 有；3. 多。

6.2.12 叶柄长度

测量叶柄基部至小叶片基部的长度，取平均值，精确到 0.1 cm。

6.2.13 叶着生方式

观察叶的着生方式，分为：1. 互生；2. 对生；3. 其他。

6.3 花序和花

在植株盛花期，随机选树冠外围不同部位典型花芽抽出的顶端花序 20 个，进行下列性状描述：

6.3.1 花序着生位置

在植株盛花期，观察花序的着生位置，以最多出现的为准，分为：1. 顶生；2. 腋生；3. 其他。

6.3.2 花瓣颜色

观察花瓣的颜色，用标准比色卡按最大相似原则，确定花瓣颜色，分为：1. 白色；2. 浅黄色；3. 黄绿色；4. 其他。

6.3.3 花托颜色

观察花托的颜色，用标准比色卡按最大相似原则，确定花托颜色，分为：1. 米黄色；2. 淡黄色；3. 深黄色；4. 其他。

6.3.4 每花序花朵数

每个花序着生的平均小花数量，单位为朵，精确到整数。

6.3.5 花序长度

测量每个花序基部至顶端的长度，取平均值，精确到 0.1 cm。

6.3.6 花序宽度

测量每个花序最大处的宽度，取平均值，精确到 0.1 cm。

6.3.7 花序长宽比

计算(花序长度)/(花序宽度)的比值，取平均值，精确到 0.1。

6.3.8 花性比例

在盛花期，连续 2 d 分别在每天的上午、下午取 20 朵正常开放的小花，计算其中雄花、雌花、两性花、变态花所占的比例，以百分比(%)表示，精确到 0.1%。

6.3.9 花的直径

在植株盛花期，随机选树冠外围不同部位典型花芽抽出的顶端花序 10 个，每个花序测量 3 朵正常开放状态花朵的最大直径，取平均值，精确到 0.1 mm。

6.4 果

在果实成熟期，从树体上随机抽取 20 个正常果实，进行下列性状描述：

6.4.1 果实形状

参照图 8 以最大相似原则确定种质的果实形状，分为：1. 圆形；2. 扁圆形；3. 卵圆形；4. 长圆形；5. 圆柱形；6. 圆锥形；7. 扁柱形；8. 其他。

6.4.2 果顶形状

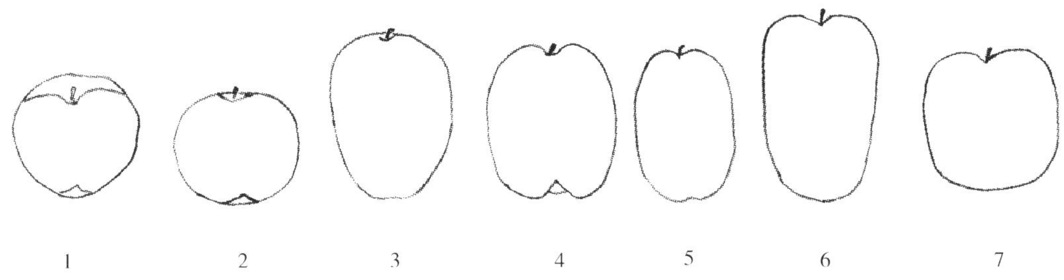

图 8 果实形状

参照图 9 以最大相似原则确定果顶类型，分为：1. 凹；2. 平；3. 凸。

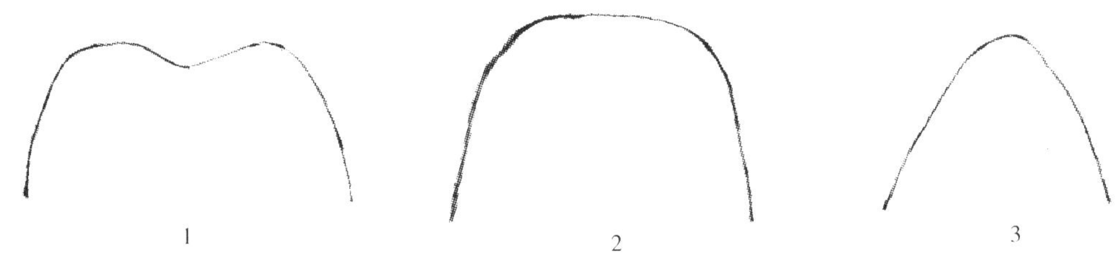

图 9 果顶形状

6.4.3 果肩形状

成熟期果实肩部的形状，分为：1. 平；2. 凸起；3. 其他。

6.4.4 单果重

称取单个果实重，取平均值，精确到 0.1 g。

6.4.5 果实纵径

测量果实果顶至果基的最长距离，取平均值，精确到 0.1 cm。

6.4.6 果实横径

测量果实最大横切面的最长距离，取平均值，精确到 0.1 cm。

6.4.7 果形指数

计算果实纵径/果实横径的比值，取平均值，精确到 0.1。

6.4.8 果肉重

去除果核后称量果肉的重量，取平均值，精确到 0.1 g。

6.4.9 果核重

称量果核重量，取平均值，精确到 0.1 g。

6.4.10 果核形状

去除果核表面附着的果肉，参照图 10 以最大相似原则观察并确定果核形状，分为：1. 圆形；2. 椭圆形；3. 纺锤形；4. 倒纺锤形；5. 其他。

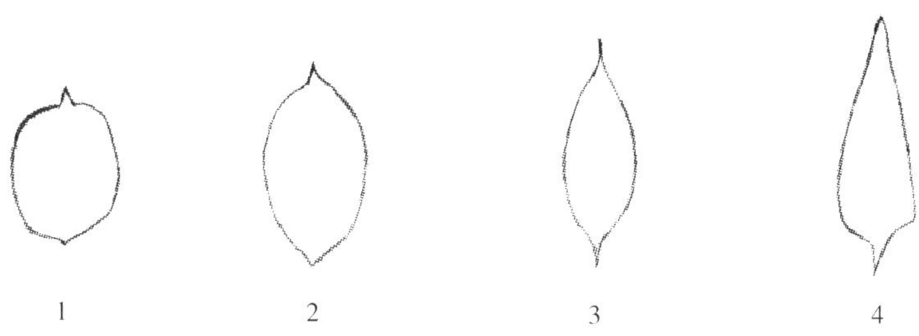

图 10 果核形状

6.4.11 果核脉络形状

观察并确定果核脉络形状,分为:1. 平行;2. 交叉。

6.4.12 果核纵径

测量果核顶部至基部的最长距离,取平均值,精确到 0.1 cm。

6.4.13 果核横径

测量果核最宽处的距离,取平均值,精确到 0.1 cm。

6.4.14 果核侧径

测量果核最厚处的距离,取平均值,精确到 0.1 cm。

7 生物学特性及农艺性状

7.1 定植/播种期

种质定植或播种的时间。

7.2 每年抽生新梢次数

观察并记录每年抽发新梢的次数。

7.3 抽梢期

在生长期,以整个试验小区为调查对象,记录 50%植株开始抽生新梢的日期。表示方法为"年月日",格式为"YYYYMMDD",分为:1. 春梢;2. 夏梢;3. 秋梢;4. 冬梢。

7.4 梢老熟期

在生长期,以整个试验小区为调查对象,记录 50%植株新梢老熟的日期。表示方法为"年月日",格式为"YYYYMMDD",分为:1. 春梢;2. 夏梢;3. 秋梢;4. 冬梢。

7.5 花期

记录同一种质植株上从一朵花开放到最后一朵花凋谢所经历的时间,精确到 1 d。

7.6 初花期

观察全树初花(开花)情况,记录约有 5%花朵开放的日期。以"年月日"表示,格式为"YYYYMMDD"。

7.7 盛花期

观察全树盛花(开花)情况,记录约有 25%花朵开放的日期。以"年月日"表示,格式为"YYYYMM-DD"。

7.8 末花期

观察全树末花(开花)情况,记录约有 75%花朵已开放的日期。以"年月日"表示,格式为"YYYYMMDD"。

7.9 开花习性

7.9.1 花期早晚

根据记录的初花期,确定种质的开花习性,分为:1. 早;2. 中;3. 晚。

7.9.2 开花批次

观察植株开花的情况,记录开花批次。

7.9.3 开花类型

标记 30 朵小花,记录雄蕊和雌蕊的开放情况,依雄蕊、雌蕊的开放时间、顺序,确定开花类型。分为:1. 上午开花型;2. 下午开花型;3. 其他。

7.10 初果期树龄

实生植株在正常生长情况下首次开花结果的树龄,单位为年。

7.11 果实发育期

记录果实从坐果至成熟的天数，单位为天(d)

7.12 果实成熟特性

根据大量采果日期，确定种质的成熟特性，分为：1. 极早；2. 早；3. 中；4. 晚；5. 极晚。

7.13 单株产量

在成年结果树果实成熟期，记录树龄，称取整株果实重量，计算单株果实产量，取平均值，精确到0.1 kg。

7.14 丰产性

根据记载的单株产量。确定植株的丰产性，分为：1. 丰产；2. 中等；3. 低产。

7.15 果实耐储期

在采收期，随机抽取50个～100个成熟度达到收获要求的果实，在常温条件下储藏的时间，单位为天(d)。

8 品质性状

在果实成熟期，从树体上随机抽取20个正常果实，进行下列性状描述：

8.1 果皮颜色

观察果皮颜色，分为：1. 黄白色；2. 淡黄色；3. 黄绿色；4. 淡绿色；5. 深绿色。

8.2 果皮光滑度

观察果实外果皮是否光滑，确定外果皮光滑度，分为：1. 有棱；2. 光滑；3. 粗糙。

8.3 果皮涩味

品尝果皮涩味，分为：1. 涩；2. 微涩；3. 无涩。

8.4 果肉颜色

紧贴果核剖开果实，用标准比色卡按最大相似原则确定种质的果肉颜色，分为：1. 乳白色；2. 白色；3. 其他。

8.5 果肉质地

观察成熟果实的果肉质地，分为：1. 酥松；2. 较致密；3. 致密；4. 酥脆。

8.6 果汁多少

观察确定成熟果实果汁的多少，分为：1. 少；2. 中；3. 多。

8.7 可食率

按照式(1)计算可食率，取平均值，精确到0.1%。

$$X=\frac{m_1-m_2}{m_1}\times 100 \qquad (1)$$

式中：

X ——可食率，单位为百分号(%)；

m_1——单果重，单位为克(g)；

m_2——果核重，单位为克(g)。

8.8 可溶性固形物含量

按NY/T 2637的规定执行。

8.9 可溶性糖含量

按NY/T 2742的规定执行。

8.10 可滴定酸含量

按NY/T 1688的规定执行。

8.11 维生素C含量

按 GB 5009.86 的规定执行。

8.12 果实风味

按 GB/T 12316 的规定检验，以品尝方式判断果肉的风味，分为：1. 浓甜；2. 清甜；3. 酸甜；4. 微涩；5. 其他。

8.13 食用品质

根据成熟时的风味、甜度、酸度等综合评价果实的品质，分为：1. 优；2. 中；3. 差。

9 抗逆性

9.1 抗寒性

植株忍耐或抵抗冬季低温的能力，分为：1. 强；2. 中；3. 弱。

9.2 耐旱性

植株忍耐或抵抗干旱的能力，分为：1. 强；2. 较强；3. 中等；4. 较弱；5. 弱。

9.3 耐涝性

植株忍耐或抵抗涝害的能力，分为：1. 强；2. 较强；3. 中等；4. 较弱；5. 弱。

9.4 抗病性

植株对白粉病、炭疽病、疫病等病害的抗性强弱，分为：1. 高抗；2. 抗；3. 中抗；4. 感；5. 高感。

9.5 抗虫性

植株对柑橘全爪螨、蓟马、橘小实蝇、蚧壳虫等虫害的抗性强弱，分为：1. 高抗；2. 抗；3. 中抗；4. 感；5. 高感。

附加说明：

本标准按照 GB/T 1.1—2009 给出的规则起草。

本标准由中华人民共和国农业农村部提出。

本标准由农业农村部热带作物及制品标准化技术委员会归口。

本标准起草单位：云南省农业科学院热区生态农业研究所。

本标准主要起草人：段曰汤、沙毓沧、瞿文林、马开华、金杰、雷虓、赵琼玲、韩学琴、廖承飞、范建成、邓红山、罗会英。

中华人民共和国农业行业标准

热带作物种质资源描述规范　火龙果

Descriptors standard for tropical crops germplasm—Dragon fruit

NY/T 3517—2019

1　范围

本标准规定了仙人掌科(Cactaceae)量天尺属(*Hylocereus*)或蛇鞭柱属(*Selenicereus*)火龙果种质资源的基本信息、植物学性状、农艺性状、品质性状、抗逆性状、抗病虫性状的记载要求和描述方法。

本标准适用于火龙果种质资源的描述。

2　规范性引用文件

下列文件对于本文件的应用是必不可少的。凡是注日期的引用文件,仅注日期的版本适用于本文件。凡是不注日期的引用文件,其最新版本(包括所有的修改单)适用于本文件。

GB/T 2260　中华人民共和国行政区划代码

GB/T 2659　世界各国和地区名称代码

GB 5009.5　食品安全国家标准　食品中蛋白质的测定

GB 5009.86　食品安全国家标准　食品中抗坏血酸的测定

GB 5009.88　食品安全国家标准　食品中膳食纤维的测定

GB/T 12316　感官分析方法　"A"-非"A"检验

GB/T 12456　食品中总酸的测定方法

NY/T 2637　水果和蔬菜可溶性固形物含量的测定　折射仪法

NY/T 2742　水果及制品可溶性糖的测定　3,5-二硝基水杨酸比色法

3　术语和定义

下列术语和定义适用于本文件。

3.1

茎蔓　stem

火龙果茎蔓为半附生肉质茎,具气生根。分枝多数,延伸,具 3 棱～5 棱,长 0.2 m～1.5 m,宽 3 cm～8 cm,棱常翅状,边缘波状、齿状或平滑状,淡绿色至深绿色,无毛,老枝边缘常木栓化,淡褐色,骨质。

3.2

刺座　areole

火龙果叶退化成刺,刺的着生部位即为刺座。刺座沿棱排列,相距 3 cm～6 cm,每刺座具 1 根～8 根硬刺,长 5 mm～50 mm,灰褐色至黑色。

中华人民共和国农业部 2019-12-27 发布　　2020-04-01 实施

4 基本信息

4.1 全国统一编号

种质资源的全国统一编号，由物种（火龙果）编号“HLG”加保存单位代码再加 4 位顺序号（4 位顺序号从“0001”到“9999”）的字符串组成，全国统一编号具有唯一性。

4.2 种质库编号

种质资源长期保存库编号，由“GP”加 2 位物种代码再加 4 位顺序号（4 位顺序号从“0001”到“9999”）组成。每份种质具有唯一的种质库编号。

4.3 种质圃编号

种质资源保存圃编号，由“NYNCB”加地名拼音首字母加作物名称拼音首字母加 4 位顺序号（4 位顺序号从“0001”到“9999”）组成。若种质库与种质圃同时保存的，种质资源保存圃编号由种质库编号加“（P）”组成。

4.4 采集号

种质在野外采集时赋予的编号，由年份加 2 位省份代码加全年采集顺序号组成。省份代码可按 GB/T 2260 的规定表示。

4.5 引种号

引种号是由年份加 4 位顺序号组成的 8 位字符串，如“20150020”，前 4 位表示种质从外地引进年份，后 4 位为顺序号，从“0001”到“9999”。每份引进种质具有唯一的引种号。

4.6 种质名称

国内种质的原始名称，如果有多个名称，可以放在英文括号内，用英文逗号分隔；国外引进种质如果没有中文译名，可以直接填写种质的外文名。

4.7 种质外文名

国外引进种质的外文名和国内种质的汉语拼音名，每个汉字的首字拼音大写，字间用连接符连接。

4.8 科名

仙人掌科（Cactaceae）。

4.9 属名

量天尺属（*Hylocereus*）或蛇鞭柱属（*Selenicereus*）。

4.10 学名

火龙果种质在植物分类学上的名称。主要包括：来自量天尺属的 *Hylocereus undatus*（Haworth）Britton & Rose，*H. monacanthus*（Lem.）Britton & Rose，*H. polyrhizus*（F. A. C. Weber）Britton & Rose，*H. costaricensis*（F. A. C. Weber）Britton & Rose，*H. megalanthus*（K. Schum. ex Vaupel）Ralf Bauer；来自蛇鞭柱属的 *Selenicereus megalanthus*（K. Schum. ex Vaupel）Moran。

4.11 种质类型

分为：野生资源、地方品种、引进品种（系）、选育品种（系）、其他遗传材料。

4.12 主要特性

分为：高产、优质、抗病、抗寒、抗虫、其他。

4.13 主要用途

分为：食用、观赏、药用、砧木用、育种、其他。

4.14 系谱

种质资源的系谱为选育品种（系）的亲缘关系。

4.15 遗传背景

分为:自交、种内杂交、种间杂交、属间杂交、自然突变、人工诱变、其他。

4.16 **繁殖方式**

分为:种子繁殖、扦插繁殖、组培繁殖、嫁接繁殖、其他。

4.17 **选育单位**

选育品种(系)的单位或个人。单位名称或个人姓名应写全称。

4.18 **育成年份**

品种(系)通过新品种审定、品种登记或品种权申请公告的年份,用4位阿拉伯数字表示。

4.19 **原产国**

种质资源的原产国家、地区或国际组织名称。国家和地区名称按照GB/T 2659的规定执行,如该国家名称现已不使用,应在原国家名称前加"前"。

4.20 **原产省**

省份名称按照GB/T 2260的规定执行。国外引进种质原产省用原产国家一级行政区的名称。

4.21 **原产地**

种质资源的原产县、乡、村名称。县名按照GB/T 2260的规定执行。

4.22 **采集地**

种质的来源国家、省、县名称,地区名称或国际组织名称。

4.23 **采集地经度**

种质资源采集地的经度,单位为度(°)和分(′)。格式为DDDFF,其中DDD为度,FF为分。东经为正值,西经为负值。例如,"12125"代表东经121°25′,"-12125"代表西经121°25′。

4.24 **采集地纬度**

种质资源采集地的纬度,单位为度(°)和分(′)。格式为DDFF,其中DD为度,FF为分。

4.25 **采集地海拔**

种质资源采集地的海拔,单位为米(m)。

4.26 **采集单位**

种质资源采集单位或个人。单位名称或个人姓名应写全称。

4.27 **采集时间**

种质资源采集的时间,以"年月日"表示,格式"YYYYMMDD"。

4.28 **采集材料**

分为:种子、果实、芽、茎、花粉、组培材料、苗、其他。

4.29 **保存单位**

负责种质繁殖并提交国家种质资源长期库前的原保存单位或个人全称。

4.30 **保存单位编号**

种质在原保存单位中的种质编号。保存单位编号在同一保存单位应具有唯一性。

4.31 **种质保存名**

种质在资源圃中保存时所用的名称,应与来源名称相一致。

4.32 **保存种质类型**

分为:植株、种子、组织培养物、花粉、标本、DNA、其他。

4.33 **种质定植年份**

种质在种质圃中定植的年份。以"年月日"表示,格式"YYYYMMDD"。

4.34 **种质更新年份**

种质进行重新种植的年份。以"年月日"表示,格式"YYYYMMDD"。

4.35 图像

种质的图像文件名，图像格式为 .jpg。图像文件名由统一编号（图像种质编号）加“-”加序号加“.jpg”组成。图像精度要求 600 dpi 以上或 1 024×768 以上。

4.36 特性鉴定评价机构名称

种质特性鉴定评价的机构名称，单位名称应写全称。

4.37 鉴定评价地点

种质形态特征和生物学特性的鉴定评价地点，记录到省和县名。

4.38 备注

资源收集者了解的生态环境的主要信息、产量、栽培实践等。

5 植物学性状

5.1 植株

植株的形态结构，如图 1 所示。

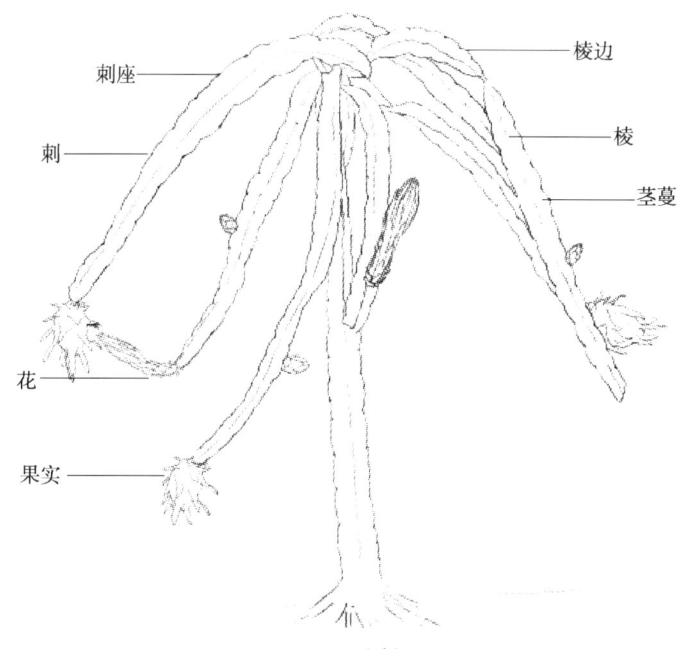

图 1 植株

样本选择，5.1.1 到 5.1.4 均用 5.1 样本，每份种质取代表性植株 5 株，在自然生长状态下，观察植株性状。

5.1.1 株型

不使用支架栽培到植株发育完全时，观察火龙果植株生长状态，测量地上茎中心轴线与地面水平面的夹角，依据夹角的平均值确定植株树姿类型，参照图 2 确定株型类型。分为：1. 直立（夹角≥80°）；2. 非直立（夹角<80°）。

5.1.2 树势

观察火龙果发育枝条抽枝数量和生长强度的总体表现。分为：1. 弱；2. 中；3. 强。

5.1.3 茎横截面形状

观察成熟茎蔓中间部位横截面所呈现的形状，参照图 3 确定茎的形状。分为：1. 近圆柱形；2. 三棱形；3. 四棱形；4. 五棱形；5. 其他。

5.1.4 棱边形状

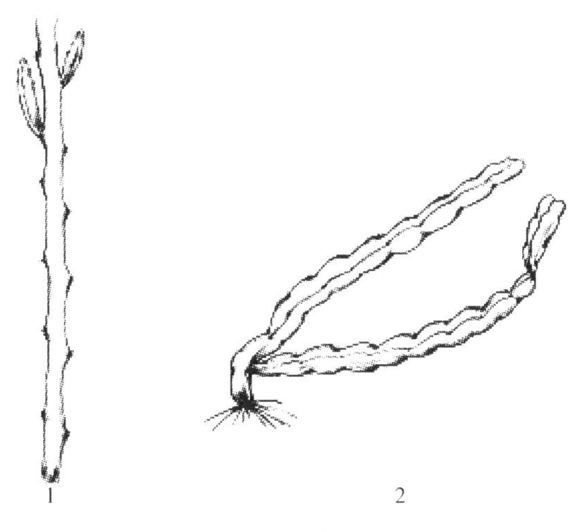

图 2　株型

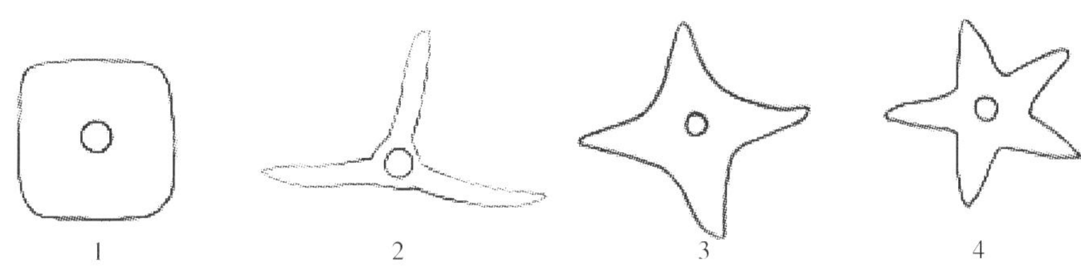

图 3　茎横截面形状

观察棱边突起所呈现的形状,参照图 4 确定棱边形状。分为:1. 锯齿形;2. 波浪形;3. 平滑形;4. 其他。

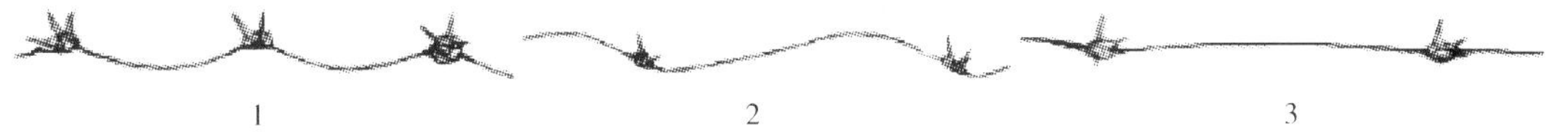

图 4　棱边形状

5.2　茎蔓

样本选择,5.2.1 到 5.2.19 用 5.1 样本,选择 5 枝茎蔓测量,成熟茎蔓选择树冠外围发育完全的正常挂果的一年生枝条;幼嫩茎蔓选择植株外围抽枝 5 d 左右的未成熟的茎蔓。

5.2.1　成熟茎蔓颜色

观察成熟茎蔓,并用标准比色卡按最大相似性原则确定成熟茎蔓中部向阳表面的颜色。分为:1. 浅绿色;2. 绿色;3. 深绿色;4. 墨绿色;5. 绿色带紫色;6. 其他。

5.2.2　成熟茎蔓棱边颜色

观察成熟茎蔓棱边,并用标准比色卡按最大相似性原则确定棱边颜色。分为:1. 浅绿色;2. 绿色;3. 紫色;4. 紫红色;5. 灰色;6. 其他。

5.2.3　成熟茎蔓棱边木栓化程度

观察成熟茎蔓棱边木栓化程度。分为:1. 无;2. 刺座缘;3. 不连续;4. 全缘。

5.2.4　成熟茎蔓表面附着粉状物

观察成熟茎蔓表面附着的白色粉状物,参照图 5 确定其情况及其形状。分为:1. 无;2. 条状;3. 散点状;4. 片状。

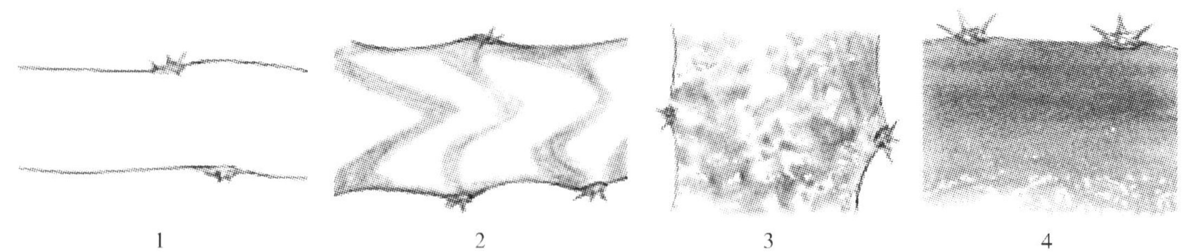

图 5　成熟茎蔓表面附着粉状物

5.2.5　成熟茎蔓宽度

测量成熟茎蔓中间部位棱边之间的最大宽度，测量 5 段，取平均值，精确到 0.1 cm。

5.2.6　成熟茎蔓棱厚度

测量成熟茎蔓中间部位单棱的平均厚度，测量 5 段，取平均值，精确到 0.1 mm。

5.2.7　成熟茎蔓刺座间距

测量成熟茎蔓中段刺座间距，测量 5 段，取平均值，精确到 0.1 cm。

5.2.8　成熟茎蔓刺座形态

观察成熟茎蔓刺座分布的形态。分为：1. 部分；2. 全缘。

5.2.9　成熟茎蔓刺座位置

将相邻 2 个刺座位点连接成线，观察刺座在成熟茎蔓所处的位置，茎蔓边缘在直线之上，则刺座在凹处；反之，则在凸处，参照图 6 确定刺座位置。分为：1. 凹处；2. 凸处；3. 其他。

图 6　成熟茎蔓刺座位置

5.2.10　成熟茎蔓刺座颜色

观察成熟茎蔓上刺座，并用标准比色卡按最大相似性原则确定刺座的颜色。分为：1. 灰色；2. 棕褐色；3. 其他。

5.2.11　成熟茎蔓刺座木栓化情况

观察成熟茎蔓上刺座有无木栓化，参照图 7 确定其木栓化情况。分为：1. 无；2. 有。

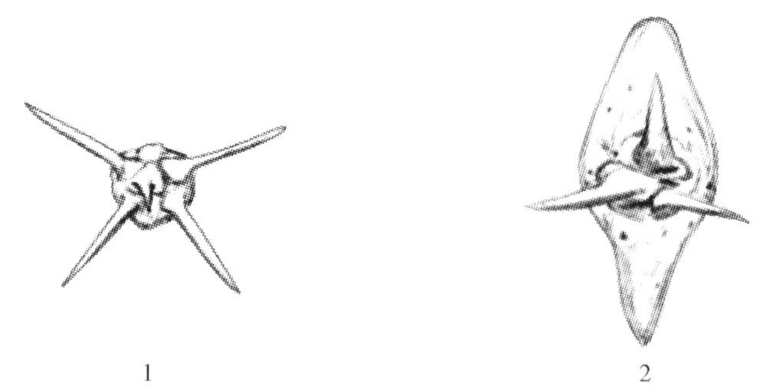

图 7　成熟茎蔓刺座木栓化情况

5.2.12　成熟茎蔓刺形状

观察成熟茎蔓刺，参照图 8 确定其形状。分为：1. 弧形；2. 针形；3. 圆锥形；4. 其他。

5.2.13　成熟茎蔓单个刺座刺数量

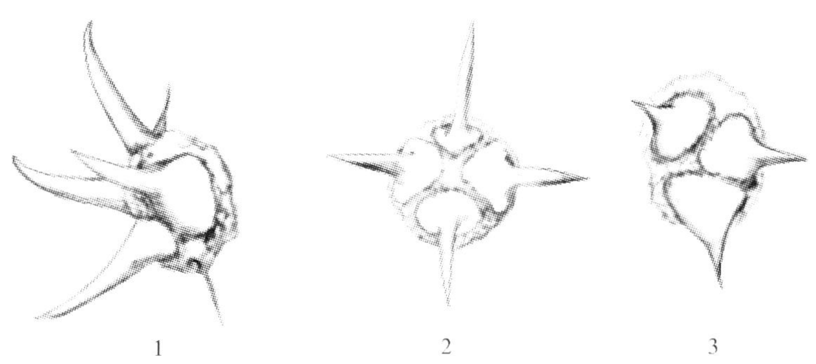

图 8 成熟茎蔓刺形状

观测成熟茎蔓中部位单个刺座上刺的数量。分为：1. 少(<2 根)；2. 中等(2 根～5 根)；3. 多(>5 根)。

5.2.14 成熟茎蔓刺长度

观测成熟茎蔓中部位刺座上刺的长度。测量 5 根，取平均值，精确到 0.1 mm。分为：1. 短(≤3 mm)；2. 中等(3 mm～7 mm)；3. 长(>7 mm)。

5.2.15 成熟茎蔓刺颜色

观察成熟茎蔓中部位刺座上的刺，并用标准比色卡按最大相似性原则确定刺的颜色。分为：1. 棕色；2. 棕黄色；3. 褐色；4. 其他。

5.2.16 幼嫩茎蔓颜色

观察幼嫩茎蔓中间部位向阳表面，并用标准比色卡按最大相似性原则确定幼嫩茎蔓颜色。分为：1. 黄绿色；2. 绿色；3. 绿带紫色；4. 紫红色；5. 其他。

5.2.17 幼嫩茎蔓末端颜色

观察幼嫩茎蔓末端，并用标准比色卡按最大相似性原则确定其颜色。分为：1. 黄绿色；2. 绿色；3. 红色；4. 紫红色；5. 其他。

5.2.18 刚毛

幼嫩茎蔓刺座上着生的刚毛，茎蔓成熟后一般会慢慢脱落。观察幼嫩茎蔓刺座，参照图 9 确定其刚毛的着生情况。分为：1. 无；2. 有。

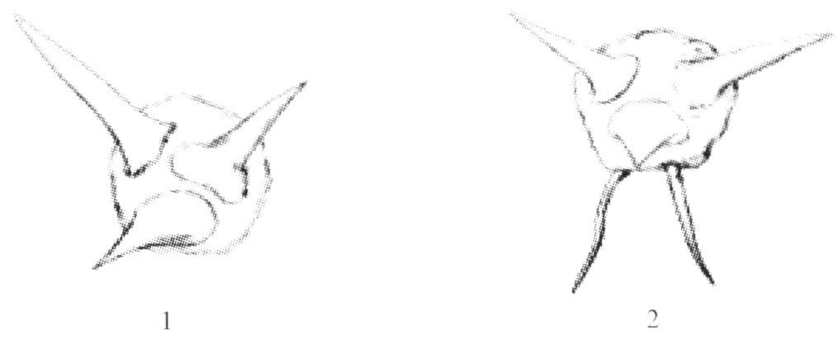

图 9 刚毛

5.2.19 幼嫩茎蔓刺颜色

观察幼嫩茎蔓中部位刺座上的刺，并用标准比色卡按最大相似性原则确定刺的颜色。分为：1. 浅黄色；2. 黄绿色；3. 棕黄色；4. 褐色；5. 其他。

5.3 花

花的形态结构见图 10。

样本选择，5.3.1 到 5.3.24 用 5.3 样本，每份种质随机取 5 株健康植株的正常发育的花苞、花蕾或

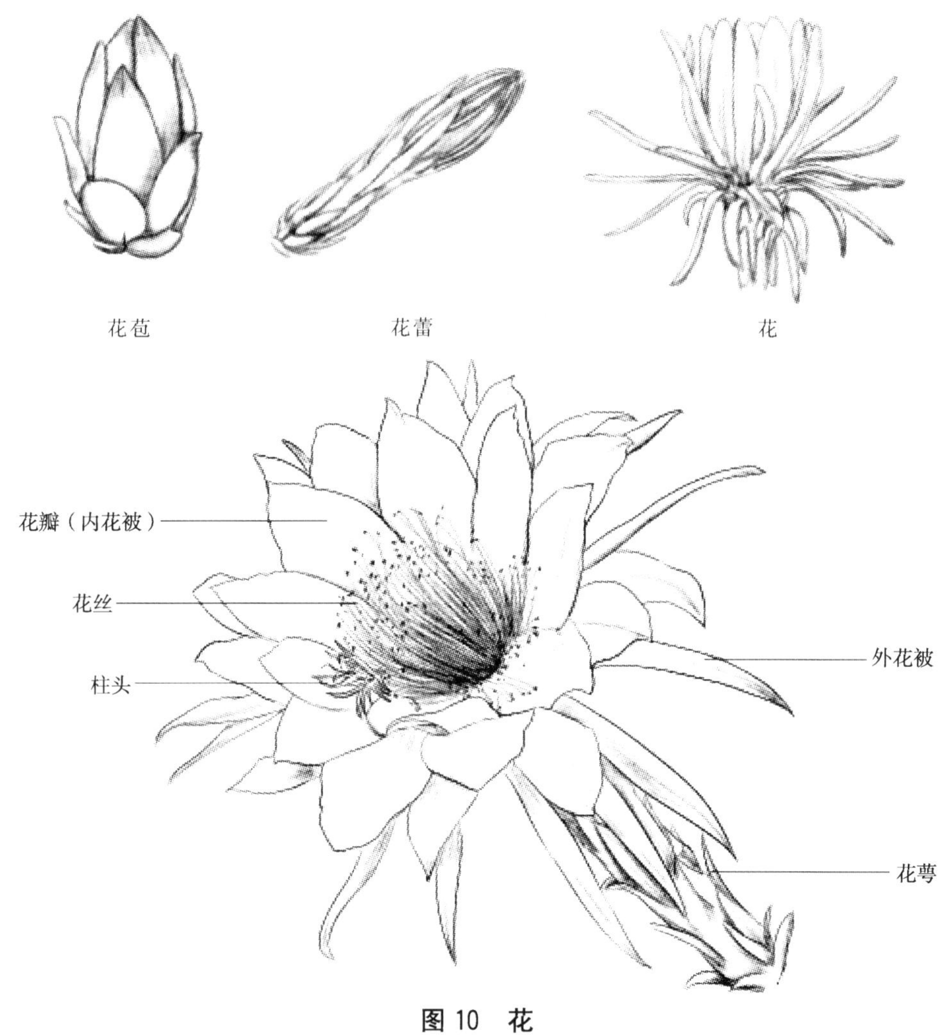

图 10 花

花观测。

5.3.1 初生花苞颜色

观察现蕾第 5 d 初生花苞，并用标准比色卡按最大相似性原则确定其颜色。分为：1. 乳黄色；2. 绿色；3. 黄绿色尖呈紫红色；4. 粉红色；5. 紫红色；6. 其他。

5.3.2 花苞顶部形状

观察现蕾第 5 d 花苞形状，参照图 11 确定花苞顶部形状。分为：1. 圆；2. 渐尖；3. 尖；4. 其他。

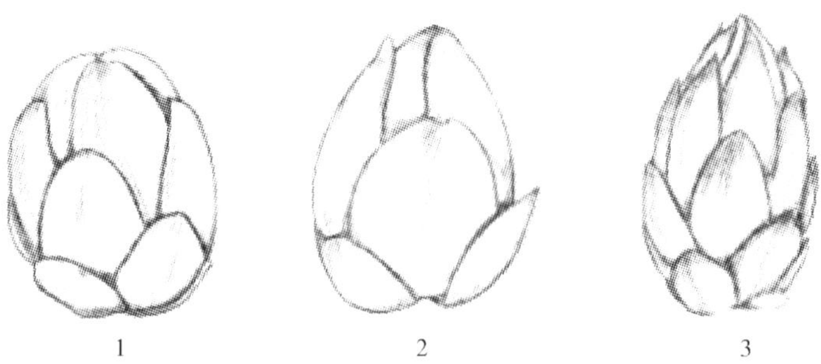

图 11 花苞顶部形状

5.3.3 花蕾期花被边缘颜色

观察花蕾期花被边缘，并用标准比色卡按最大相似性原则确定其颜色。分为：1. 浅绿色；2. 红色；3. 紫红色；4. 其他。

5.3.4 **花蕾期花被颜色**

观察花蕾期花被，并用标准比色卡按最大相似性原则确定其颜色。分为：1. 黄色；2. 黄绿色；3. 紫红色；4. 其他。

5.3.5 **花开放形状**

观察正常开放状态花朵的形状，参照图 12 确定花开放形状。分为：1. 漏斗形；2. 高脚杯形；3. 其他。

图 12 花开放形状

5.3.6 **花朵长度**

测量正常开放状态花朵的花基部着生位点到花瓣顶端的最大距离，测量 5 朵，取平均值，精确到 0.1 cm。分为：1. 短(＜20.0 cm)；2. 中(20.0 cm≤长度≤27.0 cm)；3. 长(＞27.0 cm)。

5.3.7 **花冠直径**

测量正常开放状态花朵的花冠最大直径。测量 5 朵，取平均值，精确到 0.1 cm。

5.3.8 **外花被数量**

观测外花被的数量。单位为片，精确到个位数。

5.3.9 **花期花被边缘颜色**

观察正常开放状态花朵的花被边缘，并用标准比色卡按最大相似性原则确定其颜色。分为：1. 浅绿色；2. 紫红色；3. 紫色；4. 其他。

5.3.10 **花期花被背轴面颜色**

观察正常开放状态花朵的花被背轴面，并用标准比色卡按最大相似性原则确定其颜色。分为：1. 浅绿色；2. 绿色；3. 浅紫色；4. 紫红色；5. 其他。

5.3.11 **花瓣颜色**

观察正常开放状态花朵的花瓣，并用标准比色卡按最大相似性原则确定其颜色。分为：1. 白色；2. 乳白色；3. 浅黄色；4. 红色；5. 紫红色；6. 其他。

5.3.12 **花瓣边缘颜色**

观察正常开放状态花朵的花瓣边缘，并用标准比色卡按最大相似性原则确定其颜色。分为：1. 白色；2. 乳白色；3. 红色；4. 紫红色；5. 其他。

5.3.13 **花瓣数量**

观察正常开放状态花朵的花瓣数量。单位为片，精确到个位数。

5.3.14 **花萼颜色**

观察正常开放状态花朵的花萼，并用标准比色卡按最大相似性原则确定其颜色。分为：1. 绿色；2. 黄绿色；3. 紫红色；4. 其他。

5.3.15 **花萼边缘颜色**

观察正常开放状态花朵的花萼边缘，并用标准比色卡按最大相似性原则确定其颜色。分为：1. 绿色；2. 黄绿色；3. 红色；4. 紫红色；5. 其他。

5.3.16 花萼有无褶皱情况

观察正常开放状态花朵的花萼有无褶皱情况。分为：1. 无；2. 有。

5.3.17 花萼末端形态

观察正常开放状态花朵的花萼末端。参照图 13 确定其形态。分为：1. 圆钝；2. 渐尖；3. 其他。

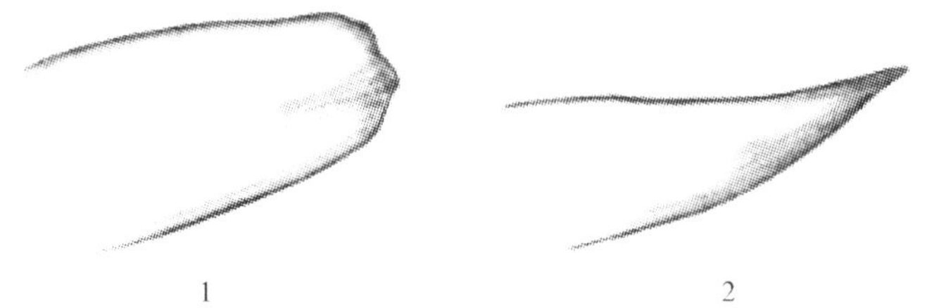

图 13 花萼末端形态

5.3.18 花萼带刺情况

观察正常开放状态花朵的花萼有无刺情况。分为：1. 无；2. 有。

5.3.19 柱头形态

观测正常开放状态花朵的柱头，参照图 14 确定其形态。分为：1. 柱头裂条短粗末端不分叉；2. 柱头裂条短粗末端分叉；3. 柱头裂条细长末端不分叉；4. 柱头裂条细长末端分叉。

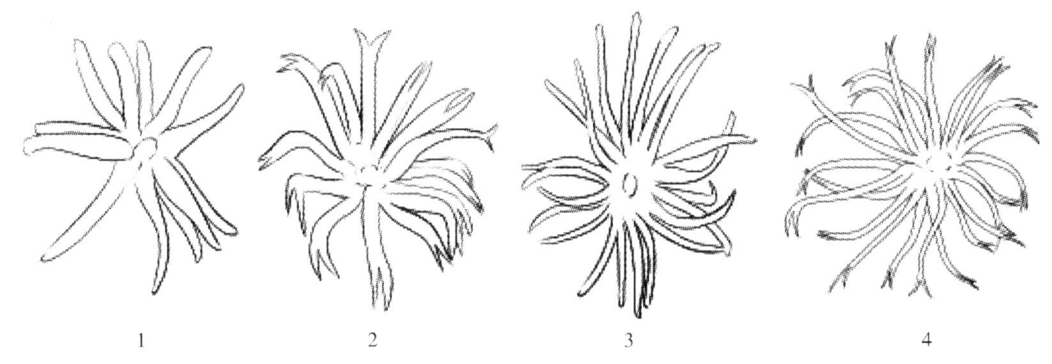

图 14 柱头形态

5.3.20 柱头颜色

观察正常开放状态花朵的柱头，并用标准比色卡按最大相似性原则确定其颜色。分为：1. 乳白色；2. 淡黄色；3. 黄绿色；4. 其他。

5.3.21 花的香气

以嗅的方式判断开花时花的香气程度。分为：1. 无；2. 淡；3. 浓。

5.3.22 雄雌蕊相对位置

以目测的方式观测正常开放状态花朵的雄雌蕊相对位置。分为：1. 雄蕊高于雌蕊；2. 雄蕊雌蕊持平；3. 雄蕊低于雌蕊。

5.3.23 柱头长度

测量正常开放状态花朵的柱头长度。测量 5 个，取平均值，精确到 0.1 cm。

5.3.24 花丝长度

测量正常开放状态花朵的花丝长度。测量 5 个，取平均值，精确到 0.1 cm。

5.4 果实

果实的形态结构见图 15。

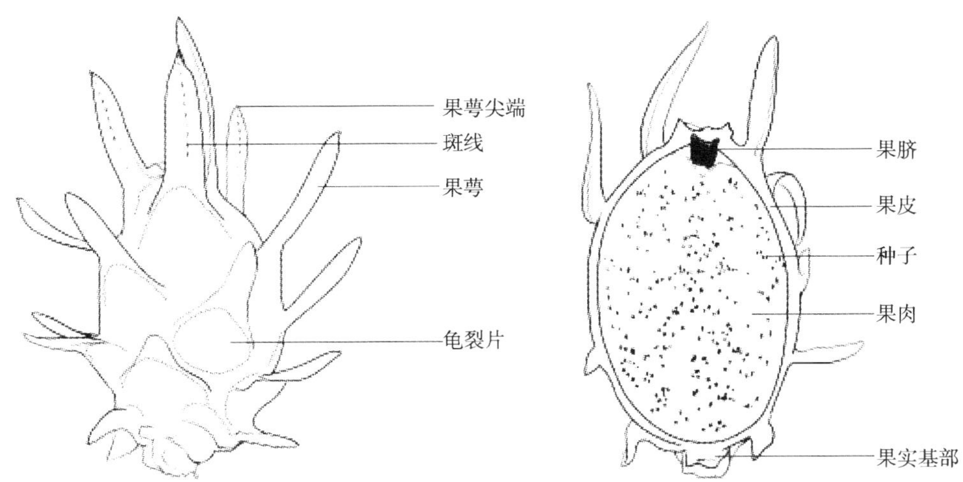

图 15 果实

样本选择,5.4.1 到 5.4.22 用 5.4 样本,每份种质随机取 5 株正常开花结果的植株,在果实成熟期观测,果实形状结构见图 15。

5.4.1 单果重

随机抽取第一批、中间一批、最后一批,每批取 10 个正常成熟果实,称取果实重量,取平均值,单位为克(g),精确到 0.1 g。

5.4.2 果萼状态

观察成熟果实中部的萼片与果皮相对位置,参照图 16 确定果萼状态。分为:1. 紧贴;2. 稍微背离;3. 严重背离;4. 向下翻卷;5. 其他。

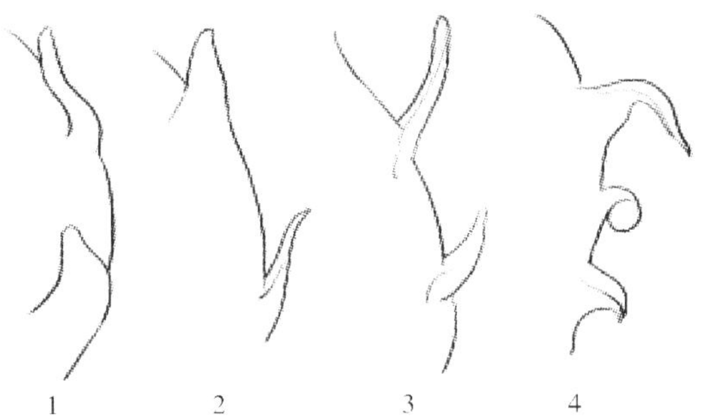

图 16 果萼状态

5.4.3 果萼形状

观察成熟果实中部果萼的形状,参照图 17 确定果萼形状。分为:1. 钝三角形;2. 三角形;3. 长三角形;4. 披针形;5. 其他。

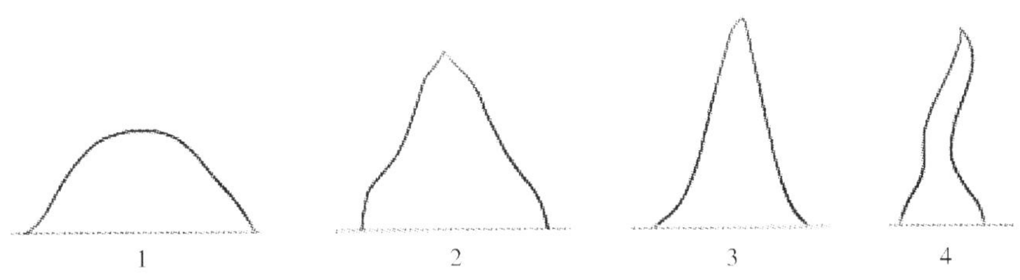

图 17 果萼形状

5.4.4 **果萼长度**

测量成熟果实中部萼片的长度。测量5个果实,取平均值,精确到0.1 cm。

5.4.5 **果萼厚度**

测量成熟果实中部萼片的厚度。测量5个果实,取平均值,精确到0.1 mm。

5.4.6 **果萼数量**

观测成熟果实的萼片数量。单位为片,精确到个位数。

5.4.7 **果萼颜色**

观察成熟果实的苞片,并用标准比色卡按最大相似性原则确定其颜色。分为:1. 淡黄色;2. 黄色;3. 绿色;4. 红色;5. 紫红色;6. 深紫色;7. 其他。

5.4.8 **果萼末端颜色**

观察成熟果实的苞片末端,并用标准比色卡按最大相似性原则确定其颜色。分为:1. 绿色带黄色;2. 绿色带紫色;3. 紫红色;4. 紫色;5. 其他。

5.4.9 **果萼末端中央斑线**

观察成熟果实的苞片末端中央有无明显的斑线。分为:1. 无;2. 有。

5.4.10 **果萼长度的螺旋上升变化**

观察成熟果实果萼呈约45°角螺旋上升果萼长度变化规律,参照图18确定其情况。分为:1. 不变;2. 渐变;3. 急变。

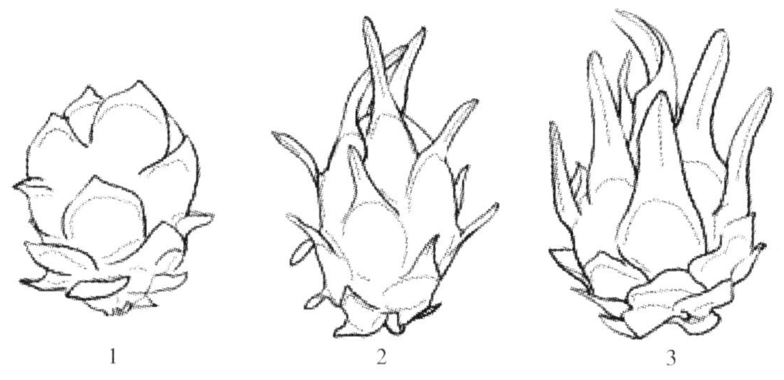

图18 果萼长度的螺旋上升变化

5.4.11 **果实纵径**

纵切面剖开果实,参照图19测量果实纵切面从基部边缘到顶部边缘的最大距离,测量5段,取平均值,精确到0.1 cm。

5.4.12 **果实横径**

纵切面剖开果实,参照图19测量果实纵切面与果实纵轴垂直方向两边缘之间的最大距离。测量5段,取平均值,精确到0.1 cm。

5.4.13 **果实纵横径比**

用5.4.11和5.4.12的结果,计算果实纵径和横径的比值,精确到0.1。

5.4.14 **果实形状**

观察成熟果实的形状,参照图20确定其果实形状。分为:1. 扁圆形;2. 圆形;3. 短椭圆形;4. 长椭圆形;5. 卵圆形;6. 其他。

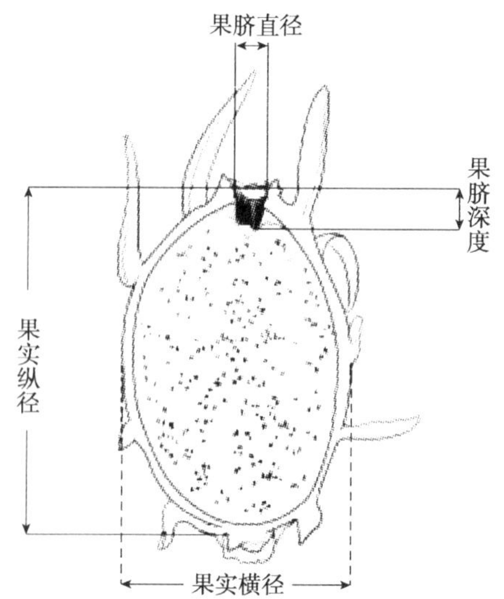

图19 果实纵径、横径,果脐直径、深度

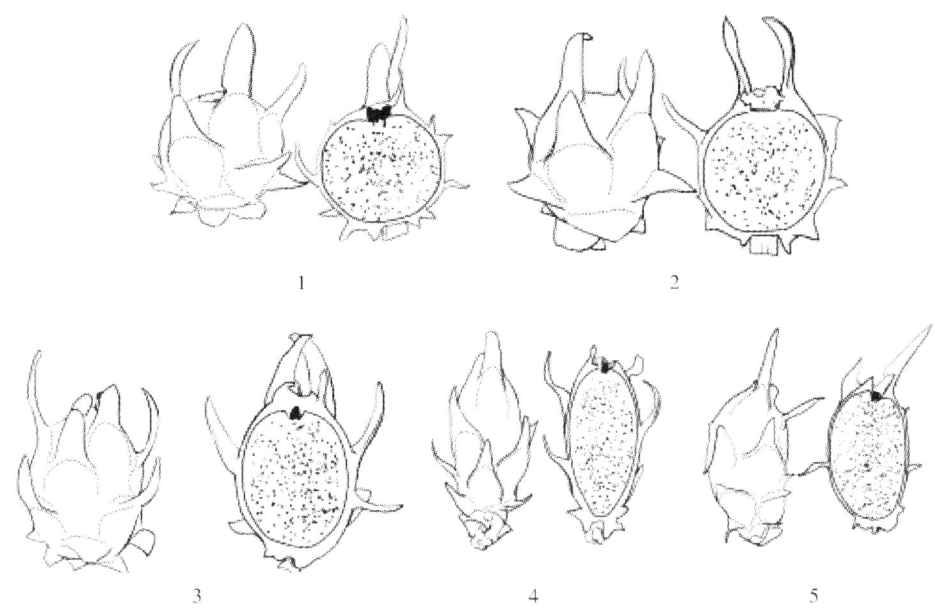

图 20　果实形状

5.4.15　果脐直径

参照图 19 测量成熟果实果脐内径的最大值。测量 5 个,取平均值,精确到 0.1 mm。

5.4.16　果脐深度

参照图 19 测量成熟果实果脐的深度。测量 5 个,取平均值,精确到 0.1 mm。

5.4.17　果实基部形状

观察果实(纵切面)基部的形状,测量果实基部纵横径比值,按照纵横比从大到小并参照图 21 确定基部形状。分为:1. 长椭圆形;2. 短椭圆形;3. 圆形;4. 扁圆形;5. 其他。

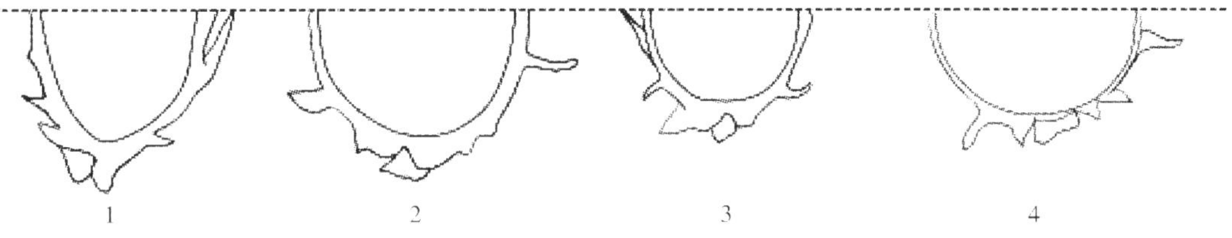

图 21　果实基部形状

5.4.18　果实顶部形状

观测果实(纵切面)有果脐一端的形状,测量果实顶部纵横径比值,按照纵横比从大到小并参照图 22 确定果实顶部形状。分为:1. 长椭圆形;2. 短椭圆形;3. 圆形;4. 扁圆形;5. 其他。

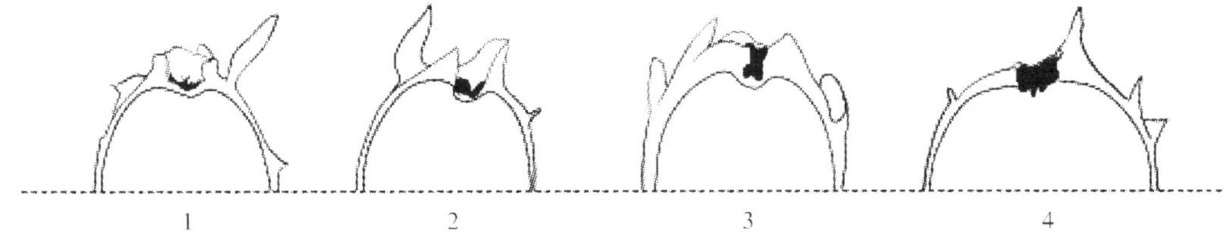

图 22　果实顶部形状

5.4.19　果皮刺

观察果实生长发育各阶段果皮带刺情况。分为:1. 无;2. 近基部带刺;3. 全果带刺。

5.4.20　果皮颜色

观察成熟果实时外果皮，并用标准比色卡按最大相似性原则确定其颜色，分为：1. 青绿色；2. 黄色；3. 粉红色；4. 橘红色；5. 玫瑰红色；6. 紫红色；7. 褐色；8. 其他。

5.4.21 果肉颜色

观察成熟果实时果肉，并用标准比色卡按最大相似性原则确定其颜色，分为：1. 白色；2. 红白双色；3. 粉红色；4. 红色；5. 紫红色；6. 其他。

5.4.22 果皮厚度

测量成熟果实中部果皮的厚度。测量 5 个果实，取平均值，精确到 0.1 mm。

5.5 种子

5.5.1 千粒重

随机抽取 5 个正常成熟果实，测量 1 000 粒新鲜种子重量，取平均值，精确到 0.1 mg。

5.5.2 种皮颜色

随机抽取 5 个正常成熟果实，观察成熟果实的种子，并用标准比色卡按最大相似性原则确定其颜色，分为：1. 褐色；2. 黑色；3. 其他。

6 农艺性状

6.1 物候期

日期的记载采用 YYYYMMDD 格式。

6.1.1 定植期

记录定植/播种期。表示方法为"年月日"。

6.1.2 抽梢期

记录茎蔓抽新梢日期，分为：1. 春梢；2. 夏梢；3. 秋梢；4. 冬梢。

6.1.3 初果期树龄

从定植到第一次结果的时间，以月为单位。

6.1.4 头批花现蕾日期

记录每年第一批现蕾的日期。表示方法为"年月日"。

6.1.5 末批花现蕾日期

记录每年最后一批现蕾的日期。表示方法为"年月日"。

6.1.6 头批花开花期

用 6.1.4 样本，记录每年第一批花的开花日期。表示方法为"年月日"。

6.1.7 末批花开花期

用 6.1.5 样本，记录每年末批花的开花日期。表示方法为"年月日"。

6.1.8 头批果实成熟期

用 6.1.4 样本，记录每年第一批果的果实成熟日期。表示方法为"年月日"。

6.1.9 末批果实成熟期

用 6.1.5 样本，记录每年最后一批果的果实成熟日期。表示方法为"年月日"。

6.2 生长结果习性

6.2.1 成熟期一致性

分为：1. 一致(同批果成熟时间相差 1 d～3 d 之内)；2. 不一致(同批果成熟时间相差超过 3 d)。

6.2.2 从现蕾到开花时间

每份种质随机取 3 株，每株至少取 3 个花苞，从出现花蕾开始算起，记录早中晚批次果出现花蕾日期和开花日期，计算从出现花蕾到开花所需的天数。结果以平均值表示，单位为天(d)，精确到 1 d。

6.2.3 自然授粉坐果率

在自然授粉条件下，随机取早中晚批次花，记录开花数量，5 d～10 d 后记录坐果数，计算坐果数占开花数的百分率，用百分号(%)表示，精确到 0.1%。

6.2.4 自然授粉商品果率

商品果为成熟度较高(发育较充分)、新鲜度较高(果皮果萼有光泽)、完整度较好(缺陷面积低于10%)、均匀度较好(差异低于 15%)的果实，在自然授粉条件下，记录早中晚批次果实成熟时达到商品果的果实数量，计算商品果数占总结果数的百分率，用百分号(%)表示，精确到 0.1%。

6.2.5 果实生育期

计算每批果从坐果至果实成熟的整个生长发育过程所需要的天数。结果以平均值表示，单位为天(d)，精确到 1 d。

6.2.6 开花结果批次

记录每批果的开花和果实成熟日期，计算全年开花结果批次。分为：1. 多(10 批以上)；2. 中等(5批～10 批)；3. 少(5 批以下)。

6.2.7 果实收获期

自然条件下，果实第一次采收至最后一次采收之间的天数。单位为天(d)，精确到 1 d。

6.2.8 果实耐储期

果实成熟采摘后，果实在恒温 25℃条件下，果实品质基本保持不变时可储藏的天数。结果以平均值表示，单位为天(d)，精确到 1 d。

6.2.9 单株产量

在每批果成熟期称果实重量，计算全年单株产量，精确到 0.01 kg。

7 品质性状

7.1 果实可食率

随机取早中晚批次果，各 5 个，称量果实重量 M_1，去掉果肉，称量果皮重量 M_2，按照式(1)计算可食率(X_1)。用百分号(%)表示，精确到 0.1%。按比率分为：1. 低(小于 70.0%)；2. 中(70.1%～75.0%)；3. 高(大于 75.0%)。

$$X_1=(M_1-M_2)/M_1\times 100 \tag{1}$$

式中：

X_1——可食率，单位为百分号(%)；

M_1——果肉重量，单位为克(g)；

M_2——果肉重量，单位为克(g)。

7.2 果皮硬度

用果实硬度计测定不同部位果实果皮的硬度，计算平均值，精确到 0.1 kg/cm^2。

7.3 裂果率

随机取早中晚批次果，成熟时调查裂果的数量和裂果程度，计算裂果数占总果数的百分率，计算全年平均裂果率。用百分号(%)表示，精确 0.1%。分为：1. 极高(裂果达 20%以上)；2. 高(裂果在10%～20%)；3. 中等(裂果在 5%～10%)；4. 低(裂果少于 5%)。

7.4 可溶性固形物含量

按照 NY/T 2637 的规定进行测定。随机取早中晚批次果，各 5 个，使用便携式折光仪测量中心部位、边缘部位以及全部果肉的可溶性固形物含量值，取平均值，用百分号(%)表示，精确到 0.1%。

7.5 可溶性糖含量

按照 NY/T 2742 的规定进行测定。用百分号(%)表示，精确到 0.1%。

7.6 可滴定酸含量

按照 GB/T 12456 的规定进行测定。用百分号(%)表示,精确到 0.1%。

7.7 维生素 C 含量

按照 GB 5009.86 的规定进行测定。用百分号(%)表示,精确到 0.1%。

7.8 膳食纤维含量

按照 GB/ 5009.88 的规定执行。用百分号(%)表示,精确到 0.1%。

7.9 蛋白质含量

按照 GB/T 5009.5 的规定执行。用百分号(%)表示,精确到 0.1%。

7.10 果肉风味

按照 GB/T 12316 的规定检验,以品尝的方式判断成熟果实果肉的风味。分为:1. 清甜;2. 甜;3. 蜜甜;4. 甜酸;5. 微酸;6. 酸。

7.11 果草腥味

以品尝的方式判断成熟果实果肉的草腥味。分为:1. 无;2. 稍有;3. 有。

7.12 果肉质地

按照 GB/T 12316 的规定检验,以品尝的方式判断果肉的质地类型。分为:1. 柔软且细腻;2. 结实且细腻,3. 柔软且较粗;4. 结实且较粗;5. 其他。

7.13 果汁含量

随机取早中晚批次果,各 5 个,称量果肉重量 M_3,榨取果肉果汁,称量果汁重量 M_4,按照式(2)计算果汁含量(X_2)。用%表示,精确到 0.1%。

$$X_2 = M_4 / M_3 \times 100\% \qquad (2)$$

式中:

X_2——果汁含量,单位为百分号(%);

M_3——果肉重量,单位为克(g);

M_4——果汁重量,单位为克(g)。

8 抗逆性状

8.1 抗寒性

抗寒性观测记录是在自然低温(5℃及以下)条件下进行的。分为:1. 高抗(仅少部分幼嫩茎蔓受到冻害);2. 中抗(未成熟茎蔓均受到不同程度冻害,成熟茎蔓良好);3. 低抗(成熟茎蔓、幼嫩茎蔓均受到不同程度冻害)。

8.2 抗日灼性

分为:1. 高抗(仅少部分幼嫩茎蔓受到灼伤);2. 中抗(未成熟茎蔓均受到不同程度灼伤,成熟茎蔓良好);3. 低抗(成熟茎蔓、幼嫩茎蔓受到不同程度灼伤)。

9 抗病虫性状

9.1 抗病性状

记录分为:1. 高抗;2. 抗;3. 中抗;4. 感;5. 易感。

9.1.1 溃疡病

病原菌:新暗色柱节孢菌 *Neoscytalidium dimidiatum*(Penz.)

9.1.2 软腐病

病原菌:欧文氏菌属 *Erwinia* sp.

9.1.3 炭疽病

病原菌：盘圆孢属 *Colletotrichum gloesporiodes*（Penz.）

9.1.4 枯萎病

病原菌：尖孢镰刀菌 *Fusarium oxysporum*

9.1.5 病毒病

病原病毒：仙人掌 X 病毒 *Cactus virus X*，红龙果 X 病毒 *Pitaya virus X*，蟹爪兰 X 病毒 *Zygocactus virus X*。

9.2 抗虫性

记录分为：1. 高抗；2. 抗；3. 中抗；4. 感；5. 易感。

9.2.1 堆蜡粉蚧 ***Nipaecoccus vastator*** **Maskell**

9.2.2 橘小实蝇 ***Bactrocera dorsalis*** **(Hendel)**

9.2.3 蚂蚁 ***Formicidae***

9.2.4 蜗牛 ***Bradybaena*** **sp.**

9.2.5 秀丽隐杆线虫 ***Caenorhabditis elegans***

9.2.6 斜纹夜蛾 ***Prodenia litura*** **(Fabricius)**

9.2.7 玉米螟 ***Ostrinia nubilalis*** **(Hübner)**

附加说明：

本标准按照 GB/T 1.1—2009 给出的规则起草。

本标准由中华人民共和国农业农村部提出。

本标准由农业农村部热带作物及制品标准化技术委员会归口。

本标准起草单位：中国热带农业科学院热带作物品种资源研究所。

本标准主要起草人：李洪立、胡文斌、李琼、洪青梅、何云、濮文辉。

中华人民共和国农业行业标准

热带作物病虫害监测技术规程　橡胶树炭疽病

Technical code for monitoring pests of tropical crops—Anthracnose of rubber tree

NY/T 3518—2019

1　范围

本标准规定了橡胶树炭疽病监测的术语和定义、监测网点设置、症状识别与病情调查统计、监测方法。

本标准适用于橡胶树炭疽病的调查和监测。

2　术语和定义

下列术语和定义适用于本文件。

2.1

橡胶树炭疽病　anthracnose of rubber tree

由胶孢炭疽菌复合种(*Colletotrichum gloeosporioides* species complex)和尖孢炭疽菌复合种(*C. acutatum* species complex)等炭疽病菌侵染引起的橡胶树真菌性病害。

2.2

复合种　species complex

分化程度介于种和属之间的多个种的群体。

2.3

监测　monitoring

通过一定的技术手段掌握某种有害生物的发生区域、危害程度、发生时期及发生数量等。

2.4

立地条件　site condition

影响植物生长发育和植物病害发生危害的地形、地貌、土壤和气候等综合自然环境因子。

3　监测网点设置

3.1　监测网点要求

3.1.1　监测范围应覆盖我国橡胶树主栽区。

3.1.2　监测点所处位置的生态环境和橡胶树栽培品种应具有区域代表性。

3.1.3　以橡胶树作为监测的寄主对象，包括苗圃和大田胶园。

3.2　监测点要求

3.2.1　固定监测点

在各橡胶树种植区内，根据立地条件、监测品种和橡胶树炭疽病发生史，选择苗圃面积 20 hm^2 或大

中华人民共和国农业部 2019-12-27 发布　　　　2020-04-01 实施

田胶园面积 200 hm^2 以上的植胶单位作为固定监测点。选择一个代表性观察树位或面积 1 hm^2 以上的苗圃地块作为一个观测点，每个监测点设立 3 个以上观测点。

3.2.2 随机监测点

在固定监测点所属种植橡胶树单位，对固定监测点范围外，选择立地条件复杂、品种类型多样的地块，每年随机抽取一个代表性观察树位或面积 1 hm^2 以上的苗圃地块作为观测点，每个监测点设立 3 个以上观测点。

3.2.3 监测点的任务与维护

监测点应配备专业技术人员不少于 2 名，负责监测数据的收集、汇总并每季度上报 1 次。若固定监测点内的橡胶树已砍伐更新，应及时设置新的固定监测点。

4 症状识别与病情调查统计

4.1 症状识别与病情分级

橡胶树炭疽病田间症状识别参见附录 A，叶片病情分级依据见表 1。

表 1 橡胶树炭疽病叶片病情分级依据

病级	描述
0	叶片无病斑
1	病斑面积占叶片面积≤1/16
3	1/16＜病斑面积占叶片面积≤1/8
5	1/8＜病斑面积占叶片面积≤1/4
7	1/4＜病斑面积占叶片面积≤1/2
9	病斑面积占叶片面积＞1/2，或叶片严重畸形，或落叶

4.2 株发病率

株发病率（R）按式（1）计算，以百分率（%）表示。

$$R = \frac{T}{S} \times 100 \quad (1)$$

式中：

R ——株发病率，单位为百分号（%）；

T ——发病株数，单位为株；

S ——调查总株数，单位为株。

4.3 病情指数

病情指数（DI）按式（2）计算。

$$DI = \frac{\sum (A \times B)}{C \times 9} \times 100 \quad (2)$$

式中：

DI ——病情指数；

A ——各病级叶片数；

B ——相应病级级值；

C ——调查的总叶片数。

计算结果保留小数点后 1 位。

5 监测方法

5.1 频次与内容

固定监测点在病害的流行高峰期(海南地区为 2 月～5 月,广东地区为 4 月～7 月,云南地区为 11 月至翌年 3 月),每 3 d 应调查一次,其他时期每月调查一次。随机监测点每季度调查一次。普查时,以监测点以外的橡胶树种植区作为对象,每个植胶单位为一个点,每年调查 2 次(海南地区为 3 月和 5 月,广东地区为 5 月和 7 月,云南地区为 12 月和翌年 3 月)。

调查内容包括橡胶树物候、病害发生程度及气象数据的收集。原始数据按附录 B 的规定填写。

5.2 方法

在大田胶园内,每个观测点树位随机选择 10 株橡胶树作为监测植株,逐一编号。在每株监测株树冠中部的东、南、西、北 4 个方向各取一枝条,在最上面的一篷叶中随机选取 5 张复叶,共计 200 张。每个苗圃观测点按 5 点取样法随机选取 40 株作为监测植株。在每株监测植株上随机选取 5 张复叶,共计 200 张。

用肉眼检查中间小叶上的炭疽病发生情况,统计发病率和病情指数。原始数据按附录 B 的规定填写。

5.3 监测信息保存

监测信息原始数据应做好保存,保存期 10 年以上。

附 录 A
(资料性附录)
橡胶树炭疽病的症状识别

橡胶树炭疽病能够危害橡胶树的叶片、叶柄、嫩梢和果实。严重时,引起嫩叶脱落、嫩梢回枯和果实腐烂。古铜期嫩叶受害后,叶片从叶尖和叶缘开始回枯和皱缩,出现像被开水烫过一样的不规则形、暗绿色水渍状病斑,边缘有黑色坏死线,叶片皱缩扭曲,即急性型病斑(见图 A.1)。淡绿期叶片发病后,病斑小、皱缩且连接在一起,有时病斑从中间凸起呈圆锥状。严重时,可看到整个叶片布满向上凸起的小点,后期形成穿孔或不规则的破裂,整张叶片扭曲、不平整(见图 A.2)。老叶上常见的典型症状有:①圆形或不规则形:病斑初期灰褐色或红褐色近圆形病斑,病健交界明显,后期病斑相连成片,形状不规则,有的穿孔,叶片平整,不会发生皱缩(见图 A.3);②叶缘枯型:受害初期叶尖或叶缘褪绿变黄,随后病斑向内扩展,初期病组织变黄,后期为灰白色,病健交界部呈锯齿状(见图 A.4);③轮纹状,老叶受害后出现近圆形病斑,其上散生或轮生黑色小粒点,排成同心轮纹状(见图 A.4)。

图 A.1 炭疽病菌侵染嫩叶,形成急性型病斑

图 A.2 炭疽病菌侵染淡绿期叶片,引起皱缩并形成凸起病斑

图 A.3　炭疽病菌侵染老叶,形成灰褐色或红褐色近圆形病斑

图 A.4　炭疽病菌侵染老叶,形成叶缘枯、圆形、不规则及轮纹病斑

附 录 B
（规范性附录）
橡胶树炭疽病病情调查登记表

B.1 橡胶树炭疽病病情监测记录表

见表B.1。

表B.1 橡胶树炭疽病病情监测记录表

省份：　　监测点：　　观测点：　　监测类型：　　立地条件：
海拔(m)：　　品种：　　树龄：　　物候期：

病害级别	叶片数
0级	
1级	
3级	
5级	
7级	
9级	
总叶片	200
病情指数	

调查人：　　调查时间：　年　月　日

B.2 橡胶树炭疽病病情监测统计表

见表B.2。

表B.2 橡胶树炭疽病病情监测统计表

监测点地址	观测点	立地条件	海拔,m	品种	树龄,年	物候期	调查时间	株发病率,%	平均病情指数
……	……								
	……								
	……								

填表人：
审核人：

B.3 气象数据登记表

见表B.3。

表 B.3　气象数据登记表

监测点：

序号	调查日期	日最高温度 ℃	日最低温度 ℃	日均温度 ℃	日空气相对湿度(RH) %	日光照时数 h	日降雨量 mm
……							

B.4　橡胶树炭疽病发生情况普查记录表

见表 B.4。

表 B.4　橡胶树炭疽病发生情况普查记录表

普查点：　　　　　　品种：　　　　　　树龄(年)：

立地条件：　　　　　海拔(m)：　　　　　调查时间：　　年　　月　　日

调查总株数	
株发病率,%	
平均病情指数	
物候期	
调查总面积,hm^2	
发生面积,hm^2	
备　注	

填表人：　　　　　　审核人：

B.5　橡胶树炭疽病发生情况普查统计表

见表 B.5。

表 B.5　橡胶树炭疽病发生情况普查统计表

序号	省份	普查点	调查面积,hm^2	发生面积,hm^2	取样株数,株	株发病率,%	平均病情指数
……							

附加说明：

本标准按照 GB/T 1.1—2009 给出的规则起草。

本标准由中华人民共和国农业农村部提出。

本标准由农业农村部热带作物及制品标准化技术委员会归口。

本标准起草单位：中国热带农业科学院环境与植物保护研究所。

本标准主要起草人：时涛、刘先宝、郑肖兰、李博勋、蔡吉苗、冯艳丽、郑行恺、黄贵修。

中华人民共和国农业行业标准

油棕种苗繁育技术规程

Technical code for propagation of oil palm seedlings

NY/T 3519—2019

1 范围

本标准规定了油棕(*Elaeis guineensis* Jacq.)种苗繁育的术语和定义、苗圃地选择、苗圃规划、育苗准备、种果采集、小苗培育、大苗培育和生产档案等育苗技术要求。

本标准适用于油棕杂交种子的种苗繁育。

2 规范性引用文件

下列文件对于本文件的应用是必不可少的。凡是注日期的引用文件,仅注日期的版本适用于本文件。凡是不注日期的引用文件,其最新版本(包括所有的修改单)适用于本文件。

LYJ 128 林业苗圃工程设计规范

LY/T 1000 容器育苗技术

LY/T 2289 林业种苗生产经营档案

NY/T 1989 油棕 种苗

NY/T 5010 无公害农产品(种植业)产地环境条件

3 术语和定义

下列术语和定义适用于本文件。

3.1

油棕种果 oil palm nut

受精后发育正常,充分成熟的果实。

3.2

油棕种子 oil palm seed

油棕种果去掉外果皮和中果皮后用于种苗繁育的部分,包括种壳、胚芽、胚乳、种孔。

4 苗圃地选择

选择交通方便、地势平坦、避风、灌溉水源充足、排水良好的地段作为苗圃基地。环境空气、灌溉水和土壤质量应符合 NY/T 5010 的要求。

5 苗圃规划

苗圃应规划完善的道路系统、排灌系统、苗圃功能区和附属设施等。

5.1 道路系统

中华人民共和国农业部 2019-12-27 发布　　2020-04-01 实施

苗圃内部和对外运输的主干道,宽约 3.5 m;与各培育区相连接的二级路,宽约 3 m;沟通各培育区的作业路,宽 0.6 m~2 m。

5.2 排灌系统

推荐采用喷灌系统;排水系统设置明沟,宽 50 cm~60 cm。

5.3 苗圃功能区划分

苗圃功能区划分为催芽区、小苗区、大苗区。

5.3.1 催芽区

包括种果处理区、种子处理区、种子分拣区、催芽室、催芽种子筛选包装室。

5.3.2 小苗区

从播种至 3 片叶阶段。区内划分苗床与步道,苗床宽 120 cm~130 cm,长依地形而定,步道 60 cm~70 cm;搭建荫棚,棚高 1.8 m~2.0 m,棚顶与四周覆盖透光度为 70%的遮阳网。

5.3.3 大苗区

3 片叶阶段至出圃。培育区周围营造 2 m 以上高的防风网,区内划分育苗小区与步道,育苗小区宽 5 m~8 m,小区间距 2 m,长依地形而定。

5.4 附属设施

附属设施的建设应符合 LYJ 128 的要求。

6 育苗准备

6.1 容器选择

6.1.1 小苗容器

小苗培育阶段常采用穴盘育苗,规格为 32 孔、深度 110 mm、底径 2 cm×2 cm 、口径 6 cm×6 cm、厚度 1 mm。

6.1.2 大苗容器

大苗培育阶段常用塑料或无纺布育苗袋,规格为直径 29 cm、高度 40 cm。

6.2 基质选择

6.2.1 基质处理

容器育苗基质、配制基质的材料、基质中肥料的要求按照 LY/T 1000 的规定执行。

6.2.2 小苗基质

以红土∶河沙∶椰糠∶有机肥=4∶2∶3∶1 的体积比配制为宜。

6.2.3 大苗基质

以红土∶河沙∶椰糠∶有机肥= 5∶2∶2∶1 的体积比配制为宜。

7 种果采集

7.1 果穗及种果筛选

在树形正常、无明显病虫害、长势健壮、树龄 8 年以上的杂交亲本母树上采收成熟果穗,采收后随即脱粒,从中选出发育饱满、无病虫害、无缺损的果粒作为种苗繁育的种果。

7.2 种果处理

种果依次在 18%的盐酸及 32%的硫酸溶液中各浸泡 24 h,捞出后用自来水冲洗掉果肉,再用 25%多菌灵可湿性粉剂 400 倍~600 倍液浸泡 2 h,用清水洗净后摊开自然风干 24 h,选出籽粒饱满、大小基本一致的种子。

7.3 种子储藏

种子应随处理、随催芽。如需短期储藏,通过风干法将种子含水量控制在10%～17%,在环境温度20℃～26℃避光保存。储藏期间每周检查种子1次,保存时间不超过4个月。

8 小苗培育

8.1 种子催芽

把种子用25%多菌灵可湿性粉剂500倍液中浸泡2 d后,阴干装入封口袋,袋口封紧,置于39℃～40℃下催芽40 d～60 d;露白点后用清水浸泡5 d～7 d,吸水至22%～23%,取出,置于阴凉处晾至种子含水量18%～19%,再装袋,置于27℃～28℃下催芽10 d～14 d。

8.2 发芽种子筛选

从经催芽种子中,挑选出芽长1 cm～2 cm、芽生长健壮、无畸形、基部和根无褐变的发芽种子,对于其中有多胚芽的种子,只保留其中一个最健壮的芽,其余芽抹除。将挑选出的发芽种子装袋后写上标签,待播。

8.3 播种

按6.1.1和6.2.2的要求,播种前1 d将育苗穴盘淋透水,利用挖铲把育苗穴盘中每个孔的中央开深2 cm～3 cm的小穴,将发芽种子放入小穴中,胚芽朝上,播后盖上一层厚约2 cm育苗基质,然后淋透水。

8.4 播种后管理

8.4.1 水分管理

根据天气、基质干湿及小苗生长情况,适当淋水保持基质湿润,一般从播后到3片叶阶段每天10:00以前、16:00以后各淋水1次,以淋透整个容器基质为宜。及时排除苗圃积水。

8.4.2 施肥管理

在小苗1片～3片叶阶段,于17:00至傍晚淋施0.2%～0.3%尿素水溶液,每7 d～10 d一次,施肥后对小苗洒水。

8.4.3 除草

采用人工除草,除尽苗床、步道及棚内其余空间杂草。

8.4.4 病害鼠害防治

主要防治茎基腐病、叶斑病和鼠害,具体防治方法见附录A。

9 大苗培育

9.1 移栽

待油棕种苗长出3片叶后,把小苗连同育苗基质直接从穴盘中取出,剔除弱苗、畸形苗、病虫害苗等劣质小苗。在装好大苗育苗基质的容器中,用挖铲开一个比穴盘基质坨稍大的小穴,将穴盘苗植入小穴中,覆盖育苗基质至原基质坨表面以上3 cm～5 cm,袋间距离为50 cm～60 cm,移栽后淋足定根水。

9.2 移栽后管理

9.2.1 水分管理

根据天气、基质干湿和苗木大小生长等情况,适当淋水。移栽后至苗木4片～7片叶阶段,遇旱每周灌水1次～2次,从苗木长出8片叶后至出圃前可适当减少灌水,一般容器内表层基质不干可不浇水。

9.2.2 施肥管理

当苗长到4片～5片叶时,施用0.4%尿素水溶液,每周淋施1次。此后阶段每月施用N∶P_2O_5∶K_2O∶MgO有效成分质量比为12∶12∶17∶2的复混肥1次～2次,按1∶200的浓度配成水溶液,淋施于育苗容器中。其中当 6 片～10 片叶时，每株施 3 g～5 g；11 片叶至炼苗前，每株施 5 g～7 g。

9.2.3 光照调节

移栽后至 6 片前，搭建荫棚，棚高 1.8 m～2.0 m，棚顶覆盖透光度为 40%～60%的遮阳网；苗木长至 6 片时，一般 9:00 拉上遮阳网，18:00 后再撤去。随着叶片数的增多，遮阳时间逐步缩短，阴雨天气完全撤除；持续 15 d 后，完全去除遮阳网。

9.2.4 除草、松土

人工拔除除草，或可结合施肥时轻度翻动表层基质。

9.2.5 病害鼠害防治

按 8.4.4 的规定执行。

9.2.6 炼苗

在出圃前 10 d～15 d 开始炼苗，期间停止施肥，减少浇水，在种苗叶片不萎蔫情况下不浇水。若大苗根系穿过容器，出圃前 1 个月左右对苗木进行移苗断根，加强灌溉，防苗萎蔫，待苗木恢复正常生长后，再炼苗。

9.3 种苗出圃

按 NY/T 1989 的规定执行。

10 生产档案

对育苗过程进行详细的记载，具体育苗生产记录档案按照 LY/T 2289 的规定执行。

附 录 A
（规范性附录）
油棕苗期主要病害和鼠害防治方法

油棕苗期主要病害和鼠害防治方法见表 A.1。

表 A.1 油棕苗期主要病害和鼠害防治方法

类别	名称	病害特征	防治方法	注意事项
病害	茎基腐病 [*Ganoderna lucicum* (*Leyss. et Fr.*)Kars]	致死性病害。发病初期，植株表现为轻度萎蔫，生长缓慢，外轮叶片变黄，随后下部叶片逐渐黄化且垂直向下，6 个～24 个月后整株黄化枯死	发病初期采用 50%多菌灵可湿性粉剂 400 倍～600 倍液、75%百菌清可湿性粉剂 600 倍～800 倍液、70%甲基硫菌灵可湿性粉剂 500 倍液涂抹苗木根颈部，或淋灌于苗木茎基周围基质，10 d～15 d 一次，连续 2 次～3 次	做好预防，发病后及时拔除病株，并对病株周围的基质进行消毒处理
	叶斑病 (*phoma herbarum*)	叶片上产生圆形叶上病斑，后扩大呈不规则状大病斑，并产生轮纹，引起叶片干枯	1. 加强水肥管理 2. 用 80%代森锰锌可湿性粉剂 400 倍～600 倍液或 50%多菌灵可湿性粉剂 1 000 倍液进行喷洒	及时清除病叶和枯叶
鼠害	主要咬食油棕种苗		1. 苗圃周围和苗圃内安放鼠笼或鼠夹诱捕器等 2. 用 0.5%溴敌隆液剂 100 倍液与碎玉米混合拌用，投放于苗圃周围或步道	定期检查以及清理

附加说明：

本标准按照 GB/T 1.1—2009 给出的规则起草。
本标准由中华人民共和国农业农村部提出。
本标准由农业农村部热带作物及制品标准化技术委员会归口。
本标准起草单位：中国热带农业科学院椰子研究所。
本标准主要起草人：曹红星、秦海棠、王永、石鹏、雷新涛、冯美利、刘艳菊、张大鹏。

中华人民共和国农业行业标准

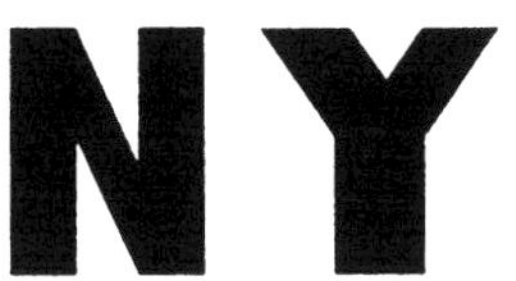

菠萝种苗繁育技术规程

Technical code for propagation of pineapple seedlings

NY/T 3520—2019

1 范围

本标准规定了菠萝[*Ananas comosus*(L.)Merr.]种苗繁育的术语和定义、种苗繁育方法、种苗出圃。

本标准适用于我国菠萝生产上吸芽苗、裔芽苗、冠芽苗、叶芽扦插苗和组培苗的种苗繁育。

2 规范性引用文件

下列文件对于本文件的应用是必不可少的。凡是注日期的引用文件,仅注日期的版本适用于本文件。凡是不注日期的引用文件,其最新版本(包括所有的修改单)适用于本文件。

NY/T 451 菠萝 种苗

NY/T 2253 菠萝组培苗生产技术规程

3 术语和定义

下列术语和定义适用于本文件。

3.1

吸芽 sucker

从菠萝地上茎长出的芽。

3.2

裔芽 slip

从菠萝果柄上长出的芽。

3.3

冠芽 crown

从菠萝果实顶部长出的芽。

3.4

叶芽 leaf dormant bud

带有叶片的休眠腋芽。

4 种苗繁育方法

4.1 吸芽苗、裔芽苗的母株育苗

4.1.1 母株育苗圃选择

选择经济性状良好、植株健壮、无病虫害、果实成熟期不使用植物生长调节剂的果园,去除变异株后

中华人民共和国农业部 2019-12-27 发布　　2020-04-01 实施

作为母株育苗圃。

4.1.2 母株育苗管理

果实采收后,割去母株老叶片末端 1/3,施用安全低毒除草剂或人工清除行间杂草。撒施促芽肥,促芽肥施肥推荐用量每 667 m^2 可施用复合肥(N:P:K=15:15:15)10 kg、尿素 15 kg;喷施叶面肥,叶面肥施肥推荐为 5%(质量分数)的速溶复合肥和 2%(质量分数)的尿素液态肥,喷湿叶面即可。母株上的吸芽、裔芽生长达到种苗要求时进行分类分级采收。

4.2 吸芽苗、裔芽苗、冠芽苗的苗圃假植育苗

4.2.1 苗圃地选择

选择阳光充足、无霜冻、土壤肥沃、土质疏松、pH 为 5~6、坡度 25°以下、排灌条件良好、靠近水源、交通便利的土地作为苗圃用地。避免使用低洼积水、地下水位过高的土地以及菠萝连作地。

4.2.2 苗圃整理

基肥以腐熟有机肥或生物肥为主,配合磷肥、复合肥。施肥推荐用量为每 667 m^2 施入腐熟有机肥 2 000 kg、磷肥 100 kg、复合肥 50 kg。经旋耕机粉碎、耙平,按 1.3 m~1.5 m 起畦,畦高 20 cm~30 cm 以利于排水,两畦之间留 30 cm~50 cm 宽走道。

4.2.3 种芽处理

裔芽可直接倒立晾晒,吸芽剥去基部老叶和根后倒立晾晒,冠芽削平基部后倒立晾晒,待切口风干后假植。种芽伤口推荐用 58%(质量分数)甲霜灵锰锌可湿性粉剂 500 倍液(体积分数)浸泡 30 min 或种芽倒立药液喷雾对切口消毒。

4.2.4 假植与管理

裔芽、吸芽、冠芽推荐按照 15 cm×10 cm 株行距进行假植,植后淋水 1 次。生根后,每月喷施 1 次叶面肥(同 4.1.2 叶面施肥),淋水次数视苗床湿度而定。

4.3 叶芽扦插育苗

4.3.1 繁育材料选择

选取叶片数在 40 片以上的冠芽用于叶芽扦插苗育苗。

4.3.2 削叶芽

冠芽阳光下倒立晾晒至切口干燥,去除冠芽基部小叶片,用刀斜向基部沿茎方向同时切下叶片及其基部休眠芽。切下的叶芽推荐用 58%(质量分数)甲霜灵锰锌可湿性粉剂 500 倍(体积分数)液浸泡 30 min,阴凉处风干后扦插。

4.3.3 培养基质准备

培养基质分为扦插出芽基质和育苗基质。扦插出芽基质为干净的河沙,育苗基质为腐熟有机肥:泥炭土=1:1,基质厚度为 10 cm。

4.3.4 叶芽扦插

叶芽按 5 cm×5 cm 株行距,插入基质深度为埋住叶芽休眠芽。休眠芽萌芽成苗后,小苗长至 3 片~4 片叶时,移栽假植至育苗基质上。

4.3.5 叶芽扦插小苗管理

扦插小苗按 10 cm×10 cm 株行距移栽,小苗发新根前每 1 d~2 d 淋水 1 次。生根后 3 d~5 d 淋水 1 次,具体情况视基质湿度而定,每月淋水肥 1 次(同 4.1.2)。

4.4 组培苗育苗

按 NY/T 2253 的规定执行。

5 种苗出圃

5.1 出圃前准备

出圃前炼苗，逐渐减少淋水。起苗前一周停止淋水和施肥。

5.2 种苗出圃要求

按 NY/T 451 的规定执行。

5.3 起苗

晴天或阴天起苗。起苗后进行种苗消毒处理，种苗消毒推荐用 58%（质量分数）甲霜灵锰锌可湿性粉剂 500 倍液（体积分数）和 40%杀扑磷乳油 800 倍（体积分数）混合液浸泡苗头 5 min～8 min。消毒处理后适当风干晾晒种苗，不同类型种芽、育种方法和育种批次的种苗不可混合。及时分级、包装和运输，避免堆放。

5.4 育苗记录

参照附录 A 的规定执行，种苗级别按 NY/T 451 的规定执行。

5.5 种苗包装、标志与运输

按 NY/T 451 的规定执行。

附 录 A
(资料性附录)
菠萝种苗繁育技术档案

菠萝种苗繁育技术档案见表 A.1。

表 A.1 菠萝种苗繁育技术档案

品种名称		产地	
育苗方法		育苗单位	
育苗时间		育苗责任人	
种苗数量,株			
一级苗数,%			
二级苗数,%			
总苗数,株			
备注			

育苗单位(盖章): 责任人(签字): 日期: 年 月 日

附加说明:

本标准按照 GB/T 1.1—2009 给出的规则起草。

本标准由中华人民共和国农业农村部提出。
本标准由农业农村部热带作物及制品标准化技术委员会归口。
本标准起草单位:中国热带农业科学院南亚热带作物研究所。
本标准主要起草人:吴青松、孙伟生、刘胜辉、林文秋、孙光明、李运合、张红娜。

中华人民共和国农业行业标准

生咖啡和带种皮咖啡豆取样器

Triers for green coffee or raw coffee and parchment coffee
(ISO 6666:2011 Coffee sampling—Triers for green coffee or raw coffee and parchment coffee,MOD)

NY/T 234—2020
代替 NY/T 234—1994

1 范围

本标准规定了生咖啡和带种皮咖啡豆取样器的材料和构造。

本标准适用于通过封闭包装袋两侧取样的取样器,特别适用于按照 NY/T 1518 的取样。

2 规范性引用文件

下列文件对于本文件的应用是必不可少的。凡是注日期的引用文件,仅注日期的版本适用于本文件。凡是不注日期的引用文件,其最新版本(包括所有的修改单)适用于本文件。

NY/T 1518 袋装生咖啡 取样

3 要求

3.1 材料

咖啡取样器应使用清洁的抛光不锈钢材料制造。

3.2 构造

3.2.1 咖啡取样器应符合 3.2.2 至 3.2.4 的要求,符合表 1 和图 1 给出的尺寸。

表 1 咖啡取样器的尺寸

单位为毫米

咖啡种类	手柄直径(ϕ_1)	手柄长度(L_1)	开口管直径(ϕ_2)	开口半径(R)	开口管长度(L_2)	尖端长度(L_3)	开口长度(L_4)
生咖啡	25～30	110～120	18	7～9	200～240	50～60	160～200
带种皮咖啡豆	25～30	110～120	20	8～10	220～240	50～60	180～200

3.2.2 取样器的横向截面应呈圆形,中间凹槽部分轴线方向的外形呈圆筒形,凹槽横截面应大于或等于开口管径的半圆。

3.2.3 取样器边缘应圆滑,以使取样过程中不撕破包装袋,不对产品造成损坏。

3.2.4 取样器的尖端应为实心或闭口。

中华人民共和国农业部 2020-11-12 发布　　2021-04-01 实施

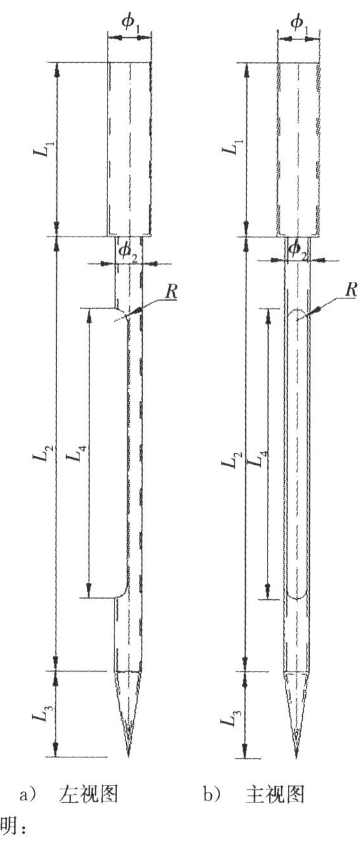

a） 左视图　　　　b） 主视图

说明：

不锈钢尖端为氩焊接；符号定义见表1。

图1　生咖啡和带种皮咖啡豆取样器

附加说明：

本标准按照 GB/T 1.1—2009 给出的规则起草。

本标准代替 NY/T 234—1994《咖啡取样器》，与 NY/T 234—1994 相比，除编辑性修改外主要变化如下：

——名称改变，由“咖啡取样器”改为“生咖啡和带种皮咖啡豆取样器”；

——范围扩大，包括生咖啡和带种皮咖啡豆两种取样器（见第 1 章，1994 年版的 1）；

——增加了规范性引用文件；

——增加了对带种皮咖啡豆取样器的要求（见第 3 章，1994 年版的 2、3）；

本标准采用重新起草法修改采用 ISO 6666：2011《咖啡取样　生咖啡和带种皮咖啡豆取样器》（Coffee sampling—Triers for green coffee or raw coffee and parchment coffee），本标准与 ISO 6666：2011 相比技术差异及其原因如下：

——名称改变，本标准的名称为“生咖啡和带种皮咖啡豆取样器”，ISO 6666：2011 名称为“咖啡取样　生咖啡和带种皮咖啡豆取样器（Coffee sampling—Triers for green coffee or raw coffee and parchment coffee）”；

——本标准增加了规范性引用文件，取消了参考文献，用等同采用国际标准的 NY/T 1518 代替了 ISO 4072，以适应我国的技术条件（见第 2 章，ISO 6666：2011 参考文献）；

——修改了取样器的材料（见 3.1，ISO 6666：2011 的 2.1），以适应我国的技术条件；

——修改了取样器的构造（见 3.2、表 1、图 1，ISO 6666：2011 的 2.2、表 1、图 1），以适应我国的技术条件。

请注意本文件的某些内容有可能涉及专利。本文件的发布机构不承担识别这些专利的责任。

本标准由农业农村部农垦局提出。

本标准由农业农村部热带作物及制品标准化技术委员会归口。

本标准起草单位:中国热带农业科学院农产品加工研究所、雀巢(中国)有限公司、云南省热带作物学会、云南省农业科学院热带亚热带经济作物研究所、德宏后谷咖啡有限公司。

本标准主要起草人:陈民、李一民、方义敏、焦小马、李维锐、黄家雄、山云辉、马会芳。

本标准所代替标准的历次版本发布情况为:

——NY/T 234—1994。

中华人民共和国农业行业标准

剑麻纱线　线密度的测定

Sisal yarn—Determination of linear density

NY/T 246—2020

代替 NY/T 246—1995

1　范围

本标准规定了剑麻纱线线密度的测定方法。

本标准适用于剑麻纱线线密度的测定。

2　原理

在规定的条件下，称量规定长度试样的质量，计算其线密度。

3　仪器

3.1　天平

精度：0.01 g。

3.2　测长器

缕纱测长仪器，精度：(1 000±5) mm。

3.3　恒温恒湿试验箱

温度范围：0℃～100℃；湿度范围：20%～98%。

4　试验条件

4.1　试验在环境大气下进行。

4.2　仲裁试验时，样品应在恒温恒湿试验箱内调节 24 h 以上，温度为(20.0±2.0)℃，相对湿度(RH)为(65.0±4.0)%。

5　测定方法

5.1　取样

从试样的纱线捆中直接抽取前 10 m 弃之，再抽取 30 m 作为一个试样，连续抽取 5 个以上的试样，将其一圈接一圈地卷绕在测长器的卷轴上。

5.2　测定

将每个试样称量(W)，精确至 0.01 g。

6　结果计算

6.1　线密度的计算

中华人民共和国农业部 2020 - 11 - 12 发布　　　　2021 - 04 - 01 实施

按式(1)计算每个试样的线密度。

$$T = \frac{1000W}{30} \quad \cdots\cdots (1)$$

式中：

T——试样的线密度，单位为特克斯(tex)；

W——试样质量，单位为克(g)。

整批纱线的线密度以全部试验值的算术平均值表示，数值取整数。

6.2 公制支数计算

按式(2)计算每个试样的公制支数。

$$N_m = \frac{1000}{T} \quad \cdots\cdots (2)$$

式中：

N_m——试样的公制支数，单位为米每克(m/g)。

整批纱线的支数以全部试验值的算术平均值表示，数值取2位小数。

7 试验报告

试验报告应包括下列各项：

a) 本标准编号；

b) 试验条件；

c) 每个试样的线密度和全部试样线密度的算术平均值；

d) 试验单位；

e) 试验员；

f) 试验日期。

附加说明：

本标准按照GB/T 1.1—2009给出的规则起草。

本标准代替NY/T 246—1995《剑麻纱线　线密度的测定》。与NY/T 246—1995相比，除编辑性修改外主要变化如下：

——修改了“试验”中的天平和测长器的精度要求(见3.1和3.2，1995年版的第3章)；

——增加了“仪器”中的恒温恒湿试验箱(见3.3)；

——修改了“仲裁试验”的条件(见4.2，1995年版的第4章)；

——将“试验制备”和“试验程序”修改为“取样”和“测定”，且合并为“测定方法”一章(见5.1和5.2，1995年版的第5章)；

——修改了“试验报告”表述方式(见第7章，1995年版的第8章)。

请注意本文件的某些内容有可能涉及专利。本文件的发布机构不应承担识别专利的责任。

本标准由农业农村部农垦局提出。

本标准由农业农村部热带作物及制品标准化技术委员会归口。

本标准起草单位：农业农村部剑麻及制品质量监督检验测试中心、江苏大达麻纺织科技有限公司。

本标准主要起草人：陈莉莎、野建军、陈伟南、宋志成、冯超、郑润里、周省、刘海燕、毛丽君。

本标准所代替标准的历次版本发布情况为：

——NY/T 246—1995。

中华人民共和国农业行业标准

剑麻织物　物理性能试样的选取和裁剪

Sisal fabric —Selection and cutting of specimens for physical tests

NY/T 249—2020
代替 NY/T 249—1995

1　范围

本标准规定了剑麻织物的物理性能试样的选取和裁剪方法。

本标准适用于从剑麻织物中选取和裁剪用于物理性能试验的试样。

2　条件

在环境大气下进行试样的选取和裁剪。

3　操作步骤

3.1　选取试样时应横切整个织物的织造宽度。

3.2　对于正方形或长方形的样品，裁剪试样时应使其边平行于经向或纬向。

3.3　裁剪试样时，应使其各部分均距离织物边缘不小于 100 mm。

3.4　裁剪试样时，应使试样均匀分布在样品的有效面积上，并保证试样不含同一纬纱或经纱。当重复不可避免时，不应在其织物卷取方向(经向)裁剪重复的试样。裁剪试样方案见图 1。

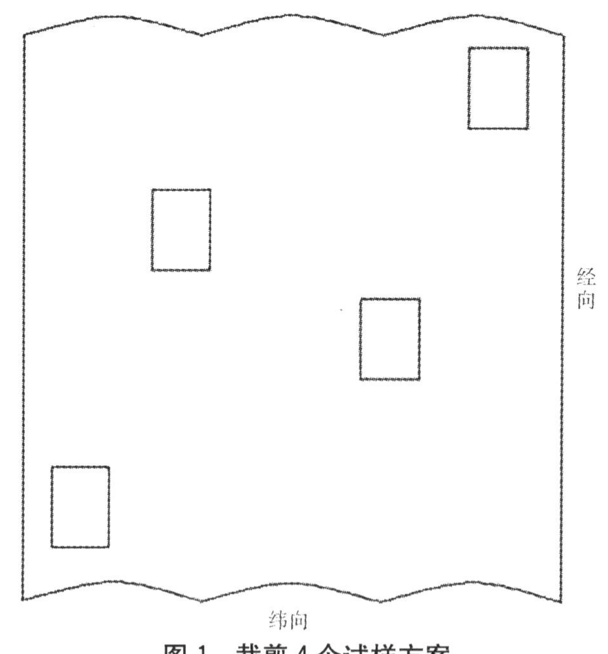

图 1　裁剪 4 个试样方案

中华人民共和国农业部 2020 - 11 - 12 发布　　2021 - 04 - 01 实施

3.5 当裁剪多个试样时，将试样平均分布在样品经向的平分线的两边。

3.6 所取试样不是用于一个试验步骤，应在样品中穿插来裁剪试样。

附加说明：

本标准按照 GB/T 1.1—2009 给出的规则起草。

本标准代替 NY/T 249—1995《剑麻织物　物理性能试验的取样和试样裁取》。与 NY/T 249—1995 相比，除编辑性修改外主要变化如下：

——修改标准名称为《剑麻织物　物理性能试样的选取和裁剪》；

——修改了“范围”的表述（见第 1 章，1995 年版的第 1 章）；

——删除了“原理”的描述（1995 年的第 2 章）；

——增加了“条件”表述（见第 2 章）；

——修改了“操作步骤”的表述（见第 3 章，1995 年版的第 3 章）；

——删除了“取样报告”的表述（1995 年版的第 4 章）。

请注意本文件的某些内容有可能涉及专利。本文件的发布机构不应承担识别专利的责任。

本标准由农业农村部农垦局提出。

本标准由农业农村部热带作物及制品标准化技术委员会归口。

本标准起草单位：农业农村部剑麻及制品质量监督检验测试中心。

本标准主要起草人：陈莉莎、陈伟南、冯超、郑润里、周省、毛丽君、殷春霞。

本标准所代替标准的历次版本发布情况为：

——NY/T 249—1995。

中华人民共和国农业行业标准

天然橡胶初加工机械　锤磨机

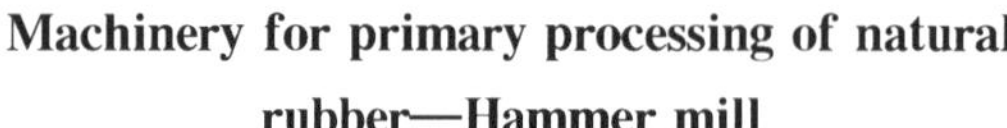

Machinery for primary processing of natural rubber—Hammer mill

NY/T 263—2020

代替 NY/T 263—2003

1　范围

本标准规定了天然橡胶初加工机械锤磨机的术语和定义、产品型号和主要技术参数、技术要求、试验方法、检验规则及标志、包装、运输和储存等要求。

本标准适用于天然橡胶初加工机械锤磨机。

2　规范性引用文件

下列文件对于本文件的应用是必不可少的。凡是注日期的引用文件，仅注日期的版本适用于本文件。凡是不注日期的引用文件，其最新版本(包括所有的修改单)适用于本文件。

GB/T 231.1　金属材料　布氏硬度试验　第1部分:试验方法

GB/T 699　优质碳素结构钢

GB/T 700　碳素结构钢

GB/T 1184　形状和位置公差　未注公差值

GB/T 1348　球墨铸铁件

GB/T 1800.2　产品几何技术规范(GPS)　极限与配合　第2部分:标准公差等级和孔、轴极限偏差表

GB/T 2828.1　计数抽样检验程序　第1部分:按接收质量限(AQL)检索的逐批检验抽样计划

GB/T 3768　声学　声压法测定噪声源声功率级和声能量级　采用反射面上方包络测量面的简易法

GB/T 5667—2008　农业机械　生产试验方法

GB/T 8196　机械安全　防护装置　固定式和活动式防护装置的设计与制造一般要求

GB/T 9439　灰铸铁件

GB 10396　农林拖拉机和机械、草坪和园艺动力机械　安全标志和危险图形　总则

GB/T 10610　产品几何技术规范(GPS)　表面结构　轮廓法　评定表面结构的规则和方法

GB/T 11352　一般工程用铸造碳钢件

JB/T 9832.2　农林拖拉机及机具　漆膜　附着力性能测定方法　压切法

NY/T 232—2011　天然橡胶初加工机械　基础件

NY/T 409—2013　天然橡胶初加工机械通用技术条件

NY/T 1036　热带作物机械术语

3　术语和定义

NY/T 1036 界定的以及下列术语和定义适用于本文件。

中华人民共和国农业部 2020-11-12 发布　　　　2021-04-01 实施

3.1

可用度(使用有效度) availability

在规定条件下及规定时间内,产品可工作时间与产品使用总时间的比。

注:改写 GB/T 5667—2008,定义 2.12。

3.2

胶粒合格率 qualified rate of comminuted rubber

加工出的合格胶粒质量与胶粒的总质量之比。

4 产品型号和主要技术参数

4.1 产品型号表示方法

产品型号的编制方法应符合 NY/T 409—2013 的要求,由机名代号和主要参数等组成,表示如下:

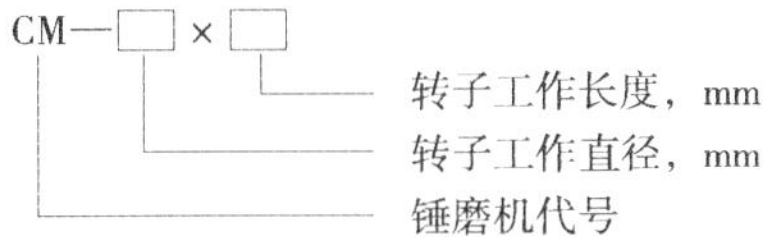

示例:

CM-550×600 表示锤磨机,其转子工作直径为 550 mm,转子工作长度为 600 mm。

4.2 主要技术参数

产品型号和主要技术参数见表 1。

表 1 产品型号和主要技术参数

产品型号	锤片总数 个	转子工作直径 mm	转子工作长度 mm	辊筒工作直径 mm	主电机功率[a] kW	生产率[b](干胶) kg/h
CM-500×370	6×5	500	370	120	18.5～22	≥800
CM-550×500	6×7	550	500	150	22～30	≥1 500
CM-550×600	6×9	550	600	200	30～37	≥2 000
CM-550×650	6×10	550	650	300	37～45	≥2 500
CM-650×700	6×11	650	700	200	75～90	≥4 000

[a] 根据不同的加工原料选择主电机功率。

[b] 全乳胶的生产率。

5 技术要求

5.1 整机要求

5.1.1 应按经批准的图样和技术文件制造。

5.1.2 整机运行 2 h 以上,轴承温升空载时应不超过 30℃,负载时应不超过 40℃。减速箱润滑油的最高温度应不超过 65℃。

5.1.3 整机运行过程中,各密封部位不应有渗漏现象,紧固件无松动。

5.1.4 整机运行应平稳,不应有明显的振动、冲击和异响,调整机构应灵活可靠。

5.1.5 空载噪声应不大于 88 dB(A)。

5.1.6 胶粒合格率应不小于 80%。

5.1.7 可用度应不小于 95%。

5.2 主要零部件

5.2.1 辊筒

5.2.1.1 辊体应采用力学性能不低于 GB/T 1348 规定的 QT450-10 的材料制造;两端轴应采用力学性能不低于 GB/T 699 规定的 45 钢的材料制造,并调质处理。

5.2.1.2 辊筒工作面硬度应不低于 200 HB。

5.2.1.3 直径 d 的尺寸公差应符合 GB/T 1800.2 中 h7 或 k7 的规定。

5.2.1.4 长度 L 和 L_1 的尺寸公差应分别符合 GB/T 1800.2 中 h11 和 js10 的规定。

5.2.1.5 表面粗糙度应不低于图 1 的要求。

5.2.1.6 形位公差应符合 GB/T 1184 中 8 级精度的规定。

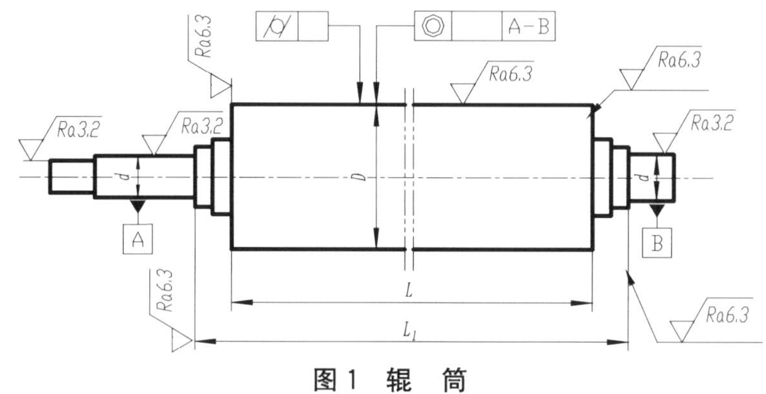

图1 辊 筒

5.2.2 转子轴

5.2.2.1 转子轴的材料力学性能应不低于 GB/T 699 规定的 45 钢的要求,并调质处理。

5.2.2.2 直径 D 和 d 的尺寸公差应分别符合 GB/T 1800.2 中 h7 和 k6 的规定。

5.2.2.3 形位公差和表面粗糙度应不低于图 2 的要求。

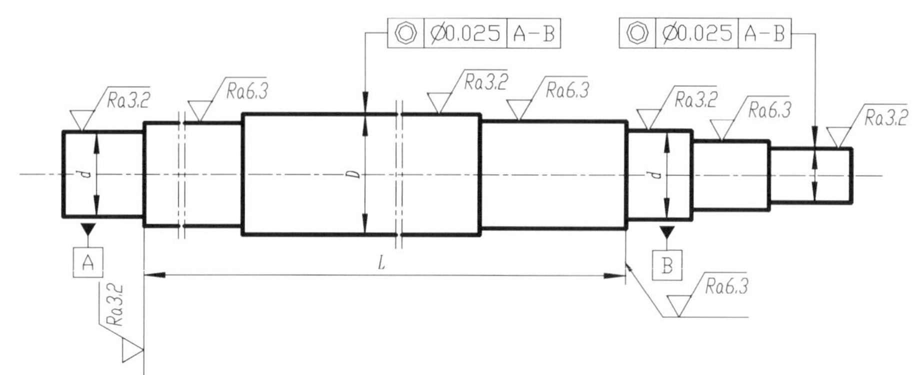

图2 转子轴

5.2.3 上壳体

5.2.3.1 上壳体的材料力学性能应不低于 GB/T 11352 规定的 ZG 230-450 或 GB/T 700 规定的 Q235 的要求。

5.2.3.2 长度 L 和 L_1 的尺寸公差应分别符合 GB/T 1800.2 中 D11 和 h10 的要求。

5.2.3.3 高度 h 的尺寸公差应符合 GB/T 1800.2 中 H9 的要求。

5.2.3.4 形位公差和表面粗糙度应不低于图 3 的要求。

5.2.4 轴承座

5.2.4.1 应采用力学性能不低于 GB/T 9439 规定的 HT200 的材料制造。

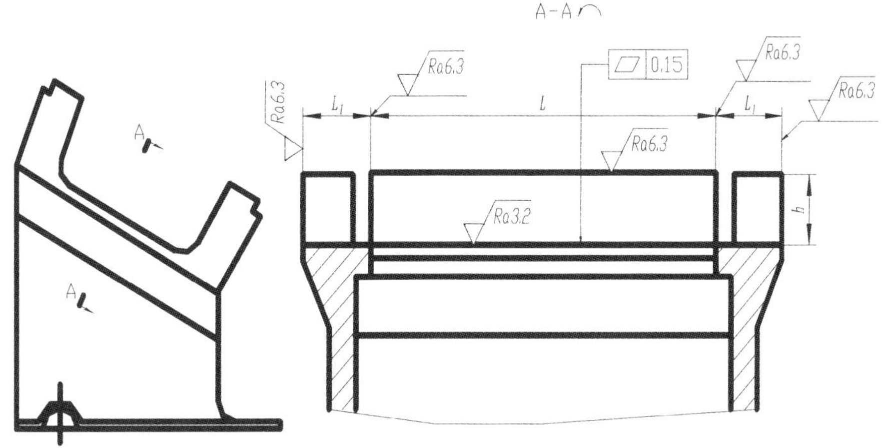

图 3 上壳体

5.2.4.2 轴承位的尺寸公差应符合 GB/T 1800.2 中 H7 或 K7 的要求。

5.2.4.3 轴承位的表面粗糙度应不低于 Ra3.2 的要求。

5.2.5 锤片

锤片应符合 NY/T 232—2011 中 4.4.1～4.4.5 的规定。

5.2.6 筛网

筛网应符合 NY/T 232—2011 中表 2 和 4.3 的规定。

5.2.7 转子部件

装配前应将锤片按 NY/T 232—2011 中 4.4.6 的规定进行分组。

5.3 装配质量

5.3.1 装配质量应按 NY/T 409—2013 中 5.7 的规定。

5.3.2 前后辊总成轴承座与上横梁的配合间隙应在 0.10 mm～0.30 mm 之间。

5.3.3 两辊筒紧贴，在辊筒工作全长上其最大间隙应不大于 0.08 mm。

5.4 外观和涂漆

5.4.1 外观表面应平整，不应有明显的凹凸和损伤。

5.4.2 铸件表面不应有飞边、毛刺、浇口、冒口等。

5.4.3 焊接件外观表面不应有焊瘤、金属飞溅物等。焊缝表面应均匀，不应有裂纹。

5.4.4 漆层外观色泽应均匀、平整光滑；不应有露底、严重的流痕和麻点；明显的起泡、起皱应不多于 3 处。

5.4.5 漆层的漆膜附着力应符合 JB/T 9832.2 中 2 级 3 处的规定。

5.5 电气装置

应符合 NY/T 409—2013 中 5.8 的规定。

5.6 安全防护

5.6.1 整机应有便于吊运和安装的装置。

5.6.2 外露旋转零部件应设有防护装置，防护装置应符合 GB/T 8196 的要求。

5.6.3 在易发生危险的部位或可能危及人员安全的部位，应在明显处设有安全警示标志或涂有安全色，标志应符合 GB 10396 的规定。

5.6.4 设备运行时有可能发生移位、松脱或抛射的零部件，应有紧固或防松装置。

6 试验方法

6.1 试验条件

6.1.1 试验应在平整结实地面进行,并调校好水平面、紧固地脚螺栓。

6.1.2 试验原料胶片的宽度应不小于辊筒有效长度的80%,厚度为3 mm~5 mm。

6.2 空载试验

6.2.1 总装配检验合格后应进行空载试验。

6.2.2 机器连续运行应不少于2 h。

6.2.3 试验项目、要求和方法见表2。

表2 空载试验项目、要求和方法

试验项目	要求	方法
轴承温升	符合5.1.2的规定	测温仪测定
噪声	符合5.1.5的规定	按6.4.3测定
两辊筒紧贴间隙	符合5.3.3的规定	塞尺测定
电气装置	符合5.5的规定	感官、接地电阻测试仪测定
安全防护	符合5.6的规定	感官

6.3 负载试验

6.3.1 负载试验应在空载试验合格后进行。

6.3.2 试验时连续工作应不少于2 h。

6.3.3 试验项目、要求和方法见表3。

表3 负载试验项目、要求和方法

试验项目	要求	方法
运行情况	符合5.1.3和5.1.4的规定	感官
安全防护	符合5.6的规定	感官
电气装置	符合5.5的规定	感官、接地电阻测试仪测定
轴承温升及减速箱油温	符合5.1.2的规定	测温仪测定
生产率	符合表1的规定	按6.4.1测定
胶粒合格率	符合5.1.6的规定	按6.4.2测定

6.4 试验方法

6.4.1 生产率测定

在额定转速及额定负载条件下,测定3次班次小时生产率,每次不小于2 h,取3次测定的算术平均值,结果精确到"1 kg/h"。班次时间包括纯工作时间、工艺时间和故障时间。按式(1)计算。

$$E_b = \frac{Q_b}{T_b} \tag{1}$$

式中:

E_b ——班次小时生产率,单位为千克每小时(kg/h);

Q_b ——测定期间班次生产量,单位为千克(kg);

T_b ——测定期间班次时间,单位为小时(h)。

6.4.2 胶粒合格率测定

在正常生产条件下，随机抽取胶粒池中不少于 1 000 g 的胶粒，测定合格胶粒(胶粒最大尺寸不大于 8 mm)质量。在一个班次内每间隔不小于 30 min，重复抽样 3 次测定，取 3 次测定的算术平均值。按式(2)计算。

$$H_g = \frac{G_h}{Z_z} \times 100 \quad (2)$$

式中：

H_g ——合格率，单位为百分号(%)；

G_h ——合格胶粒质量，单位为克(g)；

Z_z ——胶粒的总质量，单位为克(g)。

6.4.3 噪声测定

噪声的测定应按 GB/T 3768 规定的方法执行。

6.4.4 可用度测定

在正常生产和使用条件下考核不小于 200 h，同一机型不少于 2 台，可在不同地区测定，取所测台数的算术平均值，并按式(3)计算。

$$K = \frac{\sum T_z}{\sum T_z + \sum T_g} \quad (3)$$

式中：

K ——可用度，单位为百分号(%)；

T_z ——生产考核期间班次工作时间，单位为小时(h)；

T_g ——生产考核期间班次的故障时间，单位为小时(h)。

6.4.5 硬度测定

硬度测定应按 GB/T 231.1 规定的方法执行。

6.4.6 表面粗糙度测定

应按 GB/T 10610 规定的方法测定。

6.4.7 漆膜附着力测定

应按 JB/T 9832.2 规定的方法测定。

7 检验规则

7.1 出厂检验

7.1.1 出厂检验应实行全检，取得合格证后方可出厂。

7.1.2 出厂检验的项目及要求：

——装配应符合 5.3 的规定；

——外观和涂漆应符合 5.4 的规定；

——安全防护应符合 5.6 的规定；

——空载试验应符合 6.2 的规定。

7.1.3 用户有要求时，可进行负载试验，负载试验应符合 6.3 的规定。

7.2 型式检验

7.2.1 有下列情况之一时，应进行型式检验：

——新产品或老产品转厂生产；

——正式生产后，结构、材料、工艺等有较大改变，可能影响产品性能时；

——正常生产时，定期或周期性抽查检验；

——产品长期停产后恢复生产；

——出厂检验发现产品质量显著下降；

——质量监督机构提出型式检验要求。

7.2.2　型式检验应实行抽检。抽样按 GB/T 2828.1 规定的正常检查一次抽样方案。

7.2.3　样本应是 12 个月内生产的产品。抽样检查批量应不少于 3 台(件)，样本为 2 台(件)。

7.2.4　整机抽样地点在生产企业的成品库或销售部门；零部件在半成品库或装配线上已检验合格的零部件中抽取。

7.2.5　型式检验项目、不合格分类和判定规则见表 4。

表 4　型式检验项目、不合格分类和判定规则

<table>
<tr><th>不合格分类</th><th>检验项目</th><th>样本数</th><th>项目数</th><th>检验水平</th><th>样本大小字码</th><th>AQL</th><th>Ac</th><th>Re</th></tr>
<tr><td rowspan="4">A</td><td>生产率</td><td rowspan="16">2</td><td rowspan="4">4</td><td rowspan="16">S-1</td><td rowspan="16">A</td><td rowspan="6">6.5</td><td rowspan="6">0</td><td rowspan="6">1</td></tr>
<tr><td>胶粒合格率</td></tr>
<tr><td>可用度[a]</td></tr>
<tr><td>安全防护</td></tr>
<tr><td rowspan="6">B</td><td>噪声</td><td rowspan="6">6</td></tr>
<tr><td>轴承温升</td></tr>
<tr><td>锤片硬度</td><td rowspan="6">25</td><td rowspan="6">1</td><td rowspan="6">2</td></tr>
<tr><td>锤片组间质量差和组内质量差</td></tr>
<tr><td>轴承与孔、轴配合精度</td></tr>
<tr><td>辊筒工作表面硬度</td></tr>
<tr><td rowspan="6">C</td><td>减速箱油温及渗漏油情况</td><td rowspan="6">6</td></tr>
<tr><td>调整机构性能</td></tr>
<tr><td>两辊筒紧贴间隙</td><td rowspan="4">40</td><td rowspan="4">2</td><td rowspan="4">3</td></tr>
<tr><td>外观质量</td></tr>
<tr><td>漆膜附着力</td></tr>
<tr><td>标志和技术文件</td></tr>
<tr><td colspan="9">注：AQL 为接收质量限，Ac 为接收数，Re 为拒收数。判定时，A、B、C 各类的不合格总数小于或等于 Ac 为合格，大于或等于 Re 为不合格。A、B、C 各类均合格时，判该批产品为合格品，否则为不合格品。</td></tr>
<tr><td colspan="9">[a] 监督性检验可以不做可用度检查。</td></tr>
</table>

8　标志、包装、运输和储存

产品的标志、包装、运输和储存应按 NY/T 409—2013 中第 8 章的规定。

附加说明：

本标准按照 GB/T 1.1—2009 给出的规则起草。

本标准代替 NY/T 263—2003《天然橡胶初加工机械　锤磨机》，与 NY/T 263—2003 相比，除编辑性修改外主要技术变化如下：

——增加了术语和定义(见第3章)；

——修订了型号规格和技术参数(见4.2,2003年版的3.2)；

——增加了胶粒合格率的要求(见5.1.6,2003年版的4.1.6)；

——修订了可用度指标要求(见5.1.7,2003年版的4.1.2)；

——删除了大皮带轮质量要求(2003年版的4.2.3)；

——删除了圆柱齿轮减速器质量要求(2003年版的4.2.3)；

——修订了装配质量要求(见5.3,2003年版的4.3)；

——修订了外观和涂漆质量要求(见5.4,2003年版的4.1.7)；

——修订了电气装置要求(见5.5,2003年版的4.4)；

——增加了安全防护要求(见5.6)；

——增加了生产率、胶粒合格率、漆膜附着力和表面粗糙度等指标的试验方法(见6.4)。

请注意本文件的某些内容可能涉及专利。本文件的发布机构不承担识别这些专利的责任。

本标准由中华人民共和国农业农村部提出。

本标准由农业农村部热带作物及制品标准化技术委员会归口。

本标准起草单位：中国热带农业科学院农业机械研究所。

本标准主要起草人：邓怡国、刘智强、李明、郑勇、王业勤、陈小艳。

本标准所替代标准的历次版本发布情况为：

——NY/T 263—1994、NY/T 263—2003。

中华人民共和国农业行业标准

红江橙

Hongjiang orange

NY/T 453—2020
代替 NY/T 453—2001

1 范围

本标准规定了红江橙的术语与定义、要求、检验方法、检验规则、包装与标志、储存与运输、销售。

本标准适用于红江橙鲜果的生产、收购和销售。

2 规范性引用文件

下列文件对于本文件的应用是必不可少的。凡是注日期的引用文件，仅注日期的版本适用于本文件。凡是不注日期的引用文件，其最新版本(包括所有的修改单)适用于本文件。

GB/T 191 包装储运图示标志

GB 2762 食品安全国家标准 食品中污染物限量

GB 2763 食品安全国家标准 食品中农药最大残留限量

GB 4806.6 食品安全国家标准 食品接触用塑料树脂

GB/T 5737 食品塑料周转箱

GB/T 6543 运输包装用单瓦楞纸箱和双瓦楞纸箱

GB/T 8210 柑桔鲜果检验方法

GB 9683 复合食品包装袋卫生标准

GB/T 12947 鲜柑橘

GB 31621 食品安全国家标准 食品经营过程卫生规范

NY/T 1189 柑橘贮藏

NY/T 5344.4 无公害食品 产品抽样规范 第4部分:水果

3 术语与定义

GB/T 12947 界定的以及下列术语和定义适用于本文件。

3.1

嵌合体 chimera

在同一组织中表现出不同遗传性状的细胞混合而成的个体。

3.2

红江橙 hongjiang orange

由广东省廉江市红江农场经多年定向提纯选育出的柑橘属(Citrus)甜橙类品种，属于橘砧橙穗组合产生的扇形嵌合体。核心产区位于广东省红江农场，产区分布于广东省西南部、广西壮族自治区南部等地。

中华人民共和国农业部 2020-11-12 发布 2021-04-01 实施

4 要求

4.1 基本要求

红江橙果实达到适当成熟度时采摘，果实应新鲜饱满、无萎蔫现象；果蒂完好，果柄剪口与果肩齐平，果面洁净，色泽橙黄色；果肉橙红色，果汁丰富；酸甜适中，无异味；不应有浮皮、枯水现象。

4.2 等级

红江橙分为特级、优级和普级 3 个等级。

4.3 外观质量

外观质量应符合表 1 的要求。

表 1 外观质量

项目	特级	优级	普级
果形	具该品种典型特征，果形端正、整齐	具该品种典型特征，果形端正、较整齐	具该品种典型特征，无明显畸形果
色泽	橙黄色 色泽鲜艳 着色一致	橙黄色 色泽良好 着色均匀	橙黄色、着色良好或淡黄色，允许带黄绿色，但不应大于果面总面积的 25%
洁净度	果面洁净、果皮光滑	果面洁净、果皮较光滑	果面洁净，允许果皮轻度粗糙
果实横径(D) mm	$67 \leqslant D \leqslant 75$	$63 \leqslant D < 67$	$58 \leqslant D < 63$
缺陷	表皮不应有病疤，允许有其他疤痕 1 个～2 个；表皮各类疤痕面积不超过果皮总面积的 5%；不应有虫体附着	表皮允许有 2 个以下非检疫性病害病疤，单个病疤最长直径小于 2 mm；表皮各类疤痕面积合并小于果皮总面积的 10%；不应有虫体附着	表皮允许有 2 个以下非检疫性病害病疤，单个病疤最长直径小于 3 mm；表皮各类疤痕面积合并小于果皮总面积的 20%；不应有虫体附着
	不应有损伤、褐色油斑、枯水、水肿、内裂等一切变质和有腐烂表征的果		
注 1：果形端正指果形指数约为 1。 **注 2**：红江橙果皮在海南中南部热带地区，成熟时可能呈绿色。 **注 3**：果实横径大于 75 mm 或小于 58 mm 均视为等外级果品。			

4.4 理化指标

理化指标应符合表 2 的要求。

表 2 理化指标

项目	特级	优级	普级
可溶性固形物，%	≥12.5	≥12.0	≥11.0
总酸量，%	0.3～0.7		
固酸比	>15∶1		
果汁率，%	≥55	≥50	≥45
可食率，%	≥75	≥70	≥65

4.5 安全指标

污染物限量应符合 GB 2762 的规定，农药最大残留限量应符合 GB 2763 的规定。

4.6 保鲜处理

批量采收、储藏、运销之果实，可作保鲜处理，处理药剂与方法应符合 NY/T 1189 的规定。

5 检验方法

5.1 取样

按 NY/T 5344.4 规定的方法执行。

5.2 外观质量和等级规格检验

按 GB/T 8210 规定的方法执行。

5.3 理化指标检测

5.3.1 可溶性固形物测定

按 GB/T 8210 规定的方法执行。

5.3.2 总酸量测定

按 GB/T 8210 规定的方法执行。

5.3.3 固酸比和可食率测定

按 GB/T 12947 规定的方法执行。

5.3.4 果汁率的测定

按 GB/T 8210 规定的方法执行。

5.4 污染物、农残检测

分别按 GB 2762、GB 2763 规定的方法执行。

6 检验规则

6.1 组批规则

同一生产单位、同品种、同等级、同一储运条件、同一包装日期的红江橙作为一个检验批次。

6.2 型式检验

型式检验是对产品进行全面考核，即对本标准规定的全部要求（指标）进行检验。有下列情形之一者，应进行型式检验：

a) 前后两次检验，结果差异较大；

b) 因人为或自然因素使生产或储藏环境发生较大变化；

c) 国家质量监督机构或主管部门提出型式检验要求。

6.3 交收检验

6.3.1 每批产品交收前，生产单位都应进行交收检验，其内容包括感官、净含量、包装、标志的检验。检验的期限为货到产地站台 24 h 内检验，货到目的地 48 h 内检验。检验合格并附合格证的产品方可交收。

6.3.2 检验等级差异。以 100 个果计，特级果的串级果不应超过 5%，优级果、普级果的串级果不应超过 10%。

6.3.3 伤腐果。以 100 个果计，起运点无伤腐果，到达目的地伤腐果率不超过 3%。

6.4 容许度

6.4.1 非纯红肉果

以 100 个果计，非纯红肉果不应大于 4 个。

6.4.2 果面缺陷

非表 1 规定的病虫、伤痕、药害等果实缺陷，特级果不应有缺陷，优级果不应大于总个数的 1%，普级果不应大于总个数的3%。

6.5 判定规则

6.5.1 感官要求的总不合格率不超过7%，理化指标和安全指标均为合格，则该批产品判为合格。

6.5.2 当一个果实的感官质量要求有多项不合格时，只记录其中最主要的一项。

单项不合格果的百分率按式(1)计算，结果保留一位小数。

$$W=\frac{A}{B}\times 100 \quad (1)$$

式中：

W——单项不合格果百分率，单位为百分号(%)。

A——单项不合格果的个数，单位为个。

B——检验样本果的总个数，单位为个。

单项不合格果的百分率之和为总不合格果百分率。

6.5.3 产品安全指标不合格，则该批产品判为不合格。

6.5.4 产品感官要求、理化指标不合格，允许重新取样检测，以第二次结果为准进行判定。

6.5.5 对包装、缺陷果允许度检验不合格的产品，允许生产单位进行整改后申请复检。

7 包装与标志

7.1 包装

7.1.1 红江橙的包装容器建议用瓦楞纸箱、塑料筐等。

7.1.1.1 瓦楞纸箱应符合GB/T 6543的规定。

7.1.1.2 塑料筐应符合GB/T 5737的规定。

7.1.1.3 果园采摘容器不应有毒有害，材质应坚固洁净、内壁平滑。

7.1.2 如需用薄膜单果袋作为内包装，薄膜单果袋材料应符合GB 4806.6的规定。

7.1.3 衬垫物应使用洁净纸板、纸条、泡沫袋、泡沫垫，纸板、纸条应符合GB/T 6543的规定，泡沫袋、泡沫垫应符合GB 9683的规定。

7.1.4 装箱可按等级分装成件。

7.2 标志

红江橙的包装标志按GB/T 191的规定执行。

8 储存与运输

8.1 储存

按NY/T 1189的规定执行。

8.2 运输

按GB/T 12947的规定执行。

9 销售

9.1 销售等级

市面销售环节的等级划分应符合本文件的规定。

9.2 销售质量

应标明名称、品种、等级和产地、生产者，不应使用虚假信息和假冒品名，不应混杂销售。

9.3 销售卫生

按 GB 31621 的规定执行。

附加说明:

本标准按照 GB/T 1.1—2009 给出的规则起草。

本标准代替 NY/T 453—2001《鲜红江橙》,与 NY/T 453—2001 相比,除编辑性修改外主要变化如下:

——修改了标题,由"鲜红江橙"改成"红江橙"(见封面,2001 年版封面)

——修改了"范围"(见第 1 章,2001 年版第 1 章);

——删除或增加了规范性引用文件(见第 2 章,2001 年版第 2 章);

——增加了"术语和定义"(见第 3 章);

——修改了"基础质量和等级规格"章节,改为"要求"(见第 4 章,2001 年版第 3 章);

——修改了等级划分(见 4.2,2001 年版 3.2);

——修改了标准中外观质量"果形"表述顺序(见 4.3,2001 年版 3.2.1);

——修改了外观质量"果实横径"要求(见 4.3,2001 年版 3.2.1);

——修改了外观质量"缺陷"要求(见 4.3,2001 年版 3.2.1);

——修改了理化指标的"可溶性固形物、总酸量、固酸比、可食率"要求(见 4.4,2001 年版 3.2.2);

——修改了标准中的"检验方法"(见第 5 章,2001 年版第 5 章);

——修改了标准中取样"方法"(见 5.1,2001 年版第 4 章);

——增加了检测方法"果汁率"的测定方法(见 5.3.4);

——增加了"检验规则"(见第 6 章);

——修改了基础质量和等级规格中"容许度"(见第 6 章,2001 年版 3.5);

——修改了"取样"章节(见 5.1,2001 年版第 4 章);

——修改了包装与标志的"包装"材料(见 7.1.1,2001 年版第 6 章);

——修改了"储藏与运输"章节部分内容(见第 8 章,2001 年版第 7 章);

——修改了"销售"章节部分内容(见第 9 章,2001 年版第 8 章)。

请注意本标准的某些内容有可能涉及专利。本标准的发布机构不应承担识别这些专利的责任。

本标准由农业农村部农垦局提出。

本标准由农业农村部热带作物及制品标准化技术委员会归口。

本标准起草单位:广东农垦热带农业研究有限公司、广东省湛江农垦局、广东省红江农场。

本标准主要起草人:毛丽君、陈树华、陈士伟、黄香武、陈叶海、陈伟南、陈莉莎、廖国平、文尚华、李志勇、徐杨玉。

本标准所代替标准的历次版本发布情况为:

——NY/T 453—2001。

中华人民共和国农业行业标准

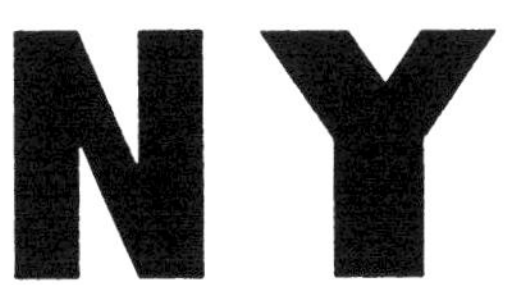

生咖啡

Green coffe

NY/T 604—2020

代替 NY/T 604—2006

1 范围

本标准规定了生咖啡的术语和定义、要求、取样、判定规则及复检规则,以及包装、标识、储存和运输。

本标准适用于阿拉比卡咖啡(也称小粒种咖啡,英文名为 Arabica Coffee,学名为 *Coffea arabica* L.)和罗巴斯塔咖啡(也称中粒种咖啡,英文名为 Robusta Coffee,学名为 *Coffea canephora* Pierre ex A. Froehner) 初加工的生咖啡的质量鉴定。

2 规范性引用文件

下列文件对于本文件的应用是必不可少的。凡是注日期的引用文件,仅注日期的版本适用于本文件。凡是不注日期的引用文件,其最新版本(包括所有的修改单)适用于本文件。

GB 2762　食品安全国家标准　食品中污染物限量

GB 2763　食品安全国家标准　食品中农药最大残留限量

GB 5009.3　食品安全国家标准　食品中水分的测定

GB 5009.4　食品安全国家标准　食品中灰分的测定

GB 5009.139　食品安全国家标准　饮料中咖啡因的测定

GB/T 15033　生咖啡　嗅觉和肉眼检验以及杂质和缺陷的测定

GB/T 18007　咖啡及其制品　术语

NY/T 1518　袋装生咖啡　取样

NY/T 2554　生咖啡　贮存和运输导则

ISO 4150　生咖啡　粒度分析　手工和机械筛分(Green coffee or raw coffee -Size analysis - Manual and machine sieving)

3 术语和定义

GB/T 18007 界定的以及下列术语和定义适用于本文件。

3.1

杯品　cupping

利用人的视觉、嗅觉和味觉等生理感官功能对咖啡质量进行综合评价。

3.2

气味　odour

用嗅觉器官闻到咖啡香气和异味。

中华人民共和国农业部 2020 - 11 - 12 发布　　2021 - 04 - 01 实施

3.3

滋味　taste

经口腔味蕾感受到的咖啡味道。

3.4

口感　texture

经口腔感受到咖啡滋味的醇厚度、顺滑度及粗糙度等。

4　要求

4.1　外观和感官特性

生咖啡分为一级、二级、三级，各等级生咖啡的外观和感官特性应符合表1的要求。通过杯品评价咖啡的感官质量，见附录A。

表1　外观和感官特性要求

项目	要　　求		
	一级	二级	三级
感官	气味、滋味和口感很好（杯品一级）	气味、滋味和口感较好（杯品二级）	气味、滋味和口感较差（杯品三级）
外观	颜色应为浅蓝色、浅绿色、浅褐色，形状为圆形或椭圆形		

4.2　理化特性

各等级生咖啡的理化特性应符合表2和表3的要求。

表2　物理特性要求

项　目	要　　求						检验方法
	阿拉比卡咖啡			罗巴斯塔咖啡			
	一级	二级	三级	一级	二级	三级	
缺陷豆，%（质量分数）	≤6	≤8	≤12	≤10	≤20	≤35	GB/T 15033
外来杂质，%（质量分数）	≤0.1	≤0.2	≤0.3	≤0.5	≤1.0	≤5.0	GB/T 15033
粒度[a]，mm	>6.30	>5.60	>4.75	>6.70	>5.00	>4.75	ISO 4150
[a] 粒度达到同等级的粒度要求不少于90%。							

表3　化学特性要求

项目	要　　求		检验方法
	阿拉比卡咖啡	罗巴斯塔咖啡	
水分，%（质量分数）	≤12.0	≤12.5	GB 5009.3
灰分，%（质量分数）	≤5.5	≤5.5	GB 5009.4
咖啡因，%（质量分数）	≥0.6	≥1.5	GB 5009.139

4.3　农药残留限量和污染物限量

各等级生咖啡的农药残留限量应符合GB 2763的规定，污染物限量应符合GB 2762的规定。

5　取样

按NY/T 1518的规定执行。

6 判定规则及复检规则

6.1 判定规则

6.1.1 检验结果中只要有一项不符合4.3规定，则该产品被判为不合格产品。

6.1.2 检验结果符合本标准要求时，对照4.1和4.2指标要求判为相应的等级。

6.2 复检规则

当检验结果产生异议时，可加倍抽样复检。复检以一次为限，复检结果为最终结果。

7 包装、标识、储存和运输

7.1 包装

7.1.1 每一定量包装的生咖啡应是同一产区、同一品种、同一等级的产品。

7.1.2 包装物应牢固、干燥、洁净、无毒、无异味及完好无损。

7.2 标识

在每一定量包装的正面或放缝口的标志卡或随附文件中，应清晰地标明下列项目：

a) 产品名称、产品标准编号；
b) 生产企业或包装企业名称、详细地址、产品原产地；
c) 净含量；
d) 产品等级；
e) 收获年份及包装日期；
f) 生产国(对出口产品而言)；
g) 到岸港口/城镇(对出口产品而言)。

7.3 储存和运输

按NY/T 2554的规定执行。

附 录 A
(规范性附录)
咖啡杯品

A.1 范围

本附录规定了咖啡杯品的操作方法和结果评价。

A.2 术语和定义

下列术语和定义适用于本附录。

A.2.1 咖啡杯品时常见的气味(odour)

A.2.1.1

鲜花味 floral odour

类似茉莉花、蒲公英、金银花等花香味,属愉快的气味。

A.2.1.2

青草味 grassy odour

类似新割青草的气味。

A.2.1.3

蔬菜味 vegetable odour

类似新鲜蔬菜的气味,有这种气味的说明咖啡原料新鲜。

A.2.1.4

烘焙味 roasted odour

烘焙咖啡过程中自然形成的气味。

A.2.1.5

麻袋味 baggy odour

用麻袋包装的咖啡豆储存后带来的气味。

A.2.1.6

化学药品味 chemical odour

咖啡在初加工期间因变质产生的类似化学药品的气味。

A.2.1.7

烟草味 tobacco-like odour

类似烟草的消极气味,变质的咖啡会出现这种气味。

A.2.1.8

霉味 musty odour

陈旧咖啡受潮霉变引起的气味。

A.2.1.9

发酵异味 fermented odour

在咖啡加工过程中,因发酵产生类似过熟水果或腐烂蔬菜的气味,剧烈变质可产生恶臭。

A.2.2 咖啡杯品时常见的滋味(taste)

A.2.2.1

酸味 acid

令人愉快的味道,由咖啡中果酸引起,如柠檬酸、酒石酸等。

A.2.2.2

苦味 bitter

咖啡中固有的生物碱(咖啡因)和奎宁导致的,是咖啡特有滋味,

A.2.2.3

甜味 sweet

烘焙咖啡品后的回甘味。

A.2.2.4

咸味 saltiness

类似食盐的味道。

A.2.2.5

果味 fruity flavour

类似浆果类和柑橘类水果的味道。

A.2.2.6

罗巴斯塔风味 Robusta Coffee flavour

罗巴斯塔咖啡特有的风味。

A.2.2.7

巧克力味 chocolate-like flavour

烘焙咖啡品后的类似巧克力的味道。

A.2.2.8

木头味 woody flavour

类似木柴或橡树桶味,对于品尝阿拉比卡咖啡属不愉快的味道。

A.2.2.9

泥土味 earthy flavour

类似泥土的陈旧味道,属消极的味道。

A.2.3 咖啡杯品时常见的口感(texture)

A.2.3.1

醇厚度 body

咖啡液在口腔的充实感和厚重感,是咖啡的内在品质之一。

A.2.3.2

顺滑度 smoothness

细腻、不粗糙、不涩口且润滑的口感。

A.2.3.3

粗糙度 Roughness

不细腻、不润滑且带有涩口的口感。

A.2.4 咖啡杯品时的感知印象

A.2.4.1

干香 fragrance

咖啡研磨后仍然干燥时的香味。

A.2.4.2

湿香　aroma

咖啡粉注入 90℃以上开水后的香味。

A.2.4.3

风味　flavor

香味和滋味相结合的感知印象,代表咖啡的主要个性特点。

A.2.4.4

回味　aftertaste

咖啡液吐出或咽下后,风味仍然停留在口腔中的感知印象。

A.2.4.5

干净度　cleanliness

最初吮入咖啡液到最后咽下或吐出的风味没有负面印象的体会。

A.2.4.6

酸度　acidity

口腔感觉酸味大小的程度。

A.2.4.7

甜度　sweetness

口腔感觉甜味大小的程度。

A.2.4.8

平衡性　balance

风味、回味、酸度和醇厚度共同作用是否达到最佳口味的体会。

A.2.4.9

一致性　Uniformity

同一样品不同杯的味道是否相同的体会。

A.2.4.10

总体性　overall

杯品同一咖啡样品整体感知印象。

A.2.4.11

缺点　defects

咖啡杯品所有的负面感知印象。

A.3　器具

A.3.1　咖啡器具

A.3.1.1　咖啡烘焙机。

A.3.1.2　咖啡研磨机。

A.3.1.3　天平:感量为 0.1 g。

A.3.2　品尝用具

A.3.2.1　杯品杯:瓷杯或玻璃杯,容量为 200 mL～ 260 mL。

A.3.2.2　瓷勺或不锈钢勺。

A.3.2.3　杯品桌。

A.4 杯品操作

A.4.1 取样

取样方法,按 NY/T 1518 的规定执行。将样品混合均匀后,每个杯品样称取 100 g 作烘焙用。

A.4.2 烘焙

将称好的样品放入咖啡烘焙机进行烘焙,烘焙程度应为浅焙到浅中焙。咖啡烘焙后置于容器中让其自然冷却熟成,并在 24 h 内完成杯品。

A.4.3 研磨

样品应在杯品前即时研磨。烘焙后自然冷却熟成的样品豆,研磨成平均颗粒度为 0.6 mm～0.7 mm的细粉,并平均分成至少 3 等份,每份咖啡粉样品置放不同的容器。

A.4.4 冲饮

A.4.4.1 每个样品至少设置 3 个杯品杯,并标明编号。

A.4.4.2 每个杯品杯分别放入各份咖啡粉样品(10±0.2) g,冲饮前先闻干香。

A.4.4.3 用 180 mL 温度为 90℃以上开水冲入杯品杯中,静置 3 min ～ 5 min,用勺搅拌破渣闻湿香,趁热品尝,并记录结果。

A.4.5 品尝内容与评价

A.4.5.1 气味

用嗅觉器官分辨咖啡粉和咖啡液中的鲜花味、青草味、蔬菜味、烘焙味、麻袋味、化学药品味、烟草味、霉味和发酵异味等。

A.4.5.2 滋味

用口腔品尝咖啡的酸味、苦味、甜味、咸味、果味、巧克力味、木头味、泥土味及罗巴斯塔风味(对于品尝罗巴斯塔咖啡)等。

A.4.5.3 口感

口腔感知咖啡滋味的醇厚度情况及有无涩味等。

A.4.5.4 评价

咖啡具有独特的酸味、苦味、甜味、咸味、果味、巧克力味、鲜花味、青草味、蔬菜味、烘焙味、罗巴斯塔风味(对于品尝罗巴斯塔咖啡)等,气味芳香、口感醇厚顺滑回味、风味独特达致平衡、总体干净一致,均表示好的咖啡内在品质。木头味(对于品尝阿拉比卡咖啡)、泥土味、麻袋味、化学药品味、烟草味、霉味、发酵异味及其他缺点,都表示不良风味,都会降低咖啡杯品质量。

A.4.6 杯品评分

A.4.6.1 杯品正面属性分

咖啡杯品依据其感知印象来评分,应用百分制计分的方法来进行评分。干香与湿香、风味、回味、醇厚度(对于品尝阿拉比卡咖啡)或粗滑口感(对于品尝罗巴斯塔咖啡)、干净度、酸度(对于品尝阿拉比卡咖啡)或咸/酸味(对于品尝罗巴斯塔咖啡)、甜度(对于品尝阿拉比卡咖啡)或苦/甜味(对于品尝罗巴斯塔咖啡)、平衡性、一致性及总体性 10 个正面属性,为加分项。负面属性——缺点为减分项。干香与湿香合起来作为一个属性,每个属性设满分为 10 分,从不存在(设为 0 分)、无法接受(设为 1 分)、非常差(设为 2 分)、差(设为 3 分)、尚可(设为 4 分)、一般(设为 5 分)、好(设为 6 分)、非常好(设为 7 分)、优秀(设为 8 分)、非常优秀(设为 9 分),直到完美(设为 10 分),两个相邻的属性级差为 1 分。杯品人员根据对样品的感知和品质的经验理解,对样品的每个属性进行打分,记录在咖啡杯品记录表上。每一个记录表对应一个咖啡样品,表 A.1 为设置 3 个杯品杯的记录表。同一咖啡样品的上述 10 个正面属性分相加即为正面属性总分,满分为 100 分。

表 A.1 咖啡杯品记录表

杯品杯编号	干香与湿香	风味	回味	酸度 咸/酸味	醇厚度 粗滑口感	平衡性	甜度 苦/甜味	干净度	一致性	总体性	缺点
1											
2											
3											
平均分											(缺点分)

注 1:依据杯品感知经验给出每杯咖啡相应的属性分数,不存在(0 分),无法接受(1 分),非常差(2 分),差(3 分),尚可(4 分),一般(5 分),好(6 分),非常好(7 分),优秀(8 分),非常优秀(9 分),完美(10 分),取其平均分。

注 2:干净度和一致性的打分:评判干净度要注意从最初摄入咖啡到最后咽下或吐出的风味体会,任何一杯非咖啡味道或香味的出现应取消这杯分,即这一编号杯品杯咖啡的干净度为 0 分;同样,如果一杯出现不同味道,则这一编号杯品杯咖啡的一致性也为 0 分;这款咖啡的干净度和一致性评分都不会高。

注 3:缺点打分要区分是缺陷还是瑕疵,缺陷记 4 分,瑕疵记 2 分,表中(缺点分)格为各编号缺点分数相加,作为这款咖啡的缺点分。

A.4.6.2 缺点分

缺点是降低咖啡品质的负面属性,分为两种。一种是在湿香中发现异味明显但不完全确定的瑕疵,一个瑕疵计 2 分;另一种是在滋味中发现致使样品难喝的缺陷,一个缺陷计 4 分。记下有缺点的杯号并应区分缺点类别(瑕疵还是缺陷),用 2 或 4 乘以相应的缺点杯数,两者相加作为缺点分,然后用正面属性总分减去缺点分即为最后得分,最后得分也就是杯品评分。

A.4.6.3 评分顺序

根据咖啡液温度下降造成的风味感知变化来决定各项属性评分顺序,分 3 个步骤。第一步,按 A.4.4.2 和 A.4.4.3 的规定给干香与湿香打分;第二步,在烘焙咖啡粉注水后 8 min ~ 10 min 内,咖啡液温度降至 70℃~60℃ 时将其吸入口腔品尝,给风味、回味、酸度(对于品尝阿拉比卡咖啡)或咸/酸味(对于品尝罗巴斯塔咖啡)、醇厚度(对于品尝阿拉比卡咖啡)或粗滑口感(对于品尝罗巴斯塔咖啡)及平衡性打分;第三步,在冲泡温度降至 40℃左右时再次品尝咖啡液,给甜度(对于品尝阿拉比卡咖啡)或苦/甜味(对于品尝罗巴斯塔咖啡)、干净度、一致性及总体性打分。在品尝咖啡过程中发现缺点,应按 A.4.6.2 的规定确定缺点分。在咖啡液温度降至 20℃后应停止品尝打分,并按 A.4.6.2 的规定算出杯品评分。

A.5 杯品结果

通过杯品确定咖啡的感官质量,咖啡杯品的级别、评价和评分的关系见表 A.2。

表 A.2 咖啡杯品的级别、评价和评分关系

级别	杯品一级	杯品二级	杯品三级
评价	气味、滋味和口感很好,有浓郁的咖啡风味	气味、滋味和口感较好,有较强的咖啡风味	气味、滋味和口感较差,有较弱的咖啡风味
评分	≥80 分	70 分≤评分<80 分	60 分≤评分<70 分

A.6 品尝规则

A.6.1 参与杯品人数为单数,不少于 3 人,杯品人员应具备相应的专业技能。

A.6.2 杯品要求在明亮、通风、清洁、无异味的环境中进行。

附加说明：

本标准按照GB/T 1.1—2009给出的规则起草。

本标准代替NY/T 604—2006《生咖啡》，与NY/T 604—2006相比，除编辑性修改外主要技术变化如下：

——修改了适用范围(见第1章，2006年版的第1章)；

——修改和更新了规范性引用文件(见第2章，2006年版的第2章)；

——修改了"杯品"定义，增加了"气味""滋味""口感"的定义(见3.1～3.4，见2006年版的第3章)；

——表2、表3增加了罗巴斯塔咖啡的要求，表3中阿拉比卡咖啡的咖啡因要求改为"≥0.6%"，咖啡因检验方法改为"GB 5009.139"，水分检验方法改为"GB 5009.3"，并删除了表3注(见4.2，2006年版的4.2)；

——修改了4.3条文，"卫生指标"改为"农药残留限量和污染物限量"，删除了表4，"各等级的生咖啡的卫生指标符合表4要求"改为"各等级生咖啡的农药残留限量应符合GB 2763的规定，污染物限量应符合GB 2762的规定"(见4.3，2006年版的4.3)；

——修改了附录A的A.2，删除了"杯品""气味""品味""口感""焙炒""磨碎""浓厚度""焦味""杏仁味""酸败味或腐烂味"的定义，增加了"青草味""烘焙味""麻袋味""霉味""发酵异味""咸味""罗巴斯塔风味""巧克力味""醇厚度""顺滑度""粗糙度""干香""湿香""风味""回味" "干净度""酸度""甜度""平衡性""一致性""总体性""缺点"的定义；修改了附录A的A.4.2、A.4.4、A.4.5和A5，增加了A.4.6(见附录A，2006年版的附录A)。

请注意本文件的某些内容有可能涉及专利。本文件的发布机构不承担识别这些专利的责任。

本标准由农业农村部农垦局提出。

本标准由农业农村部热带作物及制品标准化技术委员会归口。

本标准起草单位：中国热带农业科学院农产品加工研究所、云南省热带作物学会、云南咖啡厂有限公司、云南省农业科学院热带亚热带经济作物研究所、云南省德宏热带农业科学研究所、云南国际咖啡交易中心、德宏后谷咖啡有限公司、雀巢(中国)有限公司。

本标准主要起草人：陈民、卢光、杨春亮、李维锐、马晓东、黄家雄、白燕冰、董志华、山云辉、焦小马、米谷。

本标准所代替标准的历次版本发布情况为：

——NY/T 604—2002、NY/T 604—2006。

中华人民共和国农业行业标准

黄　皮

Wampee

NY/T 692—2020

代替 NY/T 692—2003

1　范围

本标准规定了黄皮[*Clausena lansium*(Lour.)Skeels]的术语和定义、要求、试验方法、检验规则、标志、标签、包装、储存和运输。

本标准适用于黄皮鲜果生产、检验和销售。

2　规范性引用文件

下列文件对于本文件的应用是必不可少的。凡是注日期的引用文件，仅注日期的版本适用于本文件。凡是不注日期的引用文件，其最新版本(包括所有的修改单)适用于本文件。

GB/T 191　包装储运图示标志

GB 2762　食品安全国家标准　食品中污染物限量

GB 2763　食品安全国家标准　食品中农药最大残留限量

GB 7718　食品安全国家标准　预包装食品标签通则

NY/T 1839　果树术语

NY/T 2637　水果和蔬菜可溶性固形物含量的测定　折射仪法

3　术语和定义

NY/T 1839 界定的以及下列术语和定义适用于本文件。

3.1

空果枝　twig inflorescence of infructuose

果穗上无着果的穗枝。

3.2

果穗整齐度　orderly degree of fruit fringe

果粒在果穗上分布位置及大小一致性的状况。

3.3

容许度　tolerances

规定一个低于本等级质量的容许限度。

3.4

缺陷果　unqualified fruit

裂果、脱粒、未成熟、风味异常等但不限于此的影响外观和品质的果实。

中华人民共和国农业部 2020-11-12 发布　　2021-04-01 实施

4 要求

4.1 感官指标

黄皮分为优级、一级、二级共 3 个等级，各等级的感官指标应符合表 1 的指标。

表 1 感官指标

项目	要 求		
	优级	一级	二级
成熟度	发育正常，具有该品种成熟时固有的外观特征		
果穗整齐度	果粒大小一致、分布均匀，紧凑，无空果枝	果粒大小一致、分布均匀，紧凑，无空果枝	果粒大小一致、分布均匀，较紧凑，无空果枝
色泽风味	果实新鲜，具有该品种成熟果固有的色泽，风味正常		
缺陷果及夹杂物	无缺陷果及夹杂物	无腐烂果，缺陷果及夹杂物不大于总果质量的 3.0%	无腐烂果，缺陷果及夹杂物不大于总果质量的 8.0%

4.2 黄皮规格

应符合表 2 的指标。

表 2 黄皮规格

单位为个每千克

规格	标准范围
大	≤100
中	101～170
小	171～250

4.3 理化指标

应符合表 3 的指标。

表 3 理化指标

	可食率%	可溶性固形物含量 g/100 g
指标	≥40.0	≥11.0

4.4 安全指标

污染物限量应符合 GB 2762 对新鲜水果的规定，农药残留限量应符合 GB 2763 对热带和亚热带水果的规定。

5 试验方法

5.1 总则

依照先感官检验后理化检验的顺序进行检验。分级、净重、容许度、包装、标志和标签应尽量在产地收购时检验，理化、污染物和农药残留项目检验在实验室完成。

5.2 感官检验

5.2.1 从样品中随机称取 3 kg 样果进行感官检验。

5.2.2 用眼观法对成熟度、果穗、果穗整齐度、色泽、腐烂果、缺陷果及夹杂物进行检验。

5.2.3 用口尝法检验风味。

5.2.4 称量缺陷果及夹杂物质量(精确到 0.1 g),按式(1)计算缺陷果和夹杂物百分率,数值以%表示,所得结果精确到小数点后一位。

$$P=\frac{m_1}{m}\times 100 \quad (1)$$

式中:

P ——缺陷果及夹杂物百分率,单位为百分号(%);

m_1 ——缺陷果及夹杂物质量,单位为克(g);

m ——总果质量,单位为克(g)。

5.3 黄皮规格

从 5.2.1 抽取的样品中,随机称量 1 kg 样品(精确到 0.1 g),计算每千克样品黄皮果粒数。

5.4 可食率

从 5.2.1 抽取的样品中,随机称取 1 kg 样果(精确到 0.1 g),称量全果质量、果皮(含果柄)和种子质量,按式(2)计算结果,数值以百分数表示,所得结果精确到小数点后一位。

$$X=\frac{m_2-m_3-m_4}{m_2}\times 100 \quad (2)$$

式中:

X ——样品可食率,单位为百分号(%);

m_2 ——全果质量,单位为克(g);

m_3 ——果皮质量,单位为克(g);

m_4 ——种子质量,单位为克(g)。

5.5 可溶性固形物

按 NY/T 2637 的规定执行。

5.6 污染物和农药残留

污染物按 GB 2762 对新鲜水果规定的检测方法执行,农药残留按 GB 2763 对热带和亚热带水果规定的检测方法执行。

6 检验规则

6.1 组批

凡同产地、同品种、同批采收的黄皮作为一个检验批次。

6.2 取样

以分层、分方向结合、只分层(上、中、下 3 层)或只分方向的方式随机取样,预包装产品在堆放空间的四角和中间布设采样点。

6.3 型式检验

型式检验是对产品进行全面考核,即对本标准规定的全部要求(指标)进行检验。有下列情形之一者,应进行型式检验:

a) 前后两次检验,结果差异较大;

b) 因人为或自然因素使生产或储藏环境发生较大变化;

c) 国家质量监督机构或主管部门提出型式检验要求。

6.4 交收检验

每批产品交收前,生产者应进行交收检验。交收检验内容包括感官、分级、规格、标志、标签和包装。检验合格并附合格证,方可交收。

6.5 判定

6.5.1 容许度

按质量计，在任一批产品中，除不得有腐烂果外，各等级规格的产品允许有以下的允许度：

a) 优级允许不超过5%的果实不符合该等级的要求，但要符合一级品的要求。

b) 一级允许不超过10%的果实不符合该等级的要求，但要符合二级品的要求。

c) 二级允许不超过10%的果实不符合该等级的要求。

6.5.2 判定规则

6.5.2.1 凡产品中只要有一项不符合4.4规定时，则整批产品判定为不合格产品。

6.5.2.2 整批产品不超过某等级规定的容许度，判为某等级产品。若超过，则按下一等级规定的容许度判定，直到判出等级为止。如果"二级"超出容许度的范围，则判为等外品。

6.6 复检

如果对检验结果持异议，允许用备用样（如果条件允许亦可重新加倍抽样）复检，复检结果为最终结果。

7 标志、标签

7.1 标志

按GB/T 191的规定执行。

7.2 标签

按GB 7718的规定执行。

8 包装、储存和运输

8.1 包装

8.1.1 包装应采用新的、洁净无毒无异味的材料，具有不会造成内外伤的品质。包装容器除了符合上述要求外，还应符合透气和强度的要求，大小适宜且一致，便于产品的搬运、堆码、保存和出售。容器种类可根据需要和当地的条件选择，一般可选用纸箱、竹篓和塑料箱。容器的容量以容纳不超过10 kg为宜。

8.2 储存

8.2.1 储存场地应清洁、阴凉通风，无毒、无异味、无污染，宜有防晒、防雨设施。

8.2.2 果实采收后宜在当日内储藏入库（冷库、通风库、运输工具等）。产品应分等级存放，不应与有毒、有害、有异味的物品混存。

8.3 运输

8.3.1 运输工具应清洁、通风，宜有冷藏设施。

8.3.2 小心装卸、不应重压。

8.3.3 不应与有毒、有害、有异味的物品混装混运。

附加说明：

本标准按照GB/T 1.1—2009给出的规则起草。

本标准代替NY/T 692—2003《黄皮》。

本标准与NY/T 692—2003相比，除编辑性修改外，主要技术变化如下：

——修改了适用范围(见第1章,2003年版的第1章);
——删除了规范性引用文件 GB/T 5009.11、GB/T 5009.12、GB/T 5009.15、GB/T 5009.17、GB/T 5009.20、GB/T 5009.110、GB/T 5009.188、GB/T 8855、GB/T 12295(见2003年版的第2章);
——增加了规范性引用文件 GB 2762、GB 2763、NY/T 1839、NY/T 2637(见第2章);
——增加了缺陷果的术语和定义(见3.4);
——删除了脱粒果的术语和定义(见2003年版的3.3);
——修改了感官指标的描述(见4.1,2003年版的4.1);
——删除了单果质量指标(见2003年版的4.2);
——增加了黄皮规格(见4.2);
——修改了理化指标中可食率和可溶性固形物含量的要求(见4.3,2003年版的4.2);
——修改"卫生指标"为"安全指标","黄皮卫生指标应符合表3规定"改为"污染物限量应符合GB 2762对新鲜水果的规定,农药残留限量应符合GB 2763对热带和亚热带水果的规定"(见4.4,2003年版的4.3);
——删除了表3(见2003年版的表3);
——修改了可溶性固形物含量检测方法(见5.5,2003年版的5.4);
——修改了抽样方法(见6.2,2003年版的6.3);
——增加了二级的容许度(见6.4.1)。

请注意本文件的某些内容有可能涉及专利。本文件的发布机构不承担识别这些专利的责任。

本标准由农业农村部农垦局提出。

本标准由农业农村部热带作物及制品标准化技术委员会归口。

本标准主要起草单位:中国热带农业科学院农产品加工研究所、农业农村部食品质量监督检验测试中心(湛江)。

本标准主要起草人:林玲、罗成、杨春亮、叶剑芝、曾绍东、李涛、潘晓威、李琪、刘丽丽。

本标准所代替标准的历次版本发布情况为:

——NY/T 692—2003。

中华人民共和国农业行业标准

澳洲坚果　果仁

NY/T 693—2020
代替 NY/T 693—2003

1　范围

本标准规定了澳洲坚果(*Macadamia integrifolia*,*Macadamia tetraphylla* and their hybrids)食用果仁的术语和定义、要求、试验方法、检验规则、标志、标签、包装、储存和运输。

本标准适用于澳洲坚果去壳的干果仁。

2　规范性引用文件

下列文件对于本文件的应用是必不可少的。凡是注日期的引用文件,仅注日期的版本适用于本文件。凡是不注日期的引用文件,其最新版本(包括所有的修改单)适用于本文件。

GB/T 191　包装储运图示标志

GB 1886.228　食品安全国家标准　食品添加剂　二氧化碳

GB 2761　食品安全国家标准　食品中真菌毒素限量

GB 2762　食品安全国家标准　食品中污染物限量

GB 2763　食品安全国家标准　食品中农药最大残留限量

GB 5009.3　食品安全国家标准　食品中水分的测定

GB 5009.6　食品安全国家标准　食品中脂肪的测定

GB 5009.227　食品安全国家标准　食品中过氧化值的测定

GB 5009.229　食品安全国家标准　食品中酸价的测定

GB/T 6005　试验筛　金属丝编织网、穿孔板和电成型薄板　筛孔的基本尺寸

GB/T 6543　运输包装用单瓦楞纸箱和双瓦楞纸箱

GB 7718　食品安全国家标准　预包装食品标签通则

GB 9683　复合食品包装袋卫生标准

GB/T 18010　腰果仁　规格

GB 19300　食品安全国家标准　坚果与籽类食品

GB 29202　食品安全国家标准　食品添加剂　氮气

JJF 1070　定量包装商品净含量计量检验规则

国家质量监督检验检疫总局令〔2005〕第75号　定量包装商品计量监督管理办法

3　术语和定义

下列术语和定义适用于本文件。

3.1

中华人民共和国农业部 2020-11-12 发布　　2021-04-01 实施

整仁　whole kernel

果仁没有被分开，果仁轮廓没有明显受损或缺失部分不超过果仁的 1/4。

3.2

整仁率　whole kernel rate

果仁中整仁样品质量占样品总质量的比例。

3.3

半仁　half kernel

整仁的一半，其轮廓没有明显受损或缺失部分不超过整仁的 1/8。

3.4

半仁率　half kernel rate

果仁中半仁样品质量占样品总质量的比例。

3.5

杂质　extraneous material

异物和筛下物。

3.6

异物　foreign material

沙石、土块、虫体、果壳、果皮及其他非果仁物质。

3.7

筛下物　under size

规格型号 0＃至 5＃果仁中，指通过直径 2.5 mm 圆孔筛的物质；规格型号 6＃至 8＃果仁中，指通过直径 1.6 mm 圆孔筛的物质。

3.8

缺陷　defect

存在果壳碎片、虫蛀、色斑、皱缩、黑心、霉变、渗油、异味或其他影响果仁外观、口感的情况。

4　要求

4.1　等级规格

等级规格应符合表 1 的规定，同时感官要求应符合 GB 19300 的规定。

澳洲坚果果仁等级规格指标

规格			等级		
型号	名称	尺寸	感官要求		
			一级	二级	三级
0＃	特大整仁 super wholes	整仁率≥95%，果仁直径≥20 mm	色泽、气味和口感均正常，无严重缺陷果仁。低一个规格果仁≤2.5%，缺陷果仁≤1.0%，杂质≤0.5%(无可见外来异物)	色泽、气味和口感均正常，无严重缺陷果仁。低一个规格果仁≤2.5%，缺陷果仁≤2.0%，杂质≤0.5%(无可见外来异物)	色泽、气味和口感均正常，无严重缺陷果仁。低一个规格果仁≤5%，缺陷果仁≤4.0%，杂质≤1.0%(无可见外来异物)
1＃	整仁 wholes	整仁率≥90%，果仁直径≥16 mm			
2＃	小整仁 small wholes	整仁率≥90%，果仁直径≥12.5 mm	色泽、气味和口感均正常，无严重缺陷果仁。低一个规格果仁≤2.5%，缺陷果仁≤1.0%，杂质≤0.5%(无可见外来异物)	色泽、气味和口感均正常，无严重缺陷果仁。低一个规格果仁≤2.5%，缺陷果仁≤2.0%，杂质≤0.5%(无可见外来异物)	色泽、气味和口感均正常，无严重缺陷果仁。低一个规格果仁≤5%，缺陷果仁≤4.0%，杂质≤1.0%(无可见外来异物)
3＃	整仁及半仁 wholes and halves	整仁率≥50%，其余为半仁，果仁直径≥12.5 mm			

表（续）

<table>
<tr><th colspan="3">规格</th><th colspan="3">等级</th></tr>
<tr><th rowspan="2">型号</th><th rowspan="2">名称</th><th rowspan="2">尺寸</th><th colspan="3">感官要求</th></tr>
<tr><th>一级</th><th>二级</th><th>三级</th></tr>
<tr><td>4#</td><td>混合仁
mix</td><td>整仁率≥15%，其余为半仁，果仁直径≥12.5 mm</td><td rowspan="5">色泽、气味和口感均正常，无严重缺陷果仁。低一个规格果仁≤2.5%，缺陷果仁≤1.0%，杂质≤0.5%（无可见外来异物）</td><td rowspan="5">色泽、气味和口感均正常，无严重缺陷果仁。低一个规格果仁≤2.5%，缺陷果仁≤2.0%，杂质≤0.5%（无可见外来异物）</td><td rowspan="5">色泽、气味和口感均正常，无严重缺陷果仁。低一个规格果仁≤5%，缺陷果仁≤4.0%，杂质≤1.0%（无可见外来异物）</td></tr>
<tr><td>5#</td><td>半仁
halves and pieces</td><td>半仁率≥80%，果仁直径≥10 mm</td></tr>
<tr><td>6#</td><td>大碎仁
Large diced</td><td>果仁破开为2片以上，果仁直径≥6.3 mm</td></tr>
<tr><td>7#</td><td>碎仁
chips</td><td>果仁碎片直径≥3.2 mm</td></tr>
<tr><td>8#</td><td>小碎仁
fines</td><td>果仁碎片直径≥1.6 mm</td></tr>
</table>

4.2 理化指标

理化指标应符合表2的规定，同时应符合GB 19300的规定。

表1 澳洲坚果果仁理化指标

项目	指标	检测方法
水分（质量分数），%	≤1.8	GB 5009.3
过氧化值（以脂肪计），g/100 g	≤0.08	GB 5009.227
酸价（以脂肪计）（KOH），mg/g	≤3	GB 5009.229
脂肪（质量分数），%	≥72	GB 5009.6

4.3 污染物限量

污染物限量应符合GB 2762的规定。

4.4 农药残留限量

农药残留限量应符合GB 2763的规定。

4.5 真菌毒素限量

真菌毒素限量应符合GB 2761的规定。

4.6 微生物限量

微生物限量应符合GB 19300的规定。

4.7 净含量

净含量应符合国家质量监督检验检疫总局令［2005］第75号的规定，检验方法按JJF 1070的规定执行。

5 试验方法

5.1 试验样品取样原则

从采集到的果仁样品中随机取约1 000 g，依次用于5.2、5.3.1、5.3.2的检验。

5.2 规格检验

用天平称取1 000 g果仁样品，精确到0.1 g，记录其质量（m_0）；按表1对果仁直径的规定尺寸，选择GB/T 6005中同直径尺寸的圆孔标准筛，按筛孔直径依次由大至小，对样品进行筛分；对筛分得到规定尺寸的果仁进行称量，精确到0.1 g，记录质量（m_1）。按式（1）计算规定尺寸的果仁率。

$$x_1=\frac{m_1}{m_0}\times 100 \qquad (1)$$

式中：

x_1——规定尺寸的果仁质量分数，单位为百分号(%)；

m_1——规定尺寸的果仁质量，单位为克(g)；

m_0——检验样品的质量，单位为克(g)。

结果保留一位小数。

5.3 感官检验

5.3.1 色泽、气味和口感

检验样品置于洁净白色托盘内。在光线明亮的白光下目视观察果仁色泽，检查果仁颜色具有典型成熟澳洲坚果仁特征的情况，即果仁表面色斑或色环的情况，评价色泽正常程度；鼻嗅气味，检查果仁具有成熟澳洲坚果仁的风味或气味的情况，即苦味、酸败味、馊味及其他异味的情况，评价气味正常程度；尝其滋味，检查果仁具有成熟澳洲坚果仁的酥脆程度的情况，即硬、韧、软及其他异质口感的情况，评价口感正常程度；做相关记录。

5.3.2 杂质率

检验样品中挑出杂质，称量，精确到 0.1 g，记录质量(m_2)。按式(2)计算杂质率。

$$x_2=\frac{m_2}{m_0}\times 100 \qquad (2)$$

式中：

x_2——杂质质量分数，单位为百分号(%)；

m_2——杂质质量，单位为克(g)；

m_0——检验样品的质量，单位为克(g)。

结果保留一位小数。

5.3.3 缺陷果仁率

检验样品中挑出缺陷果仁，称量，精确到 0.1 g，记录其质量(m_3)和缺陷程度。按式(3)计算缺陷果仁率。

$$x_3=\frac{m_3}{m_0}\times 100 \qquad (3)$$

式中：

x_3——缺陷果仁质量分数，单位为百分号(%)；

m_3——缺陷果仁质量，单位为克(g)；

m_0——检验样品的质量，单位为克(g)。

结果保留一位小数。

6 检验规则

6.1 检验分类

6.1.1 型式检验

型式检验的项目包括本标准规定的全部项目。有下列情形之一者应进行型式检验：

a) 新生产线投产时；

b) 原料、生产工艺有较大改变，可能影响产品质量时；

c) 生产线停产半年以上，恢复生产时；

d) 前后两次抽样检验结果有较大差异时；

e) 国家质量监督机构或行业主管部门提出型式检验要求时。

6.1.2 交收检验

每批产品交收前，单位之间进行交收检验。交收检验的项目包括：感官、理化指标、净含量、标志、标签，或者合同规定的项目。检验合格后，附上合格证方可交收。

6.2 组批

同产地、同等级、同加工的澳洲坚果果仁作为一个检验批次。

6.3 抽样方法

按 GB/T 18010 的规定执行。

6.4 判定规则

6.4.1 检验结果全部符合本标准规定时，判该批产品为合格品。

6.4.2 检验结果中过氧化值、酸价、污染物限量、农药残留限量、真菌毒素限量、微生物限量指标有 1 项不符合本标准规定时，判该批产品为不合格产品。

6.4.3 检验结果中水分、脂肪指标不符合本标准规定时，可在同批产品中抽取样品，再次检验该指标；再次检验结果仍不符合本标准规定时，判该批产品为不合格产品。

6.4.4 按等级规格的指标要求，依次由高至低，与检验结果比较，检验结果满足某等级规格的全部指标要求时，判为该等级规格产品。

6.5 复检

对检验结果有异议时，用备用样品复检一次，复检结果为最终结果。

7 标志、标签

标志按 GB/T 191 的规定执行，标签按 GB 7718 的规定执行。

8 包装、储存和运输

8.1 包装

各等级澳洲坚果果仁应采用新的、干净的并符合 GB/T 6543 规定的纸箱为外包装；应采用新的、干净的并符合 GB 9683 规定的复合食品包装袋为内包装。可充入符合 GB 1886.228 规定的二氧化碳、或符合 GB 29202 规定的氮气，或进行真空包装。

8.2 储存

澳洲坚果果仁产品储存库应通风、干燥、清洁卫生，不应与有毒、有害、有异味、发霉及其他易于传播病虫的物品混存，堆垛应留有通道，产品堆放应至少远离储存库墙 25 cm，地面应有至少 10 cm 以上的防潮垫，产品宜在 12℃以下的冷库中储存，储存时间不宜超过 12 个月。

8.3 运输

运输工具应清洁卫生、防雨，不应与有毒、有害、有异味及其他易于传播病虫的物品混合运输，应小心装卸、运输。

附加说明：

本标准按照 GB/T 1.1—2009 给出的规则起草。

本标准代替 NY/T 693—2003《澳洲坚果　果仁》。与 NY/T 693—2003 相比，除了编辑性修改外，主要技术变化如下：

——删除了规范性引用文件“GB/T 4789.2、GB/T 4789.3、GB/T 4789.4、GB/T 4789.5、GB/T 4789.10、GB/T 4789.11、GB/T 5009.12、GB/T 5009.15、GB/T 5009.17、GB/T 5009.20、

GB/T 5009.22、GB/T 5009.37、GB/T 5009.145、GB/T 5009.146、GB/T 5009.188、GB 5492、GB/T 5494、GB/T 5512、GB/T 8979、GB 10621”(见2003年版的第2章);

——增加引用了规范性引用文件“GB/T 191、GB 1886.228、GB 2761、GB 2762、GB 2763、GB 5009.6、GB 5009.227、GB 5009.229、GB 19300、GB 29202、国家质量监督检验检疫总局令[2005]第75号、JJF 1070”(见第2章);

——删除了术语和定义“色泽正常”“色泽基本正常”“风味正常”“风味基本正常”“口感正常”“口感基本正常”“轻微缺陷”“严量缺陷”(见2003年版的3.4、3.5、3.6、3.7、3.8、3.9、3.10.1、3.10.2);

——增加了术语和定义“整仁率”“半仁率”(见3.2、3.4);

——修改了术语和定义“整仁”“半仁”“筛下物”“缺陷”(见3.1、3.3、3.7、3.8,2003年版的3.1、3.2、3.2.2、3.10);

——删除了分级指标“A类”“B类”名称(见2003年版的4.1);

——修改了分级指标,“级别”改为“型号”(见4.1,2003年版的4.1);

——增加了分级指标“一级”“二级”“三级”3个等级(见4.1,2003年版的4.1);

——修改了感官要求(见4.1,2003年版的4.1);

——删除了理化指标中脂肪“A类”“B类”名称,及脂肪“B类”指标“≥66”的要求(见4.2,2003年版的4.2);

——修改了氧化值指标、酸价指标的要求,由卫生指标改为理化指标(见4.2,2003年版的4.3);

——删除了卫生指标的列表(见2003年版的4.3);

——增加了污染物限量、农药残留限量、真菌毒素限量、微生物限量的要求(见4.3、4.4、4.5、4.6,2003年版的4.3);

——增加了净含量的要求(见4.7);

——增加了条“5.1试验样品取样原则”(见5.1);

——修改了规格检验(见5.2,2003年版的5.1.1);

——删除了感官中“按GB/T 5492、GB/T 5494规定执行的规定”(见2003年版的5.1.2);

——增加了感官检验的检测方法(见5.3);

——删除了理化指标检验、卫生指标检验(见2003年版的5.2、5.3);

——删除了检验项目(见2003年版的6.1);

——增加了检验分类(见6.1);

——修改了判定规则(见6.4,2003年版的6.4);

——修改了第7章,“7包装、标志、贮藏和运输”改为“7标志、标签”(见第7章,2003年版的第7章);

——修改了标志规定,“标志按GB 7718的规定执行”改为“标志按GB/T 191的规定执行”(见第7章,2003年版的7.2);

——增加了标签规定“标签按GB 7718的规定执行”(见第7章);

——增加了第8章“8包装、储存和运输”(见第8章)。

请注意本文件的某些内容有可能涉及专利。本文件的发布机构不承担识别这些专利的责任。

本标准由农业农村部农垦局提出。

本标准由农业农村部热带作物及制品标准化技术委员会归口。

本标准起草单位:广西壮族自治区亚热带作物研究所。

本标准主要起草人:甘志勇、农耀京、李鸿、吕丽兰、时鹏涛、蒋越华、韦璐阳、梁宏合、陆仲烟、蓝唯。

本标准所代替标准的历次版本发布情况为:

——NY/T 693—2003。

中华人民共和国农业行业标准

芒果栽培技术规程

Technical code for cultivating mangoes

NY/T 880—2020

代替 NY/T 880—2004

1 范围

本标准规定了芒果(*Mangifera indica* L.)栽培园地的选择、园地规划、备耕与栽植、土肥水管理、产期调节、花果管理、病虫害防治、整形修剪、采收等技术要求。

本标准适用于芒果的栽培管理。

2 规范性引用文件

下列文件对于本文件的应用是必不可少的。凡是注日期的引用文件,仅注日期的版本适用于本文件。凡是不注日期的引用文件,其最新版本(包括所有的修改单)适用于本文件。

HG/T 5046 腐植酸复合肥料

NY/T 590 芒果嫁接苗

NY/T 798 复合微生物肥料

NY 1107 大量元素水溶肥料

NY/T 1476 热带作物主要病虫害防治技术规程 芒果

NY/T 3333 芒果采收及采后处理技术规程

NY/T 5010 无公害农产品 种植业产地环境条件

3 园地选择

3.1 气候条件

年均温在18.5℃以上,最冷月均温11℃以上,大于10℃的年积温不低于6 000℃,绝对最低温0℃以上,基本无霜;花期天气干燥,无连续低温阴雨;果实发育期阳光充足,基本无台风危害或危害不大。

3.2 土壤条件

土层厚度1.0 m以上,地下水位低于1.0 m,土壤肥沃、结构良好,pH 5.0~7.5。其他按照NY/T 5010规定执行。

3.3 海拔

宜在海拔600 m以下的地方建园。若温度、湿度、光照适宜,海拔可提高至1 600 m。

3.4 立地条件

宜选择生态环境良好、年降雨量满足生长需要、交通便利、坡度低于25°、无严重风害的地方建园。

3.5 水质

按照NY/T 5010的规定执行。

3.6 大气质量

中华人民共和国农业部 2020-11-12 发布 2021-04-01 实施

按照NY/T 5010的规定执行。

4 园地规划

4.1 小区

按同一小区的坡向、土质和肥力相对一致的原则，将全园分为若干小区，每个小区面积1.5 hm^2～3 hm^2。缓坡地采用长方形小区；山区地形复杂的，采用近似带状的长方形或长边沿等高线的小区。

4.2 防护林

沿海台风区和冬春风害较严重区域，33 hm^2以上的果园周围设置防护林带。主林带设在迎风面，与主风向垂直（偏角应小于15°），栽植6行～7行，品字形栽植。副林带设在园内道路、排灌系统的边沿，种1行～2行树。林带株距1 m、行距2 m，园内防护林边沿应距芒果树5 m～6 m，挖隔离沟。隔离沟的宽、深各80 cm～100 cm。

4.3 道路系统

设若干条主干道、支干道。主干道贯穿全园，宽4 m～6 m；支干道宽3 m～4 m。根据小区的地形地貌设计机耕路。区内机耕路与支干道、主干道相连，每50 m～100 m设一条宽2 m的小路。

4.4 排溉系统

坡地果园顶行的上方挖深宽0.7 m～1 m防洪沟，与纵水沟相连。沟内每4 m～7 m留一比沟面低20 cm～30 cm的土墩，比降为0.1%～0.2%。纵水沟尽量利用天然直水沟，或在果园道路两侧配置人工纵水沟，连通各级梯田的后沟和横排（蓄）水沟，沟宽、深0.5 m～0.7 m。

4.5 栽植规格

株行距3 m×5 m、4 m×5 m、4 m×6 m。

4.6 品种选择

宜选择本地适栽，抗病、抗虫、抗逆性较强、经济性状佳、市场效益好的品种。

5 备耕与栽植

5.1 园地开垦

5°以下平缓地，修筑沟埂梯田（撩壕）；5°～10°坡地，修筑等高梯田；10°以上坡地，修筑等高环山行，面宽2 m～5 m，向内倾斜8°～10°。

5.2 种苗要求

按照NY/T 590规定执行。

5.3 植穴准备

定植前两个月，挖面宽为0.8 m～1 m、深0.7 m～0.8 m的植穴。表土与心土分开堆放。回土时，将杂草或绿肥25 kg放在坑底，撒0.5 kg熟石灰，再填入20 cm厚的表土，加入腐熟有机肥20 kg～30 kg，钙镁磷肥1 kg，与心土充分混匀后回填筑成高出地面20 cm～30 cm种植土堆，并在中间标上标记。

5.4 定植时间

宜选择3～9月定植。

5.5 定植技术

在植穴中部挖一个小穴，放入苗木，嫁接口朝向东北，幼苗直立，盖土踩实。盖土至根颈处以下。修筑树盘，淋足定根水，根圈覆盖。

6 土肥水管理

6.1 土壤管理

6.1.1 间作

栽植1年～2年的幼龄果园宜在行间间种豆科、绿肥等短期作物。间作物应距离芒果树冠滴水线0.5 m以外。不应间种高秆、好肥力强的作物。

6.1.2 覆盖

芒果园周年根圈盖草。盖草厚度为干草厚5 cm，盖草不应接触树干。对没有间作的果园，进行果园生草覆盖。

6.1.3 中耕除草

土壤出现板结时，及时进行根圈松土。1个月～2个月除草1次，保持根圈无杂草，果园无高草、恶草。

6.1.4 扩穴改土

定植第二年起，每年7月～9月间进行深翻扩穴压青，紧靠原植穴外侧对称挖两条宽、深0.4 m，长0.8 m～1 m的施肥沟（两年后沟长1.2 m～1.5 m），沟内压入杂草或绿肥，撒入0.5 kg熟石灰，加入腐熟农家肥20 kg～30 kg，钙镁磷肥1 kg，压紧盖土。

6.2 施肥管理

6.2.1 幼树施肥

6.2.1.1 定植当年，于第一次新梢老熟后开始施追肥，以后每2个月施肥1次，每次每株施尿素25 g，雨季干施，旱季水施。

6.2.1.2 定植后第二年和第三年每次新梢萌发时施追肥1次，每次每株施用氮、磷（P_2O_5）、钾（K_2O）复合肥（15-15-15）200 g～300 g或尿素100 g～150 g＋钾肥50 g～100 g。

6.2.2 结果树施肥

6.2.2.1 施肥量

以产果100 kg施纯氮2.58 kg，氮、磷（P_2O_5）、钾（K_2O）、钙、镁比例以1：0.4：1.2：0.5：0.2为宜。

6.2.2.2 施肥时间及技术

6.2.2.2.1 采果前后肥

每株施优质农家肥20 kg～30 kg，氮、磷（P_2O_5）、钾（K_2O）（15-15-15）复合肥0.5 kg～1 kg，尿素0.25 kg～0.5kg，钙镁磷肥0.5 kg～1 kg，钾肥0.25 kg～0.5 kg，熟石灰0.5 kg～1 kg。其中，尿素与复合肥于采果前后7 d施下；其他肥料在修剪后，结合深翻改土施肥。水溶肥、复合微生物肥、腐植酸肥的使用分别参照NY 1107、NY/T 798、HG/T 5046规定执行。

6.2.2.2.2 花前肥

花芽分化前叶面喷0.3％硼砂＋0.1％硫酸锌，花芽分化后叶面喷0.2％尿素＋0.2％磷酸二氢钾＋0.2％硼砂＋0.2％氯化钙＋50 mg/kg钼酸铵。

6.2.2.2.3 谢花肥

末花期至谢花期时施用，每株土施尿素0.1 kg～0.2 kg，氮磷（P_2O_5）钾（K_2O）（15-15-15）复合肥0.2 kg～0.3 kg。叶面喷施0.2％尿素、0.2％～0.3％硼砂和0.2％～0.3％磷酸二氢钾。

6.2.2.2.4 壮果肥

谢花后30 d～40 d左右施用，每株施氮磷（P_2O_5）钾（K_2O）（15-15-15）复合肥0.3 kg～0.5 kg、钾肥0.5 kg、饼肥0.2 kg～0.5 kg。结合喷药喷0.2％～0.3％磷酸二氢钾或其他叶面肥2次～3次。

6.3 水分管理

6.3.1 定植后如遇旱，每5 d～7 d灌水1次，直至抽出新梢。第一年的冬春季每1周～2周灌水1次，第二年及以后的冬春季每月灌水1次～2次。

6.3.2 在花序发育期和开花结果期遇旱，每10 d～15 d灌水1次。

6.3.3 秋梢期遇旱每10 d～15 d灌水1次。

6.3.4 在花芽分化期不灌水，雨水过多或土壤湿度过大时断根控水。

6.3.5 雨天及时排除积水。

7 产期调节

7.1 提早花期

7.1.1 适用区域

海南和广东部分地区。

7.1.2 控梢促花

7.1.2.1 树体要求

树冠直径 1 m 以上、采果修剪后至少有 2 次梢老熟、叶色浓绿、枝条粗壮的结果树。

7.1.2.2 控梢方法

7.1.2.2.1 控梢药

以多效唑为主。

7.1.2.2.2 控梢时间

海南地区 5 月～8 月为宜，采用土壤埋施和叶面喷施相结合的方法。土壤埋施在结果母枝末次梢叶片抽出时进行，叶面喷施则在结果母枝末次梢叶面淡绿后进行。

7.1.2.2.3 控梢措施

a) 土壤埋施：容易开花的品种，每米树冠直径土施 15%多效唑粉剂 10 g；难开花的品种，每米树冠直径土施 15%多效唑粉剂 15 g；其他品种每米树冠直径土施 15%多效唑粉剂 12 g。具体用量还与土壤的肥力、树势的强弱、树叶量的多少有关；一般沙壤土少施，黏性土多施，树势弱、叶量少的树少施，旺树、叶量多的树多施。在树冠滴水线内挖深、宽各 15 cm 左右的环形沟，将每株的药粉兑水 2 kg～3 kg，均匀施于沟中，施后覆土；土施多效唑后，根圈浇水，保湿 20 d～30 d；

b) 叶面喷施：用 15%多效唑可湿性粉剂 500 mg/kg～1 000 mg/kg，均匀喷洒于叶片的正反面，所喷药液以刚好滴水为度。叶片深绿老熟后改用 40%的乙烯利(1 250 倍液～3 000 倍液)＋25%甲哌鎓 2 000 倍～2 500 倍等叶面控梢，一般每 10 d 喷 1 次，具体喷药次数及间隔期视控梢效果而定，一般以控梢期内不让新梢萌动抽梢为宜。

7.1.3 催花

7.1.3.1 催花时期

控梢 80 d～100 d 后可催花。

7.1.3.2 催花方法

7.1.3.2.1 催花药剂及其用量

用 1.8%复硝酚钠 5 000 倍液＋2%～3%硝酸钾＋1%硼砂＋6-苄氨基腺嘌呤 50 mg/kg。

7.1.3.2.2 催花步骤

将上述药物充分溶解，并搅拌均匀后喷洒于芒果叶片正反面，所喷药液以刚好滴水为度。喷药后 6 h 内下雨应补喷，每 7 d 喷 1 次，连喷 2 次～3 次。

7.2 延迟花期

7.2.1 适用地区

四川、云南的金沙江干热河谷地区。

7.2.2 从 11 月上旬花芽分化期前开始处理。用 50 mg/kg～100 mg/kg 的赤霉素喷枝梢顶部叶片，每 7 d 喷 1 次，连喷 2 次～3 次。海拔高或纬度高的地区可根据花芽分化期调整起始用药时间。

7.2.3 在花穗抽生小于 5 cm 时抹掉顶花芽，利用腋花芽重新开花结果，延迟开花。

8 花果管理

8.1 花量调控

8.1.1 在控梢过程中，遇到高温多雨，容易抽生不需要的新捎，称为冲梢。冲梢小于 5 cm 时，用200 mg/kg～300 mg/kg 的乙烯利药液杀梢，超过 5 cm 时，人工摘除。

8.1.2 花穗抽生时，剪顶或短截花穗，控制总花穗长 25 cm 左右，可以提高坐果率、降低胚败育果率。

8.2 提高大果率

采用 8.1.2 方法。利用叶花芽结果也可提高大果率。

8.3 保花保果

末花期喷 1 次 50 mg/kg 赤霉素＋0.1％硼砂＋0.3％磷酸二氢钾，及时摘除新梢，并喷 2 次 30 mg/kg～50 mg/kg 萘乙酸液，7 d～10 d 喷 1 次。

8.4 壮果

果实膨大期，宜选用 50 mg～100 mg 赤霉素＋50 mg/kg～100 mg/kg 的 6-苄基腺嘌呤喷施 2 次～3 次，间隔期 15 d～20 d。

8.5 果实套袋

在第二次生理落果结束后进行。一般根据不同的芒果品种选择不同规格和颜色的芒果专用果袋。红皮的芒果品种，如贵妃、澳芒，宜用白色专用袋；四季芒、桂热芒 10 号、金煌芒等黄皮品种，用外黄内黑双层专用果袋。小果品种选用 26 cm×18 cm 的果袋，大果品种选用 36 cm×22 cm 的果袋。套袋前，果面喷 1 次杀虫、杀菌剂，待果面干后套袋。套袋时，封口处距果基 5 cm 左右，封口用细铁丝或尼龙绳扎紧。

9 整形修剪

9.1 幼树整形修剪

9.1.1 定干

定干高度约 50 cm，苗高 60 cm～70 cm 仍未分枝时截顶。

9.1.2 培养主枝与副主枝

主干分枝后，在 45 cm～50 cm 处选留 3 条～4 条生势均匀、位置适宜的分枝做主枝，主枝与主干的夹角为 50°～70°。当主枝伸长约 40 cm 时进行剪顶，每条主枝选留 2 条～3 条生势均匀的二级枝作副主枝。

9.1.3 培养结果枝组

当副主枝伸长 30 cm～40 cm 时剪顶，抽枝后选留 2 条～3 条生势均匀的三级枝，在三级枝上再如法培养四级枝、五级枝，争取在 2 年～3 年内培养 80 条～100 条生势健壮、均匀的末级梢作结果枝。

9.1.4 及时剪除徒长枝、交叉枝、重叠枝、病虫枝、弱枝及多余的萌蘖。

9.1.5 各级分枝(尤其是主枝与副主枝)方向或角度不合要求时，通过牵引、压枝、吊枝、弯枝及短剪等方法予以调校。

9.2 结果树修剪

采果后将结果枝短截 1 次～2 次梢，剪除徒长枝、干枯枝、下垂枝、交叉枝、病虫枝、衰老枝、重叠枝及位置不适当的枝条。抽梢后，每个基枝保留 2 条～3 条方位适当、强弱适中的枝条，其余枝条予以抹除。经两年短剪后，第三年进行回缩重剪。修剪量控制在树冠枝叶量 1/3 至 1/2，修剪在采果后 15 d 内完成，而同一小区应在 2 d～3 d 内完成。

9.3 老树更新复壮

9.3.1 更新对象

当芒果树树龄大，枝条衰老，产量下降，枝条易枯死，且枯死部分逐年下移，内膛空虚，并开始出现更新枝，需更新；或因天牛等病虫为害，导致枝枯叶落、露出残桩的芒果树，需更新。

9.3.2 更新方法

9.3.2.1 轮换更新

在同一株树上对 4 年～8 年生枝进行分期分批回缩，更新时间在春、秋季，海南在秋、冬季，对密闭、衰老的果园采取隔行或隔株回缩。

9.3.2.2 主枝更新

对进一步衰老的植株在 3 级～5 级枝上进行回缩。切口用泥或塑料薄膜封闭，并将枝干涂白，在更新前用利铲切断与主枝更新部位相对应的根系，并挖深沟施有机肥。更新时间在每年的 3 月～8 月。

9.3.2.3 主干更新

在主干 50 cm～100 cm 处锯断，具体做法与主枝更新相同。

10 病虫害防治

按照 NY/T 1476 规定执行。

11 采收

按照 NY/T 3333 规定执行。

附加说明：

本标准按照 GB/T 1.1—2009 的规则起草。

本标准代替 NY/T 880—2004《芒果栽培技术规程》。与 NY/T 880—2004 相比，除编辑性修改外主要技术变化如下：

——增加了芒果产期调节技术（见第 7 章）；
——增加了花量调控、提高大果率、壮果等技术（见 8.1、8.2、8.3）；
——增加了“HG/T 5046 腐植酸复合肥料”“NY/T 798 复合微生物肥料”“NY 1107 大量元素水溶肥料”“NY/T 1476 热带作物主要病虫害防治技术规程 芒果”“NY/T 3333 芒果采收及采后处理技术规程”（见第 2 章）；
——替换“NY 5026 无公害食品芒果产地环境条件”为“NY/T 5010 无公害农产品种植业产地环境条件”（见第 2 章）；
——删除了已废止的“GB 4285 农药安全使用标准”（见 2004 年版的第 2 章）；
——删除了附录 A、B、C（见 2004 年版的附录）。

请注意本文件的某些内容有可能涉及专利。本文件的发布机构不承担识别这些专利的责任。

本标准由农业农村部农垦局提出。

本标准由农业农村部热带作物及制品标准化技术委员会归口。

本标准起草单位：中国热带农业科学院热带作物品种资源研究所、广西壮族自治区亚热带作物研究所。

本标准主要起草人：贺军虎、栾爱萍、陈华蕊、李日旺、陈永森、高爱平、党治国、黄国弟、郭丽梅、罗世杏。

本标准所代替标准的历次版本发布情况为：

——NY/T 880—2004。

中华人民共和国农业行业标准

橡胶树割胶技术规程

Technical code for latex harvest technology of rubber tree

NY/T 1088—2020
代替 NY/T 1088—2006

1 范围

本标准规定了橡胶树[*Hevea brasiliensis*(Willd. ex A. Juss.)Muell. Arg.]割胶有关的术语和定义、割胶原则、开割前准备、开割标准与割面规划、割胶要求、割胶制度、割胶生产技术指标、死皮分级及防控管理和受害树复割。

本标准适用于橡胶树割胶生产及橡胶树死皮分级。

2 规范性引用文件

下列文件对于本文件的应用是必不可少的。凡是注日期的引用文件，仅注日期的版本适用于本文件。凡是不注日期的引用文件，其最新版本(包括所有的修改单)适用于本文件。

NY/T 221　橡胶树栽培技术规程

NY/T 2263—2012　橡胶树栽培学术语

3 术语和定义

NY/T 2263—2012 界定的以及下列术语和定义适用于本文件。为了便于使用，以下重复列出了NY/T 2263—2012中的一些术语，并对其中部分定义进行了改写。

3.1

割胶　tapping

采用特制的刀具(胶刀)切割橡胶树树皮使胶乳从割口处排出的操作。

注：改写 NY/T 2263—2012，定义 3.4.18。

3.2

橡胶树产胶类型　latex producing type of rubber tree

根据橡胶树的产胶特性划分的品种类别。

[NY/T 2263—2012，定义 12.2.7]

3.3

产胶潜力　latex producing ability

橡胶树尚有未充分发挥的产胶能力。

3.4

林段　stand; plantation stand

橡胶树种植生产的基本作业土地单元。

注：改写 NY/T 2263—2012，定义 3.3.28。

中华人民共和国农业部 2020－11－12 发布　　　　2021－04－01 实施

3.5

树位　tapping task

一个胶工一个工作日应完成的割胶(含胶园抚管)面积或株数的作业单元。

注:改写 NY/T 2263—2012,定义 3.4.17。

3.6

割胶辅导员　tapping counselor

从事割胶生产技术辅导的人员。

[NY/T 2263—2012,定义 3.6.9]

3.7

开割标准　standard for opening

单株胶树达到开始割胶的树围标准,且一个林段中达到可开割树围的株数占总株数的比例要求。

注:改写 NY/T 2263—2012,定义 12.6.1。

3.8

开割率　percentage of trees under tapping

一个林段内开割株数占总株数的百分率。

注:改写 NY/T 2263—2012,定义 12.6.2。

3.9

割胶制度　tapping system

割制

割胶期间所采用的割线条数、形式和长度、割胶频率、割面轮换、化学刺激方法等所构成的规范模式。

注:改写 NY/T 2263—2012,定义 12.4.42。

3.10

割胶强度　tapping intensity

在单位时间内(每割次、每周期、每年)割胶胁迫的量度。即一段时间内所采用的割线条数、形式和长度、割胶频率、割胶期的综合胁迫的程度。

[NY/T 2263—2012,定义 12.4.14]

3.11

刺激强度　stimulation intensity

单位时间内(每割次、每周期、每年)对橡胶树外施化学刺激的量度。即一段时间内所采用的刺激剂种类、刺激剂型、刺激浓度、刺激剂量、刺激周期、刺激频率的综合刺激程度。

注:改写 NY/T 2263—2012,定义 12.4.28。

3.12

排胶强度　intensity of latex flow

橡胶树割胶后在单位时间内(每割次、每周期、每年)排出胶乳的量度。

[NY/T 2263—2012,定义 12.2.12]

3.13

割线　tapping cut

割胶形成的一道斜贯割面,连续、平顺的割口。

[NY/T 2263—2012,定义 12.4.1]

3.14

割胶频率　tapping frequency

相邻割次之间的间隔期,以日数为单位。割胶频率用符号 d 和间隔期的数字组成,如 d2 表示隔日割(2 d 割 1 次),d5 表示 5 日割(5 d 割 1 次)。

注:改写 NY/T 2263—2012,定义 12.4.11。

3.15

刺激剂 stimulant

外施于橡胶树以增加胶乳产量的化学制剂。

注:改写 NY/T 2263—2012,定义 12.4.22。

3.16

割面规划 panel programme

整个生产周期的树皮割胶利用计划。

[NY/T 2263—2012,定义 12.1.17]

3.17

割胶制度符号 tapping system notation

表示割胶制度的一组英文字母、数字和符号,由割胶符号、刺激符号和割面符号共同组成。如 S 表示全螺旋割线、d 表示割胶频率、D 表示阳刀割胶、U 表示阴刀割胶、B 表示低割面、H 表示高割面。

注:改写 NY/T 2263—2012,定义 12.4.45。

3.18

割面轮换 panel changing

同一树上不同割面或不同割线之间交替割胶的作业方式。

注:改写 NY/T 2263—2012,定义 12.4.46。

3.19

刺激技术 stimulation technology

所采用的刺激剂种类、浓度、剂型、剂量、刺激频率、刺激时间、刺激方法等的组合。

3.20

割胶刀数 the number of tapping

橡胶树上某一时段(1 年、1 月或 1 个刺激周期)割胶的次数。

3.21

开割期 opening period

每年开始割胶的日期。

3.22

停割期 stoppage period

每年因低温等原因停止割胶的日期。

[NY/T 2263—2012,定义 12.6.4]

3.23

割胶深度 cutting depth

割胶后割口内侧剩余树皮的厚度,或切口内侧至木质部的垂直距离(cm)。

注:改写 NY/T 2263—2012,定义 12.5.8。

3.24

树皮消耗量 bark consumption

每一次或单位时间内(如 1 个月、1 年)割胶所割去树皮的高度(cm)。

[NY/T 2263—2012,定义 12.5.10]

3.25

死皮　tapping panel dryness(TPD)

割线局部或全部不排胶的症状。

注:改写 NY/T 2263—2012,定义 3.5.2。

3.26

死皮率　TPD incidence

出现死皮株数占调查总株树的百分率,或割线死皮长度占所调查割线总长度的百分率。

3.27

伤口率　percentage of wounds

单位时间内被割伤的伤口数(包括特伤、大伤、小伤)占所调查总株数的百分率。分为特伤伤口率、大伤伤口率和小伤伤口率,能比较具体地反映各类伤口的情况。

3.28

干胶含量　dry rubber content(DRC)

干含

胶乳中橡胶烃干重的质量分数(%)。

[NY/T 2263—2012,定义 3.4.23]

3.29

长流胶　late drippings

正常排胶时间以后流出的胶乳。

[NY/T 2263—2012,定义 12.6.7]

3.30

杂胶　scrap rubber

在割胶和运输过程中部分胶乳外流、残留且自然凝固而成的橡胶的总称。

[NY/T 2263—2012,定义 3.4.30]

3.31

常规割胶　conventional tapping

采用割线为 1/2 树围,2 d 割 1 刀,不进行刺激的割制(S/2 d2)。

3.32

低频割胶　low frequency tapping

割胶频率 d3、d4、d5 的采胶方法。

注:改写 NY/T 2263—2012,定义 12.4.19。

3.33

超低频割胶　superlow frequency tapping

d6 及以上的割胶频率的采胶方法。

注:改写 NY/T 2263—2012,定义 12.4.20。

3.34

气刺短线割胶　short-cut tapping with gas stimulation

采用乙烯气体刺激橡胶树并配合采用短割线割胶(S/8,1/8 树围)的采胶方法。

注:改写 NY/T 2263—2012,定义 12.4.25。

3.35

气室　gas chamber

安装在橡胶树上,用于乙烯气体刺激割胶的密闭装置。

3.36

吊颈皮 bark island

同侧树皮上，上下割面之间因开割高度不同而形成的一段树皮。

注：改写 NY/T 2263—2012，定义 12.1.13。

3.37

浅割 shallow tapping

割胶深度大于规定指标的割胶行为。

[NY/T 2263—2012，定义 12.5.12]

3.38

一浅四不割 one shallow tapping and four no tappings

低温期的割胶安全生产措施。"一浅"即冬季低温期适当浅割。"四不割"为 8:00 前气温仍低于 15℃当天不割；毛毛雨天气和树身不干不割；病树出现大于 1 cm 的条溃疡病斑未处理好之前不割；在易发生条溃疡病林段芽接树 40 cm 以下的低割线不割，转到高割线割胶。

3.39

三看割胶 tapping according to three status; tapping based on phenology, weather and tree status

看季节物候割胶、看天气割胶、看树的状况割胶。

注：改写 NY/T 2263—2012，定义 12.5.20。

3.40

PR107 类品种 clones of PR107 variety

以 PR107 为代表的包括 PR107、PB86、GT1 等耐乙烯利刺激割胶的品种。

3.41

RRIM600 类品种 clones of RRIM600 variety

以 RRIM600 为代表的包括 RRIM600、热研 7-33-97、热研 7-20-59、大丰 95、云研 77-2、云研 77-4 等能耐一定程度乙烯利刺激割胶的品种。

4 割胶原则

以高效、高产、安全为目标，正确处理管、养、割三者的关系，保护和提高橡胶树的产胶潜力，保持排胶强度与产胶潜力平衡；正确划分橡胶树产胶类型，按照橡胶树的品种特性、树龄和生产条件设计合理的割胶制度；积极采用先进的割胶技术，不断提高割胶劳动生产率和单位土地面积产量，降低割胶劳动生产成本，增强竞争能力，确保割胶生产持续健康发展。

5 开割前准备

5.1 树位划分

对达到开割标准的林段，按每个胶工(家庭)应负担的割胶面积或株数编好树位号，承包给胶工割胶与管理。每个树位都应建立开割胶园林谱档案(见附录 A)。

5.2 胶工培训与考核

新胶工在开割前须经过培训，并按照附录 B 的规定，经技术考核合格者才能上树位割胶。老胶工在每年开割前也应进行技术复训、考核，其成绩作为技术晋级依据。

5.3 割胶辅导

割胶生产主体单位每 20 名～30 名胶工配备割胶辅导员 1 名，割胶农场(公司)和主要植胶县应配备割胶总辅导员 1 名～2 名，负责割胶技术辅导、检查工作，并按照附录 C 记录统计。

6 开割标准与割面规划

6.1 开割标准

同林段内，芽接树离地高度 100 cm 处的树围≥50 cm，重风、重寒区以及树龄≥12 年且相应树围≥45 cm的植株占林段总数的 50%以上时，该林段开始割胶。林段开割 3 年后或开割率超过 80%以上时，未达到开割标准的胶树也全部开割。

6.2 割面规划原则

a) 保证胶树从开割至更新前的整个生产期有足够树皮可供割胶；

b) 割胶时使用的割面应有足够的排胶影响面，避免出现“吊颈皮”；

c) 方便胶工割胶，有利于提高割胶效率，降低割胶成本。

6.3 开割高度

新开割树第一割面、第二割面割线下端离地面高度 130 cm～150 cm，再生皮的割面高度不变。

6.4 割面方向

新开割林段安排新割面时，首先应考虑便于割胶操作，平缓地段割面方向应与胶行平行，第一割面割线开在环山行的外侧，第二割面割线开在环山行的内侧。坡地林段割面方向应与胶行垂直。同一林段内的割面应整齐统一。

6.5 割线倾斜度

阳刀割线(D)与下水平线夹角 25°～30°，阴刀割线(U)与下水平线夹角 40°～45°。

6.6 开割线

割线方向自左上方向右下方倾斜，应用开模器准确划出割线长度、割线倾斜度、离地高度，前后垂线阳线开到底，阴线可开到离地 2 m 处，再用胶刀浅开线。胶舌在割线下方 10 cm 内浅钉，胶杯与胶舌的距离不宜超过 10 cm。

6.7 割面轮换

当一个割面割至离地 30 cm～40 cm 时，应根据季节等进行割线轮换，即旱季割低线，雨季割另一割面的高线，以免诱发低割面病害的发生。

7 割胶要求

7.1 割胶刀要求

可以使用传统胶刀和电动胶刀。传统胶刀要求：小圆口胶刀，刀身内外光滑，刀胸圆滑顺直，凿口平顺均匀，刀口平整锋利，不应使用“三角刀”。

7.2 割胶操作要求

割胶操作应做到割面均匀，深度均匀，耗皮适量，割线顺直，下刀、收刀整齐，伤树少。

7.3 收胶操作要求

在胶乳停滴后收集胶乳，在收集过程中应避免树皮、树叶、石块等杂物混入胶乳中，并做好胶乳的早期保存。及时收回长流胶和杂胶。做好“六清洁”(胶刀、胶杯、胶舌、胶刮、胶桶、树身和树头清洁)。

8 割胶制度

8.1 总则

各割胶生产主体单位可选择以下的 1 种～2 种割制，以便于生产技术管理。乙烯气体刺激割胶制度只能在 20 割龄以上胶树上采用。

8.2 非刺激割胶(常规割胶)

采用 S/2 d2 不进行刺激的常规割胶制度(半树周隔日割制)，年割胶刀数海南 120 刀～135 刀、云南和广东 105 刀～110 刀。

8.3 乙烯利(ET)刺激割胶

8.3.1 割胶制度类型

8.3.1.1 单阳线 d3～d7 刺激割胶制度

S/2 d3～d7. ET(1/2 树围单阳线割胶,3 d～7 d 割 1 刀并配合采用乙烯利刺激)。

8.3.1.2 双短线阴阳刀 d3～d7 刺激割胶制度

(S/4＋S/4U)d3～d7. ET(1/4 树围阴阳线割胶,3 d～7 d 割 1 刀并配合采用乙烯利刺激)。

8.3.1.3 高低阴阳线轮换 d3～d7 刺激割胶制度

(S/2,S/2U)d3～d7(m,m). ET(1/2 树围高低阴阳线割胶,割线每个月轮换 1 次,3 d～7 d 割 1 刀并配合采用乙烯利刺激)。

8.3.1.4 高低双阳线轮换 d3～d7 刺激割胶制度

(S/2,S/2)d3～d7(4m,4m). ET(1/2 树围高低双阳线割胶,割线每 4 个月轮换 1 次,3 d～7 d 割 1 刀并配合采用乙烯利刺激)。

8.3.2 刺激浓度

根据胶树品种、割龄等选择如下的刺激浓度,若树位品种混杂,则以占比例大的品种为准确定刺激浓度:

a) 采用 d3 低频割制,PR107 类品种开割头 3 年可用 0.5%～1.0%乙烯利刺激割胶,随着割龄的增长,刺激浓度每间隔 5 年增加 1 次,每次在原来浓度基础上增加 0.5 个百分点,但最高刺激浓度不超过 4.0%;RRIM600 类品种开割头 3 年不进行刺激割胶,第 4 年～第 5 年可用 0.5%乙烯利刺激割胶,随着割龄的增长,刺激浓度每间隔 5 年增加 1 次,每次在原来浓度基础上增加 0.5 个百分点,但最高浓度不超过 3.0%;

b) 采用 d4 低频割制,PR107 类品种开割第 1 年～第 5 年乙烯利浓度与 d3 同割龄段相同,第 6 年以后比 d3 同割龄段增加 0.5 个百分点;RRIM600 类品种开割第 1 年不进行乙烯利刺激割胶,第 2 年～第 3 年可用 0.3%乙烯利刺激割胶,第 4 年后乙烯利浓度与 d3 同割龄相同;

c) 采用 d5 低频割制,PR107 类品种和 RRIM600 类品种乙烯利浓度可比 d4 割制相同割龄增加 0.5 个百分点;

d) 采用 d6～d7 超低频割制,乙烯利浓度比 d5 割制相同割龄增加 0.5 个百分点,PR107 类品种最高浓度不超过 4.0%,RRIM600 类品种最高浓度不超过 3.0%。

8.3.3 刺激剂剂型

糊剂和水剂,以糊剂为主,应施用经权威机构进行科技成果鉴定的复方药剂。超低频割胶应使用渗透力强、药效持续性长的配套刺激剂。

8.3.4 施用剂量

每株次涂稀释药剂 1.5 g～2.0 g,不应擅自提高施药浓度或增加施药次数。

8.3.5 施用周期

a) 采用 d3 割制的,15 d 为 1 个涂药周期,年涂药 10 次～14 次;

b) 采用 d4 割制的,12 d 为 1 个涂药周期,年涂药 14 次～16 次;

c) 采用 d5 割制的,10 d 为 1 个涂药周期,年涂药 16 次～18 次;

d) 采用 d6 割制的,12 d 为 1 个涂药周期,年涂药 14 次～16 次;

e) 采用 d7 割制的,14 d 为 1 个涂药周期,年涂药 10 次～13 次。

8.3.6 涂药方法

选择晴天涂药。涂药时,用软毛刷沿割线和割线上方 2 cm 宽新割面均匀涂施药液。涂药 6 h 后遇暴雨冲刷,不用补涂;在 2 h 内遇暴雨冲刷,可补涂,但要把浓度降低一半;在 2 h～6 h 遇雨,可根据涂药后第一刀产量的情况,适当缩短涂药周期。

超低频割胶为提高药剂吸收,每年开割后第一次涂药时建议在割线下方浅刮 0.5 cm 宽的粗皮再涂药。在进入周期的第二刀期间,割第二个树位或第三个树位时涂第一个树位。即割二涂一或者割三涂一,依次类推,最迟于割胶前 48 h 完成涂药。

8.3.7 割胶刀数

按照不同割胶频率采用下列割胶刀数,不能连刀、加刀,所缺涂药周期和割胶刀数可推后补齐,以达到所规定的全年割胶刀数:

a) 采用 d3 割制,每周期割 4 刀～5 刀,年割 60 刀～80 刀;

b) 采用 d4 割制,每周期割 3 刀,年割 50 刀～60 刀;

c) 采用 d5 割制,每周期割 2 刀,年割 50 刀左右;

d) 采用 d6 割制,每周期割 2 刀,年割 36 刀左右;

e) 采用 d7 割制,每周期割 2 刀,年割 30 刀左右。

8.4 乙烯气体(ETG)刺激割胶

8.4.1 割胶制度类型

8.4.1.1 气刺双阳线轮换割制

(S/8,S/8)d4～d5(4m,4m). ETG(2 条 1/8 树围阳刀割胶,割线每 4 个月轮换 1 次,4 d～5 d 割 1 刀,配合采用乙烯气体刺激割胶)。

8.4.1.2 气刺双阴线轮换割制

(S/8U,S/8U)d4～d5(4 m,4 m). ETG(2 条 1/8 树围阴刀割胶,割线每 4 个月轮换 1 次,4 d～5 d 割 1 刀,配合采用乙烯气体刺激割胶)。

8.4.2 适用树龄

选择 20 割龄以上的橡胶树。

8.4.3 割面规划

开割前应做好割面规划,在现有可割树皮基础上,高部位有原生皮时割阴刀,如只能割再生皮时根据实际情况选择恢复较好的树皮进行阴刀或阳刀割胶。

8.4.4 割线长度

未列入更新计划的橡胶树采用 1/8 树围(S/8),将 S/4 分为 2 个 S/8,年轮换 1 次,年终停割前将 S/4 割面基本割平。

8.4.5 割胶频率

每 4 d～5 d 割 1 刀(d4～d5),年割胶刀数控制在 50 刀以内。

8.4.6 树皮消耗量

阳刀割胶每刀树皮消耗量控制在 0.16 cm～0.17 cm,阴刀割胶控制在 0.20 cm～0.21 cm。

8.4.7 刺激时间

气刺初次刺激时间和停止刺激时间与低频割胶乙烯利刺激时间一致,最后的一个刺激周期至少应该割 4 刀～5 刀。

8.4.8 刺激剂种类

采用乙烯气体刺激剂。

8.4.9 刺激剂量

每株每次充气 30 mL～50 mL。

8.4.10 刺激频率

每 3 刀～5 刀充气 1 次,如果第 1 刀增产幅度过大,则应延长充气周期,各地可根据当地的产量情况进行刺激频率调节。

8.4.11 气室安装部位

如采用阳刀割胶,气室安装在割线的下方 10 cm～20 cm 处,采用阴刀割胶,气室安装在割线右上方的 15 cm～30 cm 处;气室安装高度应以不影响割胶操作为原则。

8.4.12 气室移位

气室安装充气后,胶工发现产量明显下降或安装后 45 d～60 d 就应将气室的位置移换 1 次。

8.4.13 注意事项

a) 气刺干胶年增产幅度以控制在 10%～15%为宜;
b) 在推广应用当中应注意产胶动态分析,如出现增产幅度过大、干胶含量急降、排胶时间过长、割线乳管内缩等情况时,应及时采取降低割胶频率、减少刺激剂量、延长刺激周期或停割等措施;
c) 气室安装与充气时间应错开,先开好割线和钉好气室后再充气,避免气室堵塞;
d) 在气刺过程中应经常检查气室有无漏气、破袋情况,充气后 24 h～48 h 方可进行割胶;
e) 气刺长流胶较多应注意加强护林保胶、收集长流胶等工作。

9 割胶生产技术指标

9.1 开割期

云南植胶区第一蓬叶稳定转绿植株达 70%以上,该林段可开割;海南、广东植胶区第一蓬叶老化植株达 80%以上,该林段可开割,仅割叶片老化株。余下未开割树视叶片老化程度分批开割。一株树有多种物候,已稳定老化叶占总叶量的 80%以上,列进可割叶片老化株。

9.2 停割期

a) 单株黄叶(或落叶)占全株总叶量 50%以上,单株停割;一个树位有 50%停割株的,整个树位停割;一个生产单位有 50%树位停割的,全单位停割;
b) 8:00 胶林下气温低于 15℃当天停割,连续 3 d～6 d 出现低温停割的,当年停割;
c) 年割胶刀数或耗皮量达到规定指标的停割;
d) 干胶含量已稳定低于冬季割胶控制线以下的,当年停割;
e) 新开割树应适当提前停割。

9.3 短期休割与浅割

干胶含量低于 25%时短期休割;发现二级以上死皮树时,单株停止涂药,并实行浅割;低温排胶时间过长时浅割。

9.4 割胶深度

应根据胶树品种、树龄等采用适宜的割胶深度,进入 11 月的冬季割胶应适当浅割,具体割胶深度参照表 1。初割期胶树和因种植密度过大造成树皮偏薄的胶树,其深度以割去砂皮见到黄皮为度。

表 1 不同品种割胶深度参考值

品种	刺激割制割胶深度 cm		非刺激割制 割胶深度 cm
	夏秋季割胶	进入 11 月后的冬季割胶	
PR107、GT1、PB86	≥0.18	≥0.20	≥0.12
RRIM600、热研 7-33-97、热研 7-20-59、大丰 95、云研 77-2、云研 77-4	≥0.20	≥0.22	≥0.18

9.5 树皮消耗量

根据不同的割胶制度确定适宜的树皮消耗量(见表 2)。在开割前可按规定年割胶刀数计算出全年的耗皮量,并在树上作出标记。在高温干旱季、雨天影响割胶等情况下可适当增加单刀耗皮量。

表 2　不同割制树皮消耗量参考值

割胶频率	单刀树皮消耗量 cm	
	阳刀	阴刀
d2	≤0.14	≤0.18
d3	≤0.14	≤0.18
d4	≤0.16	≤0.20
d5	≤0.17	≤0.21
d6	≤0.20	≤0.23
d7	≤0.22	≤0.24

9.6　伤口率

每月月终点漆检查割胶情况，当月特伤(伤口面积 0.40 cm×1.00 cm)伤口率为 0；大伤(伤口面积介于特伤和小伤之间)伤口率小于 5%，小伤(伤口面积 0.25 cm×0.25 cm)伤口率小于 20%。

9.7　干胶含量

PR107、PB86、GT1 等割胶品种年均干胶含量控制 27%以上；RRIM600、热研 7-33-97、云研 77-4 等割胶品种年均 25%以上。各地区可根据树龄、品种制订冬季干胶含量控制指标。

10　死皮分级及防控管理

10.1　死皮发生预兆

a)　水胶分离，干胶含量持续下降，并在临界指标之间徘徊；
b)　排胶量骤增或长流严重；
c)　割面局部早凝，胶乳外流；
d)　割线内缩，排胶不连续；
e)　割线变色，切割时有脆爽感。

10.2　死皮分级

见表 3。

表 3　死皮分级

级别	症状
0 级	割线排胶正常，胶乳产量、干胶含量正常
1 级	死皮长度在 2 cm 以下
2 级	死皮长度为 2 cm 至割线的 1/4
3 级	死皮长度为割线的 1/4～2/4
4 级	死皮长度为割线的 2/4～3/4
5 级	死皮长度为割线的 3/4～全线

10.3　死皮率和死皮指数计算方法

每年停割前以树位为单位调查死皮发病株数，并计算死皮率和死皮发病指数。死皮率按式(1)计算。

$$X_1 = \frac{Y_1}{Z_1} \times 100 \quad (1)$$

式中：

X_1——死皮率，单位为百分号(%)；

Y_1——死皮发病株数，单位为株；

Z_1——被调查胶树总株数，单位为株。

死皮指数按式(2)计算。

$$X_2 = \frac{Y_2}{Z_2} \times 100 \quad \cdots\cdots (2)$$

式中：

X_2——死皮指数；

Y_2——$\sum$(各死皮发病级值×该级别株数)；

Z_2——最高死皮发病级值×调查总株数。

注：各死皮分级标准对照表3。

10.4 死皮率控制指标

当年新增4级、5级死皮率≤0.5%。

10.5 死皮防控管理

a) 应以防为主，综合防治，将死皮发生率控制在标准范围内；

b) 每个生产主体单位应分品种建立死皮固定观测点，按树位做好死皮调查记录工作(见附录D和附录E)；

c) 胶工在割胶过程中如发现有死皮发生前兆，应采取减刀、浅割，涂药延期，暂停休割，药剂治疗，增施肥料等措施，使产胶与排胶保持动态平衡；

d) 割胶生产中，严格掌握"三看割胶"和冬季"一浅四不割"，是预防死皮病发生的有效措施。

11 受害树复割

11.1 受害树分级

风害、寒害、旱害分级按NY/T 221的规定进行。

11.2 复割的原则

所有受害树复割都要降低割胶强度，具体的技术措施是：推迟开割、提早停割、减刀、浅割、减少涂药次数、停停割割。

11.3 死皮树复割

死皮已恢复树按原割线复割，如低部位死皮无法恢复的，在高部位采用阴刀割胶，但需要降低割胶强度。

11.4 风害树复割

3级风害树新抽叶稳定后复割；4级风害树新枝条抽叶4篷，形成一定树冠后复割；5级风害树新枝条抽叶5篷，形成的新树冠叶面积相当于同地、同类型胶园正常树叶面积40%以上时，可降低强度复割。

11.5 寒害树复割

树冠1级～2级寒害树第一篷叶老化后复割，3级寒害树第二篷叶老化后复割，4级～5级寒害树形成一定树冠，有正常叶量的40%后复割；茎干寒害树，3级及以下寒害树正常割胶，4级～5级寒害树停割，养树1年，胶树恢复正常生长以后才复割。

11.6 旱害树复割

受旱害第一篷落叶树，待重抽新叶老化后复割，受害较轻的可短期休割或降低割胶强度。

附 录 A
(规范性附录)
开割胶园林谱档案

A.1 开割胶园基本情况记录

见表 A.1。

表 A.1 开割胶园基本情况记录

地点(林段号):　　　　　　　　　　　树位号:

树位面积,hm^2		种植株数,株			种植年度			开割年度		
年份	年	年	年	年	年	年	年	年	年	年
胶工姓名										
肥料种类或组分										
施肥量										
施肥时间										
除草/控萌日期										
修剪方法和次数										
水土保持设施维护										
自然灾害及防治情况										
开割株数,株										
未开割株数,株										
死皮停割株数,株										
死皮率,%										
缺株、淘汰株,株										
割胶制度										
开割日期										
停割日期										
年割胶刀次,刀										
刺激浓度,%										
年刺激次数,次										
胶乳产量,kg										
干胶含量,%										
总产干胶,kg										
平均株产,kg										
平均 667 m^2 产量,kg										
胶工技术等级										
胶工年收入,元										

A.2 开割胶园树况记录

见表 A.2。

表 A.2 开割胶园树况记录

地点(林段号)： 树位号：

行株号	树况[a]									
	年	年	年	年	年	年	年	年	年	年

[a] 树况包括开割、死皮、风、寒害情况等。

A.3 开割胶园树位产量记录

见表 A.3。

表 A.3 开割胶园树位产量记录

地点(林段号)： 树位号： 胶工姓名： 统计年度：

项目	月份	日期															合计
割胶株树,株																	
胶乳产量,kg																	
干胶含量,%																	
长流胶,kg																	
杂胶,kg																	
割胶株树,株																	
胶乳产量,kg																	
干胶含量,%																	
长流胶,kg																	
杂胶,kg																	
割胶株树,株																	
胶乳产量,kg																	
干胶含量,%																	
长流胶,kg																	
杂胶,kg																	

附 录 B
（规范性附录）
割胶质量考核项目与评分

B.1 割胶质量考核项目与评分说明

见表 B.1。

表 B.1 割胶质量考核项目与评分说明

<table>
<tr><th rowspan="3">项目</th><th colspan="4">评分与适用范围</th><th rowspan="3">等级</th><th colspan="2">分数</th></tr>
<tr><th colspan="2" rowspan="2">评分条件</th><th colspan="2">割胶制度</th><th rowspan="2">树位检查</th><th rowspan="2">树桩考核</th></tr>
<tr><th>常规割胶</th><th>刺激割胶</th></tr>
<tr><td rowspan="4">割胶深度</td><td rowspan="4">离前后水线 2.0 cm处及割线中间各测1点(每株3个点)</td><td>3点符合</td><td rowspan="4">0.12 cm～0.18 cm</td><td rowspan="4">PR107 类品种≥0.18 cm
RRIM600 类品种≥0.20 cm</td><td>优</td><td>26</td><td>22</td></tr>
<tr><td>2点符合</td><td>良</td><td>23</td><td>20</td></tr>
<tr><td>1点符合</td><td>及格</td><td>20</td><td>17</td></tr>
<tr><td>全不符合</td><td>不及格</td><td>16</td><td>13</td></tr>
<tr><td rowspan="4">耗皮量</td><td colspan="2" rowspan="4">离前后水线 5 cm 处与割线垂直测量的平均数(每刀耗皮超 0.05 cm 的,在耗皮量中扣 1 分,扣完为止,如扣完,耗皮得分等于 0 分)</td><td rowspan="4">阳刀耗皮 0.14 cm</td><td rowspan="4">不同割胶频率耗皮
d3 阳刀:≤0.14 cm;阴刀:≤0.16 cm
d4 阳刀:≤0.16 cm;阴刀:≤0.20 cm
d5 阳刀:≤0.17 cm;阴刀:≤0.21 cm
d6 阳刀:≤0.20 cm;阴刀:≤0.23 cm
d7 阳刀:≤0.22 cm;阴刀:≤0.24 cm</td><td>优</td><td>24</td><td>21</td></tr>
<tr><td>良</td><td>21</td><td>18</td></tr>
<tr><td>及格</td><td>18</td><td>15</td></tr>
<tr><td>不及格</td><td>14</td><td>11</td></tr>
<tr><td rowspan="4">割面均匀</td><td colspan="2">割面 90%以上均匀</td><td rowspan="4">—</td><td rowspan="4">—</td><td>优</td><td>22</td><td>15</td></tr>
<tr><td colspan="2">割面 80%～90%均匀</td><td>良</td><td>20</td><td>14</td></tr>
<tr><td colspan="2">割面 70%～80%均匀</td><td>及格</td><td>17</td><td>13</td></tr>
<tr><td colspan="2">割面 70%以下均匀</td><td>不及格</td><td>13</td><td>10</td></tr>
<tr><td rowspan="4">割线斜度</td><td colspan="2">斜度合适,平面顺直</td><td rowspan="4">阳线斜度要求 25°～30°</td><td rowspan="4">阳线斜度要求 25°～30°
阴线斜度要求 40°～45°</td><td>优</td><td>14</td><td>8</td></tr>
<tr><td colspan="2">斜度合适,割线有点波浪</td><td>良</td><td>12</td><td>7</td></tr>
<tr><td colspan="2">斜度合适,割线波浪较大</td><td>及格</td><td>9</td><td>6</td></tr>
<tr><td colspan="2">斜度合适,割线波浪明显</td><td>不及格</td><td>7</td><td>5</td></tr>
<tr><td rowspan="4">下刀</td><td colspan="2">在下刀 0.5 cm 处够深、整齐</td><td rowspan="4">—</td><td rowspan="4">—</td><td>优</td><td>7</td><td>5</td></tr>
<tr><td colspan="2">够深、稍整齐</td><td>良</td><td>6</td><td>4</td></tr>
<tr><td colspan="2">稍够深、稍整齐</td><td>及格</td><td>5</td><td>3</td></tr>
<tr><td colspan="2">不够深或超深、不够整齐</td><td>不及格</td><td>3</td><td>2</td></tr>
<tr><td rowspan="4">收刀</td><td colspan="2">在收刀 0.5 cm 处够深、整齐</td><td rowspan="4">—</td><td rowspan="4">—</td><td>优</td><td>7</td><td>5</td></tr>
<tr><td colspan="2">够深、稍整齐</td><td>良</td><td>6</td><td>4</td></tr>
<tr><td colspan="2">稍够深、稍整齐</td><td>及格</td><td>5</td><td>3</td></tr>
<tr><td colspan="2">不够深或超深、不够整齐</td><td>不及格</td><td>3</td><td>2</td></tr>
<tr><td>伤口</td><td colspan="7">树位(树桩)消灭特伤口和大伤口的奖 10 分,每 1 个特伤口扣 4 分,1 个大伤口扣 2 分;树位小伤口不奖不扣,树桩每 1 个小伤口扣 1 分,有多少扣多少。</td></tr>
<tr><td rowspan="4">割胶速度</td><td rowspan="4">以长度 30 cm 的割线为准,割 15 刀,平均每刀耗时</td><td>14 s</td><td rowspan="4">—</td><td rowspan="4">—</td><td>优</td><td rowspan="4">—</td><td>10</td></tr>
<tr><td>15 s</td><td>良</td><td>8</td></tr>
<tr><td>16 s</td><td>及格</td><td>6</td></tr>
<tr><td>17 s</td><td>不及格</td><td>4</td></tr>
<tr><td rowspan="4">切片均匀</td><td colspan="2">近长方皮,有效皮占 90%以上</td><td rowspan="4">—</td><td rowspan="4">—</td><td>优</td><td rowspan="4">—</td><td>7</td></tr>
<tr><td colspan="2">有效皮占 80.1%～89.9%</td><td>良</td><td>6</td></tr>
<tr><td colspan="2">有效皮占 70.1%～79.9%</td><td>及格</td><td>5</td></tr>
<tr><td colspan="2">有效皮占 70%以下</td><td>不及格</td><td>4</td></tr>
</table>

表 B.1（续）

项目	评分与适用范围				等级	分数	
	评分条件		割胶制度			树位检查	树桩考核
			常规割胶	刺激割胶			
切片数	以长度 30 cm 割线的切片数（缩短或延长割线的按此类推）	少于 30 片	—	—	优	—	7
		31 片～35 片			良		6
		36 片～40 片			及格		5
		多于 40 片			不及格		4

B.2 割胶质量考核要求

每个割胶树位检查 25 株，阴阳线割胶的阳线 15 株、阴线 10 株。

树桩考核每个胶工割 3 棵树桩，分别为阳刀顺割、阳刀倒割和阴刀，每棵树桩割 15 刀。

割胶深度：每个割胶树位检查 5 株，阴阳线割胶的阳线 3 株、阴线 2 株。

割线倾斜度每大于或小于 2°的各扣 1 分，超多少扣多少。

下收刀超线扣分：每超 0.25 cm 扣 2 分，不足 0.25 cm 的部分不扣分；超多少扣多少。

B.3 胶工等级评定

以株以项计分，最后以其所占的得分比例计算总分。

树桩考核：90.0 分及以上为一等，75.0 分～89.9 分为二等，60.0 分～74.9 分为三等，60.0 分以下为等外。树位检查：85.0 分及以上为一等，75.0 分～84.9 分为二等，60.0 分～74.9 分为三等，60.0 分以下为等外。

附 录 C
（规范性附录）
割胶技术检查原始记录表

割胶技术检查原始记录表见表 C.1。

表 C.1 割胶技术检查原始记录表

单位： 胶工姓名： 树位编号： 品种： 检查日期： 检查人：

<table>
<tr><th rowspan="2">树号</th><th colspan="4">割胶深度</th><th rowspan="2">耗皮量
cm</th><th colspan="4">整齐度</th><th colspan="3">伤口</th><th colspan="2">六清洁</th><th colspan="4">综合评定</th></tr>
<tr><th>上</th><th>中</th><th>下</th><th>等级</th><th>割面</th><th>割线</th><th>下刀</th><th>收刀</th><th>特伤</th><th>大伤</th><th>小伤</th><th>胶树</th><th>胶杯</th><th colspan="3">项目</th><th>分数</th></tr>
<tr><td>1</td><td></td><td></td><td></td><td></td><td></td><td></td><td></td><td></td><td></td><td></td><td></td><td></td><td></td><td></td><td rowspan="4">割胶深度</td><td>优</td><td></td><td rowspan="4"></td></tr>
<tr><td>2</td><td></td><td></td><td></td><td></td><td></td><td></td><td></td><td></td><td></td><td></td><td></td><td></td><td></td><td></td><td>良</td><td></td></tr>
<tr><td>3</td><td></td><td></td><td></td><td></td><td></td><td></td><td></td><td></td><td></td><td></td><td></td><td></td><td></td><td></td><td>及格</td><td></td></tr>
<tr><td>4</td><td></td><td></td><td></td><td></td><td></td><td></td><td></td><td></td><td></td><td></td><td></td><td></td><td></td><td></td><td>不及格</td><td></td></tr>
<tr><td>5</td><td></td><td></td><td></td><td></td><td></td><td></td><td></td><td></td><td></td><td></td><td></td><td></td><td></td><td></td><td rowspan="2">耗皮</td><td>实际</td><td></td><td rowspan="2"></td></tr>
<tr><td>6</td><td></td><td></td><td></td><td></td><td></td><td></td><td></td><td></td><td></td><td></td><td></td><td></td><td></td><td></td><td>标准</td><td></td></tr>
<tr><td>7</td><td></td><td></td><td></td><td></td><td></td><td></td><td></td><td></td><td></td><td></td><td></td><td></td><td></td><td></td><td rowspan="4">整齐度</td><td colspan="2">割面</td><td></td></tr>
<tr><td>8</td><td></td><td></td><td></td><td></td><td></td><td></td><td></td><td></td><td></td><td></td><td></td><td></td><td></td><td></td><td colspan="2">割线</td><td></td></tr>
<tr><td>9</td><td></td><td></td><td></td><td></td><td></td><td></td><td></td><td></td><td></td><td></td><td></td><td></td><td></td><td></td><td colspan="2">下刀</td><td></td></tr>
<tr><td>10</td><td></td><td></td><td></td><td></td><td></td><td></td><td></td><td></td><td></td><td></td><td></td><td></td><td></td><td></td><td colspan="2">收刀</td><td></td></tr>
<tr><td>11</td><td></td><td></td><td></td><td></td><td></td><td></td><td></td><td></td><td></td><td></td><td></td><td></td><td></td><td></td><td rowspan="4">伤树情况</td><td>伤树，株</td><td></td><td rowspan="4"></td></tr>
<tr><td>12</td><td></td><td></td><td></td><td></td><td></td><td></td><td></td><td></td><td></td><td></td><td></td><td></td><td></td><td></td><td>特伤，个</td><td></td></tr>
<tr><td>13</td><td></td><td></td><td></td><td></td><td></td><td></td><td></td><td></td><td></td><td></td><td></td><td></td><td></td><td></td><td>大伤，个</td><td></td></tr>
<tr><td>14</td><td></td><td></td><td></td><td></td><td></td><td></td><td></td><td></td><td></td><td></td><td></td><td></td><td></td><td></td><td>小伤，个</td><td></td></tr>
<tr><td>15</td><td></td><td></td><td></td><td></td><td></td><td></td><td></td><td></td><td></td><td></td><td></td><td></td><td></td><td></td><td colspan="3">六清洁</td><td></td></tr>
<tr><td>16</td><td></td><td></td><td></td><td></td><td></td><td></td><td></td><td></td><td></td><td></td><td></td><td></td><td></td><td></td><td colspan="3">实际割胶刀数，刀</td><td></td></tr>
<tr><td>17</td><td></td><td></td><td></td><td></td><td></td><td></td><td></td><td></td><td></td><td></td><td></td><td></td><td></td><td></td><td colspan="3">胶刀等级，等</td><td></td></tr>
<tr><td>18</td><td></td><td></td><td></td><td></td><td></td><td></td><td></td><td></td><td></td><td></td><td></td><td></td><td></td><td></td><td colspan="3" rowspan="5">总分，分</td><td rowspan="5"></td></tr>
<tr><td>19</td><td></td><td></td><td></td><td></td><td></td><td></td><td></td><td></td><td></td><td></td><td></td><td></td><td></td><td></td></tr>
<tr><td>20</td><td></td><td></td><td></td><td></td><td></td><td></td><td></td><td></td><td></td><td></td><td></td><td></td><td></td><td></td></tr>
<tr><td>21</td><td></td><td></td><td></td><td></td><td></td><td></td><td></td><td></td><td></td><td></td><td></td><td></td><td></td><td></td></tr>
<tr><td>22</td><td></td><td></td><td></td><td></td><td></td><td></td><td></td><td></td><td></td><td></td><td></td><td></td><td></td><td></td></tr>
<tr><td>23</td><td></td><td></td><td></td><td></td><td></td><td></td><td></td><td></td><td></td><td></td><td></td><td></td><td></td><td></td><td colspan="3" rowspan="5">割胶技术综合评价等级，等</td><td rowspan="5"></td></tr>
<tr><td>24</td><td></td><td></td><td></td><td></td><td></td><td></td><td></td><td></td><td></td><td></td><td></td><td></td><td></td><td></td></tr>
<tr><td>25</td><td></td><td></td><td></td><td></td><td></td><td></td><td></td><td></td><td></td><td></td><td></td><td></td><td></td><td></td></tr>
<tr><td>合计</td><td></td><td></td><td></td><td></td><td></td><td></td><td></td><td></td><td></td><td></td><td></td><td></td><td></td><td></td></tr>
<tr><td>总计</td><td></td><td></td><td></td><td></td><td></td><td></td><td></td><td></td><td></td><td></td><td></td><td></td><td></td><td></td></tr>
</table>

附　录　D
（规范性附录）
树位死皮情况调查

D.1　树位死皮情况调查表

见表 D.1。

表 D.1　树位死皮情况调查表

单位：　胶工姓名：　　树位编号：　品种：　　调查日期：　　调查人：

树号	割线长度，cm	死皮长度，cm	死皮级别
1			
2			
3			
4			
5			
6			
7			
8			
9			
10			
11			
12			
13			
14			
15			
16			
17			
18			
19			
20			
合计			
平均			

D.2　死皮分级标准

按照第 10 章的规定执行。

附　录　E
（规范性附录）
树位死皮情况统计

E.1　树位死皮情况统计表

见表 E.1。

表 E.1　树位死皮情况统计表

序号	树位编号	胶工姓名	调查株数，株	死皮株数，株						死皮率，%	4 级、5 级死皮率，%	死皮指数
				0 级	1 级	2 级	3 级	4 级	5 级			
1												
2												
3												
4												
5												
6												
7												
8												
9												
10												
11												
12												
13												
14												
15												
16												
17												
18												
19												
20												
合计												
平均												

E.2　死皮率及死皮指数

以树位为单位计算。

附加说明：

本标准按照 GB/T 1.1—2009 给出的规则起草。

本标准代替 NY/T 1088—2006《橡胶树割胶技术规程》。与 NY/T 1088—2006 相比，除编辑性修改外主要变化如下：

——修改了标准适用范围，增加了“适用于橡胶树死皮分级”，删除了“是中国橡胶树生产主管部门和植胶单位规范橡胶树割胶技术的依据”（见第1章，2006年版的第1章）；
——增加了规范性引用文件 NY/T 2263—2012，删除了 NY/T 607—2002（见第2章，2006版的第2章）；
——修改了割胶、橡胶树的产胶类型、林段、树位、开割标准、割胶制度、割胶强度、刺激强度、排胶强度、割线、割胶频率、刺激剂、割面规划、刺激技术、割胶刀数、停割期、割胶深度、树皮消耗量、死皮、死皮率、伤口率、干胶含量的定义；删除了胶工、产胶能力的定义（见第3章，2006年版的第3章）；
——增加了产胶潜力、开割率、割胶制度符号、割面轮换、长流胶、杂胶、常规割胶、低频割胶、超低频割胶、气刺短线割胶、气室、吊颈皮、浅割、一浅四不割、PR107类品种、RRIM600类品种的定义（见第3章，2006年版的第3章）；
——增加了“以高效、高产、安全为目标”的割胶原则（见第4章，2006年版的第4章）；
——修改了第5章标题为“开割前准备”，修改了配备割胶辅导员的规定（见第5章，2006年版的第5章）；
——删除了开割标准中优良实生树的相关规定，增加了林段开割3年后或开割率超过80%以上时的开割规定（见6.1，2006年版的6.1）；
——增加了“割面规划原则”（见6.2）；
——修改了新开割树开割高度的规定，删除了优良实生树的开割高度规定，增加了新开割林段割面方向的规定（见6.3和6.4，2006年版的6.2）；
——修改了割线倾斜度的表述（见6.5，2006年版的6.3）；
——增加了开割线和割面轮换的规定（见6.6和6.7）；
——修改了2006年版的第10章为本版的第7章，修改了割胶刀的规定（见第7章，2006年版的第10章）；
——增加了割胶制度的总则（见8.1）；
——修改了乙烯利刺激割胶和非刺激割胶的顺序（见8.2和8.3，2006年版的7.1和7.2）；
——增加了d6、d7超低频割胶制度，修改了乙烯利刺激割胶制度的表述（见8.3.1，2006年版的7.1.1）；
——修改了“耐刺激品种”为“PR107类品种”，“不耐刺激品种”为“RRIM600类品种”，增加了d3低频割制中“随着割龄的增长，刺激浓度每间隔5年增加1次，每次在原来浓度基础上增加0.5个百分点”的规定，增加了d6、d7超低频割胶的刺激浓度规定（见8.3.2，2006年版的7.1.2）；
——增加了超低频割胶的刺激剂规定（见8.3.3）；
——修改了施用剂量为施用剂量和施药周期2条；增加了d6、d7超低频割胶的施药周期规定（见8.3.4和8.3.5，2006年版的7.1.4）；
——增加了d6、d7超低频割胶的涂药方法规定（见8.3.6，2006年版的7.1.5）；
——增加了d6、d7超低频割胶的割胶刀数规定（见8.3.7，2006年版的7.1.6）；
——增加乙烯气体刺激割胶的相关内容（见8.4）；
——修改了割胶生产技术指标中开割期相关内容的表述（见9.1，2006年版的8.1）；
——增加了干胶含量低于冬季割胶控制线，当年停割，新开割树应适当提前停割的规定（见9.2）；
——增加了冬季割胶、初割期胶树和树皮偏薄胶树的割胶深度规定（见9.4）；
——增加了d6、d7超低频割制树皮消耗量的规定（见9.5）；
——增加了死皮分级及防控管理1章，对死皮发生预兆、死皮分级、死皮率和死皮指数计算方法、死皮率控制指标、死皮防控管理进行了规定（见第10章）；
——修改了章标题为“受害树复割”，增加了复割的原则、死皮树复割和旱害树复割的规定（见第11

章,2006 年版的第 9 章);

——删除了 2006 年版的第 11 章病虫害防治(见 2006 年版的第 11 章);

——删除了 2006 年版的第 12 章开割胶园管理(见 2006 年版的第 12 章);

——修改了 2006 年版的附录 D 为本版的附录 A 开割胶园林谱档案,增加了开割胶园树位产量记录表(见附录 A,2006 年版的附录 D);

——修改了 2006 年版的附录 A 为本版的附录 B 割胶质量考核项目与评分,增加了 d6、d7 超低频割胶的考核与评分规定(见附录 B,2006 年版的附录 A);

——修改了 2006 年版的附录 B 为本版的附录 C 割胶技术检查原始记录表(见附录 C,2006 年版的附录 B);

——修改了 2006 年版的附录 C 为本版的附录 D 树位死皮情况调查,删除了死皮率、死皮指数两列(见附录 D,2006 年版的附录 C);

——增加了树位死皮情况统计(见附录 E)。

请注意本文件的某些内容可能涉及专利。本文件的发布机构不承担识别专利的责任。

本标准由农业农村部农垦局提出。

本标准由农业农村部热带作物及制品标准化技术委员会归口。

本标准起草单位:中国热带农业科学院橡胶研究所。

本标准主要起草人:罗世巧、杨文凤、王真辉、校现周、仇键、高宏华、魏芳、胡义钰、吴明。

本标准所代替标准的历次版本发布情况为:

——NY/T 1088—2006。

中华人民共和国农业行业标准

天然橡胶初加工企业安全技术规范

Safety technical specification for primary processing enterprises of natural rubber

NY/T 1404—2020

代替 NY/T 1404—2007

1 范围

本标准规定了天然橡胶初加工企业安全生产的技术规范。

本标准适用于天然橡胶初加工企业安全生产的管理。

2 规范性引用文件

下列文件对于本文件的应用是必不可少的。凡是注日期的引用文件，仅注日期的版本适用于本文件。凡是不注日期的引用文件，其最新版本(包括所有的修改单)适用于本文件。

GB 2894 安全标志及其使用导则

GB 5226.1 机械电气安全 机械电气设备 第1部分：通用技术条件

GB/T 8082 天然生胶 技术分级(TSR)橡胶 包装、标志、贮存和运输

GB 8196 机械安全 防护装置 固定式和活动式防护装置设计与制造一般要求

GB 8978 污水综合排放标准

GB 13271 锅炉大气污染物排放标准

GB/T 13869 用电安全导则

GB 15603 常用化学危险品贮存通则

GB/T 16754 机械安全 急停 设计原则

GB 18597 危险废物贮存污染控制标准

GB 50016 建筑设计防火规范

GB 50054 低压配电设计规范

GB 50057 建筑防雷设计规范

GB 50084 自动喷水灭火系统设计规范

GB/T 50087 工业企业噪声控制设计规范

DL/T 692 电力行业紧急救护技术规范

NY/T 385 天然生胶 浅色标准橡胶生产技术规程

NY/T 734 天然生胶 通用标准橡胶生产工艺规程

NY/T 735 天然生胶 子午线轮胎橡胶加工技术规程

NY/T 924 浓缩天然胶乳 氨保存离心胶乳加工技术规程

NY/T 925 天然生胶 技术分级橡胶全乳胶(SCR WF)生产技术规程

NY/T 928 天然生胶 恒粘橡胶生产工艺规程

NY/T 1813 浓缩天然胶乳 氨保存离心低蛋白质胶乳生产技术规范

中华人民共和国农业部 2020-11-12 发布　　2021-04-01 实施

NY/T 2185　天然生胶　胶清橡胶加工技术规程
NY/T 3009　天然生胶　航空轮胎橡胶加工技术规范
NY/T 1220.1　沼气工程技术规范　第1部分:工艺设计
NY/T 1220.2　沼气工程技术规范　第2部分:供气设计
TSG 08　特种设备使用管理规则通用安全规范

3　通用安全规范

3.1　厂区安全

3.1.1　厂区应保持清洁卫生,绿化良好,安装醒目的安全说明和安全标识。

3.1.2　厂区道路应平坦,供排水管和沟渠应通畅,有明沟且大于 100 mm×200 mm 时应铺设盖板。

3.1.3　厂区厕所应有冲水、洗手装置,并应经常清洗、消毒,保持卫生清洁。

3.1.4　厂房内应空气流通,采光良好。空气流通差的作业区应设有排风装置,高温作业区应设有降温装置。

3.1.5　厂房内的原材料、半成品、产品及其他物品的堆放应整齐有序,方便搬运操作,车间内应留有足够货物进出通道和符合消防安全规定的安全通道。

3.1.6　化工原料及产品仓库应分开,产品仓库应设有防潮、防水、防火装置,化工原料仓库尤其危险化学药品仓库应设有必要的通风设施,做好醒目的化学药品或危险化学药品标识,配备化学品安全资料及应急沙池、灭火器、消防栓等,可能发生反应的化学药品应隔离储放,并有相应的防护措施。

3.1.7　工厂应设置消防通道、行车通道和人员通道。非生产人员未经许可,不应擅自进入生产车间。

3.1.8　不应携带易燃易爆物品进入工厂,不应在油库、仓库、储存易燃易爆物品等场所吸烟、生火或进行电焊、电割、气焊、气割作业。若油库、仓库等易燃易爆环境确实需要动火作业的,应依法依规取得许可,并采取隔离、看守等措施,做好应急准备。

3.1.9　电焊、电割、气焊、气割等特种作业人员和铲车、叉车驾驶员应经过岗位培训和考核,取得相应从业资格证方可从事相关工作。同时,工厂的铲车、叉车应严格按国家安监部门要求进行检测,并获得使用许可。

3.1.10　厂内应根据不同设施、设备的防火、防爆要求,设置足够的有针对性的灭火、防爆器材。定期对消防器材进行检查,及时维修、更换过期或失效的消防器材。

3.1.11　建立消防监督机制,制订消防应急预案,分期分批对员工进行消防知识培训,并开展消防应急演练。

3.1.12　厂区内应设有足够的防雷设施,防雷设施的设置应符合 GB 50057 的第三类防雷建筑物的要求,并执行《防雷减灾管理办法》。

3.1.13　产品仓库、油库、废水处理池、供配电装置等危险区域应设有安全警示标志及防护设施,警示标志应符合 GB 2894 的规定。

3.1.14　天然生胶的产品仓库,应符合 GB 50016 的设计要求,按 GB 50084 的要求安装自动喷水灭火装置。

3.1.15　厂区的噪声应符合 GB/T 50087 的要求。

3.1.16　有限空间的作业,应严格遵守《工贸企业有限空间作业安全管理与监督暂行规定》。

3.2　用电安全

3.2.1　厂区供电设施配置应符合 GB 50054 的规定,提供足够的用电容量。

3.2.2　工厂的用电设施的安装应符合 GB/T 13869 的要求。

3.2.3　工厂应配备专职电工,电工应持有国家认可的高压、低压电操作上岗资格证书才能在相对应的岗位上岗，应由电工进行电器及线路的安装、维修及保养。

3.2.4　用电设备的安装、修理应有电工参与。

3.2.5　定期检查供电线路、电器及保护装置，及时排除安全隐患。

3.2.6　所有的照明灯应固定悬挂，高度应不低于 2.5 m。

3.2.7　不应使用挂钩线、破股线、地爬线和绝缘不合格的导线接电。

3.2.8　不应攀爬、跨越电力设施的保护围墙或遮栏。

3.2.9　不应往电力线、变压器上扔东西。

3.2.10　不应在电力线上挂置物品。晒衣线(绳)与电力线应保持 1.25 m 以上的水平距离。

3.2.11　不应在通信线、广播线和电力线同杆架设。通信线、广播线、电力线进户时应明显分开。

3.2.12　不应在高压电力线路底下盖房子、栽树及其他危害电力安全的行为。

3.2.13　发现电力线断落时，不应靠近。应离开导线的落地点 8 m 以外，并看守现场，立即告知专业人员处理。

3.2.14　发现有人触电，应尽快断开电源，并按 DL/T 692 的规定进行救护。

3.2.15　跨房的低压电力线与房顶的垂直距离应保持 2.5 m 及以上，对建筑物的水平距离应保持 1.25 m及以上。

3.2.16　擦拭灯头、开关、电器时，应断开电源开关后进行。更换灯泡时，应站在干燥木凳等绝缘物上。

3.2.17　用电设备出现异常，应先断开电源开关，再尽快告知专业人员处理。

3.2.18　用电设备的外壳、手柄开关、机械防护有破损或失灵等有碍安全的情况时，应及时修理，未经修复不应使用。

3.2.19　电动闸门的上下限位开关应灵敏，确保使用中不出现偏差。手动与电动的切换装置也应可靠。手动时，应由连锁装置开关切断电源。

3.2.20　新购置和长时间停用的用电设备，使用前应检查绝缘情况。

3.2.21　用电负荷不应超过导线的允许载流量，发现导线有过热的情况，应立即停止用电，并报告电工检查处理。

3.2.22　熔断器的熔体等各种过流保护器、漏电保护装置，应按规程规定装配，保持其动作可靠。

3.2.23　发生电气火灾时，应先断开电源再行灭火，不能切断电源时应使用专用灭火器。

3.3　设备的安装、保养和维修安全

3.3.1　起重设备、锅炉、压力容器等特种设备的安装、使用和检修，应符合 TSG 08 和《特种设备安全监察条例》的有关规定。

3.3.2　机器及电器的设置应符合生产工艺的安全要求，确保操作人员的安全，方便安全生产操作及维修保养。

3.3.3　设备的安装应按照设备安装说明书的要求执行，吊装绳索应满足额定负荷的强度要求，吊装过程操作人员应远离吊装机器的下方。

3.3.4　电动设备外露的传动组件防护应符合 GB 8196 的要求。

3.3.5　每台设备应设置单独开关，大型或高速运转的设备、易造成人身伤害的设备(压薄机、绉片机等)还应在操作位置设置紧急停车装置，紧急停车装置应符合 GB/T 16754 的要求。

3.3.6　所有的电控装置及电动机应有可靠的接地措施，并符合 GB 5226.1 规定。

3.3.7　定期检查机器设备零部件的损耗、各连接处的紧固、润滑油的消耗状况，及时处理相应出现的不良情况。

3.3.8　设备的润滑保养应根据不同设备的使用情况定期进行，不应在机器运转时加注润滑油。

3.3.9 设备运转时出现异常响声、发热、震动或其他变化时，应停机检查，排除隐患后才能继续开机。

3.3.10 离心机应定期探伤、动平衡检测。

3.3.11 采购化工原材料时，应注意盛装化工原材料设备的安全因素。

3.3.12 维修设备前，应切断电源，设立有效的警示标志。

3.3.13 设备运转中有可能松脱的零件、部件应有防松装置。往复运动的零件应有限位的保险装置。

3.3.14 在易发生危险的部位应设有安全标志或涂有安全色。

3.4 试验室安全

3.4.1 试验室各岗位应建立相应岗位操作规程。

3.4.2 试验人员应经过专业培训，熟悉各检验项目的检验方法、操作技能，经考核获得上岗证才能上岗。

3.4.3 试验室内的仪器设备、材料、工具等物品应保持清洁、摆放整齐、布局合理。易燃易爆物品应远离电源和热源。试验室内不应存放与试验室工作无关的任何物品，废旧物品应及时清理，避免无序堆放，并留有足够的安全通道。

3.4.4 有毒、有害、易燃、易爆等危险化学药品应专柜或专门地点存放，由专人妥善保管，储存应符合 GB 15603 的规定。

3.4.5 试验室内应配备专门的劳保用品：口罩、手套、防护眼镜、防护服、橡胶鞋等用具。

3.4.6 试验人员配制酸、碱等各类溶液时，应戴好防护用具，严格按照操作规程进行操作。

3.4.7 应按使用说明书要求及操作规程使用仪器设备。

3.4.8 所有试验应做好原始记录。

3.4.9 应建立有毒、有害药品的台账。危险化学品、易制毒化学品的申购、装卸、运输、储存、使用和处置等环节，应严格遵守《危险化学品安全管理条例》《易制毒化学品管理条例》。

3.4.10 所有试验室人员应熟悉各种不同消防器具的使用方法，并定期进行应急演练。试验室人员应做到三懂：懂得本岗位的火灾危险性，懂得预防火灾措施，懂得灭火方法；同时，做到三会：会报警、会使用消防器材、会扑灭初级火灾。

3.5 环境保护安全

3.5.1 天然橡胶初加工企业应有相应的废水处理设施，在废水排放口设置永久性标志和废水监测装置，并在当地环保部门备案。

3.5.2 生产过程排出的废水应经处理并符合 GB 8978 的规定才能排放。

3.5.3 废水处理设施若进行沼气利用，沼气的设施应符合 NY/T 1220.1、NY/T 1220.2 的要求。

3.5.4 废水处理构筑物应按照有关规定设置防护安全措施。

3.5.5 在人员进入密闭的废水处理构筑物检修前，应进行不小于 1 h 的强制通风。经过仪器检测，确定符合安全条件时，人员方可进入。

3.5.6 危险废物应实现最少化，尤其注意溶剂的回收和重复利用。对于难处理的废物应及时收集并从工作区域转移，按 GB 18597 的要求存放并做好记录台账。剧毒、严重腐蚀和含有重金属的废物、废液应交付有资质的化学废物处置公司处置。

3.5.7 使用锅炉作为热源的天然橡胶初加工企业，锅炉的使用必须严格遵守 TSG 08 和《特种设备安全监察条例》的要求，锅炉烟囱排放的废气应符合 GB 13271 的规定。

4 天然生胶安全生产规范

4.1 总则

天然生胶安全生产除执行 NY/T 385、NY/T 734、NY/T 735、NY/T 925、NY/T 928、NY/T 2185、NY/T 3009 的规定外，还应遵守 4.2、4.3 和 4.4 的规定。

4.2 运输、凝固岗位安全

4.2.1 运胶车车厢不应人胶混载。行车前，胶乳罐顶盖及出口应关紧，车厢后板应扣好。

4.2.2 清洗胶乳罐前，应将上灌口及卸胶阀打开，然后喷洒清水冲洗，确认氨气排尽后方可进入罐内清除凝胶块。进入罐内时，罐外应有人协助、守护。

4.2.3 按操作规程启动沉降器，在离心沉降器转鼓完全停稳后方可拆洗收集罩及转鼓。使用完毕，应及时切断离心沉降器的电源。

4.2.4 凝固工段应配备护目镜、口罩、橡胶手套、橡胶围裙、橡胶水鞋等防护用具。

4.2.5 配制酸溶液时，操作人员应戴好防护用具，严格按照操作规程进行操作，避免正面对着酸罐口，防止酸伤人。若用硫酸做凝固剂，应将硫酸缓慢倒入水中，不应将水倒入硫酸，避免酸液沸腾和飞溅。

4.2.6 泄漏地面的酸溶液应及时用水冲洗。

4.2.7 胶乳混合池、稀酸溶液池应合理设置防护设施。

4.2.8 不应在混合池边伏身用手捞取池中杂物。

4.2.9 建立凝固工段的台账。

4.2.10 凝固完毕，应清洗干净工具、混合池，将混合池周围地面的积水清除干净。

4.2.11 凝固所用的凝固剂，属于危险化学品、易制毒化学品的，其申购、装卸、运输、储存、使用和处置，应严格遵守《危险化学品安全管理条例》《易制毒化学品管理条例》。

4.3 造粒岗位安全

4.3.1 应严格按照操作规程启动造粒生产线上的设备，非正常停机时机器不应带负荷启动。

4.3.2 压薄机运转时，不应站在压薄机前的凝固槽上拉胶喂料。倒片时，不应踩踏、拖拉胶片。

4.3.3 绉片机运转时，不应直接用手将打滑胶块压进滚筒。

4.3.4 输送带运转时，不应伸手拿取夹在滚筒与输送带间的胶块。

4.3.5 采用洗涤法洗涤胶料时，不应将手伸进运转的洗涤箱中拾取杂物或推动胶团。

4.3.6 设备运转时，不应用手捞取洗涤池中杂物，也不应将手伸进设备中拾取杂物或推动胶团。

4.3.7 不应在设备的喷淋装置下洗手、洗物。

4.3.8 造粒完毕应清洗干净设备、设施，然后将车间地面积水清除。

4.3.9 工作人员离岗前应将设备的总开关关闭。

4.4 干燥、包装、储存岗位安全

4.4.1 应按操作程序进行燃炉点火，点火时操作人员不应正面对炉口。

4.4.2 燃煤干燥点火前应检查炉膛内的耐火材料是否脱落，煤炉加热管是否破裂，发现问题应立即停止使用，修复清理后方可重新使用。

4.4.3 应严格控制升温及产品的正常出车时间，并建立干燥温度及进出车记录制度。

4.4.4 非正常停机时，应迅速关闭油路、气路，并继续抽风。再次点火前，应抽风 1 min～2 min。

4.4.5 胶料卸车时，不应在吊起的干燥车箱下操作，应将干燥车可靠锁定。

4.4.6 压包机的液压管应安装防脱落装置。

4.4.7 应严格按操作程序启动、运行橡胶压包机，压头应对准压包箱才可向下压包。

4.4.8 压包过程中，不应将手伸入压头与压包箱之间拔胶或加胶。

4.4.9 装袋、封袋过程应认真、小心操作，防止将锥子、缝针等物件封入袋中。

4.4.10 胶包入库堆叠应整齐、稳固，并符合 GB/T 8082 的规定。

5 浓缩天然胶乳生产安全技术规范

5.1 总则

浓缩天然胶乳安全生产除执行 NY/T 924、NY/T 1813 的规定外，还应遵守 5.2、5.3、5.4 的规定。

5.2 运输、澄清岗位安全

5.2.1 浓缩天然胶乳生产的运输岗位安全要求按 4.2.1、4.2.2 的规定执行。

5.2.2 澄清罐的进料口应备盖，不卸胶乳时应盖好盖子。

5.2.3 给胶乳补加氨时，氨罐出口开关应向上。

5.2.4 鲜胶乳补氨前，应检查加氨管道是否畅通或泄漏，加氨开关是否灵敏。加氨完毕，立即从澄清罐取出加氨管，清洗干净。

5.2.5 清洗澄清罐前，应打开盖口，启动鼓风机或抽风机驱除氨气，确定罐内没有氨味后，清洗人员方可进入罐内清洗。作业时应设置警示标志、防护栏。

5.2.6 澄清罐清洗工作应有 2 人在场，下罐前应系好安全带，打开照明灯，利用扶梯清洗内壁时，应有人固定扶梯。

5.3 离心车间岗位安全

5.3.1 应按操作程序启动、停止、拆洗、装合离心机。

5.3.2 启动前应检查各管道、开关、流槽及其他用具是否连接好，刹车装置是否放开，不应同时启动多台离心机。

5.3.3 离心机尚未完全停稳前，不应进行拆机清洗。

5.3.4 拆卸离心机时，应按顺序摆放各部件，不应用铁器敲、撬难拆部件；清洗时，不应用铁器刮除杂质；装合时，应按拆卸的反顺序进行，检查连接环的符号是否正对顶盖符号，转鼓是否能自由转动，收集罩、调节斗的出口是否正确。

5.3.5 清洗完离心机转鼓后，及时将工作场所地面积水清扫干净。

5.4 浓缩胶乳积聚岗位安全

5.4.1 浓缩胶乳的补氨操作应按 5.2.3、5.2.4 的规定执行。配制月桂酸铵溶液时，操作人员应戴好口罩、橡胶手套、防护眼镜、防护服、橡胶鞋等安全用具。

5.4.2 浓缩胶乳积聚罐的进料口应盖好，必要时上锁。

5.4.3 液氨的申购、装卸、储存、使用和处置等环节，应严格遵守《危险化学品安全管理条例》。

5.4.4 浓缩胶乳积聚罐的清洗应按 5.2.5、5.2.6 的要求执行。

5.5 胶清车间岗位安全

胶清车间岗位的安全操作按第 4 章的规定执行。

附加说明：

本标准按 GB/T 1.1—2009 给出的规则起草。

本标准代替 NY 1404—2007《天然橡胶初加工企业安全技术规范》。与 NY 1404—2007 相比，除编辑性修改外，主要技术变化如下：

——由强制性农业行业标准改为推荐性农业行业标准；

——增加了引用标准 GB 8978(见 3.5.2)、GB 13271(见 3.5.7)、GB/T 13869(见 3.2.2)、GB 18597(见 3.5.6)、GB 50016(见 3.1.14)、GB 50054(见 3.2.1)、GB 50057—2010(见 3.1.12)、GB

50084(见 3.1.14)、GB/T 50087(见 3.1.15)、DL/T 692(见 3.2.14)、NY/T 1220.1(见 3.5.3)、NY/T 1220.2(见 3.5.3)、NY/T 1813(见 5.1)、NY/T 2185(见 4.1)、NY/T 3009(见 4.1)、TSG 08(见 3.3.1 和 3.5.7);

——删去引用标准 GB 16179(见 2007 年版的 3.1.17);

——删去引用标准 NY 687(见 2007 年版的 3.4.2);

——修改了化工原料及产品仓库的规定(见 3.1.6,2007 年版的 3.1.6);

——将"非生产人员未经许可,不应擅自进入生产车间"修改为:"工厂应设置消防通道、行车通道和人员通道。非生产人员未经许可,不应擅自进入生产车间"(见 3.1.7,2007 年版的 3.1.7);

——修改了易燃易爆物品管理的规定(见 3.1.8,2007 年版的 3.1.8);

——增加了"电焊、电割、气焊、气割等特种作业人员和铲车、叉车驾驶员应经过岗位培训和考核,取得相应从业资格证方可从事相关工作。同时,工厂的铲车、叉车应严格按国家安监部门要求进行检测,并获得使用许可"(见 3.1.9);

——增加了"天然生胶的产品仓库,应符合 GB 50016 的设计要求,按 GB 50084 的要求安装自动喷水灭火装置"(见 3.1.14);

——增加了"厂区的噪声应符合 GB/T 50087 的要求"(见 3.1.15);

——增加了"有限空间的作业,应严格遵守《工贸企业有限空间作业安全管理与监督暂行规定》"(见 3.1.16);

——增加了"用电安全"(见 3.2);

——将"应由持有合法有效证件的专业人员进行电器及线路的安装、维修及保养"修改为"工厂应配备专职电工,电工应持有国家认可的高压、低压电操作上岗资格证书才能在相对应的岗位上岗,应由电工进行电器及线路的安装、维修及保养"(见 3.2.3,2007 年版的 3.1.15);

——增加了"工厂的用电设备的安装应符合 GB/T 13869 的要求"(见 3.2.2);

——增加了"用电设备的安装、修理应有电工参与"(见 3.2.4);

——增加了 3.2.7～3.2.23;

——增加了"起重设备、锅炉、压力容器等特种设备的安装、使用和检修,应符合国家现行的《特种设备安全监察条例》有关规定"(见 3.3.1);

——删除了 2007 年版的 3.2.2、3.2.7、3.2.14;

——"设有电动机的设备的带传动、链传动、齿轮传动及轴传动等外露的运动组件应有防护装置,防护装置应具备足够不变形的强度和刚度,防护装置的网孔应保证人体任何部位不会触及运动部件,并符合 GB 8196 的要求"修改为"电动设备外露的传动组件防护应符合 GB 8196 的要求"(见 3.3.4,2007 年版的 3.2.4);

——将"设备运转时出现异常响声、发热、震动或其他变化时,应停机检查,排除事故隐患后才能继续开机。严禁机器运转时排除故障、擦洗机器、消除杂质。"修改为"设备运转时出现异常响声、发热、震动或其他变化时,应停机检查,排除隐患后才能继续开机"(见 3.3.9,2007 年版的 3.2.10);

——增加了"设备运转中有可能松脱的零件、部件应有防松装置。往复运动的零件应有限位的保险装置"(见 3.3.13);

——增加了"在易发生危险的部位应设有安全标志或涂有安全色"(见 3.3.14);

——"实验室内各种化学试剂应分类存放,各类溶剂应编写标签"修改为:"试验室内的仪器设备、材料、工具等物品应保持清洁,摆放整齐,布局合理。易燃易爆物品应远离电源和热源。试验室内不应存放与试验室工作无关的任何物品,废旧物品应及时清理,避免无序堆放,并留有足够的安全通道"(见 3.4.3,2007 年版的 3.3.3);

——修改了试验室工作人员的相关规定(见 3.4.9、3.4.10,2007 年版的 3.3.2、3.3.11);

——删除了2007年版的3.3.8、3.3.9；

——删除了2007年版的3.5.3；

——增加了3.5.3、3.5.4、3.5.5、3.5.6、3.5.7；

——第4章和第5章的悬置段改为“4.1 总则”和“5.1 总则”（见第4章、第5章，2007年版的第4章、第5章）；

——增加了“胶乳混合池、稀酸溶液池应合理设置防护设施”（见4.2.7）；

——增加了“凝固所用的凝固剂，属于危险化学品、易制毒化学品的，其申购、装卸、运输、储存、使用和处置，应严格遵守《危险化学品安全管理条例》《易制毒化学品管理条例》”（见4.2.11）；

——合并了2007年版4.2.6、4.2.7为4.3.6，内容修改为“设备运转时，不应用手捞取洗涤池中杂物，也不应将手伸进设备中拾取杂物或推动胶团”（见4.3.6，2007年版的4.2.6、4.2.7）；

——增加了“胶料卸车时，不应在吊起的干燥车箱下操作，应将干燥车可靠锁定”（见4.4.5）；

——增加了“压包机的液压管应安装防脱落装置”（见4.4.6）；

——增加了“液氨的申购、装卸、贮存、使用和处置等环节，应严格遵守《危险化学品安全管理条例》”（见5.4.3）；

——修改了条的编号顺序（见3.1.13、3.2.1、3.2.5、3.2.6、3.3、3.3.2、3.3.7、3.3.8、3.3.10、3.3.11、3.3.12、5.4.4，2007年版的3.1.17、3.1.13、3.1.14、3.1.16、3.2、3.2.1、3.2.8、3.2.9、3.2.11、3.2.12、3.2.13、5.3.3）。

请注意本文件的某些内容可能涉及专利。本文件的发布机构不承担识别这些专利的责任。

本标准由农业农村部农垦局提出。

本标准由农业农村部热带作物及制品标准化技术委员会归口。

本标准由中国热带农业科学院农产品加工研究所负责起草，海南中橡科技有限公司、云南农垦集团有限责任公司、西双版纳中化橡胶有限公司、广东省广垦橡胶集团有限公司、海南天然橡胶产业集团金橡有限公司参加起草。

本标准主要起草人：张北龙、袁瑞全、陈旭国、杨学富、黎燕飞、卢光、刘培铭、吴奇哲。

本标准所代替标准的历次版本发布情况为：

——NY 1404—2007。

中华人民共和国农业行业标准

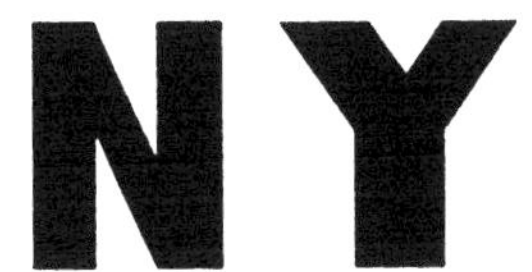

天然橡胶初加工机械　干燥设备

Machinery for primary processing of natural rubber—Drying equipment

NY/T 1558—2020

代替 NY/T 1558—2007

1　范围

本标准规定了天然橡胶初加工机械干燥设备的术语和定义、产品型号规格和主要技术参数、技术要求、试验方法、检验规则及标志、包装、运输和储存等要求。

本标准适用于天然橡胶初加工机械干燥设备。

2　规范性引用文件

下列文件对于本文件的应用是必不可少的。凡是注日期的引用文件，仅注日期的版本适用于本文件。凡是不注日期的引用文件，其最新版本（包括所有的修改单）适用于本文件。

GB/T 700　碳素结构钢

GB/T 1031　产品几何技术规范（GPS）　表面结构　轮廓法　表面粗糙度参数及其数值

GB/T 1800.2　产品几何技术规范（GPS）　极限与配合　第2部分：标准公差等级和孔、轴极限偏差表

GB/T 2828.1　计数抽样检验程序　第1部分：按接收质量限（AQL）检索的逐批检验抽样计划

GB/T 3177　产品几何技术规范（GPS）　光滑工件尺寸的检验

GB/T 5226.1　机械安全　机械电气设备　第1部分：通用技术条件

GB/T 8081　天然生胶　技术分级橡胶（TSR）规格导则

GB T 8196　机械安全　防护装置　固定式和活动式防护装置的设计与制造一般要求

GB/T 9439　灰铸铁件

GB/T 10067.1　电热装置基本技术条件　第1部分　通用部分

GB/T 10610　产品几何技术规范（GPS）　表面结构　轮廓法　评定表面结构的规则和方法

JB/T 10563　一般用途离心通风机　技术条件

NY/T 409　天然橡胶初加工机械通用技术条件

NY/T 460　天然橡胶初加工机械　干燥车

NY/T 461　天然橡胶初加工机械　推进器

NY/T 462　天然橡胶初加工机械　燃油炉　质量评价技术规范

NY/T 1036　热带作物机械　术语

3　术语和定义

NY/T 1036 界定的以及下列术语和定义适用于本文件。

3.1

中华人民共和国农业部 2020-11-12 发布　　2021-04-01 实施

橡胶干燥设备　rubber drying equipment

干燥房(柜)、干燥车、推进器、渡车和供热系统等设备的总称。

3.2

供热系统设备　heating system equipment

供热炉、风机和风管等设备的总称。

4　产品型号规格和主要技术参数

4.1　产品型号规格的编制方法

产品型号规格的编制应符合 NY/T 409 的规定。

4.2　产品型号规格的表示方法

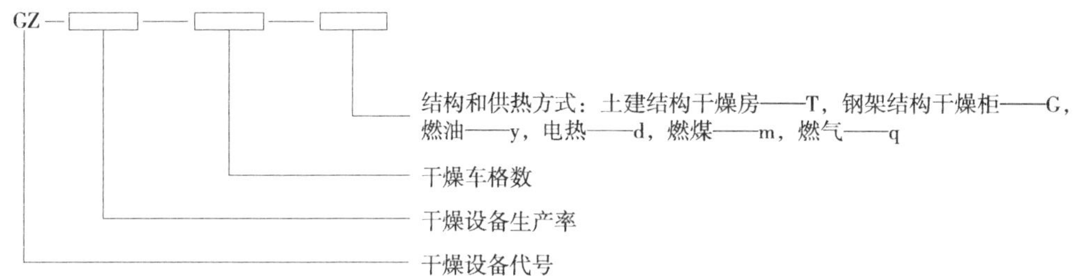

示例：

GZ-2-28-Gy,表示干燥设备生产率 2 t/h(干胶),干燥车格数为 28,钢架结构干燥柜,燃油供热。

4.3　产品型号和主要技术参数

产品型号和主要技术参数见表 1。

表 1　产品型号和主要技术参数

产品型号	生产率 t/h(干胶)	耗油量 kg/t(干胶)	耗气量 m^3/t(干胶)	耗电量 kW·h/t(干胶)	耗煤量 kg/t(干胶)
GZ-1	1.0	≤36	≤36	≤360	≤150
GZ-2	2.0	≤33	≤33	≤330	≤140
GZ-3	3.0	≤32	≤32	≤320	≤130
GZ-4	4.0	≤30	≤30	≤300	≤120
GZ-5	5.0	≤28	≤28	≤300	≤120

注 1:加工原料为全乳胶。
注 2:能源消耗量为供热炉的能源消耗量。
注 3:耗油量、耗气量、耗煤量分别指柴油、液化天然气、标准煤的消耗量。

5　技术要求

5.1　一般要求

5.1.1　应按经规定程序批准的图样和技术文件制造。

5.1.2　干燥设备的设计、布局应合理,便于操作、控制及维修。

5.1.3　整机应运行平稳、无异常声响,运动部分应运转灵活、无阻滞、无明显的振动和冲击。

5.1.4　干燥房(柜)进、出料段中的风压应为负压。

5.1.5　干燥房(柜)热端进口温度应不小于 128℃,升温到规定温度的时间应不超过 40 min;空载时干燥房(柜)内稳定温度应为(120±3)℃。

5.1.6 减速箱及其他密封润滑部位不应有渗漏现象。

5.1.7 调整装置应灵活可靠，紧固件无松动。

5.1.8 外观质量、铸锻件质量、焊接件质量、涂漆质量和装配质量应符合 NY/T 409 的有关规定。

5.1.9 可用度应不小于 93%。

5.1.10 加工后的胶料应符合 GB/T 8081 的相关要求。

5.2 主要零部件要求

5.2.1 干燥房(柜)

5.2.1.1 干燥房(柜)的结构应与相应的干燥车结构对应，干燥车上下通风空间的高度应不小于 400 mm。

5.2.1.2 干燥柜框架应采用力学性能不低于 GB/T 700 中 Q235 的材料制造，干燥柜内侧框架面板应采用不易氧化生锈、耐酸蚀的材料。

5.2.1.3 保温层应采用导热系数不大于 0.045 W/(m·K)的材料。

5.2.1.4 干燥房(柜)内螺栓、螺母应采用不锈钢螺栓、螺母。

5.2.1.5 干燥房(柜)分段处应有可调节的密封装置，密封装置应采用耐热性能不低于 150℃的工业用橡胶。

5.2.2 干燥车

干燥车应符合 NY/T 460 的规定。

5.2.3 推进器

推进器应符合 NY/T 461 的规定。

5.2.4 渡车

5.2.4.1 车轮应采用力学性能不低于 GB/T 9439 中 HT200 的材料制造，轮轴应采用力学性能不低于 GB/T 700 中 Q235 的材料制造。

5.2.4.2 车轮及轮轴的轴承位直径公差应符合 GB/T 1800.2 中 JS6 及 js7 的规定，轴承位表面粗糙度应不低于 GB/T 1031 规定的 Ra3.2。

5.2.5 供热系统设备

5.2.5.1 供热炉的结构应满足相关要求，有利于载热气体的保温与输送，操作应方便、安全可靠。燃油、燃气炉应符合 NY/T 462 的规定，电热炉应符合 GB/T 10067.1 的规定。

5.2.5.2 风机应符合 JB/T 10563 的规定。

5.2.5.3 风管应采用力学性能不低于 GB/T 700 中 Q235 的材料制造，保温层应采用导热系数不大于 0.045 W/(m·K)的材料。

5.3 安全要求

5.3.1 电控装置应灵敏、安全可靠。燃油、燃气供应系统应设有在断电时可自动切断的装置。

5.3.2 电气设备应符合 GB/T 5226.1 的规定。

5.3.3 设备应有可靠的接地保护装置，接地电阻应不大于 10 Ω。

5.3.4 外露运动件应有安全防护装置，防护装置应符合 GB/T 8196 的规定。

5.3.5 在可能危及人员安全的部位，应在明显处设有安全警示标志。

6 试验方法

6.1 空载试验

6.1.1 每台设备均应进行空载试验，空载试验应在总装检验合格后进行。

6.1.2 空载试验时间应不少于 2 h。试验项目、方法和要求见表 2。

表 2　空载试验项目、方法和要求

序号	试验项目	试验方法	要求
1	运行平稳性及声响	感官	符合 5.1.3 的规定
2	减速箱的渗漏情况	目测	符合 5.1.6 的规定
3	电控装置的灵敏性	感官	符合 5.3.1 的规定
4	安全防护	目测	符合 5.3.4 的规定
5	干燥车的定位准确性	目测	干燥车与干燥房(柜)平齐
6	热空气的升温情况	用温度计或热电偶测定	升温时间应不超过 40 min， 干燥房(柜)内稳定温度应为(120±3)℃
7	设备保温情况	用温度计测定	干燥房(柜)表面温度≤45℃
8	设备密封、负压情况	感官	无热风泄漏

6.2　负载试验

6.2.1　应在空载试验合格后进行。

6.2.2　在正常生产及满负荷条件下，连续工作时间应不少于 6 h，试验项目、方法和要求见表 3。

表 3　负载试验项目、方法和要求

序号	试验项目	试验方法	要求
1	运行平稳性及声响	感官	符合 5.1.3 的规定
2	减速箱的渗漏情况	目测	符合 5.1.6 的规定
3	电控装置的灵敏性	感官	符合 5.3.1 的规定
4	安全防护	目测	符合 5.3.4 的规定
5	干燥车的定位准确性	目测	干燥车与干燥房(柜)平齐
6	热空气的升温情况	用温度计或热电偶测定	升温时间应不超过 40 min
7	设备保温情况	用温度计测定	干燥房(柜)表面温度≤45℃
8	设备密封、负压情况	感官	无热风泄漏
9	生产率	按 NY/T 409 规定的方法执行	符合表 1 的规定
10	能源消耗量	按 NY/T 409 规定的方法执行	符合表 1 的规定

6.3　其他指标试验方法

6.3.1　可用度的测定应按 NY/T 409 规定的方法执行。

6.3.2　尺寸公差的测定应按 GB/T 3177 规定的方法执行。

6.3.3　表面粗糙度的测定应按 GB/T 10610 规定的方法执行。

7　检验规则

7.1　出厂检验

7.1.1　出厂检验应实行全检。产品需经制造厂检验合格，并签发“产品合格证”后方可出厂。

7.1.2　出厂检验项目及要求：

——外观质量应符合 5.1.8 的有关规定；

——涂漆质量应符合 5.1.8 的有关规定；

——装配质量应符合 5.1.8 的有关规定；

——空载试验应符合 6.1 的规定。

7.1.3　用户有要求时，可进行负载试验。负载试验应符合 6.2 的规定。

7.2　型式检验

7.2.1　有下列情况之一时，应对产品进行型式检验：

——新产品或老产品转厂生产时；

——正式生产后，结构、材料、工艺等有较大改变，可能影响产品性能时；

——正常生产时，定期或周期性的抽查检验；

——产品长期停产后恢复生产时；

——出厂检验发现产品质量显著下降时；

——质量监督机构提出进行型式检验要求时。

7.2.2 型式检验应实行抽检，抽样方法应符合 GB/T 2828.1 中正常检查一次抽样方案的规定。

7.2.3 样本应在制造单位近 1 年内生产的合格产品中随机抽取，抽样检查批量应不少于 3 台，样本大小为 2 台。在销售部门抽样时，不受上述限制。

7.2.4 零部件应在零部件成品库或装配线上已检验合格的零部件中抽取，也可在样机上拆取。

7.2.5 型式检验项目、不合格分类见表 4。

表 4 型式检验项目、不合格分类

<table>
<tr><th>不合格分类</th><th>检验项目</th><th>样本数</th><th>项目数</th><th>检查水平</th><th>样本大小字码</th><th>AQL</th><th>Ac</th><th>Re</th></tr>
<tr><td>A</td><td>1. 生产率
2. 可用度
3. 安全防护</td><td rowspan="3">2</td><td>3</td><td rowspan="3">S-I</td><td rowspan="3">A</td><td>6.5</td><td>0</td><td>1</td></tr>
<tr><td>B</td><td>1. 减速箱渗漏情况
2. 干燥车的定位准确性
3. 热空气升温情况
4. 设备保温情况
5. 设备密封、负压情况</td><td>5</td><td>25</td><td>1</td><td>2</td></tr>
<tr><td>C</td><td>1. 运行平稳性及声响
2. 电控装置的灵敏性
3. 装配质量
4. 涂漆质量
5. 外观质量
6. 标志和技术文件</td><td>6</td><td>40</td><td>2</td><td>3</td></tr>
<tr><td colspan="9">注 1：AQL 为接收质量限，Ac 为接收数，Re 为拒收数。
注 2：监督性检验可以不做可用度检查。</td></tr>
</table>

7.2.6 判定规则：评定时采用逐项检验考核，A、B、C 各类的不合格项小于或等于 Ac 为合格，大于或等于 Re 为不合格。A、B、C 各类均合格时，该批产品为合格品，否则为不合格品。

8 标志、包装、运输和储存

产品的标志、包装、运输和储存要求应符合 NY/T 409 的规定。

附加说明：

本标准按照 GB/T 1.1—2009 给出的规则编制。

本标准代替 NY/T 1558—2007《天然橡胶初加工机械 干燥设备》。与 NY/T 1558—2007 相比，除编辑性修改外主要技术变化如下：

——对“供热系统设备”的定义进行了修改（见 3.2，2007 年版的 3.2）；

——修改了产品型号规格的表示方法（见 4.2，2007 年版的 4.1）；

——修改了产品型号和主要技术参数(见4.3,2007年版的4.2);
——删除了“一般要求”中对焊条的要求(见2007年版的5.1.6);
——增加了外观质量、铸锻件质量、焊接件质量、涂漆质量和装配质量要求(见5.1.8);
——增加了可用度、加工质量要求(见5.1.9和5.1.10);
——修改了干燥房(柜)的技术要求(见5.2.1,2007年版的5.2.1);
——修改了干燥车的技术要求(见5.2.2,2007年版的5.2.2);
——修改了推进器的技术要求(见5.2.3,2007年版的5.2.3);
——修改了燃油炉的技术要求(见5.2.5.2,2007年版的5.2.5.2和5.2.5.3);
——增加了安全要求(见5.3);
——增加了可用度、尺寸公差、表面粗糙度等指标的试验方法(见6.3);
——修改了出厂检验项目(见7.1.2,2007年版的7.2);
——增加了型式检验,包括抽样方法、检验项目、不合格分类及判定规则(见7.2)。

请注意本文件的某些内容可能涉及专利。本文件的发布机构不承担识别这些专利的责任。

本标准由中华人民共和国农业农村部提出。

本标准由农业农村部热带作物及制品标准化技术委员会归口。

本标准起草单位:中国热带农业科学院农产品加工研究所。

本标准主要起草人:黄晖、张帆、王晓芳、陈民。

本标准所代替标准的历次版本发布情况为:

——NY/T 1558—2007。

中华人民共和国农业行业标准

热带作物品种审定规范　第14部分：剑麻

Registration rules for variety of tropical crops—Part 14: Sisal

NY/T 2667.14—2020

1　范围

本部分规定了剑麻(*Agave sisalana* Perrine)品种审定要求、判定规则和审定程序。

本部分适用于剑麻品种的审定。

2　规范性引用文件

下列文件对于本文件的应用是必不可少的。凡是注日期的引用文件，仅注日期的版本适用于本文件。凡是不注日期的引用文件，其最新版本(包括所有的修改单)适用于本文件。

GB/T 15031　剑麻纤维

NY/T 222　剑麻栽培技术规程

NY/T 1941　农作物种质资源鉴定技术规程　龙舌兰麻

NY/T 2668.14　热带作物品种试验技术规程　第14部分：剑麻

农业部令2012年第2号　农业植物品种命名规定

3　审定要求

3.1　基本要求

3.1.1　品种来源明确，无知识产权纠纷。

3.1.2　品种名称应符合农业部令2012年第2号要求。

3.1.3　品种具有特异性、一致性和稳定性。

3.1.4　经过品种的比较试验、区域性试验和生产性试验，材料齐全，符合要求。

3.2　目标性状要求

3.2.1　高产品种

与对照品种(H.11648)相比，增产≥5%，其他主要性状与对照品种相当。

3.2.2　耐寒品种

与对照品种(H.11648)相比，寒害平均级降低≥10%，其他主要性状与对照品种相当。

3.2.3　抗风品种

与对照品种(H.11648)相比，风害平均级降低≥10%，其他主要性状与对照品种相当。

3.2.4　抗斑马纹病品种

斑马纹病抗性达中抗以上，其他主要性状与对照品种相当。

3.2.5　抗茎腐病品种

中华人民共和国农业部 2020-11-12 发布　　2021-04-01 实施

茎腐病抗性达中抗以上,其他主要性状与对照品种相当。

3.2.6 其他特异品种

速生性、其他抗病虫特性、纤维品质、叶片纤维含量、叶片皂素含量、饲用营养价值等特异经济性状≥1 项明显优于对照品种(H.11648),其他性状与对照品种相当。

注:提供 H.11648 的信息是为了方便本标准的使用,不代表对该品种的认可和推荐,经鉴定具有相应性状的其他品种均可作为对照品种。

4 判定规则

满足 3.1 的全部要求,同时满足 3.2 中的要求≥1 项,判定为符合品种审定要求。

5 审定程序

5.1 申请

申请品种审定的单位或个人提出申请。

5.2 现场鉴评

5.2.1 鉴评地点

根据申请书随机抽取 1 个~2 个试验点作为现场鉴评地点。

5.2.2 鉴评内容及记录

鉴评项目和方法按附录 A 的规定执行,记录按附录 B 的规定执行。不便现场鉴评的测试项目,需提供有资质的检测机构出具的检测报告。

5.2.3 鉴评报告

根据 5.2.2 的测定结果,对产量和纤品质等进行评价形成鉴评结论。

5.3 初审

5.3.1 申请品种名称

按农业部令 2012 年第 2 号的规定进行审查。

5.3.2 申报材料

按 NY/T 2668.14 的规定对品种比较试验、区域性试验、生产性试验报告等技术资料的真实性、完整性、科学性进行审查。

5.3.3 品种试验方案

按 NY/T 2668.14 的规定对试验地点、对照品种的选择、试验设计、试验方法、试验年限等进行审查。

5.3.4 品种试验结果

对申请品种的植物学特征、生物学特性、丰产性、纤维品质、抗性和栽培技术要点,以及结果的完整性、真实性和准确性等进行审查。

5.3.5 初审意见

依据 5.3.1、5.3.2、5.3.3、5.3.4 的审查情况,结合现场鉴评结果,对申请品种进行综合评价,按照判定规则提出初审意见,并形成通过或不通过的建议。

5.4 终审

对申报书、现场鉴评报告、初审结果进行综合审定,提出终审意见,并进行无记名投票表决,赞成票超过与会专家总数 2/3 以上的品种,通过审定。

附　录　A
（规范性附录）
剑麻品种审定现场鉴评内容

A.1　概述

本附录给出了剑麻品种审定现场鉴评的项目和方法。

A.2　观测项目

见表A.1。

表A.1　观测项目

记载内容	观测记载项目
基本情况	地点、经纬度、海拔、面积、坡度、坡向、土壤类型、管理水平、定植时间、种植规格、割叶情况
主要植物学特征	叶片形态、叶片形状、叶片颜色、叶片蜡粉、叶缘
生物学特性	株高、叶片长度、叶片宽度、叶片厚度、单株叶片数、单叶重、叶片纤维含量
品质性状	纤维长度、束纤维断裂强力、纤维色泽
丰产性	株产鲜叶、株产纤维、亩产鲜叶、亩产纤维
其他	病害、虫害、寒害、风害

A.3　鉴评方法

A.3.1　基本情况

A.3.1.1　试验地概况

主要包括地点、经纬度、海拔、面积、坡度、坡向、土壤类型。

A.3.1.2　管理水平

试验地管理分为精细、中等、粗放。

A.3.1.3　定植时间

申请品种和对照品种定植的时间，表示方法为“年/月/日”，记录格式为“YYYYMMDD”。

A.3.1.4　种植规格

测量小区内的大、小行距和株距，精确至0.1 m。

A.3.1.5　割叶情况

调查试验地往年割叶时间和割叶强度。

A.3.2　植物学特征

叶片形态、叶片形状、叶片颜色、叶片蜡粉、叶缘的观测按NY/T 1941的规定执行。

A.3.3　生物学特性

A.3.3.1　叶片长度

选取除边行边株外生长正常的植株10株作为样本，观测与心叶成45°角生长的正常叶片，测量叶片正面基部至叶尖的长度，精确至0.1 cm，结果以平均值表示。

A.3.3.2　叶片宽度

测量样本株叶片背面最宽处的宽度，精确至0.1 cm，结果以平均值表示。

A.3.3.3　叶片厚度

测量样本株叶片最宽处的中部厚度，精确至0.1 cm，结果以平均值表示。

A.3.3.4 单株叶片数

观测样本株展叶的叶轮数和叶序数，计算平均单株叶轮数与叶序数的乘积。表示方法为：片/株。

注：叶片沿螺旋线绕茎一周排列生长形成的斜轮称叶轮，每一叶轮上着生的叶片数称叶序数。

A.3.3.5 单叶重

收获样本株心叶以下大于45°角生长的成熟叶片，计算收获叶片数量并称量鲜叶质量，计算平均单叶质量，精确至0.1 g。

A.3.3.6 叶片纤维含量

取样本株收获的叶片，称量鲜叶质量，用机械抽取纤维并干燥，称量干纤维质量，计算干纤维质量占鲜叶质量的百分率，精确至0.01%。

A.3.4 品质性状

A.3.4.1 纤维长度、束纤维断裂强力

取A.3.3.6的干纤维作为纤维样本，按GB/T 15031的规定测定。

A.3.4.2 纤维色泽

取纤维样本，按照最大相似原则判别纤维色泽。纤维色泽分为洁白，有光泽；黄白，光泽差；浅黄或棕黄，无光泽。

A.3.5 丰产性

A.3.5.1 株产鲜叶

称量样本株鲜叶质量，计算平均单株鲜叶质量，精确至0.1 kg。

A.3.5.2 株产纤维

称量纤维样本质量，计算平均单株干纤维质量，精确至0.1 kg。

A.3.5.3 亩产鲜叶

根据种植规格计算亩定植株数，根据株产鲜叶和亩定植株数计算亩产鲜叶质量，精确至0.1 kg。

A.3.5.4 亩产纤维

根据种植规格计算亩定植株数，根据株产纤维和亩定植株数计算亩产纤维质量，精确至0.1 kg。

A.3.6 其他

斑马纹病、茎腐病、寒害、风害按NY/T 222界定的分级指标进行观测，其他病虫害根据试验区内发生的具体情况加以记载。

附 录 B
(规范性附录)
剑麻品种审定现场鉴评记录表

剑麻品种审定现场鉴评记录表见表B.1。

表B.1 剑麻品种审定现场鉴评记录表

日期：________年________月________日

地点：________省(自治区、直辖市)________市(区、县)________乡(镇)________村(农场)

经度：________°________′________″，纬度：________°________′________″，海拔：________ m

面积：________亩；坡度________°，坡向________；土壤类型：________

<table>
<tr><td>项目</td><td colspan="6">申请品种</td><td colspan="5">对照品种</td></tr>
<tr><td>品种名称</td><td colspan="6"></td><td colspan="5"></td></tr>
<tr><td>管理水平</td><td colspan="6">1. 精细；2. 中等；3. 粗放</td><td colspan="5">1. 精细；2. 中等；3. 粗放</td></tr>
<tr><td>定植时间</td><td colspan="6"></td><td colspan="5"></td></tr>
<tr><td>种植规格
m</td><td colspan="6">大行距：　　小行距：　　株距：</td><td colspan="5">大行距：　　小行距：　　株距：</td></tr>
<tr><td>割叶情况</td><td colspan="6">开割时间：　　割叶次数：
最近割叶时间：　　割叶强度：</td><td colspan="5">开割时间：　　割叶次数：
最近割叶时间：　　割叶强度：</td></tr>
<tr><td>叶片形态</td><td colspan="6">1. 刚直形；2. 波浪形；3. 下垂形</td><td colspan="5">1. 刚直形；2. 波浪形；3. 下垂形</td></tr>
<tr><td>叶片形状</td><td colspan="6">1. 剑形；2. 披针形；3. 棱形；4. 条形；5. 柱形；6. 长卵形；7. 其他</td><td colspan="5">1. 剑形；2. 披针形；3. 棱形；4. 条形；5. 柱形；6. 长卵形；7. 其他</td></tr>
<tr><td>叶片颜色</td><td colspan="6">1. 灰绿；2. 黄绿；3. 绿；4. 蓝绿</td><td colspan="5">1. 灰绿；2. 黄绿；3. 绿；4. 蓝绿</td></tr>
<tr><td>叶片蜡粉</td><td colspan="6">1. 无蜡粉；2. 少蜡粉；3. 多蜡粉</td><td colspan="5">1. 无蜡粉；2. 少蜡粉；3. 多蜡粉</td></tr>
<tr><td>叶缘</td><td colspan="6">1. 平顺；2. 波浪形；3. 有丝状物；4. 叶缘刺(无刺；少刺；小刺；钩刺；锯刺)</td><td colspan="5">1. 平顺；2. 波浪形；3. 有丝状物；4. 叶缘刺(无刺；少刺；小刺；钩刺；锯刺)</td></tr>
<tr><td rowspan="12">生物学特性</td><td>株号</td><td>株高
cm</td><td>叶片长度
cm</td><td>叶片宽度
cm</td><td>叶片厚度
cm</td><td>单株叶片数
片</td><td>株高
cm</td><td>叶片长度
cm</td><td>叶片宽度
cm</td><td>叶片厚度
cm</td><td>单株叶片数
片</td></tr>
<tr><td>1</td><td></td><td></td><td></td><td></td><td></td><td></td><td></td><td></td><td></td><td></td></tr>
<tr><td>2</td><td></td><td></td><td></td><td></td><td></td><td></td><td></td><td></td><td></td><td></td></tr>
<tr><td>3</td><td></td><td></td><td></td><td></td><td></td><td></td><td></td><td></td><td></td><td></td></tr>
<tr><td>4</td><td></td><td></td><td></td><td></td><td></td><td></td><td></td><td></td><td></td><td></td></tr>
<tr><td>5</td><td></td><td></td><td></td><td></td><td></td><td></td><td></td><td></td><td></td><td></td></tr>
<tr><td>6</td><td></td><td></td><td></td><td></td><td></td><td></td><td></td><td></td><td></td><td></td></tr>
<tr><td>7</td><td></td><td></td><td></td><td></td><td></td><td></td><td></td><td></td><td></td><td></td></tr>
<tr><td>8</td><td></td><td></td><td></td><td></td><td></td><td></td><td></td><td></td><td></td><td></td></tr>
<tr><td>9</td><td></td><td></td><td></td><td></td><td></td><td></td><td></td><td></td><td></td><td></td></tr>
<tr><td>10</td><td></td><td></td><td></td><td></td><td></td><td></td><td></td><td></td><td></td><td></td></tr>
<tr><td>平均</td><td></td><td></td><td></td><td></td><td></td><td></td><td></td><td></td><td></td><td></td></tr>
<tr><td>单叶重
g</td><td colspan="6"></td><td colspan="5"></td></tr>
<tr><td>叶片纤维含量
%</td><td colspan="6"></td><td colspan="5"></td></tr>
<tr><td>纤维长度
cm</td><td colspan="6"></td><td colspan="5"></td></tr>
</table>

表 B.1（续）

项目	申请品种	对照品种
束纤维断裂强力 kg/(g·30 cm)		
纤维色泽	1. 洁白,有光泽;2. 黄白,光泽差;3. 浅黄或棕黄,无光泽	1. 洁白,有光泽;2. 黄白,光泽差;3. 浅黄或棕黄,无光泽
株产鲜叶 kg		
株产纤维 kg		
亩产鲜叶 kg		
亩产纤维 kg		
斑马纹病	发病率: 病情指数:	发病率: 病情指数:
茎腐病	发病率: 病情指数:	发病率: 病情指数:
寒害	寒害平均级: 2级～4级寒害植株百分比:	寒害平均级: 2级～4级寒害植株百分比:
风害	风害平均级: 2级～3级风害植株百分比:	风害平均级: 2级～3级风害植株百分比:
其他病虫害		
鉴评结论		
专家签名	组长:　　　　　　成员:	

附加说明:

NY/T 2667《热带作物品种审定规范》拟分为如下部分:

——第1部分:橡胶树;

——第2部分:香蕉;

——第3部分:荔枝;

——第4部分:龙眼;

——第5部分:咖啡;

——第6部分:芒果;

——第7部分:澳洲坚果;

——第8部分:菠萝;

——第 9 部分:枇杷;
——第 10 部分:番木瓜;
——第 11 部分:胡椒;
——第 12 部分:椰子;
——第 13 部分:木菠萝;
——第 14 部分:剑麻;
——第 15 部分:槟榔;
——第 16 部分:橄榄;
——第 17 部分:毛叶枣;
…………

本部分为 NY/T 2667 的第 14 部分。

本部分按照 GB/T 1.1—2009 给出的规则起草。

请注意本文件的某些内容有可能涉及专利。本文件的发布机构不承担识别这些专利的责任。

本部分由农业农村部农垦局提出。

本部分由农业农村部热带作物及制品标准化技术委员会归口。

本部分起草单位:中国热带农业科学院南亚热带作物研究所。

本部分主要起草人:周文钊、李俊峰、杨子平、鹿志伟、张燕梅。

中华人民共和国农业行业标准

热带作物品种审定规范 第15部分:槟榔

Registration rules for variety of tropical crops—Part 15: Arecanut

NY/T 2667.15—2020

1 范围

本部分规定了槟榔(*Areca catechu* L.)品种审定要求、判定规则和审定程序。

本部分适用于槟榔品种的审定。

2 规范性引用文件

下列文件对于本文件的应用是必不可少的。凡是注日期的引用文件,仅注日期的版本适用于本文件。凡是不注日期的引用文件,其最新版本(包括所有的修改单)适用于本文件。

NY/T 2668.15 热带作物品种试验技术规程 第15部分:槟榔

农业部令2012年第2号 农业植物品种命名规定

3 审定要求

3.1 基本要求

3.1.1 品种来源明确,无知识产权纠纷。

3.1.2 品种名称应符合农业部令2012年第2号的要求。

3.1.3 品种具有特异性、一致性和稳定性。

3.1.4 品种经过比较试验、区域性试验和生产性试验,申报材料齐全。

3.2 目标性状要求

3.2.1 以丰产性为育种目标的品种

单位面积产量比对照品种增产≥5%,或统计分析达到显著水平,其他主要经济性状与对照品种差异不显著。按NY/T 2668.15的规定确定对照品种。

3.2.2 以品质为育种目标的品种

槟榔碱含量、粗纤维含量、多酚含量、可溶性糖含量等主要品质性状≥1项性状优于对照品种,经统计分析差异显著。产量及其他主要经济性状与对照品种差异不显著。按NY/T 2668.15的规定确定对照品种。

3.2.3 以特异性状为育种目标的品种

茎秆节间长度、果形等特异性状≥1项指标优于对照品种;产量及其他主要经济性状与对照品种差异不显著。按NY/T 2668.15的规定确定对照品种。

4 判定规则

满足3.1中的全部要求,同时满足3.2中的要求≥1项,判定为符合品种审定要求。

中华人民共和国农业部 2020-11-12 发布　　2021-04-01 实施

5 审定程序

5.1 申请

申请品种审定的单位或个人提出申请。

5.2 现场鉴评

5.2.1 地点确定

根据申请书随机抽取1个～2个试验点作为现场鉴评地点。

5.2.2 鉴评内容及记录

现场鉴评项目和方法按附录A的规定执行，现场鉴评记录按照附录B的规定执行。无法现场鉴评的测试项目指标，需要提供具有资质的检测机构出具的检测报告。

5.2.3 鉴评报告

专家组到现场根据审定要求和5.2.2的鉴评结果，经现场质询、综合评价，出具现场鉴评报告。

5.3 初审

5.3.1 申请品种名称

按农业部令2012年第2号的要求审查。

5.3.2 申报材料

按照NY/T 2668.15对品种比较试验、区域性试验、生产性试验的报告等技术内容的真实性、完整性、科学性进行审查。

5.3.3 品种试验方案

按照NY/T 2668.15对试验地点、对照品种、试验设计与试验方法、试验年限进行审查。

5.3.4 品种试验结果

按照NY/T 2668.15对申请品种的主要植物学特征、农艺性状、品质性状和生产技术要点，以及结果的完整性、真实性和准确性进行审查。

5.3.5 初审意见

依据5.3.1、5.3.2、5.3.3、5.3.4的审查情况，结合现场鉴评结果，对申请审定品种进行综合评价，按4判定规则提出初审意见，并形成通过或不通过的建议。

5.4 终审

对申报材料、现场鉴评报告、初审结果进行综合审定，提出终审意见，并进行无记名投票表决，赞成票超过与会专家总数2/3以上的品种，通过审定。

附 录 A
(规范性附录)
槟榔品种审定现场鉴评内容

A.1 概述

本附录给出了槟榔品种审定现场鉴评的项目和方法。

A.2 观测项目

见表 A.1。

表 A.1 观测项目

记载内容	观测记载项目
基本情况	地点、经纬度、海拔、坡度、坡向、土壤类型、试验点面积、管理水平、定植时间、株行距、种植密度
主要植物学特征	树冠形态、株高、茎高、节间长、茎围、单株叶片数、鲜果果形、鲜果果顶形状、鲜果纵径、鲜果横径、鲜果单粒重、种果果形、种果纵径、种果横径、种果单粒重、种果颜色
农艺性状	单株花序数、单株果穗数、成熟期
品质性状	槟榔碱含量、粗纤维含量、多酚含量、可溶性糖含量
丰产性	单株产量、公顷产量

A.3 鉴评方法

A.3.1 基本情况

A.3.1.1 试验地概况

主要包括地点、面积、经纬度、海拔、坡度、坡向、土壤类型等。

A.3.1.2 管理水平

试验地管理分为精细、中等、粗放。

A.3.1.3 定植时间

申请品种和对照品种的定植时间。

A.3.1.4 株行距

测量试验小区试验植株种植的株距和行距,单位为米(m),精确至 0.1 m。

A.3.1.5 种植密度

根据测量的株行距计算种植密度,单位为株每公顷(株/hm^2),精确至 1 株/hm^2。

A.3.2 主要植物学特征及农艺性状

按 NY/T 2668.15 的规定执行。

A.3.3 品质性状

按 NY/T 2668.15 的规定执行。

A.3.4 丰产性

按 NY/T 2668.15 的规定执行。

附 录 B
（规范性附录）
槟榔品种审定现场鉴评记录表

槟榔品种审定现场鉴评记录表见表B.1。

表B.1 槟榔品种审定现场鉴评记录表

日期：________年________月________日

地点：________省（自治区、直辖市）________市（区、县）________乡（镇）________村（地块）

经度：______°______′______″　　纬度：______°______′______″　海拔：________

坡度：________坡向：________

测试项目		申请品种						对照品种					
品种名称													
管理水平		1. 精细；2. 中等；3. 粗放						1. 精细；2. 中等；3. 粗放					
土壤类型		1. 黏土；2. 壤土；3. 沙壤土；4. 沙土；5. 其他						1. 黏土；2. 壤土；3. 沙壤土；4. 沙土；5. 其他					
试验点面积，hm^2													
株行距，m													
种植密度，株/hm^2													
定植时间，年　月													
主要植物学特征	树冠形态	1. 圆头形；2. 半圆形；3. 直立形；4. 其他						1. 圆头形；2. 半圆形；3. 直立形；4. 其他					
	鲜果果形	1. 长椭圆形；2. 椭圆形；3. 卵形；4. 圆形；5. 近圆形；6. 圆锥形；7. 纺锤形；8. 其他						1. 长椭圆形；2. 椭圆形；3. 卵形；4. 圆形；5. 近圆形；6. 圆锥形；7. 纺锤形；8. 其他					
	鲜果果顶形状	1. 凹；2. 平；3. 凸						1. 凹；2. 平；3. 凸					
	种果果形	1. 椭圆形；2. 卵形；3. 圆形；4. 近圆形；5. 圆锥形；6. 其他						1. 椭圆形；2. 卵形；3. 圆形；4. 近圆形；5. 圆锥形；6. 其他					
	种果颜色	1. 黄绿色；2. 黄色；3. 橙色；4. 橙红色；5. 其他						1. 黄绿色；2. 黄色；3. 橙色；4. 橙红色；5. 其他					
	株号	1	2	3	4	5	平均	1	2	3	4	5	平均
	株高，m												
	茎高，m												
	节间长，cm												
	茎围，cm												
	单株叶片数，片												
	鲜果纵径，cm												
	鲜果横径，cm												
	鲜果单粒重，g												
	种果纵径，cm												
	种果横径，cm												
	种果单粒重，g												
农艺性状	单株花序数，个												
	单株果穗数，穗												
品质性状	槟榔碱含量，%												
	粗纤维含量，%												
	多酚含量，%												
	可溶性糖含量，%												

表 B.1（续）

测试项目		申请品种						对照品种					
丰产性	单株产量,kg												
	公顷产量,kg												
其他													
专家签名		组长：　　　　成员：											

注 1:抽取方式:随机抽取。
注 2:根据测量单株产量及种植密度计算单位面积产量。

附加说明：

NY/T 2667《热带作物品种审定规范》拟分为如下部分：

——第 1 部分:橡胶树；
——第 2 部分:香蕉；
——第 3 部分:荔枝；
——第 4 部分:龙眼；
——第 5 部分:咖啡；
——第 6 部分:芒果；
——第 7 部分:澳洲坚果；
——第 8 部分:菠萝；
——第 9 部分:枇杷；
——第 10 部分:番木瓜；
——第 11 部分:胡椒；
——第 12 部分:椰子；
——第 13 部分:木菠萝；
——第 14 部分:剑麻；
——第 15 部分:槟榔；
——第 16 部分:橄榄；
——第 17 部分:毛叶枣；
…………

本部分为 NY/T 2667 的第 15 部分。

本部分按照 GB/T 1.1—2009 给出的规则起草。

请注意本文件的某些内容有可能涉及专利。本文件的发布机构不承担识别这些专利的责任。

本部分由农业农村部农垦局提出。

本部分由农业农村部热带作物及制品标准化技术委员会归口。

本部分起草单位:中国热带农业科学院椰子研究所。

本部分主要起草人:黄丽云、陈君、齐兰、周焕起、刘立云、朱辉、李佳、李和帅。

中华人民共和国农业行业标准

热带作物品种审定规范　第 16 部分:橄榄

Registration rules for variety of tropical crops—
Part 16: Chinese olive

NY/T 2667.16—2020

1　范围

本部分规定了橄榄[*Canarium album*（Lour.）Raeusch.]品种审定要求、判定规则和审定程序。

本部分适用于橄榄品种的审定。

2　规范性引用文件

下列文件对于本文件的应用是必不可少的。凡是注日期的引用文件,仅注日期的版本适用于本文件。凡是不注日期的引用文件,其最新版本(包括所有的修改单)适用于本文件。

GB 5009.92　食品安全国家标准　食品中钙的测定

GB/T 10220　感官分析　方法学　总论

GB/T 12316　感官分析方法"A"-"非 A"检验

NY/T 2637　水果和蔬菜可溶性固形物含量的测定　折射仪法

NY/T 2668.16—2020　热带作物品种试验技术规程　第 16 部分:橄榄

SN/T 4260　出口植物源食品中粗多糖的测定　苯酚-硫酸法

SN/T 4592　出口食品中总黄酮的测定

农业部令 2012 年第 2 号　农业植物品种命名规定

3　审定要求

3.1　基本要求

3.1.1　品种来源明确,无知识产权纠纷。

3.1.2　品种名称应符合农业部令 2012 年第 2 号的要求。

3.1.3　品种具有特异性、一致性和稳定性。

3.1.4　品种经过比较试验、区域性试验和生产性试验,申报材料齐全。

3.2　目标性状要求

3.2.1　以鲜食为育种目标的品种

果肉质地、化渣程度、涩味、回甘程度等鲜食品质性状指标≥1 项明显优于对照品种;其他主要经济性状与对照品种差异不显著。按 NY/T 2668.16—2020 的规定确定对照品种。

3.2.2　以加工为育种目标的品种

与对照品种相比,单位面积产量增产≥10%,或单果重增加≥10%且单位面积产量与对照品种相当,经统计分析有显著差异;其他主要经济性状与对照品种差异不显著。按 NY/T 2668.16—2020 的规

中华人民共和国农业部 2020 - 11 - 12 发布　　2021 - 04 - 01 实施

定确定对照品种。

3.2.3 以特异成分为育种目标的品种

钙、粗多糖、总多酚、总黄酮等功效成分含量与对照品种相比，≥1 项指标增加≥10%，或≥2 项指标增加≥5%。按 NY/T 2668.16—2020 的规定确定对照品种。

3.2.4 以抗性为育种目标的品种

抗寒性、抗病性、抗虫性等特异性状≥1 项指标优于对照品种；其他主要经济性状与对照品种无显著差异。按 NY/T 2668.16—2020 的规定确定对照品种。

4 判定规则

满足 3.1 中的全部要求，同时满足 3.2 中的要求≥1 项，判定为符合品种审定要求。

5 审定程序

5.1 申请

申请品种审定的单位或个人提出书面申请。

5.2 现场鉴评

5.2.1 地点确定

根据申请书随机抽取 1 个～2 个试验点作为现场鉴评地点。

5.2.2 鉴评内容及记录

现场鉴评项目和方法按照附录 A 的规定执行，现场鉴评记录按照附录 B 的规定执行。无法现场鉴评的测试项目指标，需要提供有资质的检测机构出具的检测报告。

5.2.3 鉴评报告

专家组到现场根据审定要求和 5.2.2 的鉴评结果，经现场质询、综合评价，出具现场鉴评报告。

5.3 初审

5.3.1 申请品种名称

按农业部令 2012 年第 2 号进行审查。

5.3.2 申报材料

按 NY/T 2668.16—2020 的规定对品种比较试验、区域性试验、生产性试验报告等技术材料的完整性、真实性和科学性进行审查。

5.3.3 品种试验方案

按 NY/T 2668.16—2020 的规定对试验地点、对照品种、试验设计、试验方法、试验年限进行审查。

5.3.4 品种试验结果

按 NY/T 2668.16—2020 的规定对申请品种的主要植物学特征、生物学特性、主要经济性状(包括品质特性、丰产性、抗性等)和生产技术要点等结果的完整性、真实性和科学性进行审查。

5.3.5 初审意见

依据 5.3.1、5.3.2、5.3.3、5.3.4 的审查情况，结合现场鉴评结果，对品种进行综合评价，按 4 判定规则提出初审意见，并形成通过或不通过的建议。

5.4 终审

对申报材料、现场鉴评报告、初审结果进行综合审定，提出终审意见，并进行无记名投票表决，赞成票超过与会专家总数 2/3 以上的品种，通过审定。

附 录 A
(规范性附录)
橄榄品种审定现场鉴评内容

A.1 概述

本附录给出了橄榄品种审定现场鉴评的项目和方法。

A.2 观测项目

见表 A.1。

表 A.1 观测项目

记载内容	观测记载项目
基本情况	地点、面积、经纬度、海拔、坡向、坡度、土壤类型、土层厚度、管理水平、繁殖方式、种植年限、嫁接年限、株行距、种植密度
主要植物学特征	树势、树高、冠幅、干周、果实形状
品质性状	单果重、果皮颜色、果肉颜色、果肉质地、果肉厚度、化渣程度、涩味、回甘程度、可食率、可溶性固形物含量,钙、粗多糖、总多酚、总黄酮含量
丰产性	单株产量、单位面积产量
抗性	抗寒性、抗病性、抗虫性

A.3 鉴评方法

A.3.1 基本情况

A.3.1.1 试验地概况

调查试验地概况,主要包括地点、面积、经纬度、海拔、坡向、坡度、土壤类型、土层厚度。

A.3.1.2 管理水平

试验地管理分为精细、中等、粗放。

A.3.1.3 繁殖方式

调查试验树采用的繁殖方式,分为小苗嫁接、高接换种、其他。

A.3.1.4 种植年限

调查试验树的种植年限。

A.3.1.5 嫁接年限

调查试验树的嫁接年限。

A.3.1.6 株行距

测量小区内种植的株距和行距,精确至 0.1 m。

A.3.1.7 种植密度

根据 A.3.1.6 的结果计算种植密度,精确至株/hm^2。

A.3.2 主要植物学特征

A.3.2.1 树势

随机选取有代表性的植株≥3 株,观察植株的叶幕层厚度和枝梢生长情况,确定植株的树势,分为弱、中、强。

A.3.2.2　冠幅

用A.3.2.1的样本，测量植株树冠东西向、南北向的宽度，精确至0.1 m。

A.3.2.3　树高

用A.3.2.1的样本，测量植株高度，精确至0.1 m。

A.3.2.4　干周

用A.3.2.1的样本，测量离地20 cm处的植株主干的周长，精确至0.1 cm。

A.3.2.5　果实形状

在果实成熟期，随机选取20个代表性果实，按最大相似原则确定果实形状，分为近圆形、椭圆形、纺锤形、卵圆形、不规则形。

A.3.3　品质特性

A.3.3.1　单果重

用A.3.2.5的样本，称取果实总质量，计算单果重，精确至0.1 g。

A.3.3.2　果皮颜色

用A.3.2.5的样本，采用目测法观察或用标准比色卡，按最大相似原则确定果皮颜色，分为黄色、黄绿色、绿色、深绿色。

A.3.3.3　果肉颜色

用A.3.2.5的样本，切开果肉，采用目测法观察或用标准比色卡，按最大相似原则确定果肉颜色，分为白色、黄白色、黄色、黄绿色、浅绿色。

A.3.3.4　果肉质地、化渣程度、涩味、回甘程度

按GB/T 10220和GB/T 12316的规定执行。果肉质地分为粗韧、较脆、脆，化渣程度分为不化渣、较化渣、化渣，涩味分为微涩、涩、酸涩、苦涩，回甘程度分为差、中、好。

A.3.3.5　果肉厚度

在果实成熟期，随机选取20个代表性果实，测量最大横切面处果肉的厚度，精确至0.1 mm。

A.3.3.6　可食率

在果实成熟期，随机选取20个代表性果实，称取果实总质量和种子总质量，按式(A.1)计算可食率，精确至0.1%。

$$c = \frac{(m_1 - m_2)}{m_1} \times 100 \quad \text{(A.1)}$$

式中：

c ——可食率，单位为百分号(%)；

m_1 ——果实总质量，单位为克(g)；

m_2 ——种子总质量，单位为克(g)。

A.3.3.7　可溶性固形物含量

按NY/T 2637的规定执行。

A.3.3.8　钙含量

按GB 5009.92的规定执行。

A.3.3.9　粗多糖含量

按SN/T 4260的规定执行。

A.3.3.10　总多酚含量

参见NY/T 2668.16—2020中的附录C。

A.3.3.11　总黄酮含量

按 SN/T 4592 的规定执行。

A.3.4 丰产性

A.3.4.1 单株产量

按 NY/T 2668.16—2020 的规定执行。

A.3.4.2 单位面积产量

按 NY/T 2668.16—2020 的规定执行。

A.3.5 抗性

根据试验地寒害、病害和虫害等的发生情况加以记载,或由有资质的专业机构进行检测并提供检测报告。

附　录　B
（规范性附录）
橄榄品种审定现场鉴评记录表

橄榄品种审定现场鉴评记录表见表 B.1。

表 B.1　橄榄品种审定现场鉴评记录表

日期：________年________月________日

地点：________省（自治区、直辖市）________市（县）________乡（镇）________村（地块）

面积：________经度：________ 纬度：________

海拔：________坡向：________ 坡度：________

土壤类型：________土层厚度：________

鉴评项目	申请品种				对照品种			
品种名称								
管理水平	1. 精细；2. 中等；3. 粗放				1. 精细；2. 中等；3. 粗放			
株行距 m								
种植密度 株/hm^2								
繁殖方式	1. 小苗嫁接；2. 高接换种；3. 其他				1. 小苗嫁接；2. 高接换种；3. 其他			
种植年限 年								
嫁接年限 年								
树势	1. 弱；2. 中；3. 强				1. 弱；2. 中；3. 强			
树号	Ⅰ	Ⅱ	Ⅲ	平均	Ⅰ	Ⅱ	Ⅲ	平均
树高 m								
冠幅 m								
干周 cm								
单株产量 kg								
单位面积产量 kg/hm^2								
单果重 g								
可溶性固形物含量 %								
可食率 %								
果肉厚度 mm								
钙含量 %								

表 B.1（续）

鉴评项目	申请品种				对照品种			
粗多糖含量 %								
总多酚含量 %								
总黄酮含量 %								
果实形状	1. 近圆形;2. 椭圆形;3. 纺锤形;4. 卵圆形;5. 不规则形				1. 近圆形;2. 椭圆形;3. 纺锤形;4. 卵圆形;5. 不规则形			
果皮颜色	1. 黄色;2. 黄绿色;3. 绿色;4. 深绿色				1. 黄色;2. 黄绿色;3. 绿色;4. 深绿色			
果肉颜色	1. 白色;2. 黄白色;3. 黄色;4. 黄绿色;5. 浅绿色				1. 白色;2. 黄白色;3. 黄色;4. 黄绿色;5. 浅绿色			
果肉质地	1. 粗韧;2. 较脆;3. 脆				1. 粗韧;2. 较脆;3. 脆			
化渣程度	1. 不化渣;2. 较化渣;3. 化渣				1. 不化渣;2. 较化渣;3. 化渣			
涩味	1. 微涩;2. 涩;3. 酸涩;4. 苦涩				1. 微涩;2. 涩;3. 酸涩;4. 苦涩			
回甘程度	1. 差;2. 中;3. 好				1. 差;2. 中;3. 好			
抗寒性								
抗病性								
抗虫性								
专家签名	组长：				成员：			
注:抽取方式:随机抽取。								

附加说明：

NY/T 2667《热带作物品种审定规范》拟分为如下部分：

——第 1 部分:橡胶树；

——第 2 部分:香蕉；

——第 3 部分:荔枝；

——第 4 部分:龙眼；

——第 5 部分:咖啡；

——第 6 部分:芒果；

——第 7 部分:澳洲坚果；

——第 8 部分:菠萝；

——第 9 部分:枇杷；

——第 10 部分:番木瓜；

——第 11 部分:胡椒；

——第 12 部分:椰子；

——第 13 部分:木菠萝；

——第 14 部分:剑麻；

——第 15 部分:槟榔；

——第 16 部分:橄榄；

——第 17 部分:毛叶枣；

…………

本部分为 NY/T 2667 的第 16 部分。

本部分按照 GB/T 1.1—2009 给出的规则起草。

请注意本文件的某些内容有可能涉及专利。本文件的发布机构不承担识别这些专利的责任。

本部分由农业农村部农垦局提出。

本部分由农业农村部热带作物及制品标准化技术委员会归口。

本部分起草单位:福建省农业科学院果树研究所、中国热带农业科学院南亚热带作物研究所。

本部分主要起草人:吴如健、万继锋、赖瑞联、陈瑾、韦晓霞。

中华人民共和国农业行业标准

热带作物品种审定规范　第17部分:毛叶枣

Registration rules for variety of tropical crops—
Part 17:Indian Jujube

NY/T 2667.17—2020

1　范围

本部分规定了毛叶枣(*Zizyphus mauritiana* Lam.)品种审定要求、判定规则和审定程序。

本部分适用于毛叶枣品种审定。

2　规范性引用文件

下列文件对于本文件的应用是必不可少的。凡是注日期的引用文件,仅注日期的版本适用于本文件。凡是不注日期的引用文件,其最新版本(包括所有的修改单)适用于本文件。

NY/T 2668.17　热带作物品种试验技术规程　第17部分:毛叶枣

NY/T 3516　热带作物种质资源描述规范　毛叶枣

农业部令2012年第2号　农业植物品种命名规定

3　审定要求

3.1　基本要求

3.1.1　品种来源明确,无知识产权纠纷。

3.1.2　品种名称应符合农业部令2012年第2号的要求。

3.1.3　品种具有特异性、一致性和稳定性。

3.1.4　经过品种比较试验、区域性试验和生产性试验,申报材料齐全。

3.1.5　对照品种应为已登记或审(认)定的品种,或生产上公知公用的品种,或在育种目标性状上表现较突出的现有品种。

3.2　目标性状要求

3.2.1　以丰产性为育种目标的品种

产量与对照品种相比,增产≥10%,或达到显著水平,其他主要经济性状与对照品种相当。

3.2.2　以品质为育种目标的品种

单果重、可溶性固形物、香气、质地、耐储性等品质性状≥1项指标优于对照品种。其中,单果重和可溶性固形物含量显著高于对照品种,其他主要经济性状与对照品种相当。

3.2.3　以抗性为育种目标的品种

抗白粉病、抗橘小实蝇、抗寒性等特异性状≥1项指标优于对照品种。其他主要经济性状与对照品种相当。

中华人民共和国农业部2020-11-12发布　　2021-04-01实施

4 判定规则

满足 3.1 中的全部条件，同时满足 3.2 中的要求≥1 项，判定为符合品种审定要求。

5 审定程序

5.1 申请

申请品种审定的单位或个人提出申请。

5.2 现场鉴评

5.2.1 地点确定

根据申请书随机抽取 1 个～2 个试验点作为现场鉴评地点。

5.2.2 鉴评内容及记录

现场鉴评项目和方法按照附录 A 的规定执行，现场鉴评记录按照附录 B 的规定执行。无法现场鉴评的测试项目指标，需要提供农业农村部认可的检测机构出具的检测报告。

5.2.3 鉴评报告

专家组到现场根据审定要求和 5.2.2 的鉴评结果，经现场质询、综合评价，并出具现场鉴评报告。

5.3 初审

5.3.1 申请品种名称

按农业部令 2012 年第 2 号的规定进行审查。

5.3.2 申报材料

按 NY/T 2668.17 对品种比较试验、区域性试验、生产性试验报告等技术内容的完整性进行审查。

5.3.3 品种试验方案

按 NY/T 2668.17 试验地点、对照品种选择、试验设计、试验方法、试验期限进行审查。

5.3.4 品种试验结果

按 NY/T 2668.17 对申请品种的植物学特征、生物学特性、主要经济性状(包括果实品质、丰产性、抗性等)和生产技术要点，以及结果的完整性、真实性和准确性进行审查。

5.3.5 初审意见

依据 5.3.1、5.3.2、5.3.3、5.3.4 的审查情况，结合现场鉴评结果，对品种进行综合评价，按 4 判定规则提出初审意见，并形成通过或不通过的建议。

5.4 终审

对申报材料、现场鉴评综合评价结果、初审结果进行综合审定，提出终审意见，并进行无记名投票表决，赞成票超过与会专家总数 2/3 以上的品种，通过审定。

附　录　A
（规范性附录）
毛叶枣品种审定现场鉴评内容

A.1　概述

本附录给出了毛叶枣品种审定现场鉴评的项目和方法。

A.2　观测项目

见表A.1。

表A.1　观测项目

记载内容	观测记载项目
基本情况	地点、面积、经纬度、海拔、坡度、坡向、土壤类型、管理水平、株行距、繁殖方式、砧木品种/种植年限、种植/嫁接年限、树势、株高、冠幅
丰产性	株产、单位面积产量
品质性状	单果重、果实纵径、果实横径、果实形状、果皮颜色、果肉颜色、果肉质地、果皮光滑度、果实风味、可食率、可溶性固形物含量、耐储性
抗性	抗白粉病、抗橘小实蝇、抗寒性

A.3　鉴评方法

A.3.1　基本情况

A.3.1.1　试验地概况

主要包括地点、面积、经纬度、海拔、坡度、坡向、土壤类型等。

A.3.1.2　管理水平

试验地管理水平，分为精细、中等、粗放。

A.3.1.3　株行距

测量小区内的株距和行距，精确至0.1 m。

A.3.1.4　繁殖方式

调查试验树植株采用的繁殖方式，分为嫁接苗、高接换种树。

A.3.1.5　砧木类型/年限

调查试验树采用砧木的品种和种植年限。

A.3.1.6　种植或嫁接年限

调查试验树种植或嫁接的年份。

A.3.1.7　树势

调查试验树树势情况，分为弱、中、强。

A.3.1.8　株高

每个小区随机抽取生长正常的植株≥3株，测量植株的高度，精确至0.1 m。

A.3.1.9　冠幅

用A.3.1.8的样本，测量植株树冠东西向、南北向的宽度，精确至0.1 m。

A.3.2　产量测定

A.3.2.1　单株产量

用 A.3.1.8 的样本，采摘全树果实，称量记录年生产周期内全部果重量，精确至 0.1 kg。

A.3.2.2 单位面积产量

结合 A.3.1.3 株行距计算单位面积植株数，根据 A.3.2.1 的结果单株产量折算单位面积产量，精确至 0.1 kg。

A.3.3 品质性状

按 NY/T 2668.17、NY/T 3516 的规定执行。

A.3.4 抗性

根据发生的病害、虫害、寒害等抗性具体情况加以记载。

附 录 B
(规范性附录)
毛叶枣品种审定现场鉴评记录表

毛叶枣品种审定现场鉴评记录表见表B.1。

表B.1 毛叶枣品种审定现场鉴评记录表

日期:_______年_______月_______日

地点:_______省(自治区、直辖市)_______市(区、县)_______乡(镇)_______村(地块)

经度_______°_______′_______″,纬度_______°_______′_______″,海拔_______ m

坡度_______°坡向_______,面积_______ m^2

测试项目	申请品种						对照品种					
品种名称												
土壤类型	1. 黏土;2. 壤土;3. 沙壤土;4. 石砾土;5. 沙土;6. 其他						1. 黏土;2. 壤土;3. 沙壤土;4. 石砾土;5. 沙土;6. 其他					
管理水平	1. 精细;2. 中等;3. 粗放						1. 精细;2. 中等;3. 粗放					
繁殖方式	1. 嫁接苗;2. 高接换种树;3. 其他						1. 嫁接苗;2. 高接换种树;3. 其他					
砧木品种												
定植时间,年												
高接时间,年												
株行距,m												
种植密度,株/亩												
树势	1. 弱;2. 中;3. 强						1. 弱;2. 中;3. 强					
株号	1	2	3	4	5	平均	1	2	3	4	5	平均
株高,m												
冠径,m												
株产,kg												
单位面积产量,kg												
单果重,g												
果实纵径,cm												
果实横径,cm												
果实形状	1. 圆形;2. 扁圆形;3. 卵圆形;4. 长圆形;5. 圆柱形;6. 圆锥形;7. 扁柱形;8. 其他						1. 圆形;2. 扁圆形;3. 卵圆形;4. 长圆形;5. 圆柱形;6. 圆锥形;7. 扁柱形;8. 其他					
果皮颜色	1. 黄白;2. 淡黄;3. 黄绿;4. 淡绿;5. 深绿						1. 黄白;2. 淡黄;3. 黄绿;4. 淡绿;5. 深绿					
果肉颜色	1. 乳白;2. 白;3. 其他						1. 乳白;2. 白;3. 其他					
果肉质地	1. 疏松;2. 较致密;3. 致密;4. 酥脆						1. 疏松;2. 较致密;3. 致密;4. 酥脆					
果皮光滑度	1. 有棱;2. 粗糙;3. 平滑						1. 有棱;2. 粗糙;3. 平滑					
果实风味	1. 浓甜;2. 清甜;3. 甜酸;4. 酸甜;5. 微涩;6. 其他						1. 浓甜;2. 清甜;3. 甜酸;4. 酸甜;5. 微涩;6. 其他					
可食率,%												
可溶性固形物含量,%												
维生素C含量,mg/100 g												
抗病性												

表 B.1（续）

测试项目	申请品种	对照品种
抗虫性		
抗寒性		
耐储性		
其他		
专家签名	组长：　　　　　　　　成员：	
注 1:抽取方式:随机抽取。 注 2:根据测产单株产量及每公顷植株数计算单位面积产量。		

附加说明：

NY/T 2667《热带作物品种审定规范》拟分为如下部分：

——第 1 部分:橡胶树；

——第 2 部分:香蕉；

——第 3 部分:荔枝；

——第 4 部分:龙眼；

——第 5 部分:咖啡；

——第 6 部分:芒果；

——第 7 部分:澳洲坚果；

——第 8 部分:菠萝；

——第 9 部分:枇杷；

——第 10 部分:番木瓜；

——第 11 部分:胡椒；

——第 12 部分:椰子；

——第 13 部分:木菠萝；

——第 14 部分:剑麻；

——第 15 部分:槟榔；

——第 16 部分:橄榄；

——第 17 部分:毛叶枣；

…………

本部分为 NY/T 2667 的第 17 部分。

本部分按照 GB/T 1.1—2009 给出的规则起草。

请注意本文件的某些内容有可能涉及专利。本文件的发布机构不承担识别这些专利的责任。

本部分由农业农村部农垦局提出。

本部分由农业农村部热带作物及制品标准化技术委员会归口。

本部分起草单位:云南省农业科学院热区生态农业研究所、云南省农业科学院热带亚热带经济作物研究所。

本部分起草人:段曰汤、雷虓、瞿文林、马开华、金杰、廖承飞、沙毓沧、尼章光、赵琼玲、韩学琴、邓红山、罗会英。

中华人民共和国农业行业标准

热带作物品种试验技术规程　第15部分：槟榔

Regulations for the variety tests of tropical crops—
Part 15: Arecanut

NY/T 2668.15—2020

1　范围

本部分规定了槟榔(*Areca catechu* L.)的品种比较试验、区域性试验和生产性试验的方法。

本部分适用于槟榔的品种试验。

2　规范性引用文件

下列文件对于本文件的应用是必不可少的。凡是注日期的引用文件，仅注日期的版本适用于本文件。凡是不注日期的引用文件，其最新版本(包括所有的修改单)适用于本文件。

GB/T 5009.10　植物类食品中粗纤维的测定

GB/T 8313　茶叶中茶多酚和儿茶素类含量的检测方法

GB/T 8321(所有部分)　农药合理使用准则

NY/T 1276　农药安全使用规范　总则

NY/T 1398　槟榔　种苗

NY/T 2742　水果及制品可溶性糖的测定　3,5-二硝基水杨酸比色法

3　品种比较试验

3.1　试验点选择

试验点应在适宜种植区内，选择光照充足、土壤肥力一致、排灌方便或排灌设施齐全的地块。

3.2　对照品种

对照品种应是当地已登记或审(认)定的品种，或当地生产上公知公用的品种，或在育种目标性状上表现突出的现有品种。

3.3　试验设计与实施

采用完全随机区组设计，重复次数≥3 次。每个重复内每个品种株数≥15 株，株距 2 m～2.5 m、行距 2.5 m～3 m。种苗质量符合 NY/T 1398 的要求。试验区内各项管理措施一致。单株数据分别记载，试验年限自正常开花结果起≥2 个生产周期，产量等目标性状数据连续观测年限≥2 个生产周期。

3.4　采收与测产

当果实达到商品果的要求时及时采收。每个小区每个品种随机选取 5 株，统计年周期内单株产量，以平均单株产量折算单位面积产量。

3.5　观测记载与鉴定评价

按附录 A 的规定执行。

3.6　试验总结

中华人民共和国农业部 2020-11-12 发布　　2021-04-01 实施

对试验品种(系)的质量性状进行描述,对数量性状进行数据观测和统计分析,撰写品种比较试验报告,按附录B撰写年度报告,按附录C撰写试验总报告。

4 品种区域性试验

4.1 试验点选择

选择2个或以上不同生态类型区域设置≥3个试验点,试验点符合3.1的要求。

4.2 试验品种确定

4.2.1 对照品种

符合3.2的要求,根据试验需要可增加对照品种。

4.2.2 品种数量

参试品种数量≥2个(包括对照品种在内)。当参试品种数量>2个时,应分组设立试验。

4.3 试验设计

按3.3的相关规定执行。

4.4 试验实施

4.4.1 种植时期

在该生态类型区域的适宜种植期种植,同一试验点的种植时期应一致。

4.4.2 田间管理

定植后及时查苗补缺。田间管理水平应与该生态类型区相当。在同一试验点的同一组别中,同一项技术措施应在同一时间段内完成。试验过程中应及时对试验植株、果实等采取有效的防护措施。

4.4.3 病虫害防治

根据田间病情和虫情,选择高效、低毒的药剂防治,使用农药应符合GB/T 8321和NY/T 1276的要求。

4.5 采收与测产

按3.4的相关规定执行。

4.6 观测记载与鉴定评价

按附录A的规定执行。

4.7 试验总结

对试验品种的质量性状进行描述,对重要数量性状数据进行统计分析与比较,撰写品种区域性试验报告,按附录B撰写年度报告,按附录C撰写试验总报告。

5 品种生产性试验

5.1 试验点的选择

按4.1的规定执行。

5.2 试验品种确定

5.2.1 对照品种

按4.2.1的规定执行。

5.2.2 品种数量

按4.2.2的规定执行。

5.3 试验设计

按3.3的相关规定执行,每个小区内每个品种株数≥50株。

5.4 试验实施

按4.4的规定执行。

5.5 采收与测产

当果实达到商品果的要求时应及时采收。每个小区随机抽取15株，统计年周期内单株产量，以平均单株产量折算单位面积产量。

5.6 观测记载与鉴定评价

按附录A的规定执行。

5.7 试验总结

对试验数据进行统计分析和综合评价，对单位面积产量等重要数量性状数据进行统计分析与比较，总结生产技术要点，撰写品种生产性试验报告，按附录B撰写年度报告，按附录C撰写试验总报告。

附 录 A
(规范性附录)
槟榔品种试验观测项目与记载标准

A.1 基本情况

A.1.1 试验点概况

主要包括地理位置、经纬度、地形、海拔、坡度、坡向、土壤类型、定植时间、试验地面积、株行距等。

A.1.2 气象资料

记载内容主要包括年均温、年总积温、年降水量、日照时数、风速、风向、无霜期、极端最高温、极端最低温以及灾害天气情况等。

A.1.3 种苗情况

种苗类型、种苗来源、种苗质量等。

A.1.4 田间管理情况

常规管理,包括灌排、施肥、病虫草害防治等。

A.2 槟榔品种试验观测项目和记载项目

A.2.1 观测项目

见表 A.1。

表 A.1 观测项目

内　　容	记载项目
植物学特征	树冠形态、株高、茎高、茎围、节间长、单株叶片数、鲜果果形、鲜果果顶形状、鲜果纵径、鲜果横径、鲜果单粒重、种果果形、种果纵径、种果横径、种果单粒重、种果颜色
农艺性状	单株花序数、单株果穗数、成熟期
品质特性	槟榔碱含量、粗纤维含量、可溶性糖含量、多酚含量
丰产性	单株产量、单位面积产量

A.2.2 鉴定方法

A.2.2.1 植物学特征

A.2.2.1.1 树冠形态

每小区每个品种随机抽取生长正常的植株≥10 株,按最大相似原则,目测确定树冠形态,形态分为圆头形、半圆形、直立形、其他。

A.2.2.1.2 株高

用 A.2.2.1.1 的样本,测量地面至植株枝叶最高处的距离,取平均值,精确至 0.1 m。

A.2.2.1.3 茎高

用 A.2.2.1.1 的样本,测量从地面到最新叶痕处的茎干高度,取平均值,精确至 0.1 m。

A.2.2.1.4 茎围

用 A.2.2.1.1 的样本,测量植株主干离地面 1.5 m 处的茎周长,取平均值,精确至 0.1 cm。

A.2.2.1.5 节间长

用 A.2.2.1.1 的样本,测量离地面 1.5 m 处为中点的上下 5 个节的长度,取平均值,精确至

0.1 cm。

A.2.2.1.6 单株叶片数

用 A.2.2.1.1 的样本，记载叶片数量，取平均值。

A.2.2.1.7 鲜果果形

在商品果采摘期，随机采集 30 粒商品果，按最大相似原则，目测确定鲜果的形状，形状分为长椭圆形、椭圆形、卵形、圆形、近圆形、圆锥形、纺锤形、其他。

A.2.2.1.8 鲜果果顶形状

用 A.2.2.1.7 的样本，按最大相似原则，目测确定果顶的形状，形状分为凹、平、凸。

A.2.2.1.9 鲜果纵径

用 A.2.2.1.7 的样本，测量鲜果果实果顶到果基的最长处直径，取平均值，精确至 0.1 cm。

A.2.2.1.10 鲜果横径

用 A.2.2.1.7 的样本，测量鲜果果实横向最宽处直径，取平均值，精确至 0.1 cm。

A.2.2.1.11 鲜果单粒重

用 A.2.2.1.7 的样本，称量鲜果重量，取平均值，精确至 0.1 g。

A.2.2.1.12 种果果形

在种果采摘期，随机采集 30 粒种果，按最大相似原则，目测确定种果的形状，形状分为椭圆形、卵形、圆形、近圆形、圆锥形、其他。

A.2.2.1.13 种果纵径

用 A.2.2.1.12 的样本，测量种果纵径长度，取平均值，精确至 0.1 cm。

A.2.2.1.14 种果横径

用 A.2.2.1.12 的样本，测量种果横向最宽处直径，取平均值，精确至 0.1 cm。

A.2.2.1.15 种果单粒重

用 A.2.2.1.12 的样本，称量种果单粒重量，取平均值，精确至 0.1 g。

A.2.2.1.16 种果颜色

用 A.2.2.1.12 的样本，目测种果的颜色并与标准色卡进行比较，按最大相似原则，确定种果的颜色，颜色分为黄绿色、黄色、橙色、橙红色、其他。

A.2.2.2 农艺性状

A.2.2.2.1 单株花序数

用 A.2.2.1.1 的样本，记载花序数量，取平均值。

A.2.2.2.2 单株果穗数

用 A.2.2.1.1 的样本，记载果穗数量，取平均值。

A.2.2.2.3 鲜果成熟期

记载鲜果最早和最晚采收的日期，表示方法为"年/月/日"，记录格式为"YYYYMMDD"。

A.2.2.3 品质特性

A.2.2.3.1 粗纤维含量测定

按 GB/T 5009.10 的规定执行。

A.2.2.3.2 可溶性糖含量测定

按 NY/T 2742 的规定执行。

A.2.2.3.3 多酚含量测定

按 GB/T 8313 的规定执行。

A.2.2.3.4 槟榔碱含量测定

由有资质的检测机构进行检测，出具检测报告。

A.2.2.4 丰产性

A.2.2.4.1 单株产量

按3.4和5.6规定的测产方法进行单株测产，取平均值，精确至0.1 kg。

A.2.2.4.2 公顷产量

根据A.2.2.4.1结果和种植密度，折算每公顷产量，取平均值，精确至0.1 kg。

A.2.3 项目记载

见表A.2。

表A.2 槟榔品种试验田间观测项目记载表

<table>
<tr><th colspan="2">观测项目</th><th>申请品种</th><th>对照品种</th><th>备注</th></tr>
<tr><td rowspan="6">植物学特征</td><td>树冠形态</td><td>1. 圆头形；2. 半圆形；3. 直立形；4. 其他</td><td>1. 圆头形；2. 半圆形；3. 直立形；4. 其他</td><td></td></tr>
<tr><td>株高，m</td><td></td><td></td><td></td></tr>
<tr><td>茎高，m</td><td></td><td></td><td></td></tr>
<tr><td>茎围，cm</td><td></td><td></td><td></td></tr>
<tr><td>节间长，cm</td><td></td><td></td><td></td></tr>
<tr><td>单株叶片数，片</td><td></td><td></td><td></td></tr>
<tr><td rowspan="10"></td><td>鲜果果形</td><td>1. 长椭圆形；2. 椭圆形；3. 卵形；4. 圆形；5. 近圆形；6. 圆锥形；7. 纺锤形；8. 其他</td><td>1. 长椭圆形；2. 椭圆形；3. 卵形；4. 圆形；5. 近圆形；6. 圆锥形；7. 纺锤形；8. 其他</td><td></td></tr>
<tr><td>鲜果果顶形状</td><td>1. 凹；2. 平；3. 凸</td><td>1. 凹；2. 平；3. 凸</td><td></td></tr>
<tr><td>鲜果纵径，cm</td><td></td><td></td><td></td></tr>
<tr><td>鲜果横径，cm</td><td></td><td></td><td></td></tr>
<tr><td>鲜果单粒重，g</td><td></td><td></td><td></td></tr>
<tr><td>种果果形</td><td>1. 椭圆形；2. 卵形；3. 圆形；4. 近圆形；5. 圆锥形；6. 其他</td><td>1. 椭圆形；2. 卵形；3. 圆形；4. 近圆形；5. 圆锥形；6. 其他</td><td></td></tr>
<tr><td>种果纵径，cm</td><td></td><td></td><td></td></tr>
<tr><td>种果横径，cm</td><td></td><td></td><td></td></tr>
<tr><td>种果单粒重，g</td><td></td><td></td><td></td></tr>
<tr><td>种果颜色</td><td>1. 黄绿色；2. 黄色；3. 橙色；4. 橙红色；5. 其他</td><td>1. 黄绿色；2. 黄色；3. 橙色；4. 橙红色；5. 其他</td><td></td></tr>
<tr><td rowspan="2">农艺性状</td><td>单株花序数，个</td><td></td><td></td><td></td></tr>
<tr><td>单株果穗数，穗</td><td></td><td></td><td></td></tr>
<tr><td rowspan="4">品质特性</td><td>槟榔碱含量，%</td><td></td><td></td><td></td></tr>
<tr><td>粗纤维含量，%</td><td></td><td></td><td></td></tr>
<tr><td>总糖含量，%</td><td></td><td></td><td></td></tr>
<tr><td>总酚含量，%</td><td></td><td></td><td></td></tr>
<tr><td rowspan="2">丰产性</td><td>单株产量，kg</td><td></td><td></td><td></td></tr>
<tr><td>公顷产量，kg</td><td></td><td></td><td></td></tr>
</table>

附　录　B
（规范性附录）
槟榔品种试验年度报告

B.1　概述

本附录给出了《槟榔品种试验年度报告》格式。

B.2　报告格式

B.2.1　封面

槟榔品种试验年度报告
（　　　　　年度）

试验组别：________________________________

试验地点：________________________________

承担单位：________________________________

试验负责人：______________________________

试验执行人：______________________________

通信地址：________________________________

邮政编码：________________________________

联系电话：________________________________

电子信箱：________________________________

B.2.2　地理与气象数据

试验地名：__________，纬度(°)：__________，经度(°)：__________，海拔(m)：__________，年平均气温(℃)：________，年总积温度(℃)：________，年日照总时数(h)：________，最冷月平均气温(℃)：__________，最低气温(℃)：________，最高气温(℃)：________，年降水量(mm)：________。

特殊气候及各种自然灾害对供试品种生长和产量的影响，以及补救措施：____。

B.2.3　试验地基本情况和栽培管理

B.2.3.1　基本情况

前茬作物：________________，坡度：________________°，坡向：________________，有/无荫蔽：__________，土壤类型：________________，土壤 pH：________________，基肥及整地情况：____________________。

B.2.3.2 田间设计

参试品种：________个，对照品种：________个，重复：________次，行距：________m，株距：________m，________试验点面积：__________hm^2。

参试品种汇总表见 B.1。

表 B.1 槟榔参试品种汇总表

代号	品种名称	类型(组别)	亲本组合	选育单位	联系人与电话

B.2.3.3 栽培管理

定植日期：____

种植方式：____

施肥：____

灌排水：____

中耕除草：____

培土：____

病虫草害防治：____

草害防治：____

其他特殊处理：____

B.2.4 植物学特征调查表

见表 B.2。

表 B.2 植物学特征性状调查汇总表

调查项目	参试品种				对照品种			
	重复Ⅰ	重复Ⅱ	重复Ⅲ	平均	重复Ⅰ	重复Ⅱ	重复Ⅲ	平均
树冠形态								
株高，m								
茎高，m								
茎围，cm								
节间长，cm								
单株叶片总数，片								
鲜果果形								
果顶形状								
鲜果纵径，cm								
鲜果横径，cm								
鲜果单粒重，g								
种果果形								
种果纵径，cm								
种果横径，cm								
种果单粒重，g								
种果颜色								

B.2.5 农艺性状调查表

见表 B.3。

表 B.3 主要农艺性状调查汇总表

调查项目	参试品种				对照品种			
	重复Ⅰ	重复Ⅱ	重复Ⅲ	平均	重复Ⅰ	重复Ⅱ	重复Ⅲ	平均
单株花序数,穗								
单株果穗数,穗								
鲜果成熟期,YYYYMMDD								

B.2.6 产量性状

见表B.4。

表B.4 槟榔产量性状调查结果汇总表

代号	品种名称	重复	收获小区		单株产量 kg	折公顷产量 kg	平均单产 kg/hm^2	比对照增减 %	显著性测定	
			株距 m	行距 m					0.05	0.01
		Ⅰ								
		Ⅱ								
		Ⅲ								
		Ⅰ								
		Ⅱ								
		Ⅲ								

B.2.7 品质检测

见表B.5。

表B.5 槟榔品种品质检测结果汇总表

代号	品种名称	重复	槟榔碱含量 %	粗纤维含量 %	总糖含量 %	总酚含量 %
		Ⅰ				
		Ⅱ				
		Ⅲ				
		平均				
		Ⅰ				
		Ⅱ				
		Ⅲ				
		平均				

B.2.8 其他特征特性

B.2.9 品种综合评价(包括品种特征特性、优缺点和推荐审定等)

见表B.6。

表B.6 槟榔品种综合评价表

代号	品种名称	综合评价

B.2.10 本年度试验评述(包括试验进行情况、存在问题等)

B.2.11 对下年度试验工作的意见和建议

B.2.12 附:________年度专家测产结果

附 录 C
(规范性附录)
槟榔品种试验总报告

C.1 概述

本附录给出了《槟榔品种试验总报告》格式。

C.2 报告格式

C.2.1 封面

槟榔品种试验总报告

承担单位：______________________________

试验负责人：______________________________

试验执行人：______________________________

通信地址：______________________________

邮政编码：______________________________

联系电话：______________________________

电子信箱：______________________________

C.2.2 品种比较试验报告

C.2.2.1 试验目的

C.2.2.2 试验地自然条件

C.2.2.3 参试品种(标明对照品种)

C.2.2.4 试验设计和方法

C.2.2.5 试验结果与分析

C.2.2.6 结论

C.2.3 品种区域性试验报告

C.2.3.1 试验目的

C.2.3.2 区域地点及自然条件

C.2.3.3 参试品种(标明对照品种)

C.2.3.4 试验设计和方法

C.2.3.5 试验结果与分析

C.2.3.6 结论

C.2.4 品种生产性试验报告

C.2.4.1 试验目的

C.2.4.2 区域地点及自然条件

C.2.4.3 参试品种(标明对照品种)

C.2.4.4 试验设计和方法

C.2.4.5 试验结果与分析

C.2.4.6 结论

C.2.4.7 附:栽培技术要点

附加说明:

NY/T 2668《热带作物品种试验技术规程》拟分为如下部分:

——第1部分:橡胶树;
——第2部分:香蕉;
——第3部分:荔枝;
——第4部分:龙眼;
——第5部分:咖啡;
——第6部分:芒果;
——第7部分:澳洲坚果;
——第8部分:菠萝;
——第9部分:枇杷;
——第10部分:番木瓜;
——第11部分:胡椒;
——第12部分:椰子;
——第13部分:木菠萝;
——第14部分:剑麻;
——第15部分:槟榔;
——第16部分:橄榄;
——第17部分:毛叶枣;
…………

本部分为NY/T 2668的第15部分。

本部分按照GB/T 1.1—2009给出的规则起草。

请注意本文件的某些内容有可能涉及专利。本文件的发布机构不承担识别这些专利的责任。

本部分由农业农村部农垦局提出。

本部分由农业农村部热带作物及制品标准化技术委员会归口。

本部分起草单位:中国热带农业科学院椰子研究所。

本部分主要起草人:周焕起、陈君、刘立云、黄丽云、齐兰、朱辉、李佳。

中华人民共和国农业行业标准

热带作物品种试验技术规程　第16部分：橄榄

Regulations for the variety tests of tropical crops—
Part 16: Chinese olive

NY/T 2668.16—2020

1　范围

本部分规定了橄榄[*Canarium album* (Lour.) Raeusch.]的品种比较试验、区域性试验和生产性试验的方法。

本部分适用于橄榄品种试验。

2　规范性引用文件

下列文件对于本文件的应用是必不可少的。凡是注日期的引用文件，仅注日期的版本适用于本文件。凡是不注日期的引用文件，其最新版本(包括所有的修改单)适用于本文件。

GB/T 5009.10　植物类食品中粗纤维的测定

GB 5009.86　食品安全国家标准　食品中抗坏血酸的测定

GB 5009.92　食品安全国家标准　食品中钙的测定

GB/T 8321(所有部分)　农药合理使用准则

GB/T 10220　感官分析　方法学　总论

GB/T 12316　感官分析方法"A"-"非A"检验

GB/T 12456　食品中总酸的测定

NY/T 1276　农药安全使用规范　总则

NY/T 1600　水果、蔬菜及其制品中单宁含量的测定　分光光度法

NY/T 2637　水果和蔬菜可溶性固形物含量的测定　折射仪法

NY/T 2742　水果及制品可溶性糖的测定　3,5-二硝基水杨酸比色法

SN/T 4260　出口植物源食品中粗多糖的测定　苯酚-硫酸法

SN/T 4592　出口食品中总黄酮的测定

3　品种比较试验

3.1　试验点选择

试验点应在适宜种植区内，选择光照充足、土壤肥力一致、排灌方便或排灌设施齐全的地块。

3.2　对照品种确定

对照品种应是与申请品种成熟期接近、育种目标相同且性状表现突出的现有品种(系)，已登记或审(认)定的品种，或生产上公知公用的品种(系)。

3.3　试验设计和实施

采用完全随机设计或随机区组设计，重复次数≥3。单个重复每个品种≥5株，株距3 m～7 m、行

中华人民共和国农业部 2020-11-12 发布　　　　2021-04-01 实施

距4 m～8 m。试验区内重复间试验条件一致，采用与当地大田生产相同水平的栽培和管理措施，同一试验的同一项操作应在同一天内完成。试验年限自正常开花结果起≥2 个生产周期。

3.4 采收与测产

当果实达到成熟期时，及时组织采收。每个品种逐株测量产量，根据采收株数的平均单株产量折算单位面积产量。

3.5 观测记载与鉴定评价

按附录 A 的规定执行。

3.6 试验总结

对试验品种的质量性状进行描述，对数量性状进行数据观测和统计分析，按附录 B 的规定撰写品种比较试验年度报告和总结报告。

4 品种区域性试验

4.1 试验点选择

满足 3.1 要求。在≥2 个省(自治区、直辖市)的不同生态类型区设置≥3 个试验点。

4.2 对照品种确定

满足 3.2 要求。根据试验需求可增加对照品种。

4.3 试验设计

采用随机区组排列，重复次数≥3。小区内每个品种≥5 株。试验年限自开花结果起≥2 个生产周期。

4.4 试验实施

4.4.1 种植或嫁接

同一组别同一试验点采用相同的种植或嫁接方法。

4.4.2 种植密度

株距 3 m～7 m、行距 4 m～8 m。同一组别同一试验点的种植密度应一致。

4.4.3 田间管理

同一组别同一试验点的各项管理措施应及时、一致。试验过程中应及时对试验植株、果实等采取有效的防护措施。

4.4.4 病虫害防治

根据田间病情和虫情，选择高效、低毒的药剂防治，使用农药应符合 GB/T 8321 和 NY/T 1276 的要求。若进行抗病、抗虫等目标性状的区域性试验，则不应对相应病害或虫害等进行防治。

4.4.5 采收与测产

达到果实成熟期时，及时组织采收。每个品种每个小区随机测量≥2 株单株产量，根据平均单株产量折算单位面积产量。

4.5 观测记载与鉴定评价

按附录 A 的规定执行。

4.6 试验总结

对试验数据进行统计分析及综合评价，对单株产量和单位面积产量等主要性状进行方差分析和多重比较，并按附录 B 的规定撰写品种区域性试验年度报告和总结报告。

5 品种生产性试验

5.1 试验地点选择

满足 4.1 的要求。

5.2 对照品种确定

满足 4.2 的要求。

5.3 试验设计

一个试验点的种植面积≥0.2 hm^2。采用完全随机排列，每个品种≥30 株，株距 3 m～7 m、行距 4 m～8 m。试验点数量和试验年限满足 4.1 和 4.3 的要求。

5.4 试验实施

5.4.1 田间管理

按 4.4.3 的规定执行。

5.4.2 采收与测产

按 4.4.5 的规定执行。

5.5 观测记载与鉴定评价

按 4.5 的规定执行。

5.6 试验总结

对试验数据进行统计分析及综合评价，对单株产量和单位面积产量等主要性状进行方差分析和多重比较，并总结出生产技术要点。按附录 B 的规定撰写品种生产性试验年度报告和总结报告。

附 录 A
（规范性附录）
橄榄品种试验观测项目与记载标准

A.1 概述

本附录给出了橄榄品种试验的观测项目与记载标准。

A.2 基本情况

A.2.1 试验点概况

试验地概况包括：地点、面积、经纬度、海拔、坡度、坡向、土层厚度、土壤类型等。

A.2.2 气象资料

记载内容包括：年均温、年总积温、年降水量、日照时数、无霜期、极端最高温度、极端最低温度以及灾害等。

A.2.3 繁殖情况

A.2.3.1 嫁接苗：嫁接时间、嫁接方法、砧木品种、砧木年龄、定植时间、苗木质量等。

A.2.3.2 高接换种：嫁接时间、基砧品种、中间砧品种、高接树树龄、株嫁接芽数、嫁接高度等。

A.2.4 种植密度

测量小区内种植的株距和行距，计算种植密度，精确至株/hm^2。

A.2.5 田间管理情况

田间管理包括除草、灌溉、施肥、修剪、保花保果、病虫害防治等。

A.3 橄榄品种试验观测项目和观测方法

A.3.1 观测项目

见表A.1。

表A.1 观测项目

内容	记载项目
植物学特征	树势、树姿、冠幅、树高、干周、复叶主轴长度、小叶对数、嫩叶颜色、小叶形状、叶尖形状、叶基形状、小叶长度、小叶宽度、花序紧密度、花序长度、花序宽度、花性类型、果穗紧密度、果实纵径、果实横径、果实形状、果顶形状、果基形状、果核重
生物学特性	新梢萌发期、现蕾期、初花期、盛花期、末花期、生理落果高峰期、果实成熟期
品质性状	单果重、果实整齐度、果皮颜色、果肉颜色、果肉厚度、果肉质地、汁液量、化渣程度、涩味、回甘程度、可食率、可溶性固形物含量、可溶性糖含量、总酸含量、维生素C含量、粗纤维含量、钙含量、单宁含量、总多酚含量、粗多糖含量、总黄酮含量
丰产性	单株产量、单位面积产量
抗性	抗寒性、抗果实灰斑病、抗橄榄星室木虱

A.3.2 观测方法

A.3.2.1 植物学特征

A.3.2.1.1 树势

选取生长正常的植株≥3株，观察植株的叶幕层厚度和枝梢生长情况，确定植株的树势，分为弱、中、强。

A.3.2.1.2 冠幅

用 A.3.2.1.1 的样本，测量植株树冠东西向、南北向的宽度，精确至 0.1 m。

A.3.2.1.3 树高

用 A.3.2.1.1 的样本，测量植株高度，精确至 0.1 m。

A.3.2.1.4 干周

用 A.3.2.1.1 的样本，测量离地 20 cm 处的植株主干的周长，精确至 0.1 cm。

A.3.2.1.5 树姿

用 A.3.2.1.1 的样本，每株树测量≥3 个基部主枝中心轴线与主干的夹角，依据夹角的平均值确定植株的树姿类型，分为直立(夹角＜30°)、半开张(30°≤夹角＜60°)、开张(60°≤夹角＜90°)、下垂(夹角≥90°)。

A.3.2.1.6 复叶主轴长度

用 A.3.2.1.1 的样本，从树冠外围中上部东、南、西、北各选取 1 条老熟末次秋梢，从枝顶端往下选取发育正常的第三复叶，测量复叶轴与枝条的着生点到最后一对(片)小叶着生处的距离，取平均值，精确至 0.1 cm。

A.3.2.1.7 小叶对数

用 A.3.2.1.6 的样本，计数每片复叶中的小叶对数，计算平均小叶对数，精确至 0.1 对。

A.3.2.1.8 嫩叶颜色

在春季新梢抽生初期，观察刚展开的幼嫩叶片，采用目测法观察或用标准比色卡，按最大相似原则确定嫩叶颜色，分为黄绿色、淡红色、紫红色。

A.3.2.1.9 小叶形状

用 A.3.2.1.6 的样本，选取每片复叶中部对生的 2 片小叶，按最大相似原则确定小叶形状，分为披针形、椭圆形、卵圆形。

A.3.2.1.10 叶尖形状

用 A.3.2.1.9 的样本，按最大相似原则确定小叶的叶尖形状，分为钝尖、渐尖、骤尖。

A.3.2.1.11 叶基形状

用 A.3.2.1.9 的样本，按最大相似原则确定小叶的叶基形状，分为楔形、宽楔形、圆形。

A.3.2.1.12 小叶长度

用 A.3.2.1.9 的样本，测量小叶基部至尖端的长度，取平均值，精确至 0.1 cm。

A.3.2.1.13 小叶宽度

用 A.3.2.1.9 的样本，测量小叶横向最宽处的宽度，取平均值，精确至 0.1 cm。

A.3.2.1.14 花序类型

在开花期选取具有代表性的 3 株树，每株从树冠外围中上部东、南、西、北各选取发育正常的花序 1 个，观察花序类型，分为圆锥花序、总状花序。

A.3.2.1.15 花序长度

用 A.3.2.1.14 的样本，测量每个花序基部至顶端的长度，取平均值，精确至 0.1 cm。

A.3.2.1.16 花序宽度

用 A.3.2.1.14 的样本，测量每个花序横向最宽处的宽度，取平均值，精确至 0.1 cm。

A.3.2.1.17 花性类型

用 A.3.2.1.14 的样本，根据花的雌雄蕊发育情况，分为两性花、雌花、雄花、畸形花。

A.3.2.1.18 果穗紧密度

在果实成熟期，选取具有代表性的植株≥3 株，每株从树冠外围中上部东、南、西、北各选取有代表性的成熟果穗 1 个，观察果穗中果实排列的紧密程度，分为稀疏、中等、紧密。

A.3.2.1.19 **果实纵径**

用 A.3.2.1.18 的样本，选取 20 个有代表性的果实，测量果实果顶至果基的直径，取平均值，精确至 0.1 cm。

A.3.2.1.20 **果实横径**

用 A.3.2.1.19 的样本，测量果实横向最宽处直径，取平均值，精确至 0.1 cm。

A.3.2.1.21 **果实形状**

用 A.3.2.1.19 的样本，按最大相似原则确定果实形状，分为纺锤形、椭圆形、近圆形、卵圆形、不规则形。

A.3.2.1.22 **果顶形状**

用 A.3.2.1.19 的样本，按最大相似原则确定果顶形状，分为浑圆、圆突、尖突。

A.3.2.1.23 **果基形状**

用 A.3.2.1.19 的样本，按最大相似原则确定果基形状，分为浑圆、圆突、尖突。

A.3.2.1.24 **果核重**

用 A.3.2.1.19 的样本，剥离果肉，称取果核质量，计算果核重，精确至 0.1 g。

A.3.2.2 **生物学特性**

A.3.2.2.1 **新梢萌发期**

全树约 50%以上枝梢顶芽生长至约 2 cm 时的日期，分别记录为春梢、夏梢、秋梢、冬梢的萌发期，表示方法为“年/月/日”，记录格式为“YYYYMMDD”。

A.3.2.2.2 **现蕾期**

全树约有 5%花序出现花蕾的日期，表示方法为“年/月/日”，记录格式为“YYYYMMDD”。

A.3.2.2.3 **初花期**

全树约有 5%花朵开放的日期，表示方法为“年/月/日”，记录格式为“YYYYMMDD”。

A.3.2.2.4 **盛花期**

全树约有 50%花朵开放的日期，表示方法为“年/月/日”，记录格式为“YYYYMMDD”。

A.3.2.2.5 **末花期**

全树约有 95%花朵开放的日期，表示方法为“年/月/日”，记录格式为“YYYYMMDD”。

A.3.2.2.6 **生理落果高峰期**

幼果大量自然脱落的日期，表示方法为“年/月/日”，记录格式为“YYYYMMDD”。

A.3.2.2.7 **果实成熟期**

果实大小已长定且呈现应有的色、香、味等成熟特征的日期，表示方法为“年/月/日”，记录格式为“YYYYMMDD”。

A.3.2.3 **品质性状**

A.3.2.3.1 **果实整齐度**

用 A.3.2.1.18 的样本，观察果穗上果实大小和形状，确定果实的整齐度，分为差、中、好。

A.3.2.3.2 **单果重**

用 A.3.2.1.19 的样本，称取果实质量，计算单果重，精确至 0.1 g。

A.3.2.3.3 **果皮颜色**

用 A.3.2.3.2 的样本，采用目测法观察或用标准比色卡，按最大相似原则确定果皮颜色，分为黄色、黄绿色、绿色、深绿色。

A.3.2.3.4 **果肉颜色**

用A.3.2.3.2的样本，切开果肉，采用目测法观察或用标准比色卡，按最大相似原则确定果皮颜色，分为白色、黄白色、黄色、黄绿色、浅绿色。

A.3.2.3.5 果肉质地、汁液量、化渣程度、涩味、回甘程度

按GB/T 10220和GB/T 12316的规定执行。果肉质地分为粗韧、较脆、脆，汁液量分为少、中、多，化渣程度分为不化渣、较化渣、化渣，涩味分为微涩、涩、酸涩、苦涩，回甘程度分为差、中、好。

A.3.2.3.6 果肉厚度

用A.3.2.3.2的样本，测量果实最大横切面处果肉的厚度，精确至0.1 mm。

A.3.2.3.7 可食率

在果实成熟期，随机选取20个代表性果实，称取果实总质量和种子总质量，按式(A.1)计算，精确至0.1%。

$$c=\frac{(m_1-m_2)}{m_1}\times 100 \quad \cdots\cdots (A.1)$$

式中：

c ——可食率，单位为百分号(%)；

m_1——果实总质量，单位为克(g)；

m_2——种子总质量，单位为克(g)。

A.3.2.3.8 可溶性固形物含量

按NY/T 2637的规定执行。

A.3.2.3.9 可溶性糖含量

按NY/T 2742的规定执行。

A.3.2.3.10 总酸含量

按GB/T 12456的规定执行。

A.3.2.3.11 维生素C含量

按GB 5009.86的规定执行。

A.3.2.3.12 粗纤维含量

按GB/T 5009.10的规定执行。

A.3.2.3.13 钙含量

按GB 5009.92的规定执行。

A.3.2.3.14 单宁含量

按NY/T 1600的规定执行。

A.3.2.3.15 粗多糖含量

按SN/T 4260的规定执行。

A.3.2.3.16 总黄酮含量

按SN/T 4592的规定执行。

A.3.2.3.17 总多酚含量

参见附录C的规定执行。

A.3.2.4 丰产性

A.3.2.4.1 单株产量

在果实成熟期，采摘全株果实，称量果实总质量，精确至0.1 kg。

A.3.2.4.2 单位面积产量

根据A.3.2.4.1的单株产量和A.2.4的种植密度计算单位面积产量，精确至0.1 kg。

A.3.2.5 抗性

根据试验地寒害、果实灰斑病和橄榄星室木虱等的发生情况加以记载。

A.3.3 记载项目

A.3.3.1 橄榄品种比较试验观测记载项目

见表 A.2。

表 A.2 橄榄品种比较试验观测记载项目表

观测项目		申请品种	对照品种	备注
植物学特征	树势			
	树姿			
	冠幅 m×m			
	树高 m			
	干周 cm			
	小叶对数 对			
	嫩叶颜色			
	小叶形状			
	叶尖形状			
	叶基形状			
	小叶长度 cm			
	小叶宽度 cm			
	花序类型			
	花序紧密度			
	花序长度 cm			
	花序宽度 cm			
	花性类型			
	果穗紧密度			
	果实纵径 cm			
	果实横径 cm			
	果实形状			
	果顶形状			
	果基形状			
	单果核重 g			
生物学特性	新梢萌发期 YYYYMMDD			
	现蕾期 YYYYMMDD			
	初花期 YYYYMMDD			
	盛花期 YYYYMMDD			

表 A.2（续）

观测项目		申请品种	对照品种	备注
生物学特性	末花期 YYYYMMDD			
	生理落果高峰期 YYYYMMDD			
	果实成熟期 YYYYMMDD			
丰产性	单株产量 kg			
	单位面积产量 kg/hm^2			
品质性状	果实整齐度			
	单果重 g			
	果皮颜色			
	果肉颜色			
	果肉厚度 mm			
	果肉质地			
	汁液量			
	化渣程度			
	涩味			
	回甘程度			
	可食率 %			
	可溶性固形物含量 %			
	维生素 C 含量 mg/100 g			
	钙含量 %			
	粗纤维含量 %			
	单宁含量 %			
	可溶性糖含量 %			
	总酸含量 %			
	粗多糖含量 %			
	总多酚含量 %			
	总黄酮含量 %			
抗性	抗寒性			
	抗果实灰斑病			
	抗橄榄星室木虱			

A.3.3.2 橄榄品种区域性试验及生产性试验观测项目

见表A.3。

表A.3 橄榄品种区域性试验及生产性试验观测项目表

观测项目		申请品种	对照品种	备注
植物学特征	树势			
	树姿			
	冠幅 m×m			
	树高 m			
	干周 cm			
	花序长度 cm			
	花序宽度 cm			
	果穗紧密度			
	果实形状			
	果实纵径 cm			
	果实横径 cm			
生物学特性	新梢萌发期 YYYYMMDD			
	现蕾期 YYYYMMDD			
	初花期 YYYYMMDD			
	盛花期 YYYYMMDD			
	末花期 YYYYMMDD			
	生理落果高峰期 YYYYMMDD			
	果实成熟期 YYYYMMDD			
丰产性	单株产量 kg			
	单位面积产量 kg/hm^2			
品质性状	果实整齐度			
	单果重 g			
	果皮颜色			
	果肉颜色			
	果肉厚度 mm			
	果肉质地			
	汁液量			

表 A.3 （续）

观测项目		申请品种	对照品种	备注
植物学特征	化渣程度			
	涩味			
	回甘程度			
	可食率 %			
品质性状	可溶性固形物含量 %			
	维生素 C 含量 mg/100 g			
	钙含量 %			
	粗纤维含量 %			
	单宁含量 %			
	可溶性糖含量 %			
	总酸含量 %			
	粗多糖含量 %			
	总多酚含量 %			
	总黄酮含量 %			
抗性	抗寒性			
	抗果实灰斑病			
	抗橄榄星室木虱			

附 录 B
（规范性附录）
橄榄品种比较/区域性/生产性试验年度报告

B.1 概述

本附录给出了《橄榄品种比较试验年度报告》《橄榄品种区域性试验年度报告》《橄榄品种生产性试验年度报告》格式。

B.2 报告格式

B.2.1 封面

橄榄品种__________试验年度报告

（　　　　　年度）

试验组别：______________________________

试验地点：______________________________

承担单位：______________________________

试验负责人：____________________________

试验执行人：____________________________

通信地址：______________________________

邮政编码：______________________________

联系电话：______________________________

E-mail：________________________________

B.2.2 气象和地理数据

纬度：__________，经度：__________，海拔：________ m，年降水量：________ mm，日照时数：________ h，年总积温：________℃，年均温：________℃，极端最低温度：__________℃，极端最高温度：________℃，无霜期：________ d。

特殊气候及各种自然灾害对供试品种生长和产量的影响以及补救措施：______________。

B.2.3 试验地基本情况和栽培管理

B.2.3.1 基本情况

坡度：________，坡向：________，土层厚度：________ cm，土壤类型：________。

B.2.3.2 田间设计

申请品种：________，对照品种：________，重复：________次，株距：________ m，行距：________ m，试验面积：________ m^2。

参试品种汇总表见表B.1。

表B.1 参试品种汇总表

代号	品种名称	类型(组别)	亲本组合	选育单位	联系人与电话

B.2.3.3 栽培管理

种植或嫁接日期、方式和方法：________________

施肥：________________

灌排水：________________

中耕除草：________________

修剪：________________

病虫害防治：________________

其他特殊处理：________________

B.2.4 物候期

抽梢期：________________，花期：________________，果实成熟期：________________。

B.2.5 农艺性状

见表B.2。

表B.2 橄榄农艺性状调查结果汇总表

代号	品种名称	树势	树姿	冠幅 m×m	树高 m	干周 cm	果实形状	果实整齐度	单果重	
									平均 g	比对照增减 %

B.2.6 产量性状

见表B.3。

表B.3 橄榄产量性状调查结果汇总表

代号	品种名称	重复	采收小区		单株产量 kg	单位面积产量 kg/hm^2	比增 %	显著性	
			株距 m	行距 m				0.05	0.01
		Ⅰ							
		Ⅱ							
		Ⅲ							
		Ⅰ							
		Ⅱ							
		Ⅲ							

B.2.7 品质评价

见表B.4。

表 B.4 橄榄品质评价结果汇总表

代号	品种名称	重复	果皮颜色	果肉颜色	果肉厚度 mm	果肉质地	汁液量	化渣程度	涩味	回甘程度	可食率 %	综合评价	终评位次
		Ⅰ											
		Ⅱ											
		Ⅲ											

表 B.4（续）

代号	品种名称	重复	果皮颜色	果肉颜色	果肉厚度 mm	果肉质地	汁液量	化渣程度	涩味	回甘程度	可食率 %	综合评价	终评位次
		Ⅰ											
		Ⅱ											
		Ⅲ											

B.2.8 品质检测

见表 B.5。

表 B.5 橄榄品质检测结果汇总表

代号	品种名称	重复	可溶性固形物含量 %	可溶性糖含量 %	总酸含量 %	维生素 C 含量 mg/100 g	粗纤维含量 %	钙含量 %	单宁含量 %	粗多糖含量 %	总多酚含量 %	总黄酮含量 %
		Ⅰ										
		Ⅱ										
		Ⅲ										
		Ⅰ										
		Ⅱ										
		Ⅲ										

B.2.9 抗性调查

见表 B.6。

表 B.6 橄榄主要抗性调查结果汇总表

代号	品种名称	抗寒性	抗果实灰斑病	抗橄榄星室木虱		

B.2.10 其他

B.2.11 品种综合评价(包括品种特征特性、优缺点和推荐审定等)

见表 B.7。

表 B.7 橄榄品种综合评价表

代号	品种名称	综合评价

B.2.12 本年度试验评述(包括试验进行情况、存在问题等)

B.2.13 对下年度试验工作的意见和建议

B.2.14 附：__________年度专家测产结果

附　录　C
（资料性附录）
橄榄总多酚含量测定方法

C.1　范围

本附录适用于橄榄总多酚含量的测定。

C.2　测定原理

总多酚提取体系置于一定频率的超声波环境下，利用超声波的空化效应、热效应以及机械作用促进多酚类物质溶解到溶剂中。

C.3　仪器设备

紫外可见分光光度计。
超声波清洗器。
真空泵。
恒温加热磁力搅拌器。
电子天平。
振荡器。
粉碎机。
玻璃仪器：250 mL 圆底烧瓶、100 mL 锥形瓶、100 mL 容量瓶、50 mL 容量瓶、25 mL 容量瓶。

C.4　试剂

蒸馏水、无水乙醇、石油醚、氢氧化钠、浓盐酸、磷酸氢二钠、没食子酸、酒石酸钾钠、硫酸亚铁、磷酸二氢钾、D-101 大孔吸附树脂。

C.5　样品制备

采收充分成熟橄榄鲜果，切取果肉、洗净、晾干、切碎，于 60℃、0.1 MPa 真空度下真空干燥后，用粉碎机打成约 60 目粉末备用。

C.6　总多酚提取与测定

C.6.1　D-101 大孔吸附树脂的预处理

将 D-101 大孔吸附树脂用水浸泡 24 h，使之充分溶胀，用蒸馏水反复冲洗至无白色浑浊，加入 4% 氢氧化钠溶液浸泡 12 h，用蒸馏水洗至中性，再用 4% 的盐酸溶液浸泡 12 h，用蒸馏水洗至中性，最后用 95% 乙醇浸泡 2 h～4 h，滤出树脂备用。

C.6.2　超声辅助提取

称取 5.0 g 干燥橄榄果实粉末于 250 mL 圆底烧瓶中，加入 40 mL 石油醚，回流 120 min，抽滤，滤渣在 60℃温度下，按料液比 1∶10（m/V）加入 60% 体积分数乙醇进行超声提取，抽滤，滤液于 100 mL 容量瓶中定容，作为待测液备用。

C.6.3　橄榄总多酚的分离

取待测液 20 mL 于 100 mL 锥形瓶中，加 5.0 g 经预处理的 D-101 大孔吸附树脂，置于振荡器上振荡240 min，抽滤，吸附树脂用70％乙醇洗脱，收集洗脱液于50 mL容量瓶中，用70％乙醇定容备用。

C.6.4 总多酚标准曲线的绘制

精确吸取10 mg/mL没食子酸标准溶液1.0 mL、2.0 mL、3.0 mL、4.0 mL、5.0 mL、6.0 mL、7.0 mL、8.0 mL、9.0 mL、10.0 mL分别置于100 mL容量瓶中，加蒸馏水定容，摇匀，得浓度为0.10 mg/mL、0.20 mg/mL、0.30 mg/mL、0.40 mg/mL、0.50 mg/mL、0.60 mg/mL、0.70 mg/mL、0.80 mg/mL、0.90 mg/mL、1.00 mg/mL没食子酸标准溶液；分别在25 mL容量瓶中，依次加入1 mL上述标准溶液、4 mL蒸馏水、5 mL酒石酸亚铁溶液，混匀后用pH 7.5的磷酸盐缓冲液定容，以蒸馏水代替标准溶液作空白对照，用紫外可见分光光度计于波长543 nm处测各种标准溶液的吸光度。以吸光度为横坐标，以没食子酸溶液浓度为纵坐标绘图，结果用计算机进行线性回归得回归方程。

C.6.5 样品中总多酚含量的测定

取待测液1.0 mL于25 mL容量瓶中，以酒石酸亚铁比色法测定总多酚的含量。以没食子酸为标准，测定波长543 nm处的吸光度，结合回归方程计算提取液中总多酚含量，按式(C.1)计算。

$$c=\frac{m}{M}\times 100 \quad \cdots\cdots (C.1)$$

式中：

c ——橄榄总多酚提取率，单位为百分号(％)；

m ——提取液中总多酚质量，单位为克(g)；

M ——橄榄粉末质量，单位为克(g)。

C.7 结果表示

测定结果保留2位小数。

附加说明：

NY/T 2668《热带作物品种试验技术规程》拟分为如下部分：

——第1部分：橡胶树；

——第2部分：香蕉；

——第3部分：荔枝；

——第4部分：龙眼；

——第5部分：咖啡；

——第6部分：芒果；

——第7部分：澳洲坚果；

——第8部分：菠萝；

——第9部分：枇杷；

——第10部分：番木瓜；

——第11部分：胡椒；

——第12部分：椰子；

——第13部分：木菠萝；

——第14部分：剑麻；

——第15部分：槟榔；

——第16部分：橄榄；

——第17部分：毛叶枣；

…………

本部分为 NY/T 2668 的第 16 部分。

本部分按照 GB/T 1.1—2009 给出的规则起草。

请注意本文件的某些内容有可能涉及专利。本文件的发布机构不承担识别这些专利的责任。

本部分由农业农村部农垦局提出。

本部分由农业农村部热带作物及制品标准化技术委员会归口。

本部分起草单位:福建省农业科学院果树研究所、中国热带农业科学院南亚热带作物研究所。

本部分主要起草人:吴如健、万继锋、赖瑞联、陈瑾、韦晓霞。

中华人民共和国农业行业标准

热带作物品种试验技术规程　第17部分：毛叶枣

Regulations for the variety test of tropical crops—Part 17: Indian Jujube

NY/T 2668.17—2020

1　范围

本部分规定了毛叶枣(*Zizyphus mauritiana* Lam.)的品种比较试验、区域性试验和生产性试验的方法。

本部分适用于毛叶枣品种试验。

2　规范性引用文件

下列文件对于本文件的应用是必不可少的。凡是注日期的引用文件,仅注日期的版本适用于本文件。凡是不注日期的引用文件,其最新版本(包括所有的修改单)适用于本文件。

GB 5009.86　食品安全国家标准　食品中抗坏血酸的测定

GB/T 8321(所有部分)　农药合理使用准则

GB/T 12316　感官分析方法　"A"-"非A"检验

NY/T 2637　水果和蔬菜可溶性固形物含量的测定　折射仪法

NY/T 3516—2019　热带作物种质资源描述规范　毛叶枣

3　品种比较试验

3.1　试验点的选择

试验点应在适宜种植区内,选择光照充足、土壤肥力一致、排灌方便的地块。

3.2　对照品种确定

对照品种应与申请品种成熟期接近,育种目标相同且性状上表现较突出的现有品种,已登记或审(认)定的品种,或生产上公知公用的品种。

3.3　试验设计与实施

采用随机区组设计,重复数≥3次。每个重复内每个品种株数≥10株,株距3 m～4 m,行距4 m～5 m;试验区内各项管理措施一致。单株数据分别记载,试验年限自正常开花结果起≥2个生产周期,产量等目标性状数据连续观测年限≥2个生产周期。

3.4　采收与测产

及时分批分次采收,根据单株产量折算单位面积产量。

3.5　观测记载与评价鉴定

按照附录A的规定执行。

3.6　试验总结

对参试品种的质量性状进行描述,对数量性状如果实大小、果实重量、产量等观测数据进行统计分

中华人民共和国农业部 2020-11-12 发布　　2021-04-01 实施

析，并按照附录 B 的规定撰写品种比较试验年度报告和总结报告。

4 品种区域性试验

4.1 试验点的选择

选择 2 个或 2 个以上不同生态型区试设置≥3 个试验点。

4.2 对照品种

满足 3.2 的要求，根据试验目的可增加对照品种。

4.3 试验设计

采用随机区组设计，重复数≥3 次。每个重复内每个品种株数≥10 株，株距 3 m～4 m，行距 4 m～5 m；试验区内各项管理措施一致。单株数据分别记载，试验年限自正常开花结果起≥2 个生产周期，产量等目标性状数据连续观测年限≥2 个生产周期。

4.4 试验实施

4.4.1 种植

采用嫁接苗种植，或高接换种，在当地适宜时期开始种植或高接换种，种植方法和时期一致。

4.4.2 田间管理

同一组别同一试验点的各项管理措施应及时、一致。试验过程中应及时对试验植株、果实等采取有效的防护措施。

4.4.3 病虫害防治

根据田间病情、虫情，选择高效、低毒的药剂防治，使用农药应符合 GB/T 8321 的要求。若进行抗病、抗虫等目标性状的区域试验，则不应对相应病害、虫害进行防治。

4.5 采收与测产

及时分批分次采收，每个小区每个品种随机测产≥5 株，根据单株产量折算单位面积产量。

4.6 观测记载与鉴定评价

按附录 A 的规定执行。

4.7 试验总结

对试验品种的质量性状进行描述，对产量等数量性状观测数据进行统计分析，对品种区域性表现做出综合评价，并按照附录 B 的规定撰写区域性试验报告。

5 品种生产性试验

5.1 试验点的选择

满足 4.1 的要求。

5.2 对照品种

满足 4.2 的要求。

5.3 试验设计

采用随机区组试验，重复次数≥3 次。每个试验点面积≥0.1 hm^2，每个重复内每个品种株数≥10 株，株距 3 m～4 m，行距 4 m～5 m。试验区内各项管理措施一致。单株数据分别记载，试验年限自正常开花结果起≥2 个生产周期，产量等目标性状数据连续观测年限≥2 个生产周期。

5.4 试验实施

按照 4.4 的要求执行。

5.5 采收与测产

按照 4.5 的要求执行。

5.6 观测记载与鉴定评价

按照附录 A 的规定执行。

5.7 试验总结

对试验品种的质量性状进行描述,对产量等数量性状观测数据进行统计分析,对品种表现作出综合评价,总结生产技术要点,并按照附录 B 的要求撰写生产性试验报告。

附 录 A
(规范性附录)
毛叶枣品种试验观测项目与记载标准

A.1 基本情况

A.1.1 试验点概况

主要包括地理位置、经纬度、海拔、地形、面积、坡度、坡向、土层厚度、土壤类型、土质、定植时间、基肥及整地等情况。

A.1.2 气象资料

主要包括年均温、年积温、年降水量、日照时数、无霜期、最冷月均温、极端最低温、极端最高温以及灾害天气等。

A.1.3 繁殖情况

嫁接时间、嫁接方法、砧木品种、砧木年龄、定植时间、苗木质量等。

A.1.4 高接换种

嫁接时间、基砧品种、高接树树龄、每株嫁接芽数、嫁接高度等。

A.1.5 田间管理情况

包括除草、灌溉、施肥、修剪、疏花疏果、病虫害防治等。

A.2 毛叶枣品种试验田间观测项目与记载标准

A.2.1 田间观测项目

见表 A.1。

表 A.1 观测项目

内容	记载项目
植物学特征	树姿、树形、树势、主干颜色、主干表皮特征、嫩梢颜色、成熟枝条颜色、刺、叶片形状、叶尖、叶基、叶缘、叶片长度、叶片宽度、成熟叶叶面颜色、花瓣颜色、果实形状、单果重、果实纵径、果实横径
生物学特性	每年抽生新梢次数、抽梢期、初花期、盛花期、末花期、开花批次、果实发育期
品质特性	果皮颜色、果皮光滑度、果肉颜色、果肉质地、果汁多少、可食率、可溶性固形物含量、维生素 C 含量、果实风味
丰产性	单株产量、单位面积产量
抗逆性	抗寒性、抗病性、抗虫性
其他	

A.2.2 鉴定方法

A.2.2.1 植物学特征

按 NY/T 3516 的规定执行。

A.2.2.2 生物学特性

按 NY/T 3516 的规定执行。

A.2.2.3 品质特性

A.2.2.3.1 果皮颜色、果皮光滑度、果肉颜色、果肉质地、果汁多少、可食率

按 NY/T 3516 的规定执行。

A.2.2.3.2 可溶性固形物含量

按 NY/T 2637 的规定执行。

A.2.2.3.3 维生素 C 含量

按 GB 5009.86 的规定执行。

A.2.2.3.4 果实风味

按 GB/T 12316 的规定执行。

A.2.2.4 丰产性

A.2.2.4.1 单株产量

及时分批分次采收全部果实测产，精确至 0.1 kg。

A.2.2.4.2 单位面积产量

根据单株产量折算单位面积产量，精确至 0.1 kg。

A.2.2.5 抗逆性

按 NY/T 3516 的规定执行。

A.2.3 记载项目

A.2.3.1 毛叶枣品种比较试验田间观测记载项目

见表 A.2。

表 A.2 毛叶枣品种比较试验田间观测项目记载表

观测项目		申请品种	对照品种	备注
植物学特征	树姿			
	树形			
	树势			
	主干颜色			
	主干表皮特征			
	嫩梢颜色			
	成熟枝条颜色			
	刺			
	叶片形状			
	叶尖			
	叶基			
	叶缘			
	叶片长度，cm			
	叶片宽度，cm			
	成熟叶叶面颜色			
	花瓣颜色			
	果实形状			
	单果重，g			
	果实纵径，cm			
	果实横径，cm			
生物学特性	每年抽生新梢次数，次			
	抽梢期，YYYYMMDD			
	初花期，YYYYMMDD			
	盛花期，YYYYMMDD			
	末花期，YYYYMMDD			
	开花批次，次			
	果实发育期，d			

表 A.2（续）

观测项目		申请品种	对照品种	备注
品质特性	果皮颜色			
	果皮光滑度			
	果肉颜色			
	果肉质地			
	果汁多少			
	可食率,%			
	可溶性固形物含量,%			
	维生素 C 含量,mg/100 g			
	果实风味			
丰产性	单株产量,kg			
	单位面积产量,kg			
抗逆性	抗寒性			
	抗病性			
	抗虫性			
其他				

A.2.3.2 毛叶枣品种区域试验及生产试验观测项目

见表 A.3。

表 A.3 毛叶枣品种区域性试验及生产性试验观测项目记载表

观测项目		申请品种	对照品种	备注
植物学特征	树姿			
	树形			
	树势			
	叶片长度,cm			
	叶片宽度,cm			
	果实形状			
	单果重,g			
	果实纵径,cm			
	果实横径,cm			
生物学特性	抽梢期,YYYYMMDD			
	初花期,YYYYMMDD			
	盛花期,YYYYMMDD			
	末花期,YYYYMMDD			
	果实发育期,d			
品质特性	可食率,%			
	可溶性固形物含量,%			
	维生素 C 含量,mg/100 g			
丰产性	单株产量,kg			
	单位面积产量,kg			
抗逆性	抗寒性			
	抗病性			
	抗虫性			
其他				

附 录 B
（规范性附录）
毛叶枣品种试验年度报告
（　　年度）

B.1 概述

本附录给出了《毛叶枣品种试验年度报告》格式。

B.2 报告格式

B.2.1 封面

毛叶枣品种试验年度报告
（　　年度）

试验组别：________________________________

试验地点：________________________________

承担单位：________________________________

试验负责人：________________________________

试验执行人：________________________________

通信地址：________________________________

邮政编码：________________________________

联系电话：________________________________

电子信箱：________________________________

B.2.2 气象和地理数据

纬度：______° ______′ ______″，经度：______° ______′ ______″，海拔：______ m，年平均温：______℃，年降水量：______ mm，日照时数：______ h，最冷月气温：______℃，最低气温：______℃，最高气温：______℃。

特殊气候及各种自然灾害对供试品种生长和产量的影响及补救措施：____。

B.2.3 试验地基本情况和栽培情况

B.2.3.1 基本情况

坡度：______°，坡向：______，地形：______，土层厚度；______ cm，土壤类型：______，基肥种类：

______，整地情况：______。

B.2.3.2 **栽培情况**

参试品种：______个，对照品种：______个，重复：______次，行距：______ m，株距：______ m，试验面积：______ m^2。

参试品种汇总表见表B.1。

表B.1 申请品种汇总表

代号	品种名称	类别（组别）	选育单位	联系人与电话

B.2.3.3 **栽培管理**

种植或嫁接日期和方法：______

施肥：______

排灌水：______

中耕除草：______

修剪：______

病虫草害防治：______

其他特殊处理：______

B.2.4 **物候期**

抽梢期：___月___日。

第一批花初花期：___月___日；盛花期___月___日；末花期：___月___日；果实成熟期：___月___日。

第二批花初花期：___月___日；盛花期___月___日；末花期：___月___日；果实成熟期：___月___日。

B.2.5 **农艺性状**

见表B.2、表B.3。

表B.2 毛叶枣植物学调查结果汇总表

代号	品种名称	树势	树姿	树形	叶片长度，cm	叶片宽度，cm	果实形状	果实纵径，cm	果实横径，cm

表B.3 毛叶枣农艺性状调查结果汇总表

代号	品种名称	果形	单株结果数 个/株	单株果数量		单果重	
				平均 个	比对照增减 %	平均 g	比对照增减 %

B.2.6 **产量性状**

见表B.4。

表B.4 毛叶枣产量性状调查结果汇总表

代号	品种名称	重复	收获小区		单株产量，kg	比增，%	显著性测定	
			株距，m	行距，m			0.05	0.01
		Ⅰ						
		Ⅱ						
		Ⅲ						

表 B.4 （续）

代号	品种名称	重复	收获小区		单株产量，kg	比增，%	显著性测定	
			株距，m	行距，m			0.05	0.01
		Ⅰ						
		Ⅱ						
		Ⅲ						

B.2.7 品质评价

见表 B.5。

表 B.5 毛叶枣品质评价结果汇总表

代号	品种	重复	果皮颜色	果皮光滑度	果肉颜色	果肉质地	果实风味	果汁多少	综合评价
		Ⅰ							
		Ⅱ							
		Ⅲ							

B.2.8 品质检测

见表 B.6。

表 B.6 毛叶枣品质检测结果汇总表

代号	品种名称	重复	可食率，%	可溶性固形物含量，%	维生素 C 含量，%
		Ⅰ			
		Ⅱ			
		Ⅲ			
		Ⅰ			
		Ⅱ			
		Ⅲ			

B.2.9 抗逆性

见表 B.7。

表 B.7 毛叶枣主要抗逆性调查结果汇总表

代号	品种名称	耐寒性	抗病性	抗虫性

B.2.10 其他特征特性

B.2.11 品种综合评价(包括品种特征特性、优缺点和推荐审定等)

见表 B.8。

表 B.8 毛叶枣综合评价表

代号	品种名称	综合评价

B.2.12 本年度试验评述(包括试验进行情况、存在问题等)

B.2.13 对下年试验工作的意见和建议

B.2.14 附：__________年度专家测产结果

附加说明：

NY/T 2668《热带作物品种试验技术规程》拟分为如下部分：

——第1部分：橡胶树；

——第2部分：香蕉；

——第3部分：荔枝；

——第4部分：龙眼；

——第5部分：咖啡；

——第6部分：芒果；

——第7部分：澳洲坚果；

——第8部分：菠萝；

——第9部分：枇杷；

——第10部分：番木瓜；

——第11部分：胡椒；

——第12部分：椰子；

——第13部分：木菠萝；

——第14部分：剑麻；

——第15部分：槟榔；

——第16部分：橄榄；

——第17部分：毛叶枣；

…………

本部分为NY/T 2668的第17部分。

本部分按照GB/T 1.1—2009给出的规则起草。

请注意本文件的某些内容可能涉及专利。本文件的发布机构不承担识别这些专利的责任。

本部分由农业农村部农垦局提出。

本部分由农业农村部热带作物及制品标准化技术委员会归口。

本部分起草单位：云南省农业科学院热区生态农业研究所、云南省农业科学院热带亚热带经济作物研究所。

本部分主要起草人：马开华、瞿文林、雷嫦、韩学琴、段曰汤、金杰、沙毓沧、尼章光、廖承飞、赵琼玲、邓红山、范建成、罗会英。

中华人民共和国农业行业标准

环氧化天然橡胶

Epoxidized natural rubber

NY/T 3600—2020

1 范围

本标准规定了环氧化天然橡胶的术语和定义、要求、检验规则，以及包装、标志、储存、运输。

本标准适用于环氧化天然橡胶，其形态可以是胶乳或生胶。

2 规范性引用文件

下列文件对于本文件的应用是必不可少的。凡是注日期的引用文件，仅注日期的版本适用于本文件。凡是不注日期的引用文件，其最新版本(包括所有的修改单)适用于本文件。

GB/T 3510 未硫化胶 塑性的测定 快速塑性计法

GB/T 3517 天然生胶 塑性保持率(PRI)的测定

GB/T 8082 天然生胶 技术分级橡胶(TSR) 包装、标志、储存和运输

GB/T 8086 天然生胶 杂质含量的测定

GB/T 8290 浓缩天然胶乳 取样

GB/T 8298 胶乳 总固体含量的测定

GB/T 8299 浓缩天然胶乳 干胶含量的测定

GB/T 15340 天然、合成生胶取样及其制样方法

GB/T 18012 天然胶乳 pH 值的测定

GB/T 24131.1 生橡胶 挥发分含量的测定 第1部分:热辊法和烘箱法

3 术语和定义

下列术语和定义适用于本文件。

3.1

环氧化天然橡胶 epoxidized natural rubber

天然胶乳在一定的条件下进行环氧化反应，使分子链的部分不饱和碳-碳双键转变为环氧键所得到的改性天然橡胶。

3.2

环氧化程度 epoxy degree

环氧化天然橡胶分子链上所含有的环氧基团的摩尔分数。

3.3

开环程度 ring-opening degree of epoxy group

制备、储存过程中，在酸、热、光等因素作用下，环氧化天然橡胶分子链上发生开环的环氧基团的摩

中华人民共和国农业部 2020-03-20 发布　　2020-07-01 实施

尔分数。

4 要求

不同级别环氧化天然橡胶的物理化学性能应符合表1或表2的要求。

表1 环氧化天然橡胶生胶技术要求

性能	一级	二级	三级	试验方法
留在筛网上的杂质(质量分数),%	≤0.1	≤0.3	≤0.5	GB/T 8086
挥发分(质量分数),%	≤0.2	≤0.4	≤0.6	GB/T 24131.1
塑性初值(P_0)	≥30	≥25	≥20	GB/T 3510
塑性保持率(*PRI*)	≥60	≥50	≥40	GB/T 3517
环氧化程度偏差(摩尔分数)%				附录A
环氧化程度(摩尔分数)≥30%	≤3	≤4	≤4	
环氧化程度(摩尔分数)10%～30%	≤2	≤3	≤3	
环氧化程度(摩尔分数)≤10%	≤2	≤2	≤2	
开环程度(摩尔分数)%				附录A
环氧化程度(摩尔分数)≥30%	≤4	≤5	≤6	
环氧化程度(摩尔分数)10%～30%	≤3	≤4	≤5	
环氧化程度(摩尔分数)≤10%	≤2	≤3	≤4	
颜色标志,色泽	绿色	褐色	红色	

表2 环氧化天然胶乳 技术要求

性能	高总固	低总固	试验方法
总固体含量(质量分数),%	≥55.0	≥25.0	GB/T 8298
干胶含量(质量分数),%	≥54.0	≥23.0	GB/T 8299
pH	8～9	8～9	GB/T 18012
环氧化程度偏差(摩尔分数)%			附录A
环氧化程度(摩尔分数)≥30%	≤3	≤3	
环氧化程度(摩尔分数)10%～30%	≤2	≤2	
环氧化程度(摩尔分数)≤10%	≤1	≤1	
开环程度(摩尔分数)%			附录A
环氧化程度(摩尔分数)≥30%	≤5	≤5	
环氧化程度(摩尔分数)10%～30%	≤5	≤5	
环氧化程度(摩尔分数)≤10%	≤3	≤3	

5 检验规则

5.1 组批规则

在原料及生产条件基本相同的情况下,同一天或一个班组生产的同一型号产品为一批。

5.2 取样方案

除非有关各方同意采用其他方法,否则应按GB/T 8290或GB/T 15340规定的方法,分别对环氧化天然胶乳和环氧化天然橡胶生胶进行取样。

5.3 检验

每批产品均应按表1或表2的要求进行检验,检验合格后方能出厂。

5.4 判定规则

5.4.1 所检项目全部符合表1或表2中相应的级别要求,则判定本批产品为相应级别合格产品。

5.4.2 检验结果中若有2项以下(含2项)指标不符合标准规定时,允许加倍抽样将此项目复检一次,复检结果全部合格，判定本批产品合格。

6 包装、标志、储存、运输

6.1 包装

环氧化天然橡胶生胶的包装按 GB/T 8082 的规定进行。

环氧化天然胶乳应采用内衬聚乙烯塑料的不锈钢桶进行装载，每桶环氧化天然胶乳的标称净含量应为 200 kg(允许±0.5%)。

也可根据相关各方的协商要求进行包装。

6.2 标志

环氧化天然橡胶生胶的每个胶包至少应标记：产品名称(级别)、净含量、环氧化程度、厂名、厂址、商标、生产日期等。

装载环氧化天然胶乳的每个胶桶至少应标记：产品名称、净含量、总固体含量、环氧化程度、厂名、厂址、商标、生产日期等。

6.3 储存

环氧化天然橡胶应储存于阴凉干燥处，离地、离墙堆放，防晒、防潮、防雨。防止与油类、酸碱、有机溶剂及其他对橡胶有害的物质共储。

6.4 运输

产品运输过程应有遮盖物，防晒、防潮、防雨，并保持包装完整、标志清晰。避免与油类、酸碱、有机溶剂及其他对橡胶有害的物质混装、混运。

附 录 A
(规范性附录)
环氧化程度测定 红外光谱法

A.1 原理

根据朗伯-比尔定律,由环氧化天然橡胶的环氧基团、碳-碳双键,以及代表开环物的呋喃基团的红外光谱特征吸收峰的相对强度计算环氧基团的摩尔分数。

A.2 仪器

A.2.1 傅立叶变换红外光谱仪

傅立叶变换红外光谱仪,配有以氘代硫酸三苷肽单晶为热检测元件的热释电检测器(DTGS 检测器)和衰减全反射(ATR)附件。

A.2.2 干燥箱

实验室用烘箱,配热风循环装置,温度范围 0℃～200℃,温度波动范围±1℃。

A.2.3 红外灯

A.3 操作程序

A.3.1 取样和制样方法

测定环氧化天然橡胶生胶的环氧化程度时,应按照 GB/T 15340 规定的方法取样,制备试验样品。随后,从均匀化样品中取出适当大小的片状试样。

测定环氧化天然胶乳的环氧化程度时,应按照 GB/T 8290 规定的方法取样,混合均匀后,制成厚度为 0.01 mm～0.03 mm,直径为 12 mm～18 mm 的干胶膜。

也可将环氧化胶乳直接涂布在玻璃片上,室温干燥,或置于红外灯下干燥。

A.3.2 测定程序

A.3.2.1 仪器参数

波数范围:4 000/cm～400/cm(如采用 ATR 附件,波数范围为:4 000/cm～650/cm);分辨率:4/cm;扫描次数:16 次或 32 次。

A.3.2.2 测定

采用 ATR 附件对环氧化天然橡胶生胶样品进行扫描,记录红外图谱。

采用环氧化天然胶乳制成的薄膜样品,可直接按设定的参数进行扫描,记录红外图谱。

红外图谱以吸收峰表示,分别读取位于 3 460/cm、870/cm 和 835/cm 的吸收峰的吸光度值。

A.3.2.3 每个试样进行双份测定

A.4 结果表示

按式(A.1)式(A.2)和式(A.3)分别计算环氧化程度和开环程度。

$$C_1 = \frac{78.7A_2}{A_1 + 0.787A_2 + 0.49A_3} \quad \text{(A.1)}$$

$$C_2 = \frac{C_1 A_1}{0.787A_2} \quad \text{(A.2)}$$

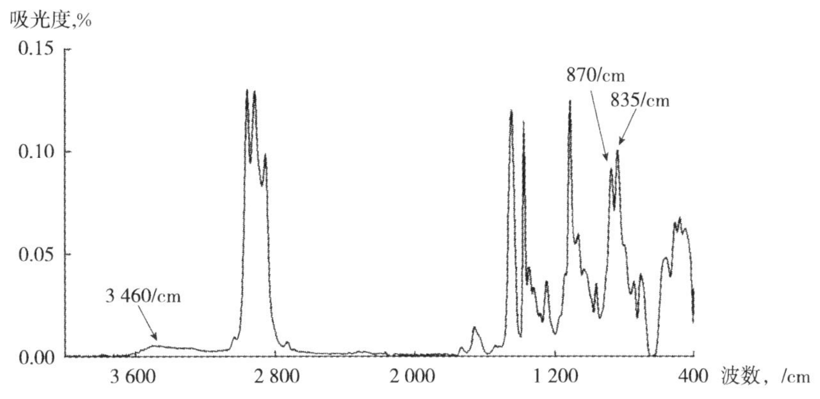

图 A.1　环氧化天然橡胶红外图谱

$$C_3 = 100\% - (C_1 + C_2) \quad \text{(A.3)}$$

式中：

C_1——试样的环氧化程度，单位百分号(%)；

C_2——碳-碳双键的摩尔分数，单位百分号(%)；

C_3——试样的开环程度，单位百分号(%)；

A_1——碳-碳双键位于 835/cm 的吸收峰的吸光度值；

A_2——环氧基团位于 870/cm 的吸收峰的吸光度值；

A_3——羟基位于 3 460/cm 的吸收峰的吸光度值。

结果以双份平行测定结果的平均值表示，保留至小数点后 2 位。

双份测定结果与平均值之差不得大于 5 mol%。否则，应重新测定。

附加说明：

本标准按照 GB/T 1.1—2009 给出的规则起草。

本标准由中华人民共和国农业农村部提出。

本标准由农业农村部热带作物及制品标准化技术委员会归口。

本标准起草单位：中国热带农业科学院农产品加工研究所。

本标准主要起草人：刘宏超、王启方、曾宗强、卢光、余和平。

中华人民共和国农业行业标准

火龙果等级规格

Grades and specifications of pitahayas

NY/T 3601—2020

1 范围

本标准规定了火龙果等级规格要求、评定方法、包装与标识及储运规定。

本标准适用于火龙果的等级规格划分。

2 规范性引用文件

下列文件对于本文件的应用是必不可少的。凡是注日期的引用文件,仅注日期的版本适用于本文件。凡是不注日期的引用文件,其最新版本(包括所有的修改单)适用于本文件。

GB/T 8855 新鲜水果和蔬菜 取样方法

NY/T 1778 新鲜水果包装标识 通则

3 要求

3.1 基本要求

根据对每个等级的规定和容许度,火龙果应符合下列基本要求:

——达到该品种产品作为商品所需的成熟度,具有该品种固有的形状、色泽、风味和口感;

——果体完整,果皮和叶状鳞片颜色鲜明,无机械损伤、无腐烂和无病虫害;

——剪截后的果柄长度不超过果肩,果面无污染。

3.2 等级

3.2.1 等级划分

在符合基本要求的前提下,火龙果鲜果分为优等品、一等品和二等品。各等级应符合表1的规定。

表1 等级要求

项目	要 求		
	优等品	一等品	二等品
外观	果实饱满,果皮光滑紧实,叶状鳞片新鲜	果实饱满,果皮光滑紧实,叶状鳞片较新鲜	果实较饱满,果皮光滑,叶状鳞片轻微黄化
色泽	果皮和叶状鳞片具有该品种特有的颜色,均匀,有光泽	果皮和叶状鳞片具有该品种特有的颜色,稍有光泽	果皮和叶状鳞片具有该品种特有的颜色,光泽不明显
缺陷	果形无缺陷,果皮和叶状鳞片无机械损伤和斑痕。果顶盖口无或仅有轻微皱缩或裂口	果形有轻微缺陷,果皮和叶状鳞片有缺陷,但面积总和不应超过总表面积5%。果顶盖口出现明显皱缩或轻微裂口	果形有缺陷,果皮和叶状鳞片有缺陷,但面积总和不应超过总表面积10%。果顶盖口出现明显皱缩或明显裂口

中华人民共和国农业部 2020-03-20 发布 2020-07-01 实施

3.2.2 等级容许度

按果实质量计：

a) 优等品允许有≤5%的果不满足要求，但应符合一等品的要求；

b) 一等品允许有≤10%的果不满足要求，但应符合二等品的要求；

c) 二等品允许有≤10%的果不满足要求，但应符合3.1的要求。

3.3 规格

3.3.1 规格划分

以新鲜火龙果的单果质量作为规格划分的指标，分特大(XL)、大(L)、中(M)、小(S)4种规格，规格划分应符合表2的要求。

表2 火龙果规格

单位为克每个

规格	特大(XL)	大(L)	中(M)	小(S)
红皮白肉	>500	401～500	300～400	<300
红皮红肉	>450	351～450	250～350	<250
同一包装中最大果与最小果质量差异	≤50	≤40	≤30	≤20

3.3.2 规格容许度

按果实质量计：

a) 特大(XL)规格允许有小于或等于5%的产品不符合该规格要求；

b) 大(L)、中(M)、小(S)规格允许有小于或等于10%的产品不符合该规格要求。

4 评定方法

4.1 抽样方法

按GB/T 8855的规定执行。

4.2 等级评定

4.2.1 色泽和形状：用目测的方法进行检测。风味和口感：用品尝的方法进行检测。

4.2.2 机械损伤、腐烂、畸形、切口：均使用目测的方法检测。

4.2.3 病虫害：目测方法检测。果实外部表现有病虫害症状或外观尚未发现变异而对果实内部有怀疑者，用小刀进行切剖检验。

4.3 规格评定

单果质量采用感量为0.1 g的天平称量。

4.4 判定规则

按照3.2、3.3的要求判定是否符合相应等级规格的要求。

5 包装与标识

5.1 包装

应符合NY/T 1778的要求。

5.2 标识

5.2.1 等级标识

等级采用“优等品”“一等品”“二等品”标示。

5.2.2 规格标识

规格采用“特大(XL)”“大(L)”“中(M)”“小(S)”标示，同时标注相应规格指标值的范围。

6 储运

火龙果储藏和运输条件应根据火龙果的品种、运输方式和运输距离等进行确定，以确保火龙果品质。

附加说明：

本标准按照 GB/T 1.1—2009 给出的规则起草。

本标准由中华人民共和国农业农村部提出。

本标准由农业农村部热带作物及制品标准化技术委员会归口。

本标准起草单位：农业农村部食品质量监督检验测试中心(湛江)、中国热带农业科学院农产品加工研究所、浙江米果果生态农业集团有限公司。

本标准主要起草人：苏子鹏、张利强、林玲、李涛、叶剑芝、杨春亮、陈照米、林丽静、夏文、程盛华、刘丽丽。

中华人民共和国农业行业标准

澳洲坚果质量控制技术规程

Technical specification for quality control of macadamia nuts

NY/T 3602—2020

1 范围

本标准规定了澳洲坚果(*Macadamia* spp.)采前生产技术、采收、脱皮、分拣分级、加工、加工要求、检验规则,以及标签、标志、包装、储存、运输。

本标准适用于澳洲坚果产品质量控制。

2 规范性引用文件

下列文件对于本文件的应用是必不可少的。凡是注日期的引用文件,仅注日期的版本适用于本文件。凡是不注日期的引用文件,其最新版本(包括所有的修改单)适用于本文件。

GB/T 22165 坚果炒货食品通则

GB 2760 食品添加剂使用卫生标准

GB 14881 食品企业通用卫生规范

GB/T 19300 坚果与籽类食品

JJF 1070 定量包装商品净含量计量检验规则

LY/T 1963 澳洲坚果果仁

NY/T 693 澳洲坚果 果仁

NY/T 1521 澳洲坚果 带壳果

NY/T 2809 澳洲坚果栽培技术规程

3 术语和定义

NY/T 693 和 NY/T 1521 界定的以及下列术语和定义适用于本文件。

成熟期 maturity period

成熟果的标志是内果皮的颜色由白转变为棕褐色,外果皮的颜色由深绿色转变为灰绿色、向阳面有少许的红晕;果实成熟后一般会自动脱落。

4 采前生产技术

园地选择与规划、品种选择、种植、土肥水管理、整形修剪、花果管理、病虫鼠害防治、防灾减灾措施等澳洲坚果采前生产技术应符合 NY/T 2809 的规定。

5 采收

采收前 7 d～10 d,需对果园内的杂物、落果等进行集中清理;进入成熟期后,每 7 d～10 d 到果园拣

中华人民共和国农业部 2020-03-20 发布　　2020-07-01 实施

收成熟落果;拣收 3 次～4 次后,采收树上未脱落的果实,或喷施乙烯利溶液(根据树体大小及品种调整浓度)促进脱落,然后集中拣收。

6 脱皮

采收的果实宜在 24 h 内脱去果皮;否则,应在阴凉、通风、干燥处摊开,并尽快脱去果皮。脱皮的壳果应及时清洗,去除表面的果皮残杂以及泥土等。

7 分拣分级

7.1 基本要求

壳果发育良好,无破损、无霉味、无虫害、无杂质;果仁饱满呈乳白色,具有典型的坚果香味,无灰尘、无酸败异味、无肉眼可见杂质;气味和滋味正常。

7.2 等级指标要求

壳果质量等级规格应符合 NY/T 1521 的规定;果仁质量等级规格应符合 LY/T 1963 的规定。

8 加工

8.1 干燥

前 2 d 干燥温度不宜超过 40℃,整个干燥过程温度不宜超过 60℃。通过调整干燥温度、时间等参数,最终使产品达到质量要求。

8.2 开口

壳果开口应在干燥完全后进行,开口延伸角度应控制在 160°～355°,切刀伸入深度大于果壳厚度,同时应不接触损伤果仁,开口的壳果应分拣直至达到质量要求。

8.3 破壳

破壳前的壳果水分应控制在 2%～5%之间,破壳分离后的果仁应立即干燥处理,直至达到质量要求。

8.4 质量要求

8.4.1 感官要求

应符合表 1 要求。

表 1 产品感官要求

项　目	壳果指标	果仁指标
色泽	外壳呈自然棕色,色泽均匀	呈乳白色,色泽均匀,不应有明显焦色和杂色
颗粒形态	开口均匀,表面不应有明显裂纹	形态饱满,不应有明显异常颗粒
气味及滋味	香味与滋味纯正,无异味,具有松脆口感	香味与滋味纯正,无异味,具有松脆口感
杂质	无肉眼可见外来杂质	无肉眼可见外来杂质
注:在自然光或 20 W 的白炽灯灯光下,将果仁置于清洁、干燥的白瓷盘中。外观、色泽、颗粒形态和杂质采用目测方法进行检验;气味和滋味采用鼻嗅和口尝方法进行检验。		

8.4.2 理化指标

壳果及果仁应符合 GB/T 19300 和 LY/T 1963 的规定。

8.4.3 卫生指标

壳果及果仁卫生指标均应符合 GB 19300 的规定。

9 加工要求

9.1 原料要求

应符合 GB/T 19300 的规定。

9.2 生产加工过程要求

应符合 GB 14881 的规定,使用的设备不应对产品造成污染。

9.3 食品添加剂

应符合 GB 2760 的规定。

9.4 净含量要求

应符合 JJF 1070 的规定。

10 检验规则

应符合 GB/T 22165 的规定。

11 标签、标志、包装、储存、运输

壳果应符合 NY/T 1521 的规定;果仁应符合 NY/T 693 的规定。

附加说明:

本标准按照 GB/T 1.1—2009 给出的规则起草。

本标准由中华人民共和国农业农村部提出。

本标准由农业农村部热带作物及制品标准化技术委员会归口。

本标准起草单位:中国热带农业科学院南亚热带作物研究所。

本标准主要起草人:杜丽清、涂行浩、曾辉、帅希祥、张明、马飞跃、乔健、陈妹。

中华人民共和国农业行业标准

热带作物病虫害防治技术规程 咖啡黑枝小蠹

Technical code for controlling pests of tropical crops—Xylosandrus compactus (Eichhoff)

NY/T 3603—2020

1 范围

本标准规定了咖啡黑枝小蠹[*Xylosandrus compactus* (Eichhoff)]的术语和定义、防治原则和防治技术。

本标准适用于咖啡黑枝小蠹的防治。

2 规范性引用文件

下列文件对于本文件的应用是必不可少的。凡是注日期的引用文件,仅注日期的版本适用于本文件。凡是不注日期的引用文件,其最新版本(包括所有的修改单)适用于本文件。

GB/T 8321(所有部分) 农药合理使用准则

NY/T 358 咖啡 种子种苗

NY/T 922 咖啡栽培技术规程

NY/T 1276 农药安全使用规范 总则

3 术语和定义

下列术语和定义适用于本文件。

3.1

侵入孔 entrance burrow

咖啡黑枝小蠹雌成虫入侵植株枝干时,穿凿树皮后留下的孔口。

3.2

坑道 social chamber

咖啡黑枝小蠹雌成虫通过侵入孔深入木质部后,在枝干的髓部上下活动形成的亲代和子代共同生活的蛀道。

4 防治原则

遵循"预防为主、综合防治"的植保方针,根据咖啡黑枝小蠹的发生危害规律,综合考虑影响该虫发生的气候、生物、栽培条件等各种因素,以农业防治为基础,协调应用化学防治等措施对咖啡黑枝小蠹进行有效控制。农药使用按照 GB/T 8321 和 NY/T 1276 的规定执行。

5 防治技术

5.1 田间巡查

中华人民共和国农业部 2020-03-20 发布 2020-07-01 实施

田间定期检查，每年1月～4月每10 d～15 d巡查1次，其他月份每月巡查1次，重点检查1年～2年生的结果枝和嫩干，发现植株上有枯枝、侵入孔、粉柱或粉末等被害状时，根据害虫形态特征、危害状、危害部位等进行识别(参见附录A)。

5.2 农业防治

5.2.1 品种选择与种苗培育

选择对咖啡黑枝小蠹抗性强的优良品种。不应从咖啡黑枝小蠹发生地引进种苗或芽条。引进的种苗或芽条一旦发现带有咖啡黑枝小蠹应就地烧毁。培育健壮种苗，种苗质量应符合NY/T 358的要求。

5.2.2 田间管理

加强田间管理，做好除草、修枝整形等田间管理工作，保持咖啡园田间卫生。田间管理措施按照NY/T 922的规定执行。

5.2.3 周边寄主清理

不宜在咖啡园区周边种植可可、芒果、油梨等咖啡黑枝小蠹喜食寄主植物，及时清除园区周边樟科、木兰科等野生寄主植物。

5.2.4 受害枝条清除

结合冬春修枝整形和每月巡查结果，剪除出现危害状的枝条，带出园外集中烧毁。

5.2.5 截干复壮

对受害后上部枯死、内膛中空的植株进行截干复壮。在主干离地20 cm～30 cm处截干，要求截口平滑、倾斜45°，并涂抹石灰膏，或石蜡，或油漆。树桩萌芽后，选留树桩上萌生的分布均匀、生长粗壮的2条直生枝作为新主干，及时抹除树桩上多余新芽及直生枝；新主干整形修剪按NY/T 922的方法进行，其他后期管理按投产树进行管理。

5.3 化学防治

5.3.1 树冠喷药

每年2月～4月为危害高峰期，使用5%高效氯氟氰菊酯水乳剂1 500倍～2 000倍液、或25%吡虫啉悬浮剂1 500倍～2 000倍液进行喷雾，杀死坑道外活动的成虫。每隔7 d～10 d喷施1次，连续喷药2次～3次。

5.3.2 嫩干注药

在咖啡植株嫩干的侵入孔注入25%吡虫啉悬浮剂50倍液，或5%阿维菌素水乳剂20倍液，或5%高效氯氟氰菊酯水乳剂20倍液，以不溢出为宜，用泥土封堵入侵孔。每隔7 d注药1次，连续注药2次。

附 录 A
(资料性附录)
咖啡黑枝小蠹形态特征、危害状及发生规律

A.1 形态特征

A.1.1 分类地位

咖啡黑枝小蠹(Coffee black twig borer),学名 *Xylosandrus compactus* (Eichhoff),异名 *Xyleborus compactus* Eichhoff、*Xyleborus morstatti* Haged,又名咖啡黑小蠹、楝枝小蠹、小滑材小蠹等,属鞘翅目 Coleoptera,小蠹科 Scolytidae,足距小蠹属 *Xylosandrus*。各虫态参见图 A.1。寄主植物有咖啡(*Coffea* spp.)、可可(*Theobroma cacao* L.)、油梨(*Persea americana* Mill)、芒果(*Mangifera indica* L.)等,主要以雌成虫、幼虫钻蛀枝条及嫩干危害,被害部位因水分及营养供应不足而导致干枝瘪果,是危害咖啡生产的重要害虫之一。

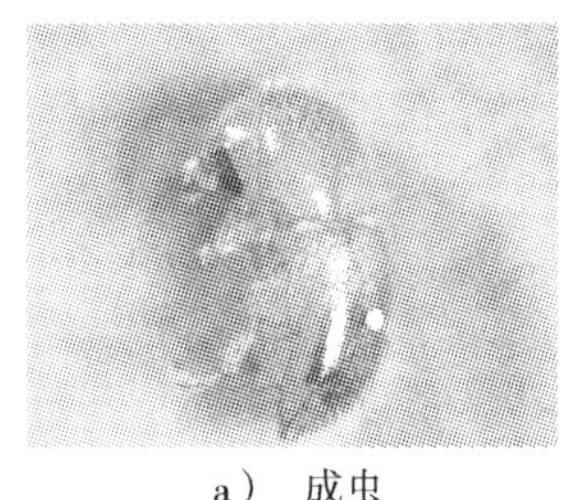
a) 成虫

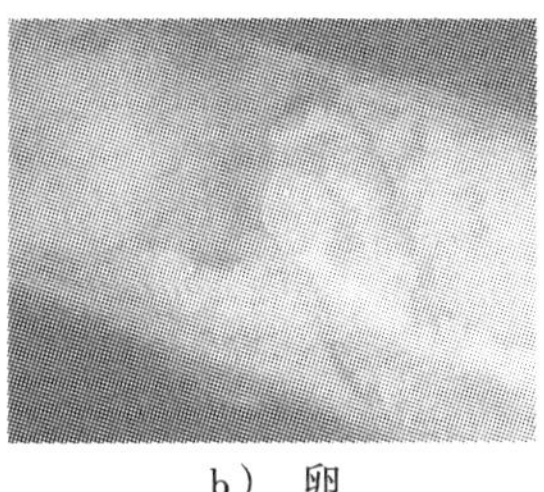
b) 卵

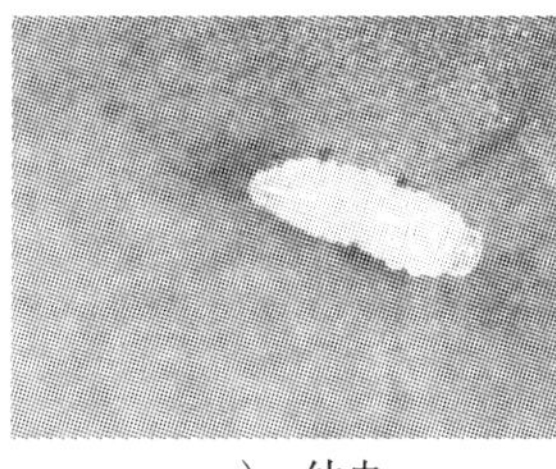
c) 幼虫

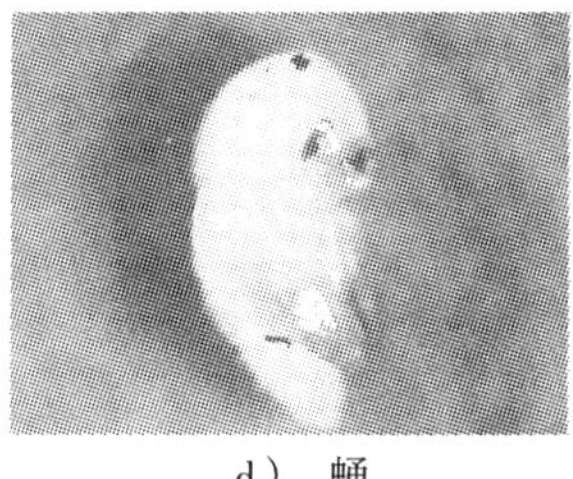
d) 蛹

图 A.1 咖啡黑枝小蠹各虫态形态特征

A.1.2 成虫

雌成虫体长 1.6 mm~1.9 mm,宽 0.7 mm~0.8 mm,长椭圆形,刚羽化时为棕色后渐变为黑色,微具光泽,触角锤状,锤状部圆球形。前胸背板半圆形,前缘有 6 个~8 个刻点排成 1 排;鞘翅上具较细的刻点,刚毛细而柔软;前足胫节有距 4 个,中后足胫节分别有距 7 个~9 个。雄成虫体小,长 0.7 mm~1.1 mm,宽 0.35 mm~0.45 mm,红棕色,略扁平,前胸背板后部凹陷,鞘翅上具较细的刻点,刚毛较长而稀少。

A.1.3 卵

卵长 0.5 mm,宽 0.3 mm,初产时白色透明,后渐变成米黄色,椭圆形。

A.1.4 幼虫

老熟幼虫体长 1.3 mm,宽 0.5 mm,全身乳白色。胸足退化呈肉瘤凸起。

A.1.5 蛹

白色,裸蛹。雌蛹体长 2.0 mm,宽 0.9 mm,雄蛹长 1.1 mm,宽 0.5 mm。

A.2 危害状

A.2.1 咖啡黑枝小蠹以雌成虫钻蛀咖啡枝条及嫩干,出现侵入孔、粉柱或粉末等被害状,导致后期枝干枯死或折断。雌成虫在原受害枝干坑道内交配后由原侵入孔飞出,并在附近枝干上不断咬破寄主表皮,待选择到适宜处便蛀一新侵入孔并由此蛀入枝干髓部,然后纵向钻蛀形成坑道,随后产卵于坑道内;幼虫孵化后取食坑道内壁上由雌成虫所携带真菌孢子长出的菌丝,不再钻蛀新坑道,老熟后即在坑道内

化蛹、羽化，并完成交配(参见图 A.2)。

a） 结果枝条受害状

b） 嫩干受害状

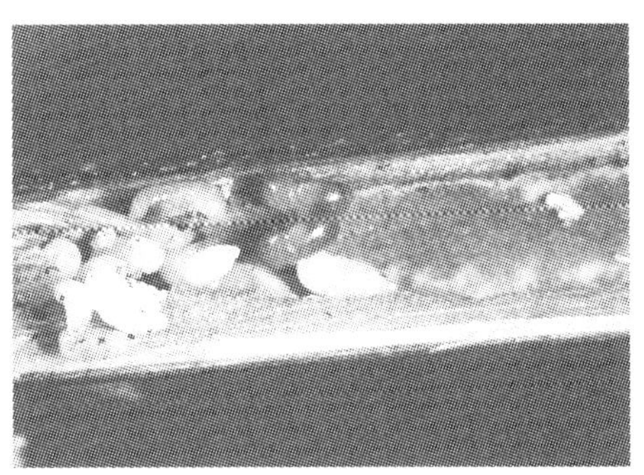

c） 枝干内部受害状

图 A.2 咖啡黑枝小蠹危害状

A.2.2 咖啡枝干被咖啡黑枝小蠹钻蛀后，首先在侵入孔周围出现黑斑；而被蛀枝干是否枯死由其枝干大小及其所蛀坑道长度而定。坑道长度超过 3 cm 时，大约 15 d 后叶片干枯，导致枝干枯死；直径较大的枝干，坑道长度不超过 3 cm 时，在入侵孔周围长出大量分生组织形成瘤状突起，而使枝干不致枯死，但多数也因后期果实的重量增加而被压折，严重影响咖啡的产量。

A.3 田间发生规律

A.3.1 咖啡黑枝小蠹每年发生 6 代～7 代，完成 1 个世代平均需要 20 d～68 d，世代重叠，终年可见到各个虫态。田间种群通常在 1 月中旬开始出现，2 月中旬后，随着旬平均温度的波动上升，虫口急剧增加，3 月中下旬为高峰期。高峰期后，随着旬平均温度的继续波动上升，虫口数量于 4 月下旬开始锐减，7 月～10 月田间虫口较少，11 月以后虫口逐渐回升并有受害枯枝出现。

A.3.2 新羽化的成虫在侵入孔里的交配室内交配，雄成虫继续生活在原坑道内直至死亡，而雌成虫则自侵入孔飞出另找新的场所钻蛀新坑道，飞出时间多在 12:00～14:00。雌成虫在原侵入孔附近寻找适宜枝干危害，通常 1 头雌成虫钻蛀 1 条坑道，坑道内所有其他个体均为其后代。7 d～10 d 后坑道钻蛀完成，成虫体上所带真菌孢子在坑道壁萌发出一层白色菌丝，作为幼虫和下代成虫的营养来源。每年 3 月初至 3 月底为成虫生殖高峰期，菌丝萌发后雌虫开始产卵，卵成堆产于坑道内，产卵量与雌成虫在不同时期所钻蛀的坑道长短有关：坑道长 2 cm～4 cm，其产卵量多在 15 粒以上，最多 40 粒～50 粒；坑道长 2 cm 以下，产卵量多在 5 粒以下，个别 9 粒～10 粒。幼虫孵化后即取食坑道壁上菌丝，不再钻蛀新坑道，老熟幼虫即在坑道化蛹、羽化。在整个子代发育过程中雌成虫一直成活，守候在坑道直到子代大部分或全部化蛹，或个别新成虫羽化，老成虫才爬出坑道。

附加说明：

本标准按照 GB/T 1.1—2009 给出的规则起草。

本标准由中华人民共和国农业农村部提出。

本标准由农业农村部热带作物及制品标准化技术委员会归口。

本标准起草单位：中国热带农业科学院香料饮料研究所。

本标准主要起草人：孙世伟、孟倩倩、刘爱勤、王政、苟亚峰、谭乐和、高圣风、桑利伟。

中华人民共和国农业行业标准

辣木叶粉

Powder of *Moringa oleifera* leaf

NY/T 3604—2020

1 范围

本标准规定了辣木叶粉的要求、检验规则、包装和储存。

本标准适用于以辣木(*Moringa oleifera*)鲜叶为原料,经分选、清洗、脱水、干燥、粉碎、包装、灭菌等工艺制成的用于食品加工用配料的辣木叶粉。

2 规范性引用文件

下列文件对于本文件的应用是必不可少的。凡是注日期的引用文件,仅注日期的版本适用于本文件。凡是不注日期的引用文件,其最新版本(包括所有的修改单)适用于本文件。

GB 2760 食品安全国家标准 食品添加剂使用标准

GB 2762 食品安全国家标准 食品中污染物限量

GB 4789.2 食品安全国家标准 食品微生物学检验 菌落总数测定

GB 4789.3 食品安全国家标准 食品微生物学检验 大肠菌群计数

GB 4789.15 食品安全国家标准 食品微生物学检验 霉菌和酵母计数

GB 5009.3 食品安全国家标准 食品中水分的测定

GB 5009.4 食品安全国家标准 食品中灰分的测定

GB 5009.5 食品安全国家标准 食品中蛋白质的测定

GB 5009.92 食品安全国家标准 食品中钙的测定

GB 5749 生活饮用水卫生标准

GB 14881 食品安全国家标准 食品生产通用卫生规范

JJF 1070 定量包装商品净含量计量检验规则

国家质量监督检验检疫总局2005年第75号令 定量包装商品计量监督管理办法

3 要求

3.1 原辅料

3.1.1 辣木鲜叶应新鲜、色泽正常,无沙土、无病虫害、无异味、无腐烂变质。

3.1.2 生产用水应符合GB 5749的要求。

3.2 加工过程

加工过程应符合GB 14881的要求,食品添加剂的使用应符合GB 2760的要求。

3.3 感官指标

感官指标应符合表1的要求。

中华人民共和国农业部 2020-03-20 发布　　2020-07-01 实施

表1 感官指标

项目	指标	检验方法
色泽	绿色或黄绿色，且均匀一致	取适量样品置于洁净白瓷盘中，在自然光线下，目视、鼻嗅、口尝进行检验
组织形态	呈疏松、均匀一致的粉末状	
滋味、气味	具有辣木叶粉特有的滋味和气味，无异味	
杂质	无肉眼可见的外来杂质	

3.4 理化指标

理化指标应符合表2的要求。

表2 理化指标

项目	指标			检验方法
	一级	二级	三级	
水分，%	≤9.0			GB 5009.3
灰分，%	≤11.0			GB 5009.4
蛋白质，%	>25.0	20.1～25.0	15.0～20.0	GB 5009.5
钙（以Ca计），g/kg	>20.0	10.1～20.0	9.0～10.0	GB 5009.92

3.5 安全指标

食品添加剂应符合GB 2760的要求，污染物应符合GB 2762的要求。

3.6 微生物指标

微生物指标应符合表3的要求。

表3 微生物指标

项目	指标	检验方法
菌落总数，CFU/g	≤100 000	GB 4789.2
大肠菌群，MPN/g	<3.0	GB 4789.3
霉菌和酵母，CFU/g	≤50	GB 4789.15

3.7 净含量

净含量应符合国家质量监督检验检疫总局2005第75号令的要求，检验方法按JJF 1070的规定执行。

4 检验规则

4.1 组批

以同一品种的原料、同一次投料、同一工艺所生产的同一规格产品为一批次。

4.2 抽样

从每批产品中按质量的万分之一的比例随机抽取样品，抽样量最低不得少于1.5 kg。

4.3 出厂检验

产品应经检验合格后方可出厂。出厂检验的项目为：标识、感官要求、净含量、水分、灰分、菌落总数、大肠菌群。

4.4 型式检验

型式检验每半年进行1次，型式检验的项目为本标准规定的全部项目。当有下列情况之一时，亦应进行型式检验：

a） 当原料、生产工艺、生产设备发生较大变化时；

b） 产品停产半年以上，恢复生产时；

c） 出厂检验结果与上次型式检验结果有较大差异时；

d） 监管部门提出型式检验要求时。

4.5 判定规则

检验结果中安全指标、微生物指标有一项不符合本标准要求时，则判定该批产品为不合格；其他指标如果有任意一项不合格时，可从同一批产品中加倍抽样进行复检，以复检结果为准。蛋白质和钙的指标不在一个级别时，按低的级别判定。

5 包装和储存

5.1 包装

包装上应有明显的标识和保质期要求。

5.2 储存

产品应储存于清洁卫生、阴凉干燥、避免阳光直射、通风良好、有防虫、防鼠设施的场所，不得与有毒、有害、有异味、易挥发、易腐蚀、易污染的货品混储；堆放时应离地、离墙 20 cm 以上。

附加说明：

本标准按照 GB/T 1.1—2009 给出的规则起草。

本标准由中华人民共和国农业农村部提出。

本标准由农业农村部热带作物及制品标准化技术委员会归口。

本标准起草单位：云南省农业科学院质量标准与检测技术研究所、农业农村部农产品质量监督检验测试中心（昆明）。

本标准主要起草人：汪庆平、黎其万、汪禄祥、刘宏程、邵金良、杜丽娟、王丽、刘兴勇。

中华人民共和国农业行业标准

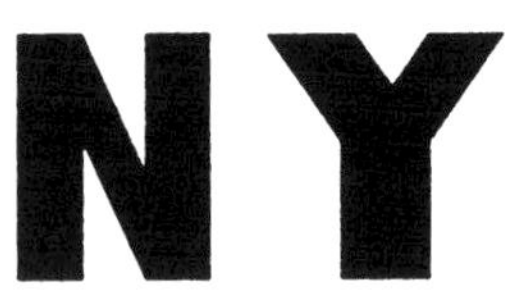

剑麻纤维制品　水溶酸和盐含量的测定

Sisal fibre production—Determination of water-solution acidity and salt content

NY/T 3605—2020

1　范围

本标准规定了剑麻纤维制品水溶酸和盐含量的测定方法。

本标准适用于剑麻纤维制品水溶酸和盐含量的测定。

2　规范性引用文件

下列文件对于本文件的应用是必不可少的。凡是注日期的引用文件，仅注日期的版本适用于本文件。凡是不注日期的引用文件，其最新版本(包括所有的修改单)适用于本文件。

GB/T 601　化学试剂　标准滴定溶液的制备

GB/T 6682　分析实验室用水规格和试验方法

3　术语和定义

下列术语和定义适用于本文件。

3.1

水溶酸度　water-solution acidity

剑麻纤维制品中能被水充分抽提出来的水溶酸的量值。用中和每 100 g 试样所充分抽提出来的水溶酸耗用 0.1 mol/L 的氢氧化钠溶液的毫升数(mL/100 g)表示。

4　取样

4.1　剑麻纱、剑麻绳、剑麻钢丝绳芯：每次取样不得少于 10 m，从任意一端 2 m 以外的不连续部位抽取质量不小于 200 g 的试样。

4.2　剑麻布、剑麻地毯：从制品的经向与纬向边缘 300 mm 以外的部位随机抽取 70 mm×70 mm 质量不小于 200 g 的试样。

5　试样制备

将试样拆散平行放置，并滚压混合成纤维互相平行的一束。再从这一束的不同部位随机选取适量纤维试样，裁剪约 50 mm 的一段，混样，密封储存备用。

6　水溶酸含量测定

6.1　原理

将试样放置于索氏抽提器中，水反复抽提洗涤，使试样中的水溶酸充分溶解在抽提液中，用氢氧化

中华人民共和国农业部 2020 - 11 - 12 发布　　　　2021 - 04 - 01 实施

钠标准滴定溶液进行电位滴定，记录耗用氢氧化钠标准滴定溶液的体积。

6.2 试剂

除非另有规定，仅使用分析纯试剂，水应符合 GB/T 6682 二级水的规定。

6.2.1 0.1 mol/L 氢氧化钠标准滴定溶液：按 GB/T 601 的规定配制。

6.2.2 0.01 mol/L 氢氧化钠标准滴定溶液：量取 0.1 mol/L 的氢氧化钠标准滴定溶液(6.2.1)10 mL 稀释定容至 100 mL。

6.3 仪器

6.3.1 索氏抽提器：500 mL 烧瓶。

6.3.2 碱式滴定管：25.00 mL、10.00 mL、5.00 mL。

6.3.3 天平：感量 0.01 g 和 0.1 mg。

6.3.4 锥形瓶：500 mL。

6.3.5 移液管：50.00 mL。

6.3.6 分液漏斗：500 mL。

6.3.7 容量瓶：100 mL。

6.3.8 烧杯：100 mL。

6.3.9 电位滴定仪：分辨率为 0.01 pH，玻璃电极。

6.4 分析步骤

6.4.1 试样处理

称取 20 g(m_1)试样，精确至 0.01 g，用滤纸包裹，置于索氏抽提器中，加入 250 mL(V_3)水并加入玻璃珠，加热回流抽提液 5 次～7 次。抽提完毕后，冷却至室温，过滤，得抽提液。将抽提液置于 250 mL 的容量瓶中并定容(V_3)。

6.4.2 测定

取 50 mL(V_4)过滤液置于 100 mL 烧杯中，插入玻璃电极，开动电磁搅拌器。根据水萃取液的 pH，设置每次添加滴定溶液体积，以少量为宜，用氢氧化钠标准滴定溶液进行滴定。当水萃取液 pH 为 8.0～9.0 时，记录消耗氢氧化钠标准滴定溶液的体积(V_1)。

6.4.3 空白试验

用 50.00 mL 水代替 50.00 mL 滴定抽提液，按 6.4.2 步骤操作。记录消耗氢氧化钠标准滴定溶液的体积(V_2)。

6.4.4 结果计算

水溶酸含量以水溶酸度(ω_1)表示，按式(1)计算。

$$\omega_1=\frac{10\times(V_1-V_2)\times C_1\times V_3}{m_1\times V_4}\times 100 \quad \cdots\cdots (1)$$

式中：

10 ——与 0.1 mol/L 氢氧化钠标准滴定溶液相当的氢氧化钠之体积；

V_1 ——试样消耗氢氧化钠标准滴定溶液的体积，单位为毫升(mL)；

V_2 ——试剂空白消耗氢氧化钠标准滴定溶液的体积，单位为毫升(mL)；

C_1 ——氢氧化钠标准滴定溶液的浓度，单位为摩尔每升(mol/L)；

V_3 ——抽提液的体积，单位为毫升(mL)；

m_1 ——试样质量，单位为克(g)；

V_4 ——滴定时吸取的试样水萃取液的体积，单位为毫升(mL)。

计算结果精确到小数点后 2 位。

6.4.5 允许差

在重复性条件下获得的 2 次独立测定结果的绝对差值不应超过算术平均值的 10%。

7 盐含量测定

7.1 原理

将试样灰化，用水洗涤定容并过滤。以铬酸钾为指示剂，用硝酸银标准滴定溶液滴定待测溶液呈橘红色。根据消耗硝酸银标准滴定溶液的体积计算试样中盐的含量，以氯化钠的质量分数表示。

7.2 试剂

除非另有规定，仅使用分析纯试剂，水应符合 GB/T 6682 二级水的规定。

7.2.1 铬酸钾(CAS 号:7789-00-6)。

7.2.2 硝酸银(CAS 号:7761-88-8)。

7.2.3 铬酸钾指示液(1 g/L):称取 0.1 g 铬酸钾，溶于 100 mL 水中。

7.2.4 0.1 mol/L 硝酸银标准滴定溶液:按 GB/T 601 的规定配制。

7.3 仪器

7.3.1 瓷坩埚(100 mL)。

7.3.2 天平:感量 0.01 g 和 0.1 mg。

7.3.3 棕色酸式滴定管:25.00 mL、10.00 mL、5.00 mL。

7.3.4 移液管:50.00 mL。

7.3.5 锥形瓶:150 mL。

7.3.6 容量瓶:100 mL。

7.3.7 电炉:200℃～300℃。

7.3.8 马弗炉:额定温度不小于 700℃。

7.4 分析步骤

7.4.1 试样处理

称取 20 g(m_2)试样，精确至 0.01 g，置于瓷坩埚中，在电炉上炭化，移至 550℃～600℃马弗炉中灰化完全，冷却，取出。用水洗涤残渣不少于 3 次，至 100 mL(V_7)容量瓶并定容，过滤，丢弃前滤液，收集后滤液备用。

7.4.2 测定

移取 50.00 mL(V_8)后滤液于 150 mL 锥形瓶，加 2 mL 铬酸钾指示液，摇匀，用 0.1 mol/L 硝酸银标准滴定溶液(7.2.4)滴定至溶液呈稳定橘红色即为滴定终点。记录消耗 0.1 mol/L 硝酸银标准滴定溶液的体积(V_5)。

7.4.3 空白试验

用 50 mL 水代替 50 mL 滤液，按 7.4.2 步骤操作。记录消耗硝酸银标准滴定溶液的体积(V_6)。

7.4.4 结果计算

盐含量以氯化钠质量分数(%)表示，按式(2)计算。

$$\omega_2 = \frac{0.05844 \times (V_5 - V_6) \times C_2 \times V_7}{m_2 \times V_8} \times 100 \quad \cdots\cdots (2)$$

式中:

ω_2 ——盐含量，单位为百分号(%);

0.058 44 ——与 1.00 mL 硝酸银标准滴定溶液[$c(AgNO_3)=1.000$ mol/L]相当的氯化钠的质量的数值，单位为克(g);

V_5 ——试样消耗硝酸银标准滴定溶液的体积，单位为毫升(mL)；

V_6 ——试剂空白消耗硝酸银标准滴定溶液的体积，单位为毫升(mL)；

C_2 ——硝酸银标准滴定溶液的浓度，单位为摩尔每升(mol/L)；

V_7 ——试样处理时定容的体积，单位为毫升(mL)；

m_2 ——试样质量，单位为克(g)；

V_8 ——滴定时吸取的试样滤液的体积，单位为毫升(mL)。

计算结果精确到小数点后2位。

7.4.5 允许差

在重复性条件下获得的2次独立测定结果的绝对差值不应超过算术平均值的10%。

附加说明：

本标准按照GB/T 1.1—2009给出的规则起草。

本标准由中华人民共和国农业农村部提出。

本标准由农业农村部热带作物及制品标准化技术委员会归口。

本标准负责起草单位：农业农村部剑麻及制品质量监督检验测试中心。

本标准主要起草人：陶进转、陈莉莎、陈伟南、郑润里、杨巧敏。

中华人民共和国农业行业标准

香草兰扦插苗繁育技术规程

Technical code for cuttings propagation of Vanilla

NY/T 3805—2020

1 范围

本标准规定了香草兰(香荚兰)(*Vanilla planifolia* Andrews)扦插苗繁育技术中苗圃地选择与建设、采蔓、育苗、苗圃管理、病虫害防控、育苗记录、出圃等技术要求。

本标准适用于香草兰扦插苗繁育。

2 规范性引用文件

下列文件对于本文件的应用是必不可少的。凡是注日期的引用文件,仅注日期的版本适用于本文件。凡是不注日期的引用文件,其最新版本(包括所有的修改单)适用于本文件。

NY/T 362 香荚兰 种苗

NY/T 2048 香草兰病虫害防治技术规范

3 苗圃地选择与建设

3.1 苗圃地选择

年平均气温20℃~25℃,相对湿度80%以上。选择靠近水源、排灌良好、土质疏松肥沃、交通便利、远离污染源、背风的缓坡地或平地。

3.2 苗圃地建设

3.2.1 整地

苗圃地深耕30 cm,清除树根、树枝、石头、杂草等并用石灰粉1 000 kg/hm^2~1 200 kg/hm^{2}进行土壤消毒处理,日晒15 d以上,耙平。

3.2.2 苗圃规划

3.2.2.1 苗圃面积

以0.1 hm^2~0.2 hm^{2}为宜。

3.2.2.2 排灌系统

由环园大沟、苗圃纵沟和畦沟互相连通组成。环园大沟宽50 cm~60 cm,深40 cm~50 cm;苗圃纵沟宽40 cm~50 cm,深30 cm~40 cm;畦沟宽40 cm,深20 cm。

3.2.2.3 道路系统

由干道和畦沟道互相连通组成。干道设在苗圃中间,宽3 m~4 m,外与公路相通,内与畦沟道相通。

3.2.3 搭设荫棚

中华人民共和国农业部 2020-11-12 发布　　2021-04-01 实施

荫棚高度 2 m，选用遮光度为 61%～70%的遮光网铺设荫棚顶部，顶部为平顶结构，四周通风透气，且具有一定抗风能力。

3.2.4 苗床整理

将整理好的地起畦，畦面宽 100 cm、畦高 20 cm、畦沟宽 40 cm；畦面均匀撒施充分腐熟的牛粪并与表土一起耙匀，牛粪施用量 7 500 kg/hm^2～8 000 kg/hm^2，铺盖 3 cm～5 cm 厚的椰糠。

4 采蔓

4.1 母蔓质量

蔓龄 1 年～3 年尚未开花结荚，生长健壮，叶片完好，无明显失水症状及机械损伤，无检疫性病虫害，直径 0.8 cm 以上的茎蔓。

4.2 母蔓采集

切除尾部两个嫩节，从两茎节之间分割成 60 cm～80 cm 或 3 个～5 个节的茎段，分割处理好的母蔓 20 条～30 条用草绳绑成一捆。

5 育苗

5.1 育苗时间

全年均可育苗，以 4 月～10 月为宜。

5.2 育苗方法

5.2.1 预处理

用 1%波尔多液或其他适宜浓度的杀菌剂浸泡茎蔓两端切口几秒，放置于阴凉干燥的地方 1 d～3 d，搬运时应轻拿轻放。

5.2.2 扦插

将畦面上的椰糠划一条深 2 cm～3 cm 的横向浅沟，将单条母蔓平放于浅沟内，茎节处覆盖 1 cm～2 cm厚的椰糠，两端及叶片裸露出来，株距 15 cm～20 cm。

6 苗圃管理

6.1 水分管理

扦插后及时淋透定根水；以后适时淋水，保持椰糠和表土湿润；雨后积水及时排水。

6.2 施肥管理

扦插后 7 d～15 d 茎节处抽生出新根和嫩芽，新抽茎蔓展叶 2 片～3 片时，开始淋施 0.5%复合肥($N:P_2O_5:K_2O=15:15:15$)，每月淋施 2 次～3 次。

6.3 除草

人工拔草，保持畦面无杂草。

7 病虫害防控

7.1 防控原则

遵循预防为主、综合防治的原则。以农业防治为主，辅以生物、物理、机械防治，尽量减少化学农药防治次数，优先使用生物农药。化学农药防治时，宜选用高效低毒低残留的农药种类，遵循最低有效剂量原则。

7.2 主要病虫害防控

苗期要加强巡查，发现病虫害及时处理。白绢病、细菌性软腐病和疫病，以及拟小黄卷蛾防治方法按 NY/T 2048 的规定执行。

茶角盲蝽防治方法:减少茶角盲蝽的繁殖滋生场所;发现害虫危害可喷施 50%杀螟硫磷乳油 1 500 倍液或 50%马拉硫磷乳油 1 500 倍液,每隔 10 d 喷施 1 次,连续喷施 3 次。

8 育苗记录

参照附录 A 记录。

9 出圃

按 NY/T 362 的规定执行。

附 录 A
(资料性附录)
香草兰育苗技术档案

香草兰育苗技术档案见表 A.1。

表 A.1 香草兰育苗技术档案

品种名称			
产地			
母蔓数量,条			
扦插时间			
出芽数量,个		出芽率,%	
一级种苗数量,条		一级种苗率,%	
二级种苗数量,条		二级种苗率,%	
种苗总数量,条		成苗率,%	
备注			

育苗单位(盖章):　　负责人(签字):　　日期:　年　月　日

附加说明:

本标准按照 GB/T 1.1—2009 给出的规则起草。

请注意本文件的某些内容可能涉及专利。本文件的发布机构不承担识别这些专利的责任。

本标准由农业农村部农垦局提出。

本标准由农业农村部热带作物及制品标准化技术委员会归口。

本标准起草单位:中国热带农业科学院香料饮料研究所。

本标准主要起草人:庄辉发、顾文亮、朱自慧、赵青云、王辉、宋应辉、邢诒彰。

中华人民共和国农业行业标准

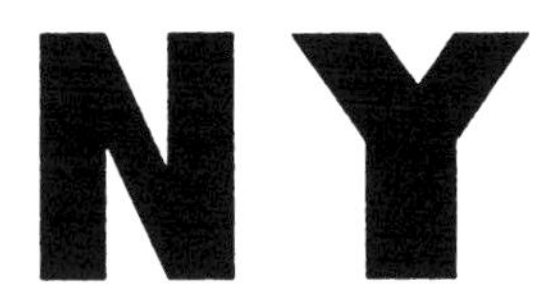

NY/T 3806—2020

天然生胶、浓缩天然胶乳及其制品中镁含量的测定　原子吸收光谱法

Raw natural rubber, natural rubber latex concentrate and products made from natural rubber—Determination of magnesium content by atomic absorption spectrometry(ISO 6101—6:2018, Rubber—Determination of metal content by atomic absorption spectrometry—Part 6:Determination of magnesium content, MOD)

警示 1:使用本标准的人员应熟悉正规实验室操作规程。本标准无意涉及因使用本标准可能出现的所有安全问题。使用者有责任采取适当的安全和健康措施,并保证符合国家的有关法规规定。

警示 2:本标准规定的某些试验步骤可能涉及使用或产生会构成当地环境污染风险的物质或废物。应参考有关安全处理和使用后处置的适当文件。

1　范围

本标准规定了用原子吸收光谱法测定天然生胶、浓缩天然胶乳及其制品中镁含量的原理、试剂、仪器、取样、试验步骤、精密度、试验报告。

本标准适用于天然生胶、浓缩天然胶乳及其制品中镁含量的测定。

2　规范性引用文件

下列文件对于本文件的应用是必不可少的。凡是注日期的引用文件,仅注日期的版本适用于本文件。凡是不注日期的引用文件,其最新版本(包括所有的修改单)适用于本文件。

GB/T 4498.1　橡胶　灰分的测定　第 1 部分:马弗炉法(GB/T 4498.1—2013,ISO 247:2006,MOD)

GB/T 6682　分析实验室用水规格和试验方法

GB/T 8290　浓缩天然胶乳　取样(GB/T 8290—2008,ISO 123:2001,MOD)

GB/T 8298　胶乳　总固体含量的测定(GB/T 8298—2017,ISO 124:2014,MOD)

GB/T 12806　实验室玻璃仪器　单标线容量瓶(GB/T 12806—2011,ISO 1042:1998,NEQ)

GB/T 12807　实验室玻璃仪器　分度吸量管

GB/T 12808　实验室玻璃仪器　单标线吸量管

GB/T 15340　天然、合成生胶取样及其制样方法(GB/T 15340—2008,ISO 1795:2000,IDT)

HG/T 3115　硼硅酸盐玻璃 3.3 的性能

JC/T 651　石英玻璃器皿　坩埚

QB/T 1991　化学瓷坩埚

3　原理

根据 GB/T 4498.1 的规定,天然生胶试样在(550±25)℃下进行灰化,炭黑含量高的橡胶制品在(950±25)℃下进行灰化。将灰分溶解在稀硝酸中,以镁空心-阴极灯作为光源,在 285.2 nm 的波长下

中华人民共和国农业部 2020 - 11 - 12 发布　　2021 - 04 - 01 实施

测定试液的吸光度，计算试样中镁的含量。

4 试剂

在分析过程中，除非另有规定，仅使用确认的分析纯试剂和 GB/T 6682 规定的二级水。

4.1 浓硝酸：ρ＝1.41 g/mL，质量分数为 65％～70％。

4.2 稀硝酸：质量分数为 1.6％。精确移取 11.5 mL 浓硝酸（4.1），加入 1 000 mL 单标线容量瓶（5.4）中，然后用水定容并充分摇匀。

4.3 镁标准储备液：1 L 含 1 g 镁。直接购买镁标准溶液，或者按以下方法制备：

将纯度为 99％（质量分数）的金属镁研磨成粉，称取约 1 g，精确至 0.1 mg，置于 250 mL 的锥形瓶（5.13）中，然后加入 100 mL 稀硝酸（4.2）和 10 mL 浓硝酸（4.1）的混合溶液溶解，再转移至 1 000 mL 的容量瓶（5.4）中，用稀硝酸（4.2）定容，充分摇匀备用。

1 mL 的镁标准储备液含 1 000 μg 镁。

4.4 镁标准溶液：1 mL 含 10 μg 镁。小心移取 10 mL 镁标准储备液（4.3）加入 1 000 mL 单标线容量瓶（5.4）中，再加入稀硝酸（4.2）至刻度并充分混合。最好现配现用。

5 仪器

5.1 原子吸收光谱仪，配备使用乙炔和压缩空气的燃烧器及能发射所需波长辐射的镁空心阴极灯。建议使用高亮度灯。或者，也可以使用电热原子化装置（石墨炉）。

应按照仪器的使用说明书操作。

5.2 天平，感量 0.1 mg。

5.3 马弗炉，温度能保持在（550±25）℃或（950±25）℃。

5.4 单标线容量瓶，带有玻璃塞，容量为 50 mL、100 mL 和 1 000 mL，符合 GB/T 12806 中 A 级的要求。

5.5 单标线吸量管，容量为 0.5 mL、1 mL、5 mL、10 mL、20 mL 和 50 mL，符合 GB/T 12808 中 A 级的要求。

5.6 分度吸量管，容量 1 mL，符合 GB/T 12807 中 A 级的要求。

5.7 蒸汽浴。

5.8 硼硅酸盐玻璃棒，用于搅拌。

5.9 坩埚，标称容量 50 mL～150 mL（视试样大小而定），石英、陶瓷或硼硅酸盐玻璃材质，分别符合 HG/T 3115、JC/T 651 或 QB/T 1991 的要求。

5.10 无灰滤纸。

5.11 电热板或者砂浴。

5.12 表面皿，用于盖坩埚。

5.13 锥形瓶，容量为 250 mL。

6 取样

取样方法如下：

a） 天然生胶按照 GB/T 15340 规定的方法进行取样；

b） 天然胶乳按照 GB/T 8290 规定的方法进行取样；

c） 天然橡胶制品选取整批中的代表性样品。

7 试验步骤

警示:在执行本标准规定的试验步骤时,应遵守所有公认的健康和安全预防措施。

7.1 试样的制备

7.1.1 称取 5 g～10 g 磨碎或剪碎的天然生胶、5 g～10 g 的浓缩天然胶乳薄膜、1 g～5 g 磨碎或剪碎的天然橡胶制品分别置于合适的坩埚(5.9)中,均精确至 0.1 mg。试样的称样量可根据样品中镁含量的预估值来选择。

7.1.2 对于天然生胶,应按 GB/T 15340 的规定从试验样品中选取试样。

7.1.3 对于浓缩天然胶乳,将约含 10 g 总固体的已充分混合的浓缩天然胶乳倒在玻璃板上制成薄膜,然后按 GB/T 8298 的规定干燥至恒重,并切成小块。

7.2 试液的制备

7.2.1 试样的灰化(破坏有机物质)

将坩埚放置于马弗炉(5.3)中,按照 GB/T 4498.1 的规定,天然生胶、浓缩天然胶乳薄膜样品的灰化温度保持在(550±25)℃,天然橡胶制品的灰化温度保持在(950±25)℃。灰化完成后,让坩埚冷却至室温。

若灰分因少量炭黑的存在而呈黑色,则用分度吸量管(5.6)吸取 1 mL 浓硝酸(4.1)加入灰分中,在电热板或者砂浴(5.11)上蒸干,再置于马弗炉中灰化 10 min～15 min。

7.2.2 无机残留物的溶解

将 10 mL 稀硝酸(4.2)加入已冷却的残余物中。盖上表面皿(5.12)并在蒸汽浴上加热至少 30 min 后,再让其冷却至室温。将坩埚中的混合溶液过滤(5.10)到 50 mL 的容量瓶(5.4),使用稀硝酸(4.2)冲洗坩埚并稀释至刻度。按照 7.4 进行测定。

7.3 校准曲线的绘制

7.3.1 标准校准溶液的制备

按表 1 中所示体积,用单标线吸量管(5.5)移取镁标准溶液(4.4),分别加入 5 个 100 mL 容量瓶(5.4)中,然后用稀硝酸(4.2)稀释至刻度,充分摇匀。

标准校准溶液现配现用。

7.3.2 光谱测定

应充分预热原子吸收光谱仪,以确保仪器稳定。将镁空心阴极灯适当定位,然后根据仪器的特性调整波长为 285.2 nm、设定灵敏度和狭缝孔径。根据仪器的使用说明书调节空气和乙炔的压力及流速,以获得与所用之特定光谱仪相符的清蓝光焰,无其他光焰的氧化焰。

依次吸取校准溶液(7.3.1)至火焰中,并测量其吸光度,每个溶液测定两次,取平均读数。应注意保持整个过程中吸液速率一致。也应确保最少有一个校准溶液的镁含量等于或低于所测橡胶试样的镁含量。

每次测定后,吸水清洗燃烧器。

7.3.3 校准曲线绘制

以 1 mL 校准溶液所含镁的质量(以 μg 表示)为横坐标,以空白溶液校正后的镁标准溶液的吸光度为纵坐标作图,即得标准曲线。通过视觉判断或使用最小二乘拟合法计算将各数据点作成最佳直线。

7.4 测定

7.4.1 光谱测定

按 7.3.2 中规定试验步骤对制备的试液(7.2.2)进行光谱测定。

表 1 标准校准溶液

镁标准溶液的体积，mL	1 mL 标准溶液所含有的镁质量，μg
50.0	5
20.0	2
10.0	1
5.0	0.5
0.0	0

7.4.2 稀释

如果试液的吸光度大于镁含量最高的校准溶液的吸光度，则按照以下步骤稀释。

精确移取适量 V(mL)试液到 100 mL 的容量瓶(5.4)中，使镁浓度在标准曲线覆盖的范围内。用稀硝酸(4.2)稀释至刻度，然后充分混合。重复吸光度测定。

在某些情况下，可以使用标准加入法(参见附录 A)。

7.4.3 空白测定

在测定的同时进行空白试验，使用稀硝酸(4.2)作为空白溶液，不加试样。

7.4.4 测定次数

使用取自已经均匀化的同一试样，进行双份试验。

7.5 结果表示

直接从 7.3.3 中绘制的标准曲线中读取试液镁的质量浓度。

试样的镁含量(X)，由式(1)给出，以质量分数(%)表示。

$$X = \frac{\rho(\mathrm{Mg})_t - \rho(\mathrm{Mg})_b}{m \times 200} \times f \qquad (1)$$

式中：

$\rho(\mathrm{Mg})_t$ ——从标准曲线读出的试液镁浓度，单位为微克每毫升(μg/mL)；

$\rho(\mathrm{Mg})_b$ ——从标准曲线读出空白溶液的镁浓度，单位为微克每毫升(μg/mL)；

m ——试样质量，单位为克(g)；

f ——稀释因子，需要时(见 7.4.2)，由式(2)给出：

$$f = \frac{100}{V} \qquad (2)$$

式中：

V——7.4.2 中所取试液的体积，单位为毫升(mL)。

试样的镁含量(w)也可通过式(3)计算而得出，单位为毫克每千克(mg/kg)。

$$w = \frac{[\rho(\mathrm{Mg})_t - \rho(\mathrm{Mg})_b] \times 50}{m} \times f \qquad (3)$$

试验结果以两次测定结果的平均值表示。当镁含量以百分数表示时，修约至两位小数，当以 mg/kg 表示时，修约至整数。

试样的镁含量如果大于或等于 0.1%，以百分数表示；如果小于 0.1%，以 mg/kg 表示。

8 精密度

参见附录 B。

9 试验报告

试验报告应包括以下信息：

a) 本标准的编号；
b) 完整地识别所测样品所需的全部细节；
c) 取样方法；
d) 使用的光谱仪型号；
e) 试验结果和单位；
f) 在试验期间出现的任何异常现象；
g) 未包括在本标准或规范性引用文件中的任何操作，以及可能影响结果的任何事件。

附 录 A
(规范性附录)
标准加入法

标准加入法用于含有未知浓度的样品、难以用空白重复的样品和或须降低检测限值时。

标准加入法可以在任何关于原子吸收的标准教科书中找到，通常在原子吸收光谱仪附带的用户手册也会描述。

以下示例说明了该方法：

取 4 份相同体积的试液(7.2)，其中 3 份加入不同体积已知浓度的镁标准溶液。4 份试液均稀释到相同体积。使用落在校准曲线直线部分的浓度。

测定按上述方法得到的 4 份溶液的吸光度。

以溶液的浓度(单位为 μg/mL)为 X 轴、吸光度为 Y 轴作图。

延长直线到与 X 轴相交(吸光度为 0)时，在与 X 轴相交点处读取试液的镁浓度，计算试样的镁含量。

图 A.1 给出了一个例子。

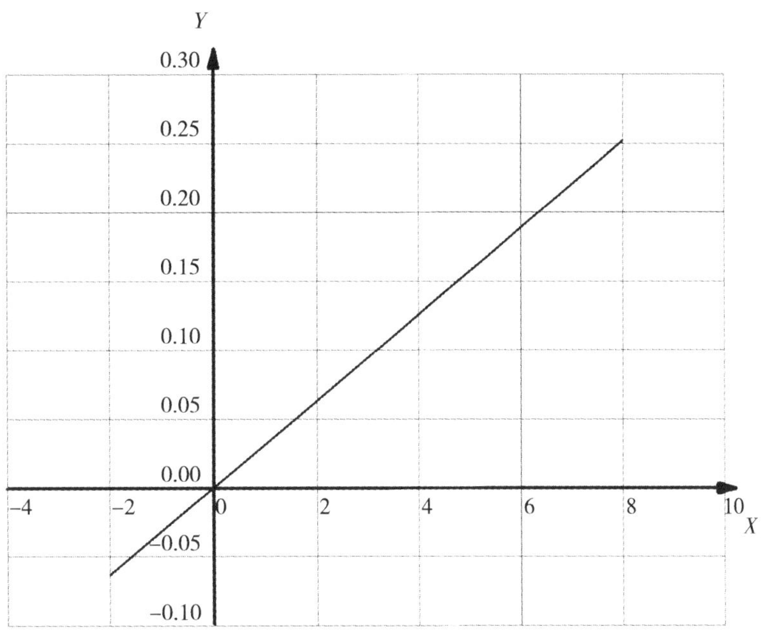

说明：

X——溶液中镁的浓度(单位为 μg/mL)；

Y——吸光度。

图 A.1 使用标准加入法获得的图表示例

附 录 B
(规范性附录)
精密度

B.1 总则

本试验方法的精密度根据 ISO/TR 9272[1]确定。术语和其他统计学详情可参考该文件。

表 B.1 列出了精密度数据。这些精密度参数不宜作为任何一类材料的接收/拒收试验之依据,除非有证明文件说明这些精密度参数适用于这些特定材料以及本测试方法的具体试验方案。精密度以基于 95 %的置信水平所确定的重复性 r 和再现性 R 之值表示。

表 B.1 浓缩天然胶乳中镁含量测定的精密度数据

平均值 mg/kg	实验室内		实验室间	
	S_r	r	S_R	R
17	0.14	0.40	5.32	15.0
注:S_r表示实验室内标准差;r 表示重复性(以测定单位表示);S_R表示实验室间标准差;R 表示再现性(以测定单位表示)。				

表 B.1 中的结果为平均值,用于评估本试验方法的精密度。这些数值是由 2016 年开展的一项实验室间试验方案(ITP)所确定的。8 个实验室对由高氨浓缩天然胶乳(HA)制备的同一个样品进行重复分析。在整批胶乳进一步取样并分别装入两个标为 A 和 B 的样品瓶之前,先将其过滤,然后充分搅拌使其均匀化。这样,样品 A 和样品 B 本质上是相同的,并按相同样品进行统计计算。要求每个参加的实验室按给出的日期,用这两个样品进行测定。

根据本 ITP 所用的取样方法确定了 1 型精密度。

B.2 重复性

本试验方法的重复性 r(以测定单位表示)已被确定为合适的值列于表 B.1 中。在正常的试验操作步骤下,同一实验室所获得的两个单独的试验结果之差大于表列的 r 值(对于任何给定的水平),宜视为来自不同(非同一的)样品群。

B.3 再现性

本试验方法的再现性 R(以测定单位表示)已被确定为合适的值列于 B.1 中。在正常的试验条件下,获得的两个单独试验结果之差大于表列的 R 值(对于任何给定的水平),宜视为来自不同(非同一的)样品群。

B.4 偏倚

在试验方法术语中,偏倚是指试验结果平均值与受测性能的参照值(即真值)之差。

本试验方法不存在参照值,因为受测性能的参照值只能通过本试验方法确定,所以不能确定本特定试验方法的偏倚。

有关使用精密度结果的程序,请参见 ISO 19983[2]。

参 考 文 献

[1]ISO/TR 9272,Rubber and rubber products—Determination of precision for test method standards

[2]ISO 19983,Rubber—Determination of precision for test methods

---

附加说明:

本标准按照 GB/T 1.1—2009 给出的规则起草。

本标准采用重新起草法修改采用 ISO 6101—6:2018《橡胶 原子吸收光谱法测定金属含量 第 6 部分:镁含量的测定》(英文版)。

本标准与 ISO 6101—6:2018 的技术差异及其原因如下:

——标准名称由“橡胶 使用原子吸收光谱法测定金属含量 第 6 部分:镁含量的测定”修改为“天然生胶、浓缩天然胶乳及其制品 镁含量的测定 原子吸收光谱法”。

——关于规范性文件,本标准做了具有技术差异的调整,以适应我国的技术条件,调整的情况集中反映在第 2 章“规范性引用文件”中,具体调整如下:

- 用修改采用国际标准的 GB/T 4498.1 代替了 ISO 247-1;
- 用修改采用国际标准的 GB/T 8290 代替了 ISO 123;
- 用修改采用国际标准的 GB/T 8298 代替了 ISO 124;
- 用非等效采用国际标准的 GB/T 12806 代替了 ISO 1042;
- 用 GB/T 12807 代替了 ISO 835;
- 用 GB/T 12808 代替了 ISO 648;
- 用等同采用国际标准的 GB/T 15340 代替了 ISO 1795;
- 用 HG/T 3115、JC/T 651 和 QB/T 1991 代替了 ISO 1772。

——将对实验室用水的要求改为直接引用标准 GB/T 6682(见第 2 章、第 4 章,ISO 6101—6:2018 的第 5 章),以统一要求和方便使用。

——删除了第 3 章“术语与定义”(见 ISO 6101—6:2018 的第 3 章),因为 ISO 6101—6:2018 的第 3 章中只是列出 ISO 与 IEC 关于术语的数据库地址,并无具体的术语和定义,且天然生胶、浓缩天然胶乳、天然橡胶制品均为橡胶行业通用术语。

——将 ISO 6101—6:2018 中的 8.1.3、8.1.2 分别调整为 7.1.2、7.1.3,调整了段落排序(见 7.1)。

——将 ISO 6101—6:2018 的 8.4.1 中“按 8.2 中规定步骤,在波长为 285.2 nm 处对制备的试液(8.2.2)进行光谱测定”修改为“按 7.3.2 中规定步骤对制备的试液(7.2.2)进行光谱测定”(见 7.4.1),更正了试验步骤且使表达更加简明。

请注意本文件的某些内容可能涉及专利。本文件的发布机构不承担识别这些专利的责任。

本标准由农业农村部农垦局提出。

本标准由农业农村部热带作物及制品标准化技术委员会归口。

本标准起草单位:农业农村部食品质量监督检验测试中心(湛江)、中国热带农业科学院农产品加工研究所。

本标准主要起草人:潘晓威、叶剑芝、杨春亮、苏子鹏、李培。

中华人民共和国农业行业标准

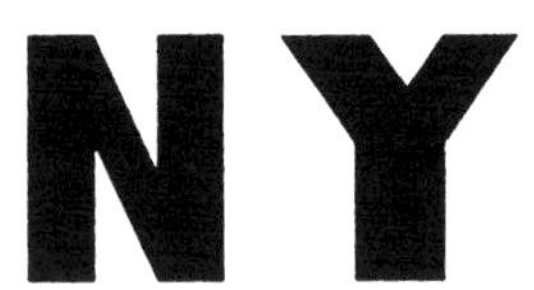

香蕉茎杆破片机　质量评价技术规范

Technical specification for quality evaluation of banana stem fragmentation machine

NY/T 3807—2020

1　范围

本标准规定了香蕉茎杆破片机质量评价的基本要求、试验条件、质量要求、检测方法和检验规则。

本标准适用于香蕉茎杆破片机的质量评定。

2　规范性引用文件

下列文件对于本文件的应用是必不可少的。凡是注日期的引用文件，仅注日期的版本适用于本文件。凡是不注日期的引用文件，其最新版本(包括所有的修改单)适用于本文件。

GB/T 1184　形状和位置公差　未注公差值

GB/T 1958　产品几何技术规范(GPS)几何公差　检测与验证

GB/T 2828.11—2008　计数抽样检验程序　第11部分：小总体声称质量水平的评定程序

GB/T 3280　不锈钢冷轧钢板和钢带

GB/T 8196　机械设备防护罩安全要求

GB/T 9480　农林拖拉机和机械、草坪和园艺动力机械　使用说明书编写规则

GB/T 13306　标牌

JB/T 9832.2　农林拖拉机及机具漆膜附着性能测定方法　压切法

3　基本要求

3.1　文件资料

质量评价所需提供的文件资料应包括：

a)　产品合格证；

b)　产品标准或产品制造验收技术文件；

c)　产品使用说明书；

d)　产品三包凭证；

e)　产品照片4张(正前方、正后方、左前方45°和右前方45°各1张)。

3.2　主要技术参数核对

按3.1提供的文件资料，对产品的主要技术参数按表1的规定进行核对或测量。

表1　产品主要技术参数确认表

序号	项目	方法
1	规格型号	核对

中华人民共和国农业部 2018-12-19 发布　　　　2019-06-01 实施

表 1 （续）

序号	项目		方法
2	外形尺寸(长、宽、高)		测量
3	整机质量		测量
4	推进装置行程		测量
5	推进装置移动速度		测量
6	配套动力	型号	核对
		额定功率	核对
		额定转速	核对

4 试验条件

4.1 切割刀安装位置应符合使用说明书的要求。

4.2 香蕉茎杆原料应不存在腐烂现象，割除叶片和枯叶，切成段状，其尾端端面应与其轴心线垂直，长度 L 应为 500 mm～1 800 mm。

4.3 试验场地应防雨、通风和透气，地面应平整、坚实。

4.4 试验电压为 380 V，电压波动范围为±5%。

5 质量要求

5.1 主要性能

产品主要性能参数要求应符合表 2 的规定。

表 2 产品主要性能参数要求

序号	项目	性能指标	方法
1	生产率,kg/h	≥7 000	6.1.1
2	破片端部折断长度,mm	≤100	测量
3	单位耗电量,kW·h/t	≤0.8	6.1.2
4	可用度,%	≥95	6.1.3

5.2 安全性

5.2.1 外露的转动部件应有防护罩，防护罩应符合 GB/T 8196 的规定。

5.2.2 危险位置应设置安全警示标志。

5.2.3 应设置急停开关。

5.2.4 电控设备应有漏电保护、绝缘保护和过载保护装置。

5.3 关键零部件

5.3.1 切割刀应采用力学性能不低于 GB/T 3280 规定的 3Cr13 的材料制造。

5.3.2 主轴轴承位同轴度公差应不低于 GB/T 1184 规定的 8 级精度。

5.4 装配质量

5.4.1 整机应运转灵活、无卡滞和异响。

5.4.2 密封件应无渗漏，紧固件无松动。

5.4.3 竖切割刀应位于 V 型槽对称中心线上。

5.5 外观质量

5.5.1 切割刀和 V 型槽表面不应有损伤及制造缺陷。

5.5.2 漆层应色泽均匀，平整光滑，不应有露底，明显起泡、起皱不多于 3 处。

5.5.3 漆膜附着力应符合 JB/T 9832.2 中 2 级 3 处的要求。

5.5.4 焊缝表面应均匀，不应有裂纹（包括母材）、气孔、漏焊等缺陷。

5.6 使用说明书

使用说明书应按照 GB/T 9480 的规定编写，至少应包括以下内容：

a) 产品名称、特点及主要用途；
b) 安全警示标志并明确其粘贴位置；
c) 安全注意事项；
d) 产品标准及主要技术参数；
e) 整机结构简图及工作原理；
f) 安装、调整和使用方法；
g) 维护和保养说明；
h) 常见故障及排除方法。

5.7 三包凭证

三包凭证至少应包括以下内容：

a) 产品品牌（如有）、型号规格、购买日期、产品编号；
b) 生产厂家名称、地址、电话；
c) 售后服务单位名称、地址、电话；
d) 三包项目及有效期；
e) 销售记录（包括销售单位、销售日期、购机发票号码）；
f) 修理记录（包括送修时间、交货时间、送修故障、修理情况、换退货证明）；
g) 不承担三包责任的情况说明。

5.8 铭牌

5.8.1 在产品醒目的位置应有永久性铭牌，其规格应符合 GB/T 13306 的规定。

5.8.2 铭牌应至少包括以下内容：

a) 产品名称及型号；
b) 配套动力及主要参数；
c) 整机外形尺寸；
d) 整机质量；
e) 产品执行标准；
f) 出厂编号、日期；
g) 生产厂家名称、地址。

6 检测方法

6.1 性能试验

6.1.1 生产率

在额定转速及额定负载条件下，测定 3 次班次小时生产率，每次不小于 1 h，取 3 次测定的算术平均值，结果精确到“1 kg/h”。班次时间包括纯工作时间、工艺时间和故障时间。

$$E=\frac{V}{T} \quad (1)$$

式中：

E ——班次小时生产率，单位为千克每小时（kg/h）；

V ——测定期间班次生产量，单位为千克(kg)；

T ——测定期间班次时间，单位为小时(h)。

6.1.2 单位耗电量

在测定生产率的同时测定，加工量不少于 1 t 香蕉茎杆。测定 3 次，按式(2)计算，取算术平均值。

$$W = 1000 \times \frac{P}{Q} \quad \cdots\cdots (2)$$

式中：

W ——单位耗电量，单位为千瓦时每吨(kW·h/t)；

P ——测定期间用电量，单位为千瓦时(kW·h)；

Q ——加工香蕉茎杆的质量，单位为千克(kg)。

6.1.3 可用度

考核期间对样机进行连续 3 个班次的测定，每个班次作业时间不少于 6 h，并按式(3)计算。

$$K = \frac{\sum T_z}{\sum T_z + \sum T_g} \times 100 \quad \cdots\cdots (3)$$

式中：

K ——可用度，单位为百分号(%)；

T_z ——生产考核期间班次工作时间，单位为小时(h)；

T_g ——生产考核期间班次的不能工作时间，单位为小时(h)。

6.2 安全要求

按 5.2 的规定逐项检查。

6.3 同轴度

按 GB/T 1958 规定的方法测定。

6.4 漆膜附着力

按 JB/T 9832.2 规定的方法测定。

6.5 使用说明书

审查使用说明书是否符合 5.6 的规定；所有项目合格，则该项合格。

6.6 三包凭证

审查产品三包凭证是否符合 5.7 的规定；所有项目合格，则该项合格。

6.7 铭牌

检查铭牌是否符合 5.8 的规定；所有项目合格，则该项合格。

7 检验规则

7.1 检验项目及不合格分类判定规则

检验项目按其对产品质量影响的程度分为 A、B、C 3 类。检验项目、不合格分类见表 3。

表 3 检验项目及不合格分类表

不合格分类		检验项目	对应的质量要求的条款号
类别	序号		
A	1	生产率	表 2
	2	破片端部折断长度	表 2
	3	安全要求	5.2

表 3 （续）

不合格分类		检验项目	对应的质量要求的条款号
类别	序号		
B	1	关键零部件	5.3
	2	可用度	表 2
	3	单位耗电量	表 2
	4	工作平稳性及异响	5.4.1
C	1	外观质量	5.5
	2	使用说明书	5.6
	3	三包凭证	5.7
	4	铭牌	5.8

7.2 抽样方案

7.2.1 抽样方案按照 GB/T 2828.11—2008 附录 B 中表 B.1 的要求制定，见表 4。

表 4 抽样方案

检验水平	O
声称质量水平(DQL)	1
核查总体(N)	10
样本量(n)	1
不合格品限定数(L)	0

7.2.2 采用随机抽样方法，在生产企业 12 个月内生产且自检合格的产品中随机抽取，抽样检查批量应不少于 10 台，样本大小为 1 台。在销售部门抽样时，不受上述限制。

7.3 评定规则

对样本中 A、B、C 各类检验项目逐项考核和判定，当 A 类不合格项目数为 0，B 类不合格项目数不超过 1，C 类不合格项目数不超过 2，则判定样品为合格产品；否则判定样品为不合格产品。若样品为合格产品，则判核查通过；若样品为不合格产品，则判核查不通过。

附加说明：

本标准按照 GB/T 1.1—2009 给出的规则编制。

请注意本文件的某些内容可能涉及专利。本文件的发布机构不承担识别这些专利的责任。

本标准由中华人民共和国农业农村部提出。

本标准由农业农村部热带作物及制品标准化技术委员会归口。

本标准起草单位：中国热带农业科学院农业机械研究所、湛江市凯翔科技有限公司。

本标准主要起草人：欧忠庆、庄志凯、张园、刘智强、董学虎。

中华人民共和国农业行业标准

牛大力　种苗

Seedling of *Callerya speciosa* (Champion ex Bentham) Schot Blumea

NY/T 3808—2020

1　范围

本标准规定了牛大力[*Callerya speciosa* (Champion ex Bentham) Schot Blumea]种苗的要求、检验方法、检验规则、包装、标识、运输和储存。

本标准适用于牛大力组培苗和实生苗。

2　规范性引用文件

下列文件对于本文件的应用是必不可少的。凡是注日期的引用文件，仅注日期的版本适用于本文件。凡是不注日期的引用文件，其最新版本(包括所有的修改单)适用于本文件。

GB 6000　主要造林树种苗木质量分级

GB 15569　农业植物调运检疫规程

GB 20464　农作物种子标签通则

植物检疫条例实施细则(农业部分)

3　要求

3.1　基本要求

生长正常，枝叶健全，无明显病虫害；组培苗苗龄不超过 18 个月，实生苗苗龄不超过 16 个月；蔓生茎≤2 条；成熟复叶数≥3 片；品种纯度≥98%；出圃时育苗容器完好，育苗基质不松散，育苗容器规格，高≥11 cm、直径≥9 cm；无检疫性病虫害。

3.2　分级指标

组培苗和实生苗的分级指标应分别符合表 1 和表 2 的规定。

表 1　组培苗分级指标

项　目	等　级	
	一级	二级
茎粗，mm	≥2.50	≥1.85
苗高，cm	≥20	≥13

表 2　实生苗分级指标

项　目	等　级	
	一级	二级
茎粗，mm	≥3.00	≥2.50
苗高，cm	≥40	≥30

中华人民共和国农业部 2020－11－12 发布　　　　2021－04－01 实施

4 检验方法

4.1 纯度

参照附录A用目测法逐株检验种苗，根据品种的主要特征，确定本品种的种苗数。纯度按式(1)计算。

$$X = \frac{A}{B} \times 100 \quad \cdots\cdots (1)$$

式中：

X——品种纯度，保留整数，单位为百分号(%)；

A——样品中鉴定品种株数，单位为株；

B——抽样总株数，单位为株。

4.2 外观

目测植株长势、病虫害、营养袋和基质紧实度等情况；统计植株蔓生茎和叶片数量。

4.3 苗龄

查看育苗档案核定苗龄。

4.4 检疫性病虫害

按《植物检疫条例实施细则(农业部分)》和GB 15569的有关规定执行。

4.5 茎粗

用游标卡尺测量植株基部直径，单位为毫米(mm)，保留2位小数。

4.6 苗高

用尺子测量育苗基质表面至植株顶端的长度，单位为厘米(cm)，保留整数。

4.7 检测记录

将以上检测数据记录于附录B的表B.1。

5 检验规则

5.1 组批

同一基地、同一类型、同一等级、同一批种苗可作为一个检验批次。检验限于种苗装运地或繁育地进行。

5.2 抽样

按GB 6000中有关抽样的规定执行。

5.3 交收检验

每批种苗交收前，生产单位应进行交收检验。交收检验内容包括外观、包装和标识等。检验合格并附质量检验证书(见附录C)和检疫部门颁发的本批有效的检疫合格证书方可交收。

5.4 判定规则

5.4.1 如不符合3.1，该批种苗判定为不合格；在符合3.1规定的情况下，再进行等级判定。

5.4.2 同一批次种苗中，允许有5%的种苗低于一级苗标准，但应达到二级苗标准，则判定为一级种苗。

5.4.3 同一批次种苗中，允许有5%的种苗低于二级苗标准，则判定为二级种苗。超过此范围，则判定为不合格。

5.5 复验规则

如果对检验结果产生异议，可加倍抽样复验一次，复验结果为最终结果。

6 包装、标识、运输和储存

6.1 包装

种苗采用带孔硬质框包装，框应清洁、无污染，具有良好的承载能力。装框时需将茎叶朝上整齐排列，保持适当紧密度，以保证运输时不易发生偏移。

6.2 标识

种苗销售或调运时应附有质量检验证书和标签。检验证书格式见附录C，标签应符合GB 20464的要求。

6.3 运输

种苗应按不同类型、不同级别分批装运；装卸过程应轻拿轻放；应保持一定的湿度，防止日晒、雨淋及风干。

6.4 储存

种苗运抵目的地后应及时卸载于阴凉处，按不同类型、不同级别摆放，适时淋水，及时定植。

附　录　A
（资料性附录）
牛大力主要栽培品种特征

热选1号（Rexuan No.1），叶片卵圆形，叶片薄，颜色中等绿，嫩叶背面具有稀疏的柔毛，顶端小叶长约7 cm，宽约4 cm；木质化茎颜色为灰绿色，嫩茎部分被银色柔毛；具有一个明显的圆头状根块，其余根均为细的须根，划破根皮气味清香。

附　录　B
（规范性附录）
牛大力种苗质量检测记录

牛大力种苗质量检测记录见表 B.1。

表 B.1　牛大力种苗质量检测记录

样品编号：________________　样品名称：________________
仪器编号：________________　仪器名称：________________
出圃株数：________________　抽检株数：________________
检测地点：________________　检测日期：________________
育苗单位：________________　购苗单位：________________
执行标准或方法：________________　判定依据：________________

<table>
<tr><td colspan="6">检测结果</td></tr>
<tr><td colspan="2">品种纯度，%</td><td colspan="2"></td><td>苗龄，月</td><td></td></tr>
<tr><td colspan="2">叶片数，片</td><td colspan="2"></td><td>蔓生茎，条</td><td></td></tr>
<tr><td colspan="2">病虫害情况</td><td colspan="2"></td><td>育苗袋规格</td><td></td></tr>
<tr><td colspan="2">育苗容器完好情况</td><td colspan="2"></td><td>育苗基质完整情况</td><td></td></tr>
<tr><td colspan="2">项目</td><td colspan="2">单株等级</td><td colspan="2">综合评级</td></tr>
<tr><td colspan="2">株数</td><td colspan="2"></td><td colspan="2" rowspan="6"></td></tr>
<tr><td colspan="2">一级，%</td><td colspan="2"></td></tr>
<tr><td colspan="2">株数</td><td colspan="2"></td></tr>
<tr><td colspan="2">二级，%</td><td colspan="2"></td></tr>
<tr><td colspan="2">株数</td><td colspan="2"></td></tr>
<tr><td colspan="2">等外，%</td><td colspan="2"></td></tr>
<tr><td colspan="6">检验记录</td></tr>
<tr><td>序号</td><td>茎粗，mm</td><td>等级</td><td>苗高，cm</td><td>等级</td><td>单株等级</td></tr>
<tr><td></td><td></td><td></td><td></td><td></td><td></td></tr>
<tr><td></td><td></td><td></td><td></td><td></td><td></td></tr>
<tr><td></td><td></td><td></td><td></td><td></td><td></td></tr>
<tr><td></td><td></td><td></td><td></td><td></td><td></td></tr>
<tr><td></td><td></td><td></td><td></td><td></td><td></td></tr>
<tr><td>备注</td><td colspan="5"></td></tr>
</table>

检测人：　　　　　　校核人 ：　　　　　　审核人：

附　录　C
（规范性附录）
牛大力种苗检验证书

牛大力种苗检验证书见表 C.1。

表 C.1　牛大力种苗检验证书

签证日期：　　　年　　月　　日　　　　　　　　　　　　　　　　　　　　　NO：

<table>
<tr><td>育苗单位</td><td colspan="2"></td><td>检验意见</td></tr>
<tr><td>育苗地址</td><td colspan="2"></td><td rowspan="10">检验单位(章)</td></tr>
<tr><td>购苗单位</td><td colspan="2"></td></tr>
<tr><td>品种名称</td><td colspan="2"></td></tr>
<tr><td>出圃株数</td><td colspan="2"></td></tr>
<tr><td colspan="3">检验结果</td></tr>
<tr><td>品种纯度,%</td><td colspan="2"></td></tr>
<tr><td>等级</td><td>株数,株</td><td>比例,%</td></tr>
<tr><td>一级苗</td><td></td><td></td></tr>
<tr><td>二级苗</td><td></td><td></td></tr>
<tr><td>等外苗</td><td></td><td></td></tr>
<tr><td>证书签发日期</td><td>年　　月　　日</td><td>证书有效期</td><td></td></tr>
<tr><td colspan="4">注：本证一式三份，育苗单位、购买单位、检验单位各一份。</td></tr>
</table>

附加说明：

本标准按照 GB/T 1.1—2009 给出的规则起草。

请注意本文件的某些内容可能涉及专利。本文件的发布机构不承担识别这些专利的责任。

本标准由农业农村部农垦局提出。

本标准由农业农村部热带作物及制品标准化技术委员会归口。

本标准起草单位：中国热带农业科学院热带作物品种资源研究所、农业农村部热带作物种子种苗质量监督检验测试中心。

本标准主要起草人：应东山、陈旖旎、张如莲、符运柳、王琴飞、王明、李莉萍。

中华人民共和国农业行业标准

热带作物种质资源描述规范　番木瓜

Descriptors standard for tropical crops germplasm—Papaya

NY/T 3809—2020

1　范围

本标准规定了番木瓜(*Carica papaya* L.)种质资源描述内容和描述方法。

本标准适用于番木瓜种质资源的性状描述。

2　规范性引用文件

下列文件对于本文件的应用是必不可少的。凡是注日期的引用文件,仅注日期的版本适用于本文件。凡是不注日期的引用文件,其最新版本(包括所有的修改单)适用于本文件。

GB/T 2260　中华人民共和国行政区划代码

GB/T 2659　世界各国和地区名称代码

GB/T 5009.10　植物类食品中粗纤维的测定

GB 5009.86　食品安全国家标准　食品中抗坏血酸的测定

NY/T 2519—2013　植物新品种特异性、一致性和稳定性测试指南　番木瓜

NY/T 2637　水果和蔬菜可溶性固形物含量的测定　折射仪法

NY/T 2668.10—2018　热带作物品种试验技术规程　第10部分:番木瓜

SN/T 2653　木瓜中转基因成分定性PCR检测方法

3　描述内容

描述内容见表1。

表1　番木瓜种质资源描述内容

描述记载类别	描述记载内容
种质基本信息	全国统一编号、种质库编号、种质圃编号、采集号、收集号及征集号、引种号、种质资源名称、种质资源外文名称、科名、属名、学名、种质资源类型、主要特性、主要用途、系谱、创制方法、创制单位或个人、育成年份、繁殖方式、转基因成分、原产国、原产地、采集地、采集地经度、采集地纬度、采集地海拔、采集单位及采集人、采集时间、采集材料、保存单位、保存单位保存编号、种质资源保存方法、保存时间、种质资源更新时间、图像、评价机构、评价地点
植物学特征	树势、株高、株性比例;茎粗、最低结果高度、始花节位数、节间长度;叶柄长度、叶片长度、叶片宽度;花序主轴长度、花序主轴花青甙显色程度、花冠长度、花冠颜色;果梗长度、果梗颜色、果实形状、果肩形状、果顶形状、果实脊显著程度、果皮颜色、果肉颜色、果实中部空腔宽度、果实中部空腔形状、果实纵径、果实横径、单果重、果肉厚度;种子数量、种子颜色、种子纵径、种子横径、种子形状、种子百粒重

中华人民共和国农业部 2020-11-12 发布　　2021-04-01 实施

表 1 （续）

描述记载类别	描述记载内容
农艺性状	定植期、定植至始花时间、定植至始收时间、延续采收期；果实单株产量、折亩产、番木瓜蛋白酶原浆出浆率、番木瓜蛋白酶有效亩产
品质性状	果实表面光滑度、果肉质地、果肉风味、果肉香气、可溶性固形物含量、保鲜储藏期、可食率、维生素 C 含量、粗纤维含量
抗性性状	番木瓜环斑型花叶病毒病发病率、番木瓜环斑型花叶病毒病病情指数、其他病害发生情况

4 描述方法

4.1 种质基本信息

4.1.1 全国统一编号

由物种（番木瓜）编号“FMG”加保存单位代码再加 4 位顺序号（4 位顺序号从“0001”到“9999”）的字符串组成。全国编号具有唯一性。

4.1.2 种质库编号

由“GK”加“FMG”加提供单位代码再加 4 位顺序号（4 位顺序号从“0001”到“9999”）组成。每份种质资源具有唯一的长期保存库编号。

4.1.3 种质圃编号

由“GP”加“FMG”加保存单位代码再加 4 位顺序号（4 位顺序号从“0001”到“9999”）组成。

4.1.4 采集号

由采集年份、月份加 6 位行政区划代码加 4 位采集顺序号（4 位顺序号从“0001”到“9999”）组成。其中，行政区划代码按 GB/T 2660 的规定执行。

4.1.5 收集号及征集号

由收集（征集）年份、月份加提供单位代码加 4 位顺序号（4 位顺序号从“0001”到“9999”）组成。

4.1.6 引种号

由引进年份、月份加引进国家（地区）名称代码再加 4 位顺序号（4 位顺序号从“0001”到“9999”）组成。

4.1.7 种质资源名称

国内种质资源以原始名称描述，如果有多个名称，可择一描述，并将其他名称放在括号内以英文逗号分隔；国外引进种质资源以中文译名描述。

4.1.8 种质资源外文名称

以国外引进种质资源的外文名或国内种质资源的汉语拼音全拼描述，首字母大写。如红日 2 号描述为 Hongri No. 2。

4.1.9 科名

番木瓜科（Caricaceae）。

4.1.10 属名

番木瓜属（*Carica*）。

4.1.11 学名

番木瓜（*Carica papaya* L.）。

4.1.12 种质资源类型

野生资源、半野生资源、地方品种、引进品种（系）、选育品种（品系、株系）、特殊遗传材料、其他。

4.1.13 主要特性

按“产量高”或“产量低”、“品质优”或“品质劣”、“番木瓜蛋白酶有效产量高”或“番木瓜蛋白酶有效产量低”、“番木瓜环斑型花叶病毒病抗性强”或“番木瓜环斑型花叶病毒病抗性弱”、“其他病虫害抗性强”或“其他病虫害抗性弱”(应注明具体病虫害)、其他(应注明具体特性),择一记录。

4.1.14 主要用途

果用型、果菜两用型、菜用型、割酶用型、其他。

4.1.15 系谱

资源的亲缘关系。

4.1.16 创制方法

自然变异、杂交、人工诱变、其他。

4.1.17 创制单位或个人

品种(系)的选育单位或个人的全称。

4.1.18 育成年份

以品种(系)通过新品种审定、认定、登记或获得植物新品种授权的年份记录。若存在2种或以上情况时,记录最早年份。

4.1.19 繁殖方式

种子繁殖、组织培养繁殖、扦插繁殖、其他。

4.1.20 转基因成分

按SN/T 2653的规定进行检测。分为“检出”和“未检出”。当“检出”时,应注明检出外源基因名称。

4.1.21 原产国

按GB/T 2659的要求记录种质资源的原产国或地区中文简称。如该国家、地区或国际组织已变更或不存在,应在原国家、地区或国际组织名称前加“前”。

4.1.22 原产地

国内种质资源按GB/T 2260的规定记录原产地的省(自治区、直辖市)、市(自治州、县、自治县)、区(乡、民族乡、镇)、村的中文名称。国外引进种质资源按原产国家的一级行政区名称记录。

4.1.23 采集地

国内种质资源按GB/T 2260的规定记录采集地的省(自治区、直辖市)、市(自治州、县、自治县)、区(乡、民族乡、镇)、村的中文名称。国外引进种质资源按采集国家的一级行政区名称记录。

4.1.24 采集地经度

单位为度(°)和分(′),格式为DDDFF,其中DDD为度,FF为分。后面标明东经(E)、西经(W)。如果“分”的数据缺失,则缺失数据要用连字符(-)代替。

4.1.25 采集地纬度

单位为度(°)和分(′),格式为DDFF,其中DD为度,FF为分。后面标明南纬(S)、北纬(N)。如果“分”的数据缺失,则缺失数据要用连字符(-)代替。

4.1.26 采集地海拔

单位为米(m),精确至1 m。

4.1.27 采集单位及采集人

按全称记录。

4.1.28 采集时间

以“年(Y)月(M)日(D)”表示,格式为“YYYYMMDD”。

4.1.29 采集材料

种子、果实、芽、组培材料、植株、花粉、其他。

4.1.30　保存单位

按全称记录。

4.1.31　保存单位保存编号

记录保存单位赋予的编号。

4.1.32　种质资源保存方法

种子保存、植株(温室多年生种植、大田种植)保存、组织培养保存、其他(具体说明)。

4.1.33　保存时间

以“年(Y)月(M)日(D)”表示,格式为“YYYYMMDD”。

4.1.34　种质资源更新时间

4.1.34.1　种子保存资源更新时间

以“S”加当前保存种子的收获年份与月份“YYYYMM”表示。

4.1.34.2　植株(温室多年生种植)保存资源更新时间

以“G”加植株定植年份与月份“YYYYMM”再加最后一次短截重新抽芽年份与月份“YYYYMM”表示。当植株未作短截抽芽处理时,以“------”代替短截重新抽芽年份、月份。

4.1.34.3　植株(大田种植)保存资源更新时间

以“F”加当定植年份与月份“YYYYMM”表示。

4.1.34.4　组织培养保存资源更新时间

以“T”加原种制备年份与月份“YYYYMM”加 2 位转接代数表示。如 T20190905 表示在 2019 年 9 月制备原种,且已转接至第 5 代的组织培养保存资源的更新时间。

4.1.34.5　其他方法保存资源更新时间

以“0”加年份与月份“YYYYMM”的格式记录最近一次取材、处理或保存时间。

4.1.35　图像

使用 .jpg 格式的文件记录资源图像,图像格式为“. jpg”。图像文件名由图像种质资源全国统一编号加“-”加“. jpg”组成。图像要求 600 dpi 以上、1 024×768 像素以上。

4.1.36　评价机构

按全称记录。

4.1.37　评价地点

按 GB/T 2260 的规定记录鉴定评价地点的省(自治区、直辖市)、市(自治州、县、自治县)、区(乡、民族乡、镇)、村的中文名称。

4.2　植物学特征

4.2.1　植株

4.2.1.1　树势

在所有植株均出现首个“三划黄”成熟度果实时,目测植株生长强度的总体表现,分为强、中、弱。

4.2.1.2　株高

在所有植株均出现首个“三划黄”成熟度果实时,随机选取 3 株生长正常的植株,测量地面至植株顶部生长点的距离,单位为厘米(cm),取平均值,精确至 1 cm。

4.2.1.3　株性比例

在盛花期统计两性株、雌性株和雄性株比例,单位为百分号(%),精确至 0.1%。

4.2.2　茎

4.2.2.1　茎粗

在果实采收初期随机选取 3 株生长正常的植株,测量茎距离地面 15 cm 处的周长,取平均值,单位为厘米(cm),精确至 0.1 cm。

4.2.2.2 最低结果高度

用 4.2.2.1 的样本,测量地面到第一个结果节位的距离,取平均值,单位为厘米(cm),精确至 1 cm。两性株、雌株分别描述。

4.2.2.3 始花节位数

在始花期,取随机 3 株生长正常的植株,记录每个植株首个开花节位的节位数,取平均值,单位为节,精确至 0.1 节。两性株、雌株、雄株分别描述。

4.2.2.4 节间长度

用 4.2.2.3 的样本,测量每个植株地面到始花节位中间的连续 4 个节间长度,取平均值,单位为厘米(cm),精确至 0.1 cm。两性株、雌株、雄株分别描述。

4.2.3 叶

4.2.3.1 叶柄长度

用 4.2.2.1 的样本,测量每个植株最长叶柄的长度,取平均值,单位为厘米(cm),精确至 1 cm。

4.2.3.2 叶片长度

用 4.2.2.1 的样本,测量每株植株最大叶片的长度,取平均值,单位为厘米(cm),精确至 1 cm。

4.2.3.3 叶片宽度

用 4.2.2.1 的样本,测量每株植株最大叶片的宽度,取平均值,单位为厘米(cm),精确至 1 cm。

4.2.4 花

4.2.4.1 花序主轴长度

在盛花期,随机取 3 株生长正常的植株,每植株测量第 10 个开花节位的花序主轴长度,取平均值,单位为厘米(cm),精确至 0.1 cm。两性株、雌株、雄株分别描述。

4.2.4.2 花序主轴花青甙显色程度

用 4.2.4.1 的样本,目测花序主轴花青甙显色程度,分为无或极弱、中、强。

4.2.4.3 花冠长度

用 4.2.4.1 的样本,用游标卡尺测量随机 5 朵已开花的最大花冠长度,取平均值,单位为厘米(cm),精确至 0.1 cm。长圆形两性花、雌花与雄花分别描述。

4.2.4.4 花冠颜色

用 4.2.4.1 的样本,目测已开花的花冠颜色,分为白色、浅黄色、黄色、绿色、紫色、其他。

4.2.5 果实

4.2.5.1 果梗长度

在果实采收期,随机取 5 个达到"三划黄"成熟度或以上的正常果实,测量其果梗长度,取平均值,单位为厘米(cm),精确至 0.1 cm。长圆形两性果与雌性果分别描述。

4.2.5.2 果梗颜色

在果实采收期,目测生长正常的果实的果梗颜色,分为绿色、紫色、黑紫色、其他。

4.2.5.3 果实形状

用 4.2.5.1 的样本,按 NY/T 2519—2013 的图 B.4 描述。长圆形两性果与雌性果分别描述。

4.2.5.4 果肩形状

用 4.2.5.1 的样本,按 NY/T 2519—2013 的图 B.5 描述。长圆形两性果与雌性果分别描述。

4.2.5.5 果顶形状

用 4.2.5.1 的样本,目测果顶形状,分为锐尖、钝尖、圆。长圆形两性果与雌性果分别描述。

4.2.5.6 果实脊显著程度

用 4.2.5.1 的样本，按 NY/T 2519—2013 的图 B.7 描述。长圆形两性果与雌性果分别描述。

4.2.5.7 果皮颜色

随机取 5 个在“三划黄”成熟度或以上采摘的正常生长果实，常温下放置至果皮颜色基本均匀一致时，目测果皮主要颜色，分为绿色、黄绿色、黄色、橙色、深橙色、其他。

4.2.5.8 果肉颜色

用 4.2.5.7 的样本，按 NY/T 2519—2013 的图 B.8 描述。

4.2.5.9 果实中部空腔宽度

用 4.2.5.7 的样本，测量果实中部空腔的最大宽度，取平均值，单位为厘米(cm)，精确至 0.1 cm。长圆形两性果与雌性果分别描述。

4.2.5.10 果实中部空腔形状

用 4.2.5.7 的样本，按 NY/T 2519—2013 的图 B.10 描述。长圆形两性果与雌性果分别描述。

4.2.5.11 果实纵径

按 NY/T 2668.10—2018 的 A.2.2.1.9 测量。长圆形两性果与雌性果分别测量记录。

4.2.5.12 果实横径

按 NY/T 2668.10—2018 的 A.2.2.1.9 测量。长圆形两性果与雌性果分别测量记录。

4.2.5.13 单果重

用 4.2.5.1 的样本，分别称量单果重量，取平均值，单位为克(g)，精确至 1 g。长圆形两性果与雌性果分别描述。

4.2.5.14 果肉厚度

用 4.2.5.7 的样本，用游标卡尺测量果肉最厚处的果肉厚度，取平均值，单位为厘米(cm)，精确至 0.1 cm。长圆形两性果与雌性果分别描述。

4.2.6 种子

4.2.6.1 种子数量

在果实采收期，随机选取 5 个达到“三划黄”成熟度或以上的长圆形两性果，统计每果实中成熟种子的数量，取平均值，单位为粒每个(粒/个)，精确至 1 粒/个。

4.2.6.2 种子颜色

用 4.2.6.1 的样本，目测其中正常成熟种子的颜色，分为黄灰色、灰色、褐色、深褐色、黑色、其他。

4.2.6.3 种子纵径

用 4.2.6.1 的样本，随机选取其中 5 粒正常的成熟种子，用游标卡尺测量种子纵径，取平均值，单位为毫米(mm)，精确至 0.1 mm。

4.2.6.4 种子横径

用 4.2.6.1 的样本，随机选取其中 5 粒正常的成熟种子，用游标卡尺测量种子横径，取平均值，单位为毫米(mm)，精确至 0.1 mm。

4.2.6.5 种子形状

用 4.2.6.1 的样本，随机选取其中正常的成熟种子，按 NY/T 2519—2013 的图 B.13 描述。

4.2.6.6 种子百粒重

称量发育完全、自然风干后的种子百粒重，平行重复 3 次，取平均值，单位为克(g)，精确至 0.1 g。

4.3 农艺性状

4.3.1 物候期

4.3.1.1 定植期

以年月日(YYYYMMDD)的格式记录种质资源定植的日期。

4.3.1.2 定植至始花时间

按 NY/T 2668.10—2018 的 A.2.2.2.1 记录。

4.3.1.3 定植至始收时间

按 NY/T 2668.10—2018 的 A.2.2.2.2 记录。

4.3.1.4 延续采收期

按 NY/T 2668.10—2018 的 A.2.2.2.3 记录。

4.3.2 生长结果习性

4.3.2.1 果实单株产量

按 NY/T 2668.10—2018 的 A.2.2.4.1 计算。

4.3.2.2 折亩产

按 NY/T 2668.10—2018 的 A.2.2.4.2 计算。

4.3.2.3 番木瓜蛋白酶原浆出浆率

按 NY/T 2668.10—2018 的 A.2.2.4.3 计算。

4.3.2.4 番木瓜蛋白酶有效亩产

按 NY/T 2668.10—2018 的 A.2.2.4.4 计算。

4.4 品质性状

4.4.1 果实表面光滑度

按 NY/T 2668.10—2018 的 A.2.2.3.1 描述。

4.4.2 果肉质地

按 NY/T 2668.10—2018 的 A.2.2.3.2 描述。

4.4.3 果肉风味

按 NY/T 2668.10—2018 的 A.2.2.3.2 描述。

4.4.4 果肉香气

按 NY/T 2668.10—2018 的 A.2.2.3.2 描述。

4.4.5 可溶性固形物含量

按 NY/T 2637 的规定测定。

4.4.6 保鲜储藏期

选取 5 个无表面机械伤害的达到"三划黄"成熟度或以上的果实,用流动清水一次性冲洗果面,自然风或吹干果面后在常温、干燥、通风环境下放置至有 1 个果实软烂或开始出现腐烂。记录放置天数,单位为天(d),精确至 1 d。

4.4.7 可食率

随机取 5 个完全成熟的商品果,称量其果皮、种子及胎座组织的总重量,取平均值,单位为克(g),精确至 1 g。按式(1)计算可食率,两性果与雌性果分别统计。

$$E = \frac{M - D}{M} \times 100 \quad (1)$$

式中:

E——可食率,单位为百分号(%);

M——平均单果重,单位为克(g);

D——果皮、种子及胎座组织的总重平均值,单位为克(g)。

4.4.8 维生素 C 含量

随机挑选 5 个完全成熟商品果,按 GB 5009.86 的规定检测。

4.4.9 粗纤维含量

用4.4.8的样本,按GB/T 5009.10的规定检测。

4.5 抗性性状

4.5.1 番木瓜环斑型花叶病毒病发病率

在果实采收初期,按照式(2)计算发病率,精确至0.1%。

$$R=\frac{A_i}{A}\times 100 \qquad (2)$$

式中:

R ——番木瓜环斑型花叶病毒病发病率,单位为百分号(%);

A_i ——发病植株数,单位为株;

A ——总植株数,单位为株。

4.5.2 番木瓜环斑型花叶病毒病病情指数

在果实采收初期,按照式(3)计算病情指数。

$$C=100\times\sum\frac{(A_x\times x)}{(A\times 5)} \qquad (3)$$

式中:

C ——病情指数;

A ——总植株数,单位为株;

x ——相应病情级数;

A_x ——相应病情级数植株总数,单位为株。

番木瓜环斑型花叶病毒病(PRSV)病情级数按表2确定。

表2 番木瓜环斑型花叶病毒病(PRSV)病情级别

级数	叶	果
1	顶部1片~2片叶发病	出现病斑的果实比例≤10%
2	顶部3片~5片叶发病	10%<出现病斑的果实比例≤20%
3	顶部6片~8片叶发病	20%<出现病斑的果实比例≤40%
4	9片~80%叶片发病	40%<出现病斑的果实比例≤80%
5	全部叶片发病	出现病斑的果实比例>80%

4.5.3 其他病害发生情况

以资源全部植株为描述对象,记录根腐病等其他病害实际发病率。

附加说明:

本标准按照GB/T 1.1—2009给出的规则起草。

请注意本文件的某些内容可能涉及专利。本文件的发布机构不承担识别这些专利的责任。

本标准由农业农村部农垦局提出。

本标准由农业农村部热带作物及制品标准化技术委员会归口。

本标准起草单位:广州市果树科学研究所、中国农垦经济发展中心。

本标准主要起草人:陈健、冯瑞祥、周常清、张颖聪、孙娟、罗金棠、任鹏荣、马晨雨、李卫红、游恺哲。

中华人民共和国农业行业标准

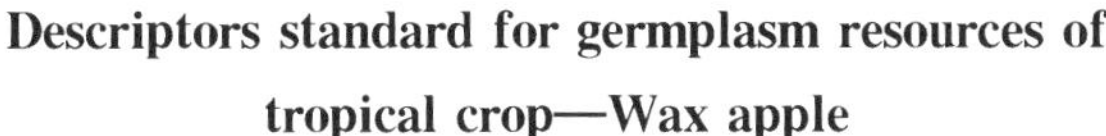

Descriptors standard for germplasm resources of tropical crop—Wax apple

NY/T 3810—2020

1 范围

本标准规定了桃金娘科(Myrtaceae)蒲桃属(*Syzygium*)莲雾[*Syzygium samarangense* (Blume) Merr. et Perry]种质资源描述的要求和方法。

本标准适用于莲雾种质资源的描述。

2 规范性引用文件

下列文件对于本文件的应用是必不可少的。凡是注日期的引用文件,仅注日期的版本适用于本文件。凡是不注日期的引用文件,其最新版本(包括所有的修改单)适用于本文件。

GB/T 2260　中华人民共和国行政区划代码

GB/T 2659　世界各国和地区名称代码

GB/T 12316　感官分析方法　“A”-非“A”检验方法

GB/T 12456　食品中总酸的测定

NY/T 2637　水果和蔬菜可溶性固形物含量的测定　折射仪法

NY/T 2742　水果及制品可溶性糖的测定　3,5-二硝基水杨酸比色法

3 要求

3.1 样本树选取

应随机选取进入稳定结果期并正常生长开花结果的植株作为代表性样本树,样本树不少于3株。

3.2 描述内容

描述内容见表1。

表1　莲雾种质资源描述内容

描述类别	描 述 内 容
基本信息	全国统一编号、种质圃编号、采集号、收集(征集)号、引种号、种质名称、种质外文名、科名、属名、学名、种质类型、主要特性、主要用途、系谱、创制单位或个人、创制方法、育成年份、繁殖方式、原产国、原产省、原产地、采集地、采集地经度、采集地纬度、采集地海拔、采集单位或个人、采集时间、采集材料、保存单位、保存种质类型、种质定植时间、种质更新时间、图像、观测地点
植物学特征	树姿、树形、节间长度、幼叶颜色、叶形、叶尖形状、叶基形状、叶片长度、叶片宽度、叶形指数、叶面光滑度、叶面光泽、花朵直径、花瓣形状、花柱长度、花丝颜色、花药颜色、花粉量、萼管颜色、萼管形状、萼管高度、萼管直径、果实形状、果皮颜色、果面棱起、萼片姿态、萼片颜色、萼孔状态、果实纵径、果实横径、果实侧径、萼洼横径、萼洼侧径、萼洼深度、种子数量、无籽果比例

中华人民共和国农业部 2020-11-12 发布　　2021-04-01 实施

表 1 （续）

描述类别	描 述 内 容
农艺性状	抽梢期、成花性能、初花期、盛花期、谢花期、花期、果实成熟期、单果重
品质性状	果肉颜色、海绵状组织大小、空腔、果肉质地、汁液、风味、香气、裂果易感性、可溶性固形物含量、可溶性糖含量、总酸含量

4 描述方法

4.1 基本信息

4.1.1 全国统一编号

由莲雾编号 LW 加保存单位代码加 4 位顺序号组成，保存单位代码由该单位汉语拼音的大写首字母组成。4 位顺序号从“0001”到“9999”。全国统一编号具有唯一性。

4.1.2 种质圃编号

由 GP 加 LW 加保存单位代码加 4 位顺序号组成。4 位顺序号从“0001”到“9999”。每份种质具有唯一的种质圃编号。

4.1.3 采集号

种质在野外采集时赋予的编号，由年份加行政区划代码加 4 位顺序号组成。行政区划代码按照 GB/T 2260的规定执行，4 位顺序号从“0001”到“9999”，每年由 0001 起顺序编号。

4.1.4 收集(征集)号

由收集(征集)年份加提供单位代码加 4 位顺序号组成。4 位顺序号从“0001”到“9999”，每年由 0001 起顺序编号。

4.1.5 引种号

种质从国外引入时赋予的编号，由年份加引进国家(地区)名称代码加 4 位顺序号组成。国家(地区)代码按照 GB/T 2659 的规定，4 位顺序号从“0001”到“9999”，每年由 0001 起顺序编号。

4.1.6 种质名称

国内种质的原始名称。如果有多个名称，选择一个描述，并把其他名称放在括号内，用顿号分隔。国外引进种质以中文译名描述，并把种质外文名放在括号内。

4.1.7 种质外文名

国外引进种质的外文名或国内种质的汉语拼音名，汉语拼音的首字母大写。

4.1.8 科名

桃金娘科(Myrtaceae)。

4.1.9 属名

蒲桃属(*Syzygium*)。

4.1.10 学名

莲雾[*Syzygium samarangense* (Blume)Merr. et Perry]。

4.1.11 种质类型

野生资源、地方品种(品系)、选育品种(品系)、引进品种(品系)、特殊遗传材料、其他。

4.1.12 主要特性

高产、果大、味甜、海绵状组织小、抗裂、其他。

4.1.13 主要用途

食用、药用、观赏、砧木用、其他。

4.1.14 系谱

种质的亲缘关系。

4.1.15 创制单位或个人

创制品种(品系)的单位名称或个人姓名,名称应写全称。

4.1.16 创制方法

自然变异、杂交、人工诱变、其他。

4.1.17 育成年份

品种(品系)通过新品种审定、认定、登记或植物新品种权获得授权的年份,用4位阿拉伯数字表示。假如同时出现多种情况,记录最早年份。

4.1.18 繁殖方式

嫁接、扦插、高压、实生、组织培养、其他。

4.1.19 原产国

种质资源的原产国家、地区或国际组织名称。国家和地区名称按照GB/T 2659的规定执行,如该国家名称现已不使用,应在原国家名称前加"前"。国际组织名称采用该组织的外文名缩写。

4.1.20 原产省

国内省(自治区、直辖市)名称按照GB/T 2260的规定执行。国外引进种质原产省(州)用原产国家一级行政区的名称。

4.1.21 原产地

国内种质资源的原产县、乡、村名称。县名按照GB/T 2260的规定执行。

4.1.22 采集地

种质资源的来源国家、地区、省(自治区、直辖市)、市(县)、乡(镇)、村或机构的名称。

4.1.23 采集地经度

单位为度(°)和(′)。格式为DDDFF,其中DDD为度,FF为分。东经用正号(+)表示,西经用负号(—)表示。例如,"11919"代表东经119°19′,"—11919"代表西经119°19′。

4.1.24 采集地纬度

单位为度(°)和(′)。格式为DDFF,其中DD为度,FF为分。北纬用正号(+)表示,南纬用负号(—)表示。例如,"2345"代表北纬23°45′,"—2345"代表南纬23°45′。

4.1.25 采集地海拔

单位为米(m),精确至1 m。

4.1.26 采集单位或个人

种质资源采集单位名称或个人姓名,名称应写全称。

4.1.27 采集时间

以"年月日"表示,记录格式为"YYYYMMDD",其中YYYY代表年份,MM代表月份,DD代表日期。

4.1.28 采集材料

种子、果实、芽、叶片、茎、根、花粉、组织培养材料、植株、其他。

4.1.29 保存单位

负责种质繁殖并提交国家种质资源长期圃之前的原保存单位名称或个人姓名,名称应写全称。

4.1.30 保存种质类型

植株、种子、组织培养物、花粉、DNA、其他。

4.1.31 种质定植时间

种质资源在种质圃中定植的时间。以"年月日"表示,记录格式为"YYYYMMDD"。

4.1.32 **种质更新时间**

种质资源在种质圃中重植的时间。以“年月日”表示，记录格式为“YYYYMMDD”。

4.1.33 **图像**

种质的图像格式为 .jpg。图像文件名由“种质编号”加“-”加序号加“.jpg”组成。图像要求 600 dpi 以上或 1 024×768 像素以上。

4.1.34 **观测地点**

种质的观测地点，记录到省和市(县)名。

4.2 **植物学特征**

4.2.1 **树姿**

正常成年莲雾植株的枝条开张程度。取代表性植株 3 株以上，每株测量 3 个基部一级侧枝中心轴线与垂直线的夹角，依据夹角的平均值确定树姿类型。分为直立(夹角＜40°)、半开张(40°≤夹角＜60°)、开张(夹角≥60°)。

4.2.2 **树形**

正常成年莲雾植株的自然树冠形状。样本同 4.2.1，参照图 1 按照最大相似原则确定树形类型。分为圆头形、半圆形、伞形、椭圆形、圆锥形、不规则形。

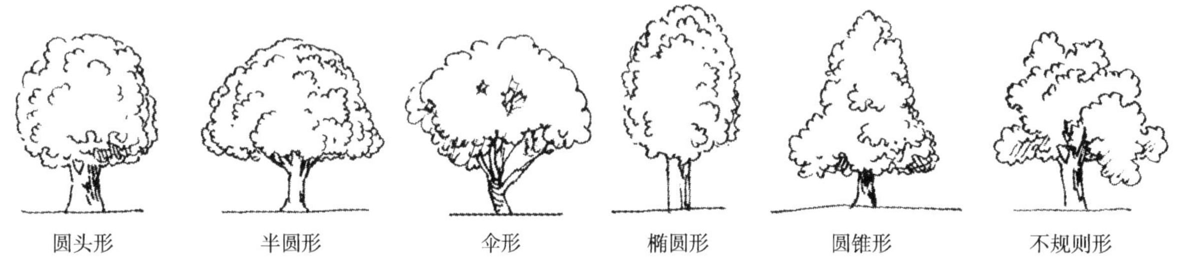

图 1 树形

4.2.3 **节间长度**

一年生枝相邻两对叶片之间的距离。单位为厘米(cm)，精确至 0.1 cm。

4.2.4 **幼叶颜色**

新梢抽生期幼叶完全展开阶段的颜色。用标准比色卡按照最大相似原则确定幼叶颜色。分为褐绿色、浅褐色、褐色、紫红色、深紫红色、其他。

4.2.5 **叶形**

一年生正常成熟秋梢中部叶片的形状。选取枝条中部正常成熟叶片 10 片，参照图 2 按照最大相似原则确定叶片形状。分为长椭圆披针形、长椭圆形、椭圆形、卵圆形、其他。

图 2 叶形

4.2.6 **叶尖形状**

一年生正常成熟秋梢中部叶片的叶尖形状。样本同 4.2.5,参照图 3 按照最大相似原则确定叶尖形状。分为钝尖、渐尖、其他。

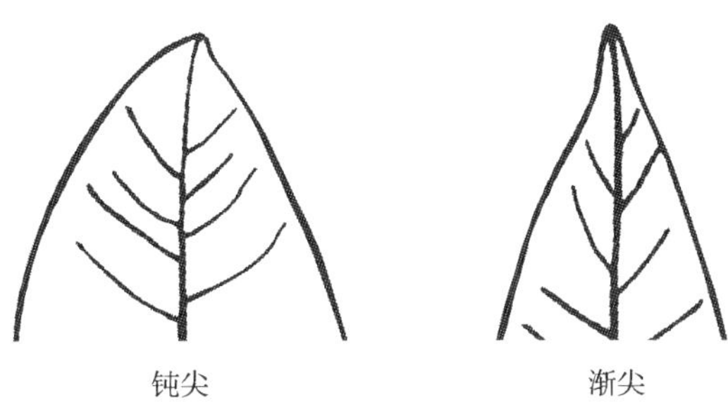

图 3　叶尖形状

4.2.7 **叶基形状**

一年生正常成熟秋梢中部叶片的基部形状。样本同 4.2.5,参照图 4 按照最大相似原则确定叶基形状。分为微心形、圆形。

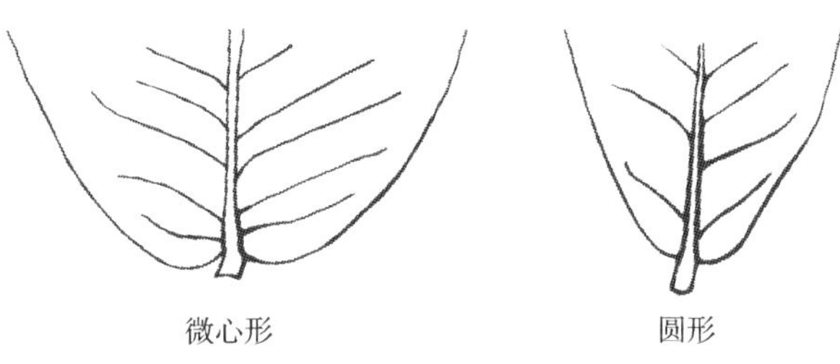

图 4　叶基形状

4.2.8 **叶片长度**

一年生正常成熟秋梢中部叶片基部至叶尖的距离。样本同 4.2.5,按图 5 所示测量叶片的长度,计算平均值。单位为厘米(cm),精确至 0.1 cm。

4.2.9 **叶片宽度**

一年生正常成熟秋梢中部叶片最宽处的宽度。样本同 4.2.5,按图 5 所示测量叶片的宽度,计算平均值。单位为厘米(cm),精确至 0.1 cm。

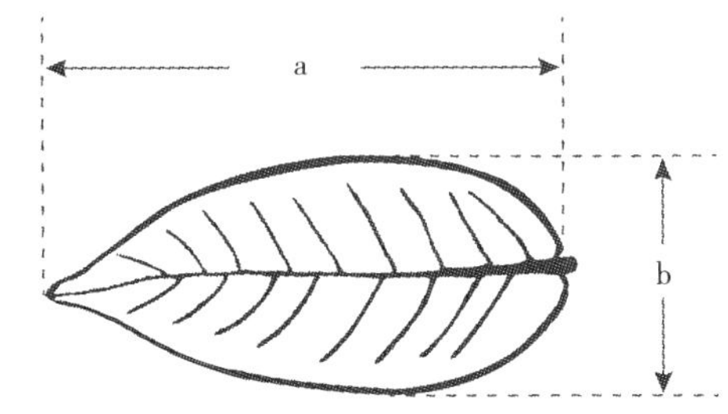

说明:
a——叶片长度;
b——叶片宽度。

图 5　叶片长度和叶片宽度

4.2.10 **叶形指数**

一年生正常成熟秋梢中部叶片长度与宽度的比值。精确至 0.1。

4.2.11 **叶面光滑度**

一年生正常成熟秋梢中部叶片叶面的光滑程度。样本同 4.2.5,触摸叶正面确定叶面光滑度。分为光滑、中等、粗糙。

4.2.12 叶面光泽

一年生正常成熟秋梢叶片正面光泽亮度的有无。样本同 4.2.5,观察叶片正面光泽亮度的有无。分为无、有。

4.2.13 花朵直径

花朵盛开时的最大直径。在盛花期,随机测量 10 朵当天正常盛开状态花朵的最大直径,计算平均值。单位为厘米(cm),精确至 0.1 cm。

4.2.14 花瓣形状

花朵盛开时花瓣的形状。样本同 4.2.13,参照图 6 按照最大相似原则确定花瓣形状。分为近圆形、舌形、其他。

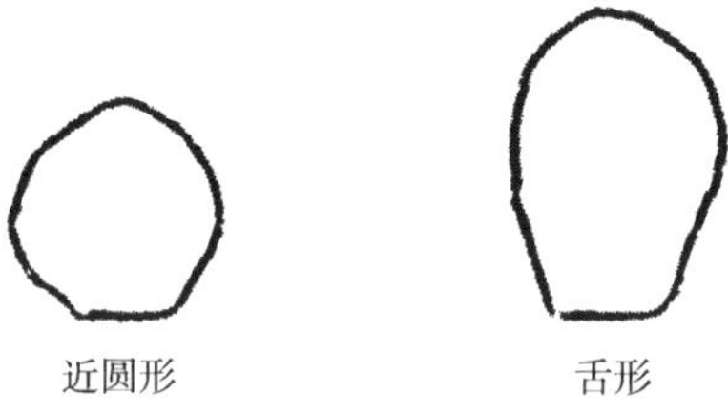

图 6 花瓣形状

4.2.15 花柱长度

花朵盛开时花柱的长度。样本同 4.2.13,测量当天正常盛开状态花朵的花柱长度,计算平均值。单位为厘米(cm),精确至 0.1 cm。

4.2.16 花丝颜色

花朵盛开时花丝呈现的颜色。样本同 4.2.13,用标准比色卡按照最大相似原则确定花丝颜色。分为白色、基部绿色上部白色、浅黄色、其他。

4.2.17 花药颜色

成熟花药表面颜色。用标准比色卡按照最大相似原则确定花药颜色。分为白色、黄色、其他。

4.2.18 花粉量

正常发育的成熟花药内花粉的有无和多少。分为无、少、多。

4.2.19 萼管颜色

花朵盛开时萼管外壁呈现的颜色。样本同 4.2.13,用标准比色卡按照最大相似原则确定萼管颜色。分为绿色、黄绿色、黄色、其他。

4.2.20 萼管形状

花朵盛开时萼管的形状。样本同 4.2.13,参照图 7 按照最大相似原则确定萼管形状。分为长倒圆锥形、短倒圆锥形、其他。

4.2.21 萼管高度

花朵盛开时,萼管基部至萼管上沿的垂直距离。样本同 4.2.13,按图 7 所示测量萼管高度,计算平均值。单位为毫米(mm),精确至 0.1 mm。

4.2.22 萼管直径

花朵盛开时,萼管上部的最大直径。样本同 4.2.13,按图 7 所示测量萼管直径,计算平均值。单位为毫米(mm),精确至 0.1 mm。

4.2.23 果实形状

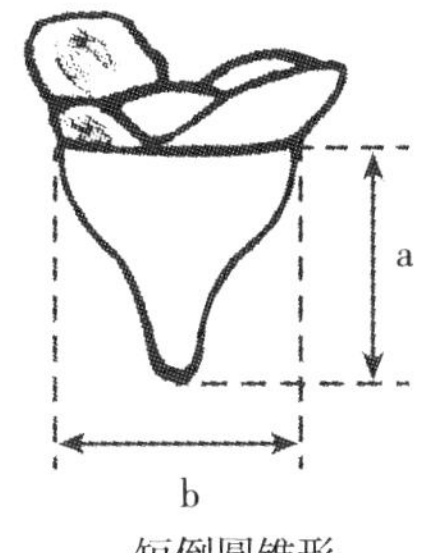

说明：
a——萼管高度；
b——萼管直径。

图 7　萼管形状、萼管高度和萼管直径

果实成熟时，正常果实的形状。在正造果的成熟期，随机抽取 10 个正常成熟果实，观察正常成熟果实的形状，参照图 8 按照最大相似原则确定果实形状。分为长钟形、钟形、梨形、圆锥形、近圆形、扁圆形、其他。

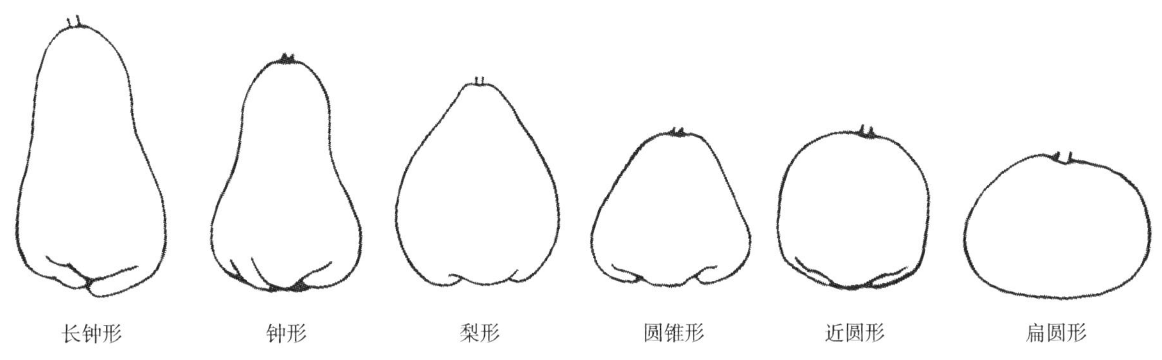

图 8　果实形状

4.2.24　**果皮颜色**

正常成熟果实的表皮颜色。样本同 4.2.23，用标准比色卡按照最大相似原则确定果皮颜色。分为白色、绿色、底色绿色局部粉红色、粉红色、红色、紫红色、其他。

4.2.25　**果面棱起**

果实成熟时，果面棱起的明显程度。样本同 4.2.23，观察或触摸果面棱起的明显程度。分为不明显、明显。

4.2.26　**萼片姿态**

正常成熟果实宿存萼片的着生姿态。样本同 4.2.23，观察萼片的着生姿态。分为平展、内卷、其他。

4.2.27　**萼片颜色**

正常成熟果实宿存萼片的颜色。样本同 4.2.23，用标准比色卡按照最大相似原则确定萼片颜色。分为白色、绿色、粉红色、红色、紫红色、其他。

4.2.28　**萼孔状态**

果实成熟时，正常果实萼孔的开张程度。样本同 4.2.23，参照图 9 按照最大相似原则确定萼孔状态。分为闭合、半开张、开张。

4.2.29　**果实纵径**

果实成熟时，正常果实顶部至基部的垂直最长距离。样本同 4.2.23，测量果实纵径，计算平均值。

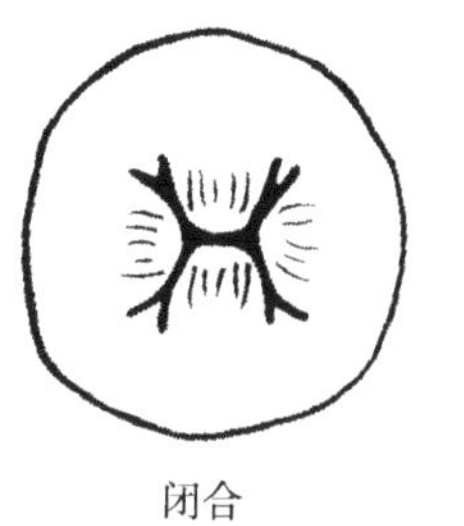
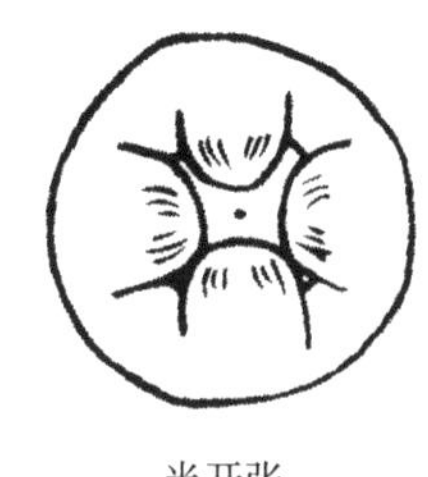
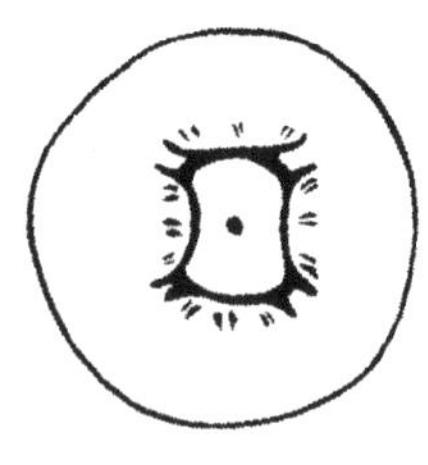

闭合　　半开张　　开张

图9　萼孔开张程度

单位为毫米(mm),精确至 0.1 mm。

4.2.30　果实横径

果实成熟时,正常果实最大横切面的最大直径。样本同 4.2.23,测量果实横径,计算平均值。单位为毫米(mm),精确至 0.1 mm。

4.2.31　果实侧径

果实成熟时,正常果实最大横切面的最大直径水平垂直方向的最长距离。样本同 4.2.23,测量果实侧径,计算平均值。单位为毫米(mm),精确至 0.1 mm。

4.2.32　萼洼横径

果实成熟时,正常果实萼洼的最大直径。样本同 4.2.23,按图 10 所示测量萼洼横径,计算平均值。单位为毫米(mm),精确至 0.1 mm。

4.2.33　萼洼侧径

果实成熟时,正常果实萼洼最大直径水平垂直方向的最长距离。样本同 4.2.23,按图 10 所示测量萼洼侧径,计算平均值。单位为毫米(mm),精确至 0.1 mm。

4.2.34　萼洼深度

果实成熟时,正常果实萼洼底部至上沿的最大垂直距离。样本同 4.2.23,按图 10 所示测量萼洼深度,计算平均值。单位为毫米(mm),精确至 0.1 mm。

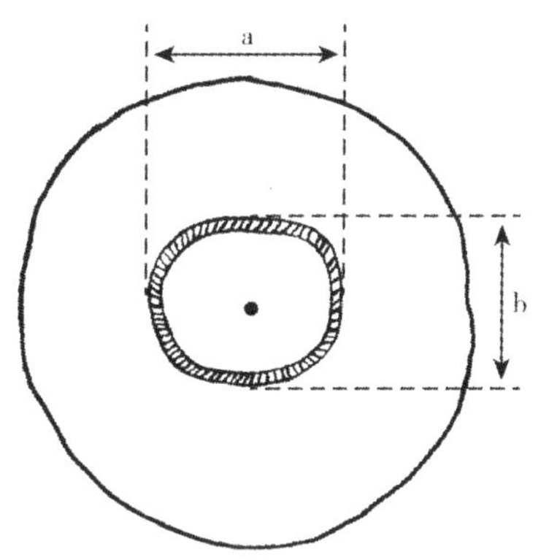

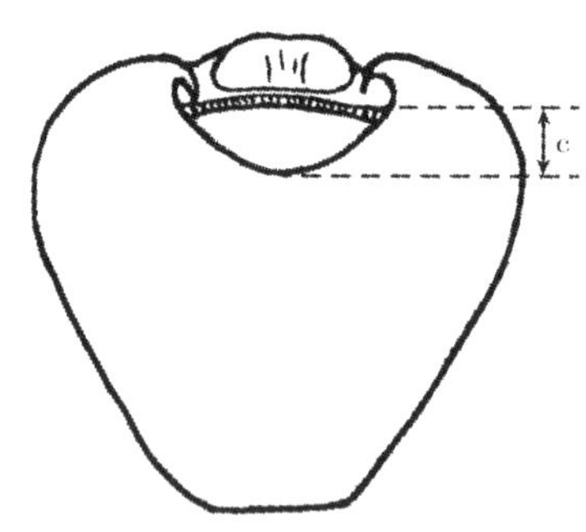

说明:
a——萼洼横径;
b——萼洼侧径;
c——萼洼深度。

图 10　萼洼横径、萼洼侧径和萼洼深度

4.2.35　种子数量

果实成熟时,果实中发育正常的种子数。单位为粒。

4.2.36　无籽果比例

在正造果的成熟期,随机抽取 50 个正常成熟果实,纵剖观察是否有种子,计算无种子的果数占总调查果数的百分率，以百分数(%)表示，精确至 0.1%。

4.3 农艺性状

4.3.1 抽梢期

全树约 25%枝条开始抽生新梢的日期为抽梢期。以“年月日”表示，记录格式为“YYYYMMDD”。

4.3.2 成花性能

植株在自然状态下花序形成的能力。分为弱、中等、强。

4.3.3 初花期

全树约 5%花朵开放的日期。以“年月日”表示，记录格式为“YYYYMMDD”。

4.3.4 盛花期

全树约 50%花朵开放的日期。以“年月日”表示，记录格式为“YYYYMMDD”。

4.3.5 谢花期

全树约 75%花朵已开放的日期。以“年月日”表示，记录格式为“YYYYMMDD”。

4.3.6 花期

初花期至谢花期持续的天数。单位为天(d)。

4.3.7 果实成熟期

指全树约 30%果实大小已长定而逐步出现应有的色、香、味等成熟特征的时期。以“年月日”表示，记录格式为“YYYYMMDD”。

4.3.8 单果重

单个正常成熟果实的重量。样本同 4.2.23，称取单果重，计算平均值。单位为克(g)，精确至 0.1 g。

4.4 品质性状

4.4.1 果肉颜色

正常成熟果实果肉呈现的颜色。样本同 4.2.23，用标准比色卡按照最大相似原则确定果肉颜色。分为白色、浅绿色。

4.4.2 海绵状组织大小

正常成熟果实果肉海绵状组织宽度占同位置果实宽度的比例。样本同 4.2.23，按图 11 所示测量果实纵切面海绵状组织最宽处和同位置果实宽度并计算比例和比例平均值，以百分数(%)表示。分为小(比例<50%)、中(50%≤比例<70%)、大(比例≥70%)。

4.4.3 空腔

正常成熟果实内部空腔的有无。样本同 4.2.23，纵剖观察果实内部空腔有无。分为无、有。

4.4.4 果肉质地

正常成熟果实的果肉质地。样本同 4.2.23，按照 GB/T 12316 的检验方法，品尝确定果肉质地。分为绵软、较绵软、爽脆、紧实。

4.4.5 汁液

正常成熟果实果肉汁液的多少。样本同 4.2.23，按照 GB/T 12316 的检验方法，观察或品尝确定果肉中汁液的多少。分为少、中等、多。

4.4.6 风味

正常成熟果实果肉的风味。样本同 4.2.23，按照 GB/T 12316 的检验方法，品尝确定风味。分为酸、酸甜、淡甜、清甜、甜。

4.4.7 香气

正常成熟果实果肉香气的有无和浓淡等情况。样本同 4.2.23，按照 GB/T 12316 的检验方法，品尝

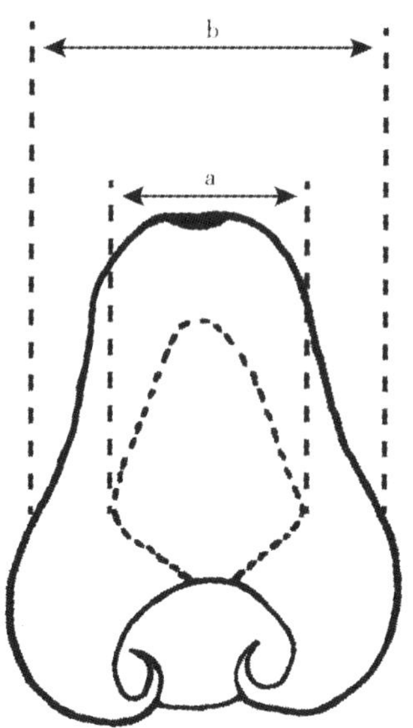

说明：
a——海绵状组织宽度；
b——同位置果实宽度。

图 11 海绵状组织宽度和同位置果实宽度

确定香气。分为无、淡、浓。

4.4.8 裂果易感性

样本同 4.2.36,计算裂果数占总调查果数的比例,以百分数(%)表示。分为弱(比例<10%)、中(10%≤比例<30%)、强(比例≥30%)。

4.4.9 可溶性固形物含量

正常成熟果实果肉中可溶性固形物的含量。按 NY/T 2637 的规定执行,以百分数(%)表示。

4.4.10 可溶性糖含量

正常成熟果实果肉中可溶性糖的含量。按 NY/T 2742 的规定执行,以百分数(%)表示。

4.4.11 总酸含量

正常成熟果实果肉中总酸的含量。按 GB/T 12456 的规定执行,单位为克每千克(g/kg)。

附加说明:

本标准按照 GB/T 1.1—2009 给出的规则起草。

请注意本文件的某些内容可能涉及专利。本文件的发布机构不承担识别这些专利的责任。

本标准由农业农村部农垦局提出。

本标准由农业农村部热带作物及制品标准化技术委员会归口。

本标准起草单位:福建省农业科学院果树研究所。

本标准主要起草人:章希娟、许家辉、魏秀清、许玲、陈志峰、余东。

中华人民共和国农业行业标准

热带作物种质资源描述规范　杨桃

Descriptors standard for tropical crops germplasm—Carambola

NY/T 3811—2020

1　范围

本标准规定了酢浆草科(Oxalidaceae)阳桃属(*Averrhoa*)中的阳桃(*Averrhoa carambola* L.)，即杨桃种质资源描述的要求和方法。

本标准适用于杨桃种质资源的描述。

2　规范性引用文件

下列文件对于本文件的应用是必不可少的。凡是注日期的引用文件，仅注日期的版本适用于本文件。凡是不注日期的引用文件，其最新版本(包括所有的修改单)适用于本文件。

GB/T 2260　中华人民共和国行政区划代码

GB/T 2659　世界各国和地区名称代码

GB 5009.86　食品安全国家标准　食品中抗坏血酸的测定

GB/T 12456　食品中总酸的测定

NY/T 2009　水果硬度的测定

NY/T 2637　水果和蔬菜可溶性固形物含量的测定　折射仪法

NY/T 2742　水果及制品可溶性糖的测定　3,5-二硝基水杨酸比色法

3　要求

3.1　样本选取

选取3株以上定植3年以上、达到稳定结果期的成年树作为样本树。

3.2　描述内容

描述内容见表1。

表1　杨桃种质资源描述内容

描述记载类别	描述记载内容
种质基本信息	全国统一编号、种质库编号、种质圃编号、采集号、收集(征集)号、引种号、种质名称、种质外文名称、科名、属名、学名、种质类型、主要特性、主要用途、系谱、创制单位或个人、育成年份、创制方法、繁殖方式、原产国、原产省、原产地、采集地、采集地经度、采集地纬度、采集地海拔、采集单位及采集人、采集时间、采集材料、保存单位、保存种质的类型、种质定植年份、种质更新年份、图像、评价机构、评价地点

中华人民共和国农业部 2020-11-12 发布　　2021-04-01 实施

表 1 （续）

描述记载类别	描述记载内容
植物学特征	树姿、树形、树势、株高、主干光滑度、主干颜色、枝条密度、嫩梢颜色、老熟枝条颜色、叶片形状、叶长、叶宽、叶形指数、嫩叶颜色、成熟叶片颜色、复叶上小叶数、叶尖类型、花序长度、花序宽度、花蕾颜色、花瓣颜色、花柱类型、单果重、果实纵径、果实横径、果形指数、果实形状、果顶形状、果皮颜色、果肉颜色、果棱边缘颜色、果棱数量、果棱高度、果棱厚度、果肉质地、种子重量、种子形状、外种皮颜色
农艺性状	定植期、抽梢期、开花批次、花期、果实成熟期、丰产性、果实保鲜储藏期
品质性状	可食率、总糖、可溶性固形物含量、维生素 C 含量、可滴定酸含量、固酸比、果肉硬度、风味、果汁、品质评价

4 描述方法

4.1 种质基本信息

4.1.1 全国统一编号

杨桃种质的全国统一编号，由编号"YT"加保存单位代码再加 4 位顺序号（4 位顺序号从"0001"到"9999"）组成。全国编号具有唯一性。

4.1.2 种质库编号

由"GK"加"YT"加提供单位代码再加 4 位顺序号（4 位顺序号从"0001"到"9999"）组成。每份种质具有唯一的种质库编号。

4.1.3 种质圃编号

由"GP"加"YT"加保存单位代码再加 4 位顺序号（4 位顺序号从"0001"到"9999"）组成。

4.1.4 采集号

种质在野外采集时赋予的编号，由采集年份、月份加 6 位区域代码加 4 位顺序号（4 位顺序号从"0001"到"9999"）组成。行政区划代码按 GB/T 2260 的规定执行。

4.1.5 收集(征集)号

由收集（征集）年份、月份加提供单位代码加 4 位顺序号（4 位顺序号从"0001"到"9999"）组成。

4.1.6 引种号

由引进年份、月份加引进国家（地区）名称代码加 4 位顺序号（4 位顺序号从"0001"到"9999"）组成。地区代码按 GB/T 2260 的规定执行。引进国家代码按 GB/T 2659 的规定执行。

4.1.7 种质名称

国内种质的原始名称，如果有多个名称，可以放在括号内，用逗号分隔；国外引进种质以中文译名描述。

4.1.8 种质外文名称

国外引进种质的外文名或国内种质的汉语拼音名。国内种质中文名为所有汉字拼音组合在一起，首字母大写。

4.1.9 科名

酢浆草科（Oxalidaceae）。

4.1.10 属名

阳桃属（*Averrhoa*）。

4.1.11 学名

种质在植物分类学上的名称为 *Averrhoa carambola* L.。

4.1.12 种质类型

野生资源、半野生资源、地方品种、引进品种、选育品种、品系、遗传材料、其他(注明)。

4.1.13 主要特性

产量、品质、其他(注明)。

4.1.14 主要用途

鲜食、加工、药用、观赏、砧木、其他(注明)。

4.1.15 系谱

种质的亲缘关系。

4.1.16 创制单位或个人

种质的创制单位名称全称或个人姓名。

4.1.17 育成年份

品种(系)通过新品种审定、认定、登记或新品种权获得授权的年份,用 4 位阿拉伯数字表示。假如同时出现多种情况,记录最早年份。

4.1.18 创制方法

自然变异、杂交、人工诱变、其他(注明)。

4.1.19 繁殖方式

实生繁殖、嫁接繁殖、压条繁殖、扦插繁殖、其他(注明)。

4.1.20 原产国

种质原产国家名称、地区名称或国际组织名称。国家和地区名称按照 GB/T 2659 的规定执行,如该国家已不存在或名称现不使用,应在原国家名称前加“原”。国际组织名称用该组织的正式英文缩写。

4.1.21 原产省

种质原产省份名称,省份名称按照 GB/T 2260 的规定执行;国外引进种质原产省用原产国家一级行政区的名称。

4.1.22 原产地

种质原产县、乡、村名称。县名按照 GB/T 2260 的规定执行。

4.1.23 采集地

种质的来源国家、省、县名称或国际组织名称。

4.1.24 采集地经度

种质采集地的经度,单位为度(°)和分(′)。格式为 DDDFF,其中 DDD 为度,FF 为分。东经为正值,西经为负值。

4.1.25 采集地纬度

种质采集地的纬度,单位为度(°)和分(′)。格式为 DDFF,其中 DD 为度,FF 为分。

4.1.26 采集地海拔

种质采集地的海拔,单位为米(m)。

4.1.27 采集单位及采集人

采集单位名称或个人。单位名称应写全称。

4.1.28 采集时间

以“年月日”表示,格式“YYYYMMDD”。

4.1.29 采集材料

植株、枝条、种子、果实、花粉、组培材料、其他。

4.1.30 保存单位

种质提交国家种质资源长期库前的原保存单位名称或个人名称全称。

4.1.31 保存种质的类型

植株、种子、组培材料、花粉、其他。

4.1.32 种质定植年份

种质在种质圃中定植的年份。

4.1.33 种质更新年份

种质进行高接换种或重新种植的年份。

4.1.34 图像

图像格式为.jpg。图像文件名由统一编号加"-"加序号加".jpg"组成。图像要求 600 dpi 以上，1 024×768 像素以上。

4.1.35 评价机构

种质特性鉴定评价的机构名称，单位名称应写全称。

4.1.36 评价地点

形态特征和生物学特性的鉴定评价地点，记录到省和县名。

4.2 植物学特征

4.2.1 树和枝条

4.2.1.1 树姿

在秋梢老熟期，取 3 株以上有代表性的植株，每株测量 3 个基部一级侧枝中心轴线与主干的夹角，并依据夹角的平均值确定树姿类型，分为直立(夹角<45°)、半直立(45°≤夹角<60°)、开张(60°≤夹角<80°)、下垂(夹角≥80°)。

4.2.1.2 树形

以未修剪成年树自然生长状态树冠的形状确定树形类型，分为椭圆形、扁圆形、圆头形、塔形、其他。

4.2.1.3 树势

用 4.2.1.1 的样本，确定树势类型，分为弱、中等、强。

4.2.1.4 株高

用 4.2.1.1 的样本，测量从地面到植株顶端的高度。单位为厘米(cm)，精确至 1 cm。

4.2.1.5 主干光滑度

用 4.2.1.1 的样本，观察实生苗主干或嫁接苗嫁接口上方主干部分的光滑度，分为光滑、粗糙、极粗糙。

4.2.1.6 主干颜色

在秋梢老熟期，观察主干颜色，分为黄色、灰色、黑色、其他。

4.2.1.7 枝条密度

用 4.2.1.1 的样本，确定树冠枝梢的密集程度，分为稀、中等、密。

4.2.1.8 嫩梢颜色

在秋梢生长期，观察植株幼嫩枝条刚展叶尚未木质化时的表皮颜色，分为黄色、黄绿色、绿色、黄褐色、紫褐色、其他。

4.2.1.9 老熟枝条颜色

在秋梢充分成熟后至抽梢或开花前，观察植株外围中部的成熟枝条颜色，分为黄绿色、黄褐色、红褐色、暗褐色、其他。

4.2.2 叶

4.2.2.1 叶片形状

在秋梢成熟期，观测植株树冠外围中部成熟小叶叶片的形状。参照图 1，按最大相似原则确定种质的小叶叶片形状，分为狭披针形、披针形、梭形、纺锤形、长椭圆形、椭圆形、其他（注明）。

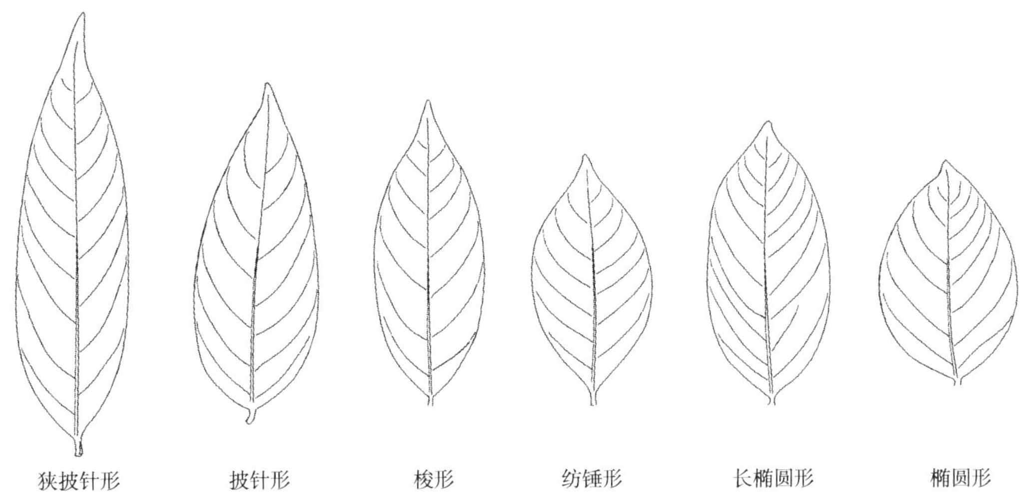

图1 叶片形状

4.2.2.2 叶长

在秋梢成熟期，随机选植株外围中部10片复叶的各2片中部小叶，测量叶片基部至叶尖端距离，取平均值。单位为厘米（cm），精确至0.1 cm。

4.2.2.3 叶宽

用4.2.2.2的样本，测量小叶片最宽处的宽度，取平均值。单位为厘米（cm），精确至0.1 cm。

4.2.2.4 叶形指数

叶形指数＝叶长/叶宽。叶长为4.2.2.2中测量所得叶长，叶宽为4.2.2.3中测量所得叶宽，分别计算每片叶片的叶形指数，然后再计算平均值，精确至0.1。

4.2.2.5 嫩叶颜色

在新梢生长期，目测树冠外围中上部新梢每片完全展开幼叶正面的颜色，分为淡绿色、黄绿色、浅褐色、紫红色、其他。

4.2.2.6 成熟叶片颜色

用4.2.2.2的样本，观察每片成熟叶正面的颜色，分为淡绿色、绿色、深绿色、其他。

4.2.2.7 复叶小叶数

随机选取植株外围中上部枝条中部20个老熟复叶，计算复叶小叶数的平均数，结果四舍五入保留整数。

4.2.2.8 叶尖类型

用4.2.2.2样本，参照图2，按最大相似原则确定叶尖类型，分为钝尖、渐尖、急尖。

图2 叶尖类型

4.2.3 花序和花

4.2.3.1 花序长度

在植株的开花盛期，随机选择10个花序，测量从花序的顶端到基部的距离，取平均值，精确至0.1 cm。

4.2.3.2 花序宽度

用4.2.3.1的样本，测量花序最宽处的距离，取平均值，精确至0.1 cm。

4.2.3.3 花蕾颜色

用4.2.3.1的样本，观察花蕾的颜色，分为红色、紫红色、其他。

4.2.3.4 花瓣颜色

用4.2.3.1的样本观察花瓣的颜色，分为深红色、红色、浅红色、其他。

4.2.3.5 花柱类型

柱头和雄蕊的相对高度，分为长柱型(雄蕊低于柱头)和短柱型(雄蕊高于柱头)。

4.2.4 果实

4.2.4.1 单果重

在果实成熟期，从树冠的不同方位，随机选取10个具有代表性的果实，分别称重，计算平均值。单位为克(g)，精确至0.1 g。

4.2.4.2 果实纵径

用4.2.4.1的样本，测量果实果顶到果基的最长距离，结果以平均值表示。单位为厘米(cm)，精确至0.1 cm。

4.2.4.3 果实横径

用4.2.4.1的样本，测量果实最大横切面的最长距离，结果以平均值表示。单位为厘米(cm)，精确至0.1 cm。

4.2.4.4 果形指数

果形指数=果实纵径/果实横径。果实纵径为4.2.4.2中测量所得果实纵径，果实横径为4.2.4.3中测量所得果实横径，分别计算每个果实的果形指数，然后再计算平均值，精确至0.1。

4.2.4.5 果实形状

用4.2.4.1的样本，参照图3，按最大相似原则确定种质的果实形状，分为椭圆形、长椭圆形、卵形、倒卵形、长卵形、其他(注明)。

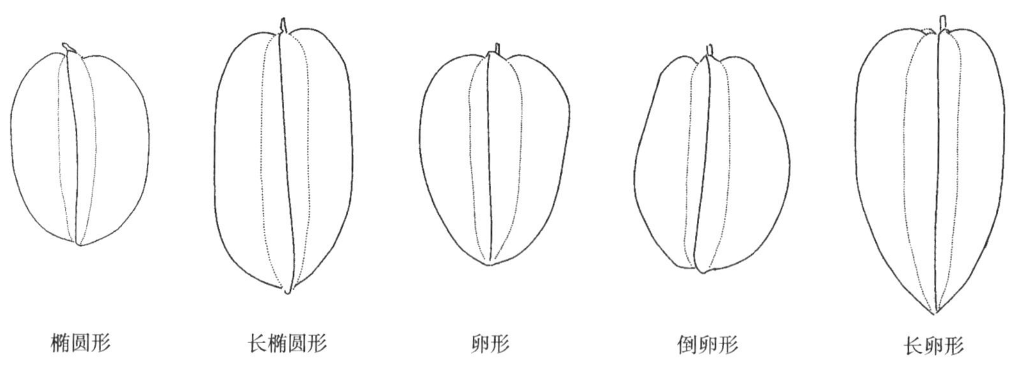

图3 果实形状

4.2.4.6 果顶形状

用4.2.4.1的样本，参照图4，按最大相似原则确定种质的果顶形状，分为内凹聚合、凸出聚合、凸出分离、不凸出分离、不凸出聚合。

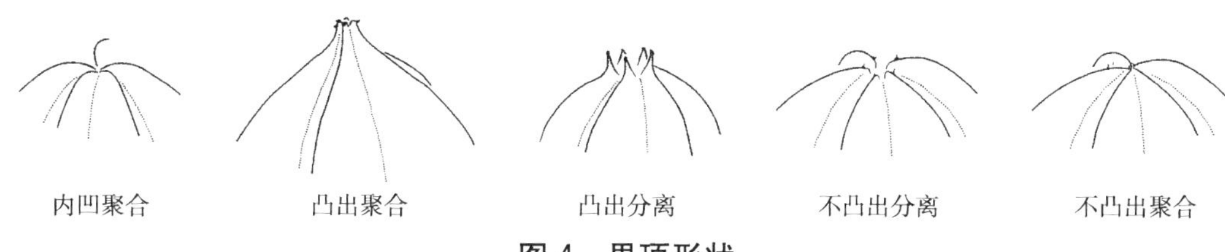

图 4 果顶形状

4.2.4.7 **果皮颜色**

用 4.2.4.1 的样本，观察成熟果实外果皮颜色，分为绿色、黄绿色、黄白色、淡黄色、黄色、金黄色、橙黄色、橙红色、其他。

4.2.4.8 **果肉颜色**

用 4.2.4.1 的样本，观察果肉颜色，分为白色、淡黄色、黄色、橙黄色、其他。

4.2.4.9 **果棱边缘颜色**

用 4.2.4.1 的样本，观察果棱边缘颜色与果棱主体颜色是否一致，不一致则注明。

4.2.4.10 **果棱数量**

用 4.2.4.1 的样本，记录果棱的数量。若出现果棱数量不一致的情况，加以说明。

4.2.4.11 **果棱高度**

用 4.2.4.1 的样本，参照图 5，用游标卡尺测量果棱高度，计算平均值。单位为毫米(mm)，精确至 0.1 mm。若果棱大小差别较大，则选取中等大小的果棱为测量对象。

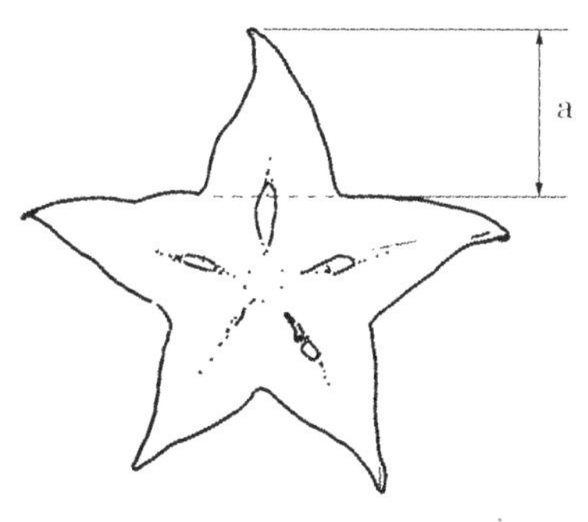

说明：
a——果棱高度。

图 5 果棱高度

4.2.4.12 **果棱厚度**

以 4.2.4.1 的果实样本为对象，在果实最宽处横切开，参照图 6，用游标卡尺测量果棱厚度，计算平均值。单位为毫米(mm)，精确至 0.1 mm。若果棱大小差别较大，则选取中等大小的果棱为测量对象。

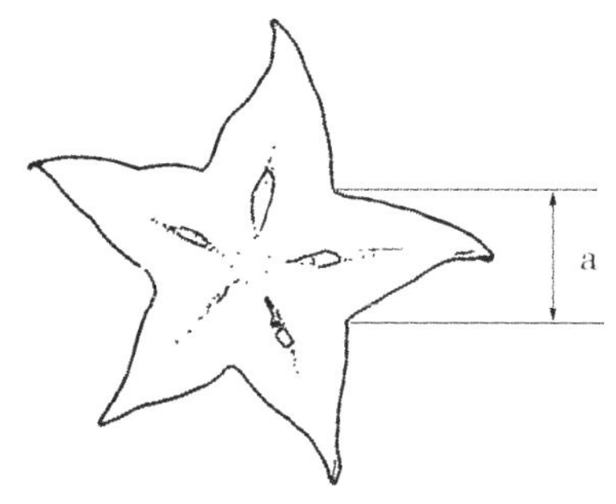

说明：
a——果棱厚度。

图 6 果棱厚度

4.2.4.13 **果肉质地**

用4.2.4.1的样本，品尝确定成熟果实的果肉质地，分为细滑、爽脆、粗糙。

4.2.5 **种子**

4.2.5.1 **种子重量**

用4.2.4.1的样本，剖果取种子，洗净，晾干种子表面的水分，随机取20粒种子称重，计算平均值。单位为克(g)，精确至0.01 g。

4.2.5.2 **种子形状**

用4.2.5.1的样本，参照图7，按最大相似原则确定种质的种子形状，分为纺锤形、半月形、卵形、其他。

图7 种子形状

4.2.5.3 **外种皮颜色**

用4.2.5.1的样本，观察外种皮颜色，分为红褐色、棕褐色、棕色、褐色、深褐色、其他。

4.3 **农艺性状**

4.3.1 **定植期**

定植期为苗木从苗圃移植到园地的日期。以“年月日”表示，格式为“YYYYMMDD”。

4.3.2 **抽梢期**

全树约25%枝条开始抽生新梢的日期为抽梢期。格式为“YYYYMMDD”。

4.3.3 **开花批次**

观察全年开花批次并记录。

4.3.4 **花期**

记录从植株始花期至谢花期的时间。单位为天(d)。

4.3.5 **果实成熟期**

记录样本树第一个果实成熟至整株采收完毕的起始日期。格式为“YYYYMMDD～YYYYMMDD”。

4.3.6 **丰产性**

在果实成熟期，随机选取3株以上结果植株，称量各批次果实累计产量，确定植株的丰产性，分为低、中、高。

4.3.7 **果实保鲜储藏期**

在采收期，随机选取30个成熟果实，放置常温条件下，观测每个果实保持食用品质的天数，计算平均值。单位为天(d)，精确至1 d。

4.4 **品质性状**

4.4.1 **样本选择原则**

随机选取10个成熟果实进行测定。

4.4.2 **可食率**

在果实成熟期，每份种质随机取10个果，称总质量，将果心、果肉和种子分开，称量果心和种子的质量，按式(1)计算可食率，精确至0.1%。

$$E = \frac{m_1 - m_2}{m_1} \times 100 \quad \cdots\cdots (1)$$

式中：

E ——可食率，单位为百分号(%)；

m_1 ——果实质量，单位为克(g)；

m_2 ——果心与种子的质量，单位为克(g)。

4.4.3 **果肉营养成分**

4.4.3.1 **总糖**

按NY/T 2742的规定测定。结果以百分数(%)表示，精确至0.1%。

4.4.3.2 **可溶性固形物含量**

按NY/T 2637的规定测定。结果以百分数(%)表示，精确至0.1%。

4.4.3.3 **维生素C含量**

按GB 5009.86的规定测定。单位为毫克每100克(mg/100 g)，精确至0.1 mg/100 g。

4.4.3.4 **可滴定酸含量**

按GB/T 12456的规定测定。结果以百分数(%)表示，精确至0.1%。

4.4.3.5 **固酸比**

采用4.4.3.2与4.4.3.4记载的测定结果，固酸比=可溶性固形物含量/可滴定酸含量。

4.4.3.6 **果肉硬度**

按照NY/T 2009的规定测定。单位为千克每平方厘米(kg/cm^2)，精确至0.1 kg/cm^2。

4.4.3.7 **风味**

以品尝的方式判断，分为淡、甜、酸甜、甜酸、酸、极酸、微涩。

4.4.3.8 **果汁**

切开果实，目测或用手感知果实的果汁，根据观察结果，分为无汁(无或很少果汁沾手)、少汁(果汁沾手，无果汁滴出)、多汁(果汁自然滴出)。

4.4.3.9 **品质评价**

根据外观、肉色、果汁、风味等性状综合评价，分为差、中、良、优。

附加说明：

本标准按照GB/T 1.1—2009给出的规则起草。

请注意本文件的某些内容可能涉及专利。本文件的发布机构不承担识别这些专利的责任。

本标准由农业农村部农垦局提出。

本标准由农业农村部热带作物及制品标准化技术委员会归口。

本标准起草单位：广西壮族自治区亚热带作物研究所、中国农垦经济发展中心。

本标准主要起草人：陈豪军、欧景莉、宁琳、朱杨帆、刘建玲、何江、周俊岸、陈燕、潘祖建、甘卫堂、陆红梅。

中华人民共和国农业行业标准

热带作物种质资源描述规范　番石榴

Descriptors standard for tropical crops germplasm—Guava

NY/T 3812—2020

1　范围

本标准规定了桃金娘科(Myrtaceac)番石榴属(*Psidium*)中的番石榴(*Psidium guajava* L.)种质资源描述的要求和描述方法。

本标准适用于番石榴种质资源的描述。

2　规范性引用文件

下列文件对于本文件的应用是必不可少的。凡是注日期的引用文件,仅注日期的版本适用于本文件。凡是不注日期的引用文件,其最新版本(包括所有的修改单)适用于本文件。

GB/T 2260　中华人民共和国行政区划代码

GB/T 2659　世界各国和地区名称代码

GB 5009.86　食品安全国家标准　食品中抗坏血酸的测定

GB/T 12456　食品中总酸的测定

NY/T 2009　水果硬度的测定

NY/T 2637　水果和蔬菜可溶性固形物含量的测定　折射仪法

NY/T 2742　水果及制品可溶性糖的测定　3,5-二硝基水杨酸比色法

3　要求

3.1　样本采集

在植株达到稳定结果期并在正常生长情况下采集有代表性的样本。

3.2　描述内容

描述内容见表1。

表1　番石榴种质资源描述内容

描述记载类别	描述记载内容
种质基本信息	全国统一编号、种质库编号、种质圃编号、采集号、收集(征集)号、引种号、种质名称、种质外文名称、科名、属名、学名、种质类型、主要特性、主要用途、系谱、创制单位及创制人、创制方法、育成年份、繁殖方式、原产国、原产省、原产地、采集地、采集地经度、采集地纬度、采集地海拔、采集单位及采集人、采集时间、采集材料、保存单位、保存种质的类型、种质定植年份、种质更新年份、图像、评价机构、评价地点

中华人民共和国农业部 2020-11-12 发布　　2021-04-01 实施

表 1 （续）

描述记载类别	描述记载内容
植物学特征	树龄、树姿、树势、主干高度、干周、主干光滑度、主干颜色、嫩梢颜色、老熟枝条颜色、枝条长度、枝条粗度、枝条密度、每年抽生新梢次数、叶片长度、叶片宽度、叶形指数、叶形、嫩叶颜色、成熟叶片颜色、叶柄长度、叶尖类型、叶基形状、叶基类型、叶面状态、花的类型、花的长度、花的宽度、花瓣颜色、花托颜色、果柄长度、单果重、果实纵径、果实横径、果形指数、果实形状、果脐、果皮颜色、果面质地、果肉颜色、果肉厚度、果肉质地、果心大小、果心颜色、种子数量、种子硬度、种子形状、种子颜色
农艺性状	定植期、春梢期、夏梢期、秋梢期、冬稍期、花期、果实生育期、果实成熟期、丰产性、果实保鲜储藏期
品质性状	总糖、可溶性固形物含量、维生素 C 含量、可滴定酸含量、固酸比、果肉硬度、香气、果汁、果肉风味、品质评价

4　描述方法

4.1　种质基本信息

4.1.1　全国统一编号

种质采用全国统一的唯一性编号。为“FSL”加保存单位代码加 4 位顺序号（从“0001”到“9999”）组成。

4.1.2　种质库编号

种质长期保存库编号，由“GK”加“FSL”加提供单位代码再加 4 位顺序号（从“0001”到“9999”）组成。每份种质具有唯一的种质库编号。

4.1.3　种质圃编号

“GP”加“FSL”加保存单位代码再加 4 位顺序号（从“0001”到“9999”）组成。

4.1.4　采集号

种质在野外采集时赋予的编号，由年份、月份加 6 位区域代码加 4 位顺序号（从“0001”到“9999”）组成。区域代码按 GB/T 2260 的规定执行。

4.1.5　收集（征集）号

由收集（征集）年份、月份加提供单位代码加 4 位顺序号（从“0001”到“9999”）组成。

4.1.6　引种号

由引进年份、月份加引进国家（地区）名称代码加 4 位顺序号（从“0001”到“9999”）组成。地区代码按 GB/T 2260 的规定执行。引进国家代码按 GB/T 2659 的规定执行。

4.1.7　种质名称

国内种质的原始名称，如果有多个名称，可以放在括号内，用逗号分隔；国外引进种质以中文译名描述。

4.1.8　种质外文名称

国外引进种质的外文名或国内种质的汉语拼音名，全拼描述，首字母大写。

4.1.9　科名

桃金娘科（Myrtaccac）。

4.1.10　属名

番石榴属（*Psidium*）。

4.1.11　学名

种质在植物分类学上的名称为 *Psidium guajava* L.。

4.1.12　种质类型

野生资源、半野生资源、地方品种、引进品种、选育品种、品系、遗传材料、其他。

4.1.13 **主要特性**

产量、品质、其他。

4.1.14 **主要用途**

鲜食、加工、药用、观赏、砧木用、其他。

4.1.15 **系谱**

种质的亲缘关系或杂交组合名称。

4.1.16 **创制单位及创制人**

创制种质的单位名称全称或个人姓名。

4.1.17 **创制方法**

自然变异、杂交、人工诱变、其他。

4.1.18 **育成年份**

品种(系)培育成功的年份,用4位阿拉伯数字表示。

4.1.19 **繁殖方式**

实生繁殖、嫁接繁殖、扦插繁殖、压条繁殖、其他。

4.1.20 **原产国**

种质原产国家名称、地区名称或国际组织名称。国家和地区名称按照GB/T 2659的规定执行,如该国家已不存在,应在原国家名称前加"原"。国际组织名称用该组织的外文名缩写。

4.1.21 **原产省**

种质原产省份名称,省份名称按照GB/T 2260的规定执行;国外引进种质原产省用原产国家一级行政区的名称。

4.1.22 **原产地**

种质的原产县、乡、村名称。县名按照GB/T 2260的规定执行。

4.1.23 **采集地**

种质的来源国家、省、县名称或国际组织名称。

4.1.24 **采集地经度**

种质原产地的经度,单位为度(°)和分(′)。格式为DDDFF,其中DDD为度,FF为分。东经为正值,西经为负值。

4.1.25 **采集地纬度**

种质原产地的纬度,单位为(°)和(′)。格式为DDFF,其中DD为度,FF为分。北纬为正值,南纬为负值。

4.1.26 **采集地海拔**

单位为米(m)。

4.1.27 **采集单位及采集人**

种质采集单位名称全称或个人姓名。

4.1.28 **采集时间**

以"年月日"表示,格式"YYYYMMDD"。

4.1.29 **采集材料**

番石榴种质收集时其采集的种质材料类型,分为植株、枝条、种子、果实、花粉、组培材料、其他。

4.1.30 **保存单位**

种质提交国家种质资源长期库前的原保存单位名称全称或个人姓名。

4.1.31 保存种质的类型

植株、种子、组织培养物、花粉、其他。

4.1.32 种质定植年份

种质在种质圃中定植年份。

4.1.33 种质更新年份

种质进行高接换种或重新种植年份。

4.1.34 图像

图像格式为.jpg。图像文件名由统一编号加“-”加序号加“.jpg”组成。图像要求600 dpi以上，1 024×768像素以上。

4.1.35 评价机构

种质特性鉴定评价的机构名称，单位名称应写全称。

4.1.36 评价地点

种质形态特征和生物学特性的鉴定评价地点，记录到省和县名。

4.2 植物学特征

4.2.1 样本选择

选取不低于3株具有代表性的植株，进行下列特征描述。

4.2.2 植株

4.2.2.1 树龄

从定植到描述评价的时间。单位为年，精确至1年。

4.2.2.2 树姿

在植株的生长期，目测或用量角器测量植株一级主枝与主干的夹角，计算平均值，确定不同种质枝条展开后与主枝相比的树姿。分为直立（夹角<45°）、半直立（45°≤夹角<60°）、开张（60°≤夹角<80°）、下垂（夹角≥80°）。

4.2.2.3 树势

在植株的生长期，目测整株树冠，根据新梢的数量、长度、粗度和叶色的总体表现判定，分为弱、中、强。

4.2.2.4 主干高度

测量从地面到第一个主枝基部与主干相连处的距离，取平均值。单位为厘米(cm)，精确至1 cm。

4.2.2.5 干周

用卷尺测量主干距离地面20 cm处的主干周长。单位为厘米(cm)，精确至0.1 cm。

4.2.2.6 主干光滑度

在植株生长期，目测和触摸确定植株的主干光滑度，分为光滑、粗糙、极粗糙。

4.2.2.7 主干颜色

在植株生长期，在正常一致的光照条件下，目测植株主干表面颜色，分为黄褐色、灰褐色、红褐色、其他（注明）。

4.2.2.8 嫩梢颜色

在秋梢新梢生长期，目测植株幼嫩枝条刚刚展叶尚未木质化时的表皮颜色（茎干四棱形），分为黄绿色、浅绿色、绿色、浅红色、紫红色、其他（注明）。

4.2.2.9 老熟枝条颜色

在秋梢结果母枝完全老熟后至开花前，目测植株外围中上部的老熟枝条颜色（茎干圆柱形），分为黄绿色、黄褐色、红褐色、暗褐色、其他（注明）。

4.2.2.10 **枝条长度**

在样品树的生长期,测量其中 20 条当年抽生并成熟的枝条长度,计算平均值。单位为厘米(cm),精确至 0.1 cm。

4.2.2.11 **枝条粗度**

采用 4.2.2.10 样本,测量其基部粗度,计算平均值。单位为厘米(cm),精确至 0.1 cm。

4.2.2.12 **枝条密度**

在植株秋梢生长期,目测枝条稀疏程度,与参照品种对比,确定植株的枝条密度。

		参照品种
1	稀疏	水晶
2	中等	珍珠
3	稠密	西瓜

4.2.2.13 **每年抽生新梢次数**

观测样品树当年 1 月～12 月的抽生新梢次数。单位为次。

4.2.2.14 **叶片长度**

在秋梢充分成熟后,随机选植株外围中部,取梢顶部至基部第 5 对至第 8 对叶片 20 片,测量叶片基部至叶尖端长度,计算平均值。单位为厘米(cm),精确至 0.1 cm。

4.2.2.15 **叶片宽度**

采用 4.2.2.14 的样本,用直尺测量每叶叶片最宽处的宽度,计算平均值。单位为厘米(cm),精确至 0.1 cm。

4.2.2.16 **叶形指数**

叶形指数＝叶片长度/叶片宽度。叶片长度为 4.2.2.14 中测量所得叶片长度,叶片宽度为 4.2.2.15 中测量所得叶片宽度,分别计算每片叶片的叶形指数,计算平均值,精确至 0.1。

4.2.2.17 **叶形**

在植株结果期,目测树冠外围中部老熟叶片的形状。参照图 1,按照最大相似原则确定种质的叶形,分为披针形、梭形、近圆形、长椭圆形、椭圆形、其他(注明)。

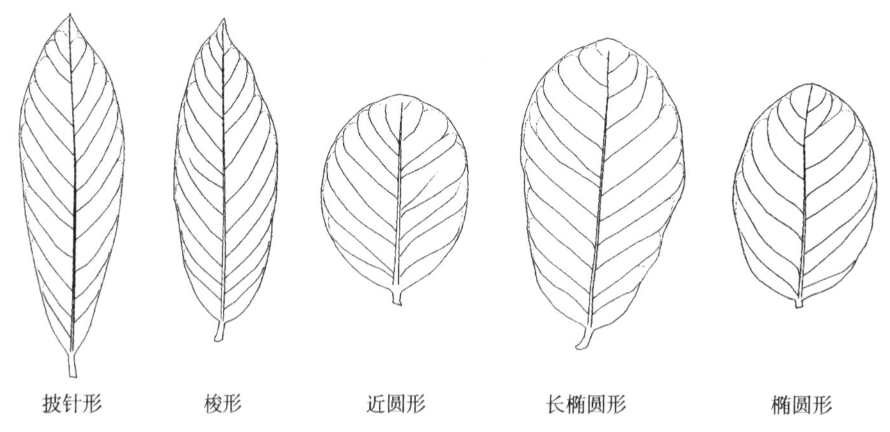

图 1　叶片形状

4.2.2.18 **嫩叶颜色**

采用 4.2.2.8 的样本,目测幼嫩叶片完全伸展阶段的正面颜色,分为淡绿色、黄绿色、浅褐色、紫红色、其他(注明)。

4.2.2.19 **成熟叶片颜色**

采用 4.2.2.9 的样本,目测成熟叶片的正面颜色,分为淡绿色、绿色、深绿色、紫红色、其他(注明)。

4.2.2.20 **叶柄长度**

采用 4.2.2.14 的样本，测量每片叶片的叶柄长度，计算平均值。单位为厘米(cm)，精确至 0.1 cm。

4.2.2.21 **叶尖类型**

在样品树结果期，目测树冠外围中上部完全成熟叶片的叶尖形状。参照图 2，按照最大相似原则确定种质的叶尖类型，分为钝尖、渐尖、急尖、其他。

图 2 叶尖类型

4.2.2.22 **叶基形状**

在样品树结果期，目测树冠外围中上部完全成熟叶片的叶基形状。参照图 3，按照最大相似原则确定种质的叶基形状，分为楔形、圆楔形、圆形、其他。

图 3 叶基形状

4.2.2.23 **叶基类型**

在样品树结果期，参照图 4，目测树冠外围中上部完全成熟叶片的叶基类型，分为不对称、对称。

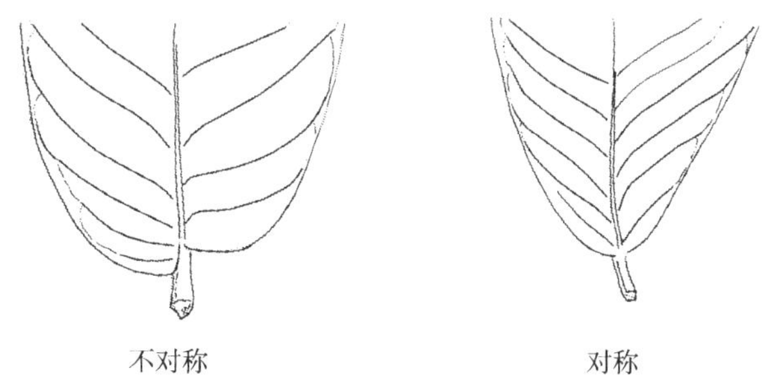

图 4 叶基类型

4.2.2.24 **叶面状态**

在样品树结果期，目测树冠外围中上部完全成熟叶片的叶面状态，分为平展、波状、皱缩。

4.2.3 **花**

4.2.3.1 **样本选择**

采用 4.2.1 样品树作为观测对象，在盛花期，随机选择 20 朵花观察。

4.2.3.2 **花的类型**

目测确定花的类型，分为单生、聚生(2 朵～3 朵花)。

4.2.3.3 **花的长度**

测量从花冠的顶端到基部的距离，计算平均值。单位为厘米(cm)，精确至 0.1 cm。

4.2.3.4 **花的宽度**

采用 4.2.3.3 的样本，测量花最宽处的距离，计算平均值。单位为厘米(cm)，精确至 0.1 cm。

4.2.3.5 **花瓣颜色**

在花朵完全开放时，目测花瓣正面的颜色，分为白色、淡黄色、黄色、粉红色、红色、其他(注明)。

4.2.3.6 **花托颜色**

在花朵完全开放时，目测花托颜色，分为浅绿色、淡黄色、黄绿色、紫红色、其他(注明)。

4.2.4 **果实**

4.2.4.1 **果柄长度**

在果实成熟期，采用 4.2.1 样品树作为观测对象，随机从树冠中上部的不同方位，选取 5 个～10 个成熟的果实，用游标卡尺测量其果柄长度，计算平均值。单位为毫米(mm)，精确至 0.1 mm。

4.2.4.2 **单果重**

采用 4.2.4.1 的样本，称量单个果实重量。单位为克(g)，精确至 0.1 g。

4.2.4.3 **果实纵径**

采用 4.2.4.1 的样本，用游标卡尺测量果实最大纵径，计算平均值。单位为厘米(cm)，精确至0.1 cm。

4.2.4.4 **果实横径**

采用 4.2.4.1 的样本，用游标卡尺测量果实最大横径，计算平均值。单位为厘米(cm)，精确至0.1 cm。

4.2.4.5 **果形指数**

果形指数＝果实纵径/果实横径。果实纵径为 4.2.4.3 中测量所得果实纵径，果实横径为 4.2.4.4 中测量所得果实横径，分别计算每个果实的果形指数，计算平均值，精确至 0.1。

4.2.4.6 **果实形状**

采用 4.2.4.1 的样本，目测每个果实的形状。参照图 5，按照最大相似原则确定种质的果实形状，分为圆形、扁圆形、卵圆形、椭圆形、长椭圆形、梨形、其他(注明)。

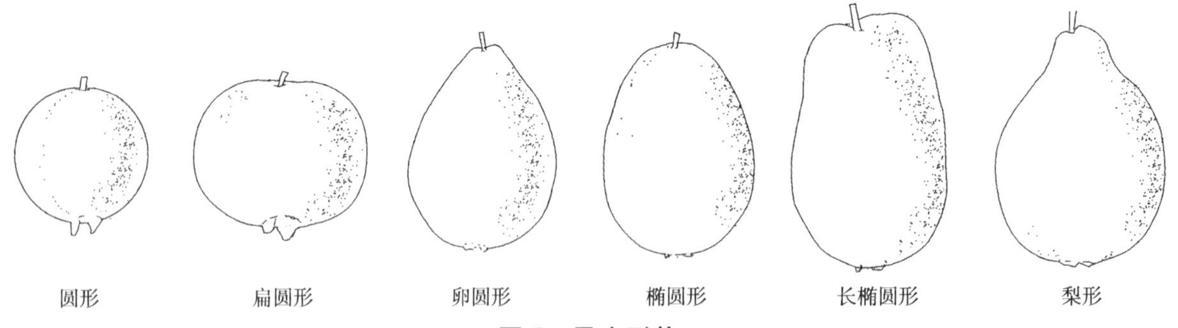

图 5 果实形状

4.2.4.7 **果脐**

采用 4.2.4.1 的样本，测量每个果实的果脐，计算平均值。单位为厘米(cm)，精确至 0.1 cm。

4.2.4.8 **果皮颜色**

采用 4.2.4.1 的样本，目测其果皮颜色，分为淡黄色、黄绿色、绿色、浅红色、紫红色、其他(注明)。

4.2.4.9 **果面质地**

采用4.2.4.1的样本，目测和触摸确定果面质地，分为平滑、有棱、稍粗糙、粗糙、极粗糙。

4.2.4.10 果肉颜色

采用4.2.4.1的样本，目测其果肉颜色，分为白色、淡黄色、黄色、浅红色、红色、紫红色、其他(注明)。

4.2.4.11 果肉厚度

采用4.2.4.1的样本，测量其果心边缘至外果皮最宽处的果肉厚度，计算平均值。单位为厘米(cm)，精确至0.1 cm。

4.2.4.12 果肉质地

采用4.2.4.1的样本，手指按压果实剖面的果肉部分或品尝果实，确定果肉质地，分为嫩滑、疏松、酥脆。

4.2.4.13 果心大小

采用4.2.4.1的样本，测量其果心最宽处的距离，测量部位参照图6，计算平均值。单位为厘米(cm)，精确至0.1 cm。

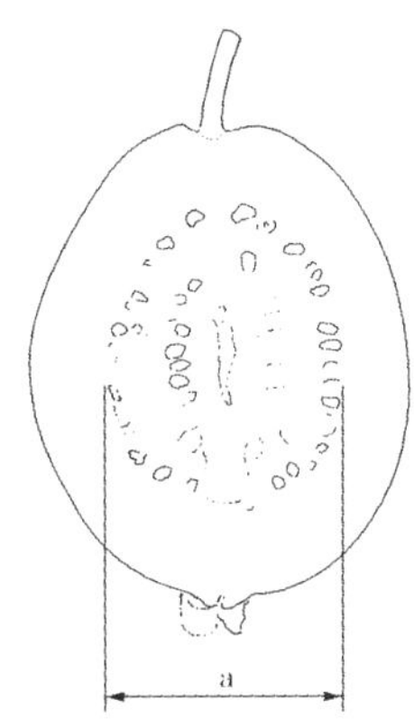

说明：
a——果心。

图6 果心

4.2.4.14 果心颜色

采用4.2.4.1的样本，目测其果心颜色，分为白色、淡黄色、黄色、浅红色、红色、紫红色、其他(注明)。

4.2.5 种子

4.2.5.1 种子数量

采用4.2.4.1的样本，数出每个果实的种子数量，与参照品种对比，确定果实的种子数量多少。

		参照品种
1	无	"木瓜"无籽
2	少	红宝石
3	中等	珍珠
4	多	泰国红肉

4.2.5.2 种子硬度

采用4.2.4.1的样本，请不少于10位品尝者进行口感评价，与参照品种对比，确定种子硬度。

		参照品种
1	软	新世纪
2	中	珍珠

3　　硬　　　　　　粉红蜜

4.2.5.3　**种子形状**

采用4.2.4.1的样本，目测其种子形状，参照图8，按照最大相似原则确定种质的种子形状，分为椭圆形、三角形、不规则形。

图7　种子形状

4.2.5.4　**种子颜色**

采用4.2.4.1的样本，目测其种子颜色，分为浅黄色、黄色、褐色、深褐色、棕褐色、红褐色、其他（注明）。

4.3　**农艺性状**

4.3.1　**定植期**

种苗定植的日期，表示为"年月日"，记录为"YYYYMMDD"。

4.3.2　**春梢期**

记录春季25%植株开始抽生新梢的日期至75%植株梢老熟的日期。格式为"YYYYMMDD～YYYYMMDD"。

4.3.3　**夏梢期**

记录夏季25%植株开始抽生新梢的日期至75%植株梢老熟的日期。格式为"YYYYMMDD～YYYYMMDD"。

4.3.4　**秋梢期**

记录秋季25%植株开始抽生新梢的日期至75%植株梢老熟的日期。格式为"YYYYMMDD～YYYYMMDD"。

4.3.5　**冬梢期**

记录冬季25%植株开始抽生新梢的日期至75%植株梢老熟的日期。格式为"YYYYMMDD～YYYYMMDD"。

4.3.6　**花期**

从植株始花期到谢花期的时间。单位为天（d）。

4.3.7　**果实生育期**

从样本果谢花后到果实生理成熟的时间。单位为天（d）。

4.3.8　**果实成熟期**

从样本树第一个果实成熟至整株采收完毕的日期。格式为"YYYYMMDD～YYYYMMDD"。

4.3.9　**丰产性**

在样本树收获期，记录树龄，称量整株植株每个年度生产季节内的成熟果实产量，确定植株的丰产性，分为低、中、高。

4.3.10　**果实保鲜储藏期**

在果实收获期，随机取30个成熟度达到收获要求的果实，记录其在常温下储藏至失去鲜食品质时的天数。单位为天(d)。

4.4 品质性状

4.4.1 样本选择

随机取5个～10个成熟果实进行测定。

4.4.2 果肉营养成分

4.4.2.1 总糖

按NY/T 2742的规定测定。结果以百分数(%)表示，精确至0.1%。

4.4.2.2 可溶性固形物含量

按NY/T 2637的规定测定。结果以百分数(%)表示，精确至0.1%。

4.4.2.3 维生素C含量

按GB 5009.86的规定测定。单位为毫克每100g(mg/100 g)，精确至0.1 mg/100 g。

4.4.2.4 可滴定酸含量

按GB/T 12456的规定测定。结果以百分数(%)表示，精确至0.1%。

4.4.2.5 固酸比

采用4.4.2.2与4.4.2.4记载的测定结果，固酸比＝可溶性固形物含量/可滴定酸含量。

4.4.2.6 果肉硬度

按NY/T 2009的规定测定。单位为千克每平方厘米(kg/cm^2)，精确至0.1 kg/cm^2。

4.4.3 香气

品尝和鼻嗅果肉，判断有无香气，分为无、淡、浓、其他香气(注明)。

4.4.4 果汁

切开果实，目测或用手感知果实的果汁，根据观察结果，分为无汁、少汁(果汁沾手，无果汁渗出)、多汁(果汁自然渗出)。

4.4.5 果肉风味

采用4.4.3的样本，品尝判断果肉风味。果肉风味分为甜、微甜、酸甜、甜酸、微酸、微涩。

4.4.6 品质评价

采用4.4.3的取样方法，根据外观、肉厚、营养、风味、果汁、肉色等综合性状评价。果实品质分为差、中、良、优。

附加说明：

本标准按照GB/T 1.1—2009给出的规则起草。

请注意本文件的某些内容可能涉及专利。本文件的发布机构不承担识别这些专利的责任。

本标准由农业农村部农垦局提出。

本标准由农业农村部热带作物及制品标准化技术委员会归口。

本标准起草单位：广西壮族自治区亚热带作物研究所、广州市果树科学研究所、中国农垦经济发展中心。

本标准主要起草人：陈豪军、宁琳、徐社金、陈军、欧景莉、孙娟、何江、周俊岸、陈燕、潘祖建、甘卫堂、朱杨帆。

中华人民共和国农业行业标准

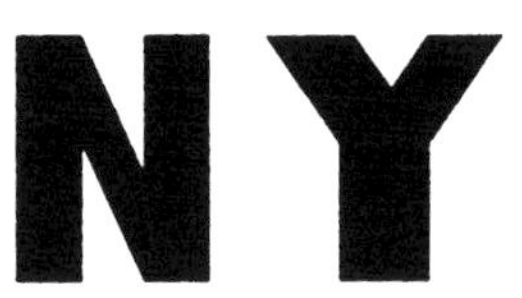

橡胶树种质资源收集、整理与保存技术规程

Technical code for collection, characterization and preservation of rubber tree germplasm resources

NY/T 3813—2020

1 范围

本标准规定了橡胶树属(*Hevea*)种质资源收集、整理与保存的术语和定义、收集、整理、保存的技术要求。

本标准适用于橡胶树属种质资源的收集、整理与保存工作。

2 规范性引用文件

下列文件对于本文件的应用是必不可少的。凡是注日期的引用文件,仅注日期的版本适用于本文件。凡是不注日期的引用文件,其最新版本(包括所有的修改单)适用于本文件。

NY/T 221 橡胶树栽培技术规程

NY/T 607 橡胶树育种技术规程

NY/T 688 橡胶树品种

NY/T 1314 农作物种质资源鉴定技术规程 橡胶树

NY/T 1686 橡胶树育苗技术规程

NY/T 2944 橡胶树种质资源描述规范

3 术语和定义

下列术语和定义适用于本文件。

3.1

整理 characterization

对收集的种质资源进行种植,初步鉴定其主要植物学特征和农艺性状,剔除重复并编目。

3.2

编目 catalogue

对每份种质资源给予一个全国统一编号,并汇编其基本信息和主要性状鉴定数据。

3.3

复壮 rejuvenation

对衰老的植株进行锯截,保留原有根系和部分茎干,促使茎干萌发新枝条,重新培养树冠,恢复正常生命力。

中华人民共和国农业部 2020-11-12 发布　　2021-04-01 实施

4 收集

4.1 考察收集

4.1.1 准备工作

4.1.1.1 制订工作方案

考察收集前应制订工作方案，确定考察的目标任务、考察的地区、时间和路线、考察队的人员组成、考察资料、物资准备、经费预算等。需要报批的应得到国家或地方主管部门的许可。考察收集涉及第三方国家和地区的，还应提前做好沟通联络。

4.1.1.2 组建考察队与技术培训

考察队可根据考察收集任务和计划要求确定人数。考察前应进行技术培训，明确考察目标任务，了解拟考察地区的自然资源、社会情况、种质资源分布情况、行动路线、交通抵离、考察方法和注意事项，掌握橡胶树植物学特征知识、已收集资源情况、医疗救援、仪器设备的使用维护等。

4.1.1.3 物资准备

胶刀、枝剪、砍刀、石蜡、标签、采样袋、卷尺、相机、GPS、坡度仪、通信器材、医疗物资等。采种无法在 15 日内送达保存地点的，还应在采集地附近选择育苗场所和准备相应物资。

4.1.2 样本采集

4.1.2.1 进驻考察地区

与考察地区政府部门、科教单位等联系确定工作联系人，以及取得当地政府部门和相关组织协助和支持的途径和方法。由工作联系人协助选用向导，共同商订考察线路和日程安排。考察时间宜选择在可详细观察种质特征特性和适宜采集样本的时期。

4.1.2.2 摄像和录像

对采集点应尽可能地摄影和录像，显示采集点的生境、伴生植物、种质资源的特征或特异性状等。对其树皮、排胶速度和排胶量等特性也宜尽可能地拍摄或摄影。每一张照片和录像都要记录种质样本的拍摄时间、地点、画面内容和拍摄人等。

4.1.2.3 采集样本

种质样本主要采集芽条、果实。

在当年生木栓化或半木栓化且顶篷叶稳定、生长正常健壮的枝条上截取芽条 3 段，每段芽条的叶芽、大的鳞片芽数量≥10 个，放于采样袋内。采集正常发育的成熟果实 10 个，置于采样袋内。样本采集后应立即系上写有采集时间、采集地点、种质名称等内容的标签。同一份种质同时采集了芽条和果实，芽条和果实标签上的内容应一致。

4.1.2.4 种质命名

考察收集的种质为地方品种，有当地名称的，可使用该名称。在不同地区收集到相同名称的不同种质，应在名称前冠以收集地名称。考察收集的种质尚无名称的，以"县乡镇名＋某一特征特性＋作物名"命名。尚未掌握该种质代表性特征特性的，名称中可不加特征特性。同一地点收集多份样本，可在名称后加-1、-2、-3 进行区别。对大规模或野生资源种质资源考察收集的，可另行约定名称的命名办法。

4.1.2.5 填写考察收集信息采集表

野外考察信息采集表的填写参照附录 A 执行，非野外考察的参照附录 B 执行。

4.1.3 样本和信息处理

4.1.3.1 样本处理与临时保存

考察当日应对获得的样本进行整理，核对每份样本与考察收集信息采集表的记录是否一致，如发现遗漏和疑问，次日及时进行复查和补充。将采集的芽条两端烫蜡封口，置于阴凉处平放并保湿。果实袋挂藏于室内阴凉处。样本采集后应尽快寄送。若 15 日内无法送达目的地，芽条可进行假植，果实待果壳自然开裂，取出成熟饱满种子，就地播种培育成苗，成苗后取其芽条。芽条的包装和储存按照 NY/T 688 执行。

4.1.3.2 全面核对

考察完成后，应对收集种质的样本和信息资料进行全面核对。

4.1.4 检疫

采集到的样本应按照我国植物检疫要求进行隔离检疫，从有危险性有害生物发生史地区获得的，应在非植胶区完成隔离检疫。

4.2 征集

4.2.1 发送征集通知和信息采集表

由国家行政管理部门或橡胶树种质资源研究的组织协调单位发出征集通知或征集函，说明征集目的、任务、方法、每份种质样本的数量和注意事项等。发送征集函的同时寄发信息采集表，信息采集表参照附录 B 执行。

4.2.2 样本采集

征集种质样本主要采集芽条，由接受征集任务的单位或个人按照 4.1.2.3 执行，同时填写信息采集表。

4.2.3 样本寄送

对所有征集到的样本进行整理，每份种质样本对应一份信息采集表，汇总征集资源名录，连同样本寄送征集单位。

4.3 引种

4.3.1 制订引种计划

引种前应制订引种计划，包括引种国别或地区、引进种质名称、主要特征特性、类型和数量等。引种计划应得到国家或地方主管部门的许可，许可后进行种质引进。

4.3.2 样本采集与寄送

引种种质样本主要采集芽条，并填写引种信息采集表，汇总引种资源名录。芽条采集按照 4.1.2.3 执行。引种信息采集表参照附录 C 执行。

4.3.3 检疫

按照 4.1.4 的规定。

5 整理

5.1 试种鉴定

5.1.1 收集的种质资源应妥善保存，并按照 NY/T 1686 的规定尽快繁种进入试种圃，开展试种鉴定。试种圃的田间设计均按照 NY/T 607 中的苗圃系比规定执行。

5.1.2 鉴定方法、性状的描述及其分级按照 NY/T 1314 和 NY/T 2944 执行。

5.2 数据归档和图像采集

对每份种质资源各性状鉴定数据汇总，对植株、叶片、种子果实等植物学形态和重要特征特性拍摄图像，建立每份种质资源的纸质和电子档案。

5.3 种质资源送交

经过试种鉴定后的资源，连同纸质和电子档案，应送交国家橡胶树种质资源圃进行保存。送交的种质资源应提供健壮和足量的芽条或苗木，芽条叶芽、大的鳞片芽数量≥20 个，苗木≥5 株。

5.4 编目

5.4.1 国家橡胶树种质资源圃对收集的种质资源及其数据信息进行核对，与已编目种质对照分析，剔除重复，编目并赋予每份种质唯一的统一编号。

5.4.2 统一编号是橡胶树种质资源唯一的标识号，由国家橡胶树种质资源圃编写，统一编号以"XJ××××××"格式表示。其中，XJ 表示"橡胶"，其后以字母 N 表示光亮橡胶树、P 表示少花橡胶树、S 表示色宝橡胶树、B 表示边沁橡胶树、M 表示小叶橡胶树、C 表示小叶矮生橡胶树、R 表示硬叶橡胶树、G 表示圭亚那橡胶树、CP 表示坎普橡胶树、PL 表示泽生橡胶树、NV 表示光亮橡胶树变种、PV 表示少花橡胶树变种、GV 表示圭亚那橡胶树变种、A 表示野生巴西橡胶树、W 表示栽培巴西橡胶树，剩余位数为顺序号。

6 保存

6.1 入圃种植

6.1.1 按照 NY/T 1686 的规定准备苗木。整个过程应挂牌或做好标记，注明种质名称或全国统一编号，防止混杂。

6.1.2 种植按照 NY/T 221 执行。每份资源≥3 株，基本单元区≥6.75 m^2[株行距为(1.5 m～2.0 m)×(1.5 m～2.0 m)]。同时绘制定植图，注明每份种质的位置、圃号、种植时间、保存株数，存档妥善保存。植后 20 d 调查成活情况，死苗或长势弱的苗木应尽快进行补换植。

6.2 圃内管理

6.2.1 种植或锯截当年应经常抹芽，去除砧木芽和接穗弱芽。

6.2.2 冬春干旱季节注意浇水，其他时间可根据实际需要灵活安排，保证苗木正常生长。

6.2.3 根据土壤营养情况，适当施用化肥，11 月～12 月结合深松土，重施有机肥。

6.2.4 喷施药剂预防和防治病虫害。

6.2.5 密切关注灾害性天气，做好预防和灾后处理。

6.2.6 每 2 年锯截一次，促其重新抽芽复壮，时间安排在 3 月～4 月进行。

6.3 监测

6.3.1 每年至少巡查圃地一次，查看树体的生长状况，包括生长量、抽芽能力、病害情况等。对于树体生长势弱的植株，应加强管理促进树势恢复。对于严重衰弱的植株，应安排更新。

6.3.2 结合巡查，对种质植物学特征、农艺性状等进行核对和一致性观测，确保种质的纯度。

附 录 A
(资料性附录)
橡胶树种质资源野外考察信息采集表

橡胶树种质资源野外考察信息采集表参见表 A.1。

表 A.1 橡胶树种质资源野外考察信息采集

<table>
<tr><td colspan="4">基本信息</td></tr>
<tr><td>种质名称</td><td></td><td>学名</td><td></td></tr>
<tr><td>种质类型</td><td colspan="3">1. 野生资源;2. 地方品种;3. 选育品种;4. 品系;5. 遗传材料;6. 其他</td></tr>
<tr><td>采集果实/种子数量</td><td></td><td>采集芽条的芽片个数</td><td></td></tr>
<tr><td>采集日期</td><td colspan="3"></td></tr>
<tr><td>采集地点</td><td colspan="3">______国______省(州)______市______县(区)______乡(镇)______村</td></tr>
<tr><td>采集地经度</td><td></td><td>采集地纬度</td><td></td></tr>
<tr><td>采集地海拔,m</td><td></td><td>采集地坡度,°</td><td></td></tr>
<tr><td>采集地朝向</td><td>1. 阳坡;2. 阴坡</td><td>采集地年均日照,h</td><td></td></tr>
<tr><td>采集地年均降水量,mm</td><td></td><td>采集地年均气温,℃</td><td></td></tr>
<tr><td>采集地土壤类型</td><td></td><td>采集地土壤 pH</td><td></td></tr>
<tr><td>采集单位</td><td></td><td>采集者</td><td></td></tr>
<tr><td colspan="4">特定信息</td></tr>
<tr><td>种质分布</td><td>1. 广;2. 窄</td><td>种质群落</td><td>1. 群生;2. 散生</td></tr>
<tr><td>采集地地形</td><td colspan="3">1. 平原;2. 山地;3. 丘陵;4. 高原;5. 其他______</td></tr>
<tr><td>采集地小环境</td><td></td><td>采集地植被和伴生植物</td><td></td></tr>
<tr><td colspan="4">性状记载</td></tr>
<tr><td>形态特征</td><td colspan="3"></td></tr>
<tr><td>农艺性状</td><td colspan="3"></td></tr>
<tr><td>抗性</td><td colspan="3"></td></tr>
<tr><td>其他</td><td colspan="3"></td></tr>
</table>

附 录 B
（资料性附录）
橡胶树种质资源非野外考察收集和征集信息采集表

橡胶树种质资源非野外考察收集和征集信息采集表参见表 B.1。

表 B.1 橡胶树种质资源非野外考察收集和征集信息采集

基本信息			
种质名称		学名	
种质类型	1. 野生资源；2. 地方品种；3. 选育品种；4. 品系；5. 遗传材料；6. 其他		
收集/征集日期		芽条的芽片个数	
收集/征集地点	________省________市________县（区）________乡（镇）________村		
收集/征集地经度		收集/征集地纬度	
收集/征集地海拔，m		收集/征集地坡度，°	
收集/征集地朝向	1. 阳坡；2. 阴坡	收集/征集地年均日照，h	
收集/征集地年均降水量，mm		收集/征集地年均气温，℃	
收集/被征集单位		收集/被征集者	
特定信息			
选育单位			
选育方法		亲本组合	
育成年份		推广面积，hm^2	
主要特征特性			
形态特征			
农艺性状			
抗逆性			
抗病虫性			
品质特性			
其他			

附　录　C
（资料性附录）
橡胶树种质资源引种信息采集表

橡胶树种质资源引种信息采集表参见表C.1。

表C.1　橡胶树种质资源引种信息采集

基本信息			
种质名称		学名	
种质类型	1. 野生资源；2. 地方品种；3. 选育品种；4. 品系；5. 遗传材料；6. 其他		
种质来源国		种质原产国	
引种日期		芽条的芽片个数	
引种单位			
引种者			
种质引入途径			
特定信息			
选育单位			
选育方法		亲本组合	
育成年份		推广面积，hm^2	
主要特征特性			
形态特征			
农艺性状			
抗逆性			
抗病虫性			
品质特性			
其他			

附加说明：
本标准按照GB/T 1.1—2009给出的规则起草。
请注意本文件的某些内容可能涉及专利。本文件的发布机构不承担识别这些专利的责任。
本标准由农业农村部农垦局提出。
本标准由农业农村部热带作物及制品标准化技术委员会归口。
本标准起草单位：中国热带农业科学院橡胶研究所。
本标准主要起草人：曾霞、胡彦师、张晓飞、涂敏、蔡海滨、李维国、黄华孙。

中华人民共和国农业行业标准

热带作物主要病虫害防治技术规程　毛叶枣

Technical regulations for the control of main diseases and pests in tropical crops—Indian jujube

NY/T 3814—2020

1　范围

本标准规定了毛叶枣(*Ziziphus mauritiana* Lam.)主要病虫害的防治原则和防治措施。

本标准适用于我国毛叶枣种植区的主要病虫害的防治。

2　规范性引用文件

下列文件对于本文件的应用是必不可少的。凡是注日期的引用文件,仅注日期的版本适用于本文件。凡是不注日期的引用文件,其最新版本(包括所有的修改单)适用于本文件。

NY/T 1276　农药安全使用规范　总则

3　防治原则

3.1　坚持“预防为主、综合防治”的植保方针,依据毛叶枣病虫害的发生规律,以农业防治为基础,协调应用物理防治、生物防治、化学防治等措施进行防治。

3.2　按照《农药管理条例》的规定,化学防治使用的农药应为在国家农药管理部门登记允许在毛叶枣或其他果树使用的农药种类。本标准推荐使用药剂防治应参照 GB/T 8321 中的规定,掌握使用浓度、使用剂量、使用次数、施药方法和安全间隔期,注意轮换用药。农药使用过程中的安全防护和安全操作按照NY/T 1276 的规定执行。

4　主要病虫害及发生特点

4.1　病害

主要有白粉病、炭疽病、黑斑病、疫病、煤烟病,其发生特点参见附录 A。

4.2　虫害

主要有橘小实蝇、朱砂叶螨、柑橘粉蚧、绿盲蝽、铜绿金龟,其发生特点参见附录 A。

5　防治措施

5.1　白粉病

农业防治:及时修剪,保持树体通风透光。

化学防治:发病初期开始防治,可选用 30%醚菌酯悬浮剂 1 000 倍液～1 500 倍液、430 g/L 戊唑醇悬浮剂 2 000 倍液～3 000 倍液、80%代森锰锌可湿性粉剂 800 倍液、12.5%烯唑醇可湿性粉剂 1 000 倍液、10%苯醚甲环唑水分散粒剂 1 500 倍液等药剂防治,每隔 7 d～10 d 喷药 1 次。特别注意在幼果期和果实膨大期防治。

中华人民共和国农业部 2020 - 11 - 12 发布　　2021 - 04 - 01 实施

5.2 炭疽病

农业防治:合理修剪,及时剪除荫蔽枝、弱枝和过密枝;增施有机肥;果实适时采收并分拣和包装处理。

化学防治:在嫩梢期、花期及挂果期,可选用25%吡唑醚菌酯悬浮剂1 000倍液~2 000倍液、80%代森锰锌可湿性粉剂800倍液~1 000倍液、50%咪鲜胺·锰盐可湿性粉剂1 000倍液~2 000倍液、50%多菌灵可湿性粉剂800倍液~1 000倍液、10%苯醚甲环唑水分散粒剂1 500倍液等药剂防治,每隔7 d~10 d喷药1次。

5.3 黑斑病

农业防治:及时修剪衰老枝、病枝、弱枝,并将其集中烧毁或深埋,注意控制杂草滋生。

化学防治:发病初期,可选用80%代森锰锌可湿性粉剂600倍液~800倍液、10%苯醚甲环唑水分散粒剂1 500倍液、75%百菌清可湿性粉剂600倍液~800倍液、50%多菌灵可湿性粉剂800倍液~1 000倍液等药剂防治,每隔7 d~10 d喷药1次。

5.4 疫病

农业防治:及时排出果园积水,适当提高结果部位,保持离地面60 cm以上。及时摘除病果并清除落地果实,集中深埋。

化学防治:在病害发生初期及结果期,可选用72%霜脲·锰锌可湿性粉剂600倍液~800倍液、50%烯酰吗啉水分散粒剂2 000倍液~3 000倍液、25%甲霜灵可湿性粉剂800倍液~1 000倍液、65%代森锌可湿性粉剂600倍液、90%三乙磷酸铝可溶性粉剂300倍液等药剂防治,每隔7 d~10 d喷药1次。

5.5 煤烟病

农业防治:合理密植,及时剪除过密枝及介壳虫、蚜虫为害的虫枝和弱枝,清除枯枝落叶。

化学防治:在发病初期,可选用75%百菌清可湿性粉剂和70%甲基托布津可湿性粉剂按1∶1混合后800倍液~1 000倍液、40%克菌丹可湿性粉剂400倍液等药剂防治,每隔7 d~10 d喷药1次。同时施用杀虫剂控制蚜虫、介壳虫等害虫。

5.6 橘小实蝇

控制虫源传播:防止虫源随果实进出果园。

农业防治:及时捡拾虫害落果,集中深埋,深埋深度需在45 cm以上。主干更新后及时翻耕果园表土。

物理防治:挂果期利用性诱剂或诱饵诱杀成虫,每667 m^2果园悬挂3个~5个诱捕器,悬挂高度为1.5 m左右;或利用黄板诱杀成虫,每667 m^2果园悬挂25片~30片;或用专用果实袋进行套袋防虫。

化学防治:在橘小实蝇发生高峰期及果实膨大期,可选用5%甲氨基阿维菌素苯甲酸盐微乳剂2 000倍液~2 500倍液、1.8%阿维菌素微乳剂1 000倍液~1 500倍液、20%噻虫嗪悬浮剂1 000倍液~1 500倍液、2.5%多杀菌素悬浮剂1 000倍液~1 500倍液、10%高效氯氰菊酯微乳剂1 500倍液~2 000倍液等药剂防治,每隔7 d~10 d喷药1次。

5.7 朱砂叶螨

农业防治:避免偏施氮肥,及时清除果园杂草。

化学防治:可选用34%螺螨酯悬浮剂4 000倍液~5 000倍液、73%克螨特乳油2 000倍液~3 000倍液、15%哒螨灵可湿性粉剂2 500倍液~3 000倍液、25%三唑锡可湿性粉剂1 000倍液~2 000倍液等药剂防治,每隔7 d~10 d喷药1次。

5.8 柑橘粉蚧

农业防治:及时剪除虫枝,并集中烧毁。

化学防治:在若虫盛孵期,可选用2.5%高效氯氟氰菊酯乳油2 000倍液、22%氟啶虫胺腈水分散粒剂 3 000 倍液～5 000 倍液、25%噻嗪酮可湿性粉剂 1 000 倍液～1 200 倍液、10%顺式氯氰菊酯乳油 1 500倍液、10%吡虫啉·噻嗪酮可湿性粉剂 800 倍液～1 000 倍液等药剂防治，每隔 7 d～10 d 喷药 1 次。

5.9 绿盲蝽

农业防治：及时清除园中杂草，进行冬季清园。

化学防治：可选用 4.5%高效氯氰菊酯乳油 1 500 倍液～2 000 倍液、2.5%溴氰菊酯乳油 2 000 倍液～2 500 倍液等药剂防治，每隔 7 d～10 d 喷药 1 次。

5.10 铜绿金龟

物理防治：利用成虫的假死特性，进行人工捕杀。在成虫发生期悬挂黑光灯等诱虫灯诱杀。

化学防治：在铜绿丽金龟成虫发生期，可选用 35%氯虫苯甲酰胺水分散粒剂 1 000 倍液～2 000 倍液、300 g/L 氯虫·噻虫嗪悬浮剂 1 500 倍液～2 500 倍液等药剂防治，每隔 7 d～10 d 喷药 1 次。

附 录 A
(资料性附录)
主要病虫害及发生特点

毛叶枣主要病虫害及发生特点见表 A.1。

表 A.1 毛叶枣主要病虫害及发生特点

病害名称及病原菌	发生特点
白粉病 枣粉孢霉 *Oidium zizyphi* (Yen et Wang)Braun	苗期、生长盛期和结果期均可发病，叶片、枝条、果实均可受害，以嫩叶、嫩梢和幼果等幼嫩部位受害重 初侵染源来自老叶或病残枝，通过风、气流和昆虫等途径传播 感病 2 d～3 d 后形成白色绒粉状病斑，感病的病叶、病枝、病果表面覆盖一层白色粉状霉层，病果在果皮上产生白色粉状病斑，严重时白粉层布满整个果面，病部果皮硬化、萎缩，粗糙无光泽形成“麻果”，商品价值降低，严重时全果病变并落果 病原菌对湿度适应性较强，且喜阴湿，当环境相对湿度 80%以上、在大雾和降雨频繁时，病情上升快，发生危害重；在气候干燥、空气湿度偏低时，该病菌仍可侵染危害
炭疽病 胶孢炭疽菌 *Colletotrichum gloeosporioides* (Penz.)Sacc 球炭疽菌 *Colletotrichum cocodess* (Wallr.)Hughes	主要危害果实 初侵染源主要来自树上的病叶、病枝和落地的病叶、枯枝和病果上的越冬菌丝体，野生毛叶枣、杧果、香蕉等热带果树的叶片和果实也是越冬后炭疽菌的重要来源 一般在温度 23℃，相对湿度为 80%以上开始发病，在温度 25℃～28℃，相对湿度为 80%～89%时为发病盛期。随着储藏时间的延长，发病逐渐加重 该病可导致僵果增多，储藏期果实腐烂变质
黑斑病 半知菌链格孢属 *Alternaria* sp.	主要危害叶片、果实 病残枝上的孢子和菌丝体是该病的越冬初侵染源 其分生孢子在温度 10℃～40℃时均能萌发，最适温度为 25℃；在饱和湿度或有水滴的情况下孢子萌发率较高。分生孢子借风、雨传播，雨季有利于病害发生；干旱的条件下不利于该病发生 毛叶枣生长期造成危害，引起毛叶枣储藏腐烂
疫病 棕榈疫霉 *Phytophthora palmivora* Butlar	主要危害果实 以厚垣孢子、卵孢子或菌丝体随病组织在土壤里越冬，整个生长季均能被病原菌侵染，雨后高温是病害发生的重要条件 主要危害树冠下部果实，一般接近地面的果实先发病，果实距地面 1 m～1.5 m 仍可发病，但以距地面 60 cm 以下为多。树冠下垂枝较多，四周杂草丛生，造成果园局部小气候湿度大，导致病害发生重。受病原菌侵染的果实在储藏期易腐烂
煤烟病 煤炱属 *Capnodium* sp.	主要危害叶片和枝条，在叶片、枝条及叶柄上均有黑色煤状物覆盖，影响光合作用 病原菌以菌丝体、分生孢子、子囊孢子在病部及病落叶上越冬，翌年孢子由风雨、昆虫等传播。病原菌寄生在蚜虫、介壳虫等昆虫及其分泌物或排泄物上发育。高温、高湿、通风不良有利于病害发生
橘小实蝇 *Bactrocera dorsalis* Hendel	主要危害果实 成虫产卵于快成熟果实果皮下，幼虫孵化后即钻入果肉取食，引起腐烂，造成大量落果 橘小实蝇在羽化 25 d～30 d 开始产卵，成虫寿命 65 d～90 d，在南方地区，年发生 3 代～4 代，有世代重叠现象。在种植多种成熟期不一致果树的果园中危害较重 该虫有一定的趋光性，同时具有爱动、喜栖息阴凉环境的习性
朱砂叶螨 *Tetranychus cinnabarinus* Boisduval	主要危害叶片和果实。造成叶片黄化、落叶及果面产生粗糙褐色疤痕 该虫寄主范围广，主要以卵和成螨在叶背面和枝条裂缝内越冬，一般 1 年约发生 20 代，世代重叠。发育和繁殖的适宜温度为 20℃～28℃，具有喜光、趋嫩特性，在树冠外围中上部，山地、丘陵地果园的阳坡，光线充足、湿度偏低的部位发生多。夏季炎热天气或暴雨不利于该虫的发生

表 A.1（续）

病害名称及病原菌	发生特点
柑橘粉蚧 *Planococcus citri* Risso	主要危害叶片、果实 寄主范围广，可危害多种植物。成虫及若虫能排泄黏液，诱发煤烟病，引来蚂蚁共生。被害叶卷缩，生长不良 年发生 8 代～9 代，夏季完成一个世代需 26 d，冬季需 55 d。以卵、若虫或未成熟的雌虫在枝干缝隙处越冬，翌年 3 月中旬越冬代雌虫开始活动，4 月下旬至 5 月中旬产卵，卵期约 14 d，5 月中下旬若虫孵化。雄虫在 9 月～10 月间可见在地表上层 1 cm 处化蛹，部分冬季羽化，部分则越冬后，翌年春季再继续发育。干旱季节和管理粗放的果园，危害较为严重
绿盲蝽 *Lygus pratensis* Linnaeus	主要危害枝梢、顶芽及新叶，使新芽或幼叶萎缩、变形乃至生长停止 全年均可危害，以干旱少雨的 5 月～6 月危害尤为严重。年发生 3 代～5 代，以卵在剪锯口、断枝或茎髓部越冬，5 月～6 月是危害高峰期。高温、高湿有利于害虫发生。该虫有趋嫩、趋湿习性
铜绿金龟 *Anomala corpulenta* Motschulsky	成虫主要危害叶片，造成叶片残缺；幼虫取食危害根部。常造成幼树过早停止生长甚至死亡 年发生 1 代，多以三龄幼虫在土壤越冬。6 月中下旬至 7 月上旬为成虫高峰期。成虫高峰期开始见卵，幼虫 8 月出现，10 月上中旬幼虫在土中开始下迁越冬，11 月进入越冬期

附加说明：

本标准按照 GB/T 1.1—2009 给出的规则起草。

请注意本文件的某些内容有可能涉及专利。本文件的发布机构不承担识别这些专利的责任。

本标准由农业农村部农垦局提出。

本标准由农业农村部热带作物及制品标准化技术委员会归口。

本标准起草单位：云南省农业科学院热区生态农业研究所。

本标准主要起草人：段曰汤、瞿文林、沙毓沧、杨子祥、马开华、金杰、雷虓、赵琼玲、韩学琴、廖承飞、范建成、邓红山、罗会英。

中华人民共和国农业行业标准

热带作物病虫害监测技术规程　槟榔黄化病

Technical code for monitoring pests of tropical crops—Arecanut yellow leaf disease

NY/T 3815—2020

1　范围

本标准规定了槟榔黄化病(arecanut yellow leaf disease)监测的术语和定义、监测依据、监测作物、监测区域、监测频次、病害诊断、监测方法及监测数据的保存。

本标准适用于槟榔黄化病的监测。

2　规范性引用文件

下列文件对于本文件的应用是必不可少的。凡是注日期的引用文件,仅注日期的版本适用于本文件。凡是不注日期的引用文件,其最新版本(包括所有的修改单)适用于本文件。

NY/T 2252　槟榔黄化病病原物分子检测技术规范

3　术语和定义

下列术语和定义适用于本文件。

3.1

槟榔黄化病　arecanut yellow leaf disease

参见 NY/T 2252。

3.2

监测　monitoring

通过一定的技术手段对槟榔黄化病的发生区域、发生程度及发生动态等进行监测。

3.3

种植单位　plant unit

以槟榔作为种植对象的农户、合作社或公司等。

3.4

踏查　making on the spots survey

按照设计的预定路线和方案,初步调查了解槟榔黄化病的发生情况。

4　监测依据

槟榔黄化病的典型症状(见附录 A)及室内检测结果。

5　监测作物

槟榔树。

中华人民共和国农业部 2020 - 11 - 12 发布　　2021 - 04 - 01 实施

6 监测区域

6.1 未发生区

重点监测槟榔黄化病发生高风险区域，即毗邻发生区的区域和从发生区引进种苗种植的区域。

6.2 发生区

重点监测槟榔黄化病代表性发生区域。

7 监测频次

固定监测点全年监测 4 次，每次间隔期 3 个月。

随机监测点每年 6 月～9 月监测 1 次。

8 病害诊断

对照附录 A，判断是否为槟榔黄化病。

现场不能确诊的，采集疑似叶片样本带回实验室，按照 NY/T 2252 的规定进行检测诊断。

9 监测方法

9.1 未发生区

9.1.1 访问调查

每年 6 月～9 月向种植单位和农技人员咨询当地槟榔种植及其病虫害发生与防治情况，做好记录，并将结果填入附录 B 中的 B.1。

9.1.2 实地调查

对访问调查过程中发现的潜在发生区域和高风险区域进行重点踏查，将调查结果填入附录 B.2。现场不能确诊的，做好标记并取样，将样品带回实验室，按照 NY/T 2252 的规定进行检测，并做出诊断结论。

9.2 发生区

9.2.1 范围监测

采取访问调查和踏查相结合的方法，调查发生区范围，将调查结果填入表 B.1 和表 B.2。

9.2.2 固定监测点监测

根据踏查情况及种植单位槟榔园的环境条件、气候特征、槟榔黄化病的发生史和种植规模等，选择代表性种植单位的槟榔园作为固定监测点，每个监测点不小于 1 000 株。每个监测点采取五点取样法，每样点调查 20 株，统计发病植株数，计算病株率。将调查结果填入表 B.3。病株率(R)用式(1)计算。

$$R=\frac{T}{S}\times 100 \qquad (1)$$

式中：

R——病株率，单位为百分号(%)；

T——发病株数；

S——调查总株数。

9.2.3 随机监测点监测

每年 6 月～9 月，在固定监测点以外，选取不少于 2 000 株的槟榔园为对象，全园调查一次，将调查结果填入表 B.2。随机监测点应覆盖槟榔主产区。

9.2.4 槟榔黄化病发病程度

按照表 1 的规定进行分级。

表 1 槟榔黄化病发病程度分级标准

分级	描述
无病园	无典型症状
轻病园	$R \leqslant 5\%$
中病园	$5\% < R \leqslant 20\%$
重病园	$20\% < R \leqslant 35\%$
特重病园	$R > 35\%$

10 监测数据的保存

监测相关信息数据应建档保存。

附 录 A
(资料性附录)
槟榔黄化病典型症状

A.1 黄化型症状

发病初期,病株树冠下部倒数第2片～4片羽状叶片外缘1/4处开始出现黄化,病株叶片黄化症状逐年加重,整株叶片无法正常舒展生长,常伴有真菌引起的叶斑及梢枯(见图A.1)。抽生的花穗较正常植株短小,无法正常展开。结果量明显减少、果实提前脱落,减产70%～80%。解剖可见病株叶鞘基部刚形成的小花苞水渍状坏死,严重时呈暗黑色,花苞基部有浅褐色夹心(见图A.2)。大部分染病株开始表现黄化症状后5年～7年顶枯死亡。发病区有明显的发病中心,随后向四周逐步扩展,与因缺水、缺肥等造成的生理性黄化有明显的区别。

图A.1 槟榔黄化病黄化型典型症状

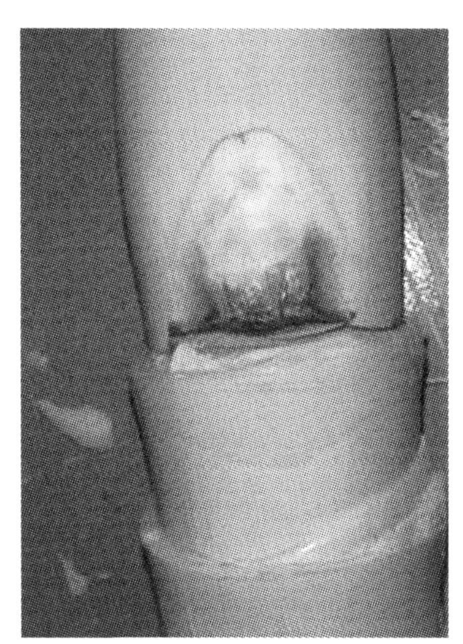

图A.2 槟榔黄化病小花苞水渍状坏死症状

A.2 束顶型症状

病株树冠顶部叶片明显缩小,呈束顶状,节间缩短(见图A.3),花穗枯萎不能结果,病叶叶鞘基部的小花苞水渍状坏死(见图A.2)。大部分染病植株表现症状后5年左右顶枯死亡。

图A.3 槟榔黄化病束顶型典型症状

附 录 B
(规范性附录)
槟榔黄化病病情调查记录表

B.1 槟榔黄化病访问调查记录表

槟榔黄化病访问调查记录见表B.1。

表B.1 槟榔黄化病访问调查记录表

调查人： 调查机构： 调查时间： 年 月 日

调查地点/槟榔园名称			
被调查人姓名		联系方式	
地理位置经纬度		海拔	
种植面积公顷		总株数	
种植年限		种苗来源	
品种或果型		林下作物	
周边作物			
土壤类型	a. 砖红土 b. 燥红土 c. 水稻土 d. 菜园土 e. 火山灰土 f. 其他		
有无灌溉	a. 有 b. 无		
施肥种类	a. 有机肥 b. 化肥 c. 有机肥与化肥结合 d. 不施肥		
施肥方法	a. 开沟 b. 撒施 c. 管道输送 d. 其他		
施药种类	a. 杀虫剂 b. 杀菌剂 c. 除草剂 d. 不施药		
立地环境	a. 平地 b. 坡地 c. 水田 d. 低洼地		
栽培管理	a. 粗放型 b. 精细型		
除草方式	a. 人工除草 b. 除草剂除草 c. 未除草		
病虫害发生情况		有无槟榔黄化病	
备注			

B.2 槟榔黄化病随机监测点调查记录表

槟榔黄化病随机监测点调查记录见表B.2,此表也适用于实地调查和范围监测。

表B.2 槟榔黄化病随机监测点调查记录表

调查人： 调查机构：

调查时间	调查地点	品种或果型	调查株数 株	病株调查			备注
				黄化株数 株	束顶株数 株	病株率 %	

B.3 槟榔黄化病固定监测点调查记录表

槟榔黄化病固定监测点调查记录见表B.3。

表B.3 槟榔黄化病固定监测点调查记录表

监测点名称：

调查时间	定点编号	调查面积	调查株数	病株调查			新发株数	处理株数	病株率	发病程度	调查人	备注
				黄化型	束顶型	总株数						

附加说明：

本标准按照GB/T 1.1—2009给出的规则起草。

请注意本文件的某些内容有可能涉及专利。本文件的发布机构不承担识别这些专利的责任。

本标准由农业农村部农垦局提出。

本标准由农业农村部热带作物及制品标准化技术委员会归口。

本标准起草单位：中国热带农业科学院环境与植物保护研究所。

本标准主要起草人：罗大全、车海彦、曹学仁。

中华人民共和国农业行业标准

热带作物病虫害监测技术规程 胡椒瘟病

Technical code for monitoring pests of tropical crops—Pepper phytophthora foot rot

NY/T 3816—2020

1 范围

本标准规定了胡椒瘟病(pepper phytophthora foot rot)监测的术语和定义、监测网点设置、监测方法、病害诊断、病情统计、监测结果使用及档案保存。

本标准适用于胡椒瘟病的监测。

2 术语和定义

下列术语和定义适用于本文件。

2.1

胡椒瘟病 pepper phytophthora foot rot

由辣椒疫霉(*Phytophthora capsici*)引起的胡椒卵菌病害,又称胡椒基腐病。

2.2

监测 monitoring

通过一定的技术手段,对胡椒瘟病的发生区域、发生面积、发生时期、发生程度及其变化趋势进行监测。

2.3

立地条件 site condition

影响植物生长发育和植物病害发生的地形、地貌、土壤和气候等综合自然环境因子。

2.4

主蔓基部 foot part of the vine

地表上下 20 cm 范围内的胡椒蔓。

2.5

植株上/下层 lower/upper part of the plant

以离地 50 cm 高度为分界线,下部植株为植株下层,上部植株为植株上层。

3 监测网点设置

3.1 监测网点设置原则

3.1.1 监测范围应覆盖我国胡椒种植区。

3.1.2 监测点所处位置的生态环境和栽培品种应具有区域代表性。

3.1.3 充分利用现有的其他作物有害生物监测点及监测网络资源。

中华人民共和国农业部 2020-11-12 发布 2021-08-01 实施

3.2 监测点要求

3.2.1 固定监测点

在胡椒主产区县(市、区),根据立地条件、气候特征、品种类型、区域种植规模和胡椒瘟病发生史,选择有代表性的乡镇作为固定监测区。每个固定监测区设立3个监测点。

3.2.2 随机监测点

在固定监测区所属的种植单位,对固定监测点范围外,选择不同立地条件、气候环境、种植模式的地块,每季度随机抽取1个面积为0.2 hm^2～0.3 hm^2的地块作为随机监测点。

4 监测方法

4.1 固定监测点监测

4.1.1 监测频次

在雨季,每月上旬和下旬各监测1次;其余时段每月监测1次。

4.1.2 监测内容

胡椒长势、病害发生情况,同时收集气象数据。

4.1.3 监测方法

每个监测点按五点取样法,每点选20株,确定100株观测植株,逐一编号。调查统计病株率和病情指数。原始数据按附录A中的表A.1、表A.2和表A.3填写。

4.2 随机监测点监测

4.2.1 监测频次

全年监测4次,每次间隔3个月。

4.2.2 监测内容

同5.1.2。

4.2.3 监测方法

同5.1.3,原始数据按表A.1和表A.2填写。

4.3 普查

4.3.1 普查频次

每年9月～11月,以固定监测区以外的胡椒种植区作为对象,每个种植单位面积大于10 hm^2 为一个点,调查1次。

4.3.2 普查内容

同5.1.2。

4.3.3 普查方法

同5.1.3,原始数据按表A.1和表A.2填写。

5 病害诊断

5.1 田间诊断

检查胡椒植株下层叶片和主蔓,符合胡椒瘟病典型田间症状(见附录B中的B.1)的可判定为胡椒瘟病。如发现疑似症状,应取样带回实验室做进一步诊断或病原菌鉴定。

5.2 实验室诊断

5.2.1 病害诱发

采集健康胡椒成叶,表面消毒后埋入从病株基部采集的病土或病茎的细碎组织中,淋水低温保湿3 d～5 d,检查叶片上有典型症状的可确诊为胡椒瘟病。

5.2.2 病原鉴定

对现场采回的样本进行病菌分离、培养、致病性测定和病原菌形态特征观察，符合胡椒瘟病病原菌典型形态特征(见 B.2)的判定为胡椒瘟病。将实验室鉴定结果登记在表 A.4 中。

6 病情统计

6.1 病情分级

胡椒瘟病病情分级见表 1。

表 1 胡椒瘟病病情分级

病级	描　述
0	全株胡椒叶片及主蔓基部无发病症状
1	植株下层有 1 片～5 片叶出现病害症状，主蔓基部没出现病害症状
3	植株下层有 6 片叶以上或上下层均有叶片感病，主蔓基部没出现病害症状
5	植株长势变差，叶片失绿，无落叶或有少量落叶，主蔓基部局部出现病害症状
7	植株发生青枯、大量落叶，主蔓基部变黑腐烂，流黑水
9	植株枯死

6.2 病株率

病株率(R)用式(1)计算。

$$R=\frac{T}{S}\times 100 \qquad (1)$$

式中：

R——病株率，单位为百分号(%)；

T——发病株数；

S——调查总株数；

计算结果表示到小数点后一位。

6.3 病情指数

病情指数(DI)用式(2)计算。

$$DI=\frac{\sum(A\times B)}{C\times 9}\times 100 \qquad (2)$$

式中：

A——各病级叶片数；

B——相应病级级值；

C——调查的总叶片数。

计算结果表示到小数点后一位。

7 监测结果使用

当监测点出现病株后，结合天气趋势分析，及时发出预报；当 $R>5\%$ 或 $DI>10$ 时，提出病害预警。

8 档案保存

监测信息数据应做好档案保存。

附 录 A
（规范性附录）
胡椒瘟病病情登记

A.1 胡椒瘟病病情监测记录

胡椒瘟病病情监测记录见表A.1。

表A.1 胡椒瘟病病情监测记录表

县（市、区）： 监测区： 监测类型：
立地条件： 海拔： 生育期：

监测点	样点编号	调查株数	各病级株数						发病率 %	病情指数
			0	1	3	5	7	9		
	1									
	2									
	3									
	4									
	5									
	1									
	2									
	3									
	4									
	5									
	……									
	……									
……	……									
	……									
	……									

调查人： 调查时间： 年 月 日

A.2 胡椒瘟病病情监测统计

胡椒瘟病病情监测统计见表A.2。

表A.2 胡椒瘟病病情监测统计表

县（市、区）： 监测类型：

监测点	监测类型	调查时间	立地条件	海拔	生育期	病株率 %	病情指数	调查人

……								

A.3 气象数据登记

气象数据登记见表 A.3。

表 A.3 气象数据登记表

县(市、区)：　　　　　　监测点：

序号	时间	最高温度 ℃	最低温度 ℃	日均温度 ℃	空气相对湿度 %	光照时数 h	降水量 mm
1							
2							
3							
4							
5							
……							

A.4 胡椒瘟病样本鉴定

胡椒瘟病样本鉴定见表 A.4。

表 A.4 胡椒瘟病样本鉴定表

<table>
<tr><td>品种名称</td><td></td><td>生育期</td><td></td><td>采样时间</td><td></td></tr>
<tr><td>采样地点</td><td></td><td>采样部位</td><td></td><td>样品数量</td><td></td></tr>
<tr><td>送样方式</td><td></td><td>送检日期</td><td></td><td>送检人</td><td></td></tr>
<tr><td>送检单位</td><td colspan="3"></td><td>联系电话</td><td></td></tr>
<tr><td colspan="6">鉴定方法：</td></tr>
<tr><td colspan="6">鉴定结果：</td></tr>
<tr><td colspan="6">备注：</td></tr>
<tr><td colspan="6">鉴定人(签名)：
审核人(签名)：
年　月　日</td></tr>
</table>

附　录　B
（资料性附录）
胡椒瘟病的田间症状、病原菌形态特征和发生流行规律

B.1　田间症状

叶片感病症状是识别胡椒瘟病的典型特征。植株离地面 50 cm 内的下层叶片最先发病，初期为灰黑色水渍状斑点，斑点在数天内迅速形成圆形或近圆形的黑色病斑，边缘向外呈放射状，像“黑色小太阳”（见图 B.1）。环境湿度大时在病叶背面长出白色霉状物，即病原菌的菌丝体和孢子囊。主蔓一般在离地面上下 20 cm 范围内的基部位置发病，发病部位呈黑色（见图 B.2）。剖开主蔓，可见木质部导管变黑，有黑褐色条纹向上下扩展（见图 B.3）。后期表皮变黑，木质部腐烂，并流出黑水。花序和果穗一般从基部开始发病，水渍状，以后变黑，脱落（见图 B.4）。

图 B.1　叶片症状

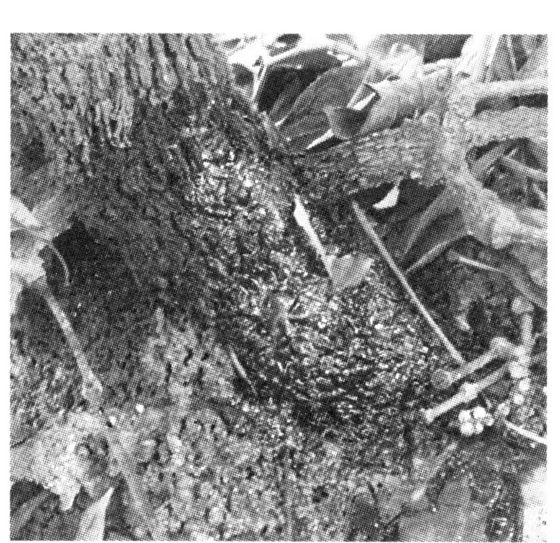

图 B.2　主蔓症状

图 B.3　主蔓横切面症状

图 B.4　整株受害症状

B.2　病原菌的形态特征

病原菌为辣椒疫霉（*Phytophthora capsici*），其在 V8 培养基上生长较快，菌落白色，棉絮状或放射状，边缘较清晰（见图 B.5）。气生菌丝粗 5 μm～9 μm，无隔膜，基生菌丝柔韧，未见膨大体，偶见厚垣孢

子。在无菌水中，均可形成大量孢子囊，孢囊梗伞状分枝或简单合轴分枝；孢子囊形态、大小变异甚大，从近球形、肾形、梨形、椭圆形到不规则形，可见颗粒状内含物，大小为(50～110) μm×(25～60) μm，乳突明显，呈半球形，单个，偶见双乳突，排孢孔宽 5 μm～7 μm；孢子囊易脱落，具长柄，柄长 20 μm～100 μm(见图 B.6、图 B.7)。

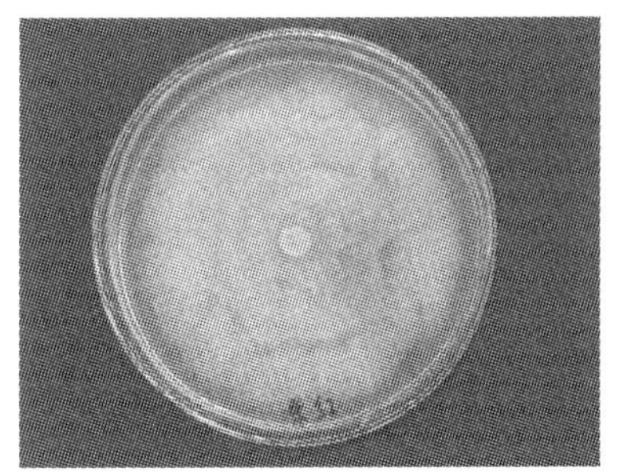

图 B.5 菌落形态

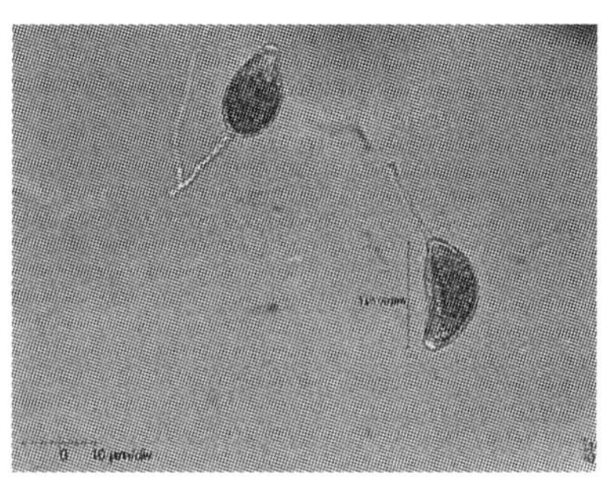

图 B.6 孢子囊及其柄的形态大小

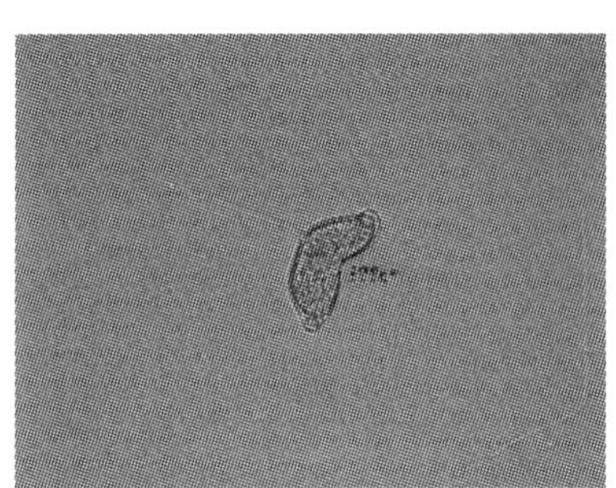

图 B.7 孢子囊乳突及排孢孔

B.3 发生流行规律

病原菌在胡椒植株的病残组织和土壤中存活。含菌土壤、病残组织及其他寄主植物均可提供初侵染菌源。病原菌主要借流水和风雨传播，带菌的人、畜、农具、种苗和大蜗牛也能传病。病原菌可从寄主的自然孔口或伤口侵入，亦可直接穿入幼嫩组织。接种木栓化胡椒主蔓，病害潜育期为 15 d～20 d，接种嫩叶或嫩蔓，潜育期为 2 d～5 d。

胡椒瘟病的发生流行与气象因子关系密切，其中，降水量(特别是台风后连续降雨)是病害流行的主要因素。流行期为每年 9 月～10 月(个别年份海南 9 月～11 月，云南 7 月～9 月)。胡椒瘟病发生流行的适宜气象条件为：①双月总降水量超过 1 000 mm；②温度在 25℃～27℃；③田间相对湿度达 85%以上。在气象因子满足病害发生条件时，病害的严重度和土壤质地、地形地势关系较密切。土质较黏、排水不良和地势低洼积水的椒园发病较严重；排水良好、沙质土椒园发病较轻或少发病。

附加说明：

本标准按照 GB/T 1.1—2009 给出的规则起草。

请注意本文件的某些内容有可能涉及专利。本文件的发布机构不承担识别这些专利的责任。

本标准由农业农村部农垦局提出。

本标准由农业农村部热带作物及制品标准化技术委员会归口。

本标准起草单位：中国热带农业科学院香料饮料研究所。

本标准主要起草人：孙世伟、高圣风、桑利伟、刘爱勤、谭乐和、郑维全、苟亚峰。

索　引

天然橡胶

木薯

香蕉

荔枝

枇杷

芒果

菠萝

毛叶枣

番木瓜

木菠萝

火龙果

黄皮

番石榴

索　引

剑麻

辣木

牛大力

瓜实蝇

椰子织蛾

通用

图书在版编目（CIP）数据

中国农业热带作物标准：2016—2020／农业农村部热带作物及制品标准化技术委员会编．—北京：中国农业出版社，2021.12
ISBN 978-7-109-29090-7

Ⅰ.①中… Ⅱ.①农… Ⅲ.①热带作物—标准—汇编—中国—2016—2020 Ⅳ.①S59-65

中国版本图书馆 CIP 数据核字（2022）第 005329 号

中国农业出版社出版
地址：北京市朝阳区麦子店街 18 号楼
邮编：100125
责任编辑：冀 刚
版式设计：杜 然 责任校对：吴丽婷
印刷：北京科印技术咨询服务有限公司
版次：2021 年 12 月第 1 版
印次：2021 年 12 月北京第 1 次印刷
发行：新华书店北京发行所
开本：880mm×1230mm 1/16
印张：55.25
字数：1800 千字
定价：318.00 元
